VDE 0100 und die Praxis

Wegweiser für Anfänger und Profis

Prof. Dipl.-Ing. Gerhard Kiefer

8. Auflage

VDE-VERLAG GMBH • Berlin • Offenbach

Titelillustration: Melle Pufe

Die Deutsche Bibliothek – CIP-Einheitsaufnahme

Kiefer, Gerhard:
VDE 0100 und die Praxis : Wegweiser für Anfänger und Profis /
Gerhard Kiefer. – 8. Aufl. – Berlin ; Offenbach : VDE-VERLAG, 1997
ISBN 3-8007-2299-2

Eine Haftung des Verlags für die Richtigkeit und Brauchbarkeit von veröffentlichten Programmen, Schaltungen und sonstigen Anordnungen oder Anleitungen sowie für die Richtigkeit des technischen Inhalts ist ausgeschlossen. Die gesetzlichen und behördlichen Vorschriften sowie die technischen Regeln (z. B. das VDE-Vorschriftenwerk) in ihren jeweils geltenden Fassungen sind unbedingt zu beachten. Aus der Veröffentlichung kann nicht geschlossen werden, daß die beschriebenen Lösungen oder verwendeten Bezeichnungen frei von gewerblichen Schutzrechten sind.

ISBN 3-8007-2299-2

Druck: Graphoprint, Koblenz 9709

Vorwort zur achten Auflage

Das Buch „VDE 0100 und die Praxis" erschien in erster Auflage im Jahre 1984 und findet seit dieser Zeit in der Fachöffentlichkeit große Beachtung. Die rasante Entwicklung der regionalen und internationalen Normung sowie die Auswirkungen des gemeinsamen Europäischen Markts auf die regionale Normung machten es erforderlich, das Buch ständig dem Stand der neuesten Normen anzupassen, so daß jetzt die achte Auflage vorliegt.

Die regionale und internationale Normung wird zur Zeit aktiv von mehr als 25 nationalen Normungsgremien getragen, womit weltweit das reibungslose Zusammenspiel elektrischer Anlagen und Geräte geordnet ist. In diesem Umfeld spielt im deutschsprachigen Raum die Normenreihe DIN VDE 0100 eine für den Aufbau und den Betrieb elektrischer Anlagen im Niederspannungsbereich besonders wichtige Rolle; sie ist Schwerpunkt dieses Buchs. Das Buch umfaßt aber darüber hinaus viele weitere Normen, die für Planung und Bau von Niederspannungsanlagen von Bedeutung sind. Ziel des Buchs ist es dabei, die einschlägigen Normen in kompakter Form so zu präsentieren, daß sie stets verfügbar, leicht zu lesen und gut zu verstehen sind. So werden Auszüge aus den Normen zitiert und erläutert und zusätzlich durch zahlreiche, praxisnahe Beispiele untermauert. Damit werden die oft sehr komplizierten Bestimmungen transparent, ohne daß gleichzeitig allzu ausführlich auf die internationalen IEC-Publikationen oder auf die umfangreichen CENELEC-Harmonisierungsdokumente bzw. Europäische Normen eingegangen werden muß.

In den einzelnen Kapiteln lehnt sich das Buch eng an die entsprechenden DIN VDE-Normen an. Teile der Norm und die zugehörigen Erläuterungen wurden dort unverändert übernommen, wo sie als ausreichend erscheinen. An anderen Stellen werden ausführliche zusätzliche Anleitungen gegeben. Ergänzende Literaturangaben sind am Ende jedes Kapitels zu finden; hier hat sich der Verfasser darauf beschränkt, nur die Literatur zu nennen, die er für besonders empfehlenswert hält. Im Text zitierte Normen und VDE-Bestimmungen wurden nicht in das Literaturverzeichnis aufgenommen.

Bei Zitaten aus DIN VDE 0100 ist normalerweise nur auf den entsprechenden Teil bzw. auf die zitierte Textstelle verwiesen. Ansonsten wird die DIN VDE-Nummer angegeben. Dabei wurde das neue Benummerungssystem, nach dem alle VDE-Bestimmungen und VDE-Leitlinien als DIN VDE-Normen zu kennzeichnen sind, konsequent angewendet.

Das vorliegende Buch entstand begleitend zu Vorlesungen an Fachhochschulen und Fachschulen sowie zu Seminaren und Vorträgen, die der Verfasser auf verschiedenen Fachtagungen hielt. Dieses Fachbuch ist sehr gut geeignet sowohl als Nachschlagwerk wie auch zum autodidaktischen Studium. Die Leser sind Ingenieure, Techniker, Meister und Studenten, die sich mit der Anwendung und Auslegung der DIN VDE 0100 befassen; das Werk ist aber auch gut geeignet für den in der Praxis stehenden Meister und den wissensdurstigen Handwerker.

Der Verfasser weist darauf hin, daß das Buch nicht die DIN VDE-Bestimmungen ersetzen, sondern nur ihr Verständnis erleichtern und ein „Nachschlagen vor Ort" ermöglichen soll. Ausdrücklich betont wird, daß für Auseinandersetzungen, vor allem rechtlicher Art, also vor Gericht, letztlich nur die einschlägigen Normen Gültigkeit haben.

Der Verfasser dankt an dieser Stelle allen Kolleginnen und Kollegen, die durch Zuschriften, in Telefongesprächen oder in persönlichen Gesprächen mit Anregungen und Wünschen oder durch ihre Hilfe zum Gelingen dieses Werkes beitrugen. Besonderer Dank gilt Frau Lydia Enderle, Herrn Dipl.-Ing. (FH) Peter Kücherer und Herrn Dipl.-Ing. (FH) Heinz Kunz. Für die verlagsseitige Bearbeitung wird Herrn Dipl.-Ing. (Univ.) Roland Werner besonders gedankt.

Karlsruhe, im Juni 1997 Der Verfasser

Inhalt

1	**Allgemeines**	19
1.1	Gesetze, Verordnungen, Vorschriften, Bestimmungen	19
1.2	Internationale Organisationen	19
1.3	Nationale Organisationen	20
1.4	Aufbau, Organisation und Tätigkeit der DKE	21
1.4.1	Das VDE-Vorschriftenwerk	22
1.4.2	Entstehung einer DIN VDE-Norm	27
1.4.3	Anpassung der Normen an den Stand der Technik	29
1.4.4	Widerspruchsfreiheit des VDE-Vorschriftenwerks	29
1.4.5	VDE-Prüfstelle – VDE 0024:1988-11	30
1.4.6	Pilotfunktion und Gruppenfunktion von Normen	33
1.5	Rechtliche Stellung des VDE-Vorschriftenwerks	34
1.6	Anwendungsbereich und rückwirkende Gültigkeit von VDE-Bestimmungen	35
1.7	Statistik elektrischer Unfälle	37
1.8	Mensch und Elektrizität	39
1.8.1	Stromstärke und Einwirkdauer	40
1.8.2	Wirkungen des elektrischen Stroms auf den menschlichen Körper	42
1.8.3	Stromart und Frequenz	45
1.8.4	DC-AC-Gleichwertigkeitsfaktor	47
1.8.5	Körperwiderstand und Stromweg	47
1.8.6	Herz-Strom-Faktor	52
1.8.7	Verhalten bei elektrischen Unfällen	54
1.9	Literatur zu Kapitel 1	55
2	**Begriffe und technische Grundlagen – Teil 200**	57
2.1	Anlagen und Netze	57
2.2	Betriebsmittel, Verbrauchsmittel und Anschlußarten	59
2.3	Leiterarten, Stromverteilungssysteme, elektrische Größen	61
2.4	Erdung	71
2.5	Raumarten	73
2.6	Fehlerarten, Fehlerstrom, Berührungs- und Schrittspannung, Ableitstrom	74
2.6.1	Fehlerarten	74
2.6.2	Fehlerstrom	76
2.6.3	Berührungsspannung, Berührungsstrom	76
2.6.4	Erder- und Schrittspannung	82

2.6.5 Ableitstrom ... 83
2.7 Schutz gegen gefährliche Körperströme ... 85
2.8 Schutzarten ... 87
2.9 Schutzklassen ... 92
2.10 Kabel und Leitungen, Schaltanlagen, Verteiler und Schienenverteiler ... 94
2.11 Überstromschutzeinrichtungen ... 96
2.12 RCD, Fehlerstrom- und Differenzstrom-Schutzeinrichtungen ... 99
2.13 Nennbetriebsarten ... 100
2.14 Literatur zu Kapitel 2 ... 103

3 Planung elektrischer Anlagen – Teil 300 ... 105
3.1 Leistungsbedarf und Gleichzeitigkeitsfaktor ... 106
3.2 Stromversorgung ... 110
3.2.1 Einspeisung aus dem öffentlichen Netz ... 110
3.2.2 Bemessung von Hauptleitungen ... 111
3.2.3 Autarke Versorgung ... 112
3.2.4 Eigenversorgung mit netzparallelem Betrieb ... 112
3.3 Netzformen und Erdungen ... 113
3.3.1 TN-Systeme ... 116
3.3.2 TT-System ... 117
3.3.3 IT-System ... 118
3.4 Stromkreisaufteilung in einer Anlage ... 120
3.5 Äußere Einflüsse ... 121
3.6 Verträglichkeit ... 122
3.7 Wartbarkeit ... 124
3.8 Elektrische Anlagen für Sicherheitszwecke ... 124
3.9 Literatur zu Kapitel 3 ... 125

4 Allgemeines über Schutzmaßnahmen – Teil 410 ... 127
4.1 Basisschutz, Fehlerschutz, Zusatzschutz ... 127
4.2 Schutzmaßnahmen ... 129
4.3 Literatur zu Kapitel 4 ... 137

5 Schutz sowohl gegen direktes Berühren als auch bei indirektem Berühren – Teil 410 Abschnitt 411 ... 139
5.1 Kleinspannung SELV und PELV – Teil 410 Abschnitt 411.1 ... 139
5.1.1 Stromquellen für SELV und PELV ... 140
5.1.2 Anordnung von Stromkreisen ... 142
5.1.3 Schutz gegen direktes Berühren ... 143
5.1.4 Schutz bei indirektem Berühren ... 144
5.1.5 Zusammenfassung ... 144

5.2 Schutz durch Begrenzung von Beharrungsberührungsstrom und Ladung – Teil 410 Abschnitt 411.2 144

6 Schutz gegen elektrischen Schlag unter normalen Bedingungen (Basisschutz oder Schutz gegen direktes Berühren) – Teil 410 Abschnitt 412 145
6.1 Schutz durch Isolierung 146
6.2 Schutz durch Abdeckungen oder Umhüllungen 146
6.3 Schutz durch Hindernisse 148
6.4 Schutz durch Abstand 148
6.5 Zusätzlicher Schutz durch RCDs 148
6.6 Ausnahmen beim Schutz gegen direktes Berühren – Teil 410:1983-11 Abschnitt 8.1 149
6.7 Literatur zu Kapitel 6 150

7 Schutz gegen elektrischen Schlag unter Fehlerbedingungen (Fehlerschutz oder Schutz bei indirektem Berühren mit Schutzleiter) – Teil 410 Abschnitt 413 151
7.1 Fehlerschutz im TN-System – Teil 410 Abschnitt 413.1.3 152
7.1.1 TN-System mit Überstromschutzeinrichtungen 155
7.1.1.1 Kurzschlußstromberechnung nach DIN VDE 0102 Teil 2 158
7.1.1.2 Beispiel zur Berechnung des kleinsten einpoligen Kurzschlußstroms nach DIN VDE 0102 163
7.1.1.3 Kurzschlußstromberechnung in der Praxis 165
7.1.1.4 Beispiele zur Kurzschlußstromberechnung in der Praxis 169
7.1.2 TN-System mit RCD 172
7.1.3 Kombination von Überstromschutzeinrichtungen für den Fehlerschutz und RCDs für den Zusatzschutz 174
7.1.4 Erdungsbedingungen im TN-System 174
7.1.5 Spannungsbegrenzung bei Erdschluß eines Außenleiters – Teil 410 Abschnitt 413.1.3.7 175
7.1.6 Stromkreise außerhalb des Einflußbereichs des Hauptpotentialausgleichs – Teil 410 Abschnitt 413.1.3.9 181
7.2 Fehlerschutz im TT-System – Teil 410 Abschnitt 413.1.4 183
7.2.1 TT-System mit Überstromschutzeinrichtungen 184
7.2.2 TT-System mit RCDs 187
7.2.2.1 Allgemeines 187
7.2.2.2 Parallelschaltung von RCDs 188
7.2.2.3 Reihenschaltung von RCDs 190
7.2.3 TT-System mit FU-Schutzeinrichtungen 191
7.3 Fehlerschutz im IT-System – Teil 410 Abschnitt 413.1.5 191
7.4 Zusätzlicher Potentialausgleich – Teil 410 Abschnitt 413.1.6 195
7.5 Schutz durch Kleinspannung, die nicht sicher getrennt erzeugt wird (FELV) – Teil 470 Abschnitt 471.3 196

7.6 Ausnahmen zum Schutz bei indirektem Berühren – Teil 470 197
7.7 Literatur zu Kapitel 7 198

8 Schutz gegen elektrischen Schlag unter Fehlerbedingungen (Fehlerschutz oder Schutz bei indirektem Berühren ohne Schutzleiter) – Teil 410 Abschnitt 413 199
8.1 Schutzisolierung – Teil 410 Abschnitt 413.2 199
8.2 Schutz durch nichtleitende Räume – Teil 410 Abschnitt 413.3 205
8.3 Schutz durch erdfreien, örtlichen Potentialausgleich – Teil 410 Abschnitt 413.4 206
8.4 Schutz durch Schutztrennung – Teil 410 Abschnitt 413.5 207
8.4.1 Schutztrennung mit nur einem Verbrauchsmittel 209
8.4.2 Schutztrennung mit mehreren Verbrauchsmitteln 210
8.5 Literatur zu Kapitel 8 212

9 Schutzmaßnahmen in Sonderfällen 213
9.1 Allgemeines 213
9.2 FU-Schutzeinrichtungen im TN-System 213
9.3 FU-Schutzeinrichtungen im TT-System 214
9.4 FU-Schutzeinrichtungen im IT-System 215

10 Erdungen, Schutzleiter und Potentialausgleichsleiter – Teil 540 217
10.1 Erdungen 217
10.2 Betriebserdung, Schutzerdung, offene Erdung 217
10.3 Ausbreitungswiderstand und Potentialverlauf 219
10.4 Spezifischer Erdwiderstand 221
10.5 Berechnung des Ausbreitungswiderstands 223
10.5.1 Genaue Berechnung des Ausbreitungswiderstands 223
10.5.2 Überschlägige Berechnung des Ausbreitungswiderstands 224
10.5.3 Abschätzung des Ausbreitungswiderstands nach VDE 0141 225
10.5.4 Beispiele zur Ermittlung des Ausbreitungswiderstands eines Erders 227
10.6 Messung von Erdungswiderständen 228
10.6.1 Messung nach dem Strom-Spannungs-Meßverfahren 228
10.6.2 Messung mit der Erdungsmeßbrücke nach dem Kompensations-Meßverfahren 229
10.6.3 Messung einfachster Art in Netzen mit direkt geerdetem Sternpunkt 232
10.6.4 Messung des Gesamterdungswiderstands eines Netzes 233
10.7 Messung des spezifischen Erdwiderstands 234
10.7.1 Messung mit fest definiertem Meßstab 234
10.7.2 Methode nach Wenner; Vier-Sonden-Methode 235
10.8 Herstellung von Erdern 236
10.8.1 Oberflächenerder 238
10.8.2 Tiefenerder 240

10.8.3 Fundamenterder . . . 240
10.8.4 Natürliche Erder . . . 245
10.9 Korrosion von Metallen im Erdreich . . . 246
10.9.1 Korrosion durch chemische Einflüsse . . . 246
10.9.2 Korrosion durch galvanische Elementbildung . . . 247
10.9.3 Korrosion durch Streuströme . . . 251
10.9.4 Korrosionsschutzmaßnahmen gegen Elementbildung . . . 252
10.9.5 Korrosionsschutzmaßnahmen gegen Streuströme . . . 252
10.9.6 Katodischer Korrosionsschutz . . . 254
10.9.7 Fundamenterder und Korrosion . . . 254
10.9.7.1 Verhalten feuerverzinkter Stähle in Beton . . . 254
10.9.7.2 Zusammenschluß von Fundamenterdern mit Erdern im Erdreich . . . 255
10.9.7.3 Fundamenterder aus verzinktem Stahl und Armierungen . . . 256
10.9.7.4 Zusammenschluß von Armierungen mit Erdern im Erdreich . . . 256
10.10 Erdungsleiter . . . 257
10.11 Schutzleiter . . . 257
10.11.1 Querschnitte der Schutzleiter . . . 257
10.11.2 Verlegen des Schutzleiters . . . 261
10.12 PEN-Leiter . . . 263
10.13 Potentialausgleich . . . 265
10.13.1 Hauptpotentialausgleich . . . 265
10.13.2 Zusätzlicher Potentialausgleich . . . 270
10.13.3 Fremdspannungsarmer Potentialausgleich . . . 270
10.14 Kennzeichnung der Leiter . . . 272
10.15 Erdung von Antennenträgern – DIN VDE 0855 Teil 1 . . . 272
10.16 Prüfungen . . . 274
10.17 Literatur zu Kapitel 10 . . . 276

11 Prüfungen – Teil 610 . . . 279
11.1 Allgemeine Anforderungen . . . 279
11.2 Prüfen . . . 279
11.3 Besichtigen . . . 280
11.4 Erproben und Messen . . . 281
11.5 Meßgeräte . . . 282
11.6 Messung von Kurzschlußstrom/Schleifenwiderstand . . . 283
11.7 Messung von Berührungsspannung und Auslösestrom bei RCDs . . . 285
11.8 Durchgehende Verbindung von Schutzleiter und Potentialausgleichsleiter . . . 287
11.9 Messungen bei den verschiedenen Schutzmaßnahmen . . . 287
11.9.1 Kleinspannung SELV . . . 287
11.9.2 Kleinspannung PELV . . . 287
11.9.3 TN-System mit Uberstromschutzeinrichtungen . . . 287
11.9.4 TN-System mit RCD . . . 288
11.9.5 TT-System mit Überstromschutzeinrichtungen . . . 288
11.9.6 TT-System mit RCD . . . 288

11.9.7 IT-System mit Überstromschutzeinrichtungen 288
11.9.8 IT-System mit RCD 288
11.9.9 IT-System mit Isolationsüberwachungseinrichtung 289
11.9.10 Verwendung von FU-Schutzeinrichtungen 289
11.9.11 Schutzisolierung 289
11.9.12 Schutz durch nichtleitende Räume 289
11.9.13 Schutz durch erdfreien, örtlichen Potentialausgleich 289
11.9.14 Schutztrennung 289
11.10 Dokumentation der Prüfung 290
11.11 Literatur zu Kapitel 11 293

12 Schutz gegen Überspannungen 295
12.1 Behandlung von Erdungen in Anlagen mit Nennspannungen über 1 kV und Nennspannungen bis 1000 V – DIN VDE 0141 295
12.1.1 Gemeinsame Erdungsanlage 295
12.1.2 Getrennte Erdungsanlagen 299
12.2 Schutz gegen Überspannungen infolge atmosphärischer Einwirkungen – § 18 und Teil 443 302
12.2.1 Allgemeines 302
12.2.2 Ursachen und Wirkungen transienter Überspannungen 302
12.2.3 Normen zum Überspannungsschutz 304
12.2.4 Schutz gegen Überspannungen 304
12.2.5 Überspannungsableiter in Niederspannungsnetzen 306
12.2.6 Überspannungsableiter in Verbraucheranlagen (Installationsableiter) 308
12.2.7 Überspannungsableiter in Informationsnetzen und -anlagen 311
12.3 Elektrische Anlagen in Bauwerken mit Blitzschutzanlagen 314
12.4 Dachständer und Blitzschutzanlagen 315
12.5 Literatur zu Kapitel 12 316

13 Isolationswiderstand, Standortwiderstand – Teil 610 317
13.1 Isolationswiderstand 317
13.2 Standortwiderstand 320
13.2.1 Isolationszustand von Fußböden und Wänden 320
13.2.2 Elektrostatische Aufladung von Fußböden 323
13.3 Literatur zu Kapitel 13 324

14 Auswahl und Errichtung elektrischer Betriebsmittel – Teil 510 325
14.1 Allgemeine Anforderungen 325
14.2 Betriebsbedingungen 325
14.3 Äußere Einflüsse 326
14.4 Dynamische Beanspruchungen durch Kurzschlußströme 327
14.5 Luftstrecken und Kriechstrecken 337
14.5.1 Bemessung der Luftstrecken 340

14.5.2 Bemessung der Kriechstrecken . . . 343
14.6 Zugänglichkeit . . . 345
14.7 Kennzeichnungen . . . 345
14.8 Vermeidung gegenseitiger nachteiliger Beeinflussung . . . 346
14.9 Literatur zu Kapitel 14 . . . 346

15 Maschinen, Transformatoren, Drosselspulen, Kondensatoren 347
15.1 Elektrische Maschinen . . . 347
15.2 Transformatoren und Drosselspulen . . . 351
15.2.1 Kleintransformatoren . . . 353
15.2.2 Trenntransformatoren und Sicherheitstransformatoren . . . 353
15.2.3 Leistungstransformatoren . . . 354
15.3 Kondensatoren – DIN VDE 0560 . . . 365
15.4 Literatur zu Kapitel 15 . . . 372

16 Schaltgeräte . . . 373
16.1 Schalter . . . 373
16.2 Steckvorrichtungen, allgemein . . . 373
16.3 Steckvorrichtungen für industrielle Anwendung . . . 374
16.4 Überstromschutzeinrichtungen . . . 383
16.4.1 Niederspannungssicherungen – DIN VDE 0636 . . . 383
16.4.1.1 NH-Sicherungen . . . 396
16.4.1.2 D-Sicherungen . . . 406
16.4.1.3 D0-Sicherungen . . . 409
16.4.1.4 Geräteschutzsicherungen (G-Sicherungen) . . . 411
16.4.2 Überstromschutzschalter . . . 416
16.4.2.1 Leitungsschutzschalter (LS-Schalter) . . . 417
16.4.2.2 Geräteschutzschalter . . . 424
16.4.2.3 Motorstarter – DIN EN 60947-4-1 (VDE 0660 Teil 102) . . . 425
16.4.2.4 Leistungsschalter – DIN EN 60947-2 (VDE 0660 Teil 101) . . . 429
16.4.3 Hochspannungssicherungen . . . 431
16.4.3.1 Teilbereichssicherungen . . . 431
16.4.3.2 Vollbereichssicherungen . . . 435
16.5 Fehlerstrom-/Differenzstrom-Schutzeinrichtungen . . . 435
16.5.1 Allgemeines . . . 435
16.5.2 FI-Schutzschalter . . . 437
16.5.2.1 Geschichtliche Entwicklung . . . 437
16.5.2.2 Aufbau und Wirkungsweise . . . 438
16.5.2.3 Abschaltbedingungen . . . 442
16.5.2.4 Kurzschlußfestigkeit und maximale Vorsicherung . . . 443
16.5.2.5 Auswahl von FI-Schutzschaltern . . . 443
16.5.2.6 Aufschriften für FI-Schutzschalter . . . 444
16.5.3 Andere FI-Schutzeinrichtungen als FI-Schutzschalter . . . 446
16.5.4 LS/DI-Schalter . . . 446
16.5.5 Ortsveränderliche Schutzeinrichtungen . . . 448

16.6 Fehlerspannungs-Schutzeinrichtungen ... 450
16.7 Isolationsüberwachungseinrichtungen ... 451
16.8 Schütze und Relais – DIN IEC 947-4-1 (VDE 0660 Teil 102) ... 452
16.8.1 Allgemeines ... 452
16.8.2 Gebrauchskategorien ... 453
16.8.3 Verlustleistungen ... 454
16.9 Literatur zu Kapitel 16 ... 457

17 Leuchten und Beleuchtungsanlagen – Teil 559 ... 459
17.1 Anbringung von Leuchten auf Gebäudeteilen ... 460
17.2 Anbringung von Leuchten auf Einrichtungsgegenständen ... 461
17.3 Vorschaltgeräte ... 461
17.4 Kondensatoren ... 462
17.5 Bedeutung der Aufschriften ... 462
17.6 Befestigung von Leuchten ... 464
17.7 Schutzarten für Leuchten ... 464
17.8 Lampengruppen und Lichtbänder ... 464
17.9 Leitungsbemessung bei Leuchten ... 467
17.10 Kompensation von Entladungslampen ... 468
17.11 Besondere Beleuchtungsanlagen ... 469
17.11.1 Leuchten für Vorführstände ... 469
17.11.2 Beleuchtungsanlagen mit Niedervolt-Halogenlampen ... 469
17.11.3 Stromschienensysteme für Leuchten ... 473
17.12 Literatur zu Kapitel 17 ... 474

18 Akkumulatoren und Batterieanlagen – DIN VDE 0510 ... 475
18.1 Allgemeines ... 475
18.2 Betriebsarten ... 476
18.3 Schutzmaßnahmen gegen gefährliche Körperströme ... 478
18.3.1 Schutz sowohl gegen direktes und bei indirektem Berühren ... 478
18.3.2 Schutz gegen elektrischen Schlag unter normalen Bedingungen ... 478
18.3.3 Schutz gegen elektrischen Schlag im Fehlerfall ... 479
18.3.4 Schutz bei Gleichstromzwischenkreisen mit galvanischer Verbindung zum speisenden Netz ... 480
18.4 Vorkehrungen gegen Verpuffungs- und Explosionsgefahr ... 481
18.5 Räume für ortsfeste Batterien ... 482

19 Allgemeines über Kabel und Leitungen ... 483
19.1 Kurzzeichen für Kabel – DIN VDE 0298 ... 483
19.2 Häufig verwendete Kabel ... 484
19.3 Halogenfreie Kabel und Leitungen mit verbessertem Verhalten im Brandfall ... 485
19.3.1 Halogenfreie Kabel mit verbessertem Verhalten im Brandfall ... 486
19.3.2 Halogenfreie Aderleitungen NHXA und NHXAF ... 488
19.3.3 Halogenfreie Mantelleitung NHXMH ... 489

19.3.4 Halogenfreie Sonder-Gummiaderleitung NSHXAÖ und NSHXAFÖ 490
19.4 Kurzzeichen für Leitungen nach nationalen Normen – DIN VDE 0250 491
19.5 Kurzzeichen für harmonisierte Leitungen – DIN VDE 0281; DIN VDE 0282 492
19.6 Häufig verwendete Leitungen 494
19.7 Anwendungsbereiche von Kabeln und Leitungen 494
19.7.1 PVC-Verdrahtungsleitungen H05V 494
19.7.2 Wärmebeständige PVC-Verdrahtungsleitungen H05V2 494
19.7.3 PVC-Lichterkettenleitungen H03VH7-H 494
19.7.4 PVC-Aderleitungen H07V 494
19.7.5 Kältebeständige PVC-Aderleitungen H07V3 499
19.7.6 Leichte Zwillingsleitungen H03VH-Y 499
19.7.7 Zwillingsleitungen H03VH-H 499
19.7.8 PVC-Schlauchleitungen H03VV und A03VV 499
19.7.9 PVC-Schlauchleitungen H05VV und A05VV 499
19.7.10 Illuminationsleitungen H05RN-F und H05RNH2-F 499
19.7.11 Wärmebeständige Silikon-Aderleitungen H05SJ und A05SJ 499
19.7.12 Gummi-Aderschnüre H03RT und A03RT 500
19.7.13 Wärmebeständige Gummiaderleitungen H07G 500
19.7.14 Gummi-isolierte Schweißleitungen H01N2 500
19.7.15 Gummi-Schlauchleitungen H05RR und A05RR 500
19.7.16 Gummi-Schlauchleitungen H05RN und A05RN 500
19.7.17 Gummi-Schlauchleitungen H07RN und A07RN 500
19.7.18 PVC-Mantelleitungen NYM 500
19.7.19 Stegleitungen NYIF und NYIFY 501
19.7.20 Blei-Mantelleitungen NYBUY 501
19.7.21 Gummi-Schlauchleitungen NSSHÖU 501
19.7.22 Gummi-Flachleitungen NGFLGÖU 501
19.7.23 Leitungstrossen NMTWÖU und NMSWÖU 501
19.7.24 Schlauchleitungen mit Polyurethanmantel NGMH11YÖ 501
19.7.25 Gummi-Aderleitungen N4GA und N4GAF 501
19.7.26 ETFE-Aderleitungen N7YA und N7YAF 501
19.7.27 Silikon-Aderschnüre N2GSA rd (rund) und N2GSA fl (flach) 502
19.7.28 Silikon-Verdrahtungsleitungen N2GFA und N2GFAF 502
19.7.29 Silikon-Gummischlauchleitungen N2GMH2G 502
19.7.30 Gummi-Pendelschnüre NPL 502
19.7.31 Sonder-Gummi-Aderleitungen NSGAFÖU 502
19.7.32 Einadrige mineralisolierte Leitungen NUM und NUMK 502
19.8 Kennzeichnung von Kabeln und Leitungen 503
19.9 Farbige Kennzeichnung von Kabeln, Leitungen und blanken Schienen 504
19.9.1 Farbige Kennzeichnung für Mäntel von Kabeln und Leitungen . . . 504
19.9.2 Farbige Kennzeichnung für Adern von Kabeln und Leitungen 504

19.9.3 Zusammentreffen von Kabeln und Leitungen mit alter und neuer Farbkennzeichnung ... 508
19.10 Farbcode zur Beschreibung von Leitungen ... 512
19.11 Literatur zu Kapitel 19 ... 512

20 Bemessung von Leitungen und Kabeln und deren Schutz gegen zu hohe Erwärmung – Teil 430 und Teil 430 Beiblatt 1 ... 513
20.1 Mindestquerschnitte – Teil 520 Abschnitt 524 ... 514
20.2 Spannungsfall – Teil 520 Abschnitt 525 ... 514
20.3 Strombelastbarkeit ... 522
20.3.1 Dauerstrombelastbarkeit isolierter Leitungen und nicht im Erdreich verlegter Kabel ... 522
20.3.2 Strombelastbarkeit von Kabeln in Luft und im Erdreich ... 534
20.3.3 Strombelastbarkeit von Stromschienensystemen ... 544
20.3.4 Strombelastbarkeit von Freileitungen ... 549
20.3.5 Belastungssonderfälle ... 550
20.3.6 Erwärmung von Kabeln und Leitungen ... 556
20.4 Schutz gegen zu hohe Erwärmung – Teil 430 ... 558
20.4.1 Schutz bei Überlast ... 558
20.4.2 Schutz bei Kurzschluß ... 563
20.4.3 Koordinieren des Schutzes bei Überlast und Kurzschluß – Teil 430 Abschnitt 7 ... 573
20.4.3.1 Schutz durch eine gemeinsame Schutzeinrichtung ... 573
20.4.3.2 Schutz durch getrennte Schutzeinrichtungen ... 573
20.4.3.3 Gemeinsame Versetzung der Schutzeinrichtungen für Überlast- und Kurzschlußschutz ... 577
20.4.3.4 Verzicht auf Schutzeinrichtungen für Überlast- und Kurzschlußschutz ... 577
20.4.4 Schutz parallel geschalteter Kabel und Leitungen ... 578
20.4.4.1 Parallelschaltung von Kabeln und Leitungen mit gleichen elektrischen Eigenschaften – Teil 430 Abschnitt 5.3 ... 579
20.4.4.2 Parallelschaltung von Kabeln und Leitungen bei ungleichen Querschnitten, aber sonst gleichen elektrischen Eigenschaften ... 581
20.4.4.3 Parallelschaltung von Kabeln und Leitungen bei ungleichen Leitungslängen, aber sonst gleichen elektrischen Eigenschaften ... 582
20.4.4.4 Parallelschaltung von Kabeln und Leitungen bei ungleichen Leitungslängen, Materialien und Querschnitten ... 583
20.4.5 Besondere Festlegungen ... 586
20.4.5.1 Beleuchtungsstromkreise ... 586
20.4.5.2 Steckdosenstromkreise ... 586
20.4.5.3 Neutralleiter ... 586
20.4.5.4 Schutzleiter ... 586
20.4.5.5 PEN-Leiter ... 586
20.4.5.6 Öffentliche und andere Verteilungsnetze ... 587
20.4.5.7 Schalt- und Verteilungsanlagen ... 587

20.4.5.8 Gefahr durch Überstromschutzeinrichtung ... 587
20.4.5.9 Bewegliche Leitungen ... 587
20.5 Literatur zu Kapitel 20 ... 587

21 Verlegen von Kabeln und Leitungen – Teil 520 ... 589
21.1 Allgemeines ... 589
21.2 Anforderungen an die Verlegung von Kabeln und Leitungen ... 591
21.2.1 Verdrahtungsleitungen ... 591
21.2.2 Aderleitungen ... 593
21.2.3 Stegleitungen ... 593
21.2.4 Mantelleitungen ... 595
21.2.5 Flexible Leitungen ... 595
21.2.6 Kabel ... 595
21.3 Verlegearten von Kabeln und Leitungen ... 595
21.3.1 Verlegung in Elektro-Installationsrohren und Metallschläuchen ... 595
21.3.2 Verlegung in Elektro-Installationskanälen ... 597
21.3.3 Verlegung in unterirdischen Kanälen und Schutzrohren ... 598
21.3.4 Verlegung in Beton ... 598
21.3.5 Verlegung in Luft frei gespannt ... 599
21.3.6 Verlegung von Kabeln in Erde ... 599
21.3.7 Verlegung von Kabeln an Decken, auf Wänden und auf Pritschen ... 599
21.3.8 Zugbeanspruchungen für Kabel und Leitungen ... 600
21.3.9 Kabelverlegung bei tiefen Temperaturen ... 601
21.4 Zusammenfassen der Leiter verschiedener Stromkreise ... 602
21.4.1 Aderleitungen in Elektro-Installationsrohren und Elektro-Installationskanälen ... 602
21.4.2 Mehraderleitungen und Kabel ... 602
21.4.3 Haupt- und Hilfsstromkreise getrennt verlegt ... 602
21.4.4 Stromkreise, die mit Schutzkleinspannung betrieben werden ... 602
21.4.5 Stromkreise mit unterschiedlicher Spannung ... 602
21.4.6 Neutralleiter bzw. PEN-Leiter ... 602
21.4.7 Schutzleiter ... 604
21.5 Spannungsfall ... 604
21.6 Erdschluß- und kurzschlußsichere Verlegung ... 604
21.7 Anschlußstellen und Verbindungen ... 606
21.8 Kreuzungen und Näherungen ... 607
21.9 Maßnahmen gegen Brände und Brandfolgen ... 607
21.10 Literatur zu Kapitel 21 ... 607

22 Brandgefahren und Brandverhütung in elektrischen Anlagen ... 609
22.1 Allgemeines zur Wärmelehre ... 609
22.2 Brennbare Stoffe und Zündtemperatur ... 610

22.3 Wärmequelle und Zündenergie 611
22.4 Zündquellen elektrischen Ursprungs 613
22.4.1 Heiße Oberfläche als Zündquelle 613
22.4.2 Falsch verwendetes Elektrogerät als Zündquelle 613
22.4.3 Wärmestrahler als Zündquelle 614
22.4.4 Elektrische Fehler als Zündquelle 615
22.4.5 Kontakterwärmung als Zündquelle 616
22.5 Isolationsfehler als Brandgefahr 616
22.6 Lichtbogen 618
22.7 Brandschäden 624
22.7.1 Unmittelbare Brandschäden 624
22.7.2 Brandfolgeschäden 624
22.8 Temperaturen von Bränden 624
22.9 Brandverhalten von Baustoffen 626
22.9.1 Nicht brennbare Baustoffe 626
22.9.2 Brennbare Baustoffe 627
22.10 Brandverhalten von Bauteilen 627
22.11 Bauliche Brandschutzmaßnahmen 630
22.12 Brandschutz durch vorbeugende Installationstechnik 635
22.13 Literatur zu Kapitel 22 641

23 Stromversorgungsanlagen für Sicherheitszwecke – Teil 560 643
23.1 Anforderungen an Stromquellen für Sicherheitszwecke 645
23.2 Schutz bei indirektem Berühren (Fehlerschutz) 648
23.2.1 Schutzmaßnahmen ohne Abschaltung im Fehlerfall 648
23.2.2 Schutzmaßnahmen mit Abschaltung im Fehlerfall 649
23.3 Aufstellung der Stromquellen 652
23.4 Stromkreise für Stromversorgungsanlagen für Sicherheitszwecke .. 652
23.5 Verbrauchsmittel 653
23.6 Literatur zu Kapitel 23 653

24 Instandsetzung, Änderung und Prüfung elektrischer Geräte – DIN VDE 0701 655
24.1 Geltungsbereich 655
24.2 Anforderungen – Teil 1 Abschnitt 3 656
24.3 Prüfung der Anschlußleitung – Teil 1 Abschnitt 4.2 657
24.4 Prüfung des Schutzleiters – Teil 1 Abschnitt 4.3 657
24.5 Prüfung des Isolationswiderstands – Teil 1 Abschnitt 4.4 659
24.5.1 Geräte der Schutzklasse I 659
24.5.2 Geräte der Schutzklasse II mit berührbaren Metallteilen 659
24.5.3 Geräte der Schutzklasse II ohne berührbare Metallteile 659
24.5.4 Geräte der Schutzklasse III; batteriegespeiste Geräte 659
24.6 Ersatz-Ableitstrommessung – Teil 1 Abschnitt 4.5 661
24.7 Funktionsprüfung – Teil 1 Abschnitt 4.6 662
24.8 Aufschriften – Teil 1 Abschnitt 4.7 662

24.9 Auswertung der Prüfung – Teil 1 Abschnitt 5 663
24.10 Prüfungen nach den »Besonderen Bestimmungen« – Teil 2 und Folgeteile 664
24.11 Literatur zu Kapitel 24 664

25 Anhang 665
25.1 Anhang A: Berechnung der maximal zulässigen Leitungslängen 665
25.2 Anhang B: Maximal zulässige Leitungslängen nach DIN VDE 0100 Beiblatt 5 700
25.3 Anhang C: Materialbeiwert *k* 704
25.3.1 Tabellen für Materialbeiwerte 704
25.3.2 Verfahren zur Ermittlung des Materialbeiwerts 705
25.4 Anhang D: Umrechnung von Leiterwiderständen 707
25.5 Anhang E: Tabellen für Impedanzen 709
25.5.1 Tabellen für Freileitungen 709
25.5.2 Tabellen für Kabel 711
25.6 Anhang F: EltBauVO 717
25.7 Anhang G: Muster für Richtlinien über brandschutztechnische Anforderungen an Leitungsanlagen – Fassung September 1988 719
25.8 Anhang H: Äußere Einflüsse 722

26 Weiterführende Literatur 733

27 Abkürzungsübersicht 735

28 Stichwortverzeichnis 743

1 Allgemeines

1.1 Gesetze, Verordnungen, Vorschriften, Bestimmungen

Für die Errichtung und den Betrieb elektrischer Anlagen sowie die Herstellung und den Vertrieb elektrischer Betriebsmittel gibt es Gesetze und Verordnungen, die eingehalten werden müssen, und verschiedene Vorschriften und Bestimmungen, deren Einhaltung zu empfehlen ist.
Zu erwähnen sind dabei:

- Gesetz zur Förderung der Energiewirtschaft (Energiewirtschaftsgesetz – EnWG) vom 13. Dezember 1935, mit Zweiter Verordnung vom 12. Dezember 1985;
- Gesetz über technische Arbeitsmittel (Gerätesicherheitsgesetz – GSG) vom 24. Juni 1968, zuletzt geändert am 13. August 1980;
- Gewerbeordnung;
- Verordnung über elektrische Anlagen in explosionsgefährdeten Betriebstätten (ElexV) vom 31. Oktober 1990;
- Unfallverhütungsvorschriften der gewerblichen Berufsgenossenschaften;
- Verordnung über Allgemeine Bedingungen für die Elektrizitätsversorgung von Tarifkunden (AVBEltV) vom 21. Juni 1979;
- VDE-Bestimmungen, herausgegeben vom Verband Deutscher Elektrotechniker (VDE) e. V. durch die Deutsche Elektrotechnische Kommission im DIN und VDE (DKE);
- DIN-Normen, herausgegeben vom DIN Deutsches Institut für Normung;
- Niederspannungsrichtlinie der Europäischen Gemeinschaft vom 19. Februar 1973;
- Merkblätter der Vereinigung der Technischen Überwachungsvereine (VdTÜV);
- Merkblätter des Verbandes der Schadensversicherer e. V. Köln (VdS).

1.2 Internationale Organisationen

Die internationale Zusammenarbeit auf elektrotechnischem Gebiet begann schon sehr früh. Dabei erkannten besonders die exportorientierten Industrieländer, welche Vorteile durch internationale Normung und Festlegung von Sicherheitsanforderungen beim grenzüberschreitenden Warenverkehr für alle entstehen. Die wichtigsten internationalen Organisationen auf dem Gebiet der elektrotechnischen Normung sind:

IEC: International **E**lectrotechnical **C**ommission;
Internationale Elektrotechnische Kommission
Die IEC hat weltweite Bedeutung; Mitglieder der IEC sind die Nationalen

Komitees von 53 Ländern. Die IEC wurde 1906 gegründet, nachdem die Idee dazu während eines im Jahre 1904 in St. Louis (USA) stattgefundenen Kongresses geboren wurde. Neben der allgemeinen elektrotechnischen Normung ist es eine wichtige Aufgabe der IEC, die Sicherheit elektrischer Betriebsmittel und deren Kompatibilität zu gewährleisten. Sitz ist Genf.

CENELEC: Comité **E**uropeen de **N**ormalisation **Elec**trotechnique;
Europäisches Komitee für elektrotechnische Normung
Mitglieder von CENELEC sind die nationalen Komitees der Länder Belgien, Dänemark, Deutschland, Finnland, Frankreich, Griechenland, Großbritannien, Irland, Island, Italien, Luxemburg, Niederlande, Norwegen, Österreich, Portugal, Spanien, Schweden und Schweiz. Hauptaufgabe von CENELEC ist es, Handelshemmnisse, die im grenzüberschreitenden Warenverkehr bestehen, abzubauen, also die nationalen Normen und Vorschriften zu vereinheitlichen bzw. sie durch »Harmonisierte Normen« oder »Europäische Normen« zu ersetzen. Diese Aufgabe wird abgeleitet aus dem Vertrag von Rom, der die Europäische Wirtschaftsgemeinschaft (EWG) – danach Europäische Gemeinschaft (EG), heute Europäische Union (EU) – begründete, wobei besonders Artikel 100, der auch die Angleichung von Rechts- und Verwaltungsvorschriften fordert, maßgeblich ist. Sitz ist Brüssel.

CECC: CENELEC **E**lectronic **C**omponents **C**ommittee;
CENELEC-Komitee für Bauelemente der Elektronik
Das CECC ist eine Unterorganisation des CENELEC, das das sehr spezielle Gebiet der Gütebestätigung für elektronische Bauelemente behandelt. Sitz ist Frankfurt am Main.

Für die nicht elektrotechnischen Normungsaufgaben existieren:

CEN: Comité **E**uropeen de **N**ormalisation;
Europäisches Komitee für Normung
Die Mitglieder des CEN sind mit denen von CENELEC identisch. Sitz ist Brüssel.

ISO: International **O**rganization for **S**tandardization;
Internationale Organisation für Normung
Sitz ist Genf.

1.3 Nationale Organisationen

Die wichtigsten, auf elektrotechnischem Gebiet tätigen nationalen Organisationen sind:

DKE: Deutsche **E**lektrotechnische **K**ommission im DIN und VDE
Die DKE wird vom VDE getragen; sie entstand durch die Zusammenführung der elektrotechnischen Normungsarbeit; die damals vom Deutschen Normenausschuß

(DNA), Fachnormenausschuß Elektrotechnik (FNE) durchgeführt wurde, und der elektrotechnischen Vorschriftenarbeit, die in der Vorschriftenstelle des Verbandes Deutscher Elektrotechniker (VDE) erarbeitet wurde. Gemäß Vertrag vom 13. Oktober 1970 wurde für die Erarbeitung von Normen und Sicherheitsbestimmungen auf dem Gebiet der Elektrotechnik als gemeinsames Organ des DNA und VDE die DKE gebildet. Die DKE vertritt die deutschen Interessen in den internationalen (europäischen und weltweiten) Organisationen. Die Ergebnisse der elektrotechnisehen Normungsarbeit der DKE werden in DIN-Normen niedergelegt und, wenn sie gleichzeitig sicherheitstechnische Festlegungen enthalten, auch als VDE-Bestimmung oder als VDE-Leitlinie in das VDE-Vorschriftenwerk aufgenommen.

DIN: Deutsches **I**nstitut für **N**ormung
Unter Federführung des DIN werden in über hundert Normenausschüssen für fast alle technischen und naturwissenschaftlichen Bereiche Normen erarbeitet, die als »Deutsche Normen« herausgegeben werden. Zu erwähnen ist in diesem Zusammenhang auch das »Deutsche Informationszentrum für technische Regeln« (DITR) im DIN, das die Aufgabe hat, alle in Deutschland geltenden technischen Regeln in einem Gesamtverzeichnis zusammenzufassen.

VDE: Verband **D**eutscher **E**lektrotechniker e.V.
Der VDE ist ein nach dem BGB eingetragener Verein. Er wurde am 22. 1. 1893 in Berlin gegründet.
Der VDE besteht aus 34 Bezirksvereinen mit 55 Zweigstellen.

1.4 Aufbau, Organisation und Tätigkeit der DKE

Die Organe der DKE und deren Aufgaben sind:

- Die Förderer-Gemeinschaft (FG) wird gebildet von Unternehmen und Organisationen der Wirtschaft, Behörden und Sonstigen, die dazu beitragen, daß die DKE ihre Aufgabe erfüllen kann. Aufgaben der FG sind u.a.:
  - Bestätigung der LA-Mitglieder,
  - Festsetzung der Förderer-Beiträge,
  - Stellungnahmen zu wichtigen Vorgängen, die die DKE betreffen.
- Der Lenkungsausschuß (LA) besteht zur Zeit (siebte Amtsperiode von 1995 – 1998) aus 30 Persönlichkeiten der Wirtschaft, Wissenschaft und Verwaltung, die aus wichtigen, an der Arbeit der DKE interessierten Bereichen gewählt werden. Die Aufgaben des LA sind u. a.:
  - Steuerung der Aufgaben der DKE,
  - Gründung oder Auflösung von Arbeitsgremien,
  - Festlegung von Arbeitsprogrammen,
  - Genehmigung des Haushaltes und der Jahresabrechnung der DKE,

- Schlichtung und gegebenenfalls Entscheidung von Meinungsverschiedenheiten zwischen Einsprechenden und Arbeitsgremien.

Zur Durchführung bestimmter Aufgaben hat der LA »Technische Beiräte« einberufen. Die wesentlichen Aufgabenbereiche sind:

- der Technische Beirat Struktur (TBS) ist zuständig für die Lösung von Problemen der Organisation, Arbeitsweise und Normungsverfahren, die die DKE betreffen;
- der Technische Beirat für internationale und nationale Koordinierung (TBINK) ist für die Koordinierung nationaler und internationaler Fragen zuständig und benennt die deutschen Delegierten für internationale Arbeitsgremien bei IEC und CENELEC;
- der Arbeitskreis Finanzplanung (AKF) befaßt sich mit der kurz- und langfristigen Finanzplanung der DKE;
- die Technischen Beiräte (TB) für die Fachbereiche (FB) wurden zur Koordinierung der fachlichen Arbeiten und des Arbeitsablaufes gebildet. Den neun Fachbereichen steht jeweils ein Fachbereichsvorsitzender (FBV) vor. Der FBV muß LA-Mitglied sein.

  Die Fachbereiche FB 1 bis FB 9 mit den entsprechenden Aufgaben sind in **Tabelle 1.1** dargestellt.

- Der Vorsitzende der DKE und seine beiden Stellvertreter werden vom LA aus dessen Mitte für eine Amtszeit von vier Jahren gewählt. Der Vorsitzende vertritt die DKE. Er hat u. a. folgende Aufgaben:
  - Freigabe elektrotechnischer Normen, die von den Gremien erarbeitet wurden;
  - Überwachung der Finanzmittel;
  - Organisations-, Verwaltungs- und Personalfragen innerhalb der DKE.
- Der Geschäftsführer bildet zusammen mit seinen Stellvertretern die Geschäftsführung, der die Ausführung der Beschlüsse des LA obliegt und die für die Erledigung aller Aufgaben in fachlicher und finanzieller Hinsicht zuständig ist. Die Geschäftsstelle hat je eine Dienststelle in Berlin und Frankfurt a. M.
- Die Arbeitsgremien sind Komitees (K), Unterkomitees (UK) und Arbeitskreise (AK), die je nach Aufgabe einem Fachbereich zugeordnet sind und so gestaltet wurden, daß sie dem entsprechenden IEC-Komitee als »deutsches Spiegelgremium« entsprechen und so nur ein deutsches Gremium für die nationale und internationale Arbeit zuständig ist. Für besondere Aufgaben können auch Gemeinschaftskomitees und Gemeinschaftsunterkomitees mit Gremien anderer Normenausschüsse des DIN gebildet werden.

1.4.1 Das VDE-Vorschriftenwerk

Alle das VDE-Vorschriftenwerk bildenden VDE-Bestimmungen und VDE-Leitlinien sind mit einer vierstelligen Zahl versehen. Neuerdings werden VDE-Bestimmungen und VDE-Leitlinien auch DIN VDE-Normen genannt. Die erste Ziffer ist – ausgenommen DIN 31000/VDE 1000:1979-03 »Allgemeine Leitsätze für das sicherheitsgerechte Gestalten technischer Erzeugnisse« – eine Null. An der zweiten Ziffer ist zu erkennen, in welche Gruppe des VDE-Vorschriftenwerks (mit dem

Fachbereich nicht identisch) das Arbeitsergebnis gehört. Folgende Gruppeneinteilung besteht für die zweite Ziffer:

Gruppe 0 Allgemeine Grundsätze
z. B. VDE 0024 »Satzung für das Prüf- und Zertifizierungswesen des Verbandes Deutscher Elektrotechniker (VDE) e. V.«

Gruppe 1 Energieanlagen
z. B. DIN EN 50014 (VDE 0170/0171) »Elektrische Betriebsstätten für explosionsgefährdete Bereiche«

Gruppe 2 Energieleiter
z. B. DIN VDE 0281 »PVC-isolierte Starkstromleitungen«

Gruppe 3 Isolierstoffe
z. B. DIN VDE 0304 Teil 1 »Leitsätze für Prüfverfahren zur Beurteilung des thermischen Verhaltens fester Isolierstoffe«

Gruppe 4 Messen, Steuern, Prüfen
z. B. DIN VDE 0418 »Elektrizitätszähler«

Gruppe 5 Maschinen, Umformer
z. B. DIN VDE 0536 »Belastbarkeit von Öltransformatoren«

Gruppe 6 Installationsmaterial, Schaltgeräte
z. B. DIN VDE 0636 Teil 1 »Niederspannungssicherungen«

Gruppe 7 Gebrauchsgeräte, Arbeitsgeräte
z. B. DIN VDE 0740 »Handgeführte Elektrowerkzeuge«

Gruppe 8 Informationstechnik
z. B. DIN VDE 0832 »Straßenverkehrs-Signalanlagen«.

Die angegebenen Gruppentitel sind dem technischen Wandel bzw. dem heutigen Sprachgebrauch angepaßt.
In der Zeit von 1979 bis 1984 wurden VDE-Bestimmungen, die auch gleichzeitig DIN-Normen waren, doppelt numeriert:
In einer Kopfleiste standen jeweils eine fünfstellige DIN-Nummer (in der Regel »57« für die ersten beiden Ziffern) und zusätzlich noch eine vierstellige VDE-Nummer (die »0« als erste Ziffer), wobei jedoch die letzten drei Ziffern bei beiden Nummern gleich waren.

Beispiel:

- DIN 57105 Teil 1:1983-07 als DIN-Bezeichnung und
- VDE 0105 Teil 1:1983-07 als VDE-Bezeichnung.

In das Normenverzeichnis wurde dann z. B. die kombinierte Nummer DIN 57105 Teil 1/VDE 0105 Teil 1/07.83 aufgenommen. Diese Bezeichnung war auch beim Zitieren zu verwenden.

Seit 1985 wurde als wesentliche Vereinfachung nur noch die vierstellige VDE-Nummer verwendet, d. h., die doppelte Kennzeichnung entfiel, und jede VDE-Bestimmung oder VDE-Leitlinie hatte nur noch eine Kopfleiste. Die neue Benummerung ist somit z. B. DIN VDE 0211/Dezember 1985. Zitiert und in das Normenverzeichnis aufgenommen wird jetzt nur noch DIN VDE 0211:1985-12.

Tabelle 1.1 Einteilung der Fachbereiche (Auszug aus DKE-Organisationsplan; Stand Okt. 1995)

Fachbereich 1 Allgemeine Elektrotechnik, Werkstoffe der Elektrotechnik	**Fachbereich 2** Allgemeine Sicherheit, Errichten, Betrieb	**Fachbereich 3** Betriebsmittel der Energietechnik	**Fachbereich 4** Betriebsmittel der Stromversorgung, Nachrichtenkabel	**Fachbereich 5** Geräte für Haushalt und ähnliche Zwecke, Installationstechnik
Technischer Beirat 1	Technischer Beirat 2	Technischer Beirat 3	Technischer Beirat 4	Technischer Beirat 5
Sachgebiete: 1.1 Begriffe, Zeichen und Bezeichnungen 1.2 Hochstrom- und Hochspannungstechnik 1.3 Umwelterprobung und Zuverlässigkeit 1.4 Nicht belegt 1.5 Nicht belegt 1.6 Leitende Werkstoffe 1.7 Magnetische Werkstoffe 1.8 Isolierstoffe	Sachgebiete: 2.1 Allgemeine Sicherheitsfragen 2.2 Errichten und Betrieb 2.3 Errichten und Betrieb von elektrischen Anlagen zum Einsatz unter Sonderbedingungen 2.4 Explosions- und schlagwettergeschützte Betriebsmittel 2.5 Blitzschutzanlagen	Sachgebiete: 3.1 Drehende elektrische Maschinen 3.2 Transformatoren und Drosselspulen 3.3 Leistungselektronik 3.4 Starkstrom-Kondensatoren 3.5 Elektrische Fahrzeuge und ihre Betriebsmittel 3.6 Elektro-Schweißanlagen, industrielle Elektrowärme 3.7 Stromquellen 3.8 Turbinen	Sachgebiete: 4.1 Kabel und Leitungen 4.2 Freileitungen 4.3 NS- und HS-Schaltgeräte und -anlagen 4.4 Überspannungsableiter 4.5 Isolatoren 4.6 Zähler 4.7 Wandler	Sachgebiete: 5.1 Geräte für Haushalt und ähnliche Zwecke 5.2 Leuchten, Lampen und Zubehör 5.3 Nicht belegt 5.4 Installationstechnik

Tabelle 1.1 Fortsetzung

Fachbereich 6 Bauelemente und Bauteile der Nachrichtentechnik und Elektronik	**Fachbereich 7** Nachrichten- und Informationstechnik, Telekommunikationstechnik	**Fachbereich 8** Medizintechnik, Elektroakustik, Ultraschall, Laser	**Fachbereich 9** Leittechnik
Technischer Beirat 6	Technischer Beirat 7	Technischer Beirat 8	Technischer Beirat 9
Sachgebiete: 6.1 Kondensatoren und Widerstände 6.2 Spulen, Übertrager und Funk-Entstörmittel 6.3 Halbleiterbauelemente, integrierte Schaltungen und fotoelektronische Bauelemente 6.4 Röhren und piezoelektrische Bauelemente 6.5 Elektromechanische Bauteile 6.6 Konstruktionselemente und Gerätesicherungen 6.7 Elektromechanische und elektronische Relais 6.8 Bauelemente mit Sonderspezifikation	Sachgebiete: 7.1 Informationsverarbeitungsanlagen und -geräte 7.2 Telekommunikationstechnik 7.3 Funktechnik 7.4 Audio- und Videotechnik 7.5 Nicht belegt 7.6 Elektromagnetische Beeinflussungen	Sachgebiete: 8.1 Medizintechnik 8.2 Elektroakustik 8.3 Ultraschall 8.4 Laser	Sachgebiete: 9.1 Sicherheit in der Leittechnik 9.2 Allgemeine Anforderungen 9.3 Systemaspekte 9.4 Engineering 9.5 Informationslogistik 9.6 Geräte und Systeme der Leittechnik

Dieses Benummerungssystem gilt seit Anfang 1986 generell, d. h. auch für VDE-Bestimmungen, die bisher nur eine VDE-Nummer trugen.
Beispiel:
bisher: VDE 0510/1.77
neu: DIN VDE 0510:1977-01
Durch diese vereinfachte Benummerung ist nicht mehr zu erkennen, ob eine VDE-Bestimmung mit oder ohne den Zusatz »DIN« erschienen ist.

Abweichend von den getroffenen Festlegungen gibt es folgende Ausnahmen:

- Bei allen VDE-Druckschriften (Gruppe 0 »Allgemeines«) entfällt der Zusatz »DIN«, z. B. VDE 0022:1994-09.
- Lauten die ersten beiden Ziffern einer VDE-Bestimmung im DIN-Normenwerk nicht »57«, muß vorläufig noch die Doppelbezeichnung stehen, z. B. DIN 53481/VDE 0303 Teil 2:1974-11.

Da neue Normen außer der DIN VDE-Nummer auch als EN-Norm oder als HD numeriert sind und häufig einer IEC-Publikation entsprechen, also unter Umständen drei voneinander unabhängige Nummern tragen, wurden von der DKE Regeln erarbeitet, wie diese Normen künftig einheitlich zu kennzeichnen und zu zitieren sind. Ab 1993 ist festgelegt:

- Bei der Übernahme einer Europäischen Norm erfolgt die Kennzeichnung in der Kopfleiste der Norm als DIN EN-Norm. Darunter ist das Feld der VDE-Klassifikation angeordnet. Sofern die EN die unveränderte Übernahme einer IEC-Publikation ist, wird unterhalb des Felds mit der VDE-Klassifikation die entsprechende IEC-Nummer zusätzlich angegeben.
  Beispiel:
  Kopfleiste: EN 60598
  Klassifikation: VDE 0711
  Zusätzliche Angabe: IEC 598

Sofern es sich um einen Teil einer Norm handelt, z. B. EN 60598 Teil 1, ist die Nummer des Teils mit einem Bindestrich anzuhängen, beispielsweise EN 60598-1. Beim Zitieren dieser Norm ist die „VDE-Klassifikation" in Klammer gesetzt anzugeben und die Teil-Nummer mit der Bezeichnung Teil hinzuzufügen.
Beispiel:
DIN EN 60598-1 (VDE 0711 Teil 1)

Soll das Erscheinungsdatum (Monat und Jahr) mit angegeben werden, so ist zunächst die Jahreszahl, getrennt durch einen Doppelpunkt, und danach der Monat nach einem Bindestrich anzugeben.
Beispiel:
DIN EN 60598-1 (VDE 0711 Teil l):1994-05

- Bei der Übernahme einer IEC-Publikation, die keine EN-Norm ist, erfolgt die Kennzeichnung in der Kopfleiste der Norm als DIN IEC-Norm. Darunter ist das Feld der VDE-Klassifikation angeordnet. Sofern die IEC-Publikation von CENELEC als HD angenommen wurde, wird die HD-Nummer unterhalb der VDE-Klassifikation zusätzlich angegeben.

  Beispiel:

Kopfleiste:	DIN IEC 93
Klassifikation:	VDE 0303 Teil 30
Zusätzliche Angabe:	HD 429 S1

  Hinsichtlich des Teils einer Norm bzw. des Erscheinungsdatums gilt das bereits Ausgeführte. Zitiert wird obige Norm zum

  Beispiel:

  DIN IEC 93 (VDE 0303 Teil 30):1993-12

- Bei einer DIN VDE-Norm, die rein nationaler Arbeit entstammt, erfolgt die Kennzeichnung in der Kopfleiste als DIN VDE-Nummer. Darunter wird die VDE-Klassifikation angegeben.

  Beispiel:

Kopfleiste:	DIN VDE 0845 Teil 1
Klassifikation:	VDE 0845 Teil 1

  Beim Zitieren wird nur DIN VDE 0845 Teil 1 oder DIN VDE 0845 Teil 1:1987 angegeben.

1.4.2 Entstehung einer DIN VDE-Norm

Einen Normungsantrag beim DIN oder im Fall elektrotechnischer Normen bei der DKE kann jedermann stellen. Die Normungswürdigkeit des Antrages wird geprüft, wobei allgemeine Interessen wie Sicherheit, Gesundheitsschutz, Verbraucherschutz, Umweltschutz, Rationalisierung und Humanisierung der Technik eine bedeutende Rolle spielen. Ausgenommen hiervon sind europäische Normen und Harmonisierungsdokumente, die aufgrund der bestehenden Verträge mit den EG-Ländern unverändert bzw. ihrem sachlichen Inhalt nach in das Normenwerk übernommen werden müssen.

Die Kriterien für die Durchführung der Normung sind in DIN 820 und VDE 0022:1994-09 festgelegt. Wenn einem Normungsvorhaben zugestimmt wurde, obliegt es dem Fachbereichsvorsitzenden, ein neues Komitee einzuberufen oder ein bestehendes Komitee mit der Arbeit zu betrauen. Das Komitee (ggf. auch Unterkomitee) muß so zusammengesetzt sein, daß alle an der Normung interessierten Kreise angemessen vertreten sind, wobei vorausgesetzt wird, daß das Gremium letztlich interessen- und wettbewerbsneutral ist.

Vorschlagberechtigt für die Besetzung von DKE-Gremien (Komitees) sind:

- der Zentralverband Elektrotechnik- und Elektronik-Industrie (ZVEI),
- die Vereinigung Deutscher Elektrizitätswerke (VDEW),
- die Vereinigung Industrielle Kraftwirtschaft (VIK),
- der Verband Deutscher Elektrotechniker (VDE),
- das DIN Deutsches Institut für Normung,
- der Verband der Schadensversicherer e. V. (VdS),
- der Zentralverband der Deutschen Elektrohandwerke (ZVEH),
- der Bundesminister für das Post- und Fernmeldewesen (BMP),
- die Berufsgenossenschaft für Feinmechanik und Elektrotechnik (BgFE),
- die Vereinigung der Technischen Überwachungsvereine (VdTÜV) sowie
- die Arbeitsgemeinschaft der öffentlich-rechtlichen Rundfunkanstalten der Bundesrepublik Deutschland (ARD) im Benehmen mit dem Zweiten Deutschen Fernsehen (ZDF).

Die ehrenamtlichen Mitarbeiter in den Fachgremien werden von den oben genannten Verbänden und Institutionen sowie von vielen weiteren Vertretungen von Fachkreisen vorgeschlagen und von der DKE berufen.

Das beauftragte

- Komitee (Kurzzeichen K, z. B. K 221),
- Unterkomitee (Kurzzeichen UK, z. B. UK 221.8) oder der
- Arbeitskreis (Kurzzeichen AK, z. B. AK 221.1.2)

erarbeitet – betreut durch einen Referenten der DKE – nun einen Text der neuen oder zu überarbeitenden Norm als Entwurf, der der Öffentlichkeit zur Stellungnahme vorgelegt wird. Ein auf »gelbem Papier« vorgelegter Entwurf hat lediglich nationale Bedeutung, während ein auf »rosa Papier« gedruckter Entwurf der internationalen Arbeit (IEC, CENELEC) entstammt.

Das Erscheinen eines Entwurfs einer VDE-Bestimmung, einer VDE-Leitlinie oder ggf. eines Beiblatts wird in der Elektrotechnischen Zeitschrift etz, in den DIN-Mitteilungen + elektronorm sowie im Bundesanzeiger bekanntgegeben. Einsprechen kann jedermann innerhalb der festgelegten Frist für Einsprüche. Das Komitee (K oder UK) bearbeitet die Einsprüche und erarbeitet, wenn notwendig, einen neuen Entwurf (Entwurf 2) oder legt die fertige Norm im Weißdruck vor. Von besonderer Wichtigkeit ist dabei, daß mit den Einsprechenden eine Einigung erzielt wurde. Konnte diese Einigung nicht erreicht werden, so kann im Rahmen einer Schlichtung und, wenn diese mißlingt, in einem Schiedsverfahren eine Klärung der unterschiedlichen Standpunkte herbeigeführt werden. Eine fertige Norm muß nach der Genehmigung durch den Fachbereichsvorsitzenden noch vom Präsidium des DIN genehmigt werden. Damit ist die Norm verabschiedet und kann in Kraft treten. Das Erscheinen der DIN VDE-Norm im Weißdruck wird in der Elektrotechnischen Zeitschrift etz, in den DIN-Mitteilungen + elektronorm sowie im Bundesanzeiger angezeigt.

Die Bedeutung der verschiedenen Ausgabearten (VDE 0022:1994-09) wird nachfolgend kurz beschrieben:

- *VDE-Bestimmungen* enthalten sicherheitstechnische Festlegungen für das Errichten und Betreiben elektrischer Anlagen sowie für das Herstellen und Betreiben elektrischer Betriebsmittel. Sie können außerdem Festlegungen über Eigenschaften, Bemessung, Prüfung, Schutz und Unterhaltung solcher Anlagen enthalten.
- *VDE-Leitlinien* enthalten sicherheitstechnische Festlegungen mit einem im Vergleich zu den VDE-Bestimmungen wesentlich erweiterten Ermessensspielraum für eigenverantwortliches und sicherheitstechnisches Handeln. Sie sollen dem Anwender als Beispielsammlung oder als Grundlage für eigene sicherheitstechnische Entscheidungen dienen. Dabei braucht sich der Inhalt einer VDE-Leitlinie nicht ausschließlich auf sicherheitstechnische Festlegungen zu beschränken.
- *Beiblätter* enthalten zusätzliche Informationen zu den VDE-Bestimmungen oder VDE-Leitlinien. Sie dürfen keine zusätzlichen Festlegungen mit normativem Charakter enthalten. Beiblätter werden von den für VDE-Bestimmungen oder VDE-Leitlinien zuständigen Arbeitsgremien erarbeitet. Sie unterliegen normalerweise nicht dem öffentlichen Einspruchsverfahren.

1.4.3 Anpassung der Normen an den Stand der Technik

Nach DIN 820 müssen Normen spätestens alle fünf Jahre durch das fachlich zuständige Komitee überprüft werden, ob die Norm noch dem Stand der Technik entspricht. Normen, die technisch oder wissenschaftlich überholt sind, werden korrigiert oder zurückgezogen. In beiden Fällen, also bei Zurückziehung oder Nachfolge-Norm, ist eine öffentliche Information mit Einspruchsmöglichkeit erforderlich. Auch Mitträger der betreffenden Norm werden in das Verfahren einbezogen.

Häufig wird schon vor dieser Frist durch Verbesserungsvorschläge oder Normungsanträge die Überprüfung einer Norm vorgenommen. Dabei sind die beschriebenen Verfahrensregeln einzuhalten.

1.4.4 Widerspruchsfreiheit des VDE-Vorschriftenwerks

Die Widerspruchsfreiheit des VDE-Vorschriftenwerkes wird abgesichert durch:

- die Normenprüfstelle beim DIN, die eine Prüfung der Norm vornimmt, bevor der VDE-Vorstand und das DIN-Präsidium die Veröffentlichung als Norm genehmigen;
- die Querverbindungen bei den Mitgliedschaften der die Normen erarbeitenden Fachleute in mehreren Komitees der DKE und durch die Mitarbeit von Vertretern anderer Regelsetzer, z. B. der Berufsgenossenschaften;
- den gleitenden Verweis auf sogenannte Grundnormen oder Pilotnormen bzw. VDE-Bestimmungen mit Pilotcharakter;

(Dadurch wird die Erarbeitung widerspruchsfreier Texte von vornherein, d.h. verfahrensmäßig, bei einem großen Teil des Technischen Regelwerks auf besonders rationelle Weise erreicht. Bei Änderung einer Grundnorm sind automatisch alle anderen Normen, die sich gleitend darauf beziehen, erfaßt.)

- das stets anzuwendende öffentliche Einspruchsverfahren, bei dem alle Fachkreise und Fachleute mitwirken können;
- die Abgrenzungsbemühungen, daß nicht jede beliebige Institution elektrotechnische Normen erarbeiten kann, so daß die elektrotechnischen Normen nur in einem Regelwerk abgehandelt werden.

1.4.5 VDE-Prüfstelle – VDE 0024:1988-11

Die Prüfstelle des Verbandes Deutscher Elektrotechniker (VDE) e. V. wurde 1920 gegründet. Sie hat als Einrichtung des VDE die Aufgabe, auf Antrag der Hersteller oder anderer interessierter Stellen Erzeugnisse zu prüfen und, soweit ein VDE-Prüfzeichen benutzt werden soll, die laufende Fertigung zu überwachen.

Das Recht, ein VDE-Prüfzeichen (Konformitätszeichen) auf einem Betriebsmittel anzubringen, erhält der Hersteller, wenn folgende Bedingungen erfüllt sind:

- das Erzeugnis muß den VDE-Bestimmungen entsprechen, was die VDE-Prüfstelle prüft;
- die Betriebsstätten müssen technisch so eingerichtet und geleitet werden, daß eine gleichbleibende Qualität gewährleistet ist;
- das Erzeugnis muß vom Hersteller laufend durch Prüfungen auf Einhaltung der VDE-Bestimmungen überwacht werden.

Die VDE-Prüfstelle hat das Recht, durch Beauftragte eine Fertigungsstätte zu besichtigen, Prüfprotokolle einzusehen und gefertigte Erzeugnisse zur Prüfung bei der VDE-Prüfstelle zu entnehmen. Die VDE-Prüfstelle hat auch das Recht, die erteilte Erlaubnis zum Benutzen des VDE-Prüfzeichens wieder zu entziehen. Die Prüfzeichen sind in **Tabelle 1.2** dargestellt.

Neben diesen »offiziellen« Prüfzeichen besteht noch die Möglichkeit, Geräte, Installationsmaterial und Einzelteile einer weiteren gutachtlichen Prüfung zu unterziehen (siehe **Tabelle 1.3**).

Geprüft wird in der Regel nach den Festlegungen im Weißdruck einer VDE-Bestimmung oder nach anderen anerkannten Regeln der Technik. In Sonderfällen kann ein Komitee auch einen Normenentwurf ermächtigen, das heißt, daß bereits nach dem Text des Entwurfs geprüft und ein VDE-Prüfzeichen vergeben werden kann. Zu den Erzeugnissen, für die VDE-Prüfzeichen erteilt werden können, gehören z. B. Hausgeräte, Leuchten, Elektrowerkzeuge, Geräte der Unterhaltungselektronik, elektromedizinische Geräte, Büromaschinen, Installationsmaterial, Kabel und Leitungen sowie Bauelemente der Elektronik.

Die Kosten einer solchen Prüfung können der »Gebührenordnung der VDE-Prüfstelle«, Druckschrift PM 103, entnommen werden.

Der Vollständigkeit halber sollen auch noch einige wichtige ausländische Prüfzeichen angegeben werden **(Tabelle 1.4).**

Tabelle 1.2 Prüfzeichen

Zeichen	Benennung	Anwendung
	VDE-Zeichen	Installationsmaterial, Einzelteile und Geräte als technische Arbeitsmittel im Sinne des Gerätesicherheitsgesetzes (GSG)
	VDE-GS-Zeichen (bis 20 mm Höhe) VDE-GS-Zeichen (über 20 mm Höhe)	wahlweise nur für Geräte als technische Arbeitsmittel im Sinne des GSG
◁VDE▷	VDE-Kabelkennzeichen (als Aufdruck oder Prägung)	Kabel und isolierte Leitungen nach nicht-harmonisierten VDE-Bestimmungen sowie Installationsrohre und -kanäle
◁VDE▷ ◁HAR▷	VDE-Harmonisierungskennzeichnung (als Aufdruck oder Prägung)	Kabel und isolierte Leitungen nach harmonisierten VDE-Bestimmungen
schwarz rot	VDE-Kennfaden	Kabel und isolierte Leitungen nach nicht-harmonisierten VDE-Bestimmungen
schwarz (3 cm) rot (1 cm) gelb (1 cm)	VDE-Harmonisierungskennzeichnung als Kennfaden: »VDE-Harmonisierungs-Kennfaden«	Kabel und isolierte Leitungen nach harmonisierten VDE-Bestimmungen
	VDE-Funkschutzzeichen	Geräte, die dieVDE-Bestimmungen für die Funk-Entstörung oder Postverfügungen einhalten
VDE	VDE-Elektronik-Prüfzeichen	Bauelemente der Elektronik
	CECC-Zeichen	Bauelemente der Elektronik nach CECC-Spezifikationen
VDE-Reg.-Nr.- 9876 VDE-Reg.-Nr. 9876 9876	VDE-Gutachten mit Fertigungsüberwachung	Geräte, Installationsmaterial und Einzelteile sowie Kabel und isolierte Leitungen
CE	CE-Konformitätszeichen	Das Erzeugnis, das dieses Zeichen trägt, entspricht den gemeinsamen Vorschriften der EG-Länder (Europäische Norm oder Harmonisierungsdokument)

Tabelle 1.3 VDE-Gutachten und weitere Prüfleistungen

Benennungen	Anwendung
VDE-Gutachten	Gutachtliche Prüfung nach VDE-Bestimmungen oder anderen anerkannten Regeln der Technik
VDE-Prüfbericht zur Information des Antragstellers	Informationsprüfung
Sachverständigengutachten	Gutachtliche Prüfung über den Rahmen spezieller VDE-Bestimmungen oder sonstiger anerkannter Regeln der Technik hinausgehend
CCA-Mitteilung von Prüfergebnissen	Geräte, Installationsmaterial und Einzelteile sowie Funk-Entstörung nach Memorandum 13 des CENELEC (Europäisches Komitee für elektrotechnische Normung)
Konformitätsbescheinigung	Geräte, Installationsmaterial und Einzelteile sowie Funk-Entstörung nach EG-Richtlinien, z. B. Niederspannungs-Richtlinie, Funk-Entstör-Richtlinie
CB-Prüfzertifikat	Geräte, Installationsmaterial und Einzelteile
Statement of Test Results	wie bei CB-Prüfzertifikat, jedoch bei Abweichungen von diesen Bestimmungen

Tabelle 1.4 Ausländische Prüfzeichen

Land	Stelle, die das Zeichen vergibt	Zeichen
Dänemark	Danmarks Elektriske Materielkontrol (DEMKO)	D
Finnland	Sähkötarkastuslaitos (SETI)	FI
Kanada	Canadian Standards Association (CSA)	SA
Norwegen	Norges Elektriske Materielkontroll (NEMKO)	N
Österreich	Österreichischer Verband für Elektrotechnik (ÖVE)	ÖVE
Schweden	Svenska Elektriska Materielkontrollanstalten (SEMKO)	S
Schweiz	Schweizerischer Elektrotechnischer Verein (SEV)	SE
USA	Underwriter's Laboratories Inc. (UL)	UL

1.4.6 Pilotfunktion und Gruppenfunktion von Normen

Es gibt verschiedene normative Festlegungen, die in gleicher Art und Weise und mit gleicher Aussage in verschiedenen Normen enthalten sind. So sind z. B. Festlegungen zum »Schutz gegen gefährliche Körperströme« in folgenden Normen enthalten:

- DIN VDE 0100 »Errichtung von elektrischen Anlagen mit Nennspannungen bis 1000 V«;
- DIN VDE 0106 Teil 1 »Schutz gegen elektrischen Schlag«;
- DIN VDE 0107 »Starkstromanlagen in Krankenhäusern und medizinisch genutzten Räumen außerhalb von Krankenhäusern«;
- DIN VDE 0141 »Erdungen in Wechselstromanlagen mit Nennspannungen über 1 kV«;
- DIN VDE 0160 »Ausrüstung von Starkstromanlagen mit elektronischen Betriebsmitteln«;
- DIN VDE 0800 »Fernmeldetechnik; Allgemeine Begriffe, Anforderungen und Prüfungen für die Sicherheit der Anlagen und Geräte«.

Damit die in verschiedenen Normen getroffenen Aussagen einheitlich und miteinander vergleichbar sind, wird in solchen Fällen ein Komitee beauftragt, die grundsätzlichen Festlegungen zu treffen. Die anderen Komitees sind dann für ihren Arbeitsbereich verpflichtet, diese Festlegungen – zumindest sinngemäß – zu übernehmen.

Zu diesem Zweck wurden die in der Normungsarbeit wichtigen Funktionen für verschiedene Grundsatzarbeiten festgelegt.

- Die Pilotfunktion bezeichnet die Behandlung eines besonderen Normungsgegenstands, der für die Mehrzahl der elektrotechnischen Erzeugnisse zutrifft.
- Die Gruppenfunktion bezeichnet im Rahmen eines begrenzten Sachgebiets die Behandlung eines Normungsgegenstands, der auch für einen oder mehrere Arbeitsbereiche anderer Arbeitsgremien zutrifft.

Eine Norm mit Pilotfunktion oder Gruppenfunktion hat deshalb folgende Zielsetzung:

- die sachliche Übereinstimmung von Normen auf Gebieten, die in der Normungsarbeit mehrerer Arbeitsgremien von Bedeutung sind, sicherzustellen und so sich widersprechende Festlegungen sowie Doppelarbeit zu vermeiden;
- den sachlichen Zusammenhang des Normungssystems durchsichtiger zu machen, zu straffen und damit auch die Kompatibilität der Normen zu verbessern;
- die Normen anwendungsfreundlicher zu gestalten;
- den Umfang der Normen zu verringern und dadurch Kosten zu sparen;
- die Verständigung der Ingenieure verschiedener Fachrichtungen zu verbessern.

Für die Erarbeitung bestimmter Grundnormen (Normen mit Pilotfunktion) werden einzelnen Arbeitsgremien »Pilotfunktionen« oder »Gruppenfunktionen« zugeteilt.

Normen mit Pilotfunktion oder Gruppenfunktion sind im Abschnitt »Anwendungsbereich« deutlich als solche zu bezeichnen.

Beispiel:
»Diese Norm ist eine im Rahmen der Pilotfunktion erarbeitete Grundnorm«.

Das Komitee 221 hat die Pilotfunktion für den »Schutz gegen gefährliche Körperströme«, dessen sachlicher Inhalt in folgenden Normen enthalten ist:

- DIN VDE 0100 Teil 410
  »Errichten von Starkstromanlagen mit Nennspannungen bis 1000 V; Schutz gegen gefährliche Körperströme«
- DIN VDE 0100 Teil 540
  »Errichten von Starkstromanlagen mit Nennspannungen bis 1000 V; Erdung, Schutzleiter, Potentialausgleichsleiter«
- DIN VDE 0106 Teil 1
  »Schutz gegen elektrischen Schlag;
  Klassifizierung von elektrischen und elektronischen Betriebsmitteln«

1.5 Rechtliche Stellung des VDE-Vorschriftenwerks

Die Einhaltung und Anwendung der VDE-Bestimmungen kann grundsätzlich nicht vorgeschrieben werden. Die VDE-Bestimmungen sind kein Gesetz; sie spielen aus rechtlicher Sicht aber eine bedeutende Rolle, da in Gesetzen und Verordnungen auf die VDE-Bestimmungen als »anerkannte Regeln der Technik« Bezug genommen wird. Zu nennen sind hierbei:

- Energiewirtschaftsgesetz (EnWG) vom 13. Dezember 1935
  In der 2. Verordnung zum EnWG zuletzt geändert am 12. Dezember 1985; in Kraft getreten am 1. Januar 1987) ist in § 1 hierzu ausgeführt:

  Abs. 1 Bei der Errichtung und Unterhaltung von Anlagen zur Erzeugung, Fortleitung und Abgabe von Elektrizität sind die allgemein anerkannten Regeln der Technik zu beachten. Von den allgemein anerkannten Regeln der Technik darf abgewichen werden, soweit die gleiche Sicherheit auf andere Weise gewährleistet ist. Soweit Anlagen auf Grund von Regelungen der Europäischen Gemeinschaften dem in der Gemeinschaft gegebenen Stand der Sicherheitstechnik entsprechen müssen, ist dieser maßgebend.

  Abs. 2 Die Einhaltung der allgemein anerkannten Regeln der Technik oder des in der Europäischen Gemeinschaft gegebenen Standes der Sicherheitstechnik wird vermutet, wenn die technischen Regeln des Verbandes Deutscher Elektrotechniker (VDE) beachtet worden sind. Die Einhaltung des in der Europäischen Gemeinschaft gegebenen Standes der Sicherheitstechnik wird ebenfalls vermutet, wenn technische Regeln einer vergleichbaren Stelle in der Europäischen Gemeinschaft beachtet worden sind, die entsprechend der Richtlinie 73/23 EWG des Rates vom 19. Februar 1973 – Niederspannungsrichtlinie – (ABl. EG Nr. L 77 S.29) Anerkennung gefunden haben.

- Gesetz über technische Arbeitsmittel (Gerätesicherheitsgesetz; GSG) vom 24. Juni 1968, zuletzt geändert am 23. Oktober 1992.
  VDE-Bestimmungen gelten als »allgemein anerkannte Regeln der Technik« und stellen die ordnungsgemäße Beschaffenheit eines technischen Arbeitsmittels sicher.
  In der Ersten Verordnung zum GSG vom 11. Juni 1979 steht hierzu: Der Hersteller oder Einführer von elektrischen Betriebsmitteln, die technische Arbeitsmittel oder Teile von solchen sind, darf diese gewerbsmäßig oder selbständig im Rahmen einer wirtschaftlichen Unternehmung nur in den Verkehr bringen oder ausstellen, wenn:
  1. die elektrischen Betriebsmittel entsprechend dem in der Europäischen Gemeinschaft gegebenen Stand der Sicherheitstechnik hergestellt sind, und
  2. die elektrischen Betriebsmittel bei ordnungsgemäßer Installation und Wartung sowie bestimmungsgemäßer Verwendung die Sicherheit von Menschen, Nutztieren und die Erhaltung von Sachwerten nicht gefährden.
- Verordnung über Allgemeine Bedingungen für die Elektrizitätsversorgung von Kundenanlagen (AVBEltV) vom 21. Juni 1979
  § 12 »Kundenanlage«, Abs. 4
  Es dürfen nur Materialien und Geräte verwendet werden, die entsprechend dem in der Europäischen Gemeinschaft gegebenen Stand der Sicherheitstechnik hergestellt sind. Das Zeichen einer amtlich anerkannten Prüfstelle (zum Beispiel VDE-Zeichen, GS-Zeichen) bekundet, daß diese Voraussetzungen erfüllt sind.

Trotz dieser Rechtsvorschriften wird den VDE-Bestimmungen von juristischer Seite lediglich Rechtsnormqualität zugestanden. Das bedeutet, daß ein bloßer Verstoß gegen die VDE-Bestimmungen noch nicht strafbar ist; erst wenn dadurch ein Unfall ausgelöst wird, ist mit einer Bestrafung des Täters zu rechnen.

1.6 Anwendungsbereich und rückwirkende Gültigkeit von VDE-Bestimmungen

Bei allen VDE-Bestimmungen ist am Anfang entweder in den Abschnitten 1 und 2 oder auch vor der Sachnumerierung der »Beginn der Gültigkeit« (zeitlicher Geltungsbereich, Gültigkeit, Geltungsbeginn) und der »Anwendungsbereich« (sachlicher Geltungsbereich) festgelegt.
Bei der Festlegung des zeitlichen Geltungsbereichs ist ein Datum festgelegt, das bindend vorschreibt, ab wann die Bestimmung gilt. Daneben können Übergangsfristen eingeräumt werden, während denen der entsprechende Vorgänger parallel zur neuen Bestimmung angewandt werden kann. Besonders bei Errichtungsbestimmungen trifft dies für Anlagen zu, die bereits geplant sind oder gebaut werden.

Beispiel: (Originalzitat)
DIN VDE 0100 Teil 430:1991-11 »Errichten von Starkstromanlagen mit Nennspannungen bis 1000 V; Schutzmaßnahmen; Schutz von Kabeln und Leitungen bei Überstrom«.
Diese Norm (VDE-Bestimmung) gilt ab 1. November 1991.
Für am 1. November 1991 in Planung oder im Bau befindliche Anlagen gilt DIN 57100 Teil 430/VDE 0100 Teil 430/06.81 in einer Übergangsfrist bis zum 31. Oktober 1993.

Der Anwendungsbereich (sachlicher Geltungsbereich) gibt an, für welche Bereiche, Anlagen, Betriebe und Betriebsarten die entsprechende Bestimmung gilt. Oft werden außerdem die Bereiche, Anlagen oder Betriebe ausdrücklich genannt, für die die Bestimmung nicht gilt oder nur bedingt unter Berücksichtigung von Zusatzanforderungen anwendbar ist.

Beispiel: (Originalzitat)
DIN VDE 0101:1989-05 »Errichten von Starkstromanlagen mit Nennspannungen über 1 kV«

1 Anwendungsbereich

1.1 Diese Norm gilt für das Errichten von Starkstromanlagen mit Nennwechselspannungen über 1 kV und Nennfrequenzen unter 100 Hz.
Sie gilt sinngemäß für Gleichstromanlagen mit Nennspannungen über 1,5 kV.

1.2 Diese Norm gilt nicht für:
- die Bereiche elektrischer Bahnen, für die in den Normen der Reihe DIN VDE 0115 abweichende Festlegungen getroffen sind, elektrische Anlagen in bergbaulichen Betrieben unter Tage nach den Normen der Reihe DIN VDE 0118,
- das Errichten von Leuchtröhrenanlagen mit Nennspannungen über 1000 V nach DIN VDE 0128,
- die Herstellung und Prüfung fabrikfertiger, typgeprüfter Hochspannungsschaltanlagen nach DIN VDE 0670 Teil 6, Teil 7 und Teil 8, wohl aber für deren Aufstellung und äußere Anschlüsse am Verwendungsort,
- medizinische Röntgen-Einrichtungen nach den Normen der Reihe DIN VDE 0750.

Die VDE-Bestimmungen geben den zur Zeit ihrer Aufstellung erreichten Stand der Technik wieder. Sie werden durch ständige Überarbeitungen dem Stand der Technik angepaßt. Sowohl bei der Aufstellung als auch bei den Überarbeitungen werden keine wirtschaftlichen Interessen verfolgt; es wird aber angestrebt, der jeweils technisch-wirtschaftlich besten Lösung Rechnung zu tragen.

Eine rückwirkende Gültigkeit – also die Ausdehnung einer neuen Bestimmung auf bereits gebaute, bestehende Anlagen – gibt es in der Regel nicht. Ist dies der Fall, so muß dies in der Bestimmung ausdrücklich erwähnt werden.

Beispiel:
DIN VDE 0101:1989-05 »Errichten von Starkstromanlagen mit Nennspannungen über 1 kV«
Beginn der Gültigkeit
Diese Norm (VDE-Bestimmung) gilt ab 1. Mai 1989.
Daneben gilt . . . . (Übergangsfrist)
Bestehende Anlagen müssen bis zum 31. Oktober 2000 so angepaßt sein, daß sie den Anforderungen nach Abschnitt 4.4 entsprechen.

1.7 Statistik elektrischer Unfälle

Bild 1.1 zeigt die zeitliche Entwicklung der tödlichen Stromunfälle in der Bundesrepublik Deutschland, zusammen mit der Bruttostromerzeugung. Ab 1990 sind im Bild 1.1 auch die neuen Bundesländer berücksichtigt. Es ist zu erkennen, daß die jährliche Zahl der tödlichen Unfälle – von 1951 bis 1970 etwa 300 – in den letzten Jahren kontinuierlich zurückging und zur Zeit zwischen 100 und 150 liegt, obwohl eine ständige Steigerung des Energieverbrauchs zu beobachten ist.

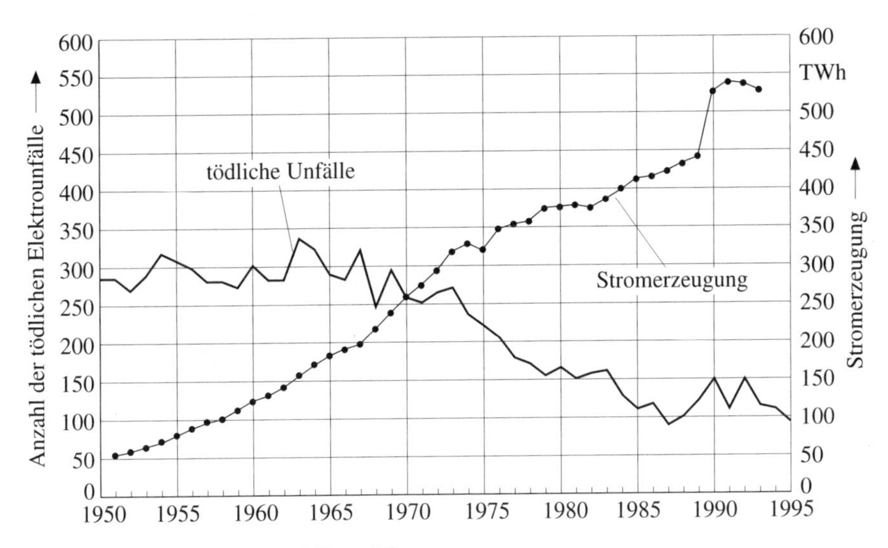

Bild 1.1 Tödliche Elektrounfälle und Stromerzeugung

Unterlagen des Statistischen Bundesamts ermöglichen eine Aufteilung der tödlichen Unfälle **(Bild 1.2)** in die Bereiche:

- Industrie und Gewerbe,
- Wohnungen (Haushaltsbereich),
- Sonstige.

Die unter »Sonstige« genannten Unfälle enthalten Unfälle mit Angabe des Unfallortes, die nicht den Unfällen in Wohnungen oder in gewerblichen bzw. industriellen Betrieben zuzuordnen sind (z. B. Unfälle in Krankenhäusern, Schulen, öffentlichen Gebäuden, Landwirtschaft und dgl.), und Unfälle ohne Angabe des Unfallortes. Es fällt auf, daß die Zahl der tödlichen Unfälle im Wohnbereich in den letzten Jahren deutlich höher liegt als die Zahl der tödlichen Unfälle in Gewerbe und Industrie. Die Analyse der Unfälle zeigt, daß die Zahl tödlicher Elektrounfälle von Frauen in den letzten Jahren nahezu konstant blieb (etwa 48 Unfälle/Jahr); die Unfälle passierten überwiegend im Haushalt. Von Bedeutung ist hierbei die Häufung der Unfälle im Bereich »Küche«, »Baderaum« und »Freizeit« (Hobby). An den genannten Orten liegt häufig eine erhöhte Gefährdung vor, weil Erdpotential großflächig berührt werden kann. In »Küchen« ist als Unfallschwerpunkt die Reparatur von Elektrogeräten durch Laien sowie die Beschädigung von Unterputzleitungen zu erkennen. Im Bereich »Bad« werden Unfälle hauptsächlich durch die Verwendung von Elektrogeräten in der Badewanne verursacht.

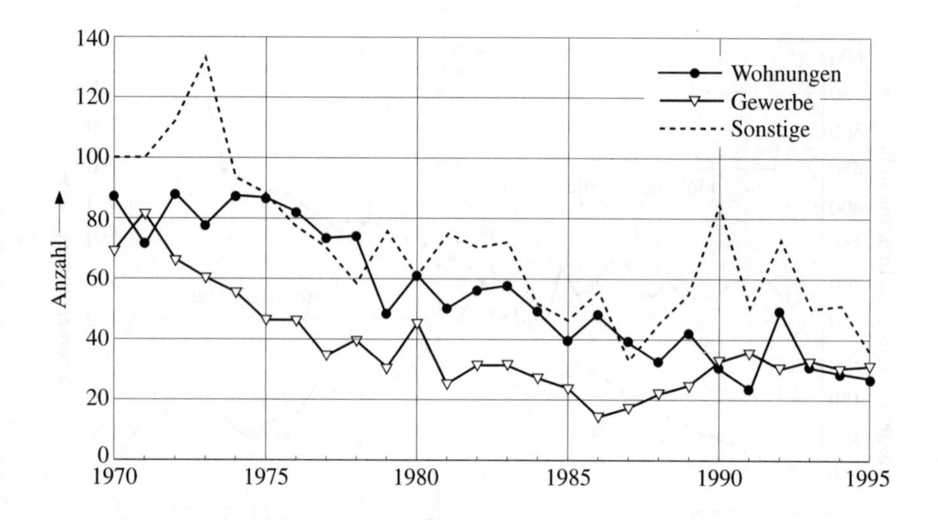

Bild 1.2 Tödliche Elektrounfälle – Aufgliederung nach Unfallort

Es wird die Aufgabe der entsprechenden Fachgremien sein, aus der Unfallforschung weitere Konsequenzen zu ziehen und so zunächst für die Bereiche »Haushalt« und »Freizeit« ein künftig höheres Sicherheitsniveau als bisher zu schaffen.

1.8 Mensch und Elektrizität

Der elektrische Strom bewirkt beim Fließen durch den menschlichen Körper physikalische und physiologische Wirkungen.

Physikalische und chemische Wirkungen:

- Strommarken an der Stromeintrittsstelle,
- innere Verbrennungen z. B. an Gelenken,
- Flüssigkeitsverluste, Verkochungen,
- Verbrennungen bei Lichtbogen,
- Blendungen bei Lichtbogen.

Physiologische Wirkungen:

- Muskelkontraktion,
- Nervenerschütterungen,
- Muskelverkrampfungen (Erstickungsgefahr),
- Blutdrucksteigerung,
- Herzstillstand,
- Herzkammerflimmern.

Schon lange beschäftigen sich Mediziner und Ingenieure damit, die Wirkungen des Stromes auf den menschlichen Körper zu analysieren und gefährliche Grenzen aufzuzeigen. Besonders in den letzten Jahren wurden die Untersuchungen weltweit forciert. So hat z. B. die Arbeitsgruppe TC 64/WG 4 der IEC die Aufgabe erhalten, die in elektropathologischer Sicht notwendigen Schutz- und Sicherheitsbedürfnisse für Mensch und Tier zu untersuchen. Bei diesen Untersuchungen wurden alle maßgebenden Arbeiten aus diesem Gebiet beachtet und ausgewertet, wobei besonders die Faktoren und Größen, die die Gefährdung von Mensch und Tier bestimmen, untersucht wurden.

Den zuletzt vorgelegten internationalen Fachbericht der Arbeitsgruppe, den IEC-Report 479-1:1994, hat der VDE als Vornorm DIN V VDE V 0140-479 (VDE V 0140 Teil 479):1996-02 »Wirkungen des elektrischen Stroms auf Menschen und Nutztiere« veröffentlicht. Dieser Bericht stellt den derzeitigen Wissensstand über das genannte Thema dar. Dabei ist wichtig zu wissen, daß die genannten Daten hauptsächlich durch Tierversuche und bei klinischen Versuchen gewonnen wurden. Nur wenige Experimente, mit Strömen von sehr kurzer Dauer (z. B. einer Zeit von 0,03 s bei Berührungsspannungen bis 200 V), wurden an lebenden Personen durchgeführt. Die Aussagen des IEC-Reports 479-1 liegen in der Regel auf der sicheren Seite, so daß sie unter den üblichen physiologischen Bedingungen als Grundlage für sicherheitstechnische Überlegungen herangezogen werden können. Die Bedingungen gelten auch für Kinder, unabhängig von Alter und Gewicht.

1.8.1 Stromstärke und Einwirkdauer

Die über den menschlichen Körper fließenden Ströme dürfen – hinsichtlich möglicher Schäden – nicht nur nach ihrer *Stromstärke* betrachtet werden; gleichzeitig ist auch die *Dauer* des Stromflusses wichtig. Der in einem Muskel (Nerven, Blutbahnen) fließende Strom ruft in diesem eine Kontraktion hervor, wenn ein bestimmter Wert (Reizwert oder Schwellwert genannt) überschritten wird. Die Wirkungen des elektrischen Stromes auf den menschlichen Körper sind nicht bei allen Menschen gleich (vergleiche Grenzwerte des Körperwiderstandes). Alle Aussagen hierüber sind deshalb nur als *Mittelwerte* zu betrachten. Die mittleren *unteren Grenzwerte* (Schwellenwerte) nach Dr. Hauf, Freiburg, sind bei Wechselstrom mit einer Frequenz von 50 Hz bis 60 Hz:

0,0045 mA Wahrnehmbarkeit mit der Zunge,
1,2 mA Wahrnehmbarkeit mit den Fingern,
6 mA Muskelverkrampfung bei Frauen, Loslaßgrenze (let-go current),
9 mA Muskelverkrampfung bei Männern, Loslaßgrenze (let-go current),
20 mA Verkrampfung der Atemmuskulatur,
80 mA Herzkammerflimmern, wenn die Einwirkdauer länger als 1 s.

Dies sind, wie erwähnt, untere Grenzwerte; die Mittelwerte liegen um 50 % höher.

Die Auswertung aller wichtigen Untersuchungen, die von der IEC durchgeführt und veröffentlicht wurden, geben Mittelwerte hinsichtlich der Stromstärke und Zeitdauer sowie die zu erwartenden Schädigungen an. **Bild 1.3** und **Bild 1.4** gelten für Körperlängsdurchströmungen bei Stromfluß von der linken Hand zu beiden Füßen. Die Grenzkurven gelten unabhängig vom Alter und Gewicht der Personen; es wird lediglich ein normaler Gesundheitszustand vorausgesetzt. Die Kurven gelten also auch für Kinder.

Zu den verschiedenen Bereichen, die in Bild 1.3 (Wechselspannung von 15 Hz bis 100 Hz) und Bild 1.4 (Gleichspannung) dargestellt sind, ist zu bemerken:

- Bereiche AC-1 und DC-l
  Normalerweise sind keine Einwirkungen wahrnehmbar.
- Bereiche AC-2 und DC-2
  Normalerweise treten keine schädigenden physiologischen Wirkungen auf.
- Bereiche AC-3 und DC-3
  Im Bereich AC-3 ist mit Blutdrucksteigerung, Muskelverkrampfungen und Atemnot zu rechnen. Außerdem sind reversible Herzrhythmusstörungen, Vorhofflimmern, Herzkammerflimmern und einzelne Herzstillstände zu erwarten. Diese Erscheinungen sind mit steigender Stromhöhe und Durchströmungsdauer zunehmend. Die Gefahr des Herzkammerflimmerns ist sehr gering.
  Im Bereich DC-3 sind Blutdrucksteigerungen, reversible Herzrhythmusstörungen und Brandverletzungen zu erwarten. Außerdem können Störungen der Bildung und Weiterleitung der Impulse im Herzen auftreten. Diese Erscheinungen sind mit steigender Stromhöhe und Durchströmungsdauer zunehmend. Die Gefahr des Herzkammerflimmerns ist sehr gering.

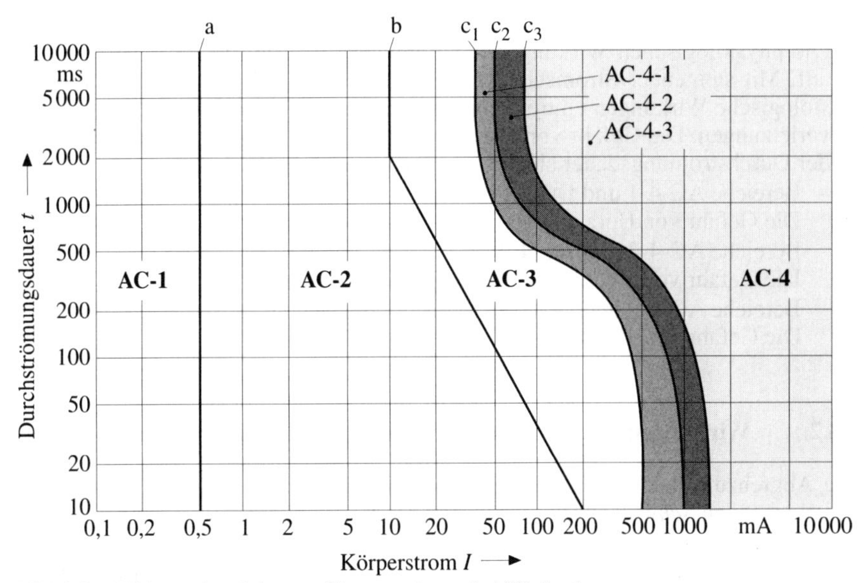

Bild 1.3 Wirkungsbereiche von Körperströmen bei Wechselstrom (Effektivwerte bei 50 Hz bis 60 Hz) (Quelle: DIN VDE V 0140 Teil 479:1996-02)

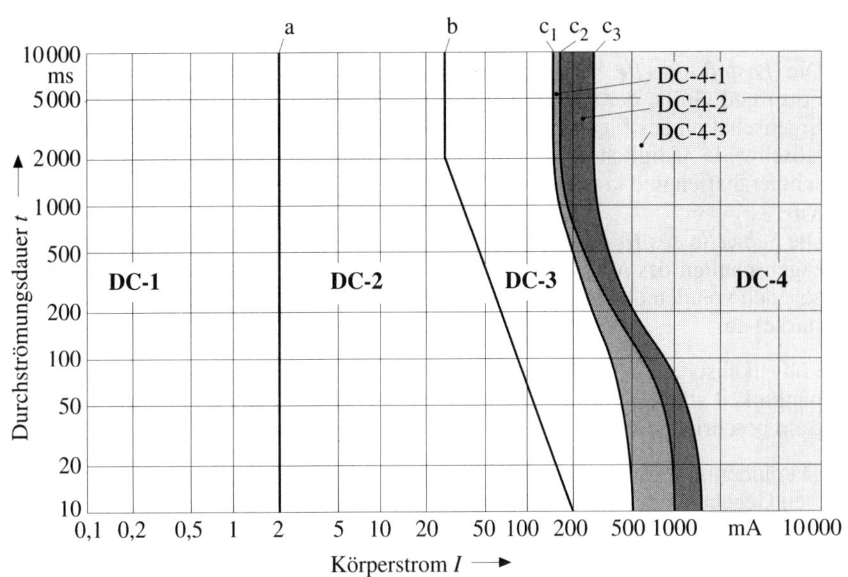

Bild 1.4 Wirkungsbereiche von Körperströmen bei Gleichstrom (Quelle: DIN VDE V 0140 Teil 479:1996-02)

- Bereiche AC-4 und DC-4
  Die physiologischen Wirkungen der Bereiche AC-3 und DC-3 treten verstärkt auf. Mit steigender Stromstärke und Durchströmungsdauer können pathophysiologische Wirkungen eintreten, wie Herzstillstand, Atemstillstand und Brandverletzungen. Die Gefahr von Herzkammerflimmern ist von der Stromhöhe und der Durchströmungsdauer abhängig und wie nachfolgend zu beurteilen:
  - Bereiche AC-4-1 und DC-4-1
    Die Gefahr von Herzkammerflimmern liegt bei maximal 5 %.
  - Bereiche AC-4-2 und DC-4-2
    Die Gefahr von Herzkammerflimmern liegt noch unter 50 %.
  - Bereiche AC-4-3 und DC-4-3
    Die Gefahr von Herzkammerflimmern liegt über 50 %.

1.8.2 Wirkungen des elektrischen Stroms auf den menschlichen Körper

Die Abgrenzungskurven zwischen den verschiedenen Bereichen geben auch die entsprechenden *Schwellenwerte* für bestimmte Reaktionen an.

- *Linie a*
  Die *Wahrnehmbarkeitsschwelle* und die *Reaktionsschwelle* hängen hauptsächlich von der Berührungsfläche, den Berührungsbedingungen (Trockenheit, Feuchte, Temperatur) und den individuellen physiologischen Eigenschaften des Menschen ab.
- *Linie b*
  Die *Loslaßschwelle* hängt bei Wechselstrom von der Berührungsfläche, der Form und Größe der Elektroden sowie von den individuellen physiologischen Eigenschaften des Menschen ab. Bei Gleichstrom gibt es keine festlegbare Loslaßschwelle, lediglich der Beginn und die Unterbrechung des Stroms führen zu schmerzhaften und krampfartigen Muskelreaktionen.
- *Kurve c_1*
  Die *Schwelle des Herzkammerflimmerns* hängt sowohl von den physiologischen Eigenschaften des Menschen (Aufbau des Körpers, Zustand der Herzfunktion) als auch von den elektrischen Einflüssen (Einwirkungsdauer, Stromweg, Stromstärke) ab.

Die physikalischen Wirkungsbereiche des Stroms auf Veränderungen der Haut, in Abhängigkeit von der *Stromdichte* i_s (mA/mm²), sind in **Bild 1.5** gezeigt und nachfolgend beschrieben.

Die Veränderungen an der menschlichen Haut sind ausschließlich von den physikalischen Gegebenheiten (Berührungsfläche, Stromstärke, Einwirkungsdauer) abhängig. Es kann folgende (grobe) Einteilung vorgenommen werden.

- *Stromdichte $i_s < 10$ mA/mm² (Zone 0)*
  Es werden im allgemeinen keine Veränderungen an der menschlichen Haut beobachtet;

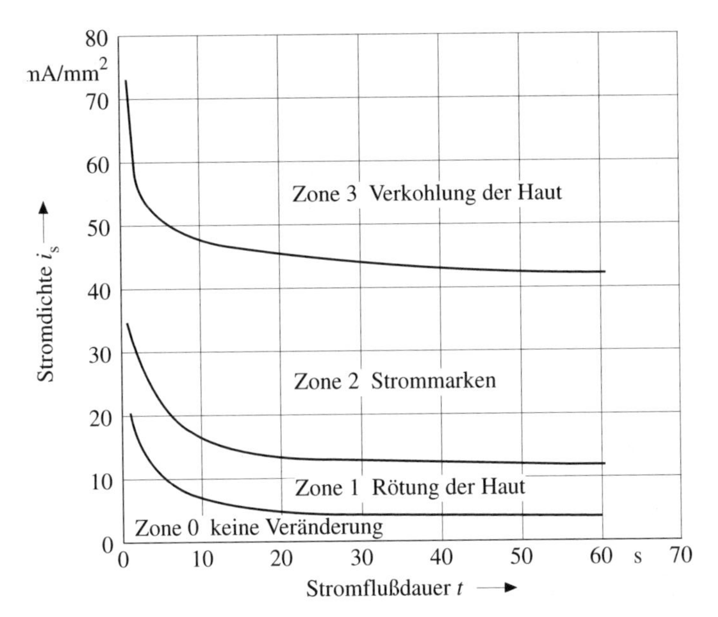

Bild 1.5 Abhängigkeit der Veränderungen der menschlichen Haut von der Stromdichte und der Durchströmungsdauer (Quelle: DIN VDE V 0140 Teil 479:1996-02)

- *Stromdichte $i_s \geq 10$ mA/mm² ... 20 mA/mm² (Zone 1)*
  Die menschliche Haut rötet sich mit wallartiger weißlicher Schwellung an den Elektrodenrändern;
- *Stromdichte $i_s \geq 20$ mA/mm² ... 50 mA/mm² (Zone 2)*
  Unter der Elektrode entwickelt sich eine Einsenkung mit bräunlicher Färbung. Bei einer längeren Durchströmungsdauer (mehrere zehn Sekunden) sind Strommarken bzw. Blasen rings um die Elektrode zu beobachten;
- *Stromdichte $i_s \geq 50$ mA/mm² (Zone 3)*
  Es kann eine Verkohlung der menschlichen Haut auftreten.

Hauptaufgabe des Herzens ist es, den Blutkreislauf aufrecht zu erhalten. Das Herz **(Bild 1.6)** besteht aus vier hintereinander liegenden, vom Blut durchströmten Kammern.

Von den Venen gelangt das dunkle, mit Kohlendioxid angereicherte Blut zunächst in den rechten Vorhof und von dort in die rechte Herzkammer. Von dort fließt das Blut zur Lunge, wird dort mit Sauerstoff angereichert und gelangt – inzwischen hellrot geworden – zum linken Vorhof und dann über die linke Herzkammer durch die Arterien wieder in den Körper. Der Bewegungsablauf, d. h. das jeweils gleichzeitige Zusammenziehen der beiden Vorhöfe und der beiden Kammern, ist in **Bild 1.7** zusammen mit dem Elektrokardiogramm (EKG) eines Herzschlags dargestellt. Das Zusammenziehen wird Systole, das Erschlaffen Diastole genannt. Gesteuert werden diese Vorgänge im Herzen durch eine Steuerzentrale (Schrittmacher) im Herzen selbst. Bei einem gesunden Herz ist der Sinusknoten der Schrittmacher. Für den Fall, daß der Sinusknoten keinen Impuls mehr erzeugt oder dieser nicht ordnungsgemäß weitergeleitet wird, kann die Funktion des Sinusknotens von anderen nachgeschalteten Knoten notdürftig übernommen werden, wobei ein Notkreislauf mit etwa halber Frequenz des Sinusknotens aufgebaut wird (Artrioventrikular-Knoten).

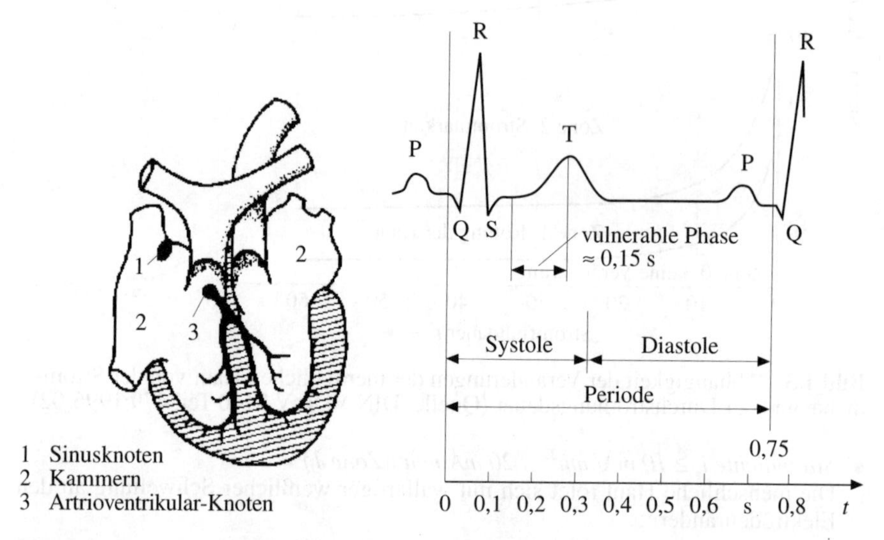

Bild 1.6 Schnitt durch das menschliche Herz

Bild 1.7 EKG mit Bewegungsablauf eines Herzschlags

Die Entstehung von Herzkammerflimmern kann am Verlauf des EKG erläutert werden. Die P-Welle bedeutet die Erregungsausbreitung über die Vorhöfe. Das Intervall PQ stellt die Erregung der Kammerwände dar, und in der Zeit QRS kontrahieren die Kammerwände. Während sich in der T-Zacke der Herzmuskel wieder entspannt, befindet sich dieser in einem heterogenen Zustand, weil ein Teil des Muskels noch gespannt, aber ein anderer Teil bereits entspannt ist und damit auch wieder erregt werden kann. Dieser Bereich (Aufbau der T-Zacke) wird »Vulnerable Phase« genannt. Fließt während der vulnerablen Phase ein Strom entsprechender Größe über das Herz, dann trifft er die bereits wieder erregbaren Teile des Herzmuskels, die in diesem Fall einen Befehl zum Kontrahieren von außen bekommen. Damit arbeiten die Herzkammern nicht mehr koordiniert, und die Pumptätigkeit des Herzens bricht zusammen. Da dem Gehirn durch den fehlenden Blutkreislauf kein Sauerstoff mehr zugeführt wird, stirbt ein Mensch innerhalb weniger Minuten durch Sauerstoffmangel im Gehirn. Die Auswirkungen des

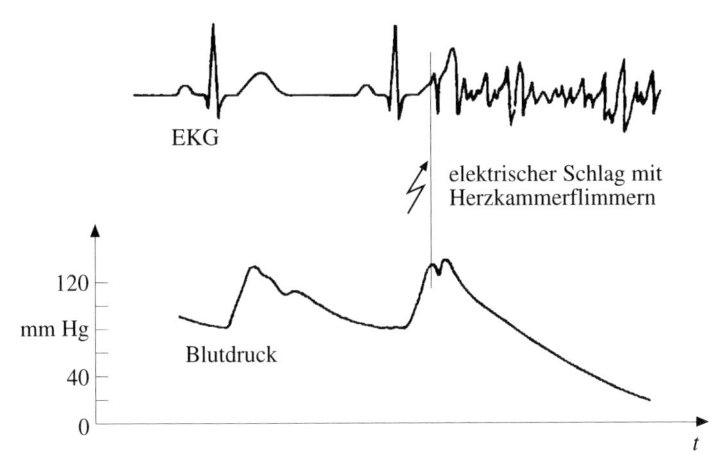

Bild 1.8 EKG und Blutdruck beim normalen Herzschlag und bei Herzkammerflimmern

Herzkammerflimmerns an einem EKG und auch der Blutdruck sind in **Bild 1.8** dargestellt. Das Herzkammerflimmern kann nur klinisch durch einen Defibrillator oder durch Massage am offengelegten Herzen beseitigt werden.

1.8.3 Stromart und Frequenz

Daß Gleichstrom weniger gefährlich als Wechselstrom ist, geht bereits aus dem Vergleich von Bild 1.3 mit Bild 1.4 hervor. Allgemein kann festgestellt werden, daß eine Gefährdung zwischen 0 Hz (Gleichstrom) und 400 Hz vorliegt, wobei das Maximum der Gefährdung bei 50 Hz bis 60 Hz liegt. Ab 400 Hz (500 Hz) nimmt die Gefährdung mit steigender Frequenz sehr stark ab. Hohe Frequenzen sind ungefährlich und werden sogar medizinisch für Heilzwecke eingesetzt.

Beispiele:

10 kHz	Reizstromtherapie (Lähmungsbehandlungen),
500 kHz	Diathermie (Wärmewirkungen im Körper),
10 MHz	Kurzwellenbehandlung,
300 MHz	Mikrowellenbehandlung.

Dieser Abhängigkeit der Gefährdung von der Frequenz wurde auch in DIN VDE 0160 »Ausrüstung von Starkstromanlagen mit elektronischen Betriebsmitteln« und DIN VDE 0800 Teil 1 »Fernmeldetechnik; Allgemeine Begriffe, Anforderungen und Prüfungen für die Sicherheit der Anlagen und Geräte« Rechnung getragen. Wie **Bild 1.9** zeigt, werden bei höheren Frequenzen auch höhere Berührungsspannungen zugelassen. Die Gefährdung bei höheren Fre-

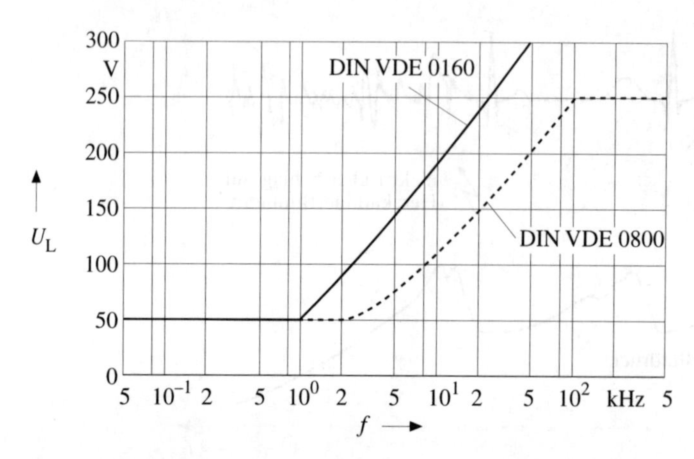

Bild 1.9 Zulässige Berührungsspannung in Abhängigkeit von der Frequenz

quenzen wird in der Regel durch den Frequenzfaktor angegeben. Dieser gibt das Verhältnis der gleichen physiologischen Wirkung des Stroms mit der höheren Frequenz zu der eines Stroms mit 50 Hz an. Der Frequenzfaktor hat unterschiedliche Werte für die Wahrnehmbarkeitsschwelle, für die Loslaßschwelle und für die Flimmerschwelle. **Bild 1.10** zeigt die Zusammenhänge für die Flimmerschwelle, für die Wahrnehmbarkeitsschwelle und für die Loslaßschwelle.

Wenn Strom durch den menschlichen Körper fließt, ist der Zeitpunkt der Berührung (Spannungsnulldurchgang, Spannungsmaximum) maßgebend. Die Höhe dieses »Einschaltstroms« ist vom Anfangswiderstand des Körpers R_0 abhängig, der den Widerstand des kapazitiv noch nicht aufgeladenen Körpers darstellt. Der

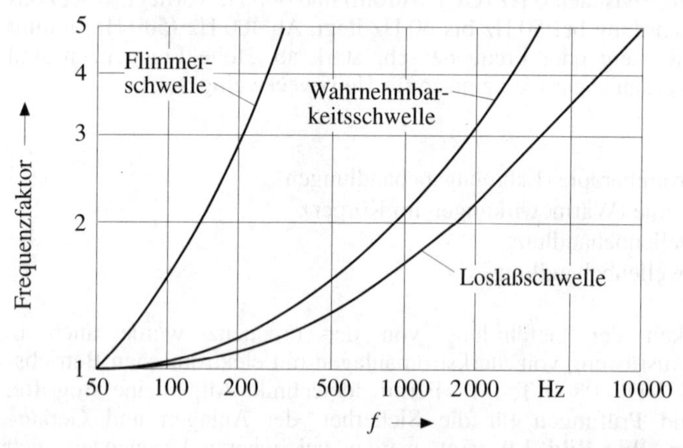

Bild 1.10 Frequenzfaktor für Flimmer-, Wahrnehmbarkeits- und Loslaßschwelle

Anfangswiderstand des menschlichen Körpers liegt bei etwa 500 Ω und ist von der Spannung nahezu unabhängig. Der genannte Wert gilt für den Stromweg Hand-Hand bzw. Hand-Fuß. Die Höhe des Einschaltstroms, dessen Dauer etwa 0,01 s beträgt, kann abgeschätzt werden:

$$\hat{I} = \frac{U_{\mathrm{TI}}}{R_0}, \tag{1.1}$$

mit

$\hat{I}$ Einschaltstrom in A,
U_{TI} Berührungsspannung, Momentanwert in V,
R_0 Körperanfangswiderstand in Ω.

1.8.4 DC-AC-Gleichwertigkeitsfaktor

Der *Gleichstrom-Wechselstrom-Gleichwertigkeitsfaktor* gibt das Verhältnis von Gleichstrom zu dem entsprechenden Wechselstrom (Effektivwert) an, das die gleiche Wahrscheinlichkeit hat, Herzkammerflimmern auszulösen. Es gilt

$$k = \frac{I_{\mathrm{DC-Flimmern}}}{I_{\mathrm{AC-Flimmern}}}. \tag{1.2}$$

Für eine Durchströmungsdauer von 500 ms und eine Wahrscheinlichkeit von 5 % Herzkammerflimmern (Kurve c_1) ergibt sich damit

$$k = \frac{I_{\mathrm{DC-Flimmern}}}{I_{\mathrm{AC-Flimmern}}} = \frac{180\ \mathrm{mA}}{100\ \mathrm{mA}} = 1{,}8.$$

Bei einer Durchströmungsdauer von 2,0 s und einer Wahrscheinlichkeit von 50 % Herzkammerflimmern (Kurve c_2) ist k = 2,5, was in diesem Fall bedeutet, daß Wechselstrom rund 2,5-mal gefährlicher ist als Gleichstrom.

1.8.5 Körperwiderstand und Stromweg

Der Körperwiderstand des Menschen schwankt in sehr weiten Bereichen. Er ist vor allem von zwei Größen abhängig, nämlich von:

- *Körperbau:* schwache, starke Gelenke und der
- *Hautbeschaffenheit:* dünne, dicke, hornige, feuchte und trockene Haut.

Bei sehr kleinen Spannungen ist die Hautbeschaffenheit (Hautimpedanz Z_p) besonders wichtig, da die Haut als Isolator wirkt. Bei höheren Spannungen wird die Haut durchschlagen, wobei dann nur noch der innere Körperwiderstand (Körperinnenimpedanz Z_i) maßgebend ist. Der Isolationsdurchschlag der Haut beginnt je nach Hautbeschaffenheit bei etwa 20 V (Minimalwert) und liegt bei horniger Haut bei etwa 200 V. Nach dem Spannungsdurchbruch durch die Haut steht dem Strom nur noch der innere Widerstand des menschlichen Körpers gegenüber. Er ist nahezu konstant und liegt bei etwa 750 Ω (Mittelwert, der für AC und DC gilt). Der Maximalwert der Körperimpedanz ist bei dicker, horniger, trockener Haut, der Minimalwert bei dünner, feuchter Haut (nahezu innerer Körperwiderstand) zu erwarten.

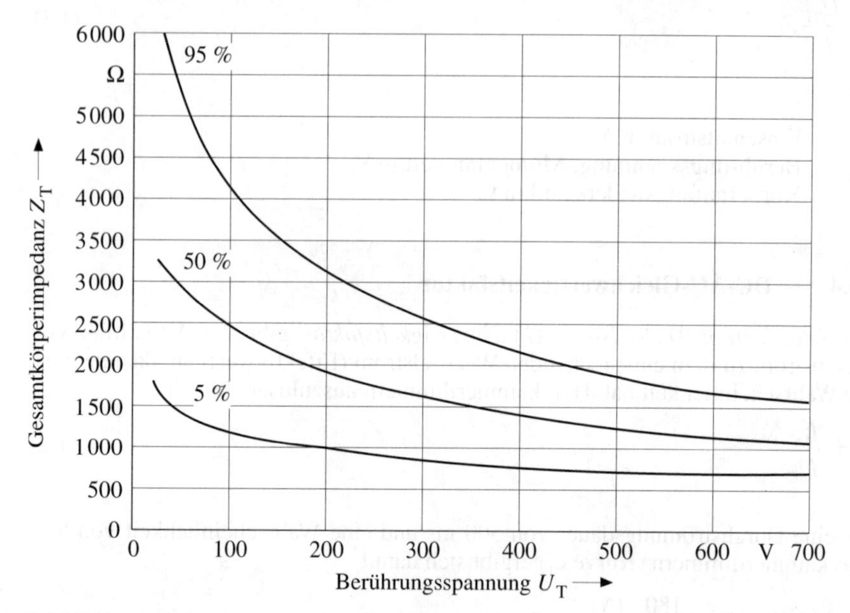

Bild 1.11 Gesamtkörperimpedanz Z_T in Abhängigkeit von der Berührungsspannung U_T bei AC bei einem Stromweg von Hand zu Hand

Bild 1.11 zeigt die Körperimpedanz Z_T eines Kollektivs von Untersuchungspersonen (Erwachsene mit einem Körpergewicht von mindestens 50 kg) unter folgenden Bedingungen:

- Stromweg von der linken Hand zur rechten Hand, mit einem zylindrischen Kontakt mit einer Fläche von ungefähr 80 cm²;
- Wechselstrom mit 50/60 Hz;
- Haut in trockenem Zustand;
- Angabe der Werte, die von 5 %, 50 % bzw. 95 % aller Menschen nicht überschritten werden.

Bild 1.12 zeigt den Körperwiderstand R_T bei Gleichstrom, gemessen an Untersuchungspersonen bei einem zylindrischen Kontakt mit einer Fläche von ungefähr 80 cm². Stromweg ist auch hier wie bei Wechselstrom von der linken Hand zur rechten Hand. Die Messungen wurden bei trockener Haut durchgeführt.

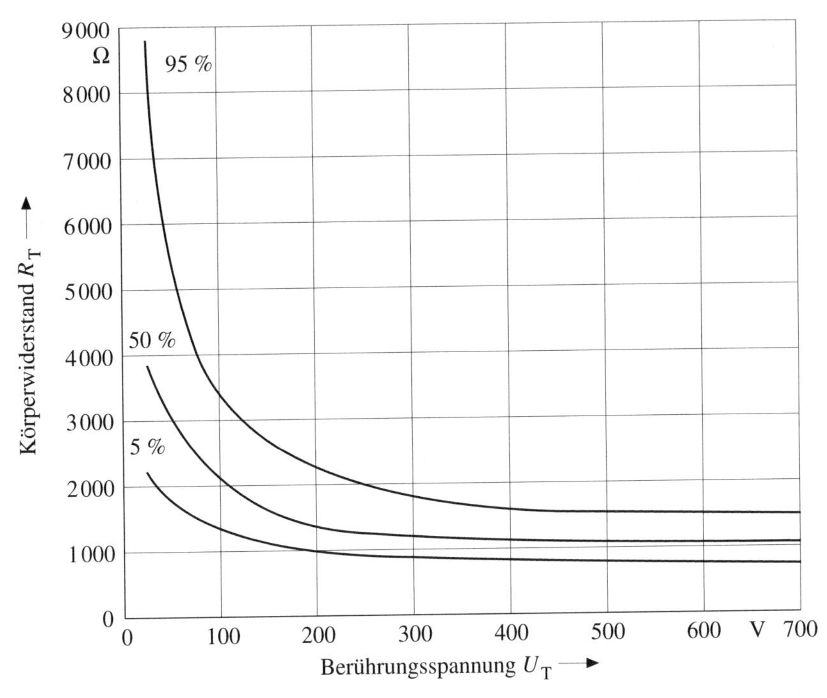

Bild 1.12 Körperwiderstand R_T in Abhängigkeit von der Berührungsspannung U_T bei DC bei einem Stromweg von Hand zu Hand

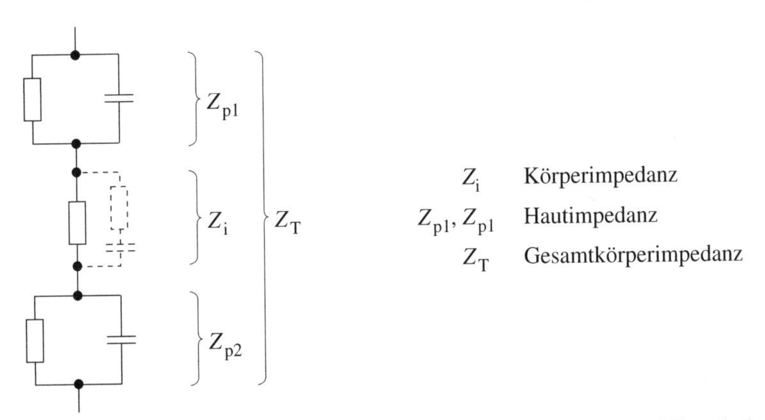

Bild 1.13 Impedanzen des menschlichen Körpers; der gestrichelte Teil stellt den kapazitiven Einfluß des menschlichen Körpers dar
(Quelle: DIN VDE V 0140 Teil 479:1996-02)

Den Zusammenhang zwischen der Körperinnenimpedanz Z_i, der Hautimpedanz Z_p und der Gesamtkörperimpedanz Z_T zeigt **Bild 1.13**.

Die Bilder 1.11 und 1.12 geben die Gesamtkörperimpedanz (AC) bzw. den Gesamtkörperwiderstand (DC) bei einem Stromweg von Hand zu Hand an. Für andere Stromwege können die Gesamtkörperimpedanz bzw. der Gesamtkörperwiderstand unter Anwendung von **Bild 1.14** abgeschätzt werden. Dabei zeigt **Bild 1.14 a** die prozentualen Anteile der Körperinnenimpedanz des entsprechenden Körperteils im Verhältnis zum Stromweg von Hand zu Fuß mit 100 %. Da der Unfall von Hand zu Fuß relativ selten ist und die Bilder 1.11 und 1.12 Impedanzen und Widerstände für den Stromweg von Hand zu Hand angeben, wurden in **Bild 1.14 b** noch die prozentualen Anteile angegeben, die für den Stromweg von Hand zu Hand mit 100 % gelten.

Bei der Ermittlung der Körperinnenimpedanz für einen bestimmten Stromweg durch den menschlichen Körper müssen die Körperinnenimpedanzen aller Teile

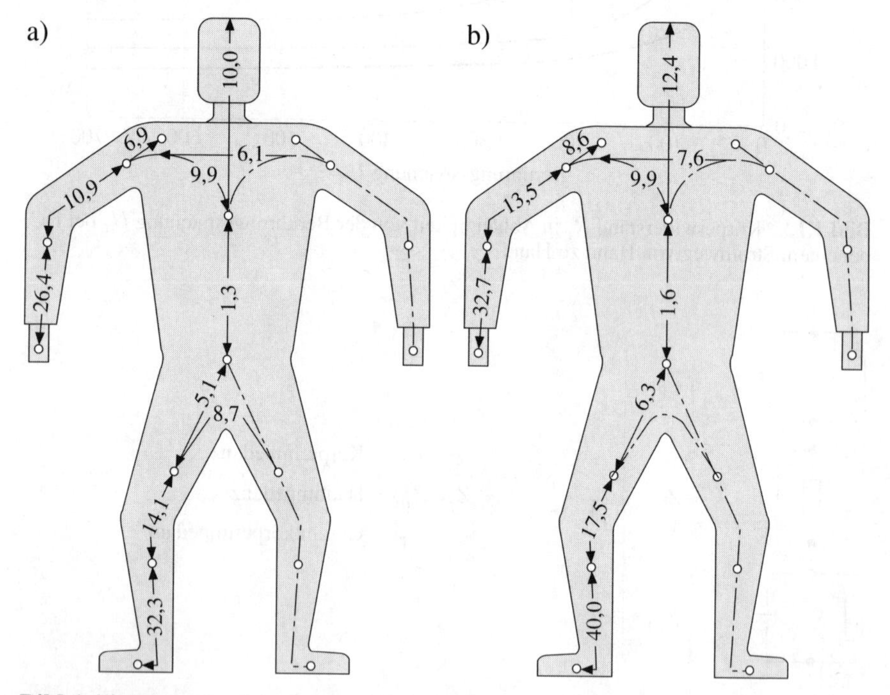

Bild 1.14 Körperinnenimpedanzen
a) Werte für Hand zu Fuß mit 100 % (Quelle: DIN VDE V 0140 Teil 479:1996-02)
b) Werte für Hand zu Hand mit 100 %

des Körpers dieses Stromkreises sowie die Hautimpedanzen unter Berücksichtigung von Parallelschaltungen addiert werden.

Wenn die Impedanz des Körperrumpfes vernachlässigt wird und beachtet wird, daß die häufigsten Körperdurchströmungen von Hand zu Hand bzw. von einer Hand zu beiden Füßen erfolgen und die Impedanzen hauptsächlich durch die Extremitäten (Arme und Beine) gebildet werden, kann eine stark vereinfachte Schaltung nach **Bild 1.15** zur Anwendung gelangen.

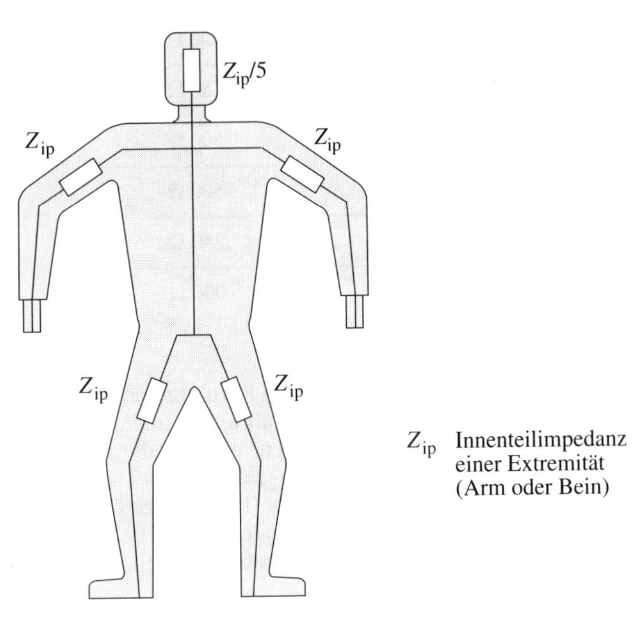

Z_{ip} Innenteilimpedanz einer Extremität (Arm oder Bein)

Bild 1.15 Vereinfachte Schaltung der Körperinnenimpedanzen (Quelle: DIN VDE V 0140 Teil 479:1996-02)

Wenn bei Überlegungen bezüglich der Sicherheit oder hinsichtlich einer Körperdurchströmung mit Körperimpedanzen oder Körperwiderständen gearbeitet wird, so kann bei einer Berührungsspannung von AC 230 V die untere Grenzkurve (5-%-Kurve) aus Bild 1.11 zugrunde gelegt werden. Unter der Annahme, daß die Gesamtkörperimpedanz in diesem Fall von Hand zu Hand etwa 1000 Ω beträgt, ergeben sich für andere Stromwege durch den Körper die in **Tabelle 1.5** gezeigten Gesamtkörperimpedanzen, wenn die Hautimpedanzen vernachlässigt werden, was bei AC 230 V tolerierbar ist.

Tabelle 1.5 Gesamtkörperimpedanzen (Hautimpedanz vernachlässigt) bei AC 230 V in Abhängigkeit vom Stromweg durch den menschlichen Körper

Stromweg	Gesamtkörperimpedanz	
	genaues Verfahren Bild 1.14	Näherungsverfahren Bild 1.15
Hand zu Hand	1000 Ω	1000 Ω
Hand zu Fuß	1239 Ω	1000 Ω
Hand zu Füße	920 Ω	750 Ω
Hände zu Füße	628 Ω	500 Ω
Hand zu Brust	585 Ω	500 Ω
Hände zu Brust	293 Ω	250 Ω
Fuß zu Fuß	1258 Ω	1000 Ω

Da die bisherigen Betrachtungen immer von großflächigen Berührungen (Hand mit etwa 80 cm^2 Berührungsfläche) ausgingen, aber auch Berührungen und damit Körperdurchströmungen über einen Finger zustande kommen, ist auch die Impedanz eines Fingers von Bedeutung. Messungen hierzu haben gezeigt, daß bei der Berührung eines aktiven Teils mit der Spitze des Zeigefingers (Berührungsfläche etwa 250 mm^2) bei 200 V die durch einen Finger hinzukommende zusätzliche Impedanz (AC) bzw. der Widerstand (DC) mit etwa 1000 Ω angenommen werden kann.

1.8.6 Herz-Strom-Faktor

Die verschiedenen Stromwege im menschlichen Körper beeinflussen auch die Stromstärke. Die Stromstärke erlaubt aber noch keine Aussage über die Gefahr des Herzkammerflimmerns, da bei den verschiedenen Stromwegen auch unterschiedliche Teilströme über das Herz fließen. Mit Hilfe des Herz-Strom-Faktors kann die Gefahr des Herzkammerflimmerns bei unterschiedlichen Stromwegen durch den menschlichen Körper abgeschätzt werden. Diese Faktoren beziehen sich auf den Herz-Strom-Faktor 1,0 für den häufigsten Stromweg von der linken Hand zu den beiden Füßen. Einige wichtige Herz-Strom-Faktoren sind in **Tabelle 1.6** dargestellt.

Tabelle 1.6 Herz-Strom-Faktoren (Quelle: DIN VDE V 0140 Teil 479:1996-02)

Stromweg		Herz-Strom-Faktor
von	zu	
linker Hand	linkem oder rechtem Fuß	1,0
linker Hand	beiden Füßen	
beiden Händen	beiden Füßen	1,0
linker Hand	rechter Hand	0,4
rechter Hand	linkem oder rechtem Fuß	0,8
rechter Hand	beiden Füßen	
Rücken	rechter Hand	0,3
Rücken	linker Hand	0,7
Brust	rechter Hand	1,3
Brust	linker Hand	1,5
Gesäß	linker oder rechter Hand	0,7
Gesäß	beiden Händen	

Es gilt für die verschiedenen Stromwege durch den menschlichen Körper die Beziehung:

$$I_h = \frac{I_{\text{ref}}}{F}. \tag{1.3}$$

Dabei bedeuten:

I_{ref} Strom in mA, der über den menschlichen Körper zum Fließen kommt, bei dem Stromweg linke Hand zu beiden Füßen (Herz-Strom-Faktor $F = 1{,}0$),

I_{h} Strom in mA, der bei einem Stromweg durch den menschlichen Körper zum Fließen kommen muß, um die gleiche Gefährdung hinsichtlich Herzkammerflimmern darzustellen; Stromweg nach Tabelle 1.6,

F Herz-Strom-Faktor; siehe Tabelle 1.6.

Beispiel: Bei einem Stromweg von der linken Hand zu beiden Füßen mit $I_{\text{ref}} = 150$ mA (Herz-Strom-Faktor $F = 1{,}0$) ist die Gefahr des Herzkammerflimmerns sehr groß. Gefragt ist, welcher Strom bei einer Durchströmung linke Hand zu rechter Hand die gleiche Gefährdung hervorrufen würde.
Mit dem Herz-Strom-Faktor $F = 0{,}4$ bei einer Durchströmung linke Hand zu rechter Hand ist:

$$I_h = \frac{I_{\text{ref}}}{F} = \frac{150\ \text{mA}}{0{,}4} = 375\ \text{mA}.$$

1.8.7 Verhalten bei elektrischen Unfällen

Obwohl bei einem Unfall in der Regel mit normalen Handlungen nicht immer gerechnet werden kann, ist nach dem Gesetz jeder zur Hilfeleistung verpflichtet. Es soll dabei nicht verkannt werden, daß gerade bei elektrischen Unfällen vielfältige Probleme auftreten. Es gibt aber einige wichtige Regeln, die beachtet werden sollten:

a) *Unterbrechen des Stroms*
Abschalten des Stromkreises, evtl. Herbeiführen eines Kurzschlusses. Bei Spannungen bis 1000 V ist ein Wegziehen an den Kleidern oder das Wegstoßen mit einer Holzlatte möglich. Bei Spannungen über 1000 V ist hiervon abzuraten.

b) *Bergung des Verunfallten*
Den Verunfallten aus dem Gefahrenbereich bringen. Arzt verständigen lassen! Prüfen, ob Atmung und Puls vorhanden sind.

c) *Wiederbelebung einleiten*
Wenn Atmung fehlt – Atemspende (von Mund zu Nase oder von Mund zu Mund). Wenn Puls fehlt – Herzdruckmassage. Mit diesen Maßnahmen wird nur ein Notkreislauf aufgebaut; das Gehirn wird durch das Blut weiter mit Sauerstoff versorgt. Es sterben keine Gehimzellen ab. Um das Absterben der Gehirnzellen (keine Regeneration) zu verhindern, ist eine frühzeitige Beatmung unbedingt notwendig. Amerikanische Wissenschaftler haben die mittlere Zerfallsgeschwindigkeit der Gehirnzellen untersucht, die auftritt, wenn die Sauerstoffzufuhr unterbleibt. Die

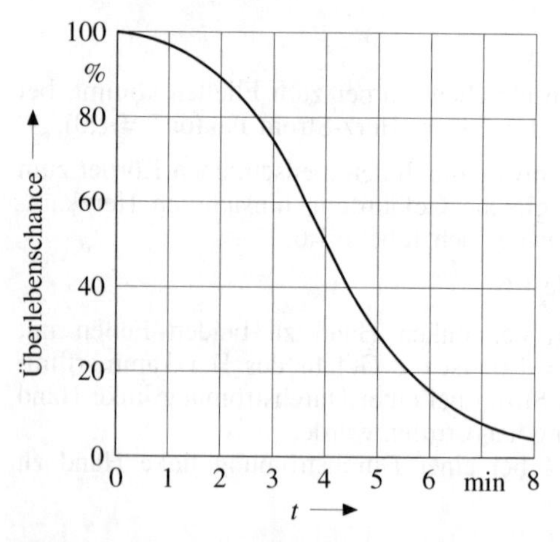

Bild 1.16 Überlebenschance in Abhängigkeit von der Zeit zwischen Atemstillstand und Beginn der künstlichen Beatmung

dabei gefundene Funktion kann mit hinreichender Genauigkeit der Überlebenschance gleichgesetzt werden **(Bild 1.16).** Die künstliche Beatmung darf erst eingestellt werden, wenn von einem Arzt der Tod festgestellt worden ist. Bei der Herzdruckmassage (nur wenn Puls fehlt) soll etwa 70- bis 80mal pro Minute gleichmäßig mit dem Handballen oder den Fingern das Brustbein nach innen gedrückt werden.

1.9 Literatur zu Kapitel 1

[1] Leber, R.; Orth, K.-L.; Winckler, R.: 15 Jahre DKE. etz Elektrotech. Z. 107 (1986) H. 17, S. 782 bis 787

[2] Graeff, G.: Die rechtliche Bedeutung der allgemein anerkannten Regeln der Technik. Moderne Unfallverhütung (1987) H. 22, S. 9 bis 16

[3] Lehmann, M.: Deutsche Elektrotechnische Kommission im DIN und VDE (DKE); Organisation und Arbeitsweise. Sonderdruck der DKE, Stand 1. Januar 1987

[4] DIN-Normenheft 10: Grundlagen der Normungsarbeit des DIN. Berlin: Beuth-Verlag, 1982

[5] Warner, A.: Einführung in das VDE-Vorschriftenwerk. VDE-Schriftenreihe, Bd. 50, Berlin und Offenbach: VDE-VERLAG, 1983

[6] Wanner, A.: Zertifizierung von elektrotechnischen Erzeugnissen nach nationalen, regionalen und internationalen Verfahren. etz Elektrotech. Z. 107 (1986) H. 17, S. 800 bis 805

[7] Winckler, R.; Cassassolles, J.; Verdiani, D.: Kommentar zur Niederspannungs-Richtlinie der Europäischen Gemeinschaft vom 19. Febr. 1973. VDE-Schriftenreihe, Bd. 27, Berlin u. Offenbach: VDE-VERLAG, 1974

[8] Orth, K.-L.: Niederspannungs-Richtlinie der EG beeinflußt elektrotechnische Normung in Deutschland. etz Elektrotech. Z. 102 (1981) H. 24, S. 24 und 25

[9] Marburger, P.: Technische Normen im Recht der technischen Sicherheit. DIN-Mitt. 64 (1985) H. 10, S. 570 bis 577

[10] Ullrich, G.: Elektrotechnik für die Therapie des Herzens. etz. Elektrotech. Z. 102 (1981) H. 9, S. 482 bis 485

[11] Kieback, D.: Die zeitliche Entwicklung der tödlichen Stromunfälle in der Bundesrepublik Deutschland. etz Elektrotech. Z. 101 (1980) H. 1, S. 23 bis 26

[12] Brinkmann, G.; Schäfer, H.: Der Elektrounfall. Berlin/Heidelberg/New York: Springer- Verlag, 1982

[13] Zürneck, H.: Ursachen tödlicher Stromunfälle bei Niederspannung. Forschungsbericht Nr. 333, Dortmund: Bundesanstalt für Arbeitsschutz und Unfallforschung, 1983

[14] Biegelmeier, G.: Die Wirkungen des elektrischen Stroms auf den Menschen und der elektrische Widerstand des menschlichen Körpers. etz-Report 20, Berlin und Offenbach: VDE-VERLAG, 1985

[15] Biegelmeier, G.: Wirkungen des elektrischen Stroms auf Menschen und Nutztiere – Lehrbuch der Elektropathologie. Berlin und Offenbach: VDE-VERLAG, 1986

[16] Biegelmeier, G.; Kiefer, G.; Krefter, K.-H.: Schutz in elektrischen Anlagen, Bd. 1: Gefahren durch den elektrischen Strom. VDE-Schriftenreihe, Bd. 80, Berlin und Offenbach: VDE-VERLAG, 1996

[17] Barz, N.: EG-Niederspannungsrichtlinie. VDE-Schriftenreihe, Bd. 69, Berlin und Offenbach: VDE-VERLAG, 1997

2 Begriffe und technische Grundlagen – Teil 200

Alle *elektrotechnischen Begriffe* sollen künftig mit international vereinheitlichter Definition im *»Internationalen Elektrotechnischen Wörterbuch«* (IEV) aufgenommen werden. Für den Geltungsbereich der DIN VDE 0100 wurde mit Teil 200:1985-07 in Deutschland ein Anfang gemacht, der mit der Ausgabe 11.93 konsequent fortgesetzt wurde. Im Hauptteil von Teil 200 sind die international festgelegten Begriffe enthalten; Anhang A enthält die national festgelegten Begriffe, die international noch nicht übernommen worden sind, aber Bestandteil von Teil 200:1982-04 waren.

2.1 Anlagen und Netze

Der Begriff *Starkstromanlage* ist auch im Energiewirtschaftsgesetz definiert. Danach ist das Endprodukt maßgebend. Wird eine elektrische Arbeit verrichtet, handelt es sich um eine Starkstromanlage. Besteht das Endprodukt aus einer Nachricht durch Übermittlung von Zeichen, Lauten o. ä., handelt es sich um eine Nachrichtenanlage. Eine Abgrenzung von Starkstrom- zu Nachrichtenanlagen nur aufgrund von Strom-, Spannungs- und Leistungsgrößen ist nicht möglich.

Die Begriffe *Verteilungsnetz* und *Verbraucheranlage* hängen unmittelbar miteinander zusammen. In der öffentlichen Energieversorgung ist die Abgrenzung zwischen Verteilungsnetz und Verbraucheranlage klar festgelegt **(Bild 2.1).** Dabei stimmt die Definition mit den Festlegungen in den AVBEltV § 10(1) überein. Für Industrieanlagen ist als Abgrenzung die Abgangsklemme der letzten Verteilung – im Zuge des Energieflusses gesehen – festgelegt (siehe Teil 200, Bild A.1).

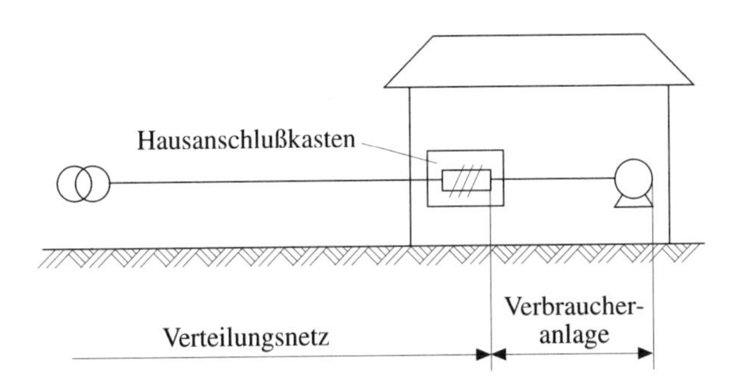

Bild 2.1 Netzabgrenzung

Als *Hausinstallation* gilt eine Anlage mit einer Nennspannung bis 250 V gegen Erde. Der Umfang der Anlage muß in Art und Ausführung einer Wohnung entsprechen.

Beispiele:

Wohnungen, kleinere Büros, kleine trockene Werkstätten für Optiker, Sattler, Schuhmacher, Uhrmacher, Einzelhandelsgeschäfte usw.

Kfz-Werkstätten, Schmiedewerkstätten, Naßwerkstätten, Färbereien, Gerbereien, Wäschereien, Bürohäuser, Warenhäuser und ähnliche Anlagen gehören nicht zu den Hausinstallationen.

Eine *Freileitung* ist die Gesamtheit einer zur Fortleitung der elektrischen Energie dienenden Anlage, bestehend aus Masten, Dachständern, Verankerungen, Querträgern, Isolatoren, Leiterseilen und dgl., die oberirdisch verlegt sind. Für Freileitungen bis 1000 V gilt DIN VDE 0211.

Die Begriffe *Hausanschlußleitung, Hauseinführung, Hauseinführungsleitung* und *Hausanschlußkasten* nach DIN VDE 0211 für Freileitung und DIN VDE 0100 Teil 732 für Kabel sind in **Bild 2.2** und **Bild 2.3** dargestellt.

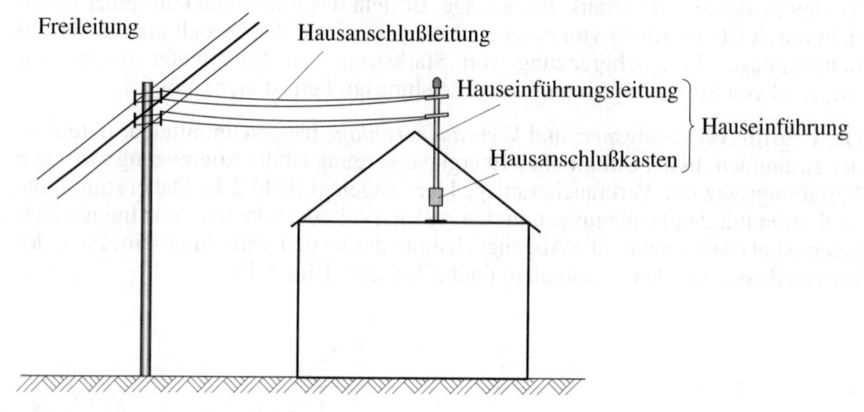

Bild 2.2 Begriffe im Freileitungsnetz

Eine *Anlage im Freien* ist eine außerhalb des Gebäudes als Teil einer Verbraucheranlage, also hinter einem Hausanschluß, auf Straßen, Wegen, Plätzen, errichtete Anlage.

- *Geschützte Anlagen im Freien* sind elektrische Anlagen an und unter Überdachungen, Toreinfahrten, überdachten Tankstellen usw.
- *Ungeschützte Anlagen im Freien* sind elektrische Anlagen an Gebäudeaußenwänden, auf Dächern, auf Höfen, Gärten, Bauplätzen usw.

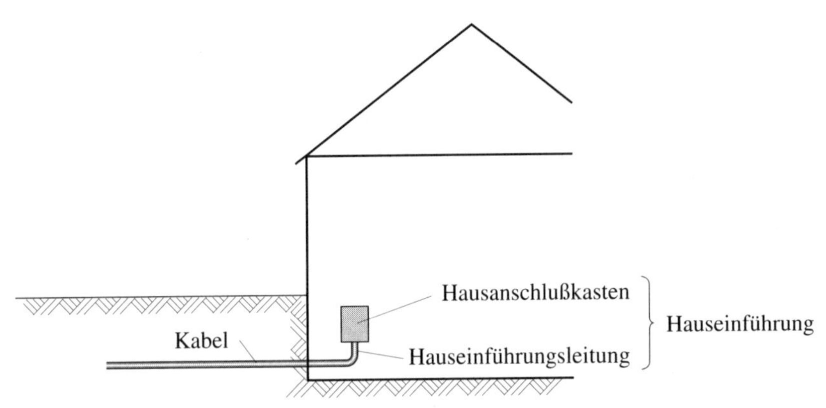

Bild 2.3 Begriffe im Kabelnetz

Stromkreis ist die geschlossene Strombahn zwischen Stromquelle und Verbrauchsmittel. Zu unterscheiden ist in:

- *Hauptstromkreise* sind Stromkreise, die Betriebsmittel zum Erzeugen, Umformen, Verteilen, Schalten und Verbrauch elektrischer Energie enthalten.
- *Hilfsstromkreise* sind Stromkreise für zusätzliche Funktionen, z. B. Steuer-, Melde- und Meßstromkreise.

Nach Teil 200 sind gemäß internationalen Festlegungen noch folgende Begriffe für elektrische Anlagen in Gebäuden üblich:

- *Stromkreis einer Anlage* (von Gebäuden)
  Hierzu gehören alle Betriebsmittel einer Anlage, die von demselben Speisepunkt aus versorgt und durch dieselbe Überstrom-Schutzeinrichtung geschützt wird. Dabei ist ein
  - *Verteilungsstromkreis* ein Stromkreis, der eine Verteilungstafel (Schaltschrank) versorgt;
  - *Endstromkreis* ein Stromkreis, an dem unmittelbar Verbrauchsmittel oder Steckdosen angeschlossen sind.
- *Speisepunkt einer elektrischen Anlage* ist der Punkt, an dem elektrische Energie in eine Anlage eingespeist wird, z. B. der Hausanschlußkasten, Baustromverteiler usw.

2.2 Betriebsmittel, Verbrauchsmittel und Anschlußarten

Betriebsmittel sind alle Gegenstände und Einrichtungen zum:

- Erzeugen, z. B. Generator, Elemente,
- Fortleiten, z. B. Kabel, Leitungen, Schalter, Schutzorgane, Steckdosen,
- Verteilen, z. B. Schaltanlagen, Umspannanlagen,
- Speichern, z. B. Akkumulatoren,
- Umsetzen, z. B. Transformatoren, Motorgenerator,
- Verbrauchen, z. B. Leuchten, Motoren, Wärmegeräte, Haushaltsgeräte u. ä.,

von elektrischer Energie.

Verbrauchsmittel sind elektrische Betriebsmittel, die im allgemeinen als »Stromverbraucher« bezeichnet werden. Sie dienen dem Umsetzen der elektrischen Energie in eine andere Energieart, wie in:

- chemische Arbeit, z. B. Verkupfern, Vergolden im Elektrolyt oder Aluminiumgewinnung,
- mechanische Arbeit, z. B. Motorantriebe in den vielfältigsten Fällen,
- Erzeugung von Schall, z. B. Rundfunk und Fernsehen, Tongenerator,
- Erzeugung von Strahlung, z. B. Wärme (Heizgeräte), Licht, Infrarot, Ultraviolett.

Für die Aufstellung von elektrischen Betriebs- und Verbrauchsmitteln gibt es folgende Möglichkeiten:

- *ortsveränderlich*

ist ein Betriebs- oder Verbrauchsmittel, das während des Betriebs bewegt werden kann oder muß oder das leicht von einem Platz zum anderen gebracht werden kann, während es an den Versorgungsstromkreis bzw. Endstromkreis angeschlossen bleibt, beispielsweise Bohrmaschine, Staubsauger, Rasenmäher, Rasierapparat, Toaster, Küchengeräte (Grill, Handmixer) usw. Dabei sind Handgeräte ortsveränderliche Verbrauchsmittel, die während des üblichen Gebrauchs in der Hand gehalten werden, wobei ein eingebauter Motor fester Bestandteil des Betriebsmittels sein kann (Bohrmaschine), aber nicht sein muß (Lötkolben, Frisierstab).
Zu den ortsveränderlichen Verbrauchsmitteln zählen auch handgeführte Elektrowerkzeuge. Diese sind in der Normenreihe DIN VDE 0740 behandelt und sind dort folgendermaßen definiert:
Ein handgeführtes Elektrowerkzeug ist ein Elektrowerkzeug mit einer elektromotorisch oder elektromagnetisch angetriebenen Maschine, die so gebaut ist, daß Motor und Maschine eine Baueinheit bilden, die leicht an ihren Einsatzort gebracht werden kann und die während des Gebrauchs von Hand geführt wird oder in einer Halterung befestigt ist.

- *ortsfest*

ist ein festangebrachtes Betriebs- oder Verbrauchsmittel, das keine Tragevorrichtung besitzt und dessen Masse so groß ist, daß es nicht leicht bewegt werden kann. Nach IEC-Normen ist diese Masse für Haushaltsgeräte mit maximal 18 kg festgelegt. Beispielsweise Elektroherd, Speicherheizgerät, größere Motoren, Waschmaschinen, Geschirrspüler, Kühl- und Gefriergeräte usw. Dabei sind festangebrachte Betriebsmittel auch solche Betriebs- oder Verbrauchsmittel, die über eine Haltevorrichtung verfügen oder in einer anderen Weise (mit Dübeln befestigt) fest an einer bestimmten Stelle montiert sind, z. B. Speicherwasserwärmer oder Durchflußerwärmer.

Leitungen hingegen werden entweder als fest verlegte (ortsfest) oder bewegliche (ortsveränderlich) Leitungen bezeichnet, wobei folgendes gilt:

- *fest verlegt*

ist eine Leitung, die aufgrund ihrer Verlegung keine Änderung in ihrer Lage erfährt, also in oder unter Putz verlegt ist oder durch Schellen an einer Wand, Decke o. ä., bzw. an einem Spanndraht befestigt ist.

- *beweglich*
ist eine Leitung, wenn sie zwischen den Anschlußstellen beliebig bewegt werden kann, auch dann, wenn es sich um ortsfest montierte Betriebsmittel handelt, wobei der Anschluß wie folgt möglich ist:
  - an beiden Seiten fest, z. B. Elektroherd,
  - eine Seite fest, andere Seite beweglich, z. B. Bügeleisen, Stecker,
  - beide Seiten beweglich, z. B. Verlängerungsleitung oder Leitung mit Stecker und Gerätestecker.

Als fester Anschluß einer Leitung oder eines Kabels gilt die Befestigung eines Leiters durch:
- Schrauben, z. B. Lüsterklemme, Herdanschlußdose,
- Löten, z. B. Lötkabelschuh,
- Schweißen, z. B. Schweißverbindungen,
- Nieten, z. B. Nietverbinder,
- Kerben, z. B. Kerbverbinder im Freileitungsbau,
- Quetschen, z. B. Quetsch- oder Preßverbinder,
- Crimpen, z. B. Crimpverbinder.

2.3 Leiterarten, Stromverteilungssysteme, elektrische Größen

Bei Betrachten derzeitiger Stromverteilungssysteme und deren Leiterbezeichnungen muß die geschichtliche Entwicklung berücksichtigt werden. Gleichstromsysteme wiesen dabei die Tendenz zu ständiger Spannungserhöhung von 65 V, 110 V und 220 V auf. Bei Drehstrom waren die Spannungen 3 × 125 V für Lichtanlagen und 3 × 500 V für Kraftanlagen üblich.

Die genannten Netze wurden gegen Erde isoliert betrieben. Erdung eines Netzpunktes war nicht üblich. Zusätzliche Schutzmaßnahmen waren – ausgenommen für 3 × 500 V – nicht erforderlich und deshalb auch nicht üblich (Bild 2.4).

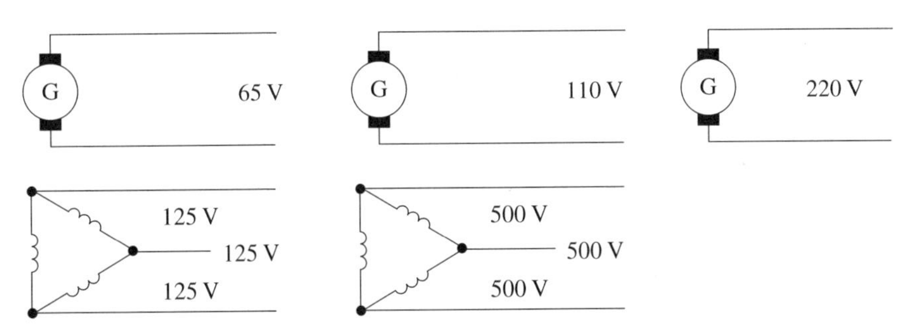

Bild 2.4 Ungeerdete Gleich- und Drehstromsysteme

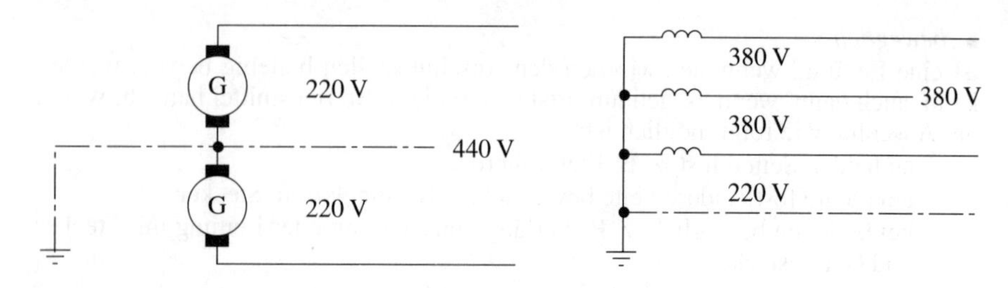

Bild 2.5 Geerdete Gleich- und Drehstromsysteme

Durch die Erhöhung der Nennspannungen der verschiedenen Systeme auf 440/220 V Gleichspannung und 3 × 220/127 V bzw. 3 × 380/220 V, verbunden mit der unmittelbaren Erdung des Mittelpunkt- bzw. Sternpunktleiters, war eine Gefährdung von Mensch und Tier bei fehlerhaften Anlageteilen gegeben. Seit etwa 1930 sind deshalb zusätzliche Schutzmaßnahmen gefordert.

Das in **Bild 2.5** dargestellte Drehstromsystem ist das in Deutschland am häufigsten vorkommende System. Von der IEC wird zur Zeit die weltweite Normung einer einheitlichen Spannung vorangetrieben, um die unterschiedlichen Spannungen zu vereinheitlichen. Die künftige Versorgungsspannung liegt demnach einschließlich der Toleranzen bei 400/230 V +6 %/–10 %. (In Ländern mit der bisherigen Spannung 415/240 V liegt die künftige Spannung bei 400/230 V +10 %/–6 %). Siehe hierzu DIN IEC 38/Mai 1987 »IEC-Normspannungen«.

Elektrische Größen sind zunächst nach DIN 40200 »Nennwert, Grenzwert, Bemessungswert, Bemessungsdaten« zu unterscheiden in:

- *Nennwert* (en: nominal value)
  Ein geeigneter gerundeter Wert einer Größe zur Bezeichnung oder Identifizierung eines Elements, einer Gruppe oder einer Einrichtung, z. B. Nennspannung, Nennstrom, Nennleistung, Nennfrequenz und dgl.
- *Bemessungswert* (en: rated value)
  Ein für eine vorgegebene Betriebsbedingung geltender Wert einer Größe, der im allgemeinen vom Hersteller für ein Element, eine Gruppe oder eine Einrichtung festgelegt wird, z. B. Bemessungsspannung, Bemessungsstrom und dgl.
- *Grenzwert* (en: limiting value)
  Der in einer Festlegung enthaltene größte oder kleinste zulässige Wert einer Größe, z. B. oberer Grenzwert der Spannung 12 kV; unterer Grenzwert der Spannung 10 kV.

Als Index für Formelzeichen wurde national (DIN 1304 Teil 1) und international (IEC 27-1) festgelegt für den

- *Nennwert* »n« oder »nom«, z. B. für die Nennspannung U_n oder U_{nom};
- *Bemessungswert* »r« oder »rat«, z. B. für den Bemessungsstrom I_r oder I_{rat}.

Fast alle Normgrößen in der Elektrotechnik, Spannung und größere Querschnitte ausgenommen, entstammen den Normreihen nach DIN 323 (geometrische Reihen), wobei die Hauptreihe R 5 noch durch die Zwischenwerte der Reihen R 10 und R 20 ergänzt werden. In **Tabelle 2.1** sind die Normzahlen dieser Reihen dargestellt. Mathematisch beschrieben werden die Reihen durch den Multiplikator:

$$R\ 5 = \sqrt[5]{10} = 1,6;$$

$$R\ 10 = \sqrt[10]{10} = 1,25;$$

$$R\ 20 = \sqrt[20]{10} = 1,12;$$

wobei die Normwerte in der Praxis noch gerundet werden.
International gebräuchlich sind die Reihen:

$$E\ 6 = \sqrt[6]{10} = 1,5;$$

$$E\ 12 = \sqrt[12]{10} = 1,2;$$

$$E\ 24 = \sqrt[24]{10} = 1,1.$$

Tabelle 2.1 Normzahlen der Reihen R 5, R 10 und R 20; Grundreihen

R 5	R 10	R 20
1,0	1,00	1,00
		1,12
	1,25	1,25
		1,40
1,6	1,60	1,60
		1,80
	2,00	2,00
		2,24
2,5	2,50	2,50
		2,80
	3,15	3,15
		3,55
4,0	4,00	4,00
		4,50
	5,00	5,00
		5,60
6,3	6,30	6,30
		7,10
	8,00	8,00
		9,00
10,0	10,00	10,00

Es bleibt abzuwarten, welche Normzahlen sich international und harmonisiert endgültig durchsetzen.
Die genormten Nennströme sind in **Tabelle 2.2** dargestellt; es ist zu erkennen, daß sie der Hauptreihe R 5 entnommen und durch die Reihe R 10 ergänzt sind.

Tabelle 2.2 Genormte Nennströme*) in A

						6,3			**10**
	16	20	**25**	31,5	**40**	50	**63**	80	**100**
125	**160**	200	**250**	315	**400**	500	**630**	800	**1000**

*) Die halbfett gesetzten Werte sind Vorzugswerte

Der *Nennstrom* I_n ist die Bemessungsgröße für eine Anlage, einen Stromkreis oder ein Betriebsmittel.

Der *Betriebsstrom* I_b ist der Strom, der im ungestörten Betrieb fließen soll.

Die *zulässige Dauerstrombelastbarkeit* – auch zulässige Strombelastbarkeit – I_z ist der höchste Strom, der von einem Leiter unter festgelegten Bedingungen dauernd geführt werden kann, ohne daß seine zulässige Dauertemperatur überschritten wird.

Überstrom ist jeder Strom, der die zulässige Strombelastbarkeit I_z überschreitet. Überstrom ist der Oberbegriff für:
- *Überlaststrom,* ein Überstrom, der in einem fehlerfreien Stromkreis auftritt;
- *Kurzschlußstrom,* auch unbeeinflußter vollkommener Kurzschlußstrom, ein Überstrom, der infolge eines Fehlers zwischen zwei aktiven Leitern zum Fließen kommt (siehe auch Abschnitt 2.6.1).

Der *Ansprechstrom* – auch vereinbarter Ansprechstrom – ist der festgelegte Wert des Stroms, der eine Schutzeinrichtung innerhalb einer festgelegten Zeit zum Ansprechen bringt. Siehe z. B. die Strom-Zeit-Kennlinie einer Schmelzsicherung.

Mit einer *Überstromüberwachung* soll festgestellt werden, ob eine bestimmte Stromstärke während einer festgelegten Zeit einen vorgegebenen Wert überschreitet.

Die *Nennspannung* ist die Spannung, nach der ein Netz oder ein Betriebsmittel benannt ist und auf die bestimmte Betriebseigenschaften bezogen werden.

Die bisherige Norm für Nennspannungen DIN 40002 ist durch DIN IEC 38 abgelöst worden. Mit der DIN IEC 38 wurde versucht, auf internationaler Ebene die Spannungen zu vereinheitlichen und die Zahl der genormten Werte zu reduzieren. Die Publikation IEC 38 »IEC standard voltages« von 1983 wurde deshalb unverändert in das Deutsche Normenwerk übernommen und wurde auch von den meisten CENELEC-Ländern akzeptiert.

Nach DIN IEC 38 gibt es die in **Tabelle 2.3** dargestellten, als Vorzugswerte genormten Gleich- und Wechselspannungen. Zusätzliche, als ergänzende Werte für Gleich- und Wechselspannung geltende Spannungen sind DIN IEC 38 zu entnehmen.

Die wichtigste, durch IEC 38 vorgenommene Änderung ist, daß die Nennspannung der vorhandenen 220/380-V- und 240/415-V-Netze auf den Wert 230/400 V umgestellt werden muß. Die Übergangszeit sollte möglichst kurz sein und 20 Jahre nicht überschreiten, was bedeutet, daß die Umstellung im Jahre 2003 vollzogen sein muß. Während dieser Zeit sollten als ersten Schritt die Energieversorgungsunternehmen der Länder, die 220/380-V-Netze haben, die Spannungstoleranzen auf 230/400 V +6 %/–10 % bringen und der Länder, die 240/415-V-Netze haben, die Spannungstoleranzen auf 230/400 V +10 %/–6 %. Am Ende dieser Übergangsperiode sollten die Spannungstoleranzen von 230/400 V ±10 % erreicht sein. Danach wird eine Verkleinerung dieser Toleranzen in Erwägung gezogen werden. Gleiches gilt auch für die Umstellung der 380/660-V-Netze auf die neue Spannung 400/690 V.

Die *niedrigste Spannung* eines Netzes ist der niedrigste Spannungswert, der in einem beliebigen Augenblick an einer beliebigen Stelle unter normalen Betriebs-

Tabelle 2.3 Normspannungen (Vorzugswerte) für Gleich- und Wechselspannung bis 1000 V AC und 1500 V DC

Gleichspannung in V	Wechselspannung in V
6	6
12	12
24	24
36	–
48	48
60	–
72	–
96	–
110	110
220	120/240*
440	230/400**
–	277/480**
750	400/690**
1500	1000**

* Einphasen-Dreileiternetze
** Drehstrom-Drei- oder -Vierleiternetze

bedingungen auftritt. Einschwingvorgänge, Überspannungen und zeitweilige Spannungsschwankungen werden dabei nicht berücksichtigt.

Die *höchste Spannung* eines Netzes ist der größte Spannungswert, der in einem beliebigen Augenblick an einer beliebigen Stelle des Netzes unter normalen Betriebsbedingungen auftritt. Einschwingvorgänge, Überspannungen, Lasthöhe und dgl. werden dabei nicht berücksichtigt.

Die *Betriebsspannung* ist die zu einem bestimmten Zeitpunkt an jedem beliebigen Ort des Stromkreises zwischen den Leitern herrschende Spannung.

Die *Spannungsbereiche* sind im CENELEC-HD 193 und in der IEC-Publikation 449 „Spannungsbereiche für elektrische Anlagen von Gebäuden" beschrieben (Tabelle 2.4).

Tabelle 2.4 Darstellung der Spannungsbereiche für AC und DC

Spannungsbereich	Stromart	geerdete Netze		isolierte oder nicht wirksam geerdete Netze
		Außenleiter – Erde	Außenleiter – Außenleiter[1]	Außenleiter – Außenleiter[1]
I	AC[2]	$U \leq 50$ V		
	DC[3]	$U \leq 120$ V		
II	AC[2]	50 V < $U \leq$ 600 V	50 V < $U \leq$ 1000 V	
	DC[3]	120 V < $U \leq$ 900 V	50 V < $U \leq$ 1500 V	

1) Für AC gilt die Spannung zwischen den Außenleitern L1, L2, L3;
für DC gilt die Spannung zwischen den Leitern L+, L–.
2) Für AC gelten Effektivwerte.
3) Die Werte für DC gelten für oberschwingungsfreie Gleichspannung.

In der **Tabelle 2.4** ist U die Nennspannung des Netzes, wobei bei Wechselspannung der Effektivwert gilt. Eine *oberschwingungsfreie Gleichspannung* liegt vor, wenn eine überlagerte sinusförmige Wechselspannung eine Welligkeit von nicht mehr als 10 % effektiv aufweist. Eine Gleichspannung gilt als oberschwingungsfrei, wenn bei einer Nennspannung von $U = 120$ V der maximale Scheitelwert von 140 V nicht überschritten wird. Bei $U = 60$ V darf der maximale Scheitelwert von 70 V nicht überschritten werden ($U_{max} = 120\,\text{V} + 10\,\% \cdot \sqrt{2} = 120\,\text{V} + 12\,\text{V} \cdot \sqrt{2} = 137\,\text{V}$).

Wenn in einem isolierten oder nicht wirksam geerdeten System ein Neutralleiter (Wechselstrom) oder Mittelleiter (Gleichstrom) mitgeführt wird, und es werden elektrische Betriebsmittel zwischen einem Außenleiter und dem Neutralleiter/Mittelleiter angeschlossen, so ist die Isolation der Betriebsmittel so auszuwählen, daß sie der Spannung zwischen den Außenleitern entspricht.

Der Spannungsbereich I gilt für Anlagen, bei denen der Schutz gegen elektrischen Schlag durch die maximal zulässige Höhe der Spannung sichergestellt werden soll

(z. B. Kleinspannung SELV und PELV), und für Anlagen, in denen die Spannung aus Funktionsgründen begrenzt ist (z. B. Fernmeldeanlagen, Signalanlagen, Klingelanlagen, Steuer- und Meldestromkreise).

Der Spannungsbereich II umfaßt die Spannungen zur Anwendung in Hausinstallationen sowie in gewerblichen und industriellen Anlagen (z. B. alle Spannungswerte der öffentlichen Energieversorgung unter 1000 V Wechselspannung und 1500 V Gleichspannung).

Die Einteilung der Spannungsbereiche I und II schließt nicht aus, daß für besondere Anwendungsfälle in den entsprechenden Bestimmungen dazwischen liegende Werte festgelegt werden können (z. B. $U = 25$ V Wechselspannung für Spielzeugeisenbahnen oder $U = 500$ V für Sekundärstromkreise bei der Schutztrennung).

Als *Spannung gegen Erde* gilt **(Bild 2.6):**

a) in Netzen mit geerdetem Stempunkt
   die Spannung eines Außenleiters gegen einen geerdeten Netzpunkt, also 230 V in einem 400/230-V-Netz.
b) in Netzen mit ungeerdetem Sternpunkt
   die Außenleiterspannung, obwohl die Spannung gegen Erde normalerweise gleich Null ist; es muß aber damit gerechnet werden, daß an einem Leiter ein Erdschluß auftritt und dann die Außenleiterspannung anliegt.

Die in Bild 2.4 bis Bild 2.6 verwendeten *Leiter* sind in **Tabelle 2.5** dargestellt und definiert. In Teil 200 sind festgelegt (**Bild 2.7**):

- Außenleiter sind Leiter, die Stromquellen mit Verbrauchsmitteln verbinden, aber nicht vom Mittel- oder Sternpunkt ausgehen;
- *Neutralleiter*
  ist ein mit dem Mittel- und Sternpunkt verbundener Leiter, der geeignet ist, zur Übertragung elektrischer Energie beizutragen;
- *Schutzleiter*
  ist ein Leiter, der für einige Schutzmaßnahmen gegen gefährliche Körperströme erforderlich ist, um die elektrische Verbindung zu einem der folgenden Teile herzustellen:
  - Körper der elektrischen Betriebsmittel,
  - fremde leitfähige Teile,
  - Haupterdungsklemmen, Haupterdungsschiene, Potentialausgleichsschiene,
  - Erder,
  - geerdeter Punkt der Stromquelle oder künstlicher Sternpunkt;

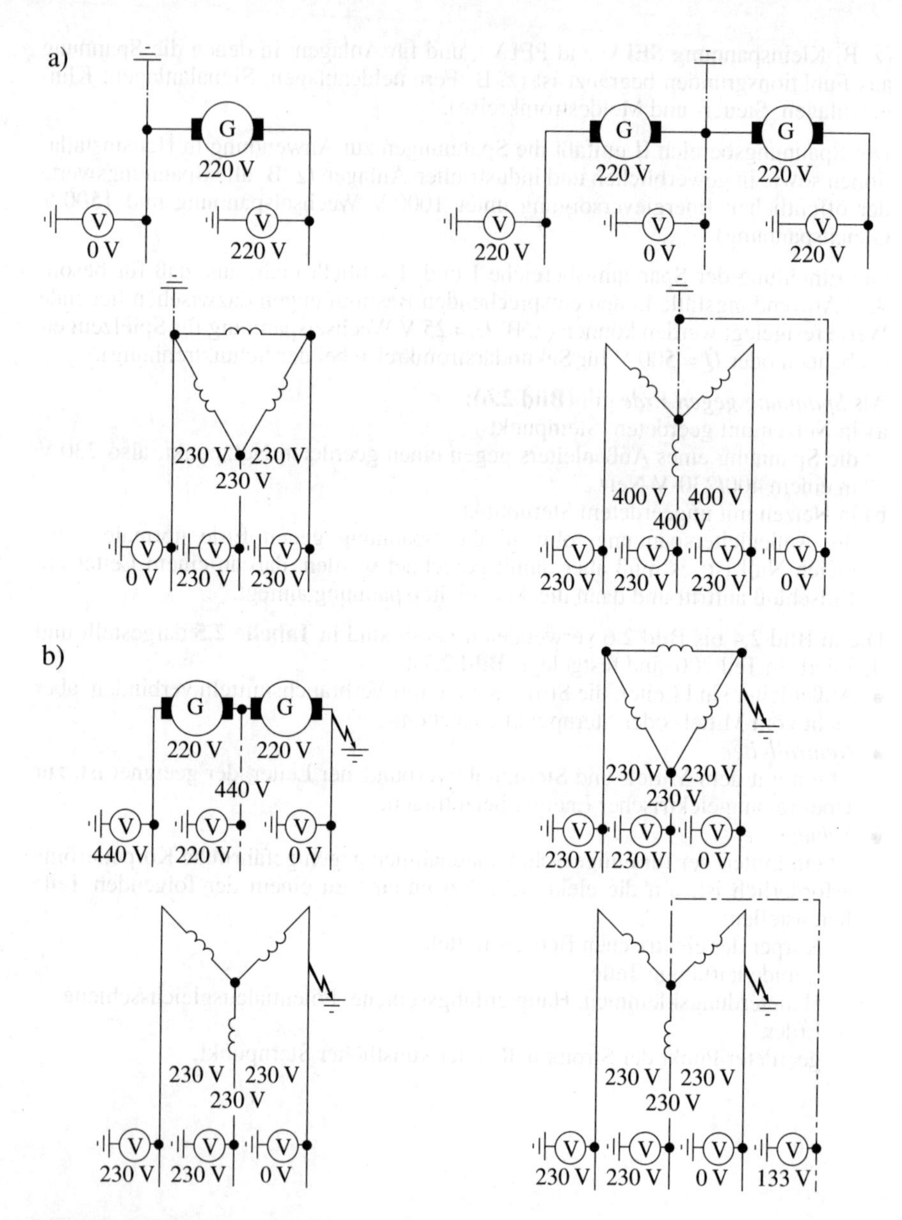

Bild 2.6 Spannung gegen Erde
a geerdete Netze
b isolierte Netze

Tabelle 2.5 Leiterarten bei AC

Benennung	Schaltzeichen nach DIN 40711 bzw. DIN 40717	alphanumerische Kennzeichnung nach DIN 42400	farbliche Kennzeichnung nach DIN 40705	Definition nach Teil 200
Außenleiter	———————	L1/L2/L3	alle Farben außer grün-gelb grün gelb mehrfarbige Kennzeichnung	Leiter, die die Stromquelle mit den Verbrauchsmitteln verbinden
Neutralleiter (früher Mittelleiter)	—·—·—	N	in der Regel hellblau	Leiter, der mit dem Mittel- oder Sternpunkt verbunden ist
Schutzleiter	—·—·—·—	PE	muß grün-gelb sein	Leiter, der zum Schutz von Körpern oder einzubeziehenden Metallteilen dient
PEN-Leiter (früher Nulleiter)	—·—·—·—	PEN	muß grün-gelb sein	Leiter, der die Funktion von Neutralleiter und Schutzleiter in sich vereinigt

Die farbige Kennzeichung der verschiedenen Leiterarten in Kabeln, Leitungen sowie von Schienen ist in Kapitel 19 behandelt.
Eine Gehäuseabgrenzung wird wie der Schutzleiter dargestellt, aber dünner gezeichnet.
Der PEN-Leiter ist an den Anschlußstellen zusätzlich »hellblau« zu markieren (siehe Abschnitt 14.7).

- *PEN-Leiter*
  ist ein geerdeter Leiter, der zugleich die Funktionen des Schutzleiters und des Neutralleiters erfüllt.

Auch die Begriffe »Erdungsleiter« und »Potentialausgleichsleiter« werden durch das IEV festgelegt **(Bild 2.7):**

- *Erdungsleiter* (der Ausdruck Erdungsleitung soll hier abgelöst werden) ist ein Schutzleiter, der die Haupterdungsklemme oder Haupterdungsschiene mit dem Erder verbindet;

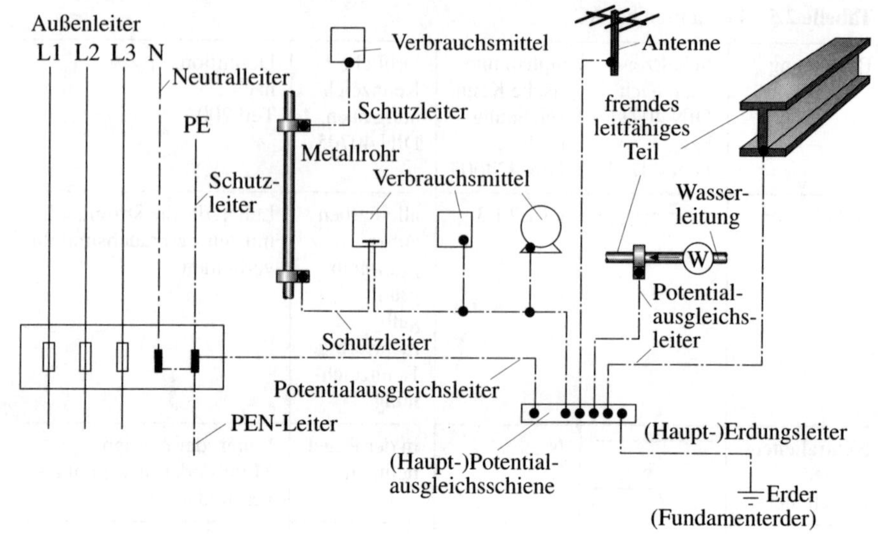

Bild 2.7 Leiterarten; Definitionen

- *Potentialausgleichsleiter* ist ein Schutzleiter zum Sicherstellen des Potentialausgleichs;
- *Potentialausgleich* ist eine elektrische Verbindung, die die Körper elektrischer Betriebsmittel und fremde leitfähige Teile auf gleiches oder annähernd gleiches Potential bringt;
- die *Haupterdungsklemme, Haupterdungsschiene, Potentialausgleichsschiene, Hauptpotentialausgleichsschiene* ist eine Klemme oder Schiene, die vorgesehen ist, Schutzleiter, Potentialausgleichsleiter und ggf. die Leiter einer Funktionserdung mit dem Erdungsleiter und dem Erder zu verbinden.

In Teil 200 nicht definiert sind der Hauptschutzleiter und der Hauptpotentialausgleich. Beide Begriffe sind im Zusammenhang mit elektrischen Anlagen in Gebäuden zu sehen. Nach Teil 410 Abschnitt 6.1.2 gilt:

- *Hauptschutzleiter* ist entweder der von der Stromquelle kommende oder der vom Hausanschlußkasten oder vom Hauptverteiler abgehende Schutzleiter.
- *Hauptpotentialausgleich* ist der in der Regel beim (in der Nähe) Hausanschlußkasten – oder der entsprechenden Versorgungseinrichtung, z. B. Umspannstation 10/0,4 kV – vorzunehmende Potentialausgleich. Zu verbinden sind dort (siehe auch Abschnitt 10.13.1):
  - Hauptschutzleiter,
  - Haupterdungsleiter,
  - Blitzschutzerder,
  - Hauptwasserrohre,
  - Hauptgasrohre,

– andere metallene Rohrsysteme (Steigleitungen zentraler Heizungs- und Klimaanlagen),
– Metallteile von Gebäudekonstruktionen soweit möglich.

- *Haupterdungsleiter* ist der vom Erder oder von den Erdern kommende Erdungsleiter.

Als *aktive Teile* gelten Leiter und leitfähige Teile der Betriebsmittel, die unter normalen Betriebsbedingungen unter Spannung stehen.

Hierzu gehören auch Neutralleiter, nicht aber PEN-Leiter und die mit diesem in leitender Verbindung stehenden Teile.

Als *Körper* gelten berührbare leitfähige Teile von Betriebsmitteln, die nicht aktive Teile sind, jedoch im Fehlerfall unter Spannung stehen können.

Ein *fremdes leilfähiges Teil* ist ein leitfähiges Teil, das nicht Teil der elektrischen Anlage ist, aber ein Potential einschließlich des Erdpotentials übertragen kann.

Anmerkung:
Solche Teile können sein:

- Metallkonstruktionen von Gebäuden,
- Gas-, Wasser- und Heizungsrohre usw. aus Metall und mit diesen verbundene nichtelektrische Einrichtungen (Heizkörper, Gas- oder Kohleherde, Metallausgüsse usw.),
- nichtisolierende Fußböden und Wände.

Gleichzeitig berührbare Teile sind Leiter oder leitfähige Teile, die von einer Person – gegebenenfalls auch durch Nutztiere – gleichzeitig berührt werden können.

Solche Teile können sein:

- aktive Teile,
- Körper von elektrischen Betriebsmitteln,
- fremde leitfähige Teile,
- Schutzleiter, Potentialausgleichsleiter,
- Erder.

2.4 Erdung

Erdung ist die Gesamtheit aller Maßnahmen zum Erden.
Erden bedeutet, einen Punkt der elektrischen Anlage elektrisch mit dem Erdreich zu verbinden. Der so mit der Erde verbundene Punkt ist geerdet.
Der Terminus *Erde* ist doppelt belegt. Definitionsgemäß ist:

- *Erde* die Bezeichnung für das Erdreich als Bodenart, wie z. B. Humus, Lehm, Sand, Kies usw.;
- *Erde* ein leitender Stoff (im elektrotechnischen Sinne auch Leitermaterial), der außerhalb des Einflußbereiches von anderen Erdern liegt und dessen elektrisches Potential als Null betrachtet wird.

Zur Verbindung des geerdeten Punktes mit der Erde dient ein Erder, das ist ein unmittelbar in Erde eingebrachter Leiter oder ein in ein Fundament oder in eine

Gründung eingebrachter Leiter. Hinsichtlich der Funktion können Erder eingeteilt werden in:

- *Betriebserder,* das ist ein Erder, der Betriebszwecken dient, und
- *Schutzerder,* das ist ein Erder, der Schutzzwecken dient.

Hinsichtlich der Ausführung von Erdern können sie eingeteilt werden in:

- *Oberflächenerder*
  - Banderder (Erder aus Bandstahl oder Kupferband),
  - Seilerder (Erder aus Fe-Seil oder Cu-Seil),
  - Erder aus Rundmaterial (Erder aus massivem Rundstahl oder Rundkupfer)
- *Tiefenerder*
  - Staberder (Erder aus massiven Stäben verschiedener Profile, wie z. B. Rund-, Kreuz-, T-, U-Profil aus Fe oder Cu),
  - Rohrerder (Erder aus Fe- oder Cu-Rohren)
- *Fundamenterder* (Erder aus Bandstahl oder Rundstahl im Fundament eines Gebäudes),
- *natürliche Erder* (Erder, dessen ursprünglicher Zweck nicht der Erdung diente, der aber als Erder wirkt).

Der *spezifische Erdwiderstand,* das ist der spezifische Widerstand der Erde, ist der Widerstand eines Erdwürfels von 1 m Kantenlänge zwischen zwei gegenüberliegenden Würfelflächen.

Der *Erdungswiderstand einer Anlage* ist der Widerstand zwischen Potentialausgleichsschiene oder Haupterdungsschiene des Erders und der Erde. Er setzt sich somit zusammen aus dem:

- *Ausbreitungswiderstand eines Erders* bzw. einer Erdungsanlage und dem
- *Widerstand des Erdungsleiters* zum Anschluß des Erders.

Der *Gesamterdungswiderstand eines Netzes* ist der Widerstand, der sich durch das Zusammenwirken aller Erder eines Netzes ergibt.

Als *Bezugserde* (auch neutrales Erdreich genannt) gilt der Bereich der Erde außerhalb des Einflußbereichs eines Erders, in welchem zwischen zwei beliebigen Punkten keine merklichen Spannungsunterschiede vorhanden sind.

Die Ausdehnung eines *Erders* oder einer *Erdungsanlage* (mehrere leitend miteinander verbundene Erder) und der spezifische Erdwiderstand, d. h. der Potentialverlauf, bestimmen also die Entfernung zur Bezugserde.

Ein Steuererder ist ein Erder, der nach Form und Anordnung mehr zur Potentialsteuerung als zur Einhaltung eines bestimmten Ausbreitungswiderstands dient.

Elektrisch unabhängige Erder sind Erder, die in einem solchen Abstand voneinander angebracht sind, daß der höchste Strom, der durch einen Erder fließen kann, das Potential des anderen Erders nicht nennenswert beeinflußt.

Die übrigen mit *Erde* und *Erdung* zusammenhängenden Begriffe werden in Kapitel 10 »Erdung, Schutzleiter und Potentialausgleichsleiter« ausführlich behandelt. Eine Darstellung der wichtigsten Begriffe zeigt **Bild 2.8.**

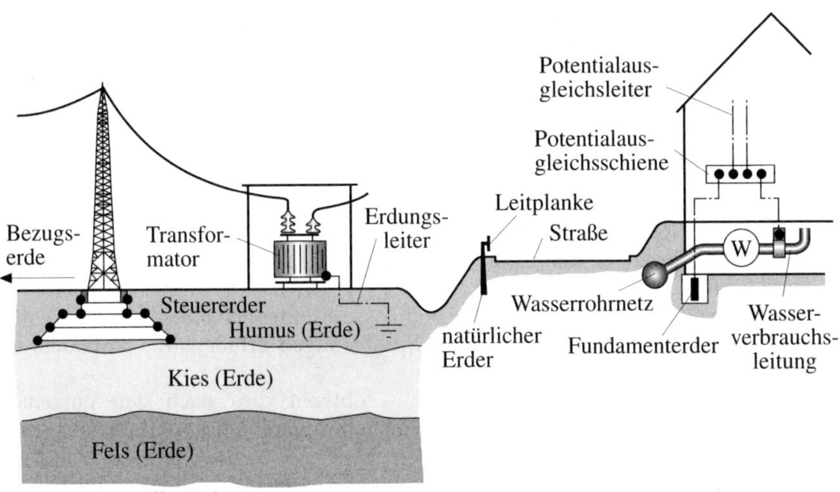

Bild 2.8 Begriffe, Erdung

2.5 Raumarten

Beim Errichten von elektrischen Anlagen ist es von besonderer Wichtigkeit zu wissen, welche Beanspruchungen am Verwendungsort zu erwarten sind. Den Raum bzw. Raumteil oder auch Ort im Freien zu klassifizieren, ist besonders wichtig. In Teil 200 sind die wichtigsten Raumarten mit Beispielen, die als Entscheidungshilfe anzusehen sind, aufgenommen. Die richtige Klassifizierung ist vom Errichter der Anlage zu treffen. In schwierigen Fällen sollte ein Sachverständiger oder das Bauaufsichtsamt eingeschaltet werden. Als Hilfe dienen kann auch Teil 510; siehe hierzu Abschnitt 14.3 »Äußere Einflüsse« und Anhang H.

Die teilweise in Teil 200 definierten und in den Teilen der Gruppe 700 behandelten Raumarten und Betriebsstätten:

- elektrische Betriebsstätten,
- abgeschlossene elektrische Betriebsstätten,
- trockene Räume,
- feuchte und nasse Räume,
- feuergefährdete Betriebsstätten,
- fliegende Bauten,
- Baderäume,
- Baustellen,
- landwirtschaftliche Betriebsstätten usw.

sind dort ausreichend und ausführlich erläutert.

Die Begriffe Betriebsräume und elektrische Betriebsräume sind in DIN VDE 0100 nicht definiert. In DIN VDE 0108 »Starkstromanlagen und Sicherheitsstromversorgung in baulichen Anlagen für Menschenansammlungen« werden diese Begriffe im Zusammenhang mit dem Musterwortlaut der EltBauVO (siehe Anhang F) verwendet.

Zu einigen besonders zu beachtenden Raumarten ist folgendes zu sagen:
- Küchen und Baderäume in Wohnungen sind trockene Räume.
- Keller sind normalerweise als feuchte und nasse Räume (Feuchtrauminstallation) zu behandeln; nur wenn ein Keller beheizt und belüftet ist, kann er als trockener Raum eingestuft werden.
- Hausschutzräume für den zivilen Bevölkerungsschutz gelten als feuchte und nasse Räume.
- Gewächshäuser müssen als feuchte und nasse Räume behandelt werden, wobei der Bereich, der durch Regner oder Sprühanlagen erfaßt wird, besonders zu behandeln ist.
- Garagen werden zweckmäßigerweise – obwohl dies nach den einzelnen Garagenverordnungen der Bundesländer nicht einheitlich gefordert wird – als feuergefährdete Betriebsstätten behandelt.
- Ölfeuerungsräume sind generell als feuergefährdete Betriebsstätten zu behandeln.
- Tankstellen bzw. Zapfsäulen sind in gewissen Bereichen explosionsgeschützt auszuführen.

Weitere Begriffe für Anlagen und Raumarten sind in den Einzelbestimmungen von DIN VDE 0100 Gruppe 700 für Räume und Anlagen besonderer Art enthalten.

2.6 Fehlerarten, Fehlerstrom, Berührungs- und Schrittspannung, Ableitstrom

2.6.1 Fehlerarten

Man unterscheidet folgende Fehlerarten:
- Isolationsfehler,
- Körperschluß,
- Leiterschluß,
- Kurzschluß,
- Erdschluß.

Ein Isolationsfehler ist ein fehlerhafter Zustand in der Isolierung.
Ein Körperschluß ist eine durch einen Fehler entstandene leitende Verbindung zwischen Körper und aktiven Teilen elektrischer Betriebsmittel **(Bild 2.9 a).**
Ein Kurzschluß ist eine durch einen Fehler entstandene leitende Verbindung zwischen betriebsmäßig gegeneinander unter Spannung stehenden Teilen (Leiter), wenn im Fehlerstromkreis kein Nutzwiderstand liegt **(Bild 2.9 b).**
Ein Erdschluß ist ein durch einen Fehler, auch über einen Lichtbogen entstandene leitende Verbindung eines Außenleiters oder eines betriebsmäßig isolierten Neutralleiters (Mittelleiter) mit Erde oder geerdeten Teilen **(Bild 2.9 c).**

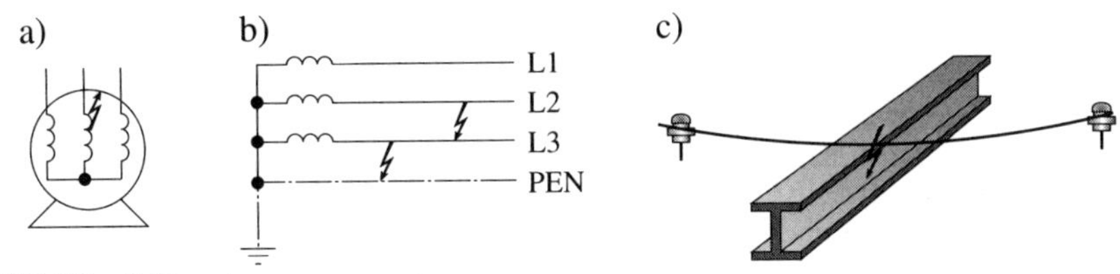

Bild 2.9 Fehlerarten
a Körperschluß
b Kurzschluß
c Erdschluß

Ein *Körper-, Kurz-* oder *Erdschluß* ist:

- *vollkommen* (direkt),
  wenn kein Fehlerwiderstand im Kreis vorhanden ist,
- *unvollkommen* (indirekt),
  wenn ein Fehlerwiderstand im Kreis vorhanden ist (z. B. nasser Ast, Lichtbogen).

Ein *Leiterschluß* **(Bild 2.10)** liegt vor, wenn im Fehlerstromkreis ein Nutzwiderstand oder ein Teil eines Nutzwiderstandes vorhanden ist.

Betriebsmittel sind:

- *kurzschlußfest,*
  wenn durch die thermischen und dynamischen Wirkungen des Kurzschlußstromes keine Schäden entstehen können,
- *kurzschlußsicher* bzw. *erdschlußsicher,*
  wenn durch Anordnung, Bauart o. ä. mit dem Auftreten von Erd- oder Kurzschlüssen nicht zu rechnen ist.

Ein Fehlerstrom kommt durch einen Isolationsfehler zustande. Er tritt entweder als Erdschluß- oder als Kurzschlußstrom zutage.

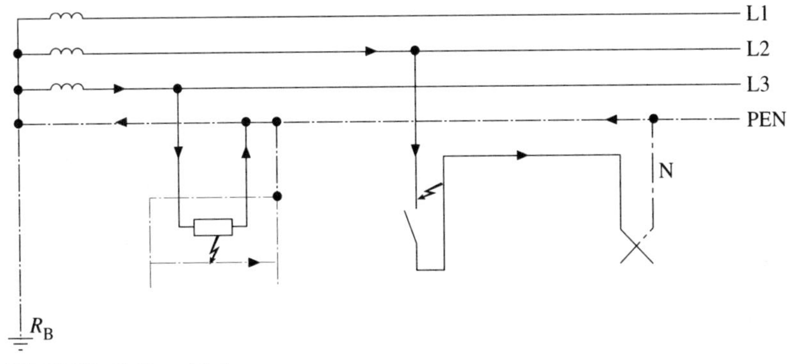

Bild 2.10 Leiterschluß

2.6.2 Fehlerstrom

Ein *Fehlerstrom* ist der über einen Isolationsfehler fließende Strom. Seine Größe ist vom Schleifenwiderstand abhängig. Dabei sind sowohl der Widerstand des Leitungsnetzes (vom Kraftwerk bis zur Fehlerstelle) als auch der Fehlerwiderstand (Lichtbogen oder Kriechstrecke) und evtl. – je nach Fehlerart – Verbraucherwiderstände oder Teile derselben zu berücksichtigen **(Bild 2.11)**.

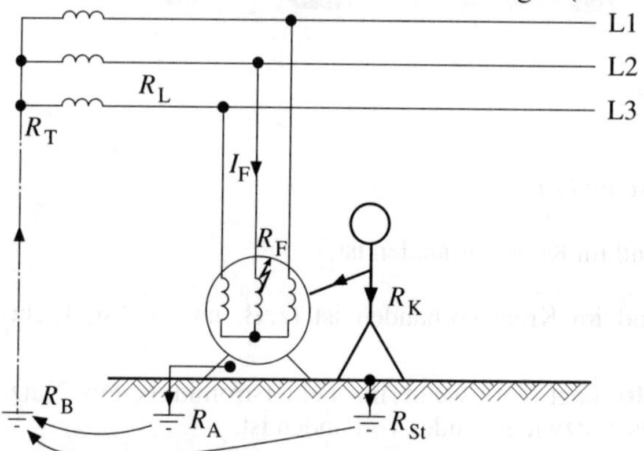

Bild 2.11 Fehlerstrom und Fehlerstromkreis

Je nach vorliegendem Fall sind dabei zu berücksichtigen:

- Transformatorenwiderstand R_T,
- Leitungswiderstand R_L,
- Fehlerwiderstand R_F,
- Erdungswiderstände R_A und R_B,
- Körperwiderstand R_K,
- Standortwiderstand R_{St}.

2.6.3 Berührungsspannung, Berührungsstrom

Die *Berührungsspannung* ist die Spannung, die zwischen gleichzeitig berührbaren Teilen während eines Isolationsfehlers auftreten kann. Da der Wert der Berührungsspannung durch die Impedanz des menschlichen Körpers erheblich beeinflußt werden kann, sind zwei Fälle zu unterscheiden:

- die Berührungsspannung tritt infolge eines Fehlers auf, ohne daß durch eine Person oder ein Nutztier die Spannung überbrückt wird; U_{PT} bezeichnet im folgenden die Berührungsspannung (prospektive Berührungsspannung);
- die Berührungsspannung tritt infolge eines Fehlers auf, aber durch Berührung durch eine Person wird eine Körperimpedanz in den Stromkreis geschaltet, so daß die Körperimpedanz mit den anderen Impedanzen des Fehlerstromkreises in Reihe liegt. Die in diesem Fall über dem Körperwiderstand wirkende Berührungsspannung wird im folgenden mit U_T (Berührungsspannung über dem Körper) bezeichnet.

Die *zu erwartende Berührungsspannung* (prospektive Berührungsspannung) ist dabei die höchste Berührungsspannung, die im Falle eines Fehlers mit vernachlässigbarer Impedanz in einer elektrischen Anlage je auftreten kann. Die Höhe der zu erwartenden Berührungsspannung kann deshalb von folgenden Größen abhängen:

- von der Fehlerstelle im Stromkreis,
- vom Impedanzverhältnis zwischen Außenleiter und Schutzleiter bzw. PENLeiter,
- von der Spannung des Versorgungssystems.

Die vereinbarte Grenze der Berührungsspannung ist die *höchstzulässige Berührungsspannung,* die im Falle eines Fehlers mit vernachlässigbarer Impedanz zeitlich unbegrenzt bestehen bleiben darf. Der zulässige Wert für die vereinbarte Grenze der Berührungsspannung (Bezeichnung U_L) hängt von den äußeren Einflüssen ab. Sie beträgt im Normalfall:

$U_L = 50$ V Wechselspannung bzw. 120 V Gleichspannung für Menschen,
$U_L = 25$ V Wechselspannung bzw. 60 V Gleichspannung für Großtiere (Schafe, Rinder, Pferde usw.),
wobei für besondere Anlagen oder bei besonderen Bedingungen auch geringere Werte gelten können.

Bei der Betrachtung der Berührungsspannung ist zu unterscheiden, ob die Spannung gemessen wird oder ob ein Strom über den menschlichen Körper zum Fließen kommt. Bei der meßtechnischen Erfassung der Berührungsspannung kann diese je nach Fehlerstelle zwischen dem fehlerbehafteten Betriebsmittel und

- einem anderen Betriebsmittel oder
- einem fremden leitfähigen Teil oder
- unmittelbar zu Erde

auftreten **(Bild 2.12).**

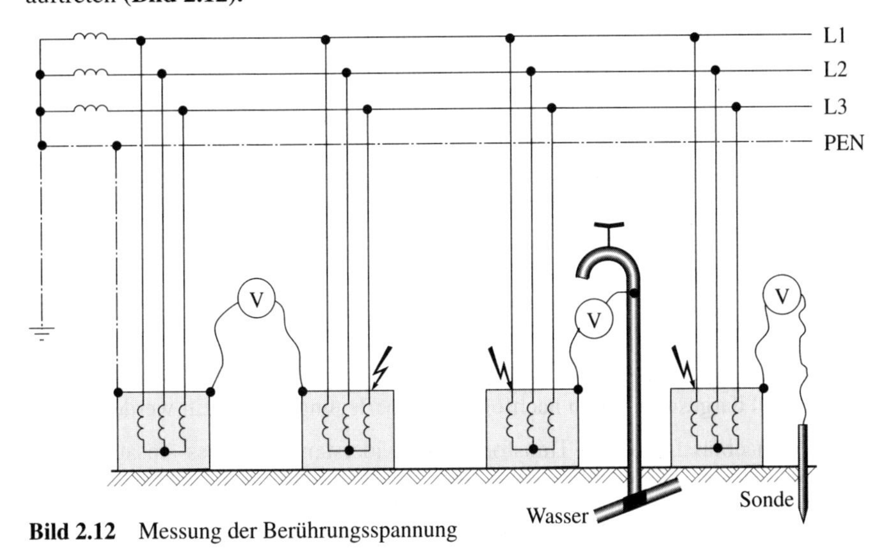

Bild 2.12 Messung der Berührungsspannung

Wenn die Berührungsspannung ohne die Beeinflussung durch die Körperimpedanz gemessen werden soll, sollte mit einem Spannungsmesser von etwa 40 kΩ Innenwiderstand gemessen werden. Soll der Einfluß der Körperimpedanz berücksichtigt werden, wird ein Spannungsmesser mit

- 1 kΩ Innenwiderstand bei Nachbildung eines relativ kleinen Körperwiderstands,
- 3 kΩ Innenwiderstand bei Nachbildung eines relativ großen Körperwiderstands (vergleiche Bild 1.11)

empfohlen. Die Meßaufgabe kann auch durch Verwendung entsprechender Widerstände, denen dann ein hochohmiges Spannungsmeßgerät parallel geschaltet wird, durchgeführt werden.

Der *Berührungsstrom* I_T ist der Strom, der durch den Körper von Menschen oder Nutztieren fließt. Als *Beharrungsberührungsstrom* wird der Berührungsstrom bezeichnet, der sich einstellt, wenn ein konstanter Strom erreicht ist, also Einschwingungsvorgänge beendet sind, strom- bzw. spannungsabhängige Widerstände als konstant anzusehen sind und die Einspeisespannung aufgrund der angelegten Impedanz (Körperimpedanz) sich nicht mehr ändert.

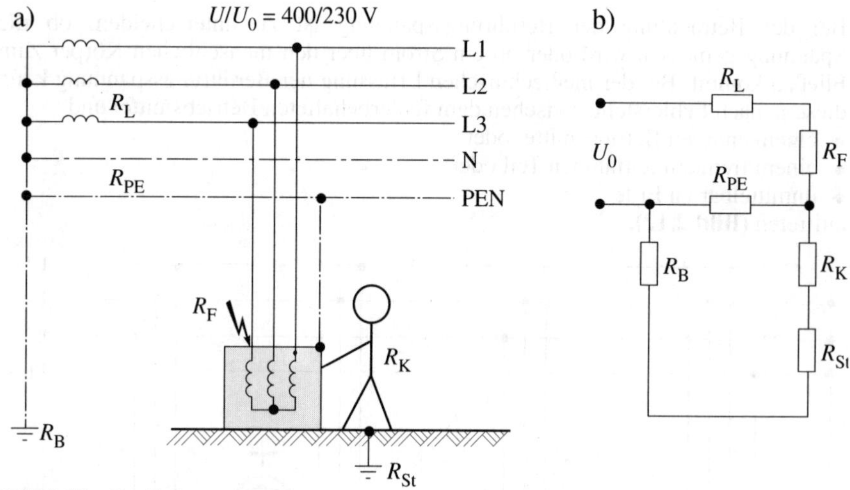

Bild 2.13 Berührungsspannung
a Schaltung
b Ersatzschaltbild

Die Höhe der Berührungsspannung kann, wie in Bild **2.13** für einen stark vereinfachten Fall dargestellt, durch nachfolgende Überlegungen beurteilt werden.

Unter Vernachlässigung des Transformatorenwiderstands und des Ansatzes einer widerstandslosen Fehlerstelle sowie der Vereinfachung, daß die Widerstände $R_K + R_{St} + R_B$ sehr viel größer sind als R_{PE}, ergibt sich die prospektive Berührungsspannung zu $U_{PT} = U_0/2$. Die über dem menschlichen Körper unter Berücksichtigung der Körperimpedanz abfallende Berührungsspannung U_T ergibt sich mit Hilfe der Spannungsteilerbetrachtung zu:

$$U_T = \frac{R_K \cdot U_0 / 2}{R_K + R_{St} + R_B}. \tag{2.1}$$

Bei einer Nachrechnung der Situation mit Meßgeräten ist in Gl. (2.1) der Körperwiderstand gegen den Innenwiderstand des Spannungsmessers auszutauschen.

Beispiel 1:
Für nachfolgend dargestellten Fall sollen die Berührungsspannungen U_{PT} und U_T ermittelt werden. Dabei ist von unterschiedlichen Querschnitten der Außenleiter zum PEN-Leiter auszugehen **(Bild 2.14).**

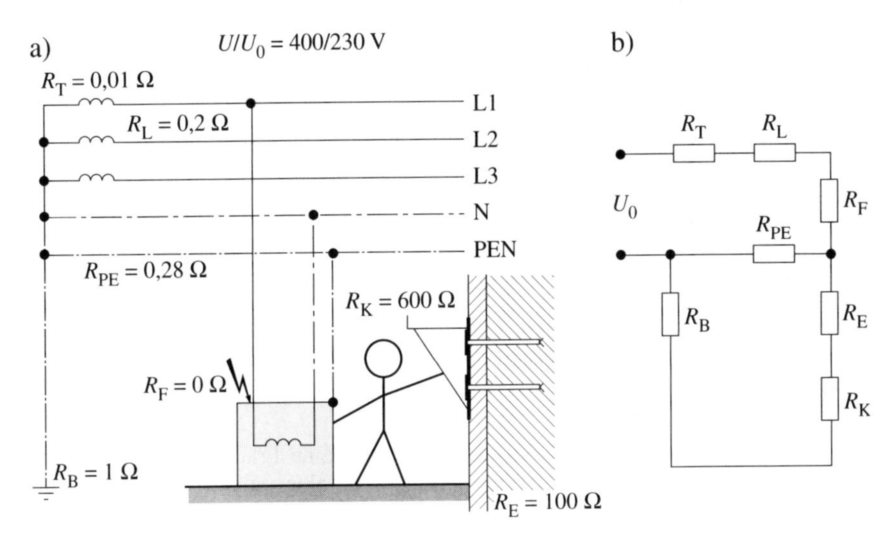

Bild 2.14 Beispiel zur Berührungsspannung
a Schaltung
b Ersatzschaltbild

Nach der Parallelschaltung von $R_{PE}//(R_K + R_E + R_B) = R'_{PE}$ ergibt sich für

$$R'_{PE} = \frac{0,28\ \Omega \cdot (600\ \Omega + 100\ \Omega + 1\ \Omega)}{0,28\ \Omega + 600\ \Omega + 100\ \Omega + 1\ \Omega} = 0,280\ \Omega.$$

Die Spannungsaufteilung ist damit

$$U_{PT} = \frac{U_0 \cdot R'_{PE}}{R_T + R_L + R_F + R'_{PE}} = \frac{230\ \text{V} \cdot 0,280\ \Omega}{0,01\ \Omega + 0,2\ \Omega + 0\ \Omega + 0,280\ \Omega} = 131,4\ \text{V}.$$

Damit wird die Spannung U_T am menschlichen Körper

$$U_T = \frac{R_K \cdot U'}{R_K + R_E + R_B} = \frac{600\,\Omega \cdot 131{,}4\,\text{V}}{600\,\Omega + 100\,\Omega + 1\,\Omega} = 112{,}5\,\text{V}.$$

Der durch den menschlichen Körper fließende Strom ist

$$I_F = \frac{U'}{R_K + R_E + R_B}$$

oder

$$I_F = \frac{U_T}{R_K} = \frac{112{,}5\,\text{V}}{600\,\Omega} = 187\,\text{A} = 0{,}187\,\text{mA}.$$

Beim Nachmessen der Rechenergebnisse mit einem Spannungsmesser verschiedener Innenwiderstände ergibt sich:

- bei R_i = 1000 Ω
  R_{PE} = 0,280 Ω; U' = 131,4 V; U_T = 119,4 V;
- bei R_i = 3000 Ω
  R_{PE} = 0,280 Ω; U' = 131,4 V; U_T = 127,1 V;
- bei R_i = 40 kΩ
  R_{PE} = 0,280 Ω; U' = 131,4 V; U_T = 131,1 V.

Ein weiteres Beispiel soll zeigen, wie Berührungsspannungen berechnet werden können, wenn zwei Fehler (Körperschluß und Schutzleiterunterbrechung) gleichzeitig auftreten.

Beispiel 2:
Ein elektrischer Unfall soll rekonstruiert werden. Eine Frau (R_K = 1500 Ω) hat gleichzeitig eine metallene Türzarge und ein defektes elektrisches Gerät der Schutzklasse I, das nicht an den Schutzleiter angeschlossen ist, berührt. Die Nachprüfung der Situation ergab folgende Widerstände:

Transformatorenwiderstand	R_T	= 0,01 Ω
Leitungswiderstand	R_L	= 0,68 Ω
Fehlerwiderstand	R_F	= 386 Ω
Standortwiderstand	R_{St}	$\rightarrow \infty$
Erdungswiderstand, Türzarge	R_E	= 210 Ω
Betriebserdungswiderstand	R_B	= 0,6 Ω
Spannung	U_0	= 230 V

Die tatsächlichen und meßtechnisch erfaßbaren Berührungsspannungen sollen ermittelt werden. Außerdem ist der über den menschlichen Körper fließende Fehlerstrom zu bestimmen und zu beurteilen.

Die Situation wird als Schaltbild und als Ersatzschaltbild dargestellt **(Bild 2.15).**

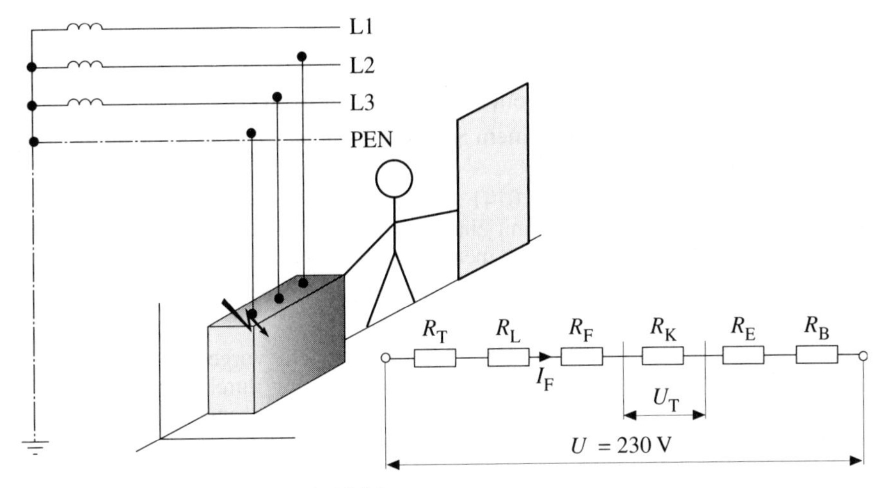

Bild 2.15 Skizze und Ersatzschaltbild

Berechnung des über den menschlichen Körper fließenden Fehlerstroms:

$$\begin{aligned} R_{ges} &= R_T + R_L + R_F + R_K + R_E + R_B \\ &= 0{,}01\ \Omega + 0{,}68\ \Omega + 386\ \Omega + 1500\ \Omega + 210\ \Omega + 0{,}6\ \Omega = 2097{,}29\ \Omega \end{aligned}$$

$$I_F = \frac{U_0}{R_{ges}} = \frac{230\ \text{V}}{2097{,}29\ \Omega} = 0{,}1097\ \text{A} = 109{,}7\ \text{mA}.$$

Dieser Strom liegt im tödlichen Bereich, wenn er längere Zeit fließt.
Berechnung der Berührungsspannung:

$$U_T = I_F \cdot R_K = 0{,}1097\ \text{A} \cdot 1500\ \Omega = 164{,}5\ \text{V}.$$

Auf meßtechnischem Wege – R_T wird jeweils durch R_i ersetzt, – ergeben sich folgende Werte:

- Spannungsmesser mit $R_i = 40\ \text{k}\Omega$

$$\begin{aligned} U_{PT} &= \frac{U_0 \cdot R_i}{R_T + R_L + R_F + R_i + R_E + R_B} \\ &= \frac{230\ \text{V} \cdot 40\,000\ \Omega}{0{,}1\ \Omega + 0{,}68\ \Omega + 368\ \Omega + 40\,000\ \Omega + 210\ \Omega + 0{,}6\ \Omega} = 226{,}6\ \text{V}. \end{aligned}$$

- Bei einem Spannungsmesser mit $R_i = 3\ \text{k}\Omega$ ergibt sich $U_T = 191{,}8$ V, und bei $R_i = 1\ \text{k}\Omega$ wird $U_T = 144{,}0$ V.

2.6.4 Erder- und Schrittspannung

Die *Erderspannung* ist die zwischen dem Erder und der Bezugserde (neutrale Erde) herrschende Spannung, wenn Strom durch den Erder fließt.

Die Erderspannung wird mit einem Spannungsmesser von 40 kΩ Innenwiderstand gemessen.

Die *Schrittspannung* (DIN VDE 0141 Abschnitt 2.6.4) ist der Teil der Erderspannung, der von einem Menschen mit einer Schrittweite von 1 m überbrückt werden kann, wobei der Stromweg über den menschlichen Körper von Fuß zu Fuß verläuft.

Die Schrittspannung wird mit einem Spannungsmesser von 1 kΩ Innenwiderstand gemessen.

Für die Größe der Schrittspannung sind keine Grenzwerte vorgeschrieben.

Aus **Bild 2.16** ist zu erkennen, daß die Schrittspannung durch den Standort des Menschen sehr wesentlich beeinflußt wird. Es spielt dabei außerdem eine Rolle, wie der Mensch zum Erder bzw. zu den Potentiallinien steht.

Die Berührungs- und Schrittspannung an einem Erder mißt man wie in **Bild 2.17** angegeben.

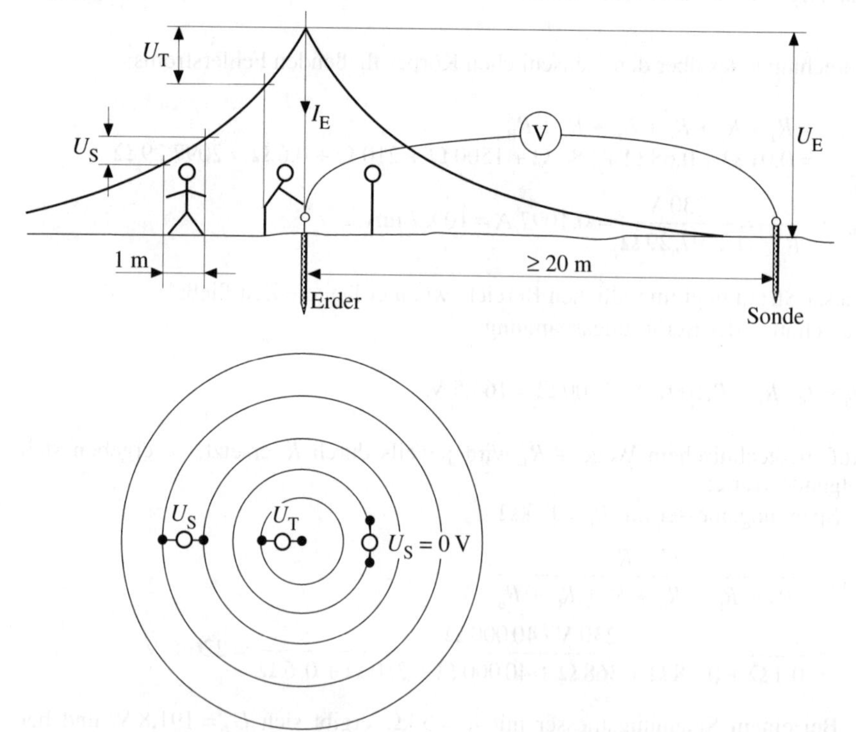

Bild 2.16 Erder- und Schrittspannung

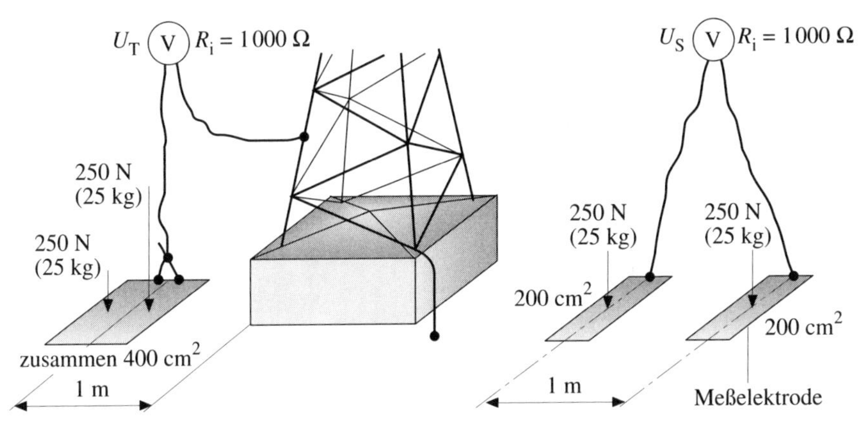

Bild 2.17 Messung der Berührungs- und Schrittspannung

Wenn kein Spannungsmesser mit 1000 Ω Innenwiderstand zur Verfügung steht, kann durch Parallelschaltung eines Widerstandes zum Spannungsmesser der Meßwiderstand auf 1000 Ω verringert werden. Bei einem 40-kΩ-Instrument ist z. B. ein Widerstand von etwa 1025 Ω parallel zu schalten. Es ist auch möglich, die Spannung mit einem hochohmigen Voltmeter (digitales Gerät) an einem 1000-Ω-Widerstand zu messen.

Die Meßelektroden, die die Füße nachbilden sollen, müssen jeweils eine Fläche von etwa 200 cm² haben und mit einer Kraft von jeweils 250 N (25 kg) auf dem Boden liegen. Anstelle der Meßelektroden kann auch eine 20 cm tief eingebrachte Sonde verwendet werden.

Bei Beton oder ausgetrocknetem Boden sind durch ein nasses Tuch oder durch einen Wasserauftrag ungünstige Verhältnisse nachzubilden.

2.6.5 Ableitstrom

Ableitstrom nennt man den über die Betriebsisolierung eines Verbrauchsmittels zur Erde oder einem fremden leitfähigen Teil fließenden Strom. Er kann als reiner Wirkstrom oder auch als Wirkstrom mit kapazitivem Anteil vorkommen **(Bild 2.18).**

In DIN EN 60335-1 (VDE 0700 Teil 1) »Sicherheit elektrischer Geräte für den Hausgebrauch und ähnliche Zwecke« sind folgende Ableitströme genannt (vereinfachte Darstellung):

- für Geräte der Schutzklasse 0 und 0I — 0,5 mA
- für ortsveränderliche Geräte der Schutzklasse I — 0,75 mA
- für ortsfeste Motor-Geräte der Schutzklasse I — 3,5 mA
- für ortsfeste Wärmegeräte der Schutzklasse I — 0,75 mA oder 0,75 mA/kW maximal 5 mA
- für Geräte der Schutzklasse II — 0,25 mA
- für Geräte der Schutzklasse III — 0,5 mA

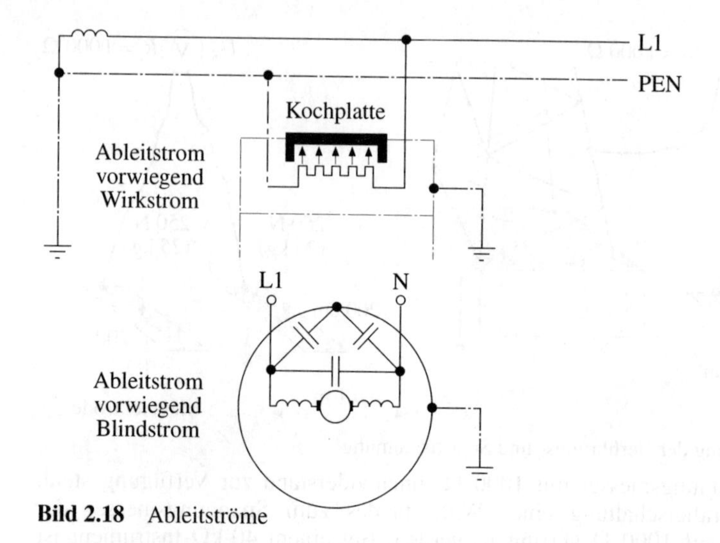

Bild 2.18 Ableitströme

Für Leuchten gelten nach DIN EN 60598-1 (VDE 0711 Teil 1) »Leuchten; Allgemeine Anforderungen und Prüfungen« folgende Ableitströme:

• alle Leuchten der Schutzklasse 0 und Schutzklasse II	0,5 mA
• ortsveränderliche Leuchten der Schutzklasse I	1,0 mA
• ortsfeste Leuchten der Schutzklasse I bis 1 kVA Nennaufnahme	1,0 mA
steigend um jeweils 1 mA/kVA bis zum Höchstwert von	5,0 mA

Nach DIN EN 60905 (VDE 0805) »Sicherheit von Einrichtungen der Informationstechnik, einschließlich elektrischer Büromaschinen« sind folgende Ableitströme zulässig:

• für Geräte der Schutzklasse I	
– Handgeräte	0,75 mA
– Ortsfeste Geräte	3,5 mA
– Bewegbare Geräte (außer Handgeräte)	3,5 mA
• für Geräte der Schutzklasse II	0,25 mA

Die Messung des Ableitstroms ist in den genannten Bestimmungen beschrieben. Dort sind auch die Meßschaltungen dargestellt und weitere Details genannt. Die Schaltung zur Messung des Ableitstroms für ein Gerät der Schutzklasse I nach DIN EN 60335-1 (VDE 0700 Teil 1) zeigt **Bild 2.19.** Der dem Meßkreis parallel geschaltete Kondensator ist so zu bemessen, daß die Zeitkonstante $\tau = (225 \pm 15)$ µs beträgt. Dabei gilt $\tau = C \cdot R$.

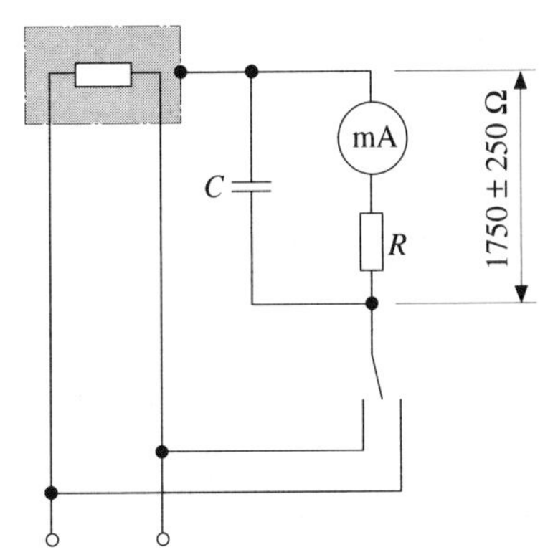

Bild 2.19 Messung des Ableitstromes

Ableitströme in Anlagen können auch durch Umfassen der aktiven Leiter mit einem Zangenstrommesser mit kleinem Meßbereich (Leckstromzange) gemessen werden.

Die Ableitströme, die durch die Stromkreise einer Anlage hervorgerufen werden, können nach DIN VDE 0100 Teil 610 Abschnitt 5.3 »Isolationswiderstand der elektrischen Anlage« abgeschätzt werden. Bei einer Anlage mit 230 V Spannung gegen Erde und einem Mindestisolationswiderstand von 0,5 MΩ ergibt sich ein Ableitstrom von etwa 0,5 mA für einen Stromkreis.

Bei der Betrachtung von Ableitströmen für eine gesamte Anlage (wichtig z. B. auch beim Einsatz von RCDs) ist neben dem Ableitstrom der Verbrauchsmittel auch der Ableitstrom (Fehlerstrom) der Leitungen zu berücksichtigen.

2.7 Schutz gegen gefährliche Körperströme

Ein gefährlicher Körperstrom ist ein Strom, der den Körper eines Menschen oder Tieres durchfließt und der Merkmale hat, die üblicherweise einen pathophysiologischen (schädigenden) Effekt auslösen (IEV 826-03-07). Schutzmaßnahmen gegen gefährliche Körperströme bzw. gegen einen elektrischen Schlag werden in erster Linie sichergestellt durch:

- Schutz gegen *direktes Berühren,* das sind alle Maßnahmen, die zum Schutz von Mensch und Tier getroffen werden, um eine Berührung von aktiven Teilen zu verhindern (Basisschutz bzw. Schutz gegen elektrischen Schlag unter normalen Bedingungen).
- Schutz bei *indirektem Berühren,* das sind alle Maßnahmen, die zum Schutz von Mensch und Tier getroffen werden, um auch im Fehlerfall bei Berührung eines Körpers einen elektrischen Schlag oder die lebensgefährlichen Auswirkungen eines elektrischen Schlags zu verhindern (Fehlerschutz bzw. Schutz gegen elektrischen Schlag unter Fehlerbedingungen).

Sowohl der Schutz gegen direktes Berühren als auch der Schutz bei indirektem Berühren kann u. a. durch verschiedenartige Isolationsarten erreicht werden. Hier sind zu nennen:

- *Basisisolierung* gewährt den grundsätzlichen Schutz gegen gefährliche Körperströme.
- *Betriebsisolierung* ist die für die Reihenspannung der Betriebsmittel bemessene Isolierung.
  Anmerkung:
  Basisisolierung und Betriebsisolierung müssen nicht, können aber identisch sein.
- *Schutzisolierung* ist eine Schutzmaßnahme, wobei die Basisisolierung so verbessert wird, daß auch im Fehlerfall keine gefährlichen Körperströme zum Fließen kommen können.
  Ausgehend von der Basisisolierung kann die Schutzisolierung erreicht werden durch eine:
  - zusätzliche Isolierung, die unabhängig zur Basisisolierung angebracht wird;
  - doppelte Isolierung, die aus Basisisolierung und zusätzlicher Isolierung besteht;
  - verstärkte Isolierung, die aus einer einzigen Isolierung besteht und mindestens die gleiche Sicherheit wie die doppelte Isolierung bietet.

Die Begriffe *Schutztrennung, Kleinspannung, SELV* und *PELV* sowie *FELV* sind in Teil 200 ausreichend erläutert und auch in den Kapiteln 5 und 8 näher beschrieben.
Unter *Handbereich* wird der Bereich verstanden, der von einer normalerweise üblichen Standfläche aus von einer Person mit der Hand ohne besondere Hilfsmittel erreicht werden kann. Dabei wird die Reichweite nach oben mit 2,5 m, nach der Seite mit 1,25 m und nach hinten (unterhalb der Standfläche) mit 0,75 m angegeben. An den Übergängen sind die entsprechenden Radien anzusetzen **(Bild 2.20)**.

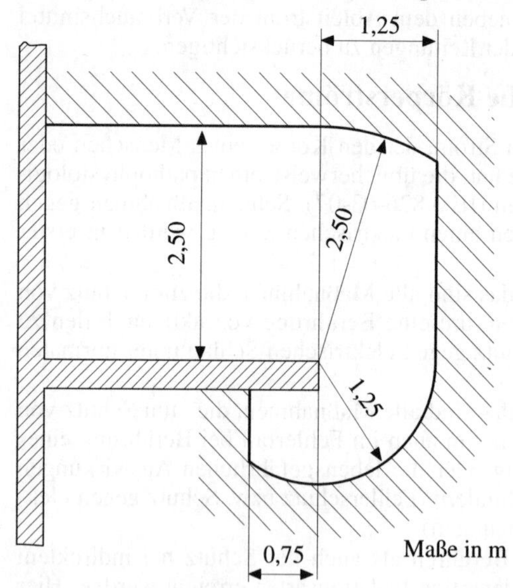

Bild 2.20 Handbereich

2.8 Schutzarten

Die Schutzarten von elektrischen Betriebsmitteln hinsichtlich:

- Schutz von Personen gegen Berührung unter Spannung stehender oder sich bewegender Teile (Berührungsschutz),
- Schutz gegen Eindringen fester Fremdkörper (Fremdkörperschutz),
- Schutz gegen Eindringen von Wasser (Wasserschutz)

waren bisher in DIN 40050 festgelegt. Seit November 1992 sind die Festlegungen, geringfügig modifiziert, in DIN VDE 0470 Teil 1 »Schutzarten durch Gehäuse (IP-Code)« beschrieben.

Diese Norm stellt die Deutsche Fassung der Europäischen Norm EN 60529 dar. Sie wurde auch als IEC-Publikation 529 (1989) veröffentlicht.

Mit den Festlegungen der Schutzarten durch Gehäuse von elektrischen Betriebsmitteln soll sichergestellt werden:

- Schutz von Personen gegen Zugang zu gefährlichen Teilen (Berührungsschutz),
- Schutz des Betriebsmittels gegen Eindringen von festen Fremdkörpern (Fremdkörperschutz),
- Schutz der Betriebsmittel gegen schädliche Einwirkungen durch das Eindringen von Wasser (Wasserschutz).

Den Schutzumfang, den ein Gehäuse bietet, zeigt das IP-Kurzzeichen (IP-Code). Den stets gleichbleibenden Code-Buchstaben IP (International Protection) werden zwei Kennziffern für den Berührungs- und Fremdkörperschutz (erste Ziffer) sowie den Wasserschutz (zweite Ziffer) angehängt. Bei Bedarf können noch weitere Buchstaben (zusätzlicher Buchstabe) und/oder ergänzende Buchstaben) angehängt werden. Die grundsätzliche Darstellung des IP-Codes ist damit

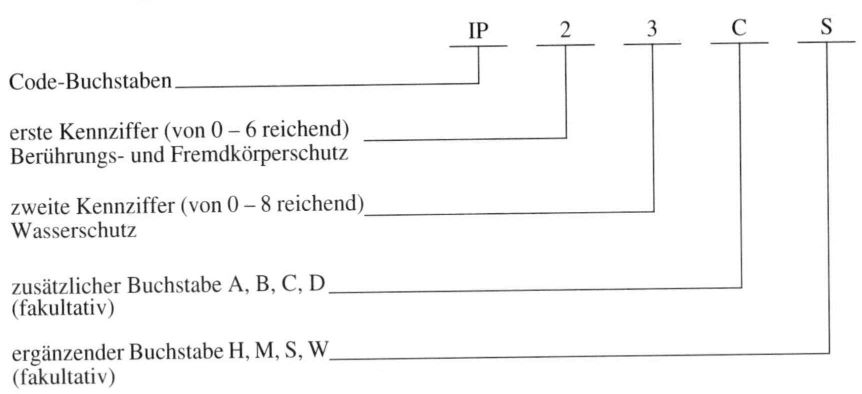

Zum Aufbau und zur Anwendung des IP-Kurzzeichens ist noch zu bemerken:

- Wenn eine Kennziffer nicht angegeben werden muß, ist sie durch den Buchstaben »X« zu ersetzen.

- Zusätzliche und/oder ergänzende Buchstaben dürfen ersatzlos entfallen.
- Wenn mehr als ein ergänzender Buchstabe notwendig ist, ist die alphabetische Reihenfolge einzuhalten.

Der Schutzumfang der verschiedenen Schutzarten ist in **Tabelle 2.6** in Kurzform dargestellt.

Tabelle 2.6 Schutzumfang der IP-Schutzarten

Kenn-ziffer	erste Ziffer		zweite Ziffer
	Berührungsschutz	Fremdkörperschutz	Wasserschutz
0	kein Schutz	kein Schutz	kein Schutz
1	Schutz gegen Berührung mit Handrücken	Schutz gegen feste Fremdkörper 50 mm Durchmesser	Schutz gegen senkrecht tropfendes Wasser
2	Schutz gegen Berührung mit Fingern	Schutz gegen feste Fremdkörper 12,5 mm Durchmesser	Schutz gegen schräg (15°) tropfendes Wasser
3	Schutz gegen Berührung mit Werkzeugen	Schutz gegen feste Fremdkörper 2,5 mm Durchmesser	Schutz gegen Sprüh-wasser schräg bis 60°
4	Schutz gegen Berührung mit einem Draht	Schutz gegen feste Fremdkörper 1,0 mm Durchmesser	Schutz gegen Spritz-wasser aus allen Richtungen
5	Schutz gegen Berührung mit einem Draht	staubgeschützt	Schutz gegen Strahl-wasser
6	Schutz gegen Berührung mit einem Draht	staubdicht	Schutz gegen starkes Strahlwasser
7	–	–	Schutz gegen zeitweiliges Untertauchen in Wasser
8	–	–	Schutz gegen dauerndes Untertauchen in Wasser

Bei Betriebsmitteln, die staubgeschützt sind (erste Kennziffer 5), ist das Eindringen von Staub nicht vollständig verhindert; Staub darf nur in begrenzten Mengen eindringen, so daß ein zufriedenstellender Betrieb des Geräts gewährleistet ist und die Sicherheit nicht beeinträchtigt wird. Beim Wasserschutz bis zur Kennziffer 6 bedeutet die Bezeichnung, daß auch die Anforderungen für alle niedrigeren Kennziffern erfüllt sind. Ein Betriebsmittel mit der Kennzeichnung IPX7 (zeitweiliges Eintauchen) oder IPX8 (dauerndes Untertauchen) muß nicht zwangsläufig auch die Forderungen an den Schutz gegen Strahlwasser IPX5 oder starkes Strahlwasser IPX6 erfüllen. Sollen beide Forderungen erfüllt werden, so muß das Betriebsmittel mit der Doppelkennzeichnung beider Anforderungen versehen sein, z. B. IPX5/IPX7.

Der zusätzliche (fakultative) Buchstabe hat eine Bedeutung für den Schutz von Personen und trifft eine Aussage über den Schutz gegen den Zugang zu gefährlichen Teilen mit:

- Handrücken — Buchstabe A
- Finger — Buchstabe B
- Werkzeug — Buchstabe C
- Draht — Buchstabe D

Der ergänzende (fakultative) Buchstabe hat eine Bedeutung für den Schutz des Betriebsmittels und gibt ergänzende Informationen speziell für:

- Hochspannungsgeräte — Buchstabe H
- Wasserprüfung während des Betriebs — Buchstabe M
- Wasserprüfung bei Stillstand — Buchstabe S
- Wetterbedingungen — Buchstabe W

Zu den ergänzenden Buchstaben ist noch zu erwähnen, daß in den Produktnormen auch andere Buchstaben verwendet werden dürfen. Die Kennzeichnung eines Betriebsmittels mit dem Buchstaben M bedeutet, daß die beweglichen Teile während der Prüfung in Betrieb sind. Bei der Kennzeichnung mit dem Buchstaben S sind die beweglichen Teile, z. B. der Rotor einer umlaufenden Maschine, nicht in Betrieb. Ein Betriebsmittel mit der Kennzeichnung W ist geeignet zur Verwendung unter festgelegten Wetterbedingungen und bietet einen entsprechenden Schutz.

Beispiele mit dem IP-Code:

IP12

- Berührungsschutz: Schutz gegen Berührung mit dem Handrücken
- Fremdkörperschutz Schutz gegen feste Fremdkörper mit 50 mm Durchmesser
- Wasserschutz: Schutz gegen schräg (15°) tropfendes Wasser

IPX4

- Berührungsschutz: freigestellt
- Fremdkörperschutz: freigestellt
- Wasserschutz: Schutz gegen Spritzwasser aus allen Richtungen

IP3XH

- Berührungsschutz: Schutz gegen Berührung mit Werkzeugen
- Fremdkörperschutz Schutz gegen feste Fremdkörper 2,5 mm Durchmesser
- Wasserschutz: freigestellt
- Betriebsmittel für Hochspannung

IP23CS

- Berührungsschutz: Schutz gegen Berührung mit Fingern
- Fremdkörperschutz: Schutz gegen feste Fremdkörper mit 12,5 mm Durchmesser
- Wasserschutz: Schutz gegen Spritzwasser schräg bis 60°

- Schutz von Personen, die mit Werkzeugen mit einem Durchmesser von 2,5 mm und einer Länge von 100 mm umgehen
- Schutz gegen schädliche Wirkungen durch das Eindringen von Wasser; geprüft, während alle Teile des Betriebsmittels im Stillstand sind

IP66/IP67

- Berührungsschutz: Schutz gegen Berührung mit einem Draht
- Fremdkörperschutz: staubdicht
- Wasserschutz: Schutz gegen starkes Strahlwasser und Schutz gegen zeitweiliges Untertauchen in Wasser.

Falls in der betreffenden Produktnorm nichts anderes festgelegt ist, müssen die mit der IP-Bezeichnung versehenen Betriebsmittel einer Prüfung unterzogen werden. Ist ein Betriebsmittel mit IP-Code und einer ersten Kennziffer versehen, ist davon auszugehen, daß die in **Tabelle 2.7** beschriebenen Prüfungen bestanden wurden.

Tabelle 2.7 Prüfbedingungen für Schutzgrade, bezeichnet durch die erste Kennziffer

<table>
<tr><th>erste Kennziffer</th><th>Berührungsschutz</th><th>Fremdkörperschutz</th></tr>
<tr><td>0</td><td>keine Prüfung</td><td>keine Prüfung</td></tr>
<tr><td>1</td><td colspan="2">Die Kugel von 50 mm Durchmesser darf nicht voll eindringen, und ausreichender Abstand muß eingehalten werden</td></tr>
<tr><td>2</td><td>Der gegliederte Prüffinger darf 80 mm eindringen, ausreichender Abstand muß eingehalten werden</td><td>Die Kugel von 12,5 mm Durchmesser darf nicht voll eindringen</td></tr>
<tr><td>3</td><td colspan="2">Der Prüfstab mit 2,5 mm Durchmesser darf nicht eindringen, und ausreichender Abstand muß eingehalten werden</td></tr>
<tr><td>4</td><td colspan="2">Der Prüfdraht mit 1,0 mm Durchmesser darf nicht eindringen, und ausreichender Abstand muß eingehalten werden</td></tr>
<tr><td>5</td><td rowspan="2">Der Prüfdraht mit 1,0 mm Durchmesser darf nicht eindringen, und ausreichender Abstand muß eingehalten werden</td><td>Staubgeschützt. Staub darf in geringen Mengen eindringen</td></tr>
<tr><td>6</td><td>Staubdicht. Es darf kein Staub eindringen</td></tr>
</table>

Zur Prüfung der Anforderungen nach Tabelle 2.7 stehen verschiedene Prüfsonden zur Verfügung. Mit diesen Prüfsonden (Zugangssonden) kann auch die Einhaltung der Anforderungen nach den zusätzlichen Buchstaben A bis D überprüft werden.

Bei der Prüfung auf Handrückensicherheit (zusätzlicher Buchstabe A) wird die Zugangssonde nach **Bild 2.21** mit einer Prüfkraft von 50 N ±10 % am Prüfobjekt angelegt. Dabei muß ein ausreichender Abstand zu gefährlichen Teilen eingehalten werden.

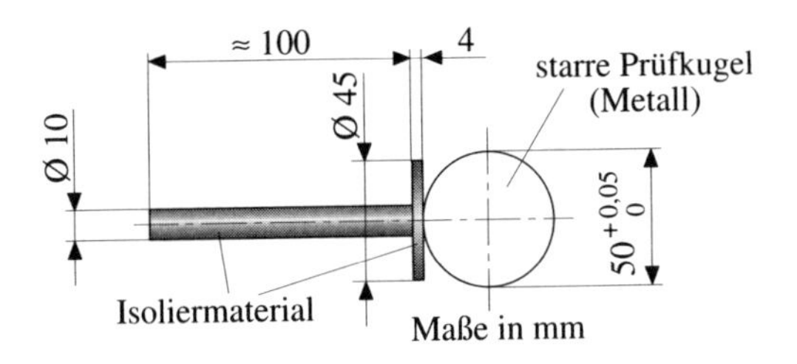

Bild 2.21 Zugangssonde: Kugel-Durchmesser 50; Maße in mm

Bei der Prüfung auf Fingersicherheit (zusätzlicher Buchstabe B) wird die Zugangssonde nach **Bild 2.22** mit einer Prüfkraft von 10 N ±10 % am Prüfobjekt angelegt. Genaue Abmessungen des IEC-Prüffingers, siehe Bild 8.6. Dabei muß ein ausreichender Abstand zu gefährlichen Teilen eingehalten werden.

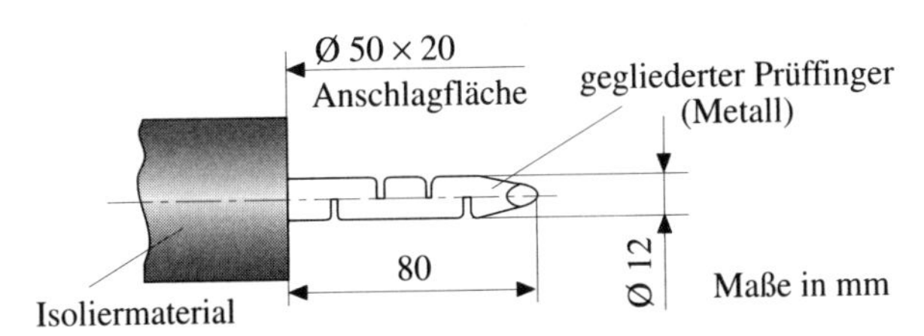

Bild 2.22 Zugangssonde: gegliederter Prüffinger; Maße in mm

Bei der Prüfung auf Schutz gegen Zugang mit Werkzeugen (zusätzlicher Buchstabe C) wird die Zugangssonde nach **Bild 2.23** mit einer Prüfkraft von 3 N ±10 % am Prüfobjekt angelegt. Dabei muß ein ausreichender Abstand zu gefährlichen Teilen eingehalten werden.

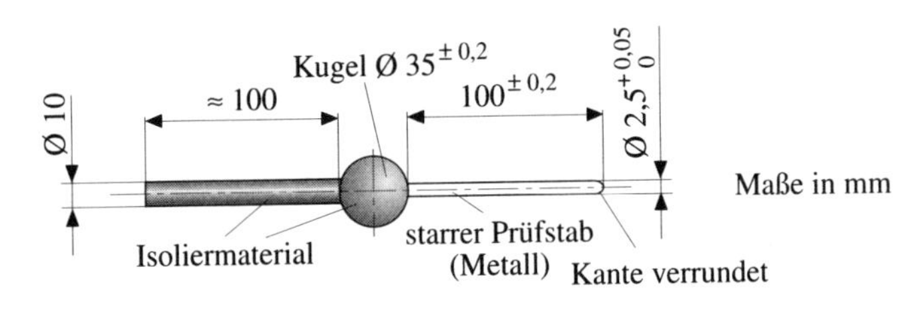

Bild 2.23 Zugangssonde: Prüfstab 2,5; Maße in mm

Bei der Prüfung auf Schutz gegen Zugang mit einem Draht (zusätzlicher Buchstabe D) wird die Zugangssonde nach **Bild 2.24** mit einer Prüfkraft von 1 N ±10 % am Prüfobjekt angelegt. Dabei muß ein ausreichender Abstand zu gefährlichen Teilen eingehalten werden.

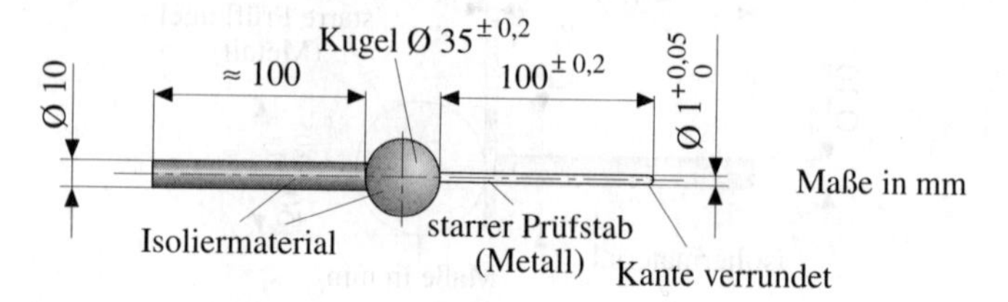

Bild 2.24 Zugangssonde: Prüfdraht 1,0; Maße in mm

In **Bild 2.25** ist als Beispiel eine Prüfung mit dem Prüfstab 2,5 gezeigt.

Während die Prüfungen mit den verschiedenen Zugangssonden vom Anwender leicht nachvollziehbar und auch nachprüfbar sind, sind die Prüfungen auf Wasserschutz nur mit umfangreichen Prüfeinrichtungen möglich. Auf die Darstellung der Prüfungen auf Wasserschutz wird deshalb verzichtet.

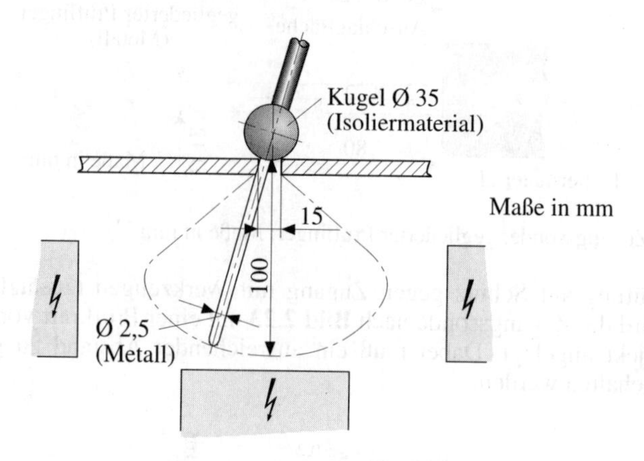

Bild 2.25 Prüfung auf den Schutz mit der Bezeichnung IP1XC; Maße in mm

2.9 Schutzklassen

Für eine Reihe von Betriebsmitteln (Geräten), besonders für Haushaltsgeräte, ist eine Einteilung in *Schutzklassen* vorgenommen. Die Ausdehnung auf andere (alle) Gerätearten ist zwar vorgesehen, stößt aber vor allem wegen der europäischen Normungsarbeit auf große Schwierigkeiten.

Tabelle 2.8 Schutzklassen

Schutz-klasse	Symbol DIN 40100	Erläuterungen Gerät
0		nicht zulässig
0I		siehe Text
I	⏚	Schutzleiter-Anschluß
II	⧈	Schutzisolierung
III	⟨III⟩	Kleinspannung

Die Schutzklassen sind in **Tabelle 2.8** zusammengestellt. Die wichtigsten Konstruktionsmerkmale werden nachfolgend beschrieben. Siehe hierzu auch DIN VDE 0106 Teil 1.

Schutzklasse 0:

In Deutschland seit mehr als 30 Jahren nicht mehr zulässig. In einigen anderen Ländern der EG zum Teil noch zugelassen.

Der Schutz gegen elektrischen Schlag beruht auf der Basisisolierung; ein Schutzleiter kann nicht angeschlossen werden. Der Schutz beim Versagen der Basisisolierung muß durch die Umgebung gewährleistet sein.

Schutzklasse 0I:

Der Schutz beruht auf der Basisisolierung; das Gerät besitzt eine Schutzleiter-Anschlußklemme, jedoch eine Anschlußleitung ohne Schutzleiter und einen Stecker ohne Schutzkontakt, der sich nicht in eine Steckdose mit Schutzkontakt einführen läßt.

Schutzklasse I:

Der Schutz beruht nicht nur auf der Basisisolierung, sondern darauf, daß alle leitfähigen Teile (Körper) mit dem Schutzleiter der festen Installation verbunden sein müssen; beim Versagen der Basisisolierung kann somit keine Berührungsspannung bestehen bleiben.

Schutzklasse II:

Der Schutz beruht nicht nur auf der Basisisolierung, sondern darauf, daß eine doppelte oder eine verstärkte Isolierung so angebracht wird, daß sie die Bedingungen der Schutzisolierung erfüllt.

Schutzklasse III:

Der Schutz beruht auf der Anwendung der Kleinspannung.

2.10 Kabel und Leitungen, Schaltanlagen, Verteiler und Schienenverteiler

Die hauptsächlich verwendeten Kabel und Leitungen (nur in Deutschland wird ein Unterschied gemacht) sind in nachfolgend dargestellten Normen mit Kurztitel aufgenommen:

- DIN VDE 0250 Leitungen,
- DIN VDE 0255 Papier-Masse-Kabel mit Aluminium- oder Bleimantel,
- DIN VDE 0265 PVC-Kabel mit Bleimantel,
- DIN VDE 0271 PVC-Kabel,
- DIN VDE 0272 VPE-Kabel,
- DIN VDE 0281 Starkstromleitungen mit PVC-Isolierung,
- DIN VDE 0282 Starkstromleitungen mit Gummi-Isolierung.

Kabel dürfen prinzipiell überall, auch im Erdboden, verlegt werden und sind im Niederspannungsbereich für U_0/U = 0,6/1 kV gebaut. Sie können ohne irgendeine Einschränkung verlegt werden; besondere Verlege- und Betriebsbedingungen können aber z. B. die Belastbarkeit einschränken.

Leitungen dürfen, gleich welcher Bauart, nicht im Erdboden verlegt werden. Die jeweilige Anwendungsmöglichkeit ist aus den Einzelbestimmungen zu entnehmen, besonders aus DIN VDE 0298 Teil 3 (siehe Kapitel 19).

Schaltanlagen und Verteiler werden unterschieden in:

- *Fabrikfertige Schaltanlagen und Verteiler,* die wiederum in
  - Installationskleinverteiler und Zählerplätze nach DIN VDE 0603,
  - Baustromverteiler nach DIN EN 60439-4 (VDE 0660 Teil 501),
  - Niederspannungs-Schaltgerätekombinationen nach DIN EN 60439-1 (VDE 0660 Teil 500)

  zu unterscheiden sind.
- Bei *Niederspannungs-Schaltgerätekombinationen* nach DIN EN 60439-1 (VDE 0660 Teil 500) gibt es zwei grundsätzliche Ausführungen:
  - *Typgeprüfte Niederspannungs-Schaltgerätekombination* (TSK) ist eine Schaltgerätekombination, die ohne wesentliche Abweichungen mit dem Ursprungstyp oder -system der nach dieser Norm typgeprüften Schaltgerätekombination übereinstimmt.
  - *Partiell typgeprüfte Niederspannungs-Scbaltgerätekombination* (PTSK) ist eine Schaltgerätekombination, die typgeprüfte und/oder nicht typgeprüfte Baugruppen enthält, bei der die Einhaltung der jeweiligen Anforderungen dieser Norm nachgewiesen wird.
- *Nicht fabrikfertige Schaltanlagen und Verteiler* sind solche, die vor Ort aus Einzelteilen zusammengebaut werden. Sie werden künftig PTSK (Partiell typgeprüfte Schaltgerätekombinationen) genannt. Ihre Errichtung vor Ort ist in Teil 729 behandelt.

Schienenverteiler müssen DIN EN 60439-1 (VDE 0660 Teil 500) entsprechen und gehören zu den fabrikfertigen Schaltgerätekombinationen. Sie bestehen aus durchgehenden Stromschienen, die in langgestreckten Schienenkästen allseitig umschlossen sind und entweder mit fest vorgesehenen Abgangskästen oder variabel anzuordnenden Abgangskästen versehen werden können.

Die Bestandteile von Schienenverteilern **(Bild 2.26)** sind:

a gerader Schienenkasten, bestehend aus äußerer Umhüllung, Stromschienen, Halterungen und Isolation sowie den Befestigungs- und Verbindungselementen;

b L-Kasten zur Verbindung von zwei Schienensträngen in einem Winkel von 90°;

c T-Kasten zur Verbindung von drei Schienensträngen in einem Winkel von 90°;

d Kreuz-K-Kasten zur Verbindung von vier Schienensträngen in einem Winkel von 90°;

e Übergangskasten, dient zur Verbindung zweier Schienenkästen unterschiedlicher Bauart oder Nennstromstärke;

f Einspeisekasten zum Anschluß des Schienenverteilers an das Netz;

g Abgangskasten für den Anschluß eines Betriebsmittels.

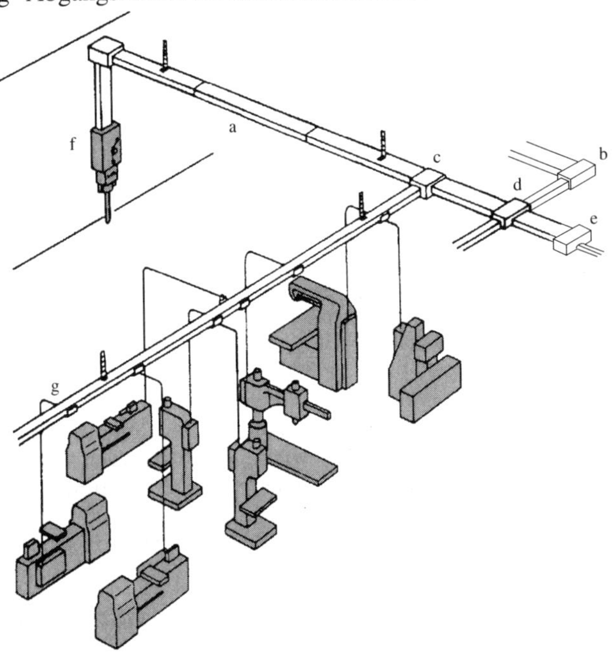

Bild 2.26 Schienenverteileranlage

2.11 Überstromschutzeinrichtungen

Überstromschutzeinrichtungen schützen elektrische Anlagen (Verteilungen, Leitungen, Geräte usw.) vor den schädigenden Auswirkungen von Kurzschlüssen und Überlastungen (weitere Ausführungen siehe Abschnitt 16.4).

Hinsichtlich Aufbau und Wirkungsweise sind dabei prinzipiell zu unterscheiden:

- *Schmelzsicherungen* nach DIN VDE 0636,
  z. B. D-Sicherungen nach Teil 31 und Teil 33,
  D0-Sicherungen nach Teil 41,
  NH-Sicherungen nach Teil 21, Teil 22 und Teil 23;
- *Überstromschutzschalter*
  z. B. Leitungsschutzschalter nach DIN EN 60898 (VDE 0641 Teil 11),
  Motorstarter nach DIN EN 60947-4-1 (VDE 0660 Teil 102),
  Leistungsschalter nach DIN EN 60947-2 (VDE 0660 Teil 101).

Bei der Auswahl der in einer ungeheuren Vielfalt zur Verfügung stehenden Überstromschutzeinrichtungen sind neben der Art des Einsatzes, also der zu übernehmenden Schutzfunktion, vor allem die Schmelzzeitkennlinie und das Schaltvermögen zu beachten.

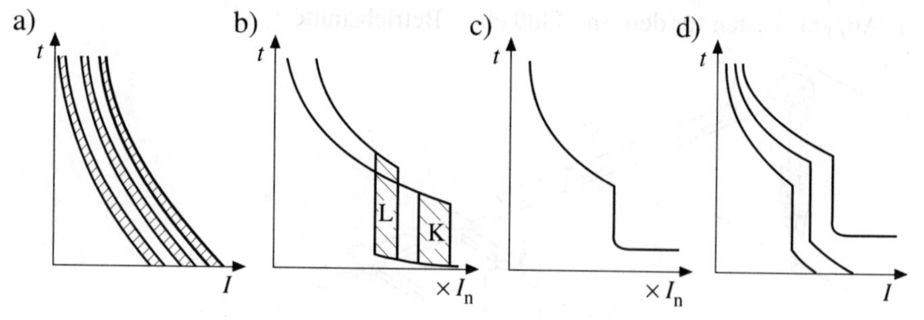

Bild 2.27 Strom-Zeit-Kennlinien von Überstromschutzeinrichtungen
a Schmelzsicherung
b Leitungsschutzschalter
c Motorschutzschalter
d Leistungsselbstschalter

Die *Schmelzzeitkennlinie* gibt das Strom-Zeit-Verhalten einer Überstromschutzeinrichtung an. Prinzipielle Strom-Zeit-Kennlinien der wichtigsten Überstromschutzeinrichtungen zeigt **Bild 2.27.** Bei Schmelzzeitkennlinien werden die Stromwerte auf der Abszisse sowohl als absolute Ströme (Bild 2.27a und Bild 2.27d) als auch als Vielfaches des Nennstromes (Bild 2.27b und Bild 2.27c) von Überstromschutzeinrichtungen angegeben.

Das *Schaltvermögen* von Überstromschutzeinrichtungen gibt an, welcher Strom von den Überstromschutzeinrichtungen noch mit Sicherheit geschaltet wird. Bei Schaltvorgängen, bei denen der Strom das Schaltvermögen der Schutzeinrichtung überschreitet, muß damit gerechnet werden, daß die Überstromschutzeinrichtung zerstört, der Fehler nicht abgeschaltet wird und an der Einbaustelle der Überstromschutzeinrichtung selbst ein Fehler (Lichtbogenkurzschluß) entsteht. Es ist deshalb wichtig, von einer elektrischen Anlage die möglichen (maximalen) Kurzschlußströme zu kennen und danach entsprechende Überstromschutzeinrichtungen vorzusehen. Unter Umständen muß dabei mit sogenannten Vorsicherungen gearbeitet werden, was nicht ohne Probleme ist.

Bei der Reihenschaltung von Überstromschutzeinrichtungen ist neben dem Schaltvermögen noch das selektive Verhalten (Selektivität) über den gesamten Bereich der zu schaltenden Ströme – Überlast- und Kurzschlußströme – zu berücksichtigen.

Selektivität zwischen zwei oder mehreren in Reihe geschalteten Schaltgeräten ist vorhanden, wenn bei einem Kurzschluß oder einem Überstrom nur das Gerät, das schalten soll, tatsächlich schaltet (DIN VDE 0635 Abschnitt 2.2.2).

Die dabei gestellte Forderung ist:

Die der Fehlerstelle am nächsten liegende Überstromschutzeinrichtung muß den Fehler abschalten.

Bei der in **Bild 2.28** dargestellten Anlage muß bei Kurzschluß 1 die Überstromschutzeinrichtung a und bei Kurzschluß 2 die Überstromschutzeinrichtung b den Fehler abschalten. Beim Hintereinanderschalten von Überstromschutzeinrichtungen mit unterschiedlichen Kennlinien muß besonders sorgfältig geplant werden. Grundsätzlich gilt, *daß die Kennlinien der einzelnen Überstromschutzeinrichtungen sich nicht schneiden dürfen,* wobei ein entsprechender Abstand sogar besser ist. **Bild 2.29** stellt die Zusammenarbeit eines Leitungsschutzschalters a und einer Schmelzsicherung b und c dar, die als Vorsicherung dient.

Betrachtung von a und b und Kurzschluß in Punkt 1:
Bei Strömen bis 600 A besteht Selektivität, da der LS-Schalter a zuerst auslöst. Bei Strömen zwischen 600 A und 1000 A löst die Schmelzsicherung b zuerst aus – keine Selektivität. Von 1000 A bis 6200 A besteht Selektivität. Über 6200 A löst die Schmelzsicherung früher aus.
Betrachtung von a und c und Kurzschluß in Punkt 1:
Bei Strömen bis zu 9500 A löst a zuerst aus, wodurch Selektivität besteht. Über 9500 A löst c zuerst aus – keine Selektivität.
Betrachtung von b und c und Kurzschluß in Punkt 2:
Die Selektivität der Schutzorgane untereinander ist über den gesamten Strombereich sichergestellt, da sich die Kennlinien nicht schneiden.

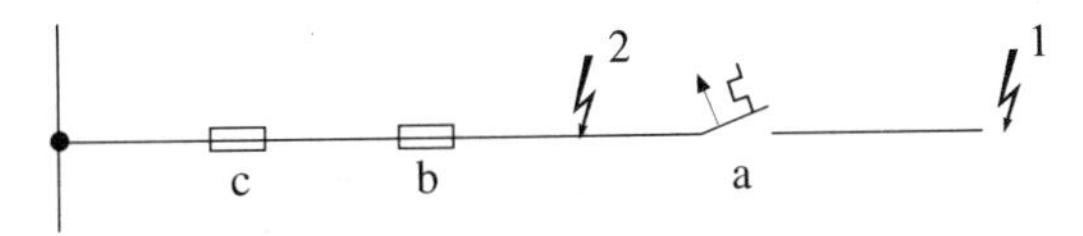

Bild 2.28 Selektivität von Überstromschutzeinrichtungen

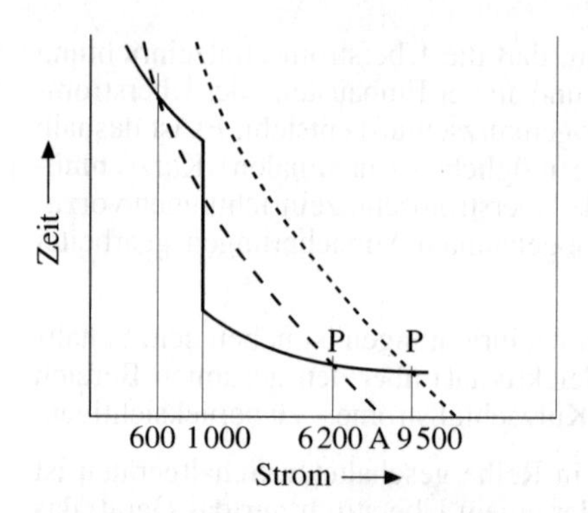

Bild 2.29 Selektivitätsbetrachtungen

Die Lage des Punkts P hängt von der Größe und Charakteristik der Schmelzsicherung ab. Außerdem müssen bei der Betrachtung dieses Punkts noch der größte Kurzschlußstrom, der in der Anlage zum Fließen kommt, und die Schaltleistung des LS-Schalters beachtet werden. Bei der Verlagerung des Punkts P in den Bereich großer Ströme ist zu berücksichtigen, daß der LS-Schalter nicht das Schalten von Strömen versucht, die über seinem Schaltvermögen liegen.

Back-up-Schutz

Wenn der Kurzschlußstrom so groß ist, daß ein vorgesehener LS-Schalter diesen Strom nicht mehr schalten kann, dann müssen andere Schutzeinrichtungen, z. B. Schmelzsicherungen, vorgeschaltet werden, die in diesem Fall – unter Aufgabe der Selektivität – die Abschaltung so schnell übernehmen, daß der LS-Schalter nicht anspricht. Die vorgeschaltete Schutzeinrichtung übernimmt somit den Kurzschlußschutz über den LS-Schalter hinaus, der LS-Schalter dient nur noch als Überlastschutzeinrichtung.

Beispiel:

In einer Industrieanlage soll ein Gerät durch LS-Schalter, Typ C, Nennstrom 40 A, abgesichert werden. Der maximale Kurzschlußstrom an der Einbaustelle liegt bei 18 kA. Gesucht ist die einsetzbare Vorsicherung der Betriebsklasse gL. Die Lösung erfolgt zweckmäßigerweise durch Übertrag der Schmelzzeitkennlinie des verwendeten LS-Schalters in ein Kennlinienfeld von NH-Sicherungen, die zur Verfügung stehen.

Wie **Bild 2.30** zeigt, reicht eine 125-A-gL-Sicherung gerade noch aus, um selektives Abschalten zu gewährleisten. (Auf die Kennlinienstreuung ist Rücksicht zu nehmen – eine 100-A-Sicherung reicht nicht aus.) Das Bild zeigt, daß bis etwa 3,5 kA der LS-Schalter schneller schaltet als die gL-Sicherung. Bei Strömen über 3,5 kA schaltet die gL-Sicherung schneller als der LS-Schalter (Back-up-Schutz). Bei der Auswahl des LS-Schalters ist in diesem Fall zu beachten, daß er mindestens 3,5 kA abschalten kann.

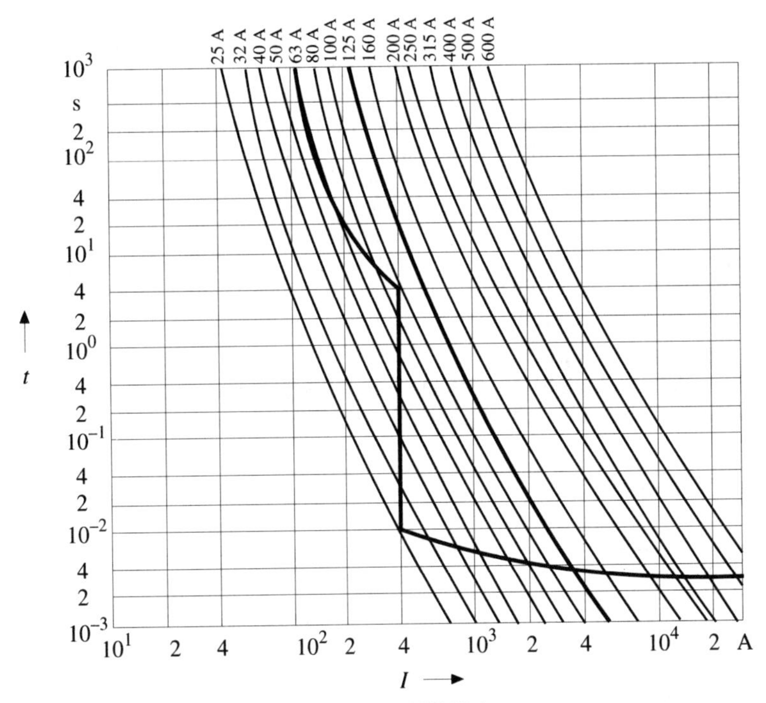

Bild 2.30 Strom-Zeit-Charakteristik von NH-Sicherungen und einem LS-Schalter Typ C 40 A

2.12 RCD, Fehlerstrom- und Differenzstrom-Schutzeinrichtungen

Eine RCD (en: **R**esidual **C**urrent protective **D**evice) ist eine Schutzeinrichtung, bei der alle stromführenden Leiter, also die Außenleiter und der Neutralleiter, durch einen Ringkernwandler geführt werden. Bei einem intakten Stromkreis ist nach der ersten Kirchhoffschen Regel in jedem Augenblick die Summe der zufließenden Ströme gleich der Summe der von der Anlage zurückfließenden Ströme. Im Ringkernwandler entsteht, wenn kein Differenzstrom fließt ($I_\Delta = 0$), auch kein Magnetfeld (genau genommen heben sich die rechts- und linkslaufenden Magnetfelder auf, da sie gleich groß sind), und es wird auch keine Spannung induziert. Wird dieser Zustand gestört, weil z. B. ein Fehler- oder Ableitstrom über einen Schutzleiter zur Erde fließt, so ist $I_\Delta > 0$, und im Ringkernwandler wird durch das dann entstehende Magnetfeld eine Spannung induziert. Durch eine Schalteinrichtung wird der Stromkreis abgeschaltet, sobald I_Δ einen bestimmten Wert erreicht, d. h., die Abschaltung erfolgt spätestens, wenn der Bemessungsdifferenzstrom $I_{\Delta N}$ erreicht

wird. Die zulässige Abschaltzeit liegt bei Δt = 0,2 s. Die Auslösung des Schalters darf bei I_{Δ} = (0,5…1,0) $I_{\Delta N}$ liegen; sie beträgt bei handelsüblichen RCDs etwa I_{Δ} = 0,8 $I_{\Delta N}$. Eine RCD mit einem Bemessungsdifferenzstrom von $I_{\Delta N} \leq$ 30 mA kann auch zum Schutz gegen direktes Berühren (Zusatzschutz) eingesetzt werden.
Wenn in einem fehlerbehafteten System das im Ringkernwandler entstehende Magnetfeld, das dort eine Spannung induziert, ausreicht, um eine direkte Auslösung der RCD in die Wege zu leiten, dann handelt es sich um eine »RCD ohne Hilfsspannungsquelle«, und das Gerät wird als »Fehlerstrom-Schutzeinrichtung« bezeichnet. Wird die im Ringkernwandler induzierte Spannung verstärkt (elektronische Verstärkerschaltung), wofür eine Hilfsspannungsquelle erforderlich ist, dann handelt es sich um eine »RCD mit Hilfsspannungsquelle«, und das Gerät wird als »Differenzstrom-Schutzeinrichtung« bezeichnet.

RCD ist also der Oberbegriff für:
- **Fehlerstrom-Schutzeinrichtung (RCD ohne Hilfsspannungsquelle) und**
- **Differenzstrom-Schutzeinrichtung (RCD mit Hilfsspannungsquelle).**

2.13 Nennbetriebsarten

Die verschiedenen Nennbetriebsarten sind in den entsprechenden VDE-Bestimmungen definiert.

Für elektrische Maschinen sind in DIN VDE 0530 neun verschiedene Nennbetriebsarten unter Berücksichtigung der üblichen Betriebsarten mit Darstellung von Leistung, Verlusten, Erwärmung und relativer Einschaltdauer dargestellt und definiert. Dabei bedeuten:
S1 Dauerbetrieb,
S2 Kurzzeitbetrieb,
S3 Aussetzbetrieb,
S4 Aussetzbetrieb mit Anlaufvorgang,
S5 Aussetzbetrieb mit Anlaufvorgang und elektrischer Bremsung,
S6 Durchlaufbetrieb mit Aussetzbelastung,
S7 Ununterbrochener Betrieb mit Anlauf und elektrischer Bremsung,
S8 Ununterbrochener periodischer Betrieb mit Drehzahländerung,
S9 Ununterbrochener Betrieb mit nicht-periodischer Last- und Drehzahländerung.
In **Bild 2.31** sind für Betriebsarten von elektrischen Maschinen Leistungs- und Erwärmungsdiagramme dargestellt.

Die für Transformatoren nach DIN VDE 0550 üblichen Betriebsarten sind:
DB Dauerbetrieb,
KB Kurzzeitbetrieb,
AB Aussetzbetrieb,
DKB Durchlaufbetrieb mit Kurzzeitbelastung,
DAB Durchlaufbetrieb mit Aussetzbelastung.
Auf dem Leistungsschild muß die Nennbetriebsart (ggf. auch die Nennbetriebsarten) angegeben sein (werden). Fehlt diese Angabe, so bedeutet dies Dauerbetrieb.

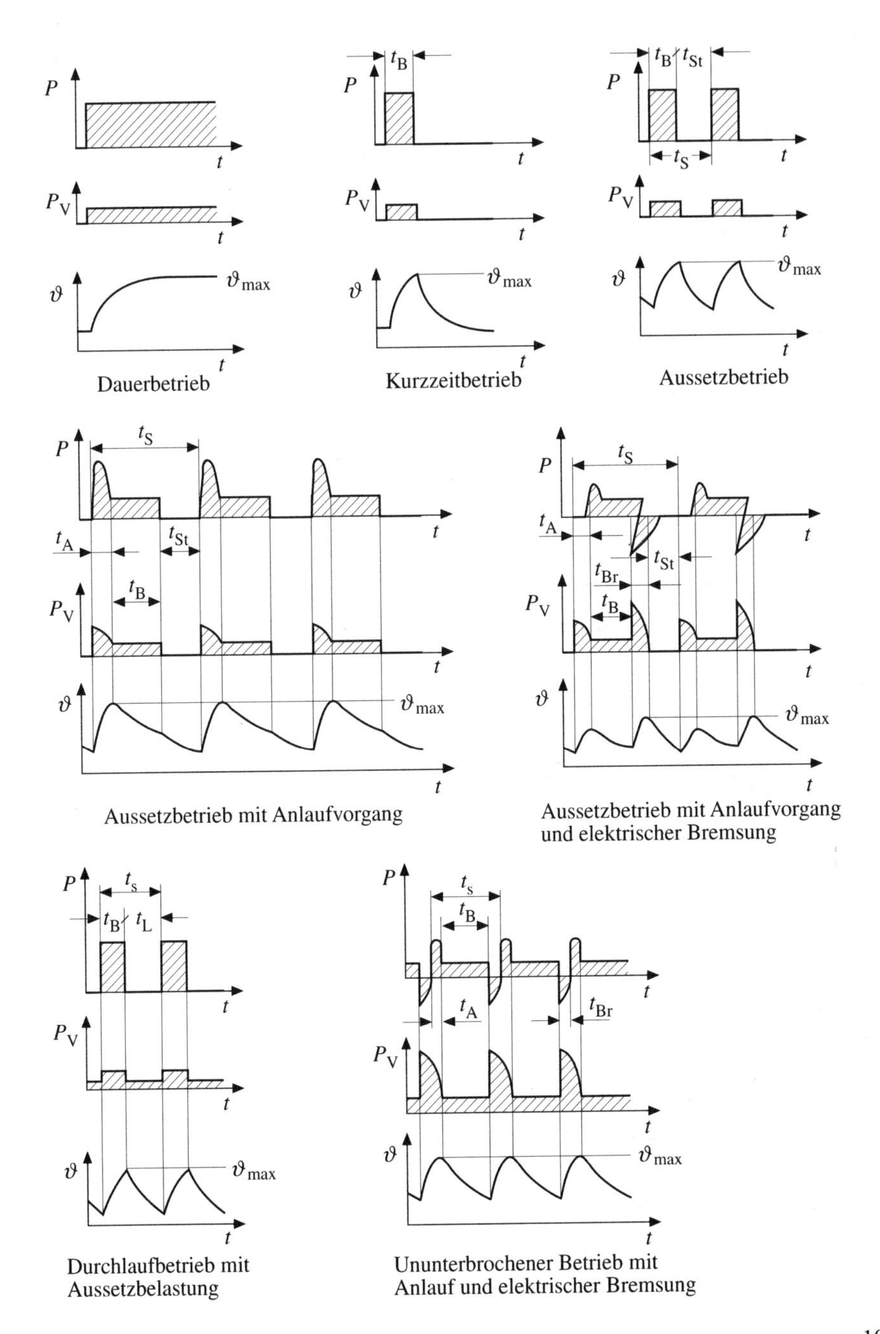

Dauerbetrieb
Kurzzeitbetrieb
Aussetzbetrieb
Aussetzbetrieb mit Anlaufvorgang
Aussetzbetrieb mit Anlaufvorgang und elektrischer Bremsung
Durchlaufbetrieb mit Aussetzbelastung
Ununterbrochener Betrieb mit Anlauf und elektrischer Bremsung

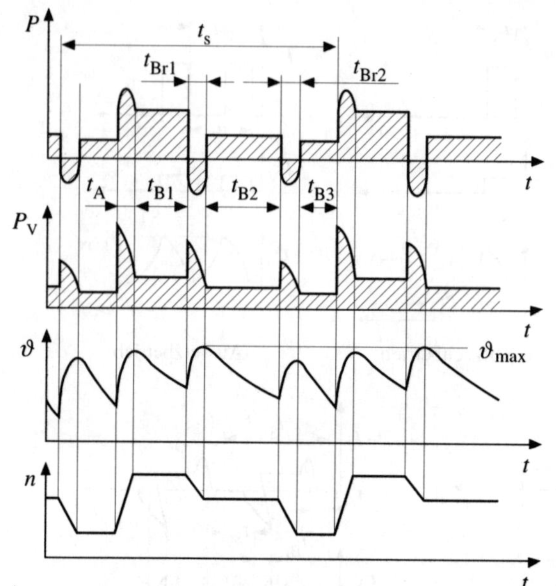

Ununterbrochener periodischer Betrieb mit Drehzahländerung

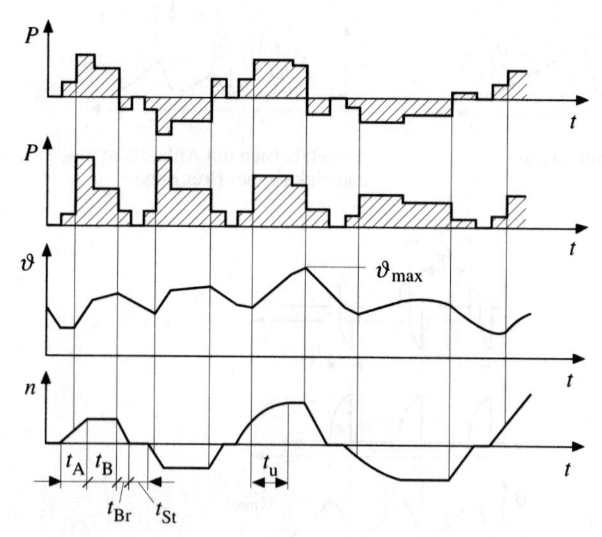

Ununterbrochener Betrieb mit nicht-periodischer Last- und Drehzahländerung

Bild 2.31 Betriebsarten

2.14 Literatur zu Kapitel 2

[1] Rudolph, W.: Begriffserklärungen für elektrische Anlagen. etz Elektrotech. Z. 103 (1982) H. 12, S. 631 und 632

[2] Nowak, K.: Von DIN 40050 zu EN 60529/DIN VDE 0470 Teil 1: IP-Schutzarten. der elektromeister + deutsches elektrohandwerk de 68 (1993) H. 7, S. 488 bis 494 und H. 8, S. 620 bis 624

[3] Kiefer, G.: Schutzarten durch Gehäuse (IP-Code). EVU-Betriebspraxis 33 (1994) H. 3, S. 52 bis 57

[4] Greiner, H.: IP-Schutzarten nach Europäischer Norm EN 60529. Elektropraktiker 47 (1993) H. 7, S. 598 bis 601

3 Planung elektrischer Anlagen – Teil 300

Die Planung einer elektrischen Anlage erfordert neben elektrotechnischem Fachwissen auch genaue Kenntnisse über die zu planende Anlage. Dabei spielen das vorhandene Versorgungssystem und dessen Spannung eine ebenso wichtige Rolle wie die Art und Anzahl der später zu betreibenden Verbrauchsmittel. Der Projekteur einer Anlage muß in der Regel von verschiedenen Annahmen ausgehen, wobei eine funktionsgerechte und auch wirtschaftliche Lösung anzustreben ist.

Die Planung einer elektrischen Anlage kann in enger Anlehnung an DIN VDE 0100 erfolgen, da der Aufbau der Teile (Gruppen) dem Vorgehen bei der Planung entspricht:

Teil 100 Anwendungsbereich; Allgemeine Anforderungen
Hier ist zunächst zu klären, ob die zu planende Anlage in den Geltungsbereich von DIN VDE 0100 fällt.

Teil 200 Allgemeingültige Begriffe
Begriffe sind notwendig; sie dienen der Verständigung.

Teil 300 Allgemeine Angaben zur Planung elektrischer Anlagen
Hier sind Stromversorgungssystem, Netzform, Spannung, Frequenz und dgl. festzulegen bzw. zu prüfen.

Teil 400 Schutzmaßnahmen
Im Zusammenhang mit den bei Teil 300 getroffenen Festlegungen sind die Schutzmaßnahmen auszuwählen.

Teil 500 Auswahl und Errichtung elektrischer Betriebsmittel
Nach den Teilen 300 und 400 kann zunächst die Auswahl der Betriebsmittel vorgenommen werden, und danach kann dann die Errichtung erfolgen.

Teil 600 Prüfungen
Nach Errichtung der Anlage muß vor der ersten Inbetriebnahme eine Prüfung der Anlage vorgenommen werden.

Während die Teile 100 bis 600 die Bestimmungen darstellen, die allgemein und immer zu beachten sind, stellen die Teile der Gruppe 700 Bestimmungen dar, die zusätzlich in Betriebsstätten, Räumen und Anlagen besonderer Art gelten. Die Teile der Gruppe 700 verschärfen oder erleichtern die allgemein gültigen Anforderungen. Auf eine Auflistung der allgemeinen Bestimmungen der DIN VDE 0100 und den Zusatzbestimmungen der Gruppe 700 wird hier verzichtet.

Zur internationalen und regionalen Verflechtung der DIN VDE 0100 ist zu bemerken, daß sehr viele Teile der Norm international in IEC-Publikation 364 und regional in CENELEC HD 384 aufgenommen sind. Die IEC- und CENELEC-Festlegungen wurden entweder im Original oder in modifizierter Form in die nationalen Bestimmungen übernommen.

Der aktuelle Stand kann der VDE-Schriftenreihe Band 2 »VDE-Vorschriftenwerk; Katalog der Normen«, der ständig aktualisiert wird, entnommen werden. Dort sind auch Aussagen über die regionalen und internationalen Zusammenhänge einer nationalen Bestimmung zu finden.
Eine Darstellung zur Gliederung der DIN VDE 0100, die auch den funktionellen Ablauf der Planung einer Starkstromanlage erkennen läßt, zeigt **Bild 3.1.**

3.1 Leistungsbedarf und Gleichzeitigkeitsfaktor

Der *Gleichzeitigkeitsfaktor* (oft auch Bedarfsfaktor genannt) berücksichtigt, daß in einer Anlage in den überwiegenden Fällen nicht alle Verbrauchsmittel gleichzeitig betrieben und auch nicht gleichzeitig mit Vollast betrieben werden. Somit ist die beanspruchte Leistung i. a. kleiner als die installierte Leistung. Der Gleichzeitigkeitsfaktor ist wesentlich von der Betriebsweise einer Anlage abhängig. Es gilt:

$$P_{max} = g \cdot P_{inst}, \tag{3.1}$$

mit
P_{max} maximal benötigte Leistung
P_{inst} installierte Leistung
} Leistung in gleicher Dimension einsetzen, z. B. in W, kW, MW.
g Gleichzeitigkeitsfaktor

Gleichzeitigkeitsfaktoren für einige ausgewählte industrielle und gewerbliche Betriebe sind in **Tabelle 3.1** dargestellt.

Tabelle 3.1 Gleichzeitigkeitsfaktoren

Objekt	g
Schulen, Kindergärten	0,6 bis 0,9
Schreinereien	0,2 bis 0,6
Gaststätten, Hotels	0,4 bis 0,7
Großküchen	0,6 bis 0,8
Metzgereien	0,5 bis 0,8
Bäckereien	0,4 bis 0,8
Wäschereien	0,5 bis 0,9
Versammlungsräume	0,6 bis 0,8
Kleine Büros	0,5 bis 0,7
Große Büros	0,4 bis 0,8
Kaufhäuser, Supermärkte	0,7 bis 0,9
Metallverarbeitungs-Betriebe	0,2 bis 0,3
Automobil-Fabriken	0,2 bis 0,3
Beleuchtung von Straßentunnels	1,0
Baustellen	0,2 bis 0,4

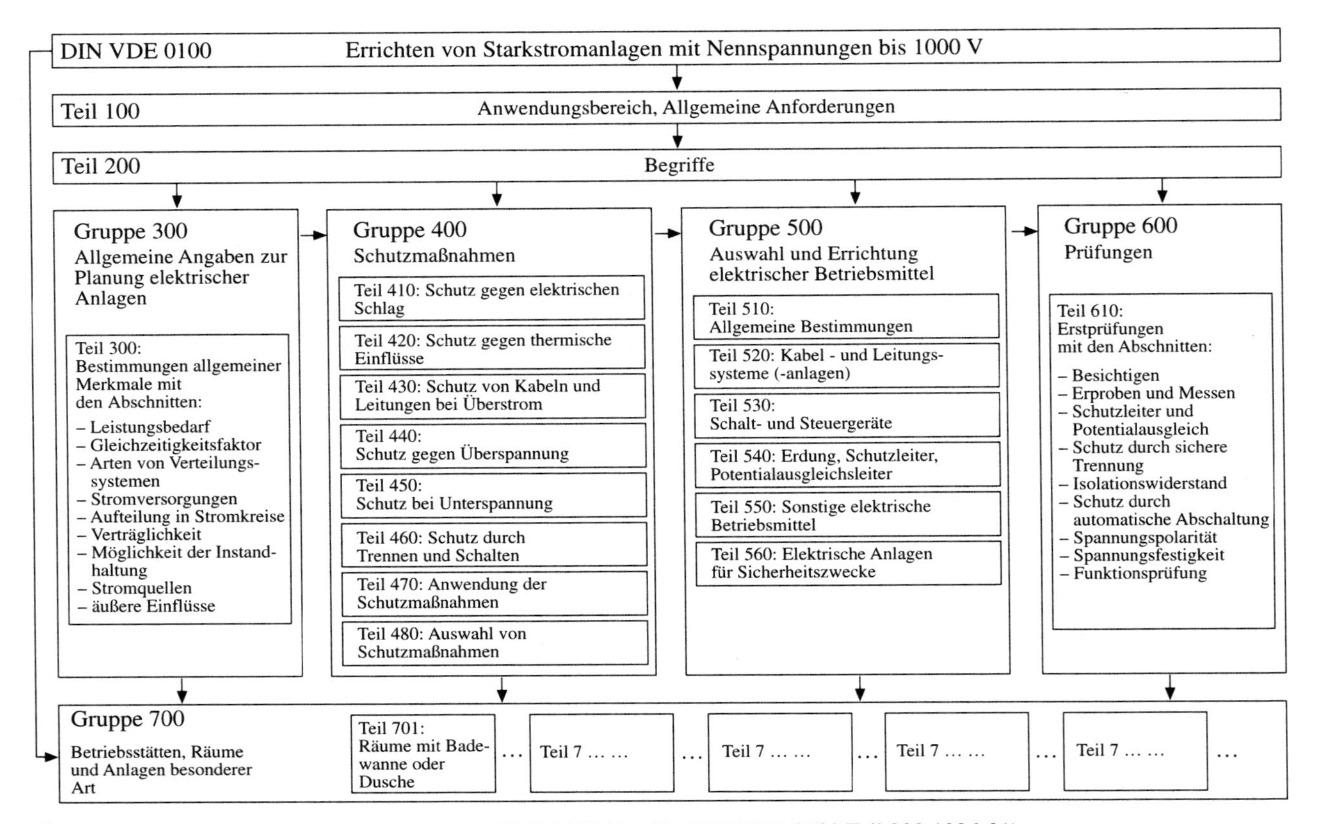

Bild 3.1 Struktur der Normen der Reihe DIN VDE 0100 (Quelle: DIN VDE 0100 Teil 300:1996-01)

Bei der Abschätzung der maximal benötigten Leistung von Wohnungen wird nicht von der installierten Leistung einer Wohnung ausgegangen, sondern es wird mit einer Höchstlast je Wohneinheit gerechnet. Neben der Leistung für den normalen Bedarf muß dabei auch noch berücksichtigt werden, ob die Wohnungen mit elektrischer Raumheizung (Speicherheizung, Direktheizung) ausgestattet sind und ob die Warmwasserbereitung mittels Durchflußerwärmer (Durchlauferhitzer) oder Speicherwassererwärmer (Warmwasserspeicher) erzeugt wird. Für den Allgemeinbedarf ergibt sich die maximal benötigte Leistung zu:

$$P_{\max} = n \cdot g_N \cdot P_0 + g_{DE} \cdot P_{DE}. \tag{3.2}$$

Für den Anteil der elektrischen Raumheizung ergibt sich sinngemäß noch zusätzlich:

$$P_{\max} = g_H \cdot P_H. \tag{3.3}$$

In den Gln. (3.2) und (3.3) bedeuten:

$P_{\max}$ maximal benötigte Leistung in kW
n Anzahl der Wohneinheiten in WoE
g_N Gleichzeitigkeitsfaktor nach Bild 3.2
P_0 Höchstlast je Wohneinheit in kW/WoE, wobei für P_0 in Abhängigkeit der Ausstattung der Wohnungen abzuschätzen ist, welche Geräte durch den gleichzeitigen Betrieb die Höchstlast der Wohnung ergeben. Näherungsweise können gesetzt werden für

- Ein- und Zweifamilienhäuser 12 kW bis 18 kW,
- Mehrfamilienhäuser 10 kW bis 16 kW,

wobei bei Wassererwärmung mittels Speicherwassererwärmer ein Wert nahe der oberen Grenze zu wählen ist.

g_H Gleichzeitigkeitsfaktor bei elektrischer Heizung nach Bild 3.2
P_H gesamte installierte Leistung für die Raumheizung in kW
g_{DE} Gleichzeitigkeitsfaktor für Durchflußerwärmer nach Bild 3.2
P_{DE} gesamte installierte Leistung der Durchflußerwärmer in kW.

Die in den Gln. (3.2) und (3.3) genannten Gleichzeitigkeitsfaktoren sind in **Bild 3.2** dargestellt.

Beispiel:
Die maximal benötigte Leistung, die von einer 10/0,4-kV-Umspannstation zur Verfügung gestellt werden muß, ist zu ermitteln. Von der Station aus werden versorgt:

- drei Mehrfamilienhäuser mit jeweils acht WoE,
- sechs Einfamilienhäuser mit elektrischer Heizung 16 kW/WoE und Warmwasserbereitung über Durchflußerwärmer mit $P_{inst} = 21$ kW,
- vier Zweifamilienhäuser,
- eine Gaststätte mit $P_{inst} = 42$ kW,
- ein Supermarkt mit $P_{inst} = 70$ kW.

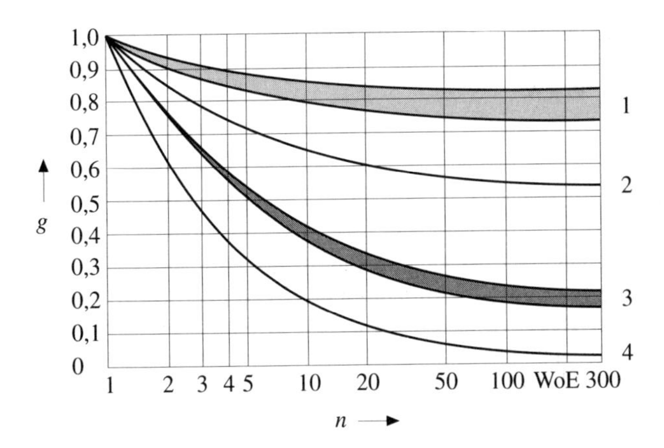

Bild 3.2 Gleichzeitigkeitsfaktoren
1 g_H für Speicherheizung (Aufladezeit: 8 h bis 10 h)
2 g_H für Direktheizung
3 g_N für allgemeinen Bedarf
4 g_{DE} für Durchflußerwärmer (18 kW bis 24 kW)

Als maximal benötigte Leistung – ohne Berücksichtigung der Speicherheizung – ergibt sich:

- für die Gewerbebetriebe

$$P_{max} = g \cdot P_{inst}$$
$$= 0{,}55 \cdot 42 \text{ kW} + 0{,}8 \cdot 70 \text{ kW} = 79{,}1 \text{ kW}$$

- für die Wohnungen, wobei alle Wohnungen mit $P_0 = 15$ kW/WoE gerechnet und für $P_{DE} = 6 \cdot 21$ kW gesetzt werden

$$P_{max} = n \cdot g_N \cdot P_0 + g_{DE} \cdot P_{DE}$$
$$= 38 \text{ WoE} \cdot 0{,}26 \cdot 15 \text{ kW/WoE} + 0{,}28 \cdot 126 \text{ kW}$$
$$= 148{,}2 \text{ kW} + 35{,}3 \text{ kW} = 183{,}5 \text{ kW}.$$

Die Gesamtleistung ergibt sich damit zu

$$P_{max} = 262{,}6 \text{ kW}$$

während der Zeit, in der die Speicherheizung nicht freigegeben ist.

Die zu erwartende Belastung durch die Speicherheizung mit

$$P_H = 6 \text{ WoE} \cdot 16 \text{ kW/WoE} = 96 \text{ kW}$$

ergibt sich zu

$$P_{max} = g_H \cdot P_H = 0{,}85 \cdot 96 \text{ kW} = 81{,}6 \text{ kW},$$

wobei zu beachten ist, daß sich diese Leistung nur in der Zeit an der Station bemerkbar macht, in der die Freigabe zur Aufladung der Heizung vorliegt. Da die Freigabe der Heizung in der Regel in lastarmen Zeiten erfolgt, ist es also nicht notwendig, die Leistung der Speicherheizung zu der Leistung des allgemeinen Bedarfs zum Zeitpunkt der Höchstlast zu addieren.

3.2 Stromversorgung

Sowohl bei der Versorgung aus einem öffentlichen Netz als auch beim Einsatz von Eigenerzeugungsanlagen sind bei der Planung einer Anlage charakteristische Größen zu beachten:

- Nennspannung,
- Netzform,
- Stromart, Frequenz,
- Leistungsbedarf,
- Kurzschlußströme an der Einspeisestelle.

3.2.1 Einspeisung aus dem öffentlichen Netz

Liegt zur Versorgung einer Anlage eine Einspeisung aus dem öffentlichen Netz vor, so sind die Daten der vorgenannten Größen vom EVU zu erfragen. Eine gute Zusammenarbeit zwischen dem Planer (Errichter) der zu planenden Anlage und dem EVU ist unbedingt erforderlich. Nach der »Verordnung über Allgemeine Bedingungen für die Elektrizitätsversorgung von Tarifkunden (AVBEltV) vom 21.06.1979« § 10 (2) soll die Herstellung des Hausanschlusses beim EVU schriftlich beantragt werden. Gemäß TAB Abschnitt 2 (1) soll dabei das beim EVU übliche Anmeldeverfahren Anwendung finden.
Der Planer muß dem EVU den maximal zu erwartenden Leistungsbedarf mitteilen, damit das EVU das Versorgungsnetz planen und auch die Meßeinrichtung leistungsgerecht auslegen kann. Das EVU seinerseits muß dem Planer die Netzform, die Nennspannung des Netzes, die Stromart, die Frequenz sowie den kleinsten und größten Kurzschlußstrom, der an der Übergabestelle zum Fließen kommt, angeben. Oft nennen die EVU auch einen oder mehrere Grenzwerte für die Impedanz des Netzes, die an der Anschlußstelle nicht überschritten werden. Häufig genannte Werte für die maximale Anschlußimpedanz (Impedanz vom Transformator oder Generator bis zum Hausanschlußkasten) sind:

$Z = 0{,}2\ \Omega\ /\ 0{,}25\ \Omega\ /\ 0{,}3\ \Omega$ in Kabelnetzen bzw.
$Z = 0{,}5\ \Omega\ /\ 0{,}6\ \Omega\ /\ 0{,}7\ \Omega$ in Freileitungsnetzen.

Die Werte gelten natürlich nur im Netzkern; bei Netzausläufern muß die Impedanz berechnet werden. Über die vom EVU genannte Anschlußimpedanz können dann für die Einspeisestelle und für jeden Punkt der Anlage der kleinste Kurzschlußstrom (siehe Abschnitt 7.1.1.2) und der größte Kurzschlußstrom (siehe Abschnitt 14.4) berechnet werden.

3.2.2 Bemessung von Hauptleitungen

Für Wohnungen und für Gebäude mit vergleichbaren Anforderungen kann die Bemessung der Hauptstromversorgungssysteme und Hauptleitungen nach DIN 18015 Teil 1 erfolgen. In Abhängigkeit vom Elektrifizierungsgrad (ohne/mit Warmwasserbereitung für Bade- und Duschzwecke) und von der Anzahl der Wohnungen, die zu versorgen sind, gibt **Bild 3.3** die Leistung und den Nennstrom an, für die das System bemessen werden sollte.

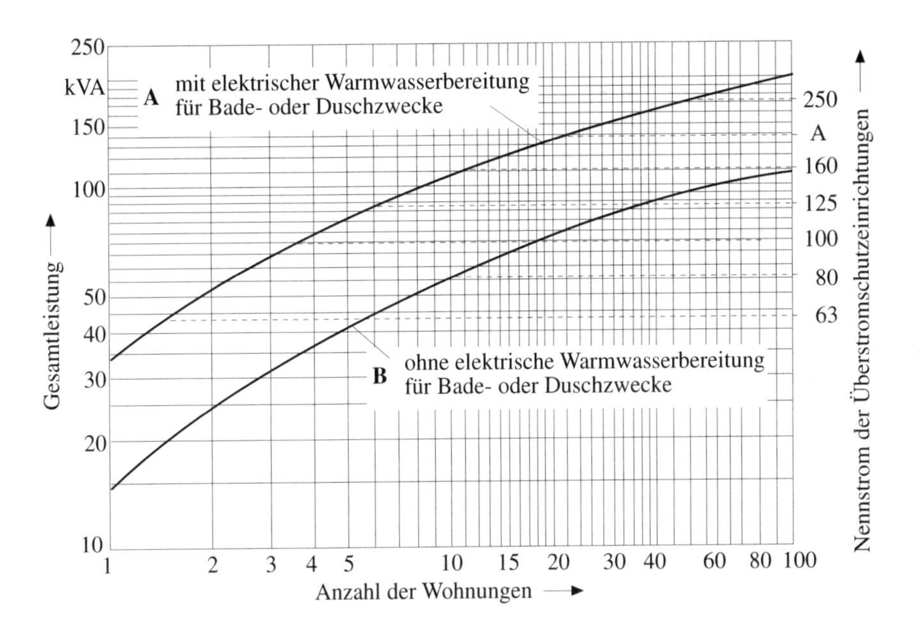

Bild 3.3 Bemessung von Hauptleitungen für Wohnungen ohne elektrische Heizung, $U_n = 230/400$ V (Quelle: DIN 18015 Teil 1:1992-03)

3.2.3 Autarke Versorgung

Ist keine öffentliche Stromversorgung vorhanden und eine Ersatzstromversorgungsanlage geplant, muß der Planer die entsprechenden Angaben der eingesetzten oder geplanten Ersatzstromquelle (Generator, Batterie) als Planungsgrundlage heranziehen.

3.2.4 Eigenversorgung mit netzparallelem Betrieb

Ist mit einer Ersatzstromquelle ein Parallelbetrieb mit dem öffentlichen Netz vorgesehen, ist eine Absprache mit dem EVU zwingend erforderlich (Forderung nach AVBEltV § 3). Anlagen dieser Art erfordern eine besonders sorgfältige Planung. Eigenerzeugungsanlagen, die parallel mit dem öffentlichen Netz betrieben werden, sind nur zulässig zur Nutzung regenerativer Energiequellen. Die Anschlußstelle einer Eigenerzeugungsanlage am öffentlichen Netz muß an einem geeigneten Punkt im Netz erfolgen, den das EVU festzulegen hat. Bei größeren Leistungen erfolgt die Einspeisung in das Mittelspannungsnetz, während bei kleineren Leistungen auch in das Niederspannungsnetz eingespeist werden kann. Damit bei Störungen oder bei Arbeiten im Netz eine Trennung vom Netz erfolgen kann, muß die Anschlußstelle (Schaltstelle) so gewählt werden, daß sie für das EVU-Personal jederzeit zugänglich ist.

Die technischen Daten der Ersatzstromquelle sind auf die vorliegenden Netzdaten abzustimmen. Schädliche Rückwirkungen auf das EVU-Netz (Spannungsschwankungen, Einspeisung von Spannungen mit anderen Frequenzen, Unsymmetrien) dürfen nicht auftreten. Die Ersatzstromquelle muß mit Schalteinrichtungen versehen sein, die bei Spannungsabweichungen und Frequenzänderungen eine Abschaltung in die Wege leiten. Nach den Parallelbetriebsbedingungen der VDEW sind empfohlen:

- Spannungsrückgangsschutz
  (Einstellbereich bis 70% der Nennspannung);
- Spannungssteigerungsschutz
  (Einstellbereich bis 115% der Nennspannung);
- Frequenzrückgangsschutz
  (Einstellbereich bis 48 Hz);
- Frequenzsteigerungsschutz
  (Einstellbereich bis 52 Hz).

Im Einvernehmen mit dem EVU kann das Ansprechen der Schutzeinrichtungen für Spannungsrückgang, Spannungssteigerung und Frequenzrückgang bis zu 3 s zeitverzögert werden. Weitere Schutzeinrichtungen sind noch vorzusehen für:

- Kurzschlußschutz;
- Überlastschutz;
- Schutz bei indirektem Berühren.

In **Bild 3.4** sind Anlagen dargestellt, die parallel mit dem Niederspannungsnetz des EVU betrieben werden können.

Die Maßnahmen zum Schutz gegen indirektes Berühren (Fehlerschutz; Schutz gegen elektrischen Schlag unter normalen Bedingungen) bei Eigenerzeugungsanlagen, die parallel mit dem Netz arbeiten, können gedanklich zweigeteilt werden. Grundsätzlich ist festzustellen, daß jede geeignete Maßnahme nach Teil 410 zulässig ist:

- Beim Parallelbetrieb mit dem Netz ist zur Berechnung der Abschaltströme vor allem die parallele Einspeisung zu berücksichtigen.
- Beim Inselbetrieb der Eigenerzeugungsanlage liegen Verhältnisse wie beim Einsatz von Notstromaggregaten vor (Ersatzstromversorgung für Sicherheitszwecke). Die Maßnahmen sind in Kapitel 23 beschrieben.

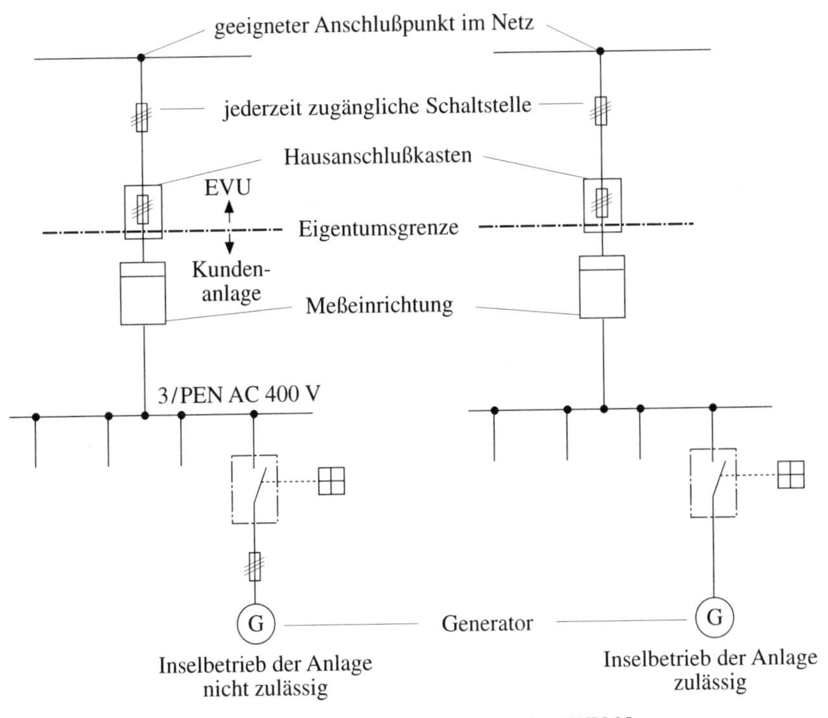

Bild 3.4 Eigenerzeugungsanlagen mit Einspeisung in das EVU-Netz

3.3 Netzformen und Erdungen

Netzformen (neu: Systeme nach der Art der Erdverbindung) werden nach der Art (Gleich- oder Wechselspannung) und der Anzahl der aktiven Leiter (2-, 3- oder

4-Leiter-Netze) unterschieden. Zur eindeutigen Beschreibung eines Stromversorgungssystems sind folgende Angaben in der angegebenen Reihenfolge notwendig (siehe hierzu auch DIN EN 61293):

- Anzahl der Außenleiter;
- andere Leiter, z.B. PEN-Leiter, Schutzleiter, Neutralleiter, Mittelleiter;
- Spannung und Stromart:
  - Gleichspannung; Symbol ⎓, Kurzzeichen DC,
  - Wechselspannung; Symbol ∼, Kurzzeichen AC,
  - Gleich- oder Wechselspannung (Allstrom) Symbol ⏦, Kurzzeichen UC;
- Frequenz (Zahlenwert und Einheit);
- Spannung (Zahlenwert und Einheit).

In **Tabelle 3.2** sind einige Beispiele dargestellt.

Für die verschiedenen in der Praxis vorkommenden Systeme nach Art der Erdverbindung (Netzformen und Erdung der Stromquelle) sowie die Erdung der zu schützenden Körper wurde auf internationaler Basis eine einheitliche Kennzeichnung (durch Buchstaben) erarbeitet. In dieses System können alle im Niederspannungsbereich vorkommenden Netzarten eingeordnet werden. Die Anwendung des Systems ist auch für Einphasenwechselstromsysteme und Gleichstromsysteme möglich.

Das Kurzzeichen besteht in der Regel aus zwei Buchstaben, die die *Erdungsbedingungen der speisenden Stromquelle* und die *Erdungsbedingungen der Körper* beschreiben. Durch einen Bindestrich wird ein dritter und gegebenenfalls ein vierter Buchstabe angefügt. Der dritte bzw. vierte Buchstabe macht Aussagen über die *Anordnung des Neutral- und Schutzleiters.*

Die angewandten Kurzzeichen haben folgende Bedeutung:

Erster Buchstabe:
Erdungsbedingungen der speisenden Stromquelle,
T direkte Erdung eines Punktes,
I entweder Isolierung aller aktiven Teile von der Erde oder Verbindung eines Punktes mit Erde über eine Impedanz.

Zweiter Buchstabe:
Erdungsbedingungen der Körper der elektrischen Anlage,
T Körper direkt geerdet, unabhängig von der etwa bestehenden Erdung eines Punktes der Stromversorgung,
N Körper direkt mit der Betriebserde verbunden. In Wechselspannungsnetzen ist der geerdete Punkt im allgemeinen der Sternpunkt.

Weitere Buchstaben:
Anordnung des Neutralleiters und des Schutzleiters,
S Neutralleiter und Schutzleiter sind getrennt (separat),
C Neutralleiter und Schutzleiter sind in einem Leiter kombiniert.

Tabelle 3.2 Bezeichnungen für Stromversorgungssysteme

Stromversorgungssystem	kurze Schreibweise mit	
	Symbol	Kurzzeichen
Gleichstrom-Zweileiter-System 160 V zwei Außenleiter	2 ⎓ 160 V	2 DC 160 V
Gleichstrom-Dreileiter-System 110 V zwei Außenleiter, ein Mittelleiter	2/M ⎓ 110 V	2/M DC 110 V
Einphasen-Zweileiter-System 230 V zwei Außenleiter	2 ~ 50 Hz 230 V	2 AC 50 Hz 230 V
Einphasen-Dreileiter-System 230 V ein Außenleiter, ein Neutralleiter, ein Schutzleiter	1/N/PE ~ 50 Hz 230 V	1/N/PE AC 50 Hz 230 V
Drehstrom-Dreileiter-System 500 V drei Außenleiter	3 ~ 50 Hz 500 V	3 AC 50 Hz 500 V
Drehstrom-Vierleiter-System 400 V drei Außenleiter, ein PEN-Leiter	3/PEN ~ 50 Hz 400 V	3/PEN AC 50 Hz 400 V
Drehstrom-Fünfleiter-System 400 V drei Außenleiter, ein Neutralleiter, ein Schutzleiter	3/N/PE ~ 50 Hz 400 V	3/N/PE AC 50 Hz 400 V

Die Schrägstriche zwischen den einzelnen Leiterarten können auch weggelassen werden.

3.3.1 TN-Systeme

In TN-Systemen ist ein Punkt direkt geerdet (Betriebserdung). Die Körper der elektrischen Anlage sind entweder über Schutzleiter und/oder über PEN-Leiter mit diesem Punkt verbunden. Entsprechend der Anordnung der Neutralleiter und der Schutzleiter sind drei TN-Systeme zu unterscheiden:

- TN-S-System **(Bild 3.5)**,
- TN-C-System **(Bild 3.6)**,
- TN-C-S-System **(Bild 3.7)**.

Im TN-S-System sind Neutralleiter und Schutzleiter im gesamten System getrennt geführt.
Beim Einsatz von Überstromschutzeinrichtungen entspricht dieses System der Nullung mit separatem Schutzleiter; moderne Nullung.

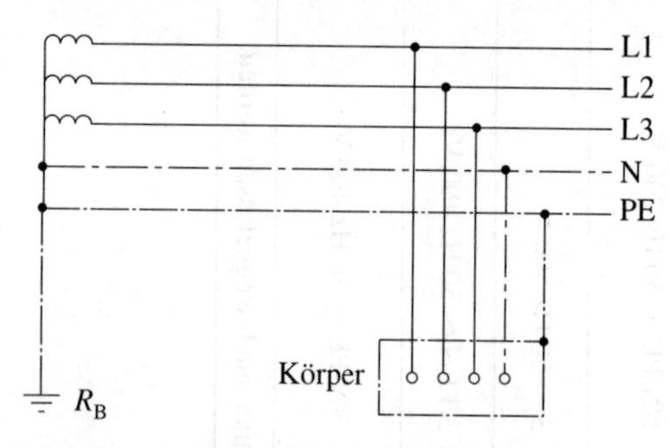

Bild 3.5 TN-S-System

Im TN-C-System sind Neutralleiter und Schutzleiter im gesamten System in einem einzigen Leiter zusammengefaßt, dem PEN-Leiter.
Beim Einsatz von Überstromschutzorganen entspricht dieses System der klassischen Nullung.

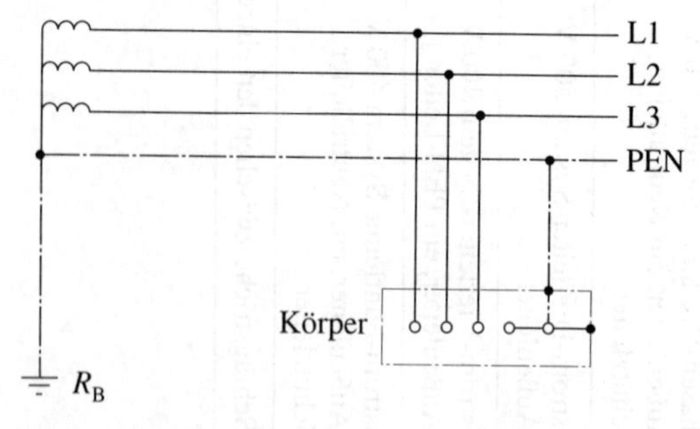

Bild 3.6 TN-C-System

Im TN-C-S-System sind in einem Teil des Systemes die Funktionen des Neutralleiters und des Schutzleiters in einem einzigen Leiter, dem PEN-Leiter, zusammengefaßt.

Beim Einsatz von Überstromschutzeinrichtungen entspricht dieses System einer Kombination aus klassischer und moderner Nullung.

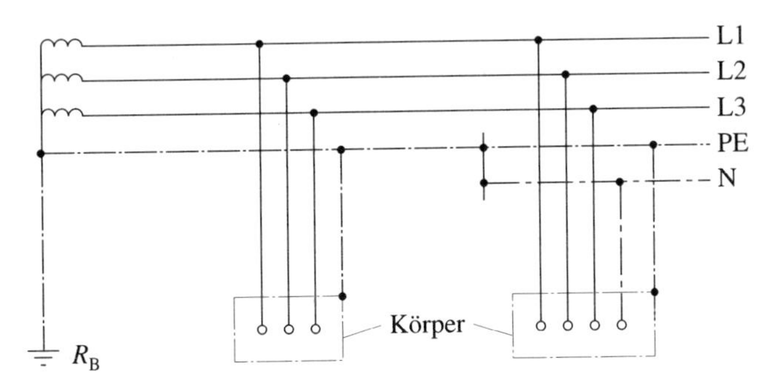

Bild 3.7 TN-C-S-System

3.3.2 TT-System

Im TT-System **(Bild 3.8)** ist ein Punkt direkt geerdet (Betriebserdung). Die Körper der elektrischen Anlage sind mit Erdern verbunden, die von der Betriebserdung getrennt sind.

Beim Einsatz von Überstromschutzorganen entspricht dieses System der Schutzerdung, bei der Verwendung einer Fehlerstromschutzeinrichtung der FI-Schutzschaltung.

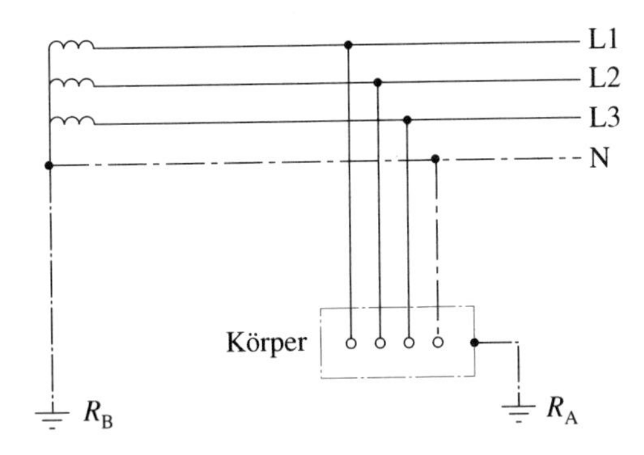

Bild 3.8 TT-System

3.3.3 IT-System

Das IT-System (**Bild 3.9**) hat keine direkte Verbindung zwischen aktiven Leitern und geerdeten Teilen; die Körper der elektrischen Anlage sind geerdet.
Beim Einsatz einer Isolationsüberwachungseinrichtung entspricht dieses System dem Schutzleitungssystem.

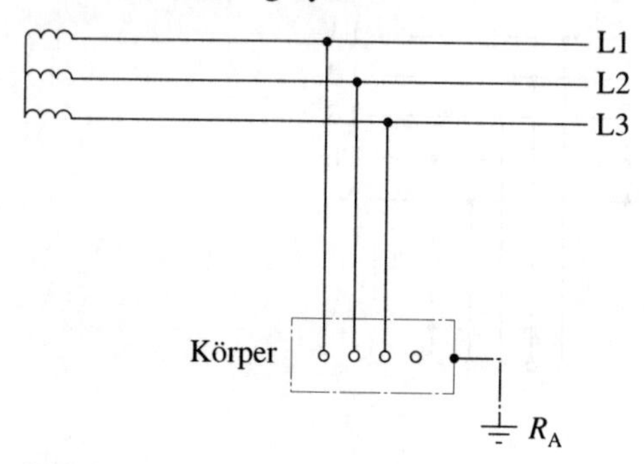

Bild 3.9 IT-System

Die in den Bildern 3.3 bis 3.7 gewählte Darstellung der verschiedenen Leiter entspricht der in Deutschland üblichen Art, die auch in DIN 40711 (siehe auch Tabelle 2.5) festgelegt ist. Nach IEC ist eine Darstellung üblich, die vor allem für maschinelle Zeichnungen Vorteile bringt. Diese IEC-Darstellungsart ist in DIN 40717 festgelegt und kann wahlweise verwendet werden. Beide Darstellungsarten sind in **Tabelle 3.3** gezeigt.

Tabelle 3.3 Zeichnerische Darstellung der verschiedenen Leiter

Leiterart	Darstellungen nach	
	DIN 40711	DIN 40717
Außenleiter	———————	———————
Neutralleiter	— - — - — - —	———⫽——— (mit Punkt)
Schutzleiter	—··—··—··—	———⫽———
PEN-Leiter	—··—··—··—	———⫽——— (mit Punkt)

Die alphanumerische Kennzeichnung der verschiedenen Leiter und die Kennzeichnung der Anschlußklemmen an den Betriebsmitteln sowie die grafischen Symbole – soweit festgelegt – sind in **Tabelle 3.4** zusammengestellt.

Tabelle 3.4 Alphanumerische Kennzeichnung von Anschlußstellen und von Leitern

Netz, System bzw. Leiter		Kennzeichnung		Grafisches Symbol DIN 40100 Teil 3
		Betriebsmittel-anschluß	Leiterbezeichnung	
Wechselstromnetz	Außenleiter 1	U	L 1	
	Außenleiter 2	V	L 2	
	Außenleiter 3	W	L 3	
	Neutralleiter	N	N	
Gleichstromnetz*)	Positiver Leiter	C	L +	
	Negativer Leiter	D	L –	
	Mittelleiter	M	M	
Schutzleiter		PE	PE	⏚
PEN-Leiter		–	PEN	
Erde		E	E	⏚
Fremdspannungsfreie Erde		TE	TE	⏚
Masse		MM	MM	⊥
Äquipotential		CC	CC	

*) Die Bezeichnungen C und D für den Betriebsmittelanschluß sind international noch in Beratung

3.4 Stromkreisaufteilung in einer Anlage

Eine elektrische Anlage sollte in mehrere Stromkreise aufgeteilt werden. Was dabei sinnvoll und vernünftig ist, hängt ab von der Größe der Anlage, von der Ausstattung mit elektrischen Geräten sowie von der Benutzungshäufigkeit und Benutzungsdauer der Geräte. Für Wohnungen kann DIN 18015 Teil 2 »Elektrische Anlagen in Wohngebäuden; Art und Umfang der Mindestausstattung« herangezogen werden. In Abhängigkeit von der Wohnfläche gelten die in **Tabelle 3.5** dargestellten Mindestforderungen.

Tabelle 3.5 Anzahl der Stromkreise für Beleuchtung und Steckdosen in Wohnungen

Wohnfläche in m^2	Anzahl der Stromkreise
bis 50	2
über 50 bis 75	3
über 75 bis 100	4
über 100 bis 125	5
über 125	6

Weitere Forderungen nach DIN 18015 Teil 2 sind jeweils separate Stromkreise für:

- Geräte mit 2 kW oder höherer Leistung:
  - Elektro-Herd,
  - Grill-Gerät,
  - Geschirrspüler,
  - Waschmaschine,
  - Wäschetrockner,
  - Bügelmaschine,
  - Warmwassergeräte,
  - Raumheizungsgeräte, Klimageräte,
- Räume oder Verbrauchsgeräte mit besonderer Nutzung; dies können sein:
  - Hobbyräume,
  - Schwimmbäder,
  - Fitneßräume,
  - Außenbeleuchtung,
  - Garagenbeleuchtung,
- Keller- und Bodenräume,
- gemeinschaftlich genutzte elektrische Anlagen:
  - Beleuchtung von Fluren, Treppen, Vorhallen und dgl.,
  - Verstärker für Antennenanlagen,
  - Klingel- und Sprechanlage,
  - Pumpen, z. B. für Druckerhöhung oder Abwasserhebeanlage,
  - Zentralheizung,
  - Müllverbrennung,
  - Aufzuganlage.

Bei der Auswahl der Stromkreisverteiler sind jeweils eine angemessene Anzahl Reserveplätze für weitere Stromkreise vorzusehen. Je nach räumlicher Ausdehnung der Anlage kann es auch zweckmäßig sein, nicht alle Stromkreise auf eine Hauptverteilung zu führen, sondern mehrere Unterverteiler, angeordnet in den Belastungsschwerpunkten, einzusetzen.

Bei gewerblichen bzw. industriellen Anlagen kann es ebenfalls sinnvoll sein, mehrere hintereinander liegende Unterverteiler einzusetzen und so relativ kurze Stromkreislängen zu erhalten.

In allen Anlagen (Wohnungen, Gewerbe, Industrie) sind bei der Reihenschaltung von Schutzeinrichtungen auch die Selektivitätsbedingungen (siehe Abschnitt 2.11) zu beachten.

3.5 Äußere Einflüsse

Äußere Einflüsse sind auch in Teil 510 behandelt (siehe hierzu Abschnitt 14.3 und Anhang H).
Die Betriebsmittel müssen so ausgewählt werden, daß durch die normalerweise zu erwartenden äußeren Einflüsse keine betrieblichen Ausfälle, Schäden oder Störungen zu erwarten sind. Äußere Einflüsse können sein bzw. herrühren von:

- Bedingungen besonderer Art, hervorgerufen durch die Umgebung, wie:
  - Feuchtigkeit und korrosive Einflüsse,
  - klimatische Verhältnisse (Temperatur, Wärme oder Kälte, Sonneneinstrahlung, Wind, Strahlung, Blitzeinwirkung),
  - Fremdkörpereinwirkung,
  - Flora und Fauna,
  - Erdbeben,
- Bedingungen aus der Benutzung der elektrischen Betriebsmittel in besonderen Betriebsstätten, wie:
  - Kindergärten,
  - Versammlungsstätten,
  - Krankenhäuser,
  - Hochhäuser,
  - Elektrische Betriebsstätten,
  - Abgeschlossene elektrische Betriebsstätten,
- Bedingungen aus der Bauweise oder der Beschaffenheit des Gebäudes, in dem die Betriebsmittel eingesetzt werden, wie:
  - Holzhäuser; hier liegt eine erhöhte Brandgefahr vor;
  - Feuergefährdete Betriebsstätten, z.B. Scheunen, Schreinereien, Spinnereien, Webereien, Papierfabriken; hier sind besondere Brandschutzmaßnahmen vorzusehen;
  - Raffinerien, Treibstofflager und ähnliche explosionsgefährdete Betriebsstätten; hier ist – zumindest in Bereichen – Ex-Schutz (DIN VDE 0165) erforderlich;

– Zelte, Traglufthallen, Wohnwagen nach Schaustellerart, Boote, Jachten und dgl., die häufigem Ab- und Aufbau sowie Schwingungen und Bewegungen (Transport) ausgesetzt sein können; hier sind die besonderen Bestimmungen der Gruppe 700 zu beachten – soweit solche vorhanden; ansonsten sind sinngemäße Lösungen zu treffen.

3.6 Verträglichkeit

Betriebsmittel, vor allem aber Verbrauchsmittel, sind so auszuwählen und zu betreiben, daß keine betrieblichen Rückwirkungen, die andere Betriebsmittel beeinflussen, stören oder betriebsunfähig machen, von ihnen ausgehen.
Wichtig und besonders zu beachten sind Unter- und Überspannungen sowie Einschaltströme und schnell wechselnde Belastungen. Zu achten ist auf:

- Unter- bzw. Überspannungen längerer Dauer; eine evtl. vorgegebene Spannungssteigerung oder ein vorgegebener Spannungsfall darf keinesfalls überschrittten werden. Geräte werden in der Regel für ±10 %, bezogen auf die Netzspannung, ausgelegt.
- Einschaltströme oder schnell wechselnde Belastung; zeitlich schnell wechselnde Belastungen, die einen Spannungsfall hervorrufen, wirken sich vor allem auf Beleuchtungsanlagen sehr störend aus. Es treten bei der Beleuchtung sogenannte Flickererscheinungen auf, die besonders das menschliche Auge störend beeinflussen. Zur Beurteilung der Verträglichkeitsgrenze gibt DIN EN 60555 (VDE 0838) die »CENELEC-Grenzkurve für Flickererscheinungen« **(Bild 3.10)** den zulässigen Spannungsfall in Abhängigkeit von der Anzahl der Spannungsänderungen pro Zeiteinheit an.

Weitere Störgrößen, allerdings von untergeordneter Bedeutung, können sein:

- Oberschwingungen,
- elektromagnetische Felder,
- Gleichstromanteile in Wechselströmen,
- Ableit- und Erdschlußströme.

Typische Verbrauchsmittel, die derartige Störungen hervorrufen können, sind:

- Motoren, besonders solche mit schwerem oder häufigem Anlauf,
- Elektrowärmegeräte größerer Leistung,
- Wärmepumpen,
- Kompressoren,
- Schweißgeräte,
- Verbrauchsmittel, die betrieben werden über:
  – Wechselstromsteller mit Vielperiodensteuerung (früher Schwingungspaketsteuerung genannt),
  – Wechselstromsteller mit Anschnittsteuerung (früher symmetrische Phasenanschnittsteuerung genannt) oder
  – Zweiweggleichrichtung, halbgesteuert (früher unsymmetrische Phasenanschnittsteuerung genannt).

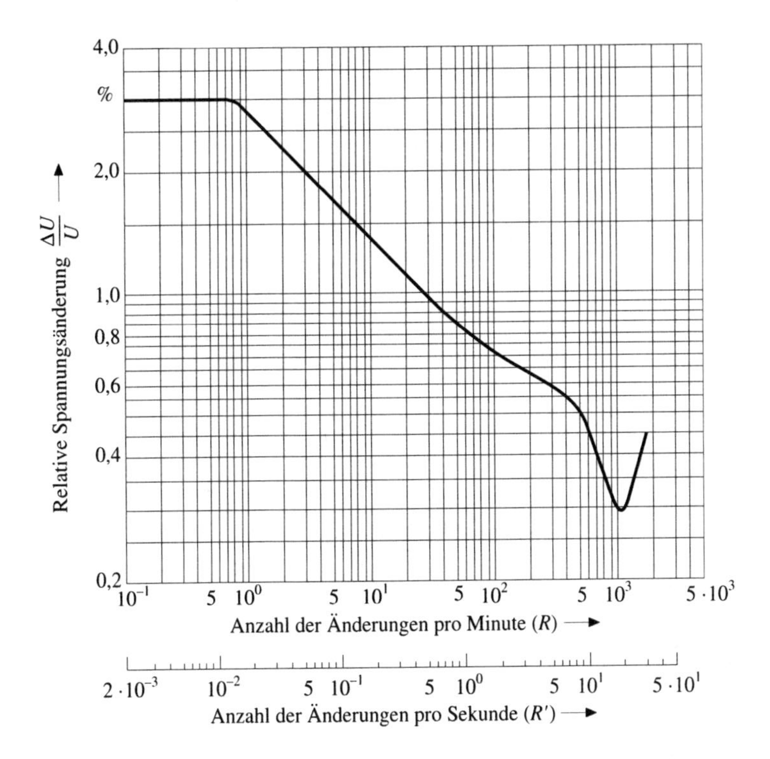

Bild 3.10 CENELEC-Flickerkurve

Die genannten Geräte bedürfen einer besonders sorgfältigen Planung, um störende Rückwirkungen vom Netz fernzuhalten.

Die Forderungen der DIN EN 60555 (VDE 0838) »Rückwirkungen in Stromversorgungsnetzen, die durch Haushaltgeräte und ähnliche elektrische Einrichtungen verursacht werden« mit Teil 1 »Begriffe«, Teil 2 »Oberschwingungen« und Teil 3 »Spannungsschwankungen« werden erfüllt, wenn bei symmetrischer Anschnittsteuerung (Wechselstromsteller mit Anschnittsteuerung) die in **Tabelle 3.6** genannten Grenzwerte nicht überschritten werden (TAB Abschnitt 8.3).

Bei symmetrischer Schwingungspaketsteuerung (Wechselstromsteller mit Vielperiodensteuerung) sind die Forderungen der DIN EN 60555 (VDE 0838) eingehalten, wenn die Grenzwerte der Anschlußleistung in Abhängigkeit von der Schalthäufigkeit die in **Tabelle 3.7** angegebenen Werte nicht überschreiten (TAB Abschnitt 8.3).

Tabelle 3.6 Grenzwerte der Anschlußleistung bei symmetrischer Anschnittsteuerung und Gleichrichtung

Art der Steuereinrichtung	Grenzwert der Anschlußleistung in kVA je gesteuerte Verbrauchseinheit *) bei		
	Anschluß zwischen Außen- und Neutralleiter an 230 V	Anschluß zwischen zwei Außenleitern an 400 V	Anschluß an 3 × 400/230 V mit symmetrischer Belastung mit bzw. ohne Neutralleiter
Steller für			
– Glühlampen	1,7	3,3	5,0
– ohmsche/induktive Verbrauchsgeräte (z. B. Motoren, Entladungslampen)	3,4	6,6	6,6
ungeregelte Gleichrichter mit kapazitiver Glättung (z. B. Netzteile in Geräten der Unterhaltungselektronik, U-Umrichter zur Motorsteuerung)	0,3	0,6	1,0
geregelte Gleichrichter mit induktiver Glättung (z. B. in geregelten Gleichstromantrieben)	1,0	1,8	3,2

*) Gesteuerte Verbrauchseinheit ist die von der Steuereinrichtung beeinflußte Leistung, z. B. eine Steuereinrichtung für 400 W beeinflußt eine Lampenleistung von 5 × 60 W = 300 W.

3.7 Wartbarkeit

Die Wartbarkeit ist ein Maß für die Einfachheit, mit der es möglich ist, eine Anlage zu warten. Dabei ist zu berücksichtigen, mit welcher Häufigkeit, Gründlichkeit und mit welchem Aufwand eine Anlage während ihrer Lebensdauer zu warten ist. Da die Sicherheit einer Anlage letztendlich auch von deren Wartung (Pflege, Prüfungen und dgl.) abhängt, empfiehlt es sich, bei der Planung einer Anlage mit dem Betreiber der Anlage über dessen Vorstellung hinsichtlich der Wartung zu sprechen.

3.8 Elektrische Anlagen für Sicherheitszwecke

Die elektrischen Anlagen für Sicherheitszwecke (Notstromversorgung) sind in Kapitel 23 behandelt.

Tabelle 3.7 Grenzwerte der Anschlußleistung bei symmetrischer Schwingungspaketsteuerung

Schalthäufigkeit in 1/min	Grenzwert der Anschlußleistung in kW je gesteuerte Verbrauchseinheit*) bei		
	Anschluß zwischen Außen- und Neutralleiter an 230 V	Anschluß zwischen zwei Außenleitern an 400 V	Anschluß an 3 × 400/230 V mit symmetrischer Belastung mit bzw. ohne Neutralleiter
≥ 1000	0,4	1,0	2,0
500	0,6	1,5	3,2
100	1,0	2,4	4,8
10	1,7	4,3	8,7
5	2,3	5,6	11,3
4	2,5	6,0	12,0
3	2,7	6,6	13,3
2	2,9	7,3	14,7
1	3,7	9,2	18,7
< 0,76	4,0	10,0	20,0

*) Gesteuerte Verbrauchseinheit ist die von der Steuereinrichtung beeinflußte Leistung, z. B. eine Steuereinrichtung für 2000 W beeinflußt eine Kochstellenleistung von 1800 W.

3.9 Literatur zu Kapitel 3

[1] Floerke, H.: Leistungsbedarf elektrischer Anlagen. etz Elektrotech. Z. 104 (1983) H. 12, S. 586 bis 589

[2] VDEW: Richtlinien für den Parallelbetrieb von Eigenerzeugungsanlagen mit dem Niederspannungsnetz des Elektrizitätsversorgungsunternehmens (EVU). 3. Aufl., Frankfurt a. M.: VWEW-Verlag, 1991

[3] Rudolph, W.; Schröder, B.: Historische Entwicklung der Netzformen TN-, TT- und IT-System. de/der elektromeister + deutsches elektrohandwerk 65 (1990) H. 11, S. 818 bis 820

[4] VDEW: Grundsätze für die Beurteilung von Netzrückwirkungen. 3., überarbeitete Ausgabe, Frankfurt a.M.: VWEW-Verlag, 1992

[5] VDEW: Technische Anschlußbedingungen für den Anschluß an das Niederspannungsnetz. Frankfurt a.M.: VWEW-Verlag, 1991

4 Allgemeines über Schutzmaßnahmen – Teil 410

DIN VDE 0100 Teil 410 besitzt hinsichtlich der Festlegungen zum Schutz gegen elektrischen Schlag »Pilotfunktion«; damit gilt sie als Grundnorm, in der die grundlegenden Sicherheitsaspekte, die für alle anderen Normen als Grundlage dienen, festgelegt sind.

Damit beim ordnungsgemäßen Betrieb einer elektrischen Anlage keine Personen und Nutztiere zu Schaden kommen, Sachwerte beschädigt oder vernichtet werden, sind zur Verhütung von Unfällen »Schutzmaßnahmen« vorzusehen. Grundsätzlich sind zu unterscheiden:

- Schutz gegen elektrischen Schlag unter normalen Bedingungen (Schutz gegen direktes Berühren oder Basisschutz),
- Schutz gegen elektrischen Schlag unter Fehlerbedingungen (Schutz bei indirektem Berühren oder Fehlerschutz),
- zusätzlicher Schutz durch RCDs (zusätzlicher Schutz bei direktem Berühren oder Zusatzschutz).

Anmerkung:
Der Kürze wegen werden die Ausdrücke Basisschutz, Fehlerschutz und Zusatzschutz im folgenden bevorzugt angewandt.

4.1 Basisschutz, Fehlerschutz, Zusatzschutz

Schutz gegen direktes Berühren (Basisschutz) sind alle Maßnahmen zum Schutz von Personen und Nutztieren vor Gefahren, die sich aus einer Berührung von aktiven Teilen elektrischer Betriebsmittel ergeben. Es kann sich hierbei um einen vollständigen oder teilweisen Schutz handeln. Bei teilweisem Schutz besteht nur ein Schutz gegen zufälliges Berühren (Teil 200, Abschnitt A.8.1).

Schutz bei indirektem Berühren (Fehlerschutz) ist der Schutz von Personen und Nutztieren vor Gefahren, die sich im Fehlerfall aus einer Berührung von Körpern oder fremden, leitfähigen Teilen ergeben können (Teil 200, Abschnitt A.8.4).

Schutz bei direktem Berühren (Zusatzschutz) sind alle Maßnahmen zum Schutz von Personen und Nutztieren vor Gefahren, die sich aus der Berührung mit aktiven Teilen elektrischer Betriebsmittel ergeben, wenn Schutzmaßnahmen gegen direktes Berühren (Basisschutz) versagen und Schutzmaßnahmen bei indirektem Berühren (Fehlerschutz) nicht wirksam werden können.

Beim Basisschutz (Schutz gegen direktes Berühren) wird zunächst durch *Basisisolierung* der grundsätzliche Schutz gegen elektrischen Schlag unter normalen

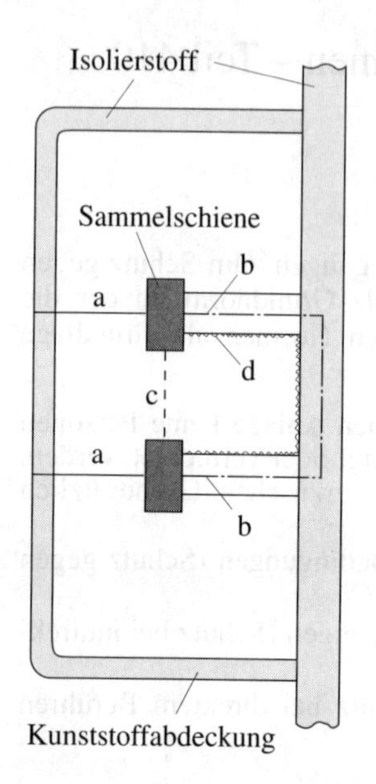

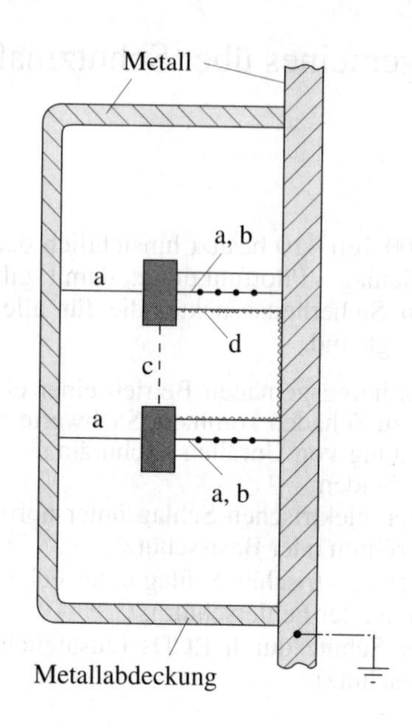

Bild 4.1 Basisisolierung und Betriebsisolierung
a Basisisolierung
b Betriebsisolierung; feste Strecke
c Betriebsisolierung; Luftstrecke
d Betriebsisolierung; Kriechstrecke

Bedingungen erzielt. Die Basisisolierung muß nicht mit der Betriebsisolierung identisch sein (siehe **Bild 4.1**), da die *Betriebsisolierung* der Isolierung aktiver Teile gegeneinander und gegen Körper dient.

Das Versagen der Basisisolierung, wodurch dann unter Umständen Körper unter Spannung stehen und somit auch Ströme über den menschlichen Körper (Körperströme) zum Fließen kommen können, muß verhindert werden. Dies ist in erster Linie möglich durch:

- den zuverlässigen Bau von Betriebsmitteln (Sache des Herstellers) unter Verwendung geeigneter Materialien, insbesondere der Isolierstoffe:
  - Verwendung von Betriebsmitteln, die ein VDE-Zeichen oder GS-Zeichen tragen,
  - Verwendung von Materialien und Geräten, die dem Stand der Sicherheitstechnik in der Europäischen Gemeinschaft entsprechen, was den gleichen Sicherheitspegel darstellt,

- das sorgfältige Errichten elektrischer Anlagen von Fachkräften unter Beachtung der jeweiligen Errichtungsbestimmungen. (Der Begriff »Elektrofachkraft« ist in DIN VDE 0105-1 (VDE 0105 Teil 1) festgelegt; siehe auch DIN VDE 1000-10 (VDE 1000 Teil 10.))

4.2 Schutzmaßnahmen

Da trotz dieser Maßnahmen Isolationsfehler durch Alterung, unsachgemäßen Gebrauch, äußere Einwirkungen und ähnliche Dinge nicht ausgeschlossen werden können, sind zusätzlich noch Maßnahmen zum Schutz bei indirektem Berühren vorzusehen. Die Maßnahmen zum Schutz bei indirektem Berühren müssen zuverlässig verhindern, daß beim Auftreten des ersten Fehlers in der elektrischen Anlage eine Gefährdung von Personen und Nutztieren auftritt.

Die Maßnahmen zum Schutz gegen elektrischen Schlag unter Fehlerbedingungen (Schutz bei indirektem Berühren oder Fehlerschutz) in DIN VDE 0100-410 (VDE 0100 Teil 410) schützen nur beim ersten Fehler in einer Anlage. Beim Auftreten eines zweiten Fehlers – ungünstig gelegen zum ersten – kann es sein, daß kein Schutz mehr besteht.

Die Zusammenhänge zwischen Schutz gegen direktes Berühren und bei indirektem Berühren zeigt **Bild 4.2,** wobei auch mit den früher üblichen, zusätzlichen Schutzmaßnahmen nach DIN VDE 0100 (VDE 0100):1973-05 verglichen wurde. Die unter DIN VDE 0100 (VDE 0100):1973-05 aufgeführte Schutzmaßnahme »Standortisolierung« entspricht nur in etwa der Schutzmaßnahme »Schutz durch nichtleitende Räume« und wurde deshalb in Klammern gesetzt. Ebenso in Klammern gesetzt wurde § 53 »Schutztrennung« als Vorgänger der Schutzmaßnahme »Schutztrennung mit mehreren Geräten«, weil diese früher nur für die Brandbekämpfung bei Schadens- und Katastrophenfällen mit eigenem Ersatzstromerzeuger zulässig war.

Um zunächst einen Überblick zu geben, werden die jeweiligen Grundausführungen der Maßnahmen zum Schutz bei indirektem Berühren in Kurzform beschrieben und jeweils in einem Bild dargestellt. Die Reihenfolge der Aufzählung sagt nichts über die Wertigkeit der Schutzmaßnahme aus.

a) *Kleinspannung, SELV* **(Bild 4.3)**
Der Schutz wird erreicht durch kleine Spannungen (50 V Wechselspannung; 120 V Gleichspannung) und eine sichere elektrische Trennung vom Primärnetz. Bei Spannungen bis 25 V Wechselspannung und 60 V Gleichspannung ist in der Regel der Schutz gegen direktes Berühren entbehrlich.

b) *Kleinspannung, PELV* **(Bild 4.4)**
Bei gleichen Spannungsgrenzen wie bei der Kleinspannung, SELV wird der Sekundärstromkreis entweder geerdet und/oder die Betriebsmittel (Körper) werden geerdet. Ein Schutz gegen direktes Berühren ist erforderlich.

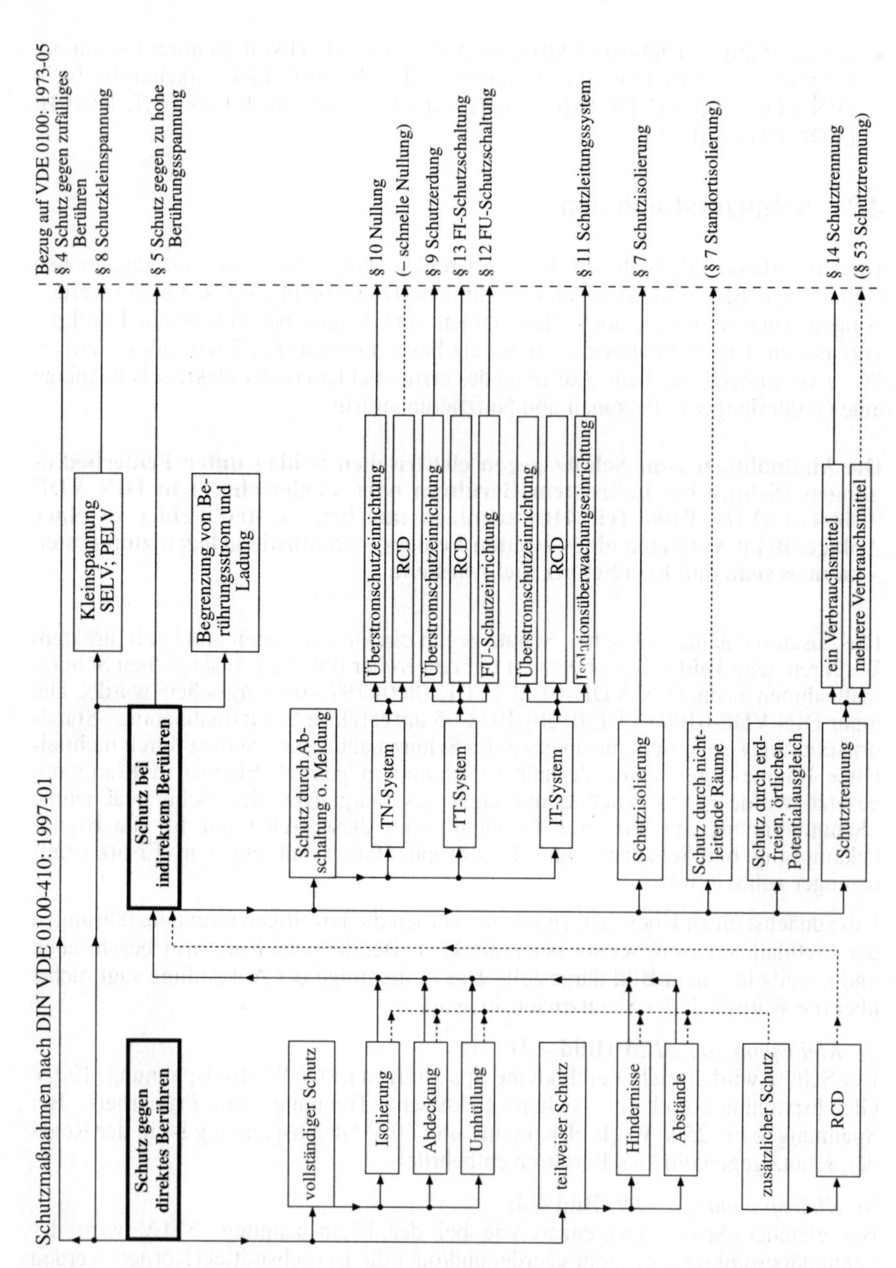

Bild 4.2 Übersicht über die Schutzmaßnahmen und Vergleich mit DIN VDE 0100/5.73

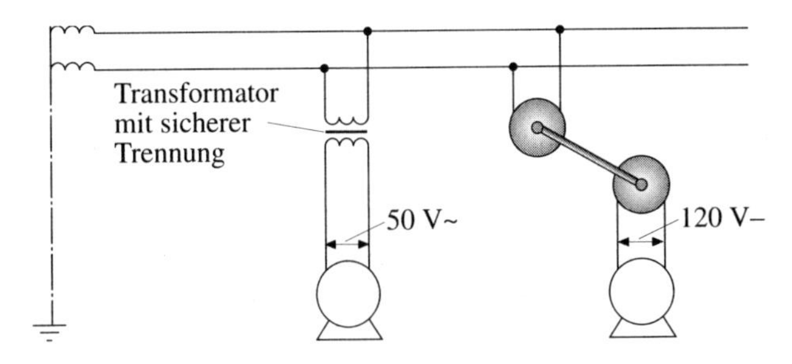

Bild 4.3 Kleinspannung, SELV

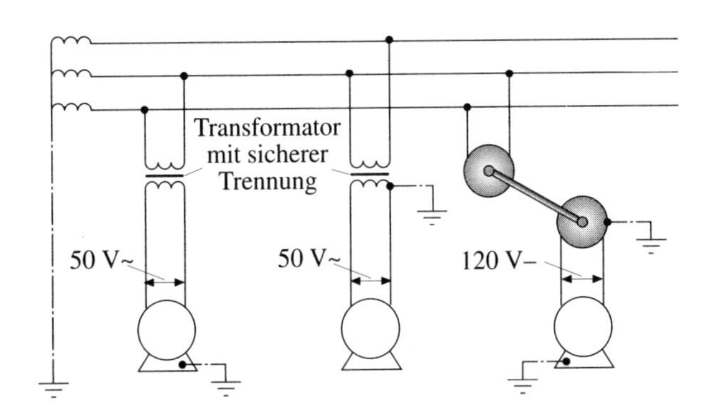

Bild 4.4 Kleinspannung, PELV

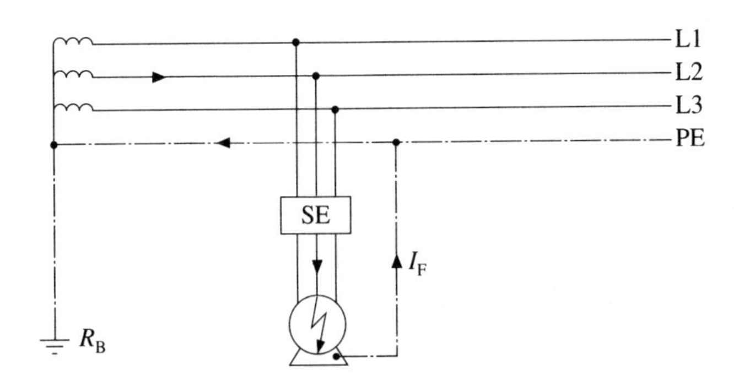

Bild 4.5 Schutz im TN-System

c) *Schutz im TN-System* **(Bild 4.5)**
Im Fehlerfall fließt der Fehlerstrom über einen separaten Leiter (PEN-Leiter oder Schutzleiter) zur Stromquelle zurück. Die Schutzeinrichtung (SE) muß so bemessen werden, daß eine automatische Abschaltung in ausreichend kurzer Zeit erfolgt.

d) *Schutz im TT-System* **(Bild 4.6)**
Im Fehlerfall fließt der Fehlerstrom über das Erdreich zum Sternpunkt des Stromerzeugers zurück. Der Schutzerder muß so dimensioniert werden, daß eine zu hohe Berührungsspannung nicht bestehen bleibt.

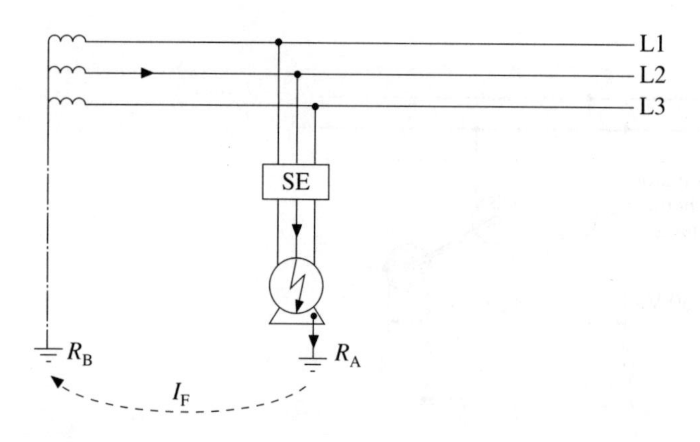

Bild 4.6 Schutz im TT-System

e) *Schutz im IT-System* **(Bild 4.7)**
Der erste Fehler führt nicht zur Abschaltung. Der im Falle eines Erd- oder Körperschlusses zum Fließen kommende Strom darf keine zu hohe Berührungsspannung zur Folge haben. Eine Abschaltung im Doppelfehlerfall muß erfolgen.

f) *Schutz durch Schutzisolierung* **(Bild 4.8)**
Durch eine Isolierung, die über die Basisisolierung hinausgeht, wird das Auftreten einer Berührungsspannung verhindert.

g) *Schutz durch nichtleitende Räume* **(Bild 4.9)**
Durch isolierende Wände und Fußböden wird im Fehlerfall ein Stromfluß gegen Erde verhindert. Zwischen Körpern untereinander und zu fremden, leitfähigen Teilen ist ein ausreichender Abstand einzuhalten, oder es sind Hindernisse einzubringen.

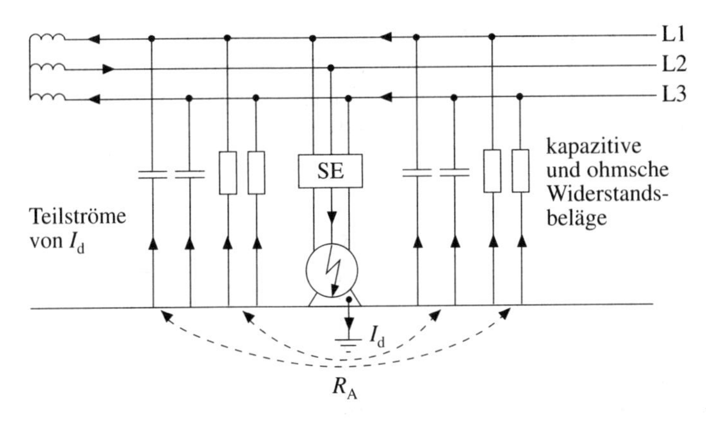

Bild 4.7 Schutz im IT-System

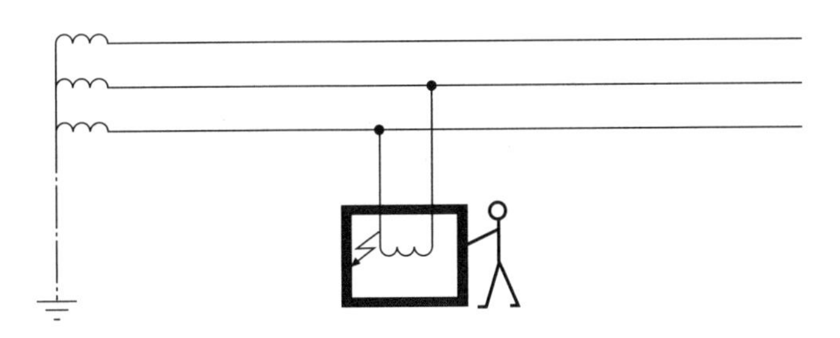

Bild 4.8 Schutz durch Schutzisolierung

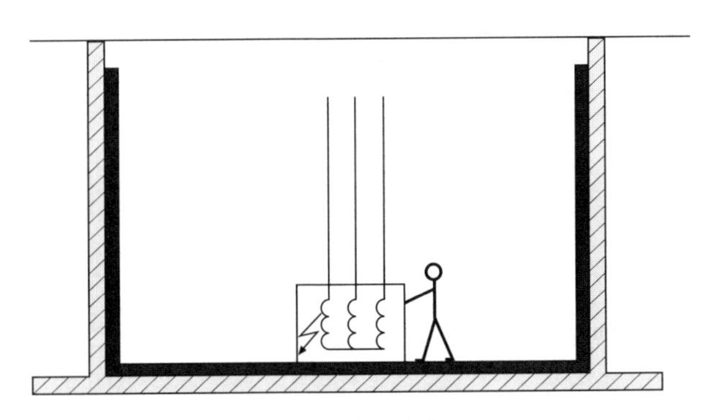

Bild 4.9 Schutz durch nichtleitende Räume

h) *Schutz durch erdfreien örtlichen Potentialausgleich* **(Bild 4.10)**

Durch die Verbindung aller gleichzeitig berührbarer Körper und fremder, leitfähiger Teile wird das Auftreten einer zu hohen Berührungsspannung verhindert. Ggf. müssen leitfähige Fußböden und Wände isoliert werden.

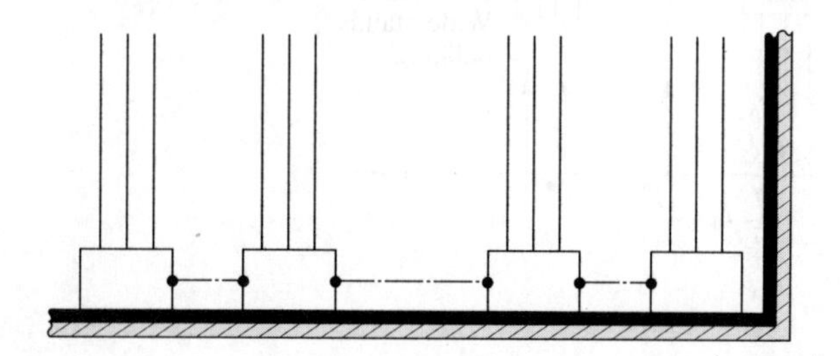

Bild 4.10 Schutz durch erdfreien örtlichen Potentialausgleich

i) *Schutz durch Schutztrennung* **(Bild 4.11)**

Durch die Verwendung eines Trenntransformators wird eine sichere elektrische Trennung zwischen Primär- und Sekundärnetz hergestellt. Eine zu hohe Berührungsspannung kann nicht auftreten.

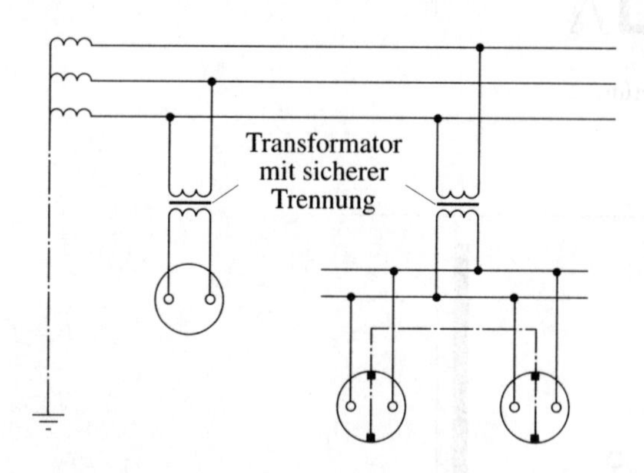

Bild 4.11 Schutz durch Schutztrennung

Die *Schutzmaßnahmen durch Abschaltung oder Meldung* (c–e) sind im allgemeinen notwendig und sollten überall angewandt werden. Die Schutzmaßnahmen

- Kleinspannung, SELV (a) und PELV (b),
- Schutzisolierung (f) und
- Schutztrennung (i)

dürfen immer und in allen elektrischen Anlagen angewandt werden. Die Schutzmaßnahmen

- Schutz durch nichtleitende Räume (g) und
- Schutz durch erdfreien örtlichen Potentialausgleich (h)

dürfen nur dort angewandt werden, wo die Maßnahmen durch Abschaltung oder Meldung nicht durchführbar sind.

Es ist zulässig, die verschiedenen Schutzmaßnahmen miteinander zu kombinieren und nebeneinander anzuwenden. Eine gegenseitige, negative Beeinflussung darf dabei allerdings nicht auftreten.

Bei den Schutzmaßnahmen durch Abschaltung oder Meldung sind die Netzformen TN-, TT- und IT-System miteinander kombinierbar. Die Anwendung der verschiedenen Netzformen in unterschiedlichen Kombinationen zeigt **Bild 4.12.** Bild 4.12 erhebt nicht den Anspruch, alle denkbaren Kombinationen zu enthalten.

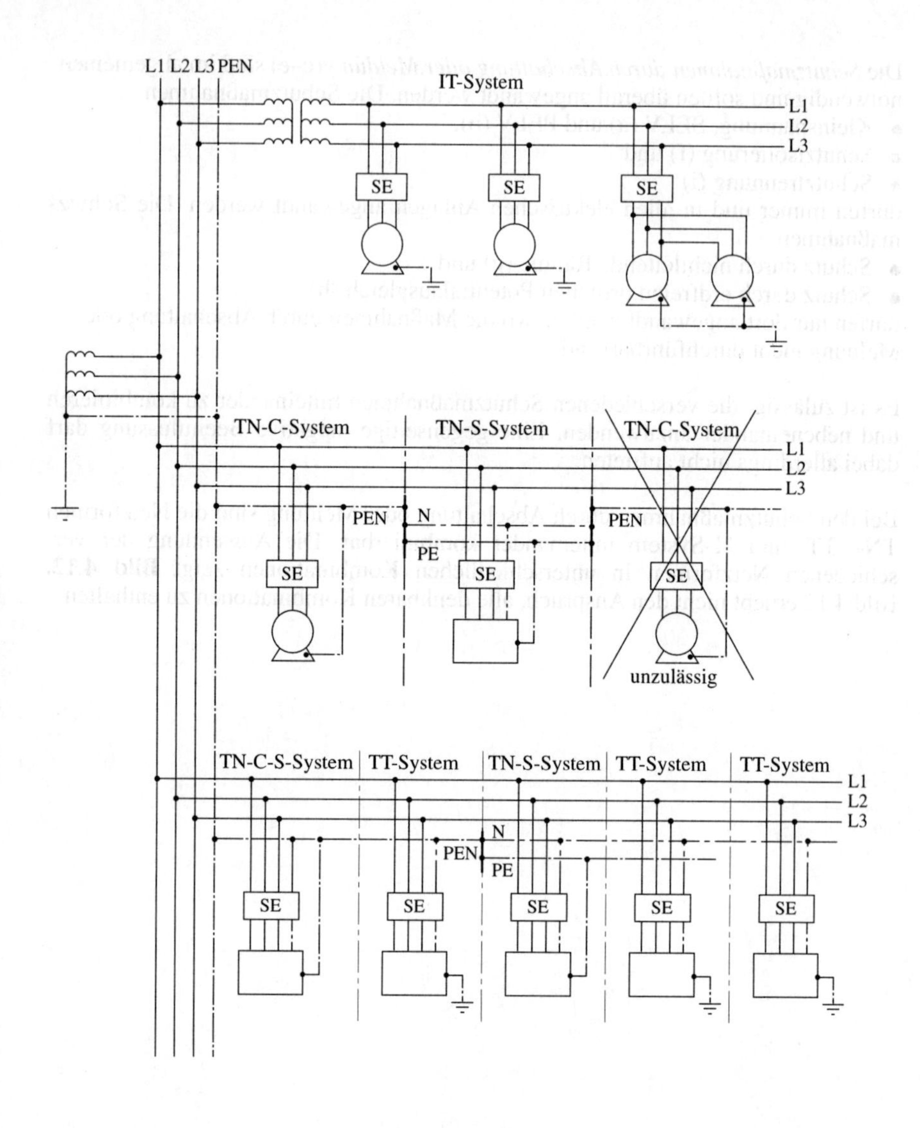

Bild 4.12 Kombinationen von verschiedenen Systemen nach der Art der Erdverbindung

4.3 Literatur zu Kapitel 4

[1] Krefter, K.-H.: Schutz gegen gefährliche Körperströme in Starkstromanlagen und beim Einsatz elektrischer Betriebsmittel bis 1000 V – Erläuterungen zur VDE-Bestimmung 0100 Teil 410. Moderne Unfallverhütung (1986) H. 30, S. 51 bis 57. Essen: Vulkan-Verlag

[2] Biegelmeier, G.: Basisschutz, Fehlerschutz, Zusatzschutz – ein neues Konzept für die Sicherheit der Elektrizitätsanwendung. etz Elektrotech. Z. 106 (1985) H. 18, S. 968 bis 971

[3] Kiefer, G.: Schutzmaßnahmen nach VDE 0100 im Wandel der Zeiten. EVU-Betriebspraxis 36 (1997) H. 1-2, S. 24 bis 32

5 Schutz sowohl gegen direktes Berühren als auch bei indirektem Berühren – Teil 410 Abschnitt 411

Von 1984 bis einschließlich 1996 waren hier folgende Maßnahmen gebräuchlich:

- Schutz durch Schutzkleinspannung, auch SELV (en: Safety Extra-Low Voltage) genannt,
- Schutz durch Funktionskleinspannung mit sicherer Trennung, auch PELV (en: Protection Extra-Low Voltage) genannt,
- Schutz durch Funktionskleinspannung ohne sichere Trennung, auch FELV (en: Functional Extra-Low Voltage) genannt und
- Schutz durch Begrenzung der Entladungsenergie.

Siehe hierzu DIN VDE 0100-410 (VDE 0100 Teil 410):1983-11.

Von der Sachlage und Technik her hat sich nicht viel geändert, aber die Einteilungen und Bezeichnungen sind neu festgelegt. So werden die Schutzkleinspannung und die Funktionskleinspannung mit sicherer Trennung künftig als »Kleinspannung SELV« und »Kleinspannung PELV« bezeichnet. Die Funktionskleinspannung ohne sichere Trennung (FELV) ist eine Schutzmaßnahme mit Schutzleiter und wird als anderes Spannungssystem eingestuft, d. h., die zu schützenden Körper der Betriebsmittel sind in den Schutz des vorgelagerten Netzes einzubeziehen. Die entsprechenden Forderungen können Teil 470 Abschnitt 471.3 entnommen werden (siehe Abschnitt 7.5). Der bisher von der DKE unbearbeitete Abschnitt »Schutz durch Begrenzung der Entladungsenergie« wurde lediglich umbenannt in »Schutz durch Begrenzung von Beharrungsberührungsstrom und Ladung«.

5.1 Kleinspannung SELV und PELV – Teil 410 Abschnitt 411.1

Kleinspannungen SELV und PELV sind Schutzmaßnahmen gegen elektrischen Schlag, bei denen die Stromkreise mit Nennspannungen bis maximal 50 V Wechselspannung (Effektivwert) oder 120 V Gleichspannung (oberschwingungsfrei) betrieben werden und bei der Speisung aus Stromkreisen höherer Spannung von diesen galvanisch sicher getrennt sind. Die Schutzmaßnahmen SELV und PELV stellen damit gleichzeitig den Schutz sowohl gegen direktes Berühren als auch bei indirektem Berühren sicher.
Erreicht wird dies durch folgende Maßnahmen:

- Verwenden kleiner Spannungen,
- sichere Erzeugung der Spannung,
- sichere Trennung zu Stromkreisen höherer Spannung,
- sichere Trennung von SELV- und PELV-Stromkreisen untereinander und
- Verwenden geeigneter Steckvorrichtungen.

Anmerkung 1:
Die für SELV und PELV genannten Spannungen gelten generell bei:

- Wechselspannung als »Effektivwert« und
- Gleichspannung als »oberschwingungsfrei«, wobei eine oberschwingungsfreie Gleichspannung eine Welligkeit von nicht mehr als 10 % effektiv bei überlagerter sinusförmiger Wechselspannung aufweisen darf. Der maximale Scheitelwert einer oberschwingungsfreien Gleichspannung darf demnach 140 V nicht überschreiten, wenn die Nennspannung 120 V beträgt. (U_{max} = 120 V + 10 % $\sqrt{2}$ = 120 V + 12 V $\sqrt{2}$ = 137 V). Bei U = 60 V darf ein maximaler Scheitelwert von U_{max} = 70 V nicht überschritten werden.

Anmerkung 2:
Eine sichere Trennung ist eine Trennung, die den Übertritt der Spannung eines Stromkreises in einen anderen mit hinreichender Sicherheit verhindert (DIN VDE 0106-101 (VDE 0106 Teil 101):1986-11)). Der Begriff »sichere Trennung« tritt an die Stelle der bisher häufig verwendeten Begriffe wie: »elektrische Trennung«, »sichere elektrische Trennung«, »elektrische Trennung auf Dauer« usw. Die sichere Trennung muß zuerst durch die Verwendung alterungsbeständiger Materialien und besondere konstruktive Maßnahmen sichergestellt sein. Weiter muß entweder eine doppelte oder verstärkte Isolierung vorhanden sein oder es ist ein leitfähiger Schirm (Schutzschirm) mit dem Schutzleiter zu verbinden, der von den aktiven Teilen mindestens durch Basisisolierung getrennt ist.

5.1.1 Stromquellen für SELV und PELV

Das sichere Erzeugen der Kleinspannungen SELV und PELV kann erreicht werden durch Verwenden von **(Bild 5.1)**:

- Transformatoren mit sicherer Trennung nach EN 60742 (VDE 0551):1995-09, wobei folgende Transformatoren möglich sind:
  - gekapselter Sicherheitstransformator; Zeichen ;
  - Spielzeugtransformator; Zeichen ;
  - Klingeltranformator; Zeichen oder ;
- Motorgeneratoren (Umformer) mit sicherer Trennung der Wicklungen, die dieselbe Sicherheit bieten wie Transformatoren mit sicherer Trennung, z. B. nach EN 60034-1 (VDE 0530 Teil 1);
- Generatoren nach EN 60034-1 (VDE 0530 Teil 1) mit nicht elektrischem Antrieb, z. B. Dieselaggregat, Otto-Motor, Gas-Motor usw.;
- galvanische Elemente, Akkumulatoren oder andere elektrochemische Stromquellen nach DIN VDE 0510 (VDE 0510);
- elektronische Einrichtungen (nach den entsprechenden Normen gebaut, z. B. DIN VDE 0160 (VDE 0160)), bei denen sichergestellt ist, daß auch beim Auftreten eines Fehlers im Gerät die Ausgangsspannung die zulässigen Werte (z. B. AC 50 V oder DC 120 V) nicht überschritten werden. Bei PELV-Stromquellen sind auch höhere Spannungen zulässig, wenn sichergestellt ist, daß im Falle des direkten oder indirekten Berührens die Spannung an den Ausgangsklemmen

innerhalb einer kurzen Zeitspanne auf AC 50 V oder DC 120 V zurückgeht. Als kurze Zeit gilt in diesen Fällen t = 400 ms bei $U \leq 230$ V, t = 200 ms bei $U >$ 230 V...≤ 400 V und t = 100 ms bei $U > 400$ V. Geprüft kann dies werden durch Anlegen eines Voltmeters mit einem Innenwiderstand von etwa 3000 Ω.

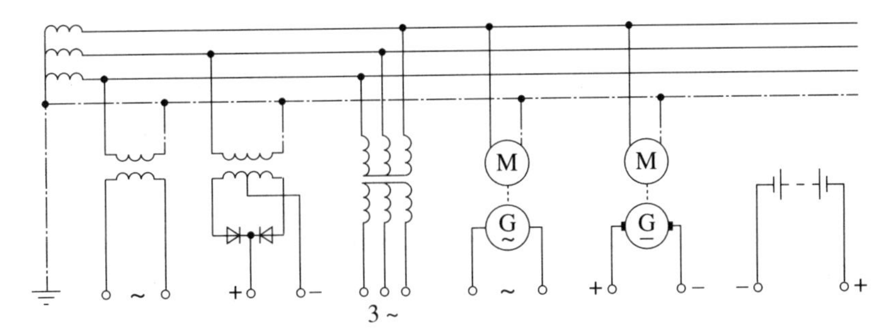

Bild 5.1 Erzeugen der Schutzkleinspannung; SELV und PELV (Transformatoren und Motorgeneratoren mit sicherer Trennung)

Umformer, Akkumulatoren und galvanische Elemente gelangen selten zur Anwendung. Üblich sind eigentlich nur Sicherheitstransformatoren, die in der Regel stationär verwendet werden. Zur vorübergehenden Stromversorgung bei Unfällen, Brand- und Katastrophenfällen dienen, falls Kleinspannung überhaupt angewendet wird, hauptsächlich Generatoren (Diesel- oder Benzinaggregate).

Wenn auch die zulässigen Spannungsgrenzen bei 50 V Wechselspannung und 120 V Gleichspannung liegen, ist nicht auszuschließen, daß für besondere Anwendungsfälle niedrigere Werte, wie z. B. 25 V Wechselspannung oder 60 V Gleichspannung, für Schwimmbäder und landwirtschaftliche Anlagen festgelegt werden. In diesen Fällen darf dann in der Regel auch auf den Schutz gegen direktes Berühren nicht verzichtet werden. Die genannten Spannungsgrenzen sind »Nennspannungen«; die Leerlaufspannung darf bei Wechselspannung bis zu 10 % höher liegen. Bei Gleichspannungen können die Ladeschlußspannung und Ladungserhaltungsspannung erheblich höhere Werte annehmen (siehe Abschnitt 18.1).

Erzeuger für Kleinspannung müssen so gebaut sein, daß auch bei Anzapfungen der Sekundärwicklung eine Erhöhung der zulässigen Nennspannungen nicht möglich ist. Die Anzapfungen müssen so gestaltet sein, daß keine Spannung abgegriffen werden kann, die über der zulässigen Nennspannung liegt. **Bild 5.2** zeigt Beispiele für Transformatoren.

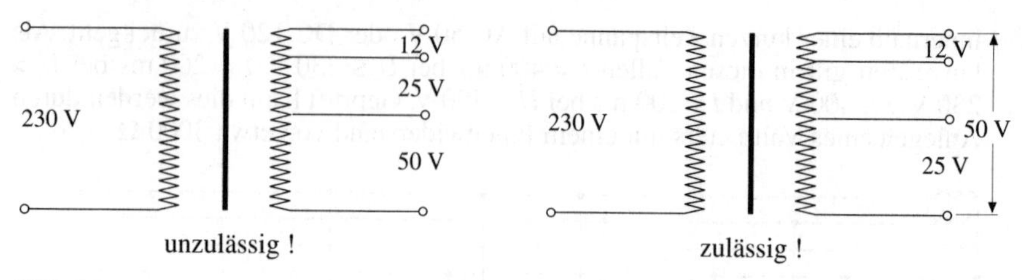

Bild 5.2 Transformatoren mit Anzapfungen

Ortsveränderliche Stromquellen zum Erzeugen von Kleinspannung, die aus einem Netz höherer Spannung betrieben werden (Sicherheitstransformatoren, Motorgeneratoren), müssen in eine Schutzmaßnahme einbezogen werden. Die Verwendung von schutzisolierten Geräten ist dabei vorzuziehen (Sicherheitstransformator). Ansonsten ist der Körper (Gehäuse) der Stromquelle an den Schutzleiter anzuschließen und so in die Schutzmaßnahme des vorgelagerten Netzes einzubeziehen.

5.1.2 Anordnung von Stromkreisen

Bei SELV-Stromkreisen dürfen die aktiven Teile betriebsmäßig nicht geerdet oder mit einem Schutzleiter anderer Stromkreise verbunden werden. Auch Körper von Betriebsmitteln von SELV-Stromkreisen dürfen nicht absichtlich geerdet werden oder mit Schutzleitern und/oder Körpern anderer Stromkreise bzw. mit fremden leitfähigen Teilen verbunden werden.

Bei PELV-Stromkreisen dürfen aktive Teile und auch die Körper der Betriebsmittel geerdet werden. Auch eine Verbindung mit dem Schutzleiter des vorgelagerten Netzes ist zulässig.

Eine sichere Trennung muß sichergestellt sein von:

- SELV zu SELV-Stromkreisen,
- PELV zu PELV-Stromkreisen,
- SELV zu PELV-Stromkreisen,
- SELV-Stromkreisen zu Stromkreisen höherer Spannung und
- PELV-Stromkreisen zu Stromkreisen höherer Spannung.

Diese sichere Trennung ist besonders wichtig, wenn Betriebsmittel wie Relais, Schütze, Hilfsschalter usw. verwendet werden, die in Stromkreisen höherer Spannung für Steuer-, Melde- oder andere Hilfsfunktionen eingesetzt werden. Eine solch sichere Trennung der Stromkreise ist zu erreichen durch:

- eine räumlich getrennte Anordnung der Leiter, z. B. durch Führung der Leiter jeweils in einem Installationsrohr oder -kanal oder Verwendung von einadrigen MYM-Leitungen;
- die Verwendung von Leitungen, die einen geerdeten Metallschirm oder eine geerdete metallene Umhüllung besitzen und die Leiter von Stromkreisen verschiedener Spannung trennen, z. B. NYRUZY-Leitungen.

In oben genannten Fällen braucht die Basisisolierung für jeden Leiter nur für die Spannung des Stromkreises bemessen sein, zu dem der Leiter gehört. Mehradrige Kabel, Leitungen oder Leiterbündel dürfen Stromkreise verschiedener Spannung enthalten, wenn die Leiter von SELV- und PELV-Stromkreisen einzeln oder gemeinsam mit einer Isolierung versehen sind, die für die höchste vorkommende Spannung bemessen ist.

Steckvorrichtungen (Steckdosen, Stecker, Kupplungen und Gerätestecker) für SELV- und PELV-Stromkreise dürfen nicht in Steckvorrichtungen anderer Spannungssysteme eingeführt werden können. Auch Steckvorrichtungen für SELV-Stromkreise dürfen nicht in Steckvorrichtungen von PELV-Stromkreisen passen. Steckvorrichtungen für PELV-Stromkreise dürfen Schutzkontakte besitzen.

Die Forderung nach Unverwechselbarkeit der Steckvorrichtungen für SELV- und PELV-Stromkreise gilt nicht nur untereinander, sie gilt auch für Steckvorrichtungen von FELV-Stromkreisen. Zu verwenden sind Steckvorrichtungen für Kleinspannung nach DIN EN 60309 (VDE 0623), siehe hierzu Abschnitt 16.3.

5.1.3 Schutz gegen direktes Berühren

Bei Anwendung der Kleinspannung SELV ist als Schutz gegen direktes Berühren festgelegt:

- $U \leq 25$ V Wechselspannung und $U \leq 60$ V Gleichspannung
  Ein Schutz gegen direktes Berühren kann entfallen (Beispiele: Leitungen von Niedervolt-Halogenlampen; Spielzeugeisenbahnen). In Sonderfällen bei »bestimmten äußeren Einflüssen« kann ein Schutz gegen direktes Berühren jedoch erforderlich werden.
- $U > 25$ V…≤ 50 V Wechselspannung und $U > 60$ V…≤ 120 V Gleichspannung
  Ein Schutz gegen direktes Berühren ist erforderlich durch Abdeckungen oder Umhüllungen der Schutzart IP2X oder IPXXB oder durch eine Isolierung, die einer Prüfspannung von 500 V Wechselspannung (Effektivwert) für eine Minute standhält.

Bei Anwendung der Kleinspannung PELV ist als Schutz gegen direktes Berühren festgelegt:

- $U \leq 6$ V Wechselspannung und $U \leq 15$ V Gleichspannung
  Es wird kein Schutz gegen direktes Berühren gefordert.
- $U > 6$ V…≤ 25 V Wechselspannung und $U > 15$ V…≤ 60 V Gleichspannung
  Ein Schutz gegen direktes Berühren wird nicht gefordert, wenn die Betriebsmittel üblicherweise nur in trockenen Räumen oder an trockenen Orten verwendet werden und eine großflächige Berührung von aktiven Teilen durch menschliche Körper oder Nutztiere nicht zu erwarten ist.
- $U > 25$ V…≤ 50 V Wechselspannung und $U > 60$ V…≤ 120 V Gleichspannung
  Ein Schutz gegen direktes Berühren ist erforderlich durch Abdeckungen oder Umhüllungen der Schutzart IP2X oder IPXXB oder durch eine Isolierung, die einer Prüfspannung von 500 V für eine Minute standhält.

5.1.4 Schutz bei indirektem Berühren

Eine Schutzmaßnahme zum Schutz bei indirektem Berühren wird nicht gefordert.

5.1.5 Zusammenfassung

Die Kleinspannungen SELV und PELV sind vom Schutzwert her gesehen sehr gute Schutzmaßnahmen gegen elektrischen Schlag; sie können, da nur eine geringe Spannung zulässig ist, nicht überall zur Anwendung gelangen und werden auf Sonderfälle und dabei sogar auf einzelne Anlagen oder besonders gefährdete Geräte beschränkt anwendungsfähig sein.

5.2 Schutz durch Begrenzung von Beharrungsberührungsstrom und Ladung – Teil 410 Abschnitt 411.2

Hier sind ausführliche Bestimmungen in Bearbeitung. Dabei sollen Grenzen der höchstzulässigen Entladungsenergie für Gleich- und Wechselspannungen sowie für verschiedene andere pulsierende und angeschnittene Spannungen (Wechselstromsteller mit Vielperiodensteuerung oder mit Ausschnittsteuerung oder halbgesteuerter Zweiweggleichrichtung) festgelegt werden.

Zur Zeit ist nur in VBG 4/4.79 festgelegt, daß eine Schutzmaßnahme gegen direktes Berühren nicht erforderlich ist, wenn die Entladungsenergie nicht größer als 350 mJ ist oder wenn der Kurzschlußstrom an der Arbeitsstelle höchstens 3 mA bei Wechselstrom (Effektivwert) oder 12 mA bei Gleichstrom beträgt.

6 Schutz gegen elektrischen Schlag unter normalen Bedingungen (Basisschutz oder Schutz gegen direktes Berühren) – Teil 410 Abschnitt 412

Ein Schutz gegen direktes Berühren von unter Spannung stehenden Teilen (Basisschutz) ist – von einigen Ausnahmen abgesehen – immer erforderlich. **Bild 6.1** zeigt eine Übersicht über die verschiedenen Möglichkeiten von Maßnahmen zum Schutz gegen direktes Berühren.

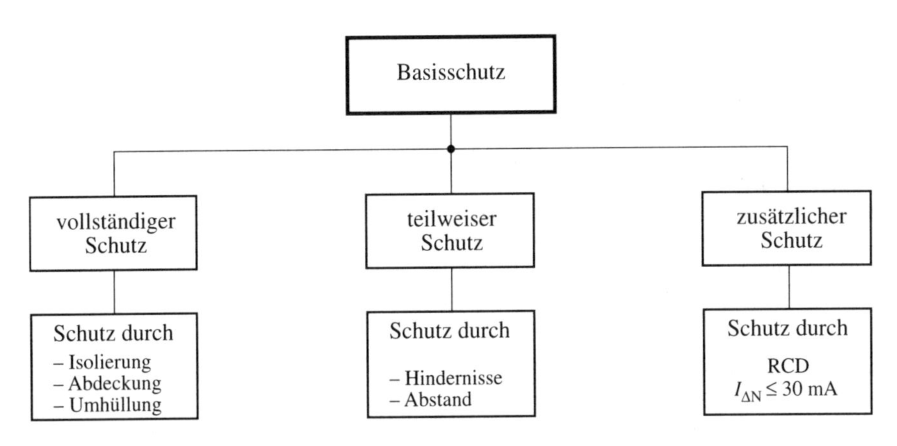

Bild 6.1 Schutz gegen direktes Berühren; Übersicht

Als *Grundsätze zum Schutz gegen direktes Berühren (Basisschutz)* gelten:

- ein vollständiger Schutz (Schutz gegen absichtliches und unabsichtliches Berühren aktiver Teile) ist immer und überall zulässig;
- ein teilweiser Schutz (Schutz gegen unabsichtliches Berühren aktiver Teile) ist nur dort zulässig, wo er ausdrücklich gestattet ist, z.B. in abgeschlossenen elektrischen Betriebsstätten;
- ein zusätzlicher Schutz braucht nur dort angewandt zu werden, wo durch eine besondere Gefährdung oder durch besondere Betriebsbedingungen – z. B. Rasenmäher, Baderäume und Übungsplätze für das Arbeiten unter Spannung – ein weiterreichender Schutz bei Versagen der bestehenden Schutzmaßnahme gegen direktes Berühren notwendig ist.

Beispiele zum Schutz gegen direktes Berühren zeigt **Bild 6.2.**

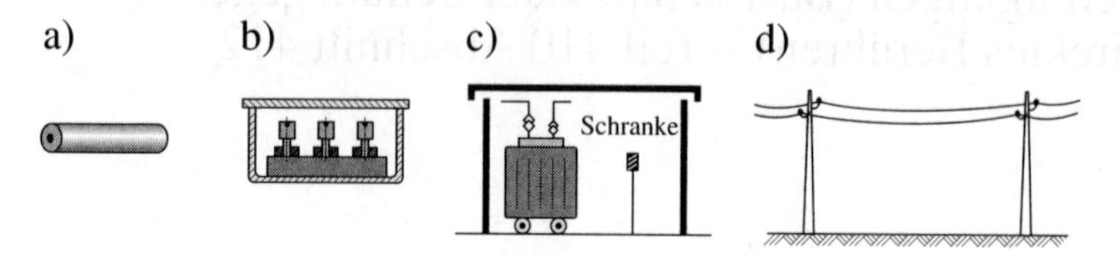

Bild 6.2 Beispiele zum Schutz durch:
a Isolierung
b Abdeckung oder Umhüllung
c) Hindernisse
d) Abstand

6.1 Schutz durch Isolierung

Die Isolierung aktiver Teile muß:

- einen vollständigen Schutz bieten,
- den elektrischen, thermischen, mechanischen und chemischen Beanspruchungen auf Dauer standhalten und
- darf nur durch Zerstörung entfernbar sein.

Farbanstriche, Lacke, Emailleüberzüge und Faserstoffumhüllungen sind normalerweise nicht geeignet, den Schutz sicherzustellen.

6.2 Schutz durch Abdeckungen oder Umhüllungen

Abdeckungen oder *Umhüllungen* (Gehäuse) müssen so konstruiert und angebracht werden, daß sie die aktiven Teile vollständig gegen direktes Berühren schützen. Durch vollständig geschlossene Abdeckungen oder Umhüllungen ist natürlich der beste Schutz zu erreichen. Da dies für viele Geräte aus Gebrauchsgründen (Haartrockner, Heizlüfter) und aus Belüftungsgründen (Filmprojektor) nicht möglich ist, müssen Öffnungen in der Isolierung zugelassen werden. Die Öffnungen dürfen aber nur so groß gewählt werden, daß normalerweise ein ungewolltes Berühren spannungsführender Teile ausgeschlossen ist. Das bewußte Umgehen dieser lückenhaften Isolierung durch die Anwendung von Hilfsmitteln, wie z. B. Stricknadeln und Drähte, wird nicht berücksichtigt. Ebenso wird nicht mit einer gewaltsamen Zerstörung oder einer Erweiterung der Öffnungen gerechnet.

Abdeckungen und Umhüllungen müssen folgender Schutzart genügen:

- IP2X oder IPXXB im Normalfall;
- IP4X oder IPXXD wenn horizontale obere Flächen von Abdeckungen oder Umhüllungen leicht zugänglich sind.

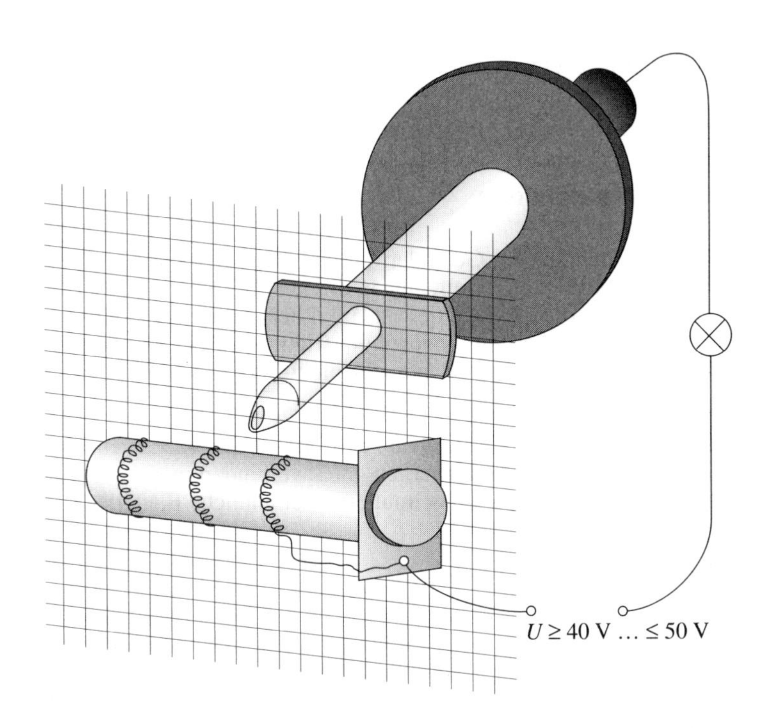

Bild 6.3 Prüffinger und Prüfobjekt

Bei Installationskleinverteilern oder Zählerplätzen mit geringerer Schutzart sind diese so anzubringen, daß sie nicht leicht zugänglich sind.

Die Schutzart IP2X (Löcher mit Durchgriffsöffnungen bis 12,5 mm Durchmesser sind zugelassen) muß noch einen ausreichenden Schutz gegen eine Berührung von spannungsführenden Teilen mit einem Finger bieten. Zur Prüfung wird der IEC-Tastfinger (siehe Bild 8.6) verwendet. Der Prüffinger wird dabei mit einer Kraft von 10 N ±10 % an den Prüfling herangeführt; dabei darf dann kein spannungsführendes Teil berührt werden **(Bild 6.3).** Die Prüfung ist mit einer Spannung von mindestens 40 V bzw. maximal 50 V vorzunehmen.

Durch die Forderung nach der Schutzart IP4X und IPXXD für horizontale Oberflächen soll verhindert werden, daß Gegenstände, die dort abgelegt werden, durch evtl. vorhandene Öffnungen in die Betriebsmittel fallen können.

Die Entfernung von Abdeckungen oder Umhüllungen darf nur möglich sein:

- mittels Schlüssel oder Werkzeug oder
- im spannungsfreien Zustand oder
- wenn Zwischenabdeckungen (Schutzart IP2X oder IPXXB) vorhanden sind, die ebenfalls nur mit Schlüssel oder Werkzeug entfernbar sind.

Befinden sich hinter den Abdeckungen oder Umhüllungen Betätigungselemente (z. B. RCD, LS-Schalter o. dgl.) in der Nähe berührungsgefährlicher Teile, so ist DIN VDE 0106 Teil 100 zu beachten.

6.3 Schutz durch Hindernisse

Als Hindernisse gelten Schutzleisten, Geländer, Gitterwände und ähnliche Bauteile. Sie bieten nur einen teilweisen Schutz gegen direktes Berühren und dürfen deshalb nur dort angewandt werden, wo dies ausdrücklich zulässig ist. Hindernisse müssen die zufällige Annäherung an spannungsführende Teile verhindern. Ein bewußtes Umgehen von Hindernissen braucht nicht berücksichtigt zu werden.

Hindernisse dürfen so gestaltet sein, daß sie ohne Schlüssel oder Werkzeug entfernt werden können. Ein unbeabsichtigtes Entfernen muß verhindert werden, z. B. durch Bügel, Laschen, Haken, Klinken, Flügelmuttern oder ähnliche Bauteile.

6.4 Schutz durch Abstand

Beim Schutz durch Abstand wird davon ausgegangen, daß spannungsführende Teile so angebracht sind, daß sie der Berührung entzogen sind, wie zum Beispiel eine Freileitung, eine Fahrleitung oder eine Kranschleifleitung. Die Forderung bedeutet, daß sich innerhalb des Handbereichs keine gleichzeitig berührbaren Teile unterschiedlichen Potentials befinden, d.h., gleichzeitig berührbare Teile müssen mehr als 2,5 m voneinander entfernt sein. Wenn sperrige Gegenstände, z. B. Leitern, befördert werden, ist der Abstand entsprechend zu vergrößern. Wird eine Standfläche durch ein Hindernis begrenzt (z. B. Geländer), so beginnt der Handbereich an diesem Hindernis.

6.5 Zusätzlicher Schutz durch RCDs

Die Verwendung von RCDs mit einem Bemessungsdifferenzstrom $I_{\Delta N} \leq 30$ mA ist nur als zusätzlicher Schutz anzusehen. Es ist auf alle Fälle zunächst eine der anderen Schutzmaßnahmen (Abschnitte 6.1 bis 6.4) anzuwenden, so daß eine RCD nur als Ergänzung angesehen werden kann.

Die Schutzwirkung von RCDs bei der direkten Berührung eines aktiven Leiters beruht einerseits auf dem relativ kleinen Bemessungsdifferenzstrom und andererseits auf der schnellen Abschaltung. Berührt ein Mensch oder ein Tier ein aktives Teil, so kommt je nach den Verhältnissen (Standortwiderstand, Stromweg, Körperwiderstand usw.) ein Strom zum Fließen **(Bild 6.4).** Liegt dieser Strom unter 30 mA, so ist er in der Regel ungefährlich; liegt der Strom über 30 mA, also im gefährlichen Bereich, so schaltet die RCD in einer Zeit kleiner 0,2 s ab.

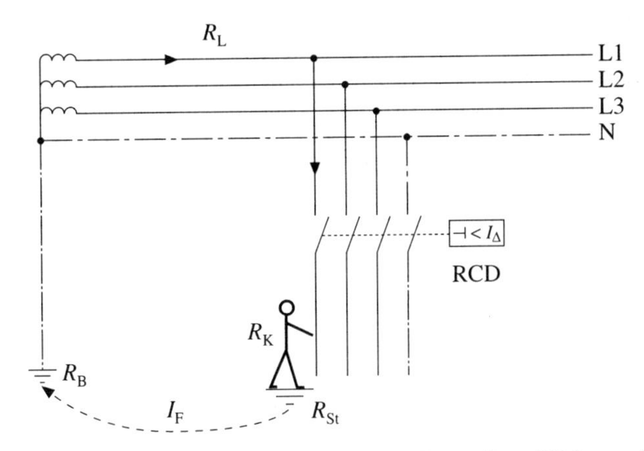

Bild 6.4 RCD beim direkten Berühren (Darstellung TT-System)

Es wird aber ausdrücklich darauf hingewiesen, daß daraus nicht geschlossen werden darf, daß eine durch eine hochempfindliche RCD geschützte Anlage ohne weitere Schutzmaßnahme betrieben werden darf. Auch sollte nicht davon ausgegangen werden, daß beim Einsatz von hochempfindlichen RCDs gefahrlos unter Spannung gearbeitet werden kann, da ja der Schalter bei Berühren eines aktiven Teils auslösen würde. Bei einem Hand-Hand-Unfall (rechte Hand L 1 – linke Hand L 2 oder N) kann der Schalter nicht auslösen, woraus zu erkennen ist, wie gefährlich dies wäre.

6.6 Ausnahmen beim Schutz gegen direktes Berühren – Teil 410:1983-11 Abschnitt 8.1

Die in DIN VDE 0100-410 (VDE 0100 Teil 410):1983-11 zugestandenen Ausnahmeregelungen beim Schutz gegen direktes Berühren sind im neuen Teil 410 nicht mehr enthalten. Da die beschriebenen Ausnahmen notwendig sind, werden sie sicherlich in einem anderen Teil von DIN VDE 0100 wieder aufgenommen. Bis zu diesem Zeitpunkt müssen die Ausnahmen in eigener Verantwortung angewandt werden.

Bei Schweißeinrichtungen, Glüh- und Schmelzöfen sowie elektrochemischen Anlagen kann, wenn betriebliche Belange dies erfordern, auf den Schutz gegen direktes Berühren verzichtet werden. Um die Sicherheit zu gewährleisten, können folgende Maßnahmen getroffen werden:

- Verminderung der Spannung auf ungefährliche Höhe,
- isolierendes Werkzeug,
- isolierender Standort oder isolierende Fußbekleidung.

Darüber hinaus müssen entsprechende Warnschilder angebracht werden.

Besonders bei Schweißeinrichtungen zum Lichtbogenschweißen sind derartige Maßnahmen notwendig, da im Leerlauf mit höheren Spannungen gerechnet werden muß. Nach DIN EN 50060 (VDE 0543) »Schweißstromquellen zum Lichtbogenhandschweißen für begrenzten Betrieb« (maximaler Schweißstrom $I_2 = 160$ A) und DIN EN 60974-1 (VDE 0544 Teil 1) »Sicherheitsanforderungen für Einrichtungen zum Lichtbogenschweißen; Schweißstromquellen« (hauptsächlich für gewerblichen und industriellen Einsatz) darf bei erhöhter elektrischer Gefährdung (Kennzeichnung der Schweißstromquellen mit den Zeichen [S]) die Leerlaufspannung U_2 mit

- 113 V Scheitelwert bei Gleichspannung
- 68 V Scheitelwert und 48 V Effektivwert bei Wechselspannung nicht überschritten werden.

Die Klemmenspannung bei Betrieb (Arbeitsspannung) ist bei Schweißanlagen für begrenzten Betrieb mit $U_2 = 18\text{ V} + 0{,}04\, I_2$ festgelegt, so daß bei einem maximalen Schweißstrom $I_2 = 160$ A eine Arbeitsspannung von $U_2 = 24{,}4$ V möglich ist. Bei Schweißstromquellen zur gewerblichen und industriellen Anwendung darf die zulässige Arbeitsspannung $U_2 = 44$ V normalerweise (Abweichungen sind nach Vereinbarung zulässig) nicht überschreiten. Ein Beispiel, wie bei einer Lichtbogenschweißanlage der Schutz gegen direktes Berühren sichergestellt werden kann, zeigt **Bild 6.5.**

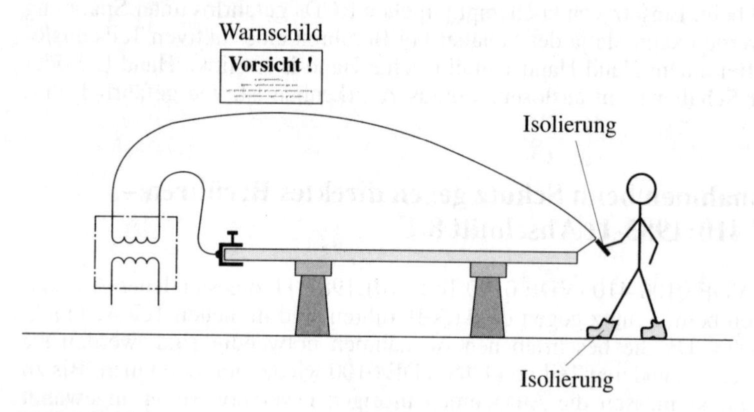

Bild 6.5 Schutz bei Lichtbogenschweißeinrichtung

6.7 Literatur zu Kapitel 6

[1] Theml, R.: Schutz gegen direktes Berühren. etz Elektrotech. Z. 102 (1981) H. 5, S. 228 bis 232

[2] Theml, H.: Anordnung von Betätigungselementen in der Nähe berührungsgefährlicher Teile. etz Elektrotech. Z. 104 (1983) H. 1, S. 20 bis 25

7 Schutz gegen elektrischen Schlag unter Fehlerbedingungen (Fehlerschutz oder Schutz bei indirektem Berühren mit Schutzleiter) – Teil 410 Abschnitt 413

Schutzmaßnahmen mit Schutzleiter schützen im Fehlerfall durch automatische Abschaltung oder Meldung. Dabei ist eine Koordinierung erforderlich hinsichtlich:

- System nach der Art der Erdverbindung
  - TN-System
  - TT-System
  - IT-System
- Schutzeinrichtung
  - Überstromschutzeinrichtung,
  - RCD,
  - Isolationsüberwachungseinrichtung,
  - Fehlerspannungsschutzeinrichtung (nur für Sonderfälle zulässig).

Bild 7.1 zeigt eine entsprechende Übersicht.

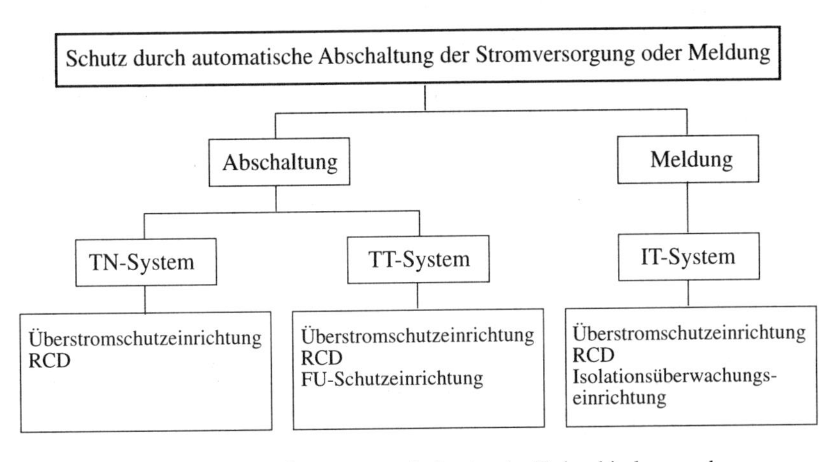

Bild 7.1 Koordination von Systemen nach der Art der Erdverbindung und Schutzeinrichtung

Wichtig ist dabei die dauernd zulässige Berührungsspannung U_L, die durch internationale Vereinbarungen für Normalfälle festgelegt wurde mit:

- 50 V Wechselspannung,
- 120 V Gleichspannung,

wobei für besondere Anwendungsfälle auch niedrigere Werte festgelegt werden können.

Anmerkung:

Festlegungen über dauernd zulässige Berührungsspannungen, die vom Normalfall abweichen, sind in den jeweiligen Einzelbestimmungen enthalten. Zum Beispiel sind 25 V Wechselspannung und 60 V Gleichspannung festgelegt in Teil 705 für landwirtschaftliche Anlagen und in Räumen der Anwendungsgruppen 1 und 2 in medizinisch genutzten Anlagen nach DIN VDE 0107.

Für jedes Gebäude bzw. bei jedem Hausanschluß oder einer vergleichbaren Versorgungseinrichtung ist ein Hauptpotentialausgleich (siehe Abschnitt 10.13.1) vorzunehmen. In diesen Hauptpotentialausgleich sind alle leitfähigen Konstruktionsteile einzubeziehen, die das Gebäude aufweist. Gleichzeitig soll dabei eine Erdung des PEN-Leiters erreicht werden.

7.1 Fehlerschutz im TN-System – Teil 410 Abschnitt 413.1.3

Für das TN-System sind als Schutzeinrichtungen

- Überstromschutzeinrichtungen und
- RCDs

zugelassen. Dabei ist zu beachten, daß im TN-C-System der RCD nicht anwendbar ist. Er kann keinen Schutz bieten, weil auch der Fehlerstrom durch den Ringkernwandler des RCD fließen würde und im Fehlerfall kein Auslösen möglich wäre.

Wichtigste Voraussetzung im TN-System ist die Erdung des Sternpunktes des Transformators oder Generators. Mit diesem geerdeten Punkt sind alle Körper entweder über Schutzleiter oder PEN-Leiter direkt zu verbinden. Wenn kein Sternpunkt vorhanden ist, darf auch ein Außenleiter geerdet werden. Ein Außenleiter darf aber auf keinen Fall als PEN-Leiter verwendet werden.

Schutzeinrichtungen und Leiterquerschnitte sind so aufeinander abzustimmen, daß folgende Bedingung erfüllt ist:

$$Z_S \cdot I_a \leq U_0. \qquad (7.1)$$

In Gl. (7.1) bedeuten:

Z_S Impedanz der Fehlerschleife in Ω;
sie kann gemessen, errechnet oder am Netzmodell ermittelt werden.

I_a Strom in A, der das automatische Abschalten bewirkt, wobei in Abhängigkeit der Spannung gegen Erde U_0 folgende Abschaltzeiten einzuhalten sind:

- 0,4 s bei $U_0 \leq 230$ V Wechselspannung,
- 0,2 s bei $U_0 > 230$ V…≤ 400 V Wechselspannung,
- 0,1 s bei $U_0 > 400$ V Wechselspannung.

Bei der Verwendung einer RCD ist:

- $I_a = I_{\Delta N}$ bei einem normalen RCD bzw.
- $I_a = 2 \cdot I_{\Delta N}$ bei einem selektiven (zeitverzögerten) RCD.

In Sonderfällen darf die Abschaltzeit auch bis zu 5 s betragen, wenn es sich um Endstromkreise handelt, die nur ortsfeste Betriebsmitel versorgen und die eine der folgenden zusätzlichen Bedingungen erfüllen:

- Die Impedanz des Schutzleiters Z zwischen der Verteilung des abgehenden Endstromkreises und dem Hauptpotentialausgleich entspricht der Beziehung:

$$Z = \frac{50\ \text{V}}{U_0} \cdot Z_s, \qquad (7.2)$$

  wobei Z_s die Impedanz des Leiters ist, der die Verbindung zwischen zu schützenden Betriebsmitteln und dem Schutzleiteranschlußpunkt in der Anlage darstellt.
- In der Verteilung (Ausgangspunkt dieser Endstromkreise) wird ein örtlicher Potentialausgleich durchgeführt, in den die fremden leitfähigen Teile einbezogen werden.
  In Verteilungsnetzen, die als Freileitungs- oder Kabelnetz ausgeführt sind, genügt es, wenn am Anfang des zu schützenden Leitungsabschnitts eine Überstrom-Schutzeinrichtung vorhanden ist und wenn im Fehlerfall mindestens ein Strom zum Fließen kommt, der die Schutzeinrichtung zum Abschalten bringt. Dies bedeutet, daß für Leitungsschutzsicherungen der 1,45fache Nennstrom als Kurzschlußstrom zu fordern ist (vgl. hierzu Kapitel 16). Die gleiche Forderung gilt auch für Hauptleitungssysteme nach DIN 18015 Teil 1, wenn alle Bauteile des Hauptleitungssystems (Hauptleitung, Hauptleitungsabzweigkästen, Zählerschränke usw.) schutzisoliert sind (wird nach den TAB vorgeschrieben!).

U_0 Spannung gegen den geerdeten Leiter in V.

Die Zeiten, die für die automatische Abschaltung vorgegeben sind, können aus **Bild 7.2** nachvollzogen werden.

Die näheren Zusammenhänge zwischen Spannung/Strom und Abschaltzeiten bei Stromdurchgang durch den menschlichen Körper sind in Abschnitt 1.8 beschrieben. Bild 7.2 zeigt die Kurve AC, die je nach Berührungsspannung für Wechselspannung geltenden Abschaltzeiten; die Kurve DC (Gleichspannung), die noch nicht endgültig ist (Beratungsstadium bei IEC und CENELEC), gibt Anhaltspunkte, wie die Abschaltzeit bei Gleichspannungsanlagen aussehen könnten.

Die jeweils zu erwartenden Berührungsspannungen ergeben sich aus der Situation, die entsteht, wenn in einem Betriebsmittel ein direkter Körperschluß entsteht und ein Mensch dieses Betriebsmittel gleichzeitig berührt. Geht man von querschnittsgleichem Außeiter und PEN-Leiter bzw. Schutzleiter ohne Erder und Potentialausgleich aus, würde der Mensch dabei als Berührungsspannung die Hälfte der Spannung zwischen Außenleiter und Erde am Betriebsmittel abgreifen, da sich die

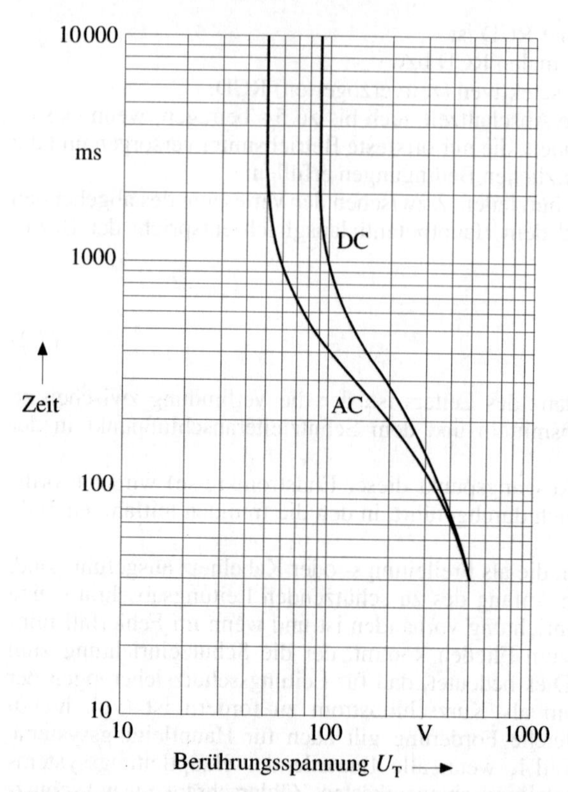

Bild 7.2 Abschaltzeiten in Abhängigkeit der zu erwartenden Berührungsspannung

Spannung U_0 gleichmäßig auf die Impedanzen von Außenleiter und PEN-Leiter bzw. Schutzleiter verteilen würde. Da aber davon ausgegangen werden kann, daß der PEN-Leiter im Netz bzw. der Schutzleiter in der Anlage geerdet sind und so auch Teilkurzschlußströme über das Erdreich zum Fließen kommen, wird die Impedanz des PEN-Leiters bzw. Schutzleiters von der Fehlerstelle zurück zur Stromquelle immer kleiner sein als die Impedanz des Außenleiters bis zur Fehlerstelle. Der während der Zeit des Fehlers fließende Strom (Kurzschlußstrom) erzeugt im Außenleiter also einen höheren Spannungsfall als im PEN-Leiter bzw. Schutzleiter. In einem System 3 N PE ~ 50 Hz 400 V mit U_0 = 230 V dürfte der Spannungsfall im Kurzschlußbetrieb im Außenleiter bei etwa 120 V bis 130 V liegen, während der Spannungsfall im PEN-Leiter bzw. Schutzleiter dann etwa bei 100 V bis 110 V liegen würde. **Bild 7.3** zeigt die Situation.

Anmerkung:
Von IEC soll hier künftig der Faktor 0,8 zugelassen werden, was bei U_0 = 230 V eine Berührungsspannung von $U_T = 0{,}8 \cdot 230\ \text{V}/2 = 92\ \text{V}$ ergeben würde.

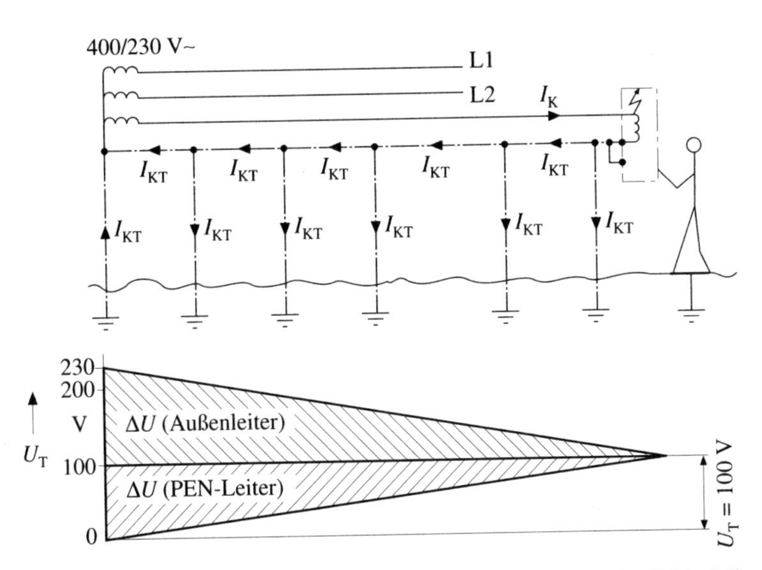

Bild 7.3 Spannungsfälle beim Betrieb eines 400/230-V-Systems im Fehlerfall (Kurzschlußbetrieb) mit gleichzeitiger Berührung des fehlerbehaften Verbrauchsmittels durch einen Menschen

Aus Bild 7.2 kann nun für einen Spannungsfall von U_T = 90 V...110 V die geforderte Abschaltzeit von etwa 0,4 s abgelesen werden. Für U_0 = 400 V kann unter gleichen Voraussetzungen eine Abschaltzeit von etwas mehr als 0,2 s ermittelt werden. Für Systeme mit U_0 > 400 V ergibt sich bei einer maximal zu erwartenden Berührungsspannung von $U_T = 0{,}8 \cdot 580$ V/2 = 232 V eine Abschaltzeit von etwas über 0,1 s, was den festgelegten Wert von 0,1 s rechtfertigt. Die geforderten Abschaltzeiten liegen auf der sicheren Seite.

Für Gleichspannungssysteme liegen unter gleichen Voraussetzungen mit ausreichenden Erdungsverhältnissen gleiche Voraussetzungen vor, so daß die Abschaltzeiten für die verschiedenen Spannungssyteme aus Bild 7.2 abgeschätzt werden können.

7.1.1 TN-System mit Überstromschutzeinrichtungen

In jeden Außenleiter ist ein Überstromschutzeinrichtung einzubauen. Eine Überstromschutzeinrichtung im Neutralleiter ist zwar zulässig, aber nicht üblich. Im PEN-Leiter oder im Schutzleiter darf keinesfalls eine Überstromschutzeinrichtung eingebaut werden. Ebenso darf der PEN-Leiter nicht alleine schaltbar sein. Wird er zusammen mit den Außenleitern geschaltet, so muß das PEN-Schaltstück beim Einschalten voreilen und beim Ausschalten nacheilen (z. B. Steckvorrichtung). Ein gleichzeitiges Schalten ist bei der Verwendung von Momentschaltern (z. B. Leistungsschalter) zulässig. **Bild 7.4** zeigt verschiedene TN-Systeme.

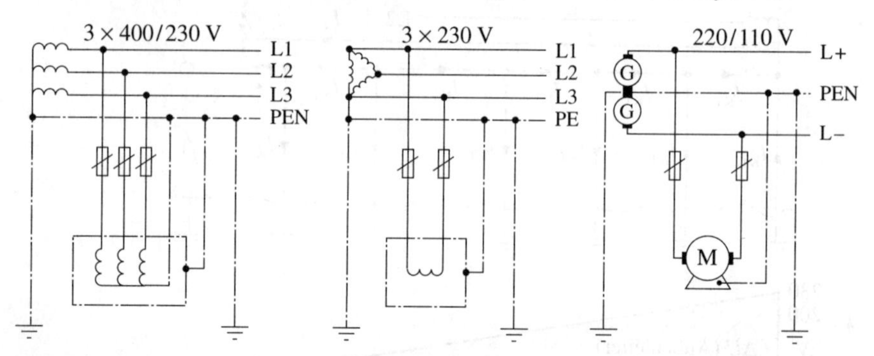

Bild 7.4 TN-Systeme mit Überstromschutzeinrichtungen

Im TN-C-System (Neutralleiter und Schutzleiter in einem Leiter, dem PEN-Leiter, zusammengefaßt) nimmt der PEN-Leiter eine Doppelfunktion wahr. Da in diesem Fall bei einem PEN-Leiter-Bruch eine erhebliche Gefahr besteht, ist ein TN-C-System nur zulässig bei fest verlegten Leitungen mit Querschnitten von mindestens 10 mm^2 Cu oder 16 mm^2 Al.

Bei beweglichen Leitungen mit größeren Querschnitten für Einspeiseleitungen von Notstromaggregaten in Niederspannungsnetzen oder für das Überbrücken herausgetrennter Netzteile in Niederspannungsfreileitungs- oder -kabelnetzen, sind die Leitungen so zu verlegen, daß sie als »fest verlegt« angesehen werden können.

In allen anderen Fällen, also bei:

- Leiterquerschnitten < 10 mm^2 Cu und < 16 mm^2 Al und bei
- beweglichen Leitungen,

ist nur ein TN-S-System zulässig **(Bild 7.5)**.

Bei einer Verteilung mit vier Schienen (L1/L2/L3/PEN) dürfen an der PENSchiene wahlweise Schutzleiter, Neutralleiter und/oder PEN-Leiter angeschlossen werden. Ist die Verteilung mit fünf Schienen (L1/L2/L3/N/PE) ausgestattet, so darf an der PE-Schiene auch ein PEN-Leiter angeschlossen werden, vorausgesetzt, die PE-Schiene entspricht den Bedingungen, die an eine PEN-Schiene gestellt werden (Teil 540 Abschnitt 8.2).

Die Koordinierung von Netzform und Überstromschutzeinrichtungen, die durch Gl. (7.1) gegeben ist, macht es erforderlich, bei der Planung einer Anlage die Größe des »kleinsten einpoligen Kurzschlußstromes« – künftig der Einfachheit halber nur noch »Kurzschlußstrom« genannt – zu berechnen. Er kann in bestehenden Anlagen auch gemessen werden. Mit dem (gerechneten oder gemessenen) Kurzschlußstrom muß jetzt unter Verwendung des Strom-Zeit-Diagramms der entsprechenden Schutzeinrichtung die Abschaltzeit ermittelt werden. Die jeweils

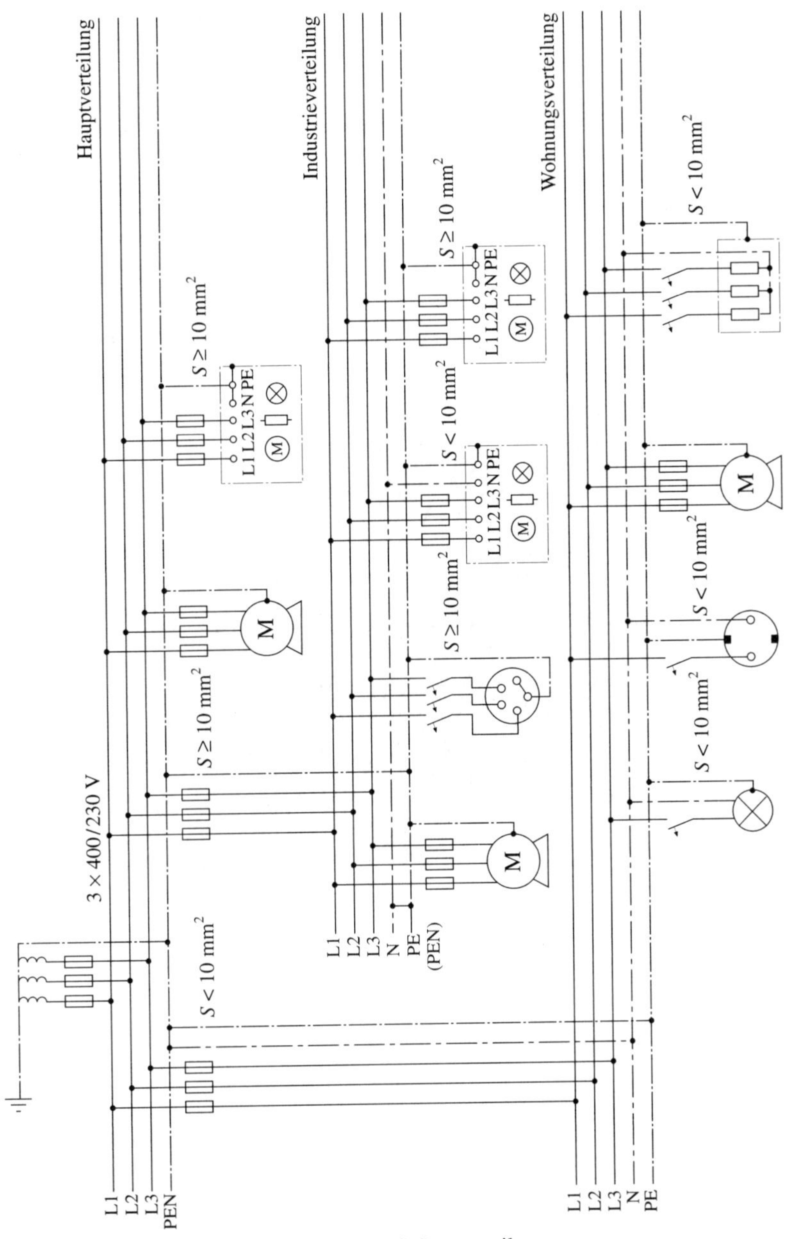

Bild 7.5 TN-System mit TN-C- und TN-S-Systemteilen

obere Grenzkurve der Kennlinien von Leitungsschutzschaltern der Betriebsklasse gL ist in **Bild 7.6** dargestellt. Für LS-Schalter der Charakteristik B und C ist die jeweils obere Grenzkennlinie in **Bild 7.7** gezeigt.
Die Berechnung des Kurzschlußstromes muß unter Beachtung von DIN VDE 0102 Teil 2 »VDE-Leitsätze für die Berechnung der Kurzschlußströme; Drehstromanlagen mit Nennspannungen bis 1000 V« erfolgen. Die in DIN VDE 0102 Teil 2 angegebene genaue Berechnungsmethode ist schwierig und umfangreich und erfordert außerdem viel Zeit und Übung. In der Praxis wird eine einfachere Berechnungsmethode angewandt, die allerdings nicht so genau ist. Der Vollständigkeit halber wird die Methode nach DIN VDE 0102 Teil 2 trotzdem angegeben.

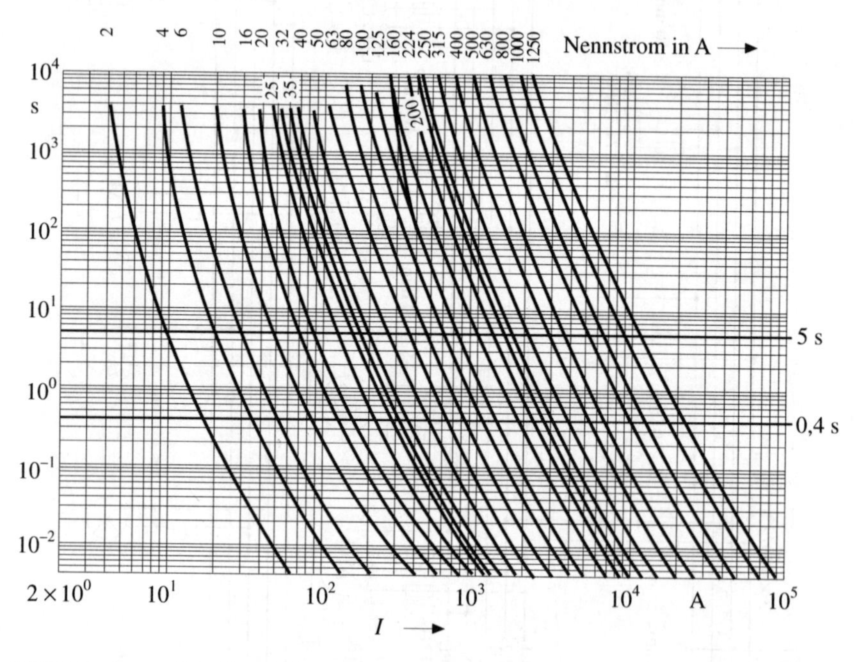

Bild 7.6 Strom-Zeit-Kennlinien von gL-Sicherungen

7.1.1.1 Kurzschlußstromberechnung nach DIN VDE 0102

Die Methode beruht auf der Zerlegung eines unsymmetrischen Drehstromsystems in drei symmetrische Komponenten (Mit-, Gegen- und Nullsystem). Außerdem wird durch Berücksichtigen der Anfangskurzschlußwechselstromleistung auch der Widerstand der vorgelagerten Mittel- und Hochspannungsnetze einschließlich der Transformatoren und Generatoren in die Rechnung einbezogen.

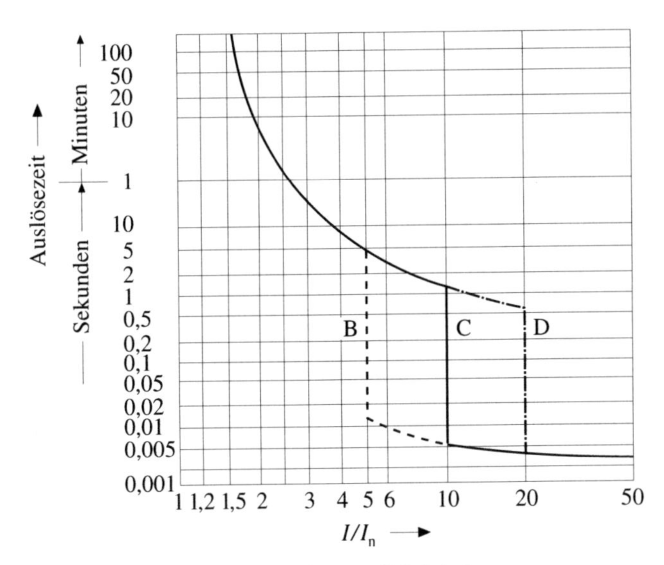

Bild 7.7 Strom-Zeit-Kennlinien von LS-Schaltern.
Gilt für LS-Schalter mit Charakteristik B, C oder D.

Die Gleichung für den Kurzschlußstrom lautet:

$$I_{\text{k min 1pol}} = \frac{\sqrt{3} \cdot c \cdot U}{\sqrt{\left(2R_{\text{Q}} + 2R_{\text{T}} + 2R_{\text{L}} + R_{\text{0T}} + R_{\text{0L}}\right)^2 + \left(2X_{\text{Q}} + 2X_{\text{T}} + 2X_{\text{L}} + X_{\text{0T}} + X_{\text{0L}}\right)^2}} \tag{7.3}$$

Darin bedeuten:

$I_{\text{k min 1 pol}}$ kleinster einpoliger Kurzschlußstrom in A;
U Spannung zwischen den Außenleitern (Netzspannung) in V;
c Faktor, der die nicht berechenbaren Widerstände von z. B. Klemmen, Sammelschienen, Sicherungen, Schalter usw. berücksichtigt ($c = 0{,}95$);
R_{Q}, X_{Q} ohmscher, induktiver Widerstand des vorgelagerten Netzes;
R_{T}, X_{T} ohmscher, induktiver Widerstand des Transformators;
R_{L}, X_{L} ohmscher, induktiver Widerstand des Leitungsnetzes;
R_{0T}, X_{0T} ohmscher, induktiver Nullwiderstand des Transformators;
R_{0L}, X_{0L} ohmscher, induktiver Nullwiderstand des Leitungsnetzes.

Die verschiedenen Einzelgrößen werden mittels zugeschnittener Größengleichungen ermittelt.

Widerstände des vorgelagerten Netzes

$$X_Q \approx 0{,}995 \cdot Z_Q = \frac{1{,}0 \cdot U^2}{S''_{kn} \cdot 10^6} \quad \text{in } \Omega\text{/Strang;} \tag{7.4}$$

$$R_Q = 0{,}1 \cdot X_Q \quad \text{in } \Omega\text{/Strang;} \tag{7.5}$$

U Spannung zwischen den Außenleitern in V;
S''_{kn} Anfangskurzschlußwechselstromleistung in MVA.

Widerstände von Transformatoren

$$R_T = \frac{u_r \cdot U^2}{S_n \cdot 10^5} \quad \text{in } \Omega\text{/Strang;} \tag{7.6}$$

$$X_T = \frac{u_s \cdot U^2}{S_n \cdot 10^5} \quad \text{in } \Omega\text{/Strang;} \tag{7.7}$$

U Spannung zwischen den Außenleitern in V;
S_n Nennleistung des Transformators in kVA;
u_r Wirkspannungsfall in %;
u_s Blindstreuspannung in %.

u_r und u_s können ermittelt werden nach:

$$u_r = \frac{P_k}{S_n} \cdot 10^{-1} \quad \text{in \%;} \tag{7.8}$$

$$u_r = \sqrt{u_{kn}^2 - u_r^2} \quad \text{in \%;} \tag{7.9}$$

P_k Kurzschlußverluste des Transformators bei 75 °C in W;
S_n Nennleistung des Transformators in kVA;
u_{kn} Kurzschlußspannung in %.

Für die üblicherweise nach DIN 42500 eingesetzten Transformatoren, die ein $u_{kn} = 4$ % haben, sind die Größen u_r, u_s, und P_k in **Tabelle 7.1** zusammengestellt.

Tabelle 7.1 Rechenwerte von Transformatoren

S_n	50	100	160	200	250	315	400	500	630	kVA
u_r	2,20	1,75	1,47	1,43	1,30	1,24	1,15	1,10	1,03	%
u_s	3,34	3,60	3,72	3,74	3,78	3,80	3,83	3,85	3,86	%
P_k	1000	1750	2350	2850	3250	3900	4600	5500	6500	W

Widerstände des Leitungsnetzes

Die Wirkwiderstände sind bei einer Leitertemperatur von 80 °C einzusetzen.

$$R_L = \frac{l}{\kappa \cdot S} \quad \text{in } \Omega\text{/Strang;} \tag{7.10}$$

$$R_L = r \cdot l \cdot 10^{-3} \quad \text{in } \Omega\text{/Strang;} \tag{7.11}$$

$$X_L = x \cdot l \cdot 10^{-3} \quad \text{in } \Omega\text{/Strang;} \tag{7.12}$$

l einfache Leitungslänge in m;
κ Leitwert bei 20 °C, für Kupfer, Aluminium in m/(Ω · mm²);
S Leiterquerschnitt in mm²;
1,24 Faktor, der sowohl für Al wie auch Cu die Temperaturerhöhung von 20 °C auf 80 °C berücksichtigt;
r ohmscher Widerstand einer Leitung oder eines Kabels bei 80 °C in Ω/km (siehe Tabelle 7.4 bzw. Anhang E);
x induktiver Widerstand einer Leitung oder eines Kabels in Ω/km (siehe Tabelle 7.4 bzw. Anhang E);
Ermittelt werden kann x nach:

$$x = \omega \cdot L = 2 \cdot \pi \cdot f \left[\frac{\mu_0}{2\pi}\left(\ln\frac{2a}{d} + \frac{\mu_r}{4}\right)\right] 10^{-3} \text{ in } \Omega/\text{km},$$

wobei
ω Kreisfrequenz in Hz
L Leiterinduktivität in H
μ_0 Induktionskonstante ($1{,}257 \cdot 10^{-6}$ Vs/(Am))
μ_r Permeabilität (bei nichtmagnetischen Werkstoffen ≈ 1)
f Netzfrequenz (50 Hz)
a mittlerer Leiterabstand in mm, $a = \sqrt[3]{a_1 \cdot a_2 \cdot a_3}$
d Leiterdurchmesser in mm

Nach Einsetzen der konstanten Größen ergibt sich:

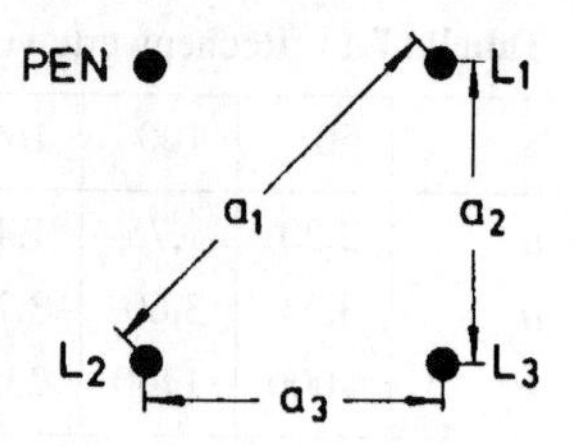

$$x = 0{,}0628 \left(\ln \frac{2a}{d} + 0{,}25 \right) \quad \text{in } \Omega/\text{km}.$$

Nullwiderstände von Transformatoren

Die näherungsweise Ermittlung der Nullwirk- und Nullblindwiderstände kann nach **Tabelle 7.2** erfolgen.

Tabelle 7.2 Nullwiderstände von Transformatoren

Nullwiderstände	Schaltgruppe		
	Dy	Dz, Yz	Yy*)
R_{0T}	R_T	$0{,}4 \cdot R_T$	R_T
X_{0T}	$0{,}95 \cdot X_T$	$0{,}1 \cdot X_T$	$(7 \ldots 100) \cdot X_T$

*) Transformatoren der Schaltgruppe Yy sind wegen ihrer hohen Jochstreuspannung meist ungeeignet

Nullwiderstände des Leitungsnetzes

Die Ermittlung der Nullwirk- und Nullblindwiderstände erfolgt mit Hilfe von **Tabelle 7.3.**
In der Tabelle 7.3 ist jeweils der Quotient R_{0L}/R_L und X_{0L}/X_L angegeben. Es gilt dann:

R_{0L} = Tabellenwert $\cdot R_L$,
X_{0L} = Tabellenwert $\cdot X_L$.

Tabelle 7.3 Quotienten für R_{0L}/R_L und X_{0L}/X_L für Kabel NYY und NAYY in Abhängigkeit von der Rückleitung bei f = 50 Hz (Quelle: DIN VDE 0102 Teil 2:1975-11)

Aderzahl und Nennquerschnitt S								
	Kupfer		Aluminium		Kupfer		Aluminium	
in mm^2	a	c	a	c	a	c	a	c
4 × 1,5	4,0	1,03	–	–	3,99	21,28	–	–
4 × 2,5	4,0	1,05	–	–	4,01	21,62	–	–
4 × 4	4,0	1,11	–	–	3,98	21,36	–	–
4 × 6	4,0	1,21	–	–	4,03	21,62	–	–
4 × 10	4,0	1,47	–	–	4,02	20,22	–	–
4 × 16	4,0	1,86	–	–	3,98	17,09	–	–
4 × 25	4,0	2,35	–	–	4,13	12,97	–	–
4 × 35	4,0	2,71	4,0	2,12	3,78	10,02	4,13	15,47
4 × 50	4,0	2,95	4,0	2,48	3,76	7,61	3,76	11,99
4 × 70	4,0	3,18	4,0	2,84	3,66	5,68	3,66	8,63
4 × 95	4,0	3,29	4,0	3,07	3,65	4,63	3,65	6,51
4 × 120	4,0	3,35	4,0	3,19	3,65	4,21	3,65	5,53
4 × 150	4,0	3,38	4,0	3,26	3,65	3,94	3,65	4,86
4 × 185	4,0	3,41	4,0	3,32	3,65	3,74	3,65	4,35
4 × 240	4,0	3,42	–	–	3,67	3,62	–	–
4 × 300	4,0	3,44	–	–	3,66	3,52	–	–

a Rückleitung über vierten Leiter c Rückleitung über vierten Leiter und Erde

Die Werte von Tabelle 7.3 gelten für NYY, NAYY und ähnlich aufgebaute Kabel und Leitungen (NYM, H07RN-F) unter der Voraussetzung, daß die Rückleitung des Kurzschlußstroms allein über den vierten Leiter (Spalte a) oder über den vierten Leiter und Erde (Spalte c) erfolgt. In allen anderen Fällen, wie Rückleitung über den vierten Leiter und gleichzeitig Kabelmantel, Schirm und/oder Erde, sind die Tabellen aus DIN VDE 0102 Teil 2:1975-11 anzuwenden. Die Tabellen sind in Anhang E dargestellt.

7.1.1.2 *Beispiel zur Berechnung des kleinsten einpoligen Kurzschlußstroms nach DIN VDE 0102*

Von einer 20/0,4-kV-Umspannstation wird über ein Kabel NYY × 95 mm^2 mit einer Länge von 560 m eine Unterverteilung eingespeist. Die Anfangskurzschlußwechselstromleistung beträgt 230 MVA; der Transformator, Schaltgruppe Dy 5, hat eine Nennleistung von 400 kVA und eine prozentuale Kurzschlußspannung von 4 %.
Der kleinste einpolige Kurzschlußstrom ist zu berechnen.

Nach Gl. (7.3) ist der kleinste einpolige Kurzschlußstrom:

$$I_{\text{k min 1 pol}} = \frac{\sqrt{3} \cdot c \cdot U}{\sqrt{\left(2R_Q + 2R_T + 2R_L + 2R_{0T} + 2R_{0L}\right)^2 + \left(2X_Q + 2X_T + 2X_L + X_{0T} + X_{0L}\right)^2}}$$

$$= \frac{\sqrt{3} \cdot c \cdot U}{\sqrt{R^2 + X^2}}$$

1. Ermittlung der Widerstände des vorgelagerten Netzes

$$X_Q = \frac{1{,}0 \cdot U^2}{S''_{kn} \cdot 10^6} = \frac{1{,}0 \cdot 400^2}{230 \cdot 10^6}\ \Omega = 0{,}000696\ \Omega = 0{,}696\ \text{m}\Omega$$

$$R_Q = 0{,}1 \cdot X_Q = 0{,}1 \cdot 0{,}696\ \text{m}\Omega = 0{,}070\ \text{m}\Omega$$

2. Ermittlung der Transformatorenwiderstände

$$R_T = \frac{u_r \cdot U^2}{S_M \cdot 10^5} = \frac{1{,}15 \cdot 400^2}{400 \cdot 10^5}\ \Omega = 0{,}0046\ \Omega = 4{,}600\ \text{m}\Omega$$

$$X_T = \frac{u_s \cdot U^2}{S_M \cdot 10^5} = \frac{3{,}83 \cdot 400^2}{400 \cdot 10^5}\ \Omega = 0{,}01532\ \Omega = 15{,}320\ \text{m}\Omega$$

$$R_{0T} = R_T = 4{,}600\ \text{m}\Omega$$

$$X_{0T} = 0{,}95 \cdot X_T = 0{,}95 \cdot 15{,}320\ \text{m}\Omega = 14{,}554\ \text{m}\Omega$$

3. Ermittlung der Widerstände des Leitungsnetzes

$$R_L = r \cdot l \cdot 10^{-3} = 0{,}244\ \Omega/\text{km} \cdot 0{,}560\ \text{km} = 0{,}13664\ \Omega = 136{,}640\ \text{m}\Omega$$

$$X_L = x \cdot l \cdot 10^{-3} = 0{,}082\ \Omega/\text{km} \cdot 0{,}560\ \text{km} = 0{,}04592\ \Omega = 45{,}920\ \text{m}\Omega$$

$$R_{0L} = 4{,}0 \cdot R_L = 4 \cdot 136{,}640\ \text{m}\Omega = 546{,}560\ \text{m}\Omega$$

$$X_{0L} = 3{,}65 \cdot X_L = 3{,}65 \cdot 45{,}920\ \text{m}\Omega = 167{,}608\ \text{m}\Omega$$

4. Bestimmung von R und X

$$R = 2 \cdot R_Q + 2 \cdot R_T + 2 \cdot R_L \cdot R_{T0} + R_{L0}$$

$$= 2 \cdot 0{,}070\ \text{m}\Omega + 2 \cdot 4{,}600\ \text{m}\Omega + 2 \cdot 136{,}640\ \text{m}\Omega + 4{,}600\ \text{m}\Omega + 546{,}560\ \text{m}\Omega$$

$$= 833{,}780\ \text{m}\Omega = 0{,}833780\ \Omega$$

$$X = 2 \cdot X_Q + 2 \cdot X_T + 2 \cdot X_L \cdot X_{T0} + X_{L0}$$
$$= 2 \cdot 0,696\ \text{m}\Omega + 2 \cdot 15,320\ \text{m}\Omega + 2 \cdot 45,920\ \text{m}\Omega + 14,554\ \text{m}\Omega + 167,608\ \text{m}\Omega$$
$$= 306,034\ \text{m}\Omega = 0,306034\ \Omega$$

5. Berechnung des Kurzschlußstroms

$$I_{\text{k min 1 pol}} = \frac{\sqrt{3} \cdot c \cdot U}{\sqrt{R^2 + X^2}} = \frac{\sqrt{3} \cdot 0,95 \cdot 400\ \text{V}}{\sqrt{0,833780^2\ \Omega^2 + 0,306034^2\ \Omega^2}} = 741,051\ \text{A}$$

6. Berechnung des Kurzschlußstroms nach der vereinfachten Methode (siehe Abschnitt 7.1.1.3)

Transformatorwiderstand

$$Z_T = \frac{u_{kn} \cdot U^2}{S_n \cdot 10^5} = \frac{4 \cdot 400^2}{400 \cdot 10^5}\ \Omega = 0,016\ \Omega$$

Leitungswiderstand (Hin- und Rückleitung)

$$Z_L = 2 \cdot z \cdot l \cdot 10^{-3} = 2 \cdot 0,257\ \Omega/\text{km} \cdot 560\ \text{m} \cdot 10^{-3} = 0,28784\ \Omega$$

Gesamtwiderstand

$$Z = Z_T + Z_L = 0,016\ \Omega + 0,28784\ \Omega = 0,30384\ \Omega$$

Kurzschlußstrom

$$I_k = \frac{c \cdot U}{\sqrt{3} \cdot Z} = \frac{0,95 \cdot 400\ \text{V}}{\sqrt{3} \cdot 0,30384\ \Omega} = 722,06\ \text{A}$$

Der nach der vereinfachten Methode berechnete Kurzschlußstrom ist um 19 A zu klein berechnet. Der Fehler liegt damit bei – 2,6 %.

7.1.1.3 Kurzschlußstromberechnung in der Praxis

Bei dieser Methode der Kurzschlußstromberechnung werden einige Vereinfachungen vorgenommen. Der dabei in Kauf zu nehmende Fehler liegt normalerweise unter 10 %, kann in Extremfällen auch bis zu 20 % betragen. Diese Methode ist zulässig, da der Fehler immer auf der sicheren Seite liegt, d.h., der berechnete Kurzschlußstrom ist kleiner als der tatsächlich fließende Kurzschlußstrom. Die Sicherung wird demnach eher zu klein als zu groß bemessen. Die Beziehung für den Kurzschlußstrom lautet:

$$I_k = \frac{c \cdot U}{\sqrt{3} \cdot Z} \tag{7.13}$$

Darin bedeuten:

I_k kleinster einpoliger Kurzschlußstrom in A;
c Faktor 0,95, siehe Gl. (7.3);
U Spannung zwischen den Außenleitern in V;
Z gesamter Widerstand der Leiterschleife in Ω, bestehend aus den Widerständen:
- des vorgelagerten Netzes Z_Q,
- des Transformators Z_T,
- des Leitungsnetzes $Z_L = Z_A + Z_{PEN}$,

wobei als wichtigste Vereinfachung normalerweise eine arithmetische Addition der Einzelgrößen erfolgt.

Die Ermittlung der Einzelwiderstände erfolgt mittels nachfolgend dargestellten zugeschnittenen Größengleichungen.

Impedanz des vorgelagerten Netzes Z_Q

$$Z_Q = \frac{1{,}1 \cdot U^2}{S''_{kn} \cdot 10^6} \quad \text{in } \Omega/\text{Strang}; \tag{7.14}$$

U Spannung zwischen den Außenleitern in V;
S''_{kn} Anfangskurzschlußwechselstromleistung in MVA.
Die Impedanz des vorgelagerten Netzes kann unbedenklich vernachlässigt werden, wenn $S''_{kn} > 100$ MVA ist.

Impedanz von Transformatoren Z_T

$$Z_T = \frac{u_{kn} \cdot U^2}{S_n \cdot 10^5} \quad \text{in } \Omega/\text{Strang}; \tag{7.15}$$

u_{kn} Kurzschlußspannung in %;
U Spannung zwischen den Außenleitern in V;
S_n Nennleistung des Transformators in kVA.

Impedanz des Leitungsnetzes Z_L

Die Wirk- und Blindwiderstände können für jeden Einzelfall berechnet werden, wobei im allgemeinen bei Kabeln, Mehraderleitungen und Einzeladerleitungen in Rohr bis etwa 70 mm² der induktive Widerstand vernachlässigbar ist; $R_L \approx Z_L$. Bei Freileitungen darf der induktive Widerstand nicht vernachlässigt werden. Der ohmsche Widerstand ist für 80 °C zu ermitteln.

$$R_L = \frac{l}{\kappa \cdot S} \cdot 1{,}24 \quad \text{in } \Omega/\text{Strang}; \tag{7.16}$$

$$R_L = r \cdot t \cdot 10^{-3} \text{ in } \Omega/\text{Strang}; \tag{7.17}$$

$$X_L = x \cdot l \cdot 10^{-3} \text{ in } \Omega/\text{Strang}; \tag{7.18}$$

$$Z_L = z \cdot l \cdot 10^{-3} \text{ in } \Omega/\text{Strang}; \tag{7.19}$$

l Leitungslänge in m;
κ Leitwert bei 20 °C, für Kupfer, Aluminium in m/(Ω · mm²);
S Leiterquerschnitt in mm²;
1,24 Faktor, der sowohl für Al wie auch Cu die Temperaturerhöhung von 20 °C auf 80 °C berücksichtigt;
r ohmscher Widerstand einer Leitung in Ω/km bei 80 °C (siehe Tabelle 7.4);
x induktiver Widerstand einer Leitung in Ω/km (siehe Tabelle 7.4), ermittelt nach $x = 0{,}0628\,[\ln(2a/d) + 0{,}25]$ in Ω/km;
z Impedanz einer Leitung in Ω/km, ermittelt aus $z = \sqrt{r^2 + x^2}$ (siehe Tabelle 7.4).

Tabelle 7.4 gibt für Freileitungen, Kabel und Mantelleitungen Widerstandswerte in Ω/km an. Für bewegliche Leitungen (z. B. H07RN-F usw.) können die angegebenen Werte ebenfalls verwendet werden. Bei anderen Leitungen (z. B. Stegleitung) oder bei Einzeladern in Rohr kann der dem Querschnitt entsprechende ohmsche Widerstand verwendet und der induktive Widerstand verdoppelt werden, wodurch die Rechnung eine ausreichende Sicherheit erhält.

Bei Mehraderleitungen und Kabeln können bis 16 mm² die Tabellenwerte auch für zwei- und dreiadrige Leitungen bzw. Kabel verwendet werden.

Häufig ist in der Praxis nach der maximal zulässigen Stromkreislänge gefragt, wenn für die Stelle, an der die Leitung angeschlossen werden soll, die dort vorhandene Impedanz (Vorimpedanz Z_V) oder der Kurzschlußstrom bekannt ist. Durch Verwendung von Gl. (7.13) und Gl. (7.19) ergibt sich umgestellt die gesuchte Stromkreislänge:

$$l = \frac{\dfrac{c \cdot U}{\sqrt{3} \cdot I_k} - Z_V}{2 \cdot z}. \tag{7.20}$$

Darin bedeuten:
l einfache Stromkreislänge in km;
c Faktor 0,95, siehe Gl. (7.3);
U Spannung zwischen den Außenleitern in V;
I_k Kurzschlußstrom in A, der die automatische Abschaltung in der geforderten Zeit in die Wege leitet;
Z_v Vorimpedanz in Ω; Impedanz, die an der Anschlußstelle vorhanden ist;
z Impedanz der anzuschließenden Leitung in Ω/km (Tabelle 7.4).

Tabelle 7.4a Widerstände in Ω/km bei 80 °C Leitertemperatur (Freileitungen) und einem mittleren Leiterabstand von a = 561 mm, also quadratische Leiteranordnung mit jeweils 500 mm Leiterabstand

Querschnitt S	Kupfer			Aluminium		
in mm²	Resistanz r	Reaktanz x	Impedanz z	Resistanz r	Reaktanz x	Impedanz z
16	1,406	0,360	1,451	2,226	0,360	2,255
25	0,924	0,340	0,985	1,463	0,340	1,502
35	0,650	0,330	0,729	1,029	0,330	1,081
50	0,465	0,320	0,565	0,737	0,320	0,804
70	0,342	0,310	0,462	0,541	0,310	0,624
95	0,242	0,290	0,378	0,382	0,290	0,480
120	0,192	0,290	0,348	0,305	0,290	0,421

Tabelle 7.4b Widerstände in Ω/km bei 80 °C Leitertemperatur (Kabel und Mantelleitungen)

Querschnitt S	Kupfer			Aluminium		
in mm²	Resistanz r	Reaktanz x	Impedanz z	Resistanz r	Reaktanz x	Impedanz z
4 × 1,5	14,620	0,115	14,620	–		
4 × 2,5	8,770	0,110	8,770	14,800	0,110	14,800
4 × 4	5,480	0,107	5,480	9,260	0,107	9,260
4 × 6	3,660	0,100	3,660	6,170	0,100	6,170
4 × 10	2,244	0,094	2,246	3,700	0,094	3,700
4 × 16	1,415	0,090	1,418	2,324	0,090	2,326
4 × 25	0,898	0,086	0,902	1,489	0,086	1,492
4 × 35	0,652	0,083	0,657	1,086	0,083	1,089
4 × 50	0,482	0,083	0,489	0,796	0,083	0,800
4 × 70	0,336	0,082	0,346	0,551	0,082	0,557
4 × 95	0,244	0,082	0,257	0,398	0,082	0,406
4 × 120	0,195	0,080	0,211	0,316	0,080	0,326
4 × 150	0,155	0,080	0,174	0,258	0,080	0,270
4 × 185	0,125	0,080	0,148	0,207	0,080	0,222
4 × 240	0,095	0,079	0,124	0,162	0,079	0,180
4 × 300	0,078	0,079	0,111	0,133	0,079	0,155

Für die üblichen Leitungsquerschnitte können bei bekannter Vorimpedanz für verschiedene Schutzeinrichtungen die zulässigen Leitungslängen für die Abschaltzeiten von 0,4 s bzw. 5 s den Tabellen von Anhang A entnommen werden.

7.1.1.4 Beispiele zur Kurzschlußstromberechnung in der Praxis

Beispiel:

Für die in **Bild 7.8** dargestellte Industrieanlage soll überprüft werden, ob die Koordinierung der Leitungsquerschnitte und die Auswahl der Leitungsschutzsicherungen richtig durchgeführt wurde, d.h., die Abschaltzeiten sollen ermittelt werden.

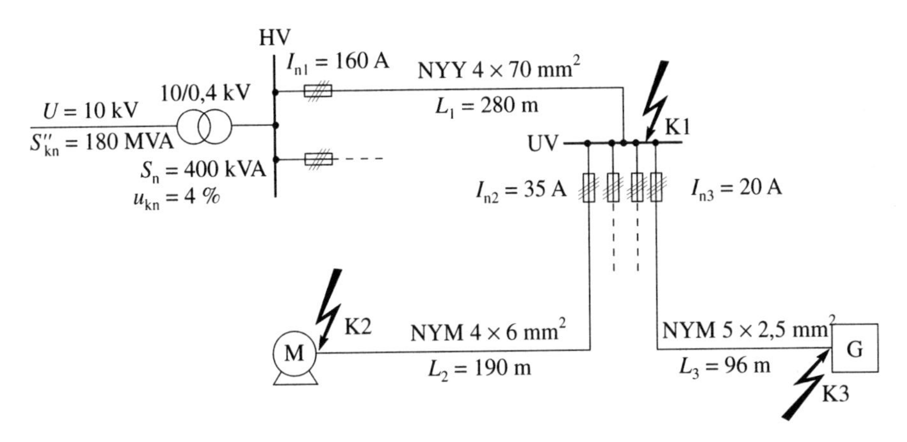

Bild 7.8 Beispiel zur Kurzschlußstromberechnung

Wegen der Aufgabenstellung ist es erforderlich, für die zu untersuchenden Stromkreise – jeweils für den ungünstigsten Punkt – den Kurzschlußstrom zu berechnen. Die hierfür notwendigen Kurzschlußstellen K 1...K 3 sind eingetragen. Zweckmäßigerweise werden zuerst alle Einzelwiderstände bestimmt.

Bestimmung der Einzelimpedanzen

$$Z_Q = \frac{1{,}1 \cdot U^2}{S''_{kn} \cdot 10^6} = \frac{1{,}1 \cdot 400^2}{180 \cdot 10^6}\ \Omega = 0{,}001\ \Omega \text{ (vernachlässigbar klein);}$$

$$Z_T = \frac{u_{kn} \cdot U^2}{S_n \cdot 10^5} = \frac{4 \cdot 400^2}{400 \cdot 10^5}\ \Omega = 0{,}016\ \Omega;$$

$$Z_{L1} = Z_A + Z_{PEN} = 2 \cdot Z_A = 2 \cdot Z \cdot l_A = 2 \cdot 0,346\ \Omega/\text{km} \cdot 0,280\ \text{km} = 0,194\ \Omega;$$

$$Z_{L2} = 2 \cdot z \cdot l_A = 2 \cdot 3,66\ \Omega/\text{km} \cdot 0,190\ \text{km} = 1,391\ \Omega;$$

$$Z_{L3} = 2 \cdot z \cdot l_A = 2 \cdot 8,77\ \Omega/\text{km} \cdot 0,096\ \text{km} = 1,684\ \Omega.$$

Berechnung der Kurzschlußströme und Bestimmung der Abschaltzeiten

- *Kurzschlußstelle* K 1

$$Z = Z_Q + Z_T + Z_{L1} = 0,001\ \Omega + 0,016\ \Omega + 0,194\ \Omega = 0,211\ \Omega;$$

$$I_{k1} = \frac{c \cdot U}{\sqrt{3} \cdot Z} = \frac{0,95 \cdot 400\ \text{V}}{\sqrt{3} \cdot 0,211\ \Omega} = 1039,8\ \text{A}.$$

Bei $I_{n1} = 160$ A und $I_{k1} \approx 1040$ A ergibt sich nach Bild 7.6 eine Abschaltzeit von $t = 4{,}0$ s.

- *Kurzschlußstelle* K 2

$$Z = Z_Q + Z_T + Z_{L1} + Z_{L2} = 0,001\ \Omega + 0,016\ \Omega + 0,194\ \Omega + 1,391\ \Omega = 1,602\ \Omega;$$

$$I_{k2} = \frac{c \cdot U}{\sqrt{3} \cdot Z} = \frac{0,95 \cdot 400\ \text{V}}{\sqrt{3} \cdot 1,602\ \Omega} = 136,9\ \text{A}.$$

Bei $I_{n2} = 35$ A und $I_{k2} \approx 137$ A ergibt sich nach Bild 7.6 eine Abschaltzeit von $t = 30$ s (Bedingung $t \leq 5$ s nicht erfüllt!)

- *Kurzschlußstelle* K 3

$$Z = Z_Q + Z_T + Z_{L1} + Z_{L3} = 0,001\ \Omega + 0,016\ \Omega + 0,194\ \Omega + 1,684\ \Omega = 1,895\ \Omega;$$

$$I_{k3} = \frac{c \cdot U}{\sqrt{3} \cdot Z} = \frac{0,95 \cdot 400\ \text{V}}{\sqrt{3} \cdot 1,895\ \Omega} = 115,8\ \text{A}.$$

Bei $I_{n3} = 20$ A und $I_{k3} \approx 116$ A ergibt sich nach Bild 7.6 eine Abschaltzeit von $t = 1{,}6$ s.

Beispiel:
Für die Einbaustelle des Hausanschlußkastens (HAK) wird vom EVU ein Kurzschlußstrom von 360 A genannt. Die Hausanschlußsicherung soll 63 A betragen. Für die in **Bild 7.9** dargestellte Anlage sind die Verhältnisse zu untersuchen.

Zunächst wird die Impedanz des Netzes bis zum Hausanschlußkasten berechnet:

$$Z_L = \frac{c \cdot U}{\sqrt{3} \cdot I_k} = \frac{0,95 \cdot 400\ \text{V}}{\sqrt{3} \cdot 360\ \text{A}} = 0,609\ \Omega.$$

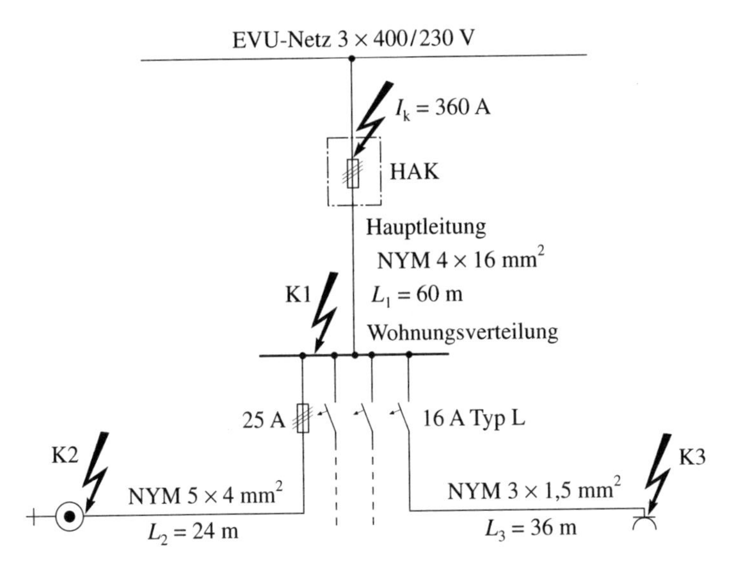

Bild 7.9 Beispiel zur Kurzschlußstromberechnung mit vorgegebenem Kurzschlußstrom aus dem Netz

Die Impedanz der Hauptleitung hinzugerechnet ergibt mit:

$$Z_{L1} = 2 \cdot z \cdot L_1 = 2 \cdot 1{,}418\ \Omega/\text{km} \cdot 0{,}06\ \text{km} = 0{,}170\ \Omega$$

für die Wohnungsverteilung eine Impedanz von:

$$Z = Z_L + Z_{L1} = 0{,}609\ \Omega + 0{,}170\ \Omega = 0{,}779\ \Omega,$$

wobei diese Impedanz die Vorimpedanz Z_V für alle von der Wohnungsverteilung abgehenden Stromkreise ist. Nach Überprüfung der Hausanschlußsicherung durch Berechnung des Kurzschlußstromes an der Wohnungsverteilung ergibt mit:

$$I_{k1} = \frac{c \cdot U}{\sqrt{3} \cdot Z} = \frac{0{,}95 \cdot 400\ \text{V}}{\sqrt{3} \cdot 0{,}779\ \Omega} = 281{,}6\ \text{A}.$$

nach Bild 7.6 eine Abschaltzeit von t = 20 s, was aber zulässig ist, wenn alle Teile der Hauptleitung in schutzisolierter Ausführung errichtet wurden.
Für die von der Wohnungsverteilung abgehenden Stromkreise wird jetzt bei einer Vorimpedanz Z_V = 0,779 Ω je nach Leitungsquerschnitt und Schutzeinrichtung die maximal zulässige Stromkreislänge nach Gl. (7.20) ermittelt.

Anschluß Heißwassergerät (K 2)
Für eine Schmelzsicherung I_n = 25 A muß bei einer Abschaltzeit von t = 5 s ein Abschaltstrom = Kurzschlußstrom I_{k2} = 130 A zum Fließen kommen (Bild 7.6).

Die zulässige Länge der 4-mm²-Leitung zum Heißwassergerät ergibt sich damit zu:

$$l = \frac{\dfrac{c \cdot U}{\sqrt{3} \cdot I_k} - Z_V}{2 \cdot z} = \frac{\dfrac{0,95 \cdot 400\ \text{V}}{\sqrt{3} \cdot 130\ \text{A}} - 0,779\ \Omega}{2 \cdot 5,480\ \Omega/\text{km}} = 0,0829\ \text{km} = 82,9\ \text{m}.$$

Mit $L_{2\,max}$ = 82,9 m größer als L_2 = 24 m ist der Stromkreis richtig dimensioniert. Für einen LS-Schalter mit I_n = 16 A muß bei einer Abschaltzeit von t = 0,4 sein Abschaltstrom = Kurzschlußstrom I_{k3} = 80 A zum Fließen kommen (Bild 7.7). Die zulässige Länge der 1,5-mm²-Leitung zur Steckdose ergibt sich damit zu:

$$l = \frac{\dfrac{c \cdot U}{\sqrt{3} \cdot I_k} - Z_V}{2 \cdot z} = \frac{\dfrac{0,95 \cdot 400\ \text{V}}{\sqrt{3} \cdot 80\ \text{A}} - 0,779\ \Omega}{2 \cdot 14,620\ \Omega/\text{km}} = 0,0671\ \text{km} = 67,1\ \text{m}.$$

Auch dieser Stromkreis ist richtig bemessen, da $L_{3max} > L_3$ ist.

7.1.2 TN-System mit RCD

Bei Einsatz einer RCD im TN-System **(Bild 7.10)** ist nach Gl. (7.1) der Strom, der das automatische Abschalten der Schutzeinrichtung in die Wege leitet, der Bemessungsdifferenzstrom der RCD ($I_a = I_{\Delta N}$). Damit gilt:

$$Z_S = \frac{U_0}{I_a} = \frac{U_0}{I_{\Delta N}}. \tag{7.21}$$

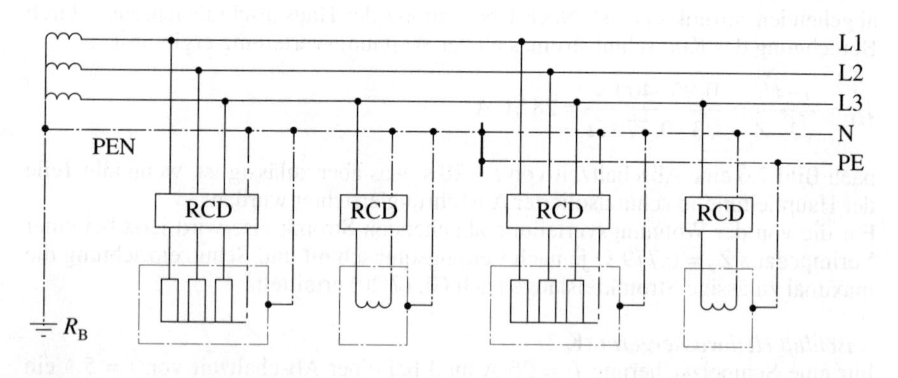

Bild 7.10 TN-System mit RCDs

Für selektive RCDs (Bildzeichen [S]) ist als Abschaltstrom der doppelte Bemessungsdifferenzstrom ($I_a = 2I_{\Delta N}$) anzusetzen, so daß gilt:

$$Z_S = \frac{U_0}{I_a} = \frac{U_0}{2I_{\Delta N}}. \qquad (7.22)$$

Es bedeuten (siehe auch Gl. (7.1)):

Z_S Impedanz der Fehlerschleife in Ω,

I_a Strom in A, der das automatische Abschalten bewirkt, wobei gilt:
- $I_a = I_{\Delta N}$ für normale RCDs,
- $I_a = 2I_{\Delta N}$ für selektive RCDs,

$I_{\Delta N}$ Bemessungsdifferenzstrom in A,

U_0 Spannung gegen den geerdeten Leiter in V.

Dies hat zur Folge, daß bei Nennspannung U_n = 230/400 V und Nennfehlerstrom $I_{\Delta N}$ = 0,5 A der Widerstand der Fehlerschleife

$$Z_S = \frac{U_0}{I_{\Delta N}} = \frac{230\ \text{V}}{0{,}5\ \text{A}} = 460\ \Omega$$

betragen dürfte. Auch bei einer selektiven RCD mit $I_{\Delta N}$ = 0,5 A ergäbe sich mit $Z_S = U_0/(2I_{\Delta N})$ = 230 V/(2 · 0,5 A) = 230 Ω ein so hoher Schleifenwiderstand, daß ein ordnungsgemäßer Betrieb einer Anlage mit normal üblichen Verbrauchsmitteln (Meß- und Steuerstromkreise ausgenommen) nicht mehr möglich ist, was bedeutet, daß RCDs heute üblicher Bemessungsdifferenzströme im TN-S-System eingesetzt werden können, ohne weitere Berechnung des Schleifenwiderstands und ohne weitere Überlegungen anzustellen.

RCDs können im TN-S-System in der Regel ohne Einschränkung und ohne Betrachtung der Schleifenimpedanz eingesetzt werden (Reihenschaltung von RCDs siehe Abschnitt 7.2.2.3).

Lediglich bei Steuer- und Meßstromkreisen, die sehr lang sind und nur geringe Leitungsquerschnitte haben, und/oder wenn Transformatoren kleiner Leistung mit hohem Innenwiderstand verwendet werden, ist gegebenenfalls die Schleifenimpedanz zu beachten.

Es ist nicht unbedingt erforderlich, die Körper aller Betriebsmittel mit dem Schutzleiter des Netzes zu verbinden, wenn der oder die Körper mit einem Erder verbunden sind, so daß eine Auslösung des RCD erfolgt. In diesem Fall wird der so geschützte Stromkreis als TT-System betrachtet, und es müssen die Bedingungen – besonders die Anforderungen an den Widerstand des Erders – des TT-Systems mit RCDs (siehe Abschnitt 7.2.2) erfüllt werden.

7.1.3 Kombination von Überstromschutzeinrichtungen für den Fehlerschutz und RCDs für den Zusatzschutz

Der Trend geht, hauptsächlich bei besonderen Anlagen, für die der Zusatzschutz zwingend gefordert wird, z. B. Baderäume (Teil 701), Schwimmbäder (Teil 702), Steckdosen auf Baustellen (Teil 704), Landwirtschaftliche Betriebsstätten (Teil 705), Steckdosen im Freien (Teil 737), immer mehr zur Anwendung der Kombination von:

- Fehlerschutz, durch den Einsatz von Überstromschutzeinrichtungen, und
- Zusatzschutz, durch die Verwendung von RCDs. Wenn dabei mehrere Stromkreise mit RCDs mit einem Bemessungsdifferenzstrom $I_{\Delta N} \leq 30$ mA zu schützen sind, ist es zweckmäßig, nochmals eine selektive (zeitverzögerte) RCD, praktisch als Summen-RCD, zu verwenden.

Anmerkung:
Zu Steckdosen im Freien siehe auch Abschnitt 7.1.6.

Eine Anlage, die nach diesen Gesichtspunkten aufgebaut ist, die auch brandschutztechnischen Belangen genügt und noch zusätzlich mit Überspannungs-Schutzeinrichtungen ausgerüstet ist, zeigt **Bild 7.11**.

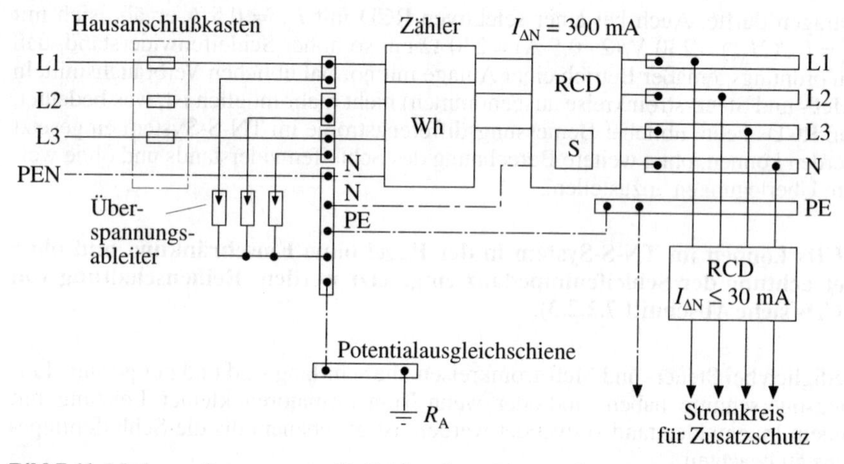

Bild 7.11 Modernes Schutzsystem für Fehlerschutz, Zusatzschutz und Brandschutz in einer Verbraucheranlage

7.1.4 Erdungsbedingungen im TN-System

Ein bestimmter Gesamterdungswiderstand eines TN-Systems und bei Freileitungen ein bestimmter Erdungswiderstand für Netzausläufer werden nicht mehr gefordert.

Wichtig ist eine Erdung unmittelbar am Transformator oder am Generator oder eine Verbindung mit dem PEN-Leiter oder dem Schutzleiter je nach System. Erdungen an zusätzlich möglichen, gleichmäßig verteilten Punkten im Netz sind zweckmäßig, damit sichergestellt wird, daß das Potential des PEN-Leiters oder Schutzleiters möglichst wenig vom Erdpotential abweicht. Aus diesem Grund ist auch der PEN-Leiter oder Schutzleiter an der Übergabestelle vom Netz zur Hausinstallation, also am Hausanschlußkasten, zu erden, was durch die Verbindung des Fundamenterders mit der Potentialausgleichschiene und der Verbindung der Potentialausgleichschiene mit dem PEN-Leiter erreicht wird. Ein möglichst geringer Gesamterdungswiderstand eines TN-Systems wird damit sichergestellt.

7.1.5 Spannungsbegrenzung bei Erdschluß eines Außenleiters – Teil 410 Abschnitt 413.1.3.7

Die in Verbraucheranlagen vorhandenen Geräte sind in der Regel für eine Reihenspannung von 250 V gebaut und besitzen demnach eine für diese Spannung ausgelegte Isolierung gegen Erde. Dies bedeutet, daß verhindert werden muß, daß die Spannung jedes beliebigen Außenleiters gegen Erde auf über 250 V ansteigt.

In einem ungestörten symmetrischen Drehstromsystem bilden die drei Außenleiter ein Spannungsdreieck, in dessen Mitte der Sternpunkt S liegt **(Bild 7.12 a).** Da dieser Mittelpunkt geerdet ist, hat er im ungestörten Netz das Erdpotential E bzw. das Potential Null. Die Spannung jedes Außenleiters gegen diesen Mittelpunkt, also gegen Erde bzw. den PEN-Leiter im TN-System oder Neutralleiter im TT-System, ist $U_0 = U/\sqrt{3}$. In einem geerdeten 400-V-Drehstromsystem beträgt $U_0 = 230$ V.

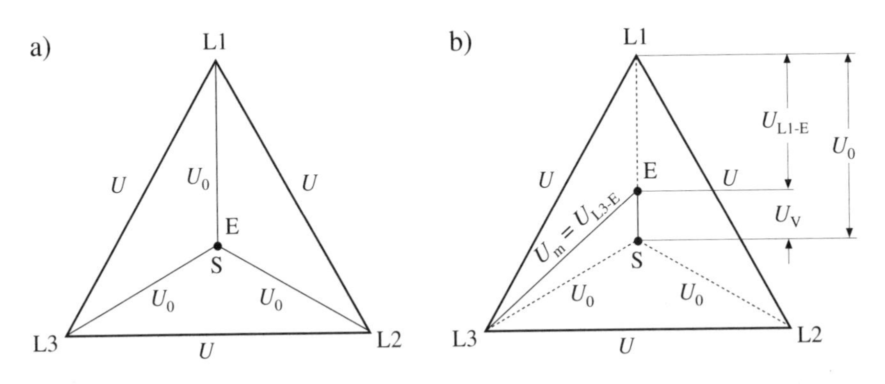

Bild 7.12 Spannungsdiagramme im Drehstromsystem
a Spannungsdreieck im ungestörten System
b Abweichung des Punkts E vom ursprünglichen Potential bei Erdschluß in Außenleiter L1

Im Erdschlußfall **(Bild 7.13)** wird durch den Erdschlußstrom I_E am Betriebserder R_B ein Spannungsfall (zugleich auch Erderspannung am R_B) U_V auftreten. Dadurch ändern sich einige Potentiale; der Punkt E (Nullpotential) verändert seine Lage in Richtung des erdschlußbehafteten Außenleiters. Die Lage des Sternpunkts im Spannungsdreieck ist durch die Einspeisung (Transformator, Generator) vorgegeben und kann als unveränderlich angesehen werden **(Bild 7.12 b).** Die Spannungen der Außenleiter gegen den PEN-Leiter bzw. Neutralleiter bleiben also gleich, während sich die Spannungen L 1, L 2 und L 3 gegen Erde (Punkt E) verändern und von U_0 abweichen. Der Sternpunkt S, d. h. der PEN-Leiter bzw. der Neutralleiter, nimmt gegen Erde (Punkt E) die Spannung U_0 an, die dem Abstand der Punkte von S zu E entspricht. Im TN-System darf diese Spannung den Grenzwert der zulässigen Berührungsspannung U_L nicht überschreiten. Die Abweichung des Sternpunkts S vom Erdpotential hängt dabei vom Verhältnis der Impedanzen des Betriebserders R_B bzw. aller als Betriebserder zusammenwirkender Erder und der Impedanz des Erdschlusses R_E ab.

Bei einem geerdeten System muß also in Kauf genommen werden, daß bei einem Erdschluß eines Außenleiters zwischen dem PEN-Leiter bzw. Neutralleiter und der Erde eine Spannung auftritt, und die Spannungen der Außenleiter gegen Erde nicht mehr der Spannung U_0 entsprechen. Damit die Spannung zwischen den Außenleitern und Erde in zulässigen Grenzen bleibt (250 V), soll im TN-System der Gesamterdungswiderstand R_B möglichst niedrig sein. Die Praxis hat hier gezeigt, daß ein $R_B \leq 2\ \Omega$ ausreichend klein ist.

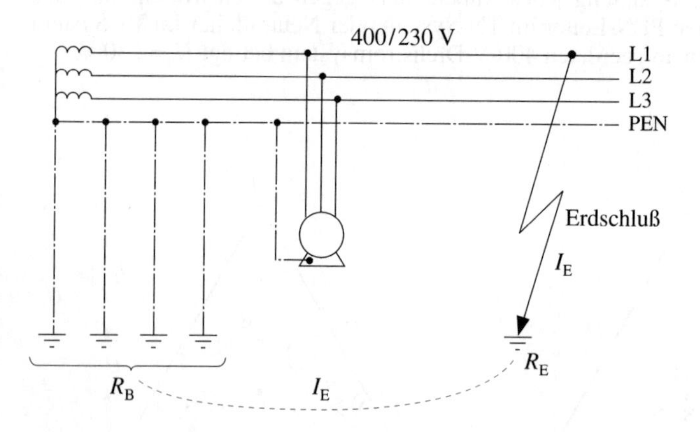

Bild 7.13 Erdschluß in einem Drehstromnetz 400/230 V

Wenn schlechte Bodenverhältnisse vorliegen (hoher spezifischer Widerstand des Erdbodens), ist durch Anwendung der »Spannungswaage« ein bestimmtes, fest vorgegebenes Verhältnis zwischen Gesamterdungswiderstand und Einzelerdungswiderstand einzuhalten. Dabei gilt die Beziehung:

$$\frac{R_B}{R_E} \le \frac{U_L}{U_0 - U_L}, \tag{7.23}$$

mit

R_B Gesamterdungswiderstand aller Betriebserder;

R_E angenommener kleinster Erdungswiderstand der nicht mit einem Schutzleiter verbundenen leitfähigen Teile, über die ein Erdschluß entstehen kann;

U_0 Nennspannung gegen geerdete Leiter;

U_L vereinbarte Grenze der dauernd zulässigen Berührungsspannung.

Bei der Anwendung der Spannungswaage wird davon ausgegangen, daß das Verhältnis zwischen Gesamterdungswiderstand und kleinstem Einzelwiderstand einen bestimmten Wert nicht überschreiten darf. Nach Gl. (7.23) gilt, wenn $U_0 = 230$ V gesetzt wird:

$$\frac{R_B}{R_E} \le \frac{U_L}{U_0 - U_L} \le \frac{50\ \text{V}}{230\ \text{V} - 50\ \text{V}} \le \frac{1}{3{,}6},$$

woraus folgt:

$$R_E \ge 3{,}6\ R_B. \tag{7.24}$$

D. h., es darf bei einem Gesamterdungswiderstand von 2 Ω kein kleinerer Einzelerder als $3{,}6 \cdot 2\ \Omega = 7{,}2\ \Omega$ im Netz vorhanden sein, der nicht mit dem PEN-Leiter (TN-System) verbunden ist. Bei der so einstellenden Spannungsaufteilung wird der überwiegende Teil der Spannung an der Fehlerstelle R_E abfallen, und an R_B werden nur Werte auftreten, die nicht über der dauernd zulässigen Berührungsspannung U_2 liegen. Die Verhältnisse sollen durch **Bild 7.14** gezeigt werden. Damit wird auch die Forderung für das TN-System, wonach alle guten Erder an den PEN-Leiter anzuschließen sind, begründet.

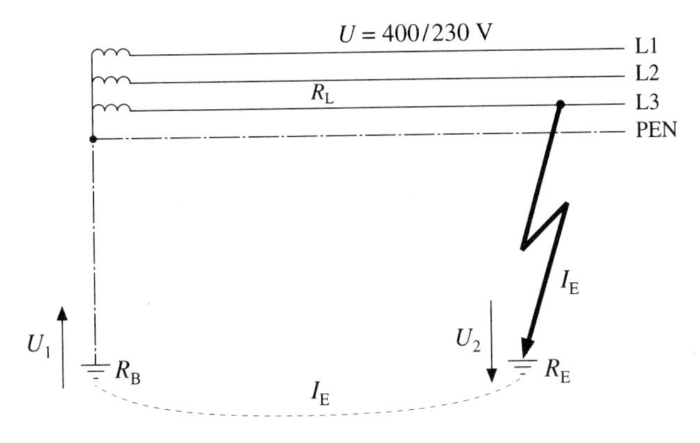

Bild 7.14 Verhältnis von R_B/R_E

Der Widerstand des fehlerhaften Außenleiters L 3 wird mit $R_L = 0{,}3\ \Omega$ angenommen. Bei $R_B = 2\ \Omega$ und $R_E = 7{,}2\ \Omega$ ergibt sich ein Erdschlußstrom von:

$$I_E = \frac{U_0}{R_{ges}} = \frac{U_0}{R_B + R_E + R_L} = \frac{230\ \text{V}}{2\ \Omega + 7{,}2\ \Omega + 0{,}3\ \Omega} = 24{,}21\ \text{A}.$$

Die Spannung, die sich an den beiden Erdern R_B und R_E aufbaut, ist damit:

$U_1 = R_E \cdot I_B$ und $U_2 = R_E \cdot I_E$,

oder über die Formel der Spannungsaufteilung berechnet:

$$U_1 = U_0 \frac{R_B}{R_{ges}} = 230\ \text{V} \frac{2\ \Omega}{9{,}5\ \Omega} = 48{,}4\ \text{V},$$

$$U_2 = U_0 \frac{R_E}{R_{ges}} = 230\ \text{V} \frac{7{,}2\ \Omega}{9{,}5\ \Omega} = 174{,}3\ \text{V}.$$

Die Spannung an der Fehlerstelle ist natürlich sehr hoch, aber am Betriebserder, der mit dem PEN-Leiter verbunden ist, liegt die Spannung unter 50 V.
Bei schlechten Erdungsverhältnissen, also z. B. bei $R_B = 10\ \Omega$, und einem $R_E = 3{,}6 \cdot 10\ \Omega = 36\ \Omega$ ergeben sich bei $R_L = 0{,}3\ \Omega$:

$I_E = 4{,}97$ A; $U_1 = 49{,}7$ V; $U_2 = 178{,}8$ V.

Die Spannungsaufteilung in U_1 und U_2 soll an einem konstanten Betriebserdungswiderstand $R_B = 2\ \Omega$ und einem variablen Erdungswiderstand der Fehlerstelle $R_E = 0\ \Omega$ bis $16\ \Omega$ untersucht werden. Um zu zeigen, daß der Leitungswiderstand bis zur Fehlerstelle nur unwesentlich auf die Spannungsverteilung Einfluß hat, wurde für R_L mit $0\ \Omega$ (theoretischer Wert); $0{,}3\ \Omega$; $0{,}6\ \Omega$ und $1{,}0\ \Omega$ gerechnet. Das Ergebnis zeigt **Bild 7.15,** wobei zu erkennen ist, daß bei $R_E \geq 7{,}2\ \Omega$ die Spannung U_1 immer unter 50 V liegt.

Die Betrachtung der Verhältnisse im Spannungsdreieck zeigt, daß die Sternpunktverlagerung nur in geringerem Maße zulässig ist, wenn die Spannung Außenleiter gegen Erde nicht über 250 V ansteigen soll. **Bild 7.16** zeigt, daß die zulässige Spannung des Sternpunkts gegen Erde nach folgender Beziehung ermittelt werden kann:

$$U_V = \sqrt{U_m^2 \left(\frac{U}{2}\right)^2} - \sqrt{U_0^2 \left(\frac{U}{2}\right)^2}. \tag{7.25}$$

Es bedeuten:

U_V Spannung des Sternpunkts gegen Erde,
U Außenleiterspannung,
U_0 Spannung Außenleiter gegen Erde,
U_m höchste Spannung, die mit Rücksicht auf die Isolation noch zulässig ist.

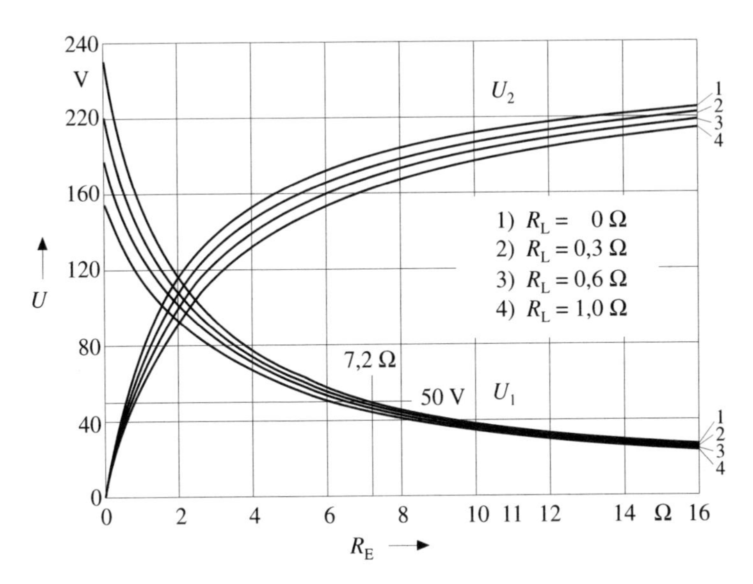

Bild 7.15 Spannungsverteilung an R_B und R_E

Für ein 230/400-V-Netz und $U_m = 250$ V ergibt sich eine zulässige Spannung des Sternpunkts gegen Erde von:

$$U_V = \sqrt{(250\ \text{V})^2 - (200\ \text{V})^2} - \sqrt{(230\ \text{V})^2 - (200\ \text{V})^2} = 36{,}4\ \text{V}.$$

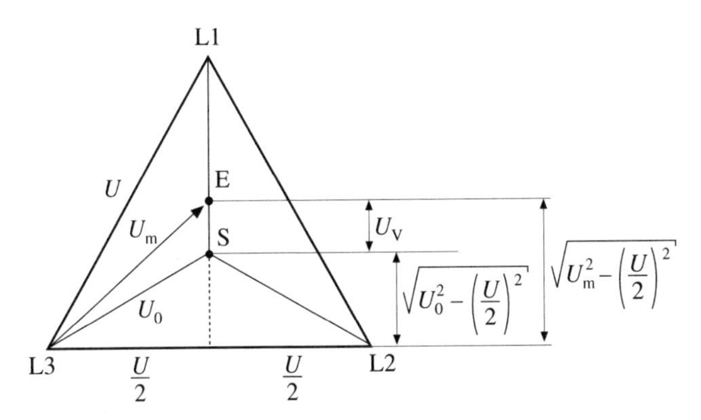

Bild 7.16 Spannung des Sternpunkts gegen Erde bei Erdschluß des Außenleiters L1

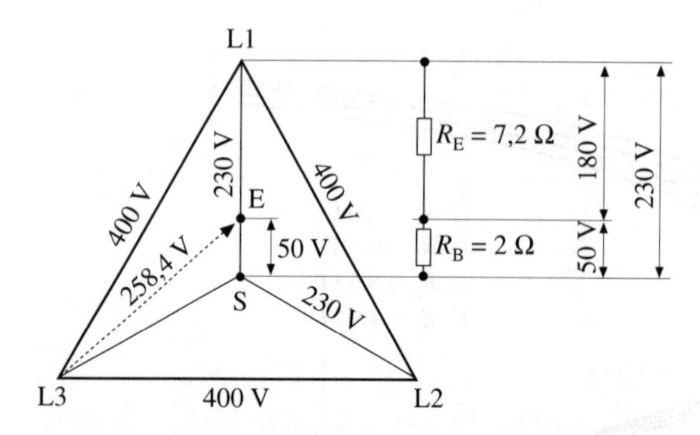

Bild 7.17 Spannung des Sternpunkts gegen Erde bei Erdschluß des Außenleiters L1

Verursacht also der Fehlerstrom, der über die Betriebserdung fließt, einen Spannungsfall, der größer ist als U_V = 36,4 V, dann wird die Spannung, mit der die Isolation der Betriebsmittel gegen Erde beansprucht wird, größer werden als 250 V. Bei $U_V = U_L$ = 50 V, was zulässig ist, wird U_m = 258,4 V, eine Überbeanspruchung, die noch vertretbar ist. Auch früher wurde bei einer zulässigen Berührungsspannung von 65 V und einer Netzspannung von 220/380 V mit U_m = 258,9 V ein Wert in gleicher Größenordnung toleriert.

Mit den gezeigten Verhältnissen der Spannungswaage mit $R_E \geq 3{,}6\ R_B$ und einer Spannung des Sternpunkts gegen Erde von $U_V = U_L$ = 50 V wurden praxisgerechte Festlegungen getroffen. **Bild 7.17** zeigt die Zusammenhänge im Spannungsdreieck, **Bild 7.18** die Zusammenhänge der Spannungen im System.

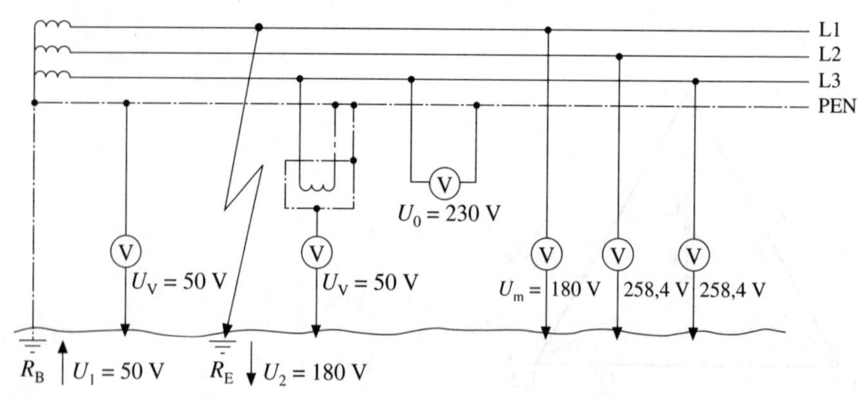

Bild 7.18 Spannungen im System bei Erdschluß von Außenleiter L1

Diese Überlegungen gelten – wie schon erwähnt – nur für TN- und TT-Systeme. In IT-Systemen mit oder ohne Neutralleiter nimmt im Erdschlußfall der erdschlußbehaftete Außenleiter das Erdpotential an. Deshalb ist in ungeerdeten Netzen die Isolierung Außenleiter gegen Erde nach der Außenleiterspannung zu bemessen.

7.1.6 Stromkreise außerhalb des Einflußbereichs des Hauptpotentialausgleichs – Teil 410 Abschnitt 413.1.3.9

Wenn in einem TN-System (Schutzmaßnahme: Schutz durch automatische Abschaltung) ein Stromkreis mit Betriebsmitteln (Verbrauchsmitteln) versorgt wird, die außerhalb des Gebäudes über RCD betrieben werden und sich nicht mehr im Einflußbereich des Hauptpotentialausgleichs befinden, müssen besondere Vorkehrungen getroffen werden. Hiebei ist es möglich, daß im Fehlerfall (Kurzschluß zwischen Außenleiter und Neutralleiter) und einem natürlich geerdeten fremden leitfähigen Teil, das mit dem Hauptpotentialausgleich keine Verbindung hat, eine Fehlerspannung (Berührungsspannung) auftreten kann, die größer als U_L ist. **Bild 7.19** zeigt diesen Fehlerfall, den die vorgeschaltete RCD nicht erkennen kann und demzufolge auch nicht abschaltet. Es baut sich in diesem Fall eine Fehlerspannung auf, die sich ergibt aus $U_T = R_{PEN} \cdot I_K$, wobei diese Spannung so lange ansteht, bis die vorgeschaltete Überstromschutzeinrichtung den Fehler abschaltet.

Um diesen – sicherlich sehr selten auftretenden – Fehler zu beherrschen, sollten solche Stromkreise ab der letzten Verteilung als TT-System betrachtet werden und die Betriebsmittel (Verbrauchsmittel) an einen separaten Erder angeschlossen werden, wie das für das TT-System gefordert ist (**Bild 7.20**).

Von den theoretischen Voraussetzungen her ist diese Forderung zwar richtig, aber bei der praktischen Anwendung bestehen doch erhebliche Schwierigkeiten und auch Gefahren, die der »Elektriker vor Ort« nicht ohne weiteres erkennen kann.

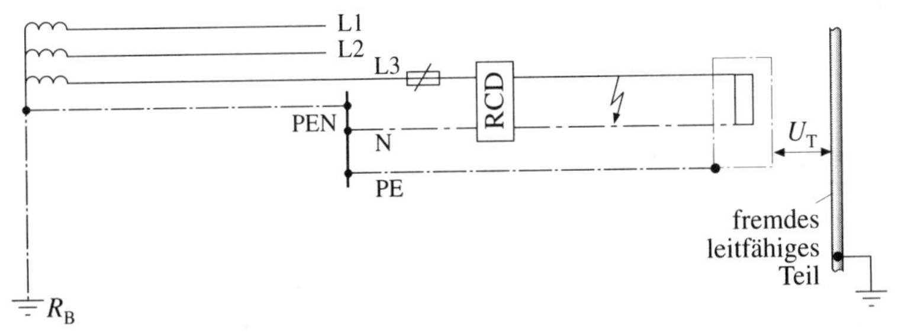

Bild 7.19 Aufbau der Fehlerspannung (Berührungsspannung) zwischen Betriebsmittel (Verbrauchsmittel) und fremden leitfähigen Teilen bei Stromkreisen, die außerhalb des Wirkungsbereichs des Hauptpotentialausgleichs liegen, mit Fehler (Kurzschluß) nach der RCD

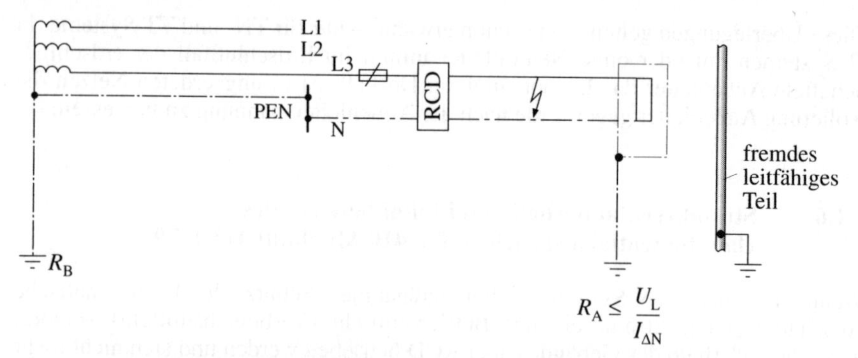

Bild 7.20 Versorgung eines Betriebsmittels außerhalb des Einflußbereichs des Hauptpotentialausgleichs als separat aufgebautes TT-System

Zum Beispiel:

a) die Feststellung, ob ein Betriebsmittel außerhalb des Einflußbereichs des Hauptpotentialausgleichs liegt;
b) es ist nicht ohne weiteres erkennbar, wie – zum Beispiel von einer Steckdose aus – bewegliche Betriebsmittel eingesetzt werden;
c) es kann nicht beurteilt werden, ob die beschriebene Gefahr in diesem Fall besteht, auch nicht durch eine einfache Messung.

Ein einfaches Beispiel soll die hochgespielte Gefahr verdeutlichen. Bei $R_A = R_{PEN} = 1{,}0\ \Omega$ bis zur Hauptverteilung einer Anlage und einem Widerstand des besonderen Stromkreises von $R_A + R_N = 0{,}6\ \Omega$ ist der Schleifenwiderstand $R_S = 2{,}6\ \Omega$ und der Kurzschlußstrom demnach $I_K = U_0/R_S = 230\ \text{V}/2{,}6\ \Omega = 88{,}5\ \text{A}$. Die Berührungsspannung ist $U_T = I_K \cdot R_{PEN} = 88{,}5\ \text{A} \cdot 1{,}0\ \Omega = 88{,}5\ \text{V}$; sie wird durch eine Überstromschutzeinrichtung Typ gL mit 16 A Nennstrom in spätestens 2,0 s (siehe Bild 16.10) abgeschaltet. Bei einem LS-Schalter mit 16 A Nennstrom Typ C spricht der Kurzschlußstromauslöser in einer Zeit von etwa 0,01 s an. Sofern der Kurzschlußstromauslöser nicht anspricht, unterbricht der Überstromauslöser in etwa 6,0 s (siehe Bild 16.25).

Da in der Praxis $R_{PEN} < R_A$ ist, ist die Berührungsspannung sogar noch kleiner als die angegebenen Werte.

Die Forderung nach Teil 410 Abschnitt 413.1.3.9 geht deshalb an der Praxis völlig vorbei. Abgesehen davon, daß es dem Errichter einer Anlage nicht zumutbar ist, die beschriebenen Entscheidungen zu treffen, ist zu überlegen, ob ein separater Erder mit entsprechendem Erdungsleiter nicht störungsanfälliger ist als ein Schutzleiter, der in der Zuleitung zu dem Betriebsmittel bzw. zu der Steckdose mitgeführt wird. Auch die dauerhafte Funktion des Erders ist hier in Frage zu stellen.

Nach Abwägung all dieser Risikofaktoren wäre es sicherlich besser und vor allem praktikabler, derartige Stromkreise als TN-Systeme auszulegen und die geringfügige Gefahr eines Kurzschlusses zwischen Außenleiter und Neutralleiter in Kauf zu nehmen und noch die gleichzeitige Berührung eines fremden leitfähigen Teils durch einen Menschen anzunehmen, als derart unübersichtliche Verhältnisse in einer Anlage zu schaffen. Der Errichter vor Ort sollte sich deshalb genau überlegen, wie er die Lösung für einen derartigen separaten Stromkreis trifft, indem er entscheidet:

- ob ein separater Stromkreis als TT-System mit Erdungsleiter und Erder vorliegt oder
- ob das TN-System für diesen Stromkreis anzuwenden ist und damit der Fall eines Fehlers (Kurzschluß zwischen Außenleiter und Neutralleiter) als Restrisiko in Kauf genommen werden kann, dafür aber in der Anlage übersichtliche, nachvollziehbare Verhältnisse geschaffen werden.

Nicht unerwähnt sollte die Tatsache sein, daß, wenn ein Stromkreis außerhalb des Einflußbereichs des Hauptpotentialausgleichs als TT-System gestaltet wird, ein Erder zu errichten und zu diesem Erder eine separate Erdungsleitung zu verlegen ist. Die Unterbrechung der Erdungsleitung stellt ebenso eine Gefahr dar wie der Erder selbst, da von deren Funktion die Schutzmaßnahme abhängig ist.

7.2 Fehlerschutz im TT-System – Teil 410 Abschnitt 413.1.4

Für das TT-System sind als Schutzeinrichtungen zugelassen:

- Überstromschutzeinrichtungen,
- RCDs und
- FU-Schutzeinrichtungen (nur in Sonderfällen – siehe Kapitel 9).

Voraussetzung in einem TT-System ist die Erdung des Sternpunktes des Transformators oder Generators. Ist kein Sternpunkt vorhanden, dann kann auch ein Außenleiter geerdet werden. Die Körper aller zu schützenden Betriebsmittel sind entweder direkt zu erden (z. B. natürlicher Erder) oder über Schutzleiter mit einem Erder zu verbinden. Dabei ist noch zu beachten, daß:

- alle Körper, die durch eine Schutzeinrichtung geschützt werden, an einen gemeinsamen Erder angeschlossen sind und
- alle gleichzeitig berührbaren Körper an denselben Erder angeschlossen werden müssen.

Für die Bemessung des Erders, mit dem die Körper zu erden sind, gilt bei der Verwendung von Überstromschutzeinrichtungen und RCDs:

$$R_A \cdot I_a \leq U_L. \qquad (7.26)$$

Es bedeuten:

R_A Summe von Erdungswiderstand der Erder der Körper und Widerstand des Schutzleiters;

I_a Strom, der das automatische Abschalten bewirkt, wobei eine Abschaltzeit von 5 s in der Regel ausreicht; bei Verwendung einer normalen RCD ist $I_a = I_{\Delta N}$ bzw. $I_a = 2I_{\Delta N}$ bei selektiven RCDs;

U_L vereinbarte Grenze der Berührungsspannung (50 V Wechselspannung; 120 V Gleichspannung).

Bezüglich des Gesamterdungswiderstands eines Netzes ist in Teil 410 keine Aussage getroffen.

7.2.1 TT-System mit Überstromschutzeinrichtungen

Ein TT-System mit Überstromschutzeinrichtungen zeigt **Bild 7.21.**

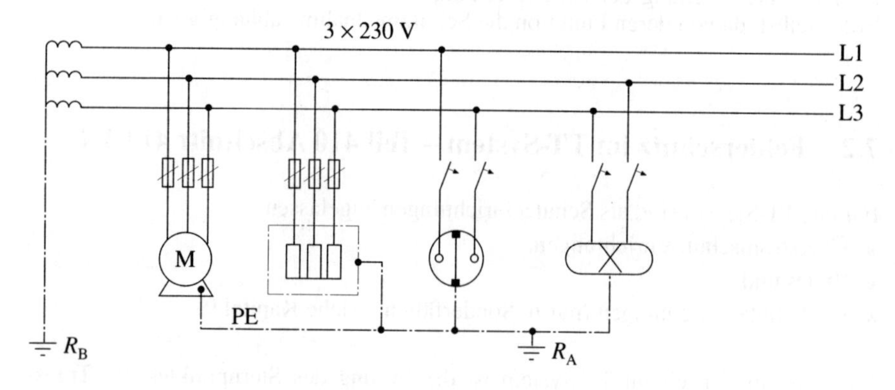

Bild 7.21 TT-System mit Überstromschutzeinrichtungen

Als Abschaltzeit wird für Schmelzsicherungen ein Wert $t \leq 5$ s gefordert. Für LS-Schalter muß eine unverzögerte Abschaltung erfolgen, das bedeutet, daß der Kurzschlußstromauslöser ansprechen muß. Können diese Bedingungen 413.1.2.2 nicht eingehalten werden, so kann der Schutz der Anlage durch einen »Örtlichen Potentialausgleich« als »Zusätzlicher Potentialausgleich« nach Teil 410, Abschnitt 413.1.2.2 sichergestellt werden.

Beispiel:

Wie in **Bild 7.22** dargestellt, sollen zwei Geräte im TT-System mit Überstromschutzeinrichtungen geschützt werden. Wie ist der gemeinsame Schutzerder zu bemessen?

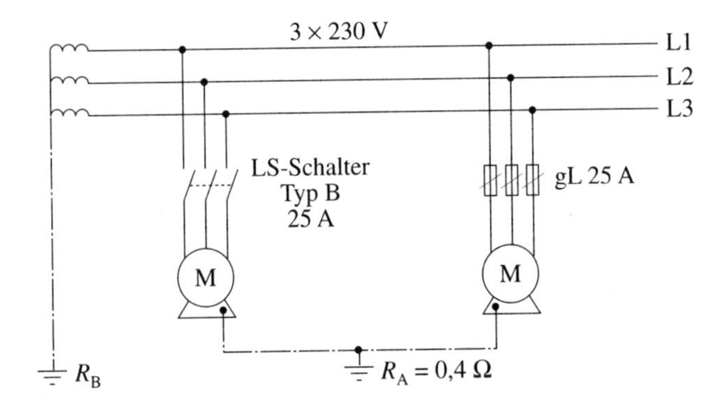

Bild 7.22 Beispiel für Abschaltung im TT-System

Zunächst müssen nach Bild 7.6 und Bild 7.7 die Ströme ermittelt werden, die jeweils eine automatische Abschaltung einleiten. Dies ergibt für:

- LS-Schalter 25 A Typ B mit unverzögerter Abschaltung ($t \approx 0{,}1$ s) einen Strom von $I_a = 125$ A,
- Schmelzsicherung 25 A gL bei $t = 5$ s einen Strom von $I_a = 125$ A.

Damit ist der gemeinsame Schutzerder (in beiden Fällen praktisch gleich) zu bemessen, mit:

$$R_A \leq \frac{U_L}{I_A} \leq \frac{50\ \text{V}}{125\ \text{V}} \leq 0{,}4\ \Omega.$$

Die Schutzwirkung ergibt sich aus dem Zusammenwirken von Überstromschutzeinrichtung und Schutzerder. Bei hohen Fehlerströmen und damit hohen tatsächlichen Berührungsspannungen ergeben sich kurze Abschaltzeiten, und umgekehrt ist bei kleinen Berührungsspannungen eine längere Abschaltzeit zu erwarten und auch zu vertreten. Die Zusammenhänge zwischen tatsächlicher Berührungsspannung und Abschaltzeiten werden für obiges Beispiel deshalb näher untersucht. Dabei werden die Widerstände des Leitungsnetzes mit $R_L = 0{,}3\ \Omega$ für jedes Gerät und der Widerstand des Schutzerders mit $R_A = 0{,}4\ \Omega$ als konstant angenommen. Geändert wird der Widerstand des Betriebserders R_B.

Folgende Abschaltzeiten und Berührungsspannungen ergeben sich aus den Beziehungen:

$$U_0 = \frac{230\ \text{V}}{\sqrt{3}} = 132{,}8\ \text{V}; \qquad R_S = R_L + R_A + R_B.$$

Der im Fehlerfall fließende Strom ist:

$$I_f = I_a = \frac{U_0}{R_S};$$

und die Berührungsspannung ergibt sich zu:

$$U_T = I_a \cdot R_A.$$

Die Zusammenhänge zeigt **Tabelle 7.5.**

Tabelle 7.5 Zusammenhang zwischen U_T und t

R_B	4	2	1	0,5	0,36	0,3	0,1	0,05	0,01	Ω
R_S	4,7	2,7	1,7	1,2	1,06	1,0	0,8	0,75	0,71	Ω
I_a	28,3	49,2	78,1	110,7	125	132,8	166	177	187	A
t_{gL}	∞	900	50	8	5	3	1,2	1,0	0,8	s
$t_{LS\ Typ\ B}$	3600	400	25	7	5	0,012	0,009	0,008	0,007	s
U_T	11,3	19,7	31,2	44,3	50	53,1	66,4	70,8	74,8	V

Das Ergebnis, das in **Bild 7.23** dargestellt ist, gilt exakt nur für das gerechnete Beispiel. Es gilt aber vom Schutzprinzip her gesehen auch allgemein. Es ist zu erkennen, daß beim Auftreten von Berührungsspannungen über 50 V die Abschaltung unter 5 s erfolgt, während unter 50 V längere Abschaltzeiten auftreten.

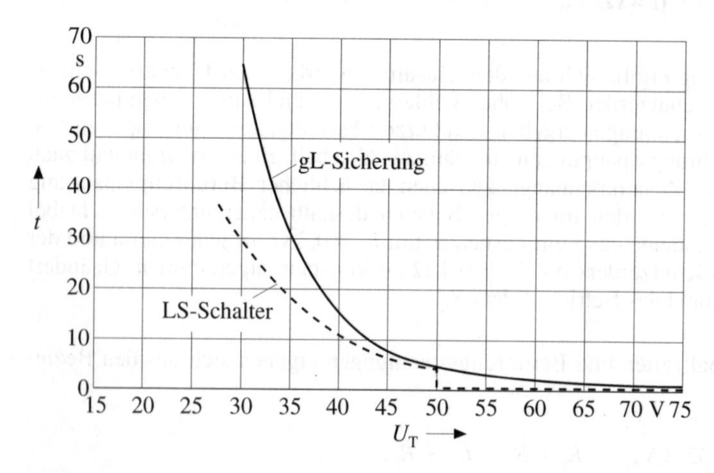

Bild 7.23 Zusammenhang zwischen U_T und t

7.2.2 TT-System mit RCDs

Ein TT-System mit RCDs zeigt **Bild 7.24.**

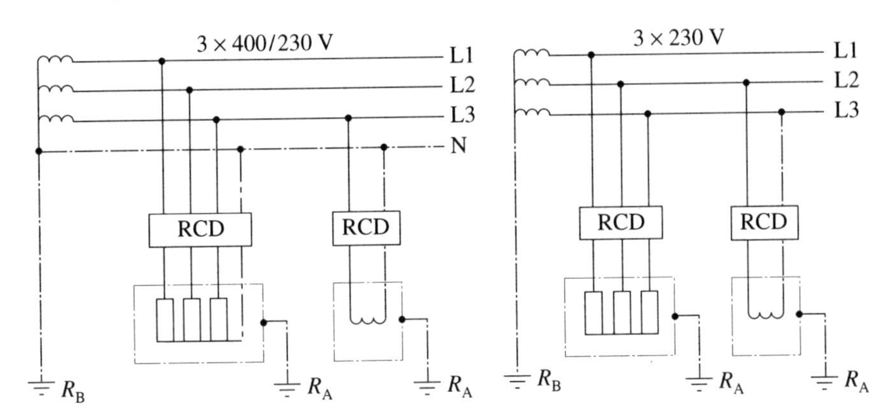

Bild 7.24 TT-System mit RCDs

7.2.2.1 Allgemeines

Bedingt durch den Einsatz von RCDs liegt die Abschaltzeit immer bei $t \leq 0{,}2$ s, da der RCD diese Abschaltzeit erfüllen muß. Selektive, zeitverzögerte RCDs müssen eine Abschaltzeit von $t \leq 0{,}1$ s einhalten. Jeder zu schützende Körper muß entweder direkt (natürlicher Erder) oder indirekt über Schutzleiter mit einem Erder verbunden werden. Unter Beachtung von Gl. (7.27) ergibt sich der Erdungswiderstand einer Anlage, die durch eine RCD geschützt ist, zu

$$R_A \leq \frac{U_L}{I_{\Delta N}} \tag{7.27}$$

bei normalem RCD, beziehungsweise zu

$$R_A \leq \frac{U_L}{2 I_{\Delta N}} \tag{7.28}$$

bei Verwendung von selektiven (zeitverzögerten) RCDs. Für die zur Zeit üblichen RCDs und die vereinbarten Berührungsspannungen von 50 V bzw. 25 V ergeben sich demnach die in **Tabelle 7.6** genannten Erdungswiderstände.

Bei der Herstellung des Erders ist Teil 540 (siehe Kapitel 10) zu beachten, wobei hinsichtlich des Erdungswiderstandes, der in jahreszeitlicher Abhängigkeit großen Schwankungen unterliegt, ein angemessener Sicherheitszuschlag angebracht ist.

Tabelle 7.6 Maximal zulässige Erdungswiderstände R_A im TT-System mit RCDs

U_L in V	Bemessungsdifferenzstrom $I_{\Delta N}$									
	RCDs					selektive RCDs				
	0,01	0,03*	0,1*	0,3	0,5	0,1*	0,3*	0,5	1,0	A
50	5000	1660	500	166	100	250	83	50	25	Ω
25	2500	830	250	83	50	125	41	25	12	Ω

* Vorzugswerte nach DIN VDE 0664 Teil 1

7.2.2.2 Parallelschaltung von RCDs

Eine Besonderheit ergibt sich bei der Bemessung des Erders, wenn mehrere RCDs parallel arbeiten und nur einen Erder besitzen. Dies kann vorkommen:

- in Mehrfamilienhäusern mit einem Fundamenterder und mehreren Anlagen, die über mehrere RCDs geschützt sind **(Bild 7.25)**;
- auf Baustellen, wenn in einem Baustromverteiler mehrere RCDs benötigt werden;
- in größeren Anlagen mit mehreren RCDs und
- bei Festplatzanschlüssen, wenn für mehrere Schausteller mehrere RCDs eingebaut sind.

Da von jeder Anlage – über jeden Schalter – Fehler- und Ableitströme zu erwarten sind, darf der (Sammel-)Erder nicht mehr nach Gl. (7.27) bestimmt werden. Völlig sicher wäre es, die Gl. (7.29) anzuwenden:

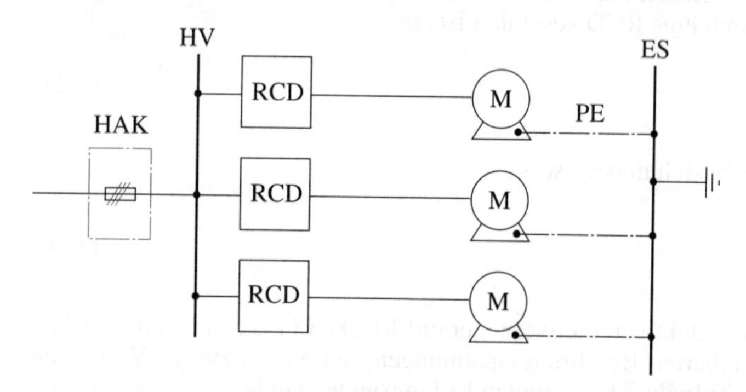

Bild 7.25 Ein Erder für mehrere RCDs
HAK Hausanschlußkasten
HV Hauptverteilung
RCD Residual Current protective Devices
M Motor (Verbraucher)
PE Schutzleiter
ES Erder-Sammelschiene
SE (Sammel-)Erder

$$R_{SE} \leq \frac{U_L}{\Sigma I_{\Delta N}} \,. \tag{7.29}$$

Da aber nicht anzunehmen ist, daß über alle Schalter gleichzeitig Fehlerströme bzw. Differenzströme zum Fließen kommen, kann noch mit einem Gleichzeitigkeitsfaktor g gearbeitet werden. Damit ergibt sich:

$$R_{SE} \leq \frac{U_L}{g \cdot \Sigma I_{\Delta N}} \,. \tag{7.30}$$

Es bedeuten:

R_{SE} Widerstand des Sammelerders in Ω;

U_L zulässige Berührungsspannung in V;

g Gleichzeitigkeitsfaktor;
$g = 0{,}5$ für zwei bis vier RCDs;
$g = 0{,}35$ für fünf bis zehn RCDs;
$g = 0{,}25$ für mehr als zehn RCDs;

$\Sigma I_{\Delta N}$ Summe der Bemessungsdifferenzströme in A. Werden normalempfindliche und hochempfindliche Schalter gleichzeitig eingesetzt, müssen die Bemessungsdifferenzströme der hochempfindlichen Schalter vernachlässigt werden, da sonst die Gefahr einer falschen Dimensionierung des Sammelerders besteht.
Selektive RCDs müssen mit dem doppelten Bemessungsdifferenzstrom berücksichtigt werden.
Bei unübersichtlichen Verhältnissen wird noch eine Kontrolle des Ergebnisses empfohlen. Dabei muß die Bedingung $R_{SE} \cdot I_{\Delta N\,(max)} \leq U_L$ erfüllt sein, wobei $I_{\Delta N\,(max)}$ der größte Bemessungsdifferenzstrom der eingesetzten RCDs ist. Selektive RCDs sind auch hierbei mit doppeltem Bemessungsdifferenzstrom anzusetzen.

Beispiel:
Gegeben ist die in **Bild 7.26** dargestellte Anlage mit acht parallel geschalteten RCDs. Gesucht ist der Erdungswiderstand für einen Sammelerder, wenn die Berührungsspannung 50 V nicht überschreiten soll.

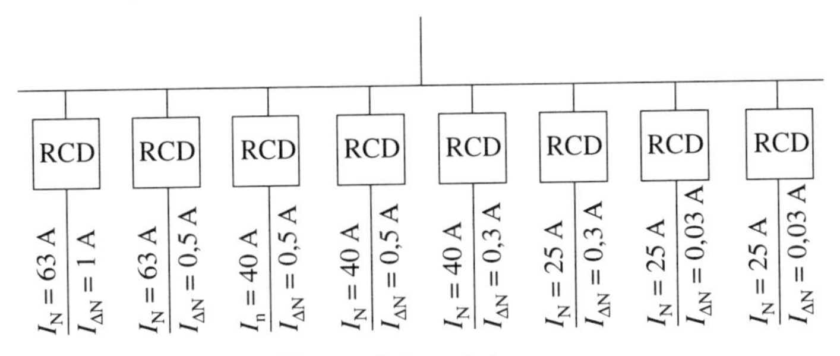

Bild 7.26 Beispiel: RCDs parallel geschaltet

Die Summe der Nennströme interessiert nicht. Die Summe der Bemessungsdifferenzströme beträgt:

$\Sigma I_{\Delta N} = 1{,}0\ \text{A} + 3 \cdot 0{,}5\ \text{A} + 2 \cdot 0{,}3\ \text{A} = 3{,}1\ \text{A}.$

Die hochempfindlichen RCDs werden nicht berücksichtigt.

Bei sechs anrechenbaren RCDs ist g = 0,35 zu setzen. Der Widerstand des Sammelerders ist somit:

$$R_{SE} \leq \frac{U_L}{g \cdot \Sigma I_{\Delta N}} = \frac{50\ \text{V}}{0{,}35 \cdot 3{,}1\ \text{A}} = 46{,}1\ \Omega.$$

Die Zusatzbedingung $R_{SE} \cdot I_{\Delta N\,(max)}$ ist erfüllt!

7.2.2.3 Reihenschaltung von RCDs

Wenn eine Anlage mit mehreren parallel geschalteten RCDs noch zusätzlich mit einem zentralen RCD ausgerüstet werden soll **(Bild 7.27),** genügt es nicht, die Schalter nur hinsichtlich Nennstrom und Bemessungsdifferenzstrom zu staffeln. Da die Schalter selektiv arbeiten sollen, was aber bei größeren Fehlerströmen nach Ebene II nicht möglich ist, ist noch eine zeitliche Staffelung nötig. Das bedeutet, der vorgeschaltete RCD – Ebene I – muß zusätzlich eine Zeitverzögerung erhalten. Für eine derartige selektiv arbeitende RCD ist eine maximale Abschaltzeit von 1 s zulässig.

Selektive RCDs (siehe auch Abschnitt 16.5.2.3) sind nach DIN VDE 0664 Teil 1 genormt. Sie werden durch das Bildzeichen S gekennzeichnet. Vorzugswerte für den Nennstrom sind I_n = 16 A, 25 A, 40 A, 63 A und für den Bemessungsdifferenzstrom $I_{\Delta N}$ = 0,1 A und 0,3 A.

RCDs mit Zeitverzögerung werden auch für I_n = 100 A und 160 A mit den Bemessungsdifferenzströmen $I_{\Delta N}$ = 0,5 A und 1,0 A angeboten. Der für eine Anlage erforderliche Erdungswiderstand muß durch getrennte Betrachtung der verschiedenen

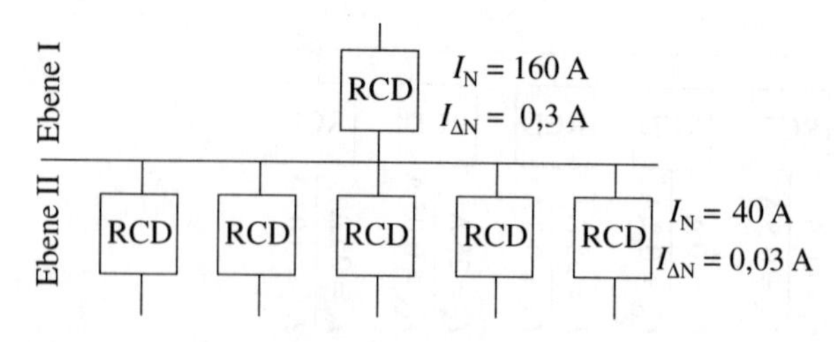

Bild 7.27 RCDs in Reihe geschaltet

Ebenen ermittelt werden, wobei der kleinste der errechneten Erdungswiderstände maßgebend ist. Für Bild 7.27 gilt für die Ebene II, unter Berücksichtigung des Gleichzeitigkeitsfaktors, nach Gl. (7.30):

$$R_{SE} \leq \frac{U_L}{g \cdot \Sigma I_{\Delta N}} = \frac{50\ V}{0{,}35 \cdot 5 \cdot 0{,}03\ A} = 952{,}4\ \Omega.$$

Für die Ebene I gilt nach Gl. (7.28):

$$R_A \leq \frac{U_L}{2 I_{\Delta N}} = \frac{50\ V}{2 \cdot 0{,}3\ A} = 83{,}3\ \Omega.$$

Der Erdungswiderstand der Anlage darf demnach 83 Ω nicht überschreiten.

7.2.3 TT-System mit FU-Schutzeinrichtungen

FU-Schutzeinrichtungen sind nur in Sonderfällen zulässig (siehe Kapitel 9).

7.3 Fehlerschutz im IT-System – Teil 410 Abschnitt 413.1.5

Für das IT-System sind als Schutzeinrichtungen zugelassen:
- Überstromschutzeinrichtungen,
- RCDs,
- Isolationsüberwachungseinrichtungen.

Das IT-System wird in der Regel gegen Erde isoliert betrieben. Ein künstlicher Sternpunkt über eine ausreichend hohe Impedanz darf hergestellt werden, wenn Betriebsgründe dies erfordern. Im Zusammenhang mit dieser Erdung, über eine ausreichend hohe Impedanz, darf auch ein Außenleiter geerdet werden. Die Anlage (Impedanz) ist so auszulegen, daß beim Auftreten eines Körper- oder Erdschlusses nur ein geringer Fehlerstrom zum Fließen kommt, so daß eine Abschaltung nicht erforderlich ist.

Während im TN- und TT-System der Schutz im ersten Fehlerfall durch entsprechende Abschaltbedingungen sichergestellt ist, erfolgt im IT-System lediglich eine Meldung. Eine zu hohe Berührungsspannung entsteht nicht, weshalb die Anlage nach dem ersten Fehler gefahrlos weiterbetrieben werden kann, so daß eingeleitete Arbeits- oder Produktionsprozesse noch abgeschlossen werden können. Beim ersten Fehler – Erdschluß – nimmt der Schutzleiter das Potential des den Fehler auslösenden Außenleiters an, was aber keine Gefahr darstellt, da über den Schutzleiter alle Körper und alle berührbaren Metallteile dieses Potential annehmen, somit also auch keine Potentialdifferenzen überbrückt werden können. Das IT-System geht hinsichtlich seines Betriebszustandes in ein TN- oder TT-System über. Dabei ist zu beachten, daß im Fehlerfall die Spannung gegen Erde der Spannung zwischen den Außenleitern entspricht. Bei einem zweiten Fehler, in einem

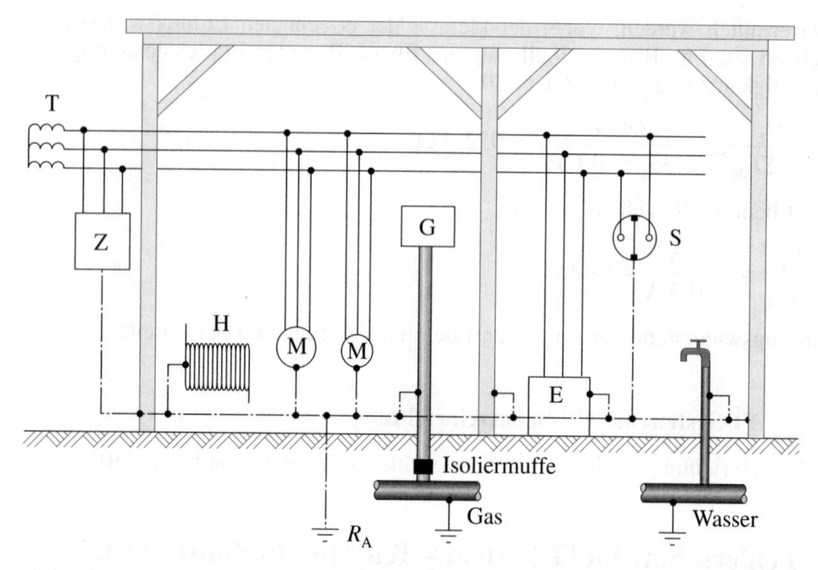

Bild 7.28 IT-System mit Isolationsüberwachungseinrichtung

T Transformator
H Heizungskörper
M Motor
G Gasverbraucher
E Elektrogerät
S Steckdose
Z Überwachungseinrichtung
R_A Anlagenerder

anderen Außenleiter, muß es dann zu einer Auslösung der Schutzeinrichtung kommen. Damit es erst gar nicht so weit kommt, sollte der erste gemeldete Fehler möglichst rasch behoben werden.

Im IT-System müssen folgende Voraussetzungen erfüllt sein **(Bild 7.28):**

- die Versorgung muß entweder über einen separaten Transformator oder über einen eigenen Generator erfolgen;
- der Sternpunkt des Stromerzeugers darf nicht direkt geerdet werden, wobei eine hochohmige Erdung zulässig ist;
- alle Körper müssen einzeln oder gruppenweise mit dem Schutzleiter verbunden und geerdet werden;
- ob und inwieweit auch fremde leitfähige Teile einzubeziehen sind, ist eine Ermessensfrage und hängt von der Art der Anlage ab;
- die Erdung des Schutzleiters an einem oder mehreren Erdern muß folgender Bedingung für jeden Erder genügen:

$$R_A \cdot I_d \leq U_L. \quad (7.31)$$

Darin bedeuten:

R_A Erdungswiderstand einschließlich Schutzleiterwiderstand in Ω;

I_d Fehlerstrom im Falle des Fehlers in A;

U_L vereinbarte Grenze der zulässigen Berührungsspannung in V;

- es ist zu empfehlen, daß der erste auftretende Fehler gemeldet wird (optisch oder akustisch);
- aktive Teile des IT-Systems dürfen nicht direkt geerdet werden.

Wesentlich beeinflußt wird die Höhe des Fehlerstromes von dem im Netz entstehenden kapazitiven Ableitstrom und einer evtl. hochohmigen Erdung des Sternpunktes. Die Höhe des kapazitiven Ableitstroms ist **Bild 7.29** zu entnehmen.

Im Doppelfehlerfall geht das IT-System je nach Lage des Fehlers entweder in ein TN- oder TT-System über. Deshalb sind nach dem Auftreten des ersten Fehlers folgende Bedingungen einzuhalten:

j) Wenn die Körper einzeln oder in Gruppen geerdet sind, sind die Bedingungen wie im TT-System einzuhalten, mit der Ausnahme, daß der Sternpunkt des Transformators betriebsmäßig nicht geerdet sein muß.

k) Wenn die Körper über einen Schutzleiter verbunden und gemeinsam geerdet sind, gelten die Bedingungen wie für das TN-System, mit der Ausnahme, daß der Sternpunkt des Transformators betriebsmäßig nicht geerdet werden muß, und zusätzlich noch zu unterscheiden ist, ob der Neutralleiter im System mitgeführt wird oder nicht. Es gelten:

- Wenn der Neutralleiter nicht mitgeführt ist, gilt

$$Z_S \leq \frac{U}{2 \cdot I_a}, \quad (7.32)$$

wobei folgende Abschaltzeiten einzuhalten sind:

- 0,4 s bei $U_0/U = 230/\ 400$ V,
- 0,2 s bei $U_0/U = 300/\ 690$ V,
- 0,1 s bei $U_0/U = 580/1000$ V.

- Wenn der Neutralleiter mitgeführt ist, gilt:

$$Z_S' \leq \frac{U_0}{2 \cdot I_a}, \quad (7.33)$$

wobei folgende Abschaltzeiten einzuhalten sind:

- 0,8 s bei $U_0/U = 230/\ 400$ V,
- 0,4 s bei $U_0/U = 400/\ 690$ V,
- 0,2 s bei $U_0/U = 580/1000$ V.

In den Gln. (7.32) und (7.33) bedeuten:

U_0 Nennspannung zwischen Außenleiter und Neutralleiter,

U Nennspannung zwischen den Außenleitern,

Z_S Impedanz der Fehlerschleife, bestehend aus dem Außenleiter und dem Schutzleiter des Stromkreises,

Z'_S Impedanz der Fehlerschleife, bestehend aus dem Neutralleiter und dem Schutzleiter des Stromkreises,

I_a Strom, der die automatische Abschaltung innerhalb der vorgesehenen Zeit bewirkt.

Können diese Bedingungen (Gleichungen und Abschaltzeiten) nicht eingehalten werden, so ist:

- entweder ein zusätzlicher Potentialausgleich herzustellen,
- oder es ist für jedes Verbrauchsmittel eine RCD vorzusehen.

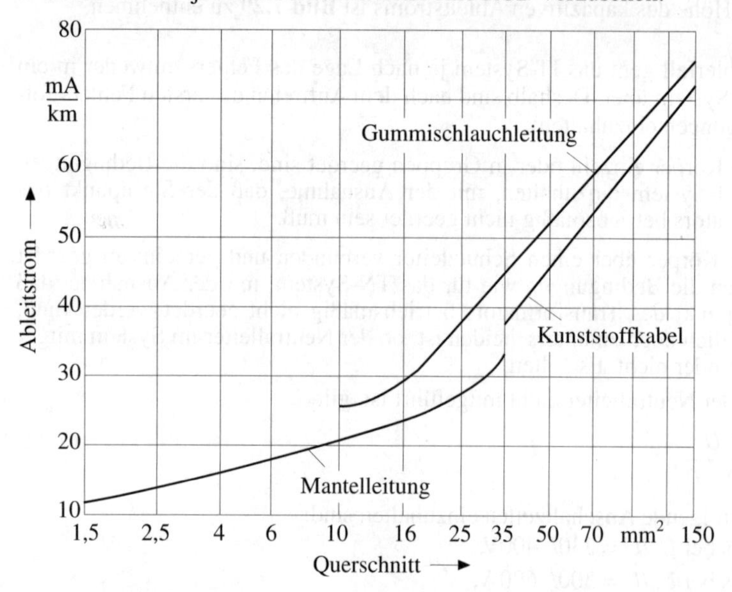

Bild 7.29 Kapazitive Ableitströme bei $U_0 = 230$ V

7.4 Zusätzlicher Potentialausgleich – Teil 410 Abschnitt 413.1.6

Der sogenannte »Örtliche zusätzliche Potentialausgleich« wird unabhängig vom Hauptpotentialausgleich, praktisch als zweiter Potentialausgleich, hergestellt. Er ist anzuwenden, wenn:

- die Bedingungen für die automatische Abschaltung (0,1 s/0,2 s/0,4 s bzw. 5 s) nicht erfüllt werden können, oder
- eine besondere Gefährdung durch Umgebungsbedingungen (z. B. Baderäume, Schwimmbäder, Landwirtschaft) vorliegt, oder
- im IT-System Isolationsüberwachungseinrichtungen eingesetzt werden.

Durch den zusätzlichen Potentialausgleich soll eine absolute Potentialgleichheit für einen örtlich begrenzten Bereich erreicht werden. Damit ist dann auch das Auftreten von Spannungsdifferenzen, gleich welcher Art, sicher verhindert. In den zusätzlichen Potentialausgleich müssen einbezogen werden:

- alle gleichzeitig berührbaren Körper ortsfester Betriebsmittel,
- alle vorhandenen Schutzleiter,
- alle fremden leitfähigen Teile, z. B. Wasserleitungen, Metallwände, metallene Träger usw.

Wenn es möglich ist, sind auch Bewehrungen von Stahlbetonkonstruktionen in den zusätzlichen Potentialausgleich einzubeziehen. Kleine leitfähige Teile, wie Kleiderhaken, Türzargen und dgl., deren Fläche kleiner als 50 mm × 50 mm ist oder die nicht umfaßt werden können, brauchen nicht einbezogen zu werden. Die Leiterquerschnitte, mit denen der zusätzliche Potentialausgleich herzustellen ist, sind in Teil 540 Abschnitt 9 (siehe Abschnitt 10.13.2) beschrieben.

Der zusätzliche Potentialausgleich kann auch allein durch fremde leitfähige Teile (Stahlkonstruktionen) sichergestellt oder durch eine Kombination von Potentialausgleichsleitern und Konstruktionsteilen erreicht werden. Wenn Zweifel an der Wirksamkeit des zusätzlichen Potentialausgleichs bestehen, ist durch Messung nachzuweisen, daß folgende Bedingung erfüllt ist:

$$R \leq \frac{U_L}{I_a} \, . \tag{7.34}$$

Es bedeuten:

R Widerstand zwischen Körpern und fremden leitfähigen Teilen, die gleichzetig berührbar sind;

U_L vereinbarte Grenze der dauernd zulässigen Berührungsspannung, normalerweise $U_L \leq 50$ V Wechselspannung und $U_L \leq 120$ V Gleichspannung, aber für besondere Anwendungsfälle Landwirtschaft $U_L \leq 25$ V Wechselspannung bzw. $U_L \leq 60$ V Gleichspannung;

I_a Strom, der die automatische Abschaltung innerhalb der festgelegten Zeiten bewirkt.

7.5 Schutz durch Kleinspannung, die nicht sicher getrennt erzeugt wird (FELV) – Teil 470 Abschnitt 471.3

Wenn aus Funktionsgründen Stromkreise mit Kleinspannung $U \leq 50$ V Wechselspannung oder $U \leq 120$ V Gleichspannung betrieben werden, und die Erzeuger dieser Spannungen nicht sicher getrennt sind – wie für SELV- und PELV-Anlagen (siehe Abschnitt 5.1) gefordert –, sind zusätzliche Schutzmaßnahmen gegen direktes Berühren und bei indirektem Berühren anzuwenden. Solche Fälle liegen auch vor, wenn andere nicht sicher getrennte Betriebsmittel, wie Potentiometer, Halbleiterschaltungen, Schütze, Relais, Fernschalter und ähnliche Betriebsmittel, eingesetzt werden, die nicht sicher zu den Primärstromkreisen getrennt sind. Grundsätzlich gilt, daß FELV-Stromkreise einschließlich ihrer Stromquellen von den Stromkreisen höherer Spannung mindestens durch Basisisolierung getrennt sind.

Der Schutz gegen direktes Berühren ist sicherzustellen durch:

- Abdeckungen oder Umhüllungen in der Schutzart IP2X bzw. IPXXB oder
- die Isolierung aktiver Teile, wobei die Prüfspannung, die für den Primärstromkreis gefordert wird, einzuhalten ist. Gegebenenfalls muß die Isolierung so verstärkt werden, daß sie einer Prüfspannung von 1500 V Wechselspannung (Effektivwert) für eine Zeit von mindstens einer Minute standhält.

Der Schutz bei indirektem Berühren kann sichergestellt werden:

- durch Einbeziehen der Betriebsmittel in die Schutzmaßnahme des vorgelagerten Netzes. Das heißt, bei den Maßnahmen mit Schutzleiter ist der Anschluß der Betriebsmittel an den Schutzleiter des Primärstromkreises vorzunehmen **(Bild 7.30)**.

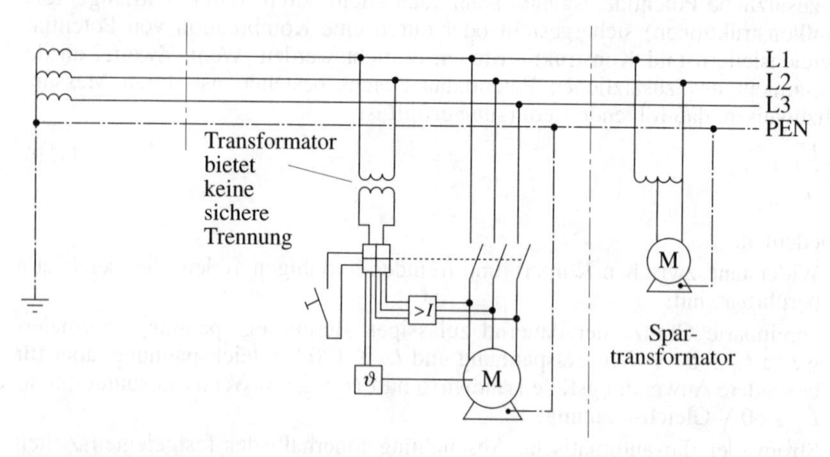

Bild 7.30 Schutz bei FELV-Stromkreisen

- bei der Anwendung der Schutzmaßnahme »Schutztrennung« sind über einen ungeerdeten Potentialausgleichsleiter die Körper der Betriebsmittel der FELV-Stromkreise mit den Körpern, die in die Schutztrennung einbezogen sind, zu verbinden **(Bild 7.31)**.

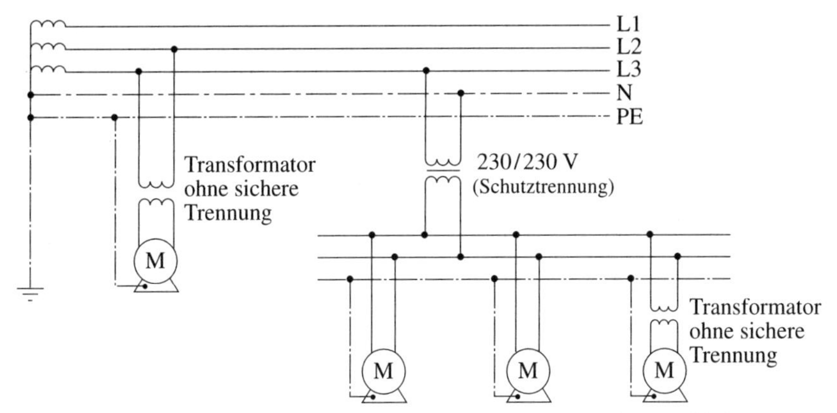

Bild 7.31 Schutz gegen indirektes Berühren bei FELV-Stromkreisen und Schutztrennung

Steckvorrichtungen von FELV-Stromkreisen dürfen nicht in Systemen höherer Spannung und auch nicht in anderen Systemen wie SELV oder PELV verwendet werden können.

Die Anwendung der Schutzmaßnahme »Kleinspannung ohne sichere Trennung (FELV-System)« ist problematisch. Es sollte deshalb immer zuerst geprüft werden, ob nicht die Forderungen der Kleinspannung (SELV- oder PELV-Systeme) erfüllt werden können.

7.6 Ausnahmen zum Schutz bei indirektem Berühren – Teil 470

Schutzmaßnahmen bei indirektem Berühren werden nicht gefordert:

a) bei Spannungen bis 250 V gegen Erde für Zähler, Schaltuhren u. dgl. in der öffentlichen Stromversorgung;

b) bei Spannungen bis 1000 V Wechselspannung und 1500 V Gleichspannung für:
   - Metallrohre mit isolierender Auskleidung;
   - Metallrohre für Mehraderleitungen oder Kabel;
   - Metallmäntel von Leitungen;
   - Bewehrungen von Leitungen und Kabeln;

- Metallmäntel von Kabeln, die nicht im Erdreich verlegt sind;
- Stahl- und Stahlbetonmaste in Verteilungsnetzen;
- Dachständer und mit diesen leitend verbundene Anlagenteile (Verankerungen) in Verteilungsnetzen.

In den genannten Fällen ist es jedoch durchaus zulässig, eine geeignete Schutzmaßnahme anzuwenden; zu beachten ist jedoch, daß Dachständer nicht mit geerdeten Teilen (Erdungsleiter, Schutzleiter, PEN-Leiter) verbunden werden dürfen.

c) für Körper von kleinen Betriebsmitteln oder fremde leitfähige Teile, die so klein sind (50 mm × 50 mm), daß sie nicht umgriffen werden können oder in nennenswerten Kontakt mit dem menschlichen Körper kommen können. Voraussetzung ist, daß ein Anschluß eines Schutzleiters schwierig oder unzuverlässig wäre.

7.7 Literatur zu Kapitel 7

[1] Oehms, K.-J.: Geplante Änderung bei der Schutzmaßnahme Nullung. Elektrizitätswirtschaft 77 (1978) H. 14, S. 476 bis 479

[2] VDEW: Technische Richtlinie für Niederspannungs-Freileitungsnetze. Teil 1: Planung. Frankfurt a. M.: VWEW-Verlag, 1961

[3] Roeper, R.: Kurzschlußströme in Drehstromnetzen. Berlin/München: Siemens Aktiengesellschaft, 1984

[4] Edwin, K. W.; Jakli, G.; Thielen, H.: Zuverlässigkeitsuntersuchungen an Schutzmaßnahmen in Niederspannungsverbraucheranlagen. Forschungsbericht Nr. 221, Bundesanstalt für Arbeitsschutz und Unfallforschung, 1979

[5] Winkler, A.: Die Nullung ist tot – Es lebe die Nullung? Der Elektromeister und Deutsches Elektrohandwerk 58 (1983) H. 4, S. 209 bis 212

[6] Hotopp, R.; Oehms, K.-J.: Schutz gegen gefährliche Körperströme nach DIN 57100/VDE 0100 Teil 410 und Teil 540. VDE-Schriftenreihe, Bd. 9. Berlin und Offenbach: VDE-VERLAG, 1983

[7] Hofheinz, W.: Schutztechnik mit Isolationsüberwachung. %. Aufl., Berlin und Offenbach: VDE-VERLAG, 1995

[8] Hering, E.: Zur Erdung in Wechselstromanlagen bis 1000 V. Elektropraktiker 43 (1989) H. 11, S. 346 bis 348

[9] Hering, E.: Betriebserdung von Niederspannungsnetzen. Elektropraktiker 48 (1994) H. 4, S. 330, 332 und 334 bis 335

[10] Hering, E.: Schutzerder für das TT-System. Elektropraktiker 48 (1994) H. 5, S. 434 bis 437

8 Schutz gegen elektrischen Schlag unter Fehlerbedingungen (Fehlerschutz oder Schutz bei indirektem Berühren ohne Schutzleiter) – Teil 410 Abschnitt 413

8.1 Schutzisolierung – Teil 410 Abschnitt 413.2

Die *Schutzisolierung* ist eine Schutzmaßnahme gegen elektrischen Schlag und wird hergestellt durch:

- eine zusätzliche Isolierung zur Basisisolierung oder
- eine Verstärkung der Basisisolierung

in einer solchen Art, daß beim Versagen der einfachen Basisisolierung keine gefährlichen Körperströme zum Fließen kommen (Teil 200 Abschnitt A.8.5).

Durch die Schutzisolierung soll das Auftreten gefährlicher Spannungen an berührbaren, aus Metall bestehenden Teilen elektrischer Betriebsmittel infolge eines Fehlers der Basisisolierung vermieden werden **(Bild 8.1).**

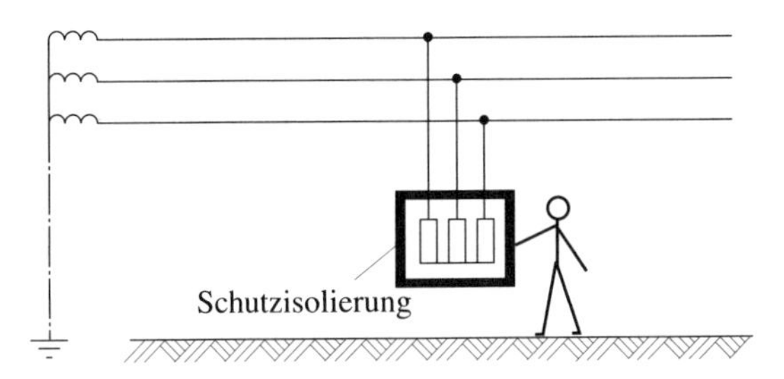

Bild 8.1 Schutzisolierung, Prinzip

Erreicht werden kann die Schutzisolierung durch eine der drei folgenden Maßnahmen:

a) Verwenden von Betriebsmitteln mit doppelter oder verstärkter Isolierung (Betriebsmittel der Schutzklasse II), wie in Bild 8.2 dargestellt;
b) Verwendung Fabrikfertiger Gerätekombinationen mit Totalisolierung nach EN 60439-1 (VDE 0660 Teil 500):1994-04, die mit dem Symbol ⧈ (Doppelquadrat) nach DIN 40101-1 gekennzeichnet sind;
c) Anbringen einer zusätzlichen Isolierung an Betriebsmitteln, die nur eine Basisisolierung haben **(Bild 8.3).** Die Herstellung einer zusätzlichen Isolierung beim Errichten einer Anlage entspricht dem Aufbau einer »Schutzisolierung vor Ort«.

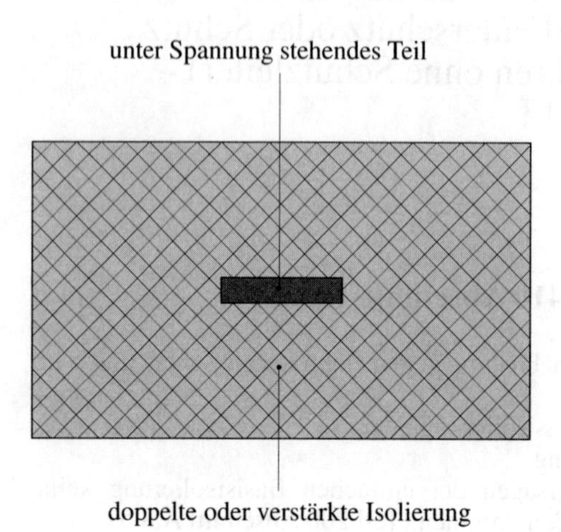

Bild 8.2 Schutzisolierung durch doppelte oder verstärkte Isolierung

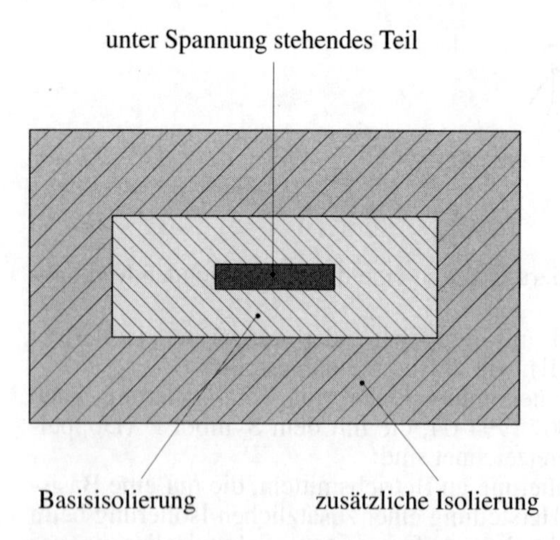

Bild 8.3 Schutzisolierung durch zusätzliche Isolierung

Die verwendeten Begriffe sind teilweise in DIN VDE 0100 Teil 200 und in DIN VDE 0106 Teil 1 wie folgt definiert:

- *Betriebsisolierung* ist die für die Reihenspannung der Betriebsmittel bemessene Isolierung aktiver Teile gegeneinander und gegen Körper.

- *Basisisolierung* ist die Isolierung unter Spannung stehender Teile zum grundlegenden Schutz gegen elektrischen Schlag.
  Anmerkung: Die Basisisolierung ist nicht ohne weiteres mit der Betriebsisolierung gleichzusetzen.

- *Zusätzliche Isolierung* ist eine unabhängige Isolierung zusätzlich zur Basisisolierung, die den Schutz gegen elektrischen Schlag im Fall eines Versagens der Basisisolierung sicherstellt.

- *Verstärkte Isolierung* ist eine einzige Isolierung unter Spannung stehender Teile, die unter den in den einschlägigen Normen genannten Bedingungen den gleichen elektrischen Schutz gegen elektrischen Schlag wie eine doppelte Isolierung bietet.
  Anmerkung 1: Das besagt nicht, daß die Isolierung homogen sein muß. Sie darf auch aus mehreren Lagen bestehen, die nicht einzeln als zusätzliche Isolierung oder Basisisolierung geprüft werden können.
  Anmerkung 2: Eine doppelte Isolierung ist eine Isolierung, die aus Basisisolierung und zusätzlicher Isolierung besteht.

Bei den verschiedenen Möglichkeiten sind zu beachten für:

a) Das Anwenden der verstärkten Isolierung an den nicht isolierten aktiven Teilen ist nur dann zulässig, wenn aus Konstruktionsgründen an Betriebsmitteln der Schutzklasse II eine doppelte Isolierung nicht möglich ist. Das Symbol ⊗ sollte an sichtbarer Stelle an der Umhüllung angebracht werden. Betriebsmittel der Schutzklasse II sind durch den in **Bild 8.4** dargestellten Stift nach DIN IEC 1032 (VDE 0470 Teil 2) auf die Nichtzugänglichkeit von gefährlichen aktiven Teilen zu prüfen.

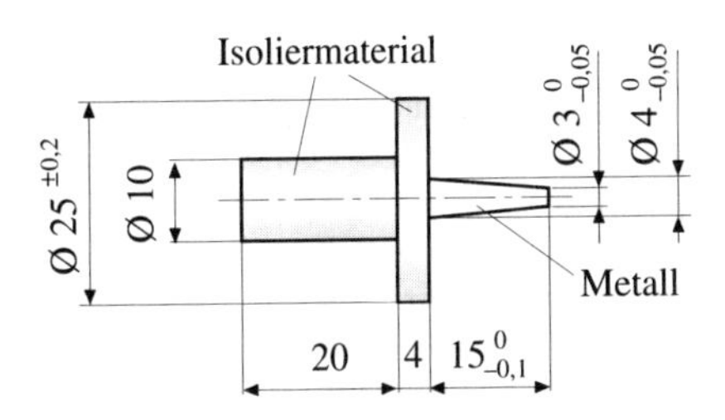

Bild 8.4 Prüfstift nach DIN IEC 1032 (VDE 0470 Teil 2)
(Quelle: DIN VDE 0470 Teil 2:1993-04)

b) Für alle Geräte, die mit dem Symbol ⧈ (Doppelquadrat) gekennzeichnet sind (Fabrikfertige Gerätekombinationen, Verteiler und ähnliche Betriebsmittel), bei denen geerdete Leiter (Schutzleiter, PEN-Leiter, Potentialausgleichsleiter usw.) durchgeschleift werden müssen oder wenn metallene Tragschienen bzw. metallene Grundplatten ggf. anzuschließen sind, gelten folgende Festlegungen:

- In schutzisolierten Schaltgerätekombinationen dürfen geerdete Leiter, wie Schutzleiter, PEN-Leiter, Potentialausgleichsleiter usw., an berührbare Körper oder andere leitfähige Teile, wie Tragkonstruktionen oder Tragschienen, nicht angechlossen werden. Wenn in Einzelfällen ein solcher Leiter angeschlossen werden muß oder soll, so geht die Eigenschaft der Schutzisolierung für dieses Gerät verloren, und das Symbol ⧈ (Doppelquadrat) muß unkenntlich gemacht werden **(Bild 8.5)**.
- Werden die geerdeten Leiter nur durchgeschleift, bleibt die schutzisolierende Eigenschaft der Schaltgerätekombination erhalten, und das Symbol ⧈ (Doppelquadrat) braucht nicht entfernt zu werden. Die Schiene oder das Tragorgan sind aber als geerdet zu kennzeichnen, was durch Anbringung des Erdungszeichens mit dem Symbol ⏚ (DIN 40101-1) durch eine deutlich lesbare Beschriftung »PE« oder durch ein Klebeband in den Farben »grün-gelb« erfolgen kann. Auch das Durchschleifen von Kabeln und Leitungen mit geerdetem Schirm ist zulässig, wenn die Schirme auf isolierten Klemmen geführt werden.
- Bei Kabeln oder Leitungen mit geerdeten Schirmwicklungen braucht das Symbol ⧈ (Doppelquadrat) nicht entfernt zu werden, es ist jedoch ein Hinweis in der Art »Betriebsmittel ist an Schutzleiter angeschlossen« anzubringen.

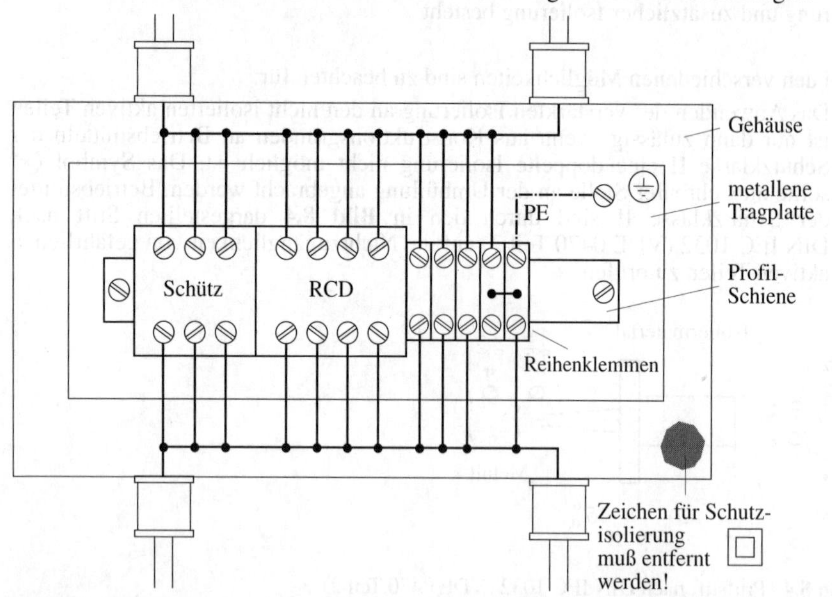

Bild 8.5 Behandlung von Schutzleitern in schutzisolierten Betriebsmitteln

c) Wenn Betriebsmittel, die nur eine Basisisolierung haben, bei der Errichtung einer elektrischen Anlage durch Anbringen einer zusätzlichen Isolierung so ertüchtigt werden sollen, daß sie der Schutzisolierung entsprechen – **»Herstellung der Schutzisolierung vor Ort«** –, dann müssen folgende Anforderungen erfüllt werden:

- Alle leitfähigen Teile, die nur basisisoliert sind, müssen von einer isolierten Umhüllung mindestens der Schutzart IP2X oder IPXXB umschlossen sein. Die Prüfung kann mit dem IEC-Prüffinger nach DIN EN 60529 (VDE 0470 Teil 1), auch Gelenktastfinger genannt, nach **Bild 8.6** durchgeführt werden. Der Prüffinger wird mit einer Kraft von 20 N ±20 % an alle Öffnungen angelegt, wobei keine spannungsführenden Teile und auch keine Teile, die nur eine Basisisolierung haben, berührt werden dürfen. Die Prüfung muß mit einer Spannung von mindestens 40 V, maximal 50 V, durchgeführt werden.
- Die Isolierung muß so ausgelegt sein, daß sie den üblicherweise auftretenden mechanischen, elektrischen und chemischen Beanspruchungen standhält. Farben, Lacke und andere Anstriche genügen in der Regel diesen Anforderungen nicht.
- Wenn Zweifel an der Wirksamkeit der zusätzlichen Isolierung auftreten, ist eine geeignete Spannungsprüfung nach Teil 610 erforderlich.
- Durch die als Schutzisolierung dienende Umhüllung dürfen keine leitfähigen Teile geführt werden, da so die Gefahr von Spannungsverschleppungen nicht auszuschließen ist.
- Hinter Deckeln und Türen, die ohne Werkzeug geöffnet werden können, müssen alle leitfähigen Teile durch eine isolierende Abdeckung der Schutzart IP2X oder IPXXB geschützt sein.

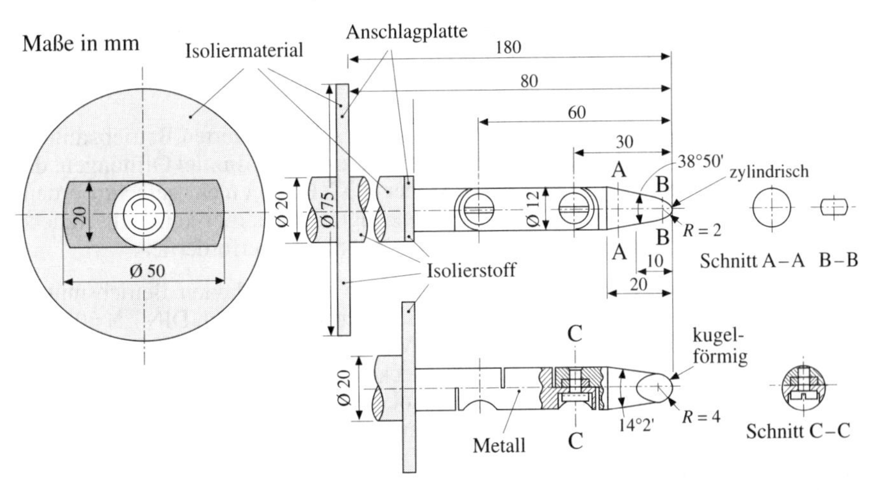

Bild 8.6 IEC-Prüffinger (Gelenktastfinger) nach DIN EN 60529 (VDE 0470 Teil 1) (Quelle: DIN VDE 0470 Teil 1:1992-11)

Beispiele schutzisolierter Betriebsmittel sind:

- isolierende Gehäuse und Abdeckungen,
  z. B. Küchenmaschinen, Kaffeemühlen, Entsafter, Fruchtpressen, Eierkocher, Leuchten usw.;
- vollisolierendes Installationsmaterial,
  z. B. Leitungen NYM, H07RN-F u. dgl., Schalter, Steckdosen, Klemmen, Zählertafeln, Haupt- und Unterverteiler usw.;
- isolierende Umpressung von Kleinmaschinen,
  z. B. Staubsauger;
- Einbau von Isolierzwischenteilen,
  z. B. Bohrmaschine, Küchenmaschine.

Die Beispiele zeigen, daß oft Kombinationen der verschiedenen Isolationsmöglichkeiten notwendig werden, um den entsprechenden Schutz zu erreichen.

Bei der Konstruktion schutzisolierter Betriebsmittel ist besonders darauf zu achten, daß sie weder direkt (Schutzleiterklemme) noch indirekt (Konstruktionsteil) die Möglichkeit bieten, einen Schutzleiter anzuschließen. Der Anschluß muß so gestaltet sein, daß durch zufällig gelöste Anschlüsse keine berührbaren Metallteile unter Spannung gesetzt werden können. Die Geräte (hauptsächlich leichte Handgeräte) werden vom Hersteller mit zweiadrigen (Wechselstrom) oder dreiadrigen (Drehstrom) Anschlußleitungen ohne Schutzleiter ausgerüstet und auch mit Steckern versehen, bei denen der Schutzleiterkontakt fehlt (Konturenstecker) oder nicht angeschlossen wird. Bei einer Reparatur ist jedoch nichts einzuwenden, wenn in der Leitung ein Schutzleiter mitgeführt wird und z. B. ein Wechselstromgerät mit einer dreiadrigen Anschlußleitung und einem Schutzkontaktstecker versehen wird. Der Schutzleiter wird im Stecker am Schutzkontakt angeschlossen (die Leitung wird geschützt), darf aber in keinem Fall auch am Gerät angeschlossen werden. Der Schutzleiter ist im Gerät möglichst kurz abzuschneiden und gegebenenfalls zu isolieren.

Bei Schraubsicherungen und Lampenfassungen in schutzisolierten Betriebsmitteln entstehen während der Zeit der Auswechslung dieser Betriebsmittel Öffnungen, die den Anforderungen an die Schutzart IP2X oder IPXXB nicht mehr gerecht werden. Die Erfahrungen der Praxis haben jedoch gezeigt, daß hierbei keine zusätzliche Gefährdung auftritt, es sind keine besonderen Maßnahmen erforderlich.

Bei Steckdosen ohne eingesteckten Stecker, die in schutzisolierten Betriebsmitteln verwendet werden, ist die geforderte Mindestschutzart IP3XD nach DIN EN 60439-1 (VDE 0660 Teil 500) bzw. IP3X nach DIN VDE 0603-1 (VDE 0603 Teil 1) ebenfalls nicht erfüllt. Hier müssen deshalb Steckdosen mit Klappdeckel eingesetzt werden. Solche Gehäuse sind als schutzisolierte Betriebsmittel anzusehen, das Sybol ⧈ (Doppelquadrat) braucht nicht entfernt zu werden.

In den Gerätebestimmungen ist für schutzisolierte Geräte eine Prüfspannung vorgeschrieben. Bei 230 V Nennspannung liegt die Prüfspannung je nach Geräteart zwischen 2000 V und 4000 V.

Die Schutzisolierung ist eine ausgezeichnete Schutzmaßnahme, wenn gewährleistet ist, daß die Isolationsfähigkeit durch Feuchtigkeit, hohe Temperaturen, rauhen Betrieb nicht beeinträchtigt wird. Es ist grundsätzlich zu empfehlen, schutzsisolierte Betriebsmittel zu verwenden, obgleich der VDE der Schutzisolierung keine Vorrangstellung einräumt.

8.2 Schutz durch nichtleitende Räume – Teil 410 Abschnitt 413.3

Ein gleichzeitiges Berühren von Teilen, die aufgrund des Versagens der Basisisolierung unterschiedliches Potential haben können, muß ausgeschlossen werden.
Die Betriebsmittel müssen so angeordnet werden, daß es unter normalen Bedingungen unmöglich ist, daß Personen gleichzeitig

- zwei Körper oder
- einen Körper und ein fremdes leitfähiges Teil

berühren können.

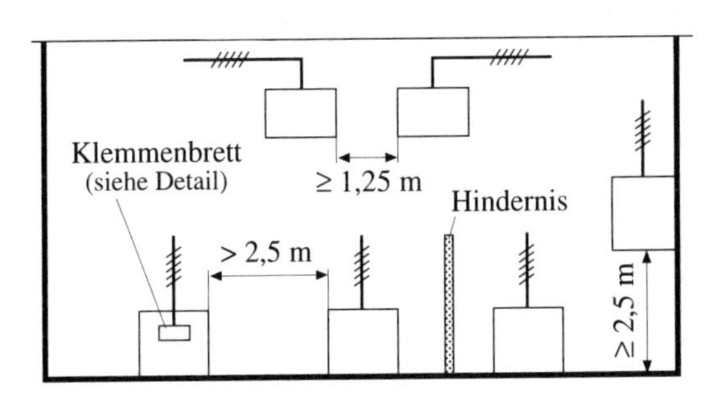

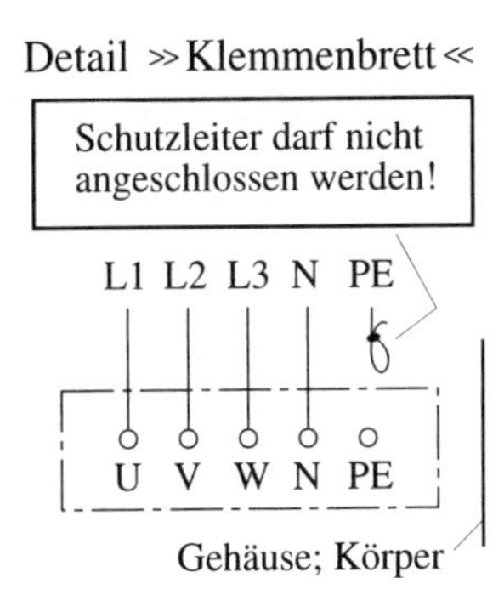

Bild 8.7 Schutz durch nichtleitende Räume

Diese Forderungen können erfüllt werden, wenn **(Bild 8.7)**:

- zwischen den einzelnen Körpern untereinander und zwischen den Körpern und fremden leitfähigen Teilen ein Abstand von mindestens 2,5 m eingehalten ist (außerhalb des Handbereichs genügen 1,25 m);
- zwischen den Körpern oder zwischen Körper und fremdem leitfähigen Teil Hindernisse angebracht sind (Hindernisse sollen aus Isolierstoff bestehen; sind sie aus Metall, so dürfen sie nicht geerdet werden);
- fremde leitfähige Teile isoliert werden, wobei eine ausreichende mechanische Festigkeit der Isolierung vorausgesetzt wird. Die Prüfspannung muß mindestens 2000 V betragen; und der Ableitsstrom darf bei normalen Betriebsbedingungen 1 mA nicht überschreiten;

- die Verwendung von ortsveränderlichen Geräten in der Regel ausgeschlossen ist (sofern ortsveränderliche Betriebsmittel verwendet werden sollen, müssen die gesamten Bedingungen sinngemäß eingehalten werden);
- der Widerstand der isolierenden Fußböden und Wände nicht kleiner ist als:
  - 50 kΩ bei $U_n \leq 500$ V Nennspannung der Anlage,
  - 100 kΩ bei $U_n > 500$ V Nennspannung der Anlage.

  (Die Messung des Widerstands kann nach Abschnitt 13.2 erfolgen.)

Es ist selbstverständlich, daß die getroffenen Maßnahmen dauerhaft sein müssen und nicht unwirksam gemacht werden können. Zu beachten ist auch, daß sowohl aus dem nichtleitenden Raum als auch in den Raum keine Spannungen verschleppt werden.

Die Schutzmaßnahme »Schutz durch nichtleitende Räume« ist normalerweise nicht unproblematisch in der Anwendung. Sie sollte nur dort angewandt werden, wo keine andere Schutzmaßnahme möglich oder wirtschaftlich sinnvoll ist. Sie ist immer als Notbehelf zu sehen.

8.3 Schutz durch erdfreien, örtlichen Potentialausgleich – Teil 410 Abschnitt 413.4

Das Auftreten einer gefährlichen Berührungsspannung wird durch den erdfreien, örtlichen Potentialausgleich verhindert.

Alle gleichzeitig berührbaren Körper und fremde leitfähige Teile müssen durch einen Potentialausgleichsleiter miteinander verbunden werden. Das Potentialausgleichssystem muß neutral (erdfrei) bleiben **(Bild 8.8)**.

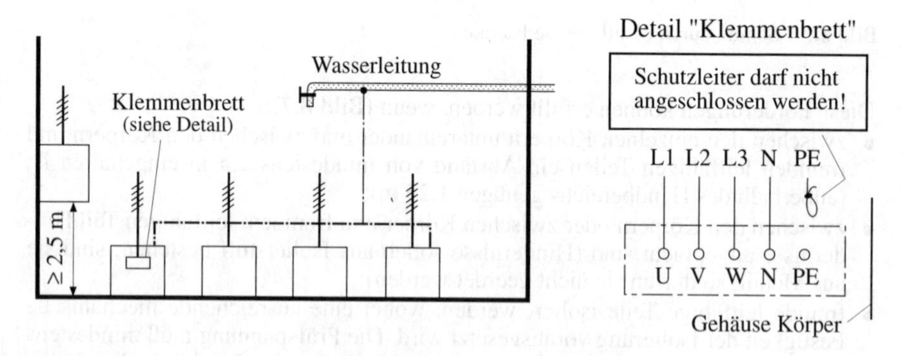

Bild 8.8 Erdfreier, örtlicher Potentialausgleich

Hinsichtlich des Querschnittes ist festzustellen, daß nach Teil 540 Abschnitt 9.2 »In Beratung« keine Festlegungen bestehen. Es ist aber sicher nicht falsch, wenn als Grundlage für den Potentialausgleichsleiter eines erdfreien, örtlichen Potentialausgleichsleiters die Festlegungen des Hauptpotentialausgleiches herangezogen werden. Somit wären folgende Querschnitte zu wählen:

- halber PE-Querschnitt, der für den querschnittstärksten Schutzleiter zu fordern wäre;
- wobei als Mindestquerschnitt bei
  - getrennter, geschützter Verlegung 2,5 mm^2 Cu oder 4 mm^2 Al,
  - getrennter, ungeschützter Verlegung 4 mm^2 Cu und
  - gemeinsamer Verlegung 0,5 mm^2 Cu bei isolierten Starkstromleitungen ausreichen. (Vergleiche auch Tabelle 10.9.)

Die Schutzmaßnahme »Schutz durch erdfreien, örtlichen Potentialausgleich« ist nicht unproblematisch in der Anwendung. Sie sollte deshalb auf Sonderfälle beschränkt werden.

8.4 Schutz durch Schutztrennung – Teil 410 Abschnitt 413.5

Schutztrennung ist eine Schutzmaßnahme, bei der die Betriebsmittel vom speisenden Netz galvanisch sicher getrennt und nicht geerdet sind. Die Spannung eines Stromkreises mit Schutztrennung darf 500 V nicht überschreiten.

Die Schutztrennung trennt den Verbraucher durch einen Trenntransformator oder Motorgenerator vom speisenden Netz. Dabei soll verhindert werden, daß im Sekundärkreis Berührungsspannungen entstehen, die entweder vom Primärnetz übertreten oder im Sekundärnetz erzeugt werden. Die wichtigsten Forderungen sind deshalb

a) im Sekundärnetz darf kein Erdschluß auftreten,

b) aus dem Primärnetz darf keine Spannung übertragen werden.

Das Prinzip ist in **Bild 8.9** dargestellt.

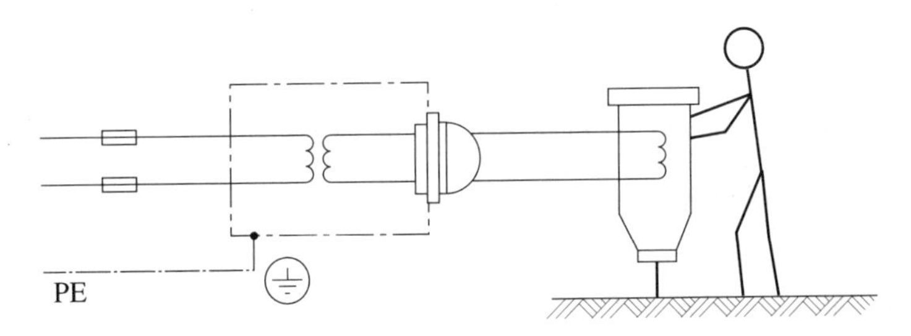

Bild 8.9 Schutztrennung, Prinzip

Als Stromquellen können verwendet werden **(Bild 8.10):**

- Trenntransformatoren nach DIN VDE 0550 bzw. DIN EN 60742 (VDE 0551),
- Motorgeneratoren nach der Normenreihe DIN VDE 0530,
- Generatoren mit anderem (nicht elektrischem) Antrieb nach der Normenreihe DIN VDE 0530,
- andere Stromquellen, die eine gleichwertige Sicherheit bieten.

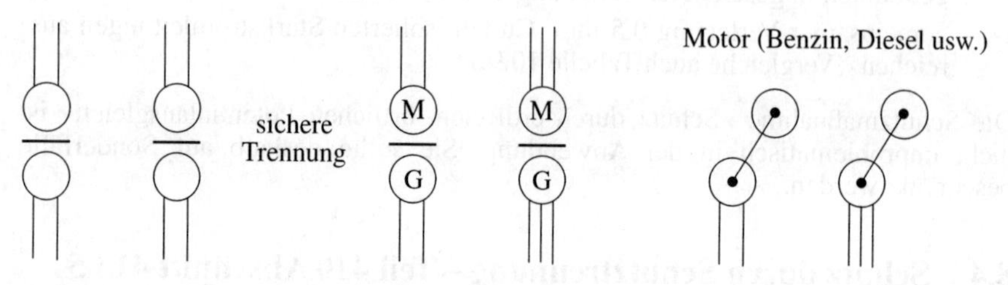

Bild 8.10 Stromquellen für Schutztrennung

Ortsveränderliche Stromquellen müssen schutzisoliert sein. Ortsfeste Stromquellen müssen entweder schutzisoliert sein oder so isoliert werden, daß sie die gleiche Sicherheit bieten wie schutzisolierte Geräte (siehe auch Abschnitt 8.1) **(Bild 8.11).**

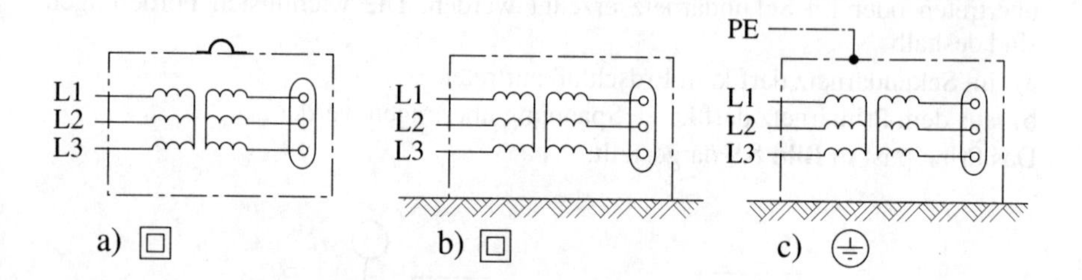

Bild 8.11 Anschluß von Trenntransformatoren (Beispiele für Drehstrom)
a transportabler Trenntransformator – muß schutzisoliert sein,
b und c ortsfester Trenntransformator – muß entweder schutzisoliert sein (b) oder anderweitig geschützt werden (c)

Leitungen und Geräte sind so zu wählen, daß ein Erdschluß unbedingt verhindert wird. Auch eine betriebsmäßige Erdung von Körpern und von aktiven Teilen der Stromkreise ist nicht zulässig. Um eine überschaubare Anlage zu bekommen, darf die gesamte Leitungslänge 500 m nicht überschreiten. Außerdem ist folgende Bedingung zusätzlich zu beachten:

$$\text{Leitungslänge in m} \leq \frac{100\,000}{U_\text{n}}. \tag{8.1}$$

Damit beträgt die maximal zulässige Leitungslänge:

- bei $U_\text{n} = 230$ V nur 435 m,
- bei $U_\text{n} = 400$ V nur 250 m,
- bei $U_\text{n} = 500$ V nur 200 m.

Um die Gefahr von Erdschlüssen herabzusetzen, sind nur Gummischlauchleitungen vom Typ H07RN-F bzw. A07RN-F oder gleichwertige Ausführungen zulässig.

Zu unterscheiden sind Anlagen, die durch Schutztrennung geschützt sind und betrieben werden mit:

- nur einem Verbrauchsmittel (Gerät),
- mehreren Verbrauchsmitteln (Geräten).

8.4.1 Schutztrennung mit nur einem Verbrauchsmittel

Soll an einer Stromquelle nur ein Verbrauchsmittel betrieben werden, so muß an der Stromquelle eine Steckdose vorhanden sein, die entweder keinen Schutzkontakt besitzt oder deren Schutzkontakt nicht angeschlossen ist **(Bild 8.12)**.

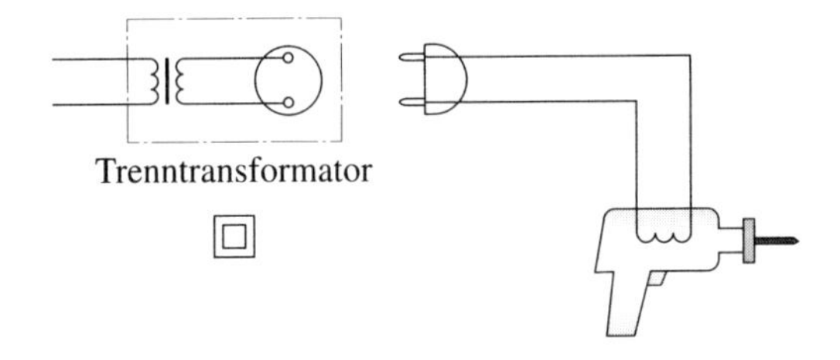

Bild 8.12 Schutztrennung mit nur einem Verbrauchsmittel

Die Schutztrennung mit nur einem Verbrauchsmittel ist eine Schutzmaßnahme, die einen hohen Schutzwert bietet. Vor allem bei schwierigen Verhältnissen, wie sie in leitfähigen Bereichen mit begrenzter Bewegungsfreiheit nach Teil 706 (Kesseln und Schiffsbau) vorliegen.

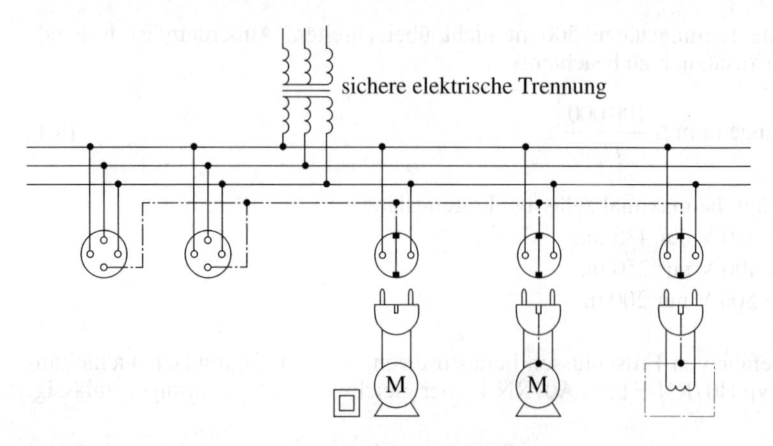

Bild 8.13 Schutztrennung mit mehreren Verbrauchsmitteln

8.4.2 Schutztrennung mit mehreren Verbrauchsmitteln

Werden hinter einer Stromquelle mehrere Verbrauchsmittel (Geräte) betrieben, so sind diese durch einen erdfreien, örtlichen Potentialausgleich untereinander zu verbinden **(Bild 8.13).** Der Potentialausgleichsleiter darf nicht absichtlich geerdet und auch nicht mit dem Schutzleiter oder anderen Teilen des Primärnetzes verbunden werden. Der Potentialausgleichsleiter muß deshalb isoliert und in der beweglichen Anschlußleitung enthalten sein. Schutzisolierte Verbrauchsmittel können trotzdem verwendet werden; sie werden in den Potentialausgleich nicht einbezogen.

Bei einem Doppelkörperschluß in verschiedenen Außenleitern – oder auch in einem Außenleiter zum Neutralleiter – muß die vorgeschaltete Schutzeinrichtung innerhalb 0,2 s bei Verbrauchsmitteln (Geräten) auslösen, die während des Betriebs in der Hand gehalten und mit $U_n \leq 230$ V betrieben werden. Bei $U_n > 230$ V… ≤ 400 V sind 0,2 s und bei $U_n > 400$ V sind 0,1 s als Abschaltzeit gefordert.

Beispiel:

Für nachfolgend dargestellten Versorgungsfall nach **Bild 8.14** soll überprüft werden, ob im Doppelfehlerfall die Abschaltung in ausreichend kurzer Zeit erfolgt.

Es gilt die Impedanz (in diesem Fall der ohmsche Widerstand) im ungünstigsten Fehlerfall zu ermitteln. Hierzu wird angenommen, daß im Gerät 1 ein Körperschluß von L 3 und im Gerät 2 ein Körperschluß von L 2 vorliegt. Die Impedanz des Transformators und die der Leitungen bis zu den Steckdosen werden vernachlässigt.

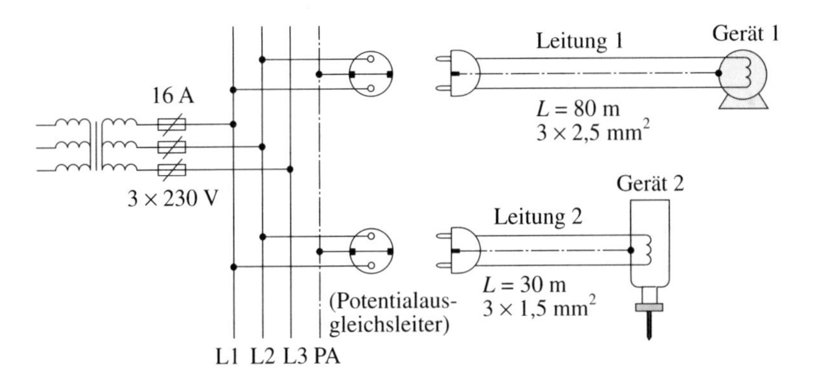

Bild 8.14 Beispiel; Schutztrennung mit mehreren Geräten

Widerstände der Anschlußleitungen zu den Geräten **(Bild 8.15)**

Leitung 1:

$$R_{\text{A}} = R_{\text{PA}} = \frac{l}{\kappa \cdot S} = \frac{80 \text{ m}}{56 \text{ m/}\left(\Omega \cdot 2{,}5 \text{ mm}^2\right) \cdot 2{,}5 \text{ mm}^2} = 0{,}571\ \Omega$$

Leitung 2:

$$R_{\text{A}} = R_{\text{PA}} = \frac{l}{\kappa \cdot S} = \frac{30 \text{ m}}{56 \text{ m/}\left(\Omega \cdot 2{,}5 \text{ mm}^2\right) \cdot 1{,}5 \text{ mm}^2} = 0{,}357\ \Omega$$

$$R_{\text{ges}} = 2 \cdot 0{,}571\ \Omega + 2 \cdot 0{,}357\ \Omega = 1{,}856\ \Omega$$

Dieser Wert gilt bei 20 °C und muß auf 80 °C Leitertemperatur umgerechnet werden, so daß:

$$R_{\text{ges 80}} = 1{,}24 \cdot 1{,}856\ \Omega = 2{,}3\ \Omega.$$

Kurzschlußstrom:

$$I_{\text{k}} = \frac{U}{R} = \frac{230 \text{ V}}{2{,}3\ \Omega} = 100 \text{ A}.$$

Die Abschaltzeit beträgt im ungünstigsten Fall bei einer 16-A-Schmelzsicherung 1,0 s. Diese Zeit reicht nicht aus. Bei Verwendung von Sicherungen mit 10 A Nennstrom liegt die Abschaltzeit bei 0,2 s, was bei $U_{\text{n}} = 230$ V ausreichend ist.

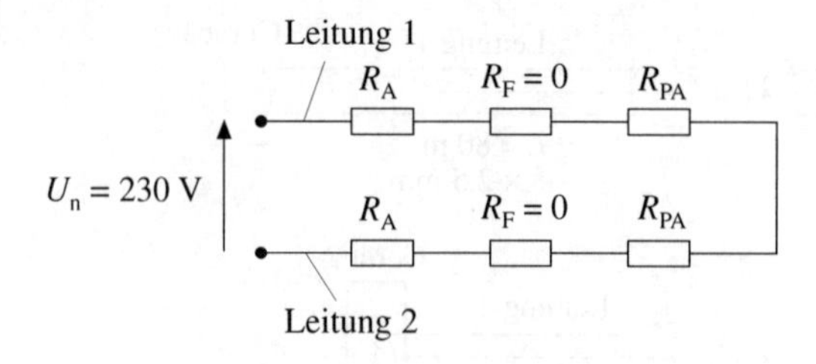

Bild 8.15 Ersatzschaltbild

Die benutzten Steckvorrichtungen müssen einen Schutzkontakt haben. Zu verwenden sind Schutzkontaktsteckdosen, Perilexsteckvorrichtungen oder Steckvorrichtungen für industrielle Anwendung nach DIN EN 60309-2 (VDE 0623 Teil 20) (siehe Abschnitt 16.3).

In leitfähigen Bereichen mit begrenzter Bewegungsfreiheit ist die Schutztrennung mit mehreren Geräten nicht zulässig.

Die Schutztrennung mit mehreren Verbrauchsmitteln ist eine Schutzmaßnahme, die einen hohen Schutzwert bietet, vorausgesetzt, der Potentialausgleich wird gewissenhaft und sorgfältig ausgeführt. Vor allem zur Stromversorgung von Verbrauchern bei Unfällen, Brand- und Katastrophenfällen ist ein optimaler Schutz zu erreichen.

8.5 Literatur zu Kapitel 8

[1] Wierny, R.; Spindler, U.: Schutzisolierung: Die Schutzmaßnahme zur Verhinderung des Auftretens jeder Berührungsspannung. Der Elektriker 20 (1981) H. 11, S. 328 bis 333

9 Schutzmaßnahmen in Sonderfällen

9.1 Allgemeines

Die Anwendung eines der eingeräumten Sonderfälle mit FU-Schutzeinrichtungen für Schutzmaßnahmen bei indirektem Berühren sollte immer sehr kritisch geprüft werden. Häufigste Fehlerursachen sind das zufällige Überbrücken der Spannungsspule und die Unterbrechung der Leitung zum Hilfserder. FU-Schutzeinrichtungen (siehe Abschnitt 16.6) werden in der Praxis kaum mehr verwendet, und eine weitere, darüber hinausgehende Anwendung ist auch nicht erforderlich. Es ist also – vor Einsatz einer FU-Schutzeinrichtung – zu prüfen, ob nicht eine andere Schutzmaßnahme anwendbar ist.

9.2 FU-Schutzeinrichtungen im TN-System

Im TN-System ist die alleinige Verwendung einer FU-Schutzeinrichtung nicht zulässig. Das schließt aber nicht aus, daß durch die zusätzliche Anwendung einer FU-Schutzeinrichtung die Spannung am PEN-Leiter bzw. an den Körpern gegen das neutrale Erdreich überwacht werden kann. Einzubauen ist die FU-Schutzeinrichtung so, daß sie die Spannung zwischen dem zu schützenden PEN-Leiter (Körper) und dem Hilfserder, der im neutralen Erdreich eingebracht ist, ständig überwacht **(Bild 9.1).**

Der Widerstand des Hilfserders sollte zwischen 1000 Ω und 10000 Ω liegen. Je nach Erdungswiderstand löst die FU-Schutzeinrichtung bei 48 V bis 52 V zwischen

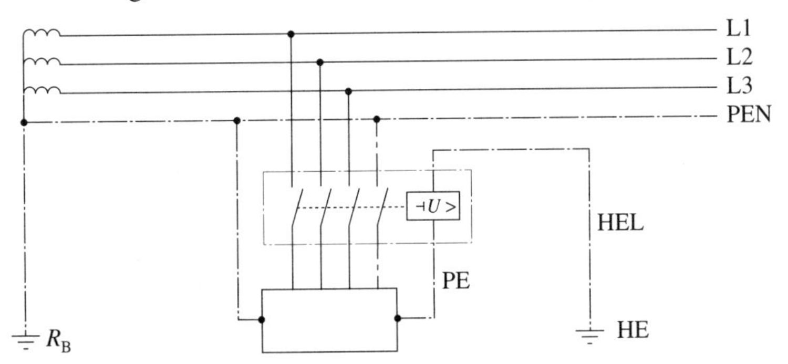

Bild 9.1 FU-Schutzeinrichtungen im TN-System
HEL Hilfserdungsleiter
HE Hilfserder

PEN-Leiter und neutralem Erdreich aus. Die Abschaltbedingungen, die für das TN-Netz gefordert sind, müssen davon unabhängig durch Überstromschutzeinrichtungen oder RCDs sichergestellt sein.

9.3 FU-Schutzeinrichtungen im TT-System

Im TT-System ist die alleinige Verwendung von FU-Schutzeinrichtungen in Sonderfällen zulässig. Ein solcher Sonderfall könnte vorliegen, wenn eine RCD nicht anwendbar ist (Gleichströme, Gleichstromanteile, Anwendung anderer Frequenzen usw.) oder wenn bei Verwendung von Überstromschutzeinrichtungen die Abschaltzeiten nicht eingehalten werden können. Einzubauen ist die FU-Schutzeinrichtung so, daß die Spannung zwischen dem zu schützenden Körper oder einer Gruppe von Körpern, die miteinander durch den Schutzleiter verbunden sind, und dem Hilfserder, der im neutralen Erdreich eingebracht ist, ständig überwacht wird **(Bild 9.2)**.

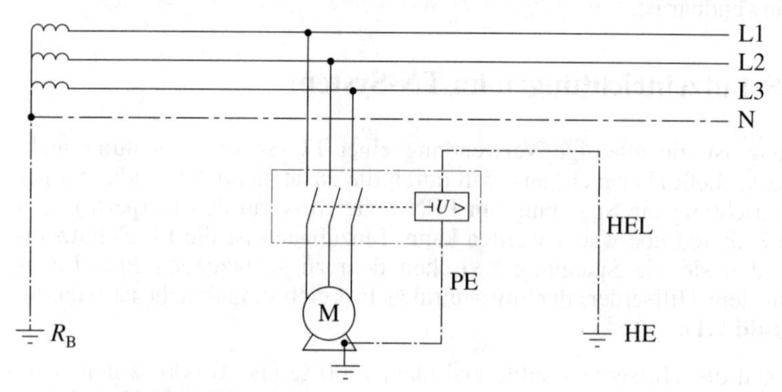

Bild 9.2 FU-Schutzeinrichtungen im TT-System
HEL Hilfserdungsleiter
HE Hilfserder

Die zu schützenden Körper sind einzeln oder gruppenweise – durch Schutzleiter miteinander verbunden – zu erden. Dabei sind Körper, die durch eine Schutzeinrichtung geschützt sind, an einen gemeinsamen Erder anzuschließen. Gleichzeitig berührbare Körper müssen an denselben Erder angeschlossen werden. Der Widerstand des Hilfserders soll 200 Ω nicht überschreiten; bei schlechten Bodenverhältnissen können auch noch 500 Ω zugelassen werden. Der Hilfserder ist so einzubringen, daß er von keinem anderen Erder beeinflußt wird. Beim Auftreten einer zu hohen Berührungsspannung schaltet die FU-Schalteinrichtung innerhalb 0,2 s allpolig ab. Ein evtl. vorhandener Neutralleiter muß ebenfalls abgeschaltet werden, da sonst durch den Neutralleiter eine Spannung in die Anlage verschleppt werden könnte. Die Abschaltung erfolgt je nach Widerstand des Hilfserders z. B. bei 200 Ω und etwa 24 V (siehe Abschnitt 16.6, Bild 16.44).

Da die Anwendung von FU-Schutzeinrichtungen im TT-System – besonders durch die möglicherweise zufällige Überbrückung der Spannungsspule der FU-Schutzeinrichtung – problematisch ist, sollte zunächst geprüft werden, ob nicht eine andere Schutzmaßnahme, z. B. »Zusätzlicher Potentialausgleich«, angewandt werden kann.

9.4 FU-Schutzeinrichtungen im IT-System

Im IT-System ist die alleinige Verwendung von FU-Schutzeinrichtungen auch in Sonderfällen nicht zulässig. Praktische Anwendungsfälle, die die Verwendung von FU-Schutzeinrichtungen im IT-System erforderlich machen würden, wird es kaum geben. **Bild 9.3** zeigt die Schaltung von FU-Schutzeinrichtungen im IT-System.

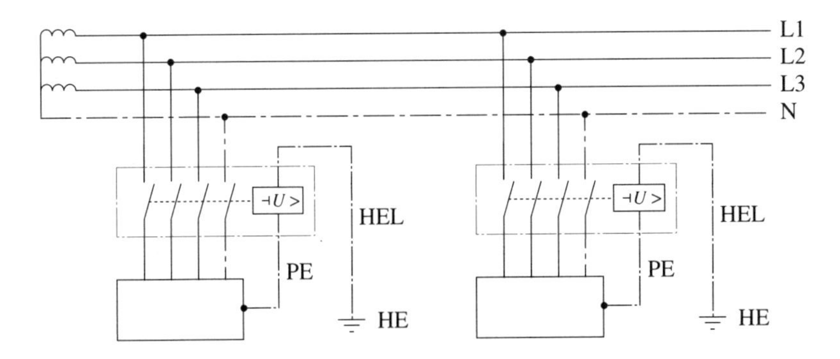

Bild 9.3 FU-Schutzeinrichtungen im IT-System
HEL Hilfserdungsleiter
HE Hilfserder

10 Erdungen, Schutzleiter und Potentialausgleichsleiter – Teil 540

DIN VDE 0100 Teil 540 besitzt für Festlegungen im Bereich Erdungen, Schutzleiter und Potentialausgleichsleiter »Pilotfunktion«; damit gilt sie als Grundnorm, in der die grundlegenden Sicherheitsaspekte, die für alle anderen Normen als Grundlage dienen, festgelegt sind.

Neben DIN VDE 0100 Teil 540 »Erdung, Schutzleiter und Potentialausgleichsleiter« sollte auch DIN VDE 0141 »Erdungen in Wechselstromanlagen für Nennspannungen über 1 kV« beachtet werden.

10.1 Erdungen

Erden ist das Verbinden eines Punktes des Betriebsstromkreises oder eines Körpers mit Erde. Die Gesamtheit aller Mittel und Maßnahmen zum Erden ist dann die *Erdung.* Zu unterscheiden sind *Betriebserdung* (Erdungen, die aus betrieblichen Gründen notwendig sind) und *Schutzerdungen* (Erdungen, die zu Schutzzwecken errichtet werden). Es ist dabei zulässig und üblich, daß ein Erder diese beiden Funktionen gleichzeitig übernimmt. Eine Erdung wird als *offen* bezeichnet, wenn Schutzfunkenstrecken oder Überspannungsableiter eingebaut sind **(Bild 10.1).**

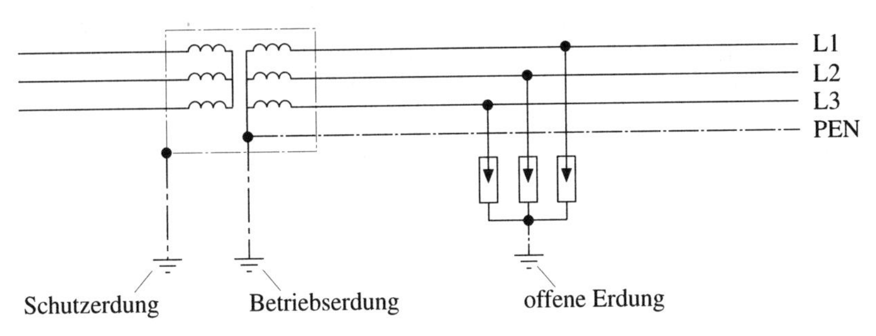

Bild 10.1 Erdungen

10.2 Betriebserdung, Schutzerdung, offene Erdung

Wird ein Punkt des Betriebsstromkreises geerdet, handelt es sich um eine *Betriebserdung.* Wird ein Körper geerdet, dann ist es eine *Schutzerdung.*

Eine Betriebserdung, das ist also die Erdung eines PEN-Leiters oder eines anderen Teils eines Betriebsstromkreises (Leitungsnetzes), kann mittelbar oder unmittelbar sein. Eine *Erdung* ist:

- *unmittelbar,*
  wenn keine weiteren Widerstände zwischen zu erdendem Punkt und Erder vorhanden sind;
- *mittelbar,*
  wenn der Fehlerstrom über das Erdreich durch ohmsche, induktive oder kapazitive Widerstände begrenzt werden soll.

Eine mittelbare Betriebserdung im Niederspannungsbereich liegt bei der Anwendung des IT-Systems **(Bild 10.2)** vor, wenn z. B. der Sternpunkt des Transformators über eine Impedanz hochohmig geerdet ist.

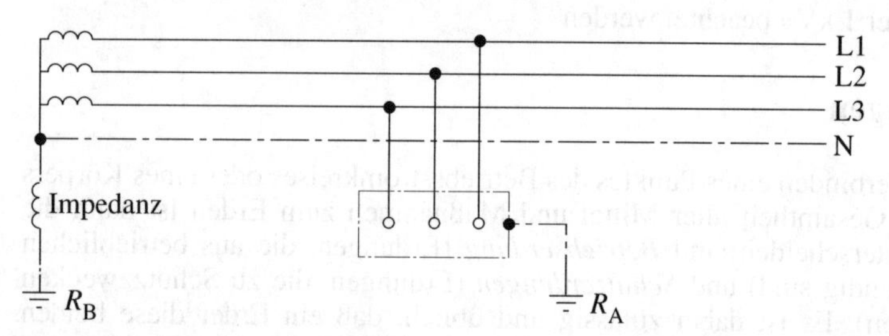

Bild 10.2 Mittelbare Erdung R_B und unmittelbare Erdung R_A (IT-System)

Diese Verbindung zur Erde erhält vor allem dann Gewicht, wenn im IT-System ständige Messungen gegen Erde zur Meldung oder Abschaltung vorgenommen werden, wie das beim Einsatz von Isolationsüberwachungseinrichtungen der Fall ist.

Eine Schutzerdung ist die Erdung eines nicht zum Betriebsstromkreis gehörenden leitfähigen Teils zum Schutz von Personen gegen zu hohe Berührungsspannungen.

Ein Schutzerder – das ist die Verbindung eines Punktes, der nicht zum Betriebsstromkreis gehört, mit dem Erdreich – dient hauptsächlich dem Schutz gegen das Auftreten zu hoher Berührungsspannungen.

Eine Sonderform der Erdung ist die offene Erdung. Der zu erdende Punkt wird dabei nicht unmittelbar oder mittelbar mit dem Erdreich verbunden. Dabei stehen sich zwei Elektroden in einem fest definierten Abstand gegenüber. Beim Anlegen einer bestimmten Spannung (Überspannung) schlägt die Funkenstrecke durch. Offene Erdungen können Trennfunkenstrecken, Überspannungsableiter oder Ventilableiter sein (siehe auch DIN VDE 0675).

10.3 Ausbreitungswiderstand und Potentialverlauf

Der Ausbreitungswiderstand eines Erders ist der Widerstand der Erde zwischen dem Erder und der Bezugserde, also dem dazwischen liegenden Erdkörper.

Wenn der Strom in das Erdreich eintritt, steht ihm anfänglich ein kleiner Querschnitt zur Verfügung. Der Querschnitt wird ständig größer, bis nach etwa 20 m der Querschnitt so groß ist, daß kein merklicher Widerstand mehr vorhanden ist. Der Widerstand des Erdreichs beträgt dann etwa 50 mΩ/km und braucht bei Niederspannungsanlagen im allgemeinen nicht berücksichtigt zu werden. (50 mΩ/km entsprechen dem Widerstand eines Leiters mit einem Querschnitt von etwa 350 mm² Cu.). Der Potentialverlauf eines Erders wird von seiner Form, dem Erdreich und dem spezifischen Erdwiderstand bestimmt **(Bild 10.3).**

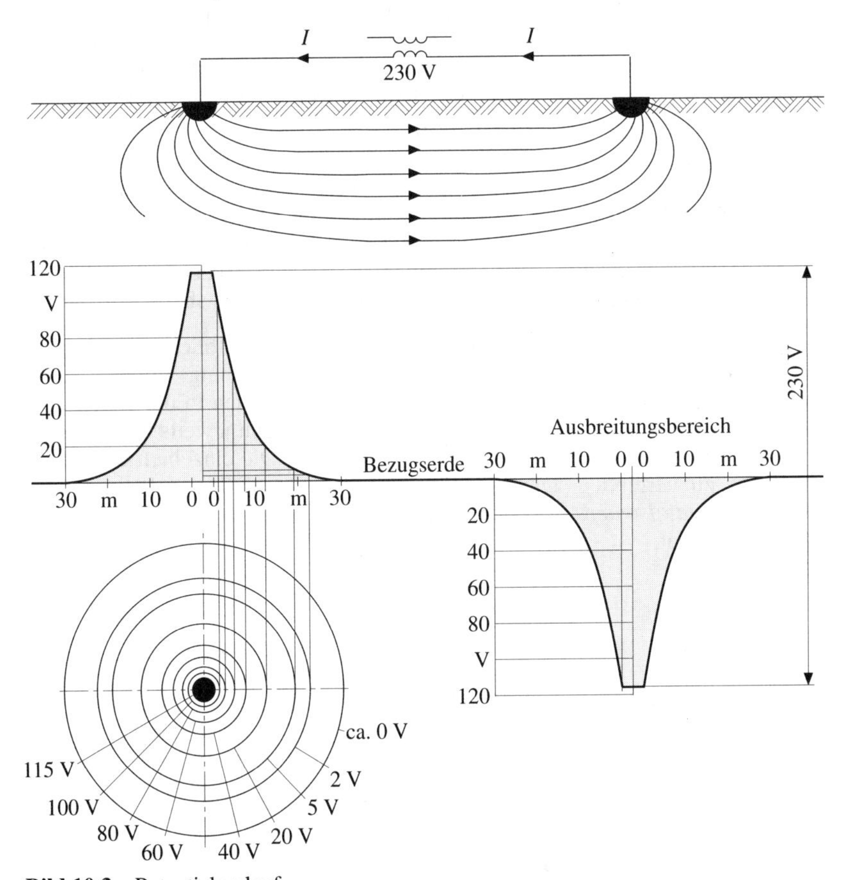

Bild 10.3 Potentialverlauf

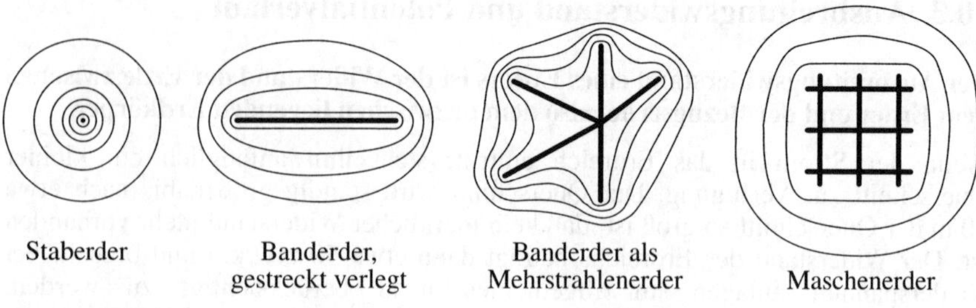

Bild 10.4 Potentialverlauf von Erdern

Der in Bild 10.3 gezeigte Potentialverlauf ergibt sich so natürlich nur, wenn homogenes Erdreich vorliegt und wenn von halbkugelförmigen Erdern mit gleichen Abmessungen ausgegangen wird. Die Bezugserde (neutrales Erdreich) liegt dann vor, wenn der Spannungsunterschied zwischen zwei benachbarten Punkten an der Erdoberfläche als unmerklich anzusehen ist.

Bei einem Tiefenerder ergeben sich für die Potentiallinien in der Regel konzentrische Kreise. Bei Banderdern ergeben sich die Potentiallinien in der Art, wie sie **Bild 10.4** zeigt. Während sich die Potentiallinien anfangs der geometrischen Form des Erders anpassen, gehen sie, je größer der Abstand vom Erder wird, allmählich in konzentrische Kreise über. Der Durchmesser der sich ergebenden äußersten Potentiallinie hängt von der räumlichen Ausdehnung des Erders ab.

Der Potentialverlauf von Erdern kann beeinflußt werden. Üblich ist dabei die Verlegung von ringförmigen Erdern (Stationserdung, Masterdung) in der Art, daß die außen liegenden Ringe tiefer gelegt werden. Dabei werden in der Regel zwei bis drei Ringe eingebracht. Die horizontalen Abstände liegen jeweils bei 0,6 m bis 1 m, die vertikalen Abstände liegen bei 0,4 m bis 0,5 m. Die einzelnen Ringe sind untereinander zu verbinden. Die Beeinflussung des Potentialverlaufes auf diese Weise wird *Potentialsteuerung* genannt **(Bild 10.5).** Erder dieser Art werden auch *Steuererder* genannt.

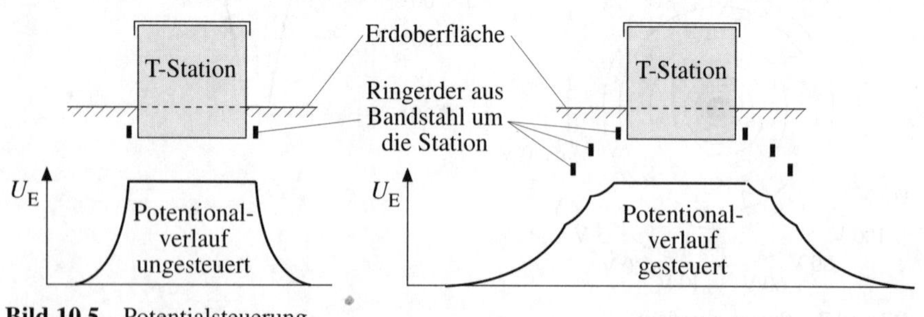

Bild 10.5 Potentialsteuerung

10.4 Spezifischer Erdwiderstand

Definiert ist der *spezifische Erdwiderstand* als Erdwürfel von 1 m^3 von jeweils 1 m Kantenlänge; der Widerstand ist dabei zwischen zwei gegenüberliegenden Flächen zu messen. Diese Definition kann nur als Denkmodell dienen. In der Praxis wird der spezifische Erwiderstand durch Messung mit einem Teststab bestimmt (siehe Abschnitt 10.7).

Der spezifische Widerstand des Erdbodens wird nicht wie der von Metallen in $\Omega mm^2/m$, sondern in der Dimension $\Omega m^2/m = \Omega m$ angegeben. Der spezifische Erdwiderstand wird mit ρ_E bezeichnet.

In **Tabelle 10.1** sind für verschiedene Bodenarten einige Werte aus der Praxis und aus DIN VDE 0141 Tabelle 1 dargestellt.

Tabelle 10.1 Spezifische Erdwiderstände ρ_E

Bodenart	Werte aus VDE in Ω m	Werte aus der Praxis in Ω m
Moor, Sumpf	5 bis 40	5 bis 60
Lehm, Ton, Humus	20 bis 200	20 bis 300
Sand	200 bis 2500	20 bis 2000
Kies	2000 bis 3000	200 bis 2000
Verwittertes Gestein	< 1000	600 bis 1200
Granit	2000 bis 3000	1000 bis 8000
Beton 1/3 (Zement/Sand)		150
Beton 1/5		400
Beton 1/7		500
Zement		50
Quellwasser, sehr sauber		≈ 1000
Regenwasser		≈ 1000
Bachwasser		≈ 100
Leitungswasser		≈ 100
Schmutzwasser		≈ 10
Salzwasser		≈ 0,3

Der spezifische Erdwiderstand ρ_E ist im wesentlichen von der Feuchtigkeit des Erdbodens (Niederschlagsmenge) und von der jahreszeitlich schwankenden Temperatur abhängig. Den Zusammenhang zwischen der Feuchtigkeit des Erdbodens und dem spezifischen Erdwiderstand zeigt **Bild 10.6.** Die Feuchtigkeit der Böden liegt normalerweise zwischen 10 % und 30 % (Moorboden ausgenommen), wobei die oberen Bodenschichten durch die Niederschläge beeinflußt werden. Dabei sind die Wasser-Aufnahmefähigkeit und die Wasser-Durchlässigkeit des Erdbodens von Bedeutung. Tiefere Bodenschichten werden dagegen durch Niederschläge kaum beeinflußt. Hier macht sich eher der Grundwasserspiegel – der auch jahreszeitlich schwanken kann – bemerkbar.

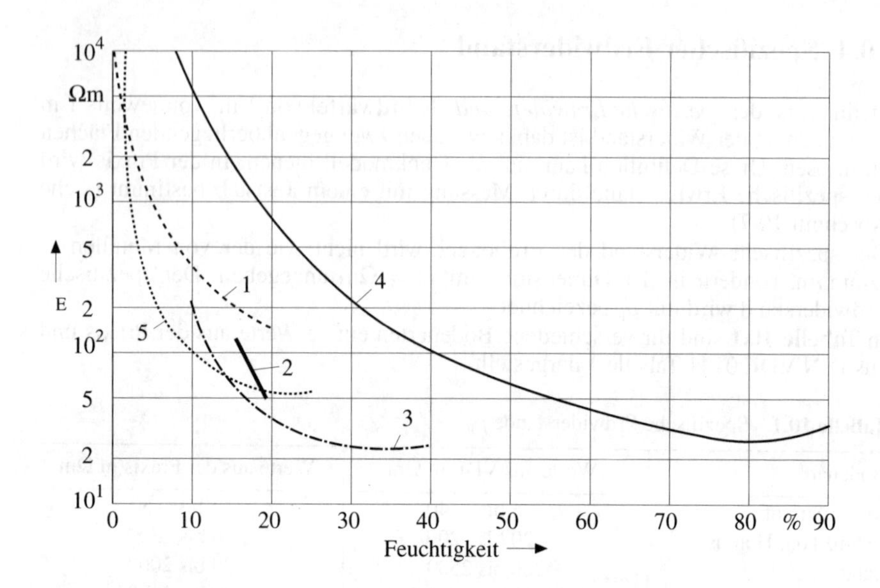

Bild 10.6 Zusammenhang zwischen Feuchtigkeit des Erdreichs und spezifischem Erdwiderstand ρ_E für verschiedene Bodenarten
1 Sand
2 Lehm
3 Ton
4 Moor
5 sandiger Lehm

Der jahreszeitliche Verlauf des spezifischen Erdwiderstands, ohne Berücksichtigung der Niederschläge, ist im wesentlichen von der Temperatur des Erdreichs abhängig **(Bild 10.7).** Die Schwankungen des jahreszeitlichen Verlaufs sind durch den negativen Temperaturkoeffizienten ($\alpha = -0{,}037$ 1/K bis $-0{,}023$ 1/K) bedingt, so daß in Mitteleuropa der Maximalwert eines Erders im Winter (Februar) und der Minimalwert im Sommer (August) auftritt.
Wenn für die Bemessung einer Erdungsanlage der gemessene spezifische Erdwiderstand zugrunde gelegt wird, ist entweder eine Korrektur des gemessenen Wertes angebracht oder bereits bei der Planung ein entsprechender Sicherheitszuschlag zu berücksichtigen.

Die Größe des spezifischen Erdwiderstands ist bei Werten unter 100 Ωm auch als Maß für die Aggressivität des Bodens zu verwenden, d. h., die Korrosion in Erde verlegter Metalle ist von ρ_E abhängig (siehe hierzu Abschnitt 10.9).

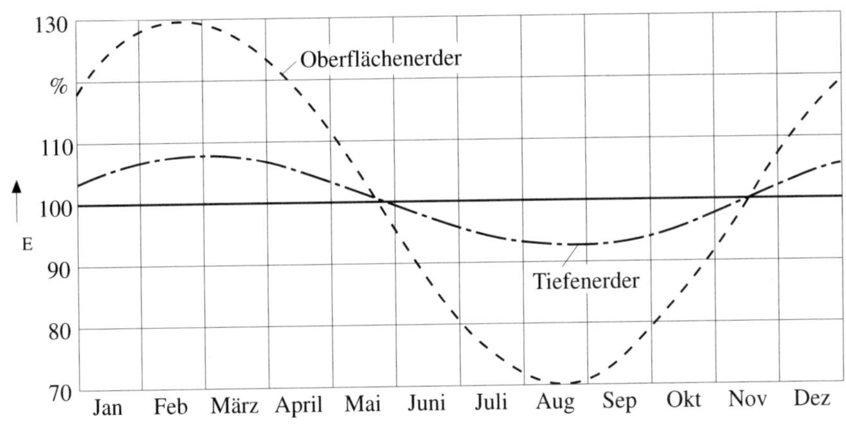

Bild 10.7 Jahreszeitliche Schwankungen von ρ_E, bedingt durch die Temperatur des Erdreichs

10.5 Berechnung des Ausbreitungswiderstands

Bei der Herstellung eines Erders ist es oft notwendig, einen bestimmten Ausbreitungswiderstand zu erreichen. Dabei ist die Kenntnis des spezifischen Erdwiderstands oder dessen Schätzung sehr wichtig.
Zur Berechnung des Ausbreitungswiderstands eines Erders ist zu bemerken, daß dieser infolge der Bodenfeuchtigkeit im großen Bereich schwanken kann. ρ_E ist nicht konstant (siehe Bild 10.6 und Bild 10.7)!
Bereits bei der Planung von Erdungsanlagen ist deshalb ein entsprechender Sicherheitszuschlag – je nach Ansatz bzw. Meßzeitpunkt des spezifischen Erdwiderstands notwendig bzw. angebracht.

10.5.1 Genaue Berechnung des Ausbreitungswiderstands

Der Ausbreitungswiderstand kann präzise durch Gleichungen – die mathematisch abgeleitet sind – ausgedrückt werden. Es gilt für:

Oberflächenerder:

$$R_O \approx \frac{\rho_E}{\pi \cdot l} \cdot \ln \frac{2l}{d} \tag{10.1}$$

Es bedeuten:
R_O Ausbreitungswiderstand eines Oberflächenerders in Ω,
ρ_E spezifischer Erdwiderstand in Ωm,

l Erderlänge in m,
d Seildurchmesser eines Erders aus Rundmaterial in m,
d halbe Bandbreite eines Banderders in m ($d = b/2$ bei Banderder),
ln natürlicher Logarithmus (Basis e = 2,7182818).

Tiefenerder:

$$R_{\mathrm{T}} \approx \frac{\rho_{\mathrm{E}}}{2\pi \cdot t} \cdot \ln \frac{4t}{d} \qquad (10.2)$$

Es bedeuten:
R_{T} Ausbreitungswiderstand eines Tiefenerders in Ω,
ρ_{E} spezifischer Erdwiderstand in Ω,
t Stablänge in m,
d Stabdurchmesser in m,
ln natürlicher Logarithmus (Basis e = 2,7182818).

10.5.2 Überschlägige Berechnung des Ausbreitungswiderstands

Näherungsweise kann der Ausbreitungswiderstand eines Erders nach folgenden einfachen Beziehungen bestimmt werden:

Oberflächenerder:

$$R_{\mathrm{O}} \approx \frac{2\rho_{\mathrm{E}}}{l} \quad \text{für} \quad l \leq 10\ \mathrm{m}, \qquad (10.3)$$

$$R_{\mathrm{O}} \approx \frac{3\rho_{\mathrm{E}}}{l} \quad \text{für} \quad l \leq 10\ \mathrm{m}, \qquad (10.4)$$

Tiefenerder:

$$R_{\mathrm{T}} \approx \frac{\rho_{\mathrm{E}}}{t} \qquad (10.5)$$

Die Formelzeichen der Gln. (10.4) und (10.5) entsprechen den unter Abschnitt 10.5.1 angegebenen.

Fundamenterder:

$$R_{\mathrm{F}} \approx \frac{2\rho_{\mathrm{E}}}{\pi \cdot D} \qquad (10.6)$$

Es bedeuten:

D Durchmesser eines Ersatzerders in Ringform in m, mit

$$D = \sqrt{\frac{4 \cdot L \cdot B}{\pi}},$$

wobei:

L Länge des Fundamenterders in m,

B Breite des Fundamenterders in m.

10.5.3 Abschätzung des Ausbreitungswiderstands nach DIN VDE 0141

Für spezifische Erdwiderstände von 50 Ωm/100 Ωm/500 Ωm/1000 Ωm sind in DIN VDE 0141 Ausbreitungswiderstände angegeben; sie können **Bild 10.8** und **Bild 10.9** entnommen werden.

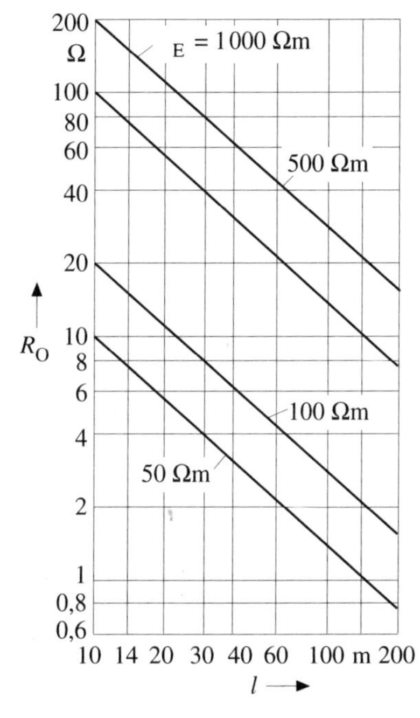

Bild 10.8 Ausbreitungswiderstand von Oberflächenerdern
(Quelle: DIN VDE 0141:1989-07)

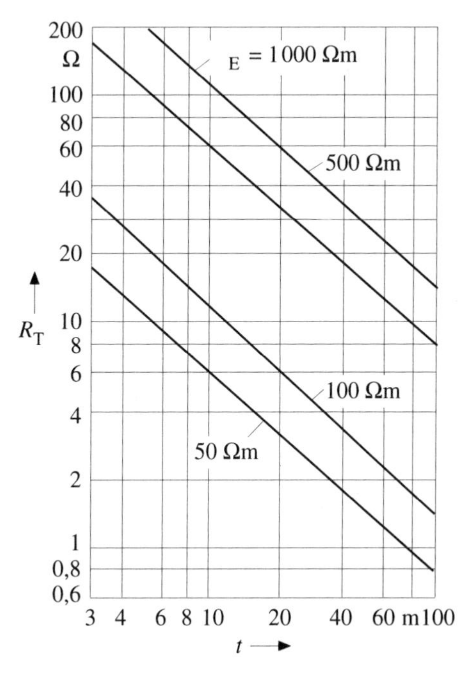

Bild 10.9 Ausbreitungswiderstand von Tiefenerdern
(Quelle: DIN VDE 0141:1989-07)

Bei Bodenarten mit von ρ_E = 50 Ωm/100 Ωm/500 Ωm/1000 Ωm abweichenden spezifischen Bodenwiderständen ist das Interpolieren recht schwierig. Der in Bild 10.8 und Bild 10.9 abgelesene Wert des Ausbreitungswiderstands kann umgerechnet werden mittels der Beziehung:

$$R_x = R\frac{\rho_x}{\rho_E},$$

wobei immer die dem abzulesenden Wert nächstliegende Kurve für ρ_E zu verwenden ist.

Bild 10.10 zeigt den Ausbreitungswiderstand eines erdfühligen Kabels bei verschiedenen spezifischen Bodenwiderständen in Abhängigkeit der Kabellänge. Das Bild zeigt deutlich, daß der Ausbreitungswiderstand mit wachsender Kabellänge einem Grenzwert zustrebt. Doppelte Kabellänge bedeutet also nicht halber Ausbreitungswiderstand.

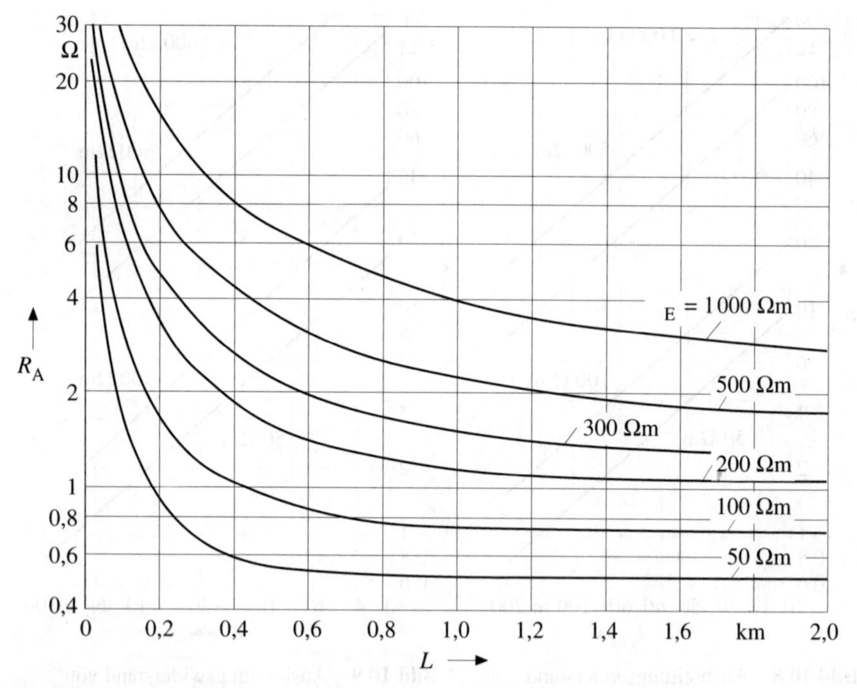

Bild 10.10 Ausbreitungswiderstand eines erdfühligen Kabels (Quelle: DIN VDE 0141:1989-07)

10.5.4 Beispiele zur Ermittlung des Ausbreitungswiderstands eines Erders

Beispiel 1:

Gegeben ist ein Banderder mit $l = 40$ m bei gestreckter Verlegung. Der spezifische Erdwiderstand wurde mit 180 Ωm ermittelt. Es soll Bandstahl 30 mm × 4 mm verlegt werden. Welcher Ausbreitungswiderstand ist zu erwarten?

Lösung 1:

Berechnung nach genauer Gl. (10.1).

$$R_{\mathrm{O}} = \frac{\rho_{\mathrm{E}}}{\pi \cdot l} \cdot \ln \frac{2l}{d}; \quad d = \frac{1}{2} b;$$

$$R_{\mathrm{O}} = \frac{180\ \Omega\mathrm{m}}{\pi \cdot 40\ \mathrm{m}} \cdot \ln \left(\frac{2 \cdot 40\ \mathrm{m}}{0{,}015\ \mathrm{m}} \right) = 1{,}43\ \Omega \cdot \ln 5333;$$

$$R_{\mathrm{O}} = 1{,}43\ \Omega \cdot 8{,}58 = 12{,}3\ \Omega.$$

Lösung 2:

Näherung nach Gl. (10.4).

$$R_{\mathrm{O}} = \frac{3 \cdot \rho_{\mathrm{E}}}{l} = \frac{3 \cdot 180\ \Omega\mathrm{m}}{40\ \mathrm{m}} = 13{,}5\ \Omega.$$

Lösung 3:

Abschätzung nach Diagrammen in Abschnitt 10.5.3.

Aus Bild 10.8 kann für l = 40 m bei ρ_{E} = 100 Ωm ein Wert von R = 6,1 Ω abgelesen werden. Dieser Wert muß noch auf ρ_{x} = 180 Ωm umgerechnet werden:

$$R_{\mathrm{x}} = R \frac{\rho_{\mathrm{x}}}{\rho_{\mathrm{E}}} = 6{,}1\ \Omega \cdot \frac{180\ \Omega\mathrm{m}}{100\ \Omega\mathrm{m}} = 10{,}98\ \Omega.$$

Sieht man die mit der genauen Formel ermittelte Lösung als richtig an, dann können die beiden anderen Lösungen bei Abweichungen von etwa 10 % als vertretbar angesehen werden.

Beispiel 2:

Der Ausbreitungswiderstand eines Fundamenterders für ein Einfamilienhaus, Länge 14 m, Breite 10,6 m, ist zu bestimmen. Der spezifische Erdwiderstand liegt bei 210 Ωm.

Lösung:

$$R_{\mathrm{F}} = \frac{2\rho_{\mathrm{E}}}{\pi \cdot D}; \quad D = \sqrt{\frac{4 \cdot L \cdot B}{\pi}}, \text{ nach Gl. (10.6);}$$

$$D = \sqrt{\frac{4 \cdot 14 \text{ m} \cdot 10{,}6 \text{ m}}{\pi}} = 13{,}75 \text{ m;}$$

$$R_{\mathrm{F}} = \frac{2 \cdot 210\ \Omega \text{ m}}{\pi \cdot 13{,}75 \text{ m}} = 9{,}7\ \Omega.$$

10.6 Messung von Erdungswiderständen

Die Messung des Ausbreitungswiderstands eines Erders kann entweder nach dem Strom-Spannungs-Meßverfahren oder mit einer Erdungsmeßbrücke nach dem Kompensations-Meßverfahren erfolgen.

10.6.1 Messung nach dem Strom-Spannungs-Meßverfahren

Über einen Widerstand wird eine Spannung an den zu messenden Erder angelegt. Der dabei fließende Strom und die Spannung gegen das neutrale Erdreich werden gemessen. Das in **Bild 10.11** gezeigte Meßverfahren ist nur in Netzen mit direkt geerdetem Sternpunkt möglich.

Der Strom, der durch das Erdreich fließt, soll nicht zu groß sein, damit durch die Stromwärmeverluste im Erdreich der Boden nicht austrocknet. Mit dieser Meß-

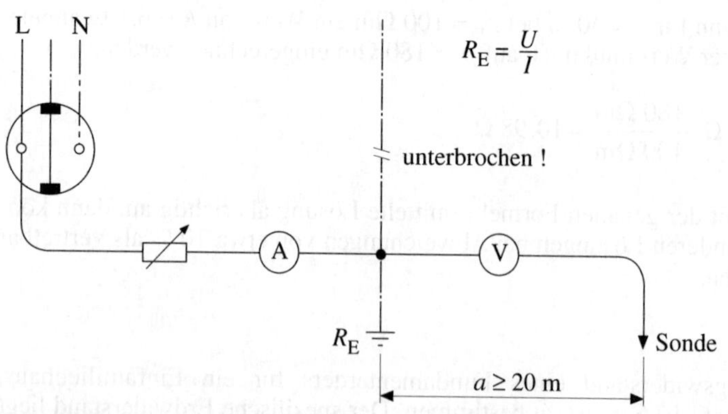

Bild 10.11 Beispiel einer Erdungsmessung nach dem *I*-*U*-Meßverfahren

methode können bei der Messung des Gesamterdungswiderstands eines Netzes erhebliche Fehler durch Ausgleichsströme auftreten. Normalerweise – d. h. bei ungestörter Messung – liegt der Fehler unter ±5 %.

Die Messung kann auch – anstatt der Messung mit Netzspannung – mit einem Gerät, das eine eigene Spannungsquelle besitzt, durchgeführt werden. Geräte nach DIN VDE 0413 Teil 7 »Erdungs-Meßgeräte nach dem Strom-Spannungs-Meßverfahren« arbeiten mit Wechselspannung.

Auch mit einer Gleichspannungsquelle ist eine solche Messung möglich, es muß dabei allerdings beachtet werden, daß nach wenigen Sekunden durch Polarisation eine Meßwertänderung eintritt. Die Messung eines Erders sollte nach 10 s abgeschlossen sein.

10.6.2 Messung mit der Erdungsmeßbrücke nach dem Kompensations-Meßverfahren

Die Messung von Ausbreitungswiderständen mit der Erdungsmeßbrücke gelangt weit häufiger zur Anwendung als die Messung nach dem Strom-Spannungs-Meßverfahren, besonders deshalb, weil die Messung einfacher ist und auf Netzspannung verzichtet werden kann.

Die Meßgeräte müssen DIN VDE 0413 Teil 5 »Erdungsmeßgeräte nach dem Kompensations-Meßverfahren« entsprechen. Die Erdungsmeßbrücke arbeitet mit Frequenzen von 70 Hz bis 140 Hz.

Bei der Messung werden durch einen Widerstandsabgleich die Spannungen zwischen dem Erder und der Sonde sowie dem Hilfserder verglichen (Aufbau der Meßbrücke siehe **Bild 10.12**). Je nach Meßaufgabe sind unterschiedliche Meßanordnungen zu empfehlen. Für Einzelerder mit geringen räumlichen Ausdehnungen ist die »Linienmethode« besonders geeignet. Sie ist einfach im Aufbau **(Bild 10.13)**, und der Aufwand ist relativ gering. Bei dieser Meßmethode ist besonders auf das richtige Einbringen von Sonde und Hilfserder zu achten. Geeignet sind Stäbe (z. B. $^1/_2$ Zoll bis 1 Zoll Durchmesser und 0,5 m bis 0,8 m Länge), die eine Anschlußmöglichkeit für die Meßleitung bieten. Sonde und Hilfserder sollten in einer Linie liegen, wobei die Sonde im neutralen Erdreich (Bereich für die Sonde) einzubringen ist. Für das Einbringen von Sonde und Hilfserder sind bei Einzelerdern mit geringeräumlicher Ausdehnung (Tiefenerder) 30 m bis 60 m für die Sonde und 60 m bis 100 m für den Hilfserder ausreichend. Bei flächenmäßig großen Erdern oder größeren Anlagen ist für den Erder bzw. die Erdungsanlage ein mittlerer Durchmesser D_m zu bestimmen. Von diesem Wert aus ist der Sondenabstand mit etwa $2 \cdot D_m$ und der Abstand des Hilfserders mit etwa $3 \cdot D_m$ oder größer zu bestimmen.

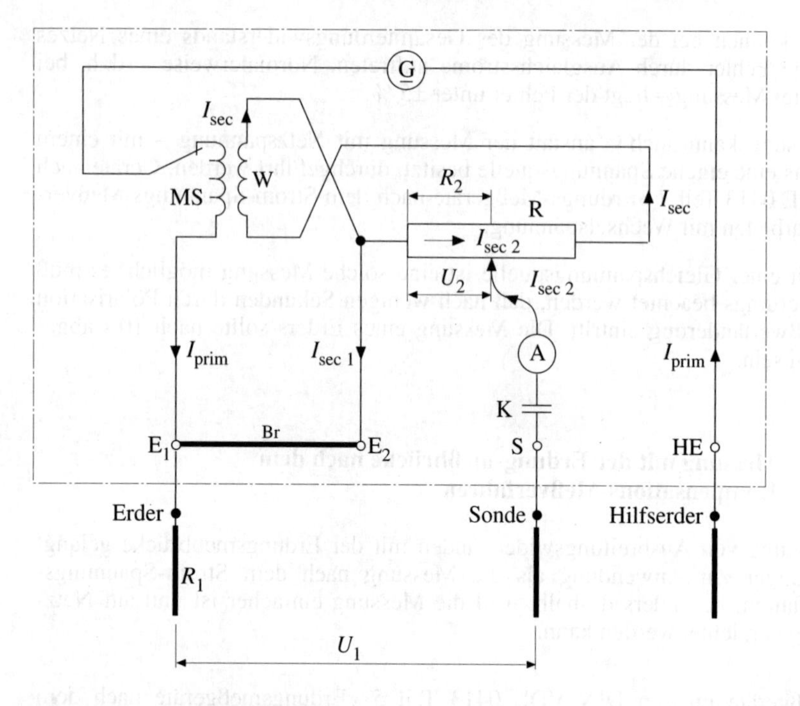

Bild 10.12 Erdungsmeßbrücke

Einzelteile:

W Wandler; $\ddot{u} = I_{sek}/I_{prim}$ = 0,1; 1; 10; 100
MS Meßbereichschalter
R Schiebewiderstand
A Amperemeter
G Generator 10 V bis 100 V
K Kondensator
Br Brücke

Funktion – Abgleich:

Forderung: $I_{sek\,1} = 0$ A; $U_1 = U_2$,
also ist mit $U_1 = R_1 \cdot I_{prim}$ und $U_2 = R_2 \cdot I_{sek\,2}$ auch:

$R_1 = (I_{sek\,2}/I_{prim}) \cdot R_2$.

Durch Eichen des Widerstands *R* kann $R_1 = \ddot{u} \cdot R_2$ bestimmt werden.

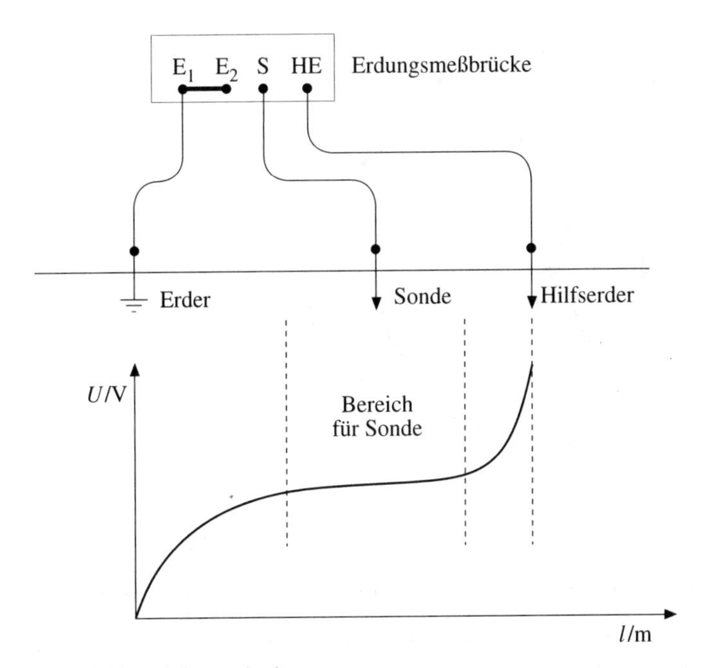

Bild 10.13 Linienmethode

Besonders für räumlich größere Erder oder Erdungsanlagen eignet sich auch die »Winkelmethode« (in der Literatur auch 90°-Methode genannt) zur Bestimmung des Erdungswiderstands. Diese Meßmethode ist aufwendiger als die Linienmethode; sie ist allerdings auch genauer, und Fehler durch falsche Sonden- bzw. Hilfserderanordnung sind nicht möglich oder können leicht erkannt werden. Die Anordnung der Messung ist in **Bild 10.14** dargestellt. Der Abstand von Erder zu Hilfserder sollte etwa 200 m, der von Erder zu Sonde sollte über 150 m, besser bei 200 m, liegen. Die Messung kann durch einfaches Umstecken (Vertauschen) der Leitungen von Sonde und Hilfserder an der Meßbrücke auf Richtigkeit kontrolliert werden. Die Messung ist richtig, wenn die Ergebnisse gleich (Größenordnung) sind. Bei beiden Meßmethoden liegt die Genauigkeit der jeweiligen Messung in der Praxis bei ±10 %, obwohl nach DIN VDE 0413 Teil 5 der Gebrauchsfehler einer Erdungsmeßbrücke bei ±30 % liegen darf. Die jahreszeitlichen Schwankungen des spezifischen Erdwiders rtands (siehe Bild 10.7), die dem Erdungswiderstand proportional sind, sind dabei nicht berücksichtigt.

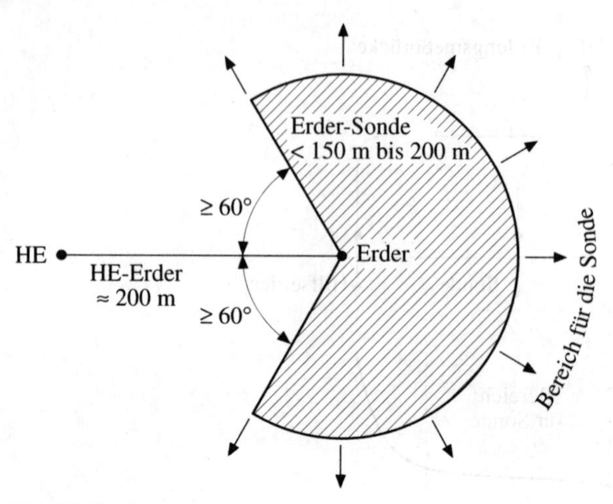

Bild 10.14 Winkelmethode

10.6.3 Messung einfachster Art in Netzen mit direkt geerdetem Sternpunkt

Wenn die Meßaufgabe darin besteht, bei einem Erder lediglich die Funktion nachzuweisen – vor allem bei Wiederholungsprüfungen –, kann eine einfache Messung entweder mit der Erdungsmeßbrücke oder einer Meßschaltung mit externer Spannungsquelle (nicht Netzspannung, und auch nicht 50 Hz Wechselspannung) durchgeführt werden. Dabei wird der zu prüfende Erder vom Netz getrennt und so an eine Spannungsquelle bzw. an die Erdungsmeßbrücke angeschlossen, daß die anderen im Netz vorhandenen Erder (parallel geschaltet) als Gegenerder dienen. Die Anordnung zeigt **Bild 10.15.**

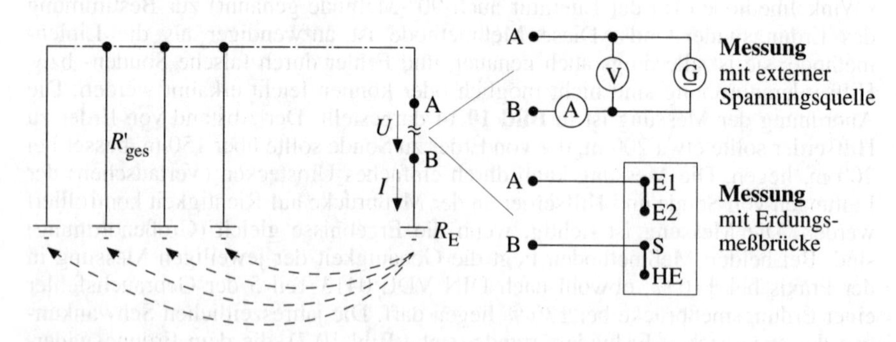

Bild 10.15 Erdermessung einfachster Art

Für die Messung mit externer Spannungsquelle gilt:

$$R_{\text{ges}} = R'_{\text{ges}} // R_{\text{E}}; \quad R_{\text{E}} + R'_{\text{ges}} = \frac{U}{I};$$

da $R'_{\text{ges}} \ll R_{\text{E}}$ ist, gilt

$$R_{\text{E}} \approx \frac{U}{I}.$$

Dabei ist bei Verwendung von Gleichspannung (geeignet sind 12 V und 24 V) darauf zu achten, daß die Messung nicht länger als 10 s dauert, da sonst das Meßergebnis durch Polarisationserscheinungen verfälscht wird. Die so in der Praxis ermittelten Erdungswiderstände sind mit Fehlern von ±25 % behaftet.

Bei Messung mit einer Erdungsmeßbrücke gilt, wie bei Messung mit externer Spannungsquelle, da auch hier $R'_{\text{ges}} \ll R_{\text{E}}$ ist,

$$R_{\text{E}} \approx R_{\text{M}},$$

wobei der Meßfehler in gleicher Größenordnung liegt. Bei der Messung mit der Erdungsmeßbrücke kann es allerdings vorkommen, daß bei stark oxidierten Erdern die Spannung der Meßbrücke nicht mehr ausreicht, um die Oxidschicht zu durchschlagen, so daß ein erheblicher Fehler auftritt bzw. überhaupt kein Meßwert ablesbar ist.

10.6.4 Messung des Gesamterdungswiderstands eines Netzes

Wenn für ein umfangreiches Netz mit einer Vielzahl von Erdern der Gesamterdungswiderstand bestimmt werden soll, muß dieser auf meßtechnischem Wege ermittelt werden. Eine Berechnung aller Einzelerder führt zu einem zu kleinen Gesamterdungswiderstand, da die Einzelerder sich im Netz gegenseitig beeinflussen. Bei der Messung ist es von entscheidender Bedeutung, welcher Meßpunkt gewählt wird. Ein genaues Ergebnis ist zu erzielen, wenn von mehreren Meßpunkten an der Peripherie des Netzes (nicht Ausläufer) gemessen wird. Der Abstand der Meßpunkte sollte je nach Größe des Netzes zwischen 400 m und 1000 m liegen **(Bild 10.16).** Aus diesen Einzelmessungen kann dann der Gesamterdungswiderstand des Netzes durch Berechnung des arithmetischen Mittels bestimmt werden. In der Regel liegt die Abweichung des so ermittelten Wertes bei ±10 % vom richtigen Wert des wirksamen Gesamterdungswiderstands. Als Meßmethode ist die Winkelmethode – wie in Abschnitt 10.6.2 beschrieben – für Abstände zwischen Sonde und Hilfserder von jeweils 200 m bis 300 m geeignet. Sonde und Hilfserder sind – entfernt vom zu messenden Objekt – im freien Gelände einzubringen. Auch hier kann durch einfaches Umstecken (Vertauschen) von Sonde und Hilfserder an der Meßbrücke leicht und einfach das Ergebnis kontrolliert werden, da bei beiden Messungen das gleiche Ergebnis angezeigt werden muß. Es ist zu empfehlen, Sonden- und Hilfserder-Abstände sowie deren Meßrichtung in einem Plan zu dokumentieren.

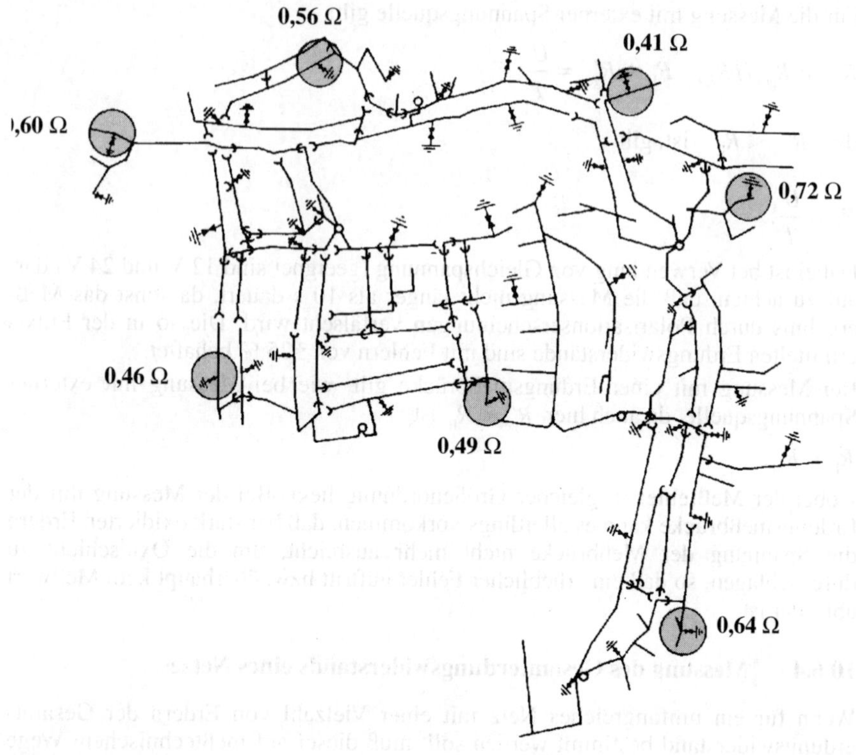

Bild 10.16
Messung von R_{ges} in einem Niederspannungsnetz

10.7 Messung des spezifischen Erdwiderstands

In der Praxis haben sich zwei Meßmethoden durchgesetzt, um den spezifischen Erdwiderstand bzw. seine Änderung in tieferen Erdschichten zu bestimmen.

10.7.1 Messung mit fest definiertem Meßstab

Ein in seinen Abmessungen fest definierter Meßstab (üblich ist 1 Zoll Außendurchmesser, 1 m Länge) wird in das Erdreich eingebracht. Mit der Meßbrücke wird sein Ausbreitungswiderstand wie bei einem Erder gemessen **(Bild 10.17a).** Dabei wird der spezifische Erdwiderstand im Bereich zwischen Erdoberfläche und Eindringtiefe des Meßstabes erfaßt.

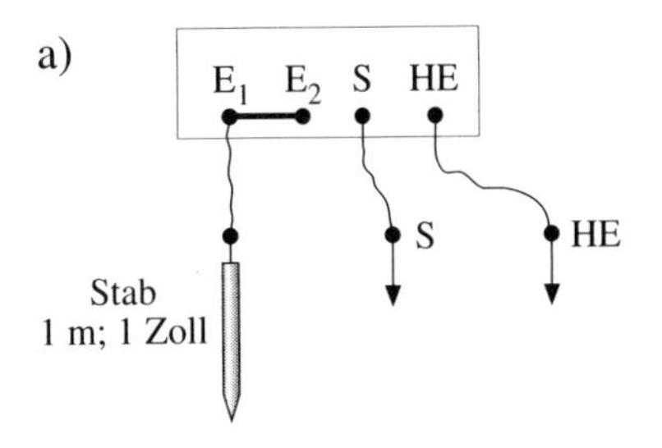

Bild 10.17a Meßstab

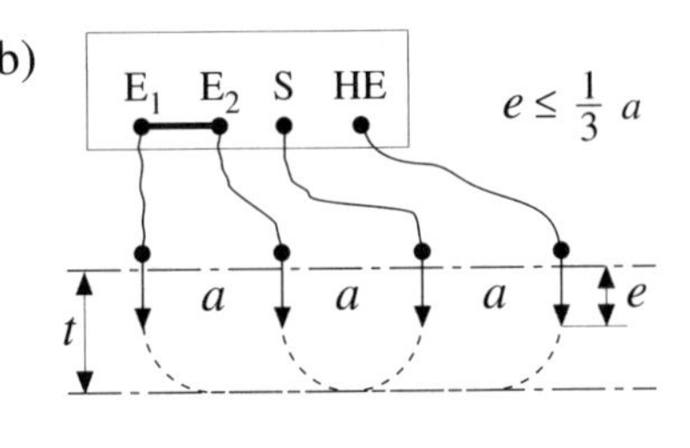

Bild 10.17b Methode nach Wenner

Die für einen Tiefenerder bekannte Gl. (10.2):

$$R_T = \frac{\rho_E}{2 \cdot \pi \cdot t} \cdot \ln \frac{4 \cdot t}{d}$$

wird nach ρ_E umgestellt, und der Meßwert R_M wird für R_T gesetzt. Für den genannten Stab ergibt sich damit:

$$\rho_E = R_M \frac{2 \cdot \pi \cdot t}{\ln \frac{4 \cdot t}{d}} = R_M = \frac{2 \cdot \pi \cdot 1\,\text{m}}{\ln \frac{4 \cdot 1\,\text{m}}{0{,}0254\,\text{m}}} = R_M \frac{6{,}28\,\text{m}}{\ln 157{,}5} = 1{,}24\,\text{m} \cdot R_M.$$

In dem gezeigten Fall ist der Meßwert des Erders (Meßstab) mit 1,24 zu multiplizieren, um den spezifischen Erdwiderstand zu erhalten. Bei einem Stab mit anderen Abmessungen ist der Faktor entsprechend zu bestimmen. Bei $t = 0{,}76$ m ist bei einem 1-Zoll-Stab der Faktor 1,0, das heißt, der Meßwert entspricht dem spezifischen Erdwiderstand.

10.7.2 Methode nach Wenner; Vier-Sonden-Methode

Bei der Methode nach Wenner **(Bild 10.17b)** wird mit vier Sonden gemessen, die in jeweils gleichem Abstand a einzubringen sind. Dabei wird nicht ρ_E, sondern nur ein scheinbar spezifischer Widerstand ρ_S gemessen. Er ist:

$$\rho_S = 2 \cdot \pi \cdot a \cdot R_M. \tag{10.7}$$

Der gemessene scheinbare spezifische Widerstand ρ_S gilt dabei für eine Tiefe, die etwa dem Abstand entspricht. Es ist $a = t$; zu beachten ist noch $e \leq a/3$. Für $a > 50$ m ist die Methode nicht mehr geeignet.

Durch Veränderung des Sondenabstandes a kann dabei der scheinbare spezifische Widerstand des Erdbodens in verschiedener Tiefe ermittelt werden. Die Meßwerte werden zweckmäßigerweise in ein Diagramm eingetragen **(Bild 10.18).** Durch den Verlauf der dabei ermittelten Kurve kann die zweckmäßigste Erderart bestimmt werden.

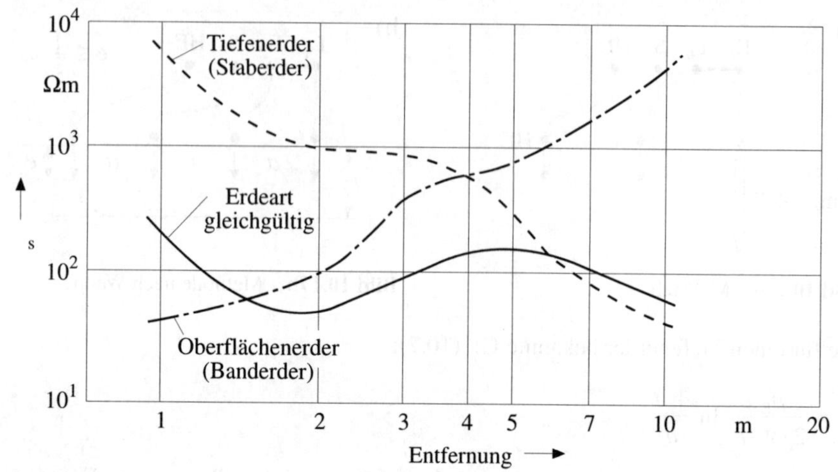

Bild 10.18 Kurven für ρ_s nach der Wenner-Methode
Auswertung der Messung.
Zweckmäßige Erderart:
– – – Tiefenerder (Staberder)
– · – Oberflächenerder (Banderder)
—— Erderart gleichgültig

Die Messung nach Wenner liefert keine absoluten Werte für den spezifischen Erdwiderstand; sie dienen nur zum Vergleich, wie der spezifische Erdwiderstand sich in wachsender Tiefe verändert.

Anmerkung:
Es gibt auch ein Vier-Sonden-Meßverfahren nach Schlumberger.

10.8 Herstellung von Erdern

Als Einzelerder werden Oberflächenerder und Tiefenerder hergestellt. Plattenerder sind so aufwendig in der Ausführung, daß praktisch keine mehr hergestellt werden. In Teil 540 sind unterschieden:

- *Oberflächenerder*
  - Banderder,
  - Seilerder,
  - Erder aus Rundmaterial,
- *Tiefenerder*
  - Staberder,
  - Rohrerder,
- *Fundamenterder*

- *natürliche Erder*
  - Metallbewehrung von Beton im Erdreich,
  - Bleimäntel und andere metallene Umhüllungen von Kabeln,
  - metallene Wasserleitungen,
  - andere geeignete unterirdische Konstruktionsteile wie Spundwände, Stahlteile von Gebäuden usw.

Zum Erzielen einer angemessenen Lebensdauer von Erdern sind hinreichend korrosionsbeständige Werkstoffe zu verwenden:

- *feuerverzinkter Stahl*
  ist in fast allen Bodenarten sehr beständig. Voraussetzung für eine hohe Lebensdauer ist allerdings eine ausreichend dicke, poren- und rißfreie Zinkauflage. Auch für die Einbettung in Beton (Fundamenterder) ist feuerverzinkter Stahl zulässig, wobei auch eine unmittelbare Verbindung mit dem Bewehrungseisen zulässig ist.
- *Stahl-Runddraht mit Bleimantel*
  Blei ist im Erdboden in vielen Bodenarten sehr beständig; in stark alkalischen Bodenarten (pH-Wert $\geq$ 10) besteht Korrosionsgefahr. Eine Einbettung unmittelbar in Beton ist deshalb nicht zu empfehlen.
  Im Erdboden besteht bei Verletzung des Bleimantels Korrosionsgefahr für den Stahlkern. Bei gut belüfteten Böden, z. B. Sand, ist die Korrosionsgefahr vernachlässigbar klein, sie ist in schlecht belüfteten Böden, z. B. Lehm und Ton, erheblich größer. Für Erder in Starkstromanlagen sollte der genannte Werkstoff deshalb nur dann verwendet werden, wenn eine nachträgliche Verletzung des Bleimantels nicht zu befürchten ist.
- *Stahl mit Kupfermantel* und *elektrolytisch verkupferter Stahl*
  sind in allen Bodenarten sehr beständig, vorausgesetzt, der Kupfermantel bzw. der Kupferüberzug wird nicht beschädigt. Eine Verletzung des Kupfermantels bewirkt eine starke Korrosionsgefahr für den Stahlkern, weshalb auch an Kupplungsstellen und Verbindungen immer die Kupfermäntel lückenlos mindestens leitwertgleich zu verbinden sind.
- *blankes Kupfer*
  ist im Erdboden in allen Bodenarten sehr beständig. Kupfer verfügt außerdem – durch seine guten elektrischen Eigenschaften – über eine hohe Strombelastbarkeit.
- *Kupfer mit Bleimantel*
  ist in sehr vielen Bodenarten sehr beständig. In stark alkalischen Bodenarten (pH-Wert $\geq$ 10) ist Korrosionsgefahr gegeben. Das Material ist deshalb nicht zur Bettung in Beton geeignet. Auch besteht im Erdboden eine erhebliche Korrosionsgefahr für den Mantel, wenn der Mantel verletzt wird.
- *Kupfer mit Zinn- oder Zinkauflage*
  ist, wie blankes Kupfer, im Erdboden sehr beständig. Für Erder wird verzinntes Kupfer zur Zeit ausschließlich in Seilform, verzinktes Kupfer ausschließlich in Bandform verwendet.

- *Nichtrostende Stähle*
  sind im Erdboden passiv und korrosionsbeständig. In gut belüfteten Böden verhalten sich hochlegierte nichtrostende Stähle ähnlich wie blankes Kupfer. Bei der Querschnittsbemessung ist die relativ niedrige elektrische Leitfähigkeit ($\rho \approx 0{,}74\ \Omega mm^2/m$, $\kappa \approx 1{,}35\ m/(\Omega mm^2)$) zu berücksichtigen.

Als Werkstoffe für Erder werden in der Praxis fast ausschließlich verwendet:
- feuerverzinkter Stahl (Mindestzinkauflage 70 µm),
- kupferplattierter Stahl (Stahl mit Kupferauflage) und
- Kupfer.

Leichtmetalle als Werkstoff für Erder werden kaum verwendet, da die Korrosionsgefahr zu groß ist.

Die Mindestabmessungen sind in **Tabelle 10.2** dargestellt.

Durch Korrosion besonders gefährdet ist bei einer Erdungsleitung die Übergangszone vom Erdreich zur Luft. In DIN VDE 0151 »Werkstoffe und Mindestmaße von Erdern bezüglich der Korrosion« wird bei verzinktem Stahl empfohlen, im Übergangsbereich Erdboden/Luft von der Erdoberfläche ab nach oben und nach unten mindestens auf 0,3 m wegen der erhöhten Korrosionsgefahr einen Schutz vorzusehen. Der Korrosionsschutz muß gut haften und darf keine Feuchtigkeit aufnehmen; Korrosionsschutzbinden und Schrumpfschläuche haben sich bewährt. Derartige Maßnahmen sind ggf. nur bei Erdermaterial aus verzinktem Stahl erforderlich.

10.8.1 Oberflächenerder

Oberflächenerder werden etwa parallel zur Erdoberfläche in einer Verlegetiefe zwischen 0,5 m und 1 m im Erdreich eingebettet. In der Regel wird verzinkter Bandstahl (25 mm × 4 mm, 30 mm × 3,5 mm oder 40 mm × 3 mm) verlegt, aber auch verzinkte Rundstähle (≥ 10 mm Durchmesser) und Seile gelangen zur Anwendung. Bei Hochkant-Anordnung des Bandstahls wird ein besserer Ausbreitungswiderstand erzielt als bei flacher Verlegung. Die unmittelbare Umgebung des Erders sollte nicht aus steinigem Erdreich bestehen und gut verdichtet werden, da Steine und Kies in unmittelbarer Nähe des Erdermaterials den Ausbreitungswiderstand verschlechtern.
Hinsichtlich der Anordnung sind zu unterscheiden:
- Oberflächenerder in gestreckter Verlegung;
- Oberflächenerder als Strahlenerder mit mehreren Strahlen (der Winkel zwischen den einzelnen Strahlen soll nicht kleiner als 60° sein; eine maximale Länge der Strahlen von 120 m bis 150 m sollte nicht überschritten werden);
- Oberflächenerder als Ringerder;
- Oberflächenerder als Maschenerder.

Tabelle 10.2 Mindestabmessungen und einzuhaltende Bedingungen für Erder

Werkstoff	Erderform	Mindest-querschnitt mm²	Mindest-dicke mm	Sonstige Mindestabmessungen bzw. einzuhaltende Bedingungen
Stahl bei Verlegung im Erdreich, feuerverzinkt mit einer Mindestzink-auflage von 70 µm	Band	100	3	
	Rundstahl	78 (entspricht 10 mm Ø)		Bei zusammengesetzten Tiefenerdern: Mindestdurchmesser des Stabs: 20 mm
	Rohr			Mindestdurchmesser: 25 mm Mindestwandstärke: 2 mm
	Profilstäbe	100	3	
Stahl mit Kupferauflage	Rundstahl	für Stahlseele: 50 für Kupferauf-lage: 20 % des Stahlquer-schnitts, mindestens jedoch 35		Bei zusammengesetzten Tiefenerdern: Mindestdurchmesser des Stabs: 15 mm. Die Verbindungsstellen müssen so ausgeführt sein, daß sie in ihrer Korrosionsbeständigkeit der Kupferauflage gleichwertig sind.
Kupfer	Band	50	2	
	Seil	35		Mindestdrahtdurchmesser: 1,8 mm. Bei Bleiummantelung Mindest-dicke des Mantels: 1 mm
	Rundkupfer	35		
	Rohr			Mindestdurchmesser: 20 mm Mindestwandstärke: 2 mm

Bei ausgedehnten Erdern aus blankem Kupfer oder Stahl mit Kupferauflage ist darauf zu achten, daß sie von unterirdischen Anlagen aus Stahl, z. B. Rohrleitungen und Behältern, möglichst metallisch getrennt gehalten werden. Andernfalls können die Stahlteile einer erhöhten Korrosionsgefahr ausgesetzt sein.

10.8.2 Tiefenerder

Tiefenerder (Staberder) werden senkrecht oder schräg in größere Tiefen (bis zu 30 m) des Erdreichs getrieben. Es kommen Vollstäbe, Rohre oder Profilstäbe zur Anwendung.
Die Tiefe richtet sich nach dem Ausbreitungswiderstand. Dabei ist zu empfehlen, daß beim Eintreiben der Stäbe von Zeit zu Zeit der Ausbreitungswiderstand gemessen wird, um unnötigen Aufwand zu vermeiden.
Wenn ein Tiefenerder in unterschiedlich leitfähige Bodenarten eingetrieben wird, so ist praktisch nur der gut leitende Teil des Erdreichs wirksam. In den Gln. (10.4) und (10.7) ist die Tiefe t dann durch die wirksame Tiefe (wirksame Länge) t_{W} zu ersetzen. Parallel eingetriebene Tiefenerder beeinflussen sich gegenseitig in ihrer Wirkung, weshalb der Mindestabstand mindestens der wirksamen Länge des Tiefenerders entsprechen sollte; der doppelte Abstand ist anzustreben.

10.8.3 Fundamenterder

Fundamenterder sind Erder, die in das Fundament von Gebäuden eingebaut werden. Gefordert werden sie für alle Neubauten aufgrund DIN 18015 Teil 1. In einigen Bundesländern bestehen entsprechende Erlasse, die dem Bauherrn den Einbau von Fundamenterdern zwingend vorschreiben.
Für die Herstellung von Fundamenterdern waren bisher die »Richtlinien für das Einbetten von Fundamenterdem in Gebäudefundamente« maßgebend, herausgegeben vom VDEW. Hier gilt DIN 18014 »Fundamenterder«; die VDEW-Richtlinie ist zurückgezogen.
Der Fundamenterder ist als geschlossener Ring in den Außenmauern des Fundamentes einzubringen **(Bild 10.19).** In den Hausanschlußraum oder in der Nähe der vorgesehenen Potentialausgleichsschiene für den Hauptpotentialausgleich ist eine Anschlußfahne herauszuführen. Die Ausführung des Fundamenterders mit mehreren Anschlußfahnen ist zulässig; sie kann für Prüfzwecke sehr von Nutzen sein.
Für Fundamenterder ist Bandstahl 30 mm × 3,5 mm oder Rundstahl von 10 mm Durchmesser in die Fundamentsohle, die etwa 10 cm stark sein soll, einzubetten. Es ist zweckmäßig, den Erder durch Abstandhalter in seiner Lage zu fixieren. Baustahlmatten und Bewehrungseisen sind nach Möglichkeit mit dem Fundamenterder zu verbinden.

Anmerkung:
Früher waren verzinkter Bandstahl und verzinkter Rundstahl gefordert. Seit der Ausgabe 1984 der »Richtlinien für das Einbetten von Fundamenterdern in Gebäudefundamente« besteht diese Forderung nicht mehr. Es kann allerdings notwendig werden, die Anschlußfahnen (nach innen zur Potentialausgleichsschiene, nach außen für Blitzschutzanlage) besonders gegen Korrosion (Kunststoffumhüllung, Anstrich, Verzinkung) zu schützen.

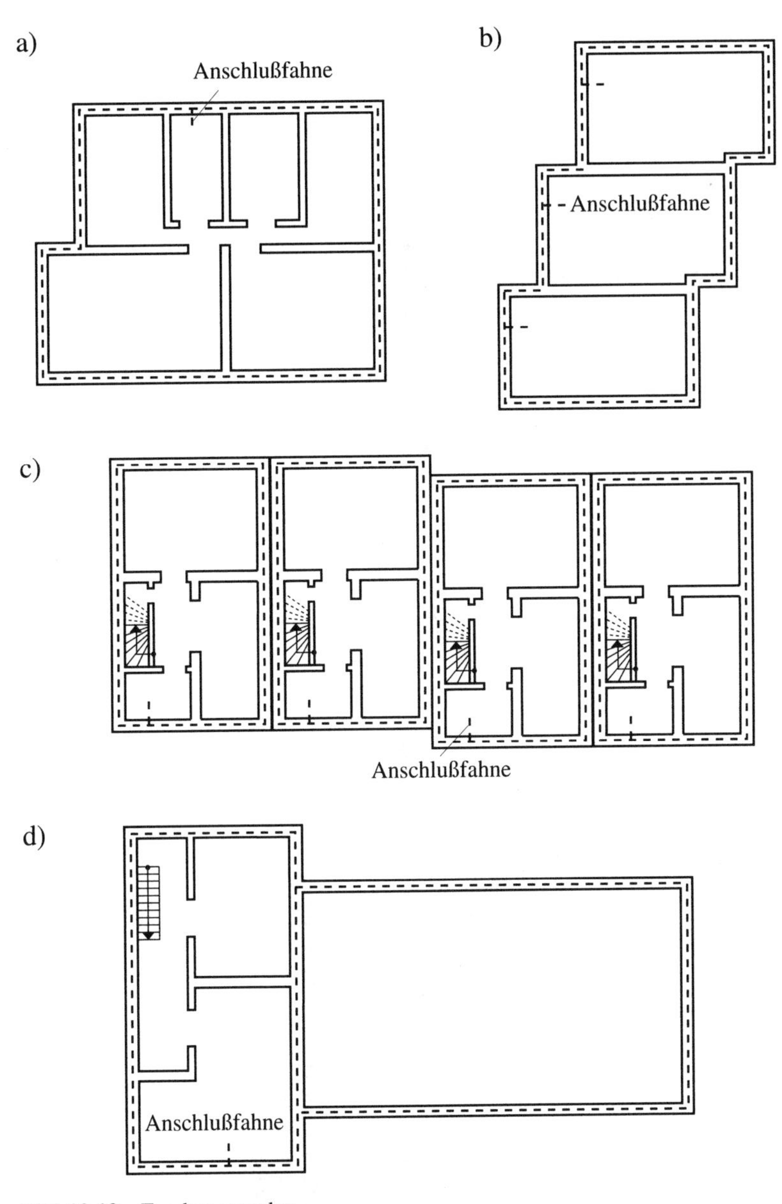

Bild 10.19 Fundamenterder

a Einzelhaus
b Reihenhäuser bzw. Wohnblock
c Reihenhäuser
d Gewerbebetrieb mit Büro

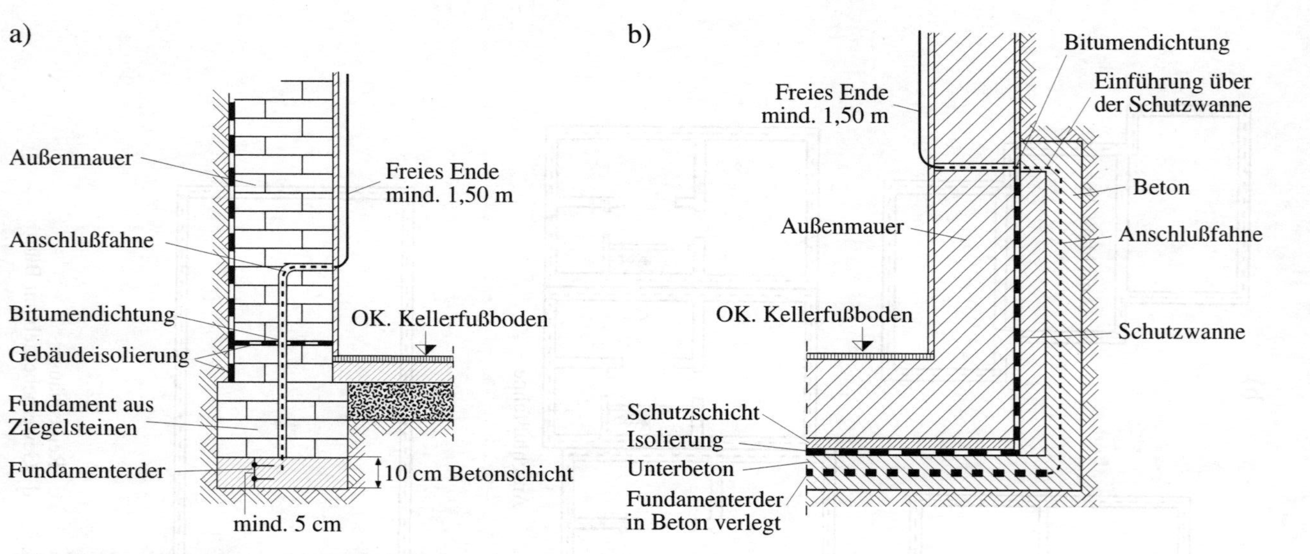

Bild 10.20 Fundamenterder; Schnittbilder
a gemauertes Fundament
b Fundamentwanne

Die Anschlußfahne soll im Hausanschlußraum in etwa 30 cm Höhe herausgeführt werden und eine Länge von etwa 1,5 m haben. Sie ist an die Potentialausgleichsschiene anzuschließen. Die Potentialausgleichsschiene ist oberhalb der Austrittsstelle der Anschlußfahne anzubringen. Ein Beispiel zur Anordnung des Fundamenterders und der Anschlußfahne bei einem gemauerten Fundament und bei einer Fundamentwanne zeigt **Bild 10.20.**

Ein bestimmter Wert des Ausbreitungswiderstands ist für Fundamenterder nicht gefordert. In der Praxis liegt der Ausbreitungswiderstand bei guten Bodenarten zwischen 1 Ω und 10 Ω. Der Ausbreitungswiderstand ist nahezu konstant, also vom Bodenzustand (feucht, trocken) unabhängig.

Der Fundamenterder kann auch als Blitzschutzerder verwendet werden, wenn außen am Gebäude an den Stellen, an denen Blitzableitungen vorhanden sind, Anschlußfahnen zur Verfügung stehen **(Bild 10.21).**

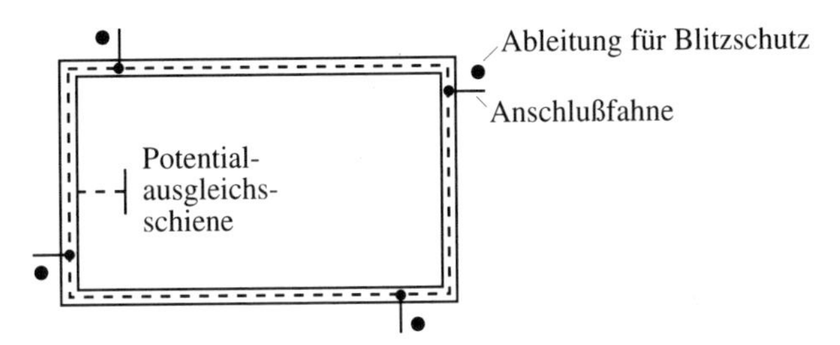

Bild 10.21 Fundamenterder als Blitzschutzerder

Nach DIN VDE 0185 Teil 1 »Blitzschutzanlage; Allgemeines für das Errichten« sollen die Verbindungsleitungen (Anschlußfahnen) aus verzinktem Stahl vom Fundamenterder zu den Ableitungen (Erdableitungen) im Beton oder Mauerwerk verlegt werden (**Bild 10.22,** Leitungsführung a oder b). Diese Leitungen sind innerhalb des Mauerwerks gegen Korrosion zu schützen. Wird die Leitung durch das Erdreich geführt, so sind kunststoff- oder bleiummantelte Leitungen oder Kunststoffkabel NYY 50 mm^2 zu verwenden (**Bild 10.22,** Leitungsführung c).

Grundsätzlich gilt, daß Verbindungsstellen von

- Kupfer mit Stahl oder
- Kupfer mit verzinktem Stahl

gegen Korrosion zu schützen sind. Korrosionsschutzbinden oder Kabelvergußmasse bieten ausreichenden Schutz.

Üblich ist die Verwendung von verzinktem Stahl (Bandstahl, Rundstahl). Verbindungen dieser Art haben sich in der Praxis bisher hervorragend bewährt.

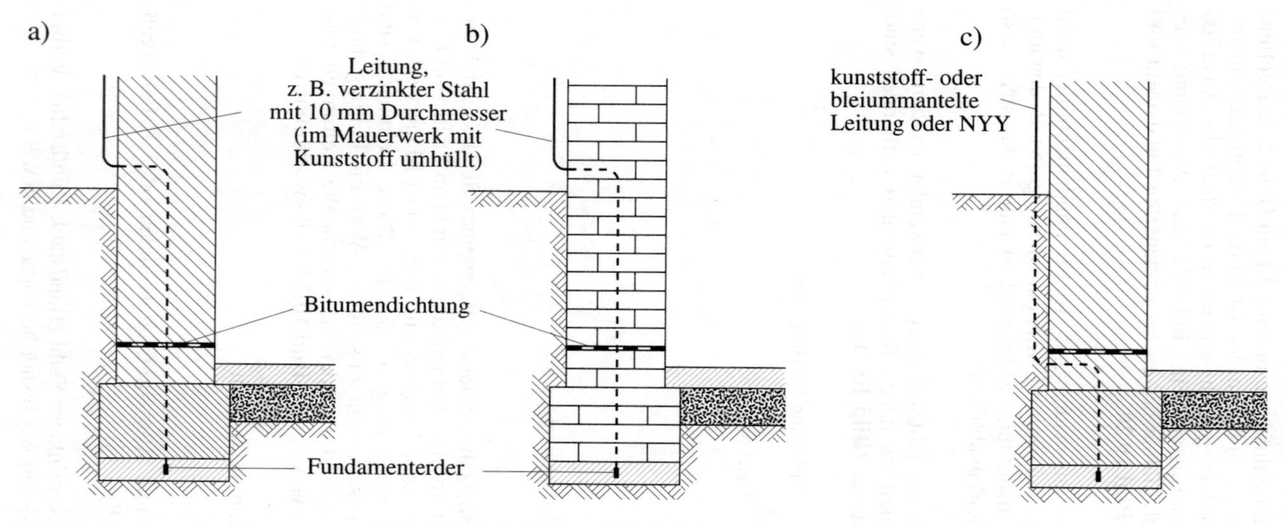

Bild 10.22 Anschlußfahnen an Fundamenterder und Ableitungen
a Leitungsführung im Beton
b Leitungsführung im Mauerwerk
c Leitungsführung im Erdreich

10.8.4 Natürliche Erder

Natürlicher Erder ist ein mit der Erde oder mit Wasser unmittelbar oder über Beton in Verbindung stehendes Metallteil, dessen ursprünglicher Zweck nicht die Erdung ist, das aber als Erder wirkt (Teil 200 Abschnitt A 5.4).

Wenn natürliche Erder vorhanden sind, so ist ihre Einbeziehung in andere Erdungsanlagen sinnvoll, da natürliche Erder in der Regel einen geringen Erdungswiderstand haben und so der Gesamterdungswiderstand günstig beeinflußt werden kann. Zu den einzelnen, häufig vorkommenden natürlichen Erderarten ist noch zu bemerken:

1. Metallmäntel von Kabeln dürfen als Erder verwendet werden, wenn der Betreiber damit einverstanden und eine Korrosion nicht zu befürchten ist. Ein solches Kabel ist ein langer Oberflächenerder in gestreckter Verlegung, der einen von der Länge abhängigen, meist geringen Ausbreitungswiderstand aufweist. Eine Abschätzung des Ausbreitungswiderstandes kann nach Gln. (10.3) oder (10.6) durchgeführt werden.

2. Bei Erdungen an Wasserrohren ist prinzipiell zu unterscheiden zwischen:

- Wasserrohrnetz: Wasserverteilungs-Rohrnetz bis einschließlich Wasserzähler oder Wasserhaupthahn;
- Wasserverbrauchsleitungen: Wasserleitungen im Haus, nach dem Wasserzähler oder Wasserhaupthahn.

Bezüglich der Einbeziehung oder Verwendung als Erder ist gefordert:
Wasserrohrnetze dürfen nicht als Erder benutzt werden. Ein Potentialausgleich zwischen dem PEN-Leiter und dem Wasserrohrnetz ist zulässig.

In Sonderfällen darf das Wasserrohrnetz als Erder verwendet werden, wenn:

- zwischen dem EVU und WVU eine Vereinbarung getroffen ist,
- die Eignung des Wasserrohrnetzes sichergestellt ist. Eine Prüfung ist jedoch erforderlich.

Hinsichtlich des Ausbreitungswiderstandes gilt das für Metallmäntel von Kabeln Gesagte sinngemäß.

3. Metallbewehrungen von Beton im Erdreich können allein, also ohne zusätzlichen Band- oder Rundstahl, als Erder verwendet werden. Dabei sind normalerweise die baulichen »Rödelverbindungen« der einzelnen Bewehrungseisen untereinander – bedingt durch ihre Vielzahl auch als elektrische Verbindung im Bereich der Starkstromtechnik – ausreichend.

Anmerkung:
Im Bereich der Nachrichtentechnik, mit besonderen Anforderungen an Erder, können zusätzliche Maßnahmen erforderlich werden.

Besondere Sorgfalt ist geboten, wenn Anschlußfahnen für Erdungsleitungen in Spannbeton-Konstruktion auszuführen sind. Hier sollten immer Baufachleute hinzugezogen werden.

4. Leitungen, die dem Transport brennbarer Stoffe dienen, also z. B. Gasleitungen und Produktenleitungen, stellen zwar natürliche Erder dar, dürfen aber nicht als Erder für Schutzzwecke verwendet werden.

10.9 Korrosion von Metallen im Erdreich

Erder für elektrische Anlagen wie auch natürliche Erder bestehen aus Metallen, die unmittelbar im Erdreich eingebettet sind oder mit diesem über mehr oder weniger gut leitende Stoffe, wie z. B. Beton, großflächig in Verbindung stehen.

Grundsätzlich können für Erder folgende Einflüsse als Korrosionsursache genannt werden:

- chemische Einflüsse,
- galvanische Elemente,
- Streuströme im Erdreich.

10.9.1 Korrosion durch chemische Einflüsse

Der chemische Einfluß des Erdreichs ist in normalem Erdreich gering. Die chemische Aggressivität des Erdreichs steht in Zusammenhang mit dem spezifischen Erdwiderstand. **Tabelle 10.3** zeigt die Zusammenhänge.

Tabelle 10.3 Aggressivität verschiedener Böden

in Ωm	Aggressivität
< 10	sehr stark; Stahl rostet schnell
> 10 bis 25	stark
> 25 bis 50	mäßig
> 50 bis 100	schwach
> 100	keine

Unter Beachtung der in Teil 540 für Erdermaterialien geforderten Mindestquerschnitte (siehe Tabelle 10.2) ist in normalen Bodenarten ein ausreichender Schutz gewährleistet, so daß im Hinblick auf die übliche Lebensdauer einers Erders (25 Jahre bis 40 Jahre) der chemische Einfluß der Korrosion vernachlässigt werden kann.

Dies schließt nicht aus, daß

- im Einflußbereich chemischer Betriebe,
- in unmittelbarer Nähe des Meeres und
- bei besonders aggressiven Bodenarten

Korrosionsschäden an Erdern auftreten können. Die in diesen Bereichen tätigen Fachleute wissen in der Regel, welche Erderwerkstoffe für die jeweiligen Bodenarten geeignet sind, z. B. auch Edelstähle. Häufig können auch hier normale Erdermaterialien verwendet werden, wobei die Erder dann aber regelmäßig zu prüfen oder in regelmäßigen Zeitabständen zu erneuern sind.

10.9.2 Korrosion durch galvanische Elementbildung

Zwischen verschiedenen Metallen kann es zu chemischen Reaktionen kommen, womit eine Zerstörung einzelner Werkstoffe verbunden sein kann.

Ursache dieser Korrosion ist die Bildung eines galvanischen Elements durch Berührung der Metalle mit Elektrolyten, zu denen auch die verschiedenen Bodenarten mit ihren in Wasser gelösten sauren und basischen Salzen gehören.

Werden zwei Stäbe oder Platten aus verschiedenen Metallen (Elektroden) in den gleichen Elektrolyten getaucht, so entsteht zwischen dem Elektrolyten und jeder Elektrode eine Potentialdifferenz **(Bild 10.23).**

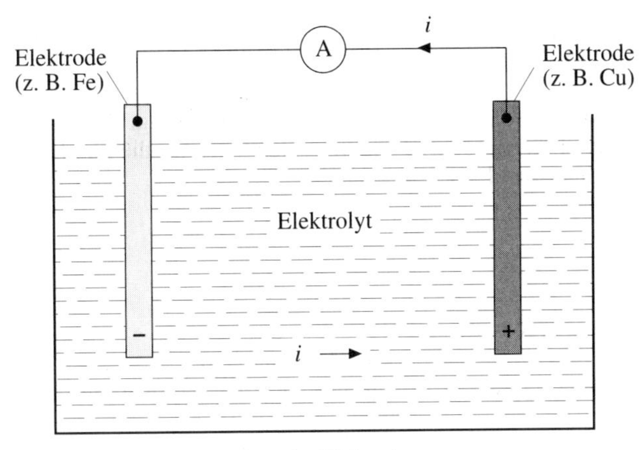

Bild 10.23 Elementbildung im Elektrolyten

Die Spannung zwischen den beiden Elektroden ist die Differenz der beiden Potentialdifferenzen Metall–Elektrolyt. Verbindet man die beiden Elektroden leitend miteinander, fließt ein Strom von der positiven zur negativen Elektrode. Im Elektrolyten fließt demnach der Strom von der negativen zur positiven Elektrode. Die negative Elektrode gibt positive Metallionen an den Elektrolyten ab und stellt damit die Anode des galvanischen Elements dar. Durch den elektrolytischen Gleichstrom von Ionen findet eine Metallabtragung (Zerstörung) der Anode statt.

Maßgebend für den anodischen Metallabtrag ist die Größe (Dichte) des aus der Metallfläche in das Erdreich (Elektrolyt) fließenden Stroms, der neben der Elementspannung auch vom elektrischen Widerstand des Elementstromkreises im Erdreich abhängt. Dieser Widerstand hängt vom spezifischen Erdwiderstand und von den geometrischen Gegebenheiten wie dem Flächenverhältnis im katodischen und anodischen Bereich sowie deren Lage zueinander ab.

Für den Elementstrom gilt:

$$I_E = \frac{U_K - U_A}{R_A + R_E + R_K}. \tag{10.8}$$

Mit der Einführung der spezifischen – auf die Flächeneinheit bezogenen – Polarisationswiderstände

$r_A = R_A \cdot S_a$ und $r_K = R_K \cdot S_k$

ergibt sich die anodische Elementstromdichte

$$i_A = \frac{I_E}{S_a} = \frac{U_K - U_A}{r_A + R_E + S_a + r_K (S_a / S_k)}. \tag{10.9}$$

In der Praxis können r_A und $R_E \cdot S_a$ gegenüber $r_K(S_a / S_k)$ vernachlässigt werden, so daß näherungsweise die als »Flächenregel« bekannte Gleichung für die anodische Elementstromdichte angewandt werden kann:

$$i_A = \frac{U_K - U_A}{r_K} \cdot \frac{S_k}{S_a}. \tag{10.10}$$

In den Gln. (10.8) bis (10.10) bedeuten:

I_E	Elementstrom	R_K	Katodenwiderstand
i_A	anodische Elementstromdichte	r_A	anodischer Polarisationswiderstand
U_A	Spannung der Anode	r_K	katodischer Polarisationswiderstand
U_K	Spannung der Katode	S_a	Fläche der Anode
R_A	Anodenwiderstand	S_k	Fläche der Katode
R_E	Erdwiderstand		

Die in **Tabelle 10.4** dargestellten Werte für r_A und r_K gelten für eine Stromdichte $i = 30\ \text{mA/m}^2$.

Wenn zwei verschiedene Metalle innerhalb des Erdreichs durch einen Elektrolyten verbunden sind und außerhalb des Erdreichs ebenfalls eine Verbindung haben, wird das Metall, das die Anode bildet, zerstört. Dieses Metall wird als das unedle Metall

Tabelle 10.4 Anodischer und katodischer Polarisationswiderstand in kΩcm²

	Stahl	Cr-Ni-Stahl	Kupfer	Stahl in Beton
r_A	0,4	14	0,6	
r_K	10	80	50	≈ 300

bezeichnet; das die Katode bildende Metall ist das edlere Metall. Einen Anhaltspunkt zur Einstufung der Metalle gibt die elektrochemische Spannungsreihe (**Tabelle 10.5**) der Metalle, wobei als Bezugspotential »Wasserstoff« verwendet wurde.

Das unedlere Metall korrodiert, das edlere Metall ist geschützt. Je größer die Spannungsdifferenz, desto größer auch die Korrosion.

Die in der Technik häufig verwendeten Metalle Eisen, Aluminium, Zink und Chrom sind unedler als Wasserstoff d. h., ihre Normpotentiale sind negativ. In der Praxis kann mit den Normpotentialen nicht gearbeitet werden; sie liefern aber nützliche Anhaltspunkte.

Tabelle 10.5 Elektrochemische Spannungsreihe (Normpotentiale) einiger Metalle

Stoff	Kurzzeichen	U in V	Bewertung
Magnesium	Mg	– 2,34	unedel
Aluminium	Al	– 1,67	↓
Zink	Zn	– 0,76	
Chrom	Cr	– 0,71	
Eisen	Fe	– 0,44	
Nickel	Ni	– 0,25	
Zinn	Sn	– 0,14	
Blei	Pb	– 0,13	
Wasserstoff	H_2	± 0,00	
Kupfer	Cu	+ 0,35	
Silber	Ag	+ 0,81	
Gold	Au	+ 1,42	edel

Im Gegensatz zu den Normpotentialen sind die praktischen Potentiale nicht genau festzulegen, da je nach Oberflächenbeschaffenheit des Metalls (z. B. Korrosionsgrad) und der Zusammensetzung des Elektrolyten (z. B. Karst- und Moorwasser) die Werte erheblich streuen. Gemessen werden die Potentiale gegen besondere

Vergleichselektroden, deren Potential immer gleich bleibt und nicht wie z. B. bei einem Eisenstab davon abhängt, ob der Boden sauer oder alkalisch ist, ob er gut durchlüftet wird oder ob Sauerstoffmangel herrscht, ob der Eisenstab noch blank ist oder ob sich schon Deckschichten gebildet haben. In der Praxis hat sich als Bezugspotential die Verwendung einer »Kupfer/Kupfersulfat-Elektrode« ($Cu/CuSO_4$) mit gesättigtem Elektrolyten bewährt. Potentiale, die in der Praxis gegen eine $Cu/CuSO_4$-Elektrode gemessen wurden, sind in **Tabelle 10.6** dargestellt.

Die Angaben in der Tabelle 10.6 streuen stark, was zu der Annahme Anlaß gibt, daß die Erkenntnisse noch nicht ausgereift sind. Trotzdem kann festgestellt werden:

- Das Potential von Kupfer liegt dicht bei dem Potential von Eisen in Beton, d. h., Eisen in Beton hat auf andere Metalle im Erdreich den gleichen elektrolytischen Einfluß wie Kupfer. Da für technische Anlagen im allgemeinen große Stahlbetonfundamente erforderlich sind (Maschinenfundamente, Fabrikgebäude, Hochhäuser), ist fast überall mit elektrolytischem Einfluß »Eisen in Beton« zu rechnen. Zusätzlich zu großen Betonfundamenten eingebrachte Erdungsanlagen aus Bandstahl werden keine lange Lebensdauer haben. Es sind Fälle bekannt, in

Tabelle 10.6 Spannungen verschiedener Metalle im Erdreich, gemessen gegen eine Kupfer/Kupfersulfat-Elektrode

Werkstoff bzw. System	Korrosionspotential in V (Bezugspotential $Cu/CuSO_4$-Elektrode)		
	D	A	CH
Kupfer	– 0,20 bis 0,00	– 0,15	– 0,20 bis 0,00
Kupfer-Nickel-Legierungen	– 0,20 bis 0,00		
Blei	– 0,50 bis – 0,40	– 0,85 bis – 0,70	– 0,70 bis – 0,50
Eisen	– 0,80 bis – 0,50		
Eisen in Sandböden	– 0,50 bis – 0,30	– 0,50 bis – 0,40	
Eisen in Beton	– 0,60 bis – 0,10	– 0,20 bis – 0,05	– 0,30 bis – 0,10
Eisen verzinkt	– 1,10 bis – 0,90		– 1,00 bis – 0,70
Aluminium	– 1,00 bis – 0,50		
Zinn	– 0,60 bis – 0,40		
Zink	– 1,10 bis – 0,90		

Angaben aus: D Deutschland; DIN 30676 und DIN VDE 0151
A Österreich
CH Schweiz

denen schon nach einigen Monaten oder wenigen Jahren durch den elektrolytischen Einfluß des Betonfundaments die Erdungsanlagen zerstört wurden.

- Wie die »Flächenregel« (Gl. (10.10)) zeigt, ist vor allem für das Flächenverhältnis $S_k/S_a < 100 : 1$ die Korrosionsfrage nicht von Bedeutung. Bei $S_k/S_a > 100 : 1$ können jedoch ernsthafte Probleme auftreten. Besonders gefährdet sind unterirdische Metallkonstruktionen und Rohrleitungen, die normalerweise mit einer Isolierumhüllung oder einem Anstrich gegen Korrosion geschützt sind, dieser Schutz aber an irgendeiner Stelle beschädigt ist, z. B. infolge Steinschlags beim Verfüllen des Grabens. Hier kommt eine vergleichsweise sehr kleine anodische Oberfläche mit dem umgebenden Elektrolyten »Erdreich« in Verbindung, und es entsteht sehr schnell ein Loch in dem nicht mehr geschützten Metallteil. Bei einer Wasserleitung tritt Wasser aus, bei einem bewehrten Kabel kann es der Beginn eines Isolationsfehlers sein.

Auch bei Kenntnis der Elementspannung und der Oberflächengröße der verschiedenen Metalle ist eine Abschätzung der Lebensdauer eines Anlageteils mit negativem Potential in der Praxis nur in Ausnahmefällen möglich. Nicht ausreichend bekannt sind häufig der wirksame spezifische Erdwiderstand, vor allem aber die anodischen und katodischen Polarisationswiderstände. Einen gewissen Anhaltspunkt für die jährliche Metallabtragung gibt **Tabelle 10.7.**

Tabelle 10.7 Jährlicher Metallabtrag (Linearabtrag) durch Korrosion bei $I = 1{,}0$ mA/dm^2

Material	Linearabtrag bei $I = 1$ mA/dm^2 in mm/a
Kupfer	0,12
Blei	0,3
Eisen	0,12
Zink	0,15
Zinn	0,27

10.9.3 Korrosion durch Streuströme

Streustrom ist ein aus stromführenden Leitern elektrischer Anlagen in das umgebende Erdreich austretender Strom, der an anderer Stelle in die elektrische Anlage zurückfließt. Bei seinem Verlauf im Erdreich kann der Streustrom auch in Leitern aus Metall fließen, z. B. in Rohrleitungen, Kabelmänteln und Erdungsanlagen. Gleichstrom verursacht beim Austritt aus diesen Leitern in das umgebende Erdreich anodische Korrosion. Der Metallabtrag ist der Dichte des austretenden Stroms proportional und entspricht den Werten der Tabelle 10.7. Von der Streustromkorrosion sind alle erdverlegten Metalle betroffen, praktisch unabhängig von deren elektrochemischen Potentialen. Wechselströme mit den üblichen Frequenzen 50 Hz und $16^2/_3$ Hz sind dagegen bei den in der Praxis vorkommenden Stromdichten nicht schädlich.

10.9.4 Korrosionsschutzmaßnahmen gegen Elementbildung

Bei der Auswahl eines Erderwerkstoffes muß sowohl die Korrosionsgefahr für den Erder selbst als auch die Korrosionsgefahr für andere mit dem Erder verbundene Anlagen beachtet werden. So dürfen z. B. Erder aus Kupfer nicht mit erdverlegten Rohrleitungen und Behältern aus Stahl verbunden werden, da an den kleinen unvermeidbaren Fehlerstellen in deren Umhüllung wegen der hohen Elementspannung und der ungünstigen Flächenverhältnisse immer mit Korrosion in kurzer Zeit zu rechnen ist.

Wegen der vielen Parameter, die bei der Elementbildung eine Rolle spielen, kann zur Zeit keine generelle Lösung des Problems angeboten werden. Eine Entscheidungshilfe kann jedoch die Messung der Metall-Erdreich-Potentiale bieten. Entsprechend den in DIN VDE 0150 festgelegten Beeinflussungskriterien muß mit einer Korrosion der Anlage gerechnet werden, deren Potential sich beim Herstellen einer Verbindung mit einer anderen erdverlegten Anlage um einen Richtwert von etwa 0,1 V in positiver Richtung ändert. Bei sehr niedrigen spezifischen Erdwiderständen ($\rho_E < 100\ \Omega m$) ist bereits bei kleineren Potentialänderungen mit einer Korrosionsgefahr zu rechnen.

10.9.5 Korrosionsschutzmaßnahmen gegen Streuströme

Beim Betrieb von Gleichstromanlagen (z. B. Straßenbahnen) sind Streuströme unvermeidbar. Über die in den VDE-Bestimmungen für Bahnbetriebe festgelegten Maßnahmen hinaus sind häufig zusätzliche Streustromschutzmaßnahmen an beeinflußten Anlagen erforderlich, um Korrosionsschäden zu vermeiden. Für Kabel und Rohrleitungen aller Art haben sich seit Jahrzehnten Streustromableitungen und Streustromabsaugungen bewährt, deren Ausführung in DIN VDE 0150 ausführlich beschrieben wird. Sie sind zweckmäßig, wenn Potentiale durch Streuströme im zeitlichen Mittel um mehr als 0,1 V in positiver Richtung verschoben werden.

Ein Erfolg kann im allgemeinen nur erreicht werden, wenn alle Betreiber von Kabelnetzen und Rohrleitungen mit dem Bahnbetrieb eng zusammenarbeiten. Eine gute Hilfe bietet ein Vorgehen nach der AfK-Empfehlung Nr. 4 »Empfehlungen für Verfahren und Kostenverteilung bei Korrosionsschutzmaßnahmen an Kabeln und Rohrleitungen gegen Gleichstrombahnen und Obusanlagen«.

Prinzipiell werden nach DIN VDE 0150 folgende drei Arten von Streustromableitungen und Streustromabsaugungen unterschieden:

- *Unmittelbare Streustromableitung* **(Bild 10.24)**

ist eine Kabelverbindung (Streustromrückleiter) von der gefährdeten Anlage zu stets negativen Punkten der die Streuströme erzeugenden Anlage, auch über einen

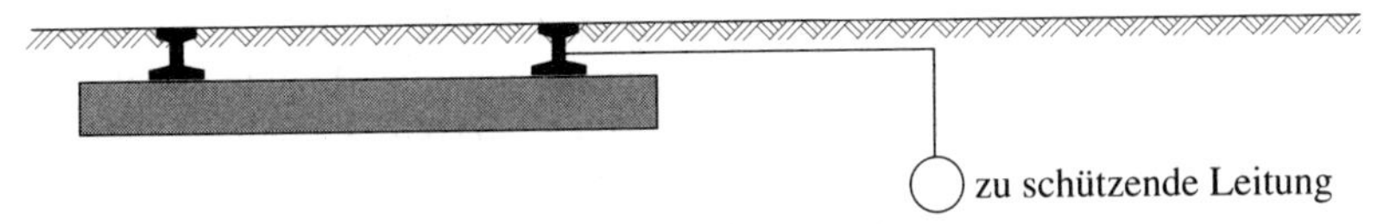

Bild 10.24 Unmittelbare Streustromableitung

einstellbaren Widerstand. Im Einflußbereich von Gleichstromableitungen ist die unmittelbare Streustromableitung im allgemeinen nur zu Sammelschienen von ständig betriebenen Unterwerken möglich.

- *Gerichtete oder polarisierte Streustromableitung* **(Bild 10.25)**

ist eine Kabelverbindung, jedoch mit einem stromrichtungsabhängigen Glied, z. B. Gleichrichterzellen. Durch diese wird eine Stromumkehr im Streustromrückleiter verhindert.

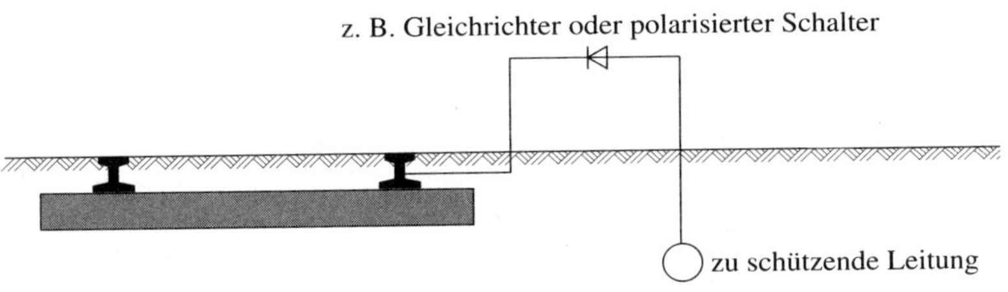

Bild 10.25 Gerichtete oder polarisierte Streustromableitung

- *Streustromabsaugung* **(Bild 10.26)**

ist eine erzwungene Streustromableitung, bei der im Streustromrückleiter eine Gleichstromquelle liegt. Durch sie kann an der gefährdeten Anlage auch dann ein negatives Potential gegenüber dem umgebenden Elektrolyten (Erdboden) erzwungen werden, wenn dies allein durch die Ableitung der Streuströme nicht erreicht wird.

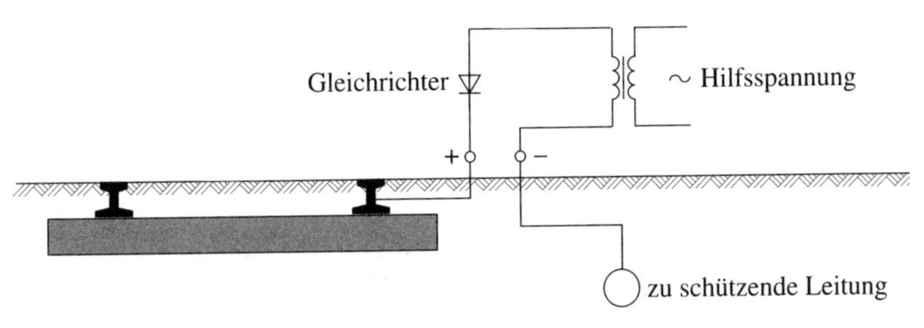

Bild 10.26 Streustromabsaugung

Besondere Maßnahmen sind bei Tunnelanlagen für Gleichstrombahnen zu beachten. Weder die Fahrschienen noch Bewehrungen oder sonstige Metallteile der Tunnelanlagen dürfen mit anderen unterirdischen Anlagen metallisch leitend verbunden sein. Dies bedeutet, daß Kabel und Rohrleitungen isoliert in den Tunnel einzuführen sind und daß die Stromversorgung nicht nur für den Bahnbetrieb, sondern auch für alle sonstigen Einrichtungen über Transformatoren mit getrennten Wicklungen erfolgen muß.

Schädliche Beeinflussungen durch katodische Korrosionsschutzanlagen können u. a. durch Einbeziehen der beeinflußten Anlagen in die Korrosionsschutzmaßnahme vermieden werden. Hinweise für das Einbeziehen von EVU-Anlagen sind in den AfK-Empfehlungen Nr. 2 und 9 enthalten. Die Durchführung dieser Maßnahmen ist – im Einvernehmen mit dem EVU – Angelegenheit des Errichters oder Betreibers der Korrosionsschutzanlage.

10.9.6 Katodischer Korrosionsschutz

Das Prinzip des katodischen Korrosionsschutzverfahrens besteht darin, daß ein Gleichstromübergang von einem Metall in den Erdboden durch Überlagerung eines äußeren, entgegengesetzt gerichteten Gleichstroms verhindert wird; hierbei kann der Schutzstrom durch ein unedleres Metall (galvanische Anoden) oder durch eine technische Gleichstromquelle (netzgespeister Gleichrichter) erzeugt werden. Das Verfahren ist ausführlich im »Taschenbuch für den kathodischen Korrosionsschutz« beschrieben und wird seit Jahrzehnten mit sehr gutem Erfolg für unterirdische Rohrleitungen und Behälter aus Stahl mit Umhüllungen angewendet. Durch eine ausreichende Schutzstromdichte in unvermeidbaren Fehlstellen der Umhüllung kann die Stahloberfläche soweit katodisch polarisiert werden, daß sie zu einer unangreifbaren Katode und damit vollständig gegen jede Art von Korrosion geschützt wird. Für Ölfernleitungen und Gasleitungen mit einem Betriebsdruck von über 16 bar sowie für Öl- und Benzintanks in bestimmten Fällen ist das katodische Korrosionsschutzverfahren durch Aufsichtsbehörden vorgeschrieben.
Bei Erdungsanlagen ist der katodische Korrosionsschutz nicht von Bedeutung.

10.9.7 Fundamenterder und Korrosion

10.9.7.1 Verhalten feuerverzinkter Stähle in Beton

Langzeitversuche haben gezeigt, daß sich der feuerverzinkte Stahl in Beton hinsichtlich seines Korrosionsverhaltens ausgezeichnet bewährt hat. Eine frühzeitige Zersetzung, wie früher oft behauptet, findet nicht statt.
Untersuchungen von Forschungsinstituten haben gezeigt, daß durch Einwirkung von Beton auf Zink an der Oberfläche des verzinkten Stahls eine passivierende Schutzschicht entsteht. Die Beständigkeit dieser Schutzschicht und damit auch das weitere Verhalten des verzinkten Stahls werden wesentlich durch die Beschaffen-

heit des Betons und die statische Beanspruchung des Stahls bestimmt. So liegen die Verhältnisse bei schlaff armierten Stählen gegenüber statisch hoch beanspruchten Stählen wesentlich günstiger. In jedem Fall ist eine dichte und blasenfreie Einbringung des Betons erforderlich, damit keine Eigenkorrosion auftreten kann.

10.9.7.2 Zusammenschluß von Fundamenterdern mit Erdern im Erdreich

Wenn separate Blitzschutzerder errichtet werden, sind diese nach Teil 410 an zentraler Stelle mit dem Potentialausgleich zu verbinden. Hierdurch wird bei Vorhandensein eines Fundamenterders ein Zusammenschluß vorgenommen, der zum Stromfluß zwischen den beiden in der Spannungsreihe unterschiedlichen Metallen führt. Wird beispielsweise als Blitzschutzerder verzinkter Stahl verwendet, so kann im ungünstigsten Fall eine Potentialdifferenz zwischen den beiden Metallen von 0,7 V auftreten. Hierbei wird das »unedlere« Metall, in diesem Falle verzinkter Stahl im Erdreich, zerstört. Solche Korrosionen sind nach bisheriger Erfahrung jedoch nicht von schwerwiegender Bedeutung, da in der Praxis die Potentialdifferenz wesentlich geringer ist. Andere Verhältnisse treten auf, wenn Kupfer im Erdboden mit anderen Metallen verbunden wird **(Bild 10.27).**

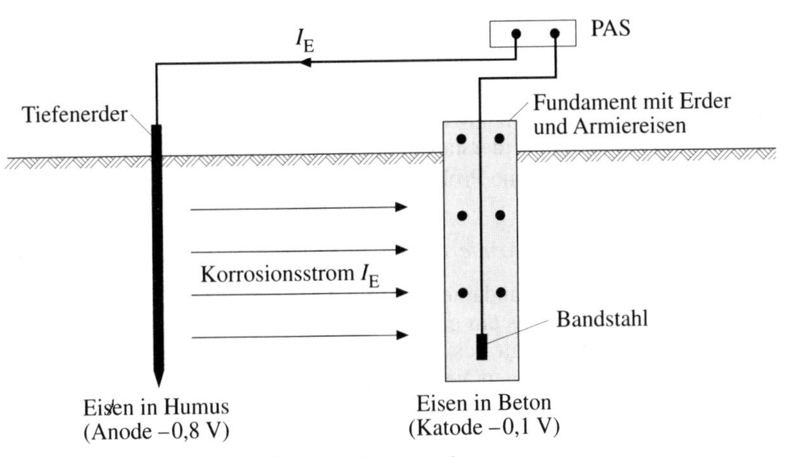

Bild 10.27 Korrosion bei einem Fundamenterder

Blankes Kupfer im Erdboden hat ein weitaus höheres Potential als andere übliche Metalle im Erdboden, wie z.B. verzinkter Stahl, blanker Stahl und auch Stahl in Beton. Bei einer metallenen Verbindung mit Kupfer treten daher an den anderen Metallen stets erhebliche Korrosionen auf.

Nach der Flächenregel ist das Verhältnis der anodischen Fläche S_a (Stahl) zur katodischen Fläche S_k (Kupfer) bei der Bildung von Korrosionselementen von entscheidender Bedeutung. Mit größer werdender Kupferfläche steigt die

Korrosionsgeschwindigkeit der anodischen Fläche (unedleres Metall) sehr stark an. Daher sind Erder aus Kupfer nur mit größter Vorsicht zu verwenden, besonders wenn sie mit dem Fundamenterder zu verbinden sind. Dies gilt sinngemäß auch für Rohrleitungen.

Aufgrund des stark positiven Potentials von Kupfer im Beton entstehen durch Korrosion Abtragungen am Fundamenterder. Auch an anderen im Erdboden befindlichen Anlagen aus Metall können in solchen Fällen Korrosionserscheinungen auftreten. Um solche Korrosionsschäden zu vermeiden, müssen Rohrleitungen und Rohrschlangen aus Kupfer im Erdboden oder im Grundwasser von allen anderen Anlageteilen elektrisch getrennt sein. Dies kann z. B. durch Einbau von Rohrstükken aus Kunststoff an den Anschlußstellen vorgenommen werden.

10.9.7.3 Fundamenterder aus verzinktem Stahl und Armierungen

Wird in Fundamenten zusätzlich verzinkter Stahl als Fundamenterder verlegt und mit der Bewehrung verbunden, so ergibt diese Anordnung ein chemisches Element aus Stahl, Zink und feuchtem Beton als Elektrolyt. Die Spannung zwischen Stahl und Zink liegt dabei in der Größe von 500 mV bis 700 mV. Die metallische Verbindung zwischen Stahl und verzinktem Stahl und die gute elektrische Leitfähigkeit des feuchten Betons bewirken einen verhältnismäßig starken Korrosionsstrom, der das Zink auflöst.

Dieser Vorgang hört nach einigen Monaten auf, weil entweder das Zink restlos abgetragen ist oder weil der Beton soweit abgebunden hat, daß seine Feuchtigkeit weitgehend gebunden und sein Widerstand stark gestiegen ist.

Hierdurch treten in der Praxis keine Probleme auf.

10.9.7.4 Zusammenschluß von Armierungen mit Erdern im Erdreich

Der schwarze Stahl von Betonfundamenten bildet auch mit Erdern im Erdreich über die Elektrolyte des Erdreichs ein galvanisches Element. Die Spannung dieser Elemente liegt je nach Eigenschaft des Betons und des Erdreichs zwischen 0 mV und 500 mV. Bei einer metallischen Verbindung zwischen Bewehrung und Erder entsteht ein Korrosionsstrom, der den Erder zerstören kann. Ungünstigerweise kommt noch hinzu, daß das Flächenverhältnis Erder/Betonfundament sehr klein ist.

Nach den bisherigen Erfahrungen kommt eine derartige Korrosion im Erdboden nach Aufzehrung des Zinküberzugs im Gegensatz zur Korrosion im Beton nicht zum Stillstand. Vielmehr wird nach Aufzehrung der Zinkschicht der dann übrig bleibende Stahl oft sehr schnell vollständig aufgezehrt.

So ist z. B. ein Bandstahl 30 mm × 3,5 mm, der als Ringerder um ein Hochhaus verlegt war und mit dessen Fundamentbewehrung Verbindung hatte, binnen zwei Jahren fast vollständig zu Rost zerfallen.

Abhilfe bietet hier nur die geeignete Auswahl der Erdermaterialien nach der Spannungsreihe.

10.10 Erdungsleiter

Erdungsleiter, die nicht im Erdreich verlegt werden, müssen dem Querschnitt des Schutzleiters entsprechen (siehe Abschnitt 10.11). Solche Leitungen müssen sichtbar oder zugänglich verlegt werden. Um den Ausbreitungswiderstand eines Erders leicht messen zu können, ist an geeigneter Stelle eine Trennmöglichkeit (Erdungstrennklemme) vorzusehen. Die Trennstelle muß so beschaffen sein, daß eine Trennung nur mittels Werkzeug möglich ist.
Erdungsleitungen, die im Erdreich verlegt werden, müssen folgende Mindestquerschnitte aufweisen:

- bei Verlegung mit mechanischem Schutz und Korrosionsschutz genügen die Schutzleiterquerschnitte nach **Tabelle 10.9;**
- bei mechanisch ungeschützter Verlegung mit Korrosionsschutz mindestens 16 mm^2 Cu oder 16 mm^2 Fe;
- wenn kein Korrosionsschutz vorgesehen ist, werden, gleichgültig ob mit oder ohne mechanischen Schutz, 25 mm^2 Cu oder 50 mm^2 Fe, feuerverzinkt, gefordert.

10.11 Schutzleiter

10.11.1 Querschnitte der Schutzleiter

Der Querschnitt des Schutzleiters ist immer vom entsprechenden (zugeordneten) Außenleiterquerschnitt abhängig. Gemäß internationaler Festlegungen nach IEC und CENELEC kann der Querschnitt des Schutzleiters entweder nach einer Tabelle ausgewählt oder aber berechnet werden.
Zur Auswahl des Schutzleiterquerschnitts gilt die international vereinbarte **Tabelle 10.8,** wobei zusätzlich gilt, daß bei nicht genormten Querschnitten der nächstliegende Normquerschnitt zu wählen ist.
Bei der Berechnung des Schutzleiterquerschnitts kann für Abschaltzeiten bis 5 s folgende Beziehung angewandt werden:

$$S = \frac{\sqrt{I^2 \cdot t}}{k}. \qquad (10.11)$$

Es bedeuten:

S Mindestquerschnitt in mm^2
I Fehlerstrom in A, der bei vollkommenem Kurzschluß fließt;
t Ansprechzeit der Schutzeinrichtung, die verwendet wird, in s;
k Materialbeiwert in $\mathrm{A}\sqrt{\mathrm{s}}/\mathrm{mm}^2$, der vom Leiterwerkstoff, der Verlegeart, von den zulässigen Anfangs- und Endtemperaturen und vom Isolationsmaterial abhängig ist. Für den häufigsten Anwendungsfall kann **Tabelle 10.10** angewandt werden. Weitere Werte für den Materialbeiwert können Abschnitt 25.3 (Anhang C) entnommen werden.

Ergibt sich bei der Berechnung des Schutzleiterquerschnitts ein nicht genormter Querschnitt, so ist stets der nächsthöhere Normquerschnitt zu wählen. Abrundungen sind nicht zulässig.

Tabelle 10.8 Zuordnung des Schutzleiters; internationale Vereinbarung

Außenleiter Querschnitt S mm^2	Schutzleiter Querschnitt S_p mm^2
$S \le 16$	S
$16 < S \le 35$	16
$S > 35$	$\frac{S}{2}$

Bei Anwendung der Tabelle 10.8 ergibt sich für die praktische Anwendung bei den verschiedenen Schutzleiter-Verlegemöglichkeiten **Tabelle 10.9.**

Tabelle 10.9 Zuordnung des Schutzleiters; Werte für praktische Anwendung

Nennquerschnitte				
Außenleiter	Schutzleiter		Schutzleiter getrennt verlegt *)	
	isolierte Starkstrom-leitungen	0,6/1-kV-Kabel mit vier Leitern	geschützt	ungeschützt
mm^2	mm^2	mm^2	mm^2	mm^2
bis 0,5	0,5	–	2,5	4
0,75	0,75	–	2,5	4
1	1	–	2,5	4
1,5	1,5	1,5	2,5	4
2,5	2,5	2,5	2,5	4
4	4	4	4	
6	6	6	6	
10	10	10	10	
16	16	16	16	
25	16	16	16	
35	16	16	16	
50	25	25	25	
70	35	35	35	
95	50	50	50	
120	70	70	70	
150	70	70	70	
185	95	95	95	
240	–	120	120	
300	–	150	150	
400	–	185	185	

*) Ab einem Querschnitt des Außenleiters von > 95 mm^2 sind vorzugsweise blanke Leiter anzuwenden.

Tabelle 10.10 Materialbeiwert k in $A\sqrt{s}/mm^2$ für isolierte Schutzleiter in einem Kabel oder einer Leitung

	Werkstoff der Isolierung			
	G	PVC	VPE, EPR	IIK
ϑ_i in °C	60	70	90	85
ϑ_f in °C	200	160	250	220
Cu	141	115	143	134
Al	87	76	94	89

Es bedeuten:
ϑ_i Anfangstemperaturen am Leiter in °C
ϑ_f Endtemperatur am Leiter in °C
G Isolierung aus Gummi
PVC Isolierung aus Polyvinylchlorid
VPE Isolierung aus vernetztem Polyethylen
EPR Isolierung aus Ethylen-Propylen-Kautschuk
IIK Isolierung aus Butyl-Kautschuk

Ein Rechenverfahren für Abschaltzeiten über 5 s ist in Vorbereitung.
Unabhängig vom Ergebnis der Berechnung des Schutzleiterquerschnitts, das in der Regel einen geringeren Querschnitt als nach Tabelle 10.8 oder Tabelle 10.9 zuläßt, sind bei getrennter Verlegung folgende Mindestquerschnitte immer einzuhalten:

- 2,5 mm² Cu oder Al, wenn die Leitung mechanisch geschützt ist;
- 4 mm² Cu oder Al, wenn die Leitung mechanisch nicht geschützt ist.

Die Verwendung von Aluminium bei ungeschützter Verlegung war bisher in Deutschland nicht zulässig. Nach den internationalen Vereinbarungen ist dies aber künftig zugelassen. Bei der Verwendung von Aluminium als Schutzleiter bei ungeschützter Verlegung ist es empfehlenswert, die bei Aluminium gegebene Anfälligkeit gegen Korrosion zu beachten. Auch die geringe mechanische Festigkeit von Aluminium (gegenüber Kupfer) ist zu berücksichtigen.

Beispiel 1:
An einer Verteilung (U = 230/400V), die eine Impedanz von $Z_V = 0{,}11\ \Omega$ aufweist, soll ein Drehstrommotor mit H07V 95 mm² angeschlossen werden. Die Leitungslänge beträgt 102 m; es werden Schutzorgane mit 160 A Nennstrom der Betriebsklasse gL verwendet. Der Schutzleiterquerschnitt ist zu bestimmen.
Nach Tabelle 10.8 und Tabelle 10.9 wird ein Schutzleiterquerschnitt von 50 mm² ermittelt. Die Impedanz an der Kurzschlußstelle im ungünstigsten Fall ergibt sich zu:

$$Z = Z_V + Z_A + Z_{PE}.$$

Mit den Werten der Tabelle 7.4b) ergeben sich für die Impedanz des Außenleiters:

$$Z_A = z \cdot l_A = 0{,}257\ \Omega/\text{km} \cdot 0{,}102\ \text{km} = 0{,}026\ \Omega$$

und für die Impedanz des Schutzleiters:

$$Z_{PE} = z \cdot l_{PE} = 0{,}489\ \Omega/\text{km} \cdot 0{,}102\ \text{km} = 0{,}050\ \Omega.$$

Die Gesamtimpedanz beträgt damit:

$$Z = 0{,}110\ \Omega + 0{,}026\ \Omega + 0{,}050\ \Omega = 0{,}186\ \Omega,$$

und der Kurzschlußstrom liegt bei:

$$I_k = \frac{c \cdot U}{\sqrt{3} \cdot Z} = \frac{0{,}95 \cdot 400\ \text{V}}{\sqrt{3} \cdot 0{,}186\ \Omega} = 1183\ \text{A}.$$

Die Abschaltzeit für diesen Kurzschlußstrom wird nach Bild 16.9 mit $t = 3$ s ermittelt. Mit dem Materialbeiwert aus Tabelle 10.10 für eine PVC-isolierte Kupferleitung von $k = 115\ \text{A}\sqrt{\text{s}}/\text{mm}^2$ ergibt sich dann nach Gl. (10.11) ein zulässiger Schutzleiterquerschnitt von:

$$S = \frac{\sqrt{I^2 \cdot t}}{k} = \frac{\sqrt{1183^2\ \text{A}^2 \cdot 3\ \text{s}}}{115\ \text{A}\sqrt{\text{s}}/\text{mm}^2} = 17{,}8\ \text{mm}^2 .$$

Da dieser Wert aufzurunden ist, wird ein Querschnitt von 25 mm² erforderlich. Es ist zu empfehlen, mit den geänderten Impedanzwerten des Schutzleiters eine Nachrechnung durchzuführen.

Mit der anderen Impedanz des Schutzleiters (25 mm² anstatt 50 mm²) ergibt sich:

$$Z_{PE} = z \cdot l_{PE} = 0{,}902\ \Omega/\text{km} \cdot 0{,}102\ \text{km} = 0{,}092\ \Omega.$$

Die neue Gesamtimpedanz ist damit:

$$Z = Z_V + Z_A + Z_{PE} = 0{,}110\ \Omega + 0{,}026\ \Omega + 0{,}092\ \Omega = 0{,}228\ \Omega$$

und der Kurzschlußstrom:

$$I_k = \frac{c \cdot U}{\sqrt{3} \cdot Z} = \frac{0{,}95 \cdot 400\ \text{V}}{\sqrt{3} \cdot 0{,}228\ \Omega} = 965{,}9\ \text{A}.$$

Dieser Strom wird von dem vorgeschalteten 160-A-Überstromschutzorgan der Betriebsklasse gL in einer Zeit $t < 5$ s abgeschaltet. Der Schutzleiterquerschnitt mit 25 mm² geht in Ordnung.

Beispiel 2:
Eine Anlage in einem TN-System ist durch RCD geschützt. Der maximal fließende Strom über den Schutzleiter zum PEN-Leiter beträgt 2100 A. Der Außenleiterquerschnitt beträgt 50 mm². Gesucht ist der Schutzleiterquerschnitt.

Der Querschnitt nach Tabelle 10.9 beträgt 25 mm².

Nach Gl. (10.11) ergibt sich, wenn als maximale Abschaltzeit für RCD mit 0,2 s (in der Praxis schneller) gerechnet wird, wenn der Schutzleiter blank verlegt werden soll und wenn normale Bedingungen vorliegen ($k = 159 \ \mathrm{A}\sqrt{\mathrm{s}}/\mathrm{mm}^2$ nach Tabelle C.1 (Anhang C), folgender Querschnitt:

$$S = \frac{\sqrt{I^2 \cdot t}}{k} = \frac{\sqrt{2100^2 \ \mathrm{A}^2 \cdot 0{,}2 \ \mathrm{s}}}{159 \ \mathrm{A}\sqrt{\mathrm{s}}/\mathrm{mm}^2} = 5{,}91 \ \mathrm{mm}^2 \approx 6 \ \mathrm{mm}^2 .$$

Beim Einsatz von RCDs erübrigt sich eine Nachrechnung wie in Beispiel 1.

10.11.2 Verlegen des Schutzleiters

Als Schutzleiter können nach Teil 540 Abschnitt 5.2.1 verwendet werden:
- Leiter in mehradrigen Kabeln und Leitungen;
- isolierte oder blanke Leiter in gemeinsamer Umhüllung mit Außenleitern und dem Neutralleiter, z.B. in Rohren, Elektroinstallationskanälen;
- fest verlegte blanke oder isolierte Leiter;
- metallene Umhüllungen, wie Mäntel, Schirme und konzentrische Leiter bestimmter Kabel, z. B. NKLEY, NYCY, NYCWY;
- Metallrohre oder andere Metallumhüllungen, z.B. Installationskanäle, Gehäuse von Stromschienensystemen;
- fremde leitfähige Teile;
- Profilschienen auch dann, wenn sie Klemmen und/oder Geräte tragen (siehe hierzu Tabelle 10.11).

Metallene Umhüllungen von Kabeln und Leitungen, Gehäuse von Schaltgeräte-Kombinationen, metallgekapselte Stromschienensysteme oder andere Konstruktionsteile können als Schutzleiter verwendet werden, wenn:
- die Leitfähigkeit der Konstruktionsteile der des Schutzleiters entspricht;
- keine chemischen oder elektrochemischen Einflüsse auftreten können, die eine Verschlechterung der Leitfähigkeit oder Kontakte hervorrufen;

- der Ausbau von Konstruktionsteilen keine Unterbrechung des Schutzleiters zur Folge hat;
- die Zugehörigkeit der Schutzleiter zu ihren Anschlußstellen für alle ankommenden und abgehenden Schutzleiter erkennbar ist.

Fremde leitfähige Teile können als Schutzleiter verwendet werden, wenn:
- die Leitfähigkeit des fremden leitfähigen Teiles der des Schutzleiters entspricht;
- eine durchgehende elektrische Verbindung sichergestellt ist;
- mechanische, chemische oder elektrochemische Einflüsse ausgeschlossen sind;
- der Ausbau von Teilen keine Unterbrechung zur Folge hat.

Zu beachten ist noch:
- Spannseile, Aufhängeseile, Installations-Metallrohre, Metallschläuche und dergleichen dürfen nicht als Schutzleiter verwendet werden;
- fremde leitfähige Teile dürfen nicht als PEN-Leiter verwendet werden.

Zur Anschluß- und Verbindungstechnik von Schutzleitern untereinander und Schutzleiter mit anderen Teilen bzw. Anschlußstellen ist zu bemerken:
- ein angemessener Schutz gegen chemische, elektrochemische, mechanische und elektromechanische Beanspruchungen muß vorhanden sein;
- es muß ein Schutz gegen Selbstlockern der Verbindung vorhanden sein (Einbau von Zahnscheiben, Fächerscheiben oder Federringen);
- die Verbindung muß zugänglich sein (vergossene Verbindungen sind ausgenommen);
- Befestigungs- und Verbindungsschrauben von Konstruktionsteilen dürfen nur dann als Anschlußstelle für Schutzleiter verwendet werden, wenn sie entsprechend gestaltet sind **(Bild 10.28).**

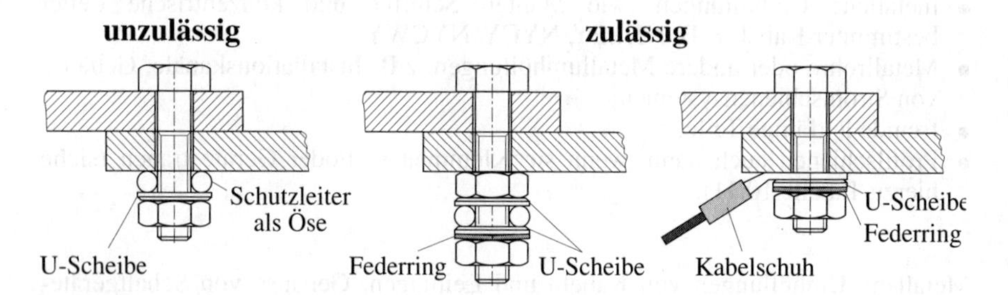

Bild 10.28 Schutzleiteranschluß

10.12 PEN-Leiter

Der PEN-Leiter nimmt im TN-C-System eine Doppelfunktion wahr. Er ist in erster Linie »Schutzleiter« und erfüllt als zweite Funktion die Aufgabe des »Neutralleiters« (vgl. auch Abschnitt 7.1.1).

Der Querschnitt des PEN-Leiters muß bei fester Verlegung in Abhängigkeit des Außenleiterquerschnitts nach Tabelle 10.9 mindestens

- 10 mm^2 Cu oder
- 16 mm^2 Al

betragen.

Weitere Festlegungen zum Querschnitt des PEN-Leiters sind in DIN VDE 0100 nicht getroffen. Da ein PEN-Leiter die Anforderungen an den Schutzleiter (Teil 540) und an den Neutralleiter (Teil 430) erfüllen muß, kann der Querschnitt aus diesen Festlegungen abgeleitet werden. Nach sinngemäßer Auslegung von Teil 430 Absatz 9.2 darf der Querschnitt des PEN-Leiters geringer sein als der Außenleiter-Querschnitt, wenn sichergestellt ist, daß:

a) entweder der größte Strom im PEN-Leiter bei normalem Betrieb die zulässige Strombelastbarkeit dieses Leiters nicht überschreitet und in den Außenleitern Schutzeinrichtungen vorhanden sind, die den Kurzschlußschutz des Systems – auch unter Berücksichtigung des reduzierten PEN-Leiters – sicherstellen,
b) oder im PEN-Leiter eine Überstromerfassung (Überlast- und Kurzschlußschutz) eingebaut ist, die auf ein Schaltglied wirkt, das alle Außenleiter abschaltet. Der PEN-Leiter darf, muß aber nicht mitgeschaltet werden.

Wenn also eine der genannten Bedingungen nach Teil 430 erfüllt ist, darf der PEN-Leiter-Querschnitt nach Tabelle 10.9, wie für den Schutzleiter vorgesehen, bemessen werden.

Für bewegliche Leitungen sind PEN-Leiter – von Sonderfällen abgesehen – nicht zulässig. Diese Sonderfälle sind innerhalb des EVU-Bereichs der Anschluß von Notstromaggregaten oder die Überbrückung herausgetrennter Leitungsstücke im Netz mit Querschnitten > 16 mm^2 Cu. Derartige Leitungen werden während des Betriebs nicht bewegt und können praktisch als fest verlegt betrachtet werden.

Von besonderer Wichtigkeit ist die Stelle, an der der PEN-Leiter in Schutzleiter und Neutralleiter aufgeteilt wird **(Bild 10.29).**

Der ankommende PEN-Leiter ist auf die Schutzleiterschiene oder Schutzleiterklemme zu führen und von dort mittels einer Brücke mit der Neutralleiterschiene oder Neutralleiterklemme zu verbinden.

Nach der Aufteilung des PEN-Leiters dürfen Neutralleiter und Schutzleiter nicht mehr miteinander verbunden werden; ebenso ist eine Erdung des Neutralleiters nicht mehr zulässig.

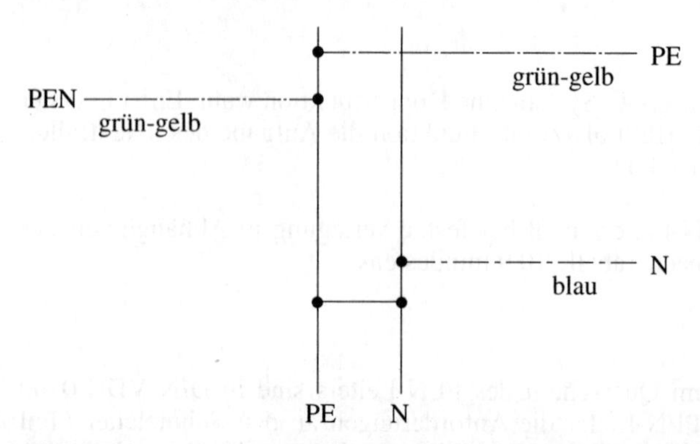

Bild 10.29 Aufteilung des PEN-Leiters in Schutzleiter und Neutralleiter

Profilschienen dürfen als PEN-Leiter verwendet werden, wenn sie nicht aus Stahl bestehen, die erforderliche Stromtragfähigkeit und Kurzschlußfestigkeit besitzen, dem PEN-Querschnitt der Anlage entsprechen und keine Geräte tragen. Ein Einsatz von Geräten, z. B. Schütze, LS-Schalter, RCDs u. dgl., würde die Wärmeabfuhr behindern, weshalb dies unzulässig ist. Klemmen behindern die Wärmeabfuhr nur geringfügig und sind deshalb zulässig. Entsprechende Werte für genormte Schienen gibt **Tabelle 10.11** an.

Tabelle 10.11 Verwendung von Profilschienen als Schutzleiter bzw. als PEN-Leiter

Schienenprofil Norm Bezeichnung	Werkstoff	Entsprechender Querschnitt eines Kupferleiters mm^2	Maximaler Kurzschlußstrom für 1 s kA	Strombelastbarkeit bei Verwendung als PEN-Leiter A
Hutschiene	Stahl	10	1,2	*)
EN 50045	Kupfer	25	3,0	108
15 mm × 5 mm	Aluminium	16	1,92	82
G-Schiene	Stahl	35	4,2	*)
EN 50035	Kupfer	120	14,2	292
G 32	Aluminium	70	8,4	207
Hutschiene	Stahl	16	1,92	*)
EN 50022	Kupfer	50	6,0	168
35 mm × 7,5 mm	Aluminium	35	4,2	135
Hutschiene	Stahl	50	6,0	*)
EN 50022	Kupfer	150	18,0	335
35 mm × 15 mm	Aluminium	95	11,4	250

*) Schienen aus Stahl sind für PEN-Funktion nicht zulässig

Fremde leitfähige Teile, Spannseile, Aufhängerseile, Installations-Metallrohre, Metallschläuche u. dgl. dürfen nicht als PEN-Leiter verwendet werden.

10.13 Potentialausgleich

10.13.1 Hauptpotentialausgleich

Nach Teil 410 Abschnitt 6.l.2 muß in jedem Gebäude ein Hauptpotentialausgleich durchgeführt werden. An der Hauptpotentialausgleichsschiene sind alle leitfähigen Teile – besonders die, die netz- oder flächenartig das Gebäude durchziehen – anzuschließen und dadurch elektrisch gut leitend miteinander zu verbinden.

An die Hauptpotentialausgleichsschiene müssen angeschlossen werden **(Bild 10.30):**
- Fundamenterder,
- Schutzleiter oder PEN-Leiter (Hauptschutzleiter),
- metallene Wasserverbrauchsleitung,
- metallene Abwasserleitung,
- Zentralheizung (Vor- und Rücklauf),
- Gasinnenleitung (Isolierstück vorsehen),
- Erdungsleiter für die Antennenanlage,
- Erdungsleiter für die Fernsprechanlage,
- Metallteile der Gebäudekonstruktion (soweit möglich),
- Leiter zum Blitzschutzerder.

Der Querschnitt der Hauptpotentialausgleichsleiter ist in **Tabelle 10.12** dargestellt. Dabei kann der Potentialausgleichsleiter auch durch Konstruktionsteile ersetzt werden, vorausgesetzt, der Querschnitt wird dadurch nicht zu klein bemessen.

Tabelle 10.12 Querschnitt des Hauptpotentialausgleichsleiters

normal	0,5 × Hauptschutzleiterquerschnitt
mindestens	6 mm^2 Cu
mögliche Begrenzung	25 mm^2 Cu, oder gleicher Leitwert

Grundlage für die Bemessung des Hauptpotentialausgleichsleiters ist der Querschnitt der stärksten vom Hauptverteiler abgehenden Leitung der Anlage.

Wenn metallene Leitungen innerhalb eines Hauses (Wasser, Gas, Abwasser, Lüftungskanäle usw.) isolierende Verbindungsstellen erhalten, ist eine Überbrückung der Verbindungsstellen nicht notwendig, da eine derart isolierte Leitung keine Spannungen verschleppen kann. Die Leitung ist innerhalb des Gebäudes also mehr oder weniger potentialfrei, je nach dem, welche zufälligen Verbindungen zu anderen Bauteilen bestehen, die in den Potentialausgleich einbezogen sind. Eine Gefährdung kann somit nicht auftreten. An der Stelle (Hausanschlußraum), an der der Potentialausgleich durchgeführt wird, ist die Leitung jedoch in den Potentialausgleich einzubeziehen.

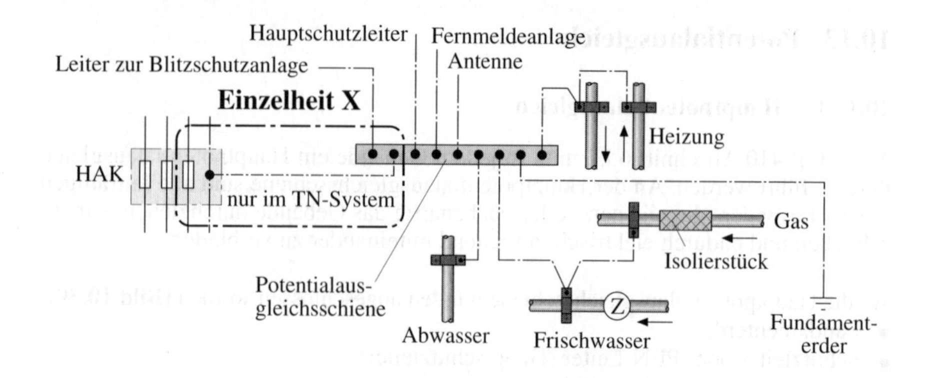

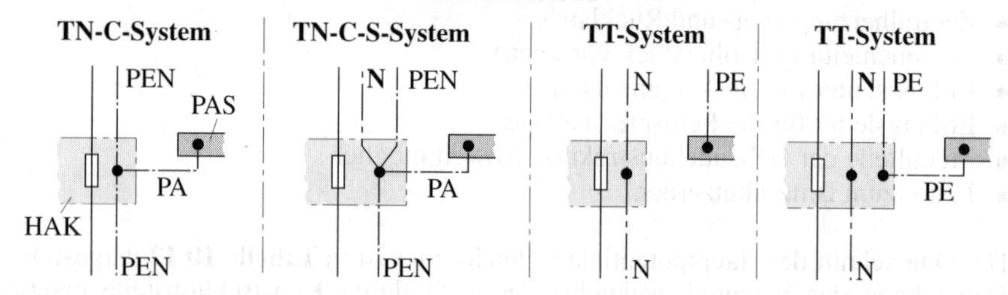

Bild 10.30 Hauptpotentialausgleich

Zu beachten ist noch der erforderliche Querschnitt für die Verbindung zwischen PEN-Leiter und Potentialausgleichsschiene im TN-System. Dient diese Verbindung nur dem Potentialausgleich, dann genügt ein Querschnitt, der dem des Hauptpotentialausgleichsleiters entspricht **(Bild 10.31).** Ist diese Verbindung aber als Teil des Hauptschutzleiters zu sehen, dann muß sie dem Querschnitt für den Hauptschutzleiter entsprechen **(Bild 10.32).** Dabei ist es gleichgültig, ob die Verbindung vom Hausanschlußkasten oder von der Hauptverteilung aus zur Potentialausgleichsschiene erfolgt.

Beispiel 1:

In einer Anlage führen zwei Stromkreise, von einer Hauptverteilung ausgehend, zu zwei getrennt voneinander angeordneten Unterverteilungen. Verlegt sind NAYY 4×150 mm² und NYY $4 \times 70/35$ mm². Gesucht ist der Querschnitt des Hauptpotentialausgleichsleiters.

Da es sich um Kabel mit unterschiedlichen Querschnitten und Leitermaterialien handelt, ist zu empfehlen, beide Abgänge zu betrachten.

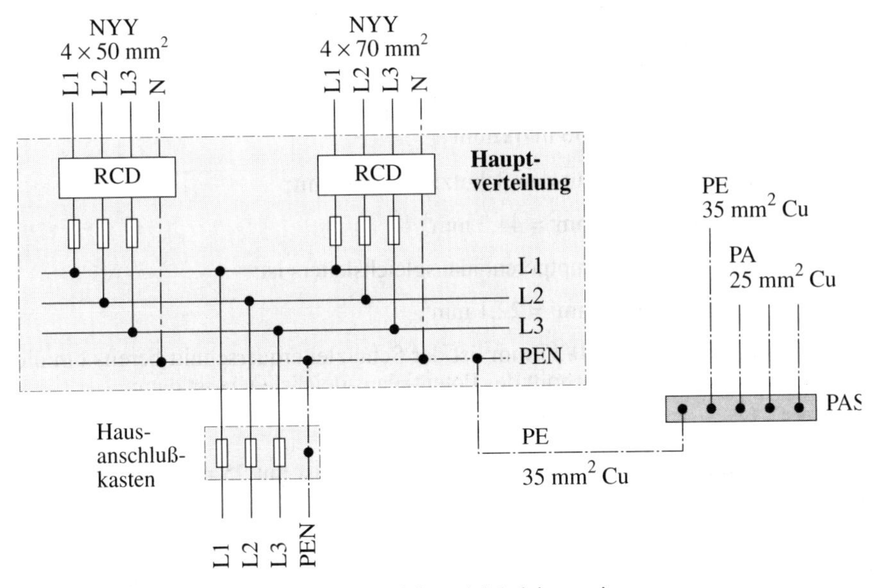

Bild 10.31 Bemessung des Hauptpotentialausgleichsleiters mit querschnittsgleicher Verbindung von PAS zum HAK

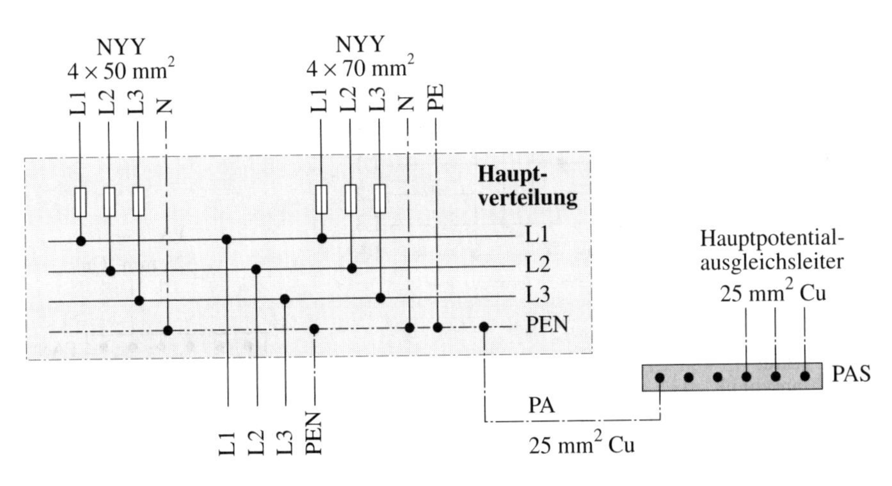

Bild 10.32 Bemessung von Hauptschutzleiter und Hauptpotentialausgleichsleiter sowie Verbindung von PAS zur HV

Für das .Kabel NAYY 4 × 150 mm² ist der Aluminium-Querschnitt zunächst in den leitwertgleichen Kupfer-Querschnitt umzurechnen. Damit ist:

$$S_{\mathrm{Cu}} = S_{\mathrm{Al}}\,\frac{\chi_{\mathrm{Al}}}{\chi_{\mathrm{Cu}}} = 150\ \mathrm{mm}^2\,\frac{33\ \mathrm{m}/\left(\Omega\mathrm{mm}^2\right)}{56\ \mathrm{m}/\left(\Omega\mathrm{mm}^2\right)} = 88{,}4\ \mathrm{mm}^2.$$

Der zulässige Querschnitt für den Schutzleiter ist damit:

$S_{\mathrm{PE}} = 0{,}5 \cdot S_{\mathrm{Cu}} = 0{,}5 \cdot 88{,}4\ \mathrm{mm}^2 = 44{,}2\ \mathrm{mm}^2$,

und der Querschnitt des Hauptpotentialausgleichsleiters ist:

$S_{\mathrm{PA}} = 0{,}5 \cdot S_{\mathrm{PE}} = 0{,}5 \cdot 44{,}2\ \mathrm{mm}^2 = 22{,}1\ \mathrm{mm}^2$.

Bei dem Kabel NYY 4 × 70/35 mm² ist der Schutzleiterquerschnitt bereits um die Hälfte reduziert. Der Querschnitt des Potentialausgleichsleiters ist damit:

$S_{\mathrm{PA}} = 0{,}5 \cdot S_{\mathrm{PE}} = 0{,}5 \cdot 35\ \mathrm{mm}^2 = 17{,}5\ \mathrm{mm}^2$.

Der Querschnitt des Hauptpotentialausgleichsleiters ist mit 25 mm² Cu zu wählen **(Bild 10.33).**

Beispiel 2:
In einem TT-System mit RCDs führen drei Stromkreise in die Anlage **(Bild 10.34).** Die Querschnitte für Schutzleiter und Hauptpotentialausgleichsleiter sind zu

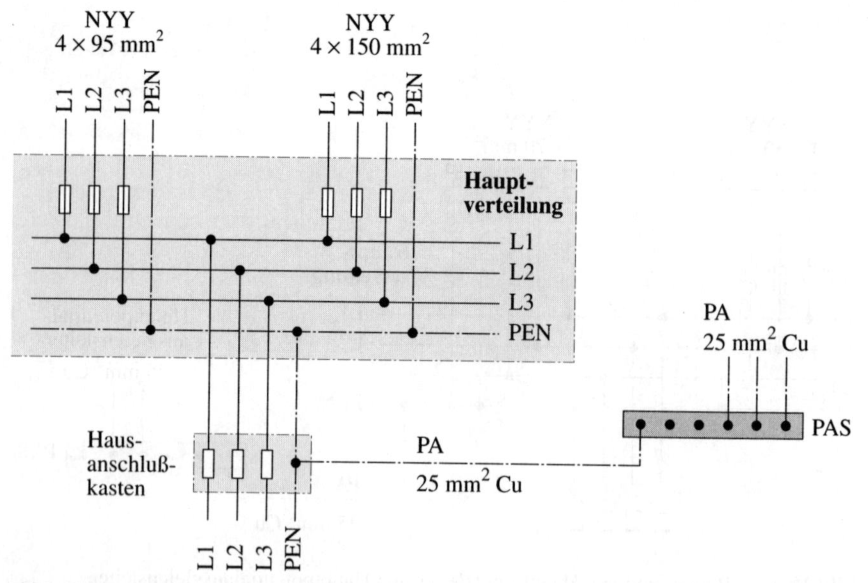

Bild 10.33 Potentialausgleich, Beispiel 1

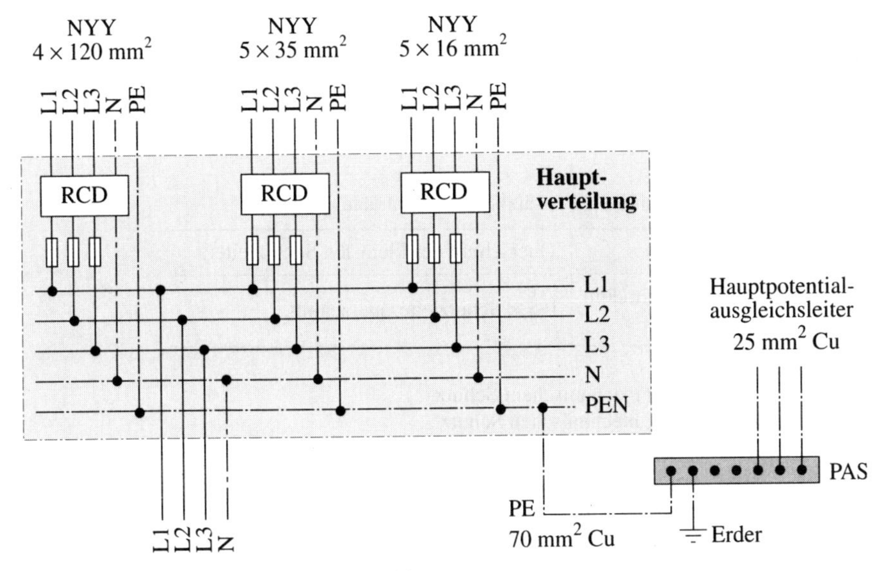

Bild 10.34 Potentialausgleich, Beispiel 2

bestimmen, wobei die Auswahltabellen (also keine spezielle Querschnittsberechnung!) anzuwenden sind.

Der Querschnitt des Hauptschutzleiters ist gegeben durch den halben Außenleiterquerschnitt der stärksten vom Hauptverteiler abgehenden Leitung, also aufgerundet 70 mm² (Tabelle 10.9). Der Hauptpotentialausgleichsleiter müßte dann dem halben Schutzleiter-Querschnitt entsprechen, also 35 mm², der aber durch Tabelle 10.12 mit 25 mm² Cu nach oben begrenzt wird.

Eine handelsübliche Potentialausgleichsschiene, die DIN VDE 0618 entspricht, ist in **Bild 10.35** dargestellt. Zum Anschluß des Fundamenterders können Bandstahl 30 × 3,5 mm oder Rundstahl bis 10 mm Durchmesser verklemmt werden. Weiter ist es möglich, sieben abgehende Potentialausgleichsleiter von 6 mm² bis 25 mm² unterzuklemmen.

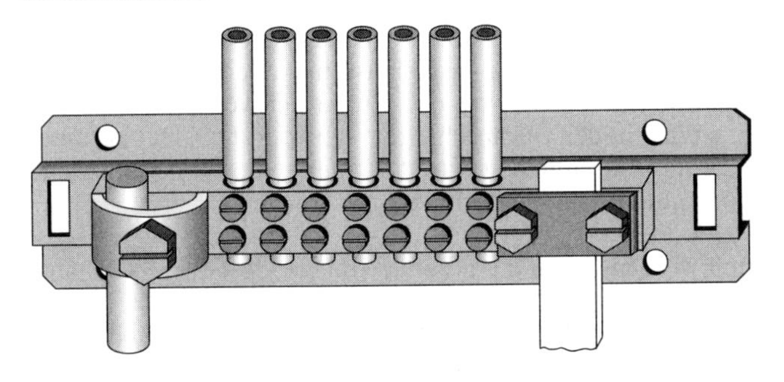

Bild 10.35 Potentialausgleichsschiene

10.13.2 Zusätzlicher Potentialausgleich

Für den Querschnitt des Leiters für einen zusätzlichen Potentialausgleich, wie er in Baderäumen, Badeanstalten oder dort vorkommen kann, wo die Abschaltzeiten bei Schutzleiterschutzmaßnahmen nicht eingehalten werden können, gilt **Tabelle 10.13.**

Tabelle 10.13 Querschnitt für zusätzlichen Potentialausgleich

zwischen zwei Körpern	Querschnitt des kleinsten Schutzleiters
zwischen Körper und fremdem leitfähigem Teil	0,5 × Schutzleiterquerschnitt
Mindestquerschnitte: 2,5 mm^2 Cu oder Al bei mechanischem Schutz 4 mm^2 Cu oder Al ohne mechanischen Schutz	

Der zusätzliche Potentialausgleich darf auch mit Hilfe fremder leitfähiger Teile ausgeführt werden. Die Verwendung von Metallkonstruktionen und eine Kombination mit Potentialausgleichsleitern ist zulässig.

10.13.3 Fremdspannungsarmer Potentialausgleich

Anmerkung: Die Festlegungen zum fremdspannungsarmen Potentialausgleich sind zur Zeit lediglich nationaler Art. Die Vorschläge werden international eingebracht und bei einer europäischen Akzeptanz in das Harmonisierungsdokument übernommen, Änderungen sind deshalb noch möglich.

Ein fremdspannungsarmer Potentialausgleich ist erforderlich, wenn in einer Anlage (Gebäude, Gebäudeabschnitt) Geräte der Informationstechnik mit Schutzklasse I (Schutzleiteranschluß) durch geschirmte Signalleitungen miteinander verbunden sind. Da diese Leitungen bei der Anwendung von TN-C-Systemen oder auch TN-C-S-Systemen dem PEN-Leiter parallel geschaltet sind, fließen, wenn der PEN-Leiter von einem Betriebsstrom durchflossen wird, Teilströme über die Schirme der verschiedenen Signalleitungen **(Bild 10.36)**
Durch die Ströme in den Schirmen der Signalleitungen entsteht ein Spannungsfall, und es tritt gegen Erde, z. B. die Potentialausgleichsschiene, eine Spannung auf. Diese Spannung ist natürlich abhängig von der Größe der verschiedenen Teilströme und den Widerständen in den Stromschleifen. Obwohl die dabei auftretenden Spannungen sehr gering sind, führen sie zu Störungen in den angeschlossenen Anlagen der Informations- und Fernmeldetechnik.

Abhilfe kann geschaffen werden, wenn die gesamte Anlage als TN-S-System aufgebaut wird. Durch den konsequent getrennt geführten Neutralleiter, der die betriebsbedingte Stromrückführung zum Transformator-Sternpunkt übernimmt,

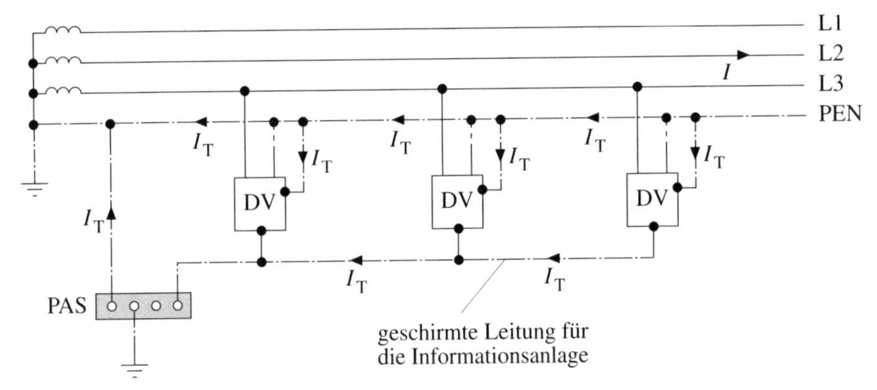

Bild 10.36 TN-C-S-System mit Teilströmen in den Signalleitungen der Informationsanlagen

fließen im Schutzleiter (Stromversorgungssystem und Informations-Netz) keine betriebsbedingten Ströme.
Da auch kein betriebsbedingter Strom zur Erde fließt, liegt eine »fremdspannungsarme Erde« und ein »fremdspannungsarmer Potentialausgleich« vor **(Bild 10.37).**
Die Stromversorgung ist also so aufzubauen, daß in der gesamten Anlage kein PEN-Leiter vorhanden ist. Dies kann bei einer großen Anlage mit hauseigenem Transformator dazu führen, daß ab Transformatorklemme bzw. ab erster Hauptverteilung der Anlage ein TN-S-System aufzubauen ist. Alternativ bietet sich auch die Anwendung von TT-System oder IT-System an, da diese Netzformen die Forderungen ohnehin erfüllen.

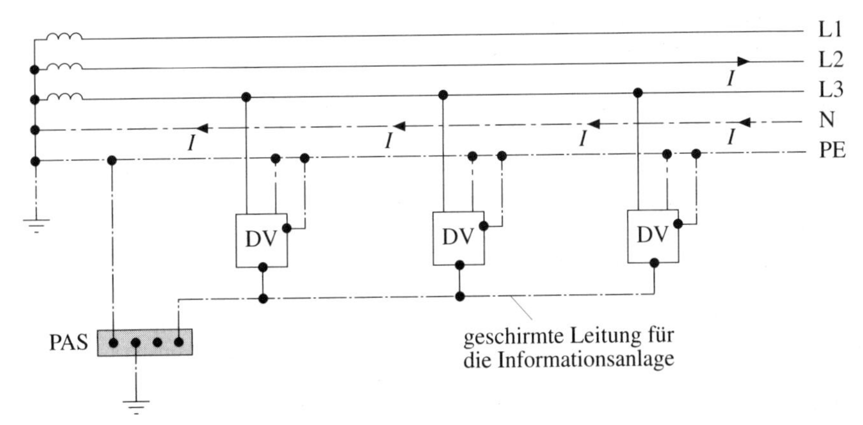

Bild 10.37 TN-S-System mit fremdspannungsarmer Erde und fremdspannungsarmem Potentialausgleich

Zusätzlich soll noch in jedem Stockwerk oder Gebäudeabschnitt ein weiterer zusätzlicher Potentialausgleich durchgeführt werden. In diesen Potentialausgleich sind, soweit vorhanden, einzubeziehen:

- Schutzleiter der Stromversorgung und der Informationsanlage,
- Wasserrohre,
- Gasrohre,
- andere metallene Rohrsysteme, z. B. Rohre der Zentralheizung oder Klimaanlage,
- Metallteile der Gebäudekonstruktion, soweit dies möglich ist.

10.14 Kennzeichnung der Leiter

Grundsätzlich kann für isolierte Leiter gesagt werden:

- Schutzleiter und PEN-Leiter müssen in ihrem gesamten Verlauf durchgehend grün-gelb gekennzeichnet werden. Eine andere Kennzeichnung ist nicht zulässig. Der PEN-Leiter ist an den Anschlußstellen zusätzlich durch ein »hellblaues« Band zu markieren (siehe Abschnitt 14.7).
- Erdungsleiter und Potentialausgleichsleiter dürfen grün-gelb gekennzeichnet werden. Eine andere Kennzeichnung ist zulässig, sie darf aber nicht gelb, nicht grün und auch keine zweifarbige Kombination irgendwelcher Farben sein (ausgenommen grün-gelb).

Bei einadrigen Leitungen mit Mantel, z. B. NYM, oder Kabeln, z. B. NYY, kann auf die durchgehende Kennzeichnung verzichtet werden. An den Anschlußstellen ist jedoch eine dauerhafte Kennzeichnung grün-gelb anzubringen.

Bei Konstruktionsteilen, in Schalt- und Verteilungsanlagen, bei Freileitungen, bei konzentrischen Leitern und Metallmänteln sowie bei blanken Leitern kann in allen Fällen auf eine Kennzeichnung verzichtet werden.

10.15 Erdung von Antennenträgern – DIN VDE 0855 Teil 1

Obwohl nicht im Geltungsbereich von DIN VDE 0100 enthalten, ist die Erdung von Antennenträgern eine Arbeit, die häufig vom Elektroinstallateur im Zuge der Errichtung der elektrischen Anlage ausgeführt wird. Die Behandlung der wichtigsten Dinge dürfte deshalb sinnvoll sein.

Antennenträger, die außerhalb eines Gebäudes angebracht werden, müssen geerdet werden. Von der Erdung ausgenommen sind Zimmerantennen, Fensterantennen, Antennen, die in Geräten eingebaut sind und Antennen unter der Dachhaut. Antennen, die an der Außenwand eines Gebäudes angebracht sind, brauchen nicht geerdet zu werden, wenn diese - von der Außenfront gemessen – nicht mehr als 1,5 m Ausladung haben und mindestens 2 m unterhalb der Dachkante angeordnet sind.

Die Erdung eines Antennenträgers muß auf kürzestem Wege erfolgen. Als Erder kommen dabei in Frage:

- Fundamenterder,
- Blitzschutzerder,
- separater Erder, der ausschließlich für die Antennenanlage errichtet wurde,
- Stahlskelette und dgl.,
- im Erdreich liegende Rohrsysteme.

Wird ein separater Erder errichtet, so ist mindestens gefordert:

- bei einem Staberder verzinkter Rundstahl, Länge mindestens 1,5 m;
- bei einem Banderder verzinkter Bandstahl von mindestens 3 m Länge, der in einer Tiefe von mindestens 0,5 m verlegt werden muß.

Antennenträger und Erder sind mit einem Erdungsleiter, der ein- oder mehrdrähtig sein kann – aber nicht feindrähtig sein darf – und folgende Bedingungen erfüllen muß, zu verbinden:

- *Kupfer*
  - PVC-Aderleitung (rund eindrähtig) H07V-U nach DIN VDE 0281 Teil 103, $S \geq 16\ mm^2$;
  - PVC-Aderleitung (rund mehrdrähtig) H07V-R nach DIN VDE 0281 Teil 103, $S \geq 16\ mm^2$;
  - Kunststoffkabel NYY nach DIN VDE 0271, $S \geq 16\ mm^2$;
  - Kunststoffmantelleitung NYM nach DIN VDE 0250 Teil 204, $S \geq 16\ mm^2$;
  - Kupferleiter blank $S \geq 16\ mm^2$.

- *Aluminium*
  - Kunststoffkabel NAYY nach DIN VDE 0271, $S \geq 25\ mm^2$;
  - Aluminiumleiter isoliert, $S \geq 25\ mm^2$;
  - Aluminiumleiter blank, $S \geq 25\ mm^2$ (nur für Innenräume zulässig!);
  - Leiter aus Aluminium-Knetlegierung Rd8 nach DIN 1798, $S \geq 25\ mm^2$.

- *Stahl*
  - verzinkter Rundstahl RD8-St nach DIN 48801, Durchmesser 8 mm;
  - verzinkter Bandstahl FI20-St nach DIN 48801, 2,5 mm × 20 mm.

Der Erdungsleiter darf auch durch metallisch leitfähige Teile, die durchgehend miteinander verbunden sind und die entsprechende Eigenschaften aufweisen, ersetzt werden. Denkbar sind:

- durchgehende metallene Wasserverbrauchsleitungen;
- Heizrohrleitungen, besonders dann, wenn diese senkrecht angeordnet sind (Regenfallrohre, Dachrinnen, Abwasserrohre und dgl. erfüllen in der Regel die Anforderungen an die durchgehende leitende Verbindung nicht; vor deren Verwendung ist eine eingehende Prüfung auf Tauglichkeit vorzunehmen);
- Stahlskelette;
- Stahlbauten;

- Armierungseisen in Beton, sofern diese leitend miteinander verbunden sind. Dabei ist ein Verschweißen der Armierungseisen untereinander nicht erforderlich. Es genügt eine ausreichende Anzahl von Rödelverbindungen (Bewehrungsstähle bzw. Spannglieder bei Spannbeton dürfen nicht verwendet werden);
- metallene Verkleidungen und Blenden;
- Feuerleitern und Eisentreppen, soweit diese elektrisch gut leitend durchverbunden sind.

Schutzleiter, PEN-Leiter und Neutralleiter der Starkstromanlage dürfen nicht als Erdungsleiter verwendet werden.
Isoliert verlegte Erdungsleiter und Potentialausgleichsleiter sind grün-gelb zu kennzeichnen; dies stellt eine Abweichung zu den Festlegungen von Teil 540 dar.

10.16 Prüfungen

Schutzleiter, PEN-Leiter, Erdungsleiter und Potentialausgleichsleiter dienen der Sicherheit. Neben der sorgfältigen Errichtung sind deshalb auch Prüfungen notwendig. Internationale Festlegungen hierzu sind zur Zeit in Arbeit, so daß auf die in DIN VDE 0100 Teil 610 enthaltenen Aussagen zur Prüfung zurückgegriffen werden muß.

Zunächst sollte eine ausgedehnte Sichtprüfung durchgeführt werden. Dabei sollten die Anschlüsse, Kennzeichnungen der Stromkreiszugehörigkeit, Farbkennzeichnung, Querschnitte, Verlegungsart und die Einhaltung der Bestimmungen überprüft werden.

Die Überprüfung der Wirksamkeit eines Erders kann nach den in Abschnitt 10.6 beschriebenen Möglichkeiten durchgeführt werden. Gegebenenfalls ist auch der Erdungswiderstand eines Fundamenterders zu messen, wenn an dessen Wirksamkeit (Existenz) gezweifelt werden muß.

Die durchgehend niederohmige Verbindung des Schutzleiters kann mit einem Widerstands-Meßgerät nach DIN VDE 0413 Teil 4 »Widerstands-Meßgeräte« geprüft werden. Dabei ist für den Widerstand kein bestimmter Wert gefordert; es könnte sinngemäß der früher geforderte Wert von 3 Ω genannt werden, was für ein Einfamilienhaus zweifelsohne zu hoch wäre, weshalb zu empfehlen ist, je nach Größe der Anlage und Querschnitte einen »vernünftigen Wert« einzuhalten.

Die Wirksamkeit des Potentialausgleichs ist vor Inbetriebnahme nach Teil 610 zu überprüfen. Dabei kann eine Prüfung mit 24 V Wechselspannung nach **Bild 10.38** ausgeführt werden. Die Prüfung gilt als bestanden, wenn bei einem Prüfstrom von 5 A der Widerstand von der Potentialausgleichsschiene bis zu den Rohrenden nicht mehr als 3 Ω beträgt

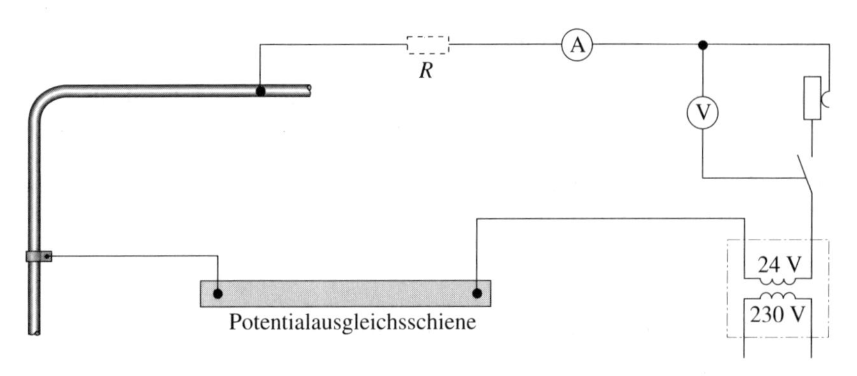

Bild 10.38 Prüfung des Potentialausgleichs

$$R = \frac{U_1 - U_2}{I} - R_L. \tag{10.12}$$

Es bedeuten:
U_1 Spannung, Schalter offen,
U_2 Spannung, Schalter geschlossen,
I Prüfstrom,
R_L Widerstand der Meßleitung.

Diese Meßmethode ist umständlich und gelangt deshalb kaum zur Anwendung. Einfacher ist es, mit einem Gerät nach DIN VDE 0413 Teil 4 »Widerstands-Meßgeräte« oder einem Gerät, das die gleichen elektrischen Ausgangsgrößen einhält, zu messen. Die Messung ist durchzuführen mit einer Gleich- oder Wechselspannung von 4 V bis 24 V, wobei ein Strom von mindestens 200 mA fließen muß. Wenn bei dieser Messung ein Widerstandswert von $R \leq 3\ \Omega$ gemessen wird, kann der Potentialausgleich als ausreichend angesehen werden. Auch hier ist zu beachten, daß der Widerstand der Meßleitungen vom Meßwert abzuziehen ist, wenn dies nicht eine entsprechende Schaltung im Meßwert berücksichtigt.

Nach Teil 610 »Prüfungen« ist bei der Prüfung des Widerstands für
- Schutzleiter und
- Potentialausgleichsleiter

vorgesehen, daß eine »ausreichend niederohmige Verbindung« besteht.

Es ist somit zu prüfen, ob der Widerstand, der aufgrund des Querschnitts und der Länge der Leitung gefordert ist, auch eingehalten wird. Wenn z. B. ein Schutzleiterquerschnitt von 25 mm² Cu gefordert ist und dieser Schutzleiter eine Länge von 36 m aufweist, ist ein Widerstand von

$R \leq 0{,}753\ \text{m}\Omega/\text{m} \cdot 36\ \text{m} \leq 27{,}11\ \text{m}\Omega$

ausreichend, wenn bei einer Temperatur von 30 °C gemessen wird. **Tabelle 10.14** gibt entsprechende Widerstände bei verschiedenen Temperaturen an.

Die Umrechnung auf eine andere Leitertemperatur, ausgehend von einer Leitertemperatur von $\vartheta = 20$ °C, erfolgt nach der Beziehung

$$R_\vartheta = R_{20}(1 + \alpha \cdot \Delta\vartheta), \tag{10.13}$$

mit $\alpha = 0{,}00393\ \text{K}^{-1}$ für Kupfer (siehe auch Anhang D).

Tabelle 10.14 Leiterwiderstände für Kupferleiter

Leiterquerschnitt in mm^2	Leiterwiderstände in mΩ/m			
	$\vartheta = 15$ °C	$\vartheta = 20$ °C	$\vartheta = 25$ °C	$\vartheta = 30$ °C
1,5	11,862	12,100	12,339	12,576
2,5	7,137	7,280	7,424	7,566
4	4,470	4,560	4,650	4,739
6	2,970	3,030	3,090	3,149
10	1,774	1,810	1,846	1,881
16	1,119	1,141	1,164	1,186
25	0,710	0,724	0,738	0,753
35	0,516	0,526	0,536	0,547
50	0,381	0,389	0,397	0,404
70	0,266	0,271	0,276	0,282
95	0,193	0,197	0,201	0,205
120	0,154	0,157	0,160	0,163
150	0,126	0,129	0,132	0,134
185	0,103	0,105	0,107	1,109

10.17 Literatur zu Kapitel 10

[1] Vogt, D.: Potentialausgleich, Fundamenterder, Korrosionsgefährdung. DIN VDE 0100, DIN 18014 und viele mehr. VDE-Schriftenreihe, Bd. 35. 3. Aufl., Berlin und Offenbach: VDE-VERLAG, 1993

[2] Wiesinger, J.; Hasse, P.: Handbuch für Blitzschutz und Erdung, 4. Aufl., München: Richard Pflaum Verlag KG; Berlin und Offenbach: VDE-VERLAG, 1993

[3] VDEW: Erdungen in Starkstromnetzen. 3. Aufl., Frankfurt a. M.: VWEW-Verlag, 1992

[4] VDEW: Richtlinien für das Einbetten von Fundamenterdern in Gebäudefundamente. Frankfurt a. M.: VWEW-Verlag, 1987

[5] Koch, W.: Erdungen in Wechselstromanlagen über 1 kV. Berlin/GöttingenlHeidelberg: Springer-Verlag, 1961

[6] Rudolph, W.: Erdung, Schutzleiter und Potentialausgleich für Niederspannungsanlagen. Der Elektromeister 54 (1979) H. 9, S. 729 bis 735

[7] Baeckmann, W. v.: Taschenbuch für den kathodischen Korrosionsschutz. Essen: Vulkan-Verlag, 1975

[8] AfK-Empfehlung Nr. 2: Beeinflussung von unterirdischen metallenen Anlagen durch kathodisch geschützte Rohrleitungen und Kabel, 1966

[9] AfK-Empfehlung Nr. 4: Empfehlungen für Verfahren und Kostenverteilung bei Korrosionsschutzmaßnahmen an Kabeln und Rohrleitungen gegen Streuströme aus Gleichstrombahnen und Obusanlagen, 1970

[10] AfK-Empfehlung Nr. 9: Lokaler kathodischer Korrosionsschutz von unterirdischen Anlagen in Verbindung mit Stahlbetonfundamenten, 1979

[11] Kiefer, G.: Die Bedeutung der Erdung für zuverlässigen Schutz gegen gefährliche Körperströme. Der Elektriker/Der Energieelektroniker 28 (1989) H. 5, S. 142 bis 147

[12] Vogt, D.: Überführung der »Fundamenterder-Richtlinien« der VDEW in die Norm DIN 18014. EVU-Betriebspraxis 33 (1994) H. 4, S. 131 bis 138; H. 5, S. 161 bis 166 und H. 6, S. 209 bis 214

[13] Hering, E.: Fundamenterder. Gestaltung, Korrosionsschutz, praktische Ausführung. Berlin: Verlag Technik, 1996

[14] Niemand, T.; Kunz, H.: Erdungsanlagen. Frankfurt a. M.: VWEW-Verlag, 1996 VWEW-Verlag

[15] Biegelmeier, G.; Kiefer, G.; Krefter, K.-H.: Schutz in elektrischen Anlagen, Bd. 2: Erdungen. Berechnung, Ausführung und Messung. VDE-Schriftenreihe, Bd. 81, Berlin und Offenbach: VDE-VERLAG, 1996

[16] Vogt, D.: Ausführung des Fundamenterders bei Perimeterdämmung. EVU-Betriebspraxis 36 (1997) H. 1-2, S. 14 bis 22

11 Prüfungen – Teil 610

Der Teil 610 »Prüfungen; Erstprüfungen« gilt für die erste Prüfung von neu errichteten, erweiterten oder geänderten Starkstromanlagen, die nach den Normen der Reihe DIN VDE 0100 errichtet wurden. Die Festlegungen zur Prüfung des Schutzes bei indirektem Berühren, bei denen der Schutz durch Abschaltung oder Meldung erfolgt, gelten nur für Wechselspannungsnetze. Bei vergleichbaren Anforderderungen sind diese Festlegungen auf Gleichspannungsanlagen übertragbar.

Die Prüfungen nach DIN VDE 0100 sind vom Errichter der Anlage als »Erstprüfung der Anlage« vor deren Inbetriebnahme durchzuführen. Wiederholungsprüfungen sind eine betriebliche Angelegenheit und nach DIN VDE 0105 Teil 1, Abschnitt 5.3 »Wiederkehrende Prüfungen«, vorzunehmen.

11.1 Allgemeine Anforderungen

Vor Inbetriebnahme einer Anlage ist vom Errichter zu prüfen, ob alle Anforderungen hinsichtlich

- Schutzmaßnahmen (Bestimmungen der Gruppe 400) sowie
- Auswahl und Errichtung elektrischer Betriebsmittel (Bestimmungen der Gruppen 500 und 700)

erfüllt sind. Die Prüfungen umfassen:

- Besichtigung,
- Erprobung und Messung.

11.2 Prüfen

Das Prüfen einer Anlage kann eine komplexe Angelegenheit sein, besonders wenn diese einen entsprechenden Umfang hat. Wichtig ist eine sinnvolle Prüfung, die bereits während der Errichtung beginnen sollte. Auch der *Reihenfolge der Prüfung* sollte Beachtung geschenkt werden. Als Reihenfolge ist zu empfehlen:

- Besichtigung,
- Isolationsmessung, ggf. Widerstand von Böden und Wänden,
- Messung des Erdungswiderstands.

Nach Durchführung dieser Prüfungen kann die Anlage unter Spannung gesetzt und die Prüfung fortgesetzt werden mit:

- Erprobung der Prüfeinrichtungen,
- Durchführung der eigentlichen Messungen.

Der Umfang der Prüfung erstreckt sich auf die bestehende Anlage; sie kann keine Überprüfung der Planung sein. Das bedeutet, der Prüfer nimmt den verlegten Querschnitt einer Leitung als gegeben hin und kümmert sich nicht darum, ob dieser Querschnitt den Anforderungen (Strombelastbarkeit, Spannungsfall) entspricht.

11.3 Besichtigen

Das *Besichtigen* ist der wichtigste Teil der Prüfung. Dabei sollen äußerlich erkennbare Mängel und Schäden an Betriebsmitteln und offensichtliche Installationsfehler festgestellt werden. Dabei sind die Anlageteile, die Schutzzwecken dienen, besonders zu beachten und eingehend zu besichtigen. Die Prüfungen sollten dabei mindestens folgende Details erfassen:

a) Allgemeine Besichtigungen
- die Betriebsmittel müssen den äußeren Einflüssen am Verwendungsort standhalten;
- die Überstromschutzeinrichtungen sind den Leitungsquerschnitten entsprechend zu bemessen;
- Beschriftungen der einzelnen Stromkreise müssen vorhanden sein;
- Schaltpläne – falls erforderlich – müssen vorhanden sein.

b) *Schutzmaßnahmen gegen direktes Berühren*
- bei Schutz durch Isolierung muß die Isolierung aktiver Teile vollständig sein;
- bei Schutz durch Abdeckung oder Umhüllung müssen alle aktiven Teile geschützt sein;
- Abdeckungen und Umhüllungen müssen sicher befestigt sein;
- bei Schutz durch Hindernisse müssen diese ihren Zweck erfüllen können;
- bei Schutz durch Abstand dürfen sich innerhalb des Handbereichs keine gleichzeitig berührbaren Teile unterschiedlichen Potentials befinden.

c) *Schutzmaßnahmen mit Schutzleiter*
- Schutzleiter, Erdungsleiter und Potentialausgleichsleiter müssen einwandfrei verlegt und zuverlässig angeschlossen sein;
- Schutzleiter und Schutzleiteranschlüsse müssen richtig gekennzeichnet sein;
- Schutzleiter dürfen nicht mit aktiven Teilen verbunden sein;
- Schutzleiter und Neutralleiter dürfen nicht vertauscht sein;
- Schutzleiter und Neutralleiter in Schaltanlagen und Verteilern müssen ordnungsgemäß angeschlossen und eindeutig – dem Stromkreis zugeordnet – gekennzeichnet sein;
- die Schutzkontakte von Steckdosen müssen in Ordnung sein;
- in Schutzleitern dürfen keine Schalter oder Schutzorgane eingebaut sein;
- in PEN-Leitern dürfen keine Überstromschutzeinrichtungen eingebaut sein;
- PEN-Leiter dürfen für sich alleine nicht schaltbar sein;
- Schutzeinrichtungen wie RCDs und FU-Schutzeinrichtungen sowie Isolationsüberwachungseinrichtungen und Überspannungsableiter müssen richtig ausgewählt sein.

d) *Schutzmaßnahmen ohne Schutzleiter*

- bei den Kleinspannungen SELV und PELV sowie der Schutztrennung müssen die Stromquellen richtig ausgewählt sein;
- bei Kleinspannung SELV und PELV dürfen die Steckvorrichtungen nicht für höhere Spannungen verwendbar sein;
- bei zwingend vorgeschriebener Schutztrennung darf nur ein Verbrauchsmittel an einem Transformator angeschlossen sein;
- bei Schutztrennung mit mehreren Verbrauchsmitteln muß der Potentialausgleichsleiter vorhanden und darf nicht geerdet sein;
- die Schutzisolierung darf nicht durch leitfähige Teile oder durch Beschädigung unwirksam sein;
- beim Schutz durch nichtleitende Räume muß die Isolierung von Fußböden und Wänden ausreichend sein.

11.4 Erproben und Messen

Durch *Erproben* soll festgestellt werden, ob die in der Anlage eingebauten Einrichtungen für Schutzaufgaben ordnungsgemäß arbeiten. Zum Erproben gehören:

- Betätigen der Prüftaste bei RCDs und FU-Schutzeinrichtungen sowie bei Isolationsüberwachungseinrichtungen;
- Erproben der Wirksamkeit von Schutzeinrichtungen, z. B. durch Betätigen von Schutzrelais, Not-Aus-Einrichtungen, Endschalter, Verriegelungen usw.;
- Erproben der Wirkung von Sicherheitsstromkreisen, z. B. der Notbeleuchtung, Belüftungsanlagen, Brandschutzeinrichtungen usw.;
- Erproben der Funktionsfähigkeit von Melde- und Anzeigeeinrichtungen.

Messen ist das Feststellen des Sollzustandes einer Anlage mit Hilfe geeigneter Meßgeräte. Dies kann auch durch Geräte erreicht werden, die nur durch eine »Ja/Nein-Aussage« das Über- oder Unterschreiten bestimmter Grenzwerte angeben. Voraussetzung ist, daß die Geräte den Bedingungen der Normung nach der Reihe DIN VDE 0413 entsprechen.

Je nach Art und Umfang einer Anlage können folgende Messungen erforderlich werden:

- Spannung (Nennspannung), Strom;
- Kurzschlußstrom bzw. Schleifenwiderstand;
- Erdungswiderstände (siehe Kapitel 10);
- Fehlerspannung, Fehlerstrom;
- Isolationswiderstand (siehe Abschnitt 13.1);
- Widerstand von Fußböden und Wänden (siehe Abschnitt 13.2);
- Schutzleiterwiderstand;
- Widerstand des Potentialausgleichsleiters (siehe Kapitel 10);
- Bestimmung des Drehfelds.

Grundsätzlich gilt, daß durch das Messen keine Unfall- und/oder Brandgefahr auftreten darf. Folgende Bedingungen sind einzuhalten:

- es sind Meßgeräte zu verwenden, die bei einem Strom von 10 mA nur eine Berührungsspannung von 50 V bzw. 25 V erzeugen;
- beim Überschreiten dieser Grenze muß eine automatische Abschaltung in festgelegter, ausreichend kurzer Zeit erfolgen;
- die Messung muß mit einem hochohmigen Meßkreis beginnen, wobei die Prüfung mit größeren Strömen fortgeführt werden darf, wenn die zulässigen Berührungsspannungen nicht überschritten werden.

11.5 Meßgeräte

Die verwendeten Meßgeräte müssen der Normenreihe DIN VDE 0413 entsprechen. Wichtig ist die Beachtung der maximal zulässigen Gebrauchsfehler der Meßgeräte **(siehe Tabelle 11.1).** Gegebenenfalls sind Fehlergrenzen der Meßgeräte bei der Durchführung von Messungen zu berücksichtigen z. B. durch Anwendung eines Korrekturfaktors.

Tabelle 11.1 Geräte zum Prüfen in elektrischen Anlagen

Prüfgeräte	DIN VDE	Fehlergrenzen
Isolations-Meßgeräte	0413 Teil 1	± 30%
Isolationsüberwachungsgeräte zum Überwachen von Wechselspannungsnetzen mittels überlagerter Gleichspannung	0413 Teil 2	± 15%
Schleifenwiderstands-Meßgeräte	0413 Teil 3	± 30%
Widerstand-Meßgeräte	0413 Teil 4	± 30%
Erdungs-Meßgeräte nach dem Kompensations-Meßverfahren	0413 Teil 5	± 30%
Geräte zum Prüfen von FI- und FU-Schutzeinrichtungen	0413 Teil 6	+ 20% U[1]) ± 10% I[2])
Erdungs-Meßgeräte nach dem Strom-Spannungs-Meßverfahren	0413 Teil 7	± 30%
Isolations-Überwachungsgeräte zum Überwachen von Wechselspannungsnetzen mit galvanisch verbundenen Gleichstromkreisen und von Gleichspannungsnetzen	0413 Teil 8	± 30%
Drehfeldrichtungsanzeiger	0413 Teil 9	–

[1]) U = Fehlerspannung [2]) I = Auslösestrom

11.6 Messung von Kurzschlußstrom/Schleifenwiderstand

Es gibt grundsätzlich zwei Methoden, den Kurzschlußstrom zu messen. Die beiden Methoden sind

1. Durch Schaltgeräte wird ein direkter Kurzschluß zwischen einem Außenleiter und dem PEN-Leiter ggf. auch Schutzleiter erzeugt und nach kurzer Zeit (etwa 100 ms) wieder abgeschaltet. Nach dem Abklingen des Einschwingvorgangs wird der letzte Teil des Meßwerts (etwa 40 ms) gespeichert.
2. Durch Einschaltung eines Prüfwiderstands R_P werden der durch diese Belastung auftretende Spannungsfall gemessen und daraus der Kurzschlußstrom berechnet.

Geräte nach Punkt 1 sind teuer und störanfällig; sie werden in der Praxis kaum verwendet. Nachfolgend wird deshalb nur auf die Messung nach Punkt 2 eingegangen. Die prinzipielle Meßschaltung ist in **Bild 11.1** gezeigt.

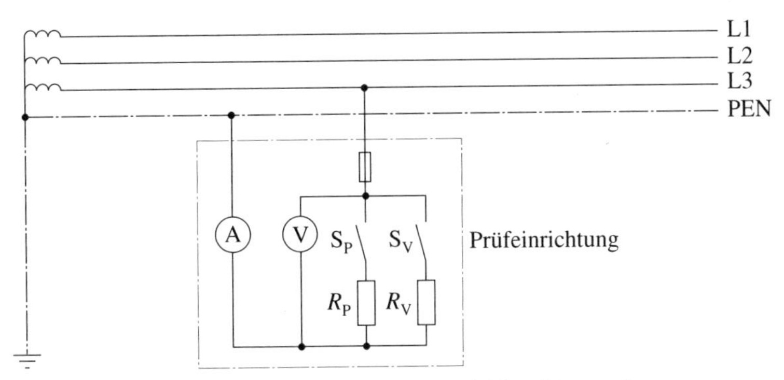

Bild 11.1 Messung des Kurzschlußstroms/Schleifenwiderstands

Zunächst werden der Schalter S_V und der Vorprüfwiderstand R_V (etwa 1000 Ω bis 2000 Ω) an das Netz geschaltet. Dabei wird festgestellt, ob eine Unterbrechung im PEN-Leiter vorliegt und die Prüfung abgebrochen werden muß. Danach erfolgt die Hauptprüfung, wobei durch den Schalter S_P der Widerstand R_P (etwa 5 Ω bis 25 Ω) eingeschaltet wird. Dabei wird der Spannungsfall U_{E1} am Hauptprüfwiderstand R_P gemessen. Der Strom I ist gleichzeitig abzulesen. Die Netzspannung gegen Erde U_E wird nicht gleichzeitig gemessen; sie ist entweder kurz vor oder kurz nach der Belastungsmessung vorzunehmen. Aus den Meßwerten ergeben sich Kurzschlußstrom und Schleifenwiderstand zu:

$$I_k = \frac{U_E}{U_E - U_{E1}} \cdot I; \qquad (11.1)$$

$$R_S = \frac{U_E - U_{E1}}{I}. \tag{11.2}$$

Sind bei dieser Meßmethode nur ohmsche Widerstände im Meßkreis vorhanden, ist die Messung relativ genau. Bei größeren induktiven Widerständen, wie sie bei Freileitungsnetzen vorkommen, sind recht große Fehler zu erwarten.
Auch bei Messungen in der Nähe von Transformatoren und Generatoren oder bei kapazitiven Verbrauchern ist mit erheblichen Fehlern zu rechnen.
Die Zusammenhänge zeigt **Bild 11.2.**
Die Spannung $U_{E1} = I \cdot R_P$ ist die Spannung, die über dem Belastungswirkwiderstand gemessen wird. Der Widerstand der Leiterschleife setzt sich aber aus einem Wirk- und Blindanteil zusammen, weshalb die Differenzspannung $\Delta U = U_E - U_{E1}$

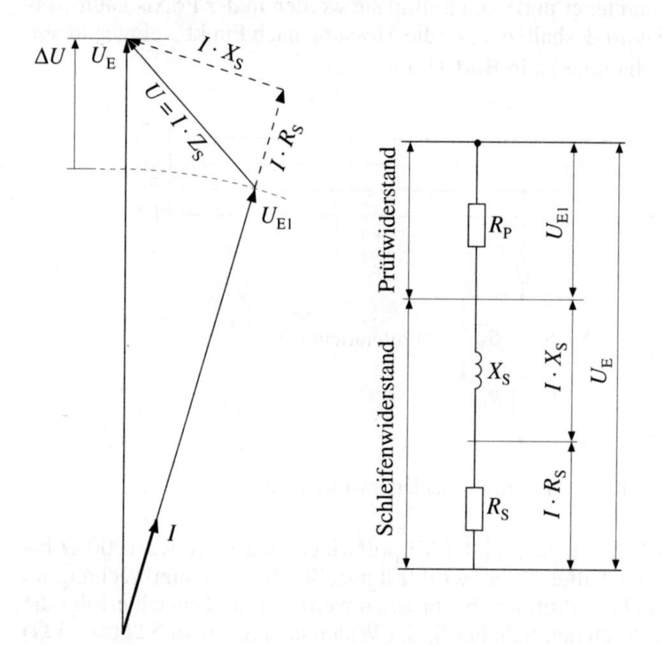

Bild 11.2 Messung des Schleifenwiderstands

kleiner ist als die tatsächliche (geometrische) Differenzspannung $U = I \cdot Z_S$. Da ΔU zu klein gemessen wird, ist der ermittelte Schleifenwiderstand zu klein bzw. der Kurzschlußstrom zu groß, was zu gefährlichen Fehldimensionierungen führen kann. Es kommen noch systembedingte Meßfehler von ±30% hinzu, wobei durch Lastveränderungen während der Messung oder durch Spannungsschwankungen weitere Fehler vorliegen können. Eine Korrektur des Meßergebnisses ist deshalb unbedingt erforderlich. Zu empfehlen ist folgende Korrektur:

$$I_k = \frac{I_{k\,(\text{Meßwert})}}{1{,}5}\,; \tag{11.3}$$

$$Z_S = 1{,}5 \cdot Z_{S\,(\text{Meßwert})}. \tag{11.4}$$

11.7 Messung von Berührungsspannung und Auslösestrom bei RCDs

Es gibt zwei Meßmethoden:

- die Prüfschaltung mit Sonde (Bild 11.3) und
- die Prüfschaltung ohne Sonde (Bild 11.4).

Nachfolgend sind die beiden Prüfungen beschrieben.

Bei der Prüfung wird zunächst der Widerstand *R* sehr hoch eingestellt, so daß kaum ein Strom fließen und keine Spannung gemessen werden kann. Danach wird der Widerstand langsam verkleinert, bis der RCD auslöst. Am Voltmeter kann die Berührungsspannung abgelesen werden und am Amperemeter der Fehlerstrom, bei welchem der Schalter auslöst. Es wird empfohlen, diese Prüfung mehrmals durchzuführen und die Geschwindigkeit der Widerstandsverkleinerung dabei zu variieren.

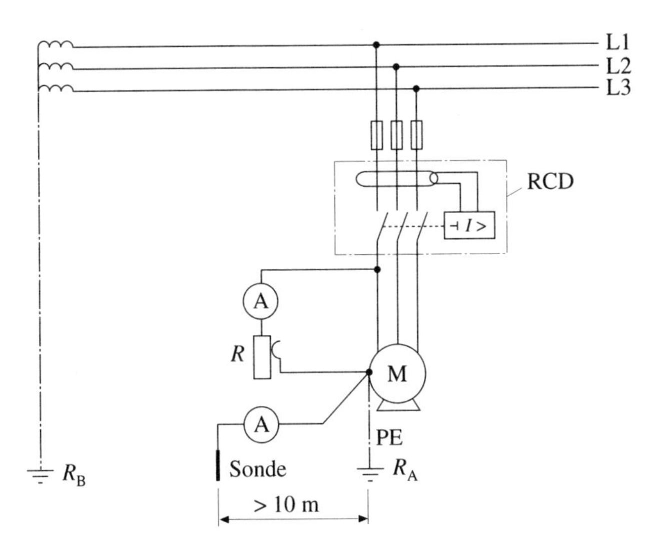

Bild 11.3 Prüfschaltung mit Sonde

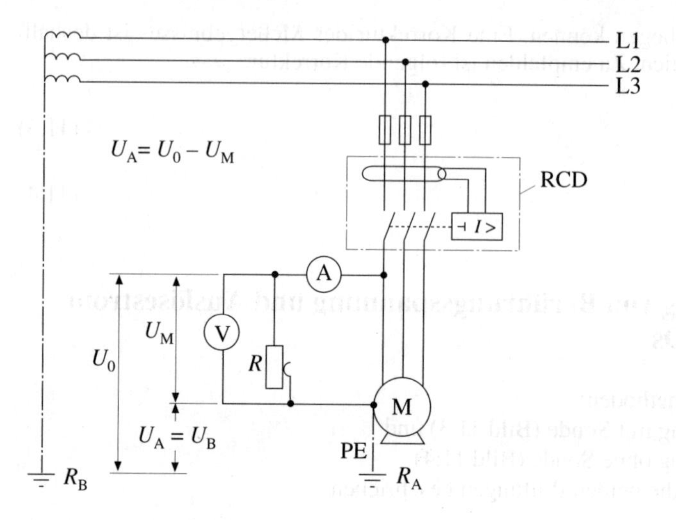

Bild 11.4 Prüfschaltung ohne Sonde

Die in **Bild 11.3** dargestellte Prüfschaltung ist in den Fällen nicht anwendbar, wo aufgrund der Erderverhältnisse oder des Umfangs der Anlage wegen keine Sonde eingebracht werden kann. Außerdem ist das Ausbringen der Sonde oft umständlich, so daß man gerne darauf verzichtet. Die meisten handelsüblichen Prüfgeräte arbeiten deshalb nach der in **Bild 11.4** dargestellten Schaltung, wobei der Belastungswiderstand zwischen den PE- und einen Außenleiter gelegt wird; bei dieser Messung wird die an diesem Widerstand abfallende Spannung gemessen. Zunächst wird der Widerstand R so eingestellt, daß kein Strom zur Erde fließen kann. Dabei liegt die Spannung Außenleiter gegen Erde am Widerstand. Danach wird der Widerstand verkleinert, so daß ein Strom zur Erde fließen kann. Der Widerstand R und der Erdungswiderstand R_E liegen jetzt in Reihe, und die Spannung teilt sich auf. Die mögliche Berührungsspannung ist die Differenz zwischen der Netzspannung gegen Erde und der am Voltmeter abgelesenen Spannung. Die meisten handelsüblichen Prüfgeräte, die nach der Schaltung von Bild 11.4 arbeiten, sind so geeicht, daß die Berührungsspannung direkt abgelesen werden kann. Der Auslösestrom des RCD kann direkt am Amperemeter abgelesen werden.
Wenn der RCD nicht auslöst, ist die Messung zu unterbrechen, falls die für die Anlage zulässige Berührungsspannung erreicht ist.

11.8 Durchgehende Verbindung von Schutzleiter und Potentialausgleichsleiter

Das Prüfen der niederohmigen durchgehenden Verbindung des Schutzleiters ist eine sehr wichtige Meßaufgabe. Besonders schwierig ist es, einen Grenzwert festzulegen, da der Widerstand von der Länge und vom Querschnitt des Schutzleiters abhängig ist. In Anlehnung an die Messungen von Potentialausgleichsleitungen kann für umfangreiche Anlagen ein Widerstand von 3 Ω in der Regel nicht mehr akzeptiert werden. Der Schutzleiterwiderstand muß ausreichend klein sein, so daß die geforderte Abschaltzeit eingehalten wird. In DIN VDE 0105 Teil 1, Abschnitt 5.3.5.2, ist für Wiederholungsprüfungen bei beweglichen Anschlußleitungen zwischen Stecker und Gerät ein Widerstand von 1 Ω als Richtwert genannt.
Es wird empfohlen, die Messung mit einer Stromquelle durchzuführen, deren Leerlaufspannung zwischen 4 V und 24 V Gleichspannung oder Wechselspannung liegt. Der Meßstrom sollte mindestens 200 mA betragen.

11.9 Messungen bei den verschiedenen Schutzmaßnahmen

Wie in Abschnitt 11.1 bereits angedeutet, muß der Errichter einer Anlage diese auch prüfen. Den Umfang der Prüfung hat dabei je nach Art und Größe der Anlage der Errichter zu bestimmen. Dabei sind die in den Errichtungsbestimmungen (Teil 410) festgelegten Anforderungen nachzuweisen. Nachfolgend wird kurz beschrieben, welche Messungen immer durchgeführt werden sollten.

11.9.1 Kleinspannung SELV

- Messung der Betriebsspannung (Spannungs-Meßgerät);
- Erdschlußfreiheit der Stromkreise (Isolations-Meßgerät);
- sichere Trennung von Primär- zu Sekundärstromkreis (Isolations-Meßgerät).

11.9.2 Kleinspannung PELV

- Messung der Betriebsspannung (Spannungs-Meßgerät);
- ggf. Erdschlußfreiheit der Stromkreise (Isolations-Meßgerät);
- sichere Trennung von Primär- zu Sekundärstromkreis (Isolations-Meßgerät).

11.9.3 TN-System mit Überstromschutzeinrichtungen

- Messung oder Berechnung des Schleifenwiderstands/Kurzschlußstroms (Schleifenwiderstands-Meßgerät/Kurzschlußstrom-Meßgerät oder Rechenverfahren) und daraus Nachweis der Abschaltzeit (Strom-Zeit-Kennlinien);

- Erdschlußfreiheit des Neutralleiters (Isolations-Meßgerät);
- durchgehende Verbindung des Schutzleiters (Widerstands-Meßgerät);
- Messung des Gesamterdungswiderstands (Erdungs-Meßgerät).

11.9.4 TN-System mit RCD

- Erproben der RCD durch Prüfeinrichtung (Betätigen der Prüftaste);
- Erdschlußfreiheit des Neutralleiters hinter der RCD (Isolations-Meßgerät);
- Messen der Fehlerspannung oder des Auslösestroms der RCD (FI-Prüfgerät oder Aufbau von Prüfschaltungen).

11.9.5 TT-System mit Überstromschutzeinrichtungen

- Messung des Widerstandes des Schutzerders (Erdungs-Meßgerät).

11.9.6 TT-System mit RCD

- Erproben der RCD durch Prüfeinrichtung (Betätigen der Prüftaste);
- Erdschlußfreiheit des Neutralleiters hinter der RCD (Isolations-Meßgerät);
- Messen der Fehlerspannung oder des Auslösestroms der RCD (FI-Prüfgerät oder Aufbau von Prüfschaltungen).
  Auf das Messen der Fehlerspannung oder des Auslösestroms kann verzichtet werden, wenn der Widerstand des Schutzerders (Erdungs-Meßgerät) nachgewiesen wird. Außerdem muß die Funktionstüchtigkeit der RCD (Betätigen der Prüftaste) erbracht werden.

11.9.7 IT-System mit Überstromschutzeinrichtungen

- Messung oder Berechnung des Kurzschlußstroms (Rechenverfahren) und Nachweis der Abschaltung in ausreichend kurzer Zeit im Doppelfehlerfall, wobei ein erster Fehler in einem Außenleiter unmittelbar hinter der Stromquelle für das IT-System anzunehmen ist;
- durchgehende Verbindung des Schutzleiters (Widerstands-Meßgerät).

11.9.8 IT-System mit RCD

- Erproben der RCD durch Prüfeinrichtung (Betätigen der Prüftaste);
- Vorsicht bei Dreileiternetzen! Schaltung der Prüftaste beachten;
- durchgehende Verbindung des Schutzleiters (Widerstands-Meßgerät).

11.9.9 IT-System mit Isolationsüberwachungseinrichtung

- Erproben der Isolationsüberwachungseinrichtung durch Prüfeinrichtung (Betätigen der Prüftaste);
- Ansprechen der Isolationsüberwachungseinrichtung bei Erdschluß im Netz (Herstellung eines künstlichen Fehlers zwischen einem Außenleiter und dem Schutzleiter);
- durchgehende Verbindung des Schutzleiters (Widerstands-Meßgerät).

11.9.10 Verwendung von FU-Schutzeinrichtungen

- Werden in Sonderfällen FU-Schutzeinrichtungen verwendet, so können die Prüfungen jeweils sinngemäß, wie für RCDs beschrieben, durchgeführt werden.

11.9.11 Schutzisolierung

- Normalerweise keine meßtechnische Prüfung;
- in Zweifelsfällen eine Spannungsprüfung mit 4000 V Wechselspannung (Effektivwert), wobei während einer Zeit von 1 min kein Durch- oder Überschlag eintreten darf (Hochspannungs-Prüfgerät).

11.9.12 Schutz durch nichtleitende Räume

- Messung des Isolationszustands von Fußböden und Wänden (Messung von Standortwiderstand – siehe Abschnitt 13.1).

11.9.13 Schutz durch erdfreien, örtlichen Potentialausgleich

- Erdschlußfreiheit des Potentialausgleichsleiters (Isolations-Meßgerät);
- durchgehende Verbindung des Potentialausgleichsleiters (Widerstands-Meßgerät).

11.9.14 Schutztrennung

- Erdschlußfreiheit des Sekundärstromkreises (Isolations-Meßgerät);
- Wirksamkeit des Potentialausgleichs bei Schutztrennung mit mehreren Geräten (Widerstands-Meßgerät);
- Nachweis durch Messung oder Rechnung (Schleifenwiderstands-Meßgerät/Kurzschlußstrom-Meßgerät oder Rechenverfahren), daß bei Verwendung von mehreren Verbrauchsmitteln im Doppelfehlerfall eine Abschaltung erfolgt.

Eingehalten werden müssen die Abschaltzeiten, die für das TN-System festgelegt sind:
– 0,4 s bei $U_0 \leq 230$ V Wechselspannung,
– 0,2 s bei $U_0 > 230$ V…≤ 400 V Wechselspannung,
– 0,1 s bei $U_0 > 400$ V Wechselspannung,
– 5,0 s in Sonderfällen, wenn es sich um Endstromkreise handelt.

11.10 Dokumentation der Prüfung

Die Abnahme der elektrischen Anlage und das Erstellen eines Prüfprotokolls sind zum Zwecke der Beweissicherung dringend zu empfehlen.
Das Prüfprotokoll soll so ausführlich wie möglich angefertigt werden, so daß auch nach längerer Zeit über die durchgeführten Messungen und Prüfungen Auskünfte gegeben werden können (Bild 11.5).
Ein Prüfprotokoll sollte so ausgefertigt werden, daß folgende Angaben mindestens enthalten sind:

- Anschrift (Bezug zur Anlage);
- Netzform, Spannung, Stromkreise, Schutzmaßnahmen;
- Schutzeinrichtungen;
- Meßergebnisse;
- Fabrikate der verwendeten Meßgeräte;
- Bemerkungen zum Meßverfahren und zu den Berechnungen;
- Hinweise auf Mängel und deren Beseitigung;
- Datum und Unterschrift (Prüfer, Betreiber, ggf. auch Eigentümer);
- Verteiler des Prüfprotokolls (Prüfer und Betreiber, je ein Exemplar).

Bewährt haben sich vorgedruckte Prüfprotokolle, wie sie von verschiedenen Verlagen – in der Regel in Blockform, zum Durchschreiben geeignet – angeboten werden.

Bild 11.5 zeigt ein Beispiel eines Vordruckes »Übergabebericht + Prüfprotokoll«, der vom ZVEH, Bundesfachgruppe Elektroinstallation, erarbeitet wurde.

Übergabebericht + Prüfprotokoll (Nachweise) Blatt 1 **ZVEH**

Übergabebericht Nr. 520189 — **Auftrag Nr.** ______

Auftraggeber
Herr / Frau / Firma ______

Elektroinstallationsbetrieb (Auftragnehmer)

Anlagenplaner / Anlagenverantwortlicher:

Anlage: ______

EVU ______ Netzspannung ______ V

Netz: TN-System ☐ TT-System ☐ IT-System ☐

Zähler-Nr. ______ Zählerstand ______

Übergabebericht + Prüfprotokoll bestehend aus Blatt 1 bis ______

Schaltungsunterlagen übergeben ☐

EIB-Lastenheft und -Dokumentation übergeben ☐

Anzahl der Betriebsmittel / Anlagenteil \ Raum		Wohnzimmer	Schlafzimmer	Kinderzimmer	Balkon/Terrasse	Bad	Küche	Flur	Treppe	Keller	Boden	Toilette	Garage										Aufenthaltsraum	Büro	Laden	Werkstatt	Lager	Hof	Stall	Scheune
Elektroinstallation	Leuchten-Auslaß																													
	Leuchten																													
	Ausschalter																													
	Wechselschalter																													
	Serienschalter																													
	Stromstoßschalter																													
	Dimmer																													
	Taster																													
	Steckdosen 1fach																													
	Steckdosen .....fach																													
Geräte	Heizgerät																													
	Warmwasserbereiter																													
	Elektroherd																													
Elektrische Maschinen																														
	Verteiler																													

Gemäß Übergabebericht elektrische Anlage funktionsfähig übernommen:

Auftraggeber:

Ort ______ Datum ______ Unterschrift ______

Bild 11.5 Muster »Übergabebericht + Prüfprotokoll«

Übergabebericht + Prüfprotokoll (Nachweise) Blatt 2 ZVEH

Prüfprotokoll Nr. 520189. **Auftrag Nr.** ____________

Prüfung durchgeführt nach: UVV „Elektrische Anlagen und Betriebsmittel" (VBG4) ☐ ____________ ☐
DIN VDE 0100-610 ☐ DIN V VDE 0829 und EN 50090 ☐

Grund der Prüfung: Neuanlage ☐ Erweiterung ☐ Änderung ☐ Instandsetzung ☐

Besichtigung:

Richtige Auswahl der Betriebsmittel	☐	Wärmeerzeugende Betriebsmittel	☐	Hauptpotentialausgleich	☐
Betriebsmittel ohne Schäden	☐	Zielbezeichnung der Leitungen im Verteiler	☐	Zusätzlicher (örtlicher) Potentialausgleich	☐
Schutz gegen direktes Berühren	☐	Leitungsverlegung	☐	____________	☐
Sicherheitseinrichtungen	☐	Kleinspannung mit sicherer Trennung	☐	____________	☐
Brandabschottung	☐	Schutztrennung	☐	Anordnung der Busgeräte im Stromkreisverteiler	☐
		Schutzisolierung	☐	Busleitungen/Aktoren	☐

Erprobung: Bemerkungen: ____________

Funktion der Schutz- und Überwachungseinrichtungen	☐	Drehfeldrichtung der Drehstrom-Steckdosen	☐	Funktion der Installationsbus-Anlage *EIB*	☐
Funktion der Starkstromanlage	☐	Drehrichtung der Motoren	☐	____________	☐

Messung: Erdungswiderstand .... Ω
Isolationswiderstand der Busleitung .... kΩ
Durchgängigkeit Schutzleiter/Potentialausgleich ☐
Durchgängigkeit/Polarität der Busleitungen ☐

Verwendete Meßgeräte nach DIN VDE	Fabrikat	Typ	Fabrikat	Typ	Fabrikat	Typ

Stromkreis Nr.	Ort/Anlagenteil	Leitung/Kabel Art	Leiteranzahl	Querschnitt mm²	Überstrom-Schutzeinrichtung Art/Charakteristik	I_n A	Z_s *) Ω oder I_k A	R_{isol} MΩ	Fehlerstrom-Schutzeinrichtung I_n/Art A	$I_{\Delta n}$ mA	I_{mess} mA	U_L ≤ .....V U_{mess} V
	Hauptleitung											
	Verteiler-Zuleitung											

Prüfergebnis: Mängelfrei ☐ Prüfplakette in Stromkreisverteiler eingeklebt ☐ Nächster Prüfungstermin: ____________

Unterschriften Die elektrische Anlage entspricht den anerkannten Regeln der Elektrotechnik *) Nichtzutreffendes streichen!

Prüfer
Ort ______ Datum ______ Unterschrift ______

Verantwortlicher Unternehmer
Ort ______ Datum ______ Unterschrift ______

Richard Pflaum Verlag GmbH & Co.KG · Formulardienst · Postfach 19 07 37 · 80607 München – Bestell-Nr. 997

Bild 11.5 Fortsetzung

11.11 Literatur zu Kapitel 11

[1] Kahnau, H. W.: Die Bedeutung der Prüfung elektrischer Anlagen. Der Elektromeister und Deutsches Elektrohandwerk 55 (1980) H. 14, S. 1000 bis 1002

[2] Winkler, A.: Schutztechnische Messungen in elektrischen Anlagen – Ziele, Probleme, Realisierung. Der Elektromeister und Deutsches Elektrohandwerk 55 (1980) H. 14, S. 1009 bis 1011

[3] Nienhaus, H.; Vogt, D.: Prüfung vor Inbetriebnahme von Starkstromanlagen; Besichtigen – Erproben – Messen nach DIN VDE 0100 Teil 610. VDE-Schriftenreihe Bd. 63. Berlin und Offenbach: VDE-VERLAG, 1995

[4] Egyptien, H. H.: Die Prüfungen elektrischer Anlagen und Betriebsmittel. Der Elektromeister und Deutsches Elektrohandwerk 55 (1980) H. 8, S. 539 bis 545

[5] Leischner, M.: Prüfung von Schutzmaßnahmen. Der Elektromeister und Deutsches Elektrohandwerk 55 (1980) H. 2, S. 97 bis 99 und H. 5, S. 275 bis 279

[6] Winkler, A.: Messung des Schleifenwiderstandes. Der Elektromeister und Deutsches Elektrohandwerk 56 (1981) H. 6, S. 447 bis 450

[7] Reiß, K.-R.: Schleifenwiderstand und Kurzschlußstrom, gemessen mit Schleifenwiderstands-Meßgeräten. etz Elektrotech. Z. 101 (1980) H. 2, S. 84 bis 87

[8] Dänzer, P.: Schleifenwiderstand und Kurzschlußstrom, gemessen mit Schleifenwiderstands-Meßgeräten. etz Elektrotech. Z. 102 (1981) H. 14, S. 762 bis 764

[9] Denzel, P.; Vierfuß, H.: Beitrag zur Messung der Impedanz von Niederspannungsnetzen. etz Elektrotech. Z., Ausg. A, 87 (1966) H. 5, S. 159 bis 165

[10] Nienhaus, H.: Prüfungen vor Inbetriebnahme von Starkstromanlagen. de, der elektromeister + deutsches elektrohandwerk 69 (1994) H. 8, S. 537 bis 544 und H. 9, S. 649 bis 653

[11] Schröder, B.: Stichwörter zu DIN VDE 0100 Teil 610. de, der elektromeister + deutsches elektrohandwerk 69 (1994) H. 8, S. 560 bis 566

12 Schutz gegen Überspannungen

12.1 Behandlung von Erdungen in Anlagen mit Nennspannungen über 1 kV und Nennspannungen bis 1000 V – DIN VDE 0141

Erdungsanlagen für Umspannstationen von Mittelspannung (über 1 kV bis 30 kV), im folgenden Hochspannung genannt, zu Niederspannung sind in DIN VDE 0141, Abschnitt 5.8, behandelt. An der genannten Schnittstelle ist zum Schutz bei Hochspannungsfehlern eine Hochspannungsschutzerdung vorzusehen und in TN- und TT-Systemen eine Niederspannungsbetriebserdung zur Erdung des Transformatorsternpunkts erforderlich. Hochspannungserdung und Niederspannungserdung erfolgen zweckmäßigerweise an einer gemeinsamen Erdungsanlage (Stationserde). Die Bedingungen für diese gemeinsame Erdungsanlage sind in Abschnitt 12.1.1 beschrieben. Eine zusätzliche, getrennte Erdungsanlage für die niederspannungsseitige Sternpunkterdung des Transformators ist erforderlich, wenn keine der unter Abschnitt 12.1.1 beschriebenen Maßnahmen zu erfüllen ist. Die dann einzuhaltenden Bedingungen sind in Abschnitt 12.1.2 beschrieben.

12.1.1 Gemeinsame Erdungsanlage

Eine gemeinsame Erdungsanlage ist stets die bessere Lösung und deshalb anzustreben. Sie darf ausgeführt werden, wenn eine der nachfolgenden Bedingungen erfüllt ist:

a) Die Umspannstation liegt in einem Gebiet mit geschlossener Bebauung oder in einem Industriewerk, wo eine einwandfreie Trennung der Erdungsanlagen ohnehin nicht möglich ist. Dieser Fall liegt vor, wenn durch Fundamenterder, Gas- oder Wasserleitungen bzw. erdfühlige Kabel (Nachrichten-, Niederspannungs- oder Hochspannungskabel) die Gesamtheit aller Systeme im Erdreich wie ein großer Maschenerder wirkt.

b) Bei isoliert oder kompensiert betriebenen Hochspannungsnetzen oder bei Netzen, die mit niederohmiger Sternpunkterdung betrieben werden, und einem TN-System auf der Niederspannungsseite darf im Fehlerfall die Erderspannung U_E die zulässige Berührungsspannung $U_{B\,zul}$ nach **Bild 12.1** (DIN VDE 0141 Bild 10) nicht überschreiten.

$$U_E \leq U_{B\,zul}. \tag{12.1}$$

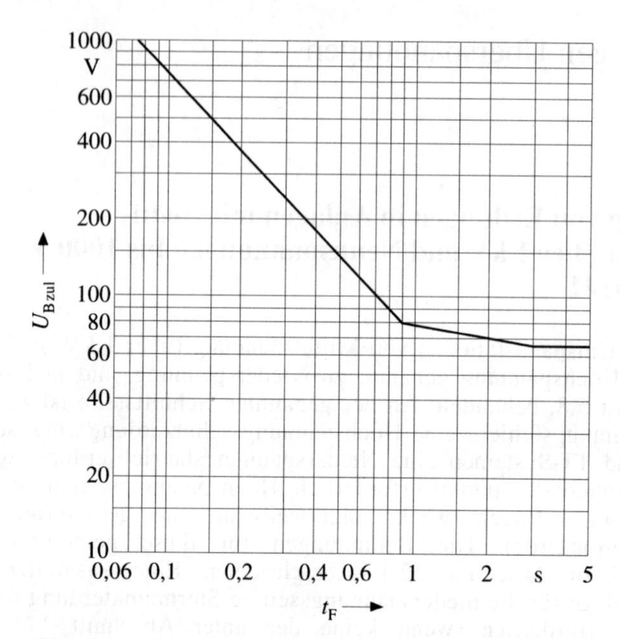

Bild 12.1 Höchste zulässige Berührungsspannung $U_{B\,zul}$ in Abhängigkeit von der Zeitdauer t_F

b1) Die Forderung $U_E \leq 65$ V gilt für isoliert betriebene Hochspannungsnetze oder Netze mit Erdschlußkompensation (Erdschlußlöschung). Bei der Erdschlußkompensation wird in einem Hochspannungsnetz durch den Einbau einer Erdschlußkompensationsspule (mittelbare Erdung) der hohe kapazitive Erdschlußstrom I_C kompensiert **(Bild 12.2).**
Der kapazitive Erdschlußstrom ist:

$$I_C = \sqrt{3}\, U\, \omega\, C_E. \tag{12.2}$$

Er liegt in 20-kV-Netzen in der Regel bei etwa 4 A bis 6 A pro 100 km Netzlänge bei Freileitung und etwa 200 A bis 350 A pro 100 km Netzlänge bei Kabel. Die Spule (induktiver Widerstand) der Erdlöschspule wird bemessen nach:

$$X_L \approx \frac{1}{3\, \omega\, C_E}. \tag{12.3}$$

Damit wird der hohe kapazitive Erdschlußstrom I_C stark begrenzt, und es kommt nur noch der Erdschlußreststrom I_{Rest} zum Fließen. Normalerweise werden Netze (10 kV bis 30 kV) so betrieben (aufgeteilt), daß der Erdschlußreststrom 30 A bis 60 A nicht überschreitet.

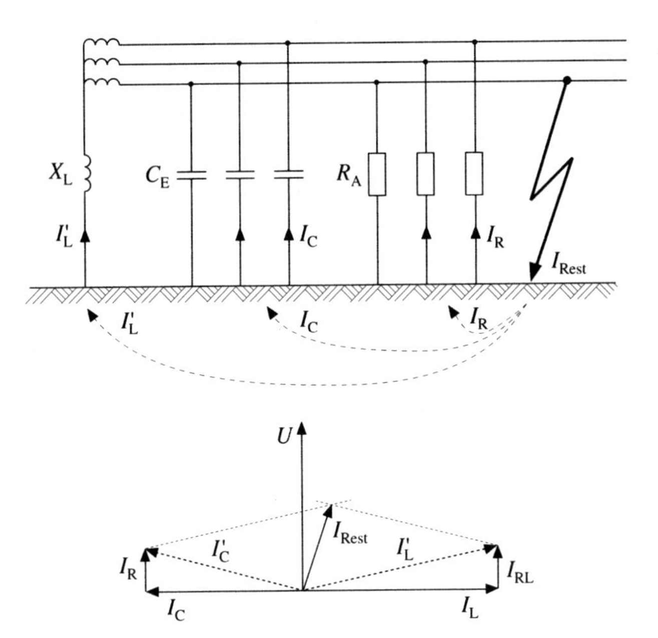

Bild 12.2 Erdschlußkompensation

Anmerkung: Es ist zweckmäßig, den Erdschlußreststrom bei Spannungen bis 20 kV auf 60 A (bei 30 kV auf 66 A) zu begrenzen, da dann eine aufwendige Berechnung von Beeinflussungen nach DIN VDE 0228 »Maßnahmen bei Beeinflussung von Fernmeldeanlagen durch Starkstromanlagen« entfallen kann.
Die gemeinsame Erdungsanlage muß dann einer der folgenden Bedingungen genügen:

- $R_E \leq \dfrac{U_E}{I_E} \leq \dfrac{65\text{ V}}{I_C}$ in Netzen ohne Erdschlußkompensation (12.4)

- $R_E \leq \dfrac{U_E}{I_E} \leq \dfrac{65\text{ V}}{I_{Rest}}$ in Netzen mit Erdschlußkompensation (12.5)

In den Gln. (12.2) bis (12.5) bedeuten:
I_C kapazitiver Erdschlußstrom in A
U Nennspannung (Außenleiterspannung) in V
ω Kreisfrequenz $\omega = 2\pi f$ in Hz
C_E Kapazität gegen Erde in F
X_L induktiver Widerstand in Ω
R_E Erdungswiderstand in Ω
U_E Erdungsspannung in V

I_E Erdungsstrom in A
I_{Rest} Erdschlußreststrom in A

b2) Bei Hochspannungsnetzen mit niederohmiger Sternpunkterdung wird in der Regel ein hoher Erdschlußstrom zum Fließen kommen. Die Schutzeinrichtungen (z. B. Distanzschutz) sind so auszuwählen bzw. einzustellen, daß die Bedingung nach Gl. (12.1) mit $U_E \leq U_{B\,zul}$ gemäß Bild 12.1 immer erfüllt ist, d. h. der Fehler in Abhängigkeit der Erderspannung in ausreichend kurzer Zeit abgeschaltet wird.

c) Bei isoliert oder kompensiert betriebenen Hochspannungsnetzen oder bei Netzen, die mit niederohmiger Sternpunkterdung betrieben werden, und einem TT-System auf der Niederspannungsseite darf die festgelegte Erdungsspannung nicht überschritten werden.

c1) Bei Hochspannungsnetzen mit isoliertem Sternpunkt oder mit Erdschlußkompensation darf im Fehlerfall die Erdungsspannung an der gemeinsamen Erdungsanlage $U_E \leq 250$ V nicht überschreiten. Die gemeinsame Erdungsanlage muß dann folgenden Bedingungen genügen:

- $R_E \leq \frac{U_E}{I_E} \leq \frac{250\ \text{V}}{I_C}$ in Netzen ohne Erdschlußkompensation (12.6)

- $R_E \leq \frac{U_E}{I_E} \leq \frac{250\ \text{V}}{I_{Rest}}$ in Netzen mit Erdschlußkompensation (12.7)

c2) Bei Hochspannungsnetzen mit niederohmiger Sternpunkterdung darf im Fehlerfall die Erdungsspannung an der gemeinsamen Erdungsanlage $U_E < 1200$ V nicht überschreiten. Die gemeinsame Erdungsanlage muß dann folgender Bedingung genügen:

- $R_E \leq \frac{U_E}{I_E} \leq \frac{1200\ \text{V}}{r \cdot I''_{k\,1pol}}$ (12.8)

In den Gln. (12.6) bis (12.8) bedeuten:
R_E Erdungswiderstand in Ω,
U_E Erdungsspannung in V,
I_E Erdschlußstrom in A,
I_C kapazitiver Erdschlußstrom in A,
I_{Rest} Erdschlußreststrom in A,
$I''_{k\,1pol}$ Anfangs-Kurzschlußwechselstrom in A
r Reduktionsfaktor (siehe DIN VDE 0141).

Wenn für eine Umspannstation eine gemeinsame Erdungsanlage möglich ist, sind alle zu schützenden Anlageteile (Körper und fremde leitfähige Teile) an die gemeinsame Erdungsanlage anzuschließen. Beispiele zeigen **Bild 12.3** und **Bild 12.4.**

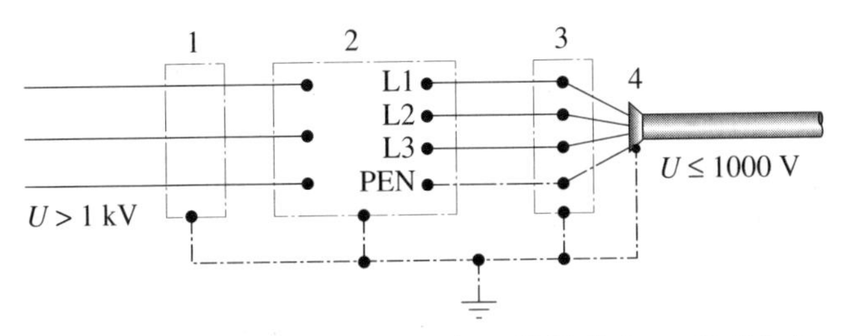

Bild 12.3 Gemeinsame Erdungsanlage; H-Freileitung; N-Kabel
1 Hochspannungs-Schalter
2 Transformator
3 Niederspannungs-Schaltgerüst
4 Kabelendverschluß

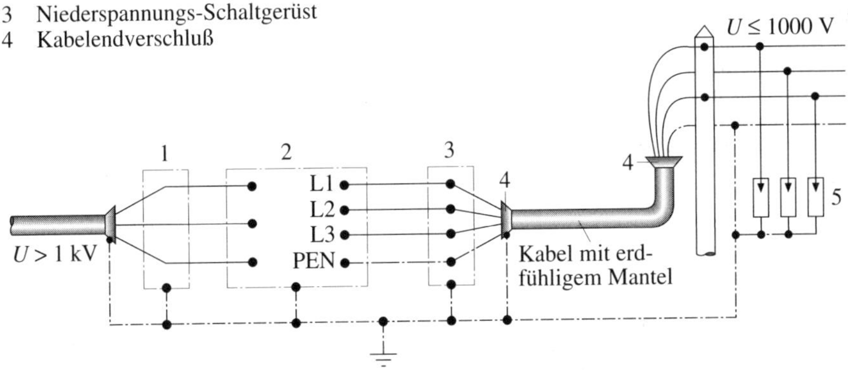

Bild 12.4 Gemeinsame Erdungsanlage; H-Kabel; N-Freileitung/Kabel
1 Hochspannungs-Schalter
2 Transformator
3 Niederspannungs-Schaltgerüst
4 Kabelendverschluß
5 Überspannungsableiter (zulässig)

12.1.2 Getrennte Erdungsanlagen

Kann keine der von Abschnitt 12.1.1 a) bis c) genannten Bedingungen erfüllt werden, so ist neben der Erdungsanlage der Station (Hochspannungserde) noch eine weitere Erdungsanlage (Niederspannungsbetriebserde) zur getrennten Erdung des Transformatorsternpunkts notwendig. Der Abstand der beiden Erdungsanlagen muß mindestens 20 m betragen, wobei die elektrische Trennung nicht durch Fundamenterder, Kabelmäntel, Wasserleitungen, Gasleitungen oder andere im Erdreich liegende metallene Leitungen aufgehoben werden darf. Die innerhalb der Umspannstation zu schützenden Teile der Niederspannungsanlage sind in die Hochspannungserde einzubeziehen. Beispiele zeigen **Bild 12.5** und **Bild 12.6.**

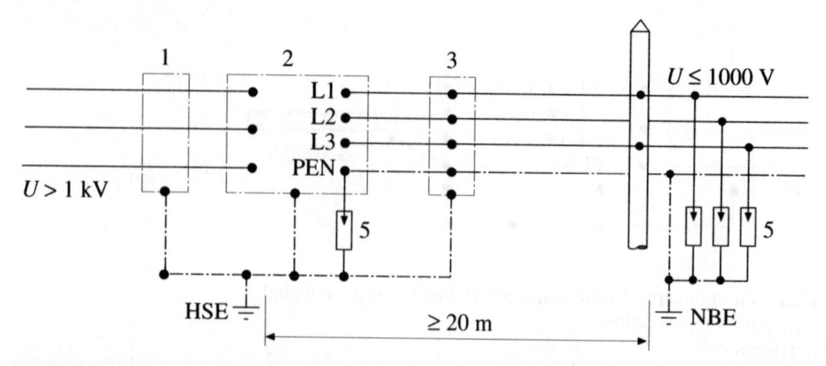

Bild 12.5 Getrennte Erdungsanlage; H- und N-Freileitung
1 Hochspannungs-Schalter
2 Transformator
3 Niederspannungs-Schaltgerüst
4 Kabelendverschluß
5 Überspannungsableiter (zulässig)

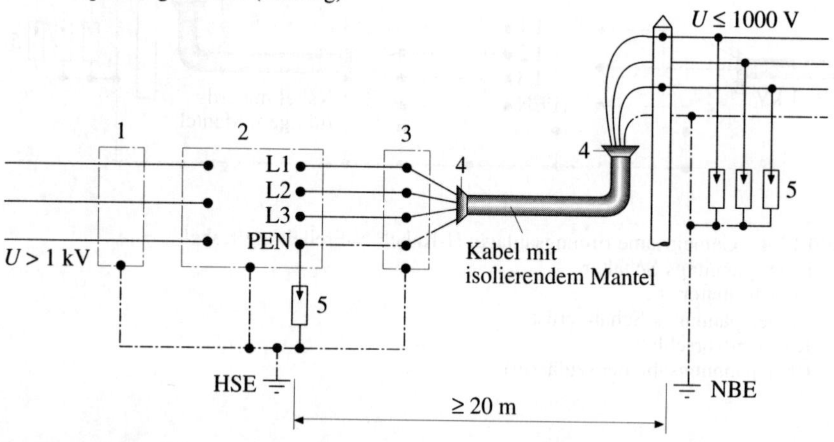

Bild 12.6 Getrennte Erdungsanlage; H-Freileitung; N-Freileitung/Kabel
1 Hochspannungs-Schalter
2 Transformator
3 Niederspannungs-Schaltgerüst
4 Kabelendverschluß
5 Überspannungsableiter (zulässig)

Bei einer Trennung der Erdungsanlagen sind unabhängig von den Maßnahmen im Niederspannungsnetz an der Hochspannungsanlage die zulässigen Berührungsspannungen einzuhalten.

a) Bei Hochspannungsnetzen mit isoliertem Sternpunkt oder Erdschlußkompensation ist eine Erdungsspannung von

$$U_E \leq 2U_{B\,zul} \leq 2 \cdot 65\ V \leq 130\ V$$

zulässig. Kann diese Erderspannung nicht eingehalten werden, sind folgende Ersatzmaßnahmen möglich:

- $130\ V < U_E \leq 250\ V$

Alternativ sind folgende Lösungen zulässig:

1. Außenwände der Umspannstation aus nichtleitendem Material (Mauerwerk, Holz, unarmierter Beton), wobei keine geerdeten Metallteile berührbar sein dürfen.
2. Anwendung der Potentialsteuerung durch einen Oberflächenerder (Ringerder um das Gebäude) in etwa 1 m Abstand und 0,5 m Tiefe.
3. Anwendung der Standortisolierung mit einer Ausdehnung derart, daß eine Berührung von geerdeten Bauteilen von einem Standort außerhalb der Isolierung nicht möglich ist.

Für die Isolierung gilt als ausreichend:

- eine Schotterschicht von 10 cm Stärke,
- eine Asphaltschicht von 1 cm Stärke,
- eine Gummi- oder Kunststoffunterlage von 1 mm Stärke.

- $U_E > 250\ V$

Es ist nachzuweisen, daß die Berührungsspannung $U_B \leq 65\ V$ ist. Die Messung ist in Abschnitt 2.6.4 beschrieben.

b) Bei Hochspannungsnetzen mit niederohmiger Sternpunkterdung gilt für die Erdungsspannung ebenfalls

$$U_E \leq 2U_{B\,zul},$$

wobei aber $U_{B\,zul}$ nach Bild 12.1 zu ermitteln ist. Kann diese Erderspannung nicht eingehalten werden, sind folgende Ersatzmaßnahmen möglich:

- $U_E > 2U_{B\,zul}$ und $t_F \leq 0{,}5\ s$

Hier sind die unter a) beschriebenen Ersatzmaßnahmen anwendbar.

- $U_E > 2U_{B\,zul}$ und $t_F > 0{,}5\ s$

Es ist nachzuweisen, daß $U_B \leq U_{B\,zul}$ nach Bild 12.1 erfüllt ist. Die Messung ist in Abschnitt 2.6.4 beschrieben.

12.2 Schutz gegen Überspannungen infolge atmosphärischer Einwirkungen – § 18 und Teil 443

12.2.1 Allgemeines

Überspannungen in elektrischen Netzen können entstehen durch:

- atmosphärische Entladungen (LEMP),
- Schaltüberspannungen (SEMP),
- elektrostatische Entladungen und
- Nuklearexplosionen (NEMP).

Die hierbei auf die elektrischen Bauteile zukommenden Beanspruchungen können sehr vielfältiger Natur sein. So können z. B. Spannungen von nur einigen hundert Volt, aber auch Spannungen bis zu mehreren 100 kV auftreten.
Kennzeichnend für diese Spannungen ist ein kurzer Impuls, verbunden mit einem sehr steilen Stromanstieg (wenige µs), der dann in einer Zeit von 10 µs bis mehrere 100 µs wieder abfällt. Diese Spannungsimpulse, die galvanisch, induktiv oder kapazitiv in eine elektrische Anlage eingekoppelt werden können, werden transiente Überspannungen genannt.

12.2.2 Ursachen und Wirkungen transienter Überspannungen

- Atmosphärische Entladungen entstehen bei einem Gewitter. Dabei können durch direkten Blitzeinschlag (Hauptentladung), kleinere Blitzstromanteile (Seitenentladung) oder rückwärtige Überschläge hohe Spannungsimpulse in das Netz übertragen werden **(Bild 12.7).**

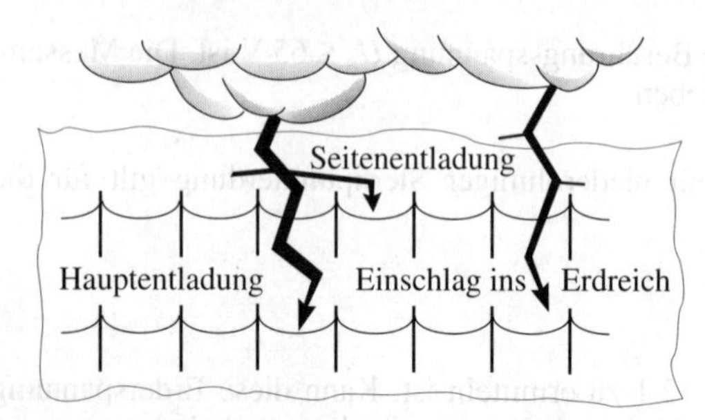

Bild 12.7 Blitzschläge

Einen Schutz gegen direkten Blitzeinschlag (Strom etwa 20 kA bis 100 kA) für elektrische Anlagen gibt es nur bedingt.

Die Ursache von Gewitterspannungsschäden lassen sich grundsätzlich unterteilen in:
– Direkt-/Naheinschlag und
– Ferneinschlag.

Bei einem Direkteinschlag trifft der Blitz das zu schützende Gebäude direkt. Von einem Naheinschlag spricht man, wenn der Blitz unmittelbar in der Nähe einer zu schützenden Anlage, wie z. B. in die Niederspannungsfreileitung, einschlägt. Beim Direkt- bzw. Naheinschlag müssen von den Überspannungsschutzeinrichtungen Blitzströme bzw. erhebliche Teile davon zerstörungsfrei abgeleitet werden.

Beim Ferneinschlag, bei dem z. B. eine Mittelspannungsfreileitung getroffen wird oder bei dem durch Blitzeinschläge in der Umgebung einer zu schützenden Anlage eine Überspannung in die elektrische Anlage induziert wird, müssen von den Überspannungsschutzeinrichtungen nur relativ kleine Blitzströme verkraftet werden. Ferneinschläge (indirekte Blitzeinwirkung) sind weitaus häufiger anzutreffen als Direkteinschläge.

Bei einem Gewitter entstehen aber auf Freileitungen auch atmosphärische Ladungen, die Schäden verursachen können. Die Entstehung einer atmosphärischen Ladung auf einer Freileitung zeigt **Bild 12.8.**

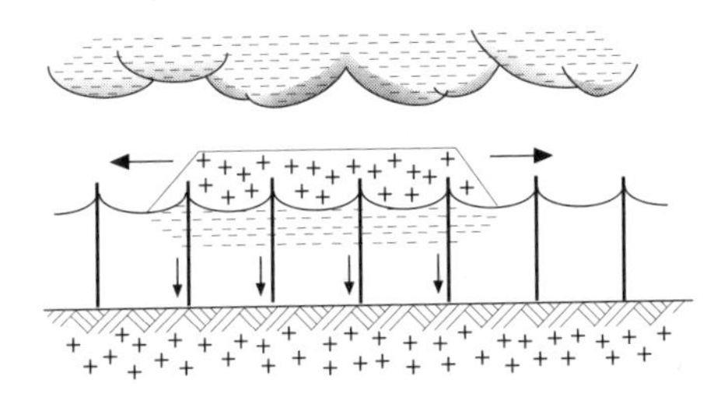

Bild 12.8 Atmosphärische Ladung auf einer Freileitung

Die Freileitung verläuft zwischen der elektrisch negativ geladenen Wolke und dem Erdreich mit positiver Ladung. In diesem elektrischen Feld stellt die Freileitung praktisch einen Kondensator dar, der je nach Feldstärke aufgeladen wird. Durch die negativ geladene Wolke wird die auf der Freileitung aufgebaute positive Ladung gebunden, während die negative Ladung, bedingt durch den geringen Abstand und die Ableitwiderstände, zur Erde abfließt. Erfolgt nun zwischen Erde und Wolke ein Ladungsausgleich (Blitzschlag), dann ist die positive Ladung auf der Leitung nicht mehr gebunden und kann auf der Leitung beidseitig abfließen. Dabei entstehen unter Umständen sehr hohe Stoßspannungen (transiente Überspannungen), die sich durch Reflexionen an Endstellen, Abzweigen usw. noch verstärken können.

Wenn keine Vorkehrungen getroffen werden, können diese transienten Überspannungen in elektrischen Anlagen Überschläge an blanken Teilen (z. B. Klemmen, Schienen) hervorrufen und Kurzschlüsse einleiten oder schwere Isolationsschäden an isolierten Anlagen verursachen.

- Schaltüberspannungen entstehen durch Schalthandlungen in elektrischen Anlagen, z. B. beim Schalten von Motoren, Netzen usw. Die dabei entstehenden, hochfrequenten Ausgleichsvorgänge pflanzen sich in den Netzen aller Spannungsebenen fort, werden also auch von einem Hochspannungsnetz in ein Niederspannungsnetz eingekoppelt. Relativ hohe Überspannungen können auch beim Ansprechen von Sicherungen auftreten. Die Stromsteilheit von Schaltüberspannungen kann höhere Werte (1000 kA/µs) annehmen als die eines Blitzes mit maximal 120 kA/µs.
- Elektrostatische Entladungen entstehen bei Kontakt und Trennung leitender und nichtleitender Materialien. Dabei bauen sich elektrische Felder auf, bei denen Spannungen bis 20 000 V Spitzenwert und mehr erreicht werden können.
- Auch bei Kernexplosionen entstehen starke nuklear-elektromagnetische Impulse. Der Impuls kann innerhalb weniger µs seinen Scheitelwert erreichen.

12.2.3 Normen zum Überspannungsschutz

Schutzmaßnahmen gegen Überspannungen infolge atmosphärischer Einwirkung sind in DIN VDE 0100 § 18 behandelt. Der § 18 soll durch Teil 443 (zur Zeit Entwurf) abgelöst werden.

Neben diesen Normen sind weitere zu beachten, vor allem auch durch steigende Anforderungen an den Überspannungsschutz, bedingt durch den Einsatz spannungsempfindlicher elektronischer Bauteile.

- DIN VDE 0110 »Isolationskoordination in Niederspannungsanlagen
  - Teil 1 Grundsätzliche Festlegungen;
  - Teil 2 Bemessung der Luft- und Kriechstrecken«
- DIN VDE 0185 »Blitzschutzanlagen
  - Teil 1 Allgemeines für das Errichten;
  - Teil 2 Errichten besonderer Anlagen«
- DIN VDE 0675 Teil 6 »Richtlinien für Überspannungsschutzgeräte, Überspannungsableiter in Wechselspannungsnetzen mit Nennspannungen von 100 V bis 1000 V«
- DIN VDE 0845 »Schutz von Fernmeldeanlagen gegen Blitzeinwirkungen, statische Aufladungen und Überspannungen aus Starkstromanlagen
  - Teil 1 Maßnahmen gegen Überspannungen;
  - Teil 2 Anforderungen und Prüfungen von Überspannungsschutzeinrichtungen und Fernmeldegeräten«

12.2.4 Schutz gegen Überspannungen

In DIN VDE 0100 § 18 ist der Schutz elektrischer Anlagen gegen Überspannungen infolge atmosphärischer Entladungen behandelt. Danach sind Überspannungsableiter (Ventilableiter) oder Schutzfunkenstrecken vorzusehen. Der § 18 wird abgelöst durch Teil 443, der auf IEC-Basis erarbeitet ist und neue Festlegungen bringt.

Im Entwurf DIN VDE 0100 Teil 443:1987-04 mit den Änderungen A 1 bis A 3 werden Hinweise gegeben, in welchen Fällen ein Schutz gegen atmosphärische Überspannungen zu fordern oder zu empfehlen ist.

Soll die Wahrscheinlichkeit schädlicher Einwirkungen infolge Überspannungen auf ein vertretbares Maß begrenzt werden, sind folgende Punkte zu berücksichtigen:

- die zu erwartende Gewitterhäufigkeit,
- die Höhe der Überspannungen,
- der Einbauort und die Kennlinien der Überspannungs-Schutzeinrichtungen,
- die Anforderungen an die Betriebssicherheit,
- die Sicherheit von Personen und Sachen.

Der Überspannungsschutz von Informationsanlagen gewinnt durch den vermehrten Einsatz von elektronischen Bauteilen und die zunehmende Vernetzung von Datenleitungen mehr und mehr an Bedeutung.

Dies wird verständlich, wenn man berücksichtigt, daß eine transiente Überspannung von 500 V über einige µs einen Elektromotor mit einer Nennspannung von 230 V nicht schädigt, jedoch in einer elektronischen Schaltung mit einer geringen Nennspannung (z. B. 5 V AC) einen um das 100fache höheren Spitzenwert als die Nennspannung hervorruft. Ein Schaden an den elektronischen Bauteilen ist hierbei nicht auszuschließen.

Überspannungsableiter (Ventilableiter) dienen zur Begrenzung der Überspannungen und bestehen im Prinzip aus einer Reihenschaltung von Funkenstrecke, spannungsabhängigem Widerstand und Abtrennvorrichtung (siehe **Bild 12.9**). Die Funktion des Ableiters ist dabei folgende:

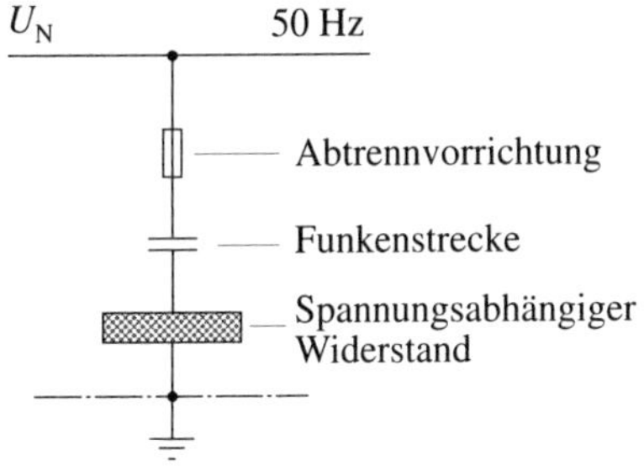

Bild 12.9 Überspannungsableiter (Prinzipdarstellung)

Die Funkenstrecke im Ableiter wirkt bei Normalbetrieb als Isolator zwischen Netzspannung und Erdpotential. Beim Auftreten einer für die Verbraucheranlage gefährlichen Überspannung spricht die Funkenstrecke an, und der spannungsabhängige Widerstand wird niederohmig. Die Folge ist, daß ein Stoßstrom zur Erde abfließen kann und in der Verbraucheranlage nur noch eine relativ geringe Restspannung auftritt.

Beim Abklingen des Stoßstroms erhöht sich der Widerstandswert, so daß der Folgestrom aus dem Netz immer kleiner wird. Die Funkenstrecke löscht schließlich beim nächsten Nulldurchgang der Netzspannung und übernimmt hierbei die Funktion der Abtrennvorrichtung.

Elektrostatische Entladungen führen hauptsächlich bei Arbeitsplätzen in der Elektronikindustrie zu Problemen, da elektronische Bauteile sehr empfindlich gegen Überspannungen sind. Elektrostatische Aufladungen können z.B. durch Erdung sämtlicher leitender Materialien einschließlich der Person oder durch Erhöhung der Luftfeuchtigkeit verhindert werden.

Ein Schutz gegen Schaltüberspannungen ist in normalen elektrischen Anlagen bei Verwendung üblicher Betriebsmittel nicht erforderlich. Ein Schutz gegen Überspannungen kann jedoch dann erforderlich werden, wenn hochempfindliche elektronische Bauteile eingesetzt sind, wie dies z. B. in EDV- oder in Meß-, Steuer- und Regelanlagen der Fall ist. Der Überspannungsschutz erfolgt dabei durch Einbau von Überspannungsableitern unter Berücksichtigung des jeweiligen Einbauorts und der entsprechenden Kennlinie.

12.2.5 Überspannungsableiter in Niederspannungsnetzen

In Kabelnetzen ist der Einsatz von Überspannungsableitern normalerweise nicht erforderlich.

In Freileitungsnetzen ist in der Regel der Einbau von Überspannungsableitern notwendig. In Gegenden mit großer Gewitterhäufigkeit sollen die Einbauorte nicht mehr als 500 m voneinander entfernt sein. Normalerweise genügt ein Abstand von 1000 m. Die Ableiter sind möglichst an Verzweigungspunkten einzubauen; auch bei längeren Ausläufern sind Ableiter erforderlich. Meist werden in einem Freileitungsnetz überall dort Ableiter eingebaut, wo aufgrund der Erdungsbedingungen ohnehin Erder gefordert sind. Nur wenn zwei Erder sehr nahe beieinander liegen, wird in der Regel bei einem Erder auf die Ableiter verzichtet. Einbaustellen von Überspannungsableitern zeigt **Bild 12.10.**

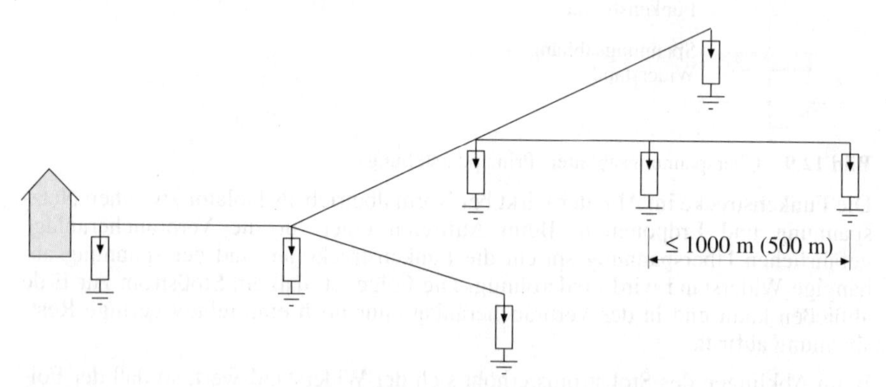

Bild 12.10 Einbaustellen von Überspannungsableitern im Freileitungsnetz

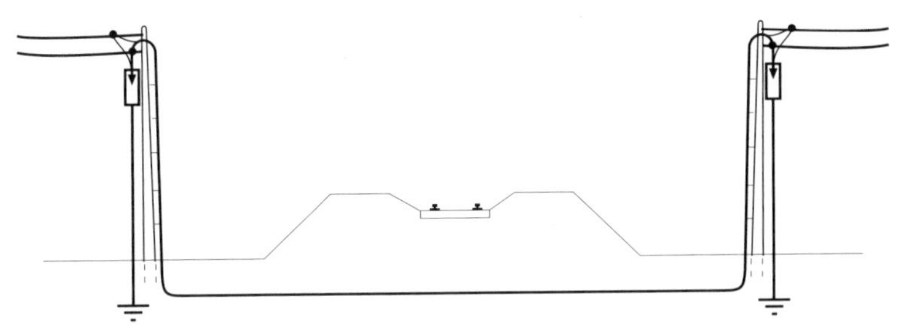

Bild 12.11 Übergang von Freileitung auf Kabel

Kabel sind gegen die in Abschnitt 12.2.2 genannten Stoßspannungen sehr empfindlich, weshalb auch bei zwischen die Freileitung geschalteten Kabeln beidseitig Überspannungsableiter zu empfehlen sind **(Bild 12.11).** Auch bei einem reinen Kabelabgang ist der Einbau von Überspannungsableitern zweckmäßig.

Die in 400/230-V-Netzen eingebauten Überspannungsableiter sollen nach DIN VDE 0675 bei $2 \cdot U_n + 1700\ V = 2500\ V$ ansprechen. Da der Überspannungsableiter eine Schmelzsicherung besitzt, die 5 A zuläßt, sollte der Erdungswiderstand nicht mehr als $50\ V/5\ A = 10\ \Omega$ betragen, damit keine zu hohe Berührungsspannung auftritt. Kann dieser Erdungswiderstand nicht erreicht werden, so ist eine Isolation der Erdungsleitung ratsam.

Durch den Einbau von Überspannungsableitern **(Bild 12.12)** können Stoßspannungen gefahrlos zur Erde abgeleitet werden. Die wichtigsten Bestandteile eines Überspannungsableiters sind die Funkenstrecke, der spannungsabhängige Widerstand (Halbleiterplatte) und die Schmelzsicherung mit Ansprechanzeige. Tritt in einer geschützten Anlage eine hohe Überspannung auf, wird die Funkenstrecke durchschlagen, und es kann ein Strom zur Erde fließen. Dabei wird durch die gegen Erde anliegende Spannung der Widerstand der Halbleiterplatte gesteuert, so daß bei hoher Spannung auch ein großer Strom zur Erde fließen kann. **Bild 12.13** zeigt die

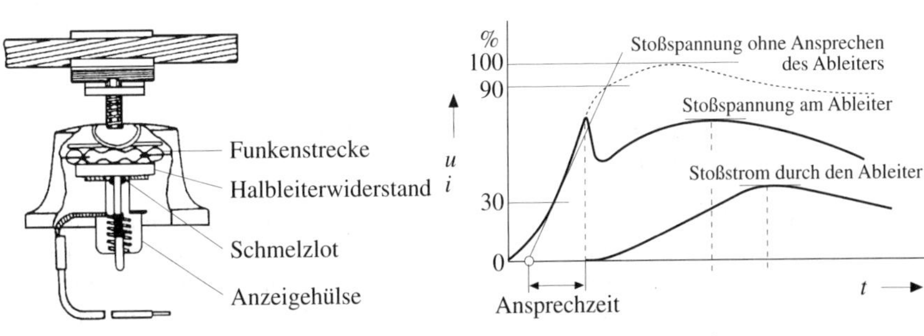

Bild 12.12 Überspannungsableiter (typische Bauweise für Freileitungen)

Bild 12.13 Arbeitswerte für Überspannungsableiter

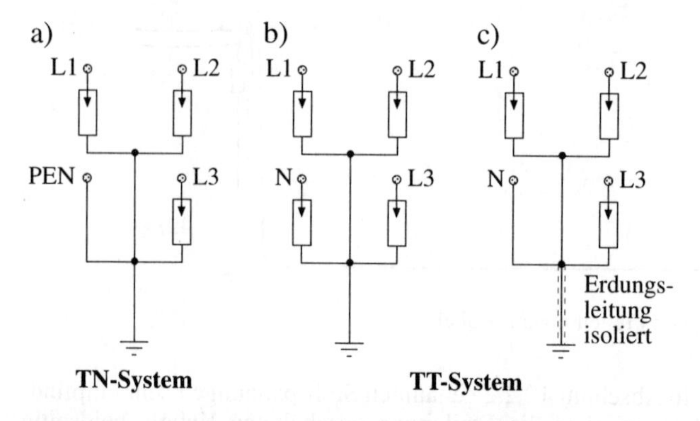

Bild 12.14 Anordnung von Überspannungsableitern

Zusammenhänge für einen Überspannungsableiter, wie er heute hauptsächlich in Verteilungsnetzen bei 230 V gegen Erde Verwendung findet. Wird durch den Ableitvorgang nach kurzer Zeit die Spannung wieder kleiner, so erlischt die Funkenstrecke, und der Strom wird unterbrochen. Die Schmelzsicherung (ein Strom von 5 A kann 1 min fließen) schützt die Halbleiterplatte vor thermischer Überlastung und löst aus, wenn keine Löschung der Funkenstrecke erfolgt und wenn Strom vom Netz zur Erde fließt.

Erwähnt soll noch werden, daß ein Überspannungsableiter eine offene Erdung darstellt.

In TN-Systemen genügt es, wenn in die drei Außenleiter je ein Überspannungsableiter eingebaut wird. Die Erdungsleitung der Ableiter ist mit dem PEN-Leiter zu verbinden und zu erden. In TT-Systemen ist auch für den Neutralleiter ein Ableiter vorzusehen, oder es ist in diesem Fall die Erdungsleitung isoliert zu verlegen (**Bild 12.14**). Bei Holzmasten genügt eine Isolierung der Erdungsleitung im Handbereich, z. B. durch eine Holzleiste von 2,5 m Länge über Erde; an Beton- oder Stahlmasten empfiehlt es sich, dabei NYY zu verwenden. In IT-Systemen ist im Neutralleiter, falls ein solcher überhaupt vorhanden ist, stets ein Ableiter einzubauen.

12.2.6 Überspannungsableiter in Verbraucheranlagen (Installationsableiter)

Überspannungsableiter in Verbraucheranlagen haben die beste Wirkung, wenn sie in der Nähe des Hausanschlußkastens angebracht sind. Nach TAB 10(4) ist der Einbau allerdings im nichtplombierten Teil der Kundenanlage gefordert. Ein Einbau in der Hauptverteilung der Anlage (Ableiter mit Schnappbefestigung) dürfte deshalb zweckmäßig sein. Überspannungsableiter sind auf möglichst kurzem Weg zu erden.

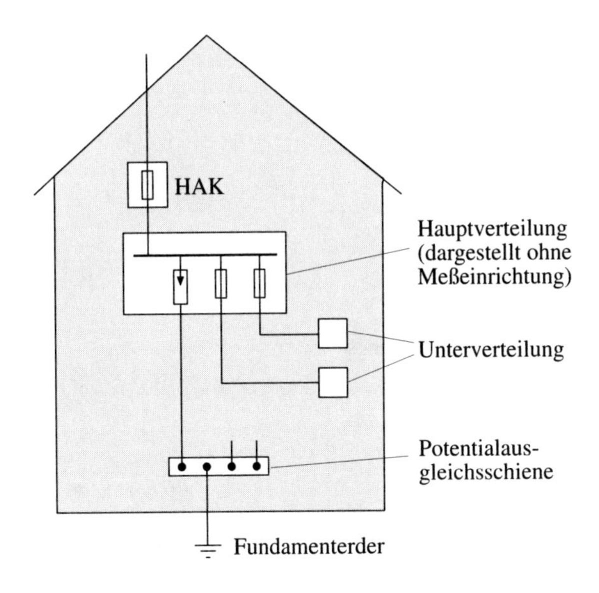

Bild 12.15 Einbau von Überspannungsableitern in Verbraucheranlagen

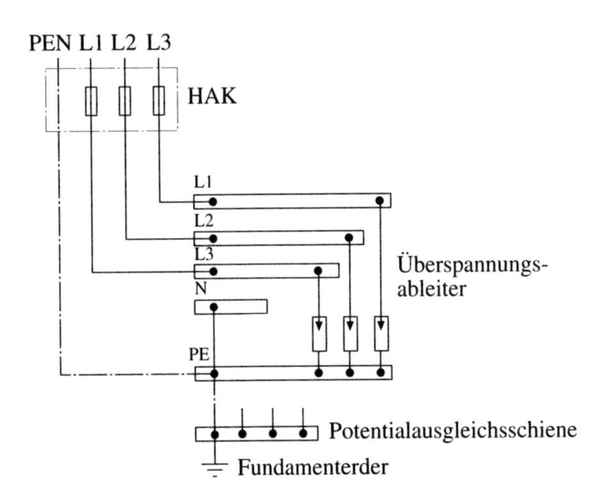

Bild 12.16 Verbraucheranlage bei einem TN-System

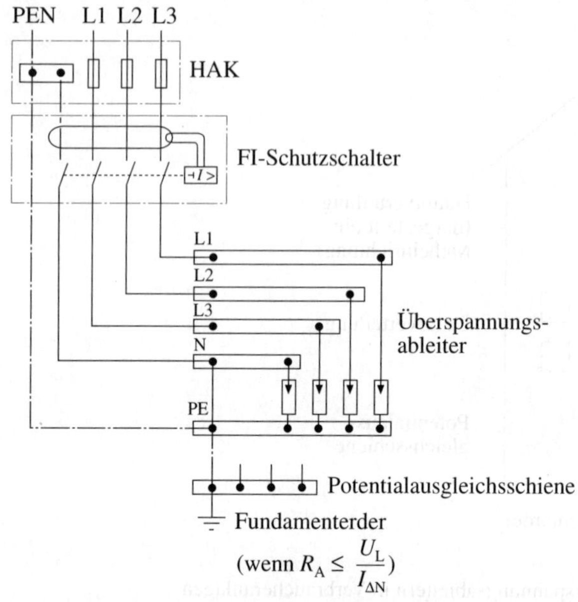

Bild 12.17 Verbraucheranlage bei einem TT-System

Dabei muß die Erdung des Überspannungsableiters mit der Erdungsanlage der Verbraucheranlage verbunden werden. Es empfiehlt sich also, an der Potentialausgleichsschiene zu erden **(Bild 12.15).** Die Ableiter sind so anzubringen, daß sie keinen Brand auslösen können.

Für die verschiedenen Einbaumöglichkeiten im TN-, TT- und IT-System gilt auch hier das zu Bild 12.14 Gesagte. **Bild 12.16** zeigt ein Beispiel in einer Verbraucheranlage mit Überstromschutzeinrichtungen, **Bild 12.17** eines in einer Verbraucheranlage mit RCD, wobei die Überspannungsableiter jeweils in die Hauptverteilung eingebaut sind.

Einen typischen, für Verbraucheranlagen geeigneten Überspannungsableiter (Ventilableiter) zeigt **Bild 12.18.**

Ventilableiter bestehen aus einer Reihenschaltung von Funkenstrecke, Varistor (spannungsabhängiger Widerstand) und Überwachungseinrichtung (Abtrennvorichtung, Sicherung):

- Die Funkenstrecke spricht an, wenn eine zu hohe Spannung an ihr anliegt, also eine Überspannung abzuleiten ist. Im ungestörten Betrieb hat die Funkenstrecke eine hohe Isolationsfestigkeit.
- Der spannungsabhängige Widerstand (Varistor, Zinkoxidvaristor) begrenzt den aus dem Netz nachfließenden Folgestrom so rasch, daß die Funkenstrecke innerhalb einer halben Periode der Netzfrequenz (10 ms bei 50 Hz) gelöscht wird.

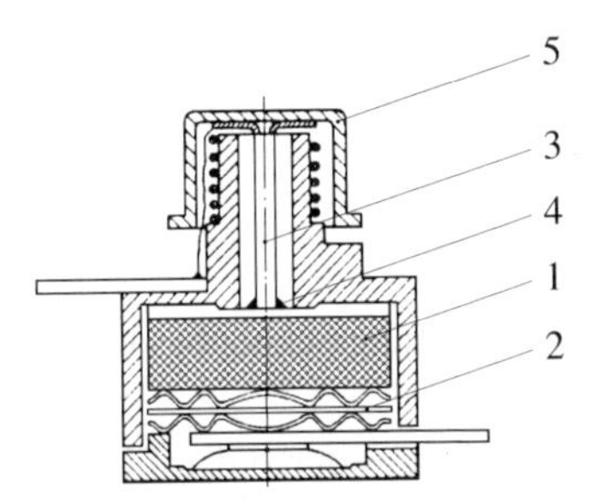

Bild 12.18 Überspannungsableiter (typische Bauart für Verbraucheranlagen)

- Die eingebaute Sicherung – auch Abtrennvorrichtung oder Überwachungseinrichtung genannt – tritt nur dann in Funktion, wenn funktionswichtige Teile des Ableiters zerstört wurden. Das Ansprechen der Sicherung wird am Ableiter signalisiert. **Bild 12.19** zeigt die Auslösekennlinie einer solchen Sicherung.

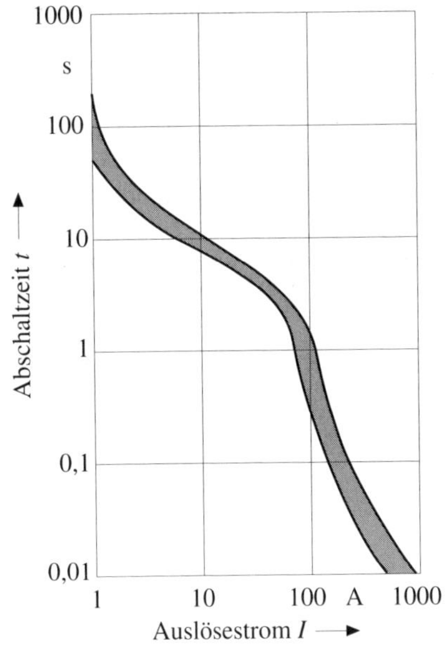

Bild 12.19 Auslösekennlinie einer in einem Ventilableiter eingesetzten Sicherung

12.2.7 Überspannungsableiter in Informationsnetzen und -anlagen

Besonders empfindlich gegen Überspannungen sind elektronische Betriebsmittel in Informationsanlagen, wie sie in

- MSR-Anlagen,
- EDV-Anlagen,
- Fernmeldeanlagen,
- Funkanlagen,
- Datennetzen

und ähnlichen Anlagen eingebaut werden.
Für Anlagen dieser Art ist es deshalb ratsam, dem Überspannungsschutz besondere Aufmerksamkeit zu widmen.

DIN VDE 0845 gibt Hinweise zur Realisierung dieses Schutzes durch den Einsatz von Überspannungsschutzgeräten. Diese Geräte bestehen aus einer Kombination von:

- Varistoren zum Überspannungsschutz wie Metalloxid-(Zinkoxid-)Varistoren, Siliziumkarbid-Varistoren oder Zener-Dioden,
- Netzentstörfilter-Kombinationen und
- Sicherungen bzw. Überwachungseinrichtungen mit Anzeigevorrichtung.

Durch gezielte Zusammenschaltung der genannten Bauteile zu einer Schutzschaltung entstehen sogenannte Schutzbausteine (Schutzgeräte) mit unterschiedlichen Eigenschaften:

- gasgefüllte Überspannungsableiter können Ströme bis zu einigen 10 kA innerhalb einiger Mikrosekunden ableiten;
- Varistoren leiten, je nach Aufbau, Überspannungen im Nanosekundenbereich ab;
- Zener-Dioden (Z-Dioden) können Ströme bis zu 200 A im Nanosekundenbereich ableiten;
- Suppressor-Dioden (Z-Dioden mit besonderen Eigenschaften) haben ein hohes Ableitvermögen und können Ströme von einigen 100 A im Picosekundenbereich (Ansprechzeit <10 ps) ableiten.

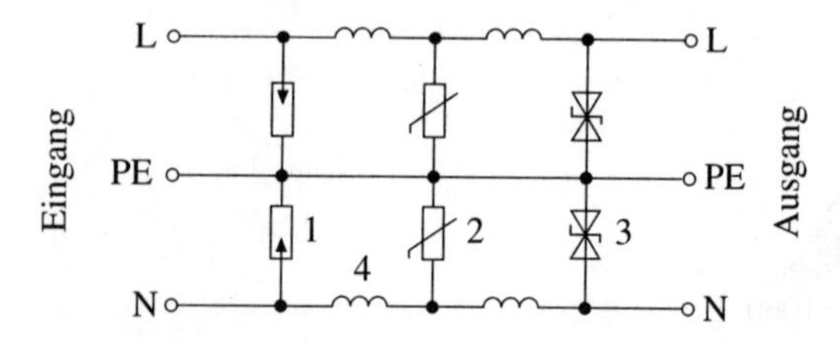

Bild 12.20 Schaltung eines Überspannungsschutzgeräts
1 Gasableiter 3 Suppressor-Diode
2 Varistor 4 Induktivität

Bild 12.20 zeigt die Schaltung eines solchen handelsüblichen Überspannungsschutzgeräts; die Gasableiter übernehmen dabei den Grobschutz, während die Kombination aus Varistoren und Suppressor-Dioden als Feinschutz arbeiten.

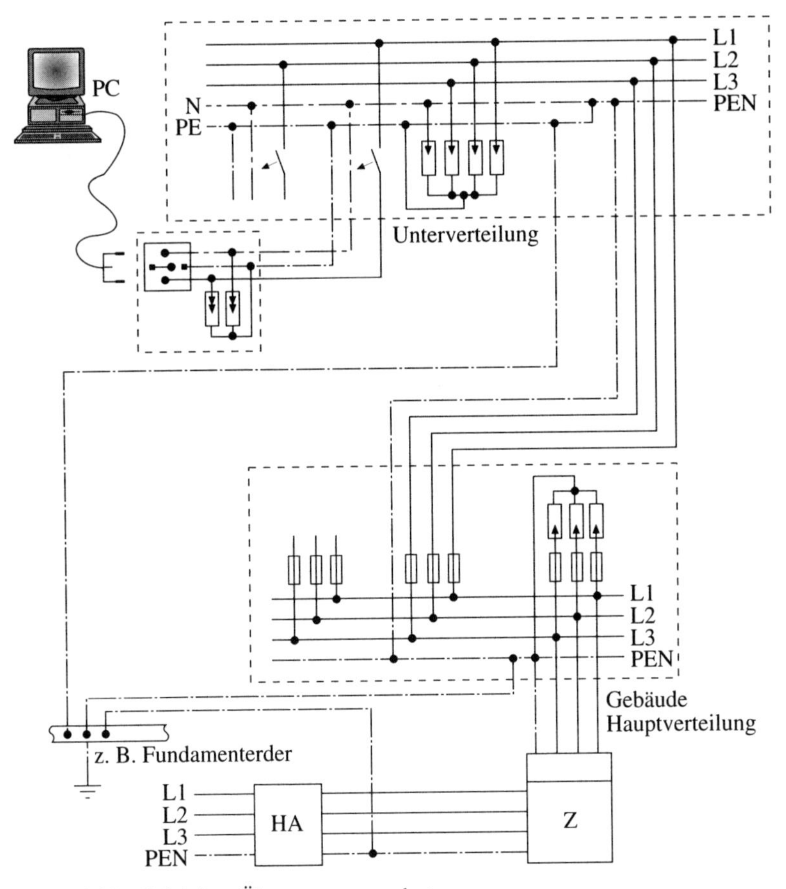

Bild 12.21 Selektiver Überspannungsschutz

Schutzgerät im energietechnischen Bereich

Schutzgerät im informationstechnischen Bereich

Die Schutzbausteine sind für unterschiedliche Gleich- und Wechselspannungen konzipiert. Bei der Anwendung wird empfohlen, die Herstellervorschriften zum Anwendungs- und Einsatzbereich genauestens zu beachten. Durch Einbaumöglichkeiten in Unterverteilungen und/oder in bzw. in der Nähe der Steckdose bzw. beim Verbraucher ist es möglich, ein selektives Schutzkonzept (Staffelschutz) zu erhalten **(Bild 12.21)**.

12.3 Elektrische Anlagen in Bauwerken mit Blitzschutzanlagen

Die elektrischen Anlagen müssen von der Blitzschutzanlage in ausreichender Entfernung verlegt werden. Ansonsten ist an den Näherungsstellen eine Überspannungsschutzeinrichtung (Trennfunkenstrecke) einzubauen.

Ausführliche Bestimmungen enthält DIN VDE 0185 Teil 1. Dort wird streng unterteilt in äußeren und inneren Blitzschutz:

- Zum äußeren Blitzschutz gehören alle Maßnahmen, die zur Verhinderung von Bränden und Zerstörungen von Gebäuden durch Blitzschläge getroffen werden. Fangstangen, Ableitungen, Erdungsanlage und gebäudeseits vorhandene Metallteile sind Bestandteile des äußeren Blitzschutzes.
- Der innere Blitzschutz besteht aus Blitzschutzpotentialausgleich und dem Überspannungsschutz. Alle in das Gebäude hineinführenden, metallenen Versorgungsleitungen, also auch
  - Starkstromleitungen und -kabel,
  - Nachrichtenleitungen und -kabel aller Art (Daten-, MSR-, Telefon- und Informationsleitungen)

  sind durch direkte Verbindung über Trennfunkenstrecken oder Überspannungsableiter an den Hauptpotentialausgleich anzuschließen.

Wenn die Gefahr durch einen direkten Blitzeinschlag vermindert werden soll oder wenn Naheinschläge beherrscht werden müssen, ist es zu empfehlen, ein Überspannungsschutzgerät einzubauen, das in der Lage ist, auch Blitzströme zur Erde abzuleiten. Solche Geräte sind möglichst in der Nähe der Potentialausgleichsschiene – unter Beachtung der Herstelleranweisungen – einzubauen. Erreicht wird der Schutz durch eine spezielle Schutzschaltung, wobei ein Zinkoxid-Varistor einer Gleitfunkenstrecke parallel geschaltet wird. Der Zinkoxid-Varistor begrenzt eine

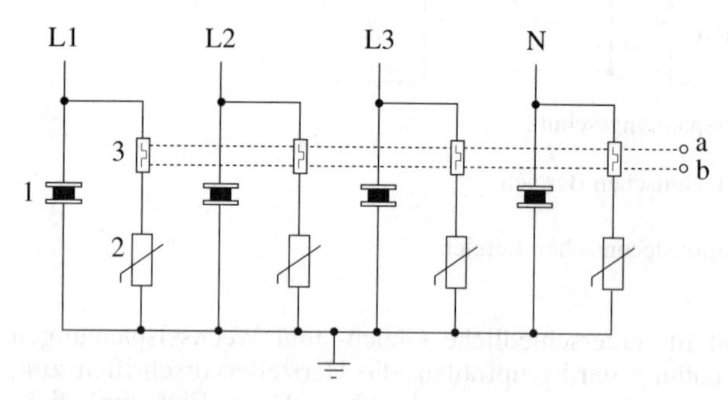

Bild 12.22 Schaltung eines Überspannungsschutzgeräts für sehr hohe Beanspruchungen (Blitzströme)

1	Gleitfunkenstrecke	3	Sicherung
2	Varistor	a, b	Meldekontakte

hohe Überspannung sehr schnell. Die Gleitfunkenstrecke spricht an bei hohen Stromscheitelwerten, wie sie bei direkten Blitzeinschlägen auftreten. Gleitfunkenstrecken können Blitzströme führen und die Folgeströme löschen. Varistoren können durch häufige oder langandauernde Blitzströme so überlastet werden, daß dann im Normalbetrieb unerwünschte Leckströme zur Erde fließen. Deswegen sind mit den Varistoren noch Sicherungen (Abtrennvorrichtungen) in Reihe zu schalten, so daß der defekte Varistor vom Netz getrennt wird **(Bild 12.22).**

Das Ansprechen der Sicherung wird am Gerät angezeigt und kann auch als Fernmeldung signalisiert werden. Bei abgetrenntem Varistor übernimmt die Gleitfunkenstrecke noch einen bestimmten Schutz einer elektrischen Anlage auch bei direktem Blitzeinschlag.

12.4 Dachständer und Blitzschutzanlagen

Dachständer für elektrische Starkstromleitungen dürfen nicht leitend mit der Blitzschutzanlage verbunden werden (die Erdung von Dachständern ist nicht zugelassen – DIN VDE 0211 Abschnitt 12.4.4).

Zwischen Dachständer und eventuell vorhandenem Anker sowie der Blitzschutzanlage ist ein Mindestabstand von 0,5 m einzuhalten. Unter Umständen ist eine teil-

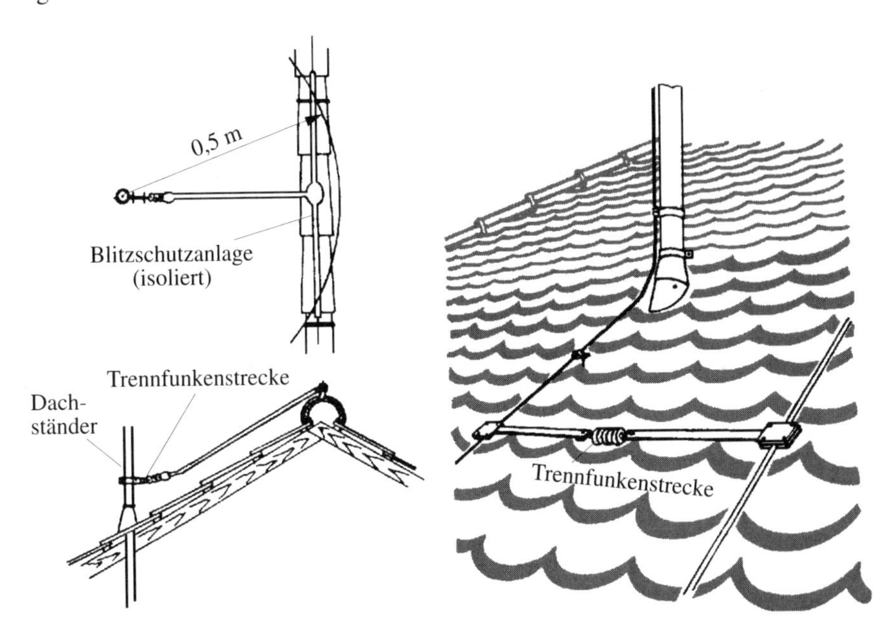

Bild 12.23 Näherung Blitzschutzanlage – Dachständer

weise Isolation an Bauteilen der Blitzschutzanlage erforderlich. Eine Verbindung zwischen Dachständer und Blitzschutzanlage **(Bild 12.23)** mit einer Trennfunkenstrecke ist gestattet. Dabei ist eine Isolierung der Anschlußklemmen und der Anschlußleitung nicht zwingend notwendig.

Die Trennfunkenstrecke ist eine offene Erdung. In einem Porzellankörper stehen sich in einem fest definierten Abstand (meist 3 mm) bei annäherndem Vakuum zwei Metallelektroden gegenüber, deren Isolierstrecke beim Auftreten einer hohen Spannung durchschlagen wird **(Bild 12.24).** Die Stoßansprechspannung wird durch den Elektrodenabstand und die um die Elektrode befindliche Atmosphäre (Gas bzw. Druck) bestimmt.

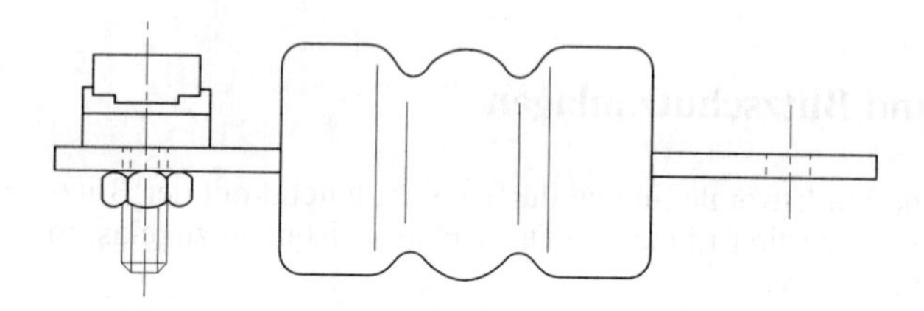

Bild 12.24 Trennfunkenstrecke

12.5 Literatur zu Kapitel 12

[1] VDEW: Erdungen in Starkstromnetzen. 3. Aufl., Frankfurt a. M.: VWEW-Verlag, 1992

[2] Wiesinger, J.; Hasse, P.: Handbuch für Blitzschutz und Erdung. 4. Aufl., München: Richard Pflaum Verlag KG; Berlin und Offenbach: VDE-VERLAG, 1984

[3] Neuhaus, H.: Blitzschutzanlagen. VDE-Schriftenreihe, Bd. 44, Berlin und Offenbach: VDE-VERLAG, 1983

[4] Scheibe, K.: Überspannungsschutz elektronischer Bauteile. etz Elektrotechn. Z. 105 (1984) H. 8, S. 396 bis 399

[5] Hasse, P.; Müller, K.-P: Überspannungsschutz für elektronische Datenverarbeitungsanlagen. etz Elektrotechn. Z. 108 (1987) H. 13, S. 602 bis 611

[6] Krefter, K.-R.; Niemand, T.: Erdungen in Hochspannungsanlagen – Die neue DIN VDE 0141. Elektrizitätswirtschaft 88 (1989) H. 15, S. 1002 bis 1009

13 Isolationswiderstand, Standortwiderstand – Teil 610

13.1 Isolationswiderstand

Für die erste Prüfung des Isolationswiderstands nach Errichtung, Erweiterung oder Änderung einer Verbraucheranlage, also vor Inbetriebnahme, ist der Errichter der Anlage zuständig.

In Verbraucheranlagen sind die in **Tabelle 13.1** festgelegten Mindestwerte für den Isolationswiderstand einzuhalten.

Tabelle 13.1 Isolationswiderstand und Meßspannung

Anlage bzw. Stromkreis	Meßgleich-spannung V	Isolationswiderstand in kΩ	
		gefordert	Mindestmeßwert
Kleinspannung SELV und PELV	250	≥ 250	≥ 360
Nennspannung $U \leq 500$ V	500	≥ 500	≥ 715
Nennspannung $U > 500$ V	1000	≥ 1000	≥ 1430

Die Meßspannung des Isolationsmeßgeräts ist nach Tabelle 13.1 festgelegt. Die Meßspannung muß eine Gleichspannung sein, um den Einfluß der Kapazität zwischen den Leitern und Erde auszuschließen. Zu beachten ist dabei, daß Bauelemente, z. B. elektronische Geräte, die durch die Prüfspannung zerstört werden könnten, vor der Prüfung abgeklemmt werden.

Für die Messung des Isolationswiderstands werden »Isolations-Meßgeräte« nach DIN VDE 0413 Teil 1 verwendet, in der Bauart als Kurbelinduktor oder als batteriebetriebenes Gerät. Üblich sind Geräte mit 100 V, 500 V, 1000 V, 3000 V, 5000 V und 10000 V Prüfspannung. Geprüft wird mit Gleichspannung; Wechselspannung ist wegen der induktiven und kapazitiven Einflüsse der Anlage nicht geeignet.

Die wichtigsten Forderungen an Isolations-Meßgeräte sind:
- die Ausgangsspannung muß eine Gleichspannung sein,
- die Leerlaufspannung darf 50 % der Nennspannung nicht überschreiten,
- der Nennstrom muß mindestens 1 mA betragen,
- der Kurzschlußstrom darf 12 mA nicht überschreiten,
- der Gebrauchsfehler zwischen 25 % und 75 % der Skalenlänge darf ±30% nicht überschreiten.

Kurzbeschreibung der wichtigsten Gerätekonstruktionen:

- *Kurbelinduktor:*

Durch einen Dynamo mit Handkurbel wird die Prüfspannung von z. B. 500 V Gleichspannung erzeugt. Eine konstante Drehzahl muß eingehalten werden. Hierzu wird zunächst gekurbelt und die Prüfspannung gemessen. Verschiedene Geräte haben einen Fliehkraftregler, bei ihnen muß der Bedienende nur eine bestimmte Drehzahl überschreiten.

- *Batteriegerät:*

Aus einer Batteriespannung erzeugt ein elektronischer Zerhacker eine Wechselspannung. Sie wird hochtransformiert und wieder gleichgerichtet. Die Elektronik erlaubt es, die Forderungen nach Strombegrenzung und Leerlaufspannung besser zu erfüllen. Es gibt diese Geräte für Prüfspannungen von 100 V bis 5000 V in handlicher Ausführung.

Unter Berücksichtigung des Gebrauchsfehlers von ±30% muß der Mindestmeßwert höher sein als der geforderte Mindestisolationswiderstand. Der Mindestmeßwert ist in Tabelle 13.1 angegeben.

Der Isolationswiderstand muß zwischen jedem aktiven Leiter und Erde gemessen werden. Als Erde angesehen werden darf der geerdete Schutzleiter einer Anlage oder auch in einem TN-C-System der PEN-Leiter. Zu prüfen sind alle nicht geerdeten Leiter gegen Erde bzw. gegen den Schutzleiter oder den PEN-Leiter:
- L1 – Erde bzw. L1-PE/PEN
- L2 – Erde bzw. L2-PE/PEN
- L3 – Erde bzw. L3-PE/PEN

Zur Messung des Isolationswiderstands muß der Neutralleiter von der Erde getrennt werden. Er darf mit einem Außenleiter verbunden werden. Diese Verbindung wird gefordert, wenn in dem zu prüfenden Stromkreis elektronische Betriebsmittel vorhanden sind.

Besser ist es, elektronische Betriebsmittel und solche Bauelemente, die bei der Prüfung Schaden leiden könnten, vor der Prüfung vom Netz zu trennen.

Bei der Prüfung ist zuerst die Anlage durch Herausnehmen der Überstromschutzeinrichtungen (Hauptverteilung, Hausanschlußkasten) vom Netz zu trennen, und danach sind alle Schalter in der Anlage zu schließen, was den Vorteil hat, daß alle Leitungen und die Verbrauchsmittel – die eigentlich nicht mitgeprüft werden müssen – geprüft werden **(Bild 13.1).** Reicht der so gemessene Wert nicht aus, können

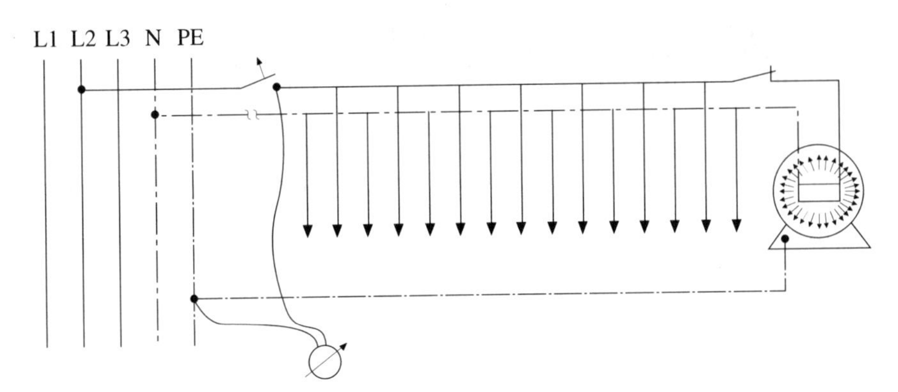

Bild 13.1 Prüfung mit angeschlossenem Verbrauchsmittel

die Verbrauchsmittel abgetrennt werden, dann kann die Messung der Leitungen ohne angeschlossene Verbrauchsmittel wiederholt werden **(Bild 13.2).**

Bei den Messungen ist es zweckmäßig, zuerst die Gesamtanlage (alle Stromkreise) zu messen. Erst wenn diese Messung ein nicht befriedigendes Ergebnis bringt, ist die Messung der einzelnen Stromkreise durchzuführen. Bei der Durchführung der Messung ist darauf zu achten, daß durch die Aufladung von Kabeln und Leitungen sowie Kondensatoren einige Sekunden vergehen, bis die richtige Meßspannung zur Verfügung steht. Der richtige Meßwert wird bei stillstehendem Zeiger abgelesen.

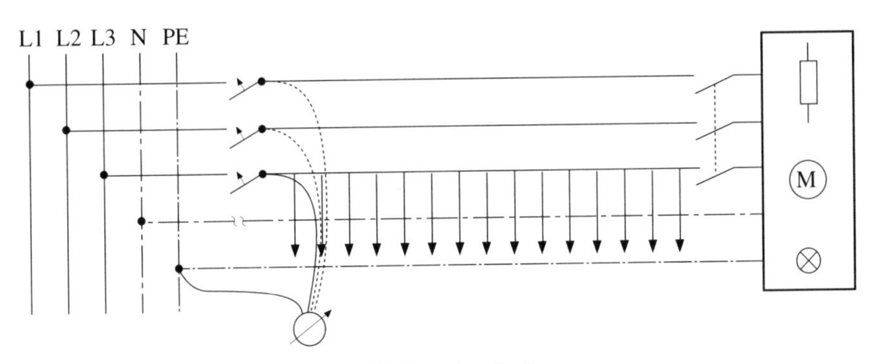

Bild 13.2 Prüfung bei abgetrenntem Verbrauchsmittel

Obgleich eingangs erwähnt wurde, daß der Isolationswiderstand bei neuen Anlagen durch den Errichter zu prüfen ist, sollte doch beachtet werden, daß auch bestehende Anlagen von Zeit zu Zeit zu überprüfen sind. Den Auftrag muß der Betreiber der Anlage geben. In DIN VDE 0105 Teil 1 »Bestimmungen für den Betrieb von Starkstromanlagen« steht hierzu sinngemäß:

Starkstromanlagen mit Nennspannungen bis 1000 V müssen in einem Isolationszustand erhalten bleiben, der den jeweils geforderten Mindestwerten gemäß DIN VDE 0100 für die einzelnen Arten von Anlagen entspricht.

In gewerblichen Anlagen und feuergefährdeten Betriebsstätten sind meist durch entsprechende Versicherungsverträge ständige Nachprüfungen erforderlich. Landwirtschaftliche Anlagen sind aufgrund gesetzlicher Vorschriften von Zeit zu Zeit zu überprüfen. Bei derartigen Nachprüfungen gelten sowohl die eingangs genannten Ableitströme und Isolationswiderstände als auch die bereits beschriebenen Prüfungen.

Für Verbrauchsmittel sind die maximal zulässigen Ableitströme und Isolationswiderstände in den entsprechenden Normen (Herstellvorschriften) festgelegt. Oft wird, besonders bei Maschinen, auch eine Spannungsprüfung gefordert. Bei der Reparatur gebrauchter elektrischer Verbrauchsmittel für den Haushalt und ähnliche Zwecke ist DIN VDE 0701 zu beachten (siehe Kapitel 24).

13.2 Standortwiderstand

13.2.1 Isolationszustand von Fußböden und Wänden

Die Kenntnis des Isolationszustands eines Fußbodens, eines Fußbodenbelags oder einer Wand kann bei Überlegungen zu den Schutzmaßnahmen erforderlich sein. Die Messung kann mit zwei verschiedenen Elektroden durchgeführt werden. Sie sind durchzuführen entweder mit der vorhandenen Nennspannung und Nennfrequenz oder mit einem Isolationsmeßgerät mit einer Leerlaufspannung von etwa:

- 500 V, wenn die Bemessungsspannung der Anlage ≤ 500 V ist, oder
- 1000 V, wenn die Bemessungsspannung der Anlage > 500 V ist.

Der gesuchte Widerstand des Fußbodens oder der Wand kann direkt am Isolations-Meßgerät abgelesen werden.

Wird die Messung mit der örtlich vorhandenen Nennspannung und Nennfrequenz durchgeführt, dürfen als Spannungsquelle wahlweise verwendet werden:

- das vorhandene geerdete Netz, z. B. Steckdose,
- ein Transformator mit getrennten Wicklungen,
- eine netzunabhängige Spannungsquelle.

Der gesuchte Widerstand ergibt sich aus der Gleichung

$$R_{\mathrm{x}} = R_{\mathrm{i}} \left(\frac{U_0}{U_x} - 1 \right). \qquad (13.1)$$

Darin bedeuten:

R_{x} gesuchter Widerstand des Fußbodens oder gegen Erde,
R_{i} Innenwiderstand des Spannungsmessers,
U_0 die gemessene Spannung gegen Erde,
U_{x} die gemessene Spannung gegen die Metallplatte.

Der Innenwiderstand des zu verwendenden Spannungsmessers darf 0,7 Ω/V Meßbereichswert nicht unterschreiten und darf nicht größer sein als 500 kΩ für Meßbereiche bis 500 V. Bei Meßbereichen bis 1000 V AC bzw. 1500 V DC darf der Innenwiderstand 1 MΩ bzw. 1,5 MΩ nicht überschreiten.

Bei der Messung des Standortwiderstands von Fußböden muß der Anpreßdruck der Meßanordnung ungefähr 750 N betragen. Bei der Messung von Wänden genügt ein Anpreßdruck von ungefähr 250 N.

Meßelektrode 1 **(Bild 13.3)**
Die Elektrode besteht aus einer quadratischen Metallplatte mit 250 mm Seitenlänge. Unter der Metallplatte ist ein feuchtes Tuch oder Papier mit einer Seitenlänge von etwa 270 mm anzuordnen.

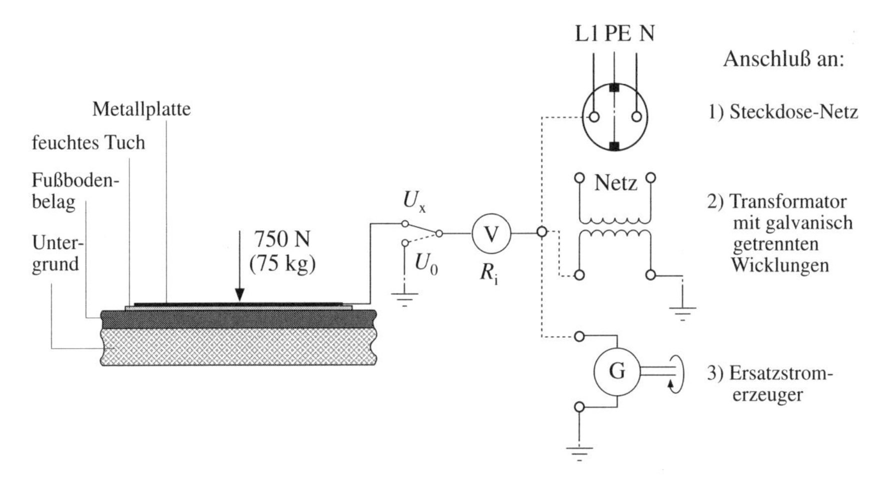

Bild 13.3 Prüfung des Isolationszustands von Fußböden; Meßelektrode 1

Beispiel:
Bei der Schaltung nach Bild 13.3 wurden mit einem Meßinstrument R_i = 800 Ω/V, Meßbereichsendwert 300 V, folgende Werte gemessen:

U_i = 227 V; U_2 = 164 V.

Nach Bild 13.3 und Gl. (13.1) ergibt sich der Standortwiderstand zu:

$$R_{St} = R_i \left(\frac{U_1}{U_2} - 1 \right) = 800 \, \frac{\Omega}{\mathrm{V}} \cdot 300 \, \mathrm{V} \left(\frac{227 \, \mathrm{V}}{164 \, \mathrm{V}} - 1 \right) = 122\,927 \, \Omega.$$

Der Standortwiderstand beträgt 122,9 kΩ.

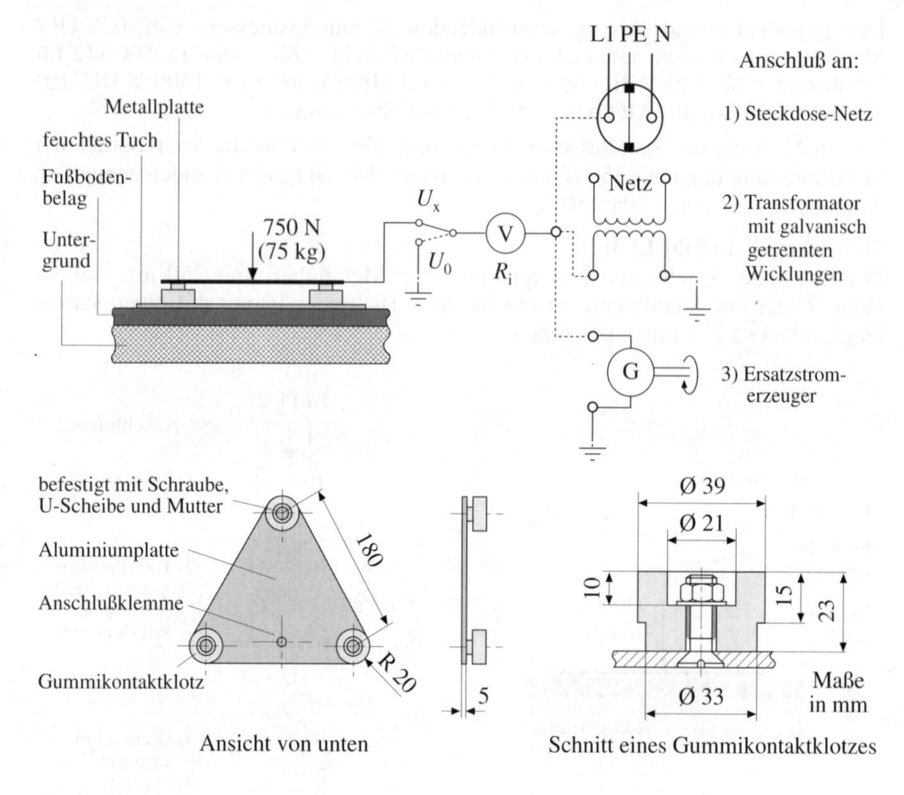

Bild 13.4 Prüfung des Isolationszustands von Fußböden; Meßelektrode 2

Folgende Werte dürfen nicht unterschritten werden:

- 50 kΩ bei Installationen mit Nennspannungen ≤ 500 V ~ bzw. 750 V –
  (≤ 300 V ~ gegen Erde);
- 100 kΩ bei Installationen mit höheren Nennspannungen.

Meßelektrode 2 (**Bild 13.4**)

Die Elektrode besteht aus einem metallischen Dreifuß, wobei die mit dem Boden oder der Wand in Berührung kommenden Teile die Punkte eines gleichseitigen Dreiecks bilden. Die Auflage erfolgt durch einen Gummikontaktklotz, der eine Auflagefläche von etwa 900 mm² sicherstellt und einen Widerstand von weniger als 5000 Ω darstellt. Zur Messung sind die Auflageflächen anzufeuchten oder mit einem feuchten Tuch abzudecken.

Der Isolationswiderstand von Fußböden und Wänden gilt als ausreichend, wenn mindestens drei Messungen durchgeführt wurden und dabei der geforderte Isolationswiderstand erreicht oder überschritten wird. Wenn berührbare fremde leitfähige Teile vorhanden sind, muß eine dieser Messungen in ungefähr 1 m Abstand von diesen Teilen erfolgen. Die beiden anderen Messungen sind dann in größerem Abstand durchzuführen.

13.2.2 Elektrostatische Aufladung von Fußböden

Bei isolierenden Fußböden besteht je nach Material- und Verlegeart die Gefahr einer elektrostatischen Aufladung. Bei der Aufladung von Personen sind dabei Entladevorgänge ab etwa 2 kV spürbar und werden mit steigender Aufladung lästig, unangenehm und schmerzhaft. Der bei der Entladung entstehende Funke kann, wenn die Entladung kräftig genug ist, brennbare Gas-, Dampf- oder Staub-Luft-Gemische entzünden.
Geprüft werden kann ein Bodenbelag nach DIN 51953 »Prüfung der Ableitfähigkeit für elektrostatische Ladungen für Bodenbeläge in explosionsgefährdeten Räumen«.

Dabei können an Bodenbelägen folgende Widerstände gemessen werden:

- Ableitwiderstand einer Probe eines Fußbodenbelags R_A;
- Erdableitwiderstand an einem gebrauchsfertig verlegten Fußbodenbelag R_E.

Beide Messungen können mit handelsüblichen Widerstandsmeßgeräten mit einem Meßbereich bis $10^8\ \Omega$ und einer Ausgangsspannung von 100 V Gleichspannung vorgenommen werden.

Die Messung an der Probe eines Fußbodenbelags **(Bild 13.5)** erfolgt mit zwei runden Meßelektroden von 20 cm^2 (entspricht dem Durchmesser von 49,1 mm) und Fließpapieren von 50 mm Durchmesser. Den Bodenbelägen in Bahnen sind zwei quadratische Proben von 200 mm Kantenlänge zu entnehmen. Bei Plattenmaterial sind zwei Platten zu entnehmen. Nach der Reinigung mit Alkohol werden die

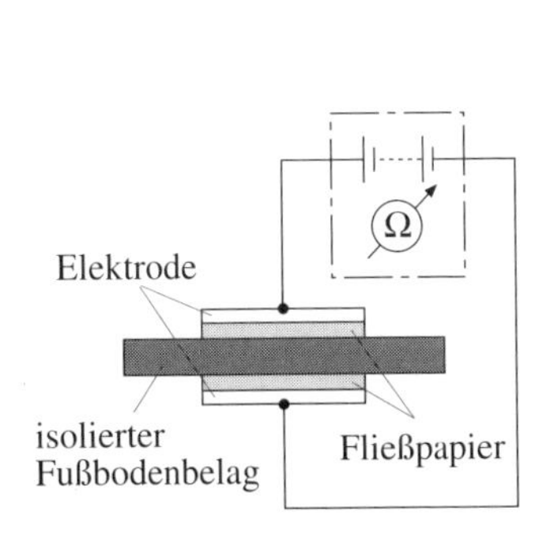

Bild 13.5 Messung des Ableitwiderstands

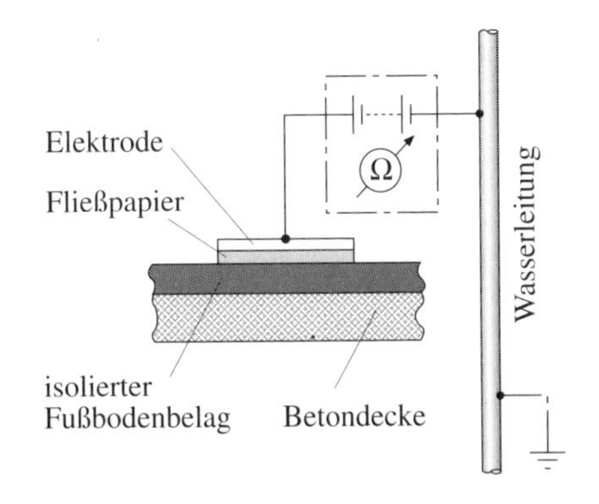

Bild 13.6 Messung des Erdableitwiderstands

Proben 96 Stunden in einem Wärmeschrank bei 40 °C ± 2K gelagert. Die Messung erfolgt bei 23 °C.
Der Erdableitwiderstand an einem fertig verlegten Fußboden wird frühestens vier Wochen nach der Verlegung mit einer runden Meßelektrode von 20 cm^2 und einem Fließpapier von 50 mm Durchmesser gemessen. Dabei ist je Quadratmeter Bodenfläche eine Messung durchzuführen. Der Fußbodenbelag wird an der zu prüfenden Stelle (Meßstelle) mit einem trockenen Tuch abgerieben. Danach wird das angefeuchtete Fließpapier auf den Fußboden gelegt und die Meßelektrode aufgesetzt. Die Messung erfolgt zwischen der Elektrode und einer Erdanschlußstelle **(Bild 13.6).**

Anmerkung:
Der so ermittelte Erdableitwiderstand kann selbstverständlich nicht mit dem nach Abschnitt 13.2.1 ermittelten Standortwiderstand verglichen werden. Ebenso können nachfolgend genannte Werte nicht mit den dort genannten Werten von 50 kΩ bzw. 100 kΩ in Zusammenhang gebracht werden.
Die Höhe des Grenzwerts des Ableitwiderstands richtet sich nach den jeweiligen örtlichen Gegebenheiten. Bei einem Ableitwiderstand $R_A \leq 10^6\ \Omega$ ist nach heutigen Erkenntnissen, auch bei ungünstigen Bedingungen, nicht mit einer gefährlichen Aufladung zu rechnen.

13.3 Literatur zu Kapitel 13

[1] Hasse, H.: Unerwünschte Auswirkungen statischer Elektrizität und ihre Beseitigung. Der Elektromeister 48 (1973) H. 15, S. 1063 bis 1065

[2] Hauptverband der gewerblichen Berufsgenossenschaften (Hrsg.): Richtlinien für die Vermeidung von Zündgefahren infolge elektrostatischer Aufladungen, 1980

[3] Nienhaus, H.: Prüfungen vor Inbetriebnahme von Starkstromanlagen. de, der elektromeister + deutsches elektrohandwerk 69 (1994) H. 8, S. 537 bis 544 und H. 9, S. 649 bis 653

[4] Schröder, B.: Stichwörter zu DIN VDE 0100 Teil 610. de, der elektromeister + deutsches elektrohandwerk 69 (1994) H. 8, S. 560 bis 566

14 Auswahl und Errichtung elektrischer Betriebsmittel – Teil 510

14.1 Allgemeine Anforderungen

Ähnlich dem § 1 der Straßenverkehrsordnung gilt für elektrische Anlagen:

Elektrische Betriebsmittel müssen so ausgewählt und errichtet werden, daß von elektrischen Anlagen ausgehende Gefahren weitgehend vermieden werden.

Dabei ist bei der Auswahl elektrischer Betriebsmittel zu beachten, daß sie den für sie geltenden VDE-Bestimmungen oder den Regeln des in der EG gegebenen Stands der Sicherheitstechnik entsprechen und für den vorgesehenen Verwendungszweck geeignet sind. Die Betriebsmittel müssen ein Ursprungszeichen tragen und, soweit notwendig, mit den Nenngrößen gekennzeichnet werden.

Bei der Errichtung elektrischer Anlagen ist besonders zu achten auf:

- fachgerechtes Errichten hinsichtlich der Schutzart gegen Fremdkörper-, Berührungs- und Wasserschutz (vgl. Abschnitt 2.8);
- richtige Wahl der Maßnahmen zum »Schutz sowohl gegen direktes Berühren als auch bei indirektem Berühren« (vgl. Kapitel 5);
- richtige Wahl der Maßnahmen zum »Schutz gegen elektrischen Schlag unter normalen Bedingungen« (vgl. Kapitel 6);
- richtige Wahl der Maßnahmen zum »Schutz gegen elektrischen Schlag unter Fehlerbedingungen« (vgl. Kapitel 7);

Darüber hinaus sind vor allem noch die Kurzschlußbeanspruchungen und die Umwelteinflüsse, die durch richtige Bemessung der Kriech- und Luftstrecken sicherzustellen sind, zu beachten.

14.2 Betriebsbedingungen

Damit Betriebsmittel ordnungsgemäß betrieben werden können, sind verschiedene Voraussetzungen zu erfüllen. Hierzu gehört, daß sie den einschlägigen Normen nach ISO, IEC, CENELEC, DIN oder DIN VDE entsprechen. Zusätzlich sind noch die Angaben der Hersteller zu beachten.

Die wichtigsten elektrischen Größen, die beachtet werden müssen, sind:

- *Spannung*
  Die Betriebsmittel müssen für die Nennspannung der Anlage ausgelegt sein, wobei es erforderlich sein kann, die höchste und/oder niedrigste bei normalem Betrieb auftretende Spannung zu berücksichtigen.

- *Strom*
  Der im Normalbetrieb vom Betriebsmittel aufgenommene Strom ist zu berücksichtigen.

- *Frequenz*
  Die Bemessungsfrequenz des Betriebsmittels muß mit der Frequenz des entsprechenden Stromkreises übereinstimmen, soweit die Betriebsmittel durch abweichende Frequenzen beeinträchtigt werden.

- *Leistung*
  Die Betriebsmittel sind so auszuwählen, daß von ihnen ausgehende, störende Einflüsse (z.B. Anlaufströme und Schaltvorgänge) bei normalem Betrieb andere Betriebsmittel oder das Versorgungsnetz nicht unzulässig beeinträchtigen (siehe hierzu auch Abschnitt 3.6).

14.3 Äußere Einflüsse

Bei der Planung und Errichtung elektrischer Anlagen sind die äußeren Einflüsse, denen die Betriebsmittel während des Betriebs ausgesetzt werden können, zu berücksichtigen. Die verschiedenen Arten der Einflußgrößen werden eingeteilt in:

- Einflüsse durch die Umgebungsbedingungen,
- Einflüsse aus der Benutzung und
- Einflüsse durch die Gebäudekonstruktion.

Die verschiedenen Einflußarten (äußere Einflüsse) sind durch ein Kurzzeichen gekennzeichnet, das aus zwei Buchstaben und einer darauf folgenden Ziffer (z. B. AH2) besteht.

Der erste Buchstabe des Kurzzeichens kennzeichnet die Obergruppe der äußeren Einflüsse, wobei gilt:

A Umgebungsbedingungen,
B Benutzung,
C Gebäudekonstruktion und Nutzung.

Der zweite Buchstabe kennzeichnet die Art der Einflußgröße A, B, C usw.

Die Ziffer kennzeichnet die Klasse innerhalb der Einflußgröße 1, 2, 3 usw.

Die vollständige Auflistung zur Klassifizierung der äußeren Einflüsse ist im Anhang H »Äußere Einflüsse« in **Tabelle H1** dargestellt.

Zum Beispiel bedeutet das Kurzzeichen AH2:
A Umgebungsbedingungen,
H Schwingungen,
2 Mittlere Beanspruchung.

Die elektrischen Betriebsmittel müssen je nach Einsatzart, unter Berücksichtigung der äußeren Einflüsse nach Tabelle H1 (Anhang H), ausgewählt werden.

14.4 Dynamische Beanspruchungen durch Kurzschlußströme

In elektrischen Anlagen treten im Fehlerfall sehr hohe Kurzschlußströme auf. Auf stromführende, parallele Leiter, deren Länge groß gegenüber ihrem Abstand ist (Sammelschienen), wirken dabei über die gesamte Länge verteilt beträchtliche Kräfte, die die Schienen auf Biegung und die Isolatoren auf Zug, Druck oder Umbruch beanspruchen.

Die Ermittlung der höchsten Beanspruchung einer Anlage erfordert die Berechnung der größten Dauerkurzschlußströme und der Stoßkurzschlußströme, wobei je nach Art und Aufbau der Anlage der einpolige, zweipolige oder dreipolige Dauer- oder Stoßkurzschlußstrom die höchste Beanspruchung ergeben kann. Die verschiedenen Kurzschlußarten sind in **Bild 14.1** dargestellt.

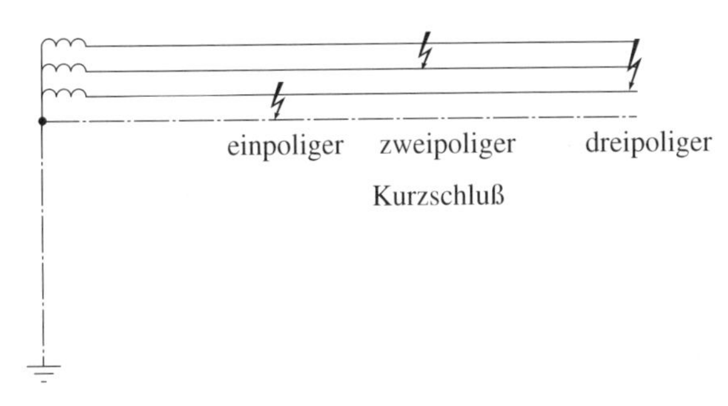

Bild 14.1 Kurzschlußarten

Die Grundlagen der Berechnung der verschiedenen Kurzschlußströme in Anlagen bis 1000 V sind in DIN VDE 0102 Teil 2 festgelegt; vergleiche hierzu auch die Berechnung des kleinsten einpoligen Kurzschlußstroms, die in den Abschnitten 7.1.1.1 und 7.1.1.3 beschrieben ist. Die bei der Berechnung des kleinsten einpoligen Kurzschlußstroms eingeführte Vereinfachung einer »arithmetischen Addition« von Impedanzwerten ($Z = Z_T + Z_A + Z_{PEN}$) ist bei der Berechnung des größten Dauerkurzschlußstroms nicht zulässig. Ebenso ist es nicht zulässig, die Impedanz des vorgelagerten Netzes zu vernachlässigen.

Für die Berechnung der verschiedenen Dauerkurzschlußströme sind folgende Gln. (14.1) bis (14.6) anzuwenden:

- Für den größten einpoligen Dauerkurzschlußstrom

$$I_{\mathrm{k\,1pol}} = \frac{c \cdot U}{\sqrt{3} \cdot Z_{\mathrm{k\,1pol}}} \tag{14.1}$$

$$Z_{\mathrm{k\,1pol}} = \sqrt{R_{\mathrm{k}}^2 + X_{\mathrm{k}}^2} = \sqrt{\left(R_{\mathrm{Q}} + R_{\mathrm{T}} + R_{\mathrm{A}} + R_{\mathrm{PEN}}\right)^2 + \left(X_{\mathrm{Q}} + X_{\mathrm{T}} + X_{\mathrm{A}} + X_{\mathrm{PEN}}\right)^2} \tag{14.2}$$

- Für den größten zweipoligen Dauerkurzschlußstrom

$$I_{\mathrm{k\,2pol}} = \frac{c \cdot U}{2 \cdot Z_{\mathrm{k\,2pol}}} \tag{14.3}$$

$$Z_{\mathrm{k\,2pol}} = \sqrt{R_{\mathrm{k}}^2 + X_{\mathrm{k}}^2} = \sqrt{\left(R_{\mathrm{Q}} + R_{\mathrm{T}} + R_{\mathrm{A}}\right)^2 + \left(X_{\mathrm{Q}} + X_{\mathrm{T}} + X_{\mathrm{A}}\right)^2} \tag{14.4}$$

- Für den größten dreipoligen Dauerkurzschlußstrom

$$I_{\mathrm{k\,3pol}} = \frac{c \cdot U}{\sqrt{3} \cdot Z_{\mathrm{k\,3pol}}} \tag{14.5}$$

$$Z_{\mathrm{k\,3pol}} = Z_{\mathrm{k\,2pol}} \tag{14.6}$$

In den Gln. (14.1) bis (14.6) bedeuten:

I_{k} größter Dauerkurzschlußstrom in A, kA (einpolig, zweipolig, dreipolig);
U Spannung zwischen den Außenleitern in V;
c Faktor 1,0;
Z_{k} Kurzschlußimpedanz in Ω, mΩ (einpolig, zweipolig, dreipolig);
R_{Q}; X_{Q} ohmscher, induktiver Widerstand des vorgelagerten Netzes in Ω, mΩ;
R_{T}; X_{T} ohmscher, induktiver Widerstand des Transformators in Ω, mΩ; Die Ermittlung der Transformatorenwiderstände ist in Abschnitt 7.1.1.1 beschrieben;
R_{A}; X_{A} ohmscher, induktiver Widerstand des Außenleiters in Ω, mΩ;
R_{PEN}; X_{PEN} ohmscher, induktiver Widerstand des PEN-Leiters in Ω, mΩ;

Die ohmschen Widerstände für die Leitungen sind für eine Leitertemperatur von 20 °C zu ermitteln; für häufig vorkommende Kabel (NYY, NAYY) sind ohmsche und induktive Widerstände in Ω/km in **Tabelle 14.1** dargestellt.

Tabelle 14.1 Widerstände in Ω/km bei 20 °C Leitertemperatur für NYY und NAYY (Quelle: DIN VDE 0102 Teil 2:1975-11)

Querschnitt S in mm^2	NYY			NAYY		
	Resistanz r	Reaktanz x	Impedanz z	Resistanz r	Reaktanz x	Impedanz z
4 × 10	1,810	0,094	1,812	–	–	–
4 × 16	1,141	0,090	1,145	–	–	–
4 × 25	0,724	0,086	0,729	1,201	0,086	1,204
4 × 35	0,526	0,083	0,533	0,876	0,083	0,880
4 × 50	0,389	0,083	0,398	0,642	0,083	0,647
4 × 70	0,271	0,082	0,283	0,444	0,082	0,451
4 × 95	0,197	0,082	0,213	0,321	0,082	0,331
4 × 120	0,157	0,080	0,176	0,255	0,080	0,267
4 × 150	0,125	0,080	0,148	0,208	0,080	0,223
4 × 185	0,101	0,080	0,129	0,167	0,080	0,185
4 × 240	0,077	0,079	0,110	0,131	0,079	0,153
4 × 300	0,063	0,079	0,101	0,107	0,079	0,133

Die Umrechnung der Wirkwiderstandswerte auf andere Temperaturen ist in Abschnitt 25.4 beschrieben

Neben dem Querschnitt der Leiter sowie deren Anordnung hinsichtlich Abstand und Länge der Festpunkte ist der Stoßkurzschlußstrom von besonderer Wichtigkeit. **Bild 14.2** zeigt den prinzipiellen zeitlichen Verlauf des Kurzschlußstroms bei generatorfernem und generatornahem Kurzschluß.

Die Berechnung des Stoßkurzschlußstroms erfolgt nach der Beziehung:

$$I_S = \kappa \cdot \sqrt{2} \cdot I_k. \tag{14.7}$$

Darin bedeuten:

I_S Stoßkurzschlußstrom in kA; größter auftretender Scheitelwert des Kurzschlußstroms (Bild 14.2);

I_k Dauerkurzschlußstrom in kA;

κ Stoßziffer; Faktor zur Ermittlung des Stoßkurzschlußstroms, ergibt sich aus dem Verhältnis der ohmschen und induktiven Widerstände der Kurzschlußbahn **(Bild 14.3).**

Beispiel:

Aus einem 20-kV-Netz mit einer Anfangskurzschlußwechselstromleistung S''_{kn} = 480 MVA wird ein 20/0,4-kV-Transformator nach DIN 42500 mit S_n = 630 kVA, u_{kn} = 4% versorgt. Über ein 30 m langes Kabel NYY 3 × 300/150 mm^2 ist eine Sammelschienen-Verteilung angeschlossen. Zu ermitteln sind der einpolige, zweipolige und dreipolige Dauerkurzschlußstrom sowie die entsprechenden Stoßkurzschlußströme.

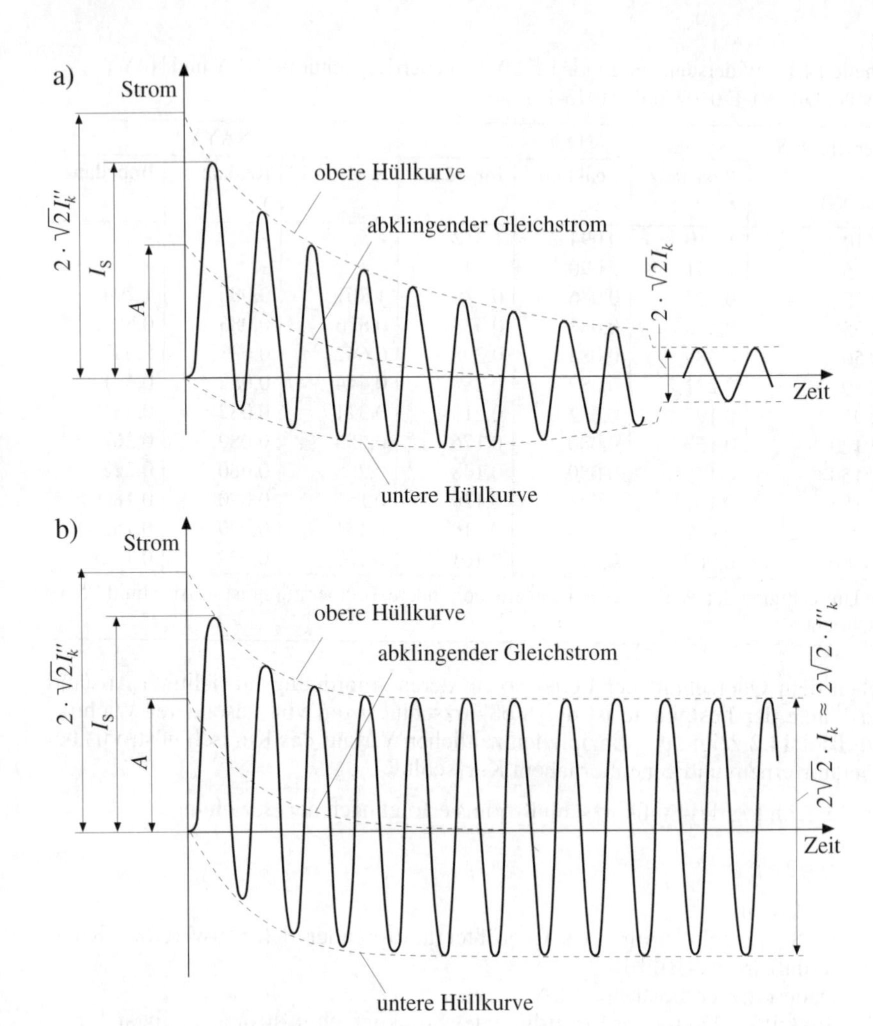

Bild 14.2 Verlauf des Kurzschlußstroms (Quelle: DIN VDE 0102 Teil 2:1975-11)

a generatornaher Kurzschluß
b generatorferner Kurzschluß
I_k'' Anfangs-Kurzschlußwechselstrom
I_s Stoßkurzschlußstrom
I_k Dauerkurzschlußstrom
A Anfangswert des Gleichstroms

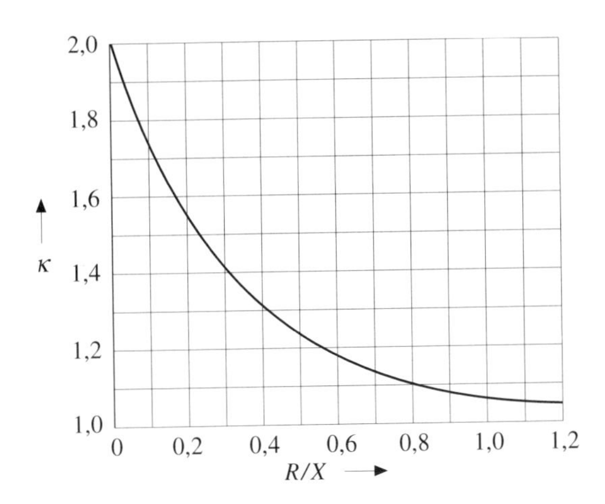

Bild 14.3 Stoßziffer (Quelle: DIN VDE 0102 Teil 2:1975-11)

Ermittlung der Einzelwiderstände (siehe Abschnitt 7.1.1.1):

- für das vorgelagerte Netz

$$R_Q = 0,1\,X_Q = 0,1 \cdot 0,367\,\text{m}\Omega = 0,037\,\text{m}\Omega$$

$$X_Q = \frac{1,1 \cdot U^2}{S''_{kn} \cdot 10^6} = \frac{1,1 \cdot 400^2}{480 \cdot 10^6}\,\Omega = 0,000367\,\Omega = 0,367\,\text{m}\Omega$$

- für den Transformator

$$R_T = \frac{u_r \cdot U^2}{S_n \cdot 10^5} = \frac{1,03 \cdot 400^2}{630 \cdot 10^5}\,\Omega = 0,002616\,\Omega = 2,616\,\text{m}\Omega$$

$$X_T = \frac{u_s \cdot U^2}{S_n \cdot 10^5} = \frac{3,86 \cdot 400^2}{480 \cdot 10^5}\,\Omega = 0,009803\,\Omega = 9,803\,\text{m}\Omega$$

- für das Kabel

$R_A = r \cdot l = 0{,}063$ Ω/km · 0,03 km = 0,00189 Ω = 1,890 mΩ

$X_A = x \cdot l = 0{,}079$ Ω/km · 0,03 km = 0,00237 Ω = 2,370 mΩ

$R_{PEN} = r \cdot l = 0{,}125$ Ω/km · 0,03 km = 0,00375 Ω = 3,750 mΩ

$X_{PEN} = x \cdot l = 0{,}080$ Ω/km · 0,03 km = 0,0024 Ω = 2,400 mΩ

Ermittlung der Kurzschlußimpedanzen:

- für Z_{k1pol}

$$R_k = R_Q + R_T + R_A + R_{PEN}$$
$$= 0{,}037\,\text{m}\Omega + 2{,}616\,\text{m}\Omega + 1{,}890\,\text{m}\Omega + 3{,}750\,\text{m}\Omega = 8{,}293\,\text{m}\Omega$$

$$X_k = X_Q + X_T + X_A + X_{PEN}$$
$$= 0{,}367\,\text{m}\Omega + 9{,}803\,\text{m}\Omega + 2{,}370\,\text{m}\Omega + 2{,}400\,\text{m}\Omega = 14{,}940\,\text{m}\Omega$$

$$Z_{\text{k1pol}} = \sqrt{R_k^2 + X_k^2} = \sqrt{(8{,}293\,\text{m}\Omega)^2 + (14{,}940\,\text{m}\Omega)^2} = 17{,}087\,\text{m}\Omega$$

- für $Z_{\text{k2pol}} = Z_{\text{k3pol}}$

$$R_k = R_Q + R_T + R_A$$
$$= 0{,}037\,\text{m}\Omega + 2{,}616\,\text{m}\Omega + 1{,}890\,\text{m}\Omega = 4{,}543\,\text{m}\Omega$$

$$X_k = X_Q + X_T + X_A$$
$$= 0{,}367\,\text{m}\Omega + 9{,}803\,\text{m}\Omega + 2{,}370\,\text{m}\Omega = 12{,}540\,\text{m}\Omega$$

$$Z_{\text{k2pol}} = \sqrt{R_k^2 + X_k^2} = \sqrt{(4{,}543\,\text{m}\Omega)^2 + (12{,}540\,\text{m}\Omega)^2} = 13{,}338\,\text{m}\Omega$$

Ermittlung der größten Dauerkurzschlußströme:

$$I_{\text{k1pol}} = \frac{c \cdot U}{\sqrt{3} \cdot Z_{\text{k1pol}}} = \frac{1{,}0 \cdot 400\,\text{V}}{\sqrt{3} \cdot 17{,}087\,\text{m}\Omega} = 13{,}516\,\text{kA}$$

$$I_{\text{k2pol}} = \frac{c \cdot U}{2 \cdot Z_{\text{k2pol}}} = \frac{1{,}0 \cdot 400\,\text{V}}{2 \cdot 13{,}338\,\text{m}\Omega} = 14{,}995\,\text{kA}$$

$$I_{\text{k3pol}} = \frac{c \cdot U}{\sqrt{3} \cdot Z_{\text{k3pol}}} = \frac{1{,}0 \cdot 400\,\text{V}}{\sqrt{3} \cdot 13{,}338\,\text{m}\Omega} = 17{,}314\,\text{kA}$$

Ermittlung der Stoßkurzschlußströme:

- für I_S einpolig

  $R : X = 8{,}293\,\text{m}\Omega : 14{,}940\,\text{m}\Omega = 0{,}555$

  $\kappa = 1{,}2$ (Bild 14.3)

  $I_{\text{S1pol}} = \kappa \cdot \sqrt{2} \cdot I_{\text{k1pol}} = 1{,}2 \cdot \sqrt{2} \cdot 13{,}516\,\text{kA} = 22{,}937\,\text{kA}$

- für I_S zweipolig

  $R : X = 4{,}543\,\text{m}\Omega : 12{,}540\,\text{m}\Omega = 0{,}362$

  $\kappa = 1{,}32$ (Bild 14.3)

  $I_{\text{S2pol}} = \kappa \cdot \sqrt{2} \cdot I_{\text{k2pol}} = 1{,}32 \cdot \sqrt{2} \cdot 14{,}995\,\text{kA} = 27{,}992\,\text{kA}$

- für I_S dreipolig

  $R : X = 4{,}543\ \text{m}\Omega : 12{,}540\ \text{m}\Omega = 0{,}362$

  $\kappa = 1{,}32$ (Bild 14.3)

  $$I_{S\,3pol} = \kappa \cdot \sqrt{2} \cdot I_{k\,3pol} = 1{,}32 \cdot \sqrt{2} \cdot 17{,}314\,\text{kA} = 32{,}321\,\text{kA}$$

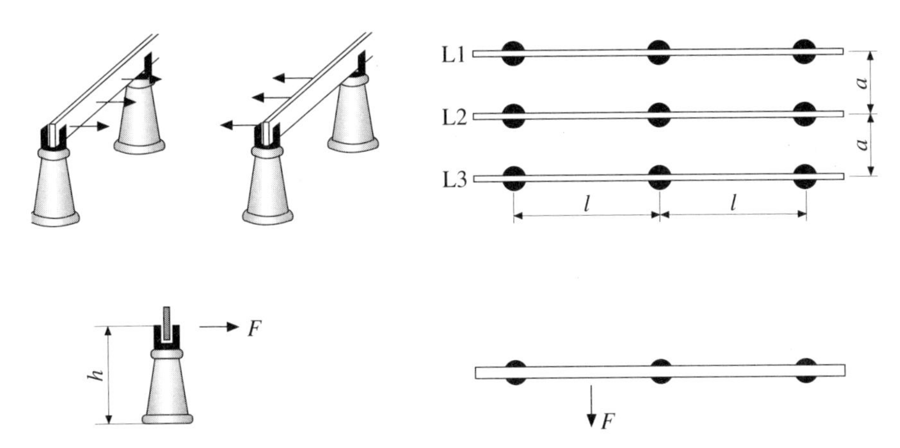

Bild 14.4 Kräfte auf Sammelschienen und Stützer

Die durch den Kurzschlußstrom auf Stützer und Schienen (oder Drähte, Seile) wirkenden dynamischen Kräfte sind nach DIN VDE 0103 zu berechnen. Für den in **Bild 14.4** dargestellten, häufigsten Fall der Praxis ergibt sich die Umbruchkraft, mit der die Stützer beansprucht werden, bzw. die Kraft, die auf die Schienen in Feldmitte wirkt, nach Gl. (14.8):

$$F = 0{,}2 \cdot I_S^2 \cdot \frac{l}{a}. \tag{14.8}$$

Hierin bedeuten (vgl. Bild 14.4):

F Beanspruchung der Schienen in Feldmitte in N oder Umbruchkraft, die die Stützer aufnehmen müssen;

I_S Stoßkurzschlußstrom in kA;

l Stützabstand in cm;

a Abstand von Leitermitte zu Leitermitte in cm.

Nach der so ermittelten Stützerbeanspruchung sind die Isolatoren auszuwählen, wobei gegebenenfalls noch Vorbelastungen wie Schienengewichte, Schaltkräfte und dgl. berücksichtigt werden müssen. Bei Stützisolatoren ist der Abstand h des Kraftangriffspunkts noch zu beachten (Moment = Kraft × Hebelarm; $M = F \cdot h$).

Die mechanische Festigkeit der Sammelschienen ist zu überprüfen. Dabei darf die materialbezogene zulässige Biegefestigkeit der Schienen nicht überschritten werden. Die durch den Kurzschlußstrom auftretenden Kräfte versuchen, die Sammelschienen in Querrichtung auseinanderzubiegen. Für die Berechnung wird angesetzt, daß die Stützer bzw. Befestigungselemente den auftretenden Kräften gewachsen sind. Die Beanspruchung der Schienen auf Biegung entspricht dann im ungünstigsten Fall einem gleichmäßig belasteten, frei aufliegenden Balken.

Nach den Gesetzmäßigkeiten der Festigkeitslehre ist dabei das Biegemoment:

$$M_b = \frac{F \cdot l}{8}; \tag{14.9}$$

M_b Biegemoment in Ncm;
F Kraft auf die Sammelschienen durch den Kurzschlußstrom in N nach Gl. (14.8);
l Stützabstand in cm.

Für die gebräuchlichsten Sammelschienenarten wird das Widerstandsmoment nach den in **Tabelle 14.2** genannten Beziehungen ermittelt.

Damit kann die Biegebeanspruchung ermittelt werden:

$$\sigma = \frac{M_b}{W}; \tag{14.10}$$

σ Biegebeanspruchung in N/cm²;
M_b Biegemoment in Ncm;
W Widerstandsmoment in cm³.

Zulässige Biegebeanspruchungen der für Sammelschienen üblichen Materialien sind:

- Kupfer 20 kN/cm² bis 30 kN/cm² } die Werte sind abhängig
- Aluminium 7 kN/cm² bis 12 kN/cm² } von der Materialgüte.

Tabelle 14.2 Widerstands- und Trägheitsmomente von Sammelschienen

Darstellung	Trägheitsmoment in cm⁴	Widerstandsmoment in cm³
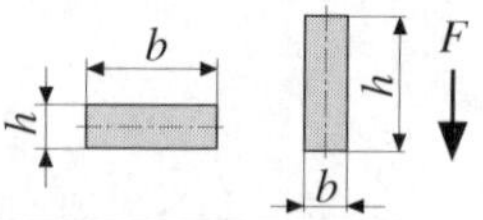	$I = \frac{b \cdot h^3}{12}$	$W = \frac{b \cdot h^2}{6}$
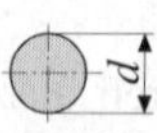	$I = \frac{\pi \cdot d^4}{64}$	$W = \frac{\pi \cdot d^3}{32}$
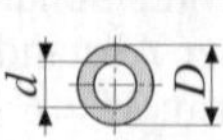	$I = \frac{\pi}{64} \cdot (D^4 - d^4)$	$W = \frac{\pi}{32} \cdot \frac{(D^4 - d^4)}{D}$

Wenn die Berechnung der Biegebeanspruchung ergibt, daß die zulässigen Werte überschritten werden, müssen entweder stärkere Sammelschienen oder aber eine günstigere Anordnung gewählt werden. Bei rechteckigen Schienenquerschnitten wäre dabei eine flach liegende Anordnung gegenüber einer hochkant stehenden Anordnung zu erwägen. Ansonsten gibt es bei allen Sammelschienenarten die Möglichkeit, durch Vergrößerung der Abstände a oder aber durch Verringerung der Stützerabstände l die Biegebeanspruchung zu verringern.

Die Sammelschienenanordnung sollte außer auf Biegebeanspruchung auch auf mechanische Resonanz überprüft werden. Dabei darf die mechanische Eigenschwingungszahl nicht in der Nähe (±5%) der einfachen, doppelten oder dreifachen Netzfrequenz liegen, damit keine Schäden durch Resonanzen auftreten:

$$f_0 = 112\sqrt{\frac{E \cdot I}{G \cdot l^4}}; \qquad (14.11)$$

f_0 Eigenschwingungszahl in s^{-1};
E Elastizitätsmodul des Sammelschienenmaterials;
für Kupfer ist $E = 1{,}1 \cdot 10^6\ kg/cm^2$;
für Aluminium ist $E = 0{,}65 \cdot 10^6\ kg/cm^2$;
I Trägheitsmoment in cm^4 nach Tabelle 14.2;
G Gewicht der Schiene in kg/cm;
l Stützerabstand in cm.

Beispiel:
Für die in **Bild 14.5** dargestellte Anlage soll die statische und dynamische Festigkeit der Sammelschienen überprüft werden!

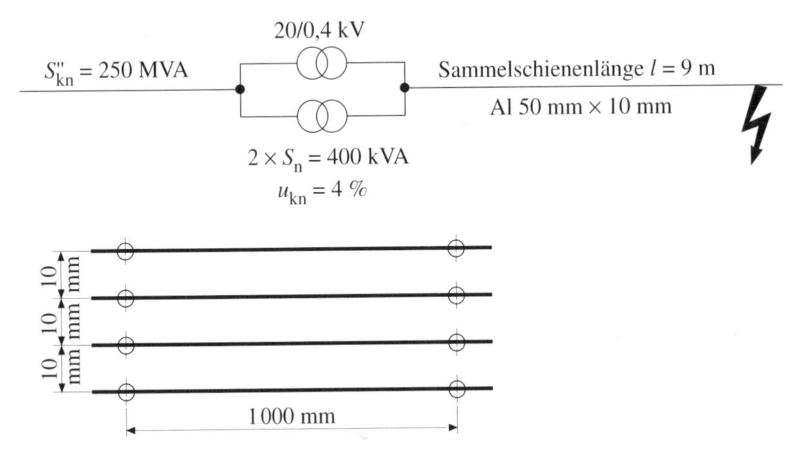

Bild 14.5 Beispiel; Berechnung von Sammelschienen

Widerstände der Sammelschienen:

$$a = \sqrt[3]{a_1 \cdot a_2 \cdot a_3} = \sqrt[3]{10\,\text{cm} \cdot 10\,\text{cm} \cdot 20\,\text{cm}} = 12{,}6\,\text{cm};$$

$$\omega = 2 \cdot \pi \cdot f;$$

$$R_\text{S} = \frac{l}{\kappa \cdot S} = \frac{9}{36 \cdot 50 \cdot 10}\,\Omega = 0{,}5\,\text{m}\Omega;$$

$$X_\text{S} = 2 \cdot \pi \cdot f \cdot L = \omega \cdot 2 \cdot l \left[\ln\left(2\frac{\pi a + h}{\pi b + 2h} \right) + 0{,}03 \right] \cdot 10^{-7}\,\Omega.$$

$$X_\text{S} = 2 \cdot \pi \cdot 50 \cdot 2 \cdot 9 \left[\ln\left(2\frac{\pi \cdot 12{,}6 + 5}{\pi \cdot 1 + 2 \cdot 5} \right) + 0{,}03 \right] \cdot 10^{-7}\,\Omega = 1{,}1\,\text{m}\Omega.$$

Widerstände des vorgelagerten Netzes:

$$X_\text{Q} = \frac{1{,}1 \cdot U^2}{S''_\text{kn}} = \frac{1{,}1 \cdot 400^2}{250 \cdot 10^6}\,\Omega = 0{,}704\,\text{m}\Omega;$$

$$R_\text{Q} = X_\text{Q} \cdot 0{,}1 = 0{,}704 \cdot 0{,}1\,\text{m}\Omega = 0{,}07\,\text{m}\Omega.$$

Widerstände der Transformatoren (DIN 42500), u_r und u_s aus Tabelle 7.1:

$$X_\text{T} = \frac{u_\text{s} \cdot U^2}{S_\text{n} \cdot 10^5} = \frac{3{,}83 \cdot 400^2}{400 \cdot 10^5}\,\Omega = 15{,}32\,\text{m}\Omega;$$

$$R_\text{T} = \frac{u_\text{r} \cdot U^2}{S_\text{n} \cdot 10^5} = \frac{1{,}15 \cdot 400^2}{400 \cdot 10^5}\,\Omega = 4{,}6\,\text{m}\Omega;$$

$$u_\text{r} = \frac{P_\text{k}}{S_\text{n}} 100\% = \frac{4600}{400 \cdot 10^3} \cdot 100\% = 1{,}15\%;$$

$$u_\text{s} = \sqrt{u_\text{kn}^2 - u_\text{r}^2} = \sqrt{4^2 - 1{,}15^2}\,\% = 3{,}83\%.$$

Gesamtwiderstände:

$$X = X_\text{Q} + X_\text{T}/2 + X_\text{S} = 0{,}704\,\text{m}\Omega + 7{,}66\,\text{m}\Omega + 1{,}1\,\text{m}\Omega = 9{,}464\,\text{m}\Omega;$$

$$R = R_\text{Q} + R_\text{T}/2 + R_\text{S} = 0{,}07\,\text{m}\Omega + 2{,}3\,\text{m}\Omega + 0{,}5\,\text{m}\Omega = 2{,}87\,\text{m}\Omega;$$

$$Z = \sqrt{R^2 + X^2} = \sqrt{2{,}87^2 + 9{,}464^2}\,\text{m}\Omega = 9{,}89\,\text{m}\Omega.$$

Verhältnis:

$R : X = 2{,}87 : 9{,}464 = 0{,}30;$

Stoßziffer aus Bild 14.3: $\kappa = 1{,}41$;

$$I_{\text{k 2pol}} = \frac{c \cdot U}{2 \cdot Z} = \frac{1 \cdot 400\,\text{V}}{2 \cdot 9{,}89\,\text{m}\Omega} = 20{,}22\,\text{kA}.$$

Stoßkurzschlußstrom:

$$I_\text{S} = \kappa \cdot \sqrt{2} \cdot I_{\text{k 2pol}} = 1{,}41 \cdot \sqrt{2} \cdot 20{,}22\ \text{kA} = 40{,}33\ \text{kA};$$

$$F = 0{,}2 \cdot I_\text{S}^2 \cdot \frac{l}{a} = 0{,}2 \cdot 40{,}33^2 \cdot \frac{100}{10}\,\text{N} = 3252{,}4\ \text{N};$$

$$M = \frac{l \cdot F}{8} = \frac{100\,\text{cm} \cdot 3252{,}4\ \text{N}}{8} = 40\,655\ \text{Ncm}.$$

Biegebeanspruchung bei senkrechter Schienenanordnung:

$$\sigma = \frac{M}{W_{▯}} = \frac{40\,655\ \text{Ncm}}{0{,}833\,\text{cm}^3} = 48\,805\ \text{N/cm}^2.$$

Biegebeanspruchung bei waagrechter Schienenanordnung:

$$\sigma = \frac{M}{W_{▭}} = \frac{40\,655\ \text{Ncm}}{4{,}166\,\text{cm}^3} = 9759\,\text{N/cm}^2.$$

Bei waagrechter Schienenanordnung ist die dynamische Festigkeit ausreichend.

Überprüfung der mechanischen Resonanz:

$$f_0 = 112 \cdot \sqrt{\frac{E \cdot I}{G \cdot l^4}} = 112 \cdot \sqrt{\frac{0{,}65 \cdot 10^6 \cdot 10{,}4}{13{,}5 \cdot 10^{-3} \cdot 100^4}}\ \text{s}^{-1} = 250\ \text{s}^{-1}.$$

Es sind keine Schäden zu erwarten, da f_0 das Fünffache der Netzfrequenz beträgt.

14.5 Luftstrecken und Kriechstrecken

In DIN VDE 0110 »Isolationskoordination für elektrische Betriebsmittel in Niederspannungsanlagen« sind die Mindestisolationsstrecken für Luftstrecken und Kriechstrecken in Abhängigkeit verschiedener Spannungen und Verschmutzungsgrade festgelegt. In Teil 1 sind dabei »Grundsätze, Anforderungen und Prüfungen« behandelt. Die Bestimmungen entstammen der internationalen Normung bei IEC

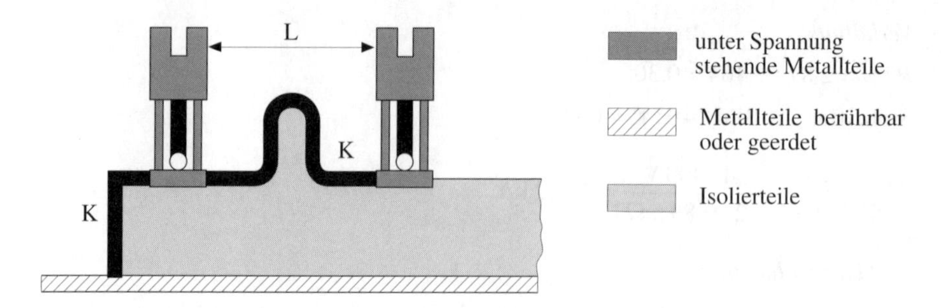

Bild 14.6 Luft- und Kriechstrecken

und CENELEC und basieren auf der sachlichen Übernahme des Harmonisierungsdokuments HD 625.1 S1. Die genannte Norm gilt für Betriebsmittel mit einer Bemessungsgleichspannung bis 1500 V und einer Bemessungswechselspannung bis 1000 V mit Nennfrequenzen bis 30 kHz und für den Einsatz dieser Betriebsmittel bis zu einer Höhenlage von 2000 m NN.

Durch die Festlegung von Mindestisolationsstrecken sollen Schäden an elektrischen Betriebsmitteln oder Gefährdungen von Personen oder Sachwerten verhindert werden. Die Betriebsmittel sollen außerdem vor Funktionsversagen auf bestmögliche Weise geschützt werden.

Folgende Begriffe sind wichtig:

- Luftstrecke ist die kürzeste Entfernung in Luft zwischen zwei leitenden Teilen **(Bild 14.6).**
- Kriechstrecke ist die kürzeste Entfernung entlang der Oberfläche eines Isolierstoffs zwischen zwei leitenden Teilen (Bild 14.6).
- Arbeitsspannung ist der höchste Wert des Effektivwerts der Wechselspannung oder der Gleichspannung, der an der betrachteten Isolierung langzeitig auftreten kann. Transiente Überspannungen werden nicht berücksichtigt.
- Transiente Überspannungen sind:
  - Schalt-Überspannungen, die aufgrund eines Schaltvorgangs auftreten können.
  - Blitz-Überspannungen, die aufgrund einer Blitzentladung entstehen können.
  - Funktions-Überspannungen, eine absichtlich erzeugte Überspannung, die zur Funktion eines Betriebsmittels notwendig ist.
- Bemessungs-Stoßspannung für Luftstrecken ist der Spannungswert, nach dem die Luftstrecken bemessen werden.
- Bemessungsspannung für Kriechstrecken ist der Spannungswert, nach dem die Kriechstrecken bemessen werden.
- Steh-Stoßspannung ist der Größtwert der höchsten Stoßspannung von vorgeschriebener Form und Polarität, welcher unter vorgegebenen Prüfbedingungen zu keinem Durchschlag führt.

- Steh-Wechselspannung ist der Effektivwert der höchsten sinusförmigen Spannung bei Netzfrequenz, der unter vorgegebenen Prüfbedingungen zu keinem Durchschlag führt.
- Verschmutzung kann erfolgen durch alle festen, flüssigen oder gasförmigen Fremdstoffe, die die Durchschlagfestigkeit oder den Oberflächenwiderstand verringern können.
- Überspannungs-Schutzvorkehrung ist ein Element, eine Gruppe oder eine Einrichtung, die die zu erwartende Überspannung begrenzt (Überspannungsschutzeinrichtungen siehe Abschnitt 12.2).
- Isolationskoordination ist die Zuordnung der Kenngrößen der Isolation eines Betriebsmittels zu:
  - den zu erwartenden Überspannungen und den Kenngrößen der Überspannungs-Schutzvorkehrungen und
  - den zu erwartenden Umgebungsbedingungen und den Schutzmaßnahmen gegen Verschmutzung.

Luft- und Kriechstrecken können auftreten zwischen:

- aktiven Teilen untereinander,
- aktiven und geerdeten Teilen,
- aktiven Teilen und der Befestigungsfläche.

Die Betriebsmittel sind je nach Beanspruchung und Verwendungszweck gewissen Umwelteinflüssen, wie Staub, Feuchtigkeit, Alterung und aggressiver Atmosphäre, ausgesetzt. Dies wird berücksichtigt durch eine Einteilung in den entsprechenden Verschmutzungsgrad:

- Verschmutzungsgrad 1
  Es tritt keine oder nur trockene, nichtleitfähige Verschmutzung auf. Die Verschmutzung hat keinen Einfluß.
  Beispiele: Offene, ungeschützte Isolierungen in klimatisierten oder sauberen trockenen Räumen.
- Verschmutzungsgrad 2
  Es tritt nur nichtleitfähige Verschmutzung auf. Gelegentlich muß mit vorübergehender Leitfähigkeit durch Betauung gerechnet werden.
  Beispiele: Offene, ungeschützte Isolierungen in Wohn-, Verkaufs- und Geschäftsräumen, feinmechanischen Werkstätten, Laboratorien, Prüffeldern und medizinisch genutzten Räumen.
- Verschmutzungsgrad 3
  Es tritt leitfähige Verschmutzung auf oder trockene, nichtleitfähige Verschmutzung, die leitfähig wird, da Betauung zu erwarten ist.
  Beispiele: Offene, ungeschützte Isolierungen in Räumen von industriellen, gewerblichen und landwirtschaftlichen Betrieben, ungeheizte Lagerräume, Werkstätten und Kesselhäuser.
- Verschmutzungsgrad 4
  Die Verunreinigung führt zu einer beständigen Leitfähigkeit, hervorgerufen durch leitfähigen Staub, Regen oder Schnee.
  Beispiele: Offene, ungeschützte Isolierungen in Freiluft- oder Außenanlagen.

14.5.1 Bemessung der Luftstrecken

Für die verschiedenen Überspannungskategorien sind die Bemessungs-Stoßspannungen in **Tabelle 14.3** dargestellt. Als Spannungsform für die Bemessungs-Stoßspannung wird eine Stoßspannung mit 1,2/50 µs nach DIN VDE 0432 Teil 1 gewählt **(Bild 14.7).**

Tabelle 14.3 Bemessungs-Stoßspannung für Betriebsmittel
(Quelle: DIN VDE 0110 Teil 1:1997-04)

Nennspannung des Stromversorgungssystems*) in V		Bemessungs-Stoßspannung in kV für			
dreiphasige Systeme	einphasige Systeme mit Mittelpunkt	Betriebsmittel an der Einspeisung der Installation (Überspannungskategorie IV)	Betriebsmittel als Teil der festen Installation (Überspannungskategorie III)	Betriebsmittel zum Anschluß an die feste Installation (Überspannungskategorie II)	besonders geschützte Betriebsmittel (Überspannungskategorie I)
	120 bis 240	4	2,5	1,5	0,8
230/440 277/480		6	4	2,5	1,5
400/690		8	6	4	2,5
1000		Werte für die Projektierung im Einzelfall. Falls keine Werte verfügbar sind, gelten die Werte der vorangegangenen Zeile.			

*) Nach IEC 38

Kategorie I ist für besonders bemessene Geräte bestimmt;
Kategorie II gilt für Technische Komitees, die für Betriebsmittel zuständig sind, die zum Anschluß an das Stromversorgungsnetz vorgegeben sind;
Kategorie III gilt für Technische Komitees, die für Installationsmaterial zuständig sind, und für einige besondere Technische Komitees;
Kategorie IV gilt für die Stromversorgungsunternemen und für die Projektierung im Einzelfall.

Eingeteilt werden die verschiedenen Beanspruchungen noch durch die Festlegung von Überspannungskategorien, wobei folgende Gesichtspunkte gelten:

- Überspannungskategorie I
  Die Betriebsmittel sind nur bestimmt zur Anwendung in Geräten oder Teilen von Anlagen, in denen keine Überspannungen auftreten können, oder besonders durch Überspannungsableiter, Filter oder Kapazitäten gegen Überspannungen geschützt sind.
  Beispiel: Geräte mit Kleinspannung.

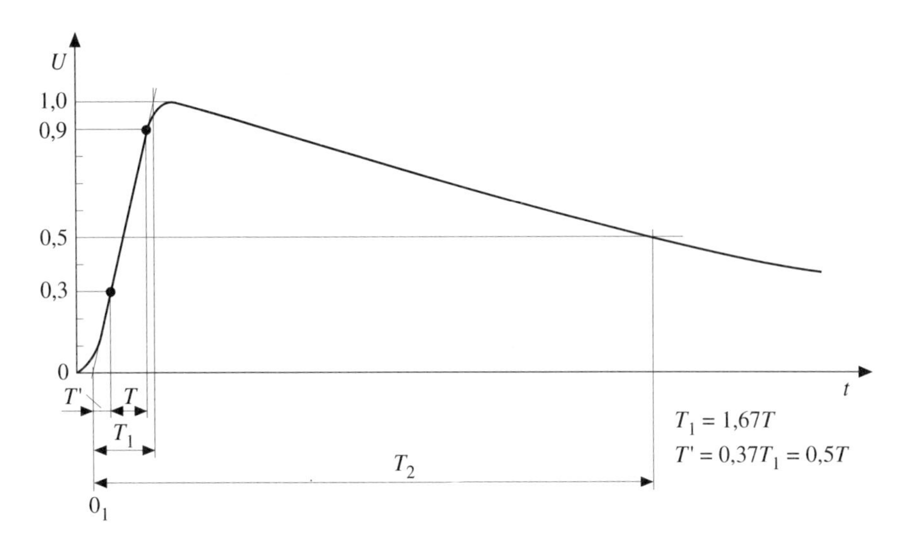

Bild 14.7 Stoßspannung 1,2/50 µs (Quelle: DIN IEC 60-1 (VDE 0432 Teil 1):1994-06)

- Überspannungskategorie II

  Die Betriebsmittel sind bestimmt zur Anwendung in Anlagen oder Anlagenteilen, in denen Blitzüberspannungen nicht berücksichtigt werden müssen.

  Beispiele: Elektrische Haushaltsgeräte

- Überspannungskategorie III

  Die Betriebsmittel sind bestimmt zur Anwendung in Anlagen oder Anlagenteilen, in denen Blitzüberspannungen nicht berücksichtigt werden müssen, wobei aber im Hinblick auf die Sicherheit und Verfügbarkeit des Betriebsmittels besondere Anforderungen gestellt werden.

  Beispiele: Betriebsmittel der festen Installation wie Schutzeinrichtungen, Schalter, Steckdosen, Schütze u. ä.

- Überspannungskategorie IV

  Die Betriebsmittel sind bestimmt zur Anwendung in Anlagen oder Anlagenteilen, bei denen Blitzüberspannungen zu berücksichtigen sind.

  Beispiele: Betriebsmittel zum Anschluß an Freileitungsnetze wie Zähler, Hausanschlußkästen u. ä.

In **Bild 14.8** sind in einer Übersicht die Überspannungskategorien dargestellt.

Anmerkung: Das Bild entspricht der Darstellung in IEC-Report 664, es wurde nicht in das Deutsche Normenwerk übernommen.

Unter Berücksichtigung von Überspannungskategorie und Verschmutzungsgrad kann die Isolationsstrecke in Luft der **Tabelle 14.4** für die verschiedenen Bemessungsspannungen nach Tabelle 14.3 entnommen werden. Dabei ist noch zwischen inhomogenem (ungleichförmigem) Feld und homogenem (gleichförmigem) Feld zu unterscheiden.

Tabelle 14.4 Mindestluftstrecken für die Isolationskoordination (Quelle: DIN VDE 0110 Teil 1:1997-04)

erforderliche Steh-Stoß-spannung[1])	Mindestluftstrecken in Luft bei Aufstellungshöhen bis 2000 m über Meereshöhe (NN)							
	inhomogenes Feld				homogenes Feld			
	Verschmutzungsgrad				Verschmutzungsgrad			
	1	2	3	4	1	2	3	4
kV	mm	mm	mm	mm	mm	mm	mm	mm
0,33[2])	0,01				0,01			
0,40	0,02				0,02			
0,50[2])	0,04	[3])			0,04	[3])		
0,60	0,06	0,2[4])			0,06	0,2[4])		
0,80[2])	0,10		0,8[4])		0,10			
1,0	0,15			1,6[4])	0,15		0,8[4])	
1,2	0,25	0,25			0,20			1,6[4])
1,5[2])	0,5	0,5			0,30	0,30		
2,0	1,0	1,0	1,0		0,45	0,45		
2,5[2])	1,5	1,5	1,5		0,60	0,60		
3,0	2,0	2,0	2,0	2,0	0,80	0,80		
4,0[2])	3,0	3,0	3,0	3,0	1,2	1,2	1,2	
5,0	4,0	4,0	4,0	4,0	1,5	1,5	1,5	
6,0[2])	5,5	5,5	5,5	5,5	2,0	2,0	2,0	2,0
8,0[2])	8,0	8,0	8,0	8,0	3,0	3,0	3,0	3,0
10	11	11	11	11	3,5	3,5	3,5	3,5
12[2])	14	14	14	14	4,5	4,5	4,5	4,5

1) Diese Spannung ist
- für Funktionsisolierung: die höchste an der Luftstrecke zu erwartende Stoßspannung;
- für Basisisolierung, fall direkt oder wesentlich beeinflußt durch transiente Überspannungen aus dem Niederspannungsnetz: die Bemessungs-Stoßspannung des Betriebsmittels;
- für andere Basisisolierung: die höchste Stoßspannung, die im Stromkreis auftreten kann;
- für verstärkte Isolierung siehe DIN VDE 0110 Teil 1:1997-04.

2) Vorzugswerte, wie in DIN VDE 0110 Teil 1:1997-04 festgelegt.

3) Bei Leiterplatten gelten die Werte des Verschmutzungsgrades 1 mit der Ausnahme, daß, wie in Tabelle 14.5 festgelegt, der Wert von 0,04 mm nicht unterschritten werden darf.

4) Die Mindestluftstrecken für die Verschmutzungsgrade 2, 3 und 4 beruhen eher auf Erfahrung als auf Grundlagenwissen.

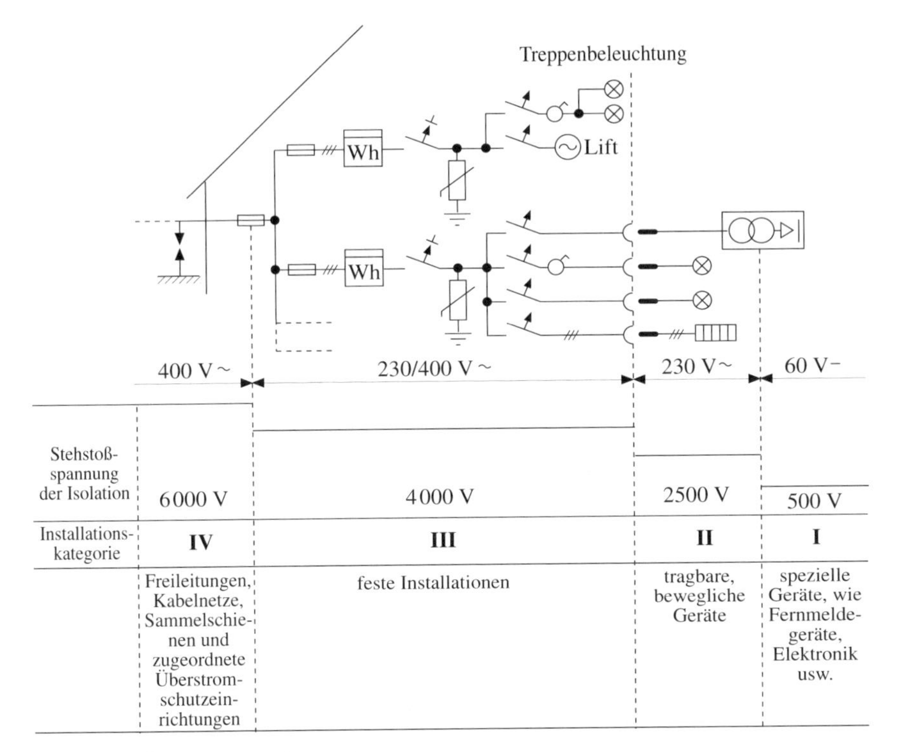

Bild 14.8 Überspannungskategorien

14.5.2 Bemessung der Kriechstrecken

Grundlage zur Bemessung einer Kriechstrecke ist die Arbeitsspannung, die normalerweise der Netz-Nennspannung entspricht. Neben der Verschmutzung, wie in Abschnitt 14.5.1 für Luftstrecken beschrieben, ist Art und Formgebung der Isolierstoffe wichtig. Die Isolierstoffe werden entsprechend ihren Vergleichszahlen der Kriechwegbildung (Comparative Tracking Index = CTI) in vier Gruppen eingeteilt:

Isolierstoff I: $600 \leq \text{CTI}$
Isolierstoff II: $400 \leq \text{CTI} < 600$
Isolierstoff IIIa: $175 \leq \text{CTI} < 400$
Isolierstoff IIIb: $100 \leq \text{CTI} < 175$

Die Vergleichszahlen der Kriechwegbildung sind nach DIN IEC 112 (VDE 0303 Teil 1) zu bestimmen.

Isolierstoffoberflächen können mit Rippen und Nuten ausgestattet sein, um leitende Schichten zu unterbrechen oder Wassertropfen auf nichtleitende Flächen abzuleiten. Mindestkriechstrecken sind in **Tabelle 14.5** dargestellt.

Tabelle 14.5 Mindestkriechstrecken für Betriebsmittel mit langzeitiger Spannungsbeanspruchung (Quelle: DIN VDE 0110 Teil 1:1997-04)

Spannung Effektivwert[1])	Kriechstrecken											
	gedruckte Schaltungen		Verschmutzungsgrad									
	Verschmutzungsgrad											
	1	2	1	2 Isolierstoffgruppe			3 Isolierstoffgruppe			4 Isolierstoffgruppe		
V	[2]) mm	[3]) mm	[2]) mm	I mm	II mm	III mm	I mm	II mm	III[4]) mm	I mm	II mm	III[4]) mm
10	0,025	0,04	0,08	0,4	0,4	0,4	1	1	1	1,6	1,6	1,6
12,5	0,025	0,04	0,09	0,42	0,42	0,42	1,05	1,05	1,05	1,6	1,6	1,6
16	0,025	0,04	0,1	0,45	0,45	0,45	1,1	1,1	1,1	1,6	1,6	1,6
20	0,025	0,04	0,11	0,48	0,48	0,48	1,2	1,2	1,2	1,6	1,6	1,6
25	0,025	0,04	0,125	0,5	0,5	0,5	1,25	1,25	1,25	1,7	1,7	1,7
32	0,025	0,04	0,14	0,53	0,53	0,53	1,3	1,3	1,3	1,8	1,8	1,8
40	0,025	0,04	0,16	0,56	0,8	1,1	1,4	1,6	1,8	1,9	2,4	3
50	0,025	0,04	0,18	0,6	0,85	1,2	1,5	1,7	1,9	2	2,5	3,2
63	0,04	0,063	0,2	0,63	0,9	1,25	1,6	1,8	2	2,1	2,6	3,4
80	0,063	0,1	0,22	0,67	0,95	1,3	1,7	1,9	2,1	2,2	2,8	3,6
100	0,1	0,16	0,25	0,71	1	1,4	1,8	2	2,2	2,4	3	3,8
125	0,16	0,25	0,28	0,75	1,05	1,5	1,9	2,1	2,4	2,5	3,2	4
160	0,25	0,4	0,32	0,8	1,1	1,6	2	2,2	2,5	3,2	4	5
200	0,4	0,63	0,42	1	1,4	2	2,5	2,8	3,2	4	5	6,3
250	0,56	1	0,56	1,25	1,8	2,5	3,2	3,6	4	5	6,3	8
320	0,75	1,6	0,75	1,6	2,2	3,2	4	4,5	5	6,3	8	10
400	1	2	1	2	2,8	4	5	5,6	6,3	8	10	12,5
500	1,3	2,5	1,3	2,5	3,6	5	6,3	7,1	8	10	12,5	16
630	1,8	3,2	1,8	3,2	4,5	6,3	8	9	10	12,5	16	20
800	2,4	4	2,4	4	5,6	8	10	11	12,5	16	20	25
1000	3,2	5	3,2	5	7,1	10	12,5	14	16	20	25	32

1) Diese Spannung ist
   - für Funktionsisolierung: die Arbeitsspannung;
   - für Basis- und zusätzliche Isolierung eines direkt vom Niederspannungsnetz gespeisten Stromkreises: die aus Tabelle 3a oder 3b auf der Grundlage der Bemessungsspannung des Betriebsmittels ausgewählte Spannung oder die Bemessungs-Isolationsspannung;
   - für Basis und zusätzliche Isolierung von Systemen, Betriebsmitteln und internen Stromkreisen, die nicht direkt vom Niederspannungsnetz gespeist werden: der höchste Effektivwert der Spannung, die im System, Betriebsmittel oder internen Stromkreis bei Versorgung mit Bemessungsspannung und bei der ungünstigen Kombination der Betriebsbedingungen im Rahmen der Bemessungsdaten auftreten kann.
2) Isolierstoffgruppen I, II, IIIa und IIIb.
3) Isolierstoffgruppen I, II und IIIa.
4) Isolierstoffgruppe IIIb wird nicht zur Anwendung unter Verschmutzungsgrad 3 bei Spannungen über 630 V und unter Verschmutzungsgrad 4 empfohlen.

14.6 Zugänglichkeit

Als Grundsatz gilt, daß elektrische Betriebsmittel so anzuordnen sind, daß

- betriebsmäßige Bedienung,
- Wartung und
- Zugang zu lösbaren Verbindungen

jederzeit leicht möglich sind. Auch durch den Einbau von Betriebsmitteln in Gehäuse, Schränke oder durch andere Einbauräume darf die Zugänglichkeit nicht eingeschränkt werden.

14.7 Kennzeichnungen

Schilder, Beschriftungen, Markierungen oder andere Kennzeichnungen, die in elektrischen Anlagen zum Einsatz gelangen, müssen dauerhaft sein. Sie sind so anzubringen, daß Zweck und Verwendung des gekennzeichneten Betriebsmittels jederzeit zu erkennen und nachzuvollziehen ist (siehe hierzu auch DIN EN 61293). Bei Schalt- und Steuergeräten muß der Betriebszustand der Anlage sicher erkennbar sein. Wenn der Schaltzustand der Anlage vom Bedienenden nicht zu erkennen ist, muß eine entsprechende Anzeige für den Bedienenden angebracht sein, wenn sich durch das Nichterkennen des Schaltzustands eine Gefahr ergeben könnte.
Die Kennzeichungen von Kabel- und Leitungssystemen bzw. -anlagen müssen so angeordnet werden, daß sie jederzeit bei

- Reparaturen,
- Prüfungen und
- Änderungen

der Anlage richtig zugeordnet werden können.
Die Verwendung der Farben »hellblau« und »grün-gelb« zur Kennzeichnung für Schutzleiter und Neutralleiter ist in Abschnitt 19.9.2 ausführlich beschrieben. Grundsätzlich gilt für die Anwendung der genannten Farben:

- Die Farbe »hellblau« ist für die Kennzeichnung der Neutralleiter bei Wechselspannung und vom Mittelleiter bei Gleichspannung zu verwenden.
  Anmerkung: Beim Fehlen eines Neutralleiters/Mittelleiters darf der hellblaue Leiter in einem mehradrigen Kabel/Leitung auch für andere Zwecke verwendet werden. Allerdings nicht als Schutzleiter!

- Die Farbkombination »grün-gelb« ist ausschließlich für die Kennzeichnung des Schutzleiters und PEN-Leiters vorgesehen. Beim PEN-Leiter ist an den Anschlußstellen zusätzlich eine »hellblaue« Markierung an den Leiterenden anzubringen. Somit kann künftig ein PEN-Leiter von einem Schutzleiter eindeutig unterschieden werden (siehe **Bild 14.9**).
  Anmerkung 1: Die zusätzliche Markierung an den Leiterenden darf entfallen in öffentlichen Verteilungsnetzen und anderen vergleichbaren Verteilungsnetzen in der Industrie.

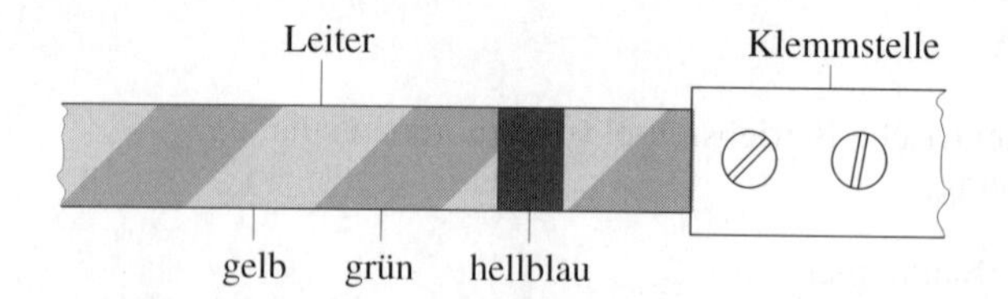

Bild 14.9 Hellblaue Markierung des PEN-Leiters am Leiterende

Anmerkung 2: Es muß darauf hingewiesen werden, daß in einigen anderen CENELEC-Ländern der PEN-Leiter »hellblau« gekennzeichnet wird und mit einer zusätzlichen Markierung in »grün-gelb« an den Anschlußenden versehen ist.

Wenn blanke Leiter oder Sammelschienen »hellblau« oder »grün-gelb« zu kennzeichnen sind, so ist die Kennzeichnung in einer Breite zwischen 15 mm und 100 mm anzubringen. Bei einer Kennzeichnung »grün-gelb« müssen gleich breite grüne und gelbe Streifen, die nebeneinander anzuordnen sind, gewählt werden.

Schutzeinrichtungen müssen so gekennzeichnet werden, daß die Stromkreise eindeutig identifiziert und zugeordnet werden können.

Schaltpläne einer Anlage können zweckmäßig sein und sind zu fertigen und mitzuliefern, wenn es sich um eine umfangreiche Anlage handelt. Dabei müssen die Art der Anlage, der Aufbau der Stromkreise sowie die Anzahl und Querschnitte der Leiter ersichtlich sein. Auch Schalt-, Schutz- und Trenneinrichtungen müssen eindeutig ihrem Verwendungszweck zugeordnet werden können.

14.8 Vermeidung gegenseitiger nachteiliger Beeinflussung

Grundsätzlich gilt, daß schädigende Beeinflussungen zwischen der elektrischen Anlage und den nicht elektrischen Einrichtungen ausgeschlossen werden.

14.9 Literatur zu Kapitel 14

[1] Stimper, K.: Isolationskoordination in Niederspannungsanlagen. VDE-Schriftenreihe, Bd 56. Berlin und Offenbach: VDE-VERLAG, 1990

[2] Ackermann, G.; Hudasch, M.; Schwetz, S.; Stimper, K.: Überspannungen in Niederspannungsanlagen. etz Elektrotechn. Z. Bd. 114 (1993) H. 3, S. 218 bis 223

15 Maschinen, Transformatoren, Drosselspulen, Kondensatoren

15.1 Elektrische Maschinen

Für die Herstellung (Bau) von elektrischen Maschinen gelten die Normen der Reihe DIN VDE 0530 »Umlaufende elektrische Maschinen« mit den eingearbeiteten internationalen Festlegungen nach den Publikationen IEC 34-1 sowie CENELEC HD 53.1 S 2 und HD 435 S 1. Diese Bestimmungen gelten für Generatoren, Motoren und Umformer ohne Einschränkung der Leistung und Spannung. Auch Motoren in Haushaltsgeräten (DIN VDE 0730), Elektrowerkzeugen (DIN VDE 0740) und für Schleif- und Poliermaschinen (DIN VDE 0741) sind nach den Normen der Reihe DIN VDE 0530 herzustellen.

Für Maschinen in Bahnfahrzeugen, Luftfahrzeugen und für Maschinen für Sonderzwecke gilt DIN VDE 0530 nicht.

Die thermische Klasse der Isolationsmaterialien von elektrischen Maschinen ist in DIN IEC 85 (VDE 0301 Teil 1) »Bewertung und Klassifikation von elektrischen Isolierungen nach ihrem thermischen Verhalten« beschrieben. Die thermische Bewertung von Isolierstoffen und Isoliersystemen steht im Zusammenhang mit dem Einfluß von Betriebsbedingungen, wie Temperatur, elektrische und mechanische Beanspruchungen, Schwingungen, schädliche Umwelteinflüsse, Chemikalien, Stäube, Feuchtigkeit und Strahlung. Für die thermischen Klassen von elektrischen Betriebsmitteln gilt folgende Einteilung:

Thermische Klasse	Y	90 °C
Thermische Klasse	A	105 °C
Thermische Klasse	E	120 °C
Thermische Klasse	B	135 °C
Thermische Klasse	F	155 °C
Thermische Klasse	H	180 °C
Thermische Klasse	200	200 °C
Thermische Klasse	220	220 °C
Thermische Klasse	250	250 °C

Bei der Auswahl, Aufstellung und für den Anschluß elektrischer Maschinen gilt bei Spannungen bis 1000 V Wechselspannung und 1500 V Gleichspannung DIN VDE 0100 § 25, bei höheren Spannungen DIN VDE 0101, Abschnitt 5.5. Zu empfehlen ist es, bei der Aufstellung von elektrischen Maschinen (Generatoren und Motoren) in Gebäuden die »Verordnung über den Bau von Betriebsräumen für elektrische Anlagen (EltBauVO)« einzuhalten. Wortlaut der EltBauVO siehe Anhang F.

Besonders zu beachten sind bei der Auswahl und Aufstellung elektrischer Maschinen:

- die Schutzart der Maschine,
- die Brandgefahr durch Überlastung,
- die Wahl der Anschlußleitung,

und außerdem bei besonderen Aufstellungsorten

- höhere Raumtemperaturen und
- besondere geografische Höhenlagen.

Im einzelnen ist zu den verschiedenen Punkten zu bemerken:

Schutzart

Grundsätzlich gilt DIN EN 60529 (VDE 0470 Teil 1) »Schutzarten durch Gehäuse« (siehe Abschnitt 2.8). Für elektrische Maschinen gilt darüber hinaus noch DIN EN 60034-5 (VDE 0530 Teil 5). Dabei wird unter Umständen die normal übliche Bezeichnung IP XX um zwei weitere Kennbuchstaben erweitert. Das IP-Kennzeichen setzt sich dann so zusammen:

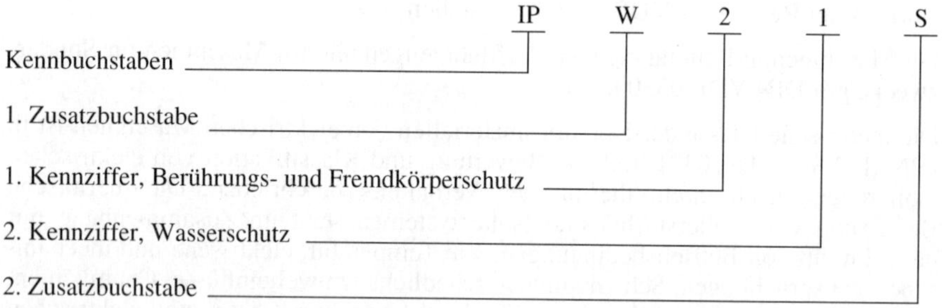

IP W 2 1 S

Kennbuchstaben (IP)

1. Zusatzbuchstabe (W)

1. Kennziffer, Berührungs- und Fremdkörperschutz (2)

2. Kennziffer, Wasserschutz (1)

2. Zusatzbuchstabe (S)

Für den ersten Zusatzbuchstaben gilt:

W wettergeschützte Maschine.

Für den zweiten Zusatzbuchstaben gilt:

S Maschine wird im Stillstand auf Wasserschutz geprüft,
M Maschine wird im Betrieb auf Wasserschutz geprüft.

Der Buchstabe gibt an, ob der Schutz gegen schädlichen Wassereintritt bei stillstehender Maschine (S) oder bei laufender Maschine (M) nachgewiesen oder geprüft wurde. In diesem Fall muß die Schutzart für beide Betriebszustände der Maschine angegeben werden, z. B. IP 55 S/IP 20 M.

Das Fehlen der Buchstaben S bzw. M bedeutet, daß die Prüfung auf Wasserschutz der Maschine im Stillstand und bei laufender Maschine durchgeführt wird.

Die im internationalen Bereich häufigsten Schutzarten sind:
IP 12; IP 21; IP 22; IP 23; IP 44; IP 54; IP 55.

In Deutschland sind zusätzlich noch gebräuchlich:
IP 12S; IP 13; IP 56.

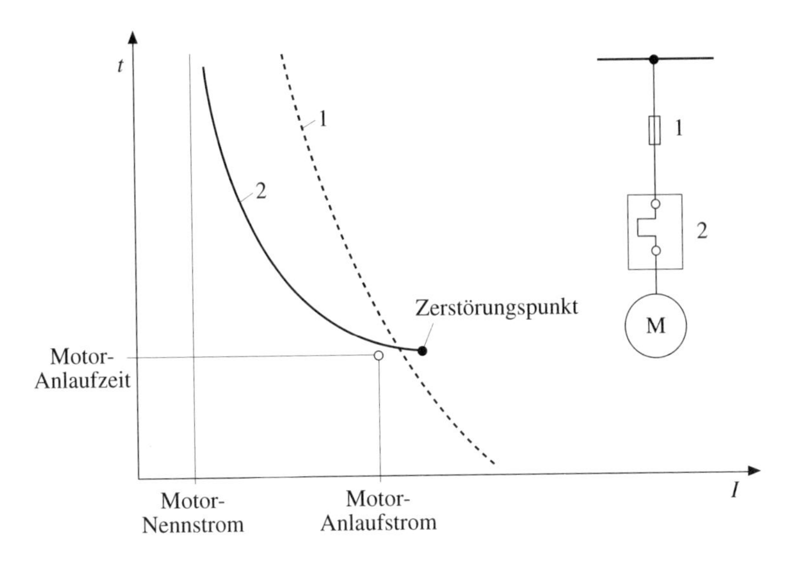

Bild 15.1 Kombination Motorstarter und Schmelzsicherung

Brandgefahr durch Überlastung
Grundsätzlich gilt, daß elektrische Maschinen von leicht entzündlichen Stoffen getrennt aufzustellen sind. Unbeaufsichtigte Maschinen sollten einen Schutz gegen zu hohe thermische Belastung erhalten. Dies nicht nur wegen der Brandgefahr, sondern auch wegen der zu hohen Wicklungstemperatur und der damit verbundenen kürzeren Lebensdauer. Als Schutzeinrichtungen sind Motorstarter, Überstromschutzeinrichtungen, Differential-Schutz, Temperaturfühler in der Wicklung, Rutschkupplungen, Fliehkraftschalter u. ä. Einrichtungen möglich. Der hier getriebene Aufwand muß natürlich mit der Aufgabe der Maschine in Einklang stehen. Die häufig verwendete Schutzeinrichtung Motorstarter mit Bimetallauslöser, aber ohne Kurzschlußauslöser, mit vorgeschalteten Schmelzsicherungen für den Kurzschlußschutz ist in **Bild 15.1** dargestellt (Kennlinien siehe Abschnitt 16.4).

Wahl der Anschlußleitung
Maschinen, die Schwingungsbeanspruchungen ausgesetzt sind, sollen möglichst mit fein- oder feinstdrähtigen Anschlußleitungen versehen werden. An Maschinen, die betriebsmäßig bewegt werden, dürfen Anschlußleitungen nicht in Metallschläuchen verlegt werden.

Höhere Raumtemperaturen
Als normale Umgebungsbedingungen für elektrische Maschinen gilt eine Temperatur zwischen 30 °C und 40 °C. Bei davon abweichenden Kühlmitteltemperaturen ist die zulässige Belastung zu korrigieren, damit die Grenztemperatur nicht überschritten wird. Dabei gilt:

- bei Kühlmitteltemperaturen unter 30 °C darf die Grenzübertemperatur um 10 K angehoben werden;
- bei Kühlmitteltemperaturen zwischen 40 °C und 60 °C ist die Grenzübertemperatur um den Betrag zu reduzieren, den die Kühlmitteltemperatur über 40 °C liegt;
- bei der Isolierstoffklasse E (120 °C) und einer Kühlmitteltemperatur von 55 °C ergibt sich demnach eine Grenzübertemperatur von 120 °C – 55 °C = 65 K;
- bei Kühlmitteltemperaturen über 60 °C sind die Grenzübertemperaturen zwischen Hersteller und Betreiber zu vereinbaren.

Besondere geografische Höhenlage

Die auf dem Leistungsschild einer elektrischen Maschine angegebene Nennleistung gilt für Höhenlagen bis 1000 m NN. Die Leistung von Maschinen, die in größeren Höhenlagen betrieben werden, ist zu korrigieren. Wenn die Kühlmitteltemperatur zwischen 30 °C und 40 °C liegt und eine Aufstellung der Maschine in Höhenlagen zwischen 1000 m und 4000 m vorgesehen ist, ist die Grenzübertemperatur nach

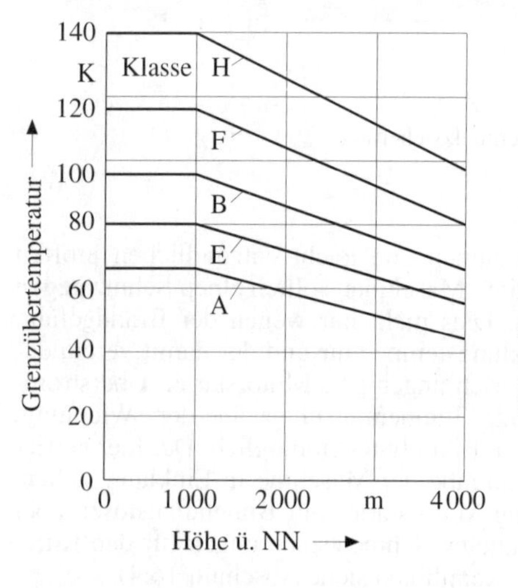

Bild 15.2 Grenzübertemperatur in größeren Höhenlagen

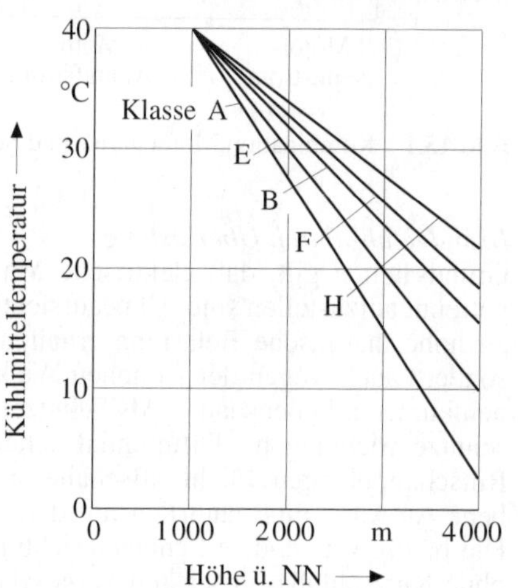

Bild 15.3 Kühlmitteltemperatur in größeren Höhenlagen

Bild 15.2 zu korrigieren. Wenn in größeren Höhenlagen mit geringeren Kühlmitteltemperaturen zu rechnen ist, können ggf. die normalerweise zulässigen Grenzübertemperaturen beibehalten werden, d. h., die Nennleistung braucht nicht reduziert zu werden. **Bild 15.3** zeigt die erforderliche Kühlmitteltemperatur, die notwendig ist, wenn die Grenzübertemperatur auch in Höhenlagen zwischen 1000 m und 4000 m ganz ausgenutzt werden soll.

Bei Höhenlagen zwischen 1000 m und 4000 m und bei Kühlmitteltemperaturen zwischen 40 °C und 60 °C ist die Grenzübertemperatur sowohl nach Bild 15.2 als auch hinsichtlich der höheren Raumtemperatur zu korrigieren. Bei Isolationsklasse B, einer Aufstellung der Maschine in 2000 m und bei 52 °C Kühlmitteltemperatur ergibt sich folgende Grenzübertemperatur:

- Korrektur nach Bild 15.2: Grenzübertemperatur 85 °C;
- Korrektur: Reduzierung der Grenzübertemperatur 52 °C – 40 °C = 12 K;
- Gesamtkorrektur: 85 °C – 12 °C = 73 K.

Bei Kühlmitteltemperaturen über 60 °C und Aufstellungshöhen zwischen 1000 m und 4000 m ist die Grenzübertemperatur zwischen Hersteller und Betreiber zu vereinbaren.

Maschinen sind so aufzustellen, daß sie während des Betriebes gefahrlos bedient und daß die Stell- und Überwachungseinrichtungen gefahrlos betätigt werden können. Diese Forderungen sind eigentlich ebenso selbstverständlich wie die Forderung nach guter Ablesbarkeit des Leistungsschildes.

15.2 Transformatoren und Drosselspulen

Für die Herstellung von Transformatoren und Drosselspulen gelten je nach Art, Anwendung und Größe verschiedene VDE-Bestimmungen. Die wichtigsten sind:

- DIN VDE 0532 Teil 1
  Transformatoren und Drosselspulen; Allgemeines
- DIN VDE 0532 Teil 2
  Transformatoren und Drosselspulen; Übertemperaturen
- DIN VDE 0532 Teil 4
  Transformatoren und Drosselspulen; Anzapfungen und Schaltungen
- DIN VDE 0532 Teil 5
  Transformatoren und Drosselspulen; Kurzschlußfestigkeit
- DIN VDE 0532 Teil 6
  Transformatoren und Drosselspulen; Trockentransformatoren
- DIN VDE 0532 Teil 10
  Transformatoren und Drosselspulen; Anwendung von Transformatoren
- DIN VDE 0532 Teil 20
  Transformatoren und Drosselspulen; Drosselspulen und Sternpunktbildner
- DIN VDE 0532 Teil 21
  Transformatoren und Drosselspulen; Anlaßtransformatoren und Anlaßdrosselspulen
- DIN VDE 0532 Teil 22
  Transformatoren und Drosselspulen; Transformatoren und Drosselspulen für Tonfrequenzen in Energieversorgungsnetzen
- DIN VDE 0536
  Belastbarkeit von Öltransformatoren
- DIN VDE 0541
  Bestimmungen für Stromquellen zum Lichtbogenschweißen mit Wechselstrom
- DIN VDE 0543
  Schweißstromquellen zum Lichtbogenhandschweißen für begrenzten Betrieb

- DIN VDE 0550 Teil 1
  Bestimmungen für Kleintransformatoren; Allgemeine Bestimmungen
- DIN VDE 0550 Teil 3
  Bestimmungen für Kleintransformatoren; Besondere Bestimmungen für Trenn- und Steuertransformatoren sowie Netzanschluß- und Isoliertransformatoren über 1000 V
- DIN VDE 0550 Teil 4
  Bestimmungen für Kleintransformatoren; Besondere Bestimmungen für Spartransformatoren
- DIN VDE 0550 Teil 5
  Bestimmungen für Kleintransformatoren; Besondere Bestimmungen für Zündtransformatoren
- DIN VDE 0550 Teil 6
  Bestimmungen für Kleintransformatoren; Besondere Bestimmungen für Drosselspulen (Netzdrosselspulen, vormagnetisierte Drosselspulen und Funk-Entstördrosselspulen)
- DIN EN 60742 (VDE 0551 Teil 1)
  Trenntransformatoren und Sicherheitstransformatoren

Einige Symbole für häufig verwendete Transformatoren sind in **Tabelle 15.1** zusammengestellt.

Tabelle 15.1 Bildzeichen für Transformatoren nach DIN VDE 0550 und 0551

Symbol	Bedeutung
	Transformator, allgemein
oder	Trenntransformator
	Sicherheitstransformator
	kurzschlußfester Transformator, bedingt oder unbedingt
	nicht kurzschlußfester Transformator
	Steuertransformator
	Haushalt-Spartransformator
oder	Klingeltransformator
	Transformator für Handleuchten der Schutzklasse III
	Transformator für Leuchten der Schutzklasse III mit Glühlampen

Für die Aufstellung von Transformatoren gilt ganz allgemein, daß Leistungsschilder von Transformatoren so anzubringen sind oder Transformatoren so aufzustellen sind, daß Leistungsschilder gefahrlos abzulesen sind. Außerdem sind Transformatoren so aufzustellen, daß Stell- und Überwachungseinrichtungen gefahrlos zugänglich sind.

Hinsichtlich der thermischen Klasse gelten auch für Transformatoren grundsätzlich die gleichen Ausführungen wie für umlaufende elektrische Maschinen (siehe Abschnitt 15.1).

15.2.1 Kleintransformatoren

Die Norm DIN VDE 0550 Teil 1 »Bestimmungen für Kleintransformatoren« gilt für Ein- und Dreiphasen-Trockentransformatoren mit einer Nennleistung bis 16 kVA und Drosselspulen mit einer Nennleistung bis 32 kVA, die für Eingangs- und Ausgangswechselspannungen bis 1000 V und Netzfrequenzen bis 500 Hz bestimmt sind.

15.2.2 Trenntransformatoren und Sicherheitstransformatoren

In DIN EN 60742 (VDE 0551 Teil 1) »Trenntransformatoren und Sicherheitstransformatoren« sind neben den allgemeinen Anforderungen auch die zusätzlichen Anforderungen für Trenntransformatoren (Trenntransformatoren für allgemeine Anwendung, Rasiersteckdosen-Transformatoren und Rasiersteckdosen-Einheiten) und Sicherheitstransformatoren (Sicherheitstransformatoren für allgemeine Anwendung, Spielzeugtransformatoren, Klingeltransformatoren und Transformatoren für Handleuchten der Schutzklasse III) behandelt.
Die Norm gilt für ortsfeste und ortsveränderliche, einphasige und mehrphasige luftgekühlte Trenn- und Sicherheitstransformatoren, mit einer Nenn-Eingangsspannung von maximal 1000 V Wechselspannung und einer Nennfrequenz von maximal 500 Hz. Die Nennleistung ist maximal:

- für Trenntransformatoren
  25 kVA bei Einphasen-Transformatoren
  40 kVA bei Mehrphasen-Transformatoren
- für Sicherheitstransformatoren
  10 kVA bei Einphasen-Transformatoren
  16 kVA bei Mehrphasen-Transformatoren.

Die Leerlauf- und Nenn-Ausgangsspannung darf folgende Werte nicht überschreiten:

- für Trenntransformatoren
  1000 V AC oder $1000\ V \cdot \sqrt{2} = 1414$ V DC ungeglättet,
- für Sicherheitstransformatoren
  50 V AC effektiv oder $24\ V \cdot \sqrt{2} = 70{,}7$ V DC ungeglättet zwischen den Leitern oder zwischen jedem Leiter und Erde.

Anmerkung: Es ist beabsichtigt, den Wert für Gleichspannung zu ändern in 120 V oberschwingungsfreie Gleichspannung; siehe DIN EN 60742-Al (VDE 0551 Teil 1 A1) Entwurf:1993-03.

Von diesen Werten abweichend gilt:

- Bei ortsveränderlichen Einphasen-Transformatoren, Rasiersteckdosen-Transformatoren und Rasiersteckdosen-Einheiten darf die Nenn-Ausgangsspannung

250 V AC nicht überschreiten. Die Nennleistung eines Rasiersteckdosen-Transformators und einer Rasiersteckdosen-Einheit muß zwischen 20 VA und 50 VA liegen.

- Bei Spielzeugtransformatoren darf die Nenn-Eingangsspannung 250 V AC nicht überschreiten. Die Nenn-Ausgangsspannung darf nicht höher als 24 V AC oder 24 V $\cdot \sqrt{2}$ = 33,9 V DC ungeglättet sein. Die Nennleistung darf maximal 200 VA oder 200 W betragen.
- Bei Klingeltransformatoren darf die Nenn-Eingangsspannung maximal 250 V AC betragen. Die Nenn-Ausgangsspannung darf bei 24 V AC oder 24 V $\cdot \sqrt{2}$ = 33,9 V DC ungeglättet liegen. Die Nennleistung darf nicht größer sein als 100 VA.
- Bei Transformatoren für Handleuchten der Schutzklasse III bestehen keine besonderen Anforderungen hinsichtlich der oben genannten Werte.

15.2.3 Leistungstransformatoren

Für Leistungstransformatoren gilt DIN VDE 0532 »Transformatoren und Drosselspulen«. Die Bestimmungen gelten – ausgenommen einige Klein- und Sondertransformatoren – für Transformatoren und Drosselspulen aller Art und Leistungsstufen, z. B. Öltransformatoren, Trockentransformatoren usw.
Bei der Aufstellung von Leistungstransformatoren in Gebäuden ist zu empfehlen, die »Verordnung über den Bau von Betriebsräumen für elektrische Anlagen (EltBauVO)« einzuhalten. Darüber hinaus ist bei der Aufstellung von Leistungs-Transformatoren besonders zu beachten:

- Schutzart,
- ausreichende Kühlung,
- Gefahr von Bränden und deren Ausdehnung,
- besondere geografische Höhenlage,
- Wahl der Schutzeinrichtungen,
- Belastbarkeit des Untergrunds am Aufstellungsort.

Im einzelnen ist zu den verschiedenen Punkten zu bemerken:

Schutzart

Grundsätzlich gilt DIN EN 60529 (VDE 0470 Teil 1) »Schutzarten durch Gehäuse« (siehe Abschnitt 2.8). Für Leistungstransformatoren über 16 kVA sind folgende Vorzugsschutzarten üblich:

- für Trockentransformatoren einschließlich der Anschlußklemmen
  IP 00; IP 20; IP 23; IP 54;
- für Öltransformatoren
  IP 54; IP 65;
- für Anschlußklemmen von Öltransformatoren
  IP 00; IP 23; IP 44; IP 65;
- für Antriebs- und Schaltschränke (Stufenschalter, Steller, Lüfter)
  IP 44.

Für Kleintransformatoren bis 16 kVA und Sicherheitstransformatoren sind folgende Schutzarten vorzuziehen:
IP 00; IP 20; IP 21; IP 23; IP 40; IP 44; IP 55; IP 67.
Die Schutzarten IP 40 und IP 67 sind nur für Spielzeugtransformatoren vorgesehen, die auch besonderen Prüfbedingungen unterliegen.
Die in DIN VDE 0550 angegebenen Wasserschutzarten sind in **Tabelle 15.2** den vergleichbaren Schutzarten nach DIN EN 60529 (VDE 0470 Teil 1) gegenübergestellt.

Tabelle 15.2 Schutzarten nach DIN VDE und DIN EN

Zeichen nach DIN VDE	Bezeichnung nach DIN VDE	Schutzarten nach DIN EN 60529
	tropfwassergeschützt	IP 21
	regengeschützt	IP 23
	spritzwassergeschützt	IP 44
	strahlwassergeschützt	IP 55
	wasserdicht	IP 66
...bar	druckwasserdicht	IP 68

Ausreichende Kühlung
Besonders bei Leistungstransformatoren kann es in kleinen Umspannstationen in Kompaktbauweise, oder wenn ein Transformator im Inneren eines Gebäudes aufgestellt wird, schwierig sein, die durch Verluste erzeugte Wärme abzuführen. Die Gesamtverluste eines Transformators ergeben sich aus der Beziehung:

$$P = P_0 + a^2 P_k. \qquad (15.1)$$

Es bedeuten:
P Gesamtverlust in W;
P_0 Leerlaufverluste in W, Tabellen 15.3 und 15.4;
P_k Kurzschlußverluste in W, Tabellen 15.3 und 15.4;
a Belastungsfaktor,

$$a = \frac{\text{Betriebslast}}{\text{Nennlast}}.$$

Zur Berechnung der Kühlleistung am Aufstellungsort eines Transformators ist $a = 1$ zu setzen.

Die Leerlauf- und Kurzschlußverluste von Leistungstransformatoren nach DIN 42500 (HD 428.1 S1:1992) für »Drehstrom-Öl-Verteilungstransformatoren 50 Hz, 50 kVA bis 2500 kVA und U_m bis 24 kV« sind in **Tabelle 15.3** dargestellt. International sind

Tabelle 15.3 Verluste von Drehstrom-Transformatoren mit Ölkühlung für f = 50 Hz und $U_m \leq 24$ kV (Quelle: DIN 42500 Teil 1:1993-12)

Liste		A	B	C	A'	B'	C'
S_n	u_{kn}	Kurzschlußverluste P_k			Leerlaufverluste P_0		
kVA	%	W	W	W	W	W	W
50	4	**1100**	**1350**	**875**	**190**	**145**	**125**
100		**1750**	**2150**	**1475**	**320**	**260**	**210**
160		**2350**	**3100**	**2000**	**460**	**375**	**300**
200		2850	3600	2500	570	440	380
250		**3250**	**4200**	**2750**	**650**	**530**	**425**
315		3900	4800	3150	820	640	520
400		**4600**	**6000**	**3850**	**930**	**750**	**610**
500		5500	7100	4500	1100	860	730
630		**6500**	**8400**	**5400**	**1300**	**1030**	**860**
630	6	**6750**	**8700**	**5600**	**1200**	**940**	**800**
800		8400	11000	7500	1400	1160	920
1000		**10500**	**13000**	**9500**	**1700**	**1400**	**1100**
1250		13000	16000	11400	2050	1700	1300
1600		**17000**	**20000**	**14000**	**2600**	**2200**	**1700**
2000		21500	25500	1750	3150	2600	2000
2500		**26500**	**32000**	**22000**	**3800**	**3200**	**2500**

Die fettgedruckten Werte sind Vorzugswerte nach DIN 42500.
Die Verluste von Transformatoren, die keine Vorzugswerte sind, sind berechnet.

Tabelle 15.4 Verluste von Drehstrom-Trockentransformatoren (Gießharz-Transformatoren)

Bauart	Normal-Reihe (N)				Reduzierte Reihe [1]) (R)			
U_m u_{kn} [2])	12 kV 4%/6%		24 kV 4%/6%		12 kV 4%/6%		24 kV 4%/6%	
S_n kVA	P_0 W	P_k W	P_0 W	P_k W	P_0 W	P_k W	P_0 W	P_k W
100	440	1700	440	1700	340	1700	340	1700
160	610	2300	610	2300	460	2300	460	2300
250	820	3000	880	3300	620	3000	670	3300
400	1150	4300	1200	4800	880	4300	940	4800
630	1500	6400	1650	6900	1150	6400	1270	6900
1000	2000	8800	2300	9600	1560	8800	1750	9600
1600	2800	12700	3100	14000	2200	12700	2400	14000

[1]) Geräusche mehr als halbiert

[2]) Bei U_m = 12 kV; S_n = 100 kVA bis 630 kVA; u_{kn} = 4 %
S_n = 1000 kVA bis 1600 kVA; u_{kn} = 6 %
Bei U_m = 24 kV; S_n = 100 kVA und 160 kVA; u_{kn} = 4 %
S_n = 200 kVA bis 1600 kVA; u_{kn} = 6 %

die Paarwerte der Listen A – A', B – B', C – B', A – C' und C – C' bevorzugt. Für Deutschland gelten als Vorzugskombinationen A – C', C – C' und B – A'. Die Verluste von Gießharztransformatoren zeigt **Tabelle 15.4.**

Bezüglich der Temperatur des Kühlmittels gelten für luftgekühlte Transformatoren folgende Festlegungen:

- Freilufttransformator
  Temperatur der Kühlluft von – 25 °C bis + 40 °C;
- Innenraumtransformator
  Temperatur der Kühlluft von – 5 °C bis + 40 °C.

Außerdem dürfen folgende Werte der Lufttemperatur nicht überschritten werden:

- 30 °C mittlere Tagestemperatur,
- 20 °C mittlere Jahrestemperatur.

Treten höhere Kühllufttemperaturen auf, so sind die zulässigen Übertemperaturen zu verringern, und zwar um:

- 5 K, wenn die Temperaturüberschreitung bis zu 5 K beträgt;
- 10 K, wenn die Temperaturüberschreitung zwischen 5 K und 10 K liegt;
- einen vereinbarten Wert (zwischen Hersteller und Anwender), wenn die Temperaturüberschreitung > 10 K ist.

Für Öltransformatoren mit Wicklungen der Isolierstoffklasse A (Isolierstoff: Papier- und Papierprodukte, lackbehandeltes Papier, Baumwolle, Naturseide, Holz usw.) sind folgende Übertemperaturen für die Wicklung zulässig:

- 65 K bei natürlicher oder erzwungener, nicht gerichteter Ölströmung;
- 70 K bei erzwungener, gerichteter Ölströmung.

Als Öltemperatur dürfen oben im Transformator folgende Übertemperaturen auftreten:

- 60 K bei Transformator mit Ausdehnungsgefäß oder bei luftdicht abgeschlossenem Transformator;
- 55 K ohne luftdichten Abschluß des Transformators und ohne Ausdehnungsgefäß.

Gefahr von Bränden und deren Ausdehnung
Die Gefahr von Bränden und die damit verbundene Ausdehnung von Bränden, wozu auch die Verqualmung von Rettungs- und Verkehrswegen gehört, besteht vor allem dann, wenn Transformatoren mit brennbaren Isolierflüssigkeiten (Öl) gefüllt sind.

Bei Leistungstransformatoren mit Primärspannung über 1 kV muß hier außer DIN VDE 0100 § 26 noch DIN VDE 0101 Abschnitt 5.4 beachtet werden. Folgende Brandschutzmaßnahmen sind möglich:

1) Herstellen von Ölauffanggruben, die mit Schotter oder Kies abzudecken sind **(Bild 15.4).** Bei Leistungen bis 630 kVA genügt es, wenn der Raum mit entsprechend hohen Türschwellen ausgestattet ist **(Bild 15.5).**

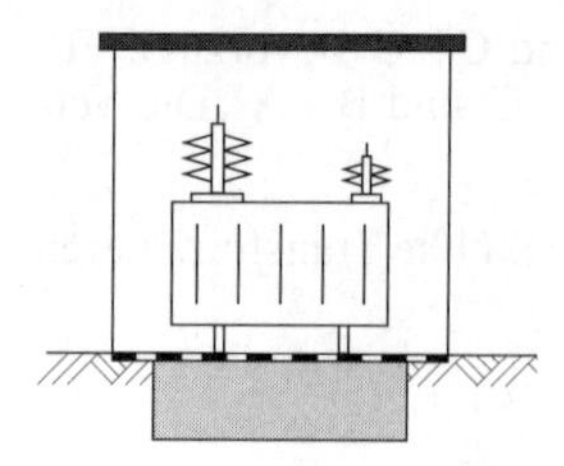

Bild 15.4 Ölauffanggrube

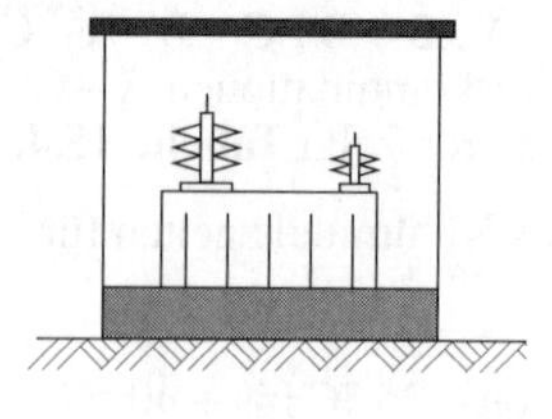

Bild 15.5 Hohe Türschwelle

Bild 15.6 Löscheinrichtung

2) Ausrüstung der Transformatorenzelle mit einer fest eingebauten Löscheinrichtung für zerstäubtes Wasser, Kohlensäure oder dergleichen **(Bild 15.6).**
3) Bauseitiges Einbringen von Brandschutzwänden.
4) Verwendung von Trockentransformatoren mit unbrennbaren Isolierstoffen.
5) Verwendung von Transformatoren mit nicht brennbaren oder schwer entflammbaren Flüssigkeiten (Silikonöle). Askarel-Transformatoren werden nicht mehr hergestellt. Noch vorhandene Transformatoren dürfen weiterbetrieben werden, sollten jedoch ausgetauscht und ordnungsgemäß entsorgt werden. Auch hier sind Maßnahmen zu treffen, die wie bei Punkt 1) in der Lage sind, die auslaufende Isolierflüssigkeit aufzunehmen.

Besondere geografische Höhenlage
Bei geografischen Höhenlagen über 1000 m NN ist eine Reduzierung der Belastung erforderlich, damit die zulässigen Übertemperaturen nicht überschritten werden. Dabei sind zulässige Übertemperaturen für je 500 m der vorgesehenen Aufstellungshöhe über 1000 m NN um folgende Beträge zu reduzieren:

- 2,0% für Öltransformatoren mit natürlicher Luftkühlung;
- 2,5% für Trockentransformatoren mit natürlicher Luftkühlung;
- 3,0% für Öltransformatoren mit erzwungener Luftkühlung;
- 5,0% für Trockentransformatoren mit erzwungener Luftkühlung.

Wahl der Schutzeinrichtungen
Die Anwendung eines Transformatorschutzes ist freigestellt; sie hängt in erster Linie von der Leistung und der Wichtigkeit des Transformators ab.
Der Schutz von Leistungs-Transformatoren kann auf vielfältige Art und Weise erfolgen. Verschiedene Möglichkeiten sind in **Bild 15.7** dargestellt.

Wichtig ist dabei die gegenseitige Abstimmung der Schutzeinrichtungen, um den gewünschten Schutz des Transformators (Überlast- und/oder Kurzschlußschutz) zu erreichen.

Primärseitig werden in der Regel HH-Sicherungen (Hochspannungs-Hochleistungs-Sicherungen), Trennschalter, Last- oder Leistungsschalter mit/ohne entsprechendem Schutzrelais verwendet. Durch HH-Sicherungen kann der Überlastschutz

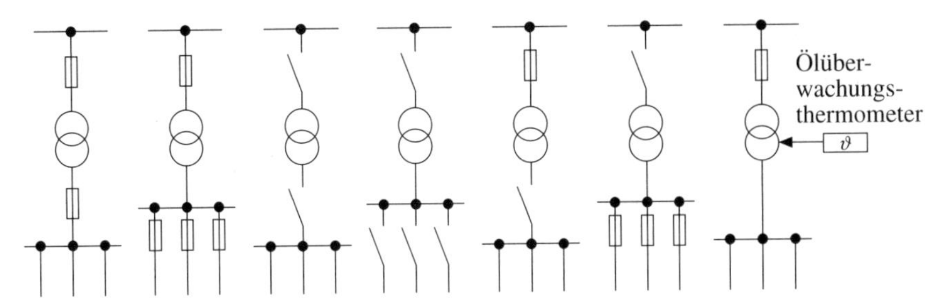

Bild 15.7 Möglicher Schutz bei weniger wichtigen Leistungstransformatoren

eines Transformators nicht sichergestellt werden; bei Trenn- und Lastschaltern dagegen kann der Kurzschlußschutz nicht sichergestellt werden. Den Kurzschlußschutz des Transformators muß die vorgelagerte Schutzeinrichtung im Mittelspannungsnetz (z. B. Distanzschutz mit Leistungsschalter oder HH-Sicherung) übernehmen.

Auf der Sekundärseite können Leitungsschutzsicherungen (Betriebsklasse gL), Transformatorenschutzsicherungen (Betriebsklasse gTr), Last- oder Leistungsschalter mit entsprechendem Schutzrelais verwendet werden. Mit den genannten Überstromschutzeinrichtungen kann der Überlastschutz eines Transformators auch dann sichergestellt werden, wenn dieser durch die primärseitige Schutzeinrichtung nicht sichergestellt ist.

Zum primärseitigen Schutz des Transformators ist bei der Auswahl der HH-Sicherung oder der Einstellung des Auslösers eines Leistungsschalters zu beachten:

- Der Einschaltstrom (I_n rush current, Rush-Strom) eines Transformators liegt beim 15- bis 30fachen Nennstrom. Diese Einschaltspitze wird hervorgerufen durch elektromagnetische Ausgleichsvorgänge beim Aufbau des magnetischen Felds. Der Einschaltstrom klingt nach wenigen Perioden rasch ab und ist nach 20 ms bereits deutlich zurückgegangen. Die Höhe des Einschaltstroms ist abhängig von Bauart, Ausführung, Wicklungsaufbau und Nennleistung des Transformators.
- Die maximal zulässige Kurzschlußdauer eines Transformators darf nach DIN VDE 0532 Teil 5 folgende Zeiten nicht überschreiten:
  $S_n \leq$ 630 kVA 2 s,
  $S_n >$ 630 bis $\leq$ 1250 kVA 3 s,
  $S_n >$ 1250 bis $<$ 3150 kVA 4 s.
- Die Selektivität der primär und sekundär vorgesehenen Schutzeinrichtungen zueinander sollte gewährleistet sein. Um hier sicherzugehen, sollten die Kennlinien der verschiedenen Schutzeinrichtungen auf eine Spannungsebene umgerechnet werden und in einem gemeinsamen Diagramm dargestellt werden. Dabei sind die Streubereiche der Schutzeinrichtungen zu berücksichtigen; noch besser ist es, bei der Untersuchung die Strom-Zeit-Bereiche zu beachten.

Wenn der Schutz durch HH-Sicherungen erfolgen soll, kann auf die Aussagen in DIN VDE 0670 Teil 402 zurückgegriffen werden. Unter der Beachtung der Bestimmungen für Niederspannungssicherungen nach DIN VDE 0636 ergibt sich **Tabelle 15.5.**

In nachfolgendem Beispiel soll anhand konkreter Zahlen versucht werden, die Zusammenhänge darzustellen.

Beispiel:
Ein Transformator nach DIN 42500 mit den Daten U = 12/0,4 kV, S_n = 400 kVA, u_{kn} = 4 % soll auf der Primärseite mit HH-Sicherungen ausgerüstet werden. Auf der Sekundärseite soll ein Niederspannungs-Leistungsschalter eingebaut werden. Die von der Sammelschiene abgehenden Stromkreise werden mit NH-Sicherungen abgesichert. Die größte NH-Stromkreissicherung hat einen Nennstrom von 200 A und die Betriebsklasse gL. Zu berücksichtigen ist noch, daß der Transformator kurzzeitig um bis zu 25 % überlastet wird und die Betriebsspannung oberspannungsseitig bei etwa 11 kV liegt.

Die Schutzeinrichtungen sind auszuwählen, wobei auch der Nachweis für das selektive Verhalten zu erbringen ist.

Zunächst wird der Überlastschutz betrachtet. Der Nennstrom des Transformators beträgt:

$$I_n = \frac{S_n}{\sqrt{3} \cdot U_n} = \frac{400 \text{ kVA}}{\sqrt{3} \cdot 12 \text{ kV}} = 19,3 \text{ A}$$

Bei einer Betriebsspannung von 11 kV und 25 % Überlastung ergeben sich unter Berücksichtigung der Verlustleistung des Transformators:

$$\begin{aligned} S &= 1,25\, S_n + P_o + 1,25^2 \cdot P_k \\ &= 1,25 \cdot 400 \text{ kVA} + 0,93 \text{ kW} + 1,25^2 \cdot 4,6 \text{ kW} = 508 \text{ kVA}. \end{aligned}$$

Der oberspannungsseitige Betriebsstrom ist nun:

$$I_b = \frac{S}{\sqrt{3} \cdot U} = \frac{508 \text{ kVA}}{\sqrt{3} \cdot 11 \text{ kV}} = 26,7 \text{ A}.$$

Der niederspannungsseitige Betriebsstrom ist unter Berücksichtigung der Überlast von 25 %:

$$I_b = \frac{1,25 \cdot S}{\sqrt{3} \cdot U} = \frac{1,25 \cdot 400 \text{ kVA}}{\sqrt{3} \cdot 400 \text{ V}} = 722 \text{ A}.$$

Tabelle 15.5 Empfohlene Absicherung von Transformatoren für $U_n = 12$ kV und 24 kV und einer höchstzulässigen Kurzschlußdauer von 2 s. Nennunterspannung 400 V.

Nennober-spannung	Transformator-Daten				Sicherungseinsatz [1])		
	Nennleistung	u_{kn}	Nennströme primär	Nennströme sekundär	HH	NH Betriebsklasse gL	NH gTr
kV	kVA	%	A	A	A	A	kVA
10/12	100	4	4,8	144	16	125/160	100
	125		6,0	180	16	160/200	125
	160		7,7	231	20/25	200/250	160
	200		9,6	289	25/31,5	250/315	200
	250		12,0	361	31,5/40	315/400	250
	315		15,2	455	40/50	400/500	315
	400		19,3	577	50/63	500/630	400
	500		24,1	722	63/80	630/800	500
	630		30,3	909	80/100	800/1000	630
	800	6	38,5	1155	100/125	1000/1250	800
	1000		48,1	1443	125/160	1250	1000
20/24	100	4	2,4	144	10	125/160	100
	125		3,0	180	10	160/200	125
	160		3,9	231	16	200/250	160
	200		4,8	289	16	250/315	200
	250		6,0	361	16/20/25	315/400	250
	315		7,6	455	25	400/500	315
	400		9,6	577	25/31,5	500/630	400
	500		12,0	722	31,5/40	630/800	500
	630		15,2	909	40/50	800/1000	630
	800	6	19,3	1155	63	1000/1250	800
	1000		24,1	1443	63/80	1250	1000

[1]) Die Angabe von zwei Werten besagt, daß beide Sicherungseinsätze verwendet werden können.

Gewählt wird ein Leistungsschalter mit $I_n = 800$ A, dessen Bimetallauslöser zwischen 590 A und 800 A einstellbar ist. Damit wird der Überlastschutz des Transformators sichergestellt.

Zum Kurzschlußschutz des Transformators ist der maximale bei einem Klemmenkurzschluß auf der Niederspannungsseite fließende Strom zu beachten:

$$I_{ku} = I_n \cdot \frac{100\,\%}{u_{kn}} = 577\text{ A} \cdot \frac{100\,\%}{4\,\%} = 14\,425\text{ A}.$$

Bei 11 kV Einspeisespannung sind dies auf der Oberspannungsseite:

$$I_{ko} = I_{Ku} \cdot \frac{U_u}{U_o} = 14\,425\text{ A} \cdot \frac{400\text{ V}}{11000\text{ V}} = 524{,}5\text{ A}.$$

Die gewählte HH-Sicherung mit $I_n = 63$ A schaltet diesen Strom nach Bild 15.8 in etwa 0,3 s (Mittelwert des Strom-Zeit-Bereichs), spätestens aber in 1,3 s (Obergrenze des Strom-Zeit-Bereichs) ab. Auch der Rush-Strom mit:

$$I_R = 30 \cdot I_n = 30 \cdot 19{,}3\text{ A} = 579\text{ A}$$

kann maximal 20 ms zum Fließen kommen, ohne daß die HH-Sicherung auslöst. Der Kurzschlußschutz des Transformators ist gewährleistet.

Um die Selektivität prüfen zu können, wird für die gewählten Schutzeinrichtungen der Strom-Zeit-Bereich für die Sicherungen und die Kennlinie für den Leistungsschalter in ein gemeinsames Diagramm **(Bild 15.8),** das auf 400 V bezogen ist, eingetragen.

Im vorliegenden Fall wurden alle die Mittelspannung betreffenden Ströme im Verhältnis 11 kV/0,4 kV = 27,5 umgerechnet.

Das Diagramm zeigt, daß die HH-Sicherung zum Niederspannungs-Leistungsschalter selektiv arbeitet. Erst bei einem Strom von ≥ 35 kA wäre dies nicht mehr der Fall. Da der maximale Strom nach dem Transformator jedoch nur 14,4 kA beträgt, ist dies in Ordnung. Die Kennlinie des Niederspannungs-Leistungsschalters und der Strom-Zeit-Bereich der 200-A-Sicherung schneiden sich im Strombereich von 3,5 kA bis 6 kA, d. h., bei einem Kurzschluß in einem Niederspannungs-Stromkreis in dieser Größenordnung wäre es denkbar, daß der Leistungsschalter den Kurzschluß schneller abschaltet als die NH-Sicherung. Da der Strom-Zeit-Bereich der NH-Sicherung die Kennlinie des Leistungsschalters nur im oberen Bereich des Toleranzbands geringfügig schneidet, ist dieser Fall noch tolerierbar. Besser wäre es natürlich, nur eine 160-A-Sicherung zu wählen.

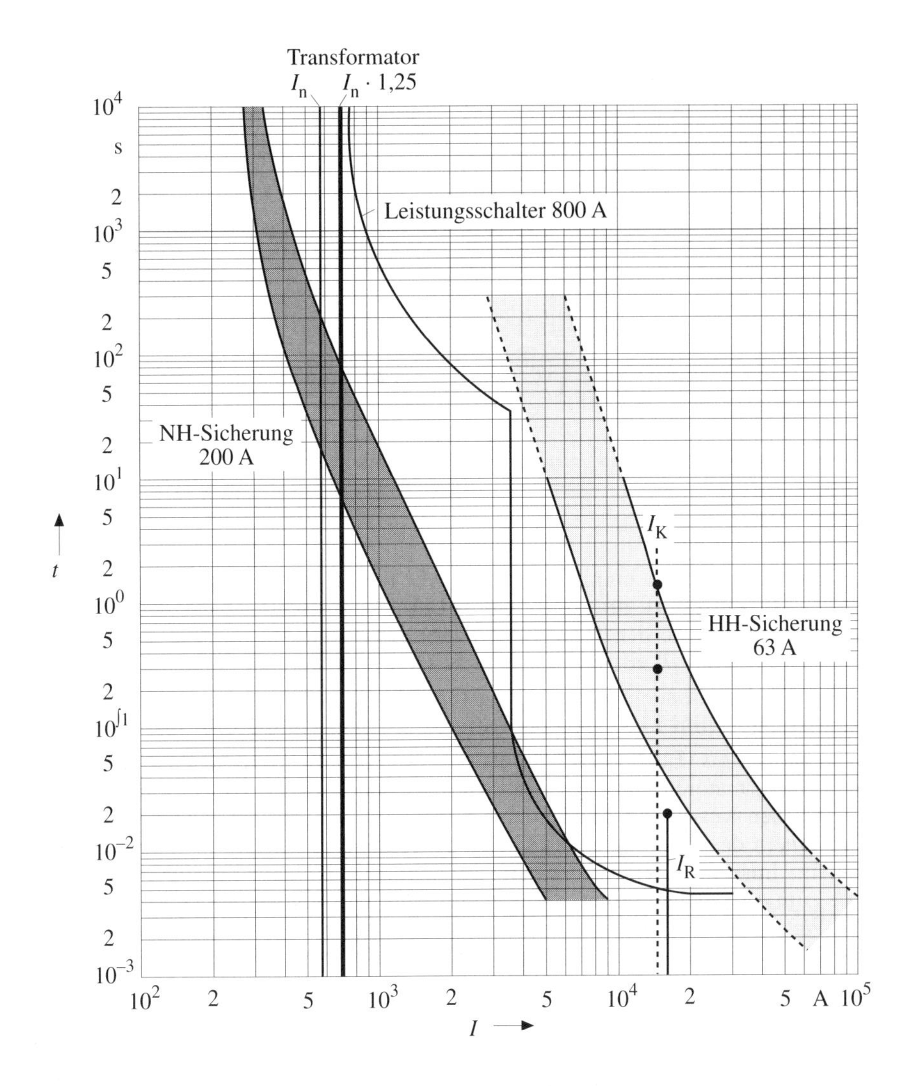

Bild 15.8 Strom-Zeit-Diagramm für HH-Sicherung 63 A
Leistungsschalter 800 A
NH-Sicherung 200 A Betriebsklasse gL
Transformator 400 kVA

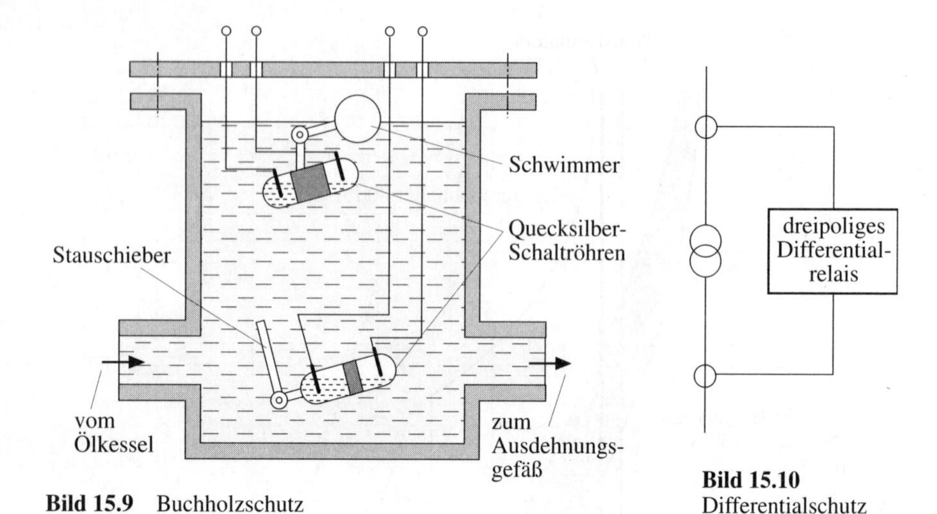

Bild 15.9 Buchholzschutz

Bild 15.10 Differentialschutz

Als Überwachungseinrichtung kommen auch Temperaturmeßinstrumente (Messung der Öltemperatur) zur Anwendung. Der Überlastschutz kann dabei durch regelmäßige Kontrolle der Temperatur oder auch durch Ansteuerung einer Auslöseeinrichtung (Last-/Leistungsschalter) sichergestellt werden.

Für wichtige, insbesondere auch für Transformatoren großer Leistung, werden auch Buchholzschutz **(Bild 15.9)** und/oder Differentialschutz **(Bild 15.10)** verwendet.

Ein *Buchholzrelais* (Buchholzschutz) ist eine Schutzeinrichtung für flüssigkeitsgefüllte Transformatoren und Drosselspulen mit Ausdehnungsgefäß. In die Rohrleitung zwischen Kessel und Ausdehnungsgefäß eingebaut, spricht es auf Fehler an, die im Innern des zu schützenden Geräts auftreten. Bei schweren Fehlern (Kurzschluß im Innern des Transformators) entsteht eine Druckwelle, die eine Stauklappe zum Ansprechen bringt, die wiederum die Abschaltung des Transformators in die Wege leitet. Leichte oder schleichende Fehler erzeugen Gase, die sich im oberen Teil des Buchholzschutzes sammeln, der Schwimmer sinkt mit dem Ölspiegel ab, und es wird eine Meldung (Warnung) abgegeben. Somit werden Schäden frühzeitig durch den Buchholzschutz erkannt.

Beim *Differentialschutz* werden durch Wandler und entsprechende Meßwerke die Eingangsströme und Ausgangsströme gemessen und verglichen. Da im gesamten Transformator ein Ampere-Windungs-Gleichgewicht herrscht, ist das Verhältnis Primärstrom/Sekundärstrom stets $1/ü$, unabhängig von der Belastung. Bei einem Fehler wird dieses Verhältnis gestört, und der Differentialschutz spricht an.

Belastbarkeit des Untergrunds

Dem Untergrund des Transformators, also dem Fundament, ist besondere Aufmerksamkeit zu widmen. Die Gewichte von Leistungstransformatoren liegen z. B. zwischen

- 800 kg und 2000 kg bei S_n = 160 kVA bis 250 kVA,
- 1450 kg und 3000 kg bei S_n = 400 kVA bis 630 kVA,
- 3200 kg und 4400 kg bei S_n = 1000 kVA,
- 4300 kg und 5600 kg bei S_n = 1600 kVA

und müssen vom Fußboden oder Fundament aufgenommen werden können. Normale Transformatoren liegen dabei an der unteren Grenze. Transformatoren, die verlust- und geräuscharm sind, liegen bei der oberen Grenze.
In bewohnten Gebäuden kann eine schwingungsfreie Aufstellung über Federelemente notwendig sein, um die Transformatorengeräusche nicht auf das Gebäude zu übertragen.

15.3 Kondensatoren – DIN VDE 0560

Für Kondensatoren gilt die Normenreihe DIN VDE 0560 »Bestimmungen für Kondensatoren«.

Prinzipiell ist bei Kondensatoren in Verbraucheranlagen zu unterscheiden in:
- Kondensatoren für Entladungslampen, die in DIN VDE 0560 Teil 6 behandelt sind (siehe Abschnitt 17.10), und
- Leistungskondensatoren für die Blindstromkompensation einzelner Verbrauchsmittel oder Anlagen, die in DIN VDE 0560 Teil 4 behandelt sind.

Obwohl DIN VDE 0100 über Leistungskondensatoren nichts aussagt, gibt es einige Punkte, die aus Sicherheitsgründen unbedingt zu beachten sind bzw. deren Berücksichtigung zu empfehlen ist. Hier sind im einzelnen zu nennen:
- Kondensatoren müssen allen zu erwartenden Beanspruchungen genügen;
- Kondensatoren sind in Schutzmaßnahmen einzubeziehen;
- die Nennspannung des Kondensators muß der Betriebsspannung entsprechen;
- Kondensatoren müssen die 1,1fache Nennspannung aushalten;
- ausreichende Kühlung muß sichergestellt sein, wobei bei Aufstellung im Freien die Sonneneinstrahlung zu beachten ist;
- die Schaltung von (größeren) Kondensatoren soll allpolig, möglichst gleichzeitig, erfolgen, wobei Schalter mit Sprung- oder Speicherantrieb vorzuziehen sind;
- das Leistungsschild muß abgelesen werden können.

Leistungskondensatoren werden für die Blindstromkompensation bei Anlagen mit großem Blindleistungsbedarf eingesetzt. Durch die Blindstromkompensation wird bei gleichbleibender Wirkleistung die Blindleistung verkleinert und die Stromaufnahme verringert, der Leistungsfaktor $\cos\varphi$ dagegen vergrößert. Dies bedeutet, daß bei einer kompensierten Anlage geringere Leitungsverluste auftreten und deshalb auch geringere Leiterquerschnitte verwendet werden können.

Kondensatoren für die Blindstromkompensation müssen so bemessen sein, daß sie die Blindleistung aufnehmen können, die durch sie kompensiert werden soll.

Die Leistung eines Kondensators ergibt sich nach der Beziehung:

$$Q_c = C \cdot U^2 \cdot \omega \cdot 10^{-9} \tag{15.2}$$

Es bedeuten:
Q_c Leistung des Kondensators in kvar,
C Kapazität des Kondensators in µF,
U Spannung am Kondensator in V,
ω Kreisfrequenz = $2\,\pi f$ (f = 50 Hz).

Aus obiger Beziehung läßt sich ableiten, daß zur Kompensation einer Blindleistung von 1 kvar bei 230 V/50 Hz eine Kapazität von 60 µF und bei 400 V/50 Hz eine Kapazität von 20 µF erforderlich wird.

Soll der vorhandene Leistungsfaktor $\cos\varphi_1$ einer Verbraucheranlage auf einen $\cos\varphi_2$ verbessert werden, so ergibt sich die für die Kompensation erforderliche Kondensatorleistung aus der Beziehung:

$$Q_c = P\,(\tan\varphi_1 - \tan\varphi_2) = P \cdot f_c. \tag{15.3}$$

Es bedeuten:
Q_c Kondensatorleistung in kvar,
P Wirkleistung der Verbraucheranlage in kW,
f_c $\tan\varphi_1 - \tan\varphi_2$, Faktor zur Bestimmung der Kondensatorleistung (siehe **Tabelle 15.6**)

In der Praxis werden Anlagen in der Regel auf einen Leistungsfaktor von 0,9 bis 0,98 kompensiert.

Tabelle 15.6 Faktor f_c, zur Bestimmung der Kondensatorleistung bei Kompensation von $\cos\varphi_1$ auf $\cos\varphi_2$

$\cos\varphi_1$ \ $\cos\varphi_2$	gewünschter Leistungsfaktor 1,00	0,98	0,96	0,94	0,92	0,90	0,85	0,80	0,75	0,70
0,40	2,29	2,09	2,00	1,93	1,86	1,81	1,67	1,54	1,41	1,27
0,45	1,99	1,79	1,70	1,63	1,56	1,51	1,37	1,24	1,11	0,97
0,50	1,73	1,53	1,44	1,37	1,30	1,25	1,11	0,98	0,85	0,71
0,55	1,52	1,32	1,23	1,16	1,09	1,04	0,90	0,77	0,64	0,50
0,60	1,33	1,13	1,04	0,97	0,90	0,85	0,71	0,58	0,45	0,31
0,65	1,17	0,97	0,88	0,81	0,74	0,69	0,55	0,42	0,29	0,15
0,70	1,02	0,82	0,73	0,66	0,59	0,54	0,40	0,27	0,14	–
0,75	0,88	0,68	0,59	0,52	0,45	0,40	0,26	0,13	–	–
0,80	0,75	0,55	0,46	0,39	0,32	0,27	0,13	–	–	–
0,85	0,62	0,42	0,33	0,26	0,19	0,14	–	–	–	–
0,90	0,48	0,28	0,19	0,12	0,05	–	–	–	–	–

Besondere Sorgfalt ist der Entladung von Kondensatoren zu widmen; bei Freischaltungen besteht sonst durch die Kondensatorladung – je nach ihrer Größe – akute Gefahr. Deshalb auch die Forderungen:

- Kondensatoren müssen entweder über das direkt angeschlossene Verbrauchsmittel (z. B. Motorwicklung) entladen werden **(Bild 15.11),** oder
- Kondensatoren müssen durch fest angeschlossene Widerstände entladen werden, wobei bei einer gegebenen Entladezeit (1 min bei $U_n \leq 660$ V; 5 min bei $U_n > 660$ V) die Restspannung vom Scheitelwert der Nennspannung auf $U_R < 50$ V sinken muß **(Bild 15.12).**

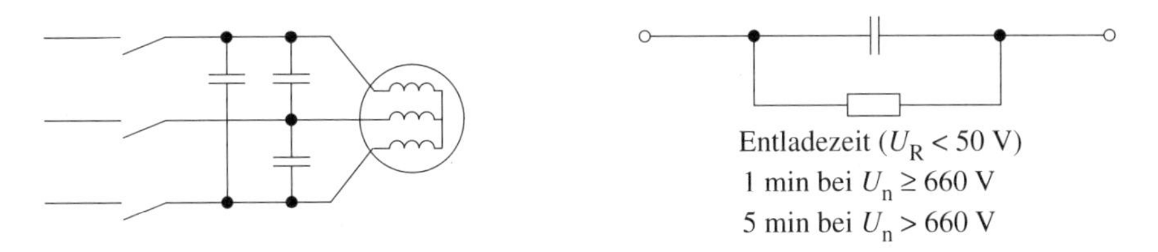

Bild 15.11 Entladung über Verbrauchsmittel **Bild 15.12** Entladung über Widerstände

Bei Entladezeiten von mehr als 1 min sind Kondensatoren oder Kondensatorenanlagen mit dem Hinweisschild H 1 (weiße Schrift auf blauem Grund) nach DIN 40008 Teil 6 auszurüsten (Abmessungen 200 mm × 120 mm).

Entladezeit länger als 1 Minute

Dabei ist sicherzustellen, daß nicht unbeabsichtigt oder zufällig der Kondensator von der Entladeeinrichtung getrennt werden kann. Zwischen Kondensator und Entladeeinrichtung dürfen keine Schalter, Sicherungen oder andere Trennstellen vorhanden sein.

Diese Forderungen werden verständlich, wenn der Energieinhalt eines Kondensators mit den Gefahrengrenzen verglichen wird. Es gilt:

$$W = \frac{1}{2} C U^2 . \tag{15.4}$$

Es bedeuten:

W Energieinhalt eines Kondensators in Ws;
C Kondensatorkapazität in F;
U Spannung in V.

Aus Versuchen und durch Unfälle ist bekannt, daß bei Entladung eines Kondensators über den menschlichen Körper ab einem Energieinhalt von 0,25 Ws mit schwerem Schock und ab 10 Ws bereits mit Lebensgefahr zu rechnen ist. Bei einer Spannung von 400 V und einer Kapazität von 100 µF beträgt demnach der Energieinhalt eines Kondensators:

$$W = \frac{1}{2} \cdot C \cdot U^2 = \frac{1}{2} \cdot 10^2 \cdot 10^{-6}\,\text{F} \cdot (400\ \text{V})^2 = 8\ \text{Ws}.$$

Die Spannung an den Kondensatoren nimmt wegen der Entladewiderstände nach folgender Funktion ab:

$$U_\text{R} = \hat{U} \cdot \text{e}^{-t_\text{e}/\tau} = \sqrt{2} \cdot U \cdot \text{e}^{-t_\text{e}/\tau}. \tag{15.5}$$

Es bedeuten:

U_R Restspannung in V (Forderung < 50V);
$\hat{U}$ Scheitelwert der Netzspannung in V;
U Spannung am Kondensator in V (Effektivwert);
e 2,71828 Basiszahl für den natürlichen Logarithmus;
t_e Entladezeit in s (Forderung 60 s bzw. 300 s);
τ Zeitkonstante in s^{-1}; sie ergibt sich aus der Größe der Widerstände und Kondensatoren sowie aus deren Schaltung **(Bild 15.13).**

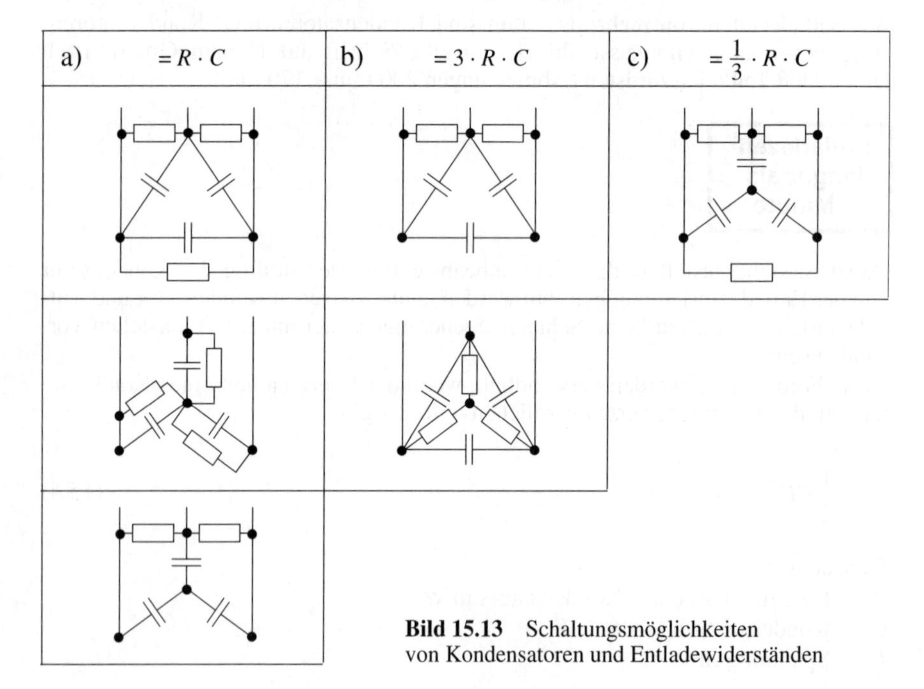

Bild 15.13 Schaltungsmöglichkeiten von Kondensatoren und Entladewiderständen

Nach Gl. (15.3) kann die Größe der Entladewiderstände bestimmt werden.

Durch Einsetzen der bekannten Größen und Umstellen nach der gesuchten Widerstandsgröße ergeben sich für die drei verschiedenen Möglichkeiten folgende Beziehungen:

Schaltung nach Bild 15.13a mit

$$\tau = R \cdot C \qquad R \leq \frac{t_e}{C \cdot \ln \frac{\sqrt{2} \cdot U}{U_R}}; \tag{15.6}$$

Schaltung nach Bild 15.13b mit

$$\tau = 3 \cdot R \cdot C \qquad R \leq \frac{t_e}{3 \cdot C \cdot \ln \frac{\sqrt{2} \cdot U}{U_R}}; \tag{15.7}$$

Schaltung nach Bild 15.13c mit

$$\tau = \frac{1}{3} \cdot R \cdot C \qquad R \leq \frac{3 \cdot t_e}{C \cdot \ln \frac{\sqrt{2} \cdot U}{U_R}}; \tag{15.8}$$

Die Leistung, für die die Entladewiderstände zu bemessen sind, ergibt sich zu:

$$P = \frac{U^2}{R}. \tag{15.9}$$

Bei der Berechnung der Widerstände ist zu empfehlen, die handelsüblichen und die nach den Normen zulässigen Toleranzen von Kondensatoren und Widerständen jeweils im ungünstigsten Fall zu berücksichtigen. Anzusetzen sind damit die:

- Kapazität C mit +10%;
- Größe des Widerstands R mit – 20%.

Beispiel:
In einer Drehstromanlage 400/230 V wird durch eine Kondensatorbatterie 3 × 440 µF, die im Stern an das Netz angeschlossen ist, kompensiert. Wie groß und für welche Leistung sind die drei Entladewiderstände zu wählen, wenn sie:
a) parallel (Schaltung nach Bild 15.13a),
b) im Dreieck (Schaltung nach Bild 15.13c)
geschaltet werden sollen?

Zunächst werden die gegebenen Größen um die Toleranzen erweitert; damit sind gegeben:

$C = 1{,}1 \cdot 440\ \mu\text{F} = 484\ \mu\text{F} = 484 \cdot 10^{-6}\,\text{F} = 484 \cdot 10^{-6}\,\frac{\text{As}}{\text{V}}$.

Bekannt sind: $t_e = 60$ s; $U_R = 50$ V.

Die Lösung für Punkt a ist nach Gl. (15.6):

$$R = \frac{t_e}{C \cdot \ln \frac{\sqrt{2} \cdot U}{U_R}} = \frac{60\ \text{s}}{484 \cdot 10^{-6}\,\frac{\text{As}}{\text{V}} \cdot \ln \frac{\sqrt{2} \cdot 400\ \text{V}}{50\ \text{V}}},$$

$$R = \frac{60 \cdot 10^6}{484 \cdot \ln 6{,}51} \cdot \frac{\text{V}}{\text{A}} = 51{,}1 \cdot 10^3\,\Omega = 51{,}1\ \text{k}\Omega.$$

Unter Beachtung der Toleranz darf der Widerstand dann noch $0{,}8 \cdot 51{,}1\ \text{k}\Omega = 40{,}9\ \text{k}\Omega$ betragen. Gewählt wird der in der Normreihe aufgeführte nächstkleinere Widerstand mit 33 kΩ.

Die Leistung des Widerstands muß nach Gl. (15.9) betragen:

$$P = \frac{U^2}{R} = \frac{(400\ \text{V})^2}{0{,}8 \cdot 33\ \text{k}\Omega} = 6{,}06\ \text{W}.$$

Gewählt wird ein Widerstand mit einer Leistung von 8,0 W.

Die Lösung für Punkt b ist nach Gl. (15.8):

$$R = \frac{3 \cdot t_e}{C \cdot \ln \frac{\sqrt{2} \cdot U}{U_R}} = \frac{3 \cdot 60\ \text{s}}{484 \cdot 10^{-6}\,\frac{\text{As}}{\text{V}} \cdot \ln \frac{\sqrt{2} \cdot 400\ \text{V}}{50\ \text{V}}} = \frac{180 \cdot 10^6}{484 \cdot \ln 11{,}31}\,\frac{\text{V}}{\text{A}},$$

$R = 153{,}3 \cdot 10^3\,\Omega = 153{,}3\ \text{k}\Omega.$

Gewählt wird $0{,}8 \cdot 153{,}3\ \text{k}\Omega = 122{,}6\ \text{k}\Omega$, also 100 kΩ.

Die Leistung des Widerstands ist:

$$P = \frac{U^2}{R} = \frac{(400\ \text{V})^2}{0{,}8 \cdot 100\ \text{k}\Omega} = 2{,}0\ \text{W}; \text{ gewählt wird } 2{,}0\ \text{W}.$$

Tabelle 15.7 Größe und Leistung von Entladewiderständen

Schaltung der Leistungskondensatoren und Entladewiderstände	Zeitkonstante in s^{-1}	Nennleistung der Kondensatoren in kvar		maximaler Entlade-widerstand in kΩ	Leistung der Entladewiderstände in W	
		230 V	400 V		230 V	400 V
Bild 15.13a	$\tau = R \cdot C$	> 0,8 bis 1,1	> 1,9 bis 2,7	330	0,2	1,0
		> 1,1 bis 1,7	> 2,7 bis 4,1	220	0,3	1,0
		> 1,7 bis 2,5	> 4,1 bis 6,0	150	0,5	2,0
		> 2,5 bis 3,8	> 6,0 bis 9,0	100	1,0	2,0
		> 3,8 bis 5,6	> 9,0 bis 13,2	68	1,0	3,0
		> 5,6 bis 8,2	> 13,2 bis 19,2	47	2,0	5,0
		> 8,2 bis 11,7	> 19,2 bis 27,3	33	2,0	10,0
		> 11,7 bis 17,6	> 27,3 bis 41,0	22	3,0	10,0
Bild 15.13b	$\tau = 3 \cdot R \cdot C$	> 0,8 bis 1,2	> 2,0 bis 3,0	100	1,0	2,0
		> 1,2 bis 1,8	> 3,0 bis 4,4	68	1,0	3,0
		> 1,8 bis 2,7	> 4,4 bis 6,4	47	2,0	5,0
		> 2,7 bis 3,9	> 6,4 bis 9,1	33	2,0	10,0
		> 3,9 bis 5,8	> 9,1 bis 13,6	22	3,0	10,0
		> 5,8 bis 8,6	> 13,6 bis 20,0	15	5,0	20,0
		> 8,6 bis 12,9	> 20,0 bis 30,1	10	10,0	20,0
		> 12,9 bis 18,9	> 30,1 bis 44,3	6,8	10,0	30,0
Bild 15.13c	$\tau = \frac{1}{3} \cdot R \cdot C$	> 0,7 bis 1,1	> 1,8 bis 2,7	1000	0,1	0,2
		> 1,1 bis 1,7	> 2,7 bis 3,9	680	0,1	0,3
		> 1,7 bis 2,4	> 3,9 bis 5,7	470	0,2	0,5
		> 2,4 bis 3,5	> 5,7 bis 8,2	330	0,2	1,0
		> 3,5 bis 5,2	> 8,2 bis 12,3	220	0,3	1,0
		> 5,2 bis 7,7	> 12,3 bis 18,0	150	0,5	2,0
		> 7,7 bis 11,6	> 18,0 bis 27,1	100	1,0	2,0
		> 11,6 bis 17,0	> 27,1 bis 39,8	68	1,0	3,0

Die Lösungen für Punkt a und b werden noch in einem Schaltbild (**Bild 15.14**) dargestellt:

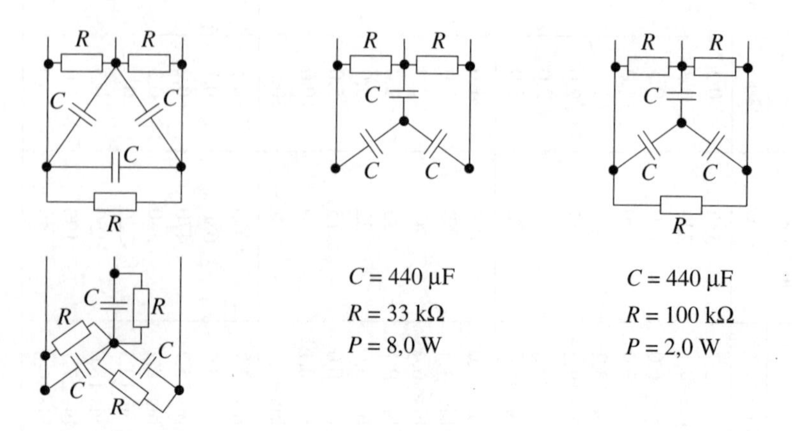

Bild 15.14 Beispiel; Schaltungen

Als Hilfe bei der Auswahl der Entladewiderstände kann **Tabelle 15.7** dienen. Die Tabelle ist unter Beachtung aller Toleranzen und unter Berücksichtigung der genormten Widerstandswerte (Widerstand und Leistung) berechnet.

15.4 Literatur zu Kapitel 15

[1] Weiß, A.: Sind Askarele vom Typ der polychlorierten Biphenyle im Brandfall eine Gefahr? Der Maschinenschaden 56 (1983) H. 1, S. 9 bis 13

[2] Stein, R.: Askarele als Kühlmittel in Transformatoren und als Dielektrikum in Kondensatoren. Der Maschinenschaden 56 (1983) H. 1, S. 14 bis 20

[3] Just, W.: Blindstrom-Kompensation in der Betriebspraxis. 3. Aufl., Berlin und Offenbach: VDE-VERLAG, 1991

16 Schaltgeräte

16.1 Schalter

Schalter sind nach Normen der Reihe DIN VDE 0660 »Schaltgeräte« Geräte zum mehrmaligen Ein- und Ausschalten von Strompfaden mit Hilfe mechanisch bewegter Teile. Der Schaltimpuls selbst muß dabei von außen kommen (Mensch, Relais). Nach dem Schaltvermögen sind zu unterscheiden:

Leerschalter sind Schalter zum annähernd stromlosen Schalten. Er kann nur dort verwendet werden, wo nicht unter Last geschaltet wird.

Lastschalter zum Schalten bis zum doppelten Nennstrom. Er ist dort geeignet, wo nur normale Lastströme ein- und ausgeschaltet werden müssen. Für den Kurzschlußschutz sind Lastschalter nicht geeignet.

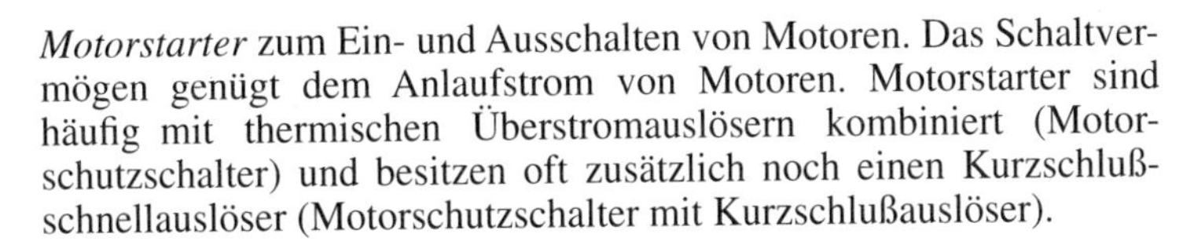

Motorstarter zum Ein- und Ausschalten von Motoren. Das Schaltvermögen genügt dem Anlaufstrom von Motoren. Motorstarter sind häufig mit thermischen Überstromauslösern kombiniert (Motorschutzschalter) und besitzen oft zusätzlich noch einen Kurzschlußschnellauslöser (Motorschutzschalter mit Kurzschlußauslöser).

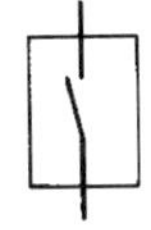

Leistungsschalter sind zur Ein- und Ausschaltung unter Kurzschlußbedingungen geeignet. Der mit einem Kurzschlußschnellauslöser bestückte Schalter wird Leistungsselbstschalter genannt. Leistungsselbstschalter können zusätzlich mit einem thermischen Überstromauslöser ausgerüstet sein.

16.2 Steckvorrichtungen, allgemein

In DIN 49400 sind folgende Steckvorrichtungen (allgemeine Erläuterungen zu Steckvorrichtungen sind in Abschnitt 16.3 gegeben) genormt:

Stecker

- in zweipoliger Ausführung (ohne Schutzkontakt) in runder und flacher Ausführung zum Anschluß an Schutzkontakt-Steckdosen;
- Schutzkontakt-Stecker in Normalausführung;
- Schutzkontakt-Stecker, druckwasserdicht;
- Drehstrom (3 P + N + ⏚)-Stecker nach DIN 49446 oder DIN 49448 (Handelsname Perilex).

Wandsteckdosen und Kupplungen (10 A/16 A/25 A)
- zweipolige Steckdose ohne Schutzkontakt;
- zweipolige Steckdose mit Schutzkontakt;
- zweipolige Kupplung mit Schutzkontakt;
- Drehstrom (3 P + N + ⏚)-Steckdose und Kupplung nach DIN 49445 oder DIN 49447 (Handelsname Perilex);
- zweipolige Steckdose mit Schutzkontakt, druckwasserdicht;
- zweipolige Kupplung mit Schutzkontakt, druckwasserdicht.

Gerätesteckvorrichtungen (1 A/6 A/10 A/16 A)
- zweipolige ohne Schutzkontakt;
- zweipolige mit Schutzkontakt.

Steckvorrichtungen nach DIN EN 60309 (VDE 0623) für industrielle Anwendung für:
- Nennströme 16 A bis 125 A, Nennspannungen > 50 V bis 690 V;
- Nennströme 16 A und 32 A, Nennspannungen bis 50 V.

Eine Sonderstellung nehmen Steckvorrichtungen (Stecker und Kupplung) ein, die unter erschwerten Bedingungen eingesetzt werden. Diese Steckvorrichtungen werden hauptsächlich bei Baustellen eingesetzt und gelangen dort zur Anwendung, wo rauhe betriebliche Anforderungen auftreten. Die Steckvorrichtungen müssen DIN 49440 und DIN 49441 entsprechen und sind nach DIN VDE 0620 zu prüfen. Auf der betriebsfertig montierten Steckvorrichtung muß das Bildzeichen ⟐ nach DIN 30600 erkennbar aufgebracht sein. Die Steckvorrichtungen müssen so beschaffen sein, daß folgende Gummischlauchleitungen einwandfrei eingeführt und angeschlossen werden können:
- H07RN-F 3 G 1,
- NSSHÖU 3 × 1,5 mm^2.

Im montierten Zustand müssen die Steckvorrichtungen mindestens der Schutzart »spritzwassergeschützt« (ein Tropfen im Dreieck) entsprechen.

Das betriebsmäßige Schalten (Ein- und Ausschaltung von Geräten) durch Steckvorrichtungen ist in Teil 460 und Teil 537 »Trennen und Schalten« geregelt. Danach dürfen Steckvorrichtungen bis 16 A Nennstrom für betriebsmäßiges Schalten verwendet werden.

16.3 Steckvorrichtungen für industrielle Anwendung

Steckvorrichtungen für vorwiegend industrielle Anwendung in Räumen und zur Verwendung im Freien sind nach EN 60309 »Stecker, Steckdosen und Kupplungen für industrielle Anwendung« genormt. In dieser Europäischen Norm, die den Status einer Deutschen Norm hat, sind im Teil 1 »Allgemeine Festlegungen« und im Teil 2 »Stift- und Buchsensteckvorrichtungen mit genormten Anordnungen«

behandelt. Im Deutschen Normenwerk sind die Bestimmungen mit den Bezeichnungen DIN EN 60309 Teil 1 (VDE 0623 Teil 1) und DIN EN 60309 Teil 2 (VDE 0623 Teil 20) aufgenommen. Mit der Herausgabe dieser Bestimmungen wurden die Normen DIN 49462, DIN 49463 und DIN 49465 ungültig.

DIN EN 60309-2 (VDE 0623 Teil 20) gilt Steckvorrichtungen (Stecker und Steckdosen, Leitungskupplungen und Gerätesteckvorrichtungen; siehe **Bild 16.1**) mit Nennbetriebsspannungen bis 690 V, einer Frequenz bis 500 Hz und Bemessungsströmen bis 125 A. Diese Steckvorrichtungen sind für den speziellen Einsatz in Räumen im industriellen Bereich und im Freien konzipiert. Die Anwendung auf Baustellen, in landwirtschaftlichen Betriebsstätten, in Gewerbebetrieben und auch im Haushalt ist zulässig. Es wird davon ausgegangen, daß die Steckvorrichtungen nur dort eingesetzt werden, wo die Umgebungstemperatur 40 °C nicht überschreitet.

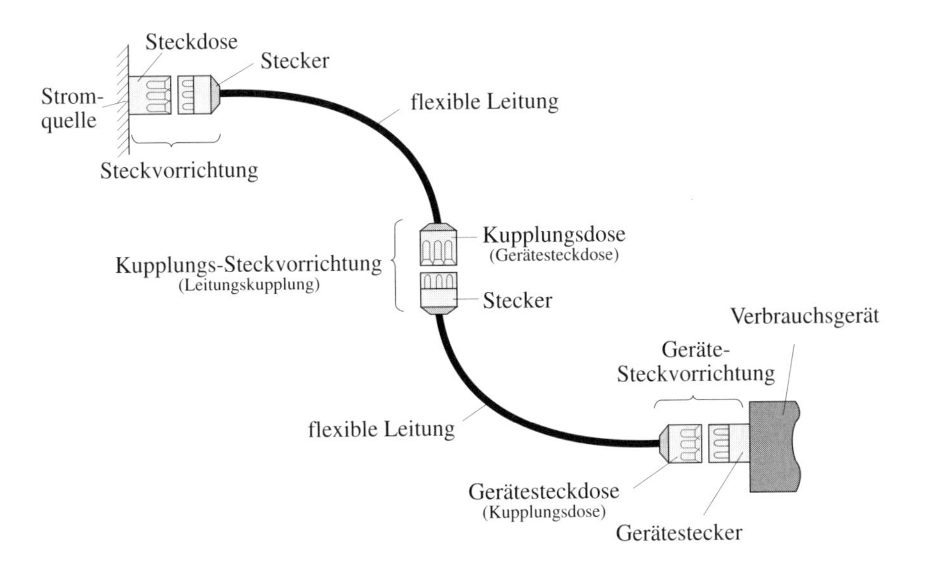

Bild 16.1 Anwendung von Steckvorrichtungen; schematische Darstellung

Eine Steckvorrichtung dient zum Anschluß einer flexiblen Leitung an die ortsfeste Installation; sie besteht aus:

- Steckdose und
- Stecker.

Eine Kupplungssteckvorrichtung (Leitungskupplungen) dient zum Verbinden zweier flexibler Leitungen; sie besteht aus:
- Kupplung (Kupplungsdose) und
- Stecker.

Eine Gerätesteckvorrichtung dient zum Anschluß einer flexiblen Leitung an ein Gerät; sie besteht aus:
- Kupplung (Gerätesteckdose) und
- Gerätestecker.

Bei Steckern und Kupplungen wird noch unterschieden in:
- wiederanschließbare Stecker bzw. Kupplungen und
- nichtwiederanschließbare Stecker bzw. Kupplungen.

Weiter werden unterschieden:
- Steckvorrichtungen mit Schutzkontakt und
- Steckvorrichtungen ohne Schutzkontakt.

Die bevorzugten Nennbetriebsspannungsbereiche reichen von 20 V…25 V bis zu 600 V…690 V und entsprechen den weltweit üblichen Spannungen, wie sie in der Praxis vorkommen. Sie sind in Tabelle 16.1 dargestellt. Bei den bevorzugten Bemessungsströmen sind zwei Reihen üblich. Die Bemessungsströme der Serie I mit I = 16 A/32 A/63 A/125 A ist die bevorzugte Reihe und entspricht den in Deutschland bisher üblichen Stromstärken. Die Serie II mit I = 20 A/30 A/60 A/ 100 A ist im Ausland zum Teil üblich.

Für die verschiedenen Spannungen und Bemessungsströme sind folgende Ausführungen zulässig:

- Steckvorrichtungen mit Schutzkontakt für $U \geq$ 50 V…690 V und I = 16 A/32 A (Serie II 20 A/30 A) sind in folgenden Ausführungen zulässig:

  Schutzgrad gegen Feuchtigkeit:

  - IPX0 bzw. ohne besonderen Schutz mit Haltebügel oder Klappdeckel,
  - IPX4 bzw. spritzwassergeschützt; Zeichen ⚠ (Tropfen im Dreieck) mit Klappdeckel,
  - IPX7 bzw. wasserdicht; Zeichen 💧💧 (zwei Tropfen) mit Bajonettsystem.

Anzahl der Kontakte (Polzahl):

Polzahl 3: 2P + ⏚ oder 2P + ⏚
Polzahl 4: 3P + ⏚ oder 3P + ⏚
Polzahl 5: 3P + N + ⏚ oder 3P + N + ⏚

- Steckvorrichtungen mit Schutzkontakt für $U \geq 50$ V…690 V und $I = 63$ A (Serie II 60 A) sind in folgenden Ausführungen zulässig:

  Schutzgrad gegen Feuchtigkeit:

  - IPX0 bzw. ohne besonderen Schutz mit Haltebügel oder Klappdeckel,
  - IPX4 bzw. spritzwassergeschützt; Zeichen ⚠ (Tropfen im Dreieck) mit Klappdeckel und Bajonettsystem,
  - IPX7 bzw. wasserdicht; Zeichen 💧💧 (zwei Tropfen) mit Bajonettsystem.

  Anzahl der Kontakte (Polzahl):

  Polzahl 3: 2P + ⏚ oder 2P + ⏚
  Polzahl 4: 3P + ⏚ oder 3P + ⏚
  Polzahl 5: 3P + N + ⏚ oder 3P + N + ⏚

- Steckvorrichtungen mit Schutzkontakt für $U \geq 50$ V…690 V und $I = 125$ A (Serie II 100 A) sind in folgenden Ausführungen zulässig:

  Schutzgrad gegen Feuchtigkeit:

  - IPX4 bzw. spritzwassergeschützt; Zeichen ⚠ (Tropfen im Dreieck) mit Bajonettsystem, wenn die Steckdosen am Gehäuse befestigt sind oder mit diesem eine bauliche Einheit bilden,
  - IPX7 bzw. wasserdicht; Zeichen 💧💧 (zwei Tropfen) mit Bajonettsystem.

  Anzahl der Kontakte (Polzahl):

  Polzahl 3: 2P + ⏚ oder 2P + ⏚
  Polzahl 4: 3P + ⏚ oder 3P + ⏚
  Polzahl 5: 3P + N + ⏚ oder 3P + N + ⏚

- Steckvorrichtungen ohne Schutzkontakt für $U < 50$ V und $I = 16$ A/32 A (Serie II 20 A/30 A) sind in folgenden Ausführungen zulässig:

  Schutzgrad gegen Feuchtigkeit:

  - IPX0 bzw. ohne besonderen Schutz mit Haltebügel oder Klappdeckel,
  - IPX4 bzw. spritzwassergeschützt; Zeichen ⚠ (Tropfen im Dreieck) mit Haltebügel oder Klappdeckel,
  - IPX7 bzw. wasserdicht; Zeichen 💧💧 (zwei Tropfen) mit Bajonettsystem.

  Anzahl der Kontakte (Polzahl):

  Polzahl 2: 2 P
  Polzahl 3: 3 P

Das Gehäuse der Steckvorrichtungen besteht aus schlagfestem Kunststoff. Sie besitzen je nach Nennbetriebsspannung, Bemessungsstrom und Anzahl der Pole unterschiedliche Abmessungen.

Bei den Steckvorrichtungen für Nennbetriebsspannungen über 50 V besitzen Stecker und Gerätestecker eine Nase; Steckdosen und Kupplungen sind mit einer Nut ausgerüstet. Durch die Unverwechselbarkeitsnut, die stets unten liegt (6 h) und durch die Lage der Schutzkontaktbuchse (PE-Kontakt), die je nach Nennbetriebsspannung, Frequenz, Polzahl und Bemessungsstrom verschieden angeordnet ist, ist durch den größeren Durchmesser des PE-Kontakts eine absolute Unverwechselbarkeit gewährleistet. Da die Buchse für den PE-Kontakt länger ist als die Buchsen der anderen Kontakte, ist der PE-Kontakt beim Zusammenstecken voreilend und beim Trennen nacheilend. Die Lage der Schutzkontaktbuchse ist in Anlehnung an die Uhrzeigerstellungen in Blickrichtung auf die Steckdose festgelegt: 30° ≙ 1 h. Sie ist entsprechend Nennbetriebsspannung und Frequenz für die verschiedenen Polzahlen und die Bemessungsstromstärke in **Tabelle 16.1** dargestellt. **Bild 16.2** zeigt einige ausgewählte Beispiele.

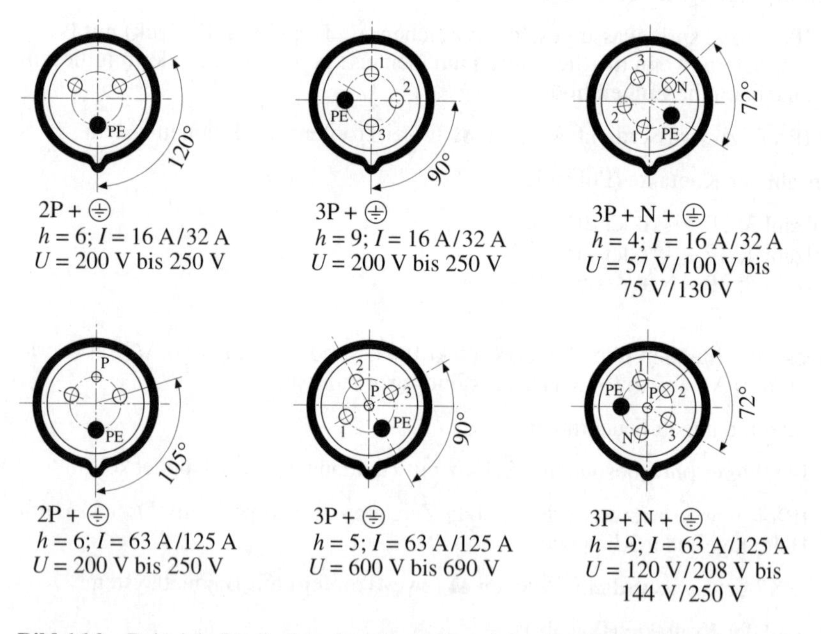

Bild 16.2 Beispiele für die Anordnung von Kontaktbuchsen für Steckvorrichtungen mit einer Nennbetriebsspannung > 50 V
(Ansicht von der Vorderseite einer Steckdose auf die Kontaktbuchsen)

Tabelle 16.1 Lage der Schutzkontaktbuchse für verschiedene Nennbetriebsspannungen, Bemessungsströme und Frequenzen (Quelle: DIN EN 60309-2 (VDE 0623 Teil 20):1993-06)

Polzahl	Frequenz Hz	Nennbetriebs- spannung V	Lage PE-Kontakt 16 A/32 A (20 A/30 A)	 63 A/125 A (60 A/100 A)	Bemerkung
2 P + ⏚	50 bis 60	100 bis 130 200 bis 250 380 bis 415 480 bis 500 nach Trenn- transformator	4 h 6 h 9 h 7 h 12 h	4 h 6 h 9 h 7 h 12 h	 $U > 50$ V
	60	277	5 h	5 h	
	100 bis 300 > 300 bis 500	> 50 bis 250 > 50	– 2 h		
	Gleichstrom	> 50 > 250	– 8 h	– 8 h	
3 P + ⏚	50 und 60	100 bis 130 200 bis 250 380 bis 415 480 bis 500 600 bis 690 nach Trenn- transformator	4 h 9 h 6 h 7 h 5 h 12 h	4 h 9 h 6 h 7 h 5 h 12 h	 $U > 50$ V
	60	440 bis 460	11 h	11 h	für Schiffe
	50 60	380 440	3 h 3 h	– –	für Kühlcontainer, genormt nach ISO
	100 bis 300 > 300 bis 500	> 50 > 50	10 h 2 h	– –	
3 P+N+⏚	50 und 60	57/100 bis 75/130 120/208 bis 144/250 200/346 bis 240/415 277/480 bis 288/500 347/600 bis 400/690	4 h 9 h 6 h 7 h 5 h	4 h 9 h 6 h 7 h 5 h	
	60	250/400 bis 265/460	11 h	11 h	für Schiffe
	50 60	220/380 250/440	3 h 3 h	– –	für Kühlcontainer, genormt nach ISO
	100 bis 300 > 300 bis 500	> 50 > 50	– 2h	– –	
alle Typen	alle anderen Nennbetriebsspannungen und/oder Frequenzen		1 h	1 h	

Die mit einem Strich (–) gekennzeichneten Stellungen (Lage des PE-Kontakts) sind nicht genormt.

Steckvorrichtungen mit Nennbetriebsspannungen bis 50 V haben keinen Schutzkontakt. Damit auch hier die Unverwechselbarkeit stets gewährleistet ist, haben sie eine Grundnase (unten) und eine Hilfsnase. Die Lage der Hilfsnase markiert gegenüber der ortsunveränderlichen Grundnase die verschiedenen elektrischen Größen. Auch hier ist die Lage der Hilfsnase zur Grundnase durch die Uhrzeigerstellung festgelegt: 30 °C = 1 h. **Tabelle 16.2** zeigt die genormten Werte, **Bild 16.3** eine Auswahl von Anordnungen.

Tabelle 16.2 Lage der Hilfsnase bei zwei- und dreipoligen Steckvorrichtungen für verschiedene Spannungen und Frequenzen; Bemessungsstrom 16 A und 32 A

Polzahl	Frequenz Hz	Nennbetriebsspannung V	Lage der Hilfsnase
2P und 3P	50 und 60	20 bis 25 40 bis 50	keine Hilfsnase 12 h
	100 bis 200	40 bis 50	4 h
	300 400 > 400 bis 500	20 bis 25 und 40 bis 50	2 h 3 h 11 h
2P	Gleichstrom		10 h

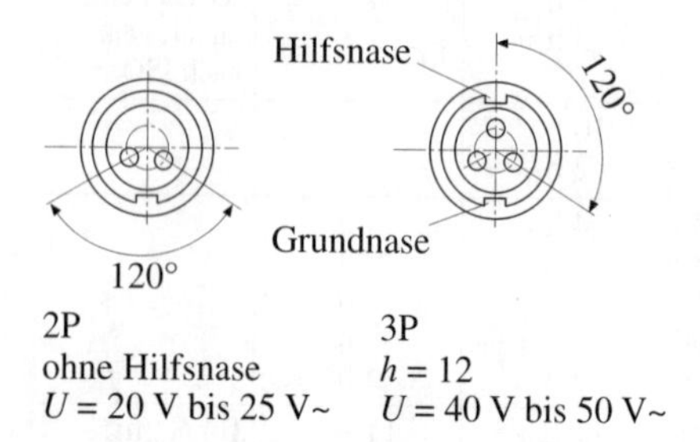

Bild 16.3 Beispiele für die Anordnung von Kontaktbuchsen für Steckvorrichtungen für Nennbetriebsspannungen bis 50 V
(Ansicht von der Vorderseite einer Steckdose auf die Kontaktbuchsen)

Zur leichteren Unterscheidungsmöglichkeit und um die Unverwechselbarkeit rein optisch besser kenntlich zu machen, sind die Steckvorrichtungen noch farbig gekennzeichnet **(Tabelle 16.3)**.

Tabelle 16.3 Farbige Kennzeichnung von Steckvorrichtungen (Quelle: DIN EN 60309-1 (VDE 0623 Teil 1):1993-06)

Nennbetriebsspannung in V	Kennfarbe
20 bis 25	violett
40 bis 50	weiß
100 bis 130	gelb
200 bis 250	blau
380 bis 480	rot
500 bis 690	schwarz
Frequenz > 60 Hz bis 500 Hz	grün

Steckvorrichtungen müssen nachfolgend dargestellte Aufschriften tragen, wobei folgende Symbole verwendet werden können:

- Bemessungsstrom (A),
- Nennbetriebsspannung oder Nennbereiche (V),
- Symbol für die Stromart,
  - Wechselstrom ~
  - Gleichstrom ⎓
- Nennfrequenz (Hz), wenn diese > 60 Hz,
- Name oder Markenzeichen des Herstellers,
- Typzeichen oder Katalognummer,
- Symbol für den Schutzgrad:
  - IPX0 oder kein Symbol,
  - IPX4 oder ⚠ (Tropfen im Dreieck),
  - IPX7 oder 💧💧 (zwei Tropfen),
  - IPXX für andere Schutzgrade,
- Symbol für die Stellung des Schutzkontakts oder der Unverwechselbarkeitseinrichtung (h).

Für die Aufschriften der Nennbetriebsspannungen, Spannungsbereiche und Bemessungsströme dürfen auch Zahlenangaben alleine verwendet werden.

Beispiele für verschiedene Möglichkeiten, wie die elektrischen Daten angegeben werden können:

- 32 A – 6 h/230/400 V ~
- 32 A – 6/230/400 ~
- $32\ \text{A}\ \dfrac{6\ \text{h}}{230/400\ \sim}$
- 16 A – 7 h/500 V ~
- 16 – 7 h/500 ~
- $16\ \dfrac{7\ \text{h}}{500\ \sim}$

Beispiele von Angaben verschiedener Hersteller

- LINDNER — Ursprung, Hersteller
  9275.06 — Fabr. (Artikel)-Nummer
  32/400 50 Hz 6 h — Elektrische Daten
  3 P + N + ⏚ ⚠ — Polzahl, Schutzgrad
- GEYER
  4623/56
  32/400 50 Hz 6 h
  3 P + N + ⏚ ⚠
- AEG
  910–694–726–00
  32A 50Hz 6h/400V
  3 P + N + ⏚ ⚠

Die bei den verschiedenen Steckvorrichtungen anschließbaren Leitungsquerschnitte sind in **Tabelle 16.4** dargestellt.

Tabelle 16.4 Nennquerschnitte der anschließbaren Leitungen (Quelle: DIN EN 60309-1 (VDE 0623 Teil 1):1993-06)

Nennwerte der Steckvorrichtung *U*	*I*	Stecker Kupplungen Gerätestecker	Steckdosen
≤ 50 V	16 A (20 A)	4 mm² bis 10 mm²	4 mm² bis 10 mm²
	32 A (30 A)	4 mm² bis 10 mm²	4 mm² bis 10 mm²
> 50 V	16 A (20 A)	1 mm² bis 2,5 mm²	1,5 mm² bis 4 mm²
	32 A (30 A)	2,5 mm² bis 6 mm²	2,5 mm² bis 10 mm²
	63 A (60 A)	6 mm² bis 16 mm²	6 mm² bis 25 mm²
	125 A (100 A)	16 mm² bis 50 mm²	25 mm² bis 70 mm²

Als Leitungen liegen zugrunde:
- flexible Leitungen für Stecker und Kupplungen,
- ein- oder mehrdrähtige Leitungen für Gerätestecker und Steckdosen.

In Deutschland haben sich namhafte Hersteller von Steckvorrichtungen zusammengeschlossen. Die einzelnen Hersteller fertigen verschiedene Ausführungen des Programms und tauschen die Erzeugnisse untereinander aus. Die Steckvorrichtungen haben ein Feld für einen Aufkleber, der dann die erforderlichen Daten des Vertreibers trägt.

Angeboten werden z. B. Stecker, Gerätestecker, Einbaugerätestecker, Kupplungen, Einbausteckdosen, Steckdosen normal und abgesichert sowie abschaltbar oder mit eingebautem Motorstarter bzw. RCDs und viele andere Kombinationsgeräte.

Von einzelnen Herstellern werden auch siebenpolige Steckvorrichtungen (Nennbetriebsspannungen 12 V bis 690 V; Gleich- und Wechselspannung bis 500 Hz; Bemessungsströme 16 A und 32 A; Polzahl 6 P + ⏚) angeboten. Sie können angewendet werden für:

- Stern-Dreieck-Schaltungen von Motoren,
- Elektrische Verriegelungen,
- Regeln, Steuern, Melden, Quittieren und Überwachen.

Steckvorrichtungen dieser Art sind nicht genormt; sie können ohne Bedenken eingesetzt werden (Eigenverantwortung nach VDE 0022).

16.4 Überstromschutzeinrichtungen

Überstromschutzeinrichtungen (siehe Abschnitt 2.11) müssen den Strom beim Überschreiten eines bestimmten Wertes in einer bestimmten Zeit selbsttätig abschalten. Ein besonderer Unterschied hinsichtlich Wirkungsweise, elektrischer Daten und damit Einsatzgebiet besteht zwischen:

- Schmelzsicherungen und
- Überstromschutzschaltern (Leitungsschutzschalter, Geräteschutzschalter, Leistungsselbstschalter, Motorstarter usw.).

Bei ihrem gemeinsamen Einbau ist den Selektivitätsbedingungen (Abschnitt 2.11) besondere Beachtung beizumessen.

16.4.1 Niederspannungssicherungen – DIN VDE 0636

Eine *Sicherung* ist eine Schutzeinrichtung (Gerät), die durch das Abschmelzen eines oder mehrerer ihrer besonders ausgelegten und bemessenen Bauteile den Stromkreis, in dem sie eingesetzt ist, durch Unterbrechen des Stroms öffnet, wenn dieser einen bestimmten Wert während einer ausreichenden Zeit überschreitet. Die Sicherung umfaßt alle Teile, die das vollständige Gerät bilden.

Sicherungen werden selbstverständlich hinsichtlich Bemessungsspannung und Bemessungsstrom ausgewählt. Weiter sind – wenn auch von untergeordneter Bedeutung – die Nenn-Verlustleistung und das Bemessungs-Ausschaltvermögen (Ausschaltstrom) zu beachten. Hinsichtlich der Arbeitsweise (Charakteristik) sind der Strom-Zeit-Bereich und die Strom-Zeit-Kennlinie von besonderer Bedeutung, wobei auch der »kleine Prüfstrom« und der »große Prüfstrom« zu berücksichtigen sind. Grundsätzlich kann zwischen Messer-Sicherungen (NH-Sicherungen), Schraubsicherungen (Diazed- und Neozed-Sicherungen) und Gerätesicherungen (Feinsicherungen) unterschieden werden.

Für den Bau und die Prüfung von Niederspannungssicherungen gilt die Normenreihe VDE 0636. Die Norm VDE 0636 Teil 10 ist gleichzeitig auch als IEC-Publikation 269-1 und als europäische Norm EN 60269-1 veröffentlicht. Daneben gelten noch bis zum 30.6.1997 DIN VDE 0636 Teil 1 und die Folgeteile 21, 22, 23, 31, 33 und 41. Wichtigste Änderung ist, daß Sicherungen der Betriebsklasse gL durch solche der Betriebsklasse gG ersetzt werden. Die technischen Eigenschaften der Sicherungen sind annähernd gleichwertig. Den Aufbau der Norm DIN VDE 0636 mit den entsprechenden Teilen und den Zusammenhang der verschiedenen Betriebsklassen zeigt **Bild 16.4.**

Daneben gibt es noch Spezialsicherungen für besondere Einsatzgebiete oder solche, die nur in bestimmten Industriezweigen verwendet werden.

Für Sicherungen gelten folgende Definitionen bzw. Festlegungen:
Die Bemessungsspannung ist die Spannung, für die die Sicherung gebaut ist und mit der sie bezeichnet ist. Genormte Bemessungsspannungen sind in **Tabelle 16.5** dargestellt.

Tabelle 16.5 Bemessungsspannungen von Sicherungen

Wechselspannung in V		Gleichspannung in V
Reihe I	Reihe II	
–	**120**	**110**
–	208	**125**
220 (**230**)	240	**220**
–	**277**	**250**
380 (**400**)	415	**440**
500	**480**	460
660 (**690**)	600	500
		600
		750

Die **halbfett gesetzten** Werte sind genormte Werte nach IEC 38

Der Bemessungsstrom eines Sicherungseinsatzes ist der Strom, mit dem der Strom dauernd belastet werden darf, ohne daß nachteilige, die Funktion beeinträchtigende Veränderungen zu erwarten sind. Die für Sicherungen genormten Bemessungsströme zeigt **Tabelle 16.6.**

Die *Nenn-Verlustleistung* ist die Verlustleistung eines Sicherungseinsatzes bei Belastung mit dem Nennstrom unter bestimmten Bedingungen.

Das *Nenn-Ausschaltvermögen* (Nenn-Ausschaltstrom) ist das Schaltvermögen, das unter festgelegten Bedingungen beherrscht werden muß. Vorzugswerte für Nenn-Ausschaltströme sind für:

- Wechselstrom 25 kA, 50 kA und 100 kA;
- Gleichstrom 8 kA und 25 kA.

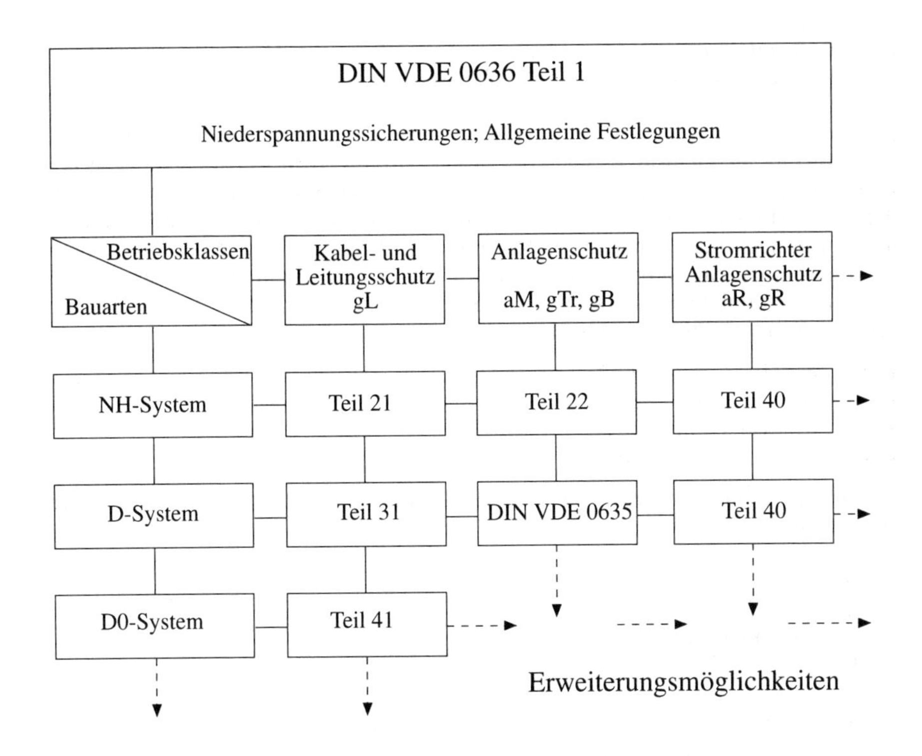

Bild 16.4 Aufbau der DIN VDE 0636; Übersicht

Tabelle 16.6 Genormte Bemessungsströme für Sicherungen

Sicherungsart	Bemessungsströme in A
D, D0	2/4/6/8/10/12/16/20/25/32/35[1])/40/50/63/80/100
NH 00	6/8/10/12/16/20/25/32/35/40/50/63/80/ 100
NH 1	80/100/125/160/200/224[1])/250
NH 2	125/160/200/224[1])/250/315/400
NH 3	315/400/500/630
NH 43	500/630/800/1000/1250

[1]) Nur für Sicherungen der Betriebsklasse gL.

Das *Ausschaltvermögen* (Ausschaltstrom) ist der vom Hersteller angegebene Bereich vom kleinsten bis zum größten Ausschaltstrom einer Sicherung.

Der *Strom-Zeit-Bereich* gibt das zeitliche Verhalten von Sicherungen an. Dabei wird sowohl der kleinste als auch der größte Stromwert in Abhängigkeit von der Zeit festgelegt, bei welcher die Abschaltung einer Sicherung frühestens beginnen darf bzw. erfolgen muß, wenn ein bestimmter Strom fließt. Der Strom-Zeit-Bereich und damit auch der Verlauf einer Kennlinie wird durch sogenannte »Stromtore« vorgegeben. Die Stromtore markieren im Strom-Zeit-Diagramm bestimmte Punkte, die den Kennlinienverlauf bestimmen. So gelten z. B. für eine 100-A-Sicherung der Betriebsklasse gG folgende Stromtore:

- I_{min} bei 10 s mit 290 A,
- I_{max} bei 5 s mit 580 A,
- I_{min} bei 0,1 s mit 820 A,
- I_{max} bei 0,1 s mit 1450 A.

Die Stromtore und eine Kennlinie, die die Forderungen erfüllt, sind im **Bild 16.5** eingetragen.

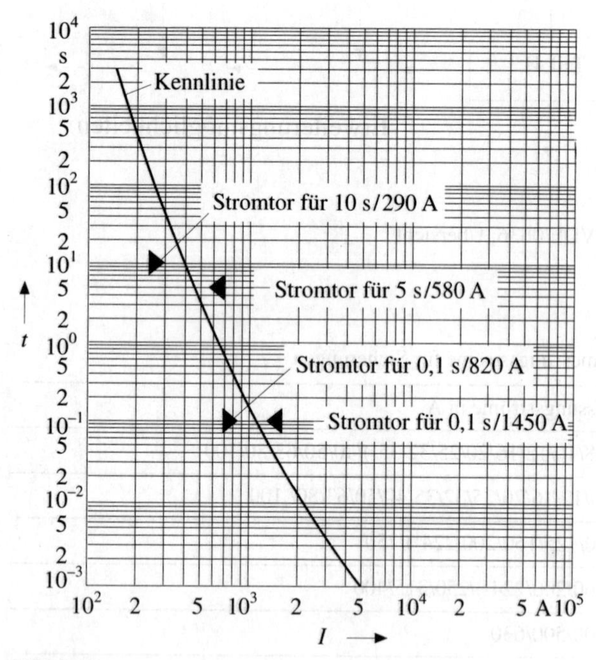

Bild 16.5
Stromtore und Kennlinie für eine Sicherung 100 A gL
(Beispiel)

Die von einem Hersteller angegebene Kennlinie einer Sicherung ist mit einer Toleranz behaftet, die normalerweise bei etwa ±10 % in Stromrichtung liegt (Toleranzband oder Streubereich einer Sicherungskennlinie).

Die *Strom-Zeit-Kennlinie* ist die Kennlinie, die für bestimmte Betriebsbedingungen die Schmelzzeit oder Ausschaltzeit als Funktion des unbeeinflußten Ausschaltstroms angibt.

Der *kleine Prüfstrom* I_{nf} ist ein festgelegter Strom, unter dessen Wirkung die Sicherung innerhalb einer festgelegten Zeit nicht abschmelzen darf.

Der *große Prüfstrom* I_f ist ein festgelegter Strom, unter dessen Wirkung die Sicherung innerhalb einer festgelegten Zeit abschmelzen muß.

Der *kleinste Schmelzstrom* ist der kleinste den Schmelzleiter zum Abschmelzen bringende Strom, der sich aus der Strom-Zeit-Kennlinie ergibt.

Die *Schmelzzeit* t_s ist die Zeitspanne zwischen dem Einsetzen des Stroms, der das Ansprechen der Sicherung bewirkt, bis zum Entstehen des Lichtbogens.

Die *Lichtbogenzeit* t_L (Löschzeit) ist die Zeitspanne zwischen dem Entstehen des Lichtbogens und seinem endgültigen Erlöschen.

Die *Ausschaltzeit* t_a ist die Summe aus der Schmelzzeit t_s und der Lichtbogenzeit t_L **(Bild 16.6).**

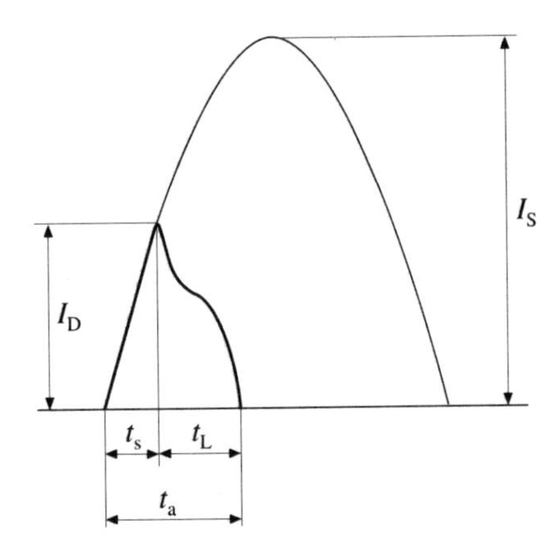

Bild 16.6 Begriffe
I_D Durchlaßstrom
I_S Stoßkurzschlußstrom
t_s Schmelzzeit
t_L Lichtbogenzeit
t_a Ausschaltzeit

Der *Durchlaßstrom* I_D ist der höchste Augenblickswert des Stroms, der während des Schaltvorgangs einer Sicherung erreicht wird. Die Höhe des Durchlaßstroms kann anhand von »Strombegrenzungsdiagrammen« ermittelt werden. Den prinzipiellen Zusammenhang zwischen unbeeinflußtem Kurzschlußstrom, Stoßkurzschlußstrom und Durchlaßstrom zeigt **Bild 16.7.**

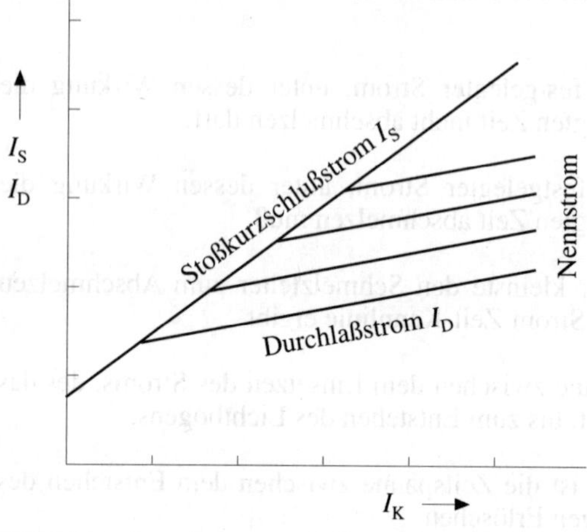

Bild 16.7 Strombegrenzungsdiagramm

Während bei G-Sicherungen die Bezeichnungen träg, flink, trägflink usw. noch üblich sind, werden die Sicherungen nach DIN VDE 0636 durch die Angabe der Betriebsklasse gekennzeichnet.

Die *Betriebsklasse* einer Sicherung wird durch zwei Buchstaben ausgedrückt, von denen der erste Buchstabe die Funktionsklasse und der zweite Buchstabe das Schutzobjekt kennzeichnet.

Die *Funktionsklasse* eines Sicherungseinsatzes kennzeichnet seine Fähigkeit, bestimmte Ströme ohne Beschädigung zu führen und Überströme innerhalb eines bestimmten Bereichs ausschalten zu können. Es werden zwei Funktionsklassen unterschieden:

g Ganzbereichssicherungen, die Ströme bis wenigstens zu ihrem Nennstrom dauernd führen und Ströme vom kleinsten Schmelzstrom bis zum Ausschaltstrom ausschalten können.

a Teilbereichssicherungen, die Ströme bis wenigstens zu ihrem Nennstrom dauernd führen und Ströme oberhalb eines bestimmten Vielfachen ihres Nennstroms bis zum Nenn-Ausschaltstrom ausschalten können.

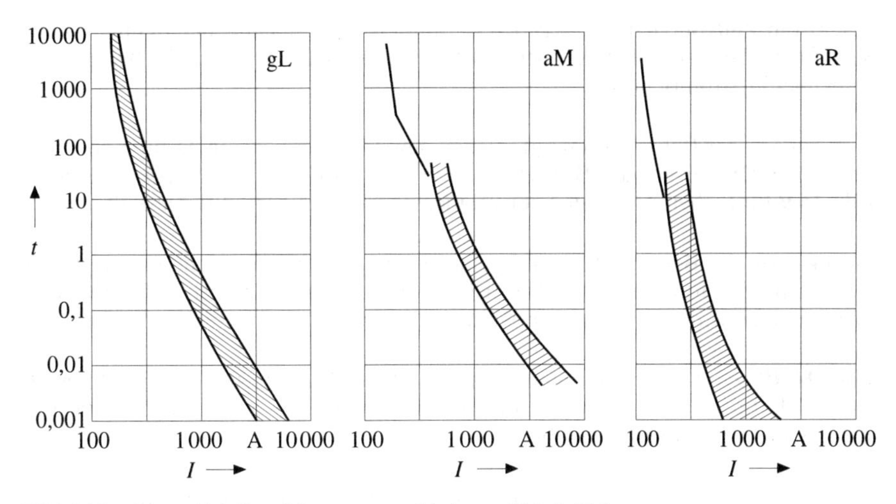

Bild 16.8 Strom-Zeit-Bereiche von verschiedenen 100-A-Sicherungen

Hinsichtlich *Schutzobjekt* wird unterschieden in:

L Kabel- und Leitungsschutz,
G Schutz für allgemeine Zwecke,
M Schaltgeräteschutz (Motorschutz),
R Halbleiterschutz,
B Bergbauanlagenschutz,
Tr Transformatorenschutz.

Damit ergeben sich folgende Betriebsklassen:

gL Ganzbereichs-Kabel- und Leitungsschutz,
gG Ganzbereichs-Schutz für allgemeine Zwecke,
aM Teilbereichs-Schaltgeräteschutz (Motorschutz),
gM Ganzbereichs-Schaltgeräteschutz,
aR Teilbereichs-Halbleiterschutz,
gR Ganzbereichs-Halbleiterschutz,
gB Ganzbereichs-Bergbauanlagenschutz,
gTr Ganzbereichs-Transformatorenschutz.

Auf die Sicherungen der Betriebsklasse gB wird im folgenden nicht weiter eingegangen.

Die Strom-Zeit-Bereiche für jeweils eine 100-A-Sicherung der Betriebsklassen gL, aR und aM sind in **Bild 16.8** dargestellt. Dem Hersteller ist es freigestellt, die Strom-Zeit-Kennlinie in die Mitte oder an den oberen bzw. auch unteren Grenzwert des Strom-Zeit-Bereichs zu legen. Die mittlere Abweichung der Schmelz-Zeit-Kennlinie (Toleranz) beträgt bei Schmelzsicherungen etwa ±5 % bis ±10 %, gerechnet in Stromrichtung.

Sicherungen der Betriebsklasse gL dienen dem Ganzbereichsschutz für Kabel und Leitungen. Die Strom-Zeit-Bereiche sind in DIN VDE 0636 festgelegt; sie sind in **Bild 16.9** für Sicherungen mit Nennströmen von 2 A bis 1250 A dargestellt.

Sicherungen der Betriebsklasse aM gelangen zur Anwendung, wenn nur ein Kurzschlußschutz erforderlich ist. Der Überlastschutz von Anlagen, Motoren und Schaltgeräten wird entweder anderweitig sichergestellt oder ist nicht erforderlich.

Bild 16.10 zeigt die genormten Nennstrombereiche (35 A bis 1250 A) nach DIN VDE 0636 Teil 22, wobei die Abszisse nicht die absoluten Stromwerte, sondern das Verhältnis I/I_n angibt.

Sicherungen der Betriebsklasse gTr wurden speziell für den Schutz von Leistungs-Transformatoren mit einer Sekundärspannung von 400 V entwickelt. Anstatt einer Nenn-Stromstärke sind die Sicherungen mit der Transformatoren-Nennleistung bezeichnet. Üblich sind Sicherungen für 50 kVA, 75 kVA, **100 kVA,** 125 kVA, **160 kVA,** 200 kVA, **250 kVA,** 315 kVA, **400 kVA,** 500 kVA, **630 kVA,** 800 kVA und **1000 kVA** (die **halbfett gesetzten** Werte sind Vorzugswerte). Dabei entspricht der Bemessungsstrom der Sicherung der Nennleistung des Transformators nach der Beziehung:

$$I_{rat} = \frac{S_n}{\sqrt{3} \cdot U_n}. \tag{16.1}$$

Es bedeuten:

I_{rat} Bemessungsstrom der Sicherung bzw. Nennstrom des Transformators in A,
S_n Nennleistung des Transformators in kVA,
U_n Nennspannung des Transformators in kV, mit $U_n = 0{,}4$ kV.

Die Strom-Zeit-Bereiche für Sicherungen der Betriebsklasse gTr sind nicht genormt; die in **Bild 16.11** dargestellten Kurven können deshalb nur als Anhaltspunkte gelten.

Halbleiterschutzsicherungen (HLS-Sicherungen) dienen speziell dem Schutz von Halbleiterbauteilen. Besonderes Kennzeichen von HLS-Sicherungen ist die schnelle Abschaltung im Überlastbereich (Betriebsklasse gR) und im Kurzschlußbereich (Betriebsklasse aR und gR). Für HLS-Sicherungen der Betriebsklasse gR sind die genormten Strom-Zeit-Bereiche in **Bild 16.12,** für solche der Betriebsklasse aR in **Bild 16.13** dargestellt.

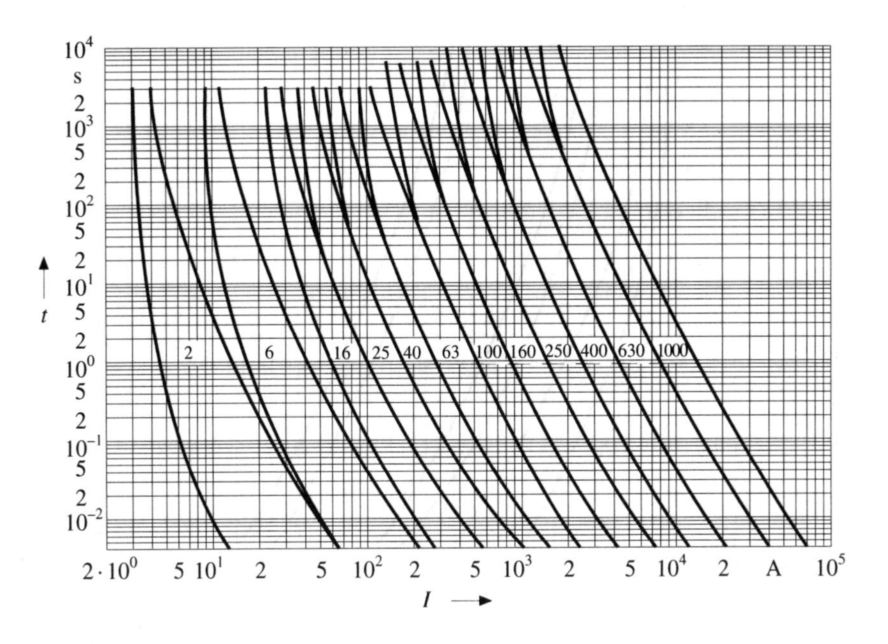
10^4
s
2
10^3
5
2
10^2
5
2
10^1
5
2
10^0
5
2
10^{-1}
5
2
10^{-2}
t
2
6
16
25
40
63
100
160
250
400
630
1000
$2 \cdot 10^0$
5
10^1
2
5
10^2
2
5
10^3
2
5
10^4
2
A
10^5
I

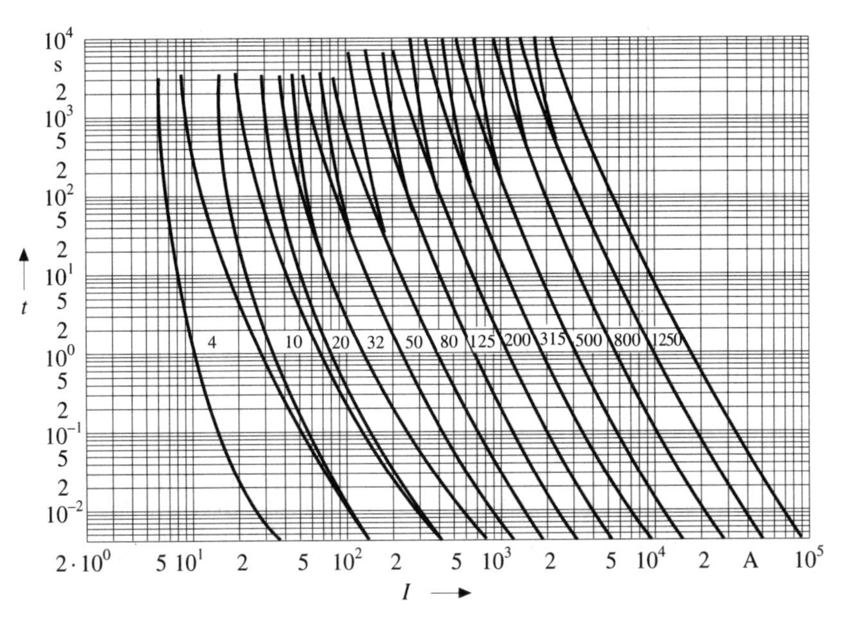
10^4
s
2
10^3
5
2
10^2
5
2
10^1
5
2
10^0
5
2
10^{-1}
5
2
10^{-2}
t
4
10
20
32
50
80
125
200
315
500
800
1250
$2 \cdot 10^0$
5
10^1
2
5
10^2
2
5
10^3
2
5
10^4
2
A
10^5
I

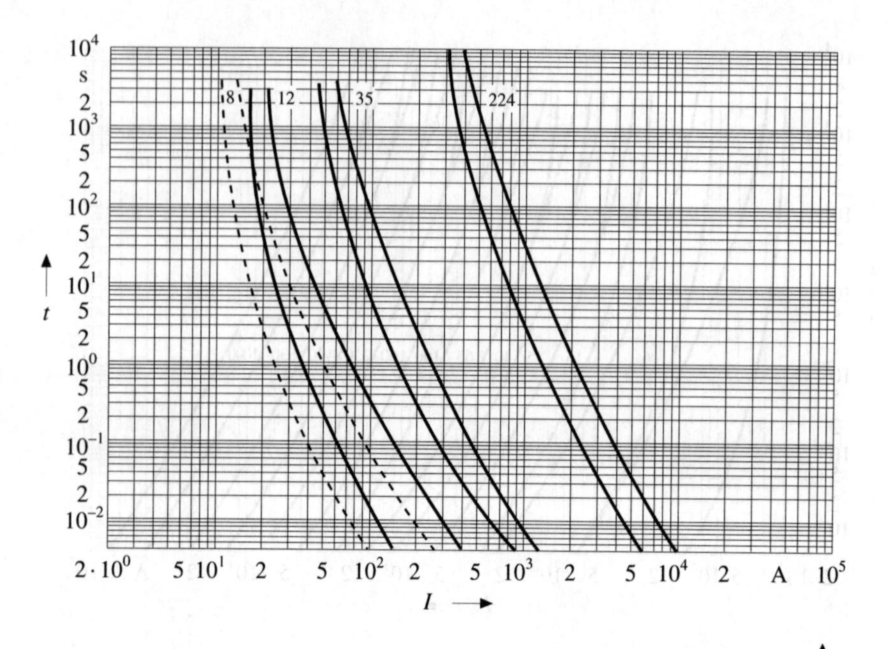

Bild 16.9 Strom-Zeit-Bereiche für Leitungsschutzsicherungen der Betriebsklasse gL bzw. gG (Seite 391 und hier) (Quelle: DIN VDE 0636 Teil 21:1984-05)

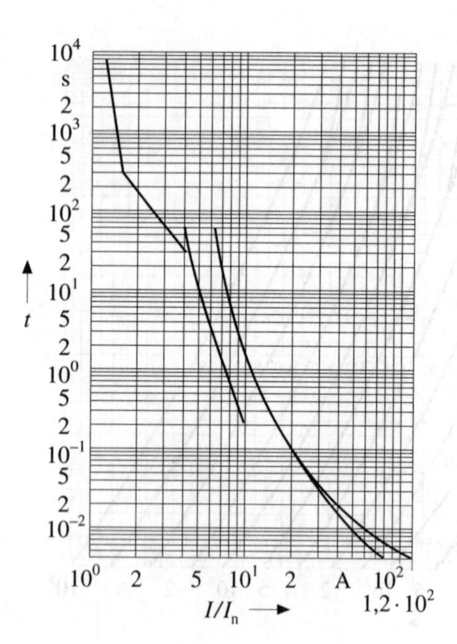

Bild 16.10 Strom-Zeit-Bereiche für aM-Sicherungen für I_n = 35 A bis 1250 A (Quelle: DIN VDE 0636 Teil 22:1984-05)

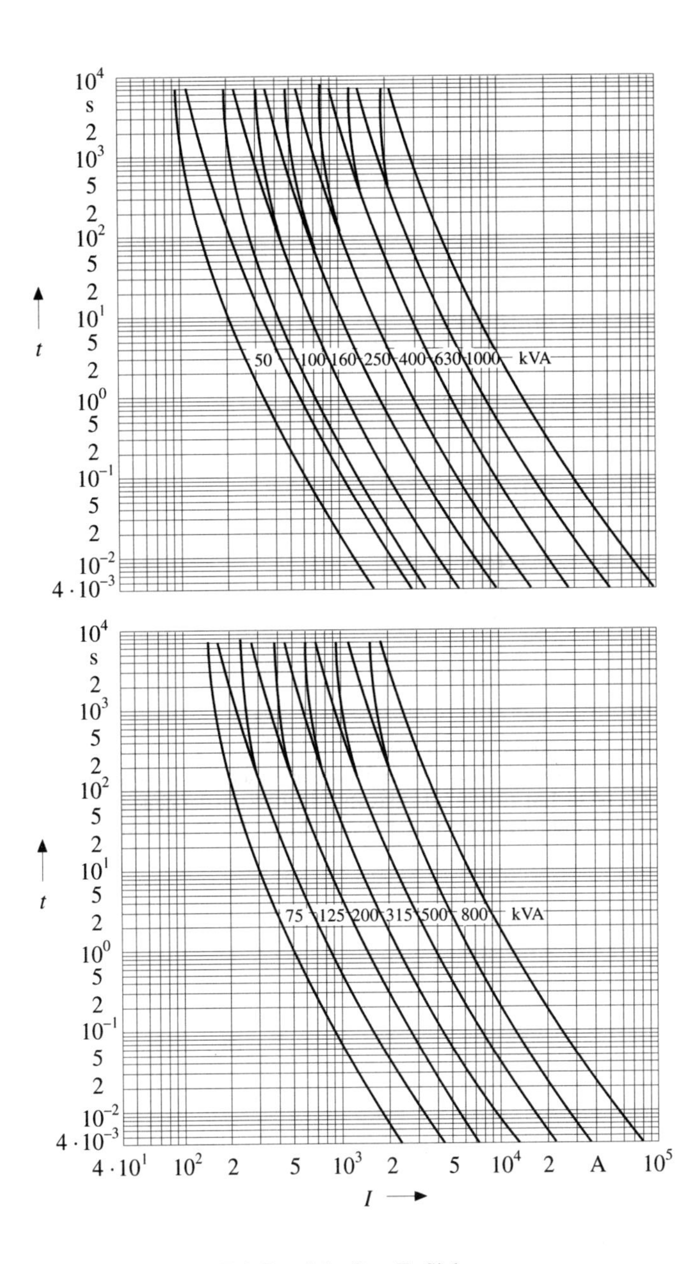

Bild 16.11 Strom-Zeit-Bereiche für gTr-Sicherungen

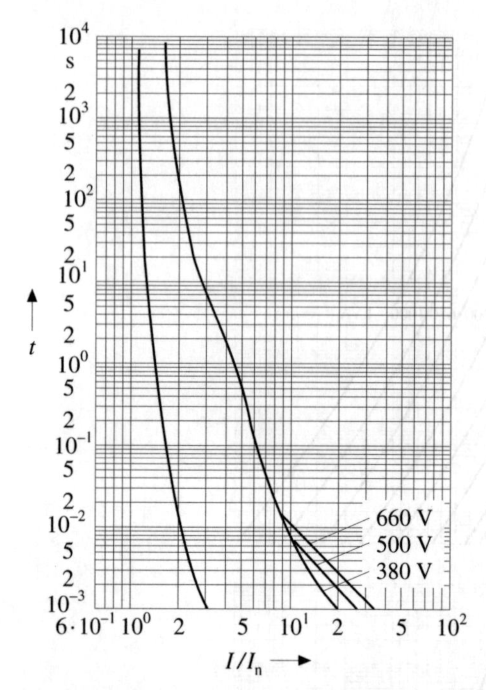

Bild 16.12 Strom-Zeit-Bereiche für gR-Sicherungen
(Quelle: DIN VDE 0636 Teil 23:1984-12; diese Norm wurde inzwischen zurückgezogen und ersetzt durch DIN VDE 0636 Teil 40:1997-04; das Bild 16.12 ist in der neuen Norm jedoch nicht mehr enthalten, obwohl die Kurven immer noch Stand der Technik sind)

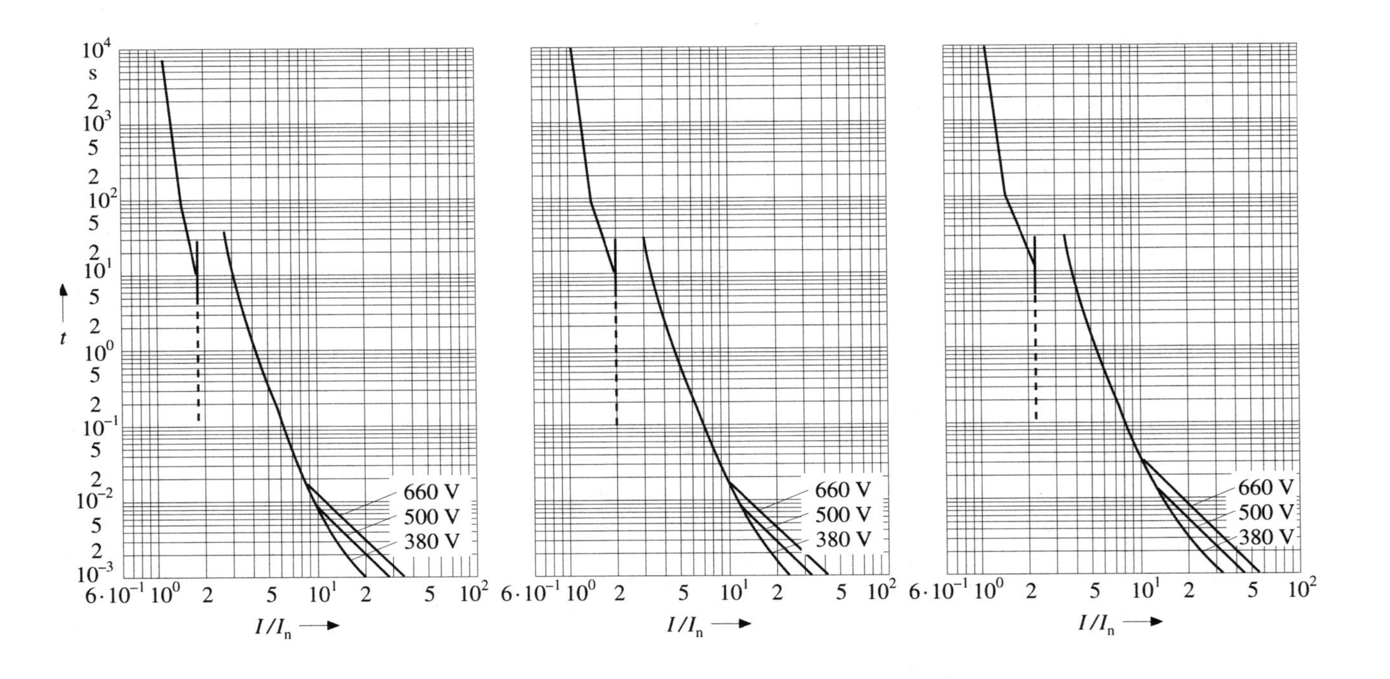

Bild 16.13 Strom-Zeit-Bereiche für aR-Sicherungen
links: $U \leq 660$ V, $I \leq 100$ A
Mitte: $U \leq 660$ V, $I > 100$ A bis 250 A
rechts: $U \leq 660$ V, $I > 250$ A bis 630 A
(Quelle: DIN VDE 0636 Teil 23:1984-12)

16.4.1.1 NH-Sicherungen

Das NH-System (Niederspannungs-Hochleistungs-Sicherungssystem) ist ein nach DIN VDE 0636 genormtes Sicherungssystem, das aus einem Sicherungsunterteil, dem auswechselbaren Schmelzeinsatz und dem Bedienungselement zum Auswechseln des Sicherungseinsatzes besteht. NH-Sicherungen können zusätzlich noch über Schaltzustandsgeber und Auslösevorrichtung verfügen. Unverwechselbarkeit hinsichtlich des Nennstroms und ein absoluter Berührungsschutz sind nicht gegeben; das NH-System ist deshalb für die Betätigung durch Laien nicht geeignet.

HN-Sicherungen sind nach DIN VDE 0636 genormt und in folgenden Teilen der Norm behandelt:

- Teil 21 NH-System; Kabel und Leitungsschutz bis 1250 A und 500 V ∼, 440 V – sowie 660 V ∼ (Sicherungen der Betriebsklasse gL);
- Teil 22 NH-Systeme; NH-Anlagenschutzsicherungen bis 1250 A und 1000 V ∼ aM, gTr, gB;
- Teil 23 NH-System; Halbleiterschutzsicherungen (HLS-Sicherungen) bis 1600 A und bis 3000 V.

NH-Sicherungen haben je nach Betriebsklasse die Aufgabe, nachgeschaltete Kabel und Leitungen (Betriebsklasse gL), Anlagenteile wie Transformatoren, Motoren, Schaltanlagen usw. (Betriebsklassen aM, gTr) oder Halbleiterbauelemente (Betriebsklassen aR, gR) gegen thermische und dynamische Überbeanspruchungen zu schützen. Eine sichere Energieversorgung stellt dabei an die Sicherungen die Aufgabe, sowohl im Kurzschlußbereich als auch im Überstrombereich sicher abzuschalten (Ganzbereichssicherung) oder zumindest im Kurzschlußbereich sicher zu schalten (Teilbereichssicherung).

Aufbau und Wirkungsweise: Ein NH-Sicherungseinsatz besteht aus einem Porzellan-, Kunststoff- oder Gießharzkörper, an dessen Stirnseiten Kontaktmesser angebracht sind **(Bild 16.14).** Im Innern des Körpers – Gießharzsicherungen ausgenommen – befinden sich ein oder mehrere in Quarzsand eingebettete Schmelzleiter, die aus Bandmaterial mit hoher Leitfähigkeit (Kupfer, verzinnt oder versilbert, Neusilber) bestehen. Das möglichst genaue Einhalten der vom Hersteller angegebenen Strom-Zeit-Kennlinie wird durch die Fertigungsgenauigkeit der Schmelzleiter erreicht. Aussehen, Art, Form und Material des Schmelzleiters sind von Hersteller zu Hersteller sehr verschieden. Für die am häufigsten vorkommenden NH-Sicherungen der Betriebsklasse gL sind die Strom-Zeit-Kennlinien in **Bild 16.15** dargestellt.

Zur Auslösung der Sicherungen bei Überlast (bis zum zweifachen Nennstrom) ist der Schmelzleiter mit einem Weichlotauftrag versehen, der bei Erwärmung durch einen Überstrom schmilzt, wobei Lot und Schmelzleiter eine schlechter leitende Legierung als der ursprüngliche Schmelzleiter darstellen, so daß der Schmelzleiter wärmemäßig immer höher beansprucht wird (Grenzstromgebiet). Durch Ausstan-

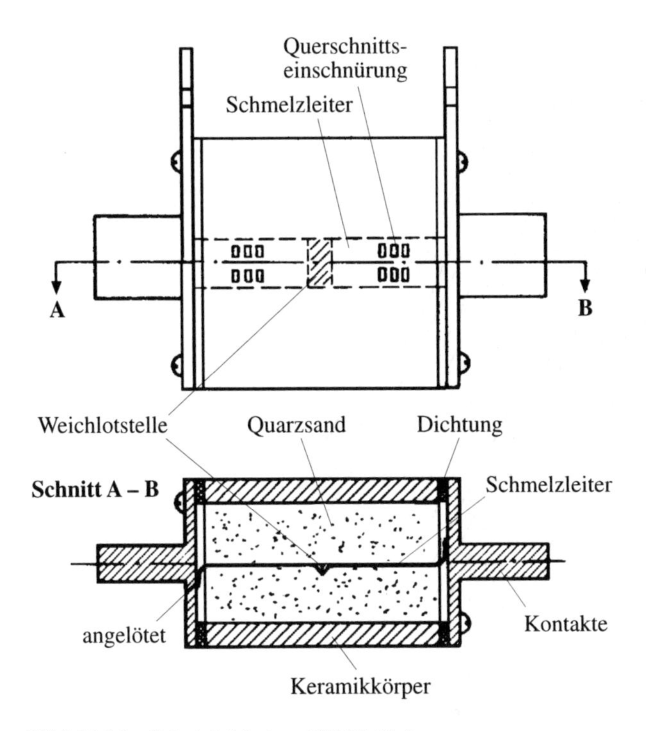

Bild 16.14 Schnittbild einer NH 00-Sicherung

zungen, die gleichmäßig oder ungleichmäßig verteilt sein können, werden über die Länge des Schmelzleiters Querschnittschwächungen erreicht, die bei großen Strömen (ab zehnfachem Nennstrom) eine Aufteilung des Lichtbogens in mehrere kleine Teillichtbögen bewirken. Die Löschung der Teillichtbögen durch den Quarzsand ist dann wesentlich einfacher als die Löschung eines großen Lichtbogens (Kurzschlußstromgebiet).

Die Erwärmung des Schmelzleiters bei großen Kurzschlußströmen erfolgt so rasch, daß die Abschaltung erfolgt, bevor der Strom seinen Höchstwert (Stoßkurzschlußstrom) erreicht hat. Dies bedeutet, daß eine Sicherung bei großen Strömen eine strombegrenzende Wirkung hat, die durch den Durchlaßstrom ausgedrückt wird (vergleiche Bild 16.6 und Bild 16.7). Das Strombegrenzungsdiagramm für Sicherungen der Betriebsklasse gL ist in **Bild 16.16** dargestellt.

Beispiel:
Eine Sicherung der Betriebsklasse gL, Nennstrom 100 A, sichert einen Kabelabgang. Unmittelbar nach der Sicherung ist mit einem Anfangskurzschlußwechsel-

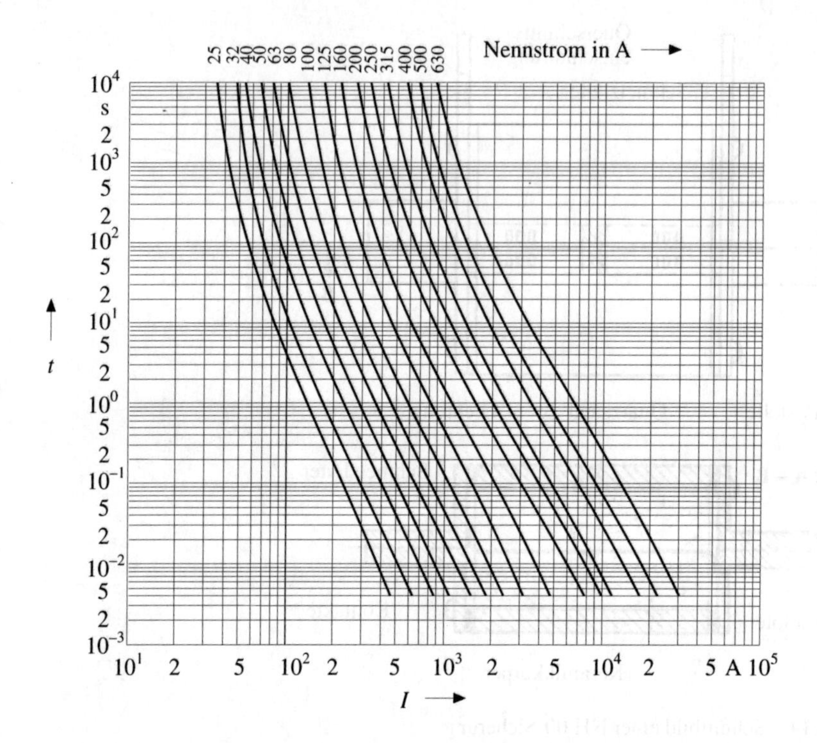

Bild 16.15 Strom-Zeit-Kennlinien von gL-Sicherungen

strom von 20 kA zu rechnen. Zu bestimmen sind der Stoßkurzschlußstrom – ohne Berücksichtigung der Sicherung – und der Durchlaßstrom.

Der Stoßkurzschlußstrom beträgt (vgl. Kapitel 14):

$$I_S = \kappa \cdot \sqrt{2} \cdot I_k = 2 \cdot \sqrt{2} \cdot 20 \text{ kA} = 56{,}6 \text{ kA}.$$

Dieser Wert kann auch auf der Hüllgeraden in Bild 16.16 abgelesen werden.
Der Durchlaßstrom wird ermittelt zu:

$$I_D = 14 \text{ kA}.$$

Das Verhalten von Sicherungen wird auch durch die Prüfströme beeinflußt. Die Prüfströme, die in **Tabelle 16.7** dargestellt sind, bedeuten:

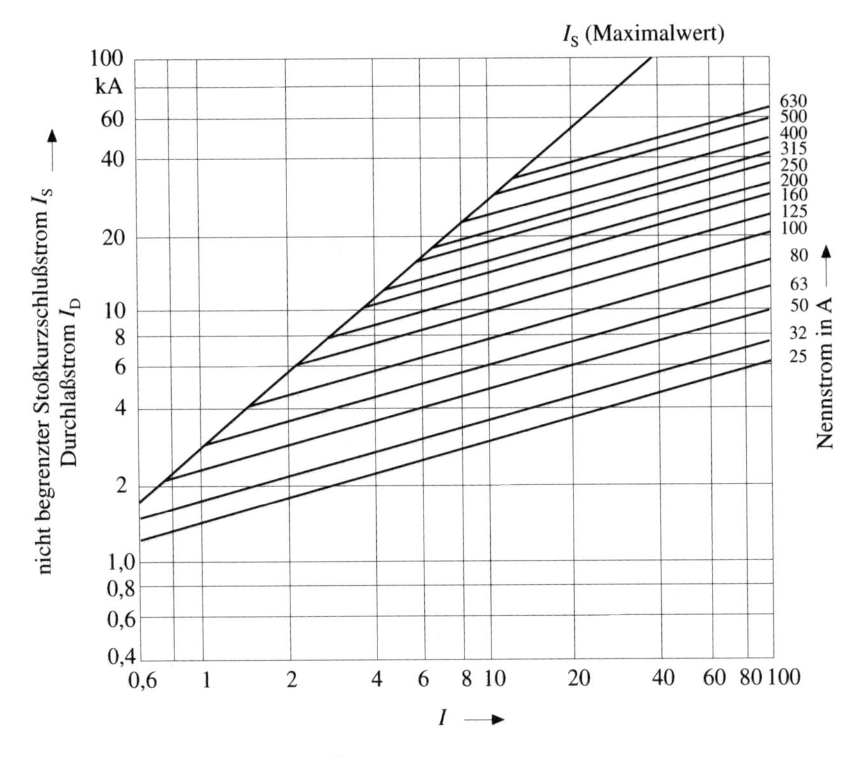

Bild 16.16 Strombegrenzungsdiagramm

Eine Sicherung, belastet mit dem kleinen Prüfstrom, darf in der vorgegebenen Zeit nicht ansprechen. Bei Belastung mit dem großen Prüfstrom muß die Sicherung innerhalb der vorgegebenen Prüfdauer ansprechen.

Die Nennstrombereiche nach DIN VDE 0636 und DIN 43620 und die Nennstrombereiche der von Herstellern gefertigten Sicherungen sowie die Abmessungen von NH 00 bis NH 4a sind in **Tabelle 16.8** dargestellt.

Die Prüfströme I_f und I_{nf}, wie in Tabelle 16.7 festgelegt, werden an offen angeordneten Sicherungen bei einer Umgebungstemperatur von 20 °C ± 5 K nachgewiesen. Sicherungen, die in Verteilungen usw. eingebaut sind, erfüllen – soweit es sich um Sicherungen der Betriebsklasse gL handelt – die Bedingungen des Teils 430 mit $I_2 \leq 1{,}45\, I_n$ der jeweils festgelegten Prüfdauer (siehe auch Abschnitt 20.4.1).

Tabelle 16.7 Prüfströme von NH-Sicherungen

Sicherung		kleiner Prüfstrom I_{nf}	großer Prüfstrom I_f	konventionelle Prüfdauer t
Betriebs-klasse	Bemessungs-strom I_n in A			
gG gM	bis 16	–[1])	–[1])	1 h
	über 16 bis 63	$1{,}25 \cdot I_n$	$1{,}6 \cdot I_n$	1 h
	über 63 bis 160	$1{,}25 \cdot I_n$	$1{,}6 \cdot I_n$	2 h
	über 160 bis 400	$1{,}25 \cdot I_n$	$1{,}6 \cdot I_n$	3 h
	über 400	$1{,}25 \cdot I_n$	$1{,}6 \cdot I_n$	4 h
aM	alle I_n	$4 \cdot I_n$	$6{,}3 \cdot I_n$	60 s
gTr	alle I_{rat}[2])	$1{,}3 \cdot I_{rat}$	–	10 h
			$1{,}5 \cdot I_{rat}$	2 h
gR	bis 63	$1{,}1 \cdot I_n$	$1{,}6 \cdot I_n$	1 h
	über 63 bis 100	$1{,}1 \cdot I_n$	$1{,}6 \cdot I_n$	2 h
aR	bis 63	$1{,}1 \cdot I_n$	–	1 h
	über 63 bis 100	$1{,}1 \cdot I_n$	–	2 h
	über 100 bis 250	$1{,}1 \cdot I_n$	–	3 h
	über 250 bis 630	$1{,}1 \cdot I_n$	–	4 h
	bis 100	$1{,}8 \cdot I_n$	$2{,}7 \cdot I_n$	30 s
	über 100 bis 250	$2{,}0 \cdot I_n$	$3{,}0 \cdot I_n$	30 s
	über 250 bis 630	$2{,}2 \cdot I_n$	$3{,}3 \cdot I_n$	30 s

[1]) Werte sind in Vorbereitung

[2]) Bei Sicherungen der Betriebsklasse gTr entspricht der Bemessungsstrom des Sicherungseinsatzes dem Nennstrom des Transformators. Es gilt:

$$I_{rat} = \frac{S_n}{\sqrt{3} \cdot U_n}, \text{ mit:}$$

I_{rat} Bemessungsstrom der Sicherung bzw. Nennstrom des Transformators in A
S_n Nennleistung des Transformators in kVA
U_n Nennspannung des Transformators in kV, mit $U_n = 0{,}4$ kV

Tabelle 16.8 NH-Sicherungen; Abmessungen

Baugröße	Nennstrombereich in A		Abmessungen in mm								
	nach DIN 43620	Hersteller	a_1	a_2	a_3	a_4	b	e_1	e_2	e_3	e_4
NH 00	6 bis 100	2 bis 160	78,5	54	45	49	15	48	30	20	6
NH 0 — NH 0 ist nur noch für Ersatzbeschaffung zugelassen	6 bis 160	2 bis 160	125	68	62	68	15	48	40	20	6
NH 1	80 bis 250	2 bis 250	135	75	62	68	20	53	52	20	6
NH 2	125 bis 400	25 bis 400	150	75	62	68	25	61	60	20	6
NH 3	315 bis 630	50 bis 630	150	75	62	68	32	76	75	20	6
NH 4a	500 bis 1250	500 bis 1250	200	max. 100	84	90	49	110	102	30	6

Tabelle 16.9 Zulässige Nenn-Verlustleistungen[1]) verschiedener NH-Sicherungen

Baugröße Nennstrom in A	00 100	0 160	1 250	2 400	3 630	4a 1250
Betriebsklasse; U_n	Nenn-Verlustleistung in W					
gL; 400 V[2])	5,5	–	–	–	–	–
gL; 500 V	7,5	16	23	34	48	110
gL; 660 V	10,0	–	23	34	48	70
aM; 500 V ~	7,5	–	23	34	48	110
aM; 660 V ~	9,0	–	28	41	58	110
gTr[3]); 400 V ~	–	–	–	34	48	115
aR gR	Werte sind vom Hersteller zu erfragen					

[1]) Die Verlustleistungen beziehen sich auf den größten Bemessungsstrom einer Baureihe bei Belastung mit Wechselstrom 50 Hz und nach Erreichen der Endtemperatur bei einer Umgebungstemperatur zwischen 20 °C und 25 °C.

[2]) Künftig vorgesehen nach DIN VDE 0636 Teil 21 A1 Entwurf.

[3]) Die Verlustleistungen für Sicherungen der Betriebsklasse gTr (U_n = 400 V) gelten für:
Größe 2: P_v = 34 W; S_n = 250 kVA; I_{rat} = 361 A
Größe 3: P_v = 48 W; S_n = 400 kVA; I_{rat} = 577 A
Größe 4a: P_v = 115 W; S_n = 1000 kVA; I_{rat} = 1443 A

Die *Nenn-Verlustleistung* eines Sicherungseinsatzes ist die vom Hersteller angegebene Verlustleistung bei Nennstrom und Nennfrequenz. Sie darf die in DIN VDE 0636 angegebenen Werte der zulässigen Nenn-Verlustleistung – siehe **Tabelle 16.9** – nicht überschreiten.

Die Nenn-Verlustleistung einer NH-Sicherungsreihe eines Herstellers zeigt **Bild 16.17.**

Das Nenn-Ausschaltvermögen (Nenn-Ausschaltstrom) für die verschiedenen Sicherungen nach DIN VDE 0636 beträgt für:

- Betriebsklasse gL (Teil 21)
  50 kA bei 500 V ~
  25 kA bei 440 V –

- Betriebsklassen aM und gTr (Teil 22)
  50 kA bei 600 V ~
  25 kA bei 1000 V ~

- Betriebsklassen aR und gR (Teil 23)
  50 kA bei Wechselspannung
  25 kA bei Gleichspannung

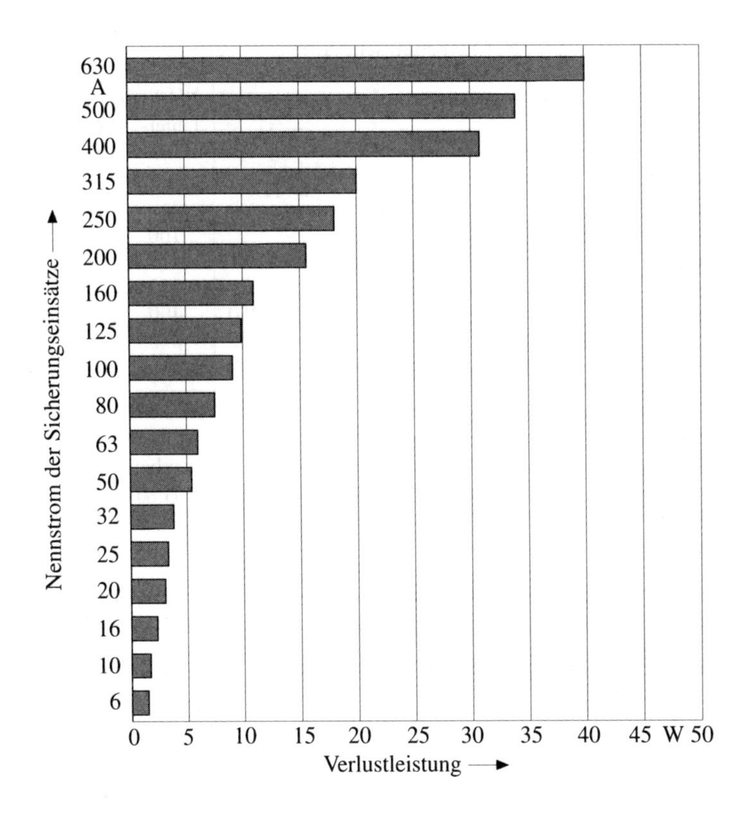

Bild 16.17 Verlustleistungen (Serie eines Herstellers, Größe 2)

Die Hersteller geben als Ausschaltvermögen wesentlich größere Werte als das Nenn-Ausschaltvermögen an. Für Sicherungen der Betriebsklasse gL werden mindestens 80 kA, größtenteils sogar 100 kA und mehr angegeben. Auch hierbei macht sich die strombegrenzende Wirkung von Sicherungen bemerkbar. Sicherungen der Betriebsklasse gL, gTr und gR sind in der Lage, alle Ströme zwischen dem kleinsten Schmelzstrom und dem Nenn-Ausschaltstrom sicher abzuschalten. Sicherungen der Betriebsklassen aM schalten alle Ströme zwischen dem 6,3fachen Nennstrom und dem Nenn-Ausschaltstrom sicher ab. Sicherungen der Betriebsklasse aR schalten alle Ströme zwischen dem großen Prüfstrom (siehe Tabelle 16.7) und dem Nenn-Ausschaltstrom sicher ab.

Die Nennstrombereiche für Sicherungseinsätze und die Nennströme für die Unterteile sowie Sicherungsschaltleisten sind in **Tabelle 16.10** dargestellt.

Tabelle 16.10 Nennstrombereiche für NH-Sicherungseinsätze

Baugröße NH	NH-Sicherungseinsätze				NH-Sicherungs-	
	500 V ~; 440 V – gL A	660 V gL A	500/660 V ~²) aM A	400 V gTr kVA	Unterteile A	Schaltleisten A
00	6 bis 100	6 bis 100	35 bis 100	–	160	160
0¹)	6 bis 160	–	–	–	–	–
1	80 bis 250	80 bis 250	80 bis 250	–	250	250
2	125 bis 400	125 bis 400	125 bis 400	50 bis 250	400	400
3	315 bis 630	315 bis 500	315 bis 630	250 bis 400	630	630
4a	500 bis 1250	500 bis 800	630 bis 1250	400 bis 1000	1250³)	–

¹) Die Baugröße NH0 soll für Neuanlagen nicht mehr verwendet werden. NH-0-Sicherungseinsätze sind für den Ersatzbedarf weiter zulässig.
²) Für Sicherungseinsätze der Betriebsklasse aM sind Werte für 1000 V in Vorbereitung.
³) In Verbindung mit Sicherungseinsätzen der Betriebsklasse gTr auch 1600 A zulässig.

NH-Schmelzeinsätze, NH-Sicherungsunterteile und NH-Schaltleisten müssen durch gut lesbare Aufschriften (ggf. auch farbig) dauerhaft gekennzeichnet werden.

Für Sicherungsunterteile und Schaltleisten sind folgende Angaben erforderlich:

- Ursprungszeichen;
- Nennspannung in V;
- Nennstrom in A;
- Typkurzzeichen oder Listennummer;
- Baugröße.

NH-Sicherungsunterteile der Baugrößen 00 bis 4a und NH-Sicherungsleisten der Baugrößen 00, 1, 2 und 3 dürfen, wenn sie DIN VDE 0636 entsprechen, mit der Aufschrift »VDE 0636/21« gekennzeichnet werden.

Für Schmelzeinsätze sind folgende Angaben erforderlich:

- Ursprungszeichen;
- Nennspannung in V und Spannungsart (keine Angabe bedeutet, daß der Sicherungseinsatz für Gleich- und Wechselspannung zulässig ist);
- Nennstrom in A (bei Sicherungen der Betriebsklasse gTr die Nennleistung des Transformators in kVA);
- Typkurzzeichen oder Listennummer;
- Nennausschaltstrom (in kA);
- Nennfrequenz (keine Angabe bedeutet: zulässig bei Wechselstrom von 45 Hz bis 62 Hz);
- Baujahr (evtl. auch verschlüsselt);
- Baugröße.

Sicherungseinsätze für die Nennspannung 500 V und mit der Betriebsklasse gL in den Baugrößen 0, 00, 1 und 2, die der Norm entsprechen, dürfen mit dem VDE-Zeichen gekennzeichnet werden. Sicherungseinsätze der Baugrößen 3 und 4a für die Nennspannung 500 V und solche der Baugrößen 00 bis 4a für die Nennspannung 660 V dürfen mit der Aufschrift »VDE 0636/21« versehen werden, wenn sie diesem Teil der Norm entsprechen. NH-Sicherungseinsätze für 660 V müssen im mittleren Teil des Beschriftungsfelds mit einem mindestens 5 mm breiten schwarzen Streifen (Balken) gekennzeichnet werden. Innerhalb des Streifens muß die Angabe »~ 660 V« enthalten sein.

NH-Sicherungseinsätze für Anlagenschutz (Betriebsklassen aM und gTr) dürfen, wenn sie DIN VDE 0636 Teil 22 entsprechen, die Aufschrift »VDE 0636/22« tragen. Außerdem sind zur deutlichen Kennzeichnung die Aufschriften farbig aufzubringen, wobei festgelegt ist für:

- Betriebsklasse aM   Aufschrift grün,
- Betriebsklasse gTr   Aufschrift braun,
- Betriebsklasse gB   Aufschrift rot.

In gleicher Farbe ist die Nennspannung innerhalb eines 5 mm breiten Streifens (Balken) anzugeben.

HLS-Sicherungen dürfen, wenn sie DIN VDE 0636 Teil 23 entsprechen, durch die Aufschrift »VDE 0636/23« gekennzeichnet werden.

Als Symbol, das senkrecht oder waagrecht angeordnet sein darf, ist aufzubringen:

Beispiele zur Kennzeichnung von NH-Sicherungseinsätzen zeigt **Bild 16.18.**

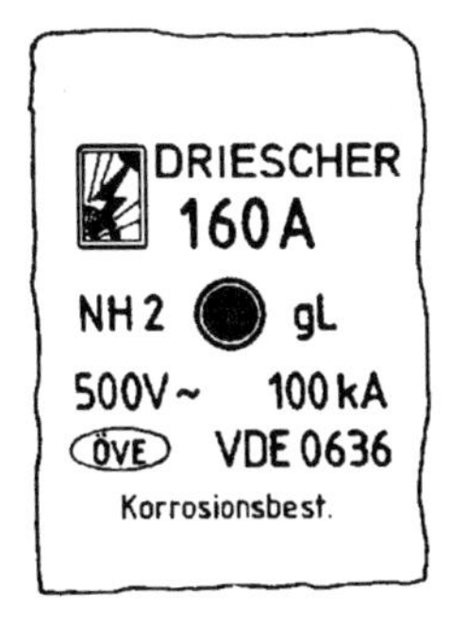

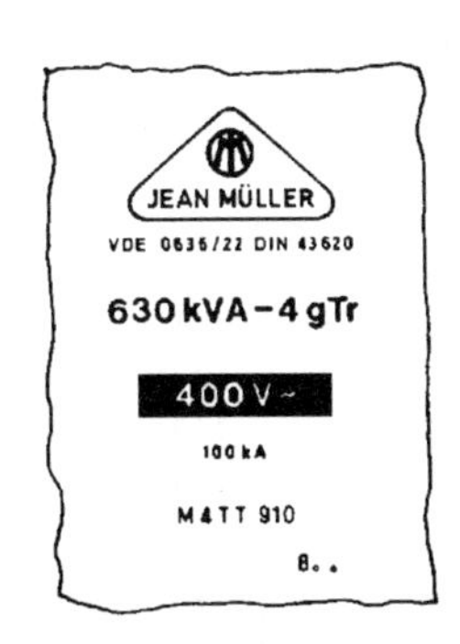

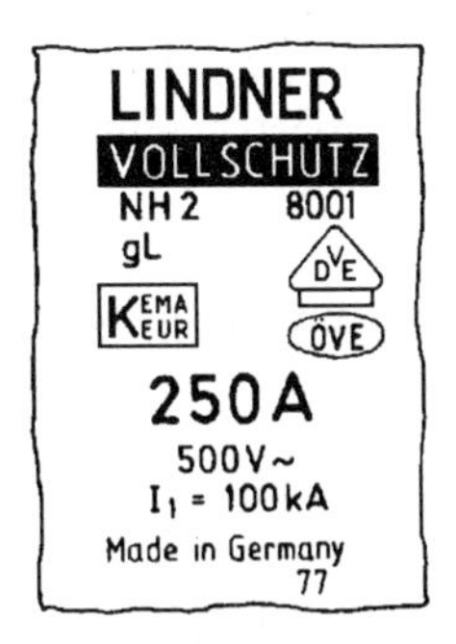

Bild 16.18 Aufschriften von NH-Sicherungen

16.4.1.2 D-Sicherungen

Das D-System ist gekennzeichnet durch Unverwechselbarkeit des Sicherungseinsatzes hinsichtlich des Nennstroms und durch den Berührungsschutz. Es ist für industrielle Anwendungen und Hausinstallationen geeignet und durch Laien bedienbar. D-Sicherungen bestehen aus Sicherungssockel, Sicherungseinsatz, Schraubkappe und Paßeinsatz.

Für D-Sicherungen bis 500 V und Ströme von 2 A bis 100 A mit der Betriebsklasse gL gilt DIN VDE 0636 Teil 31. D-Sicherungen der Betriebsklasse gR für 500 V und bis 100 A sind nach DIN VDE 0636 Teil 33 genormt.

In DIN VDE 0635 sind D-Sicherungen:

- für Nennströme bis 25 A und Nennspannungen bis 500 V (Gewinde E 16) zur Anwendung bei Meß- und Steuereinrichtungen,
- für Nennströme bis 100 A und Nennspannungen bis 750 V zur Anwendung bei elektrischen Bahnen,
- für Nennströme bis 100 A und Nennspannungen bis 500 V zur Anwendung im Bergbau

behandelt. Die Norm DIN VDE 0635 stellt einen Kompromiß für Sicherungssysteme dar, die sich seit Jahrzehnten in der Praxis bewährt haben. Für Neuanlagen sollten vorzugsweise bei Spannungen bis 500 V ~ D-Sicherungen nach DIN VDE 0636 Teil 31 und bei Spannungen bis 380 V ~ D0-Sicherungen nach DIN VDE 0636 Teil 41 eingesetzt werden.

Aufbau eines Schmelzeinsatzes: In einem Porzellankörper liegt, eingebettet in dichten, körnigen Sand, ein Schmelzleiter, der meist aus Feinsilber oder auch aus Kupfer besteht. Der Schmelzleiter ist bei Sicherungseinsätzen kleiner Nennströme als dünnes Drähtchen, bei Sicherungseinsätzen mittlerer Nennströme als Bändchen und bei Sicherungseinsätzen großer Nennströme als Flachband – evtl. auch in Parallelschaltung – ausgeführt. Der Sand dient zur normalen Kühlung bei Belastung und zur Löschung des Lichtbogens beim Abschmelzen des Sicherungseinsatzes. Die Unverwechselbarkeit eines Sicherungseinsatzes gegen einen solchen mit größerer Nennstromstärke ist durch den Paßeinsatz (Paßschrauben, Paßringe) gegeben.

Die am weitesten verbreiteten Sicherungssysteme haben die Gewinde:

E 27	2 A bis 25 A	D II,
E 33	36 A bis 63 A	D III,
R 14¼ Zoll	80 A bis 100 A	D IV H.

Die Sicherungssysteme E 21 (2 A bis 16 A) und E 16 (2 A bis 25 A) verlieren immer mehr an Bedeutung. Das System R 2 Zoll (125 A bis 200 A) ist für Neuanlagen nicht mehr zulässig.

Die Strom-Zeit-Bereiche für Sicherungseinsätze der Betriebsklasse gL sind nahezu identisch mit denen von NH-Sicherungen. Zeichnerisch können die Unterschiede nicht dargestellt werden; sie können lediglich durch Vergleiche der Tabellen ermittelt werden.

Das Bild 16.8 gibt den Strom-Zeit-Bereich ausreichend genau an; die Strom-Zeit-Kennlinien eines Herstellers zeigt **Bild 16.19.** Auch für Sicherungseinsätze der Betriebsklasse gR gilt als Strom-Zeit-Bereich Bild 16.12.

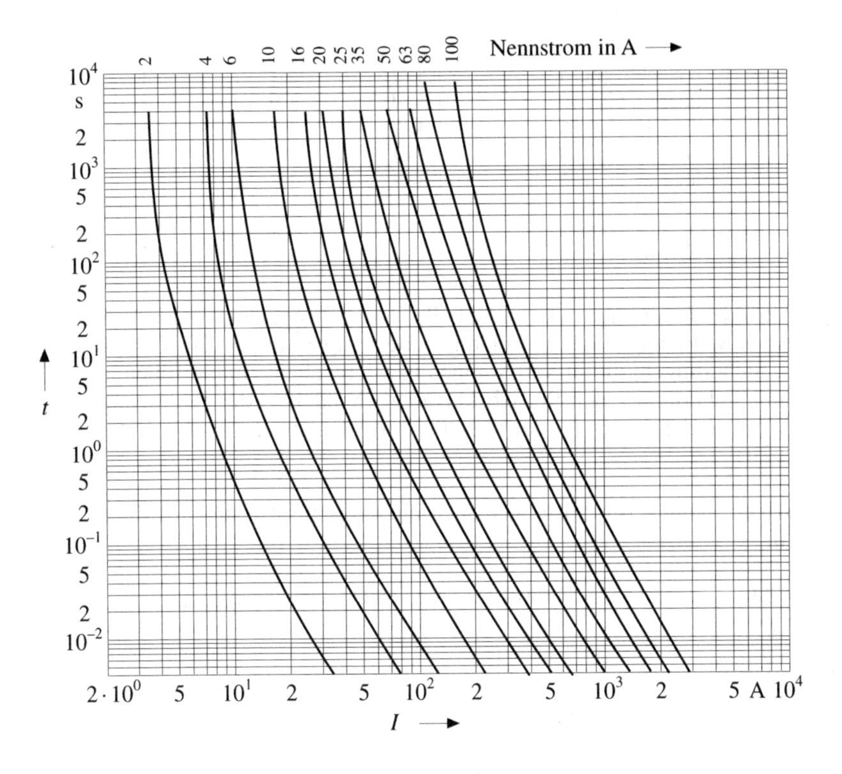

Bild 16.19 Strom-Zeit-Kennlinien von D-Sicherungen

Das *Nennausschaltvermögen* (Nennausschaltstrom) für D-Sicherungseinsätze der Betriebsklassen gL und gR muß für Wechselstrom bei mindestens 50 kA und bei Gleichstrom bei mindestens 8 kA liegen. Dabei können alle Ströme vom kleinsten Schmelzstrom bis zum Nennausschaltstrom sicher geschaltet werden.

Das Strom-Zeit-Verhalten wird durch den kleinen und den großen Prüfstrom beeinflußt. Dabei ist gefordert, daß ein Sicherungseinsatz innerhalb der Prüfdauer, belastet mit dem kleinen Prüfstrom, nicht anspricht, beim großen Prüfstrom hingegen anspricht. Die Prüfströme und Prüfdauer für D-Sicherungen der Betriebsklasse gL zeigt **Tabelle 16.11.** Für gG- und gM-Sicherungen siehe Tabelle 16.7.

Tabelle 16.11 Prüfströme und Prüfdauer von D-Sicherungen

Sicherung		kleiner Prüfstrom	großer Prüfstrom	Prüfdauer t
Betriebs-klasse	Nennstrom I_n in A			in h
gL	bis 4	$1{,}5 \cdot I_n$	$2{,}1 \cdot I_n$	1
	über 4 bis 10	$1{,}5 \cdot I_n$	$1{,}9 \cdot I_n$	1
	über 10 bis 25	$1{,}4 \cdot I_n$	$1{,}75 \cdot I_n$	1
	über 25 bis 63	$1{,}3 \cdot I_n$	$1{,}6 \cdot I_n$	1
	über 63 bis 100	$1{,}3 \cdot I_n$	$1{,}6 \cdot I_n$	2
gR	bis 63	$1{,}1 \cdot I_n$	$1{,}35 \cdot I_n$	1
	über 63 bis 100	$1{,}1 \cdot I_n$	$1{,}35 \cdot I_n$	2

Die Prüfströme I_f und I_{nf}, wie in Tabelle 16.11 festgelegt, werden an offen angeordneten Sicherungen bei einer Umgebungstemperatur von 20 °C ±5 K nachgewiesen. Sicherungen, die in Verteilungen usw. eingebaut sind, erfüllen – soweit es sich um Sicherungen der Betriebsklasse gL handelt – die Bedingungen des Teils 430 mit $I_2 \leq 1{,}45\ I_n$ in der jeweils festgelegten Prüfdauer (siehe auch Abschnitt 20.4.1).

Die zulässigen Nenn-Verlustleistungen der Sicherungseinsätze sind in **Tabelle 16.12** dargestellt.

Tabelle 16.12 Zulässige Nenn-Verlustleistungen von D-Sicherungen der Betriebsklasse gL[1])

Nennstrom eines Sicherungseinsatzes	in A	2	4/6	10	16	20	25	35	50	63	80	100
P_v (U_n = 500 V)	in W	3,3	2,3	2,6	2,8	3,3	3,9	5,2	6,5	7,1	8,5	9,1
P_v (U_n = 660 V ~) (U_n = 600 V –)	in W	3,6	2,6	2,8	3,1	3,6	4,3	5,7	7,2	7,8	–	–

[1]) Für gR-Sicherungen sind die Nenn-Verlustleistungen vom Hersteller zu erfragen.

Den Schaltzustand eines Schmelzeinsatzes muß ein Anzeiger sicher und zuverlässig angeben. Die Farbe des Anzeigers ist in **Tabelle 16.13** gegeben. Die Farbe des Anzeigers darf sich im Betrieb nicht wesentlich ändern.

Tabelle 16.13 Farbe des Anzeigers bei D- und D0-Sicherungen

Nennstrom des Sicherungseinsatzes in A	Farbe des Anzeigers
2	rosa
4	braun
6	grün
10	rot
16	grau
20	blau
25	gelb
35	schwarz
50	weiß
63	kupfer
80	silber
100	rot

16.4.1.3 D0-Sicherungen

Das D0-System ist gekennzeichnet durch Unverwechselbarkeit des Sicherungseinsatzes hinsichtlich des Nennstroms und durch den Berührungsschutz. Es ist für industrielle Anwendungen und Hausinstallationen geeignet und durch Laien bedienbar. D0-Sicherungen bestehen aus Sicherungssockel, Sicherungseinsatz, Schraubkappe und Paßeinsatz. Das D0-System unterscheidet sich vom D-System durch andere Abmessungen und andere Nennspannung.

Das D0-Sicherungssystem nach DIN VDE 0636 Teil 41 (Neozed-System) für 380 V Wechselspannung und 250 V Gleichspannung – für Sicherungsnennströme von 2 A bis 100 A – ist speziell auf die Praxis zugeschnitten. Dabei wurde dem Trend zur kleineren Bauweise besonders Rechnung getragen, denn das Neozed-System bietet gegenüber normalen D-Sicherungen erhebliche Platzeinsparungen (Raumeinsparung 48 % bis 59 %, Flächeneinsparung 36 % bis 45 % je nach Nennstrom). Für D0-Sicherungen sind folgende Größen genormt:

Bezeichnung	Nennstrom	Gewinde
D0 1	2 A bis 16 A	E 14
D0 2	20 A bis 63 A	E 18
D0 3	80 A bis 100 A	M 30 × 2

Der Aufbau der Sicherungen entspricht etwa dem der D-Sicherung, nur daß sie kürzer sind und einen kleineren Durchmesser aufweisen. Die Unverwechselbarkeit bzw. der Austausch einer Sicherung gegen eine mit größerem Nennstrom wird durch Paßhülsen gewährleistet. Für das häufig zur Anwendung gelangende D0 2-System gibt es noch Einsatzhülsen, die auch die Verwendung von D0 1-Sicherungen von 2 A bis 16 A zulassen. Das Ausschaltvermögen muß bei Wechselstrom 50 kA, bei Gleichstrom 8 kA betragen. Das von den Herstellern angegebene Nenn-Ausschaltvermögen liegt mit ≥ 50 kA bei Wechselstrom und ≥ 10 kA bei Gleichstrom über den geforderten Werten. Die Strom-Zeit-Kennlinien entsprechen der Betriebsklasse gL; sie sind in **Bild 16.20** dargestellt.

Die Prüfströme sind genau wie bei D-Sicherungen festgelegt; siehe Tabelle 16.14.

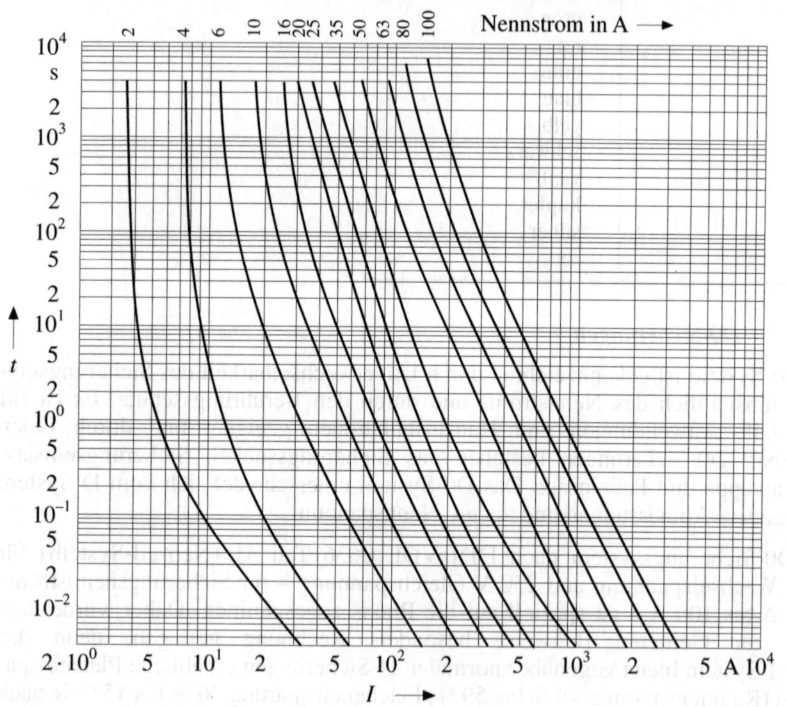

Bild 16.20 Strom-Zeit-Kennlinien von D0-Sicherungen

Die Prüfströme für gL-Sicherungen sind in **Tabelle 16.14** dargestellt. Für gG- und gM-Sicherungen siehe Tabelle 16.7.

Tabelle 16.14 Prüfströme von D0-Sicherungen

Nennstrom I_n in A	kleiner Prüfstrom	großer Prüfstrom	Prüfdauer t in h
bis 4	$1{,}5 \cdot I_n$	$2{,}1 \cdot I_n$	1
über 4 bis 10	$1{,}5 \cdot I_n$	$1{,}9 \cdot I_n$	1
über 10 bis 25	$1{,}4 \cdot I_n$	$1{,}75 \cdot I_n$	1
über 25 bis 63	$1{,}3 \cdot I_n$	$1{,}6 \cdot I_n$	1
über 63 bis 100	$1{,}3 \cdot I_n$	$1{,}6 \cdot I_n$	2

Die zulässige Nenn-Verlustleistung ist in **Tabelle 16.15** dargestellt. Ein Beispiel aus einer Herstellerliste zeigt **Bild 16.21.**

Tabelle 16.15 Zulässige Nenn-Verlustleistungen von D0-Sicherungen

Nennstrom eines Sicherungseinsatzes	2	6	10	16	20	25	35	50	63	80	100	A
Zulässige Nenn-Verlustleistung	2,5	1,8	2	2,2	2,5	3	4	5	5,5	6,5	7	W

Die Prüfströme I_f und I_{nf}, wie in Tabelle 16.14 festgelegt, werden an offen angeordneten Sicherungen bei einer Umgebungstemperatur von 20 °C ±5 K nachgewiesen. Sicherungen, die in Verteilungen usw. eingebaut sind, erfüllen die Bedingungen des Teils 430 mit $I_2 \leq 1{,}45\ I_n$ in der jeweils festgelegten Prüfdauer (siehe auch Abschnitt 20.4.1).

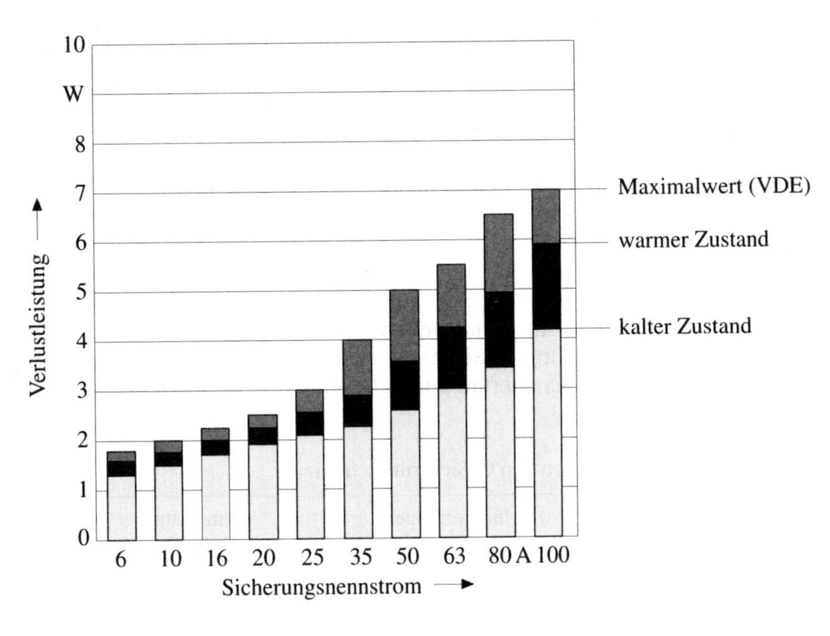

Bild 16.21 Verlustleistungen von D0-Sicherungen

16.4.1.4 Geräteschutzsicherungen (G-Sicherungen)

Für Geräteschutzsicherungen (auch Feinsicherungen genannt) gibt es internationale (IEC 127), regionale (EN 60127) und nationale (DIN VDE 0820) Normenreihen. In DIN EN 60127-1 (VDE 0820 Teil 1) sind Begriffe, allgemeine Anforderungen und erforderliche Prüfungen für G-Sicherungseinsätze beschrieben. Besondere

Anforderungen an Sicherungseinsätze mit den Abmessungen 5 mm × 20 mm und 6,3 mm × 32 mm enthält DIN EN 60127-2 (VDE 0820 Teil 22). Daneben gilt national noch DIN 41571 Teil 2 für mittelträge Sicherungen, die regional und international nicht genormt sind.

Kleinstsicherungen und welteinheitliche modulare Sicherungseinsätze, die ebenfalls nach DIN EN 60127 (VDE 0820) genormt sind, werden hauptsächlich für Leiterplatten und gedruckte Schaltungen gebraucht; sie werden hier nicht behandelt.

Ein G-Sicherungseinsatz besteht aus einem Isolierrohr und zwei stirnseitigen Kontaktklappen. Als Isolierrohr wird Glas, Porzellan, Keramik oder Kunststoff verwendet. Bei kleinem Schaltvermögen wird Glas oder Kunststoff verwendet; bei großem Schaltvermögen gelangen Porzellan oder Keramik zur Anwendung, wobei das Isolierrohr zusätzlich mit einem Löschmittel (Quarzsand, Gips, Kalk, Kieselgur) gefüllt ist. Die Kontaktkappen sind aus einer Kupferlegierung gefertigt, die als Korrosionsschutz eine Nickel- oder Silberschicht (2 µm bis 3 µm) erhält. Die Sicherungen sind zylindrisch, haben 5 mm Durchmesser und sind 20 mm lang. Sicherungen mit den Abmessungen 6,3 mm Durchmesser und 32 mm Länge gelangen hauptsächlich in den angelsächsischen Ländern zur Anwendung.

Die charakteristischen Daten eines G-Sicherungseinsatzes werden bestimmt von den Bemessungswerten für:
- Spannung (U_n),
- Strom (I_n),
- Ausschaltvermögen

und der Strom-Zeit-Charakteristik. Eine weitere wichtige Größe ist die maximale Verlustleistung eines G-Sicherungseinsatzes.
Das Ausschaltvermögen für G-Sicherungseinsätze ist in **Tabelle 16.16** dargestellt.

Tabelle 16.16 Ausschaltvermögen von G-Sicherungseinsätzen

Bezeichnung	Schaltvermögen	Bemerkung
kleines Schaltvermögen großes Schaltvermögen	35 A oder 10 · I_n*) 1500 A	DIN IEC 127
Gruppe C Gruppe D Gruppe E	80 A 300 A 1000 A	DIN 41571 Teil 2

*) Der größere der beiden Werte ist zugrundezulegen.

Als Kurzzeichen für das Ausschaltvermögen gelten die Buchstaben:
- L für kleines Schaltvermögen und
- H für großes Schaltvermögen.

Für die Angabe der Strom-Zeit-Charakteristik gelangen folgende Abkürzungen zur Anwendung:

- FF superflinke Sicherung,
- F flinke Sicherung,
- M mittelträge Sicherung,
- T träge Sicherung,
- TT superträge Sicherung.

Die Verlustleistungen der verschiedenen Sicherungseinsätze sind in **Tabelle 16.17** gegeben. Die Strom-Zeit-Charakteristik ist für G-Sicherungseinsätze nach DIN EN 60127-2 (VDE 0820 Teil 22) in **Bild 16.22** dargestellt.

Tabelle 16.17 Maximale Verlustleistungen von G-Sicherungseinsätzen

<table>
<tr><td>Charakteristik</td><td>F</td><td>F</td><td>T</td><td>F</td><td>T</td></tr>
<tr><td>Schaltvermögen</td><td>H</td><td>L</td><td>L</td><td>L</td><td>H</td></tr>
<tr><td>Abmessungen
mm × mm</td><td>5 × 20</td><td>5 × 20</td><td>5 × 20</td><td>6,3 × 32</td><td>5 × 20</td></tr>
<tr><td>Bemessungsstrom
I_n</td><td colspan="5">maximale Verlustleistung
W</td></tr>
<tr><td>32 mA</td><td rowspan="2"></td><td rowspan="6">1,6</td><td rowspan="6">1,6</td><td rowspan="2"></td><td rowspan="6"></td></tr>
<tr><td>40 mA</td></tr>
<tr><td>50 mA</td><td rowspan="4">1,6</td><td rowspan="4">1,6</td></tr>
<tr><td>63 mA</td></tr>
<tr><td>80 mA</td></tr>
<tr><td>100 mA</td></tr>
<tr><td>125 mA</td><td rowspan="2">1,6</td><td rowspan="9">1,6</td><td rowspan="9">1,6</td><td rowspan="9">1,6</td><td rowspan="8"></td></tr>
<tr><td>160 mA</td></tr>
<tr><td>200 mA</td><td rowspan="7">2,5</td></tr>
<tr><td>250 mA</td></tr>
<tr><td>315 mA</td></tr>
<tr><td>400 mA</td></tr>
<tr><td>630 mA</td></tr>
<tr><td>800 mA</td></tr>
<tr><td>1 A</td><td>2,5</td></tr>
<tr><td>1,25 A</td><td rowspan="8">4,0</td><td rowspan="4">1,6</td><td rowspan="8">1,6</td><td rowspan="4">2,5</td><td rowspan="4">2,5</td></tr>
<tr><td>1,6 A</td></tr>
<tr><td>2 A</td></tr>
<tr><td>2,5 A</td></tr>
<tr><td>3,15 A</td><td rowspan="4">2,5</td><td rowspan="5">4,0</td><td rowspan="4">4,0</td></tr>
<tr><td>4 A</td></tr>
<tr><td>5 A</td></tr>
<tr><td>6,3 A</td></tr>
<tr><td>10 A</td><td></td><td></td><td></td><td></td></tr>
</table>

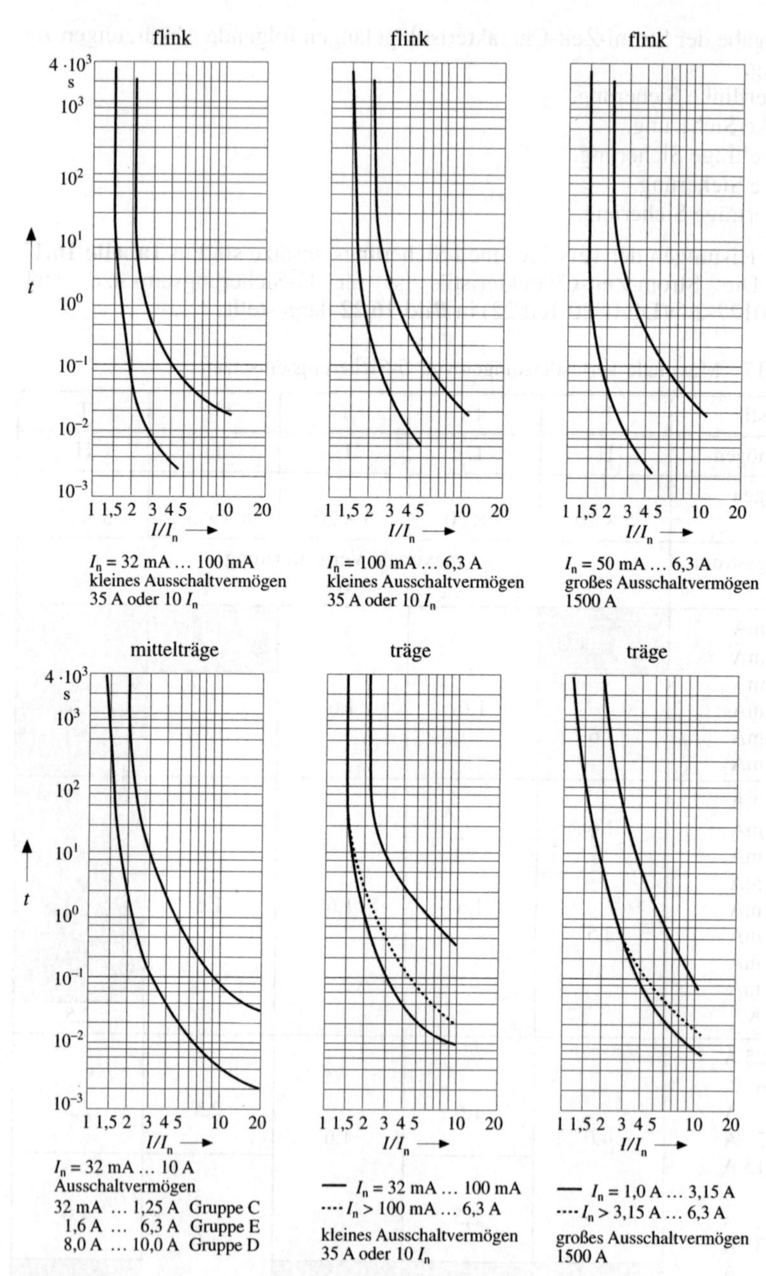

Bild 16.22 Strom-Zeit-Kennlinien von G-Sicherungen

G-Sicherungseinsätze und deren Verpackung müssen dauerhaft und gut lesbar folgende Aufschriften tragen:

- die Angabe des Bemessungsstroms in Milliampere bei Stromstärken unter 1 A und in Ampere bei Stromstärken von 1 A und höher;
- die Bemessungsspannung in Volt;
- Angabe des Herstellers (Schriftzug oder Firmenzeichen);
- die Kennzeichnung der Charakteristik;
- die Kennzeichnung des Ausschaltvermögens.

Beispiele für die Beschriftung (ohne Herstellerkennzeichnung)

T	2	0	0	L	2	5	0	V

Sicherung träge, $I_n = 200$ mA, kleines Schaltvermögen, $U_n = 250$ V

	F	8	0	H	2	5	0	V

Sicherung flink, $I_n = 80$ mA, großes Schaltvermögen, $U_n = 250$ V

M	3	1	5	C	2	5	0	V

Sicherung mittelträge, $I_n = 315$ mA, Schaltvermögen Gruppe C, $U_n = 250$ V

Neuerdings gehen Hersteller auch dazu über, G-Schmelzeinsätze durch einen Farbcode – ähnlich wie bei Widerständen – zu kennzeichnen. Der Farbcode ist in **Tabelle 16.18** gezeigt; der vierte Farbring ist doppelt so breit wie die anderen Farbringe, um die Leserichtung anzugeben.

Tabelle 16.18 Farbcode für G-Sicherungen

Farbe	Farbring		
	1./2. Ring	3. Ring	4. Ring
schwarz	0	× 1	FF
braun	1	× 10	
rot	2	× 100	F
orange	3	× 1000	
gelb	4		M
grün	5		
blau	6		T
violett	7		
grau	8		TT
weiß	9		

Für G-Sicherungsunterteile und G-Sicherungsträger gilt DIN IEC 257 (VDE 0820 Teil 2). Die Bestimmung gilt für Nennströme bis 16 A und Nennspannungen bis 1000 V Wechsel- und Gleichspannung. Genormte Nennströme von G-Sicherungsunterteilen sind 1 A, 6,3 A, 10 A und 16 A.

16.4.2 Überstromschutzschalter

Schalter sind je nach Einsatzgebiet entweder nach den Normen der Reihe DIN VDE 0641 (Leitungsschutzschalter) oder nach DIN VDE 0660 (Motorstarter, Leistungsschalter) zu bauen und zu prüfen.

Schalter sind Schaltgeräte zum mehrmaligen Ein- und Ausschalten von Strompfaden mit Hilfe mechanisch bewegter Teile.

Bei der Löschung eines beim Schaltvorgang entstehenden Lichtbogens tritt je nach Intensität des Lichtbogens eine große thermische und mechanische Beanspruchung im Schalter auf. Die Intensität eines Lichtbogens ist abhängig von:

- der Ausschaltleistung;
- der Spannung in Verbindung mit der Länge des Lichtbogens;
- der Phasenverschiebung;
- den umgebenden Medien (Luft, Wasser, Öl, Gas, Sand).

Der Auftritt eines Lichtbogens ist mit Temperaturen von 5000 °C bis 10 000 °C, in Einzelfällen auch bis 20 000 °C, verbunden.

Physikalisch wird in zwei Grundprinzipien der Lichtbogenlöschung unterschieden, nämlich in Wechselstrom- und in Gleichstromlöschung. Als Löschmittel werden bei beiden Löschungsarten Öl, Wasser, Luft, Gas (Anwendung bei Schaltern) und Quarzsand (Anwendung bei Sicherungen) verwendet.

Wechselstromlöschung
Ein sinusförmiger Wechselstrom nimmt nach jeder Halbwelle den Wert Null an. Dies hat zur Folge, daß auch ein Lichtbogen nach jeder Halbwelle beim Stromnulldurchgang erlischt.
Bei der Wechselstromlöschung wird während des Stromnulldurchgangs die leitende Strecke des Lichtbogenkanals durch intensive Kühlung entionisiert. Nach der Entionisierung ist das Isoliermedium »spannungsfest«, und eine erneute Entstehung des Lichtbogens kann beim Anschwingen der Spannung nicht mehr erfolgen **(Bild 16.23).** Die Wechselstromlöschung kann nur bei Wechselstrom angewendet werden.

Gleichstromlöschung
Bei der Gleichstromlöschung wird der Lichtbogen durch Vergrößerung der Impedanz der Strombahn gelöscht. Durch konstruktive Maßnahmen wird eine Verlängerung des Lichtbogenweges erreicht. Dies hat zur Folge, daß die Impedanz

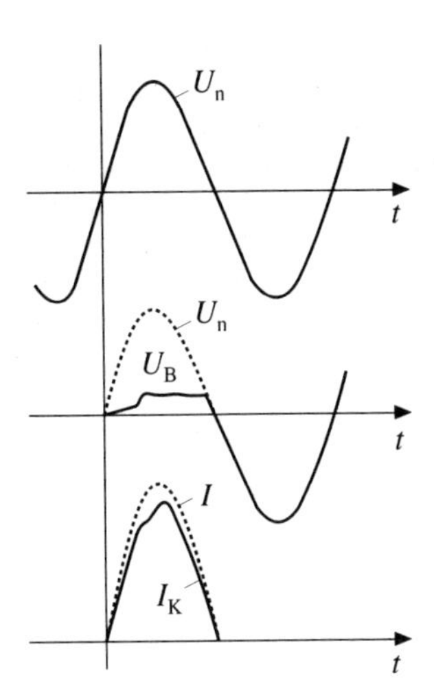

Bild 16.23 Wechselstromlöschung
U_n Netzspannung bzw. wiederkehrende Spannung
U_B Lichtbogenspannung
I_K tatsächlich fließender Kurzschlußstrom
I unbeeinflußter (prospektiver) Kurzschlußstrom

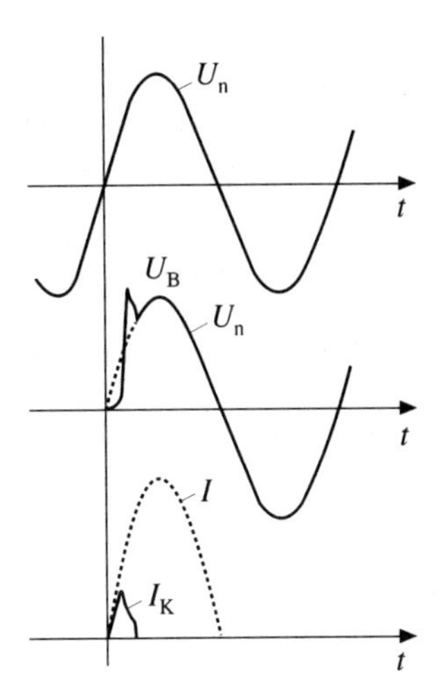

Bild 16.24 Gleichstromlöschung
U_n Netzspannung bzw. wiederkehrende Spannung
U_B Lichtbogenspannung
I_K tatsächlich fließender Kurzschlußstrom
I unbeeinflußter (prospektiver) Kurzschlußstrom

des Stromkreises größer und dadurch der Strom immer kleiner wird und der Lichtbogen schließlich erlischt **(Bild 16.24).**
Die Gleichstromlöschung wird bei LS-Schaltern, Sicherungen und neuerdings auch bei Niederspannungs-Leistungsschaltern angewendet. Sie eignet sich nicht für Hochspannung, da z.B. bei 100 kV der Lichtbogen in Luft 5 m lang sein müßte.

Dieses Löschprinzip kann bei Gleich- und Wechselstrom verwendet werden. Die Beanspruchung einer Anlage ist durch die kurze Abschaltzeit, die noch mit einer strombegrenzenden Wirkung verbunden ist, wesentlich geringer als bei der Wechselstromlöschung.

16.4.2.1 Leitungsschutzschalter (LS-Schalter)

Die Bau- und Prüfbestimmungen für LS-Schalter sind in der Normreihe DIN VDE 0641 festgelegt. Es gelten:

- DIN EN 60898 (VDE 0641 Teil 11):1992-08 »Leitungsschutzschalter für den Haushalt und ähnliche Anwendungen«;
- DIN VDE 0641 A4:1988-11 »Leitungsschutzschalter bis Nennstrom 63 A und bis Wechselspannung 415 V, Auslösecharakteristiken B und C«.

Die Norm DIN EN 60898 (VDE 0641 Teil 11) gilt für LS-Schalter mit einer Bemessungsspannung nicht über 440 V und Bemessungsströme bis 125 A für Wechselspannung mit 50 Hz bzw. 60 Hz. Das Bemessungsschaltvermögen liegt bei 25 kA. LS-Schalter sind nicht zum Schutz von Motoren bestimmt. Sie sind zum Trennen von Stromkreisen vom Netz geeignet, nicht aber zum betriebsmäßigen Schalten. Sie sind für eine Bezugsumgebungstemperatur von 30 °C gebaut, wobei die Umgebungstemperatur gelegentliche Werte zwischen –5 °C und +40 °C annehmen darf. Der tägliche Mittelwert darf 35 °C nicht überschreiten. Der Einbauort sollte 2000 m NN nicht überschreiten.

Neben Bemessungsstrom und Bemessungsspannung sind für LS-Schalter besonders wichtig:

- Charakteristik,
- Prüfströme,
- Bemessungsschaltleistung,
- Strombegrenzungsklasse,
- Verlustleistung.

LS-Schalter mit der Charakteristik H (Haushalt) sind seit Ende der 70er Jahre nicht mehr für den Einsatz in neuen Anlagen zulässig. Die bisher genormten LS-Schalter mit der Charakteristik L (Leitungsschutz) nach DIN VDE 0641:1978-06 durften noch bis zum 30. 6. 1990 hergestellt und bis zum 30.9.1990 in den Verkehr gebracht werden. Zur Zeit gibt es nach DIN EN 60898 (VDE 0641 Teil 11) LS-Schalter mit den Charakteristiken B, C und D.

LS-Schalter besitzen zwei Auslöseorgane, einen Thermobimetallauslöser für den Bereich der Überströme (Überlast) und einen magnetischen Auslöser für den Bereich der Kurzschlußströme. Die Charakteristik eines LS-Schalters **(Bild 16.25)** ergibt sich durch das Zusammenwirken von thermischem und elektromagnetischem Auslöseglied; sie kann, auch bei Einhaltung der vorgegebenen Toleranzen, je nach Hersteller verschieden sein. Der elektromagnetische Auslöser (Kurzschlußschnellauslöser) löst beim Schalter mit Charakteristik B zwischen dem drei- bis fünffachen und beim Schalter mit der Charakteristik C zwischen dem fünf- bis zehnfachen Nennstrom des LS-Schalters aus. Der LS-Schalter mit der Charakteristik D löst zwischen dem zehn- und zwanzigfachen Nennstrom aus und findet seine Anwendung bei Anlagen und Geräten mit hohen Einschaltspitzen, z. B. bei Transformatoren, Mikrowellengeräten und Beleuchtungsanlagen mit Halogenglühlampen.
Bei den Schutzmaßnahmen mit automatischer Abschaltung muß – damit das Ergebnis auf der sicheren Seite liegt (oberer Grenzwert) – beim Schalter mit der Charakteristik B sowohl bei einer Abschaltzeit von 5 s als auch bei 0,1 s der fünffache Nennstrom zum Fließen kommen. Beim Schalter mit der Charakteristik C muß bei einer Abschaltzeit von 5 s der siebenfache und bei 0,1 s der zehnfache Nennstrom zum Fließen kommen. Beim Schalter mit der Charakteristik D muß bei einer Abschaltzeit von 5 s der siebenfache und bei 0,1 s der zwanzigfache

Nennstrom zum Fließen kommen. Obwohl in neuen Anlagen nur noch Schalter mit der Charakteristik B, C oder D eingesetzt werden dürfen, wurde in Bild 16.25 auch die H- und L-Charakteristik aufgenommen, da es auch noch Anlagen mit alten LS-Schaltern gibt, die ja weiterbetrieben werden dürfen.

Die Prüfströme für LS-Schalter nach den Normen der Reihe VDE 0641 sind für alle Bemessungsstromstärken, wie nachfolgend dargestellt, festgelegt:

- Der Nichtauslösestrom I_{nt} (früher kleiner Prüfstrom I_1) ist mit $I_{nt} = 1{,}13\ I_n$ festgelegt. Mit diesem Strom belastet, muß der LS-Schalter vom kalten Zustand aus, also ohne Vorbelastung, innerhalb einer Stunde (bei $I_n \leq 63$ A) und innerhalb zwei Stunden (bei $I_n > 63$ A) auslösen.

- Der Auslösestrom I_t (früher großer Prüfstrom I_2) ist mit $I_t = 1{,}45\ I_n$ festgelegt. Mit diesem Strom belastet, muß der LS-Schalter innerhalb einer Stunde (bei $I_n \leq 63$ A) und innerhalb zwei Stunden (bei $I_n > 63$ A) auslösen. Die Prüfung muß unmittelbar nach der Prüfung des Nichtauslösestroms erfolgen.

- Der Prüfstrom mit $I = 2{,}55\ I_n$
  dient zur Prüfung der thermischen Auslösung, wobei, ausgehend vom kalten Zustand, der Schalter mit
  – $I_n \leq 32$ A
  in einer Zeit zwischen $t = 1$ s bis 60 s auslösen muß;
  – $I_n > 32$ A
  in einer Zeit zwischen $t = 1$ s bis 120 s auslösen muß.

- Der Prüfstrom mit:
  $I = 3\ I_n$ (B-Charakteristik),
  $I = 5\ I_n$ (C-Charakteristik),
  $I = 10\ I_n$ (D-Charakteristik)
  dient zur Prüfung der Nichtauslösung des elektromagnetischen Auslösers. Mit diesen Strömen belastet, darf ein LS-Schalter während einer Prüfzeit von $t = 1$ s nicht auslösen.

- Der Prüfstrom mit:
  $I = 5\ I_n$ (B-Charakteristik),
  $I = 10\ I_n$ (C-Charakteristik),
  $I = 20\ I_n$ (D-Charakteristik)
  dient zur Prüfung der Auslösung des elektromagnetischen Auslösers. Mit diesen Strömen belastet, muß ein LS-Schalter in der Zeit $t \leq 0{,}1$ s auslösen.

Die Schalter, die den derzeitigen Normen entsprechen, müssen ein Bemessungsschaltvermögen besitzen, das folgenden Werten entspricht:

- 1500 A, 3000 A, 4500 A, 6000 A, 10000 A, 15000 A, 20000 A, 25000 A für LS-Schalter nach DIN EN 60898 (VDE 0641 Teil 11):1992-08;

- 1500 A, 3000 A, 4500 A, 6000 A für LS-Schalter nach DIN VDE 0641 Teil 2:1984-04
- 3000 A, 4500 A, 6000 A, 10000 A bei Wechselstrom und 1500 A, 3000 A, 4500 A, 6000 A bei Gleichstrom nach DIN VDE 0641 Teil 3:1984-04.

Die Anforderungen an die Kurzschlußstrombegrenzung ist für LS-Schalter in drei Klassen vorgenommen. Festgelegt sind diese Klassen durch die maximal zulässigen Durchlaß-$I^2\,t$-Werte (Joule-Integral). Dabei bedeuten bezüglich der Prüfanforderungen für die Energiebegrenzungsklasse (früher Strombegrenzungsklasse):
- Energiebegrenzungsklasse 1 – keine Anforderungen,
- Energiebegrenzungsklasse 2 – mittlere Anforderungen,
- Energiebegrenzungsklasse 3 – hohe Anforderungen.

In Anlagen, die nach den AVBEltV versorgt werden, dürfen nach den Festlegungen in TAB nur LS-Schalter mit einer Schaltleistung von mindestens 6 kA und der Energiebegrenzungsklasse 3 (bei Bemessungsströmen bis 32 A) eingesetzt werden.

Die Verlustleistung von LS-Schaltern ist erheblich größer als die von Schmelzsicherungen, wenn gleiche Stromstärken verglichen werden. Sie ist besonders in Anlagen zu beachten, bei denen eine große Anzahl von hochbelasteten LS-Schaltern in einer Verteilung auf engstem Raum angeordnet werden. In **Tabelle 16.19** sind die Verlustleistungen und der Nichtauslösestrom sowie der Auslösestrom von LS-Schaltern dargestellt.

LS-Schalter nach den Normen der Reihe DIN VDE 0641 müssen folgende Aufschriften tragen:
- Bemessungsstrom in A,
- Kennbuchstabe für die Auslösecharakteristik B, C oder D,
- Bemessungsspannung in V,
- Bemessungsausschaltvermögen (in A), allerdings ohne Angabe der Einheit innerhalb eines Rechtecks,
- Energiebegrenzungsklasse (für Schalter mit $I_n \leq 32$ A); angegeben in einem Quadrat, das mit dem Rechteck für die Angabe des Bemessungsausschaltvermögens verbunden wird,
- Bildzeichen für die Kennzeichnung der Wechselspannung (soweit zutreffend),
- Bezugstemperatur, wenn von 30 °C abweichend,
- Herkunftszeichen,
- Typkennzeichen des Herstellers, wobei auch eine Katalognummer angegeben werden darf.

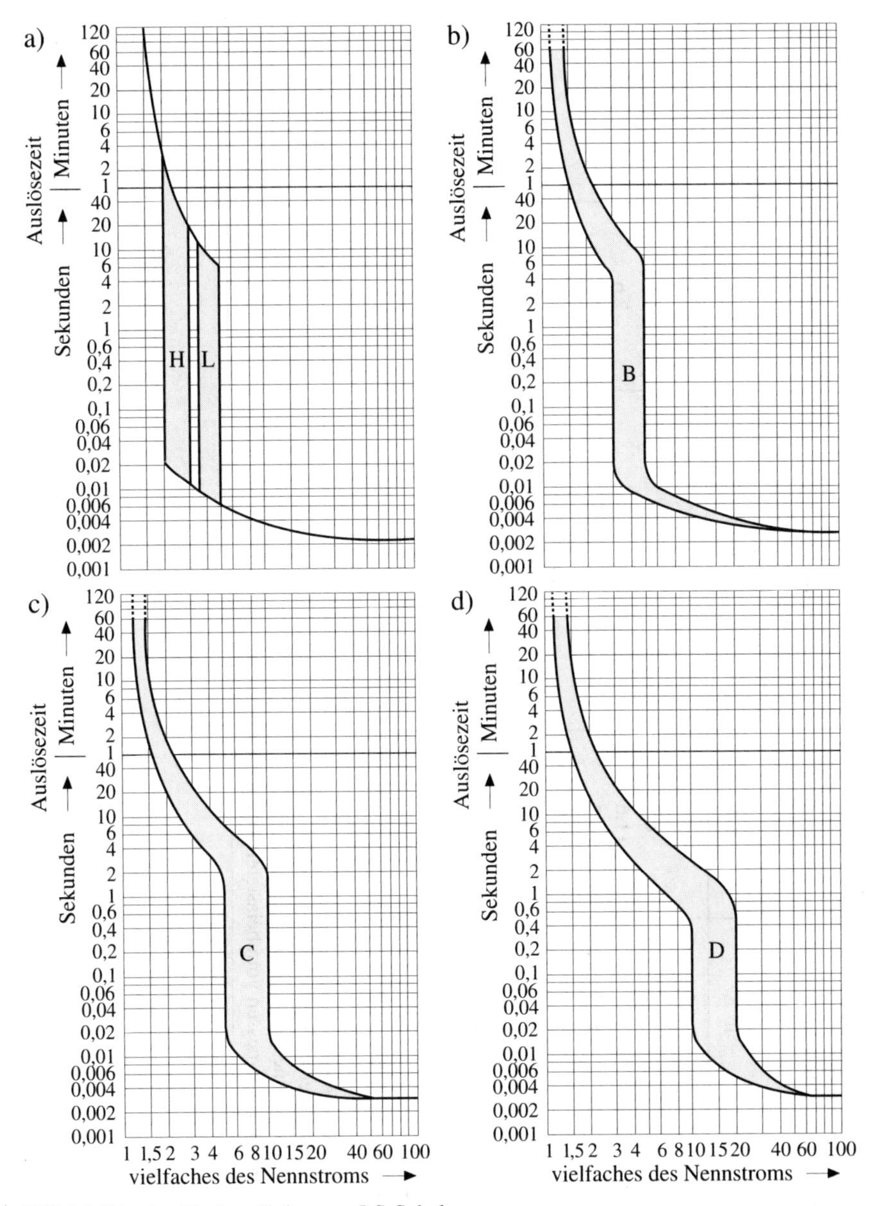

Bild 16.25 Auslösekennlinien von LS-Schaltern:
a) Charakteristik H und L
b) Charakteristik B
c) Charakteristik C
d) Charakteristik D

Tabelle 16.19 Kennwerte von LS-Schaltern nach DIN VDE 0641

Nennstrom I_n in A	Nichtauslösestrom I_{nt} in A	Auslösestrom I_t in A	maximal zulässige Verlustleistung bei I_n nach DIN VDE 0641 Teil 11:1992-08 in W	Verlustleistung bei I_n nach Hersteller[1]) P_v in W	
				kalt[2])	warm[3])
4	4,5	5,8	3	1,5	1,8
6	6,8	8,7	3	1,7	2,0
8	9,0	11,6	3	2,6	3,0
10	11,3	14,5	3	1,7	2,1
13	14,7	18,9	3,5	–	–
16	18,1	23,2	3,5	2,0	2,3
20	20,6	29,0	4,5	2,4	2,7
25	28,3	36,2	4,5	2,9	3,4
32	36,1	46,4	6	3,4	3,9
40	45,2	58,0	7,5	4,0	4,6
50	56,5	72,7	9	5,8	6,7
63	71,2	91,4	13	–	–

[1]) Angabe gilt für einpolige Schalter
[2]) kalt bedeutet: gemessen in unbelastetem Zustand
[3]) warm bedeutet: gemessen vom belasteten Zustand ausgehend

In **Bild 16.26** ist ein Beispiel für die Anordnung der nach DIN VDE 0641 geforderten Aufschriften dargestellt und erläutert.

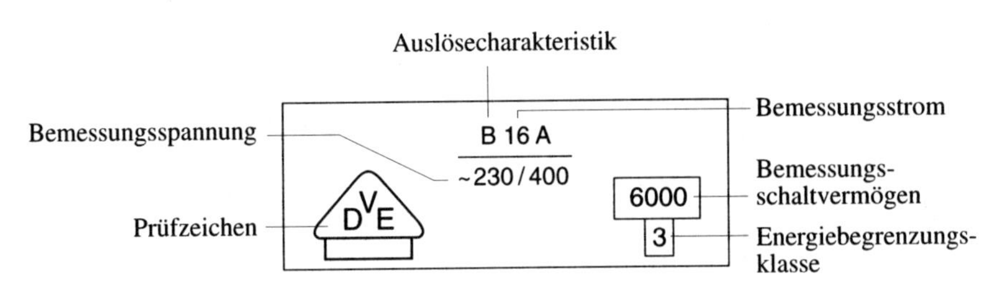

Bild 16.26 Aufschriften auf LS-Schalter (Quelle: DIN VDE 0641 Teil 11:1992-08)

Bild 16.27 zeigt einige Beispiele von Aufschriften.

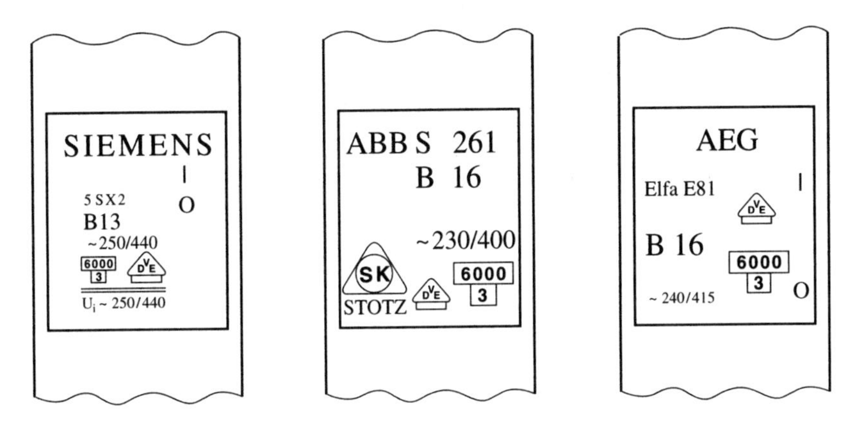

Bild 16.27 Aufschriften von LS-Schaltern verschiedener Hersteller

In den internationalen Normen ist auch ein LS-Schalter mit der Charakteristik U aufgenommen. Das Strom-Zeit-Verhalten entspricht der in **Bild 16.28** gezeigten Charakteristik für den Geräteschutzschalter Typ G. Das Bemessungsausschaltvermögen des LS-Schalters mit der Charakteristik U liegt bei 3000 A, 6000 A bzw. 10000 A. Der LS-Schalter Typ U wird – obwohl in Deutschland nicht genormt – am Markt angeboten. Da er der Europäischen Normung entspricht, ist gegen seine Anwendung nichts einzuwenden. Zu beachten ist allerdings, daß zum Schutz bei indirektem Berühren bei einer Abschaltzeit von 5 s der fünffache Bemessungsstrom und bei 0,1/0,2/0,4 s der zehnfache Bemessungsstrom zum Fließen kommen muß.

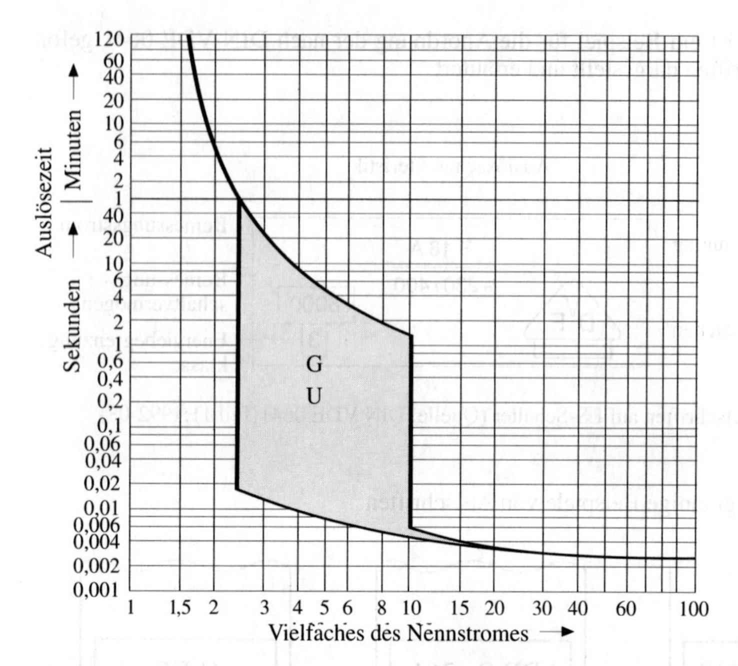

Bild 16.28 Strom-Zeit-Kennlinie eines Geräteschutzschalters Typ G nach CEE-Publikation 19 bzw. LS-Schalter Typ U nach CEE-Publikation 19.2

16.4.2.2 Geräteschutzschalter

Der Geräteschutzschalter ist ein Produkt der europäischen Harmonisierung. Er ist nach CEE-Publikation 19 zu bauen. Prinzipiell ist er aufgebaut wie die Leitungsschutzschalter der Typen H, L, B, C und D. Er kann für den Leitungsschutz und gleichzeitigen Geräteschutz eingesetzt werden. Der elektromagnetische Auslöser spricht zwischen dem 2,5- und zehnfachen Nennstrom an und hat also eine große Bandbreite. Die Auslösekennlinie ist in Bild 16.28 dargestellt.

Bei Schutzmaßnahmen mit Abschaltung muß bei einer Abschaltzeit von 5 s der fünffache Nennstrom, bei 0,2 s der zehnfache Nennstrom der vorgeschalteten Überstromschutzeinrichtung zum Fließen kommen.

Das Schaltvermögen muß bei 380 V Wechselspannung mindestens 3 kA betragen. Der große Prüfstrom liegt beim 1,35fachen Nennstrom. Der kleine Prüfstrom liegt beim 1,05fachen Nennstrom.

16.4.2.3 Motorstarter – DIN EN 60947-4-1 (VDE 0660 Teil 102)

Motorstarter dienen dazu, Motoren zu starten, auf die normale Drehzahl zu beschleunigen, den Motorbetrieb sicherzustellen, den Motor von der Stromversorgung abzuschalten und durch geeignete Schutzeinrichtungen den Motor sowie den zugehörigen Stromkreis bei Überlastung zu schützen.

Hauptaufgabe eines Motorstarters ist es, Motoren und ggf. auch die entsprechende Zuleitung gegen unzulässige Erwärmung zu schützen. Der Schalter darf nicht auslösen, wenn der Motor innerhalb der vorgegebenen Betriebsart mit Nennleistung betrieben wird und beim Einschalten einen hohen Anlaufstrom führt. Bei andauernder Überlast, zu großem Anlaufstrom, zu langer Hochlaufzeit, beim Blockieren des Motors und bei Ausfall eines Außenleiters muß der Motorstarter zuverlässig und exakt abschalten. Um dieser Aufgabe gerecht zu werden, besitzen Motorstarter Auslöseorgane, die mit einer Strom-Zeit-Charakteristik (z. B. Bimetallauslöser) arbeiten. Weiter gibt es auch Motorstarter, die noch zusätzlich einen Kurzschlußauslöser besitzen und somit einen vollständigen Schutz des Motors und ggf. auch der Zuleitung gewährleisten.

Motorstarter sind je nach Einsatz in Gebrauchskategorien (siehe Abschnitt 16.8) eingeteilt.

Die Gebrauchskategorie gibt an, für welchen typischen Anwendungsfall ein Starter am besten geeignet ist.

Motorstarter (Motorschalter mit fest eingestelltem thermischen Auslöser und fest eingestelltem Kurzschlußauslöser) in der Baugröße von LS-Schaltern werden sowohl in der Fachpresse als auch in Firmenkatalogen gemeinsam behandelt und angeboten. In der Praxis werden diese Schalter normalerweise nicht zum Ein- und Ausschalten von Motoren verwendet; sie werden nur zum Schutz gegen Überströme und Kurzschlußströme eingebaut.

Dieser Motorstarter – verschiedentlich auch K-, M-Schalter und fälschlicherweise G-Schalter genannt – ist nach DIN EN 60947-4-1 (VDE 0660 Teil 102) zu bauen. Aufbau und Wirkungsweise ist wie bei den LS-Schaltern beschrieben. Der thermische Auslöser ist aber nicht mehr abgestimmt auf den Leitungsschutz (Leiter), sondern auf den Motorschutz (Wicklung). Mit Rücksicht auf die Anlaufströme von Motoren löst der magnetische Auslöser erst beim acht- bis 14fachen des Nennstroms aus. Die Strom-Zeit-Kennlinie **(Bild 16.29)** zeigt auch, daß der Schalter für den Leitungsschutz zwar verwendet werden kann, sich aber nicht gut eignet. Das Schaltvermögen muß bei 400 V Wechselspannung mindestens 1,5 kA betragen. Hinsichtlich der Kennlinie muß DIN EN 60947-4-1 (VDE 0660 Teil 102) eingehalten werden (siehe Abschnitt 16.4.3). Der große Prüfstrom liegt beim 1,2fachen Nennstrom. Der kleine Prüfstrom liegt beim 1,05fachen Nennstrom.

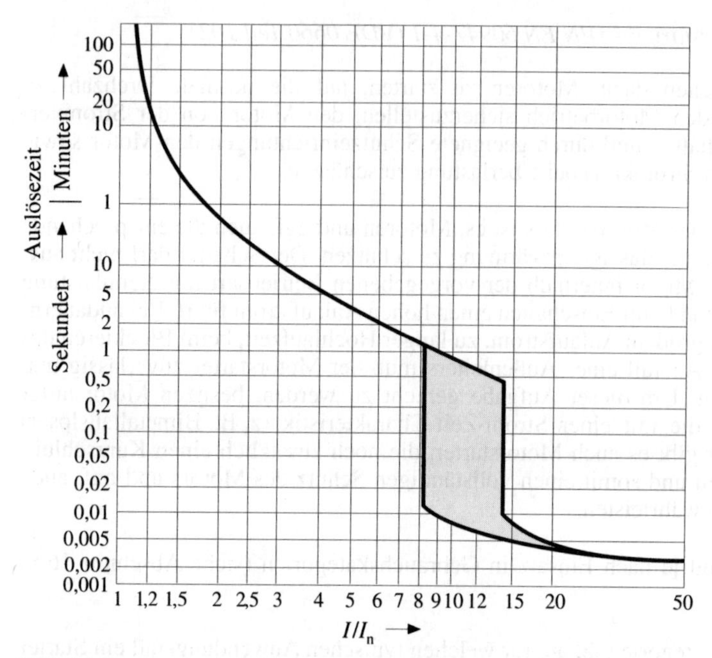

Bild 16.29 Strom-Zeit-Kennlinie eines Motorstarters

Bei Schutzmaßnahmen mit Abschaltung muß bei einer Abschaltzeit von 5 s der vierfache Nennstrom, bei 0,1 s der 14fache Nennstrom der vorgeschalteten Überstromschutzeinrichtung zum Fließen kommen.

Damit der Schalter sinnvoll eingesetzt werden kann, wird er in wesentlich kleineren Nennstromintervallen als Schmelzsicherungen oder LS-Schalter angeboten. Den Auszug aus einer Firmenliste zeigt **Tabelle 16.20.**

Tabelle 16.20 Technische Daten von Motorstartern

Schalter	Nennströme in A
Motorstarter mit fest eingestelltem Auslöser	0,5/1/1,6/2/3/4/6/8/10 16/20/25/32/42/50

Eine andere Bauart von Motorstartern ist der Schalter, der einen einstellbaren Überstromauslöser besitzt. Häufig sind diese Schalter noch mit einem elektromagnetischen Auslöser (Kurzschlußschnellauslöser) für den Kurzschlußschutz ausgestattet. Auch diese Motorstarter sind nach DIN EN 60947-4-1 (VDE 0660 Teil 102) zu bauen und zu prüfen.

Tabelle 16.21 Technische Daten von Motorstartern mit Kurzschlußauslöser
(Auszug aus einer Firmenliste; zwei verschiedene Ausführungen)

Einstellbereich der thermischen Überstromauslöser in A	Ansprechstrom des Kurzschlußauslösers in A	größter Nennstrom der Kurzschlußsicherungen							
		bei 230 V ~		bei 400 V ~		bei 500 V ~		bei 690 V ~	
		gL A	aM A	gL A	aM A	gL A	aM A	gL A	aM A
0,1 bis 0,16	1,8	eigenfest bis zu den höchsten Kurzschlußströmen							
0,16 bis 0,25	2,6								
0,25 bis 0,40	4,4								
0,40 bis 0,63	7							4	2
0,63 bis 1,0	11							6	4
1,0 bis 1,6	18					10	6	10	6
1,6 bis 2,5	26					16	10	16	10
2,5 bis 4,0	44			25	16	25	16	25	26
4,0 bis 6,3	70	35	20	35	20	35	20	35	20
6,3 bis 10	110	50	25	50	25	50	25	unzulässig	
10 bis 16	175	50	25	50	25	50	25		
1,0 bis 1,6	18	eigenfest bis zu den höchsten Kurzschlußströmen							
1,6 bis 2,5	26							35	20
2,5 bis 4,0	44							50	25
4,0 bis 6,3	70					63	35	63	35
6,3 bis 10	110			80	50	80	50	63	35
10 bis 16	175	80	50	80	50	80	50	63	35
16 bis 25	275	100	63	100	63	100	63	63	35
25 bis 40	440	125	80	125	80	125	80	63	35

Motorstarter, die nur mit einem Bimetallauslöser ausgerüstet sind – also keinen Kurzschlußschnellauslöser besitzen – benötigen in bestimmten Fällen noch ein vorgeschaltetes Schutzorgan für den Kurzschlußfall, da der Bimetallauslöser geschützt werden muß, um bei einem Kurzschluß nicht zerstört zu werden. Zum Schutz werden meist Schmelzsicherungen (Betriebsklasse aM oder gL) verwendet. **Tabelle 16.21** zeigt als Beispiel einen Auszug aus der Liste eines Herstellers, welche größte Schmelzsicherung einem Motorstarter vorgeschaltet werden darf. Es gibt auch Motorstarter (hauptsächlich für kleine Nennströme), deren Bimetallauslöser einen so hohen Eigenwiderstand haben, daß der Kurzschlußstrom begrenzt wird und das Schaltvermögen des Schalters ausreicht, den Kurzschlußstrom sicher abzuschalten. Motorstarter dieser Bauart werden »eigenfeste Schalter« genannt.

Strom-Zeit-Kennlinien von Motorstartern mit und ohne Kurzschlußschnellauslöser sind in **Bild 16.30** dargestellt. Dabei handelt es sich nur um Beispiele; in der Praxis sind die Firmenunterlagen heranzuziehen. Der prinzipielle Verlauf der Kennlinien ist in DIN EN 60947-4-1 (VDE 0660 Teil 102) festgelegt.

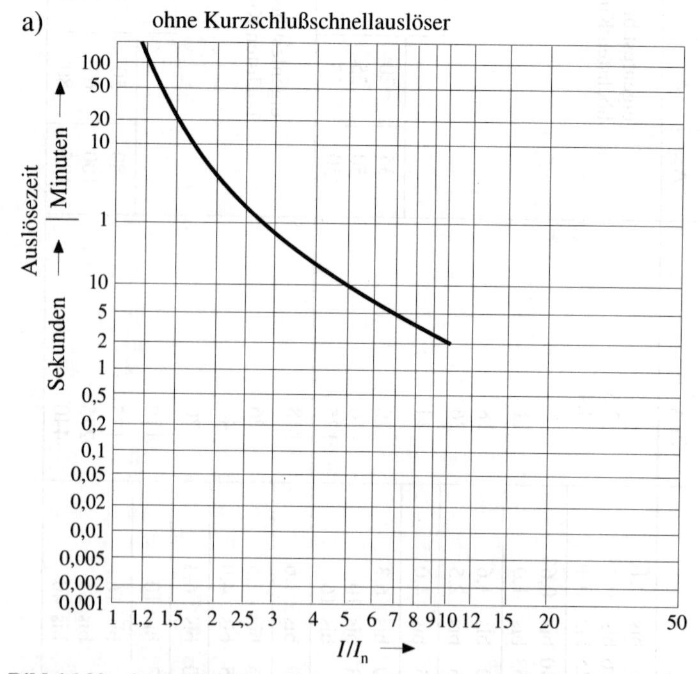

Bild 16.30 Strom-Zeit-Kennlinien von Motorstartern
a ohne Kurzschlußschnellauslöser
b mit Kurzschlußschnellauslöser

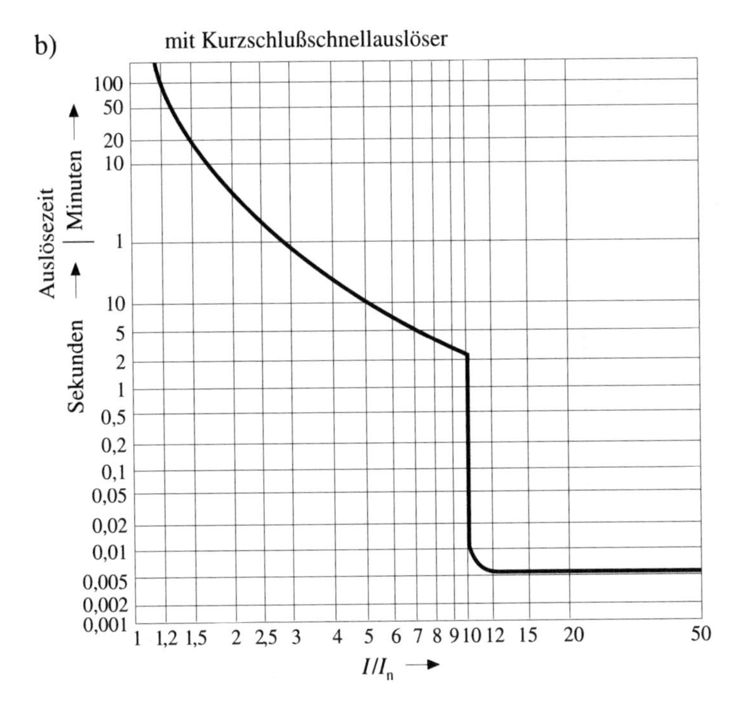

Bild 16.30 Fortsetzung

16.4.2.4 Leistungsschalter – DIN EN 60947-2 (VDE 0660 Teil 101)

Leistungsschalter sind Schalter mit einem Schaltvermögen, das den beim Ein- und Ausschalten von Betriebsmitteln und Anlageteilen in ungestörtem und gestörtem Zustand, insbesondere unter Kurzschlußbedingungen auftretenden Belastungen genügt.

Ein Leistungsschalter muß also allen in einer Anlage zu erwartenden Beanspruchungen genügen. Leistungsschalter müssen DIN EN 60947-2 (VDE 0660 Teil 101) entsprechen. Wenn der Leistungsschalter zum Schutz der Anlagen noch mit thermischen und magnetischen Auslösern ausgestattet ist (Prinzip wie beim LS-Schalter), wird er *Leistungsselbstschalter* genannt.

Leistungsschalter werden von den Firmen in Baureihen von 25 A bis 4000 A Nennstrom mit den verschiedensten Schaltvermögen angeboten. Auch Leistungsschalter mit Kurzverzögerung – für selektives Schalten – und Hochleistungsschalter mit extrem kurzen Ausschaltzeiten werden angeboten. In **Bild 16.31** sind prinzipielle Auslösekurven von Leistungsselbstschaltern angegeben.

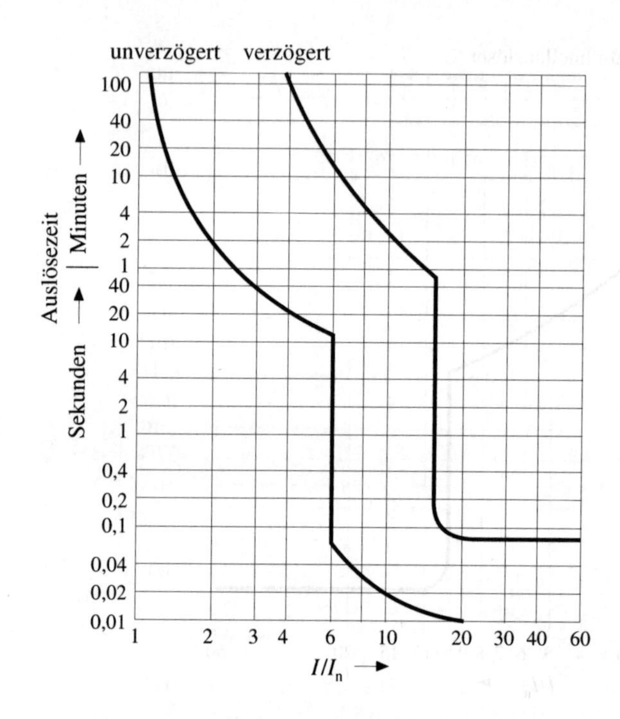

Bild 16.31 Auslösekurven von Leistungsselbstschaltern

Tabelle 16.22 Technische Daten von Leistungsselbstschaltern

Nennstrom	63/100/160	250	400	630/800	1000/1250	1600/2000	A
Schalt- vermögen cos φ	10 0,5	15 0,3	20 0,3	50 0,25	50 0,25	50 0,25	kA
Bimetall- auslöser	25 bis 40 40 bis 63 63 bis 100 100 bis 160	25 bis 40 40 bis 63 63 bis 100 100 bis 160 160 bis 200 200 bis 250	130 bis 200 200 bis 310 310 bis 400 350 bis 500	240 bis 400 380 bis 630 590 bis 800	590 bis 1000 720 bis 1200	970 bis 1600 1200 bis 2000	A
magneti- scher Schnell- auslöser	250/300 600/900 600/750 1200/1900	125/200 315/500 800/1250 2000	600/900 1200/1900 2800/3600 5000/6000 7500	1200 bis 2400 1600 bis 3200 2500 bis 5000 4000 bis 8000 5000 bis 10000 7500 bis 15000		2400 bis 4800 5000 bis 10000 7500 bis 15000 8000 bis 16000 10000 bis 20000 15000 bis 30000	A

Bei Schutzmaßnahmen mit Abschaltung muß von der jeweiligen Kennlinie des thermischen und magnetischen Auslöseorgans der Leistungsschalter ausgegangen werden. Entsprechende Einstellungen, in Verbindung mit den zu erwartenden Kurzschlußströmen, stellen die Abschaltzeit sicher.

Tabelle 16.22 gibt einen Auszug aus einer Firmenliste von Leistungsselbstschaltern.

16.4.3 Hochspannungssicherungen

Hochspannungs-Hochleistungssicherungen (HH-Sicherungen) werden im Mittelspannungsbereich von 3 kV bis 36 kV eingesetzt. Sie schützen Mittelspannungsschaltgeräte, Transformatoren und Anlagen vor den thermischen und dynamischen Auswirkungen von Überlast- und Kurzschlußströmen. Herstellung und Prüfung hat nach DIN HD 492.1 S1 (DIN VDE 0670 Teil 4) »Wechselstromschaltgeräte für Spannungen über 1 kV; Strombegrenzende Sicherungen« zu erfolgen. Für Transformatorenstromkreise gilt außerdem DIN VDE 0670 Teil 402 »Wechselstromschaltgeräte für Spannungen über 1 kV; Auswahl von strombegrenzenden Sicherungseinsätzen für Transformatorenstromkreise«.

Entsprechend dem Ausschaltbereich sind zwei Arten strombegrenzender Sicherungen definiert:

- **Teilbereichssicherungen**
  Eine strombegrenzende Sicherung, die unter festgelegten Bedingungen für Anwendung und Verhalten alle Ströme, vom Nennausschaltstrom bis herab zum Nennmindestausschaltstrom, ausschalten kann.

- **Vollbereichssicherungen**
  Eine strombegrenzende Sicherung, die unter festgelegten Bedingungen für Anwendung und Verhalten alle Ströme, vom Nennausschaltstrom bis herab zu dem Strom, der in einer Stunde zum Abschmelzen des Schmelzeinsatzes führt, ausschalten kann.

Eine HH-Sicherung besteht aus Sicherungsunterteil, dessen Aufgabe es ist, die Isolation gegen Erde und andere Bauteile sicherzustellen, sowie dem Sicherungseinsatz, der den Schmelzleiter enthält **(Bild 16.32).**

16.4.3.1 Teilbereichssicherungen

Bei HH-Sicherungen sind in einem Porzellanrohr meist mehrere Schmelzleiter aus Feinsilber in Löschmittel (Quarzsand) eingebettet. Zur Erzielung eines längeren Lichtbogenwegs sind die Schmelzleiter spiralförmig angeordnet. Die Schmelzleiter werden durch Tragorgane oder durch besonders dichtes Löschmittel in ihrer Lage fixiert. Die Schmelzleiter besitzen in regelmäßigen Abständen »Engstellen« (Querschnittschwächung), die bei erhöhtem Stromdurchgang, auf-

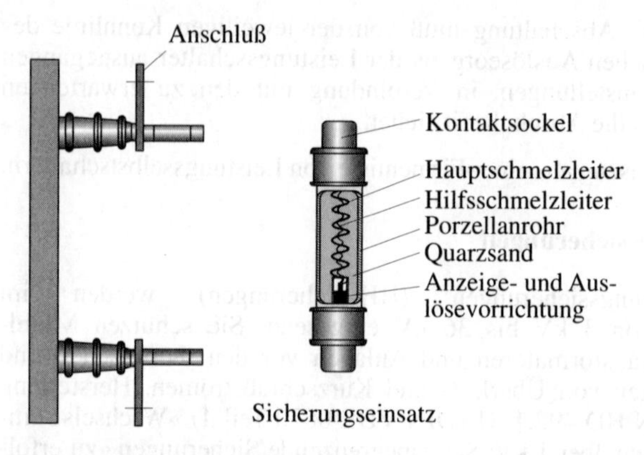

Bild 16.32 HH-Sicherung

grund der geringeren Wärmekapazität, als Heizzonen wirken und an diesen Stellen den Abschaltvorgang einleiten. Die Anzahl der Engstellen ist von der Nennspannung des Sicherungseinsatzes abhängig. Bei einem Kurzschluß schmilzt so der Schmelzleiter an mehreren Stellen gleichzeitig, und es entstehen mehrere kleine Lichtbögen, d. h., die gesamte Lichtbogenenergie wird auf mehrere Stellen gleichmäßig über die gesamte Länge des Sicherungseinsatzes aufgeteilt. Durch das dichte Löschmittel erfolgt sofort eine intensive Kühlung, die eine rasche Löschung der Lichtbögen bewirkt (Gleichstromlöschung).

Das Ansprechen des Sicherungseinsatzes wird entweder durch einen Kennmelder angezeigt oder durch einen Schlagstift gemeldet bzw. zu einer Information verarbeitet. Bei Sicherungseinsätzen mit Kennmelder (optische Anzeige) wird dabei ein Kennorgan in ein an der Sicherungskappe angebrachtes Schauglas gedrückt. Ein defekter Sicherungseinsatz ist damit deutlich zu erkennen. Bei Sicherungseinsätzen mit Schlagstift erscheint an der Stirnseite der Sicherungskappe ein Stift von ca. 30 mm Länge. Der Schlagstift kann zur mechanischen Auslösung eines Schaltschlosses eines Last- oder Leistungsschalters bzw. zur Betätigung einer Auslösevorrichtung, die optische oder akustische Signale auslöst, verwendet werden.

In DIN VDE 0670 Teil 402 sind für die Zeiten 10 s, 0,1 s und 0,01 s minimale und maximale Ströme (Stromtore) und auch untere und obere Grenzkurven für die Strom-Zeit-Bereiche angegeben. Mittlere Strom-Zeit-Kennlinien zeigt **Bild 16.33.**

Die Strom-Zeit-Kennlinien der verschiedenen Hersteller sind unterschiedlich. Wenn von einer Strom-Zeit-Kennlinie ausgegangen wird, ist zu beachten, daß die Toleranz etwa ±10 % in Stromrichtung beträgt. Wie auch die Strom-Zeit-Kenn-

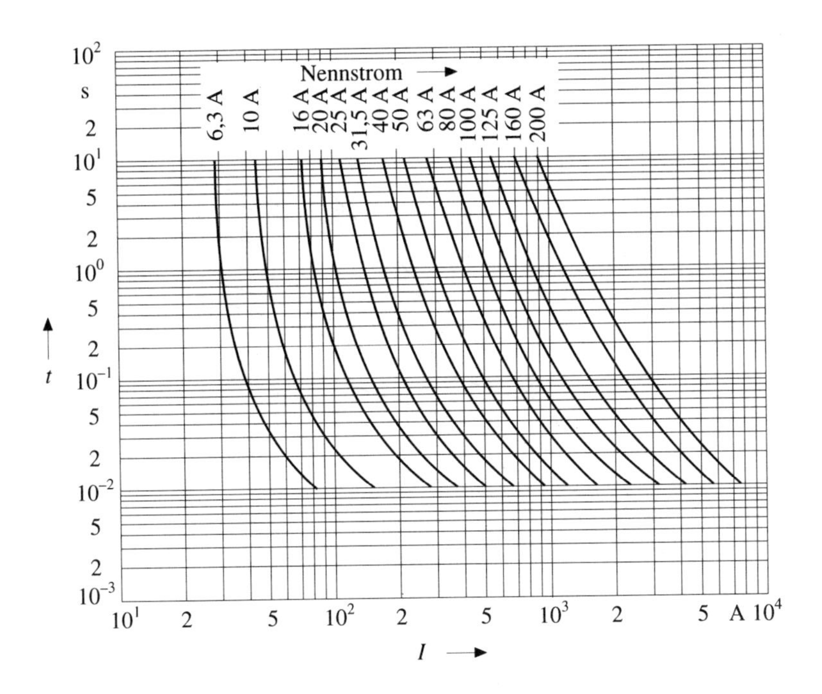

Bild 16.33 Mittlere Strom-Zeit-Kennlinien für HH-Sicherungseinsätze

linien der HH-Sicherungseinsätze in Bild 16.33 zeigen, können HH-Sicherungseinsätze Überströme nur ab einem bestimmten Strom sicher abschalten. Dieser Strom wird Mindestausschaltstrom (I_{min}) genannt und liegt je nach Hersteller beim zwei- bis dreifachen Nennstrom des Sicherungseinsatzes. Im Bereich zwischen I_n und I_{min} besitzt der Sicherungseinsatz kein definiertes Auslöseverhalten (Teilbereichssicherung) und kann beim Betrieb unterhalb des Mindestausschaltstroms versagen. Dies könnte bei kleinen Erdschlußströmen, geringen Überlastströmen und Windungsfehlern in einem Transformator der Fall sein. HH-Sicherungseinsätze sind also nicht zur Abschaltung geringer Überströme geeignet.

Der Überlastschutz kann nicht oder nur bedingt übernommen werden; Haupteinsatzgebiet ist deshalb der Kurzschlußschutz.

Bedingt durch ihren Aufbau und ihre Konstruktion haben HH-Sicherungseinsätze strombegrenzende Wirkung. Bei großen Kurzschlußströmen wird die Abschaltung noch während des Stromanstiegs erfolgen. Es kommt also nicht der Stoßkurzschlußstrom I_S zum Fließen, da dieser auf den Durchlaßstrom I_D begrenzt wird.

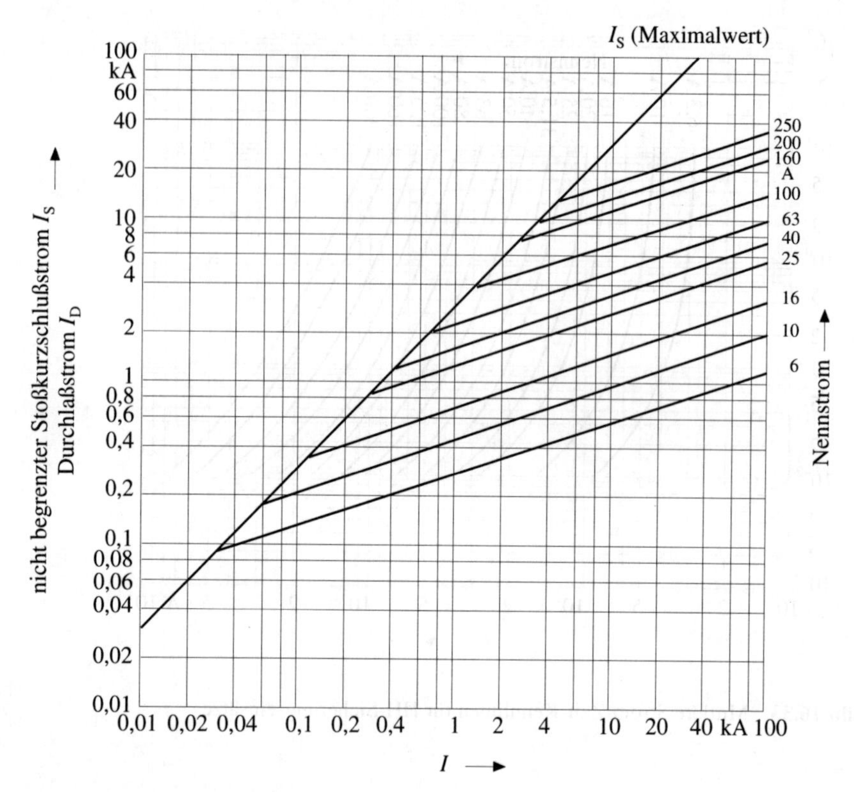

Bild 16.34 Strombegrenzungsdiagramm

Ein Strombegrenzungsdiagramm für eine Sicherungs-Baureihe ist in **Bild 16.34** dargestellt.

HH-Teilbereichssicherungen werden eingesetzt für den Kurzschlußstrom von Mittelspannungsanlagen und -betriebsmitteln, wobei noch folgende Auswahlkriterien zu beachten sind:

- **Schutz von Kabeln**
  Der Sicherungseinsatz sollte nach dem zulässigen Belastungsstrom der Kabelanlage (Kabelquerschnitt, Verlegeart, Umgebungsbedingungen usw. beachten) ausgewählt werden. Die Belastbarkeit von Kabeln mit Spannungen > 1 kV bis 30 kV kann DIN VDE 0298 Teil 2 entnommen werden.
- **Schutz von Transformatoren**
  Zu beachten sind der Einschaltstrom (I_n rush current) und die maximal zulässige Kurzschlußdauer des Transformators. Die Anforderungen an die Selek-

tivität der Schutzeinrichtungen auf der Primär- und der Sekundärseite (NH-Sicherungen, Leistungsschalter) sollten berücksichtigt werden. Siehe hierzu Abschnitt 15.2.

- **Schutz von Motoren**
  Es sind die Höhe und Dauer der Anlaufströme sowie die Häufigkeit des Anlaufs zu beachten. Bei geringer Anlaufhäufigkeit genügt es, die Strom-Zeit-Kennlinie zu beachten. Wenn die Anlaufhäufigkeit so groß ist, daß die Sicherungseinsätze zwischendurch nicht abkühlen können, sollte der Sicherungs-Hersteller zu Rate gezogen werden.

- **Schutz von Kondensatoren**
  Es wird empfohlen, den Nennstrom des Sicherungseinsatzes mit (1,5...2,0) · I_n des Kondensators auszulegen. Damit werden Einschaltströme und Spannungserhöhungen durch die Kondensatoren sowie die Einflüsse von Netz-Oberwellen berücksichtigt.

- **Schutz von Spannungswandlern**
  Es sollte der kleinste Sicherungseinsatz einer Baureihe als Kurzschlußschutz eingesetzt werden; in der Regel also ein 4-A- oder 6,3-A-Sicherungseinsatz.

16.4.3.2 Vollbereichssicherungen

HH-Vollbereichs-Sicherungseinsätze können alle Ströme, vom Nennausschaltstrom bis zu dem Strom abschalten, der den Sicherungseinsatz in einer Stunde zum Ansprechen bringt.

Die z. Z. angebotenen Sicherungen sind Neuentwicklungen.

Für Vollbereichssicherungen gelten grundsätzlich die für Teilbereichssicherungen beschriebenen Eigenschaften. Ausnahme ist, daß es keinen Mindestausschaltstrom gibt, dafür aber der Strom die untere Grenze der Anwendung festlegt, der den Schmelzeinsatz in einer Stunde zum Ansprechen bringt.

16.5 Fehlerstrom-/Differenzstrom-Schutzeinrichtungen

16.5.1 Allgemeines

Unter Fehlerstrom-/Differenzstrom-Schutzeinrichtungen werden alle auf der Basis von Differenzströmen (I_Δ) arbeitenden Schutzeinrichtungen verstanden. Den häufigsten Anwendungsfall stellt dabei der Fehlerstrom-Schutzschalter (FI-Schutzschalter) dar.

Nach den internationalen Normungsarbeiten bei IEC und CENELEC wird künftig für diese Schalter der Ausdruck RCD (en: Residual Current protective Device) als

Oberbegriff gewählt (siehe auch Abschnitt 2.12). Der bisher verwendete Ausdruck »Nennfehlerstrom« wurde in »Bemessungsdifferenzstrom« geändert.

Fehlerstromschutzeinrichtungen sind dann »RCD ohne Hilfsspannungsquelle« und entsprechen dem bisher im nationalen Bereich hauptsächlich verwendeten Schalter. Differenzstromschutzeinrichtungen sind »RCD mit Hilfsspannungsquelle« und fanden bisher hauptsächlich im Ausland Anwendung.

Da die Normungsarbeiten noch nicht abgeschlossen sind, wird nachfolgend der derzeitige Stand der Technik im nationalen Bereich beschrieben.

Begriffe nach IEC bzw. DIN VDE:

- *Differenzstrom-Schutzeinrichtung (RCD = Residual current protective device)*
  Ein mechanisches Schaltgerät oder eine Zusammenschaltung von Geräten, deren Aufgabe es ist, die Öffnung der Kontakte zu veranlassen, wenn der Differenzstrom unter festgelegten Bedingungen einen vorgegebenen Wert erreicht (IEC-Publikation 755).

  Anmerkung: Die IEC-Publikation 755 ist nur als Report herausgegeben; sie umfaßt alle international gebräuchlichen Differenzstrom-Schutzeinrichtungen.

- *FI-Schutzschalter*
  sind Schutzschalter, die ausschalten, wenn der Fehlerstrom einen bestimmten Wert überschreitet (DIN VDE 0664 Teil 1).
- *FI/LS-Schalter*
  ist ein mechanisches Schaltgerät, das dazu dient, einen Stromkreis durch Handbetätigung mit dem Netz zu verbinden oder von diesem zu trennen bzw. selbsttätig, netz- oder hilfsspannungsunabhängig den Stromkreis vom Netz zu trennen, wenn ein Fehlerstrom oder ein Strom bei Überlast oder Kurzschluß einen vorbestimmten Wert überschreitet (DIN VDE 0664 Teil 2).
- *Selektive FI-Schutzschalter*
  sind Schutzschalter, die zeitlich verzögert sind und die durch Stromstöße bestimmter Höhe nicht auslösen (DIN VDE 0664 Teil 1).
- *LS/DI-Schalter*
  sind Schutzschalter, die dazu dienen, einen Stromkreis durch Handbetätigung mit dem Netz zu verbinden oder von diesem zu trennen bzw. selbsttätig vom Netz zu trennen, wenn Überlaststrom, Kurzschlußstrom oder Differenzstrom einen vorbestimmten Wert überschreitet. Die Funktion des Differenzstromauslösers ist netzspannungsabhängig (DIN VDE 0641 Teil 4).

FI-Schutzschalter für Wechselspannung bis 500 V und bis 63 A sind nach DIN VDE 0664 Teil 1 herzustellen und zu prüfen. Für Fehlerstrom-Schutzschalter mit Überstromauslöser (FI/LS-Schalter) bis 415 V und bis 63 A gilt DIN VDE 0664

Teil 2. Alle anderen auf der Basis von Differenzströmen arbeitenden Differenzstrom-Schutzeinrichtungen sind nach DIN VDE 0660 herzustellen und zu prüfen.

16.5.2 FI-Schutzschalter

16.5.2.1 Geschichtliche Entwicklung

Die zeitliche Entwicklung der FI-Schutzschalter ist naturgemäß sehr eng an die FI-Schutzschaltung gekoppelt. Die FI-Schutzschaltung wurde 1928 vom RWE (Rheinisch-Westfälisches Elektrizitätswerk AG) zum Patent angemeldet. Ausgehend von der in der Hochspannungstechnik bekannten Erdschlußrelais-Schutztechnik wurde der Summenstrom-Schutzschalter zunächst »Differential-Schutzschalter« und später dann »Fehlerstrom-Schutzschalter« genannt. Mit diesem Schalter sollten bei einer Auslösezeit von 100 ms und bei Auslöseströmen erheblich unter 50 mA (gedacht war an 5 mA bis 10 mA) Unfallgefahren für Menschen und Tiere auch beim Berühren eines unter Spannung stehenden Leiters und Brände durch Erdschlüsse sicher verhindert werden. Der erste Schalter, ein Handmodell der Firma Paris & Co., hatte einen Auslösestrom von 10 mA bei einer Auslösezeit innerhalb 100 ms. Bald stellte sich aber heraus, daß es mit der damals üblichen Technik nicht möglich war, FI-Schutzschalter mit den genannten Eigenschaften technisch zuverlässig und wirtschaftlich herzustellen. Beim nächsten Handmodell, das im Jahr 1940 vorgestellt wurde, lag der Nenn-Fehlerstrom bei 80 mA, wobei die Abschaltzeit ebenfalls bei 100 ms lag. Auch dieser Schalter konnte nicht zu einem serienfabrikationsreifen Modell entwickelt werden. Im Jahr 1951 wurden dann die ersten serienmäßig gefertigten FI-Schutzschalter angeboten, mit Nenn-Fehlerströmen von 0,3 A und 3 A. In den VDE-Bestimmungen wurde die FI-Schutzschaltung durch VDE 0100:1958-11 erstmals im »Weißdruck« veröffentlicht, nachdem zuvor die FI-Schutzschaltung in VDE 0100:1956-... (2. Entwurf) vorgestellt worden war. Die erste Bau- und Prüfvorschrift für FI-Schutzschalter war VDE 0664:1963-03, während zur Zeit DIN VDE 0664 Teil 1:1985-10 gilt.

Nachdem 1966/67 die ersten »hochempfindlichen« FI-Schutzschalter (Nennfehler-Strom $I_{\Delta N} \leq 30$ mA) auf den Markt kamen, war ein weiterer Schritt getan. Moderne elektronische Bauteile, durch die pulsierende Gleichströme als Fehlerströme entstehen können, machten eine Weiterentwicklung des FI-Schutzschalters zu einem »pulsstromempfindlichen« FI-Schutzschalter notwendig, der seit 1981 auf dem Markt ist. Eine große Zahl von Einflußgrößen ist dabei von entscheidender Bedeutung, wie die Größe des Gleichstroms, die Art der Gleichrichtung, die Welligkeit der Ströme, die Größe der Aussteuerung (Steuerwinkel) und die Fehlerstelle im Gleichstromkreis. Bei pulsierenden Fehlerströmen kann ein Ansprechen der Auslöseeinrichtung nur dann erfolgen, wenn der vom Summenstromwandler übertragene Impuls eine ausreichende Amplitude und Energie aufweist. Die Auslösewerte sind außerdem noch abhängig von der Art und Wirkungsweise der Auslöseeinrichtung. Wegen der vorgenannten Gründe haben sich die Entwicklungsarbeiten als sehr schwierig erwiesen. Ein speziell zur Untersuchung dieser Problematik eingesetztes Expertengremium hat nach langwierigen Verhandlungen einen Kompromiß gefunden, der folgendes Ergebnis zeigt:

a) Die Hersteller elektronisch gesteuerter Geräte bauen die Geräte so, daß im Fehlerfall nur Gleichfehlerströme zum Fließen kommen, die zeitweise den Wert Null annehmen oder Nulldurchgänge aufweisen. Andere Geräte werden entweder in schutzisolierter Ausführung hergestellt, oder der Schutz wird durch eine sichere elektrische Trennung sichergestellt.

b) Die Hersteller von FI-Schutzschaltern bringen FI-Schutzschalter auf den Markt, die Wechsel- und pulsierende Gleichfehlerströme beherrschen. FI-Schutzschalter dieser Art tragen das Zeichen ⊡.

Die Formen von Fehlerströmen, wie sie bei verschiedenen Gleichrichter-Schaltungen entstehen können, sind in **Bild 16.35** dargestellt. Angegeben sind auch die neuen für Stromrichter festgelegten Bezeichnungen.

Es ist zu erkennen, daß der unter Punkt b) aufgeführte FI-Schutzschalter Fehlerströme beherrscht, die bei folgenden Schaltungen auftreten:

- Einweggleichrichtung ohne Glättung;
- Graetz-Brückenschaltung ohne/mit Glättung (neue Bezeichnung: Zweiweggleichrichtung ohne/mit Glättung);
- Phasenanschnittsteuerung symmetrisch/unsymmetrisch (neue Bezeichnung: Wechselstromsteller mit Anschnittsteuerung/Zweiweggleichrichtung halbgesteuert);
- Schwingungspaketsteuerung (neue Bezeichnung: Wechselstromsteller mit Vielperiodensteuerung).

Für selektive, zeitverzögerte FI-Schutzschalter (seit Jahren auf dem Markt angeboten, z. B. mit den Nennströmen 100 A und 160 A) sind in der neuen Norm DIN VDE 0664 Teil 1:1985-10 erhöhte Anforderungen aufgenommen. Danach müssen selektive FI-Schalter unempfindlich gegen Stoß-(Fehler)-Ströme (Normstoß 8/20, 3000 A) sein. Dieser selektive FI-Schutzschalter ist besonders für die Reihenschaltung mit normalen FI-Schutzschaltern geeignet.

Der Verlauf eines Stoßstroms der Impulsform 8/20 µs nach DIN VDE 0432 Teil 2 ist in **Bild 16.36** gezeigt. Dabei beträgt die Stirnzeit $T_1 = 8$ µs die Rückenhalbwertzeit $T_2 = 20$ µs.

16.5.2.2 Aufbau und Wirkungsweise

Den prinzipiellen Aufbau eines FI-Schalters zeigt **Bild 16.37.** Wichtigstes Bauteil eines FI-Schutzschalters ist der Summenstromwandler. Im normalen Betrieb wird durch die Summe der in die Anlage hineinfließenden Ströme ein Magnetfeld aufge-

Schaltung Benennung Neu	Alt	Schaltbild	Form des Belastungsstroms	Form des Fehlerstroms
Einweggleichrichtung ohne Glättung		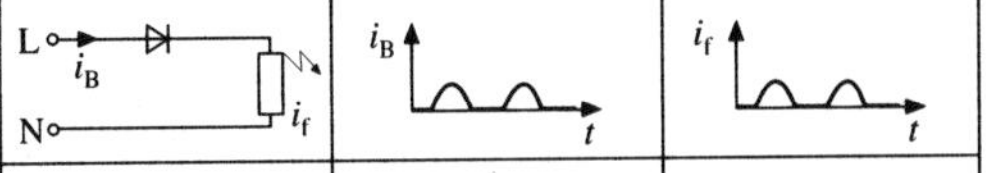 L, N, i_B, i_f	i_B, t	i_f, t
Einweggleichrichtung mit Glättung		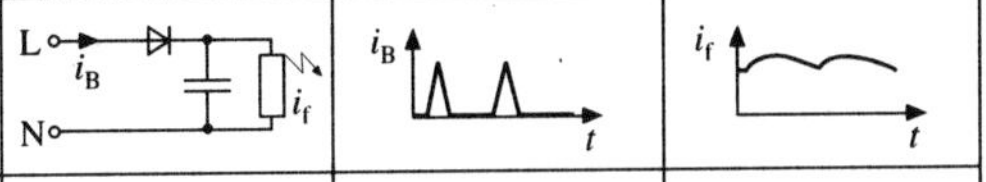 L, N, i_B, i_f	i_B, t	i_f, t
Zweiweggleichrichtung	Graetz-Brückenschaltung	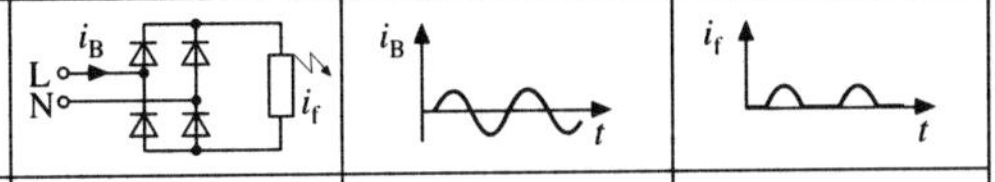 L, N, i_B, i_f	i_B, t	i_f, t
Zweiweggleichrichtung mit Glättung	Graez-Brücke mit Glättung	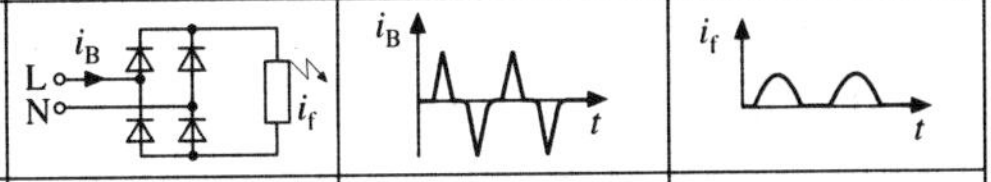 L, N, i_B, i_f	i_B, t	i_f, t
Wechselstromsteller mit Anschnittsteuerung	Symmetrische Phasenanschnittsteuerung	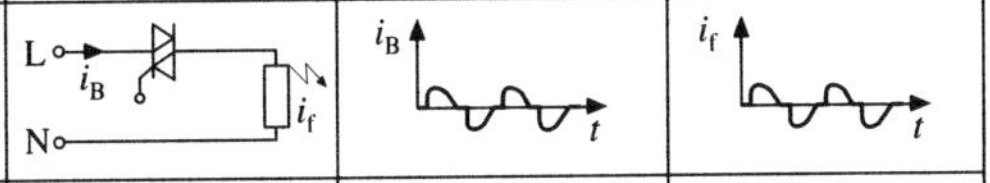 L, N, i_B, i_f	i_B, t	i_f, t
Zweiweggleichrichtung halbgesteuert	Unsymmetrische Phasenanschnittsteuerung	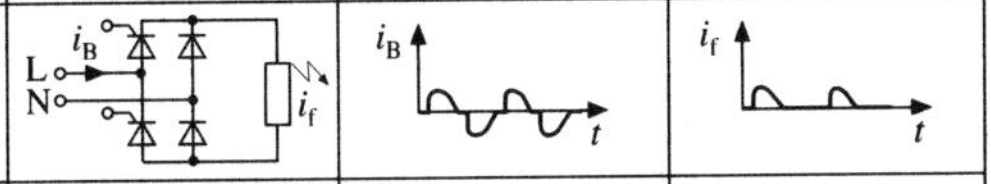 L, N, i_B, i_f	i_B, t	i_f, t
Wechselstromsteller mit Vielperiodensteuerung	Schwingungspaketsteuerung	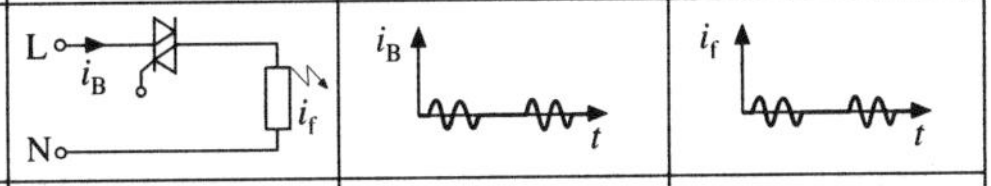 L, N, i_B, i_f	i_B, t	i_f, t
Drehstromgleichrichtung		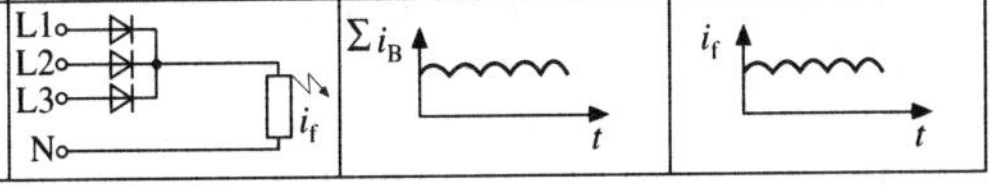 L1, L2, L3, N, i_f	Σi_B, t	i_f, t

Bild 16.35 Belastungs- und Fehlerstromformen bei verschiedenen Gleichrichter-Schaltungen (Beispiele)

baut, das durch das Magnetfeld der zurückfließenden Ströme wieder aufgehoben wird. Nach dem Kirchhoffschen Gesetz ist die Summe der Ströme in jedem Augenblick gleich Null, wenn das System ungestört ist:

$$\sum_{i}^{n} I_i = 0.$$

Wird durch einen Fehler oder durch einen anderen Umstand das System gestört, fließt also der Strom nicht mehr über die Zuleitungen, sondern über einen Schutzleiter oder Erder zum Transformator – also am FI-Schutzschalter (Summenstromwandler) vorbei – zurück, so ist das Gleichgewicht der Ströme nicht mehr

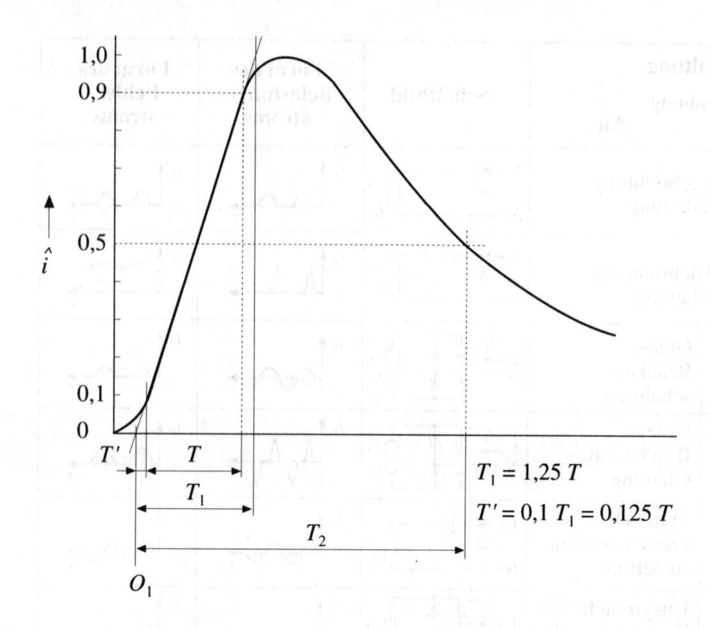

Bild 16.36 Stoßstrom 8/20 µs

gewährleistet; im Summenstromwandler wird eine Spannung induziert. Über einen magnetischen Auslöser, der je nach Aufbau einen zusätzlichen Kondensator erforderlich macht, wird die Abschaltung in die Wege geleitet, wenn die »Ungleichheit der Ströme« einen bestimmten Wert, den Auslösestrom, überschreitet. Dabei ist an den FI-Schutzschalter die Forderung gestellt, daß er ohne Hilfsenergie (Netzspannung oder Batterie) auskommen muß. Die Auslösung muß alleine durch die Spannung erfolgen, die durch den Fehlerstrom im Summenstromwandler induziert wird. Bei normal empfindlichen Schaltern mit $I_{\Delta N}$ = 300 mA bis 500 mA wird ohne Kondensator gearbeitet; der magnetische Auslöser genügt. Bei hochempfindlichen Schaltern mit $I_{\Delta N}$ = 10 mA bis 30 mA wird je nach Auslösertyp zusätzlich ein Kondensator so eingebaut und abgestimmt, daß im Auslösekreis ein Resonanzkreis, bestehend aus Summenstromwandler, magnetischem Auslöser und Kondensator, entsteht.

Der magnetische Auslöser – z. B. Sperrmagnet-Auslöser (**Bild 16.38**) – besitzt einen Permanent-Magneten, der im normalen Betrieb das Auslöseglied des Schalters hält. Bei einem Fehlerstrom wird der permanente magnetische Fluß durch einen Wechselfluß – hervorgerufen durch den Fehlerstrom – so geschwächt, daß das Auslöseglied durch eine Feder abgezogen werden kann.

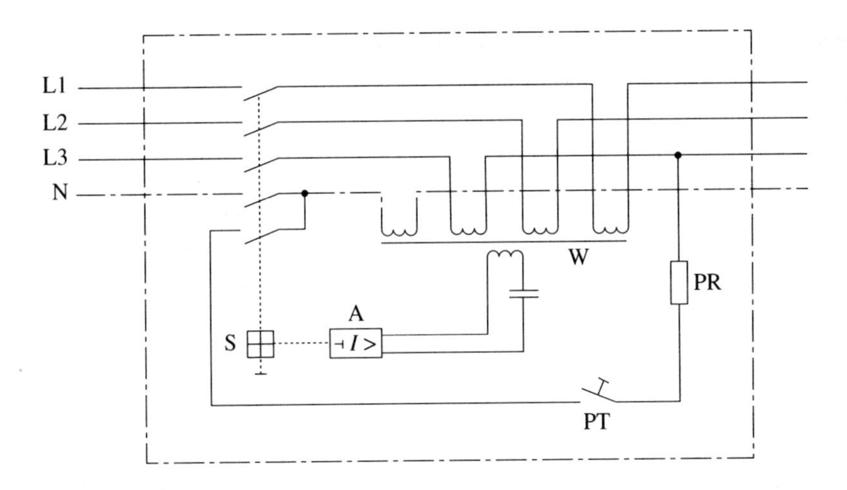

Bild 16.37 FI-Schutzschalter
A Auslöser,
PR Prüfwiderstand,
PT Prüftaste,
S Schaltschloß, Bestätigungsorgan,
W Summenstromwandler

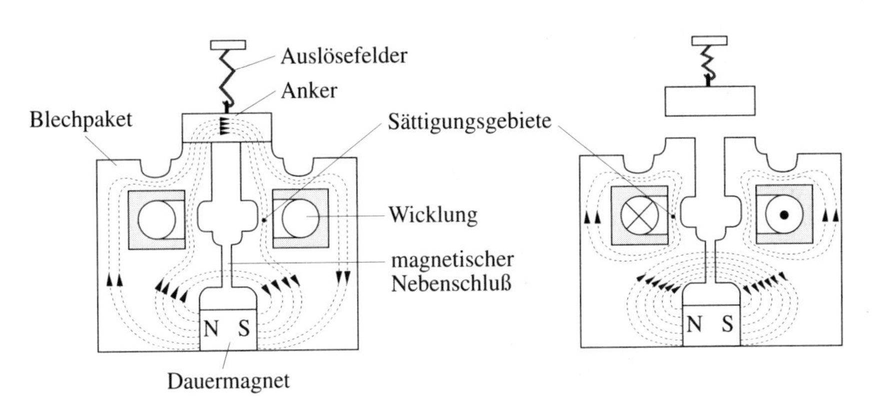

Bild 16.38 Auslöser eines FI-Schutzschalters mit Haltemagnet (Sperrmagnet)

Selektiv arbeitende FI-Schutzschalter werden mit einem Zeitverzögerungsglied ausgerüstet. Die Verzögerungszeiten sind in DIN VDE 0664 Teil 1 (siehe **Tabelle 16.23**) festgelegt. Bei einem Fehlerstrom von $2 \cdot I_{\Delta N}$ liegt die Gesamtausschaltzeit unter dem geforderten Wert von 0,2 s.

Tabelle 16.23 Auslösezeiten von selektiven FI-Schutzschaltern

Wechsel-Fehlerstrom I	pulsierender Gleich-Fehlerstrom I	Auslösezeit t in s
$I_{\Delta N}$	$1{,}4 \cdot I_{\Delta N}$	0,15 bis 0,5
$2 \cdot I_{\Delta N}$	$2{,}8 \cdot I_{\Delta N}$	0,06 bis 0,2
$5 \cdot I_{\Delta N}$	$7{,}0 \cdot I_{\Delta N}$	0,04 bis 0,15
500 A		0,04 bis 0,15

16.5.2.3 Abschaltbedingungen

Ein FI-Schutzschalter muß in der vorgegebenen Zeit und bei bestimmten Auslöseströmen in Abhängigkeit vom Nenn-Fehlerstrom auslösen, wobei bei pulsierenden Strömen noch der Steuerwinkel maßgebend ist.

Begriffe nach DIN VDE 0664:

- *Nenn-Fehlerstrom* $I_{\Delta N}$ ist derjenige Fehlerstrom, für den die FI-Schutzschalter gebaut und mit dessen Wert sie gekennzeichnet sind.
- *Auslösestrom* I_A ist der Strom, bei dem der FI-Schutzschalter unter festgelegten Bedingungen zum Ansprechen gebracht wird.
- Der *Steuerwinkel* α (in °) eines Stromrichters entspricht der Zeitspanne, um die der Zündzeitpunkt gegenüber dem Zündzeitpunkt bei Vollaussteuerung nacheilend verschoben ist.

Innerhalb 0,2 s muß der FI-Schutzschalter bei folgenden Fehlerströmen abschalten:

- bei Wechselstrom:
  $I_A = 0{,}5$ bis $1{,}0\ I_{\Delta N}$;
- bei pulsierenden Gleichströmen:
  $I_A = 0{,}35$ bis $1{,}4 \cdot I_{\Delta N}$, bei $\alpha = 0°$elektrisch,
  $I_A = 0{,}25$ bis $1{,}4 \cdot I_{\Delta N}$, bei $\alpha = 90°$elektrisch,
  $I_A = 0{,}11$ bis $1{,}4 \cdot I_{\Delta N}$, bei $\alpha = 135°$elektrisch;
- bei pulsierenden Gleichströmen mit 6 mA Gleichstromkomponente:
  $I_A =$ maximal $1{,}4 \cdot I_{\Delta N} + 6$ mA.

Innerhalb 0,04 s muß der FI-Schutzschalter bei folgenden Fehlerströmen abschalten:

- bei Wechselstrom:
  $I_A = 5 \cdot I_{\Delta N}$;
- bei pulsierendem Gleichstrom:
  $I_A = 5 \cdot 1{,}4 \cdot I_{\Delta N} = 7 \cdot I_{\Delta N}$.

Die zur Zeit angebotenen Schalter erreichen unter diesen Bedingungen Auslösezeiten zwischen 10 ms und 30 ms. Bei reinem Wechselstrom liegt der Auslösestrom etwa bei:

- $I_A = 0{,}8 \cdot I_{\Delta N}$.

Für selektive FI-Schutzschalter sind die in Tabelle 16.23 dargestellten Auslösezeiten gefordert.

16.5.2.4 Kurzschlußfestigkeit und maximale Vorsicherung

Während früher (ältere) FI-Schutzschalter eine relativ geringe Kurzschlußstromfestigkeit hatten und deshalb die Stromstärke der maximal zulässigen Vorsicherung den Schalter-Nennstrom nicht wesentlich überschreiten durfte, müssen FI-Schutzschalter heute eine Nenn-Kurzschlußfestigkeit von 3000 A, 6000 A oder 10000 A aufweisen. Dabei muß die Nenn-Kurzschlußfestigkeit auf dem Leistungsschild angegeben werden. Welche Vorsicherungsgröße erforderlich ist, ist den Herstellerlisten zu entnehmen. FI-Schutzeinrichtungen, die von deutschen Herstellern am Markt angeboten werden, können bei Schalter-Nennströmen bis zu 63 A generell durch eine vorgeschaltete gL-Sicherung mit einem maximalen Nennstrom von 63 A geschützt werden. Bei Schaltern mit größeren Nennströmen kann der Nennstrom der Vorsicherung entsprechend dem Nennstrom des Schalters gewählt werden.

16.5.2.5 Auswahl von FI-Schutzschaltern

Die wichtigsten Kriterien zur Auswahl von FI-Schutzschaltern sind:

- Bemessungs-Fehlerstrom $I_{\Delta N}$,
- Nennstrom I_n,
- Nennspannung U_n.

Während der Nennstrom aufgrund der Konzeption der Anlage in der Regel festliegt, kann der Bemessungs-Fehlerstrom, in Abhängigkeit von der Schutzaufgabe, meist frei gewählt werden. Der Bemessungs-Fehlerstrom sollte mit Rücksicht auf Fehlauslösungen nicht zu klein gewählt werden. Unnötige Abschaltungen (Fehlauslösungen) verursachen Ärger und führen schließlich zur Überbrückung des Schalters durch den Betreiber. Vor allem sollten die Ableitströme (vgl. Abschnitt 2.6.5) bei größeren Anlagen beachtet werden. Auch ist zu berücksichtigen, daß ein FI-Schutzschalter bereits bei geringeren Fehlerströmen als $I_{\Delta N}$ (siehe Abschnitt 16.5.2.3) auslösen kann. Eine ausreichende Sicherheitsgröße scheint angebracht. Die zur Zeit angebotenen Kombinationen von I_n und $I_{\Delta N}$ sind in **Tabelle 16.24** dargestellt.

Selektive FI-Schutzschalter müssen einen um mindestens eine Stufe höheren $I_{\Delta N}$-Wert haben als nachgeschaltete Differenzstrom-Schutzeinrichtungen.

Tabelle 16.24 Zur Zeit angebotene FI-Schutzschalter

Bemessungs-Fehlerstrom	Nennstrom in A
10 mA[1])	10/16/25
30 mA[1])	10/16/25/40/63/100
0,1 A	25/40/63/100
0,3 A	25/40/63/100/125/160/200/224
0,5 A	25/40/63/100/125/160/200/224
1,0 A	100/125/160/200/224

[1]) hochempfindliche Schalter

Vorzugswerte für den Nennstrom sind:

- 16 A, 25 A, 40 A, 63 A.

Als Vorzugswerte sind folgende Bemessungs-Fehlerströme genannt:

- 0,01 A (10 mA) und 0,03 A (30 mA) für normale FI-Schutzschalter und
- 0,1 A und 0,3 A für selektive FI-Schutzschalter.

Werden Schalter mit größeren Nennströmen erforderlich, wie in Tabelle 16.24 gezeigt, kommen Leistungsschalter, Summenstromwandler und FI-Steuereinrichtungen zur Anwendung (siehe Abschnitt 16.5.3).

Vorzugswerte für die Nennspannung sind:

- 220 V, 230 V oder 240 V für zweipolige FI-Schutzschalter;
- 220/380 V, 230/400 V oder 240/415 V für vierpolige FI-Schutzschalter;
- 380 V, 400 V, 415 V oder 500 V für dreipolige FI-Schutzschalter in Stromkreisen mit drei Außenleitern ohne Neutralleiter.

16.5.2.6 Aufschriften für FI-Schutzschalter

FI-Schutzschalter müssen folgende Aufschriften tragen:

- Fehlerstrom-Schutzschalter oder FI-Schutzschalter,
- Ursprungszeichen,
- Nennspannung oder Nennspannungsbereich,
- Polzahl (da N geschaltet werden muß, gilt er als Pol),
- Stromart,
- Nennstrom,
- Nenn-Fehlerstrom,
- Bezeichnung der Schutzart nach DIN 40050 (z. B. IP20),
- Kennzeichnung T für die Prüfeinrichtung,
- Symbol für die Art des Fehlerstroms ⏦,
- Nenn-Kurzschlußfestigkeit in Verbindung mit einer Sicherung; Angabe in Ampere ohne Einheitenzeichen durch das Bildzeichen:

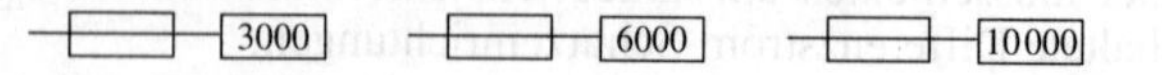

a)

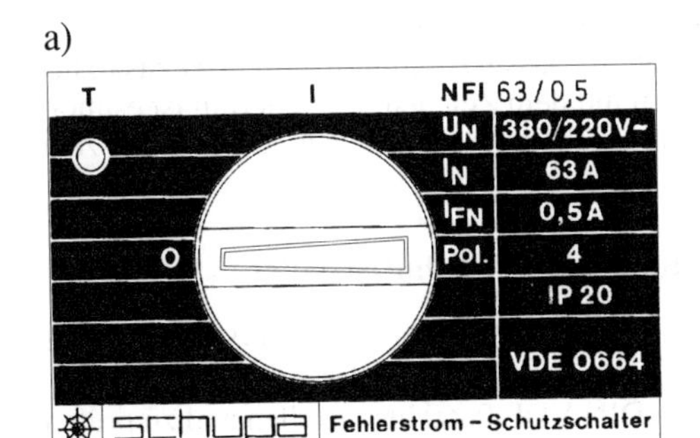

c)

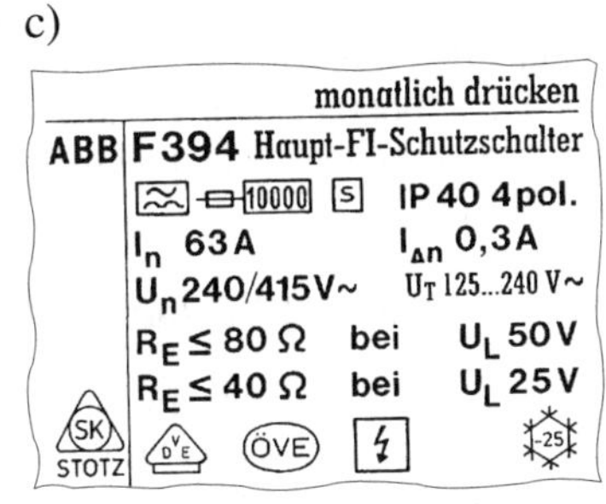

b)

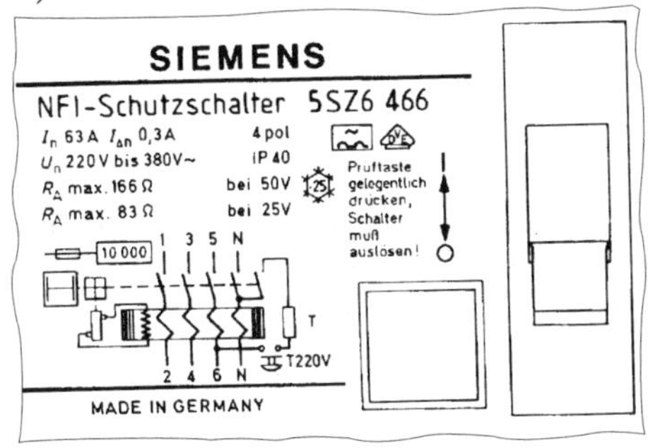

Bild 16.39 Beispiele von Aufschriften auf FI-Schutzschaltern
a Schalter älterer Bauart
b pulsstromempfindlicher Schalter
c puls- und stoßstromempfindlicher Schalter

Selektive FI-Schutzschalter werden durch das Bildzeichen S gekennzeichnet. Außerdem ist der maximal zulässige Erdungswiderstand anzugeben, berechnet nach der Beziehung

$$R_A \leq \frac{U_L}{2 \cdot I_{\Delta N}}, \tag{16.3}$$

also zum Beispiel:

$$R_A = \frac{50\ \text{V}}{2 \cdot 0{,}3\ \text{A}} = 83{,}3\ \Omega \approx 83\ \Omega.$$

Ein FI-Schutzschalter, der in einem Temperaturbereich von +40 °C bis –25 °C so arbeitet, daß sein Auslöseverhalten nicht unzulässig beeinflußt wird, darf zusätzlich nach DIN 30600 gekennzeichnet werden mit dem Zeichen ❄. Weiterhin ist es möglich, Nennfrequenz, Gebrauchslage und Schaltbild anzugeben. **Bild 16.39** zeigt drei Beispiele.

16.5.3 Andere FI-Schutzeinrichtungen als FI-Schutzschalter

Alle anderen, nicht wie FI-Schutzschalter arbeitende Fehlerstrom-Schutzeinrichtungen, die auf der Basis von Differenzströmen arbeiten oder zur Auslösung eine Hilfsenergiequelle benötigen, sind nach DIN VDE 0660 herzustellen und zu prüfen.

Sehr häufig kommt in der Praxis bei größeren Nennströmen (200 A bis 4000 A) eine Kombination aus
- Leistungsschalter,
- Summenstromwandler und
- FI-Relais (auch FI-Steuereinrichtung genannt)

zur Anwendung **(Bild 16.40).**
Ein weiterer Anwendungsbereich sind Differenzstrom-Einrichtungen, besonders solche sehr kleiner Fehler-Nennströme von 6 mA und 10 mA, die zur Auslösung eine Hilfsenergie (Netz oder Batterie) benötigen (LS/DI-Schalter).

16.5.4 LS/DI-Schalter

Ein Leitungsschutzschalter mit Differenzstromauslöser (LS/DI-Schalter) ist ein Schutzschalter, der dazu dient, einen Stromkreis durch Handbetätigung mit dem Netz zu verbinden oder von diesem zu trennen bzw. selbsttätig den Stromkreis vom Netz zu trennen, wenn Überlaststrom, Kurzschlußstrom oder Differenzstrom einen vorbestimmten Wert überschreiten. Die Funktion des Differenzstromauslösers ist netzspannungsabhängig.

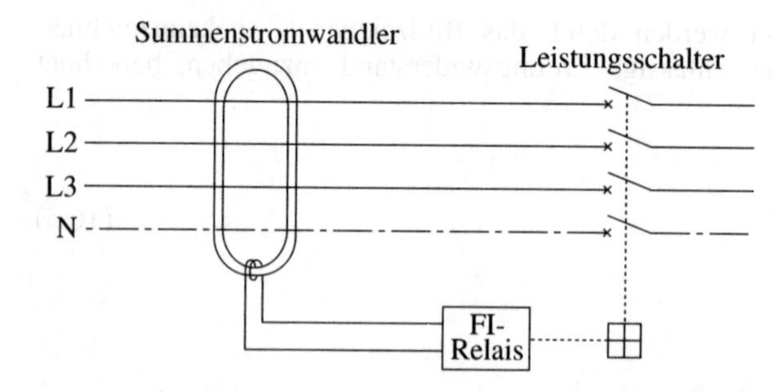

Bild 16.40 Leistungsschalter, Summenstromwandler und FI-Relais

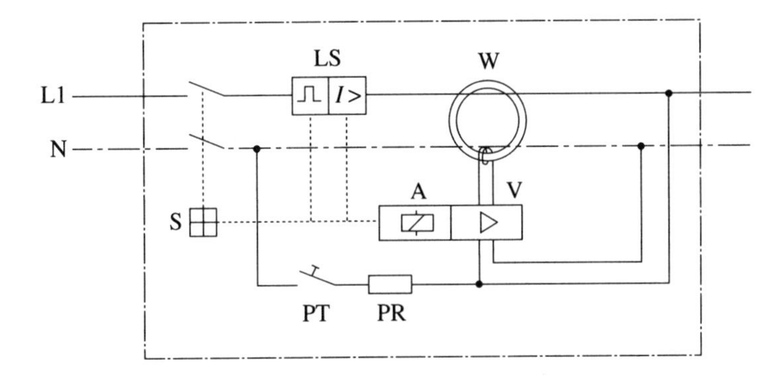

Bild 16.41 Aufbau eines LS/DI-Schalters
A Auslöser,
LS Leitungsschutzschalter mit thermischer und magnetischer Auslösung,
PR Prüfwiderstand,
PT Prüftaste,
S Schaltschloß, Betätigungsorgan,
V Verstärker,
W Summenstromwandler

Der LS/DI-Schalter ist die Kombination eines Leitungsschutzschalters und einer (meist netzspannungsabhängigen) Differenzstrom-Schutzeinrichtung. Die Anforderungen an diese Geräte für Nennströme bis 35 A und Nennspannungen bis 240 V sind in DIN VDE 0641 Teil 4 festgelegt. Den Aufbau eines LS/DI-Schalters zeigt **Bild 16.41.**

Der LS/DI-Schalter muß auch pulsierende Gleichströme erfassen können, die innerhalb einer Periode der Netzfrequenz Null oder nahezu Null werden (siehe Bild 16.31). Sie werden in zweipoliger Ausführung für Fehler-Nennströme von 10 mA und 30 mA mit den gängigen Nennströmen bis 20 A angeboten. Dabei wird noch unterschieden zwischen:

- zweipoligen LS/DI-Schaltern mit einem »geschützten Pol« und einem »ungeschützten Pol« oder einem »schaltbaren Neutralleiter« zum Anschluß des Neutralleiters;
- zweipolige LS/DI-Schalter mit zwei »geschützten Polen«.

Die Aufschriften sind sinngemäß zu den Festlegungen für LS-Schalter und FI-Schutzschalter gefordert.

LS/DI-Schalter müssen stoßstromfest gegen einen genormten Stoßstrom der Impulsform 8/20 µs bei 250 A sein.

Die Verlustleistungen von LS/DI-Schaltern sind in **Tabelle 16.25** dargestellt.

Tabelle 16.25 Verlustleistungen von LS/DI-Schaltern

I_n in A	P_{max} in W
6	3,3
10	3,3
16	4,0
20	5,2
25	6,0
32	6,5
35	6,5

Der LS/DI-Schalter ist ein hervorragendes Schutzgerät, da Leitungsschutz, Schutz gegen indirektes Berühren, Brandschutz durch Erdschlüsse und auch Schutz bei direktem Berühren in hochentwickelter Art gewährleistet werden. Es muß aber ausdrücklich erwähnt werden, daß der LS/DI-Schalter kein FI-Schutzschalter ist und daß er dort, wo ein FI-Schutzschalter gefordert ist, nicht allein eingesetzt werden kann.

16.5.5 Ortsveränderliche Schutzeinrichtungen

Nach DIN VDE 0661 sind »Ortsveränderliche Schutzeinrichtungen« zur Schutzpegelerhöhung genormt für:
- U_n = 230 V Nennspannung,
- I_n = 16 A Nennstrom,
- $I_{\Delta N} \leq 30$ mA Nenndifferenzstrom.

Geräte dieser Art sind bereits seit 1975 im Handel und im Gebrauch.

Die Schutzeinrichtungen können Fehler- bzw. Differenzströme erfassen:
- die von aktiven Leitern (Außenleiter, Neutralleiter) im Fehlerfall gegen Erde fließen,
- die von fehlerhaft spannungsführendem Schutzleiter (z.B. falsch angeschlossene Steckdose) über den Schutzleiter der Schutzeinrichtung zur Erde fließen (Schutzleiterüberwachung!).

Die ortsveränderlichen Schutzeinrichtungen (Schaltungen **Bild 16.42**) sind also entweder:
- Fehlerstrom-Schutzeinrichtungen im Sinne von DIN VDE 0664 Teil 1 oder
- netzabhängige Differenzstrom-Schutzeinrichtungen im Sinne von DIN VDE 0641 Teil 4, allerdings ohne Leitungsschutzschalter.

Der Nenndifferenzstrom muß $I_{\Delta N} \leq 30$ mA (üblich sind Schutzeinrichtungen mit 10 mA bzw. 30 mA) sein; die Auslösezeit darf auch im ungünstigsten Fall 200 ms nicht überschreiten. In der Regel wird eine Auslösezeit von $t_A \leq 40$ ms erreicht. Die Abschaltung erfolgt allpolig, d. h., es werden Außenleiter, Neutralleiter und

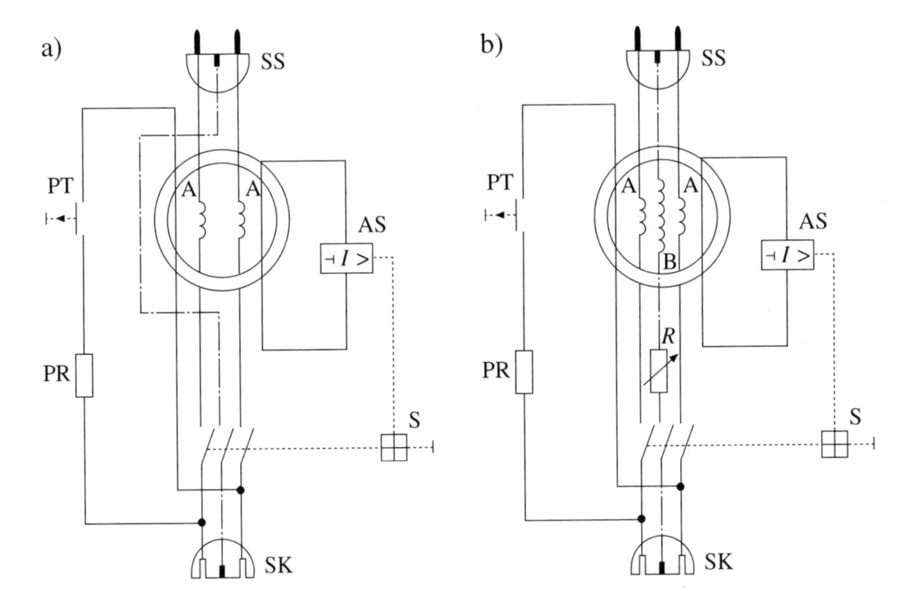

Bild 16.42 Schaltung ortsveränderlicher Schutzeinrichtungen
a Fehlerstromprinzip
b Differenzstromprinzip

A	Hauptwicklung,	R	Widerstand,
B	Hilfswicklung,	S	Schaltschloß, Bestätigungsorgan,
AS	Auslösespule,	SK	Schutzkontakt-Kupplung,
PR	Prüfwiderstand,	SS	Schutzkontakt-Stecker,
PT	Prüftaste,		

Schutzleiter vom Netz getrennt. Die Schutzeinrichtung löst aus beim Auftreten von:

- Wechselfehlerströmen und/oder
- pulsierenden Gleichfehlerströmen, die innerhalb jeder Periode der Netzfrequenz mindestens eine Halbperiode lang Null oder nahezu Null werden.

Hinsichtlich der Anwendung wird zwischen folgenden Geräten unterschieden:

- Steckergeräte,
  wobei die Schutzeinrichtung mit dem Schutzkontaktstecker kombiniert ist und für den geschützten Abgang entweder eine Steckdose eingebaut ist oder eine Leitung mit Kupplungsdose vorhanden ist.

- Tischgeräte,
  mit dem geschützten Abgang als Steckdosenleiste oder Steckdosenblock, mit eingebauter Schutzeinrichtung oder als Kupplung, wobei die Schutzeinrichtung in die Verlängerungsleitung eingebaut ist.

Ortsveränderliche Schutzeinrichtungen bieten folgenden Schutzumfang:

- Schutz beim Auftreten von Isolationsfehlern,
- Schutz beim Vertauschen des Außenleiters mit dem Schutzleiter,
- zusätzlichen Schutz beim direkten Berühren eines spannungsführenden Teils; Zusatzschutz im Sinne von VDE 0100 Teil 410 Abschnitt 5.5,
- Schutz beim Auftreten von Spannungen (etwa 20 V bis 30 V) am Schutzleiter,
- bedingter Schutz gegen Brandgefahren.

Ortsveränderliche Schutzeinrichtungen werden bevorzugt dort eingesetzt, wo durch besondere Umstände oder Betriebsbedingungen eine erhöhte Gefährdung besteht. Zum Beispiel kann die Schutzeinrichtung zur Verwendung gelangen:

- im Bereich des Haushalts für Elektrowerkzeuge und Gartengeräte,
- im Gewerbebereich für Stahlbauarbeiten, Maschinenreparaturen, Kfz-Reparaturarbeiten,
- beim vorübergehenden Einsatz von Pumpen, Schweißgeräten u. dgl.,
- für die Überwachung von Leitungen in unübersichtlichen Bereichen bei hohen mechanischen, thermischen und chemischen Beanspruchungen,
- für den Schutz bei elektrotechnischen Versuchen oder bei Demonstrationen in Schulen, Prüflabors und ähnlichen Plätzen,
- für Handwerker, die eigene elektrische Geräte an fremden Steckdosen betreiben, wie Lötkolben, Bohrmaschinen usw.

Auf alle Fälle sollte beim Einsatz ortsveränderlicher Schutzeinrichtungen bedacht werden, daß der zusätzliche Schutz alleine davon abhängig ist, ob der Betreiber (häufig Laie) das Gerät auch tatsächlich einsetzt. Eine zwangsläufig wirkende Schutzmaßnahme, wie z. B. eine fest eingebaute hochempfindliche FI-Schutzeinrichtung, dürfte häufig die bessere Lösung sein.

16.6 Fehlerspannungs-Schutzeinrichtungen

Fehlerspannungs-Schutzeinrichtungen (FU-Schutzschalter) sind nicht mehr genormt.

Begriff des FU-Schutzschalters:
FU-Schutzschalter sind Schalter, die ansprechen, wenn die Spannung gegen Erde an einem berührbaren Metallteil bestimmte Grenzen überschreitet.

Der FU-Schutzschalter kommt nach Teil 410 nur noch für Sonderfälle dann zur Anwendung, wenn andere Schutzmaßnahmen nicht möglich oder nicht anwendbar sind. Der FU-Schutzschalter wird deshalb allmählich verschwinden, da in nahezu allen Anwendungsfällen andere, meist bessere Möglichkeiten bestehen, um eine Anlage zu schützen.
Den Aufbau des FU-Schutzschalters zeigt **Bild 16.43.** Die FU-Spule wird zwischen dem zu schützenden Gerät und einem Erder angeschlossen, der im neutralen Erdreich eingebracht ist, und mißt so ständig die Spannung zwischen Körper und neu-

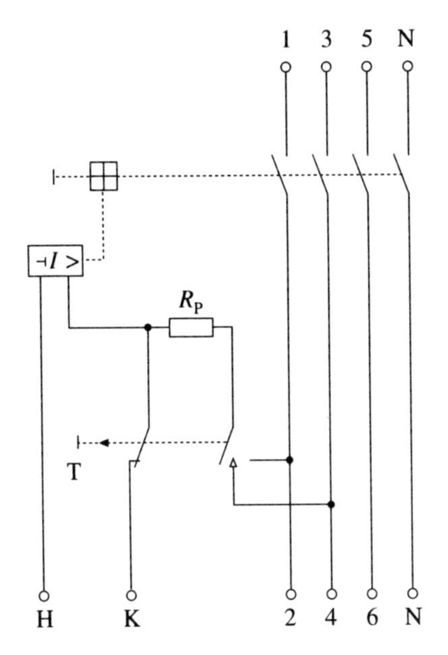

Bild 16.43 Aufbau einer FU-Schutzeinrichtung

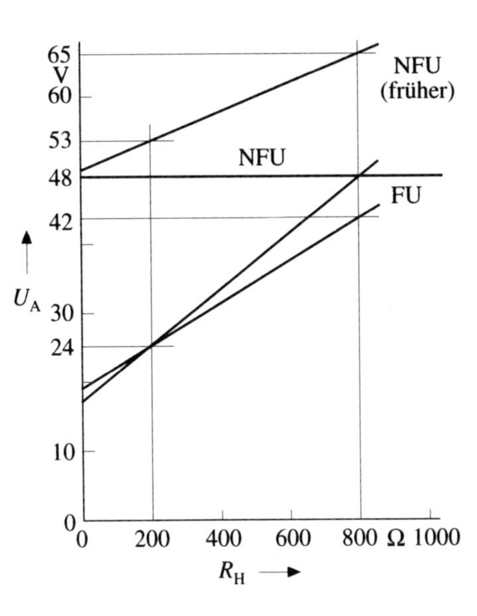

Bild 16.44 Mittlere Auslösekennlinie für FU- und NFU-Schutzeinrichtungen

tralem Erdreich. Die Auslösecharakteristik des Schalters, in Abhängigkeit vom Hilfserdungswiderstand, zeigt **Bild 16.44.** Ein FU-Schutzschalter mit besonderer Ansprech-Charakteristik ist der PEN-Leiter-Überwachungsschalter (NFU-Schalter), mit dem für besondere Anforderungen die Spannung am PEN-Leiter überwacht wird.

16.7 Isolationsüberwachungseinrichtungen

Isolationsüberwachungseinrichtungen (auch Isolationswächter genannt), geeignet zum Einsatz in Wechselstrom- und Drehstromnetzen, sind in DIN VDE 0413 Teil 2 genormt. Für Isolationsüberwachungseinrichtungen, die in Gleichstromnetzen eingesetzt werden können, gibt es zur Zeit keine Norm.

Eine Isolationsüberwachungseinrichtung mißt ständig den Isolationswiderstand der Anlage gegen Erde und zeigt das Unterschreiten eines eingestellten Mindestwertes optisch und akustisch als Fehler in der Anlage an. Der Innenwiderstand muß größer als 250 Ω/V der Netzspannung sein, mindestens aber 15 kΩ betragen. Isolationsüberwachungseinrichtungen arbeiten in der Regel mit 24 V Gleichspannung, die der Wechselspannung des Netzes überlagert wird. Der Ansprechwert läßt sich ein-

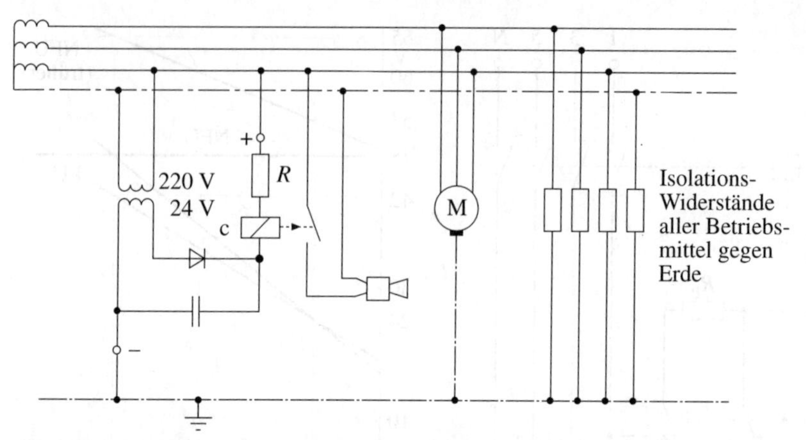

Bild 16.45 Isolationsüberwachungseinrichtung

stellen (2 kΩ bis 60 kΩ). Durch ein zusätzlich eingebautes Ohmmeter ist es möglich, den Isolationswiderstand einer Anlage ständig zu kontrollieren. **Bild 16.45** zeigt die Schaltung einer Isolationsüberwachungseinrichtung.

16.8 Schütze und Relais – DIN IEC 947-4-1 (VDE 0660 Teil 102)

16.8.1 Allgemeines

Schütze sind in der Elektrotechnik sehr häufig eingesetzte Betriebsmittel, die in allen Bereichen ihr Einsatzgebiet haben. In der Industrie und gewerblichen Betrieben werden dabei besondere Anforderungen an die Betriebssicherheit gestellt, da z. B. durch Fehlschaltungen Produktionsausfälle auftreten können, die u. U. mit hohen Kosten verbunden sind.

Schütze und Starter (Starter siehe Abschnitt 16.4.2.3) sind nach DIN IEC 947-4-1 (VDE 0660 Teil 102) zu bauen und zu prüfen. Die genannte Norm gilt für Schütze und Starter mit $U_n \leq 1000$ V Wechselspannung und $U_n \leq 1500$ V Gleichspannung. Definiert ist:
Ein Schütz ist ein mechanisches Schaltgerät mit nur einer Ruhestellung, das nicht von Hand betätigt wird und Ströme unter Betriebsbedingungen im Stromkreis einschließlich betriebsmäßiger Überlast einschalten, führen und ausschalten kann.

Wenn ein Schütz hinsichtlich seines Schaltvermögens entsprechend ausgelegt ist, kann ein Schütz auch Kurzschlußströme ein- und ausschalten. Dazu sind Schütze mit entsprechenden Auslösegliedern (verzögerter oder unverzögerter Kurzschlußauslöser) auszurüsten.

Bei einem Schütz, das nicht für Kurzschlußabschaltung ausgelegt ist, dürfen im Kurzschlußfall die Schaltkontakte (Schaltstücke) verschweißen. Es ist deshalb ratsam, nach einer Kurzschlußabschaltung die Schaltkontakte zu prüfen.
Ein Schütz ist im allgemeinen nicht zum Trennen bestimmt; es wird keine sichtbare Trennstrecke hergestellt.
Schütze sind vorzugsweise für hohe Schalthäufigkeit bestimmt. Unterschieden werden Leistungsschütze (z. B. zum Schalten von Motoren, Beleuchtungsanlagen usw.) und Hilfsschütze (z. B. zum Steuern von Produktionsabläufen).
Schütze müssen bei Gleich- und Wechselspannung in folgenden Spannungsbereichen noch sicher schalten:

- Schließen 0,85 bis 1,1 U_s,
- Öffnen 0,1 bis 0,75 U_s,

U_s ist die Nennsteuerspannung.

16.8.2 Gebrauchskategorien

Einsatz und Auswahl von Schützen werden nach Gebrauchskategorien vorgenommen. Jede Gebrauchskategorie ist durch festgelegte Ströme, Spannungen, Leistungsfaktoren, Zeitkonstanten und andere elektrische Daten sowie Prüfbedingungen gekennzeichnet. Nähere Einzelheiten sind DIN IEC 947-4-1 (VDE 0660 Teil 102) oder der einschlägigen Fachliteratur zu entnehmen.
Wenn die Gebrauchskategorie eines Schützes angegeben ist, braucht daher das Ein- und Ausschaltvermögen nicht angegeben zu werden. Die wichtigsten Gebrauchskategorien und typischen Anwendungsfälle sind in **Tabelle 16.26** dargestellt.

Tabelle 16.26 Gebrauchskategorien für Schütze

Gebrauchskategorie	typischer Anwendungsfall
AC1	nicht induktive oder schwach induktive Last
AC2	Schleifringläufermotoren; Anlassen, Ausschalten
AC3	Käfigläufermotoren; Anlassen, Ausschalten während des Laufes
AC4	Käfigläufermotoren; Anlassen, Gegenstrombremsen, Reversieren, Tippen
AC5a	Schalten von Gasentladungslampen
AC5b	Schalten von Glühlampen
AC6a	Schalten von Transformatoren
AC6b	Schalten von Kondensatorbatterien
AC7a	schwach induktive Last in Haushaltsgeräten und ähnliche Anwendung
AC7b	Motorlast für Haushaltsgeräte
DC1	nicht induktive oder schwach induktive Last
DC3	Nebenschlußmotoren; Anlassen, Gegenstrombremsen, Reversieren, Tippen, Widerstandsbremsen
DC5	Reihenschlußmotoren; Anlassen, Gegenstrombremsen, Reversieren, Tippen, Widerstandsbremsen
DC6	Schalten von Glühlampen

16.8.3 Verlustleistungen

Da Schütze häufig in kleinen Schaltschränken oder Gehäusen, zusammen mit anderen verlustbehafteten Betriebsmitteln, eingebaut werden, ist der Verlustleistung großes Gewicht beizumessen. Die Verlustleistung eines Schützes setzt sich zusammen aus den Verlusten der Hauptstrombahnen und den Verlusten des Antriebs (Halteleistung) sowie ggf. noch den Verlusten eines thermischen Auslösers (Bimetallauslöser). Es gilt:

$$P_V = P_{VH} + P_{VA} + P_{VT}, \tag{16.4}$$

mit:
P_V gesamte Verlustleistung,
P_{VH} Verlustleistung der Hauptstrombahnen,
P_{VA} Verlustleistung für Antrieb/Halteleistung,
P_{VT} Verlustleistung des thermischen Auslösers.

Da die Verlustleistungen von Hersteller zu Hersteller sehr verschieden sein können und auch bei verschiedenen Baureihen eines Herstellers beträchtlich voneinander abweichen, ist es zu empfehlen, die Verlustleistungen von Schützen und Relais beim Hersteller zu erfragen oder diese den entsprechenden Katalogen zu entnehmen.

Die Verlustleistung der Hauptstrombahnen können nach folgender Beziehung ermittelt werden:

$$P_{VH} = n \cdot P_{VH\,1} \cdot \left(\frac{I_b}{I_n}\right)^2. \tag{16.5}$$

Für Kurzzeitbetrieb mit einer Spieldauer $t \leq 10$ min ist Gl. (16.5), bedingt durch die intermittierende Strombelastung, zu erweitern, so daß gilt:

$$P_{VH} = n \cdot P_{VH\,1} \cdot \left(\frac{I_b}{I_n}\right)^2 \cdot \frac{t_B}{t_s}. \tag{16.6}$$

In den Gln. (16.5) und (16.6) bedeuten:
P_{VH} Verlustleistung der Hauptstrombahnen,
n Anzahl der Hauptstrombahnen,
$P_{VH\,1}$ Verlustleistung einer Hauptstrombahn, z. B. nach Bild 16.46,
I_b Betriebsstrom,
I_n Nennstrom des Schützes,
t_B Belastungsdauer,
t_s Spieldauer (Belastungsdauer + Pausenzeit).

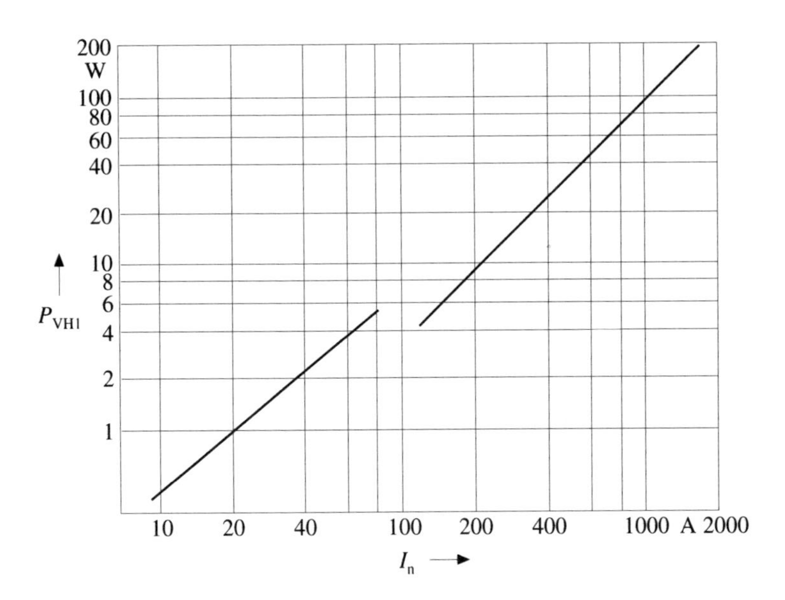

Bild 16.46 Verlustleistung einer Hauptstrombahn (Angaben eines Herstellers)

Die Verlustleistung einer Hauptstrombahn (Angaben eines Herstellers) kann **Bild 16.46** entnommen werden.

Die Hilfsstrombahnen eines Leistungsschützes sind in der Regel nur so gering belastet, daß ihre Verlustleistung vernachlässigbar klein ist.

Die Anzugsverlustleistung kann, obwohl ein Schütz einen Einschaltstrom vom sechsfachen bis 25fachen Nennstrom zieht, ebenfalls vernachlässigt werden, da sie nur kurzzeitig auftritt. Ein typisches Diagramm der Einschaltung eines Schützes zeigt **Bild 16.47.**

Die Halteverlustleistung braucht bei mechanisch verklinkten Schützen nicht berücksichtigt zu werden. Halteverlustleistungen für gängige Baureihen eines Herstellers sind in **Tabelle 16.27** angegeben und können als Anhaltswerte verwendet werden.

Auch hier ist es zu empfehlen, die Werte vom Hersteller zu erfragen oder sie Katalogen zu entnehmen.

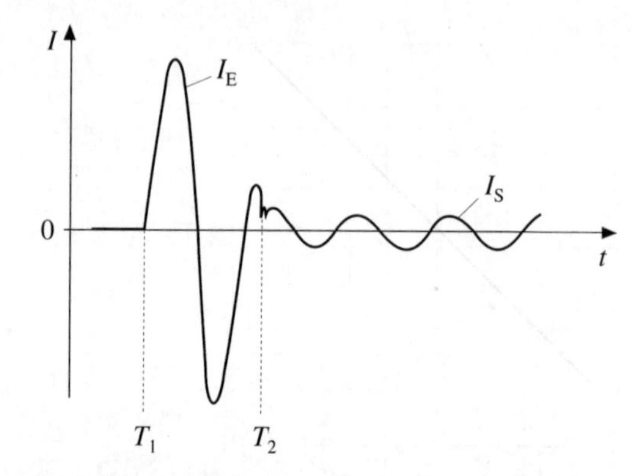

Bild 16.47 Einschaltverhalten und Einschaltstrom eines Wechselstromschützes
I_S Nennstrom der Spule,
I_E Einschaltstrom der Spule, je nach Schütz $I_E = (6...25)\ I_S$,
T_1 Zeitpunkt »Einschaltbefehl«,
T_2 Zeitpunkt »Magnet geschlossen«.

Tabelle 16.27 Halteverlustleistung P_{VH} von Schützen (Baureihen eines Herstellers)

Nennstrom I_n in A	Halteverlust P_{VH} in W	
	AC	DC
≤ 9	1,4	2,5
> 9 bis 16	2,2	7,4
> 16 bis 30	2,5	3,8
> 30 bis 43	5,0	5,0
> 43 bis 72	5,8	5,5
> 60 bis 140	10	45*
> 140 bis 170	18	60*
> 150 bis 250	18	75*
> 250 bis 480	24	80*
> 480 bis 800	60	60*
> 800 bis 1000	75	80*

* Wert einschließlich Vorwiderstand

Die Verlustleistung des thermischen Auslösers ergibt sich für den entsprechenden Betriebszustand nach der Beziehung

$$P_{VT} = P_3 \cdot \left(\frac{I_b}{I_{emax}}\right)^2 \tag{16.7}$$

Dabei bedeuten:

P_{VT} gesamte Verlustleistung des thermischen Auslösers bei Betriebsbedingungen,
P_3 Verlustleistung des thermischen Auslösers bei Nennbetriebsbedingungen (Angabe für drei überwachte Leiter),
I_b Betriebsstrom,
$I_{e\,max}$ maximal möglicher Einstellstrom.

Auch hier ist es zweckmäßig, die Verlustleistung P_3 vom Hersteller zu erfragen oder sie den Katalogen zu entnehmen. Anhaltswerte eines Herstellers für die Verlustleistung P_3 gibt folgende Zusammenstellung:

- bei $I_{e\,max}$ von 0,1 A bis 32 A ist $P_3 =$ (5...10) W,
- bei $I_{e\,max}$ von 12 A bis 200 A ist $P_3 =$ (6...16) W,
- bei $I_{e\,max}$ von 200 A bis 1250 A ist $P_3 =$ (13...50) W.

16.9 Literatur zu Kapitel 16

[1] Tix, U.: Steckvorrichtungen für Gewerbe und Industrie. Der Elektromeister und Deutsches Elektrohandwerk 58 (1983) H. 10, S. 642 bis 645
[2] Krefter, H.-H.: Neue Bestimmungen für Niederspannungs-Hochleistungssicherungen. Elektrizitätswirtschaft 82 (1983) H. 8, S. 274 bis 276
[3] Johann, H.: Elektrische Schmelzsicherungen für Niederspannung. Berlin/Heidelberg/New York: Springer-Verlag, 1982
[4] Dörries, E. A.: Leitungsschutzschalter, Anforderungen an Ausschaltzeit und strombegrenzende Eigenschaften nach heutigen Vorschriften. etz-b Elektrotechn. Z., Ausg. B, 30 (1978) H. 17, S. 673 bis 676
[5] Runtsch, E.: Schutzschaltgeräte in Niederspannungs-Gebäudeinstallationen. etz Elektrotechn. Z. 103 (1982) H. 19, S. 1087 bis 1089 und H. 21, S. 1203 bis 1205
[6] Franken, H.: Niederspannungs-Leistungsschalter. Berlin/Heidelberg/New York: Springer-Verlag, 1970
[7] Schnell, P.: Die Geschichte der Fehlerstrom-Schutzschaltung. etz-b Elektrotechn. Z., Ausg. B, 18 (1966) H. 6, S. 165 bis 167
[8] Scherbaum, R.; Schreyer, L.: Fehlerstrom-Schutzschaltung und -Schutzschalter. Der Elektromeister und Deutsches Elektrohandwerk 58 (1983) H. 7, S. 369 bis 371
[9] Thielen, H.; Valentin, U.: Beeinflussung der Fehlerstromschutzschalter durch Fehlergleichströme. etz Elektrotechn. Z. 100 (1979) H. 15, S. 834
[10] Zürneck, H.: Sinusförmige und nichtsinusförmige Fehlerströme in elektrischen Anlagen – Konsequenzen für FI-Schutzschalter. Der Elektromeister und Deutsches Elektrohandwerk 57 (1982) H. 16, S. 1153 bis 1156
[11] Kahnau, H.-W.: Neufassung der VDE 0664 »FI-Schutzschalter« und ihre Einordnung im internationalen Bereich. Der Elektromeister und Deutsches Elektrohandwerk. Sonderheft 30 Jahre Fehlerstrom-Schutzschalter (1981) S. 28 bis 34
[12] Nowak, K.: Zwanzig Jahre FI-Schutzschaltung. Chronologie und Entwicklungsvarianten. Der Elektromeister und Deutsches Elektrohandwerk 53 (1978) H. 16, S. 1159 bis 1166

[13] Lauerer, F.: Unfallverhütung bei Stromverbraucheranlagen durch empfindliche Fehlerstrom-Schutzschalter. Forschungsbericht F 78, 3. Aufl., Bundesanstalt für Arbeitsschutz und Unfallforschung (Hrsg.), 1972
[14] Eisler, H.; Heindorf, H.: Mehr Schutz mit LS/FI-Schalter. Elektrotechnik 61 (1979) H. 6, S. 18 bis 24
[15] Neumeyer, V.; Scholler, W.: STOTZ-Personenschutz-Automaten für erweiterten Personenschutz. BBC-Nachr. 66 (1979) H. 6
[16] Hering, E.: Schraubsicherungssysteme für Starkstromanlagen. Elektropraktiker, Berlin 49 (1995) H. 7, S. 579 bis 581

17 Leuchten und Beleuchtungsanlagen – Teil 559

Bei der Auswahl von Leuchten und bei der Errichtung von Beleuchtungsanlagen gilt als Schutzziel, daß keine Gefährdung

- von Personen und Nutztieren durch Körperströme,
- von Sachen durch zu hohe Temperaturen

auftreten darf.

Hierzu gehören die richtige Auswahl der Leuchten und die normgerechte Anbringung der Leuchten auf Bauteilen und Einrichtungsgegenständen. Dabei sind Leuchten mit eingebauten Vorschaltgeräten und extern von der Leuchte angeordneten Vorschaltgeräten so anzubringen, daß sie auch im Fehlerfall (Körper- oder Windungsschluß) für die Umgebung und die Befestigungsfläche keine Brandgefahr darstellen.

Für Leuchten gelten DIN VDE 0710 und DIN EN 60598-1 (VDE 0711 Teil 1). Leuchten sind elektrische Betriebsmittel, die Lampen, Fassungen und Anschlußklemmen enthalten.

Sie werden unterschieden in:

- Leuchten für Glühlampen und
- Leuchten für Entladungslampen.

Leuchten für Entladungslampen enthalten zusätzlich Vorschaltgeräte wie Drosselspulen, Transformatoren, Zündgeräte und Kondensatoren.

Leuchten sind für eine Umgebungstemperatur von 30 °C ausgelegt. Bei höheren Umgebungstemperaturen sind Leuchten auszuwählen, die hierfür geeignet und gekennzeichnet sind. Dabei ist zu beachten, daß Leuchten erhebliche Wärmequellen sein können, da ein erheblicher Teil der zugeführten elektrischen Leistung in Wärme umgewandelt wird. Bei Glühlampen werden etwa 85% bis 95% der zugeführten Leistung in Wärme umgesetzt. Auch bei Leuchtstofflampen liegt dieser Wert noch bei etwa 75%.

Nach den Normen darf bei normalem Betrieb einer Leuchte an der Befestigungsfläche und auch an anderen thermisch beeinflußten Flächen keine höhere Temperatur als 95 °C auftreten. Leuchten für Entladungslampen können im Fehlerfall (Windungsschluß) oder bei anormalem Betrieb (Flackern der Lampe) höhere Temperaturen annehmen.

17.1 Anbringung von Leuchten auf Gebäudeteilen

Auf nicht brennbaren Baustoffen dürfen alle Leuchten direkt, also ohne Abstand, befestigt werden.

Nicht brennbare Baustoffe sind:
Sand, Lehm, Ton, Kies, Zement, Gips, Kalk, Hochofenschlacke, Lavaschlacke, Naturbims, Steine, Mörtel, Beton, Glas, Asbest, Asbestzementplatten, Gußeisen, Stahl und andere Metalle.

Auf schwer entflammbaren – oder normal entflammbaren – Baustoffen dürfen alle Leuchten für Glühlampen und Leuchten für Entladungslampen (Leuchten mit Vorschaltgeräten) mit den Kennzeichen
▽F, ▽F▽F, ▽M, ▽M▽M
befestigt werden. Leuchten für Entladungslampen ohne diese Zeichen dürfen auf schwer oder normal entflammbaren Baustoffen nur mit einem Abstand von 35 mm angebracht werden. Bei einer Leuchte, die zur Befestigungsfläche hin offen ist, ist eine Abdeckung auf ihrer gesamten Länge und Breite (Blech 1 mm) erforderlich (siehe **Bild 17.1**).

Schwer entflammbare Baustoffe sind:
Holzwolle-Leichtbauplatten, Gips-Kartonplatten mit geschlossener oder gelochter Oberfläche, Tapeten bis 150 g/m^2, soweit sie auf massivem mineralischem Untergrund aufgeklebt sind, und Asbestpappe sowie Asbestpapier.

Normal entflammbare Baustoffe sind:
Holz und Holzwerkstoffe mit einer Dicke > 2 mm, Holzwerkstoffe mit einer Rohdichte ≥ 600 kg/m^3 und einer Dicke von > 2 mm, kunststoffbeschichtete Flachpreßplatten mit einer Dicke ≥ 4 mm, kunststoffbeschichtete Holzfaserplatten

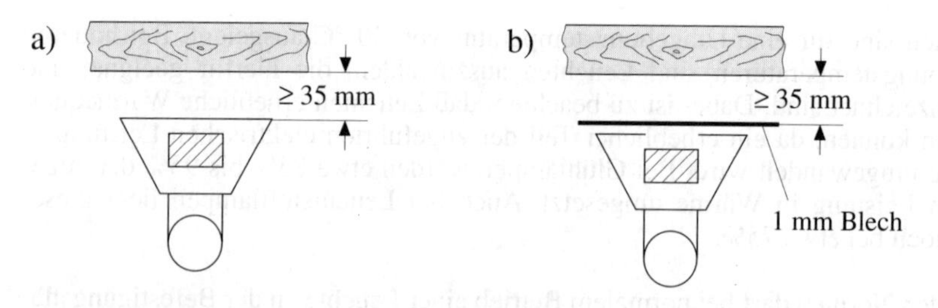

Bild 17.1 Montage von Leuchten
Anbringung auf schwer oder normal entflammbaren Baustoffen, z. B. Holz
a geschlossene Leuchte
b oben offene Leuchte

mit einer Dicke von ≥ 3 mm, Schichtpreßstoffplatten, Tafeln aus Hart-PVC, Polyethylen- und Polypropylen-Platten mit einer Dicke ≥ 2 mm, Tafeln aus Polymethylmethacrylat mit einer Dicke von ≥ 2 mm, Vinylasbestplatten, Kunstharzasbestplatten und Linoleum-Beläge nach den jeweiligen Normen (siehe Teil 559).

Auf leicht entflammbaren Stoffen brauchen in Gebäudeteilen normalerweise keine Leuchten montiert zu werden, da leicht entflammbare Stoffe nach den Bauverordnungen der Länder in Gebäuden nicht verwendet werden dürfen.

Leicht entflammbare Stoffe sind:
Papier, Stroh, Reet, Heu, Holzwolle, Baumwolle, Zellulosefasern, Holz und Holzwerkstoffe unter 2 mm Dicke und andere brennbare Stoffe in fein zerteilter Form.

17.2 Anbringung von Leuchten auf Einrichtungsgegenständen

Als Einrichtungsgegenstände gelten: Schränke, Schrankwände u. dgl., aber auch Gardinenleisten, Holzblenden usw.
Bei nicht brennbaren Stoffen dürfen alle Leuchten verwendet werden.
Auf allen anderen Stoffen dürfen nur Leuchten mit folgenden Zeichen verwendet werden:

- Leuchten für Glühlampen: $\overset{\text{M}}{\triangledown}\overset{\text{M}}{\triangledown}$;
- Leuchten für Entladungslampen:
  - bei nicht brennbaren und schwer entflammbaren sowie normal entflammbaren Bauteilen $\overset{\text{M}}{\triangledown}$ oder $\overset{\text{M}}{\triangledown}\overset{\text{M}}{\triangledown}$,
  - bei Baustoffen, deren Brandverhalten nicht bekannt ist $\overset{\text{M}}{\triangledown}\overset{\text{M}}{\triangledown}$.

Strahlerleuchten, z. B. in Möbeln, Vitrinen und Schaufenstern, sind so anzuordnen, daß der vom Hersteller vorgegebene Mindestabstand zu brennbaren Gegenständen eingehalten wird.

17.3 Vorschaltgeräte

Außerhalb von Leuchten angeordnete Vorschaltgeräte und Transformatoren, die nicht mit einer Temperatursicherung ausgerüstet sind, dürfen auf nicht brennbaren Bau- oder Werkstoffen ohne Einschränkung angebracht werden. Auf brennbaren Bau- oder Werkstoffen dürfen nur Vorschaltgeräte mit dem Zeichen ⊜ und Transformatoren mit Temperatursicherungen nach DIN VDE 0631 direkt montiert werden. Bei allen anderen Vorschaltgeräten und Transformatoren ist ein Abstand von mindestens 35 mm zur Befestigungsfläche einzuhalten.
Auch zu anderen brennbaren Bau- und Werkstoffen ist ein ausreichender Abstand einzuhalten. Eine ausreichende Belüftung ist sicherzustellen.

17.4 Kondensatoren

Kondensatoren bis 1,5 kvar Nennleistung müssen die Zeichen Ⓕ oder ⒻⓅ tragen. Kondensatoren über 1,5 kvar Nennleistung müssen mit »0560-4« gekennzeichnet sein und dürfen nur in Verbindung mit Entladewiderständen angewendet werden (siehe Abschnitt 15.3).

17.5 Bedeutung der Aufschriften

Die verschiedenen Zeichen für Leuchten, Vorschaltgeräte und Kondensatoren bedeuten:

▽F	Einsatz der Leuchte mit Vorschaltgerät, in Verbindung mit normal oder schwer entflammbaren Baustoffen zulässig.
▽F▽F	Einsatz der Leuchte mit Vorschaltgerät, in Verbindung mit leicht entflammbaren Baustoffen (brennbare Stäube und Faserstoffe) zulässig.
▽M	Einsatz der Leuchte mit Vorschaltgerät, für die Anbringung auf Einrichtungsgegenständen, die in ihrem Brandverhalten nicht brennbaren, schwer entflammbaren oder normal entflammbaren Baustoffen entsprechen. Dabei kann die Montageart vorgeschrieben sein.
▽M▽M	Einsatz der Leuchte mit Vorschaltgerät, für die Anbringung auf Einrichtungsgegenständen, deren Brandverhalten nicht bekannt ist. Dabei kann die Montageart vorgeschrieben sein.
	Leuchte mit gerichtetem Licht (Strahler), mit angegebenem Mindestabstand.
T	Leuchte, die sich für den Einsatz bei höheren Temperaturen eignet. Zum Beispiel T 50 für 50 °C.
⟨Ex⟩ oder (Ex)	Baumustergeprüfte Leuchte, die für den Einsatz in explosionsgefährdeten Betriebsstätten geeignet ist.
---m	Kleinster Abstand zu angestrahlten Flächen (in Meter)
COOL BEAM	Warnhinweis gegen die Verwendung von »cool beam«-Lampen
t_a... °C	Höchste Nenn-Umgebungstemperatur
	Leuchte für rauhen Betrieb

Leuchte für Hochdruck-Natriumdampflampe mit externem Zündgerät

Leuchte für Hochdruck-Natriumdampflampe mit eingebautem (internem) Zündgerät

Einsatz eines Vorschaltgeräts außerhalb der Leuchte, wobei das Vorschaltgerät auf schwer und normal entflammbaren Baustoffen zulässig ist.

Aufschrift für Kondensator unter 1,5 kvar Nennleistung:
F flammsicher,
FP flamm- und platzsicher.
(Diese Kondensatoren stellen auch im Fehlerfall keine Zündquelle für ihre Umgebung dar, auch wenn leicht entzündliche Stoffe vorhanden sind).

“0560-4” Aufschrift für Kondensatoren über 1,5 kvar Nennleistung.

Nach DIN EN 60598-1 (VDE 0711 Teil 1) muß eine Leuchte, falls zutreffend, dauerhaft und gut lesbar (Buchstaben und Ziffern mindestens 2 mm und Zeichen mindestens 5 mm Höhe) folgende Aufschriften tragen:

1. Ursprungszeichen (alternativ Herstellerkennzeichen, Handelsname, Name des Händlers).
2. Nennspannung in Volt; Leuchten für Glühlampen, nur wenn von 250 V abweichend.
3. Höchstwert der Nennumgebungstemperatur t_a, falls von 25 °C abweichend.
4. Bildzeichen für Leuchten der Schutzklasse II oder III, falls zutreffend.
5. Kennzeichnung der IP-Schutzart.
6. Typ- oder Bestellnummer des Herstellers.
7. Nennleistung der Lampe bzw. Lampen in Watt. Bei Leuchten für Glühlampen mit mehreren Fassungen darf die Angabe $n \times$ max ... W erfolgen; (n gibt die Anzahl der Fassungen an).
8. Bildzeichen (z. B. ▽F) bei Leuchten mit eingebauten Vorschaltgeräten oder Transformatoren, die zur direkten Befestigung auf normal entflammbaren Baustoffen geeignet sind.
9. Angaben zu besonderen Lampen; z. B. Hochdruck-Natriumdampf-Lampen mit getrenntem oder eingebautem Startgerät.
10. Bildzeichen für Leuchten mit »cool beam«-Lampen (Kaltlichtspiegel-Lampe), falls die Sicherheit beeinträchtigt wird.
11. Eindeutige Beschriftung oder Kennzeichnung der Klemmen.
12. Bildzeichen für den Mindestabstand zu beleuchteten Gegenständen.
13. Bildzeichen für Leuchten für rauhen Betrieb.
14. Bildzeichen für Leuchten, die für Kopfspiegellampen gebaut sind.

Zusätzlich zu diesen Angaben müssen weitere Einzelheiten, die für ordnungsgemäßen Anschluß, Verwendung und Wartung erforderlich sind, entweder auf der Leuchte oder der Montageanweisung angegeben werden. Hierzu können gehören:

1. Angabe der Nennfrequenz in Hertz.
2. Angabe von Betriebstemperaturen, z. B. für Wicklungen, Kondensatoren oder Anschlußleitungen.
3. Ein Warnhinweis, wenn die Leuchte nicht zur Befestigung auf normal entflammbaren Baustoffen geeignet ist.
4. Ein Anschlußbild, wenn die Leuchte nicht für den unmittelbaren Anschluß an das Netz geeignet ist.

17.6 Befestigung von Leuchten

Die Aufhängevorrichtungen für Leuchten müssen die fünffache Masse der Leuchte, mindestens aber 10 kg ohne Formänderung tragen können.
Bei einer Unterputzinstallation muß die Zuleitung für eine Wandleuchte in einer Wanddose enden.

Die zulässige bzw. nichtzulässige Montageart einer Leuchte ist vom Hersteller anzugeben. Das entsprechende Symbol **(Tabelle 17.1)** ist vom Hersteller entweder auf der Leuchte aufzubringen oder in der Montageanleitung anzugeben.

17.7 Schutzarten für Leuchten

Grundsätzlich gilt DIN EN 60529 (VDE 0470 Teil 1) »Schutzarten durch Gehäuse« (siehe Abschnitt 2.8). Für Leuchten gelten zusätzlich die Festlegungen nach DIN EN 60598-1 (VDE 0711 Teil 1). Eine Zusammenstellung ist in **Tabelle 17.2** durchgeführt.

Wenn bei der Auswahl bzw. Festlegung hinsichtlich der Einordnung Zweifel bestehen, so ist zweckmäßigerweise die nächsthöhere Schutzart anzuwenden. Das Symbol der Schutzart muß nach DIN VDE 0710 und nach DIN EN 60529 (VDE 0711) auf dem Leuchtengehäuse angegeben sein.

17.8 Lampengruppen und Lichtbänder

Lampengruppen bzw. Lichtbänder (bei einem Lichtband muß nicht unbedingt Leuchte an Leuchte angeordnet sein; zwischen den einzelnen Leuchten dürfen Abstände vorhanden sein), die an Drehstrom angeschlossen werden, müssen einen Schalter besitzen, der die gesamte Anlage freischaltet. Einzelschalter in den verschiedenen Außenleitern oder auch für verschiedene Lampengruppen sind darüber hinaus noch zulässig. **Bild 17.2** zeigt ein Beispiel.

Tabelle 17.1 Kennzeichen der Montagearten

Nr.	Montage	Kennzeichen für die Montageart	
		geeignet	nicht geeignet
1	an der Decke	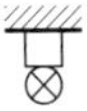	
2	an der Wand	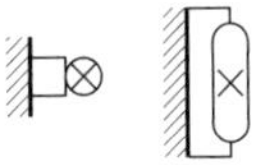	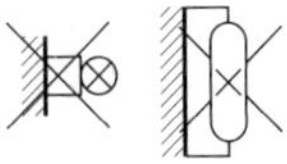
3	waagerecht an der Wand		
4	senkrecht an der Wand		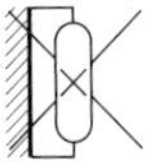
5	an der Decke und waagerecht an der Wand	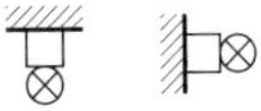	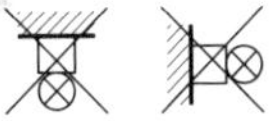
6	an der Decke und senkrecht an der Wand	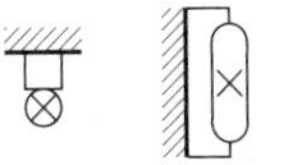	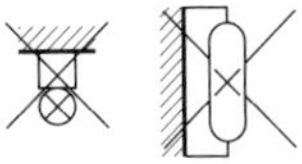
7	in der waagerechten Ecke, Lampe seitlich	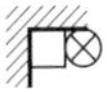	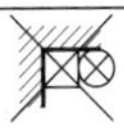
8	in der waagerechten Ecke, Lampe unterhalb		
9	in der waagerechten Ecke, Lampe seitlich und unterhalb		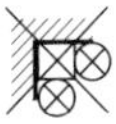
10	im U-Profil	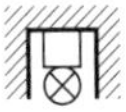	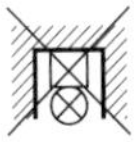
11	am Pendel	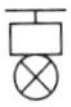	

Tabelle 17.2 Schutzarten für Leuchten

Schutzart nach DIN VDE 0710	Schutzumfang über Schutz gegen Berührung hinaus	Kurzzeichen nach DIN VDE 0710		Schutzart nach DIN EN 60529 etwa	Zuordnung zu den Raumarten nach DIN VDE 0100
abgedeckt	kein Schutz	–	–	IP X0	trockene Räume ohne besondere Staubentwicklung
tropf-wasser-geschützt	Schutz gegen hohe Luftfeuchte und senkrecht fallende Wassertropfen	1 Tropfen	💧	IP X1	feuchte und feuchtwarme Räume Orte im Freien unter Dach
regen-geschützt	Schutz gegen von oben bis zu 30° über der Waagrechten auftreffende Wassertropfen	1 Tropfen in 1 Quadrat	[💧]	IP X3	Orte im Freien
spritz-wasser-geschützt	Schutz gegen aus allen Richtungen auftreffende Wassertropfen	1 Tropfen in 1 Dreieck	△	IP X4	feuchte und feuchtwarme Orte im Freien
strahl-wasser-geschützt	Schutz gegen aus allen Richtungen auftreffenden Wasserstrahl	2 Tropfen in 2 Dreiecken	△△	IP X5	nasse und durchtränkte Räume, in denen abgespritzt wird
wasser-dicht	Schutz gegen Eindringen von Wasser ohne Druck	2 Tropfen	💧💧	IP X6 (IP X7)	nasse und durchtränkte Räume Unter Wasser ohne Druck
druck-wasser-dicht	Schutz gegen Eindringen von Wasser unter Druck	2 Tropfen mit Angabe der zulässigen Eintauchtiefe	💧💧 … m	IP X6 (IP X7) (IP X8)	Abspritzen bei hohem Druck Unter Wasser mit Druck
staub-geschützt	Schutz gegen Eindringen von Staub ohne Druck	Gitter	▦	IP 5X	Räume mit nicht brennbaren Stäuben
staubdicht	Schutz gegen Eindringen von Staub unter Druck	Gitter mit Umrandung	◈	IP 6X	Räume mit brennbaren Stäuben

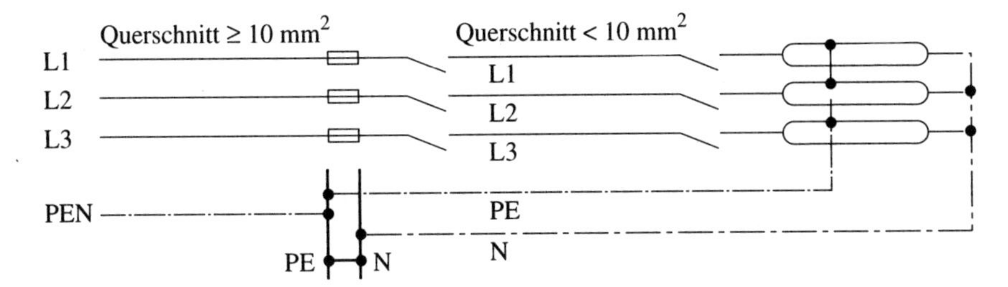

Bild 17.2 Schaltung einer Lampengruppe an Drehstrom

Die Leiter eines Drehstromkreises sind dabei in einer mehradrigen Leitung in einem Kabel, in einem Rohr oder in demselben Hohlraum (Voute) zu verlegen. Außerdem dürfen die Leiter mehrerer Drehstromkreise in einer vieladrigen Mantelleitung oder einem Kabel zusammengefaßt werden. Bei Durchgangsverdrahtungen ist zu beachten, daß nur geeignete Hohlräume verwendet werden, wobei der Wärmeabfuhr besonderes Gewicht beizumessen ist.

17.9 Leitungsbemessung bei Leuchten

Hinsichtlich der Mindestquerschnitte gilt Teil 520 Tabelle 1. Für die Belastbarkeit der Stromkreise (auch bei Hausinstallationen) gilt Teil 430 Beiblatt 1 Tabelle 1 (siehe Tabelle 20.4). Die Absicherung der Stromkreise mit $I_n \leq I_z$ kann ebenfalls Teil 430 Beiblatt 1 entnommen werden (siehe Tabelle 20.25).

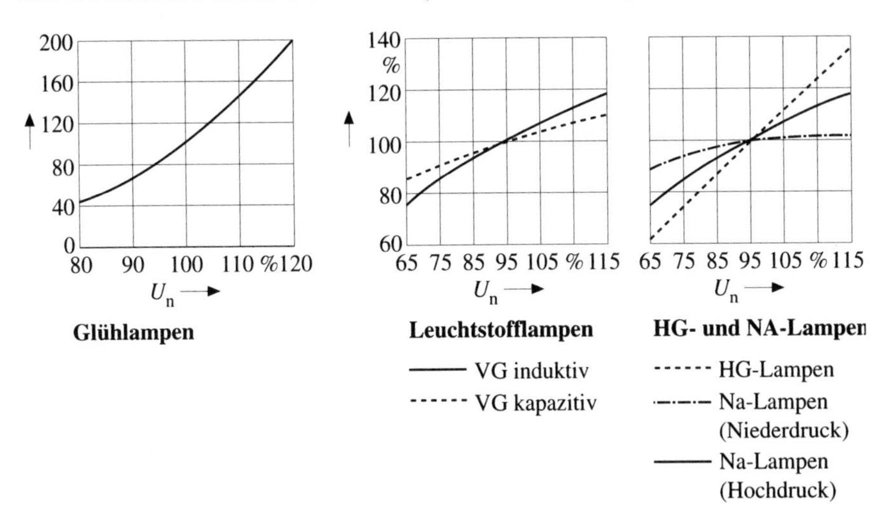

Bild 17.3 Lichtstrom verschiedener Lampen in Abhängigkeit von der Spannung U_n

Auch bei Leuchten, besonders bei Durchgangsverdrahtungen, gilt eine kritische Temperatur von 55 °C an der Verlegestelle. Wird diese Temperatur überschritten, müssen wärmebeständige Leitungen verwendet werden. Unabhängig davon ist bei normalen Leitungen und Temperaturen über 30 °C an der Verlegestelle eine Reduzierung vorzunehmen (siehe Abschnitt 20.3).

Außer der Leitungsbelastung ist bei Beleuchtungsanlagen auch der »Spannungsfall« zu beachten, da Lampen in ihrer Leistung stark spannungsabhängig sind **(Bild 17.3).**

Forderungen bezüglich des zulässigen Spannungsfalls sind in den VDE-Bestimmungen nicht aufgenommen. Nach den TAB sind in Verbraucheranlagen zwischen Hausanschlußkasten und Zähler 0,5% und zwischen Zähler und Verbraucher 3,0% Spannungsfall zulässig.

17.10 Kompensation von Entladungslampen

Eine Kompensation von Beleuchtungsanlagen ist nach den VDE-Bestimmungen nicht gefordert. Bei Anlagen, die nach den TAB versorgt werden, dürfen Entladungslampen bis zu einer Lampenleistung von insgesamt 130 W je Außenleiter unkompensiert angeschlossen werden. Bei höheren Leistungen ist eine Kompensation erforderlich, die als Einzel- oder Zentralkompensation ausgeführt sein kann. Bei Zentralkompensation ist der cos φ zwischen 0,8 induktiv und 0,9 kapazitiv zu halten. Bei Kondensatornennleistungen über 1,5 kvar ist nach Abschnitt 15.3 zu verfahren.

Bei Entladungslampen, die einen cos φ zwischen 0,8 induktiv und 0,9 kapazitiv bezogen auf die Grundschwingung haben, kann die Lampenleistung je Außenleiter auch größer als 130 W sein, vorausgesetzt, die Lampen erfüllen im Betrieb die Anforderungen nach DIN EN 60555 (VDE 0838) an die Oberschwingungen. Für Kompaktleuchtstofflampen mit elektronischen Vorschaltgeräten trifft dies in der Regel zu.

Um den Betrieb von Tonfrequenz-Rundsteueranlagen nicht zu beeinträchtigen, ist die Duo-Schaltung oder eine Schaltung von Einzellampen in Gruppen vorzusehen, die je zur Hälfte mit gleichmäßig auf den Außenleiter aufgeteilten kapazitiven und induktiven Vorschaltgeräten betrieben werden. Bei allen anderen Schaltungen ist Rückfrage beim EVU dann erforderlich, wenn vom EVU eine Tonfrequenz-Rundsteueranlage mit einer höheren Frequenz als 250 Hz betrieben wird.

Da die Hersteller jeden Leuchtentyp in kompensierter und unkompensierter Ausführung anbieten, ist die Auswahl der Leuchten unproblematisch. Auch die Auswahl des Kompensationskondensators ist problemlos, denn die Hersteller geben in ihren Katalogen die erforderliche Kondensatorgröße an.

17.11 Besondere Beleuchtungsanlagen

17.11.1 Leuchten für Vorführstände

Bei der Vorführung von Leuchten, z. B. in einem Kaufhaus, muß davon ausgegangen werden, daß Leuchten von Laien angeschlossen und in Betrieb genommen werden. Dieses Personal gilt es besonders zu schützen, weshalb folgende Forderungen bestehen:

- Betrieb mit Schutzkleinspannung,
- oder es sind die Stromkreise für die Vorführstände mit RCDs mit $I_{\Delta N} \leq 30$ mA auszurüsten.

Weiter sind:

- zweipolige Steckdosen mit Schutzkontakt (10 A bzw. 16 A/250 ≃V) oder
- Stromschienensysteme für Leuchten nach DIN IEC 570 (VDE 0711 Teil 300) einzusetzen.

Für Wandleuchten ist auch ein Anschluß über Klemmen zulässig, wenn die Klemmen erst nach zwangsläufiger Freischaltung zugänglich sind.

17.11.2 Beleuchtungsanlagen mit Niedervolt-Halogenlampen

Für Niedervolt-Halogenlampen und die zugehörigen Leuchten gibt es zur Zeit keine DIN-VDE-Bestimmungen. Niedervolt-Halogenlampen werden in der Regel mit einer Spannung von 12 V betrieben. Lampen für 6 V und 24 V Nennspannung kommen selten vor. Der Hauptanwendungsbereich ist dort, wo durch dekorative Lampen und Stromzuleitungen besondere Akzente gesetzt werden sollen. Dabei gelangen auch blanke Freileitungen und Leuchten mit Wurfleitungen zum Einsatz. Die Stromversorgung erfolgt entweder über Transformatoren oder neuerdings auch über elektronische Betriebsgeräte.

Besonders wichtig ist bei Halogen-Niedervoltlampen der Spannungsfall, da relativ hohe Ströme fließen und die Lampen sehr spannungsempfindlich sind. Die Abhängigkeit des Lichtstroms von der angelegten Spannung ist in **Bild 17.4** dargestellt. Die Lebensdauer nimmt bei zu hoher Betriebsspannung sehr rasch ab, wie dies **Bild 17.5** zeigt.

Mathematisch beschreiben lassen sich die Lichtstrom- und Lebensdauerabhängigkeit in Abhängigkeit von der Spannung durch die Beziehungen:

$$\Phi_2 = \Phi_1 \cdot \left(\frac{U_2}{U_1}\right)^{3,4}, \tag{17.1}$$

$$L_2 = L_1 \cdot \left(\frac{U_1}{U_2}\right)^{1,3}. \tag{17.2}$$

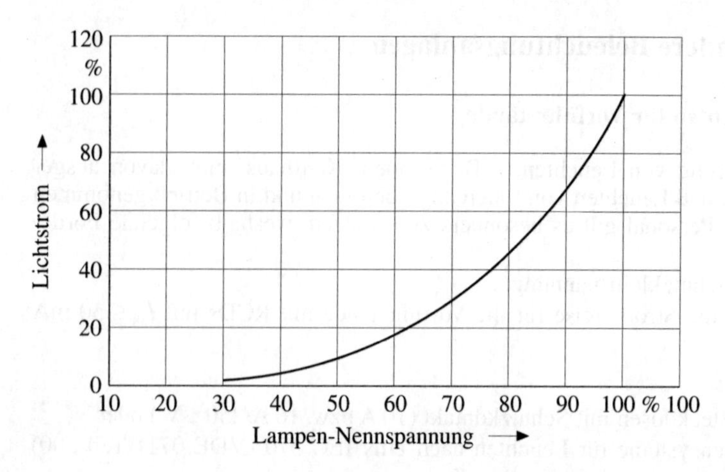

Bild 17.4 Lichtstrom in Abhängigkeit von der Spannung

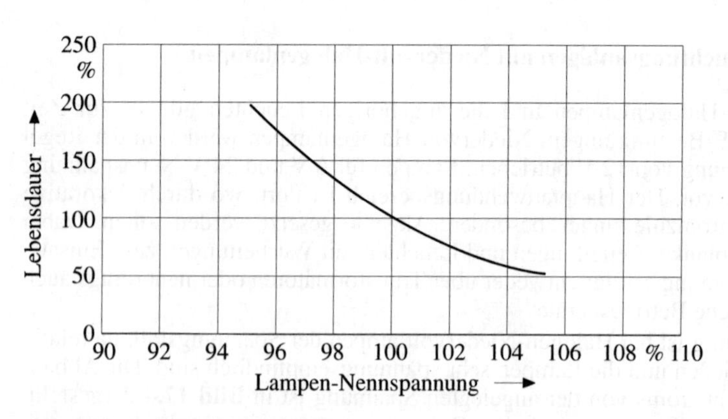

Bild 17.5 Lebensdauer in Abhängigkeit von der Spannung

Es bedeuten in Gln. (17.1) und (17.2):

Φ_1 Lichtstrom bei Lampen-Nennspannung,
Φ_2 Lichtstrom bei variabler Spannung,
L_1 Lebensdauer bei Lampen-Nennspannung,
L_2 Lebensdauer bei variabler Lampen-Spannung,
U_1 Lampen-Nennspannung,
U_2 variable Lampen-Spannung.

Brandgefahr besteht durch das Platzen von Lampen, weshalb zu empfehlen ist, die Lampen zusätzlich mit einem Sicherheitsglas abzudecken oder das Herausfallen zerplatzter Lampenteile durch einen engmaschigen Drahtkorb zu verhindern.

Durch die aus dekorativen Zwecken eingesetzten Freileitungen, die größtenteils blank verlegt werden, können bei einem Kurzschluß erhebliche Ströme zum Fließen kommen, so daß auch hier Brandgefahr besteht. Die Höhe des Kurzschlußstroms ist dabei hauptsächlich vom verwendeten Transformator abhängig.

Da es zur Zeit noch keine DIN-VDE-Bestimmungen für den Einsatz von Niedervolt-Halogenlampen gibt, muß ein Errichter die Anlage auf eigene Verantwortung installieren. Zu beachten ist, daß bei Niedervolt-Halogenglühlampen etwa 85 % der zugeführten elektrischen Energie in Wärmeenergie umgesetzt wird.

Dabei können am Lampenkolben Temperaturen von mehr als 500 °C und am Reflektor von mehr als 200 °C auftreten. Der Errichter einer solchen Anlage sollte darauf achten, daß

- durch platzende Lampen kein Brand entstehen kann, also abgedeckte Lampen oder Schutzkorb anwenden,
- durch Kurzschlüsse im Freileitungsbereich keine Schäden eintreten, was zu verhindern ist durch die Verwendung:
  - isolierter Freileitungen mit speziellen Klemmen für die Stromabnahme,
  - elektronisch gesicherter Betriebsgeräte oder sekundärseitig eingesetzter Sicherungen bei blanken Freileitungen.

Hilfsweise können die Festlegungen nach DIN VDE 0100 Teil 559 A2 Entwurf: 1991-07 in Eigenverantwortung angewendet werden. Dort sind folgende Festlegungen getroffen:

- **Nennspannungen**
  Leuchtenstromkreise mit nichtisolierten aktiven Leitern sind aus Stromquellen für Schutzkleinspannung (SELV) mit Nennspannungen $U_n \leq 25$ V AC zu betreiben.
- **Stromquellen**
  Transformatoren müssen bedingt oder unbedingt kurzschlußfeste Sicherheitstransformatoren nach DIN EN 60742 (VDE 0551 Teil 1) sein. Diese Transformatoren müssen mit den Bildzeichen ⚭ und ▽ ▽ gekennzeichnet werden.
  Konverter für Glühlampen (auch Elektronischer Transformator genannt) müssen den Anforderungen für unabhängiges Zubehör entsprechen, Bildzeichen ⊜.
  Ortsveränderliche Transformatoren/Konverter müssen schutzisoliert sein. Bildzeichen ⧈.
  Wenn die Stromversorgung aus zwei oder mehreren Stromquellen erfolgt, müssen diese primärseitig:
  - eine gemeinsame Einrichtung zum Trennen haben,
  - fest angeschlossen werden, z.B. über eine Geräteanschlußdose; Steckvorrichtungen sind unzulässig.

- **Kabel, Leitungen, Träger- und Profilleiter**
  Es dürfen verwendet werden:
  – PVC-Aderleitungen in Elektroinstallationsrohren aus Kunststoff mit der Kennzeichnung AS, A oder B bei nicht brennbaren Baustoffen, AS, A oder F aus flammwidrigem Material auf nicht brennbaren Baustoffen, ACF für bauliche Anlagen aus vorwiegend brennbaren Baustoffen oder für Einrichtungsgegenstände.
  – Mantelleitungen, z. B. NYM.
  – Kabel, z. B. NYY.
  – Flexible Schlauchleitungen, mindestens H05VV-F oder H05RR-F.
  – Trägerleiter für Niedervoltleuchten.
  – Profilleiter mit und ohne Isolierung.
  – Freihängende Leitungen (starr oder flexibel).

Profilleiter und freihängende Leitungen müssen einer Prüfspannung von 500 V AC 1 min standhalten.

- **Mindestquerschnitte**
  Bei fester Verlegung sind aus mechanischen Gründen folgende Mindestquerschnitte gefordert:
  – 1,5 mm² Cu für Kabel, Leitungen und Stromschienen,
  – 1 mm² Cu ist zulässig, wenn flexible Leitungen verwendet werden und die Leitungslänge 3 m nicht überschreitet,
  – 4 mm² Cu bei flexiblen freihängenden Leitungen.

- **Verlegung von Kabeln, Leitungen und Stromschienen**
  Zur Minimierung von Brandgefahren durch Kurzschluß darf nur ein Leiter nichtisoliert sein, oder die nichtisolierten Leiter müssen mit Schutzeinrichtungen versehen werden, oder es sind Trägerleitungen zu verwenden. In Räumen bzw. Orten mit leicht entzündlichen Stoffen darf nur ein nichtisolierter aktiver Leiter verwendet werden. Konstruktionsteile, z. B. der Rahmen einer Vitrine, dürfen nicht als aktive Leiter verwendet werden.

- **Verlegung von freihängenden Leitungen**
  Bei freihängenden Leitungen (Trägerleiter) ist zu beachten:
  – die Aufhängevorrichtung muß die fünffache Masse, mindestens aber 10 kg, aufnehmen können, ohne daß eine Formänderung erfolgt.
  – Anschlüsse und Verbindungen müssen durch Schraubklemmen oder durch schraubenlose Klemmtechnik erfolgen. Schneidklemmen sind unzulässig.
  – Anschlußseile mit Kontergewichten sind nicht zulässig.
  – Es darf nur eine Anschlußstelle nichtisoliert sein, es sei denn, daß durch Abstandhalter aus Isolierstoff ein Kurzschluß sicher verhindert wird.
  – Anschlußstellen sind von Zug und Schub zu entlasten.

- **Verlegung von Träger- und Profilleitern**
  Bei Träger- und Profilleitern ist zu beachten:
  – Trägerleiter und Profilleiter müssen in ihrem ganzen Verlauf zugänglich sein.

Nichtisolierte Leiter müssen mit isolierenden Vorrichtungen an Decken und Wänden befestigt werden.
- Profilschienen in nichtisolierter Ausführung müssen mindestens 2,25 m über der Standfläche angeordnet werden. Bei geringeren Abständen ist zur Vermeidung von Kurzschlüssen mindestens ein Leiter zu isolieren.
- Anschlußstellen sind von Zug und Schub zu entlasten.
- Strom- und Profilschienen in Zwischendecken dürfen nicht blank ausgeführt werden.

- **Schutzeinrichtungen zur Überwachung nichtisolierter aktiver Leiter**
  Die Abschaltung der Beleuchtungsanlage durch Schutzorgane darf an beliebiger Stelle erfolgen. Die Schutzeinrichtung, die auf der Netzseite und/oder der Kleinspannungsseite eingesetzt werden darf, muß eine Abschaltung innerhalb von 4 s in die Wege leiten, wenn sich die vorbestimmte Leistung um mehr als 60 W ändert.
- **Schutz bei Überlast und Kurzschluß**
  Kabel, Leitungen und Stromschienen sind nach Teil 430 bei Überlast und gegen Kurzschluß zu schützen.

Für Niedervolt-Beleuchtungsanlagen werden auch »Leuchten-Systeme« (Bau-Set) angeboten. Diese sind nach DIN VDE 0711 Teil 500 Entwurf:1991-12 gebaut. Ein solches Bau-Set umfaßt alle vorgesehenen Bauteile wie Transformatoren, Leitungen, Leuchten, Klemmen usw. und ist zu montieren wie in der Anleitung beschrieben. Änderungen sind nicht zulässig.

17.11.3 Stromschienensysteme für Leuchten

Für Stromschienensysteme zur Montage auf oder an Wänden und auch an oder auf abgehängten Decken in normalen Räumen gilt DIN EN 60570 (VDE 0711 Teil 300) »Elektrische Stromschienensysteme für Leuchten«. Sie gilt für Stromschienen mit zwei oder mehr Leitern und Schutzleiteranschluß (Schutzklasse I) für Nennspannungen bis 440 V zwischen den Leitern, Nennfrequenz bis 60 Hz und Nennstrom bis 16 A je Leiter.

Stromschienensysteme müssen für Nennströme von 10 A oder 16 A gebaut sein. Die einzelnen Bauteile sind aus den Nennströmen 3 A, 6 A, 10 A oder 16 A auszuwählen.

Bei bestimmungsgemäßem Gebrauch dürfen Stromschienensysteme keine Gefahr für den Benutzer und die Umgebung darstellen. Die Bauteile müssen so gestaltet sein, daß keine Gefahr der Berührung von aktiven Teilen der Stromschiene und gleichzeitiger zufälliger Berührung des Schutzleiters besteht, wenn der Benutzer Bauteile an der Stromschiene anbringt oder entfernt. Die Bauteile eines Stromschienensystems zeigt **Bild 17.6.**

Zu beachten ist bei der Montage von Stromschienensystemen noch:
- Verbinder, Anschlußstücke und Endstücke müssen mit der Stromschiene mechanisch verriegelt werden können,

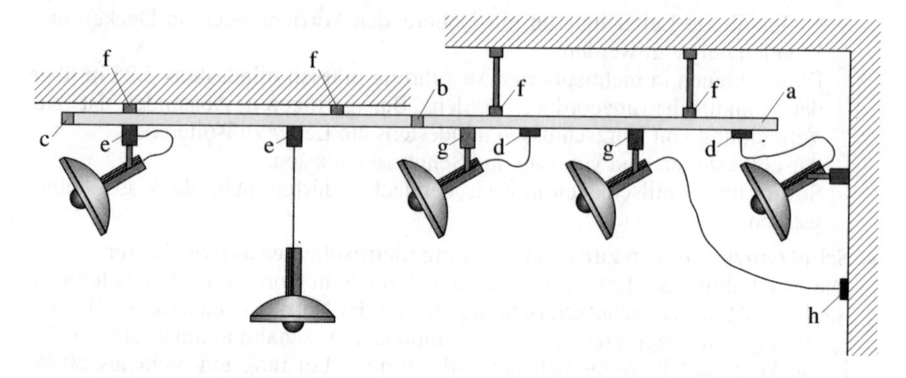

Bild 17.6 Bauteile von Stromschienensystemen für Leuchten
a Stromschiene
b Verbinder
c Anschlußstück (Stromversorgung der Schiene)
d Anschlußstück für Leuchte (Stromversorgung erfolgt von der Schiene)
e Adapter (mechanische und elektrische Verbindung mit der Schiene)
f Aufhängevorrichtung für Stromschiene (an der Decke oder zu Pendelrohren)
g Aufhängevorrichtung für Leuchten (nur mechanische Verbindung zur Schiene)
h unabhängige Anschlußdose

- Verbinder und Anschlußstücke müssen eine zuverlässige elektrische Verbindung sicherstellen,
- Teillängen von Stromschienen müssen untereinander mechanisch verriegelt werden,
- wenn erforderlich, müssen Vorkehrungen getroffen sein, daß die ordnungsgemäße Leiterfolge im gesamten System erhalten bleibt.

17.12 Literatur zu Kapitel 17

[1] Verband der Sachversicherer: Richtlinien für den Brandschutz. Elektrische Leuchten, Form 2005

[2] Verband der Sachversicherer: Niedervoltbeleuchtungsanlagen und -systeme; VdS 2324, 10/92

[3] Hochbaum, A.: Stand der Normung für Niedervolt-Beleuchtungsanlagen. de, der elektromeister + deutsches elektrohandwerk 68 (1993) H. 18, S.1452 bis 1454

[4] Sattler, J.: Leuchten; Erläuterungen zu DIN VDE 0711/EN 60598. VDE-Schriftenreihe, Bd. 12. 3. Aufl., Berlin und Offenbach: VDE-VERLAG, 1992

18 Akkumulatoren und Batterieanlagen – DIN VDE 0510

18.1 Allgemeines

Ein *Akkumulator* ist ein elektrochemischer Energiespeicher, der die bei der Aufladung zugeführte Energie speichert und bei Bedarf wieder abgibt. Die kleinste Einheit einer Batterie ist eine *Zelle*, die aus einer positiven und negativen Elektrode besteht. Eine *Batterie* besteht aus einer oder mehreren Zellen, die elektrisch miteinander verbunden sind.

Die *Nennspannung einer Batterie* ist das Produkt aus der Anzahl der in Reihe geschalteten Zellen und der Nennspannung einer Zelle. Die *Nennspannung einer Zelle* ist ein festgelegter Wert.

Die Nennspannung einer Zelle verschiedener Akkumulatoren ist bei:

- Blei-Akkumulatoren 2,0 V;
- Nickel-Cadmium-Akkumulatoren 1,2 V;
- Nickel-Eisen-Akkumulatoren 1,2 V;
- Silber-Zink-Akkumulatoren 1,5 V.

Neben der Nennspannung sind für Akkumulatoren weitere Spannungen von Wichtigkeit. Diese sind für die genannten Akkumulatoren in **Tabelle 18.1** dargestellt.

Tabelle 18.1 Spannungen von Akkumulatoren in Volt je Zelle

Spannung	Akkumulator			
	Blei	Nickel-Cadmium	Nickel-Eisen	Silber-Zink
Nennspannung	2,00	1,20	1,20	1,50
Ruhespannung	2,04	1,30	1,35	1,82 bis 1,86
Ladungserhaltungsspannung	2,23	1,40	1,42*	–**
Gasungsspannung	2,40	1,55	1,70	2,05
Ladeschlußspannung	2,70	1,65 bis 1,75	1,80	2,05 bis 2,10

* Wird kaum angewendet, da die Selbstentladung zu hoch wird und eine Plattenvergiftung durch das Eisen stattfindet.

** Wird überhaupt nicht angewendet, da die Lebensdauer erheblich verkürzt wird.

18.2 Betriebsarten

Unter *Betriebsart* wird das Zusammenwirken von Gleichstromquelle, Batterie und Verbraucher verstanden. Die wichtigsten Betriebsarten sind:

- *Batteriebetrieb* (Lade-Entladebetrieb)

Der Verbraucher wird ausschließlich durch die Batterie versorgt. Eine leitende Verbindung zwischen Verbraucher und Gleichstromquelle besteht nicht. Die Gleichstromquelle lädt lediglich die Batterie **(Bild 18.1).**

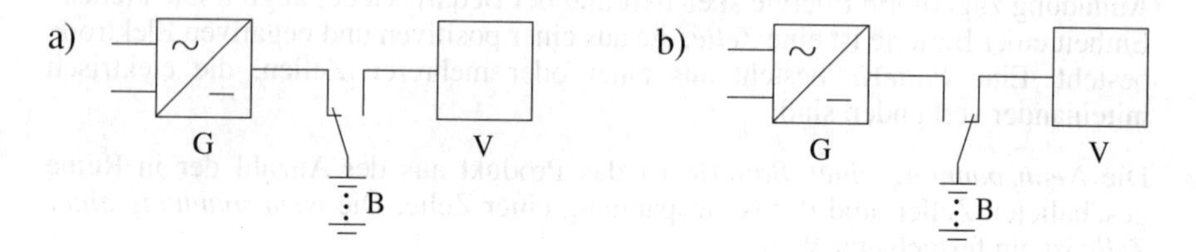

Bild 18.1 Batteriebetrieb
a Laden der Batterie
b Entladen der Batterie

- *Umschaltbetrieb*

Eine Gleichstromquelle versorgt den Verbraucher. Die Batterie wird gegebenenfalls von einer zweiten Gleichstromquelle geladen und in vollem Ladezustand erhalten. Eine leitende Verbindung zwischen beiden Stromkreisen besteht zunächst nicht. Fällt die Gleichstromquelle der Verbraucher aus, wird die Batterie auf den Verbraucher geschaltet **(Bild 18.2).**

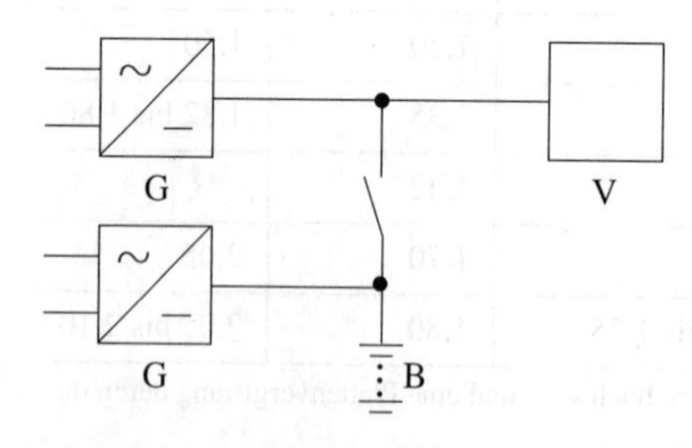

Bild 18.2 Umschaltbetrieb

• *Parallelbetrieb*
Verbraucher, Gleichstromquelle und Batterie sind ständig parallel geschaltet **(Bild 18.3).**

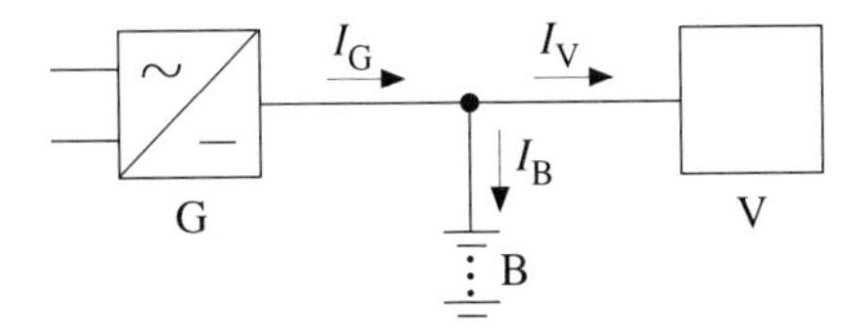

Bild 18.3 Parallelbetrieb

Dabei sind die Betriebsarten »Bereitschaftsparallelbetrieb« und »Pufferbetrieb« zu unterscheiden:

- Beim *Bereitschaftsparallelbetrieb* muß die Gleichstromquelle in der Lage sein, die Batterie und den Verbraucher ständig zu versorgen. Die Batterie wird ständig in vollem Ladezustand erhalten und gibt nur Leistung ab, wenn die Gleichstromquelle ausfällt:

  $I_G = I_V + I_B$ (dauernd).

- Beim *Pufferbetrieb* übersteigt die Verbraucherleistung die Nennleistung der Gleichstromquelle, so daß die fehlende Leistung durch die Batterie aufzubringen ist. Die Batterie dient zur Spitzenlastdeckung und ist nicht immer voll geladen. Beim Ausfall der Gleichstromquelle übernimmt die Batterie die Versorgung der Verbraucher:

  $I_G = I_V + I_B$ (zeitweilig).

• *Unterbrechungslose Stromversorgung (USV-Anlage)*
Bei Ausfall des Netzes übernimmt die Batterie über den Wechselrichter unterbrechungslos die Stromversorgung des Verbrauchers für eine bestimmte Zeit. Im Normalbetrieb (Netzbetrieb) wird der Verbraucher über die Gleichstromquelle und den Wechselrichter betrieben. Die Gleichstromquelle sorgt auch für die ständige Ladung der Batterie **(Bild 18.4).** Es gilt:

$I_G = I_V + I_B$ (Netzbetrieb),

$I_V = I_B$ (Netzausfall).

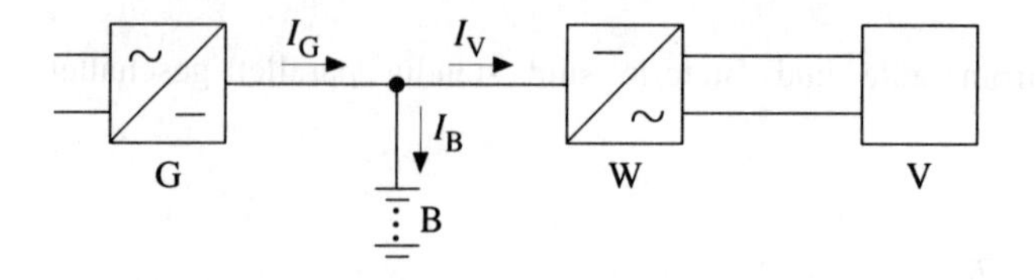

Bild 18.4 USV-Anlage

18.3 Schutzmaßnahmen gegen gefährliche Körperströme

Es gelten grundsätzlich die in DIN VDE 0100 Teil 410 getroffenen Festlegungen. Dabei sind folgende Schutzmaßnahmen zu unterscheiden:

- Schutz sowohl gegen direktes und bei indirektem Berühren,
- Schutz gegen elektrischen Schlag unter normalen Bedingungen,
- Schutz gegen elektrischen Schlag unter Fehlerbedingungen.

18.3.1 Schutz sowohl gegen direktes und bei indirektem Berühren

Schutzmaßnahmen, die gleichzeitig den Schutz gegen direktes Berühren und bei indirektem Berühren sicherstellen, sind die Kleinspannungen SELV und PELV.

18.3.2 Schutz gegen elektrischen Schlag unter normalen Bedingungen

Als Maßnahmen zum Schutz gegen elektrischen Schlag unter normalen Bedingungen (Basisschutz) können zur Anwendung gelangen:

- Schutz durch Isolierung,
- Schutz durch Abdeckungen oder Umhüllungen,
- Schutz durch Hindernisse,
- Schutz durch Abstand.

Zum Aufstellungsort von Batterien ist festzustellen:

- Wird der Schutz durch »Isolieren«, »Abdecken« oder »Umhüllen« sichergestellt, so können alle Aufstellungsorte gewählt werden.
- Wird der Schutz durch »Hindernisse« oder »Abstand« sichergestellt, so ist die Aufstellung von Batterien für Nenngleichspannungen bis 120 V in elektrischen Betriebsstätten und für eine Nenngleichspannung über 120 V in abgeschlossenen elektrischen Betriebsstätten gefordert.

18.3.3 Schutz gegen elektrischen Schlag im Fehlerfall

Als Maßnahmen sind möglich:
- Schutz durch Abschaltung oder Meldung,
- Schutzisolierung,
- Schutz durch nichtleitende Räume,
- Schutz durch erdfreien, örtlichen Potentialausgleich,
- Schutztrennung.

Die genannten Schutzmaßnahmen sind in den Kapiteln 7 und 8 ausführlich beschrieben. Das dort Gesagte gilt grundsätzlich auch bei Gleichstromanlagen. Für die Maßnahmen, die Schutz durch Abschaltung oder Meldung bieten, sind nachfolgend einige gleichstromspezifische Festlegungen erläutert.

a) *TN-System*
Auch bei Gleichstromsystemen gibt es die Systeme nach der Art der Erdverbindung TN-S, TN-C und TN-C-S. Der Plus- oder Minuspol oder der Mittelpunkt wird direkt geerdet (Erdung der Stromquelle = T). Als ein Beispiel sind zwei TN-C-S-Systeme in **Bild 18.5** dargestellt.

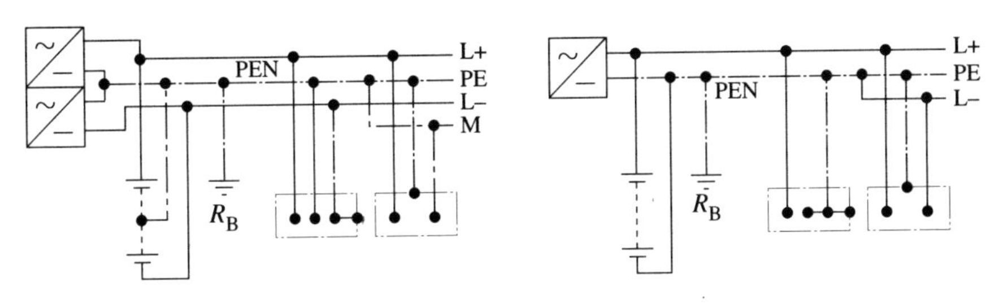

Bild 18.5 TN-C-S-Systeme für Gleichstrom
Die Funktionen des geerdeten Außenleiters bzw. Mittelleiters und die Schutzleiterfunktionen sind in einem Teil des Netzes in einem einzigen Leiter zusammengefaßt, dem PEN-Leiter

Als Schutzeinrichtungen können Leitungsschutzsicherungen, Leitungsschutzschalter, Leistungsschalter mit Überstromauslöser und Differenzstromschutzeinrichtungen verwendet werden. Fehlerstromschutzschalter nach DIN VDE 0664 Teil 1 sind ungeeignet, da sie nur Wechselströme und pulsierende Gleichströme als Fehlerströme erfassen können.

b) *TT-System*
Der Plus- oder Minuspol oder der Mittelpunkt der Batterie ist direkt geerdet. Die Körper sind geerdet, wobei keine direkte Verbindung zwischen den Erdern bestehen darf. Zwei Beispiele zeigt **Bild 18.6.**

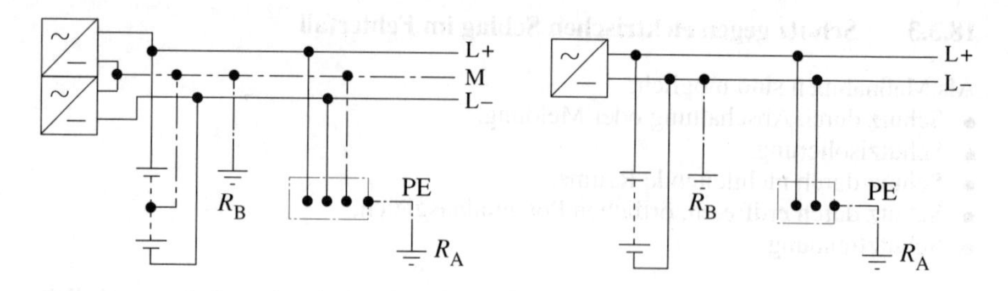

Bild 18.6 TT-Systeme für Gleichstrom

Zusätzlich zu den beim TN-System genannten Schutzeinrichtungen kommen im TT-System noch Fehlerspannungsschutzeinrichtungen nach DIN VDE 0663 zur Anwendung.

c) *IT-System*
Die Stromquelle ist nicht geerdet. Die Körper der Betriebsmittel sind einzeln geerdet oder über einen Schutzleiter miteinander verbunden und geerdet. Zwei Beispiele zeigt **Bild 18.7.**

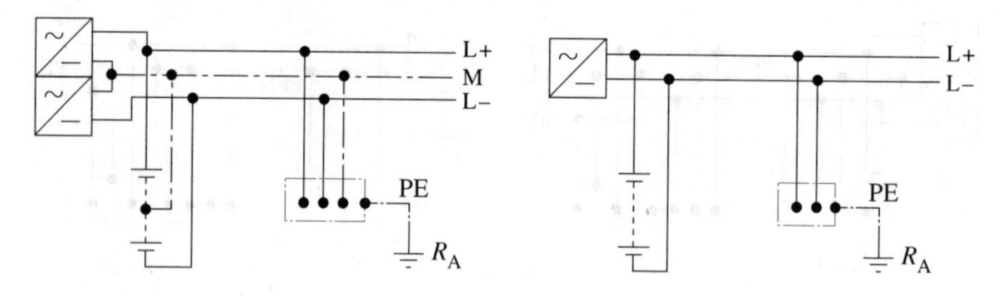

Bild 18.7 IT-Systeme für Gleichstrom

Gleichzeitig berührbare Körper sind an denselben Erder anzuschließen.

Zusätzlich zu den beim TT-System genannten Schutzeinrichtungen kommen im IT-System noch Isolationsüberwachungseinrichtungen zur Anwendung, die für Gleichstromnetze geeignet sind (Geräte nach DIN VDE 0413 Teil 2 sind ungeeignet).

18.3.4 Schutz bei Gleichstromzwischenkreisen mit galvanischer Verbindung zum speisenden Netz

Systeme dieser Art **(Bild 18.8)** werden z. B. in Gleichstromzwischenkreisen von Umformereinrichtungen angewendet.

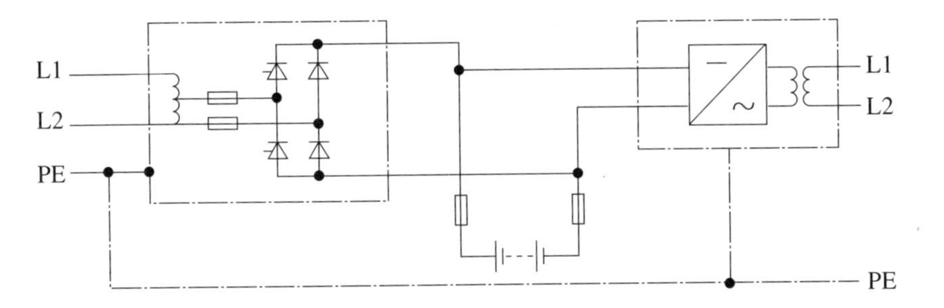

Bild 18.8 Umformereinrichtung mit Gleichstromzwischenkreis (Beispiel)

An den Batteriepolen darf keine Spannung auftreten, deren Effektivwert über der maximalen Batterieladespannung liegt. Das Gleichstromsystem kann zur Abschaltung oder Meldung mit einer Überwachungseinrichtung ausgestattet werden. Als Schutzmaßnahme für den Gleichstromkreis ist möglichst die im speisenden Netz angewandte Schutzmaßnahme beizubehalten. Falls erforderlich, können geeignete Zusatzeinrichtungen die Schutzmaßnahme so ergänzen, daß im Fehlerfall keine unzulässig hohe Berührungsspannung (50 V Wechselspannung; 120 V Gleichspannung) bestehen bleiben kann.

18.4 Vorkehrungen gegen Verpuffungs- und Explosionsgefahr

Eine Batterie erzeugt gegen Ende der Ladung und bei Überladung durch die *elektrolytische Zersetzung von Wasser* ein Gasgemisch, bestehend aus Wasserstoff und Sauerstoff. Dabei werden durch 1 Ah Überladung 0,34 g Wasser pro Zelle zersetzt, wobei 0,42 l Wasserstoff und 0,2 l Sauerstoff entstehen (bei 0 °C und 1,013 bar). *Explosionsgefahr* besteht, wenn in einem Wasserstoff-Luftgemisch der Wasserstoffanteil 4,0 % oder mehr beträgt.

Batterien sind deshalb so aufzustellen, daß das beim Laden und Entladen entstehende Gasgemisch durch *Belüftung* (natürlich oder künstlich) so verdünnt wird, daß es seine Explosionsfähigkeit verliert.

Die *Zu- und Abluftöffnungen* müssen nach folgender Beziehung bemessen werden:

$$A = 28 \cdot Q, \qquad (18.1)$$

darin bedeuten:

A Mindestquerschnitt für Zu- und Abluftöffnungen in cm^2,

Q erforderlicher Luftersatz in m^3/h.

Dabei wird eine Luftgeschwindigkeit von 0,1 m/s angenommen. Das stündlich erforderliche Luftvolumen ergibt sich aus:

$$Q = v \cdot q \cdot s \cdot n \cdot I. \tag{18.2}$$

Es bedeutet:

- v Verdünnungsfaktor (z.B. 96 %/4 % = 24);
- q Wasserstoffvolumen, bezogen auf 0 °C und 1,013 bar, das je Zelle, Ampere und Stunde entwickelt wird ($q = 0{,}42/10^{-5}$ m^3 = 042 l);
- s Sicherheitsfaktor (meist 5, für Schiffe gelten höhere Faktoren);
- n Anzahl der Zellen;
- I Strom in A, der die Entwicklung des Wasserstoffs verursacht. (Der Strom liegt bei Blei-Batterien maximal bei 2 A/100 Ah und bei Nickel-Cadmium-Batterien bei maximal 4 A/100 Ah und ist stark von der Betriebsart abhängig.)

Nach Zusammenfassung der konstanten Größen $v \cdot q \cdot s$ ergibt sich:

$$Q = 0{,}05 \cdot n \cdot I \tag{18.3}$$

Beispiel:
Für eine Bleibatterie mit 160 Zellen und einem Ladestrom von 4 A (Batteriekapazität 200 Ah) soll der erforderliche Querschnitt der Zu- und Abluftöffnungen ermittelt werden.

Lösung:
Der Querschnitt der Lüftungsöffnungen beträgt:

$$\begin{aligned} A &= 28 \cdot Q \\ &= 28 \cdot 0{,}05 \cdot n \cdot I \\ &= 28 \cdot 0{,}05 \cdot 160 \cdot 4 \text{ cm}^2 = 896 \text{ cm}^2. \end{aligned}$$

Bei der Konzeption der Belüftung ist zu beachten:

- die Zuluft soll möglichst sauber sein und in Bodennähe eintreten,
- die Luft soll über die Zellen streichen,
- die Luft soll auf der gegenüberliegenden Seite, möglichst hoch, wieder austreten.

18.5 Räume für ortsfeste Batterien

Batterieräume müssen trocken, gut lüftbar, möglichst kühl sowie möglichst frei von Erschütterungen sein. Große Temperaturschwankungen sollten nicht auftreten. Die Anforderungen an die Lüftung sind in Abschnitt 18.4 beschrieben. Zu empfehlen ist, bei der Einrichtung von Batterieräumen auch die »Verordnung über den Bau von Betriebsräumen für elektrische Anlagen (EltBauVO)« zu beachten. Wortlaut der EltBauVO siehe Anhang F.

Bezüglich der Einteilung der Raumart für Batterieräume gilt:

- Räume mit Batterien für Anlagen bis 220 V Nennspannung gelten als elektrische Betriebsstätten;
- Räume mit Batterien für Anlagen über 220 V Nennspannung gelten als abgeschlossene elektrische Betriebsstätten.

19 Allgemeines über Kabel und Leitungen

19.1 Kurzzeichen für Kabel – DIN VDE 0298

Kabel werden bezeichnet durch folgende Angaben:

- Bauartkurzzeichen, z B. NYY;
- Aderzahl × Nennquerschnitt in mm², z. B. 4 × 95;
- Kurzzeichen für Leiterform und Leiterart, z. B. SM;
- ggf. Nennquerschnitt des Schirms oder konzentrischen Leiters;
- Nennspannungen U_0/U in kV, z. B. 0,6/1 kV,
  wobei folgende Spannungsangaben gelten:
  U_0 Effektivwert der Spannung zwischen Außenleiter und Erde,
  U Effektivwert der Spannung zwischen zwei Außenleitern.

Das Bauartkurzzeichen ergibt sich durch Anfügen weiterer Buchstaben an den Anfangsbuchstaben »N«, und zwar in der Reihenfolge des Kabelaufbaus von innen, also ausgehend vom Leiter. Der Anfangsbuchstabe »N« in der Bezeichnung bedeutet, daß das Kabel »genormt = Norm« und nach den entsprechenden VDE-Bestimmungen gebaut ist. Die wichtigsten Bezeichnungen werden nachfolgend dargestellt:

A Leiter aus Aluminium,
H Schirm bei Höchstädter-Kabel,
K Bleimantel,
KL glatter Aluminiummantel,
G Isolierung bzw. Mantel aus Gummi,
Y Isolierung bzw. Mantel aus Kunststoff PVC,
2Y Isolierung bzw. Mantel aus Kunststoff PE,
2X Isolierung bzw. Mantel aus Kunststoff VPE,
C konzentrischer Leiter – CW wellenförmig,
B Stahldrahtbewehrung,
F Stahlflachdrahtbewehrung,
R Stahlrunddrahtbewehrung,
A Schutzhülle aus Faserstoffen.

Nach der Querschnittsangabe folgen die Kurzzeichen für den Leiteraufbau:
RE eindrähtiger Rundleiter,
RM mehrdrähtiger Rundleiter,
SE eindrähtiger Sektorleiter,
SM mehrdrähtiger Sektorleiter,
RF feindrähtiger Rundleiter.

Kabel für Niederspannung $U_0/U = 0{,}6/1$ kV werden zusätzlich gekennzeichnet mit:
-J Kabel mit grün-gelb gekennzeichneter Ader,
-O Kabel ohne grün-gelb gekennzeichnete Ader.
Dies gilt nicht für Kabel mit konzentrischem Leiter.

19.2 Häufig verwendete Kabel

Bis etwa Mitte der fünfziger Jahre wurden fast ausschließlich massegetränkte, papierisolierte Kabel mit verschiedenen Aufbauformen verwendet **(Bild 19.1)**.

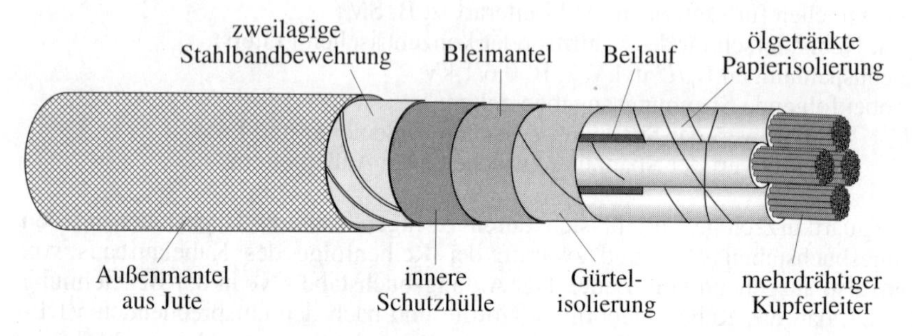

Bild 19.1 Gürtelkabel, Typ NKBA

Heute werden fast ausschließlich Kabel mit einer Aderisolation und einer Mantelisolation aus thermoplastischem Kunststoff auf PVC-Basis verwendet. Kabel mit VPE-Aderisolierung und mit PVC-Mantel sind ebenfalls im Einsatz, haben sich aber noch nicht richtig durchsetzen können. Als Leiterwerkstoff hat Aluminium in vielen Anwendungsgebieten Kupfer abgelöst. Aluminiumkabel werden hauptsächlich als eindrähtige Sektorleiter eingesetzt. Beispiele häufig verwendeter Kabel zeigen **Bild 19.2, Bild 19.3** und **Bild 19.4.**

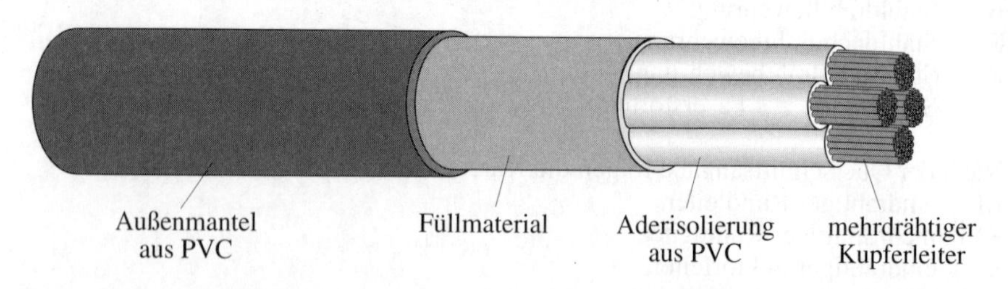

Bild 19.2 Kunststoffkabel, Typ NYY-J

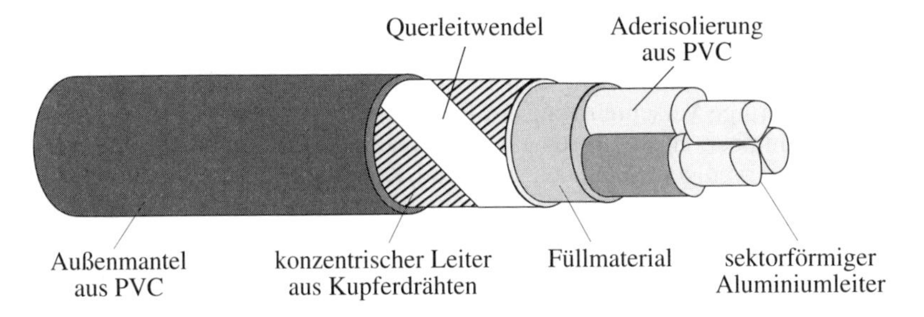

Bild 19.3 Kunststoff-Ceanderkabel, Typ NAYCWY

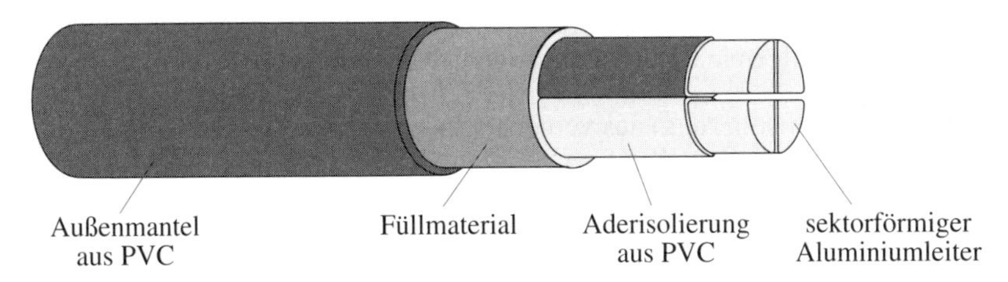

Bild 19.4 Kunststoffkabel, Typ NAYY-J

Beispiele für Kabelbezeichnungen mit Querschnittsangabe:

NKBA-J	3 × 95 SM/50 SM 0,6/1 kV,
NAYY-J	4 × 120 SE 0,6/1 kV,
NYY-O	4 × 35 SM 0,6/1 kV;
NAYCWY	3 × 150 SE/150 RM 0,6/1 kV.

19.3 Halogenfreie Kabel und Leitungen mit verbessertem Verhalten im Brandfall

Aus Sicherheits- und Umweltschutzgründen werden die Einsatzbereiche von Kabeln und Leitungen, die im Brandfall keine schädlichen Produkte freisetzen, immer größer, so daß der Bedarf ständig zunimmt. Halogenfreie Kabel und Leitungen mit verbessertem Verhalten im Brandfall werden eingesetzt, wenn spezielle Anforderungen an das Brandverhalten dieser Anlageteile gestellt werden. Die Isolierstoffe dieser Kabel und Leitungen enthalten keine Halogene oder andere Werkstoffe, die im Falle eines Brandes korrosiv wirkende Gase abspalten. Halogenfreie Kabel und Leitungen mit verbessertem Verhalten im Brandfall haben zwar etwa die gleiche Verbrennungswärme wie halogenhaltige Kabel und Leitungen, sie haben aber erhebliche Vorteile hinsichtlich ihres Brandverhaltens.

Halogenfreie Kabel und Leitungen haben folgende Vorteile:

- keine Abspaltung von giftigen und korrosiven Halogenverbindungen;
- raucharm, geringe Beeinflussung von Fluchtmöglichkeiten und des Löscheinsatzes sowie geringe Verschmutzung der Räume;
- schwer entflammbar; nach Entzug der Zündquelle verlöschen die Kabel und Leitungen nach wenigen Sekunden, während Kabel und Leitungen mit PVC- und VPE-Isolierung nach Entzug der Zündquelle aus sich heraus weiterbrennen;
- geringe Brandfortleitung aufgrund des günstigen Brandverhaltens.

Die in bestimmten Bereichen, z. B. in Krankenhäusern, Gebäuden mit Publikumsverkehr oder Gebäude mit hohen Sachwertkonzentrationen, notwendigen Maßnahmen für den vorbeugenden Brandschutz sind in Abschnitt 22.12 beschrieben.

Zur normgerechten Kennzeichnung halogenfreier Kabel und Leitungen sind zu den im Abschnitt 19.1 für Kabel und im Abschnitt 19.4 für Leitungen dargestellten Abkürzungen noch folgende Buchstaben zusätzlich erforderlich:

HX Isolierung (Aderisolierung) aus vernetzter halogenfreier Polymer-Mischung,
C konzentrischer Leiter aus Kupfer,
HX Mantel aus vernetzter halogenfreier Polymer-Mischung,
FE Isolationserhalt bei Flammeneinwirkung.

Für halogenfreie Kabel und Leitungen gibt es einige gültige Normen; weitere sind in Vorbereitung. Von den Herstellern werden auch andere, nicht genormte Kabel und Leitungen mit ähnlichen Eigenschaften angeboten. Eine sorgfältige Prüfung der verschiedenen Eigenschaften der Kabel und Leitungen vor Einsatz wird empfohlen.

19.3.1 Halogenfreie Kabel mit verbessertem Verhalten im Brandfall

Kabel, die halogenfrei sind und die ein verbessertes Verhalten im Brandfall aufweisen, sind nach DIN VDE 0266 zu bauen und zu prüfen. Die Norm behandelt Kabel mit eindrähtigem Rundleiter RE (Querschnittsbereich 1,5 mm^2 bis 16 mm^2) und mehrdrähtige Rundleiter RM (Querschnittsbereich 16 mm^2 bis 500 mm^2).

Zusammen mit den in Abschnitt 19.1 angegebenen Bauartkurzzeichen können folgende Beispiele angegeben werden:

NHXHX-J 4 × 35 RM FE 0,6/1 kV
N Normkabel
HX Aderisolierung aus vernetzter halogenfreier Polymer-Mischung
HX Mantelisolierung aus vernetzter halogenfreier Polymer-Mischung
J mit grün-gelb gekennzeichneter Ader
4 × 35 Adernanzahl und Querschnitt
RM runde mehrdrähtige Leiter
FE Isolationserhalt im Brandfall
0,6/1 kV Nennspannung U_0/U

NHXCHX 3 × 150 RM/70 0,6/1 kV

N	Normkabel
HX	Aderisolierung aus vernetzter halogenfreier Polymer-Mischung
C	konzentrischer Leiter aus Kupfer
HX	Mantelisolierung aus vernetzter halogenfreier Polymer-Mischung
3 × 150	Adernanzahl und Querschnitt
RM	runde mehrdrähtige Leiter
70	Querschnitt des konzentrischen Leiters (vierter Leiter)
0,6/1 kV	Nennspannung U_0/U

Der vierte oder ggf. fünfte Leiter kann ein konzentrischer Leiter sein. Der Querschnitt des konzentrischen Leiters darf reduziert werden, wie in Tabelle 10.9 Spalte 3 für Kabel dargestellt. Der konzentrische Leiter darf nur als Neutralleiter, Schutzleiter oder PEN-Leiter verwendet werden.

Bei vieladrigen Kabeln, das sind solche mit mehr als fünf Adern, müssen alle Adern gleichen Querschnitt haben.

Beispiele für das Bauartkurzzeichen vieladriger Kabel:

NHXCHX-J 12 × 2,5 RE 0,6/1 kV

N	Normkabel
HX	Aderisolierung aus vernetzter halogenfreier Polymer-Mischung
C	konzentrischer Leiter aus Kupfer
HX	Mantelisolierung aus vernetzter halogenfreier Polymer-Mischung
J	mit grün-gelb gekennzeichneter Ader
12 × 2,5	Adernanzahl und Querschnitt
RE	runde eindrähtige Leiter
0,6/1 kV	Nennspannung U_0/U

NHXHX-O 19 × 1,5 RE FE 0,6/1 kV

N	Normkabel
HX	Aderisolierung aus vernetzter halogenfreier Polymer-Mischung
HX	Mantelisolierung aus vernetzter halogenfreier Polymer-Mischung
O	ohne grün-gelb gekennzeichnete Ader
19 × 1,5	Adernanzahl und Querschnitt
RE	runde eindrähtige Leiter
FE	Isolationserhalt im Brandfall
0,6/1 kV	Nennspannung U_0/U

Der Querschnitt des konzentrischen Leiters bei vieladrigen Kabeln ist nach **Tabelle 19.1** zu bemessen.

Die Belastbarkeit der halogenfreien Kabel ist die gleiche wie für PVC-isolierte Kabel. Sie kann DIN VDE 0276-603 (VDE 0276 Teil 603) entnommen werden (siehe Tabellen 20.10 und 20.11).

Die Festlegung der farblichen Gestaltung des Außenmantels entspricht den allgemeinen Festlegungen für Niederspannungskabel (vergleiche Tabelle 19.5).

Tabelle 19.1 Querschnitt des konzentrischen Leiters bei vieladrigen Kabeln

Anzahl der Adern (Vorzugswerte)	Nennquerschnitt der Leiter		
	1,5 mm²	2,5 mm²	4 mm²
	Nennquerschnitt des konzentrischen Leiters in mm²		
7	2,5	2,5	4
10	2,5	4	6
12	2,5	4	6
14	2,5	4	6
19	4	6	10
24	6	10	–
30	6	10	–
40	10	10	–

Danach ist der Außenmantel normalerweise schwarz (auch schwarzgrau) eingefärbt. Kabel für Bergbaubetriebe sind gelb und Kabel für eigensichere Stromkreise sind blau eingefärbt.

Das Kurzzeichen FE bedeutet, daß das Kabel einen gewissen Isolationserhalt im Brandfall bietet. Die Prüfung wird nach DIN VDE 0472 Teil 814 durchgeführt. Bei der Prüfung wird die Leitung auf einer Länge von 60 cm durch eine Gasflamme mit einer Temperatur zwischen 750 °C und 850 °C bei einem Abstand von 7,5 cm beflammt. Dabei muß der Funktionserhalt der Leitung für 20 min gegeben sein. Es ist selbstverständlich, daß diese Prüfung nicht mit einer Prüfung des Brandverhaltens von Baustoffen nach DIN 4102 verglichen werden kann. Auch ein Vergleich mit den Feuerwiderstandsklassen kann deshalb nicht vorgenommen werden.

Kabel, die nach DIN VDE 0266 gebaut und geprüft sind, dürfen durch den Zusatz 0266 und, falls zutreffend, mit FE gekennzeichnet werden. In Abständen von höchstens 50 cm steht auf dem Kabelmantel die beständige Kennzeichnung:

◁VDE▷ 0266 FE oder ◁▷◻ш▷ 0266

19.3.2 Halogenfreie Aderleitungen NHXA und NHXAF

Halogenfreie Aderleitungen mit verbessertem Verhalten im Brandfall sind nach DIN VDE 0250 Teil 503 genormt. Die Nennspannung beträgt U_0/U = 450/750 V.

Die genormten Querschnitte sind für:

- NHXA mit eindrähtigem Leiter 0,5 mm² bis 10 mm²,
- NHXA mit mehrdrähtigem Leiter 6 mm² bis 400 mm²,
- NHXAF mit feindrähtigem Leiter 0,5 mm² bis 240 mm².

Beispiele für vollständige Bauartkurzzeichen, unter Verwendung der in Abschnitt 19.4 dargestellten Kurzzeichen:

NHXA 1 × 6 BK

N	genormte Leitung
HX	Aderisolierung aus vernetzter halogenfreier Polymer-Mischung
A	Aderleitung
1 × 6	Einadrige Leitung, Nennquerschnitt in mm²
BK	Aderkennzeichnung: Schwarz

NHXAF 1 × 2,5 GNYE

N	genormte Leitung
HX	Aderisolierung aus vernetzter halogenfreier Polymer-Mischung
AF	Aderleitung mit feindrähtigem Leiter
1 × 2,5	Einadrige Leitung, Nennquerschnitt 2,5 mm²
GNYE	Aderkennzeichnung: Grün-gelb

Die maximal zulässige Leitertemperatur beträgt 90 °C; daraus ergibt sich eine Strombelastbarkeit, die etwa 22 % höher liegt als die Werte, die Tabelle 20.4 angibt, sofern die Verlegung den entsprechenden Anforderungen entspricht.

Verwendet werden können halogenfreie Aderleitungen für den Einsatz in trockenen Räumen, zur Verdrahtung von Leuchten, Geräten, Schaltanlagen und Verteilern sowie in Verkehrsmitteln. Auch die Verlegung in Rohren auf, im und unter Putz sowie in geschlossenen Installationskanälen ist zulässig.

Auf dem Mantel der Leitung sind Herstellername und/oder Herstellerzeichen sowie zusätzlich das Bauartkurzzeichen anzugeben.

19.3.3 Halogenfreie Mantelleitung NHXMH

Halogenfreie Mantelleitungen mit verbessertem Verhalten im Brandfall sind nach DIN VDE 0250 Teil 214 genormt. Die Nennspannung beträgt U_0/U = 300/500 V.

Die genormten Querschnitte sind für:

- einadrige Leitungen 1,5 mm² bis 16 mm²,
- zwei- bis fünfadrige Leitungen 1,5 mm² bis 35 mm²,
- siebenadrige Leitungen 1,5 mm² und 2,5 mm².

Beispiel für ein vollständiges Bauartkurzzeichen, unter Verwendung der in Abschnitt 19.4 dargestellten Kurzzeichen:

NHXMH-J 4 × 35

N	genormte Leitung
HX	Aderisolierung aus vernetzter halogenfreier Polymer-Mischung
M	Mantelleitung
H	halogenfreie Polymer-Mischung
J	Leitung mit grün-gelb gekennzeichneter Ader
4 × 35	Adernanzahl und Nennquerschnitt in mm^2.

Die maximal zulässige Leitertemperatur beträgt 70 °C; daraus ergibt sich eine Strombelastbarkeit, die Tabelle 20.5 Spalte 3 für einadrige Leitungen und Spalte 9 für mehradrige Leitungen zu entnehmen ist, wenn die Verlegung den entsprechenden Anforderungen entspricht.

Verwendet werden können halogenfreie Mantelleitungen zur Verlegung über, auf, im und unter Putz in trockenen, feuchten und nassen Räumen. Die Verlegung im Mauerwerk und im Beton ist zulässig, ausgenommen direkte Verlegung in Schüttel-, Rüttel- oder Stampfbeton (Schutzrohre erforderlich – Bauart »AS«). Die Leitungen dürfen auch im Freien verwendet werden.

Der Außenmantel der Leitung ist »lichtgrau« eingefärbt. Auf dem Mantel der Leitung sind Herstellername und/oder Herstellerzeichen und zusätzlich das Bauartkurzzeichen anzugeben.

Zu beachten ist, daß halogenfreie Mantelleitungen mit verbessertem Verhalten im Brandfall keinen Isolationserhalt im Brandfall gewährleisten. Wenn dies gefordert wird, müssen halogenfreie Kabel (siehe Abschnitt 19.3.1) verwendet werden.

Auf dem Mantel der Leitung sind Herstellername und/oder Herstellerzeichen sowie das Bauartkurzzeichen anzugeben.

19.3.4 Halogenfreie Sonder-Gummiaderleitung NSHXAÖ und NSHXAFÖ

Halogenfreie Sonder-Gummiaderleitungen mit verbessertem Verhalten im Brandfall sind im Entwurf DIN VDE 0250 Teil 606:1992-03 behandelt. Dieser Entwurf besitzt die Ermächtigung zur Verwendung eines Norm-Entwurfs als Grundlage für den Konformitätsnachweis. Das bedeutet, daß Leitungen nach dem genannten Norm-Entwurf gefertigt, in den Verkehr gebracht und zur Verwendung zugelassen sind. Die Leitungen gibt es für Nennspannungen U_0/U = 0,6/1 kV, 1,8/3 kV und 3,6/6 kV. (Die Leitungen für U_0/U = 3,6/6 kV werden hier nicht behandelt.)

Die ausschließlich einadrigen Leitungen gibt es in folgenden Querschnitten:

- eindrähtig 1,5 mm^2 bis 10 mm^2,
- mehrdrähtig 16 mm^2 bis 300 mm^2,
- feindrähtig 1,5 mm^2 bis 300 mm^2.

Beispiel für ein vollständiges Bauartkurzzeichen, unter Verwendung der in Abschnitt 19.4 dargestellten Kurzzeichen:

NSHXAFÖ 1 × 95 0,6/1 kV

N	genormte Leitung
S	schwere Leitung
HX	äußere Umhüllung aus vernetzter halogenfreier Polymer-Mischung
A	Aderleitung
F	feindrähtig
Ö	ölbeständig
1 × 95	Aderzahl und Nennquerschnitt in mm^2.

Die maximal zulässige Leitertemperatur beträgt 90 °C; daraus ergibt sich eine Strombelastbarkeit, die etwa 22 % höher liegt als die Werte, die Tabelle 20.4 angibt, sofern die Verlegung den entsprechenden Anforderungen entspricht.

Verwendet werden können halogenfreie Sonder-Gummiaderleitungen für Omnibusse, Schienenfahrzeuge und in trockenen Räumen. Leitungen mit einer Nennspannung U_0/U = 1,8/3 kV gelten für Anlagen bis 1000 V als kurzschluß- und erdschlußsichere Ausführung.

Auf dem Mantel der Leitung sind neben Herstellername und/oder Herstellerzeichen noch das Bauartkurzzeichen und die Nennspannung anzugeben.

19.4 Kurzzeichen für Leitungen nach nationalen Normen – DIN VDE 0250

Die Kenn- und Kurzzeichen für Leitungen sind im Umbruch, bedingt durch die Harmonisierung verschiedener Leitungstypen. Wichtige Kenn- und Kurzzeichen für Leitungen nach nationalen Normen sind nachfolgend dargestellt:

A	Aderleitung,
M	Mantelleitung,
Al	Leiter aus Aluminium,
B	Bleimantel,
C	Abschirmung,
F	Flachleitung,
G	Gummiisolierung,
2G	Silikon-Kautschuk,
3G	Butyl-Kautschuk,
4G	Ethylen-Vinylacetat-Kautschuk,
I	Imputz-Leitung,
H	Handgeräteleitung,
L	leichte Leitung,
M	mittlere Leitung,

P	Pendelschnüre,
R	Rohrdraht,
S	schwere Leitung,
T	Leitungstrosse,
W	wetterfest,
Y	Kunststoff PVC,
2X	Kunststoff VPE,
7Y	Kunststoff Ethylen-Tetrafluorethylen,
Z	Ziffernaufdruck,
e	eindrähtige Leiter,
fl (FL)	flache Leitung,
k	kältebeständig,
m	mehrdrähtige Leiter,
ö (Ö)	ölbeständig,
rd	runder Leiter,
u (U)	unbrennbar,
vers	verseilte Leitung,
w (W)	wärmebeständig.

Auch für Leitungen wird dem Kurzzeichen noch angefügt:

-J	Leitung mit grün-gelb gekennzeichneter Ader,
-O	Leitung ohne grün-gelb gekennzeichnete Ader.

19.5 Kurzzeichen für harmonisierte Leitungen – DIN VDE 0281; DIN VDE 0282

Nachdem mit Wirkung vom 1.4.1976 die von CENELEC erarbeiteten Harmonisierungsdokumente 21 und 22 in Kraft getreten sind, gelten für die gebräuchlichsten Leitungstypen mit Kunststoff- bzw. Gummiisolierung seit diesem Zeitpunkt neue Bezeichnungen.
Der Inhalt der Harmonisierungsdokumente 21 und 22 wurde der Öffentlichkeit bekanntgegeben als:

- DIN VDE 0281 »VDE-Bestimmungen für Starkstromleitungen mit einer Isolierung aus thermoplastischem Kunststoff auf der Basis von PVC« und
- DIN VDE 0282 »VDE-Bestimmungen für Starkstromleitungen mit einer Isolierung aus Gummi«.

Die Harmonisierungsverhandlungen haben sich als sehr schwierig erwiesen, bedingt durch die Vielzahl der in den verschiedenen Ländern verwendeten Leitungstypen, Schutzsysteme, Errichtungsbestimmungen und Installationsverfahren. Für verschiedene Leitungen konnte dabei volle Harmonisierung, für andere nur eine teilweise landesbegrenzte Harmonisierung erreicht werden, weshalb für eine längere Zeit drei grundsätzlich genormte Leitungstypen nebeneinander stehen. Die Art des Leitungstyps kann am ersten Buchstaben der Bezeichnung erkannt werden.

Dabei bedeuten:

H harmonisierter Leitungstyp.

A national anerkannter Leitungstyp.

N nicht harmonisierter, aber genormter Leitungstyp (siehe Abschnitt 19.4).

Das neue Typenkurzzeichen, das aus drei Abschnitten zusammengesetzt ist, enthält im ersten Teil die Harmonisierungsart und die Spannung, im zweiten Teil Angaben über die Leiterisolierung, Mantel, Leiterart und Besonderheiten im Aufbau. Im dritten Teil werden Leiterzahl und Querschnitt hinzugefügt. Die Zusammensetzung des gesamten Kennzeichens und die erforderlichen Erläuterungen zeigt folgende Zusammenstellung:

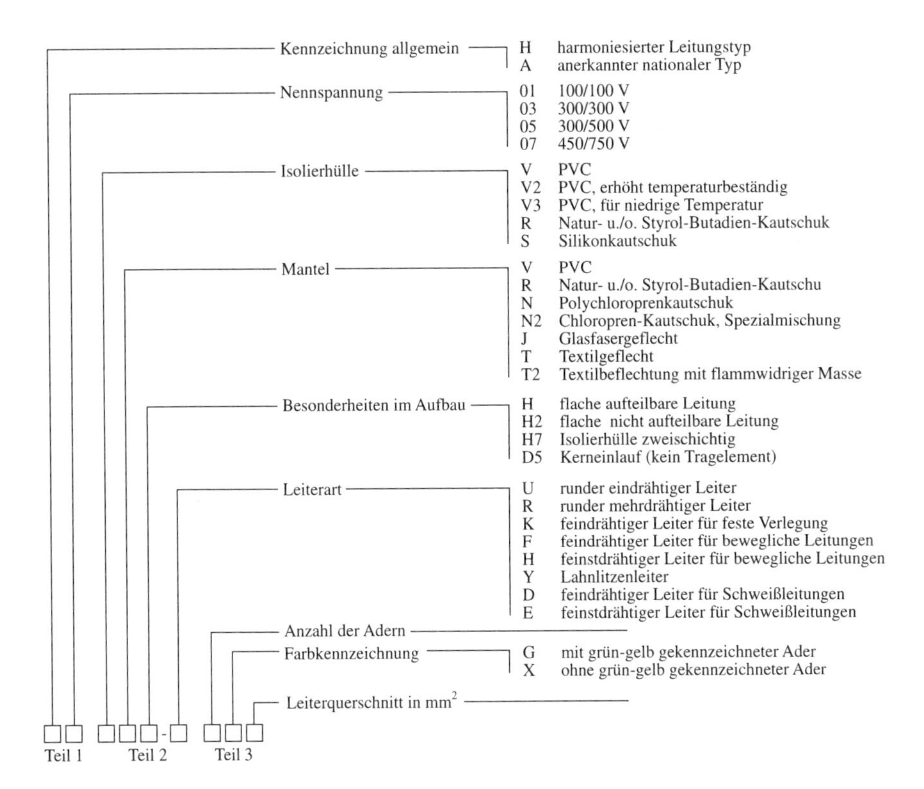

Beispiele:

H07RN-F 3G2,5 Gummi-Schlauchleitung, dreiadrig, 2,5 mm^2 mit grün-gelb gekennzeichneter Ader; U_0/U = 450/750 V;

H03VVH2-F 2X1 Kunststoff-Schlauchleitung, flach, nicht aufteilbar, zweiadrig, 1,0 mm^2; U_0/U = 300/300 V.

19.6 Häufig verwendete Leitungen

Die wichtigsten Ader- und Verdrahtungsleitungen sowie die wichtigsten Leitungen zum Anschluß beweglicher Verbrauchsmittel sind harmonisiert. Eine Auswahl dieser Leitungen aus Kunststoff – DIN VDE 0281 – ist in **Tabelle 19.2** dargestellt. Die wichtigsten gummi-isolierten Leitungen (Gummiaderschnüre und Gummischlauchleitungen) sowie wärmebeständige Silikonaderleitungen sind harmonisiert. Eine Auswahl dieser Leitungen – DIN VDE 0282 – zeigt **Tabelle 19.3.**
Nicht harmonisierte Leitungen sind in DIN VDE 0250 behandelt. Eine Auswahl häufig gebrauchter Leitungen zeigt **Tabelle 19.4.**

19.7 Anwendungsbereiche von Kabeln und Leitungen

Während für Niederspannungskabel immer eine Spannung von U_0/U = 0,6/1 kV gilt und sie überall verlegt werden dürfen, sind für Leitungen die Spannungen U_0/U (siehe Tabelle 19.2 bis Tabelle 19.4) zu beachten. Außerdem sind bei Leitungen die besonderen Verlegebedingungen von Wichtigkeit (siehe hierzu DIN VDE 0298 Teil 3). Für die in Tabelle 19.2 bis Tabelle 19.4 aufgenommenen Leitungen gelten folgende Bedingungen:

19.7.1 PVC-Verdrahtungsleitungen H05V

Zulässig für die innere Verdrahtung von Geräten sowie für geschützte Verlegung in und an Leuchten. Für Signalanlagen in Rohren auf und unter Putz zugelassen.

19.7.2 Wärmebeständige PVC-Verdrahtungsleitungen H05V2

Zulässig für innere Verdrahtung von Betriebsmitteln (Wärmegeräte, Leuchten). Die Leitungen dürfen nicht mit heißen Teilen in Berührung kommen, deren Temperatur mehr als 85 °C beträgt.

19.7.3 PVC-Lichterkettenleitung H03VH7-H

Zulässig zur Herstellung von Lichterketten für Innenräume, mit in Reihe geschalteten Lampenfassungen und einer maximalen Leistung von 100 W.
Nicht zulässig im Freien, in feuchten Räumen, für industrielle Anwendung, für handgeführte Elektrowerkzeuge und für Koch- und Heizgeräte.
Die Farbe der Leitung ist »Grün«.

19.7.4 PVC-Aderleitungen H07V

Zulässig in Rohren auf und unter Putz, in Installationskanälen und für die innere Verdrahtung von Geräten, Schaltanlagen und Verteilern. Nicht zulässig für direkte Verlegung auf Pritschen, Rinnen oder Wannen.

Tabelle 19.2 Harmonisierte PVC-isolierte Leitungen

Bezeichnung der Leitung	Bauart	Nennspannung U_0/U in V	Anzahl der Adern	Querschnitt in mm^2	zulässige Betriebstemperatur in °C
PVC-Verdrahtungsleitungen mit eindrähtigem Leiter mit feindrähtigem Leiter	H05V-U H05V-K	300/500	1	10,5 bis 1	70
Wärmebeständige PVC-Verdrahtungsleitung mit eindrähtigem Leiter mit mehrdrähtigem Leiter	H05V2-U H05V2-K	300/500	1	0,5 bis 2,5	90
PVC-Lichterkettenleitung	H03VH7-H	300/300	1	0,5	70
PVC-Aderleitungen mit eindrähtigem Leiter mit mehrdrähtigem Leiter mit feindrähtigem Leiter	H07V-U H07V-R H07V-K	450/750	1	1,5 bis 10 6 bis 400 1,5 bis 240	70
Kältebeständige PVC-Aderleitung mit eindrähtigem Leiter mit mehrdrähtigem Leiter mit feindrähtigem Leiter	H07V3-U H07V3-R H07V3-K	450/750	1	1,5 bis 10 1,5 bis 400 1,5 bis 240	70
leichte Zwillingsleitungen	H03VH-Y	300/300	2	0,1	70
Zwillingsleitungen	H03VH-H	300/300	2	0,5 bis 0,75	
PVC-Schlauchleitungen runde Ausführung flache Ausführung	H03VV-F/A03VV-F H03VVH2-F	300/300	2 bis 4 2	0,5 bis 0,75	70
PVC-Schlauchleitungen runde Ausführung flache Ausführung	H05VV-F/A05VV-F H05VVH2-F	300/500	2 bis 5 7 2	0,75 bis 4 1 bis 2,5 0,75	

Tabelle 19.3 Harmonisierte Gummi-isolierte Leitungen

Bezeichnung der Leitung	Bauart	Nennspannung U_0/U in V	Anzahl der Adern	Querschnitt in mm^2	zulässige Betriebs-temperatur in °C
Illuminationsleitung	H05RN-F H05RNH2-F	300/500	1 2	0,75 bis 1,5 1,5	60
Wärmebeständige Silikon-Aderleitung mit feindrähtigem Leiter mit feindrähtigem Leiter mit eindrähtigem Leiter	H05SJ-K A05SJ-K A05SJ-U	300/500	1	0,5 bis 16 25 bis 95 1 bis 10	180
Gummi-Aderschnüre	H03RT-F/A03RT-F	300/300	2 und 3	0,75 bis 1,5	60
Gummi-isolierte Schweißleitungen mit normaler Flexibilität mit besonders hoher Flexibilität	H01N2-D H01N2-E	100/100	1	10 bis 185	90
Wärmebeständige Gummiaderleitung mit eindrähtigem Leiter mit mehrdrähtigem Leiter mit feindrähtigem Leiter	H07G-U H07G-R H07G-F	450/750	1	0,5 bis 10 16 bis 95 0,5 bis 95	110
Gummi-Schlauchleitungen	H0SRR-F/A05RR-F	300/500	2 bis 5 3 und 4	0,75 bis 2,5 4 und 6	60
	H0SRN-F/A05RN-F	300/500	2 und 3	0,75 und 1	
	H07RN-F/A07RN-F	450/750	1 2 und 5 3 und 4 6,12,18,24,36 6,12,18	1,5 bis 500 1 bis 25 1 bis 300 1,5 und 2,5 4	

Tabelle 19.4 Leitungen, die nicht harmonisiert sind

Bezeichnung der Leitung	Bauart	Nennspannung U_0/U	Anzahl der Adern	Querschnitt in mm^2	zulässige Betriebs-temperatur in °C
PVC-Mantelleitungen	NYM	300/500 V	1 2 bis 5 7	1 bis 16 1,5 bis 3,5 1,5 und 2,5	70
Stegleitungen	NYIF/NYIFY	230/400 V	2 und 3 4 und 5	1,5 bis 4 1,5 und 2,5	70
Blei-Mantelleitungen	NYBUY	300/500 V	2 bis 4 5	1,5 bis 35 1,5 bis 6	70
Gummi-Schlauchleitungen	NSSHÖU	0,6/1 kV	1 2 bis 4 3 + PE[1]) 5 bis 7 5 + PE[2]) 12 und 18[3])	2,5 bis 400 1,5 bis 185 2,5 bis 150 1,5 bis 95 2,5 bis 6 1,5 bis 4	90
Gummi-Flachleitungen	NGFLGÖU	300/500 V	3 bis 24 3 bis 8 3 bis 7 3 und 4	1 bis 2,5 1 bis 4 1 bis 35 1 bis 95	60
Leitungstrossen	NTMWÖU/ NTSWÖU	0,6/1 kV	1 bis 4 3 + PE[1]) 5 bis 7 12 und 18[3])	2,5 bis 185 2,5 bis 150 2,5 bis 95 2,5 und 4	90
Schlauchleitungen mit Polyurethanmantel	NGMH11YÖ	300/500 V	2 bis 5 3 und 4	0,75 bis 2,5 4 und 6	80
Gummi-Aderleitungen	N4GA/N4GAF	450/750 V	1	0,5 bis 95	120

Tabelle 19.4 Fortsetzung

Bezeichnung der Leitung	Bauart	Nennspannung U_0/U	Anzahl der Adern	Querschnitt in mm^2	zulässige Betriebstemperatur in °C
ETFF[4])-Aderleitungen	N7YA/N7YAF	450/750 V	1	0,25 bis 6	135
Silikon-Aderschnüre	N2GSA rd N2GSA fl	300/300 V	2 und 3 2	0,75 bis 1,5 0,75 bis 1,5	180
Silikon-Fassungsader	N2GFA/N2GFAF	300/300 V	1	0,75	180
Silikon-Schlauchleitungen	N2GMH2G	300/500 V	2 bis 5	0,75 bis 2,5	180
Gummi-Pendelschnüre	NPL	230/400 V	2 und 3	0,75	60
Sonder-Gummiaderleitung	NSGAÖU/ NSGAFÖU	0,6/1 kV	1	1,5 bis 300	90
Eindrähtige mineralisolierte Leitungen	NUM 500 NUMK 500	300/500 V	1 bis 4 und 7 1 und 2 1	1 bis 2,5 1 bis 4 1 bis 150	105[5])
	NUM 750 NUMK 750	450/750 V	1 bis 4 und 7 1 bis 4 1	1 bis 4 1 bis 25 1 bis 150	70[6])

1) dreiadrige Leitung mit gleichmäßig aufgeteiltem oder konzentrischem Schutzleiter
2) fünfadrige Leitung mit konzentrischem Schutzleiter
3) Vorzugswerte für vieladrige Leitungen
4) ETFE-Ethylen-Tetrafluorethylen
5) Temperatur im Mantel
6) Temperatur an der Schutzhülle

19.7.5 Kältebeständige PVC-Aderleitungen H07V3

Zulässig wie PVC-Aderleitungen H07V in Rohren auf und unter Putz, Installationskanälen und für die innere Verdrahtung von Geräten, Schaltanlagen und Verteilern bei Verlegetemperaturen bis –25 °C. Nicht zulässig für direkte Verlegung auf Pritschen, Rinnen oder Wannen.

19.7.6 Leichte Zwillingsleitungen H03VH-Y

Zulässig für leichte Handgeräte (Rasierapparat) bei sehr geringen mechanischen Beanspruchungen bis höchstens 2 m Länge.

19.7.7 Zwillingsleitungen H03VH-H

Zulässig für leichte Elektrogeräte (Radio- und Fernsehgeräte, Tischleuchten usw.) bei sehr geringen mechanischen Beanspruchungen. Nicht zulässig für Koch- und Wärmegeräte.

19.7.8 PVC-Schlauchleitungen H03VV und A03VV

Zulässig für leichte Elektrogeräte (Küchengeräte, Haushaltstaubsauger, Büromaschinen usw.), bei geringen mechanischen Beanspruchungen. Nicht zulässig für Koch- und Wärmegeräte, im Freien, in gewerblichen und landwirtschaftlichen Betrieben.

19.7.9 PVC-Schlauchleitungen H05VV und A05VV

Zulässig für Elektrogeräte (Küchengeräte, Büromaschinen, Koch- und Wärmegeräte usw.), bei mittleren mechanischen Beanspruchungen. Für feste Verlegung in Möbeln, Stellwänden und Dekorationsverkleidungen geeignet. Nicht zulässig im Freien, in gewerblichen und landwirtschaftlichen Betrieben.

19.7.10 Illuminationsleitungen H05RN-F und H05RNH2-F

Zulässig für die Verwendung in Innenräumen und im Freien. Einadrige Leitungen sind geeignet für Lichterketten o. ä. dekorative Einrichtungen. Zweiadrige Leitungen sind ausschließlich für vorübergehende dekorative Einrichtungen zu verwenden.

19.7.11 Wärmebeständige Silikon-Aderleitungen H05SJ und A05SJ

Zulässig für den Einsatz bei Umgebungstemperaturen über 55 °C zur inneren Verdrahtung von Leuchten (Durchgangsverdrahtung), Wärmegeräten, elektrischen Maschinen und dgl. sowie zur Verdrahtung von Schaltanlagen und Verteilern.

19.7.12 Gummi-Aderschnüre H03RT und A03RT

Zulässig für Elektrogeräte (Haushaltsgeräte, Bügeleisen, Elektrowärmegeräte usw.) bei geringen mechanischen Beanspruchungen. Nicht zulässig im Freien, in gewerblichen und landwirtschaftlichen Betrieben.

19.7.13 Wärmebeständige Gummiaderleitungen H07G

Zulässig für die innere Verdrahtung von Betriebsmitteln wie Leuchten, insbesondere für Durchgangsverdrahtungen und für Wärmegeräte sowie für die innere Verdrahtung von Schaltanlagen und Verteilern in trockenen Räumen.

19.7.14 Gummi-isolierte Schweißleitungen H01N2

Zulässig für Schweißleitungen zur Verbindung zwischen Schweißgenerator, Handelektrode und Werkstück.

19.7.15 Gummi-Schlauchleitungen H05RR und A05RR

Zulässig für Elektrogeräte (Staubsauger, Bügeleisen, Küchengeräte, Herde, Toaster, Lötkolben usw.), bei geringen mechanischen Beanspruchungen. Für feste Verlegung in Möbeln, Stellwänden und Dekorationsverkleidungen geeignet. Nicht zulässig für ständige Verwendung im Freien, in gewerblichen und landwirtschaftlichen Betrieben.

19.7.16 Gummi-Schlauchleitungen H05RN und A05RN

Zulässig für Elektrogeräte bei geringen mechanischen Beanspruchungen in trockenen und feuchten Räumen, auch wenn sie mit Fetten und Ölen in Berührung kommen. Für feste Verlegung in Möbeln, Stellwänden und Dekorationsverkleidungen geeignet.

19.7.17 Gummi-Schlauchleitungen H07RN und A07RN

Zulässig für Elektrogeräte bei mittleren mechanischen Beanspruchungen in trockenen und feuchten Räumen, auch auf Baustellen und in landwirtschaftlichen Betrieben. Für feste Verlegung auf Putz, in provisorischen Bauten, Wohnbaracken und dgl. geeignet.

19.7.18 PVC-Mantelleitungen NYM

Zulässsig für Verlegung auf, im und unter Putz, in Beton und im Mauerwerk, in trockenen und feuchten Räumen. Im Freien zulässig, wenn direkte Sonneneinstrahlung verhindert ist. Nicht zulässig für direkte Verlegung in Schüttel-, Rüttel- oder Stampfbeton (Verlegung in Rohr ist zulässig).

19.7.19 Stegleitungen NYIF und NYIFY

Zulässig für Verlegung in oder unter Putz in trockenen Räumen. Nicht zulässig in Holzhäusern.

19.7.20 Blei-Mantelleitungen NYBUY

Zulässig für Verlegung, wenn Einwirkungen durch Lösungsmittel oder Chemikalien (Benzin) zu erwarten sind.

19.7.21 Gummi-Schlauchleitungen NSSHÖU

Zulässig für Elektrogeräte bei sehr hohen mechanischen Beanspruchungen in trockenen und feuchten Räumen sowie im Freien (Bergbau, Baustellen, Industriebetriebe, Landwirtschaft usw.).

19.7.22 Gummi-Flachleitungen NGFLGÖU

Für den Anschluß beweglicher Teile von Werkzeugmaschinen, Förderanlagen (z. B. Krane) und Großgeräten, wenn die Leitungen Biegungen in nur einer Ebene ausgesetzt sind. Zulässig in trockenen, feuchten und nassen Räumen sowie im Freien.

19.7.23 Leitungstrossen NMTWÖU und NMSWÖU

Leitungen für sehr hohe mechanische Beanspruchungen, z. B. Bergbau unter Tage, Tagebau, auf Baustellen und in der Industrie. Die Leitungstrosse NMTWÖU besitzt einen Gummimantel, die Leitungstrosse NMSWÖU besitzt zwei Gummimäntel. Zulässig in trockenen, feuchten und nassen Räumen sowie im Freien.

19.7.24 Schlauchleitungen mit Polyurethanmantel NGMH11YÖ

Geräteanschlußleitung für hohe mechanische Anforderungen, insbesondere bei Scheuer- und Schleifbeanspruchung. Zulässig in trockenen, feuchten und nassen Räumen sowie im Freien. Zum Anschluß von Elektrowerkzeugen und Leuchten auch auf Baustellen zulässig.

19.7.25 Gummi-Aderleitungen N4GA und N4GAF

Geeignet für den Einsatz bei Umgebungstemperaturen über 55 °C, zur inneren Verdrahtung von Leuchten, Wärmegeräten, Maschinen, Schalt- und Verteilungsanlagen.

19.7.26 ETFE-Aderleitungen N7YA und N7YAF

Geeignet für den Einsatz bei Umgebungstemperaturen über 55 °C, zur inneren Verdrahtung von Leuchten, Wärmegeräten und Geräten der Leistungselektronik.

19.7.27 Silikon-Aderschnüre N2GSA rd (rund) und N2GSA fl (flach)

Für den Anschluß von Heizgeräten und Leuchten. Die Leitungen besitzen eine hohe Temperaturfestigkeit (180 °C), da die Isolierung aus Silikongummi besteht.

19.7.28 Silikon-Verdrahtungsleitungen N2GFA und N2GFAF

Geeignet für den Einsatz bei Umgebungstemperaturen über 55 °C, zur inneren Verdrahtung, insbesondere für Leuchten.

19.7.29 Silikon-Gummischlauchleitungen N2GMH2G

Zugelassen als bewegliche Anschlußleitung bei geringer mechanischer Beanspruchung für Hausgeräte, Maschinen und Großgeräte in trockenen, feuchten und nassen Räumen sowie im Freien.

Die Leitungen besitzen eine Isolierung und einen Mantel aus Silikongummi, und sie besitzen eine erhöhte Wärmebeständigkeit.

19.7.30 Gummi-Pendelschnüre NPL

Zulässig für den Anschluß von Zugpendel- oder Schnurpendelleuchten. Die Zugbelastung der Leitung darf 15 N/mm^2 Leiterquerschnitt nicht überschreiten. Nicht zulässig für ortsveränderliche Stromverbraucher.

19.7.31 Sonder-Gummi-Aderleitungen NSGAFÖU

Zulässig in trockenen Räumen sowie in Schienenfahrzeugen und Omnibussen. Bei U_0/U = 1,73/3 kV gilt die Leitung in Schalt- und Verteilungsanlagen als kurzschluß- und erdschlußsicher.

19.7.32 Einadrige mineralisolierte Leitungen NUM und NUMK

Die mineralisolierten Leitungen haben eine Isolierung aus verdichtetem pulverisiertem Mineral oder eine Mineralumhüllung und darüber einen nahtlosen Kupfermantel.

Bei NUM-Leitungen (ohne Schutzhülle), also mit blankem Kupfer-Außenmantel, darf der Kupfermantel nicht durch Korrosion gefährdet werden. Bei NUMK-Leitungen mit Schutzhülle aus PVC oder Polyamid ist der Korrosionsschutz durch die Schutzhülle sichergestellt.

Die Leitungen sind für feste Verlegung in trockenen, feuchten und nassen Räumen über, auf und unter Putz sowie für die Verlegung im Freien zugelassen. Verlegung im Erdreich ist nicht zulässig.

19.8 Kennzeichnung von Kabeln und Leitungen

Kabel und Leitungen können als »genormt« gekennzeichnet werden, wenn sie den für sie gültigen Normen entsprechen. Die Kennzeichnung kann durch Kennfäden, farbige Aufdrucke oder Prägungen erfolgen. Dabei kann jeweils auch die Firmenangabe gemacht werden.

Harmonisierte Leitungstypen sind, nachdem die Approbationsstelle (für die Bundesrepublik Deutschland die VDE-Prüfstelle in Offenbach) die Genehmigung erteilt hat, vom Hersteller als solche zu kennzeichnen. Die Kennzeichnung kann entweder durch fortlaufenden Aufdruck, der zwischen den Firmenangaben als Druck oder Prägung auf der Leitung anzubringen ist, oder durch Einlegen eines einfädig bedruckten Kennfadens (VDE-Harmonisierungs-Kennfaden) zusammen mit dem geschützten Firmenkennfaden erfolgen.

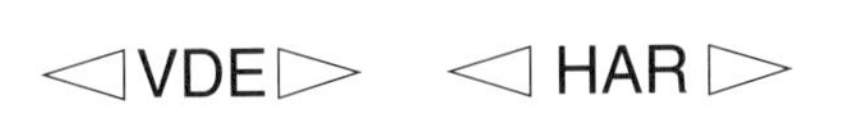

rt	ge	sw	rt	ge	sw
	1 cm	3 cm	1 cm	1 cm	

In den anderen europäischen Ländern, für die das Harmonisierungsdokument gilt, wird der Aufdruck VDE durch das Kurzzeichen der dortigen Approbationsstelle ersetzt. Der Kennfaden ist ebenfalls schwarz-rot-gelb; es sind jedoch andere Farblängen üblich.

Bei der Bedruckung von Leitungen gilt eine Kennzeichnung als fortlaufend, wenn als Zwischenraum zwischen Ende und Anfang der Firmenbezeichnung nicht mehr als

- 50 cm bei Aufschrift (Druck, Prägung),
- 20 cm in anderen Fällen

eingehalten wird.

Beispiel:

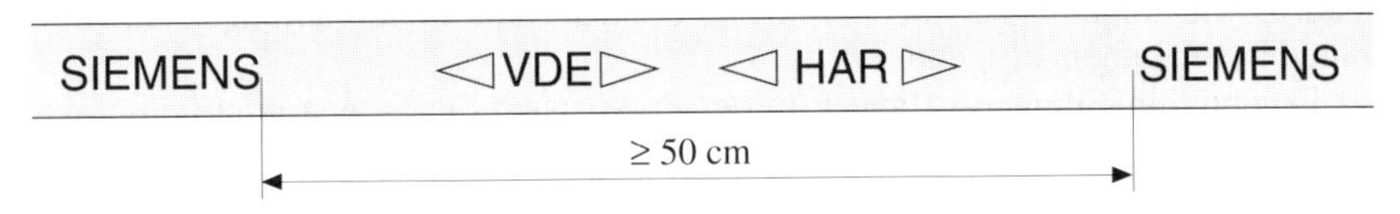

Kabel und nicht harmonisierte Leitungen werden durch den Aufdruck oder die Prägung

gekennzeichnet. Der VDE-Kennfaden hat die Farben schwarz-rot in einfädig bedruckter Ausführung.

Firmenkennfäden gibt es in verschiedenen Ausführungen. Dabei ist zu beachten:

- Bei einem Einzelfaden, der in Längsrichtung unterschiedlich gefärbt (bedruckt) ist, werden die Farben durch einen Bindestrich getrennt. Beispiel rot - blau.
- Bei einem verdrillten Kennfaden, der aus zwei oder mehreren Einzelfäden besteht, werden die Farben durch einen Schrägstrich getrennt. Beispiel rot/blau.
- Bei einem Kennfaden, der aus zwei oder mehreren parallel verlaufenden Einzelfäden besteht, werden die Farben durch ein Pluszeichen getrennt. Beispiel rot + blau.
- Bei einem kombinierten Kennfaden, der aus Einzelfäden und aus verdrillten oder parallelen Fäden besteht, werden die Farben durch Klammern gekennzeichnet. Beispiel schwarz/(gelb-grün): Ein schwarzer Einzelfaden, der mit einem gelb-grün (bedruckten) Einzelfaden verdrillt ist.

Beispiele für Firmenkennfäden:

resedagrün	Bergmann Kabelwerke
rot-grün	Wiener Kabel- und Metallwerke
rot/grün	Kabelmetal
rot/(rot-blau-weiß)	Norsk Kabelfabrik
rot-weiß-grün-weiß	Siemens

Eine vollständige Aufstellung gibt Band 24 der VDE-Schriftenreihe (siehe Abschnitt 19.11[1]).

19.9 Farbige Kennzeichnung von Kabeln, Leitungen und blanken Schienen

19.9.1 Farbige Kennzeichnung für Mäntel von Kabeln und Leitungen

Die Farben von Kabel- und Leitungsaußenmänteln aus Gummi und Kunststoff sind in DIN VDE 0206 festgelegt und in **Tabelle 19.5** dargestellt.

Stegleitungen, bewegliche Leitungen für Leuchten, Haushalts- und Kleingeräte, einadrige Leitungen ohne Außenhülle und Sonder-Gummi-Aderleitungen sind von obigen Festlegungen ausgenommen.
Für Feuchtraumleitungen gelangen in der Praxis auch die Farben grau und elfenbein zur Anwendung.

Die Mäntel der Leitungen und Kabel sollen durchgehend gefärbt sein; eine Oberflächenfärbung allein genügt nicht.

19.9.2 Farbige Kennzeichnung für Adern von Kabeln und Leitungen

Für Leitungen und Kabel bestanden vor 1966 allein in Deutschland drei verschiedene Farbsysteme. Hinzu kam ein Farbsystem für blanke und isolierte Stromschienen in Schaltanlagen und Verteilungen.

Tabelle 19.5 Farbfestlegung für Außenmäntel

Kabel- bzw. Leitungsart		Farbe
Starkstrom	bis 1 kV	schwarz
	über 1 kV	rot
Starkstromleitungen bis 1 kV		schwarz
Ausnahme: Feuchtraumleitungen		weiß
Starkstromleitungen über 1 kV		rot
Ausnahme: Leuchtröhrenleitungen		gelb
Kabel und Leitungen bis 1 kV		
für Bergwerke unter Tag		gelb
für eigensichere Anlagen		blau
Femmeldekabel		
Außenkabel		schwarz
Industrieanlagen		grau
für eigensichere Anlagen		blau
Fernmelde-Installationsleitungen		schwarz grau elfenbein

Da in anderen Ländern ähnliche Situationen bestanden, wurde von IEC unter Mitarbeit von CENELEC eine neue Farbkennzeichnung erarbeitet. Die neue Farbkennzeichnung galt zunächst nur für Leitungen, später auch für Kabel.

Danach gelten heute die in **Tabelle 19.6** und **Tabelle 19.7** genannten Farben für die Aderkennzeichnung von Leitungen und Kabeln (siehe auch DIN VDE 0293).

Tabelle 19.6 Farbkennzeichnung von mehradrigen Leitungen*) für ortsveränderliche Stromverbraucher (bewegliche Leitungen)

Anzahl der Adern	bewegliche Leitungen	
	mit Schutzleiter	ohne Schutzleiter
2	–	sw/hbl
3	gn-ge/br/hbl	sw/hbl/br
4	gn-ge/sw/hbl/br	sw/hbl/br/sw
5	gn-ge/sw/hbl/br/sw	sw/hbl/br/sw/sw

*) Hier wird im Laufe der Zeit eine Umstellung auf die neuen internationalen Kurzzeichen erfolgen.
Grundlage ist DIN IEC 757; siehe Tabelle 19.10.

Tabelle 19.7 Farbkennzeichnung von mehradrigen Leitungen*) für feste Verlegung und mehradrige Kabel

Anzahl der Adern	Leitungen und Kabel		Kabel mit konzentrischem Leiter
	mit Schutzleiter	ohne Schutzleiter	
2	gn-ge/sw	sw/hbl	sw/hbl
3	gn-ge/sw/hbl	sw/hbl/br	sw/hbl/br
4	gn-ge/sw/hbl/br	sw/hbl/br/sw	sw/hbl/br/sw
5	gn-ge/sw/hbl/br/sw	sw/hbl/br/sw/sw	–

*) Hier wird im Laufe der Zeit eine Umstellung auf die neuen internationalen Kurzzeichen erfolgen. Grundlage ist DIN IEC 757; siehe Tabelle 19.10.

Die in obigen Tabellen gewählten Abkürzungen bedeuten:

- gn-ge grün-gelb,
- sw schwarz,
- hbl hellblau,
- br braun.

Leitungen und Kabel mit sechs und mehr Adern sind, wenn eine gn-ge-Ader vorhanden ist, mit einer Ader gn-ge und den restlichen Adern sw mit Zahlenaufdruck versehen. Leitungen und Kabel ohne gn-ge-Ader besitzen nur schwarze Adern mit Zahlenaufdruck.

Leitungen mit grün-gelb gekennzeichneter Ader erhalten nach dem Buchstabenkennzeichen den Zusatz »-J« (z. B. NYM-J), Leitungen ohne grün-gelb gekennzeichnete Ader den Zusatz »-O« (z. B. NYM-O).

Die Kennzeichnung grün-gelb einer Ader muß so ausgeführt sein, daß aus jeder Sicht zu erkennen ist, daß der Leiter zweifarbig ist. Die Kennzeichnung muß so angebracht werden, daß auf jedem beliebigen 15 mm langen Leitungsstück das Verhältnis der Farben so ist, daß nicht weniger als 30 % und nicht mehr als 70 % einer Farbe vorhanden ist.

Hinsichtlich der Verwendung der verschieden gekennzeichneten Adern gilt für Kabel und Leitungen:

gn-ge ist der Schutzleiter und/bzw. der PEN-Leiter zu kennzeichnen. Kein anderer Leiter darf diese Kennzeichnung erhalten.

hbl ist der Neutralleiter zu kennzeichnen. Wenn kein Neutralleiter vorhanden ist, darf die hbl gekennzeichnete Ader auch anderweitig verwendet werden (nicht als Schutzleiter!).

sw, br sind alle anderen Leiter – Außenleiter, Korrespondierender, Schalterdraht usw. – zu kennzeichnen. Für den Schutzleiter und PEN-Leiter dürfen sw und br keinesfalls verwendet werden.

Anmerkung: Der PEN-Leiter ist an den Leiterenden (Anschlußstellen) zusätzlich »hellblau« zu markieren (siehe Abschnitt 14.7).

Für in Rohr verlegte einadrige Leitungen (z. B. H07V) ist folgende Regelung festgelegt. Der Schutzleiter bzw. PEN-Leiter ist auf alle Fälle gn-ge zu kennzeichnen. Der Neutralleiter und die Außenleiter dürfen beliebig gekennzeichnet werden. Die Aderfarben grün und gelb und alle anderen mehrfarbigen Kennzeichnungen sind nicht zulässig.

Für blanke und isolierte Schienen sowie ähnliche Leiter gilt DIN 40705. In der Ausgabe Mai 1957 waren folgende Farben festgelegt:

gelb	Außenleiter R,
grün	Außenleiter S,
violett	Außenleiter T,
schwarz oder grau	Schutzerde,
schwarz oder grau mit weißen Querstreifen	vereinigte Schutz- und Betriebserde,
weiß mit schwarzen oder grauen Querstreifen	Betriebserde.

Die genannte Norm wurde überarbeitet. Danach sind seit Januar 1975 die Außenleiter nicht mehr farbig zu kennzeichnen, sondern mit alphanumerischen Zeichen zu versehen **(Tabelle 19.8).** Die Isolation der Schienen oder Leiter soll vorzugsweise in schwarz oder braun ausgeführt werden. Es ist zulässig, den Neutralleiter hellblau zu kennzeichnen. Schutzleiter und PEN-Leiter müssen grün-gelb gekennzeichnet werden. Die Einzelfarben grün und gelb dürfen nicht verwendet werden. Ebenso sind alle zweifarbigen Kennzeichnungen (außer grün-gelb) nicht zulässig. Die Farbkennzeichnung muß durch geschlossene Streifen von 15 mm bis 100 mm Breite erfolgen.

Tabelle 19.8 Alphanumerische und farbliche Kennzeichnung von Schienen

Leiterbezeichnung	Kennzeichnung		
	alphanumerisch	Symbol	Farbe
Drehstrom-Außenleiter 1	L1		
Drehstrom-Außenleiter 2	L2		
Drehstrom-Außenleiter 3	L3		
Neutralleiter	N		hbl
Gleichstrom Positiv	L +		
Gleichstrom Negativ	L –		
Mittelpunktsleiter	M		hbl
Schutzleiter	PE	⏚	gn-ge
PEN-Leiter	PEN		gn-ge

Für »Fabrikfertige Schaltgeräte-Kombinationen« gilt nach DIN EN 60439-1 (VDE 0660 Teil 500) bezüglich der Farbkennzeichnung:

Außenleiter und Neutralleiter sind vorzugsweise gleichfarbig in beliebiger Farbe auszuführen. Schutzleiter und PEN-Leiter sind in einer anderen Farbe zu halten als die Außenleiter und der Neutralleiter; eine Kennzeichnung grün-gelb ist zulässig. Die Anschlußstelle für den Schutzleiter bzw. PEN-Leiter ist gn-ge oder mit dem Schutzleiter-Kennzeichen ⏚ zu kennzeichnen.

Für Kleinverteilungen – hierzu gehören Zählertafeln – gilt nach DIN VDE 0606 bezüglich der Farbkennzeichnung das für »Fabrikfertige Schaltgeräte-Kombinationen« Gesagte sinngemäß.

Für Bearbeitungs- und Verarbeitungsmaschinen gilt nach DIN EN 60204-1 (VDE 0113 Teil 1) bezüglich der Farbkennzeichnung:

- Bei mehradrigen Leitungen und Kabeln ist die Kennzeichnung nach DIN VDE 0293 vorzunehmen.
- Bei einadrigen Leitungen und Kabeln sind folgende Farben zu wählen:

– Schutzleiter	grün-gelb,
– PEN-Leiter	grün-gelb,
– Neutralleiter	hellblau,
– Hauptstromkreise	schwarz (Wechsel- und Gleichspannung),
– Steuerstromkreise	rot bei Wechselspannung, blau bei Gleichspannung,
– Verriegelungsstromkreise	orange (Wechsel- und Gleichspannung).

In **Bild 19.5** sind für verschiedene Anlageteile und Verlegearten die jeweils nach DIN VDE 0293 in Verbindung mit DIN IEC 757 sowie DIN 40705 geforderten Farbkennzeichnungen dargestellt.

19.9.3 Zusammentreffen von Kabeln und Leitungen mit alter und neuer Farbkennzeichnung

Die neue Farbkennzeichnung, wie in Abschnitt 19.9.2 beschrieben, wurde durch VDE 0293:1966-11 eingeführt. Nachdem zunächst eine Übergangsfrist von etwa zwei Jahren bis zum 31. 1. 1969 vorgesehen war, wurde diese aus praktischen Gründen verlängert bis zum 30. 6. 1970 (siehe VDE 0100 e:1969-08).

Da es in der Praxis immer wieder vorkommt, daß bei Erweiterung einer Anlage ein Anschluß an eine Leitung/Kabel mit alter Farbkennzeichnung durchzuführen ist oder daß bei einer beweglichen Anschlußleitung mit alter Farbkennzeichnung eine Steckvorrichtung neu angeschlossen werden muß, ist es notwendig, auch die alten Farbfestlegungen zu kennen. In **Tabelle 19.9** ist die alte Farbkennzeichnung dargestellt.

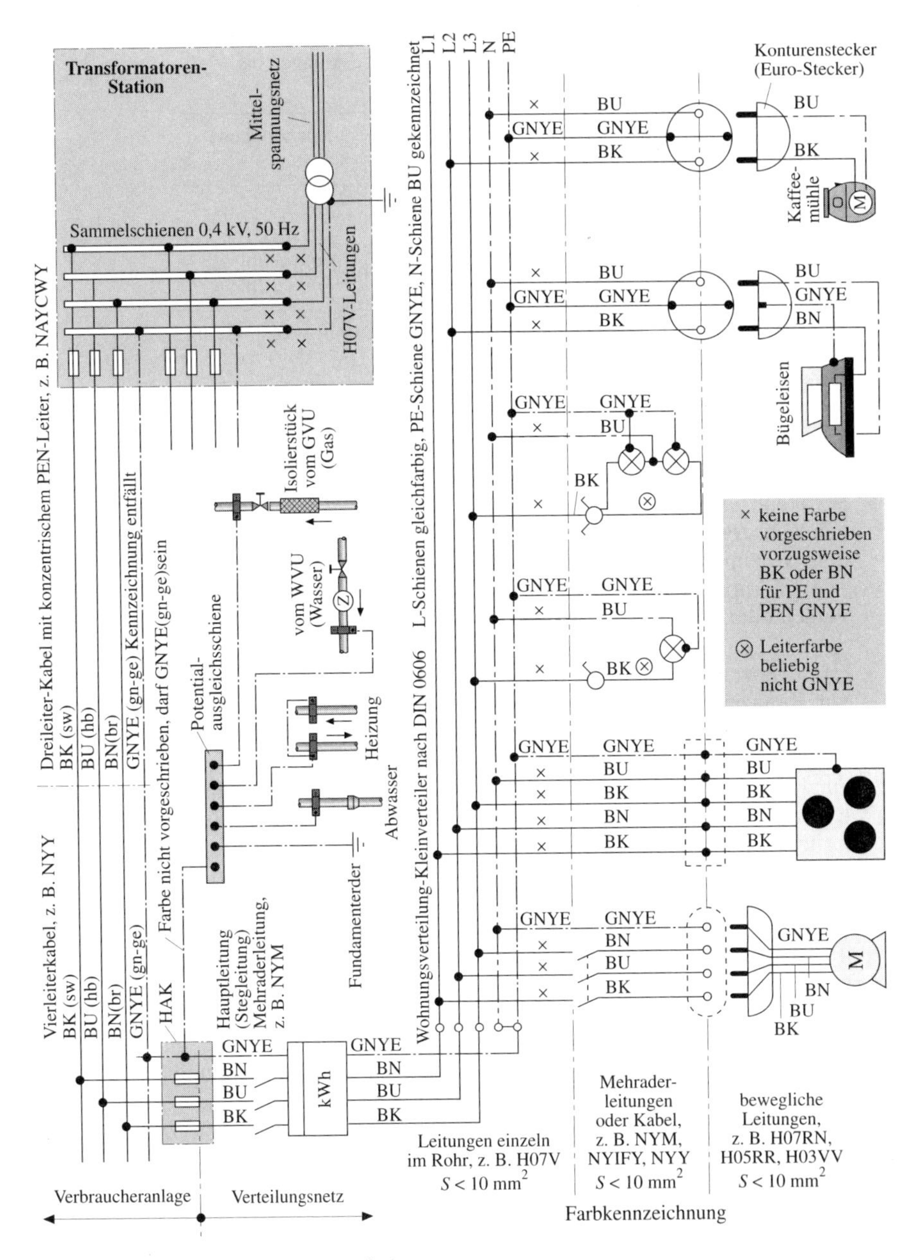

Bild 19.5 Farbkennzeichnung von Leitern

Tabelle 19.9 Farbkennzeichnung von Leitungen nach VDE 0250 und Kabel nach VDE 0265 sowie VDE 0271, gültig für neue Anlagen bis 30. 6. 1970

Anzahl der Adern	Farbkennzeichnung	Kurzzeichen
2	grau/schwarz	gr/sw
3	grau/schwarz/rot	gr/sw/rt
4	grau/schwarz/rot/blau	gr/sw/rt/bl
5	grau/schwarz/rot/blau/schwarz*)	gr/sw/rt/bl/sw*)

*) Bei Kabeln nach VDE 0265 und VDE 0271 war die fünfte Ader »gelb« gekennzeichnet.

Hinsichtlich der Verwendung galt für die feste Installation und für bewegliche Anschlüsse (alte Leiterbezeichnungen sind in Klammern angegeben):

- Farbkennzeichnung »grau«
  zur Kennzeichnung der PEN-Leiter (Nulleiter, MpSl, Mp-Sl oder Mp/Sl), also dem vereinigten Schutzleiter (Schutzleiter, Sl) und Neutralleiter (Mittelpunkt- oder Sternpunktleiter, Mp). Keine Ausschließlichkeit gefordert, kann auch als Außenleiter oder Schalterdraht verwendet werden.

- Farbkennzeichnung »rot«
  zur Kennzeichnung des Schutzleiters (Schutzleiter, Sl). Keine Ausschließlichkeit gefordert, kann auch als Außenleiter oder Schalterdraht verwendet werden.
- Farbkennzeichnung »schwarz/blau/gelb«
  zur Kennzeichnung der Außenleiter L1/L2/L3 (Phasenleiter R, S, T) als Schalterdraht oder andere Leiter. Nicht zulässig zur Kennzeichnung von PEN-Leitern, Neutralleiter oder Schutzleiter.

Da für die Farben »rot« und »grau« keine Ausschließlichkeit gefordert war, konnte z. B. die »rot« gekennzeichnete Ader einmal als Schutzleiter (Drehstromleitung mit fünf Adern) und einmal als Außenleiter (Drehstromleitung mit vier Adern) verwendet werden.

Bild 19.6, Bild 19.7 und **Bild 19.8** zeigen Beispiele zur Anwendung der alten Farbkennzeichnung in Verbindung mit der neuen Farbkennzeichnung.

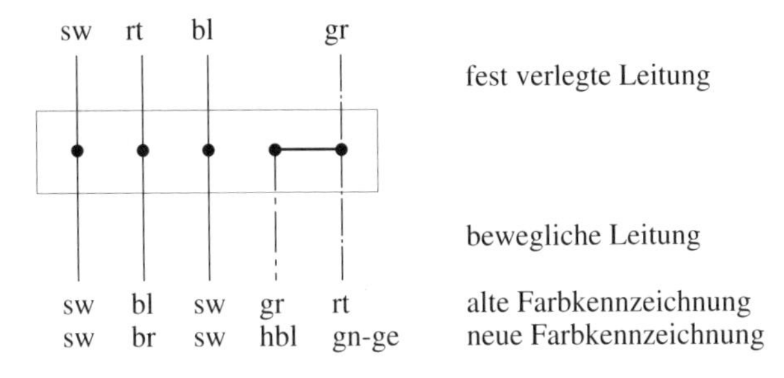

Bild 19.6 Alte Farbkennzeichnung bei einer Herdanschlußdose

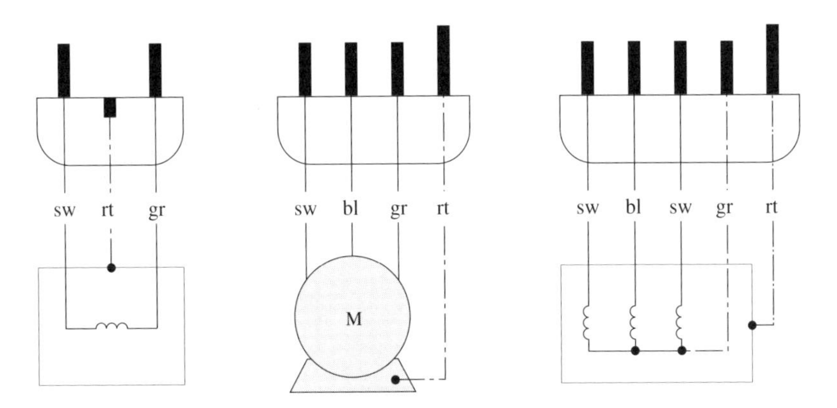

Bild 19.7 Alte Farbkennzeichnung für drei-, vier- und fünfadrige bewegliche Leitungen

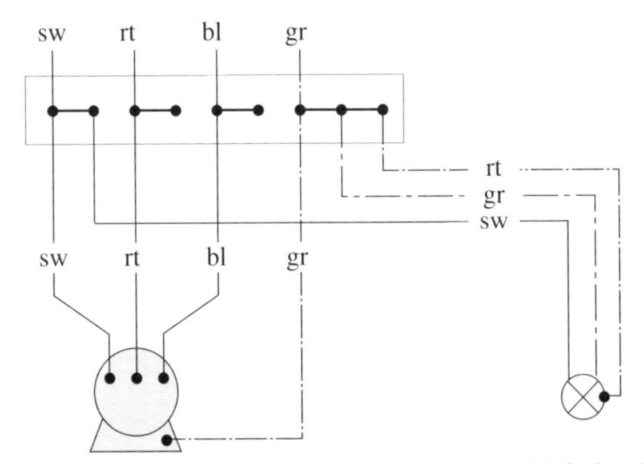

Bild 19.8 Alte Farbkennzeichnung beim Anschluß eines Motors und einer Leuchte

19.10 Farbcode zur Beschreibung von Leitungen

Bei Texten und Beschreibungen, in Zeichnungen und Schaltplänen werden häufig Kurzzeichen verwendet. Im Zuge der internationalen Normung sollen die Kurzbezeichnungen für die verschiedenen Farben festgelegt werden. Nach DIN IEC 757 gelten seit 1.7.1986 die in **Tabelle 19.10** dargestellten Kurzzeichen.

Tabelle 19.10 Code zur Farbkennzeichnung

Farbe	Kurzzeichen		Englischer Ausdruck, von dem das Kurzzeichen abgeleitet ist
	Früher	DIN IEC 757	
Schwarz	sw	BK	Black
Braun	br	BN	Brown
Rot	rt	RD	Red
Orange	or	OG	Orange
Gelb	ge	YE	Yellow
Grün	gn	GN	Green
Blau	bl	BU	Blue
Violett	vi	VT	Violet
Grau	gr	GY	Grey
Weiß	ws	WH	White
Rosa	rs	PK	Pink
Gold	–	GD	Gold
Türkis	tk	TQ	Turquoise
Silber	–	SR	Silver
Grün-Gelb	gn-ge	GNYE	Green-and-Yellow

19.11 Literatur zu Kapitel 19

[1] Warner, A. (Hrsg.): Firmenzeichen an VDE-geprüften elektrotechnischen Erzeugnissen. 4. Aufl. VDE-Schriftenreihe, Bd. 24, Berlin und Offenbach: VDE-VERLAG, 1993

[2] Heinhold, L.: Kabel und Leitungen für Starkstrom. 4. Aufl., Berlin und München: Siemens Aktiengesellschaft, 1987

[3] Brüggemann, H.: Starkstrom-Kabelanlagen. Fachbuchreihe: Anlagentechnik für elektrische Verteilungsnetze. Bd. 1. VWEW-Verlag, Frankfurt a. M., und VDE-VERLAG, Berlin, 1992

20 Bemessung von Leitungen und Kabeln und deren Schutz gegen zu hohe Erwärmung – Teil 430 und Teil 430 Beiblatt 1

Leitungen und Kabel müssen gegen zu hohe Erwärmung geschützt werden, die sowohl durch eine betriebsmäßige Überlast als auch durch einen vollkommenen Kurzschluß auftreten kann.
Durch die richtige Auswahl und die richtige Wahl der Einbaustelle der Überstromschutzeinrichtungen kann dies sichergestellt werden.

Tabelle 20.1 Mindestquerschnitte von Leitern
(Quelle: DIN VDE 0100 Teil 520:1996-01)

Arten von Kabel- und Leitungssystemen (-anlagen)		Anwendung des Stromkreises	Leiter	
			Werkstoff	Mindestquerschnitt in mm^2
feste Verlegung	Kabel, Mantelleitungen und Aderleitungen	Leistungs- und Lichtstromkreise	Cu Al	1,5 16 (siehe Anmerkung 1)
		Melde- und Steuerstromkreise	Cu	0,5 (siehe Anmerkung 2)
	blanke Leiter	Leistungsstromkreise	Cu Al	10 16 (siehe Anmerkung 4)
		Melde- und Steuerstromkreise	Cu	4 (siehe Anmerkung 4)
bewegliche Verbindungen mit isolierten Leitern und Kabeln		für ein besonderes Betriebsmitel	Cu	wie in der entsprechenden IEC-Publikation angegeben
		für andere Anwendungen		0,75 (siehe Anmerkung 3)
		Schutz- und Funktionskleinspannung für besondere Anwendung		0,75

Anmerkung 1: Verbinder zum Anschluß von Aluminiumleitern sollten für diesen Werkstoff geprüft und zugelassen werden.

Anmerkung 2: In Melde- und Steuerstromkreisen für elektronische Betriebsmittel ist ein Mindestquerschnitt von 0,1 mm^2 zulässig.

Anmerkung 3: Für vieladrige flexible Leitungen mit sieben oder mehr Adern gilt Anmerkung 2.

Anmerkung 4: Besondere Anforderungen an Lichtstromkreise mit Kleinspannung (ELV) sind in Beratung.

20.1 Mindestquerschnitte – Teil 520 Abschnitt 524

Je nach Leitungstyp und Verlegeart sind aus mechanischen Gründen bestimmte Mindestquerschnitte vorgeschrieben. Sie sind in **Tabelle 20.1** (Teil 520 Tabelle 52J) wiedergegeben.

20.2 Spannungsfall – Teil 520 Abschnitt 525

Um einen ordnungsgemäßen Betrieb zu gewährleisten, dürfen bestimmte Grenzwerte der Spannung nicht unter- bzw. überschritten werden. In den Gerätebestimmungen ist in der Regel eine Spannungsdifferenz von ±10 % zugelassen, bezogen auf die Nennspannungen des Betriebsmittels. Nach Teil 520 ist bei einem Spannungsfall von 4% der einwandfreie Betrieb einer Anlage immer gewährleistet (siehe Abschnitt 21.5).

Für Anlagen im Wohnungsbereich sind in den TAB Abschnitt 7.1 und auch in DIN 18015 Teil 1 für Hauptstromversorgungssysteme, d.h. für die Leitung zwischen der Übergabestelle des EVU (Hausanschlußkasten oder Umspannstation im Gebäude) und den Meßeinrichtungen (Zähler), die in **Tabelle 20.2** geforderten Werte genannt.

Tabelle 20.2 Zulässiger Spannungsfall für Hauptleitungen nach TAB und DIN 18015 Teil 1

Leistungsbedarf	zulässiger maximaler Spannungsfall
bis 100 kVA	0,5 %
über 100 kVA bis 250 kVA	1,0 %
über 250 kVA bis 400 kVA	1,25%
über 400 kVA	1,5 %

In Verbraucheranlagen ist nach DIN 18015 Teil 1 für die einzelnen Stromkreise folgender maximaler Spannungsfall zulässig:

- 3,0 % (früher 1,5 %) für Beleuchtungs- und/oder Steckdosenstromkreise von der Meßeinrichtung (Zähler) bis zu den Steckdosen bzw. Leuchten;
- 3,0 % für Verbrauchsmittel mit separatem Stromkreis von der Meßeinrichtung (Zähler) bis zur Verbrauchseinrichtung (Beispiele: Separate Stromkreise für Elektro-Herde, Durchlauferhitzer, Warmwasserspeicher, Nachtstromspeichergeräte usw.).

Tabellen und weitere Aussagen zum Spannungsfall siehe Anhang B.

Die Berechnung des Spannungsfalls kann nach folgenden grundsätzlichen Beziehungen erfolgen:

Gleichstrom

$$\Delta U = \frac{2 \cdot l \cdot I}{\varkappa \cdot S} = \frac{2 \cdot l \cdot P}{\varkappa \cdot S \cdot U}. \tag{20.1}$$

Einphasen-Wechselstrom

$$\Delta U = \frac{2 \cdot I \cdot l}{\varkappa \cdot S} \cdot \cos \varphi. \tag{20.2}$$

Drehstrom

$$\Delta U = \frac{\sqrt{3} \cdot I \cdot l}{\varkappa \cdot S} \cdot \cos \varphi \tag{20.3}$$

Der absolute Spannungsfall ΔU in Volt wird durch folgende Beziehung in den prozentualen Spannungsfall 8 umgerechnet:

$$\varepsilon = \frac{\Delta U}{U} \cdot 100\,\% \tag{20.4}$$

In den Gln. (20.1) bis (20.4) bedeuten:

ΔU Spannungsfall in V (absolut),
ε prozentualer Spannungsfall in %,
l Leitungslänge in m bei Berechnung mit $\varkappa$, in km bei Berechnung mit r und x,
I Strom in A,
P Wirkleistung in kW,
S Querschnitt in mm^2,
$\varkappa$ spezifische Leitfähigkeit in m/(Ω mm^2),
U Nennspannung in V,
r ohmscher Widerstand in Ω/km bei 20 °C,
x induktiver Widerstand in Ω/km,
φ Phasenverschiebung (Winkel zwischen Strom und Spannung).

Beispiel
Von einer Verteilung aus soll ein 230-V-Wechselstrommotor, Leistung 2,5 kW, $\cos \varphi = 0{,}7$, angeschlossen werden. Die Leitungslänge ist 16 m; es gelangt NYM 3 × 2,5 mm^2 zur Anwendung. Gesucht ist der Spannungsfall!

$$I = \frac{P}{U \cdot \cos \varphi} = \frac{2500\ \text{W}}{230\ \text{V} \cdot 0{,}7} = 15{,}5\ \text{A}$$

$$\Delta U = \frac{2 \cdot I \cdot l}{\varkappa \cdot S} \cdot \cos \varphi = \frac{2 \cdot 15{,}5\ \text{A} \cdot 16\ \text{m}}{56\ \text{mm}/\left(\Omega\ \text{mm}^2\right) \cdot 2{,}5\ \text{mm}^2} \cdot 0{,}7 = 2{,}48\ \text{V}$$

$$\varepsilon = \frac{\Delta U}{U} \cdot 100\,\% = \frac{2{,}48\ \text{V}}{230\ \text{V}} \cdot 100\,\% = 1{,}08\,\%$$

Für den häufig vorkommenden Fall bei Drehstrom mit U_n = 230/400 V und einer symmetrischen Belastung von cos φ = 0,9 (normale Versorgung) oder cos φ = 1,0 (Wärmegeräte für Watmwasser oder Raumheizung) empfiehlt sich die Anwendung folgender vereinfachter Berechnungsmethode.

Aus **Bild 20.1** ergibt sich der Spannungsfall allgemein zu:

$$\Delta U = I\,(R \cdot \cos \varphi + X \cdot \sin \varphi) \tag{20.5}$$

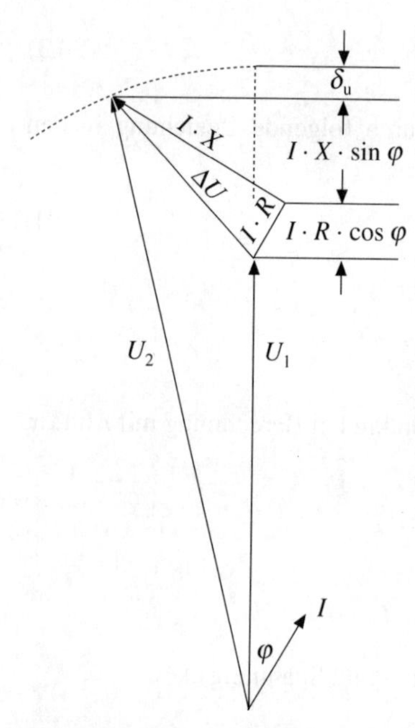

Bild 20.1 Spannungsfall

Der Wert δ_u ist in der Praxis so klein, daß er bedenkenlos vernachlässigt werden kann. Für eine symmetrisch belastete Drehstromleitung ergibt sich daraus folgende Beziehung:

$$\Delta U = \sqrt{3} \cdot I \left(R \cdot \cos \varphi + X \cdot \sin \varphi\right). \tag{20.6}$$

Mit den folgenden allgemein gültigen Gleichungen:

$$I = \frac{P}{\sqrt{3} \cdot U \cdot \cos \varphi}; \quad R = l \cdot r \cdot 10^{-3}; \quad X = l \cdot x \cdot 10^{-3} \quad \text{und} \quad \varepsilon = \frac{\Delta U}{U} \cdot 100,$$

die in Gl. (20.6) eingesetzt werden, ergibt sich nach Umstellung die zugeschnittene Größengleichung für den prozentualen Spannungsfall zu:

$$\varepsilon = P \cdot l \cdot \frac{100 \cdot r}{U^2}\left(1 + \frac{x}{r}\tan\varphi\right). \tag{20.7}$$

Nach Zusammenfassung der konstanten Größen zu einem Faktor (υ-Faktor) läßt sich folgende einfache Beziehung angeben:

$$\varepsilon = P \cdot l \cdot \upsilon \cdot 10^{-4}. \tag{20.8}$$

Der υ-Faktor ergibt sich dann zu:

$$\upsilon = \frac{10^6 \cdot r}{U^2}\left(1 + \frac{x}{r}\tan\varphi\right). \tag{20.9}$$

Für $\cos\varphi = 0{,}9$ und $U = 400$ V gilt:

$$\upsilon = 6{,}25\,(r + 0{,}484 \cdot x).$$

Für $\cos\varphi = 1{,}0$ und $U = 400$ V gilt:

$$\upsilon = 6{,}25 \cdot r.$$

Die υ-Faktoren der gebräuchlichsten Leitungen und Kabel sind in **Tabelle 20.3** zusammengestellt. Die υ-Faktoren gelten für eine Leitertemperatur von 20 °C, die sicherlich nicht in allen Fällen zutreffend ist. Eine höhere Leitertemperatur führt zu einem höheren Leiterwiderstand und so auch zu einem größeren Spannungsfall. In der Praxis kann dies berücksichtigt werden, wenn pro 10 K Temperaturerhöhung das Ergebnis um 4 % (Korrekturfaktor 1,04) korrigiert wird. Bei einer angenommenen Leitertemperatur von 50 °C, also 30 K Temperaturerhöhung, würde eine Korrektur um 3 · 4 % = 12 % erforderlich, d. h., der Korrekturfaktor liegt bei 1,12.

Bei mehreren, hintereinander geschalteten Leitungsstücken ist Gl. (20.8) mehrmals, also für jedes Leitungsstück getrennt, anzuwenden, wobei P dann die durch den betreffenden Leitungsabschnitt zu übertragende Leistung darstellt.

$$P_1 = P_A + P_B + \ldots + P_N$$
$$P_2 = P_B + \ldots + P_N$$

Mit dem so aufgestellten Lastflußplan, den **Bild 20.2** zeigt, ist die Berechnung des Spannungsfalls dann möglich.

Die Berechnung des Spannungsfalls für das in Bild 20.2 dargestellte Leitungsgebilde ergibt sich, in ausführlicher Schreibweise dargestellt, zu:

Tabelle 20.3 υ-Faktoren für Leitungen und Kabel

Querschnitt	υ-Faktoren in $W^{-1} \cdot km^{-1}$					
	NYM; NYY*)		NAYCWY		NAYY	
mm^2	$\cos\varphi = 0{,}9$	$\cos\varphi = 1{,}0$	$\cos\varphi = 0{,}9$	$\cos\varphi = 1{,}0$	$\cos\varphi = 0{,}9$	$\cos\varphi = 1{,}0$
1,5	74,035	73,688	–	–	–	–
2,5	44,537	44,204	–	–	–	–
4	27,945	27,621	–	–	–	–
6	18,750	8,448	–	–	–	–
10	11,597	11,313	–	–	–	–
16	7,404	7,131	–	–	–	–
25	4,785	4,525	7,748	7,506	7,766	7,506
35	3,539	3,288	5,708	5,475	5,726	5,475
50	2,682	2,431	4,245	4,013	4,264	4,013
70	1,942	1,694	2,999	2,775	3,023	2,775
95	1,479	1,231	2,230	2,006	2,254	2,006
120	1,223	0,981	1,812	1,594	1,836	1,594
150	1,023	0,781	1,518	1,300	1,542	1,300
185	0,873	0,631	1,261	1,044	1,286	1,044

*) Die Werte für NYM und NYY können mit ausreichender Genauigkeit auch für Stegleitungen, Bleimantelleitungen, Kunststoffschlauch- und Gummischlauchleitungen verwendet werden.

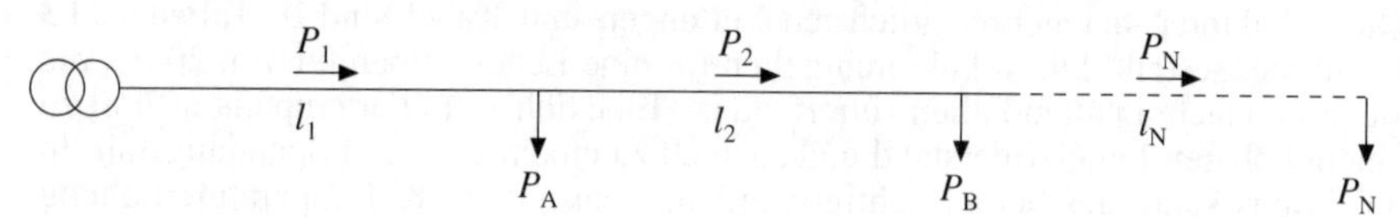

Bild 20.2 Spannungsfall; Lastflußdarstellung

$$\varepsilon = (P_1 \cdot l_1 \cdot \upsilon_1 + P_2 \cdot l_2 \cdot \upsilon_2 + \ldots + P_N \cdot l_N \cdot \upsilon_N) \cdot 10^{-4}.$$

Vereinfacht läßt sich die Beziehung auch wie folgt schreiben:

$$\varepsilon = \sum_{i=1}^{N} \left(P_i \cdot l_i \cdot \upsilon_i\right) \cdot 10^{-4}. \tag{20.10}$$

Gl. (20.10) gilt für eine symmetrisch belastete Drehstromleitung. Aus den Gln. (20.2) und (20.3) kann ermittelt werden, daß bei Belastung mit Wechselstrom (gleiche Leistung vorausgesetzt) der Spannungsfall das Sechsfache des Spannungsfalls bei Drehstrom beträgt. Es gilt deshalb für Einphasen-Wechselströme:

$$\varepsilon = 6 \sum_{i=1}^{N} \left(P_i \cdot l_i \cdot \upsilon_i\right) \cdot 10^{-4}. \tag{20.11}$$

In den Gln. (20.5) bis (20.11) bedeuten:

ΔU Spannungsfall in V (absolut),
ε Spannungsfall in %,
R ohmscher Widerstand in Ω,
r ohmscher Widerstand in Ω/km,
X induktiver Widerstand in Ω,
x induktiver Widerstand in Ω/km,
l einfache Leitungslänge in m,
U Nennspannung in V,
φ Phasenverschiebung (zwischen U und I),
P Wirkleistung in kW,
I Strom in A,
υ υ-Faktor (siehe Tabelle 20.3) in $W^{-1} \cdot km^{-1}$,
i Laufindex zwischen 1 und N.

Beispiel:
Ein Schmelzofen mit einer Drehstromleistung von 116 kW bei $\cos \varphi = 1{,}0$ soll über ein Kabel NAYY 4 × 120 mm², Länge 160 m von einer Verteilung aus, angeschlossen werden **(Bild 20.3).** Der Spannungsfall ist zu bestimmen!

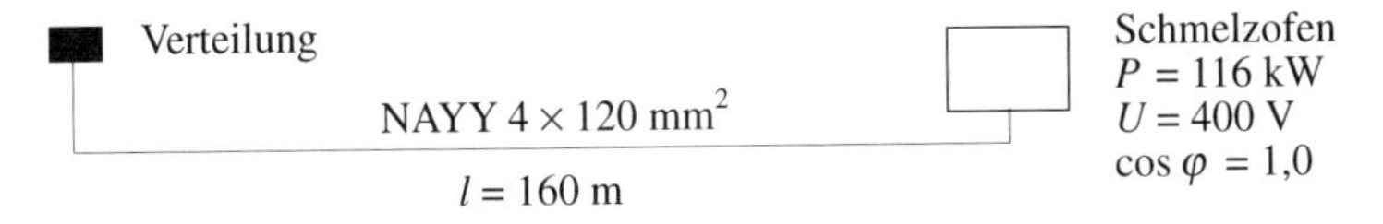

Bild 20.3 Beispiel Schmelzofen

Berechnung des Spannungsfalls nach den Gln. (20.3) und (20.4):

$$I = \frac{P}{\sqrt{3} \cdot U \cdot \cos \varphi} = \frac{116\,000\ \text{W}}{\sqrt{3} \cdot 400\ \text{V} \cdot 1{,}0} = 167{,}4\ \text{A};$$

$$\Delta U = \sqrt{3} \cdot I \cdot l \left(r \cdot \cos \varphi + x \cdot \sin \varphi\right),$$

$$= \sqrt{3} \cdot 167{,}4\ \text{A} \cdot 0{,}16\ \text{km} \left(0{,}255\ \Omega/\text{km} \cdot 1{,}0 + 0{,}080\ \Omega/\text{km} \cdot 0{,}0\right) = 11{,}83\ \text{V};$$

$$\varepsilon = \frac{\Delta U}{U} \cdot 100\,\% = \frac{11{,}83\ \text{V}}{400\ \text{V}} \cdot 100\,\% \cdot 2{,}958\,\%.$$

Berechnung des Spannungsfalls nach Gl. (20.10):

$$\varepsilon = P \cdot l \cdot \upsilon \cdot 10^{-4},$$

$$= 116\ \text{kW} \cdot 160\ \text{m} \cdot 1{,}594\ \text{W}^{-1} \cdot \text{km}^{-1} \cdot 10^{-4} = 2{,}958\ \%.$$

Beispiel:
In einem Industriebetrieb ist der in **Bild 20.4** dargestellte Versorgungsfall gegeben. Die Versorgungsspannung beträgt 400 V; alle Verbraucher sind auf $\cos\varphi = 0{,}9$ kompensiert. Der Spannungsfall ist für die Unterverteilungen und an den Anschlußstellen der Verbraucher zu bestimmen!

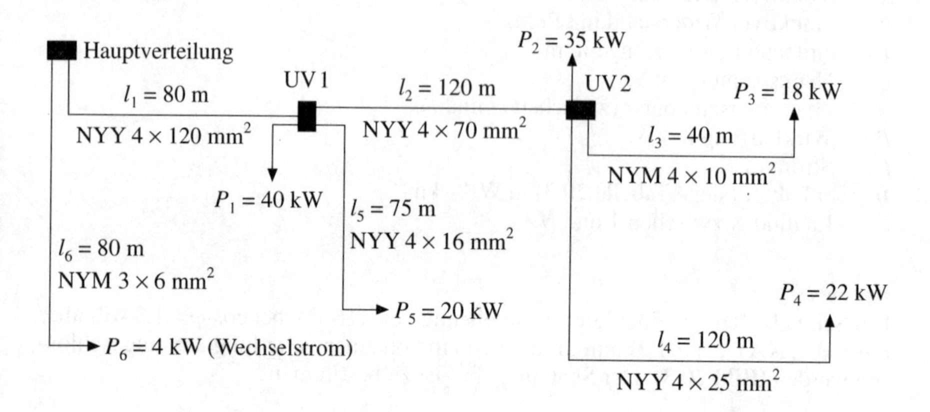

Bild 20.4 Beispiel Industriebetrieb

Zunächst ist ein Lastflußbild zu erstellen **(Bild 20.5)**:

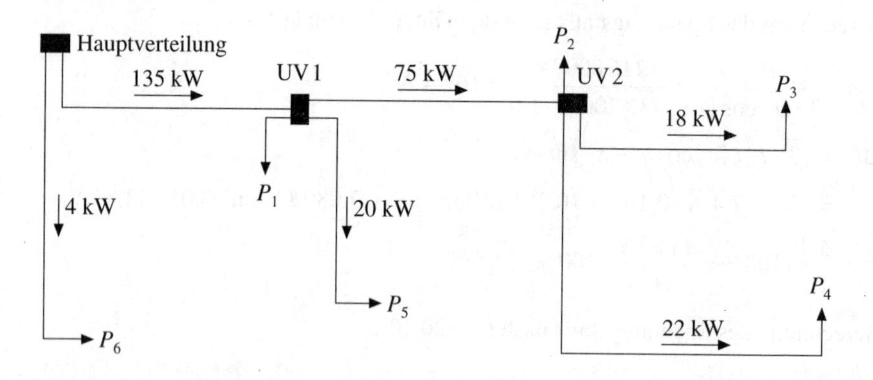

Bild 20.5 Lastflußbild

Berechnung des Spannungsfalls für die verschiedenen Einzelstrecken:
Leitungsstück l_1 von der HV zur UV 1:

$$\varepsilon_1 = P \cdot l_1 \cdot \upsilon \cdot 10^{-4} = 135 \cdot 1{,}223 \cdot 80 \cdot 1{,}223 \cdot 10^{-4}\,\% = 1{,}32\,\%.$$

Leitungsstück l_2 von der UV 1 zur UV 2:

$$\varepsilon_2 = P \cdot l_2 \cdot \upsilon \cdot 10^{-4} = 75 \cdot 120 \cdot 1{,}942 \cdot 10^{-4}\,\% = 1{,}75\,\%.$$

Leitungsstück l_3 von der UV 2 zum Verbraucher 3:

$$\varepsilon_3 = P_3 \cdot l_3 \cdot \upsilon \cdot 10^{-4} = 18 \cdot 40 \cdot 11{,}579 \cdot 10^{-4}\,\% = 0{,}83\,\%.$$

Leitungsstück l_4 von der UV 2 zum Verbraucher 4:

$$\varepsilon_4 = P_4 \cdot l_4 \cdot \upsilon \cdot 10^{-4} = 22 \cdot 120 \cdot 4{,}785 \cdot 10^{-4}\,\% = 1{,}26\,\%.$$

Leitungsstück l_5 von der UV 1 zum Verbraucher 5:

$$\varepsilon_5 = P_5 \cdot l_5 \cdot \upsilon \cdot 10^{-4} = 20 \cdot 75 \cdot 7{,}404 \cdot 10^{-4}\,\% = 1{,}11\,\%.$$

Leitungsstück l_6 von der HV zum Verbraucher 6 (P_6 = Wechselstrombelastung):

$$\varepsilon_6 = 6 \cdot P_6 \cdot l_6 \cdot \upsilon \cdot 10^{-4} = 6 \cdot 4 \cdot 80 \cdot 18{,}750 \cdot 10^{-4}\,\% = 3{,}60\,\%.$$

Damit ergeben sich für die gefragten Stellen folgende Spannungsfälle:

$$\varepsilon_{UV1} = \varepsilon_1 = 1{,}32\,\%;$$

$$\varepsilon_{UV2} = \varepsilon_1 + \varepsilon_2 = 1{,}32\,\% + 1{,}75\,\% = 3{,}07\,\%;$$

$$\varepsilon P_3 = \varepsilon_{UV2} + \varepsilon_3 = 3{,}07\,\% + 0{,}83\,\% = 3{,}90\,\%;$$

$$\varepsilon P_4 = \varepsilon_{UV2} + \varepsilon_4 = 3{,}07\,\% + 1{,}26\,\% = 4{,}33\,\%;$$

$$\varepsilon P_5 = \varepsilon_{UV1} + \varepsilon_5 = 1{,}32\,\% + 1{,}11\,\% = 2{,}43\,\%;$$

$$\varepsilon P_6 = \varepsilon_6 = 3{,}6\,\%.$$

20.3 Strombelastbarkeit

20.3.1 Dauerstrombelastbarkeit isolierter Leitungen und nicht im Erdreich verlegter Kabel

Die Dauerbelastung von isolierten Leitungen ist von der Verlegeart und von der Umgebungstemperatur abhängig.

Nach DIN VDE 0298 Teil 4 wurden die Verlegearten und Belastungswerte neu festgelegt. Vereinbarte Betriebsbedingungen als Grundlage der zulässigen Belastbarkeitswerte sind:

- *Verlegeart A* **(Bild 20.6)**

Verlegung von Leitungen in wärmegedämmten Wänden, z. B.:
- Aderleitungen in Elektroinstallationsrohren oder Elektroinstallationskanälen;
- Ein- oder mehradrige Mantelleitungen in Elektroinstallationsrohren oder Elektroinstallationskanälen;
- Mehraderleitungen direkt in der Wand verlegt.

Es wird davon ausgegangen, daß die Verlustleistung der Leitung über die Platte, die das Wärmedämm-Material einschließt, abgeleitet wird, d. h. die Leitung nicht allseitig von wärmedämmendem Material umgeben ist.

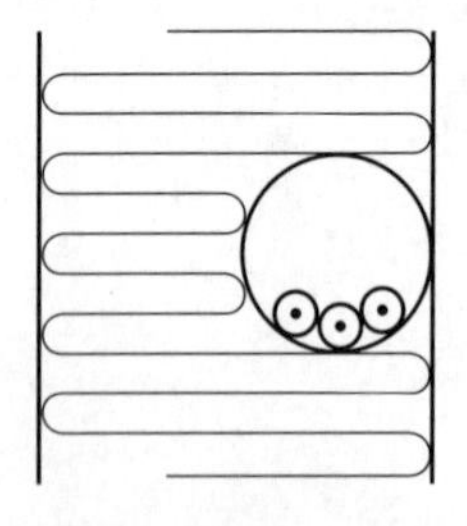
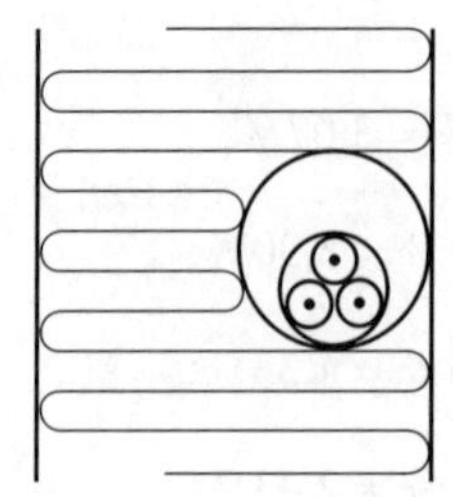
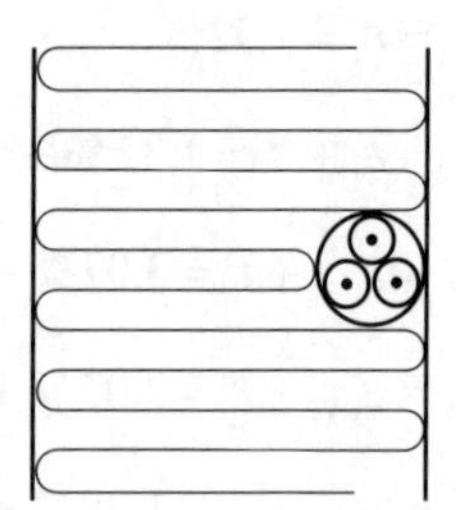

Bild 20.6 Verlegeart A

- *Verlegeart B1* **(Bild 20.7)**
  Verlegung von Leitungen auf oder in Wänden in Elektroinstallationsrohren oder Elektroinstallationskanälen, z. B.:
  - Aderleitungen in Elektroinstallationsrohren auf der Wand;
  - Aderleitungen in Elektroinstallationskanälen auf der Wand;
  - Aderleitungen, einadrige Mantelleitungen und mehradrige Leitungen in Elektroinstallationsrohren im Mauerwerk.

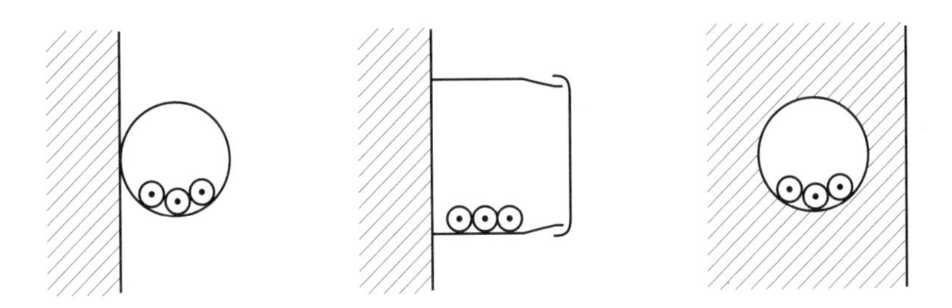

Bild 20.7 Verlegeart B1

- *Verlegeart B2* **(Bild 20.8)**
  Verlegung von Leitungen auf oder in Wänden in Elektroinstallationsrohren oder Elektroinstallationskanälen, z. B.:
  - mehradrige Leitungen in Elektroinstallationsrohren auf der Wand oder auf dem Fußboden;
  - mehradrige Leitungen in Elektroinstallationskanälen auf der Wand oder auf dem Fußboden.

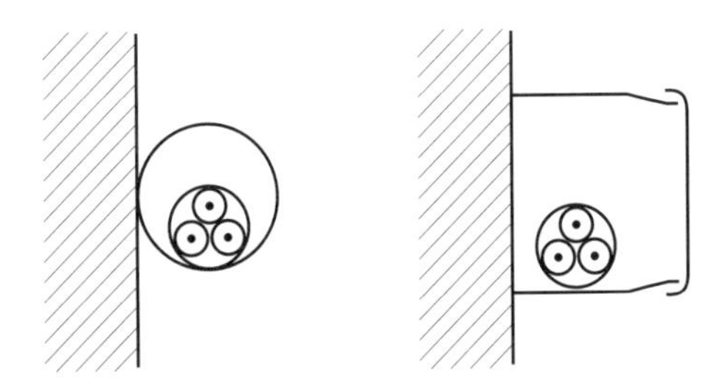

Bild 20.8 Verlegeart B2

- *Verlegeart C* **(Bild 20.9)**
  Verlegung von Leitungen direkt auf der Wand oder in der Wand (unter Putz), z. B.:
  – mehradrige Leitungen auf der Wand oder auf dem Fußboden;
  – einadrige Mantelleitungen auf der Wand oder auf dem Fußboden;
  – mehradrige Leitungen, Stegleitungen in der Wand oder unter Putz.

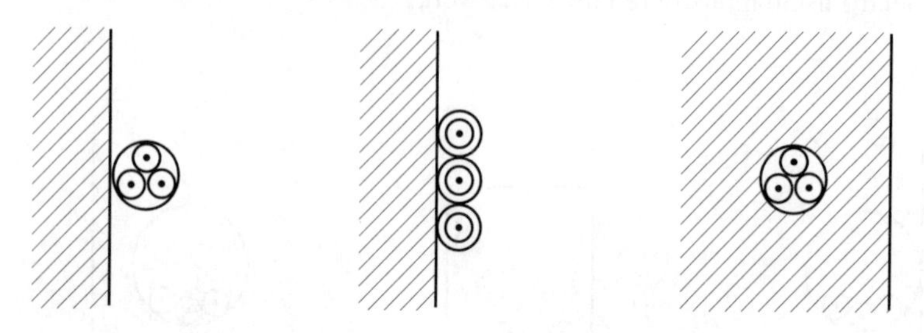

Bild 20.9 Verlegeart C

- *Verlegeart E* **(Bild 20.10)**
  Verlegung von mehradrigen Mantelleitungen frei in Luft mit einem Abstand von $\geq 0{,}3\ d$ von der Wand, z. B.:
  NYM, NYMZ, NYMT, NYBUY, NHYRUZY.

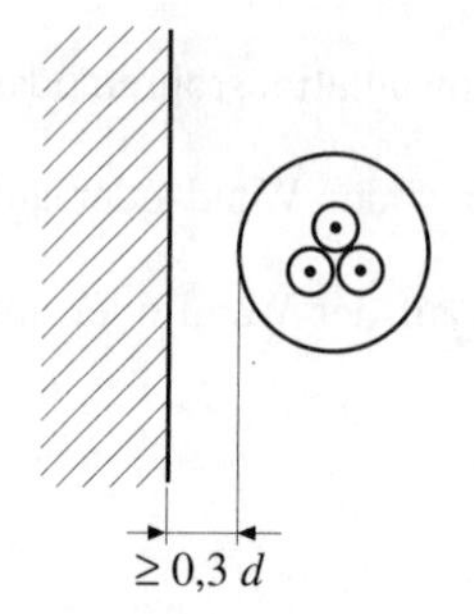

Bild 20.10 Verlegeart E

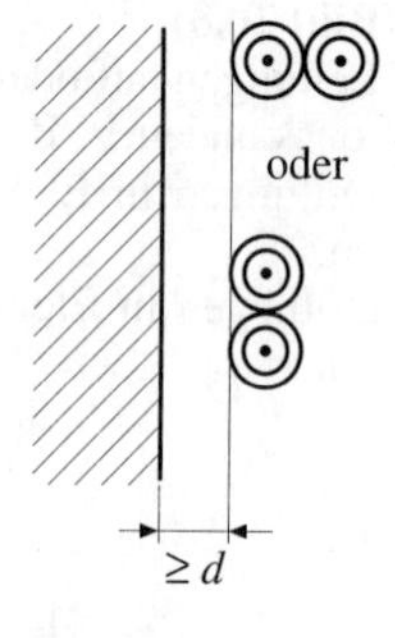

Bild 20.11 Verlegeart F

- *Verlegeart F* **(Bild 20.11)**
  Verlegung von einadrigen Mantelleitungen frei in Luft mit einem Abstand von $\geq d$ von der Wand, z. B.:
  NYM, NYMZ, NYMT, NYBUY, NHYRUZY.

Die zulässige Strombelastbarkeit I_z für die verschiedenen Verlegearten ist in **Tabelle 20.4** aufgezeigt.

Tabelle 20.4 Strombelastbarkeit I_z für die Verlegearten A, B1, B2, C, E und F bei 30 °C Umgebungstemperatur (Quelle: Belastungswerte für 25 °C nach Beiblatt 1 DIN VDE 0100 Teil 430:1991-11; Belastungswerte für 30 °C nach DIN VDE 0298 Teil 4:1988-02)

Verlegeart	A		B1		B2		C		E		F
Anzahl der belasteten Adern	2	3	2	3	2	3	2	3	2	3	2
Querschnitt in mm² Cu	Strombelastbarkeit I_z in A bei 30 °C										
1,5	15,5	13	17,5	15,5	15,5	14	19,5	17,5	20	18,5	20
2,5	19,5	18	24	21	21	19	26	24	27	25	27
4	26	24	32	28	28	26	35	32	37	34	37
6	34	31	41	36	37	33	46	41	48	43	48
10	46	42	57	50	50	46	63	57	66	60	66
16	61	56	76	68	68	61	85	76	89	80	89
25	80	73	101	89	90	77	112	96	118	101	118
35	99	89	125	111	110	95	138	119	145	126	145
50	119	108	151	134	–	–	–	–	–	–	–
70	151	136	192	171	–	–	–	–	–	–	–
95	182	164	232	207	–	–	–	–	–	–	–
120	210	188	269	239	–	–	–	–	–	–	–
	Strombelastbarkeit I_z in A bei 25 °C										
1,5	16,5	14	18,5	16,5	16,5	15	21	18,5	21	19,5	21
2,5	21	19	25	22	22	20	28	25	29	27	28,5
4	28	25	34	30	30	28	37	34	39	36	39
6	36	33	43	38	39	35	49	43	51	46	51
10	49	45	60	53	53	49	67	60	70	64	70
16	65	59	81	72	72	65	90	81	94	85	94
25	85	77	107	94	95	82	119	102	125	107	125
35	105	94	133	118	117	101	146	126	154	134	154
50	126	114	160	142	–	–	–	–	–	–	–
70	160	144	204	181	–	–	–	–	–	–	–
95	193	174	246	219	–	–	–	–	–	–	–
120	223	199	285	553	–	–	–	–	–	–	–

Die zulässige Strombelastbarkeit I_z flexibler Leitungen kann **Tabelle 20.5** entnommen werden (siehe auch DIN VDE 0298 Teil 4 Tabelle 6).

Anmerkung:
Strombelastbarkeitswerte I_z für NSSHÖU und Leitungstrossen sind zur Zeit noch in Arbeit. Die Werte liegen mit Sicherheit höher als die in Tabelle 20.5, Spalte 10, für Leitungstrossen und NSSHÖU genannten Stromstärken.

Tabelle 20.5 Strombelastbarkeit I_z von flexiblen Leitungen (Quelle: DIN VDE 0298 Teil 4:1988-02)

1	2	3	4	5	6	7	8	9	10*)
Isolierwerkstoff	Gummi	PVC	Gummi			PVC			EPR
Bauart-Kurzzeichen	A05RN-F H07RN-F	H05V-U H05V-K NFYW	H03RT-F H05RR-F A05RR-F A05RRT-F H05RN-F A05RN-F H07RN-F A07RN-F		NPL NIFLÖU NMRVÖU NGFLGÖU NSRCÖU NSHTÖU H05RND5-F H05RT2D5-F H07RND5-F H07RT2D5-F H07RN-F A07RN-F	H03VH-Y H03VH-H H03VV-F H03VVH2-F H05VV-F H05VVH2-F	H03VV-F H05VV-F	NYMHYV NYSLYÖ NYSLYCYÖ H05VVH2-F H05VVD3H2-F H07VVH2-F H07VVD3H2-F	NTMWÖU NTSWÖU NSSHÖU
zulässige Betriebs-temperatur	60 °C	70 °C	60 °C			70 °C			80 °C
Anzahl der belasteten Adern	1		2	3		2	3		3
Verlegeart	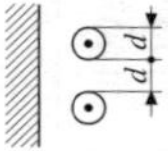			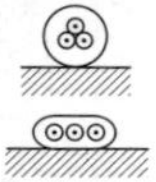			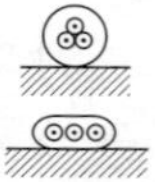		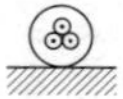

Tabelle 20.5 Fortsetzung

1	2	3	4	5	6	7	8	9	10*)
Isolierwerkstoff	Gummi	PVC	Gummi			PVC			EPR
Nennquerschnitt Kupferleiter mm^2	Belastbarkeit A								
0,5			3	3	–	3	3	–	–
0,75		–	6	6	12	6	6	12	–
1		15	10	10	15	10	10	15	–
1,5		19	16	16	18	16	16	18	–
2,5		24	25	20	26	25	20	26	30
4		32	32	25	34	–	–	34	41
6		42	40	–	44	–	–	44	53
10		54	63	–	61	–	–	61	74
16		73	–	–	82	–	–	82	99
25		98	–	–	108	–	–	108	131
35		129	–	–	135	–	–	–	162
50		158	–	–	168	–	–	–	202
70		198	–	–	207	–	–	–	250
95		245	–	–	250	–	–	–	301
120		292	–	–	292	–	–	–	352
150		344	–	–	335	–	–	–	404
185		391	–	–	382	–	–	–	461
240		448	–	–	453	–	–	–	–
300		528	–	–	523	–	–	–	–
400		608	–	–	–	–	–	–	–
500		726	–	–	–	–	–	–	–
		830							

* Die Strombelastbarkeitswerte der Spalte 10 sind vorläufige Werte.

Bei Umgebungstemperaturen, die von 30 °C abweichen, ist die zulässige Strombelastbarkeit I_z zu korrigieren, damit die höchstzulässigen Leitertemperaturen von:

- 60 °C für gummiisolierte Leitungen und
- 70 °C für PVC-isolierte Leitungen und
- 80 °C für Ethylen-Propylen-Kautschuk-isolierte Leitungen

nicht überschritten werden. Die Korrektur von I_z (Tabelle 20.4 und Tabelle 20.5) kann mit den in **Tabelle 20.6** angegebenen Werten vorgenommen werden.

Tabelle 20.6 Korrekturfaktoren für die Strombelastbarkeit I_z bei anderen Umgebungstemperaturen als 30 °C (Quelle: DIN VDE 0298 Teil 4:1988-02)

Umgebungstemperatur in °C	Korrekturfaktor, anzuwenden für Tabelle 20.4 und Tabelle 20.5		
	Leitung mit Gummiisolierung	Leitung mit PVC-Isolierung	Leitung mit EPR-Isolierung
10	1,29	1,22	1,18
15	1,22	1,17	1,14
20	1,15	1,12	1,10
25	1,08	1,06	1,05
30	1,00	1,00	1,00
35	0,91	0,94	0,95
40	0,82	0,87	0,89
45	0,71	0,79	0,84
50	0,58	0,71	0,77
55	0,41	0,61	0,71
60	–	–	0,63
65	–	–	0,55
70	–	–	0,45

Für Leitungen und Kabel mit anderen Grenztemperaturen und auch für andere Umgebungstemperaturen kann die zulässige Belastung ermittelt werden durch die Beziehung:

$$I'_z = I_z \sqrt{\frac{t_L - t_u}{t_L - t_{un}}}. \qquad (20.12)$$

In Gl. (20.12) bedeuten:

I'_z Belastung bei abweichender Umgebungstemperatur,
I_z Belastung bei 30 °C Umgebungstemperatur,
t_L zulässige Grenztemperatur der Leitung (Kabel),
t_u Umgebungstemperatur,
t_{un} normale Umgebungstemperatur 30 °C.

Für Leitungen mit höheren Grenztemperaturen, wie z. B. 90 °C bzw. 180 °C, sind die Korrekturfaktoren für die in Tabelle 20.5 genannten Werte in **Tabelle 20.7** dargestellt.

Tabelle 20.7 Korrekturfaktoren für die Belastbarkeit von Leitungen mit erhöhter Wärmebeständigkeit, anzuwenden auf die Werte der Tabelle 20.5 (Quelle: DIN VDE 0298 Teil 4:1988-02)

1	2	3	4	5	6	7
Isolierwerkstoff	PVC		EVA	ETFE	SiR	
Bauart-Kurzzeichen[1])	NYFAW NYFAFW NYFAZW	NYPLYW	N4GA N4GAF	N7YA N7YAF	N2GFA N2GFAF H05SJ-K A05SJ-K A05SJ-U	N2GSA N2GMH2G
zulässige Betriebstemperatur	90 °C		120 °C	135 °C	180 °C	
Anzahl der belasteten Adern	1	2 oder 3	1	1	1	2 oder 3
Verlegeart						
Umgebungstemperatur in °C	Korrekturfaktor. anzuwenden auf die Werte der					
	Tabelle 20.5 Spalte 3	Tabelle 20.5 Spalte 9	Tabelle 20.5 Spalte 2	Tabelle 20.5 Spalte 3	Tabelle 20.5 Spalte 2	Tabelle 20.5 Spalte 6
50	1,00		1,00	1,00	1,00	
55	0,94		1,00	1,00	1,00	
60	0,87		1,00	1,00	1,00	
65	0,79		1,00	1,00	1,00	
70	0,71		1,00	1,00	1,00	
75	0,61		1,00	1,00	1,00	
80	0,50		1,00	1,00	1,00	
85	0,35		1,00	1,00	1,00	
90	–		1,00	1,00	1,00	
95	–		0,91	1,00	1,00	
100	–		0,82	0,94	1,00	
105	–		0,71	0,87	1,00	
110	–		0,58	0,79	1,00	
115	–		0,41	0,71	1,00	
120	–		–	0,61	1,00	
125	–		–	0,50	1,00	
130	–		–	0,35	1,00	
135	–		–	–	1,00	
140	–		–	–	1,00	
145	–		–	–	1,00	
150	–		–	–	1,00	
155	–		–	–	0,91	
160	–		–	–	0,82	
165	–		–	–	0,71	
170	–		–	–	0,58	
175	–		–	–	0,41	

Beispiel:
In einem Raum mit einer geregelten Temperatur von 46 °C ist nachfolgend dargestelltes Versorgungsproblem zu lösen. Die erforderlichen Querschnitte sind zu bestimmen **(Bild 20.12).** Die NYM-Leitung ist so verlegt, daß die Verlegeart C mit drei belasteten Adern angesetzt werden kann.

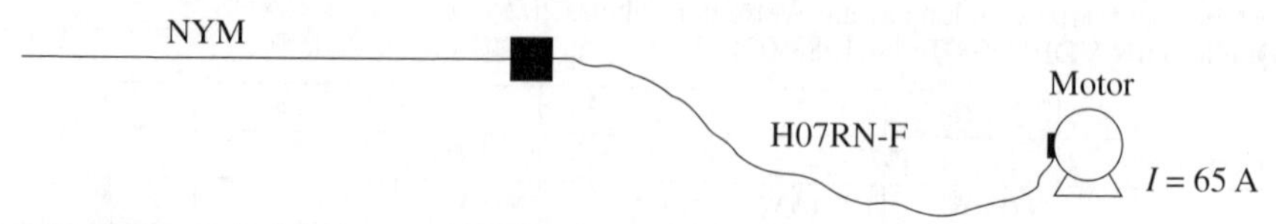

Bild 20.12 Beispiel; Raum mit höherer Temperatur

Nach Tabelle 20.6 sind bei 46 °C Raumtemperatur, unter Ansatz des Tabellenwertes für 50 °C, für PVC-isolierte Leitungen und Kabel nur 71 % und für gummiisolierte Leitungen nur 58 % der Strombelastbarkeit I_z nach Tabelle 20.4 zulässig. Die Leitungen müßten in der Lage sein, folgende (theoretische) Ströme zu führen:

NYM-Leitung:

$$I = \frac{65\ \text{A}}{0{,}71} = 91{,}5\ \text{A};$$

H07RN-F-Leitung:

$$I = \frac{65\ \text{A}}{0{,}58} = 112{,}1\ \text{A}.$$

Somit sind für die NYM-Leitung 25 mm² und für die H07RN-F-Leitung 35 mm² erforderlich.

Leitungen mit höheren Grenztemperaturen

Die Industrie bietet heute Leitungen an, die für höhere Grenztemperaturen zulässig sind und die deshalb bei höheren Umgebungstemperaturen verwendet werden können. Eine Auswahl ist nachfolgend dargestellt:

- PVC-Verdrahtungsleitungen mit erhöhter Wärmebeständigkeit NYFAW / NYFAFW
  mit einer zulässigen Leitertemperatur von 90 °C im Betrieb und 160 °C im Kurzschlußfall;
- Gummiaderleitungen mit erhöhter Wärmebeständigkeit N4GA / N4GAF
  mit einer zulässigen Leitertemperatur von 120 °C im Betrieb und 250 °C im Kurzschlußfall;
- ETFE-Aderleitungen mit erhöhter Wärmebeständigkeit N7YA / N7YAF
  mit einer zulässigen Leitertemperatur von 135 °C im Betrieb und 250 °C im Kurzschlußfall;
- Silikon-Aderleitungen mit erhöhter Wärmebeständigkeit H05SJ / A05SJ
  mit einer zulässigen Leitertemperatur von 180 °C im Betrieb und 350 °C im Kurzschlußfall.

Weitere Angaben zu den obengenannten Leitungen können Kapitel 19 entnommen werden.

Häufung von Leitungen
Die zulässige Strombelastbarkeit I_z muß gemindert werden, wenn eine Häufung von Kabeln oder Leitungen vorliegt. In **Tabelle 20.8** sind Korrekturfaktoren für Leitungen auf Kabelwannen und Kabelpritschen dargestellt. Als Ausgangswerte für die Strombelastbarkeit I_z können die Verlegearten E und F (Tabelle 20.4) verwendet werden.

Auch bei vieladrigen Leitungen mit fünf und mehr belasteten Adern ist eine Belastungsreduktion vorzunehmen. Für vieladrige Leitungen bis zu einem Querschnitt von 10 mm² ist der Korrekturfaktor in **Bild 20.13** angegeben.

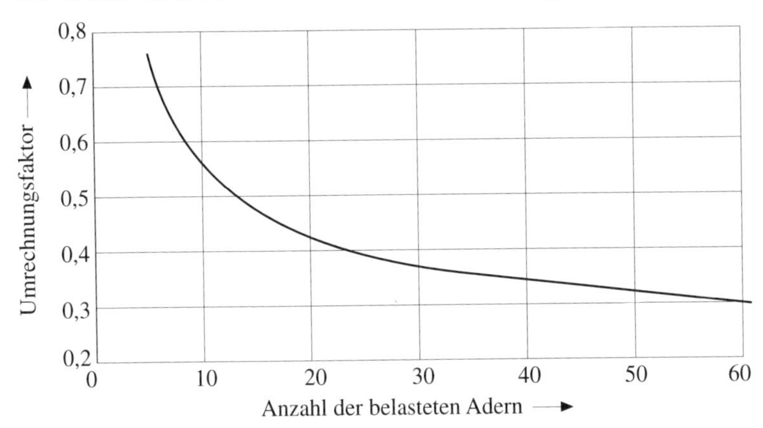

Bild 20.13 Korrekturfaktoren für vieladrige Leitungen

Bei Bündelungen von Leitungen bzw. auch bei Häufung von Leitungen in Installationskanälen sind z. T. erhebliche Reduktionen der Belastung in Kauf zu nehmen. Korrekturfaktoren gibt **Tabelle 20.9** an.

Sofern es betrieblich notwendig ist, kann es erforderlich werden, mehrere Korrekturfaktoren anzusetzen. Dies kann z. B. bei Häufungen in einem Raum mit höherer Temperatur als 30 °C der Fall sein.

Beispiel:
In einem Raum mit einer regelmäßigen Temperatur von 41 °C bis 44 °C werden auf einer unperforierten Kabelwanne vier Leitungen (2 × NYM 5 × 1,5 mm²; NYM 4 × 16 mm²; NYM 4 × 35 mm²) unmittelbar nebeneinander verlegt. Wie hoch dürfen die einzelnen Leitungen belastet werden?
Zulässige Dauerbelastung bei 30 °C nach Tabelle 20.4 bei Verlegeart C:

NYM 5 × 1,5 mm²; $I_z = 17{,}5$ A;
NYM 4 × 16 mm²; $I_z = 76{,}0$ A;
NYM 4 × 35 mm²; $I_z = 119{,}0$ A.

Tabelle 20.8 Korrekturfaktoren für die Häufung von Leitungen auf Kabelwannen oder Pritschen (Quelle: DIN VDE 0298 Teil 4:1988-02)

Verlegeanordnung		Anzahl der Pritschen	Anzahl der Leitungen					
			1	2	3	4	6	9
unperforierte Kabelwannen[1])	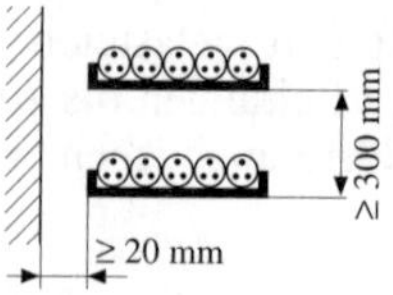 $\geq$ 300 mm; $\geq$ 20 mm	1	0,97	0,84	0,78	0,75	0,71	0,68
		2	0,97	0,83	0,76	0,72	0,68	0,63
		3	0,97	0,82	0,75	0,71	0,66	0,61
		6	0,97	0,81	0,73	0,69	0,63	0,58
perforierte Kabelwannen[1])	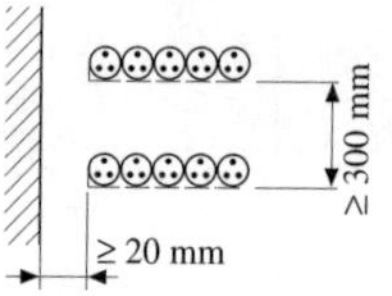 $\geq$ 300 mm; $\geq$ 20 mm	1	1,0	0,87	0,81	0,78	0,75	0,73
		2	1,0	0,86	0,79	0,76	0,72	0,68
		3	1,0	0,85	0,78	0,75	0,70	0,66
		6	1,0	0,84	0,77	0,73	0,68	0,64
	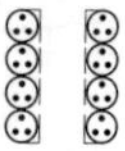	1	1,0	0,88	0,82	0,77	0,73	0,72
		2	1,0	0,88	0,81	0,76	0,71	0,70
	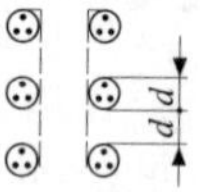 d d	1	1,0	0,91	0,89	0,88	0,87	–
		2	1,0	0,91	0,88	0,87	0,86	–
Kabelpritschen[2])	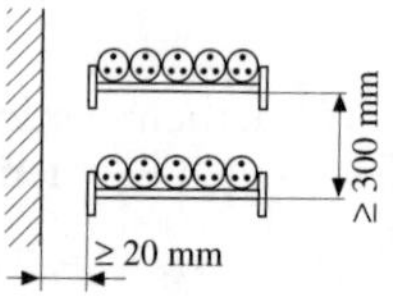 $\geq$ 300 mm; $\geq$ 20 mm	1	1,0	0,88	0,80	0,81	0,79	0,78
		2	1,0	0,86	0,81	0,78	0,75	0,73
		3	1,0	0,85	0,79	0,76	0,73	0,70
		6	1,0	0,83	0,76	0,73	0,69	0,66

1) Eine Kabelwanne ist eine fortlaufende Tragplatte mit hochgezogenen Seitenteilen, aber ohne Abdeckung. Eine Kabelwanne wird als perforiert angesehen, wenn die Perforation mindestens 30 % der Gesamtfläche beträgt.
2) Eine Kabelpritsche ist eine Tragkonstruktion, bei der die Auflagefläche nicht mehr als 10 % der Gesamtfläche dieser Konstruktion beträgt.

Tabelle 20.9 Korrekturfaktoren für Leitungen bei Häufung (Quelle: DIN VDE 0298 Teil 4:1988-02)

1	2	3	4	5	6	7	8	9	10	11	12	13	14	15	16
Anordnung	Anzahl der Gruppen (Stromkreise) aus einadrigen Leitungen oder Anzahl der mehradrigen Leitungen														
	1	2	3	4	5	6	7	8	9	10	12	14	16	18	20
gebündelt direkt auf der Wand, dem Fußboden, im Elektroinstallationsrohr oder -kanal, auf oder in der Wand	1,00	0,80	0,70	0,65	0,60	0,57	0,54	0,52	0,50	0,48	0,45	0,43	0,41	0,39	0,38
einlagig auf der Wand oder dem Fußboden mit Berührung	1,00	0,85	0,79	0,75	0,73	0,72	0,72	0,71	0,70						
einlagig auf der Wand oder dem Fußboden, mit Zwischenraum gleich Leitungsdurchmesser (d d)	1,00	0,94	0,90	0,90	0,90	0,90	0,90	0,90	0,90	0,90	0,90	0,90	0,90	0,90	0,90
einlagig unter der Decke, mit Berührung	0,95	0,81	0,72	0,68	0,66	0,64	0,63	0,62	0,61						
einlagig unter der Decke, mit Zwischenraum gleich Leitungsdurchmesser (d d)	0,95	0,85	0,85	0,85	0,85	0,85	0,85	0,85	0,85	0,85	0,85	0,85	0,85	0,85	0,85

Ermittlung des Korrekturfaktors aufgrund der höheren Temperatur nach Gl. (20.12):

$t_L = 70\ °C;\ \ t_u = 44\ °C;\ \ t_{un} = 30\ °C;$

$$I'_z = I_z \sqrt{\frac{t_L - t_u}{t_L - t_{un}}} = I_z \cdot \sqrt{\frac{70\ °C - 44\ °C}{70\ °C - 30\ °C}} = I_z \cdot \sqrt{0{,}65} = 0{,}81 \cdot I_z.$$

Ermittlung des Korrekturfaktors aufgrund der Leitungshäufung:
Nach Tabelle 20.8 ergibt sich für vier auf einer Pritsche unmittelbar nebeneinander liegende Leitungen:

$$I'_z = 0{,}75 \cdot I_z.$$

Der gesamte Reduktionsfaktor ist somit:

$$I'_z = 0{,}81 \cdot 0{,}75 \cdot I_z = 0{,}61 \cdot I_z.$$

Die zulässigen Belastungen ergeben sich zu:

NYM $5 \times 1{,}5\ mm^2$; $I''_z = 0{,}61 \cdot 17{,}5 = 10{,}7$ A;
NYM $4 \times 16\ mm^2$; $I''_z = 0{,}61 \cdot 76{,}0 = 46{,}4$ A;
NYM $4 \times 35\ mm^2$; $I''_z = 0{,}61 \cdot 119{,}0 = 72{,}6$ A.

20.3.2 Strombelastbarkeit von Kabeln in Luft und im Erdreich

Für die Belastbarkeit von kunststoffisolierten Kabeln im Erdreich und in Luft gilt DIN VDE 0276-603 (VDE 0276 Teil 603) »Starkstromkabel; Energiekabel mit Nennspannungen U_0/U 0,6/1 kV«. Korrekturfaktoren für vom Normalfall abweichende Verlegebedingungen enthält DIN VDE 0276-1000 (VDE 0276 Teil 1000) »Starkstromkabel; Strombelastbarkeit, Allgemeines, Umrechnungsfaktoren«.

Für Papier-Masse-Kabel gilt zur Zeit noch DIN VDE 0255 (VDE 0255) »Kabel mit massegetränkter Papierisolierung und Metallmantel«. Für kunststoffisolierte Kabel mit Bleimantel gilt DIN VDE 0265 (VDE 0265) »Kabel mit Kunststoffisolierung und Bleimantel für Starkstromanlagen«.

Die zulässige Strombelastbarkeit bei EVU-Last für Umgebungstemperaturen von 30 °C bei Verlegung in Luft und 20 °C bei Verlegung in Erde ist in **Tabelle 20.10** und **Tabelle 20.11** für die gebräuchlichsten Kabeltypen zusammengestellt.

Die Tabellenwerte für Papier-Masse-Kabel und Kabel mit Bleimantel stammen aus der nicht mehr gültigen DIN VDE 0298-2 (VDE 0298 Teil 2):1979-11; neuere Werte gibt es nicht.

Tabelle 20.10 Belastbarkeit von Kabeln 0,6/1 kV (EVU-Last); Verlegung in Erde (Quelle: DIN VDE 0276 Teil 603:1995-11 und DIN VDE 0298 Teil 1:1982-11)

Isolierwerkstoff	Papier-Masse						PVC							VPE				
Metallmantel	Blei			Aluminium			—					Blei		—				
zulässige Betriebstemperatur	80 °C						70 °C							90 °C				
Bauart-kurzzeichen	NK-BA	NKA		NKLEY			NYY			NYCWY		NYKY		N2XY N2X2Y			N2CWY N2XCW2Y	
Anordnung	●●	⊙/⊙⊙	⊙⊙⊙	●●	⊙/⊙⊙	⊙⊙⊙	⊙ 1)	●●	⊙/⊙⊙	●●	⊙/⊙⊙	●	●●	⊙ 1)	●●	⊙/⊙⊙	●●	⊙/⊙⊙
Anzahl der belasteten Adern	3	3	3	3	3	3	1	3	3	3	3	2	3	1	3	3	3	3
Querschnitt in mm^2	Bemessungsstrom in A																	
Kupferleiter Verlegung in Erde																		
1,5	–	–	–	–	–	–	41	27	30	27	31	31	27	48	31	33	31	33
2,5	–	–	–	–	–	–	55	36	39	36	40	41	35	63	40	42	40	43
4	–	–	–	–	–	–	71	47	50	47	51	54	46	82	52	54	52	55
6	–	–	–	–	–	–	90	59	62	59	63	68	58	102	64	67	65	68
10	–	–	–	–	–	–	124	79	83	79	84	92	78	136	86	89	87	91
16	–	–	–	–	–	–	160	102	107	102	108	121	101	176	111	115	113	117
25	133	147	172	135	146	169	208	133	138	133	139	153	131	229	145	148	146	150
35	161	175	205	162	174	200	250	159	164	160	166	187	162	275	174	177	176	179
50	191	207	241	192	206	234	296	188	195	190	196	222	192	326	206	209	208	211
70	235	254	294	237	251	282	365	232	238	234	238	272	236	400	254	256	256	257
95	281	303	350	284	299	331	438	280	286	280	281	328	283	480	305	307	307	304
120	320	345	395	324	339	367	501	318	325	319	315	375	323	548	348	349	349	341
150	361	387	441	364	379	402	563	359	365	357	347	419	362	616	392	393	391	377
185	410	437	494	411	426	443	639	406	413	402	385	475	409	698	444	445	442	418
240	474	507	567	475	488	488	746	473	479	463	432	550	474	815	517	517	509	469
300	533	571	631	533	544	529	848	535	541	518	473	–	533	927	585	583	569	514
400	602	654	711	603	610	571	975	613	614	579	521	–	603	1064	671	663	637	565
500	–	731	781	–	665	603	1125	687	693	624	574	–	–	1227	758	749	691	623
630	–	–	–	–	–	–	1304	–	777	–	636	–	–	1421	–	843	–	690
800	–	–	–	–	–	–	1507	–	859	–	–	–	–	1638	–	935	–	–
1000	–	–	–	–	–	–	1715	–	936	–	–	–	–	1869	–	1023	–	–
Bauart-kurzzeichen	NA-KBA	NAKA		NAKLEY			NAYY			NAYCWY		–		NA2XY NA2X2Y			NA2CWY NA2XC-W2Y	
Aluminiumleiter Verlegung in Erde																		
25	103	–	–	104	–	–	160	102	106	103	108	–	–	177	112	114	113	116
35	124	135	158	125	135	155	193	123	127	123	129	–	–	212	135	136	136	138
50	148	161	188	149	160	184	230	144	151	145	153	–	–	252	158	162	159	164
70	182	197	229	184	195	222	283	179	185	180	187	–	–	310	196	199	197	201
95	218	236	273	221	233	263	340	215	222	216	223	–	–	372	234	238	236	240
120	249	268	309	252	265	294	389	245	253	246	252	–	–	425	268	272	269	272
150	281	301	345	283	297	325	436	275	284	276	280	–	–	476	300	305	302	303
185	320	341	389	322	335	361	496	313	322	313	314	–	–	541	342	347	342	340
240	372	398	449	373	388	406	578	364	375	362	358	–	–	631	398	404	397	387
300	420	449	503	421	435	446	656	419	425	415	397	–	–	716	457	457	454	430
400	481	520	573	483	496	491	756	484	487	474	441	–	–	825	529	525	520	479
500	–	587	639	–	552	529	873	553	558	528	489	–	–	952	609	601	584	531
630	–	–	–	–	–	–	1011	–	635	–	539	–	–	1102	–	687	–	587
800	–	–	–	–	–	–	1166	–	716	–	–	–	–	1267	–	776	–	–
1000	–	–	–	–	–	–	1332	–	796	–	–	–	–	1448	–	865	–	–

1) Bemessungsstrom in Gleichstromanlagen mit weit entferntem Rückleiter

Tabelle 20.11 Belastbarkeit von Kabeln 0,6/1 kV (EVU-Last und Dauerlast); Verlegung in Luft (Quelle: DIN VDE 0276 Teil 603:1995-11 und DIN VDE 0298 Teil 1:1982-11)

Isolierwerkstoff	Papier-Masse						PVC							VPE				
Metallmantel	Blei			Aluminium			—					Blei		—				
zulässige Betriebstemperatur	80 °C						70 °C							90 °C				
Bauartkurzzeichen	NKBA	NKA		NKLEY			NYY			NYCWY		NYKY		N2XY N2X2Y			N2CWY N2XCW2Y	
Anordnung	●●	∴	⊙⊙⊙	●●	∴	⊙⊙⊙	⊙[1]	●●	∴	●●	∴	ʘ[1]	●●	⊙	●●	∴	●●	∴
Anzahl der belasteten Adern	3	3	3	3	3	3	1	3	3	3	3	2	3	1	3	3	3	3
Querschnitt in mm^2	Bemessungsstrom in A																	
Kupferleiter Verlegung in Luft																		
1,5	–	–	–	–	–	–	27	19,5	21	19,5	22	20	18,5	33	24	26	25	27
2,5	–	–	–	–	–	–	35	25	28	26	29	27	25	43	32	34	33	36
4	–	–	–	–	–	–	47	34	37	34	39	37	34	57	42	44	43	47
6	–	–	–	–	–	–	59	43	47	44	49	48	43	72	53	56	54	59
10	–	–	–	–	–	–	81	59	64	60	67	66	60	99	74	77	75	81
16	–	–	–	–	–	–	107	79	84	80	89	89	80	131	98	102	100	109
25	114	138	167	114	136	163	144	106	114	108	119	118	106	177	133	138	136	146
35	140	168	203	139	166	199	176	129	139	132	146	145	131	217	162	170	165	179
50	169	203	246	168	200	239	214	157	169	160	177	176	159	265	197	207	201	218
70	212	255	310	213	251	299	270	199	213	202	221	224	202	336	250	263	255	275
95	259	312	378	262	306	361	334	246	264	249	270	271	244	415	308	325	314	336
120	299	364	439	304	354	412	389	285	307	289	310	314	282	485	359	380	364	388
150	343	415	500	350	403	463	446	326	352	329	350	361	324	557	412	437	416	438
185	397	479	575	402	462	522	516	374	406	377	399	412	371	646	475	507	480	501
240	467	570	678	474	545	594	618	445	483	443	462	484	436	774	564	604	565	580
300	533	654	772	542	619	657	717	511	557	504	519	–	492	901	649	697	643	654
400	611	783	912	628	726	734	843	597	646	577	583	–	563	1060	761	811	737	733
500	–	893	1023	–	809	786	994	669	747	626	657	–	–	1252	866	940	807	825
630	–	–	–	–	–	–	1180	–	858	–	744	–	–	1486	–	1083	–	934
800	–	–	–	–	–	–	1396	–	971	–	–	–	–	1751	–	1228	–	–
1000	–	–	–	–	–	–	1620	–	1078	–	–	–	–	2039	–	1368	–	–
Bauartkurzzeichen	NAKBA	NAKA		NAKLEY			NAYY			NAYCWY		–		NA2XY NA2X2Y			NA2CWY NA2XCW2Y	
Aluminiumleiter Verlegung in Luft																		
25	89	–	–	88	–	–	110	82	87	83	91	–	–	136	102	106	104	112
35	108	130	157	107	128	154	135	100	107	101	112	–	–	166	126	130	128	137
50	131	157	191	130	155	186	166	119	131	121	137	–	–	205	149	161	152	169
70	165	198	240	166	195	234	210	152	166	155	173	–	–	260	191	204	194	214
95	201	243	294	203	238	284	259	186	205	189	212	–	–	321	234	252	239	263
120	233	283	343	237	277	328	302	216	239	220	247	–	–	376	273	295	278	308
150	267	323	390	272	316	370	345	246	273	249	280	–	–	431	311	339	316	349
185	310	374	450	314	363	421	401	285	317	287	321	–	–	501	360	395	365	401
240	366	447	535	372	432	489	479	338	378	339	374	–	–	600	427	472	430	469
300	420	515	613	428	494	548	555	400	437	401	426	–	–	696	507	547	506	535
400	488	623	733	503	589	627	653	472	513	468	488	–	–	821	600	643	575	615
500	–	718	833	–	669	687	772	539	600	524	556	–	–	971	695	754	682	700
630	–	–	–	–	–	–	915	–	701	–	628	–	–	1151	–	882	–	790
800	–	–	–	–	–	–	1080	–	809	–	–	–	–	1355	–	1019	–	–
1000	–	–	–	–	–	–	1258	–	916	–	–	–	–	1580	–	1157	–	–

1) Bemessungsstrom in Gleichstromanlagen mit weit entferntem Rückleiter

Die Belastbarkeitswerte von Tabelle 20.10 gelten für einen spezifischen Erdbodenwärmewiderstand von 1,0 K · m/W. Der spezifische Erdbodenwärmewiderstand ist abhängig von der Dichte und dem Wassergehalt des Erdreichs. Für die in unseren Breiten anzutreffenden Bodenarten liegt der Mittelwert bei etwa 0,9 K · m/W, so daß die Tabellenwerte für alle vorkommenden, natürlich gewachsenen Bodenarten anzuwenden sind. Den Tabellenwerten liegt weiter eine in EVU-Netzen übliche Betriebsart (EVU-Last) zugrunde. Diese Last wird durch ein Tageslastspiel mit ausgeprägter Höchstlast dargestellt. Die Zusammenhänge zeigt **Bild 20.14.** Der Belastungsgrad ist der Quotient aus Durchschnittslast zu Höchstlast. Die Höchstlast ist die größte Last, die Durchschnittslast ist der Mittelwert des Tageslastspiels.

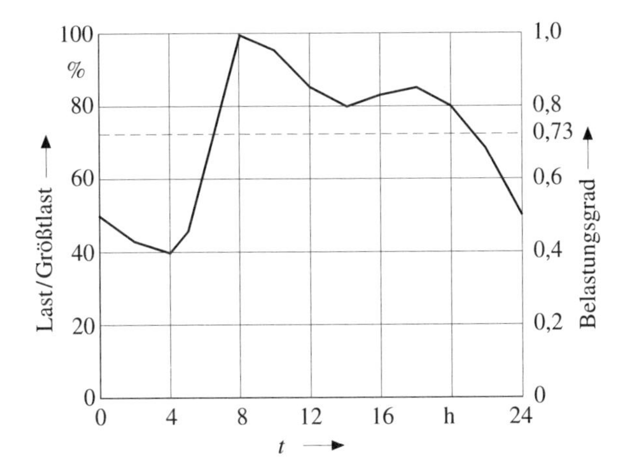

Bild 20.14 Tageslastspiel und Bestimmung des Belastungsgrads (Beispiel)
——— Verhältnis der Last zur Größtlast in %
– – – – – – Verhältnis der Durchschnittslast zur Größtlast
(Quelle: DIN VDE 0276 Teil 1000:1995-06)

Zur Ermittlung der Durchschnittslast wird die Fläche unter dem Tageslastspiel durch die Fläche des Rechtecks geteilt. Bei abweichenden spezifischen Erdbodenwärmewiderständen oder bei einem von 0,7 abweichenden Belastungsgrad ist zu empfehlen, eine Belastbarkeitskorrektur vorzunehmen. Entsprechende Korrekturfaktoren enthält **Tabelle 20.12.**

Bei Kabelhäufungen in Erde sind die in **Tabelle 20.13** angegebenen Korrekturfaktoren anzuwenden. Dabei wurde ein Belastungsgrad von 0,7 und ein spezifischer Erdbodenwärmewiderstand von 1,0 K · m/W angesetzt.

Bei der Verlegung von Kabeln in Rohren ist besonders der Einfluß der wärmedämmenden Luftschicht zwischen Kabel und Rohrinnenwand zu berücksichtigen. Hier

Tabelle 20.12 Korrekturfaktoren bei abweichenden spezifischen Erdbodenwärmewiderständen und Belastungsgraden für Kabel in Erde bei 20 °C

Kabelart Isolier-werkstoff	Papier-Masse-Kabel				PVC-Kabel				VPE-Kabel			
spezifischer Erdbodenwär-mewiderstand (K · m/W)	0,7	1,0	1,5	2,5	0,7	1,0	1,5	2,5	0,7	1,0	1,5	2,5
Belastungsgrad 0,50	1,20	1,05	0,91		1,23	1,06	0,90		1,19	1,05	0,92	
0,60	1,17	1,03	0,90		1,18	1,03	0,89		1,15	1,02	0,91	
0,70	1,13	1,00	0,89	0,78	1,14	1,00	0,87	0,76	1,12	1,00	0,90	0,81
0,85	1,07	0,96	0,87		1,08	0,96	0,85		1,06	0,96	0,88	
1,00	1,01	0,92	0,85		1,01	0,91	0,83		1,00	0,93	0,86	

Tabelle 20.13 Korrekturfaktoren bei Häufung von Kabeln im Erdreich

Anzahl der Kabel	2	3	4	5	6	8	10
Papier-Masse-Kabel	0,86	0,77	0,72	0,68	0,65	0,61	0,58
PVC-Kabel	0,86	0,76	0,71	0,67	0,64	0,60	0,57
VPE-Kabel	0,85	0,75	0,70	0,66	0,63	0,59	0,56

wird eine Korrektur der Belastung mit dem Faktor 0,85 empfohlen, falls eine genaue Berechnung zu aufwendig ist. Bei Verlegearten mit nur stellenweiser Rohrverlegung (Straßenkreuzung) kann auf eine Reduktion der Belastung verzichtet werden, wenn die Rohrstrecken nicht länger sind als 6 m. Ebenso können die in Luft verlegten Anschlußenden der Kabel außer Ansatz bleiben.

Weitere Umrechnungsfaktoren bei einem anderen spezifischen Erdbodenwärmewiderstand, bei anderen Verlegearten, z.B. mehrere Kabel parallel, oder bei anderen Erdbodentemperaturen als 20 °C können DIN VDE 0276-1000 (VDE 0276 Teil 1000) entnommen werden.

Die Belastungsangaben für Kabel in Luft (Tabelle 20.11) basieren auf einer Umgebungstemperatur von 30 °C und gelten sowohl für EVU-Last als auch für Dauerlast. Liegen andere Umgebungstemperaturen vor, so ist auch hier die zulässige Belastung zu korrigieren; **Tabelle 20.14** gibt Korrekturfaktoren für die gebräuchlichsten Kabeltypen an.

Tabelle 20.14 Korrekturfaktoren bei abweichenden Umgebungstemperaturen für Kabel in Luft (Quelle: DIN VDE 0278 teil 4:1988-02)

Umgebungs-temperatur (°C)	Kabelart, Isolierwerkstoff		
	Papier-Masse-Kabel	PVC-Kabel	VPE-Kabel
10	1,18	1,22	1,15
15	1,14	1,17	1,12
20	1,10	1,12	1,08
25	1,05	1,06	1,04
30	1,00	1,00	1,00
35	0,95	0,94	0,96
40	0,89	0,87	0,91
45	0,84	0,79	0,87
50	0,77	0,71	0,82

Wenn bei einer Kabel- oder Leitungsverlegung solche Verhältnisse vorliegen, daß mehrere Korrekturfaktoren gleichzeitig anzusetzen sind, also z. B. abweichende Temperatur, Häufung und abweichender Belastungsgrad vorliegen, so sind alle Korrekturfaktoren anzusetzen. Es gilt

$$I_z = I_r \cdot f_1 \cdot f_2 \cdot f_3 \dots \qquad (20.13)$$

Hierin bedeuten:

I_z zulässige Belastbarkeit unter Berücksichtigung aller Korrekturfaktoren,

I_r zulässige Belastbarkeit unter Zugrundelegung vereinbarter Referenzbedingungen (Tabellen 20.4, 20.10 und 20.11),

f_1 Korrekturfaktor, z. B. für abweichende Temperatur,

f_2 Korrekturfaktor, z. B. für Häufung,

f_3 Korrekturfaktor, z. B. für abweichenden Belastungsgrad.

Die Belastungsangaben für Kabel in Luft gelten sowohl für EVU-Last als auch für Dauerbelastung. Bei Kabelhäufungen auf Rosten, Wannen, in Kanälen u. dgl. gelten die Korrekturfaktoren von **Tabelle 20.15** und **Tabelle 20.16.** Für andere Umgebungstemperaturen als 30 °C kann die für Leitungen angegebene Gl. (20.12) zur Umrechnung verwendet werden.

Für vieladrige Kabel, das sind Kabel mit mehr als fünf belasteten Adern, ist in DIN VDE 0298 Teil 2 für Kunststoffkabel mit PVC-Isolierung eine Tabelle für die Belastungsreduzierung in Abhängigkeit von der Anzahl der belasteten Kabeladern angegeben. Die in **Bild 20.15** dargestellten Korrekturfaktoren sind für PVC-isolierte Kabel genau und können mit genügender Genauigkeit auch für andere Kabelarten verwendet werden.

Tabelle 20.15 Korrekturfaktoren für Kabel bei Häufung in Luft[1]); einadrige Kabel in Drehstromsystemen
(Quelle: DIN VDE 0276 Teil 1000:1995-06)

1		2	3	4	5
Verlegeanordnung ebene Verlegung Zwischenraum = Kabeldurchmesser *d*		Anzahl der Wannen/ Pritschen übereinander	Anzahl der Systeme[2]) nebeneinander		
			1	2	3
auf dem Boden liegend	d d; a; a ≥ 20 mm	1	0,92	0,89	0,88
ungelochte Kabelwannen[3])	d d; ≥ 300 mm; a; a ≥ 20 mm	1	0,92	0,89	0,88
		2	0,87	0,84	0,83
		3	0,84	0,82	0,81
		6	0,82	0,80	0,79
gelochte Kabelwannen[3])	d d; ≥ 300 mm; a; a ≥ 20 mm	1	1,0	0,93	0,90
		2	0,97	0,89	0,85
		3	0,96	0,88	0,82
		6	0,94	0,85	0,80
Kabelpritschen[4]) (Kabelroste)	d d; ≥ 300 mm; a; a ≥ 20 mm	1	1,0	0,97	0,96
		2	0,97	0,94	0,93
		3	0,96	0,93	0,92
		6	0,94	0,91	0,90
auf Gerüsten oder an der Wand oder auf gelochten Kabelwannen in senkrechter Anordnung	d d; ≥ 225 mm	Anzahl der Wannen nebeneinander	Anzahl der Systeme übereinander		
			1	2	3
		1	0,94	0,91	0,89
		2	0,94	0,90	0,86

1) Wird in engen Räumen oder bei großer Häufung die Lufttemperatur durch die Verlustwärme der Kabel erhöht, so sind zusätzlich die Umrechnungsfaktoren für abweichende Lufttemperaturen in Tabelle 20.14 anzuwenden.

2) Faktoren nach DIN VDE 0255 (VDE 0255):1972-11.

3) Eine Kabelwanne ist eine fortlaufende Tragplatte mit hochgezogenen Seitenteilen, aber ohne Abdeckung. Eine Kabelwanne wird als gelocht angesehen, wenn die Lochung mindestens 30 % der Gesamtfläche beträgt.

4) Eine Kabelpritsche ist eine Tragkonstruktion, bei der die Auflagefläche nicht mehr als 10 % der Gesamtfläche dieser Konstruktion beträgt.

Bei ebener Verlegung von Kabeln mit Metallmantel oder -schirm wirken bei vergrößertem Abstand der verringerten gegenseitigen Erwärmung die vermehrten Mantel- oder Schirmverluste entgegen. Daher können hier Angaben über reduktionsfreie Anordnungen nicht gemacht werden.

Tabelle 20.15 Fortsetzung

6		7	8	9	10
Verlegeanordnung gebündelte Verlegung Zwischenraum = 2 *d*		Anzahl der Wannen/ Pritschen übereinander	Anzahl der Systeme nebeneinander[2])		
			1	2	3
auf dem Boden liegend		1	0,98	0,96	0,94
ungelochte Kabelwannen[3])		1	0,98	0,96	0,94
		2	0,95	0,91	0,87
		3	0,94	0,90	0,85
		6	0,93	0,88	0,82
gelochte Kabelwannen[3])		1	1,0	0,98	0,96
		2	0,97	0,93	0,89
		3	0,96	0,92	0,85
		6	0,95	0,90	0,83
Kabelpritschen[4]) (Kabelroste)		1	1,0	1,0	1,0
		2	0,97	0,95	0,93
		3	0,96	0,94	0,90
		6	0,95	0,93	0,87
auf Gerüsten oder an der Wand oder auf gelochten Kabelwannen in senkrechter Anordnung		Anzahl der Wannen nebeneinander	Anzahl der Systeme übereinander		
			1	2	3
		1	1,0	0,91	0,89
		2	1,0	0,90	0,86

1) Wird in engen Räumen oder bei großer Häufung die Lufttemperatur durch die Verlustwärme der Kabel erhöht, so sind zusätzlich die Umrechnungsfaktoren für abweichende Lufttemperaturen in Tabelle 20.14 anzuwenden.

2) Faktoren nach CENELEC-Report R064.001 zu HD 384.5.523:1991.

3) Eine Kabelwanne ist eine fortlaufende Tragplatte mit hochgezogenen Seitenteilen, aber ohne Abdeckung. Eine Kabelwanne wird als gelocht angesehen, wenn die Lochung mindestens 30% der Gesamtfläche beträgt.

4) Eine Kabelpritsche ist eine Tragkonstruktion, bei der die Auflagefläche nicht mehr als 10% der Gesamtfläche dieser Konstruktion beträgt.

Bei gebündelter Verlegung ist keine Belastbarkeitsreduktion erforderlich, wenn der Zwischenraum benachbarter Systeme mindestens gleich dem vierfachen Kabeldurchmesser ist, sofern die Umgebungstemperatur durch die Verlustwärme nicht ansteigt (siehe Fußnote 1).

Tabelle 20.16 Korrekturfaktoren für Kabel bei Häufung in Luft[1]); mehradrige Kabel und einadrige Kabel und einadrige Gleichstromkabel
(Quelle: DIN VDE 0276 Teil 1000:1995-06)

1		2	3	4	5	6	7
Verlegeanordnung Zwischenraum = Kabeldurchmesser *d*		Anzahl der Wannen/ Pritschen übereinander	Anzahl der Kabel nebeneinander[4])				
			1	2	3	4	6
auf dem Boden liegend	d d; a; a ≥ 20 mm	1	0,97	0,96	0,94	0,93	0,90
ungelochte Kabelwannen[2])	d d; ≥ 300 mm; a; a ≥ 20 mm	1	0,97	0,96	0,94	0,93	0,90
		2	0,97	0,95	0,92	0,90	0,86
		3	0,97	0,94	0,91	0,89	0,84
		6	0,97	0,93	0,90	0,88	0,83
gelochte Kabelwannen[2])	d d; ≥ 300 mm; a; a ≥ 20 mm	1	1,0	1,0	0,98	0,95	0,91
		2	1,0	0,99	0,96	0,92	0,87
		3	1,0	0,98	0,95	0,91	0,85
		6	1,0	0,97	0,94	0,90	0,84
Kabelpritschen[3]) (Kabelroste)	d d; ≥ 300 mm; a; a ≥ 20 mm	1	1,0	1,0	1,0	1,0	1,0
		2	1,0	0,99	0,98	0,97	0,96
		3	1,0	0,98	0,97	0,96	0,93
		6	1,0	0,97	0,97	0,94	0,91
auf Gerüsten oder an der Wand oder auf gelochten Kabelwannen in senkrechter Anordnung	d d; ≥ 225 mm	Anzahl der Wannen nebeneinander	Anzahl der Kabel übereinander				
			1	2	3	4	6
		1	1,0	0,91	0,89	0,88	0,87
		2	1,0	0,91	0,88	0,87	0,85

1) Wird in engen Räumen oder bei großer Häufung die Lufttemperatur durch die Verlustwärme der Kabel erhöht, so sind zusätzlich die Umrechnungsfaktoren für abweichende Lufttemperaturen in Tabelle 20.14 anzuwenden.

2) Eine Kabelwanne ist eine fortlaufende Tragplatte mit hochgezogenen Seitenteilen, aber ohne Abdeckung. Eine Kabelwanne wird als gelocht angesehen, wenn die Lochung mindestens 30 % der Gesamtfläche beträgt.

3) Eine Kabelpritsche ist eine Tragkonstruktion, bei der die Auflagefläche nicht mehr als 10 % der Gesamtfläche dieser Konstruktion beträgt.

4) Faktoren nach CENELEC-Report R064.001 zu HD 384.5.523:1991.

Keine Belastbarkeitsreduktion ist erforderlich, wenn der horizontale oder vertikale Zwischenraum benachbarter Kabel mindestens gleich dem zweifachen Kabeldurchmesser ist, sofern die Umgebungstemperatur durch die Verlustwärme nicht ansteigt (siehe Fußnote 1).

Tabelle 20.16 Fortsetzung

8	9	10	11	12	13	14	15
Verlegeanordnung gegenseitige Berührung	Anzahl der Wannen/ Pritschen übereinander	Anzahl der Kabel nebeneinander[4])					
		1	2	3	4	6	9
auf dem Boden liegend ($a \geq 20$ mm)	1	0,97	0,85	0,78	0,75	0,71	0,68
ungelochte Kabelwannen[2]) ($a \geq 20$ mm; 2d; ≥ 300 mm)	1	0,97	0,85	0,78	0,75	0,71	0,68
	2	0,97	0,84	0,76	0,73	0,68	0,63
	3	0,97	0,83	0,75	0,72	0,66	0,61
	6	0,97	0,81	0,73	0,69	0,63	0,58
gelochte Kabelwannen[2]) ($a \geq 20$ mm; 2d; ≥ 300 mm)	1	1,0	0,88	0,82	0,79	0,76	0,73
	2	1,0	0,87	0,80	0,77	0,73	0,68
	3	1,0	0,86	0,79	0,76	0,71	0,66
	6	1,0	0,84	0,77	0,73	0,68	0,64
Kabelpritschen[3]) (Kabelroste) ($a \geq 20$ mm; ≥ 300 mm)	1	1,0	0,87	0,82	0,80	0,79	0,78
	2	1,0	0,86	0,80	0,78	0,76	0,73
	3	1,0	0,85	0,79	0,76	0,73	0,70
	6	1,0	0,83	0,76	0,73	0,69	0,66
gelochte Kabelwannen senkrechter Anordnung (≥ 225 mm)	Anzahl der Wannen nebeneinander	Anzahl der Kabel übereinander					
		1	2	3	4	6	9
	1	1,0	0,88	0,82	0,78	0,73	0,72
	2	1,0	0,88	0,81	0,76	0,71	0,70
auf Gerüsten oder an der Wand angeordnet		Anzahl der Kabel übereinander					
		1	2	3	4	6	9
		0,95	0,78	0,73	0,72	0,68	0,66

1) Wird in engen Räumen oder bei großer Häufung die Lufttemperatur durch die Verlustwärme der Kabel erhöht, so sind zusätzlich die Umrechnungsfaktoren für abweichende Lufttemperaturen in Tabelle 20.14 anzuwenden.

2) Eine Kabelwanne ist eine fortlaufende Tragplatte mit hochgezogenen Seitenteilen, aber ohne Abdeckung. Eine Kabelwanne wird als gelocht angesehen, wenn die Lochung mindestens 30 % der Gesamtfläche beträgt.

3) Eine Kabelpritsche ist eine Tragkonstruktion, bei der die Auflagefläche nicht mehr als 10 % der Gesamtfläche dieser Konstruktion beträgt.

4) Faktoren nach CENELEC-Report R064.001 zu HD 384.5.523:1991.

Keine Belastbarkeitsreduktion ist erforderlich, wenn der horizontale oder vertikale Zwischenraum benachbarter Kabel mindestens gleich dem zweifachen Kabeldurchmesser ist, sofern die Umgebungstemperatur durch die Verlustwärme nicht ansteigt (siehe Fußnote 1).

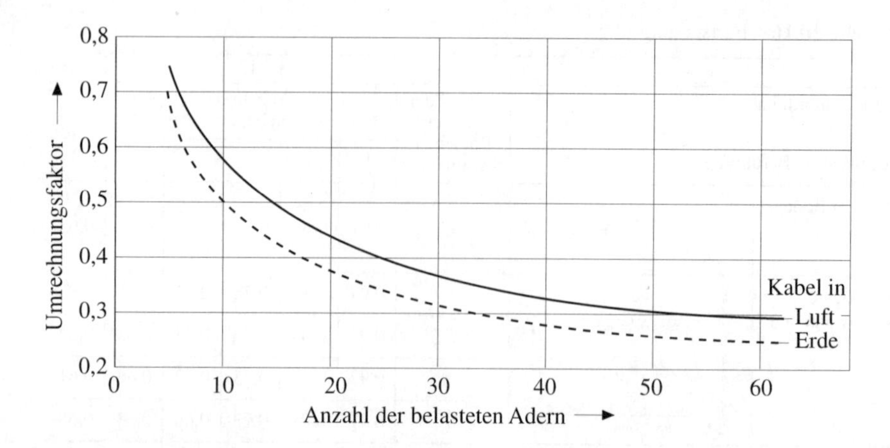

Bild 20.15 Korrekturfaktoren für Kunststoffkabel von 1,5 mm² bis 10 mm² nach DIN VDE 0276 Teil 1000:1995-06 bei Verlegung in Erde und in Luft

20.3.3 Strombelastbarkeit von Stromschienensystemen

Die Dauerstrombelastbarkeit von fabrikfertigen Stromschienensystemen ist vom Hersteller anzugeben.

Die Dauerstrombelastbarkeit von nicht fabrikfertigen Stromschienensystemen kann nach DIN 43671 für Kupfer- und nach DIN 43670 für Aluminiumschienen bestimmt werden. Einen Auszug aus DIN 43670 und DIN 43671 zeigen die Tabellen 20.17 bis 20.19 für:

- Stromschienen mit rechteckigen Querschnitten **(Tabelle 20.17),**
- Stromschienen aus Rundmaterial **(Tabelle 20.18),**
- Stromschienen mit Kreisring-Querschnitt **(Tabelle 20.19).**

Die Belastungswerte gelten für eine Umgebungstemperatur von 35 °C und berücksichtigen eine Erwärmung von 30 K, bedingt durch die Stromwärmeverluste.

Den Belastungswerten liegen weiter elektrische Leitfähigkeit von:

- 56,0 m/(Ωmm²) für Kupfer und
- 35,1 m/(Ωmm²) für Aluminium

zugrunde. Gelangen Schienen mit hiervon abweichender elektrischer Leitfähigkeit zur Anwendung, so sind die Belastungswerte zu korrigieren (siehe Bild 20.17). Bei den Belastbarkeitswerten wurden für Freiluftanlagen mitteleuropäische Verhältnisse zugrundegelegt. Dabei wird eine leichte Luftbewegung, d. h. eine Windgeschwindigkeit von 0,6 m/s, angenommen. Für die Sonneneinstrahlung wird bei blanken Schienen, die normal oxidiert sind, mit 0,45 kW/m² für Kupfer- und mit

Tabelle 20.17 Dauerstrombelastbarkeit I_z in A von Stromschienen bei einer Umgebungstemperatur von 35 °C und einer Erwärmung um 30 K
(Quelle: DIN 43670:1975-12 und DIN 43671:1975-12)

	Abmessung	Querschnitt gerundet	eine Schiene				zwei Schienen			
			blank		gestrichen		blank		gestrichen	
	in mm	in mm²	—	~	—	~	—	~	—	~
Kupfer	12 × 2	24	108	108	123	123	182	182	202	202
	15 × 2	30	128	128	148	148	212	212	240	240
	15 × 3	45	162	162	187	187	282	282	316	316
	20 × 3	60	204	204	237	237	348	348	394	394
	25 × 3	75	245	245	287	287	414	412	470	470
	30 × 5	150	380	379	448	447	676	672	766	760
	40 × 5	200	484	482	576	573	848	836	966	952
	50 × 5	250	588	583	703	697	1020	994	1170	1140
	40 × 10	400	728	715	865	850	1350	1290	1530	1470
	50 × 10	500	875	852	1050	1020	1610	1510	1830	1720
	60 × 10	600	1020	985	1230	1180	1870	1720	2130	1960
	80 × 10	800	1310	1240	1590	1500	2380	2110	2730	2410
	100 × 10	1000	1600	1490	1940	1810	2890	2480	3310	2850
Aluminium	12 × 2	24	84	84	97	97	142	142	160	160
	15 × 2	30	100	100	118	118	166	166	190	190
	15 × 3	45	126	126	148	148	222	222	252	252
	20 × 3	60	159	159	188	188	272	272	312	312
	25 × 3	75	191	190	228	228	322	322	372	372
	30 × 5	150	296	295	356	356	528	526	608	606
	40 × 5	200	376	376	457	456	662	658	766	762
	50 × 5	250	456	455	558	556	794	786	924	913
	40 × 10	400	561	557	682	677	1040	1030	1200	1180
	50 × 10	500	674	667	824	815	1250	1210	1440	1400
	60 × 10	600	787	774	966	951	1450	1390	1680	1610
	80 × 10	800	1010	983	1250	1220	1840	1720	2150	2000
	100 × 10	1000	1240	1190	1540	1480	2250	2050	2630	2390

0,35 kW/m² für Aluminiumstromschienen gerechnet. Für gestrichene Schienen wurde mit 0,7 kW/m² gerechnet.

Die Dauerstrombelastbarkeit von Stromschienen aus Kupfer und Aluminium gelten für die vereinbarten Ausgangsbedingungen mit einer Umgebungstemperatur (Lufttemperatur) von 35 °C und einer Erwärmung um 30 K, also einer Schienenendtemperatur von 65 °C. Bei hiervon abweichenden Bedingungen bestehen die Zusammenhänge wie in **Bild 20.16** gezeigt.

Die für Wechselstrom genannten Belastungswerte gelten für Frequenzen von 40 Hz bis 60 Hz. Für höhere Frequenzen ist die zulässige Belastbarkeit nach folgender Beziehung umzurechnen:

$$I_x = I_{50} \cdot \sqrt{\frac{50}{f_x}}. \tag{20.14}$$

Es bedeuten:

I_x zulässige Strombelastbarkeit in A bei der Frequenz f_x,
I_{50} zulässige Strombelastbarkeit bei Frequenzen von 40 Hz bis 60 Hz (Tabellen 20.17 bis 20.21),
f_x Frequenz in Hz.

Tabelle 20.18 Dauerstrombelastbarkeit I_z in A von Stromschienen aus Rundmaterial für Kupfer und Aluminium bei einer Umgebungstemperatur von 35 °C und einer Erwärmung um 30 K (Quelle: DIN 43670:1975-12 und DIN 43671:1975-12)

Durchmesser in mm²	Querschnitt in mm²	Cu		Al	
		blank	gestrichen	blank	gestrichen
5	19,6	85	95	67	75
8	50,3	159	179	124	142
10	78,5	213	243	167	193
16	201	401	464	314	370
20	314	539	629	424	504
32	804	976	1160	789	854
50	1960	1610	1930	1360	1680

Tabelle 20.19 Dauerstrombelastbarkeit I_z in A von Stromschienen mit Kreisring-Querschnitt für Kupfer und Aluminium bei einer Umgebungstemperatur von 35 °C und einer Erwärmung um 30 K (Quelle: DIN 43670:1975-12 und DIN 43671:1975-12)

Außen-durch-messer in mm	Wand-stärke in mm	Quer-schnitt in mm²	Kupfer-Rohr				Aluminium-Rohr			
			Innenraum		Freiluft		Innenraum		Freiluft	
			blank	gestri-chen	blank	gestri-chen	blank	gestri-chen	blank	gestri-chen
20	2	113	329	384	449	460	257	305	354	365
	3	160	392	457	535	548	305	363	421	435
	4	201	438	512	599	613	342	407	472	487
32	3	273	611	725	794	818	476	575	624	649
	4	352	693	821	900	927	539	653	708	737
	5	424	760	900	987	1020	592	716	777	808
40	3	349	753	899	955	986	585	714	750	783
	4	452	857	1020	1090	1120	667	813	854	892
	5	550	944	1130	1200	1240	734	896	941	982

Für Stromschienen aus Rundmaterial ist für die gebräuchlichsten Durchmesser die zulässige Dauerstrombelastbarkeit in Tabelle 20.18 angegeben. Die Belastungswerte gelten für Gleichstrom und Wechselstrom bis 60 Hz. Der Hauptleitermittelabstand muß mindestens dem doppelten Durchmesser entsprechen.

In Tabelle 20.19 ist die Dauerstrombelastbarkeit für Stromschienen mit Kreisring-Querschnitt dargestellt. Die Werte gelten für Gleichstrom und Wechselstrom bis 60 Hz. Für Freiluftanlagen wurden dabei mitteleuropäische Verhältnisse zugrundegelegt.

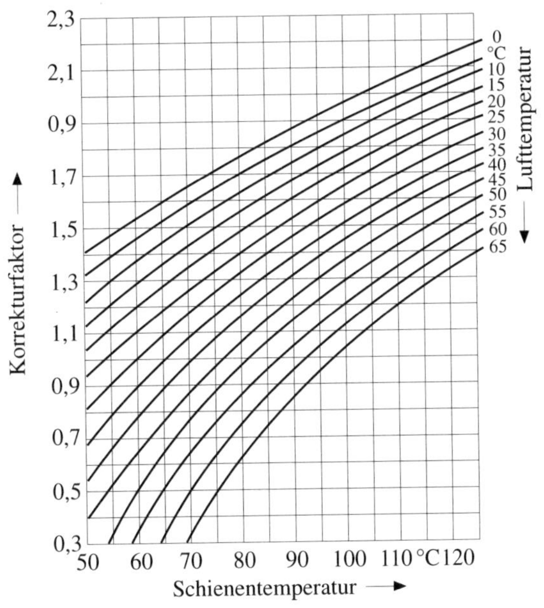

Bild 20.16 Korrekturfaktoren für die Belastungsänderung bei anderen Lufttemperaturen als 35 °C und/oder anderen Schienentemperaturen als 65 °C

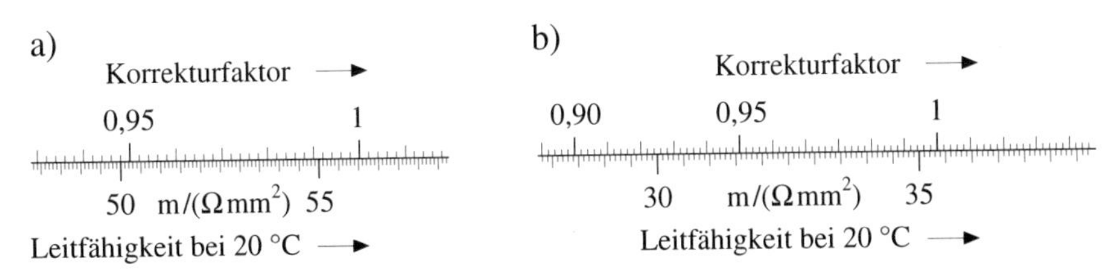

Bild 20.17 Korrekturfaktor bei abweichender elektrischer Leitfähigkeit
a für Kupferschienen
b für Aluminiumschienen

Bei abweichender elektrischer Leitfähigkeit der Schienenmaterialien von den vorgegebenen Werten ($\varkappa = 56$ m/(Ω mm²) und $\varkappa_{Al} = 35{,}1$ m/(Ω mm²)) ist nach **Bild 20.17** ein Korrekturfaktor zu ermitteln und die zulässige Dauerstrombelastbarkeit zu korrigieren.

Solche Korrekturen können erforderlich werden bei der Verwendung folgender Materialien:

- Kupfer
  E-Cu F 20 mit $\varkappa$ = (57 … 58) m/(Ωmm²)
  E-Cu F 35 mit $\varkappa$ = (56 … 57) m/(Ωmm²)
  E-Cu F 30 mit $\varkappa$ = (55,3 … 56,7) m/(Ωmm²)
  E-Cu F 37 mit $\varkappa$ = (55 … 56) m/(Ωmm²)

- Aluminium
  E-Al F 6,5 … F 8 mit $\varkappa$ = (35,15 … 36,5) m/(Ωmm²)
  E-Al F 10 mit $\varkappa$ = (34,8 … 5,8) m/(Ωmm²)
  E-Al F 13 mit $\varkappa$ = (34,5 … 35,5) m/(Ωmm²)
  E-Al Mg Si 0,5 F 17 mit $\varkappa$ = (32 … 34) m/(Ωmm²)
  E-Al Mg Si 0,5 F 22 mit $\varkappa$ = (32 … 33) m/(Ωmm²)

Beispiel:
Für eine Anlage mit rechteckigen, blanken Cu-Schienen 40 mm × 10 mm, die mit 50 Hz betrieben werden, gelten als abweichende Betriebsbedingungen eine Lufttemperatur von 20 °C, wobei aus sicherheitstechnischen Gründen die Schienentemperatur 60 °C nicht überschritten werden sollte. Es sollen Schienen E-Cu F 30 mit einer Leitfähigkeit $\varkappa = 57$ m/(Ωmm²) verwendet werden. Wie dürfen die Schienen belastet werden?

Lösung:
Die unter Referenzbedingungen (Lufttemperatur 35 °C, Schienentemperatur 65 °C) zulässige Belastung ist nach Tabelle 20.17 $I_z = 715$ A.

Der Korrekturfaktor f_1 für die Umgebungstemperatur 20 °C und Schienentemperatur 60 °C ergibt sich nach Bild 20.16 zu $f_1 = 1{,}2$.

Der Korrekturfaktor f_2 für die abweichende elektrische Leitfähigkeit wird nach Bild 20.17 mit $f_2 = 1{,}009$ ermittelt.

Damit ergibt sich als zulässige korrigierte Belastbarkeit I_{zk}:

$$I_{zk} = I_z \cdot f_1 \cdot f_2$$

$$= 715\ \text{A} \cdot 1{,}2 \cdot 1{,}009 = 865\ \text{A}.$$

20.3.4 Strombelastbarkeit von Freileitungen

Die zulässige Dauerstrombelastbarkeit von Freileitungsseilen aus Kupfer, Aluminium, Aldrey und Aluminium-Stahl ist in DIN 48201 und DIN 48204 festgelegt (siehe **Tabelle 20.20** und **Tabelle 20.21**).

Tabelle 20.20 Dauerstrombelastbarkeit I_z für Freileitungsseile nach DIN 48201 (Quelle: DIN 48201 Teil 1, Teil 5 und Teil 6:1981-04)

Nennquerschnitt in mm²	Sollquerschnitt in mm²	Anzahl × Durchmesser in mm	Seildurchmesser in mm	Dauerstrombelastbarkeit in A		
				Kupfer	Aluminium	Aldrey
16	15,89	7 × 1,7	5,1	125	110	105
25	24,25	7 × 2,1	6,3	160	145	135
35	34,36	7 × 2,5	7,5	200	180	170
50	48,35	19 × 1,8	9,0	250	225	210
70	65,81	19 × 2,1	10,5	310	270	255
95	93,27	19 × 2,5	12,5	380	340	320
120	117,00	19 × 2,8	14,0	440	390	365

Tabelle 20.21 Dauerstrombelastbarkeit I_z für Freileitungsseile nach DIN 48204 (Quelle: DIN 48204:1984-04)

Nennquerschnitt in mm²	Sollquerschnitt in mm²	Querschnittsverhältnis Al/St	Seildurchmesser in mm	Dauerstrombelastbarkeit Al/St 1/6 in A
16/2,5	17,8	6	5,4	105
25/4	27,8	6	6,8	140
35/6	40,1	6	8,1	170
50/8	56,3	6	9,6	210
70/12	81,3	6	11,7	290
95/15	109,7	6	13,6	350
120/20	141,4	6	15,5	410

Die Belastungswerte gelten für Gleichstrom und Wechselstrom bis zu 60 Hz. Sie sind für eine Windgeschwindigkeit von 0,6 m/s und eine Umgebungstemperatur von 35 °C berechnet. Die Leitungsseil-Endtemperatur beträgt für:

- Kupfer 70 °C;
- Aluminium und E-AlMgSi (Aldrey) 80 °C;
- Stahl-Aluminium 1/6 80 °C.

Bei ruhender Luft sind obengenannte Belastungswerte um etwa 30 % herabzusetzen.

20.3.5 Belastungssonderfälle

Bei Mehrmotorenantrieben kann der Leitungsquerschnitt aufgrund des »quadratischen Mittelwerts« ermittelt werden. Anlaßströme, Belastungsgröße und dergleichen sind dabei zu berücksichtigen (siehe hierzu **Bild 20.18**).

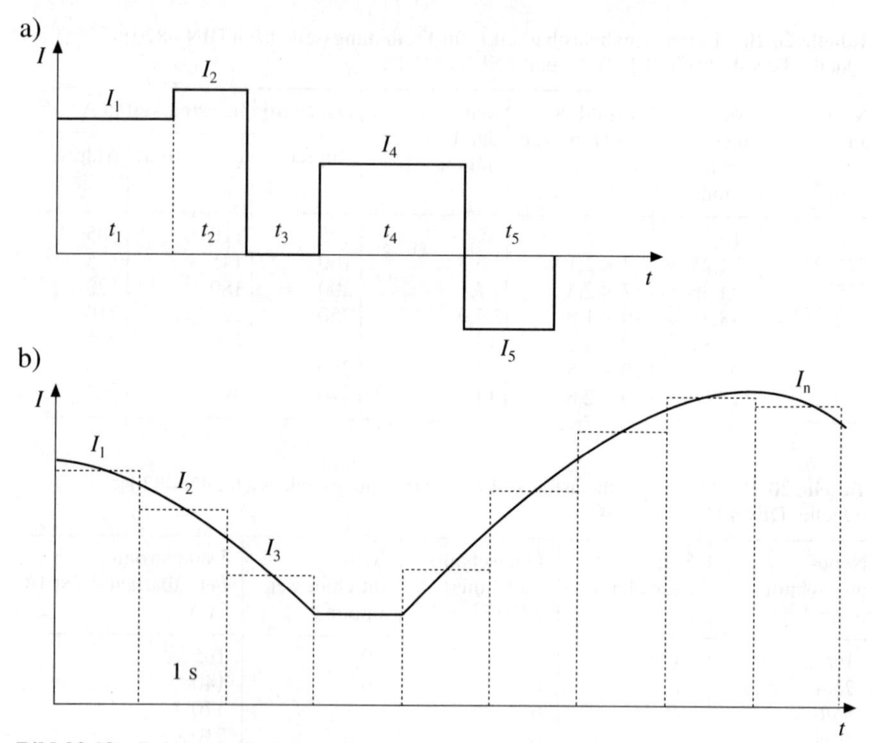

Bild 20.18 Belastungsdiagramme
a Belastung mit konstanten Strömen
b Belastung mit variablem Strom

Der quadratische Mittelwert ergibt sich zu:

$$I_m = \sqrt{\frac{I_1^2 \cdot t_1 + I_2^2 \cdot t_2 + \ldots + I_n^2 \cdot t_n}{t_1 + t_2 + \ldots + t_n}}. \tag{20.15}$$

Es bedeuten:

I_m quadratischer Mittelwert;
I_1, I_2, I_n Belastungsströme;
t_1, t_2, t_n Einschaltdauer der Belastungsströme.

Die Gl. (20.15) kann besonders auf einfache Belastungsdiagramme angewandt werden (Bild 20.18a)). Bei Belastungsdiagrammen mit unregelmäßigem Verlauf (Bild 20.18 b)) ist es zweckmäßig, die Belastung in Zeitabschnitte von 1 s zu zerlegen. Die einzelnen »Sekundenströme« sind dann als »Mittelwert« einzusetzen.

Aus dem in »Sekundenströme« zerlegten Belastungsdiagramm ergibt sich aus Gl. (20.15):

$$I_m = \sqrt{\frac{I_1^2 + I_2^2 + I_3^2 + \ldots + I_n^2}{t_1 + t_2 + t_3 + \ldots + t_n}}. \qquad (20.16)$$

Die Multiplikation mit der Zeit darf im Zähler von Gl. (20.15) nur dann vernachlässigt werden, wenn die jeweilige Zeit 1 s beträgt.

Bei beiden Verfahren ist zu prüfen, ob die Leistung, die über dem ermittelten quadratischen Mittelwert liegt, in ihrer Dauer den in **Tabelle 20.22** angegebenen Zeitgrenzwert nicht überschreitet. Eine Überlastschutzeinrichtung braucht nicht eingebaut zu werden.

Tabelle 20.22 Zulässige Einschaltdauer für die Strombelastbarkeit nach dem quadratischen Mittelwert

Nennquerschnitt in mm²	zulässige Einschaltdauer in s
bis 6	4
von 10 bis 25	8
von 35 bis 50	15
von 70 bis 150	30
von 185 und mehr	60

Beispiel:
Ein Mehrmotorenantrieb hat das in **Bild 20.19** dargestellte zyklische Belastungsdiagramm. Zu bestimmen ist der Querschnitt, wenn NYM auf Putz verlegt werden soll!

Bestimmung des quadratischen Mittelwerts:

$$I_m = \sqrt{\frac{40^2 \cdot 4 + 70^2 \cdot 2 + 120^2 \cdot 1 + (-40)^2 \cdot 3 + 50^2 \cdot 4}{4 + 2 + 1 + 2 + 3 + 4}}\ \mathrm{A},$$

$$I_m = \sqrt{2837{,}5}\ \mathrm{A} = 53{,}27\ \mathrm{A}$$

$S = 10\ \mathrm{m}^2$ (NYM nach Tabelle 20.4, Verlegeart C, drei belastete Adern).

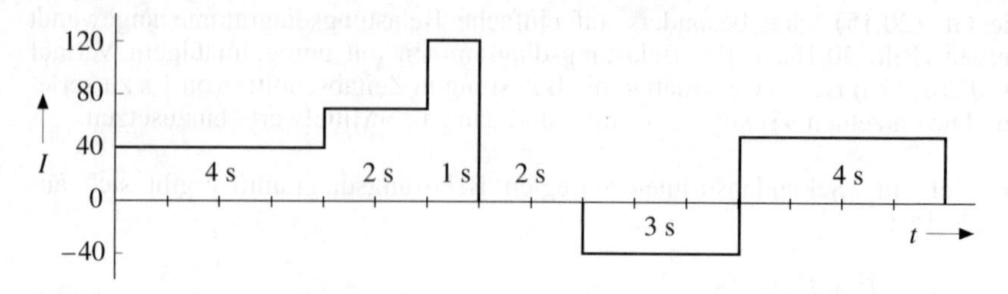

Bild 20.19 Beispiel quadratischer Mittelwert

Beispiel:
Der quadratische Mittelwert des Anlaufstroms für den in **Bild 20.20** dargestellten Anlauf soll bestimmt werden!

Aus dem Diagramm ergibt sich:
$I_1 = 38$ A,
$I_2 = 32$ A,
$I_3 = 31$ A,
$I_4 = 20$ A,
$I_5 = 12{,}5$ A.

Bestimmung des quadratischen Mittelwerts:

$$I_m = \sqrt{\frac{38^2 + 32^2 + 31^2 + 20^2 + 12{,}5^2}{5}}\ \text{A} = \sqrt{\frac{3985}{5}}\,\text{A},$$

$$I_m = \sqrt{797}\ \text{A} = 28{,}23\ \text{A}.$$

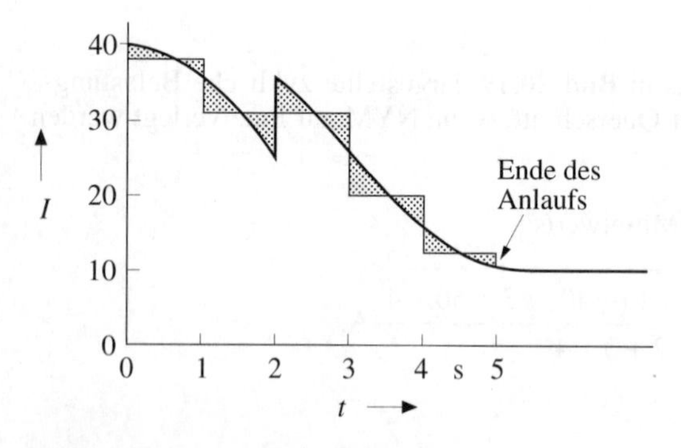

Bild 20.20 Beispiel Anlauf eines Motors

Bei Kurzzeitbetrieb, das ist eine kurze Belastungszeit, bei der die Kabel bzw. Leitungen nur kurzzeitig mit Strom belastet bzw. erwärmt werden und sich danach wieder auf Raumtemperatur abkühlen können **(Bild 20.21),** ist es zweckmäßig, den Leitungsquerschnitt durch Berechnung festzulegen, damit die Anlage nicht überdimensioniert wird.

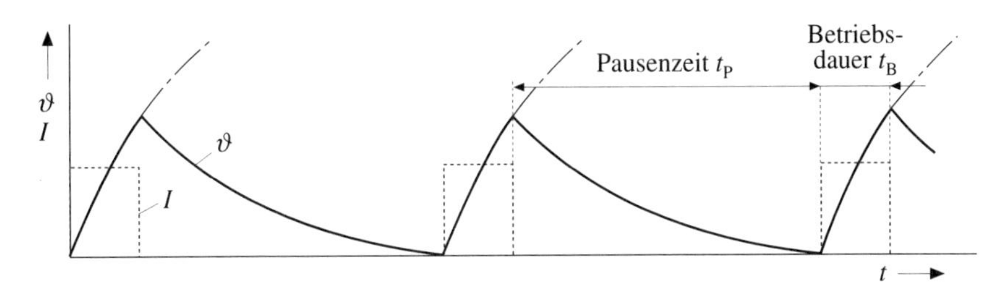

Bild 20.21 Temperatur- und Belastungsverlauf bei Kurzzeitbetrieb

Zur Berechnung des zu verlegenden Querschnitts wird von der relativen Einschaltdauer ausgegangen, mit deren Hilfe nach **Bild 20.22** ein Überlastfaktor bestimmt wird.

$$ü = f\left(\frac{t_B}{\tau}\right) = \frac{I_b}{I_z}. \tag{20.17}$$

Darin bedeuten:

$ü$ Überlastfaktor aus I_b/I_z,

f Funktion für den Überlastfaktor, zu ermitteln aus t_B/τ nach Bild 20.22;

t_B Betriebszeit;

τ Zeitkonstante **(Bild 20.23);** die Zeitkonstante gibt das Erwärmungsverhalten von Betriebsmitteln an;

I_b Kurzzeitstrom;

I_z zulässiger Nennstrom bei Dauerlast.

Beispiel:

Eine Leitung muß 20 s lang einen Strom von 386 A führen und hat in der nachfolgenden Pausenzeit von $2^1/_2$ h genügend Zeit, sich auf Raumtemperatur abzukühlen. Welcher Querschnitt reicht aus, wenn NYY (Verlegung in Luft) verwendet wird?

Zunächst muß ein Querschnitt angenommen werden, da ohne diesen weder τ noch I_z in Gl. (20.17) bekannt sind.

Gewählt wird NYY 4 × 25 mm², und damit wird

τ = 400 s (nach Bild 20.23),

I_z = 106 A (nach Tabelle 20.11).

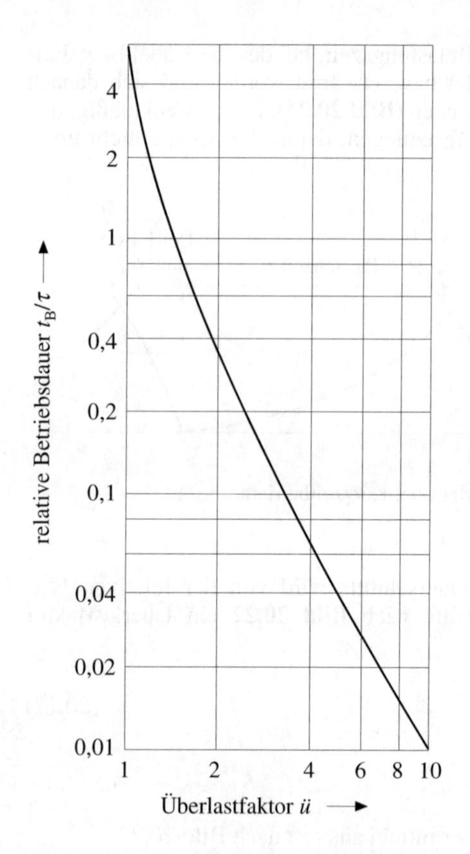

Bild 20.22 Überlastfaktor in Abhängigkeit der relativen Betriebsdauer

Die relative Einschaltdauer wird

$$\frac{t_B}{\tau} = \frac{20\ \text{s}}{400\ \text{s}} = 0{,}05,$$

womit nach Bild 20.22 ein Überlastfaktor von

$ü = 4{,}5$

ermittelt wird; das heißt, der gewählte Querschnitt darf (20 s lang) bis zum 4,5-fachen Nennstrom belastet werden. Das 25-mm²-NYY-Kabel in Luft dürfte also mit

$I_b = ü \cdot I_z = 4{,}5 \cdot 106\ \text{A} = 477\ \text{A}$

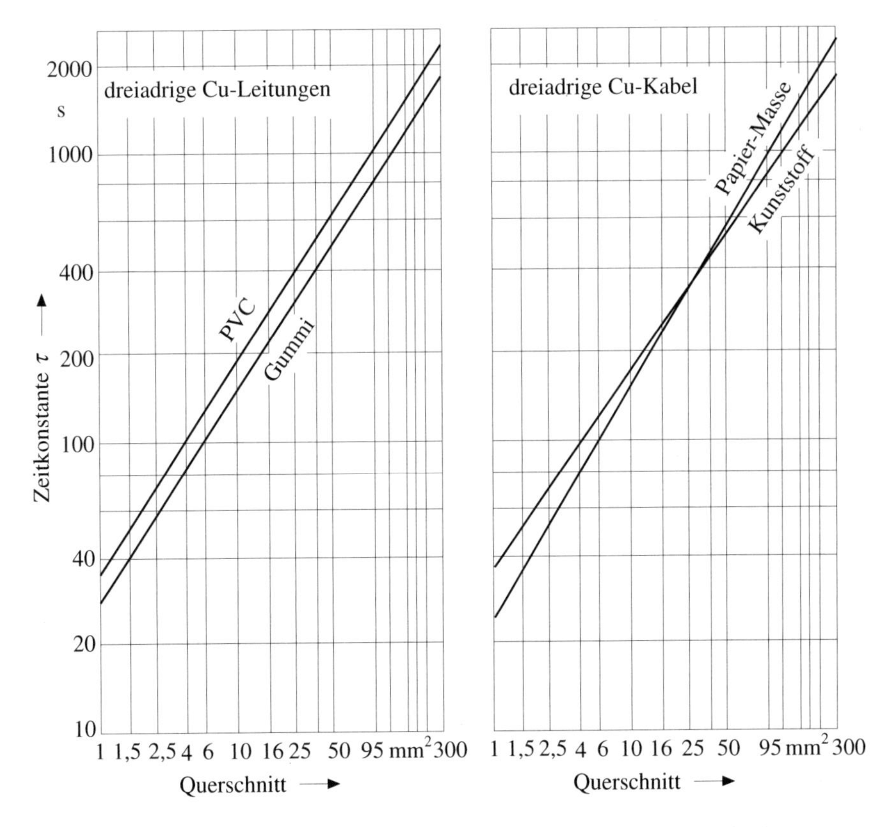

Bild 20.23 Zeitkonstante τ für Cu-Leitungen und -Kabel (drei belastete Adern)

belastet werden, wird aber nur mit 386 A belastet, weshalb noch untersucht werden soll, ob nicht bereits NYY 16 mm² ausreicht.

Bei NYY 16 mm² ermittelt man:

τ = 300 s,
I_z = 79 A.

Somit ist:

$$\frac{t_B}{\tau} = \frac{20\ \text{s}}{300\ \text{s}} = 0{,}067.$$

Daraus folgt

$ü = 4$

und damit

$I_b = ü \cdot I_z = 4 \cdot 79\ \text{A} = 316\ \text{A}.$

Der Querschnitt 16 mm^2 reicht nicht aus, es muß also doch 25 mm^2 NYY verlegt werden.

20.3.6 Erwärmung von Kabeln und Leitungen

Ein Leiter, der von Strom durchflossen wird, erwärmt sich durch die physikalisch bedingten Stromwärmeverluste. Ohne Berücksichtigung der Abkühlung ergibt sich die in einer Zeiteinheit zugeführte Wärme zu:

$$Q = I^2 \cdot R \cdot t = I^2 \frac{\rho \cdot l}{S} \cdot t. \tag{20.18}$$

Die von einem kalten Leiter aufgenommene Wärmemenge (ohne Berücksichtigung der gegebenenfalls an die Umgebung abgegebenen Wärmemenge ≙ adiabatische Erwärmung) ist:

$$Q = \gamma \cdot c \cdot l \cdot S \cdot \Delta\vartheta \tag{20.19}$$

Die in den Gln. (20.18) und (20.19) verwendeten Formelzeichen bedeuten:

Q Wärmemenge in Ws
I Strom in A
R Widerstand in Ω
t Zeit in s
ρ spezifischer Widerstand in Ωmm^2/m
l Leiterlänge in m
S Querschnitt in mm^2
c spezifische Wärme eines Stoffes in kJ/(kg · K)
γ Dichte in kg/dm^3
$\Delta\vartheta$ Temperaturerhöhung in K

Die Gln. (20.18) und (20.19) können gleichgesetzt und nach $\Delta\vartheta$ aufgelöst werden. Damit ergibt sich folgende Beziehung für die Temperaturerhöhung

$$\Delta\vartheta = \left(\frac{I}{S}\right)^2 \cdot t \cdot K \tag{20.20}$$

wobei

$$\vartheta_E = \vartheta_R + \Delta\vartheta \tag{20.21}$$

ist. Es bedeuten:

ϑ_E Leiterendtemperatur in °C
ϑ_R Raumtemperatur (Ausgangstemperatur in °C)
$\Delta\vartheta$ Temperaturerhöhung in K
K Materialkonstante, gebildet aus Materialkennwerten

$$K = \frac{\rho}{\gamma \cdot c}.$$

Die zur Berechnung der Materialkonstante erforderlichen Materialkennwerte sind in **Tabelle 20.23** gegeben.

Tabelle 20.23 Materialkonstante K

	Al	Cu	Fe	Pb	Dimension
ρ	0,028	0,0172	0,138*)	0,21	$\Omega mm^2/m$
γ	2,70	8,92	7,85	11,34	kg/dm^3
c	0,896	0,386	0,4523	0,1298	$kJ/(kg \cdot K)$
K	$11{,}57 \cdot 10^{-3}$	$5{,}00 \cdot 10^{-3}$	$38{,}87 \cdot 10^{-3}$	$142{,}7 \cdot 10^{-3}$	$mm^4 \cdot K/(s \cdot A^2)$

*) Wert liegt zwischen 0,10 $\Omega mm^2/m$ und 0,15 $\Omega mm^2/m$;
bei Stahl für elektrotechnische Zwecke ist $\rho = 0{,}138\ \Omega mm^2/m$.

Beispiel:
Eine Leitung 25 mm^2 Cu wird 20 s mit 386 A belastet (vergleiche Beispiel Kurzzeitbelastung). Die Ausgangstemperatur ist 30 °C. Wie hoch ist die Temperaturerhöhung, und wie hoch ist die Endtemperatur am Leiter?

Nach Gl. (20.20) ist:

$$\Delta\vartheta = \left(\frac{386\ \text{A}}{25\ \text{mm}^2}\right)^2 \cdot 20\ \text{s} \cdot 5{,}00 \cdot 10^{-3}\ \frac{\text{mm}^4\ \text{K}}{\text{s} \cdot \text{A}^2} = 23{,}84\ \text{K}$$

und nach Gl. (20.21) damit:

$$\vartheta_E = \vartheta_R + \Delta\vartheta = 30\ °\text{C} + 23{,}84\ \text{K} = 53{,}84\ °\text{C}.$$

20.4 Schutz gegen zu hohe Erwärmung – Teil 430

Leitungen und Kabel sind durch Überstromschutzeinrichtungen zu schützen gegen:
- betriebsmäßige Überlastung und
- vollkommene Kurzschlüsse.

Im folgenden wird deshalb unterschieden zwischen:
- Überlastschutz (Schutz bei Überlast; Abschnitt 20.4.1) und
- Kurzschlußschutz (Schutz bei Kurzschluß; Abschnitt 20.4.2).

Als Überstromschutzeinrichtungen können verwendet werden:
- Einrichtungen, die sowohl bei Überlast als auch bei Kurzschluß schützen,
- Einrichtungen, die nur bei Überlast schützen,
- Einrichtungen, die nur bei Kurzschluß schützen.

20.4.1 Schutz bei Überlast

Kabel, Leitungen und Stromschienen werden gegen die Auswirkungen von Überströmen durch Überstromschutzeinrichtungen auf die zulässige Belastbarkeit abgesichert, die entweder den Belastungstabellen direkt entnommen oder ggf. auch korrigiert wurde. Folgende Bedingungen müssen dabei erfüllt sein:

$$I_b \leq I_n \leq I_z \quad \text{(Nennstromregel)} \qquad (20.22)$$

$$I_2 \leq 1{,}45 \cdot I_z \quad \text{(Auslöseregel)} \qquad (20.23)$$

Die LS-Schalter der neuen Generation (Charakteristik B, C und D) haben einen großen Prüfstrom von $I_{nf} = 1{,}45\ I_n$. Bei Schmelzsicherungen mit einem großen Prüfstrom von $I_2 = 1{,}6\ I_n$ für den Sicherungseinsatz kann in eingebautem Zustand ebenfalls mit $I_t = 1{,}45\ I_n$ gerechnet werden. Bei Leistungsschaltern liegt der große Prüfstrom sogar bei nur $I_2 = 1{,}2\ I_n$. Damit gilt für die Gln. (20.22) und (20.23) jetzt:

$$I_n \leq I_z. \qquad (20.24)$$

Für die Gln. (20.22) bis (20.24) gelten:

I_b Betriebsstrom in A, der über eine Leitung bzw. ein Kabel zum Fließen kommt,
I_n Nennstrom der Schutzeinrichtung in A, die das Kabel/die Leitung schützen soll,
I_z Strombelastbarkeit (ggf. korrigiert) einer Leitung/eines Kabels in A,
I_2 großer Prüfstrom einer Überstromschutzeinrichtung in A, der in der Regel als Vielfaches des Nennstroms angegeben ist.

Die Koordinierung der verschiedenen Kenngrößen ist in **Bild 20.24** dargestellt.

Von großer Wichtigkeit ist der große Prüfstrom I_2. Er wird in DIN VDE 0636 für Schmelzsicherungen mit I_f (conventional fusing current) bezeichnet und gilt für einen Sicherungseinsatz bei festgelegter Prüfanordnung. Dabei kann davon ausgegangen werden, daß bei eingebauten Sicherungseinsätzen unter Berücksichtigung der Verhältnisse (verringerte Wärmeabfuhr) ein Sicherungseinsatz mit $I_f = 1{,}61\ I_n$ die Bedingung $I_t \leq 1{,}45\ I_n$ erfüllt. Die Größe I_t (conventional tripping current) ist also der Strom, der zur Auslösung einer Sicherung in eingebautem Zustand in festgelegter Zeit führt. Für LS-Schalter nach DIN VDE 0641 gilt als festgelegter Auslösestrom $I_t \leq 1{,}45\ I_n$.

Unter Zugrundelegung der in DIN VDE 0298 Teil 4 genannten Verlegebedingungen und der Verlegearten A, B1, B2, C und E kann für eine in Deutschland bedenkenlos anzusetzende Umgebungstemperatur von 25 °C (Jahresmittel) **Tabelle 20.24** zur Auswahl der Schutzeinrichtungen angewandt werden. Wichtigste Voraussetzung ist dabei, daß der große Prüfstrom für LS-Schalter und Sicherungen die Bedingung $I_2 = 1{,}45 \cdot I_n$ erfüllt, was für LS-Schalter exakt gilt und für Sicherungen der Betriebsklasse gL unter realistischen Betriebsbedingungen angenommen werden kann. Wenn andere Bedingungen vorliegen, kann Tabelle 20.24 nicht verwendet werden, d. h., die Anwendung der Gln. (20.22), (20.23) und (20.24) ist unumgänglich, wenn:

- andere Schutzeinrichtungen als die genannten verwendet werden, z. B. Schmelzsicherungen der Betriebsklasse aM, gR o. ä.;

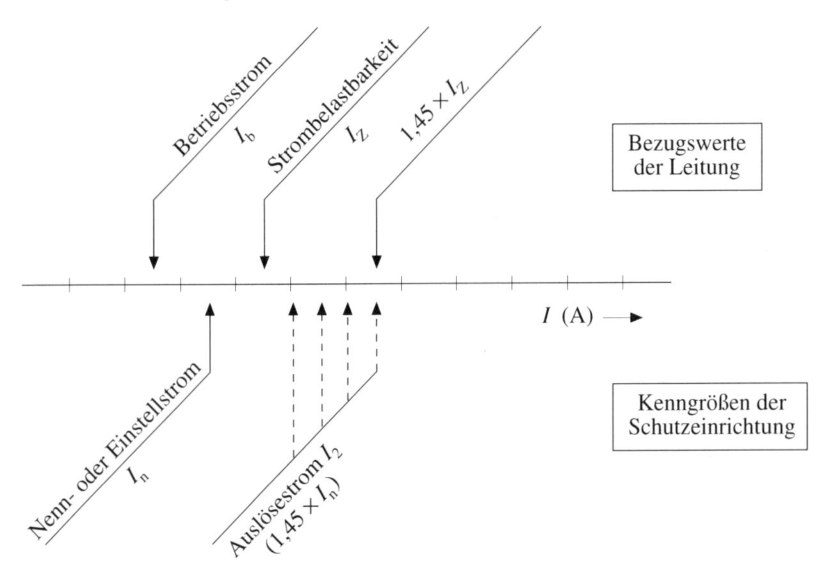

Bild 20.24 Koordinierung der Kenngrößen (Quelle: DIN VDE 0100 Teil 430:1991-11)

- andere Verlegungsbedingungen vorliegen, z. B. höhere Temperaturen zu berücksichtigen sind;
- Häufungen zu beachten sind;
- Kabel im Erdreich verlegt werden;
- Stromschienensysteme zu schützen sind.

Tabelle 20.24 Zuordnung von Leitungsschutzsicherungen nach DIN VDE 0636 und Leitungsschutzschaltern nach DIN VDE 0641 zu den Querschnitten von Kabeln und Leitungen;
Beispiele für übliche Anwendungsfälle in der Hausinstallation

Leitermaterial	Kupfer									
Leitungsart	Isolierstoff PVC									
	Bauartkennzeichen[1]) NYY, NYCWY, NYKY, NYM, NYBUY, NHYRUZY, NYIF, NYIFY, H07V-U, H07V-R, H07V-K, NYHT, NYHZ									
	zulässige Betriebstemperatur 70 °C									
Umgebungstemperatur	Bezugstemperatur 25 °C									
Betriebs- und Belastungsart	Dauerbetrieb									
Verlegeart [2])	Gruppe A		Gruppe B1		Gruppe B2		Gruppe C		Gruppe E	
Anzahl der belasteten Adern	2	3	2	3	2	3	2	3	2	3
Nennquerschnitt mm^2	Nennstrom der Schutzeinrichtung in A									
1,5	16	13	16	16	16	13	20	16	20	20
2,5	20	16	25	20	20	20	25	25	25	25
4	25	25	35	25	25	25	35	35	40	35
6	35	32	40	35	40	35	50	40	50	40
10	50	40	50	50	50	50	63	63	63	63
16	63	50	80	63	63	63	80	80	80	80
25	80	63	100	80	80	80	100	100	125	100
35	100	80	125	100	100	100	125	125	160	125
50	125	100	160	125	–	125	–	160	–	160
70	160	125	200	160	–	160	–	200	–	200

1) Auflistung der Bauart-Kurzzeichen der Leitungen mit Angaben, welchen Normen die Leitungen entsprechen, siehe DIN VDE 0298 Teil 3.
2) Verlegearten nach DIN VDE 0298 Teil 4, Tabelle 3 und Tabelle 4.

Beispiel:
Welche Nennstromstärke darf eine Leitungsschutzsicherung höchstens haben, wenn ein im Erdreich verlegtes Kabel NAYY 4×120 mm², das mit Dauerlast betrieben wird, geschützt werden soll?

Aus der Tabelle 20.10 kann die Belastung bei EVU-Last mit 245 A entnommen werden; bei Dauerlast ist dann nach Tabelle 20.12 (Belastungsgrad 1,0 und spezifischer Erdbodenwärmewiderstand 1,0 K · m/W):

$I_z = 0{,}81 \cdot 245\ \text{A} = 198{,}5\ \text{A}.$

Bei Sicherungen der Betriebsklasse gL mit $I_2 = 1{,}45 \cdot I_n$ kann nun folgender Nennstrom ermittelt werden:

$I_n \leq I_z \leq 198{,}5\ \text{A},$

$I_n = 160\ \text{A}.$

Dies veranschaulicht **Bild 20.25.**

Beispiel:
In einem Raum mit einer regelmäßig auftretenden Höchsttemperatur von $\vartheta = 50\ °\text{C}$ muß ein Gerät angeschlossen werden, das eine Stromaufnahme $I_b = 48$ A hat. Verlegt werden soll NYM. Welcher Leitungsquerschnitt und welche Absicherung sind zu wählen?

Zunächst ist mit Hilfe der Reduktionsfaktoren nach Tabelle 20.6 zu bestimmen, welche Strombelastung die Leitung theoretisch halten muß, damit sie bei erhöhter Temperatur auch mit 48 A belastet werden darf.

Es ist demnach mit dem Reduktionsfaktor 0,71 nach Tabelle 20.6:

$$I_z = \frac{48\ \text{A}}{0{,}71} = 67{,}6\ \text{A}.$$

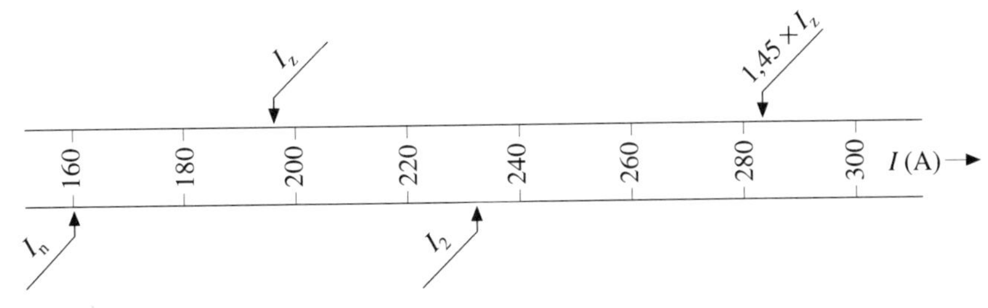

Bild 20.25 Beispiel

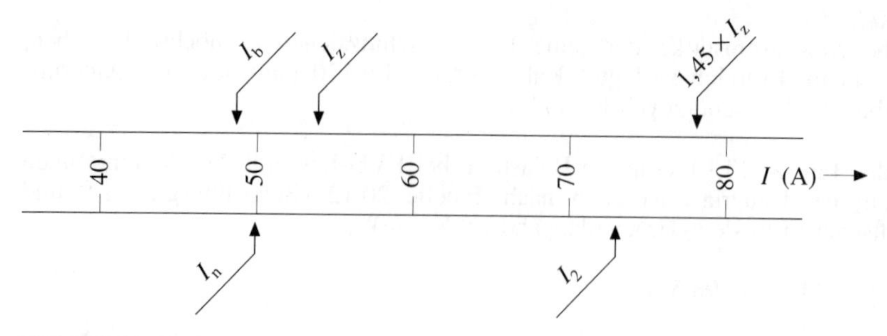

Bild 20.26 Beispiel

Aus Tabelle 20.4 kann damit für die Verlegeart C bei drei belasteten Adern ein Leitungsquerschnitt von 16 mm² bestimmt werden.

Die für diesen Querschnitt bei $\vartheta = 50$ °C zugelassene Belastung I_Z ist nach Tabelle 20.6:

$I_z = 0{,}71 \cdot 76$ A $= 54$ A.

Der Nennstrom der Sicherung wird ermittelt aus Gl. (20.24) bei einem großen Prüfstrom $I_2 = 1{,}45 \cdot I_n$:

$I_n \leq I_z \leq 54$ A,

$I_n = 50$ A.

Bild 20.26 zeigt dies auf anschauliche Weise.

Anmerkung: Zu beachten ist, daß bei einem Korrekturfaktor von 30 °C auf 50 °C nach Tabelle 20.6 auch die Belastbarkeit bei 30 °C nach Tabelle 20.4 anzusetzen ist.

Hinsichtlich der Anordnung der Schutzeinrichtungen zum Schutz bei Überlast gilt folgender Grundsatz:

Schutzeinrichtungen zum Schutz bei Überlast müssen am Anfang jedes Stromkreises sowie an allen Stellen eingebaut werden, an denen die Strombelastbarkeit gemindert wird, sofern eine vorgeschaltete Schutzeinrichtung den Schutz nicht sicherstellen kann.

Dies bedeutet, daß Schutzeinrichtungen zum Schutz bei Überlast nicht an beliebiger Stelle des Stromkreises angeordnet werden dürfen, sondern stets am Anfang des Stromkreises anzuordnen sind. Weitere Schutzeinrichtungen im Zuge des Stromkreises sind dann an den Stellen erforderlich, an denen sich die Strombelastbarkeit des Stromkreises ändert **(Bild 20.27).**

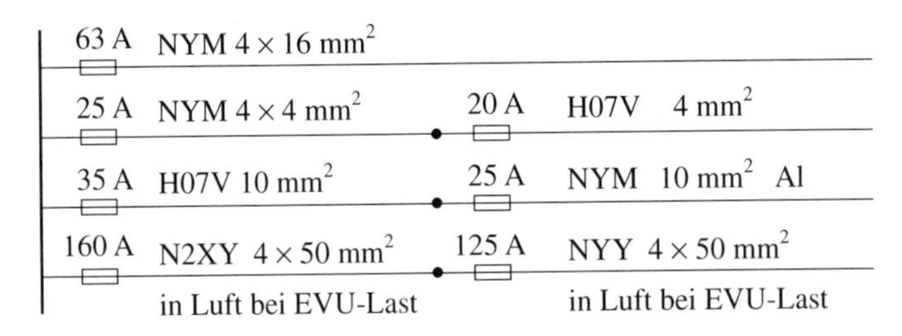

Bild 20.27 Anordnung der »Schutzeinrichtungen zum Schutz bei Überlast«

Es gibt hinsichtlich der Anordnung der Schutzeinrichtungen einige Ausnahmen, und zwar in Fällen, in denen:

- die Schutzeinrichtung im Zuge der Leitung beliebig versetzt werden darf (Teil 430 Abschnitt 5.4.2),
- auf die Schutzeinrichtung verzichtet werden darf (Teil 430, Abschnitt 5.5),
- auf die Schutzeinrichtung verzichtet werden sollte (Teil 430, Abschnitt 5.7).

Diese Fälle können aber nur im Zusammenhang mit dem Schutz bei Kurzschluß gesehen werden, so daß ihre Behandlung in Abschnitt 20.4.3 »Koordinieren des Schutzes bei Überlast und Kurzschluß« erfolgt.

20.4.2 Schutz bei Kurzschluß

Durch Schutzeinrichtungen muß der Schutz bei Kurzschluß in der Art erreicht werden, daß die Schutzeinrichtung den Stromkreis abschaltet, bevor eine schädliche Erwärmung der Leiterisolation bzw. der Anschluß- und Verbindungsstellen eintritt. Das Ausschaltvermögen muß mindestens dem größten Strom bei vollkommenem Kurzschluß entsprechen.

Der Strom, der bei vollkommenem Kurzschluß zum Fließen kommt, kann bestimmt werden:

- durch ein geeignetes Rechenverfahren,
- durch Untersuchungen an einer Netznachbildung,
- durch Messungen in der Anlage,
- anhand von Angaben des EVU.

Maßgebend ist der kleinste einpolige Kurzschlußstrom bei vollkommenem Kurzschluß (Kurzschluß ohne Widerstand an der Fehlerstelle). Zu den verschiedenen Möglichkeiten, den kleinsten einpoligen Kurzschluß zu ermitteln, ist festzustellen:

- *Rechenverfahren*

Die Grundlagen der Kurzschlußstromberechnung sind in DIN VDE 0102 Teil 2 »VDE-Leitsätze für die Berechnung der Kurzschlußströme in Drehstromanlagen mit Nennspannungen bis 1000 V« ausführlich behandelt. Die Berechnungsergebnisse sind sehr genau; sie werden im wesentlichen von der Genauigkeit der Eingabedaten (Leitungslänge) bestimmt (siehe hierzu auch Abschnitt 7.1.1.3).

- *Netznachbildung*

Die Ermittlung des Kurzschlußstroms mittels Netzmodell erfolgt bei Gleichstrommodellen nach der vereinfachten Methode der Kurzschlußstromberechnung und bei Wechselstrommodellen nach der genauen Methode. Die Ergebnisse sind als relativ genau (– 5 %) anzusehen.

- *Kurzschlußstrommessung*

Die Messung des Kurzschlußstroms bzw. der Schleifenimpedanz wird in der Regel die ungenaueste Methode sein. Die üblichen Meßgeräte nach DIN VDE 0413 Teil 3 lassen gerätebedingte Fehler von ±30 % zu. Hinzu kommen noch Fehler, die systembedingt sind, wie z.B. Spannungsschwankungen, Lastveränderungen und dergleichen während der Messung. Eine Korrektur des Meßergebnisses ist deshalb unbedingt erforderlich. Zu empfehlen ist ein Korrekturfaktor von 1,5, so daß gilt:

$$I_{\text{k}} = \frac{I_{\text{k (Meßwert)}}}{1{,}5};$$

$$Z_{\text{S}} = 1{,}5 \cdot Z_{\text{S (Meßwert)}}.$$

Anmerkung

Es gibt Geräte (sehr teuer), die eine Genauigkeit von ±5 % aufweisen und damit oben genannte Korrektur entbehrlich machen.

- *Angaben des EVU*

Die Angaben des EVU beruhen auf einem der vorgenannten Rechen- oder Meßverfahren. Sie sind mit der jeweils angegebenen Fehlerquote behaftet. Die Angabe eines Kurzschlußstroms oder einer Schleifenimpedanz bezieht sich immer auf den Hausanschlußkasten oder eine Anschlußstelle im Netz.

Die Ausschaltzeit t, in der die Leitung beim Auftreten eines Kurzschlusses abzuschalten ist, muß kleiner sein als die Zeit, in der dieser Strom die Leitung auf die höchstzulässige Kurzschlußtemperatur erwärmt. Für die zulässige Ausschaltzeit für Kurzschlüsse bis zu 5 s Dauer gilt die Beziehung:

$$t = \left(k \cdot \frac{S}{I}\right)^2. \qquad (20.25)$$

Darin bedeuten:

t zulässige Ausschaltzeit im Kurzschlußfall in s,

S Leiterquerschnitt in mm^2,

I Strom bei vollkommenem Kurzschluß in A,

k Materialbeiwert in $\text{A} \cdot \sqrt{\text{s}}/\text{m}^2$ nach **Tabelle 20.25.**

Tabelle 20.25 Materialbeiwert k in $A \cdot \sqrt{s}/mm^2$ für Al- und Cu-Leiter bei verschiedenen Isolierwerkstoffen

Leiter-material	Werkstoff der Isolierung			
	NR SR	PVC	VPE EPR	IIK
Cu	141	115	143	134
Al	87	76	94	89

Die in Tabelle 20.25 genannten Materialbeiwerte können z. T. auch Teil 540 entnommen werden.

Für Weichlotverbindungen in Kupferleitungen gilt $k = 115\ A \cdot \sqrt{s}/mm^2$.

Die höchsten am Leiter im Kurzschlußfall auftretenden Temperaturen sind für die verschiedenen Isolierwerkstoffe:

- 200 °C bei einer Isolierung aus Gummi (NR, SR),
- 160 °C bei einer Isolierung aus Polyvinylchlorid (PVC),
- 250 °C bei einer Isolierung aus vernetztem Polyethylen (VPE),
- 250 °C bei einer Isolierung aus Ethylen-Propylen-Kautschuk (EPR),
- 220 °C bei einer Isolierung aus Butyl-Kautschuk (IIK).

Anmerkung: Für Freileitungsseile ist die zulässige Leiterendtemperatur im Kurzschlußfall nach DIN VDE 0211 festgelegt. Es gilt für

- Einleiterwerkstoffe
  - Kupfer 170 °C
  - Aluminium 130 °C
  - E-AlMgSi (Aldrey) 160 °C
  - Stahl 200 °C

- Verbundleiter
  - Aluminium/Stahl 160 °C
  - E-AlMgSi/Stahl (Aldrey/Stahl) 160 °C

Die Auswertung von Gl. (20.25) und die Ergebnisse in ein Diagramm eingetragen zeigt **Bild 20.28.** In Abhängigkeit vom Leiterquerschnitt kann für PVC-isolierte Kupferleiter die maximale Kurzschlußdauer und der maximale Kurzschlußstrom abgelesen werden.

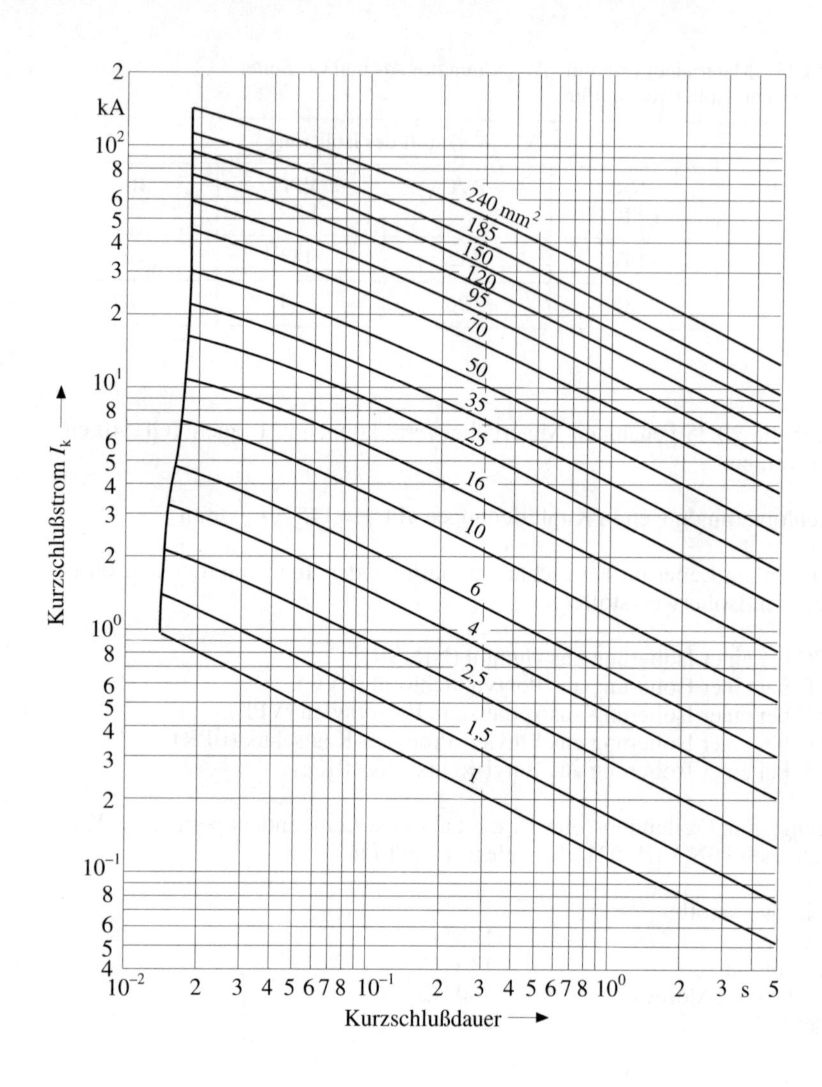

Bild 20.28 Maximaler Kurzschlußstrom und maximale Kurzschlußdauer von PVC-isolierten Kupferleitungen

Beispiel:
Ein PVC-isolierter Kupferleiter, Querschnitt 50 mm², wird mit einem Kurzschlußstrom von 5 kA belastet. Wie groß ist die maximal zulässige Kurzschlußdauer?

Aus Bild 20.28 wird abgelesen für I_k = 5 kA und S = 50 mm² eine Kurzschlußdauer von t = 1,3s.

Nach Gl. (20.25) wird ermittelt:

$$t = \left(k \cdot \frac{S}{I_k} \right)^2 = \left(115 \, \frac{\mathrm{A}\sqrt{\mathrm{s}}}{\mathrm{mm}^2} \cdot \frac{50\ \mathrm{mm}^2}{5000\ \mathrm{A}} \right)^2 = 1{,}32\ \mathrm{s}.$$

Der Schutz einer Leitung gegen die Auswirkungen von Kurzschlußströmen besteht praktisch darin, die Kennlinie der zulässigen Belastung einer Leitung mit der Zeit-Strom-Kennlinie der Überstromschutzeinrichtung zu vergleichen bzw. eine Überstromschutzeinrichtung auszuwählen, deren Strom-Zeit-Kennlinie so liegt, daß eine zu hohe Beanspruchung der Leitung nicht möglich ist. Die entsprechenden Zusammenhänge zeigt **Bild 20.29.**

Wenn die Kennlinien wie in Bild 20.29 gezeigt verlaufen und so die Überstromschutzeinrichtung die Leitung im gesamten Bereich schützt, sind keine weiteren Überlegungen erforderlich. Dies wird der Fall sein, wenn die Überstromschutzeinrichtungen nach Teil 430 Abschnitt 7.1 ausgewählt werden.

Beim Einsatz von Schmelzsicherungen, die nur bei Kurzschluß schützen sollen, oder bei LS-Schaltern und auch Leistungsselbstschaltern können sich die verschiedenen Kennlinien untereinander auch schneiden. Dabei sind einige wichtige Gesichtspunkte zu beachten.

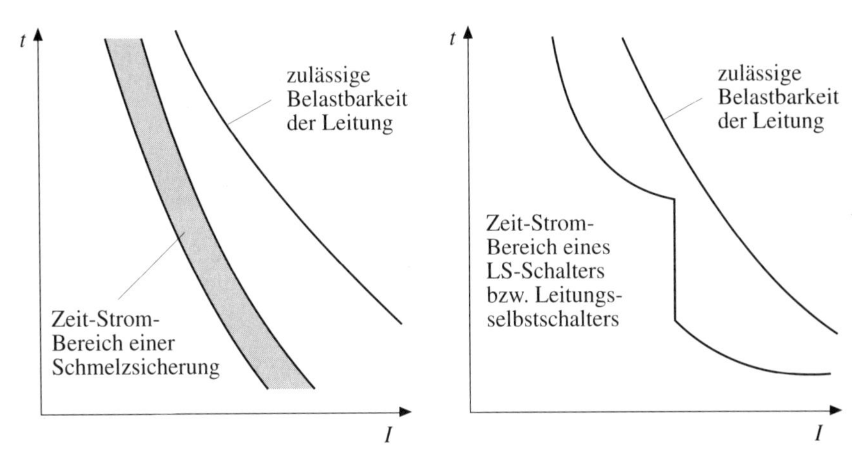

Bild 20.29 Prinzipieller Verlauf von Kennlinien

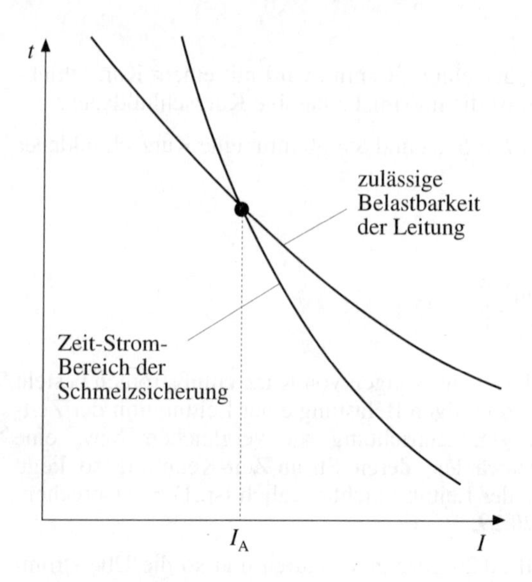

Bild 20.30 Schmelzsicherung übernimmt nur Kurzschlußschutz

In **Bild 20.30** ist ein Fall gezeigt, wo eine Schmelzsicherung nur den Kurzschlußschutz übernimmt, und zwar nur für Ströme, die größer als I_A sind. Es ist selbstverständlich, daß die Leitung auch für Ströme geschützt werden muß, die kleiner als I_A sind, da mit dem Auftreten von Kurzschlußströmen, die kleiner als I_A sind, immer gerechnet werden muß (z. B. bei unvollkommenem Kurzschluß). Es ist in solchen Fällen ratsam, den Überlastschutz so auszulegen, daß durch ihn auch Kurzschlußströme bis zur Größe I_A beherrscht und in ausreichend kurzer Zeit abgeschaltet werden.

Bild 20.31 zeigt den Fall, wo der Kurzschlußschutz durch Schalter (LS-Schalter oder Leistungsselbstschalter) übernommen wird. Der Kennlinienverlauf macht deutlich, daß der Schalter nur im Bereich der Ströme I_A bis I_B schützt. Für Kurzschlußströme kleiner als I_A muß der Schutz durch eine andere Schutzeinrichtung erreicht werden. Auch hier bietet sich u. U. die Schutzeinrichtung an, die den Überlastschutz übernimmt.

Für Ströme größer als I_B ist zunächst zu prüfen, ob Ströme in der hier vorliegenden Größe aufgrund der Anlagenkonzeption (Transformatoren-Nennleistung, Leitungsimpedanzen) überhaupt auftreten können. Ist mit dem Auftreten höherer Kurzschlußströme als I_B zu rechnen, so ist der Einsatz von Schmelzsicherungen oder Schaltern mit strombegrenzender Wirkung in Erwägung zu ziehen. Dabei ist

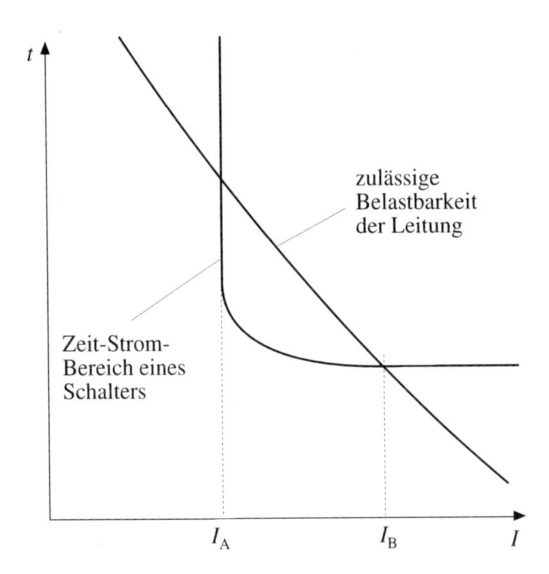

Bild 20.31 Kurzschlußschutz durch Schalter

die von der Schutzeinrichtung während der Kurzschlußzeit durchgelassene Energie mit der Energie zu vergleichen, die die Leitung aufnehmen kann, ohne Schaden zu erleiden. Die von einer Leitung aufgenommene Energie ist $W = R \cdot \int I^2 \mathrm{d}t$ oder vereinfacht ausgedrückt $I^2 \cdot t$, da R als konstant angesehen werden kann. Ein Maß, welche Energie eine Leitung aufnehmen kann, ist durch den $(k^2 \cdot S^2)$-Wert gemäß Gl. (20.25) gegeben **(Bild 20.32).** Deshalb darf bei sehr kurzen Ausschaltzeiten kleiner als 0,1 s (fünf Perioden) der $(k^2 \cdot S^2)$-Wert einer Leitung nicht kleiner sein als der $(I^2 \cdot t)$-Wert eines Schalters (Teil 430 Abschnitt 6.3.2.2). Den $(I^2 \cdot t)$-Wert eines Schalters kann der Errichter einer Anlage in der Regel nicht selbst berechnen, hierfür sind die vom Hersteller angegebenen $(I^2 \cdot t)$-Werte heranzuziehen. Der $(k^2 \cdot S^2)$-Wert einer Leitung kann berechnet werden mit den in Tabelle 20.25 genannten Materialbeiwerten. Eine 2,5-mm²-Cu-Leitung hat demnach folgenden $(k^2 \cdot S^2)$-Wert:

$$k^2 \cdot S^2 = 115^2 \left(\mathrm{A}\sqrt{\mathrm{s}}/\mathrm{mm}^2\right)^2 \cdot 2{,}5^2 \left(\mathrm{mm}^2\right)^2 = 82\,656\ \mathrm{A}^2\mathrm{s}.$$

Häufig werden von den Herstellern von Schaltgeräten nicht die $(k^2 \cdot S^2)$-Werte angegeben, sondern die maximale Stromstärke der Vorsicherung.

Die maximalen Stromkreislängen, die ab einem bestimmten Anschlußpunkt im Netz zulässig sind, können für verschiedene Schutzeinrichtungen dem Anhang A

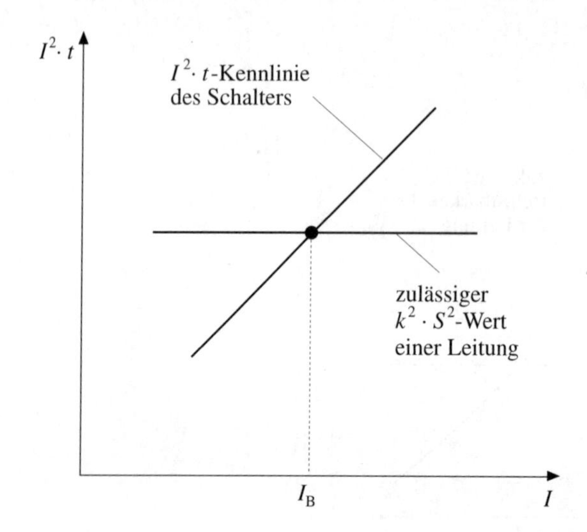

Bild 20.32 Durchlaßenergie von Schaltern und Leitungen

entnommen werden. Wenn bei Anwendung der Bilder oder der Tabellen im Anhang A die »Schleifenimpedanz von der Stromquelle bis zur Sicherung« (Vorimpedanz) nicht bekannt ist, muß sie u. U. geschätzt werden. Als Anhaltswerte können gelten:

- 10 mΩ bis 20 mΩ in größeren Industriebetrieben und Kraftwerken,
- 100 mΩ bis 300 mΩ in Kabelnetzen, je nach Abstand von der Einspeisestelle,
- 300 mΩ bis 600 mΩ in Freileitungsnetzen, je nach Abstand von der Einspeisestelle.

Die Grundlagen zur Ermittlung der zulässigen Stromkreislänge sind in Kapitel 7 beschrieben.
Wenn der Schutz bei Überlast einer Leitung sichergestellt ist, kann die Schutzeinrichtung, die den Schutz bei Kurzschluß übernimmt, abhängig vom Querschnitt und von der Leitungslänge festgelegt werden. Dabei gilt für eine Kurzschlußdauer von $t = 5$ s die Gl. (20.25). Die Zusammenhänge soll nachfolgendes Beispiel zeigen.

Beispiel:
An einer Verteilung sollen mehrere Stromkreise, die nur einen Schutz bei Kurzschluß benötigen, angeschlossen werden. Die Impedanz bis zur Anschlußstelle beträgt 40 mΩ. Die Querschnitte und die erforderlichen Nennströme der Sicherungen zeigt **Bild 20.33.** Gesucht ist die jeweils maximale zulässige Stromkreislänge!

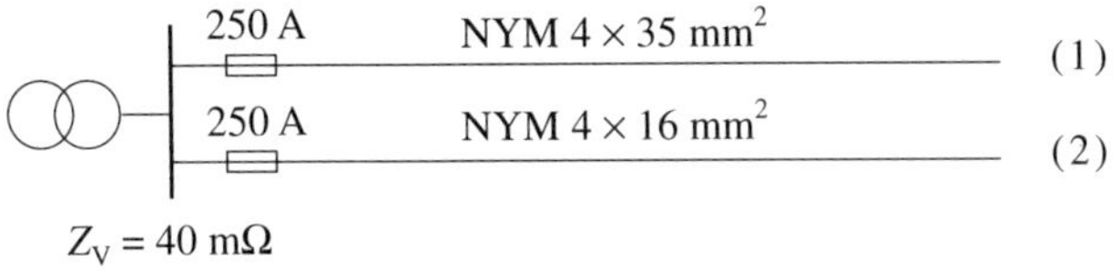

250 A NYM 4×35 mm² (1)

250 A NYM 4×16 mm² (2)

$Z_V = 40$ mΩ

Bild 20.33 Beispiel

Für Leitung (1) mit 4×35 mm² und Leitungsschutzsicherungen 250 A ist zunächst der Strom zu ermitteln, der eine Abschaltung in 5 s gewährleistet. Nach DIN VDE 0636 sind dies 1580 A. Nun kann nach Gl. (20.25) geprüft werden, ob die Abschaltung so rechtzeitig erfolgt, daß die Temperatur am Leiter nicht höher als 160 °C (maximal zulässige Temperatur im Kurzschlußfall bei PVC) wird. Es gilt:

$$t = \left(k \cdot \frac{S}{I} \right)^2 = \left(115 \, \frac{\mathrm{A}\sqrt{\mathrm{s}}}{\mathrm{mm}^2} \cdot \frac{35 \ \mathrm{mm}^2}{1580 \ \mathrm{A}} \right)^2 = 6{,}49 \ \mathrm{s},$$

das heißt, daß die zulässige Temperatur im Kurzschlußfall nicht erreicht wird, da die Leitungsschutzsicherung den Strom bereits vorher, nach 5 s, abschaltet. Nach den Regeln der vereinfachten Berechnung für den Kurzschlußstrom (siehe Kapitel 7) ergibt sich dann die einfache Stromkreislänge zu:

$$l = \frac{\dfrac{c \cdot U}{\sqrt{3} \cdot I_k} - Z_V}{2 \cdot z} = \frac{\dfrac{0{,}95 \cdot 400 \ \mathrm{V}}{\sqrt{3} \cdot 1580 \ \mathrm{A}} - 0{,}04 \ \Omega}{2 \cdot 0{,}657 \ \Omega/\mathrm{km}} = 0{,}0752 \ \mathrm{km} = 75{,}2 \ \mathrm{m}.$$

Der Stromkreis (1) darf eine maximale Länge von 75,2 m aufweisen.

Für Stromkreis (2) ergibt die Überprüfung nach Gl. (20.25) bei einem Strom von 1580 A eine Abschaltzeit von:

$$t = \left(k \cdot \frac{S}{I} \right)^2 = \left(115 \, \frac{\mathrm{A}\sqrt{\mathrm{s}}}{\mathrm{mm}^2} \cdot \frac{16 \ \mathrm{mm}^2}{1580 \ \mathrm{A}} \right)^2 = 1{,}356 \ \mathrm{s}.$$

Dies bedeutet, daß die Temperatur am Leiter im Kurzschlußfall nach $t = 1{,}356$ s bei 160 °C liegt und daß, da die Sicherung erst nach 5 s abschaltet, eine zu hohe Temperatur am Leiter auftreten würde. Da dies nicht zugelassen werden kann, muß die Abschaltung schneller erfolgen, d. h., der Kurzschlußstrom muß größer werden. Unter Anwendung der Zeit-Strom-Charakteristik der Sicherungen und von Gl. (20.25) ist nun der Strom zu ermitteln, der in ausreichend kurzer Zeit die Abschaltung der Leitung gewährleistet. Durch u. U. mehrmalige Berechnung ergibt sich nun, daß bei einem Kurzschlußstrom von 3000 A die Abschaltzeit etwa 0,38 s beträgt, womit sich eine Zeit von

$$t = \left(k \cdot \frac{S}{I}\right)^2 = \left(115 \frac{\mathrm{A}\sqrt{\mathrm{s}}}{\mathrm{mm}^2} \cdot \frac{16\ \mathrm{mm}^2}{3000\ \mathrm{A}}\right)^2 = 0{,}376\ \mathrm{s}$$

ergibt, so daß die Abschaltbedingung erfüllt ist. Die maximal zulässige Stromkreislänge ergibt sich unter Ansatz eines Kurzschlußstroms von 3000 A zu:

$$l = \frac{\dfrac{c \cdot U}{\sqrt{3} \cdot I_\mathrm{k}} - Z_\mathrm{V}}{2 \cdot z} = \frac{\dfrac{0{,}95 \cdot 400\ \mathrm{V}}{\sqrt{3} \cdot 3000\ \mathrm{A}} - 0{,}04\ \Omega}{2 \cdot 1{,}418\ \Omega/\mathrm{km}} = 0{,}0117\ \mathrm{km} = 11{,}7\ \mathrm{m}.$$

Der Stromkreis (2) darf eine maximale Länge von 11,7 m aufweisen.

Hinsichtlich der Anordnung der Schutzeinrichtungen zum Schutz bei Kurzschluß gilt folgender Grundsatz:

Schutzeinrichtungen für den Schutz bei Kurzschluß müssen am Anfang jedes Stromkreises sowie an allen Stellen eingebaut werden, an denen die Kurzschlußstrom-Belastbarkeit gemindert wird, sofern eine vorgeschaltete Schutzeinrichtung den geforderten Schutz bei Kurzschluß nicht sicherstellen kann.

Schutzeinrichtungen zum Schutz bei Kurzschluß sind also stets am Leitungsanfang einzubauen. Dies auch dort, wo durch andere Querschnitte oder anderes Isolationsmaterial die Kurzschlußstrom-Belastbarkeit gemindert wird **(Bild 20.34).**

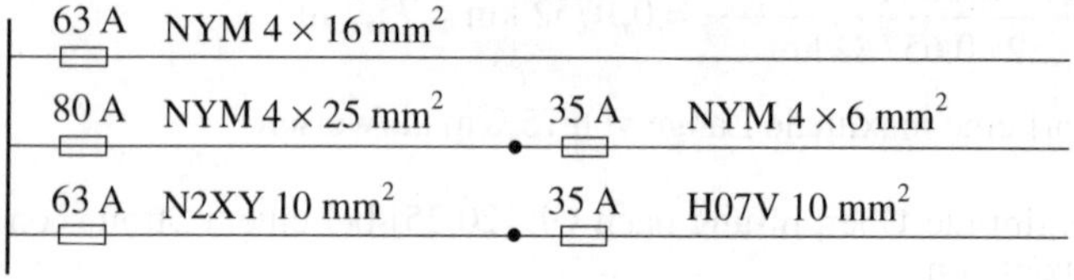

63 A NYM 4 × 16 mm²

80 A NYM 4 × 25 mm² 35 A NYM 4 × 6 mm²

63 A N2XY 10 mm² 35 A H07V 10 mm²

Bild 20.34 Anordnung der Schutzeinrichtungen zum Schutz bei Kurzschluß

Es gibt hinsichtlich des Einbaus der Kurzschlußschutzeinrichtungen einige Ausnahmen, und zwar Fälle, in denen:

- die Schutzeinrichtung im Zuge der zu schützenden Leitung bis zu 3 m versetzt werden darf (Teil 430 Abschnitt 6.4.2);
- auf die Schutzeinrichtung verzichtet werden darf (Teil 430 Abschnitt 6.4.3);
- auf die Schutzeinrichtung verzichtet werden sollte (Teil 430 Abschnitt 6.4.4).

Diese Fälle können aber nur im Zusammenhang mit dem Schutz bei Überlast gesehen werden, so daß ihre Behandlung in Abschnitt 20.4.3 »Koordinieren des Schutzes bei Überlast und Kurzschluß« erfolgt.

20.4.3 Koordinieren des Schutzes bei Überlast und Kurzschluß – Teil 430 Abschnitt 7

20.4.3.1 Schutz durch eine gemeinsame Schutzeinrichtung

Der einfachste Anwendungsfall liegt dann vor, wenn am Anfang eines Stromkreises eine Überstromschutzeinrichtung eingebaut wird, die sowohl den Schutz bei Überlast als auch den Schutz bei Kurzschluß übernimmt. Dieser Fall liegt dann vor, wenn:

- Leitungsschutzsicherungen nach DIN VDE 0636 oder Leitungsschutzschalter nach DIN VDE 0641 entsprechend des zu schützenden Leitungsquerschnitts nach Tabelle 20.24 zugeordnet werden oder
- Überlastschutzeinrichtungen nach der zulässigen Strombelastbarkeit I_z unter Anwendung der Gln. (20.22) (Nennstromregel) und (20.23) (Auslöseregel) berechnet werden und die jeweils ausgewählte Schutzeinrichtung auch das erforderliche Ausschaltvermögen besitzt.

Dabei ist selbstverständlich, daß bei jeder Änderung des Querschnitts (kleinerer Querschnitt) oder bei Änderung der zulässigen Belastbarkeit (andere Verlegungsbedingungen) weitere Überstromschutzeinrichtungen vorzusehen sind **(Bild 20.35).**

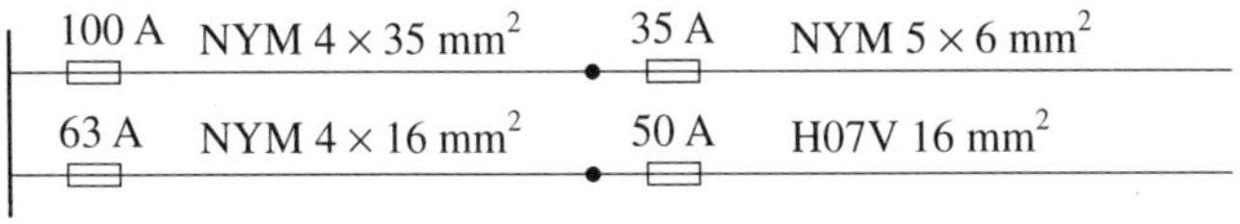

100 A NYM 4 × 35 mm² 35 A NYM 5 × 6 mm²

63 A NYM 4 × 16 mm² 50 A H07V 16 mm²

Bild 20.35 Auswahl von Überstromschutzeinrichtungen bei gleichzeitigem Schutz bei Überlast und Kurzschluß für Dauerlast und $\vartheta = 30$ °C

Wenn beim Vorliegen normaler Umgebungs- und Verlegebedingungen eine Überstromschutzeinrichtung am Anfang eines Stromkreises eingebaut und nach Tabelle 20.24 ausgewählt wird, brauchen normalerweise keine weiteren Überlegungen hinsichtlich des Schutzes bei Überlast und Kurzschluß angestellt zu werden.

20.4.3.2 Schutz durch getrennte Schutzeinrichtungen

Schutzeinrichtungen für Überlast dürfen im Zuge der Leitung beliebig versetzt werden, wenn die Leitung keine Abzweige und keine Steckdosen enthält. Der Überlastschutz der Leitung wird in diesem Fall dann von der Schutzeinrichtung für Überlast »rückwärts« übernommen. Durch eine Schutzeinrichtung für den Schutz bei Kurzschluß am Anfang der Leitung ist diese dann sowohl gegen Kurzschluß als auch gegen Überlast geschützt **(Bild 20.36).**

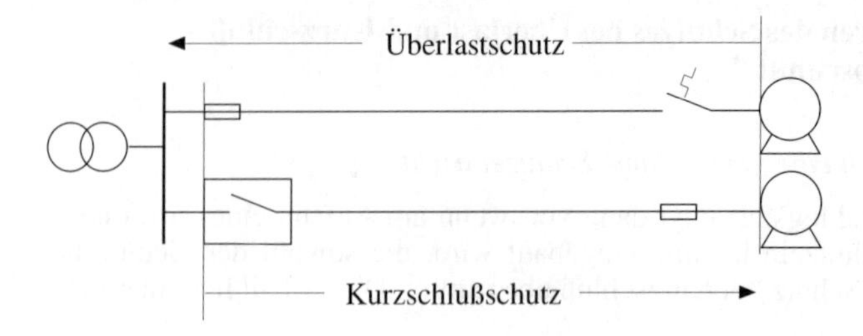

Bild 20.36 Getrennte Anordnung der Schutzeinrichtungen für Überlast- und Kurzschlußschutz

Hinsichtlich der Auswahl der Schutzeinrichtungen ist zu beachten:

- Schutzeinrichtungen für Überlast sind nach den in Abschnitt 20.4.1 (DIN VDE 0100 Teil 430 Abschnitt 5) beschriebenen Gesichtspunkten auszuwählen. Ausgehend von dem vorliegenden Belastungsfall und der zulässigen Strombelastbarkeit I_z ist unter Anwendung der Nennstromregel (Gl. (20.22)) und der Auslöseregel (Gl. (20.23)) die Schutzeinrichtung für Überlast zu bestimmen.
- Schutzeinrichtungen für Kurzschluß sind nach den in Abschnitt 20.4.2 (DIN VDE 0100 Teil 430 Abschnitt 6) beschriebenen Gesichtspunkten auszuwählen. Zu beachten ist, daß die Schutzeinrichtung die zu schützende Leitung/Kabel im Kurzschlußfall in spätestens 5 s abschaltet, d. h., die Leitung/Kabel darf nur so lang sein, daß ein ausreichend hoher Kurzschlußstrom zum Fließen kommt. Außerdem ist Gl. (20.25) zu beachten. Die zulässige Leitungs-/Kabellänge muß in der Regel berechnet werden.

Wenn eine Leitung/Kabel mit getrennt angeordneten Schutzeinrichtungen Abzweige enthält, so gelten die Forderungen an die Schutzeinrichtungen für jeden Abzweig sinngemäß. Die zulässigen Längen der Leitungen/Kabel, die abzweigen, können unter Anwendung des Strahlensatzes nach **Bild 20.37** ermittelt werden.

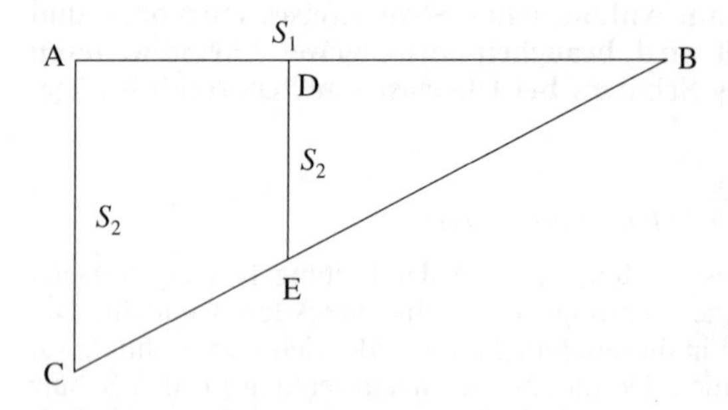

Bild 20.37 Diagramm zur Ermittlung der Stromkreislänge bei Abzweigen

Es sind:

$\overline{AB}$ zulässige Länge des Stromkreises mit dem Querschnitt S_1, beim Anschluß in Punkt A;

$\overline{AC}$ zulässige Länge des Stromkreises mit dem Querschnitt S_2, beim Anschluß in Punkt A;

$\overline{DE}$ zulässige Länge des Stromkreises mit dem Querschnitt S_2, beim Anschluß in Punkt D.

Die zulässige Länge des Stromkreises mit dem Querschnitt S_2 beim Anschluß in Punkt D kann entweder durch eine maßstabsgerechte Skizze oder durch Anwendung des Strahlensatzes ermittelt werden. Es ist

$\frac{\overline{AB}}{\overline{AC}} = \frac{\overline{BD}}{\overline{DE}}$; und mit $\overline{BD} = \overline{AB} - \overline{AD}$ ergibt sich:

$$\overline{DE} = \left(\overline{AB} - \overline{AD}\right) \frac{\overline{AC}}{\overline{AD}}. \tag{20.26}$$

Beispiel:
Es sind die jeweils zulässigen Längen für die Stromkreisabschnitte $l_2 + l_3$ für die in **Bild 20.38** dargestellte Anlage zu bestimmen!

Der Strom, der eine 250-A-Sicherung der Betriebsklasse gL in 5 s zum Ansprechen bringt, beträgt 1580 A (siehe Kapitel 16). Die zulässige Länge ($l_1 + l_2$) des Kabels mit 120 mm² ist damit:

$$l_1 + l_2 = \frac{\frac{c \cdot U}{\sqrt{3} \cdot I_k} - Z_V}{2 \cdot z} = \frac{\frac{0{,}95 \cdot 400\ \text{V}}{\sqrt{3} \cdot 1580\ \text{A}} - 0{,}06\ \Omega}{2 \cdot 0{,}211\ \Omega/\text{km}} = 0{,}1869\ \text{km} = 186{,}9\ \text{m}.$$

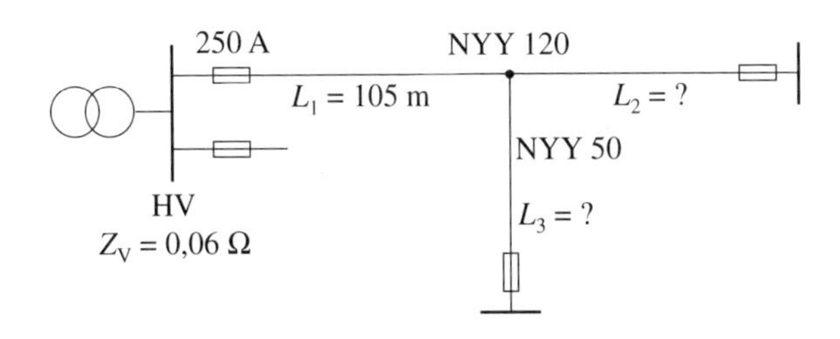

Bild 20.38 Beispiel

Wäre das Kabel mit 50 mm² an der Hauptverteilung (HV) angeschlossen, so ergäbe sich die zulässige Länge:

$$l = \frac{\dfrac{c \cdot U}{\sqrt{3} \cdot I_k} - Z_V}{2 \cdot z} = \frac{\dfrac{0{,}95 \cdot 400\ \text{V}}{\sqrt{3} \cdot 1580\ \text{A}} - 0{,}06\ \Omega}{2 \cdot 0{,}489\ \Omega/\text{km}} = 0{,}0806\ \text{km} = 80{,}6\ \text{m}.$$

Damit kann das Diagramm **(Bild 20.39)** gezeichnet werden:

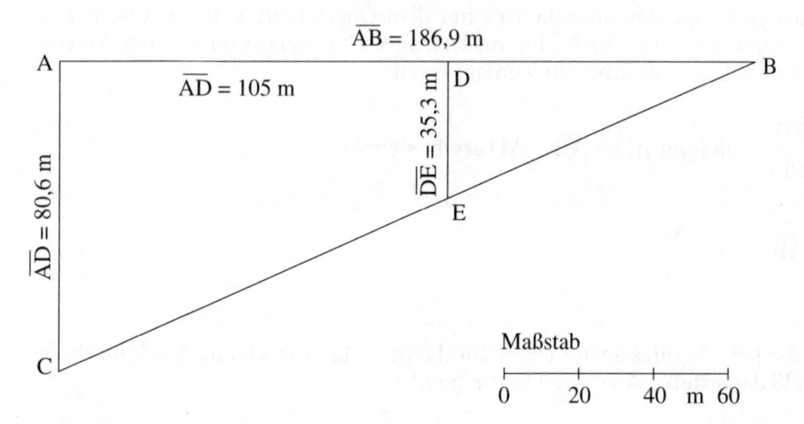

Bild 20.39 Ergebnis

Aus dem Diagramm kann für die Strecke $\overline{\text{DE}}$ eine Länge von $l_3 = 35{,}5$ m abgelesen werden. Bei Anwendung des Strahlensatzes ergibt sich nach Gl. (20.26) für:

$$l_3 = \overline{\text{DE}} = \left(\overline{\text{AB}} - \overline{\text{AD}}\right) \cdot \frac{\overline{\text{AC}}}{\overline{\text{AB}}} = (186{,}9\ \text{m} - 105\ \text{m}) \cdot \frac{80{,}6\ \text{m}}{186{,}9\ \text{m}} = 35{,}3\ \text{m}.$$

Eine Nachprüfung des Ergebnisses durch Berechnung der Kurzschlußströme für die Punkte B und E zeigt:

Für Punkt B:

$Z_V = 0{,}06\ \Omega,$

$Z_L = 2 \cdot l_{AB} \cdot z_{120} = 2 \cdot 0{,}1869\ \text{km} \cdot 0{,}211\ \Omega/\text{km} = 0{,}079\ \Omega,$

$Z\ = Z_V + Z_L = 0{,}06\ \Omega + 0{,}079\ \Omega = 0{,}139\ \Omega,$

$$I_k = \frac{c \cdot U}{\sqrt{3} \cdot Z} = \frac{0{,}95 \cdot 400\ \text{V}}{\sqrt{3} \cdot 0{,}139\ \Omega} = 1578{,}4\ \text{A}.$$

Für Punkt E:

$Z_V = 0{,}06\ \Omega,$

$Z_L = 2 \cdot (l_{AB} \cdot z_{120} + l_{DE} \cdot z_{50})$

$= 2 \cdot (0{,}105\ \text{km} \cdot 0{,}211\ \Omega/\text{km} + 0{,}0353\ \text{km} \cdot 0{,}489\ \Omega/\text{km})$

$= 0{,}079\ \Omega,$

$Z = Z_V + Z_L = 0{,}06\ \Omega + 0{,}079\ \Omega = 0{,}139\ \Omega,$

$$I_k = \frac{c \cdot U}{\sqrt{3} \cdot Z} = \frac{0{,}95 \cdot 400\ \text{V}}{\sqrt{3} \cdot 0{,}139\ \Omega} = 1578{,}4\ \text{A} \quad \text{wie für Punkt B.}$$

20.4.3.3 Gemeinsame Versetzung der Schutzeinrichtungen für Überlast- und Kurzschlußschutz

Sowohl Überlastschutzeinrichtungen als auch Kurzschlußschutzeinrichtungen dürfen im Zuge der Leitung um 3 m versetzt werden, wenn die Leitungen/Kabel erd- und kurzschlußsicher verlegt sind **(Bild 20.40).** Dabei sind für die Leitungsquerschnitte keine Einschränkungen festgelegt. Diese Erleichterung ist notwendig für interne Verdrahtungen von Schaltanlagen und Verteilern, zum Beispiel auch Zählertafelverdrahtungen in Hausinstallationen. Die erd- und kurzschlußsichere Verlegung ist in Abschnitt 21.6 beschrieben.

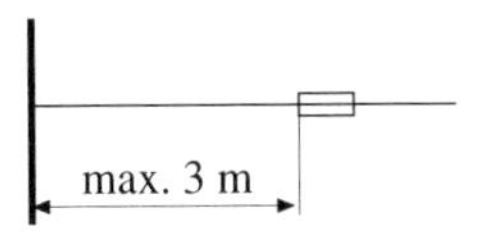

Bild 20.40 Versetzen von Schutzeinrichtungen

20.4.3.4 Verzicht auf Schutzeinrichtungen für Überlast- und Kurzschlußschutz

Auf Schutzeinrichtungen sowohl für Überlast als auch für Kurzschluß darf verzichtet werden:

- in Verteilungsnetzen, die als Freileitung oder als im Erdreich verlegte Kabel ausgeführt sind,
- bei Meßstromkreisen und bei Verbindungsleitungen zwischen elektrischen Maschinen, Anlassern, Transformatoren, Gleichrichtern, Akkumulatoren, Schaltanlagen und dergleichen, wenn die Leitungen/Kabel kurz- und erdschlußsicher verlegt sind und nicht in der Nähe brennbarer Stoffe zu liegen kommen, also gefahrlos ausbrennen können.

Auf Schutzeinrichtungen muß verzichtet werden, wenn die Unterbrechung des Stromkreises eine Gefahr darstellt; dies gilt für:

- Erregerstromkreise von umlaufenden Maschinen,
- Speisestromkreise von Hubmagneten,
- Sekundärstromkreise von Stromwandlern,
- Stromkreise, die der Sicherheit dienen.

20.4.4 Schutz parallel geschalteter Kabel und Leitungen

Als Grundsatz gilt, daß die Kabel und Leitungen nicht zu hoch belastet werden dürfen, gleichgültig, wie sie geschaltet und geschützt werden.
Besonders kritisch ist eine Parallelschaltung dann, wenn unterschiedliche Querschnitte und unterschiedlich lange Kabel und Leitungen parallel geschaltet werden. Eine Berechnung der Belastungs- und Kurzschlußverhältnisse ist wohl immer erforderlich, es sei denn, daß jeweils am Anfang und am Ende der parallelen Kabel und Leitungen eine Schutzeinrichtung eingebaut wird, die entweder nach Tabelle 20.24 ausgewählt oder nach Gl. (20.24) berechnet wurde **(Bild 20.41).**

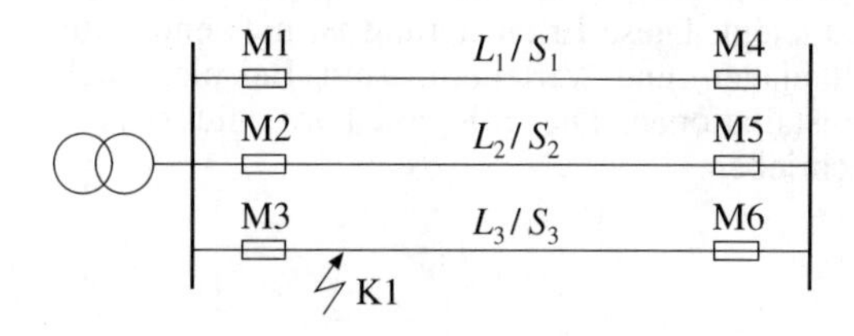

Bild 20.41 Parallelschaltung von Kabeln und Leitungen mit Schutzeinrichtungen in jedem Zweig

Beispiel nach Bild 20.41 für Kabel in Luft, verlegt nach Tabelle 20.11 unter Anwendung der Beziehung $I_n \leq I_z$:

S_1 = NYY 150 mm²; M 1 und M 4: I_n = 315 A;
S_2 = NYY 120 mm²; M 2 und M 5: I_n = 250 A;
S_3 = NYY 70 mm²; M 3 und M 6: I_n = 250 A.

Hinsichtlich des Kurzschlußschutzes ist zu beachten, daß im Kurzschlußfall an der ungünstigsten Stelle (im Bild 20.41 die Stelle K1) nach Auslösung von M 3 der Kurzschluß durch L_1 mit L_2 über L_3 »rückwärts« weiter gespeist wird. Die Schutzeinrichtung M 6 muß den Kurzschluß in spätestens 5 s abschalten.

Zu Bild 20.41 ist noch zu erwähnen, daß es natürlich auch zulässig ist, die Schutzeinrichtungen M 1 bis M 3 eine Stufe höher zu wählen. Auch könnten die Schutzeinrichtungen M 4 bis M 6 entfallen. In beiden Fällen müßten selbstverständlich die Bedingungen der Kurzschlußabschaltung eingehalten sein.

Wenn mehrere parallel geschaltete Kabel und Leitungen durch eine gemeinsame Schutzeinrichtung abgesichert werden sollen **(Bild 20.42),** ist eine Berechnung der zulässigen Strombelastbarkeit in der Regel erforderlich. Dabei sind zu beachten:

- Leiterquerschnitte,
- Leitermaterial,
- Leitungslänge,
- Strombelastbarkeit,
- Verlegebedingungen,
- Umgebungstemperatur,
- Häufung von Kabeln und Leitungen.

Auch hier ist zu berücksichtigen, daß bei einem Kurzschluß, an beliebiger Stelle des Systems, die vorgeschaltete gemeinsame Schutzeinrichtung M den Kurzschluß in maximal 5 s abschalten muß.

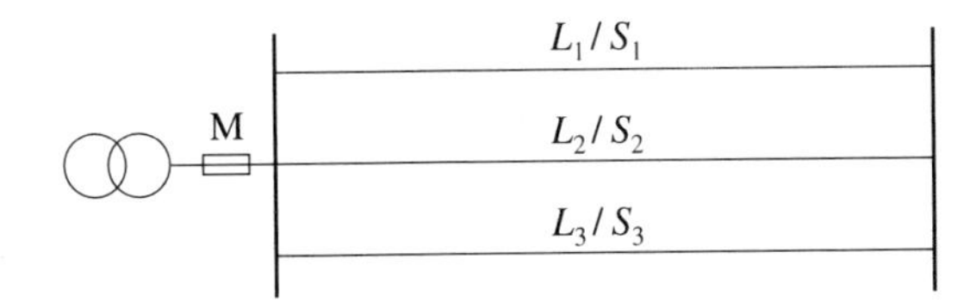

Bild 20.42 Parallelschaltung von Kabeln und Leitungen mit gemeinsamer Schutzeinrichtung

20.4.4.1 Parallelschaltung von Kabeln und Leitungen mit gleichen elektrischen Eigenschaften – Teil 430 Abschnitt 5.3

Sollen die Leiter mehrerer parallel geschalteter Kabel und Leitungen durch eine gemeinsame Schutzeinrichtung gegen Überlast geschützt werden, so gilt als Strombelastbarkeit I_z die Summe der Strombelastbarkeit der parallel geschalteten Leiter. Voraussetzung ist, daß die elektrischen Eigenschaften der Leiter (Material, Querschnitt, Länge) und die Verlegebedingungen (Umgebungstemperatur, Verlegeart) gleich sind und die Stromkreise keine Abzweige aufweisen.

Es gilt damit:

$$I_z = n \cdot I_{zn}. \tag{20.27}$$

Dabei bedeuten:

I_z zulässige Gesamtbelastung des parallel geschalteten Systems,

n Anzahl der parallel geschalteten Leiter mit gleichen elektrischen Eigenschaften,

I_{zn} zulässige Strombelastbarkeit eines Systems.

Beispiel:

Vier Leitungen NYM $4 \times 25\ mm^2$, die durch eine gemeinsame Überlastschutzeinrichtung geschützt werden sollen, sind parallel verlegt. Die Leitungen sind nebeneinander auf einer Wand verlegt und berühren sich gegenseitig. Wie kann das System belastet und abgesichert werden, wenn als Umgebungstemperatur 40 °C berücksichtigt werden muß?

Die Verlegeart entspricht der Tabelle 20.4 Verlegeart C. Für eine Leitung ergibt sich bei der Umgebungstemperatur 30 °C eine Strombelastbarkeit von $I_{zn} = 96$ A bei drei belasteten Adern. Für das System mit vier Leitungen ist damit:

$$I_{z4} = n \cdot I_{zn} = 4 \cdot 96\ \text{A} = 384\ \text{A}.$$

Zu berücksichtigen sind noch die Reduktionsfaktoren für:

- vier Leitungen nebeneinander auf einer Wand mit gegenseitiger Berührung nach Tabelle 20.9:

  $$f_1 = 0{,}75,$$

- die Umgebungstemperatur von 40 °C nach Tabelle 20.6 bei PVC-isolierten Leitungen:

  $$f_2 = 0{,}87.$$

Die korrigierte Gesamtbelastbarkeit I_z des Systems ist damit:

$$I_z = f_1 \cdot f_2 \cdot I_{z4} = 0{,}75 \cdot 0{,}87 \cdot 384\ \text{A} = 250{,}56\ \text{A}.$$

Mit $I_n \leq I_z$ (Gl. (20.24)) ist die maximal zulässige Absicherung des Systems mit $I_n = 250$ A möglich, wenn Schmelzsicherungen zur Anwendung gelangen.

20.4.4.2 Parallelschaltung von Kabeln und Leitungen bei ungleichen Querschnitten, aber sonst gleichen elektrischen Eigenschaften

Bei der Parallelschaltung von Kabeln und Leitungen mit ungleichen Querschnitten, sonst aber gleichen elektrischen Eigenschaften der Leiter (Länge, Material) und gleichen Verlegungsbedingungen (Umgebungstemperatur, Verlegeart), gibt es zwei Möglichkeiten, die zulässige Gesamtbelastung I_z des Systems zu ermitteln:

a) Die zulässige Gesamtbelastung des Systems kann nach folgender Beziehung berechnet werden:

$$I_z = I_{z1} \cdot \left(1 + \frac{S_2}{S_1} + \frac{S_3}{S_1} + \ldots + \frac{S_n}{S_1}\right) \tag{20.28}$$

b) Die Addition der Einzelquerschnitte mit:

$$S = S_1 + S_2 + S_3 + \ldots + S_n \tag{20.29}$$

und der Ermittlung von I_z durch Abrunden oder Interpolieren nach der entsprechenden Belastbarkeitstabelle und der Festlegung der Schutzeinrichtung nach $I_n \leq I_z$ (Gl. (20.24)) bringt normalerweise ein schlechteres Ergebnis als die unter a) gezeigte Lösung.

In den Gln. (20.28) und (20.29) bedeuten:

I_z zulässige Gesamtbelastung des parallel geschalteten Systems,
I_{z1} zulässige Belastung der Leitung 1 mit dem Querschnitt S_1, wobei als Leitung 1 die Leitung mit der höchstzulässigen Belastung (in der Regel die querschnittsstärkste Leitung) des Systems einzusetzen ist,
S_1 Querschnitt der Leitung 1,
S_2 Querschnitt der Leitung 2,
S_3 Querschnitt der Leitung 3,
S_n Querschnitt der Leitung L_n,
} gleiches Leitermaterial ist Voraussetzung!
S rechnerisch ermittelter Summenquerschnitt.

Beispiel:
Drei in Luft verlegte Kabel sind parallel geschaltet und mit einer Schutzeinrichtung zu schützen. Wie darf das System belastet und abgesichert werden, wenn von Dauerlast und $\vartheta = 30\ °C$ ausgegangen werden muß (**Bild 20.43**)?

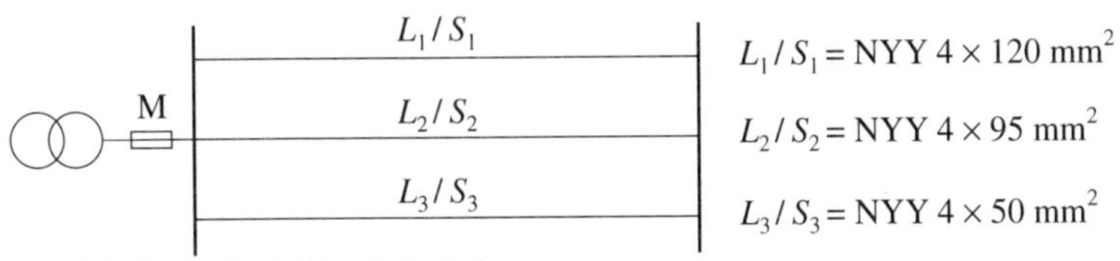

Bild 20.43 Beispiel Parallelschaltung

Nach Gl. (20.27) ergibt sich I_z für das System zu:

$$I_z = I_{z120} \cdot \left(1 + \frac{S_2}{S_1} + \frac{S_3}{S_1}\right) = 285\ \text{A} \cdot \left(1 + \frac{95\ \text{mm}^2}{120\ \text{mm}^2} + \frac{50\ \text{mm}^2}{120\ \text{mm}^2}\right)$$
$$= 285\ \text{A}\,(1 + 0{,}729 + 0{,}417) = 630\ \text{A}.$$

Mit der Beziehung $I_n \leq I_z$ (Gl. (20.24)) ergibt sich eine Leitungsschutzsicherung nach DIN VDE 0636 von:

$I_n \leq I_z \leq 630\ \text{A} \rightarrow I_n = 630\ \text{A}.$

Nach Gl. (20.28) ergibt sich ein Summenquerschnitt für das System zu:

$S = S_1 + S_2 + S_3 = 120\ \text{mm}^2 + 95\ \text{mm}^2 + 50\ \text{mm}^2 = 265\ \text{mm}^2.$

Nach Tabelle 20.11 ist für 240 mm² ein $I_z = 445$ A zulässig. Interpoliert ergibt sich eine zulässige Belastung von:

$$I_z = I_{z240} \cdot \frac{265\ \text{mm}^2}{240\ \text{mm}^2} = 445\ \text{A} \cdot \frac{265\ \text{mm}^2}{240\ \text{mm}^2} = 491\ \text{A}.$$

Mit der Beziehung $I_n \leq I_z$ (Gl. (20.24)) ergibt sich als Schutzeinrichtung:

$I_n \leq I_z \leq 491\ \text{A} \rightarrow I_n = 400\ \text{A}.$

20.4.4.3 Parallelschaltung von Kabeln und Leitungen bei ungleichen Leitungslängen, aber sonst gleichen elektrischen Eigenschaften

Beim Schutz gegen Überlast parallel geschalteter Kabel und Leitungen mit ungleichen Leitungslängen, sonst aber gleichen elektrischen Eigenschaften der Leiter (Material, Querschnitt) und gleichen Verlegebedingungen (Umgebungstemperatur, Verlegeart), durch eine gemeinsame Schutzeinrichtung, kann folgende Beziehung verwendet werden:

$$I_z = I_{z1} \cdot \left(1 + \frac{L_1}{L_2} + \frac{L_1}{L_3} + \ldots + \frac{L_1}{L_n}\right). \tag{20.30}$$

Dabei sind:

I_z zulässige Gesamtbelastung des parallel geschalteten Systems,
I_{z1} zulässige Belastung der Leitung 1 mit der Länge L_1, wobei als Leitung 1 die Leitung mit der geringsten Länge des Systems einzusetzen ist,
L_1 Länge der Leitung L_1,
L_2 Länge der Leitung L_2,
L_3 Länge der Leitung L_3,
L_n Länge der Leitung L_n.

Beispiel:
Es sind vier Kabel NYY $4 \times 70\ \text{mm}^2$ im Erdreich auf verschiedenen Trassen verlegt. Die Längen der Kabel sind für Kabel A = 126 m, Kabel B = 110 m, Kabel C = 130 m und Kabel D = 115 m. Die zulässige Gesamtbelastung des Systems ist zu ermitteln. Es liegt EVU-Last vor.

Nach Tabelle 20.10 kann ein Kabel NYY4×70 mit $I = 232$ A belastet werden. Als Leitung 1 wird das kürzeste Kabel B mit $L_1 = 110$ m eingesetzt. Damit ist:

$$I_z = 232\ \text{A} \left(1 + \frac{110\ \text{m}}{126\ \text{m}} + \frac{110\ \text{m}}{130\ \text{m}} + \frac{110\ \text{m}}{115\ \text{m}} \right) = 853\ \text{A}\,.$$

Die maximal mögliche Absicherung mit $I_n \leq I_z$ (Gl. (20.24)) ist damit $I_n = 800$ A, wenn Schmelzsicherungen zur Anwendung gelangen.

20.4.4.4 *Parallelschaltung von Kabeln und Leitungen bei ungleichen Leitungslängen, Materialien und Querschnitten*

Beim Schutz gegen Überlast parallel geschalteter Kabel und Leitungen mit unterschiedlichen Längen, Materialien und Querschnitten, sonst aber gleichen Verlegebedingungen (Umgebungstemperatur, Verlegeart), durch eine gemeinsame Schutzeinrichtung, kann folgende Beziehung verwendet werden:

$$I_z = I_{z1} \cdot \left(1 + \frac{Z_2}{Z_2} + \frac{Z_1}{Z_3} + \ldots + \frac{Z_1}{Z_n} \right). \tag{20.31}$$

Als Bezugsleitung mit der Strombelastbarkeit I_{z1} ist die Leitung mit dem geringsten Spannungsfall bei parallelem Betrieb zu wählen. Die Bezugsleitung wird ermittelt nach:

$$\Delta U = I \cdot Z = I \cdot z \cdot L. \tag{20.32}$$

Die Leitung, für die das kleinste Produkt nach Gl. (20.32) und damit der geringste Spannungsfall ermittelt wird, ist als Bezugsleitung zu wählen. Bei Nichtbeachtung dieser Regel kommt es zwangsläufig zu einer falschen Ermittlung der zulässigen Gesamtbelastung, die auch zu einer Überlastung einzelner Zweige führen würde.

In den Gln (20.31) und (20.32) bedeuten:

I_z zulässige Gesamtbelastung des parallel geschalteten Systems,
I_{z1} zulässige Belastung der Bezugsleitung mit der Impedanz Z_1, ermittelt nach Gl. (20.32),
Z_1 Impedanz der Leitung 1 (Bezugsleitung),
Z_2 Impedanz der Leitung 2,
Z_3 Impedanz der Leitung 3,
Z_n Impedanz der Leitung n,
ΔU Spannungsfall,
I zulässige Strombelastbarkeit,
Z Impedanz der Leitung $Z = z \cdot L$ in Ω,
z Impedanz einer Leitung in Ω/km,
L Leitungslänge in km.

Die Impedanzwerte z in Ω/km für Kabel und Leitungen bei Leitertemperaturen von 20 °C können Tabelle 14.1 entnommen werden oder nach Abschnitt 25.5 (Anhang E) berechnet werden.

Beispiel:
Drei Kabel sollen parallel geschaltet werden und mit einer gemeinsamen Überstromschutzeinrichtung abgesichert werden. Die Verlegung erfolgt im Erdreich auf verschiedenen Trassen. EVU-Last kann unterstellt werden.

Kabel A: NYY 4×25 mm², Länge 100 m,
Kabel B: NAYY 4×35 mm², Länge 150 m,
Kabel C: NYY 4×35 mm², Länge 125 m.

Die maximal mögliche Strombelastbarkeit und die zulässige Absicherung des Systems sollen bestimmt werden.

Zur Festlegung der Bezugsleitung ist zunächst, unter Anwendung der Gl. (20.32) die Leitung zu ermitteln, die den geringsten Spannungsfall im Parallelbetrieb aufweist. Die Einzelströme der Kabel können Tabelle 20.10, die Impedanzen Tabelle 14.1 entnommen werden. Damit ergeben sich für die verschiedenen Kabel:

Kabel A: $I_z = 133$ A, $z = 0{,}729$ Ω/km,
Kabel B: $I_z = 123$ A, $z = 0{,}880$ Ω/km,
Kabel C: $I_z = 159$ A, $z = 0{,}533$ Ω/km.

Das Ergebnis für $U = I \cdot z \cdot L$ ist mit diesen Werten:

Kabel A: $\Delta U = 133\ \text{A} \cdot 0{,}729\ \Omega/\text{km} \cdot 0{,}1\ \text{km} = 9{,}70\ \text{V}$,
Kabel B: $\Delta U = 123\ \text{A} \cdot 0{,}880\ \Omega/\text{km} \cdot 0{,}15\ \text{km} = 16{,}24\ \text{V}$,
Kabel C: $\Delta U = 159\ \text{A} \cdot 0{,}533\ \Omega/\text{km} \cdot 0{,}125\ \text{km} = 10{,}59\ \text{V}$.

Damit wird Kabel A als Bezugsleitung 1 festgelegt. Kabel B wird Leitung 2 und Kabel C wird Leitung 3.

Mit $Z = z \cdot L$ ergeben sich die Impedanzen der Einzelleitungen zu:

$$Z_1 = 0{,}729\ \Omega/\text{km} \cdot 0{,}1\ \text{km} = 0{,}0729\ \Omega,$$
$$Z_2 = 0{,}880\ \Omega/\text{km} \cdot 0{,}15\ \text{km} = 0{,}132\ \Omega,$$
$$Z_3 = 0{,}533\ \Omega/\text{km} \cdot 0{,}125\ \text{km} = 0{,}0666\ \Omega.$$

Die zulässige Gesamtbelastung für das parallel geschaltete System ergibt sich damit zu:

$$I_z = 133\ \text{A} \left(1 + \frac{0{,}0729\ \Omega}{0{,}132\ \Omega} + \frac{0{,}0729\ \Omega}{0{,}0666\ \Omega}\right) = 352\ \text{A},$$

was nach $I_n \leq I_z$ (Gl. (20.24)) eine Absicherung von $I_n = 315$ A ermöglicht.

Durch eine Kontrollrechnung soll noch überprüft werden, wie sich die Teilströme aufteilen und ob einzelne Zweige überlastet werden könnten. Die Teilströme für die verschiedenen Kabel und die zulässigen Strombelastbarkeiten sind:

Kabel A: $I_z = 133$ A,
$I_1 = 133$ A,

Kabel B: $I_z = 123$ A

$$I_2 = 133\ \text{A} \cdot \frac{0{,}0729\ \Omega}{0{,}132\ \Omega} = 73{,}5\ \text{A},$$

Kabel C: $I_z = 159$ A

$$I_3 = 133\ \text{A} \cdot \frac{0{,}0729\ \Omega}{0{,}0666\ \Omega} = 145{,}6\ \text{A}.$$

Die Kontrolle zeigt, daß kein Kabel überlastet wird, vorausgesetzt, die Gesamtbelastung überschreitet $I = 352$ A nicht.

Es sollen noch die Verhältnisse aufgezeigt werden, die bei falscher Wahl der Bezugsleitung entstehen. Bei der »falschen Wahl« des Kabels C als Bezugsleitung ist die Gesamtbelastbarkeit:

$$I_z = 159\ \text{A} \left(1 + \frac{0{,}0666\ \Omega}{0{,}0729\ \Omega} + \frac{0{,}0666\ \Omega}{0{,}132\ \Omega}\right) = 384\ \text{A}.$$

Die zulässige Strombelastbarkeit und die zugehörigen Teilströme in den Kabeln betragen:

Kabel A: $I_z = 133$ A

$$I_1 = 159\ \text{A} \cdot \frac{0{,}0666\ \Omega}{0{,}0729\ \Omega} = 145{,}3\ \text{A},$$

Kabel B: $I_z = 123$ A

$$I_2 = 159\ \text{A} \cdot \frac{0{,}0666\ \Omega}{0{,}132\ \Omega} = 80{,}2\ \text{A},$$

Kabel C: $I_2 = 159$ A,

$I_3 = 159$ A.

Das Rechenergebnis ergibt eine zu hohe Gesamtbelastbarkeit des Systems, was zu einer Überlastung von Kabel A führen würde, wenn als Bezugsleitung fälschlicherweise Kabel C gewählt werden würde.

20.4.5 Besondere Festlegungen

20.4.5.1 Beleuchtungsstromkreise

Auf die zulässige Belastung des Installationsmaterials und der Leitungen ist zu achten.

20.4.5.2 Steckdosenstromkreise

Die Absicherung ist nach dem kleinsten zulässigen Wert für die Leitungsbelastung bzw. nach dem Nennstrom der Steckdosen zu wählen.

20.4.5.3 Neutralleiter

Im Neutralleiter brauchen normalerweise keine Überstromschutzeinrichtungen vorgesehen zu werden. Nur wenn damit zu rechnen ist, daß der Neutralleiter überlastet werden kann, z. B. bei Kombinationen mit induktiver und kapazitiver Belastung, sind Überstromschutzeinrichtungen vorzusehen.

20.4.5.4 Schutzleiter

Im Schutzleiter dürfen keine Überstromschutzeinrichtungen eingebaut sein.

20.4.5.5 PEN-Leiter

Im PEN-Leiter darf ein Überstromschutz eingebaut sein, wenn sichergestellt ist, daß beim Ansprechen entweder die Außenleiter oder die Außenleiter und der PEN-Leiter gleichzeitig geschaltet werden.

20.4.5.6 *Öffentliche und andere Verteilungsnetze*

Auf Schutzeinrichtungen gegen Überlast und bei Kurzschluß darf verzichtet werden (Teil 430 Abschnitte 5.5 und 6.4.3).

20.4.5.7 *Schalt- und Verteilungsanlagen*

Verbindungsleitungen zwischen elektrischen Maschinen, Akkumulatoren und Transformatoren in Schaltanlagen – hier ist an größere Anlagen, keine Zählertafeln, Kleinverteiler und dgl. gedacht – brauchen nicht gegen Überlast und Kurzschluß geschützt zu werden (Teil 430 Abschnitte 5.5 und 6.4.3).

20.4.5.8 *Gefahr durch Überstromschutzeinrichtung*

Wenn durch den Einbau einer Überstromschutzeinrichtung eine Gefahr hervorgerufen wird (Erreger- oder Bremsstromkreis), kann auf eine Absicherung verzichtet werden.

20.4.5.9 *Bewegliche Leitungen*

Bei beweglichen Leitungen unter 1 mm^2, die über Stecker angeschlossen werden, gelten die Absicherungen, wie sie für Hausinstallationen zugelassen sind. Die Bestimmung, daß die Überstromschutzeinrichtungen auch auf verjüngte Querschnitte zugeschnitten sein müssen, gilt hier nicht.

20.5 Literatur zu Kapitel 20

[1] Haufe, H.; Nienhaus, H.; Vogt, D.: Schutz von Kabeln und Leitungen bei Überstrom. VDE-Schriftenreihe, Bd. 32. 3. Aufl., Berlin und Offenbach: VDE-VERLAG, 1992

[2] Spindler, U.: Moderner Überstromschutz von Kabeln und Leitungen. Der Elektriker 56 (1981) H. 12, S. 365 bis 371

[3] Rudolph, W.: Überstromschutz in elektrischen Gebäudeinstallationen; Einfluß von IEC-Standards auf die VDE-Bestimmungen. Der Elektromeister 54 (1979) H. 14, S. 1095 bis 1099; H. 15, S. 1142 bis 1144

[4] Krefter, K.-H.: Strombelastbarkeit von Niederspannungsleitungen und -kabeln und ihr Schutz gegen zu hohe Erwärmung. Der Elektriker/Der Energieelektroniker 28 (1989) H. 7/8, S. 211 bis 229

[5] Krefter, K.-H.; Niemand, T.: Strombelastbarkeit elektrischer Leitungen bei unterschiedlichen Verlegearten, etz Elektrotechn. Z. 110 (1989) H. 18, S. 964 bis 973

21 Verlegen von Kabeln und Leitungen – Teil 520

21.1 Allgemeines

Grundsätzlich gilt für das Verlegen von Kabeln und Leitungen als Schutzziel:

Kabel und Leitungen sind so auszuwählen und anzuordnen, daß eine Gefährdung von Personen und der Umgebung ausgeschlossen ist.

Hierzu gehören in erster Linie:

- die Auswahl von Kabeln und Leitungen nach DIN VDE 0298,
- die Verwendung von Zubehör, wie es die Beanspruchung erfordert.

Für Kabel und Leitungen kommen als Leitermaterial Kupfer und Aluminium zur Anwendung. Für Leitungen gelangt in der Regel nur Kupfer, in Ausnahmefällen auch Aluminium, zur Verwendung. Für Kabel kommt auch Aluminium als Leitermaterial zur Anwendung, besonders als massiver Einzelleiter von 25 mm^2 bis 185 mm^2. Bei Kabeln und Leitungen aus Kupfer werden die Leiter je nach Querschnitt und Verwendungszweck eingesetzt als:

- eindrähtiger Leiter,
- mehrdrähtiger Leiter,
- feindrähtiger Leiter, } für flexible Leitungen!
- feinstdrähtiger Leiter. }

Bei dem Leitermaterial Aluminium sind fein- und feinstdrähtige Leiter nicht möglich. Die von den Herstellern angebotenen Leiter-Typen aus Kupfer sind in **Tabelle 21.1** dargestellt. Bei der Auswahl sind die Listen der Hersteller zu beachten; sie können von Tabelle 21.1 abweichen.

Mehr-, fein- und feinstdrähtige Leiter müssen gegen Abspleißen oder Abquetschen einzelner Drähte geschützt werden. Verlöten und Verzinnen der Leiterenden sind bei Schraubklemmen und bei betriebsbedingten Erschütterungen (Vibrationen) unzulässig. Die Verwendung von Preß- oder Quetschhülsen hat sich bisher ausgezeichnet bewährt.

Für Kabel und Leitungen sind bei der Verlegung »Biegeradien« vorgeschrieben, die nicht unterschritten werden sollten, da bei einer Verringerung der zulässigen Biegeradien mit der Verkürzung der Lebensdauer zu rechnen ist. Die für Kabel zugelassenen Biegeradien sind in **Tabelle 21.2** aufgezeigt. Dabei kann beim einmaligen Biegen und einer Erwärmung auf 30 °C der in Tabelle 21.2 genannte Wert auf die Hälfte verringert werden. Für Leitungen sind die kleinsten zulässigen Biegeradien in **Tabelle 21.3** angegeben.

Tabelle 21.1 Leiterarten (Anzahl × Durchmesser); Angaben aus Normen bzw. Hersteller-Listen

Querschnitt in mm²	eindrähtiger Leiter Ø in mm	mehrdrähtiger Leiter Anzahl × Ø in mm	feindrähtiger Leiter Anzahl × Ø in mm	feinstdrähtiger Leiter Anzahl × Ø in mm
0,5	0,80		16 × 0,20/28 × 0,15	256 × 0,05
0,75	0,98		24 × 0,20/42 × 0,15	384 × 0,05
1,0	1,13		32 × 0,20	512 × 0,05
1,5	1,38	7 × 0,52	30 × 0,25	392 × 0,07
2,5	1,78	7 × 0,67	50 × 0,25	651 × 0,07
4	2,26	7 × 0,85	56 × 0,30/82 × 0,25	510 × 0,10
6	2,76	7 × 1,05	84 × 0,30	764 × 0,10
10	3,57	7 × 1,35	80 × 0,40	320 × 0,20
16	4,51	7 × 1,70	128 × 0,40	512 × 0,20
25	–	7 × 2,13	200 × 0,40	796 × 0,20
35	–	7 × 2,52/19 × 1,53	280 × 0,40	1115 × 0,20
50	–	7 × 3,02/19 × 1,83	400 × 0,40	1592 × 0,20
70	–	19 × 2,17	560 × 0,40	1427 × 0,25
95	–	19 × 2,52	485 × 0,50	1936 × 0,25
120	–	19 × 2,84/37 × 2,03	614 × 0,50	2445 × 0,25
150	–	37 × 2,27	765 × 0,50	2123 × 0,30
185	–	37 × 2,52	944 × 0,50	2618 × 0,30
240	–	37 × 2,87/61 × 2,24	1225 × 0,50	3396 × 0,30

Tabelle 21.2 Zulässige Biegeradien für Kabel (Quelle: DIN VDE 0298 Teil 1)

Kabel	papierisolierte Kabel		Kunststoffkabel $U_0 = 0{,}6$ kV
	mit Bleimantel oder gewelltem Al-Mantel	mit glattem Al-Mantel	
einadrig	$25 \times D$	$30 \times D$	$15 \times D$
mehradrig vieladrig	$15 \times D$	$25 \times D$	$12 \times D$

D ist der Außendurchmesser

Für harmonisierte Leitungen sind die zulässigen Biegeradien in DIN VDE 0298 Teil 300 »Leitlinien für harmonisierte Leitungen« der Deutschen Fassung des HD 516 S1:1990 festgelegt. Dabei sind die kleinsten zulässigen Biegeradien bei einer Leitertemperatur von 20 °C ±10 K angegeben. **Tabelle 21.4** zeigt die Biegeradien für kunststoffisolierte und gummiisolierte Leitungen für feste Verlegung, **Tabelle 21.5** die Biegeradien von flexiblen Leitungen.

Tabelle 21.3 Zulässige Biegeradien für Leitungen (Quelle: DIN VDE 0298 Teil 300:1991-03)

Leitungsart	Leitungsdurchmesser			
	$D \leq 8$ mm	8 mm $> D \leq 12$ mm	12 mm $> D \leq 20$ mm	$D > 20$ mm
Leitungen für feste Verlegung	$4 \times D$			
flexible Leitungen				
• bei fester Verlegung	$3 \times D$	$3 \times D$	$4 \times D$	$4 \times D$
• bei freier Bewegung	$3 \times D$	$4 \times D$	$5 \times D$	$5 \times D$
• bei Einführungen	$3 \times D$	$4 \times D$	$5 \times D$	$5 \times D$
• bei zwangsweiser Führung wie				
– Trommelbetrieb	$5 \times D$	$5 \times D$	$5 \times D$	$6 \times D$
– Leitungswagen	$3 \times D$	$4 \times D$	$5 \times D$	$5 \times D$
– Schleppketten	$4 \times D$	$4 \times D$	$5 \times D$	$5 \times D$
– Rollenumlenkung	$7{,}5 \times D$	$7{,}5 \times D$	$7{,}5 \times D$	$7{,}5 \times D$

D ist der Außendurchmesser der Leitung oder die Dicke der Flachleitung

Tabelle 21.4 Zulässige Biegeradien für harmonisierte Leitungen für feste Verlegung (Quelle: DIN VDE 0298 Teil 300:1991-03)

Verwendung	Leitungsdurchmesser	
	$D \leq 10$ mm	$D > 10$ mm
bei normaler Verwendung	$4 \times D$	$6 \times D$
bei vorsichtiger Biegung (einmaliger Anschluß)	$2 \times D$	$4 \times D$

D ist der Außendurchmesser bei runden Leitungen oder die kleinere Abmessung bei flachen Leitungen

Die Verlegung von Kabeln und Leitungen innerhalb von Bauwerken ist in DIN 18015 festgelegt. Unter Putz ist nur senkrechte und waagerechte Verlegung, parallel zu den Raumkanten, zulässig. Die Steckdosen sind im Wohnbereich in 30 cm, in der Küche in 105 cm Höhe vorgesehen. Schalter sind in Türklinkenhöhe, etwa in 105 cm, anzubringen **(Bild 21.1).** Einbaugeräte (Schalter, Steckdosen usw.) sind so anzuordnen, daß sie innerhalb der Installationszonen liegen.

21.2 Anforderungen an die Verlegung von Kabeln und Leitungen

21.2.1 Verdrahtungsleitungen

Verdrahtungsleitungen dienen zur internen Verdrahtung von Geräten, z. B. Leuchten, Verteilertafeln, Schaltschränke usw. Bei ihrer Auswahl müssen hauptsächlich die thermischen Anforderungen berücksichtigt werden.

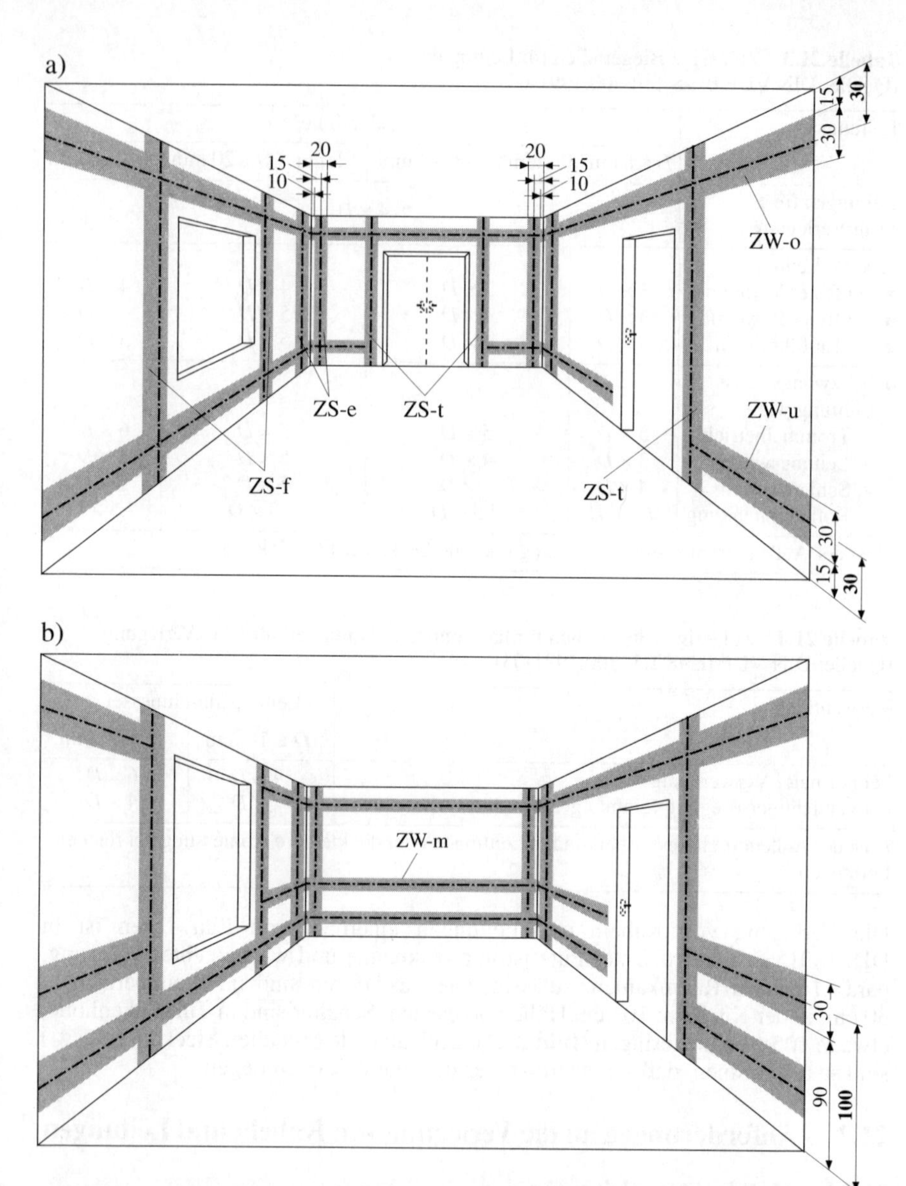

Bild 21.1 Leitungsführung nach DIN 18015 (Quelle: DIN 18015 Teil 3:1990-07)

a Installationszonen und Vorzugsmaße **(fett gesetzt)** für Räume ohne Arbeitsflächen an Wänden

b Installationszonen und Vorzugsmaße **(fett gesetzt)** für Räume mit Arbeitsflächen an Wänden, z. B. Küchen. Nicht angegebene Maße wie Bild 21.1 a.

Die Installationszonen (Z) bedeuten:

Waagrechte Installationszonen (ZW), 30 cm breit

- ZW-o, obere waagrechte Installationszone von 15 cm bis 45 cm unter der fertigen Deckenfläche;
- ZW-u, untere waagrechte Installationszone von 15 cm bis 45 cm über der fertigen Fußbodenfläche;
- ZW-m, mittlere waagrechte Installationszone von 90 cm bis 120 cm über der fertigen Fußbodenfläche.

Senkrechte Installationszonen (ZS), 20 cm breit

- ZS-t, senkrechte Installationszonen an Türen von 10 cm bis 30 cm neben den Rohbaukanten;
- ZS-f, senkrechte Installationszonen an Fenstern von 10 cm bis 30 cm neben den Rohbaukanten;
- ZS-e, senkrechte Installationszonen an Wandecken von 10 cm bis 30 cm neben den Rohbaukanten.

Oberhalb von Fenstern entfällt die obere Installationszone (ZW-o), wenn das Fenster zu hoch angeordnet ist, wie in Bild 21.1 b gezeigt.

Von den festgelegten Installationszonen darf abgewichen werden, wenn die elektrischen Leitungen

- in den Wänden in Schutzrohren verlegt werden und eine Überdeckung der Schutzrohre von mindestens 6 cm sichergestellt ist;
- in Wandbau-Fertigteilen untergebracht sind, bei denen eine nachträgliche Beschädigung der Leitungen weitgehend ausgeschlossen ist.

Installationszonen für Fußböden und Deckenflächen sind nicht festgelegt, d. h., Leitungen können in diesen Flächen auf kürzestem Weg – auch schräg – geführt werden.

21.2.2 Aderleitungen

Aderleitungen werden in erster Linie in Elektro-Installationsrohren und Elektro-Installationskanälen angewendet. Sie sind auch für die interne Verdrahtung von Geräten geeignet.

21.2.3 Stegleitungen

Stegleitungen dürfen nur in trockenen Räumen in und unter Putz verlegt werden, wobei im gesamten Verlauf eine Putzabdeckung von 4 mm bestehen muß. In Hohlräumen von Decken und Wänden aus unbrennbaren Baustoffen (z. B. Beton, Stein) ist eine Putzabdeckung nicht erforderlich.

Die Verlegung von Stegleitungen ist nicht zulässig:

- auf brennbaren Baustoffen, wie z. B. Holz, auch wenn eine Putzabdeckung vorhanden ist,
- in Elektro-Installationskanälen.

Tabelle 21.5 Zulässige Biegeradien für flexible harmonisierte Leitungen

<table>
<tr><th rowspan="3">Verwendung</th><th colspan="6">Leitungsdurchmesser</th></tr>
<tr><th colspan="2">gummiisolierte Leitungen</th><th colspan="4">kunststoffisolierte Leitungen</th></tr>
<tr><th>$D \leq 12$ mm</th><th>$D > 12$ mm</th><th>$D \leq 8$ mm</th><th>8 mm $> D \leq 12$ mm</th><th>12 mm $> D \leq 20$ mm</th><th>> 20 mm</th></tr>
<tr><td>fest verlegt</td><td>$3 \times D$</td><td>$4 \times D$</td><td>$3 \times D$</td><td>$3 \times D$</td><td>$4 \times D$</td><td>$4 \times D$</td></tr>
<tr><td>frei beweglich</td><td colspan="2">$6 \times D$</td><td>$5 \times D$</td><td>$5 \times D$</td><td>$6 \times D$</td><td>$6 \times D$</td></tr>
<tr><td>an der Einführung ortsveränderlicher Betriebsmittel</td><td colspan="2"></td><td></td><td></td><td></td><td></td></tr>
<tr><td>• ohne mechanische Beanspruchung</td><td colspan="2">$8 \times D$</td><td>$5 \times D$</td><td>$5 \times D$</td><td>$6 \times D$</td><td>$6 \times D$</td></tr>
<tr><td>• mit mechanischer Beanspruchung</td><td colspan="2">$9 \times D$</td><td>$6 \times D$</td><td>$6 \times D$</td><td>$6 \times D$</td><td>$8 \times D$</td></tr>
<tr><td>girlandenförmig wie bei Portalkränen</td><td colspan="2">$6 \times D$</td><td>$6 \times D$</td><td>$6 \times D$</td><td>$6 \times D$</td><td>$8 \times D$</td></tr>
<tr><td>bei wiederholten Wickelvorgängen</td><td colspan="2">$6 \times D$</td><td>$6 \times D$</td><td>$6 \times D$</td><td>$6 \times D$</td><td>$8 \times D$</td></tr>
<tr><td>umgelenkt über Umlenkrollen</td><td colspan="2">$6 \times D$</td><td>$6 \times D$</td><td>$8 \times D$</td><td>$8 \times D$</td><td>$8 \times D$</td></tr>
</table>

D ist der Außendurchmesser bei runden Leitungen oder die kleinere Abmessung bei flachen Leitungen.

Die Befestigung darf nur so erfolgen, daß eine Formänderung oder Beschädigung der Isolierung ausgeschlossen ist. Zur Befestigung sind Gipspflaster, Klebeschellen oder Nägel mit Isolierstoffunterlage zu verwenden. Hakennägel bzw. normale Nägel (krummgeschlagen) sind als Befestigungsmaterial ungeeignet. Eine Bündelung von Stegleitungen ist nicht zulässig; ausgenommen sind die Einführungsstellen in Verteilungen. Abzweig- und Verteilungsdosen dürfen nur aus Isolierstoff sein.

21.2.4 Mantelleitungen

Mantelleitungen dürfen in trockenen und feuchten Räumen auf Putz, in Putz und unter Putz verlegt werden. Die Befestigung mit krummgeschlagenen Nägeln, Hakennägeln oder ähnlichen Befestigungsmitteln ist nicht zulässig.

21.2.5 Flexible Leitungen

Flexible Leitungen dienen zum Anschluß von ortsveränderlichen, also beweglichen und begrenzt beweglichen Betriebsmitteln. Verwendet werden Kunststoff- oder Gummi-Schlauchleitungen, aber auch Pendel- und Aderschnüre aus Gummi oder Kunststoff.

21.2.6 Kabel

Kabel sind im Niederspannungsbereich immer für eine Spannung von $U_0/U = 0{,}6/1$ kV gebaut. Die papierisolierten, massegetränkten Kabel wurden durch kunststoffisolierte Kabel mit Kunststoffmantel weitgehend ersetzt.

21.3 Verlegearten von Kabeln und Leitungen

21.3.1 Verlegung in Elektro-Installationsrohren und Metallschläuchen

Elektro-Installationsrohre nach DIN VDE 0605 werden eingeteilt nach

a) dem Werkstoff in:
- Stahlrohre ohne nichtmetallische Bestandteile,
  z. B. Stahlrohre oder Stahlschläuche;
- Stahlrohre mit nichtmetallischer Aus- oder Umkleidung aus Kunststoff-Formmassen oder Zwischenlagen aus:
  - imprägniertem Papier oder
  - Kunststoff-Formmassen,
    z. B. Stahlpanzerrohr mit Kunststoffmantel;
- Isolierstoffrohre aus Kunststoff-Formmassen,
  z. B. Polyvinylchlorid oder Polyethylen.

b) der Biegsamkeit in:
- starre Rohre, die nur mit Werkzeug oder nach besonderer Behandlung biegbar sind;
- flexible Rohre, die ohne Werkzeug und ohne Vorbehandlung biegbar sind.

c) dem Profil als:
- glatte Rohre;
- gewellte Rohre.

d) der Druckbeanspruchung für:
- schwere Druckbeanspruchung (Kennzeichnung: AS) zur Verwendung in Schütt- und Stampfbeton sowie für Aufputz-, Unterputz- und Imputzverlegung. Mindestdruckfestigkeit 1000 N*).
- mittlere Druckbeanspruchung (Kennzeichnung: A) zur Verwendung in Schüttbeton sowie für Aufputz-, Unterputz- und Imputzverlegung. Mindestdruckfestigkeit 500 N*).
- leichte Druckbeanspruchung (Kennzeichnung: B) zur Verwendung bei Unterputz- und Imputzverlegung. Mindestdruckfestigkeit 250 N*).

e) dem Verhalten im Brandfall:
- flammwidrige Isolierstoffrohre (Kennzeichnung: F) zur Verwendung für Aufputz-, Unterputz- und Imputzverlegung;
- nicht flammwidrige Isolierstoffrohre zur Verwendung für Unterputz- und Imputzverlegung.

Die Größe der Rohre ist so zu wählen, daß beim Einziehen der Leiter keine Beschädigungen zu erwarten sind. **Tabelle 21.6** soll eine Hilfe sein, um Isolierstoffrohre (I) und Stahlrohre (S) richtig auszuwählen.

Die Rohre müssen in einem Abstand von höchstens 1 m folgende Aufschriften – soweit zutreffend – gut lesbar und haltbar tragen:
- Ursprungszeichen (Herstellername oder -kennzeichen),
- Kennzeichen in folgender Reihenfolge:

AS Rohre für schwere Druckbeanspruchung,
A Rohre für mittlere Druckbeanspruchung,
B Rohre für leichte Druckbeanspruchung,
C Rohre aus Isolierstoff,
F Flammwidrige Isolierstoffrohre,
105 Isolierstoffrohre mit einer Wärmefestigkeit bis 105 °C,
VDE Verbandskennzeichen:

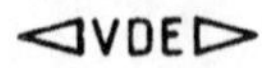

*) Das Rohr darf sich bei der angegebenen Belastung und bei gleichmäßigem Druck auf 10 cm Rohrlänge bei einer Temperatur von (23 ± 2) °C um nicht mehr als 20 % verformen.

Die Abmessungen (Innendurchmesser, Außendurchmesser und Wandstärke) der verschiedenen Rohre sowie der Zubehörteile, wie Muffen, Bögen, Übergangsstücke usw., sind in zahlreichen DIN-Normen festgelegt; sie werden außerdem von fast allen Herstellern in den Katalogen angegeben und können dort entnommen werden.

Tabelle 21.6 Auswahl von Rohren

Querschnitt		Anzahl der Leiter Typ H07V									
		2		3		4		5		6	
mm^2		I	S	I	S	I	S	I	S	I	S
1,5	eindrähtig	11	Pg9	11	Pg9	13,5	Pg9	13,5	Pg9	16	Pg11
2,5	eindrähtig	11	Pg9	13,5	Pg9	16	Pg11	16	Pg11	23	Pg11
4	eindrähtig	13,5	Pg9	16	Pg9	16	Pg11	23	Pg13,5	23	Pg16
6	eindrähtig	16	Pg9	16	Pg11	23	Pg13,5	23	Pg16	23	Pg21
10	eindrähtig	23	Pg13,5	23	Pg16	23	Pg21	29	Pg21	29	Pg29
16	eindrähtig	23	Pg21	23	Pg21	29	Pg21	29	Pg29	36	Pg29
10	mehrdrähtig	23	Pg16	23	Pg21	23	Pg21	29	Pg21	29	Pg29
16	mehrdrähtig	23	Pg21	23	Pg21	29	Pg29	29	Pg29	36	Pg29
25	mehrdrähtig	29	Pg29	29	Pg29	36	Pg29	36	Pg36	48	Pg36
35	mehrdrähtig	29	Pg29	36	Pg29	36	Pg29	48	Pg36	48	Pg36
50	mehrdrähtig	36	Pg29	36	Pg36	48	Pg36	48	Pg42	–	Pg42
70	mehrdrähtig	48	Pg36	48	Pg36	48	Pg42	–	Pg42	–	Pg48

Zum Schutz flexibler Anschlußleitungen für Geräte, Maschinen u. dgl. sind zulässig:

- Kunststoffschutzschläuche,
- Metallschutzschläuche ohne Kunststoffauskleidung,
- Metallschutzschläuche mit Kunststoffauskleidung.

Metallschutzschläuche dürfen nicht als Schutzleiter verwendet werden, sind aber in die Schutzmaßnahme – zum Schutz bei indirektem Berühren – einzubeziehen. Sie müssen fabrikationsmäßig so ausgeführt sein, daß ein Schutzleiteranschluß möglich ist.

21.3.2 Verlegung in Elektro-Installationskanälen

Im Handel werden eine Vielzahl von Kanälen, z. B.:

- Brüstungskanäle,
- Fensterbankkanäle,
- Sockelleistenkanäle,
- Installationskanäle,
- Verdrahtungskanäle,
- Unterflurkanäle,

vor allem aus Kunststoff, aber auch aus Aluminium oder Stahl, angeboten. Neben den Zubehörteilen, wie End-Stücken, T-Stücken, Kreuz-Stücken, Kupplungen und dgl., gibt es auch Kanäle, die Einbaugeräte aufnehmen können, wie:

- Schalter,
- Steckdosen (Schutzkontakt-, Perilex- und CEE-Steckdosen),
- Telefonsteckdosen,
- Antennendosen,
- Lautsprecherdosen usw.

In allen Anwendungsfällen sind die jeweiligen Vorschriften der Hersteller zu beachten. Ansonsten gelten die gleichen Verlegebedingungen wie für Elektro-Installationsrohre, wobei zusätzlich besonders geachtet werden sollte auf:

- Reduzierung der Belastung (Herstellerangaben beachten),
- Schutz gegen direktes Berühren muß auch bei geöffnetem Kanal gewährleistet sein,
- Einbaugeräte dürfen den Platz für Leitungen nicht so verringern, daß eine Gefährdung entsteht,
- Starkstromleitungen müssen von Fernmeldeleitungen entweder durch Stege getrennt sein, oder es ist ein Abstand von mindestens 10 mm einzuhalten (gilt nicht für Mantelleitungen und Kabel).

21.3.3 Verlegung in unterirdischen Kanälen und Schutzrohren

In unterirdischen Kanälen dürfen nur:

- Kabel,
- schwere Gummischlauchleitungen,
- Leitungstrossen

und Leitungen ähnlicher Bauart verlegt werden. In unterirdischen Schutzrohren dürfen Mantelleitungen, z. B. NYM und NYBUY, nur dann verlegt werden, wenn die Leitung zugänglich und auswechselbar bleibt, das Rohr mechanisch fest ist und das Eindringen von Flüssigkeiten (Wasser) nicht möglich ist.

21.3.4 Verlegung in Beton

Aderleitungen müssen in Elektro-Installationsrohren der Bauart »AS« verlegt werden. Es sind nur Dosen und Kästen aus Kunststoff zugelassen, wobei Rohre, Dosen und Kästen ein lückenloses System bilden müssen.
Mantelleitungen dürfen nicht direkt im Beton verlegt werden, wenn es sich um mechanisch verdichteten Beton (Rüttel-, Stampfbeton) handelt. Sie dürfen nur in Rohren der Bauart »AS« verlegt werden.
Die Verlegung in vorgesehenen Aussparungen und das Bedecken mit Beton in einer unterputzverlegungsähnlichen Art ist zulässig.

Kabel dürfen ohne zusätzlichen Schutz verlegt werden.

21.3.5 Verlegung in Luft frei gespannt

Die Leitungen müssen so befestigt und aufgehängt werden, daß eine Beschädigung ausgeschlossen ist. Die Aufhängehöhe ergibt sich aus DIN VDE 0211, wobei der maximal mögliche Durchhang der Leitung zu beachten ist. Folgende Mindestabstände sind einzuhalten:

- Abstand bei der Überspannung von Straßen 6 m;
- Abstand bei der Überspannung von Wegen 5 m;
- Abstand bei der Überspannung von Dächern (Dachneigung ≤15°) 2,5 m;
- Abstand bei der Überspannung von Dächern (Dachneigung > 15°) 0,4 m.

21.3.6 Verlegung von Kabeln in Erde

Kabel dürfen – im Gegensatz zu Leitungen – im Erdreich verlegt werden. Sie sind mindestens 0,6 m unter der Erdoberfläche (0,8 m unter Straßen) auf glatter, steinfreier Grabensohle zu verlegen. Ein zusätzlicher Schutz durch Abdeckung (Backsteine, Holzbretter, Kabelhauben, Betonplatten usw.), wie früher üblich, wird nicht gefordert und wird nur noch selten durchgeführt. Bewährt hat sich statt dessen der Einsatz von Trassenwarnbändern aus Kunststoff.

21.3.7 Verlegung von Kabeln an Decken, auf Wänden und auf Pritschen

Kabel und Kabelbündel sind so zu befestigen, daß sie die mechanischen Beanspruchungen aufnehmen können und daß Beschädigungen durch Druckstellen infolge der Wärmedehnung vermieden werden. Einadrige Kabel müssen außerdem so befestigt werden, daß durch die Auswirkungen von Kurzschlußströmen (Stoßkurzschlußstrom) keine Beschädigungen auftreten.

Als Richtwerte für die Befestigung von Kabeln sind zu nennen:

- Kabel an Decken und bei waagrechtem Verlauf an Wänden sind ordnungsgemäß und mit geeigneten Schellen zu befestigen. Die Schellenabstände dürfen maximal betragen (mit D = Kabeldurchmesser):
  - $20 \times D$ für unbewehrte Kabel;
  - $(30...35) \times D$ für bewehrte Kabel,

  wobei der Abstand von 80 cm nicht überschritten werden darf.
- Kabel auf Pritschen erfordern Auflagestellen, die obengenannte Abstände nicht überschreiten dürfen.
- Kabel können bei senkrechtem Verlauf an Wänden mit größeren Schellenabständen befestigt werden. Ein maximaler Schellenabstand von 1,5 m darf nicht überschritten werden.
- Einadrige Kabel können:
  - einzeln verlegt und befestigt werden;
  - systemweise gebündelt werden.

  Bei der Auswahl von Schellen für die Einzelbefestigung von einadrigen Kabeln bei Wechsel- und Drehstromsystemen ist darauf zu achten, daß kein magnetisch geschlossener Eisenkreis entsteht (Wirbelstromverluste). Es sind deshalb vorzugsweise Schellen aus Kunststoff oder nichtmagnetischen Werkstoffen zu verwenden. Schellen aus Stahl sind nur zulässig, wenn kein magnetisch geschlossener Kreis entsteht.

Richtwerte für die Abstände von Befestigungsmitteln bei leicht zugänglichen Leitungen sind in DIN VDE 0298 Teil 300 »Leitlinie für harmonisierte Leitungen« festgelegt **(Tabelle 21.7)**.

Tabelle 21.7 Abstand der Befestigungsmittel bei leicht zugänglichen Leitungen

Außendurchmesser der Leitungen	maximale Abstände der Befestigungsmittel	
D mm	waagrecht mm	senkrecht mm
< 9	250	400
> 9 ≤ 15	300	400
> 15 ≤ 20	350	450
> 20 ≤ 40	400	550

21.3.8 Zugbeanspruchungen für Kabel und Leitungen

Bei Kabeln und Leitungen ist darauf zu achten, daß bei der Verlegung, z. B. beim Einziehen in Rohre, die maximal zulässige Zugbeanspruchung nicht überschritten wird. Wenn die Beanspruchung überschritten wird, ist damit zu rechnen, daß Kabel oder Leitungen so beschädigt werden, daß mit einer wesentlichen Verkürzung der Lebensdauer zu rechnen ist.

Beim Einziehen von Kabeln mittels Ziehkopf an den Leitern wird als maximale Zugspannungen zugelassen für:

- Kabel mit Kupferleitern $\sigma = 50\ \text{N/mm}^2$,
- Kabel mit Aluminiumleitern $\sigma = 30\ \text{N/mm}^2$.

Die Zugkraft für ein Kabel wird aus der Summe der Leiterquerschnitte ohne Ansatz des Querschnitts von Schirmen oder konzentrischen Leitern ermittelt.

$$P = \sigma \cdot S \tag{21.1}$$

Es bedeuten:

P maximal zulässige Zugkraft eines Kabels in N,

σ zulässige Zugspannung in N/mm^2,

S Summe der Leiterquerschnitte in mm^2 (ohne Schirme bzw. konzentrische Leiter).

Beispiel:
Ein Kunststoff-Ceanderkabel der Bauart NYCWY $3 \times 70/70$ mm^2 darf mit maximal:

$$P = \sigma \cdot S = 50 \text{ N/mm}^2 \cdot (3 \times 70 \text{ mm}^2) = 10500 \text{ N} = 10{,}5 \text{ kN}$$

belastet werden.

Dies gilt auch für:
- Kunststoffkabel ohne Metallmantel und ohne Bewehrung, die mittels Ziehstrumpf verlegt werden,
- drei Einleiterkabel, die mittels gemeinsamen Ziehstrumpfs eingezogen werden, wobei bei drei verseilten einadrigen Kabeln drei Kabel und bei drei nicht verseilten einadrigen Kabeln nur zwei Kabel angesetzt werden dürfen.

Bei Kabeln mit Metallmantel oder Bewehrung wird beim Einziehen mittels Ziehstrumpfs keine kraftschlüssige Verbindung erreicht, so daß die Zugkräfte reduziert werden müssen.

Für harmonisierte Leitungen gelten folgende Zugspannungen:
- bei der Montage von Leitungen für feste Verlegung $\sigma = 50$ N/mm^2,
- im Betrieb bei flexiblen Leitungen für feste Verlegung und bei Leitungen für feste Verlegung $\sigma = 15$ N/mm^2.

Diese Werte gelten bis zu einem Höchstwert von 1000 N für die Zugbeanspruchung aller Leiter, sofern der Leitungshersteller keine abweichenden Werte angibt.

21.3.9 Kabelverlegung bei tiefen Temperaturen

Für die Kabelverlegung bei tiefen Temperaturen sind als Grenze folgende Werte zu empfehlen:

- –5 °C Kunststoffkabel,
- +5 °C Massekabel.

Dies gilt für die Verlegung (Neuverlegung und Umlegung) sowie das Biegen der Kabel für die Endverschlußmontage und für Anschlußarbeiten aller Art.

Maßgebend ist dabei die Kabeltemperatur und nicht die Umgebungstemperatur an der Baustelle. Es ist zu empfehlen, bei tiefen Temperaturen die Kabel durch Lagerung in einem beheizten Raum aufzuwärmen. Bei einer Raumtemperatur von ≈ +20 °C sind für vollbewickelte Kabeltrommeln mindestens folgende Zeiten einzuhalten:
- 1-kV-Kabel auf Metalltrommel ≈ 24 Std.,
- 1-kV-Kabel auf Holztrommel ≈ 48 Std.

Für den Transport muß die Trommel wärmedämmend verpackt werden, damit der Fahrtwind sie nicht wieder abkühlt. Während der gesamten Verlege- und Montagearbeiten ist darauf zu achten, daß die Kabeltemperatur nicht unter die obengenannten Temperaturen absinkt.

21.4 Zusammenfassen der Leiter verschiedener Stromkreise

21.4.1 Aderleitungen in Elektro-Installationsrohren und Elektro-Installationskanälen

Hauptstromkreise und Hilfsstromkreise dürfen zusammen verlegt werden, wenn sie zusammengehören. Querschnitt und Spannung spielen dabei keine Rolle **(Bild 21.2)**.

21.4.2 Mehraderleitungen und Kabel

Haupt- und Hilfsstromkreise dürfen auch bei mehreren Stromkreisen zusammen verlegt werden. Die Spannung spielt keine Rolle; bei unterschiedlicher Spannung der verschiedenen Stromkreise ist die höchste Spannung für die Bemessung maßgebend. Hinsichtlich des Querschnitts ist man vom Markt (Angebot) abhängig **(Bild 21.3)**.

21.4.3 Haupt- und Hilfsstromkreise getrennt verlegt

Die Hauptstromkreise können in einer Mehraderleitung oder in einem Kabel verlegt werden, die Hilfsstromkreise dagegen in einem Rohr, in einer Mehraderleitung oder in einem Kabel **(Bild 21.4)**.

21.4.4 Stromkreise, die mit Schutzkleinspannung betrieben werden

Stromkreise mit Schutzkleinspannung sollen nicht zusammengefaßt werden. Dies gilt für Haupt- und Hilfsstromkreise.

21.4.5 Stromkreise mit unterschiedlicher Spannung

Bei unterschiedlichen Spannungen ist beim Zusammenfassen von Stromkreisen die höchste Spannung maßgebend. Die Isolation aller Leiter muß für diese Spannung bemessen sein.

21.4.6 Neutralleiter bzw. PEN-Leiter

Jeder Stromkreis muß seinen eigenen Neutral- bzw. PEN-Leiter erhalten. Eine Zusammenfassung der Leiter ist nicht zulässig.

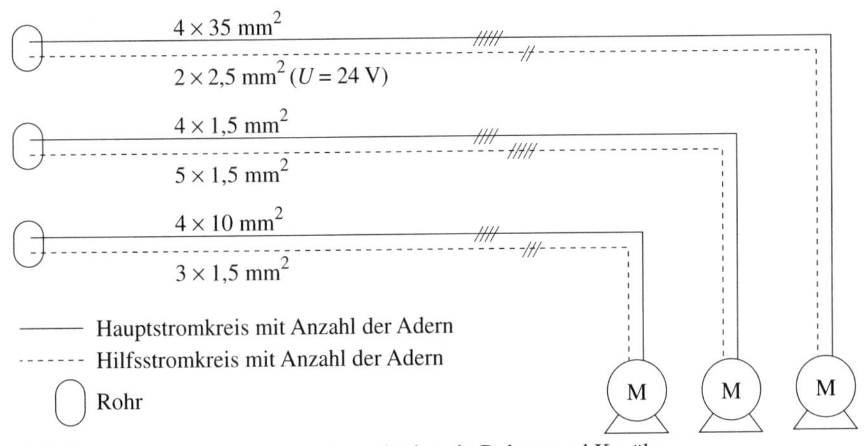

Bild 21.2 Zusammenfassen von Stromkreisen in Rohren und Kanälen

Bild 21.3 Zusammenfassen von Haupt- und Hilfsstromkreisen

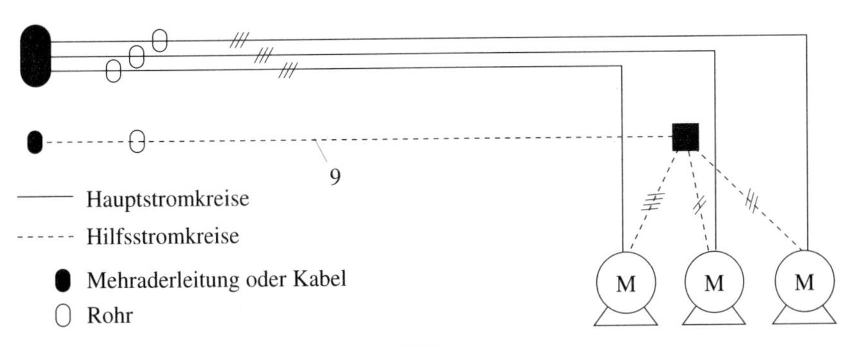

Bild 21.4 Getrennt verlegte Haupt- und Hilfsstromkreise

21.4.7 Schutzleiter

Gegen einen gemeinsamen Schutzleiter ist nichts einzuwenden, vorausgesetzt, er entspricht bei unterschiedlichen Leiterquerschnitten dem größten erforderlichen Schutzleiter-Querschnitt.

21.5 Spannungsfall

Ein maximal zulässiger Spannungsfall von 4% gilt als Richtwert bei der Planung. Bei Einhaltung dieses Werts kann davon ausgegangen werden, daß keine betrieblichen Einschränkungen auftreten werden. Die Berechnung des Spannungsfalls ist in Abschnitt 20.2 beschrieben. Tabellen und weitere Aussagen zum Spannungsfall siehe Anhang B.

21.6 Erdschluß- und kurzschlußsichere Verlegung

Kurzschlußsicher und erdschlußsicher sind Kabel und Leitungen dann, wenn bei bestimmungsgemäßen Betriebsbedingungen weder mit einem Kurzschluß noch mit einem Erdschluß zu rechnen ist. Als erd- und kurzschlußsichere Verlegung gelten:

a) Starre Leiter, die gegenseitiges Berühren und eine Berührung mit Erde ausschließen **(Bild 21.5).** Zum Beispiel Sammelschienen, Schienenverteiler.

b) Einaderleitungen, die so verlegt sind, daß eine gegenseitige Berührung und eine Berührung mit Erde ausgeschlossen werden kann durch:

- Abstandshalter **(Bild 21.6);**
- Verlegung jedes einzelnen Leiters in jeweils einem Elektro-Installationsrohr **(Bild 21.7);**
- Verlegung jedes einzelnen Leiters in jeweils einem Elektro-Installationskanal.

c) Einadrige Kabel und Mantelleitungen, z. B. NYY oder NYM, oder einadrige flexible Gummischlauchleitungen, z. B. H07RN-F **(Bild 21.8).**

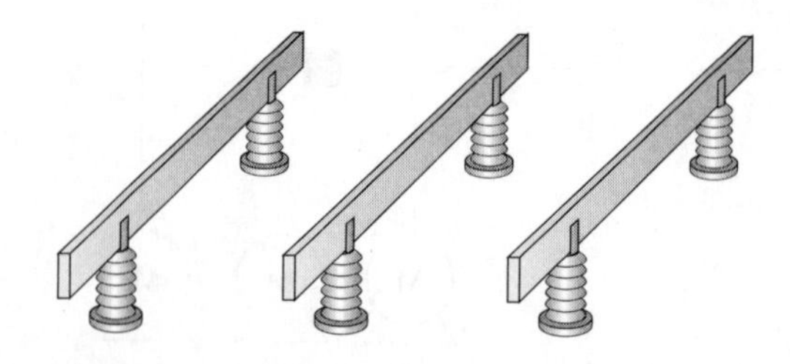

Bild 21.5 Sammelschienen

d) Einaderleitungen für eine Nennspannung von mindestens 3 kV oder gleichwertige Ausführungen. NSGAFÖU (Sonder-Gummiaderleitung) nach DIN VDE 0250 Teil 602 mit einer Nennspannung von $U_0/U = 1{,}7/3$ kV gibt es von 1,5 mm² bis 10 mm² als eindrähtige Aderleitung und als mehrdrähtige Aderleitung von 16 mm² bis 300 mm². Die Grenztemperatur beträgt 90 °C.

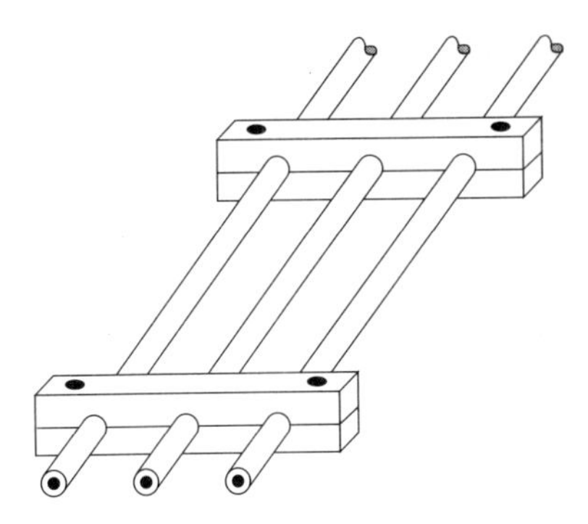

Bild 21.6 H07V-Leitung mit Abstandshalter

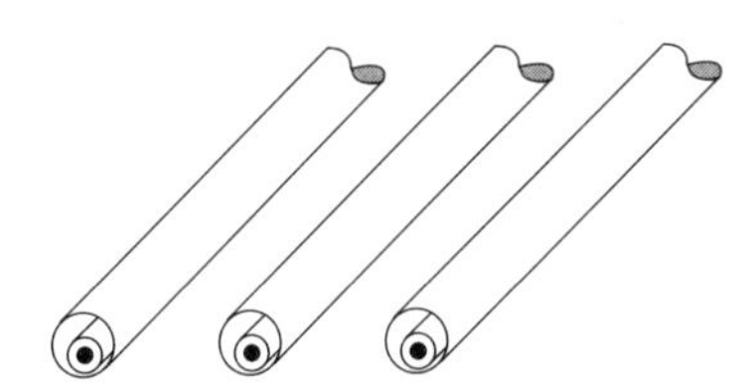

Bild 21.7 H07V-Leitung in Elektro-Installationsrohren

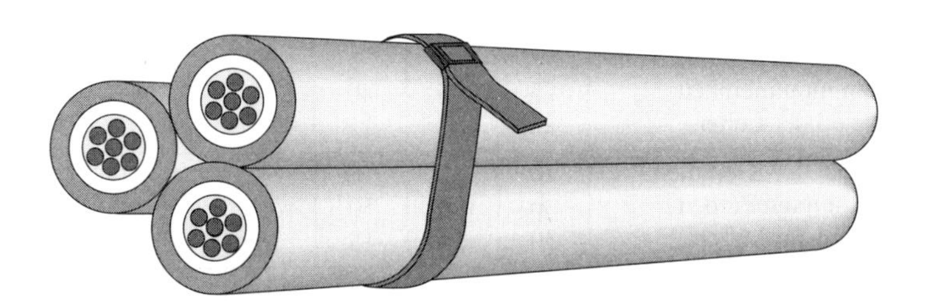

Bild 21.8 Einadrige Kabel bzw. Leitungen als:

- Kabel, z. B. NYY
- Mantelleitungen NYM
- Gummischlauchleitungen, z. B. H07RN-F
- Sonder-Gummiaderleitungen NSGAFÖU

e) Kabel und Mantelleitungen, die nicht in der Nähe brennbarer Stoffe verlegt sind und bei denen die Gefahr einer mechanischen Beschädigung nicht gegeben ist, z. B. in abgeschlossenen elektrischen Betriebsstätten.

f) Kabel und Leitungen, die so verlegt sind, daß sie gefahrlos ausbrennen können.

21.7 Anschlußstellen und Verbindungen

Anschlüsse und Verbindungen von Anschluß- und Verbindungsklemmen mit Leitern und von Leitern untereinander müssen mit geeigneten Mitteln in dafür geeigneten Anschlußräumen ausgeführt werden.
Zur Verwendung gelangen:

- Schraubklemmen,
- schraubenlose Klemmen,
- Preßverbinder,
- Steckverbinder,

wobei auch Löten und Schweißen möglich sind.

Tabelle 21.8 Klemmraumeinheiten

Verbindungs-dosengröße (Nennquer-schnitte) mm^2	Zuordnung der Klemmraumeinheit in cm^3, in Abhängigkeit von der maximalen Anzahl der Klemmen und der maximalen Anzahl der Leiter						
	Leiterquerschnitt mm^2	1,5	2,5	4	6	10	16
1,5	Anzahl der Klemmen Klemmraumeinheit Anzahl der Leiter	6 19 18					
2,5	Anzahl der Klemmen Klemmraumeinheit Anzahl der Leiter	6 19 18	5 23 15				
4	Anzahl der Klemmen Klemmraumeinheit Anzahl der Leiter	8 25 24	6 33 18	5 40 15			
6	Anzahl der Klemmen Klemmraumeinheit Anzahl der Leiter	10 30 30	8 38 24	6 50 18	5 60 15		
10	Anzahl der Klemmen Klemmraumeinheit Anzahl der Leiter	12 41 36	10 50 30	8 62 24	6 83 18	5 100 15	
16	Anzahl der Klemmen Klemmraumeinheit Anzahl der Leiter	18 46 54	15 55 45	12 68 36	8 103 24	6 137 18	5 165 15

Die Anschlußräume müssen, ebenso wie Verbindungsdosen oder -kästen, ausreichend groß dimensioniert werden. Hierzu sind die Festlegungen von DIN VDE 0606 zu beachten. Die Zuordnung der Klemmenraumeinheit in cm^3 ist in Abhängigkeit von der maximalen Anzahl der Klemmen und der maximalen Anzahl der Leiter in **Tabelle 21.8** dargestellt.

Falls Zugentlastungen erforderlich sind, müssen sie vorhanden sein. Verknoten oder Festbinden der Leitungen, als Ersatz für eine Zugentlastung, ist nicht zulässig. An den Einführungsstellen der Kabel und Leitungen sind Maßnahmen zum Knickschutz durch trichterförmige Einführungen oder Einführungstüllen vorzusehen.

Bei mehr-, fein- oder feinstdrähtigen Leitungen müssen die Leiterenden besonders hergerichtet werden. Das Verlöten (Verzinnen) der Leiterenden ist nicht zulässig, wenn für fein- oder feinstdrähtige Leiter:

- Schraubklemmen verwendet werden, da durch Fließen des Zinns der Kontaktdruck nicht auf Dauer gewährleistet ist;
- die Anschluß- oder Verbindungsstelle betrieblichen Erschütterungen ausgesetzt wird, da hier Schwingungsbrüche zu befürchten sind.

21.8 Kreuzungen und Näherungen

Im Installationsbereich muß bei Näherungen (Parallelführung) und Kreuzungen folgendes beachtet werden:

- Mantelleitungen und Kabel sind ohne Abstand zu verlegen;
- andere Leitungen sind so anzuordnen, daß ein Abstand von 10 mm gewährleistet ist, oder es sind Trennstege vorzusehen.

Die Klemmen sind voneinander getrennt anzuordnen.

Bei Kabeln im Erdreich ist bei Kreuzungen und Näherungen von Starkstrom- und Fernmeldekabeln ein Abstand von 10 cm einzuhalten.

21.9 Maßnahmen gegen Brände und Brandfolgen

Die Gefahr von Bränden und deren Ausdehnung muß verhindert werden. Bestimmungen sind in Vorbereitung (siehe Kapitel 22).

21.10 Literatur zu Kapitel 21

[1] Hochbaum, A.; Hof, B.: Kabel- und Leitungsanlagen. VDE-Schriftenreihe 68. Berlin u. Ofenbach: VDE-VERLAG, 1977.

22 Brandgefahren und Brandverhütung in elektrischen Anlagen

22.1 Allgemeines zur Wärmelehre

Die ganze Wärmelehre läßt sich in einem Satz zusammenfassen: *Wärme* ist ungeordnete Molekülbewegung. Die *Wärmeenergie* ist nichts anderes als die kinetische Energie der sich ungeordnet bewegenden Moleküle oder Atome. Die in einem Körper enthaltene Wärmemenge ist gegeben durch die Eigenschaften des Materials (seine spezifische Wärme) und die Temperatur, die auf das engste mit der Bewegungsenergie seiner Atome zusammenhängt. Je schneller die Bewegungsabläufe stattfinden, desto höher ist die Temperatur des betreffenden Stoffs.

Damit ein Brand entstehen kann, müssen folgende drei *Voraussetzungen* erfüllt sein:

- brennbare Stoffe mit entsprechender Zündtemperatur (normal bei 200 °C bis 500 °C) müssen vorhanden sein;
- die Zündenergie liefert eine Wärmequelle mit ausreichender Leistung und Einwirkungsdauer;
- Sauerstoff in ausreichender Menge.

Fehlt auch nur eine dieser drei Komponenten, so kann kein Brand entstehen.

Eine *Verbrennung* (Brand) ist im engeren Sinne die Reaktion von Stoffen mit Sauerstoff unter Wärme- und Lichtentwicklung (Feuer), die nach Erreichen einer bestimmten Entzündungstemperatur sehr rasch verlaufen kann. Dieser Vorgang spielt sich hauptsächlich in der Gasphase ah, wobei flüssige Brennstoffe vorher verdampfen und feste Brennstoffe entgasen. Das entzündete Gas-Luft-Gemisch brennt dann bei Normaldruck oberhalb des flüssigen oder festen Brennstoffs oftmals mit heller Flamme.

Im weiteren Sinne ist die Verbrennung ein Oxidationsprozeß, der ohne Flammenbildung vor sich geht. Bei Kohle z. B. zünden pyrolytisch abgespaltene Gase und leiten die Verbrennung ein, bei Koks beginnt die Verbrennung an der festen Substanz.

Bei der Verbrennung von Gasen und Dämpfen entstehen Flammen, während sich bei festen Stoffen ein Glutbrand bildet.

22.2 Brennbare Stoffe und Zündtemperatur

Brennbare Stoffe können nach DIN 4102 eingeteilt werden in (siehe auch Abschnitt 22.9.2):

- leicht entflammbar (leicht entzündlich),
- normal entflammbar,
- schwer entflammbar.

Leicht entflammbare Stoffe (leicht entzündliche Stoffe) liegen vor, wenn diese durch ein Streichholz innerhalb von 10 s entzündet werden können und dann nach Entfernen der Zündquelle von sich aus weiterbrennen. Zur Entzündung genügt ein Energieinhalt der Zündquelle von wenigen Ws (Streichholz 10 Ws).

Beispiele:
Heu, Stroh, Strohstaub, Hobelspäne, lose Holzwolle, Baumwolle, Chemiefasern (Nylon, Diolen, Trevira, Orlon usw.), Reisig, loses Papier, Magnesiumspäne, Holz bis zu einer Dicke von 2 mm.

Normal entflammbare Stoffe und *schwer entflammbare Stoffe* benötigen zur Entzündung eine Zündenergie von einigen kWs bis mehrere 100 kWs, je nach Material und Zustand.

Die Entflammbarkeit und auch die Brandgefährlichkeit eines Stoffs ist nicht nur von seiner chemischen Zusammensetzung, sondern auch von seinem Zustand abhängig. So bestimmen Oberfläche, Temperatur, Druck, Verteilung und Dichte seine Brandgefährlichkeit, was nachfolgendes *Beispiel* deutlich machen soll:

- Holz in Form dickerer Bretter oder Balken: schwer brennbar
- Holzspäne, Holzwolle, dünne Bretter: leicht brennbar
- Holzstaub: explosiv

Auch die Einwirkungsdauer der Wärmequelle ist von großer Wichtigkeit für die Brandentstehung, was am Beispiel des Werkstoffs Holz gezeigt werden soll.

Holz verändert, wenn es längere Zeit auf über 100 °C erhitzt wird, seinen Zellzustand. Dabei reißen die Zellwände auf, und das Holz wird in einen pyrophoren Zustand gebracht. Danach genügen dann Temperaturen von 120 °C bis 180 °C und entsprechende Sauerstoffzufuhr zur Entzündung, obwohl die normale Zündtemperatur von Hölzern bei etwa 250 °C (Mittelwert) liegt. Den Zusammenhang zwischen Entzündungstemperatur und Einwirkungsdauer, gültig für Hart- und Weichholz, zeigt **Bild 22.1.**

Die gezeigte Kurve kann auch als »Grenzkurve zur Entzündung von Holz« angesehen werden, wobei sich zeigt, daß unter Berücksichtigung einer Sicherheitsspanne die Temperatur für Holz 80 °C nicht überschreiten sollte.

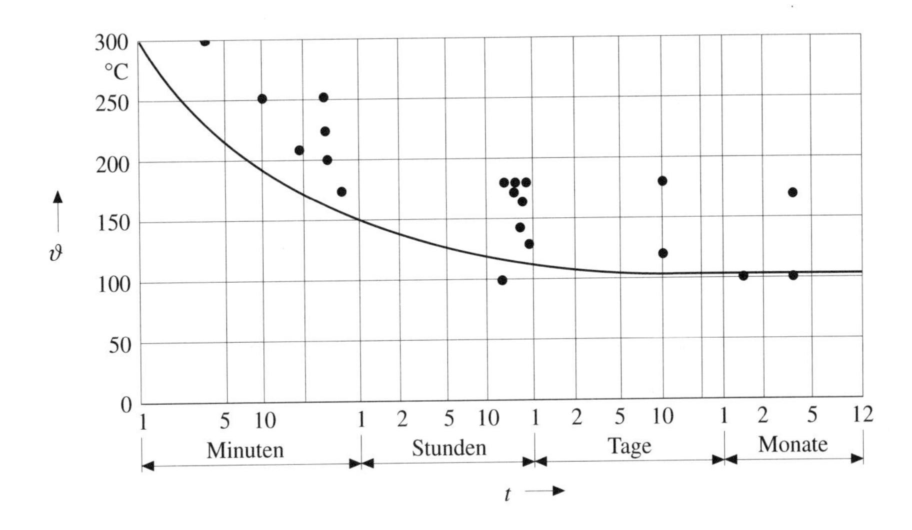

Bild 22.1 Entzündungstemperatur von Holz

Die Zündtemperatur (Fremdzündung) ist wesentlich davon abhängig, in welcher Form der Stoff vorliegt. Bei festen Stoffen spielt auch die geometrische Form des zu entzündenden Körpers eine Rolle. Holzspäne sind leichter zu entzünden als massives Holz. Auch Verunreinigungen können den Entzündungsvorgang erheblich beeinflussen. Reiner Zucker brennt schwer; Zucker, gemischt mit Asche, kann leicht entzündet werden; Zucker, vermengt mit Fußbodenstaub, brennt rascher als reiner Zucker.

Tabelle 22.1 zeigt für häufig vorkommende Stoffe die Entzündungstemperatur, auch Zündpunkt genannt.

22.3 Wärmequelle und Zündenergie

Neben dem Vorhandensein eines brennbaren Stoffs ist die wesentliche Voraussetzung zum Entzünden dieses Stoffs das Vorhandensein einer Wärmequelle (Zündquelle), die genügend Wärmeenergie (Zündenergie) an der Zündstelle abgeben kann.

Zündquellen können sein:

- offene Flammen, wie
  - Funken elektrischer oder mechanischer Herkunft,
  - Streichholz mit ≈1000 °C,
  - Kerze mit 1000 °C bis 1100 °C
  - Leuchtgasbrenner mit 1500 °C bis 1800 °C,

Tabelle 22.1 Entzündungstemperatur verschiedener Stoffe

Stoff	Temperatur in °C
Organische feste Stoffe	
Anthrazit	250 bis 258
Braunkohle	250 bis 280
Steinkohle	330 bis 440
Teer	500
Torf	230
Hölzer, allgemein	250 bis 300
Fichtenholz	280
Weißkiefer	260
Hartholz	295
Papier	185 bis 363
Zeitungspapier, Stücke	230
Baumwolle	255
Zucker	410
Stäube	
20 % Hafer, 20 % Hirse, 50 % Weizen, 10 % Verschiedenes	266
Hartweizenstaub	267
40 % Winterweizen, 35 % Gerste, 25 % Hopfen	278
60 % Hafer, 35 % Winterweizen, 5 % Roggen	280
Kakao	292
Kornstärke	477
Weißes Weizenmehl	493
Roggenmehl	501
Kunststoffe	
Polystyrol	360
Polyethylen	340
Polyamid	420
Polyester-, Glasfaser-Laminat	400
Polyvinylchlorid	390
Flüssigkeiten und Gase	
Alkohol	558
Benzin	470 bis 530
Benzol	555
Braunkohlen-Teeröl	370
Gasöl	350 bis 400
Heizöl	≈ 600
Methan	595 bis 700
Spiritus	425 bis 650
Teeröl	600 bis 620
Terpentinöl	275
Wasserstoff	560

- Bunsenbrenner mit 1981 °C,
- Schweißbrenner (Acetylen-Sauerstoff) mit ca. 2850 °C,
- Lichtbogen mit ca. 3000 °C bis 4000 °C,
- Funken durch Schweißarbeiten;

- Strahlungserzeuger, Wärmestrahlung, wie
  - Glühlampen,
  - Gasentladungslampen,
  - Lötkolben,
  - Bügeleisen,
  - Heizkörper,
  - Heiße Gase oder Flüssigkeiten,
  - Heiße Oberflächen;

- chemische Prozesse, wie
  - chemische Reaktionen, bei denen Wärme freigesetzt wird,
  - Oxidation, die zur Selbstentzündung eines Stoffs führt.

Während eine offene Flamme einen brennbaren Stoff fast immer entzündet, sind bei der Wärmestrahlung noch Zeitdauer und Intensität von Bedeutung. Die elektrischen Zündquellen werden nachfolgend näher betrachtet.

22.4 Zündquellen elektrischen Ursprungs

Die wichtigsten und häufigsten Zündquellen elektrischen Ursprungs sollen nachfolgend beschrieben werden.

22.4.1 Heiße Oberfläche als Zündquelle

Ein Staubschicht von 5 mm Stärke, die sich auf einer Fläche befindet, kommt schon ab einer Temperatur der Oberfläche von 300 °C zur Entzündung bzw. zum Glimmen. Bei entsprechender Sauerstoffzufuhr kommt es schnell zur Flammenbildung.

Je nach Staubart und Staubzusammensetzung liegt die Grenztemperatur zwischen 230 °C bis 450 °C (siehe Tabelle 22.1). Bei sehr feinem Staub kann die Entzündung auch schon bei 130 °C einsetzen.

22.4.2 Falsch verwendetes Elektrogerät als Zündquelle

Ein Elektrogerät mit einer Leistung von 15 W bis 20 W ist in der Lage – sofern sich Wärme staut –, nach etwa einer Stunde einen Schwelbrand auszulösen: Beispielsweise wenn Leuchten zugedeckt sind mit Sägemehl, Heu, Gerberlohe, Faserstoff und dgl.

Geräte mit einer Leistung von 25 W bis 30 W können leicht entzündliche Stoffe entzünden, wenn die Wärmeabfuhr behindert ist.

Geräte mit einer Leistung von etwa 100 W können auch normal entflammbare Stoffe entzünden, selbst wenn die Wärmeabfuhr nicht behindert ist. Bei Wärmestau ist es möglich, auch schwer entflammbare Stoffe zu entzünden, wenn die Leistung längere Zeit einwirken kann. Beispiele hierfür sind Lötkolben, Bügeleisen, Tauchsieder, Kocher, Toaster, Glühlampen, Entladungslampen und dgl., die unmittelbar auf Holz oder Kunststoff einwirken. **Bild 22.2** zeigt für jeweils eine 25-W-Glühlampe und eine 100-W-Glühlampe die Oberflächentemperatur bei verschiedenen Brennlagen.

22.4.3 Wärmestrahler als Zündquelle

Durch leistungsstarke Wärmegeräte, wie Infrarotstrahler, Leuchten, Scheinwerfer und ähnliche Strahler, können sich leicht entzündliche Stoffe, die zu nah vor der Strahlungsquelle angeordnet sind, entzünden. Brandgefahr besteht ab einer Strahlungsleistung von etwa 0,2 W/cm^2, wenn diese über längere Zeit zur Verfügung steht. Mit größer werdendem Abstand geht die Gefahr merklich zurück. Die Entzündungsgefahr hängt von der Art des Materials und auch von seiner Farbe ab. Materialien mit hellen Farben verhalten sich günstiger gegen Entflammung als solche mit dunkler Farbe.

Tabelle 22.2 zeigt die Wärmestrahlungsarbeit für verschiedene Stoffe, die zur Entzündung führen können.

Tabelle 22.2 Wärmestrahlungsarbeit für verschiedene Stoffe, die zur Entzündung führt

Stoff	Wärmestrahlungsarbeit	
	kal/cm^2	Ws/cm^2
Taft, Kunstseide rot	2 bis 3	0,5 bis 0,7
Zeitungspapier, zerfetzt	2 bis 4	0,5 bis 1,0
Zeitungspapier, einzelnes Blatt	3 bis 6	0,7 bis 1,4
Kunstseide, schwarz	3 bis 6	0,7 bis 1,4
Baumwolle, grün	5 bis 9	1,2 bis 2,2
Kiefernholz, hellgelb	5 bis 12	1,2 bis 2,9
Pappe	8 bis 15	1,9 bis 3,6
Sackleinen	8 bis 16	1,9 bis 3,8
Schreibmaschinenpapier	15 bis 30	3,6 bis 7,2

Werte der Tabelle aus: »Effects of the Nuclear weapons«

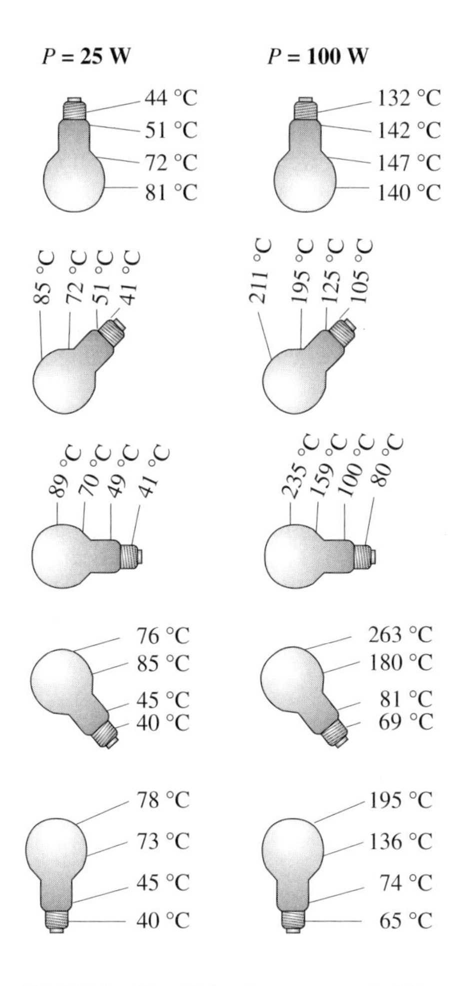

Bild 22.2 Oberflächentemperaturen in °C von Glühlampen

22.4.4 Elektrische Fehler als Zündquelle

Bei Beschädigungen oder Alterung der Isolierung einer elektrischen Leitung kann es direkt durch die Erwärmung an der Fehlerstelle zur Entzündung kommen, oder aber der Isolationsfehler geht in einen Lichtbogenkurzschluß über und leitet damit die Entzündung ein. Die Entstehung und Zusammenhänge von Isolationsfehlern und Lichtbogen werden in den Abschnitten 22.5 und 22.6 ausführlich behandelt.

22.4.5 Kontakterwärmung als Zündquelle

Die Verbindung elektrischer Leiter untereinander erfolgt in der Regel durch Klemmen oder Steckvorrichtungen. Eine solche Verbindung muß mit entsprechend hohem Kontaktdruck hergestellt werden. Mit größer werdendem Querschnitt muß auch der Kontaktdruck zunehmen. Bei einem Leitungsquerschnitt von 1,5 mm^2 genügt z. B. eine Kraft von 80 N, während bei 50 mm^2 schon 500 N erforderlich sind. Bei zu geringem Kontaktdruck erhöht sich der Widerstand beträchtlich, und die Temperatur steigt rasch an. Da in die Kontaktstelle Sauerstoff eindringen kann, der das erwärmte blanke Kupfer in das schlecht leitende Kupferoxid umwandelt, verschlechtert sich der Widerstand weiter. Auch fremde Substanzen (Wasser, Öl usw.) können als Fremdschicht die Kontakte überziehen und deren Leitfähigkeit herabsetzen.

Wenn sich zwei Leiter nur lose berühren, weil die Klemmschrauben überhaupt nicht angezogen wurden oder weil die Drähte ohne Klemme nur verwürgt wurden, ist es nur eine Frage der Zeit, bis ein brandgefährlicher Zustand eintritt. Bei großen Strömen erwärmt sich die Kontaktstelle schnell, zum Teil auch mit Lichtbogenerscheinungen. Temperaturen von 500 °C bis 2000 °C können auftreten. Fließt nur ein kleiner Strom über die Fehlerstelle, entstehen nur energiearme kleine Fünkchen. Das Kupfer oxidiert, und der Stromfluß hört auf. Auch hier ist jedoch die Bildung eines Lichtbogens nicht auszuschließen.

22.5 Isolationsfehler als Brandgefahr

Die Zerstörung bzw. Beschädigung eines Isolierstoffs, besonders der Isolierung eines Leiters, kann hervorgerufen werden durch

- elektrische Einwirkungen, wie
  - Überspannungen,
  - Überströme;
- mechanische Einwirkungen, wie
  - Schlag, Stoß, Knickung,
  - Biegung,
  - Schwingungen,
  - Einschlagen von Fremdkörpern;
- Umwelteinwirkungen, wie
  - Feuchtigkeit,
  - Wärme,
  - Licht,
  - Strahlung (UV-Strahlung),
  - Alterung,
  - chemische Einflüsse.

Die Schädigung des Isolierstoffs hat je nach Fehlerart und Schwere des Fehlers unterschiedliche Fehlerströme zur Folge. Diese können in Erscheinung treten als:

- geringste Fehlerströme, z. B. durch Alterung, die im Bereich der zulässigen Ableitströme liegen,
- Ströme von Glimmentladungen,
- kleine Fehlerströme,
- Lichtbogen-Kurzschlußströme (unvollkommener Kurzschluß),
- Kurzschlußströme (vollkommener Kurzschluß).

Die Entstehung eines Lichtbogens aus einem anfangs sehr kleinen Isolationsfehler kann ein Vorgang von Monaten oder gar Jahren sein. Nach dem ersten Isolationsfehler zwischen zwei gegeneinander unter Spannung stehenden Leitern muß in trockenem Zustand nicht unbedingt ein Strom zum Fließen kommen **(Bild 22.3a))**. Kommt Feuchtigkeit zusammen mit Schmutz (Kondensat, verunreinigt durch Staub) hinzu und wird dadurch eine leitende Verbindung (Brücke) hergestellt, so fließt ein Fehlerstrom, der sogenannte Kriechstrom. Der Strom ist zunächst sehr klein (weniger als 1 mA) und liegt in der Größenordnung von zulässigen Ableitströmen. Es wird nur wenig Wärme erzeugt, die aber anfangs ausreichen kann, die Feuchtigkeit zu trocknen, so daß zunächst der Stromfluß aulhört und erst bei erneuter Feuchtigkeitseinwirkung wieder ein Stromfluß beginnt. Dabei kann der Isolierstoff durch jahrelange Einwirkung so zerstört werden, daß sich Kohlebrücken (Verkohlungen längs der Kriechstromwege, in Richtung des elektrischen Felds) bilden. Die Fehlerstelle wird langsam aber sicher größer; ebenso nimmt der Fehlerstrom ständig an Stärke zu und beträgt etwa 5 mA bis 50 mA **(Bild 22.3b))**. Der Strom fließt nun – begünstigt durch die Kohlebrücken – ständig und wird immer größer. Dadurch entstehen weitere, bessere Leiterbahnen aus Verkohlungen, was wiederum einen größeren Strom zur Folge hat **(Bild 22.3c))**. Dieser Vorgang läuft nun wesentlich rascher ab als am Anfang. Bei Strömen von über 150 mA ist es nun möglich, daß auch brennbare leicht entzündliche Stoffe, die sich in unmittelbarer Nähe der Fehlerstelle befinden, durch die Wärmeentwicklung an der Fehlerstelle ($P = U \cdot I = 230\ \text{V} \cdot 150\ \text{mA} = 33\ \text{W}$) entzündet werden. Da es sich bei den Kohle-

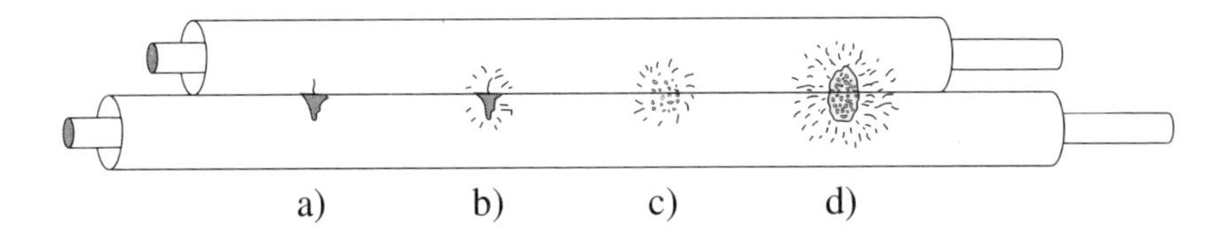

Bild 22.3 Entwicklung eines Isolationsfehlers
a erster Isolationsfehler
b gelegentlich entstehen Glimmentladungen
c ständige Glimmentladung
d Lichtbogen

brücken um sogenannte »Heißleiterwiderstände« handelt, die also im warmen Zustand mehr Strom durchlassen als in kaltem Zustand, wird der Vorgang weiter beschleunigt. Der Kriechstrom entwickelt sich weiter, wird rasch stärker und erreicht etwa 300 mA bis 500 mA. Dabei bilden sich zwischen den einzelnen Kohlekörnchen weißglühende Funkenbrücken. Aus der immer heller werdenden Glut springt der Fehlerstrom dann plötzlich in einen Lichtbogen über **(Bild 22.3d))**.

Ist der Lichtbogen gezündet, so wird Kohle auf die Kupferleiter aufgedampft. Bereits nach einigen Halbwellen kommt die Kohle zum Glühen und emittiert auch während des Stromnulldurchgangs Elektronen, so daß der Lichtbogen nicht mehr erlischt. Der Lichtbogen selbst versucht, sich ständig zu vergrößern und entfernt sich dabei von der Stromquelle. Die Fußpunkte des Lichtbogens wandern entlang der Leitung in Richtung der Stromquelle. Der Lichtbogen brennt, bis der Strom durch eine Schutzeinrichtung unterbrochen wird oder durch zu großen Kontaktabstand von selbst erlischt.

22.6 Lichtbogen

Ein Lichtbogen kann entstehen durch

- eine Kohlebrücke, als Folge eines Isolationsfehlers, wie in Abschnitt 22.5 beschrieben;
- eine unmittelbare atmosphärische Überspannung;
- eine Überbrückung unter Spannung stehender Teile aus Metall, z.B. Draht in Freileitung oder Schlüssel auf Sammelschienen.

Die physikalischen Vorgänge, die sich in einem Lichtbogen abspielen, sind andere als bei festen Leitern. Der Lichtbogen stellt eine Gasentladung dar, dessen besondere Vorgänge eine hohe Temperatur (3000 °C bis 4000 °C), ein großer Strom und eine verhältnismäßig kleine Spannung sind. Wenn ein Lichtbogen ungehindert (ohne Fremdkörper) brennen kann, nimmt er einen zylindrischen Raum ein und schnürt sich kurz vor den Fußpunkten (Elektroden) ein. Physikalisch wird ein Lichtbogen in drei wichtige Gebiete unterteilt **(Bild 22.4)**:

a) *Katodenfall*
Die Tiefenausdehnung des sich an die Katode anschließenden Katodenfallgebiets liegt bei 10^{-4} cm bis 10^{-5} cm (1 µm bis 0,1 µm). Die Katodenfallspannung liegt für Kupferelektroden bei etwa 8 V bis 9 V.

b) *Anodenfall*
Für die Tiefenausdehnung des Anodenfallgebiets liegen keine gesicherten Kenntnisse vor. Einigermaßen sicher ist nur, daß sie größer ist als das Katodenfallgebiet. Die Anodenfallspannung liegt für Kupferelektroden bei etwa 2 V bis 6 V.

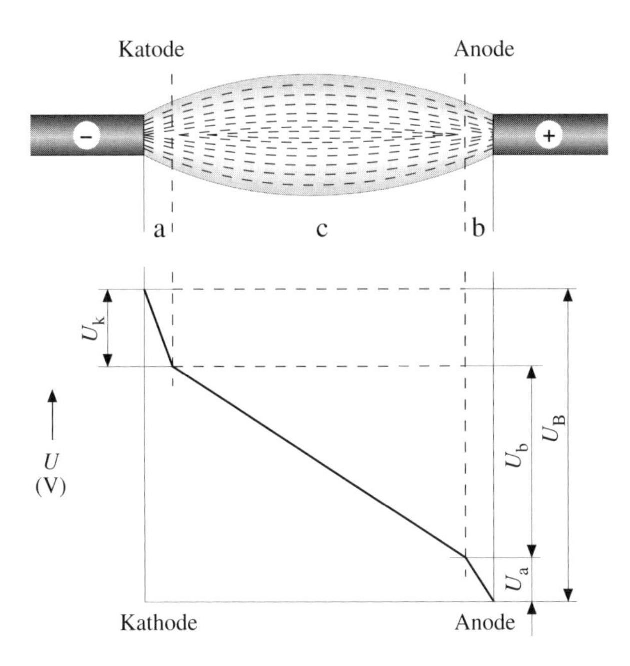

Bild 22.4 Lichtbogen, Lichtbogenspannungen
a Katodenfallgebiet (U_k Katodenfallspannung)
b Anodenfallgebiet (U_a Anodenfallspannung)
c Bogensäule (U_b Bogenspannung)

c) *Bogensäule*
Die Bogensäule, auch positive Säule oder Bogenplasma genannt, ist von der angelegten Spannung, von der Lichtbogenlänge und von der Kühlung des Lichtbogens abhängig.

Nach der Art der Elektronenerzeugung werden physikalisch zwei verschiedene Lichtbogenarten unterschieden:

- *Thermischer Lichtbogen*

Wenn an der Katode Temperaturen von etwa 3000 °C auftreten können, ohne daß das Katodenmaterial verdampft, tritt die Glühemission der Elektronen ein. Dies trifft zu z. B. bei Katoden aus Wolfram und Kohle. Der thermische Lichtbogen ist ein gewollter Lichtbogen.

- *Feldbogen*

Bei Verdampfungstemperaturen um etwa 2000 °C tritt keine Glühemission auf. Durch die Verdampfung des Katodenmaterials entsteht unmittelbar vor der Katode eine sehr hohe Dampfdichte, und es bildet sich eine starke positive Raumladung.

Die Bindekräfte der Elektronen an den Kern werden vom starken elektrischen Feld überwunden, dadurch werden dem Metall Elektronen entzogen. Die Katode emittiert Elektronen also nicht wegen der hohen Temperatur, sondern wegen der hohen Feldstärke an der Oberfläche. Bei Silber- und Kupferelektroden liegt die Feldstärke bei etwa 10^6 V/cm. Die aus der Katode emittierten Elektronen werden durch das Katodenfallgebiet beschleunigt und erreichen große Geschwindigkeiten. Am Rande des Katodenfallgebiets werden dann durch Stoßionisationen weitere Elektronen und Ionen erzeugt. Die positiven Ionen fliegen zur Katode zurück und geben ihre kinetische Energie und Ionisierungsenergie an die Katode ab. Durch diese Energieabgabe wird der Wärmeverlust, der an der Katode durch die normale Abstrahlung entsteht, ausgeglichen, und es entsteht ein stationärer Zustand.

Mathematisch kann ein Lichtbogen, der frei in Luft brennt, durch die allgemein anerkannte, von Ayrton entwickelte empirische Beziehung für die Lichtbogenspannung beschrieben werden:

$$U_{\mathrm{B}} = \alpha + \frac{\beta}{I} + \left(\gamma + \frac{\delta}{I}\right) l. \qquad (22.1)$$

Darin bedeuten:

U_{B} Lichtbogenspannung in V,
I Strom in A,
l Lichtbogenlänge in cm,
$\alpha, \beta, \gamma, \delta$ Konstanten nach **Tabelle 22.3.**

Für einen frei in Luft brennenden Lichtbogen mit Kupferelektroden werden in der Literatur unterschiedliche Werte der Konstanten angegeben. Einige Werte sind in Tabelle 22.3 genannt.

Bei Strömen > 30 A können das zweite und vierte Glied von Gl. (22.1) vernachlässigt werden; es ergibt sich damit:

$$U_{\mathrm{B}} = \alpha + \gamma l. \qquad (22.2)$$

Tabelle 22.3 Konstanten für die Lichtbogenberechnung bei Kupferelektroden

Konstante nach	Rüdinger	Franken	Einsele
α	30 V	21 V	15 V
β	10 VA	11VA	10 VA
γ	10 V/cm	30 V/cm	10 V/cm
δ	30 VA/cm	152 VA/cm	50 VA/cm

Die Lichtbogenspannung ist also bei Strömen > 30 A vom Strom unabhängig.

Die Gln. (22.1) und (22.2) gelten, wenn ein Lichtbogen frei in Luft brennt. Bei Fehlern mit Lichtbögen in elektrischen Anlagen brennt der Lichtbogen in der Regel nicht frei in Luft, da die Isoliermaterialien noch eine bedeutende Rolle spielen. Eine überschlägige Berechnung für die Lichtbogenspannung liefert die Beziehung

$$U_B = 40\text{ V} + 10\text{ V/cm} \cdot l, \tag{22.3}$$

da in der Praxis die Ströme in der Regel über 30 A liegen und die Lichtbogenspannung somit stromunabhängig ist. Die Lichtbogenspannung kann als eine »Gegen-EMK« zur treibenden Spannung angesehen werden, so daß folgende Beziehungen gelten:

- für den Strom bei einem Fehler mit einem Lichtbogen

$$I_F = \frac{U - U_B}{Z}; \tag{22.4}$$

- für die an der Fehlerstelle freiwerdende Lichtbogenleistung

$$P_B = U_B \cdot I_F; \tag{22.5}$$

- für die Lichtbogenarbeit

$$W_B = U_B \cdot I_F \cdot t. \tag{22.6}$$

In den Gln. (22.4) bis (22.6) bedeuten:

I_F Strom in A,
U Spannung in V,
U_B Lichtbogenspannung in V,
P_B Lichtbogenleistung in W,
Z Schleifenimpedanz in Ω, wobei in der Regel der ohmsche Widerstand R zur Berechnung ausreicht,
W_B Lichtbogenarbeit in Ws (1 Ws = 1 J),
t Zeit in s

Durch nachfolgendes Beispiel sollen Lichtbogenleistung und Lichtbogenarbeit näher erläutert werden.

Beispiel:
Gegeben ist ein TN-S-System. Verschiedene Fehler mit einer Lichtbogenlänge von jeweils 2 cm sollen betrachtet werden **(Bild 22.5).**

Die Lichtbogenspannung beträgt bei 2 cm Lichtbogenlänge nach der vereinfachten Gleichung, Gl. (22.3):

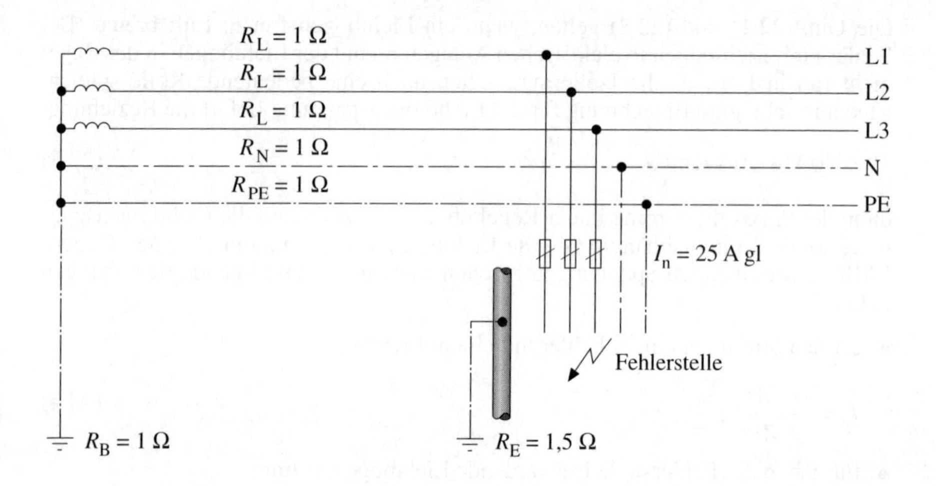

Bild 22.5 Beispiel; Lichtbogen

$U_B = 40\ \text{V} + 10\ \text{V/cm} \cdot l = 40\ \text{V} + 10\ \text{V/cm} \cdot 2\ \text{cm} = 60\ \text{V}.$

Fehler zwischen Außenleiter und Außenleiter:

$$I_F = \frac{U - U_B}{2\,R_L} = \frac{400\ \text{V} - 60\ \text{V}}{2 \cdot 1\ \Omega} = 170\ \text{A};$$

$t = 1{,}0\ \text{s};$

$P_F = U_B \cdot I_F = 60\ \text{V} \cdot 170\ \text{A} = 10{,}2\ \text{kW};$

$W_F = U_B \cdot I_F \cdot t = 60\ \text{V} \cdot 170\ \text{A} \cdot 1\ \text{s} = 10{,}2\ \text{kWs}.$

Fehler zwischen einem Außenleiter und dem Neutralleiter:

$$I_F = \frac{U_0 - U_B}{R_L + R_N} = \frac{230\ \text{V} - 60\ \text{V}}{1\ \Omega + 1\ \Omega} = 85\ \text{A};$$

$t = 30\ \text{s};$

$P_F = U_B \cdot I_F = 60\ \text{V} \cdot 85\ \text{A} = 5{,}1\ \text{kW};$

$W_F = U_B \cdot I_F \cdot t = 60\ \text{V} \cdot 85\ \text{A} \cdot 30\ \text{s} = 153\ \text{kWs}.$

Fehler zwischen einem Außenleiter und den geerdeten Bauteilen:

$$I_F = \frac{U_0 - U_B}{R_L + R_E + R_B} = \frac{230\ \text{V} - 60\ \text{V}}{1\ \Omega + 1{,}5\ \Omega + 1\ \Omega} = 48{,}6\ \text{A};$$

$t = 1000$ s, das sind nahezu 17 min!

$$P_F = U_B \cdot I_F = 60\ \text{V} \cdot 48{,}6\ \text{A} = 2{,}9\ \text{kW};$$

$$W_F = U_B \cdot I_F \cdot t = 60\ \text{V} \cdot 48{,}6\ \text{A} \cdot 1000\ \text{s} = 2916\ \text{kWs}.$$

Das Beispiel zeigt, daß ein Fehler mit einem Lichtbogen unter Umständen sehr lange Zeit bestehen kann. Dies trifft besonders dann zu, wenn es sich um Lichtbogen-Erdschlüsse handelt.

Die Lichtbogenleistung und die Lichtbogenarbeit können noch erheblich höher sein, als bereits beschrieben. Dies trifft zu, wenn zum Beispiel an der Fehlerstelle zwei Lichtbögen über einen Metallmantel oder ein Rohr in Reihe geschaltet werden **(Bild 22.6).** Wird dieser Fehler mit einer Lichtbogenlänge von jeweils 1 cm für obiges Beispiel bei einem Fehler zwischen Außenleiter und Neutralleiter angenommen, so ergeben sich für:

$$U_B = 40\ \text{V} + 10\ \text{V/cm} \cdot l = 40\ \text{V} + 10\ \text{V/cm} \cdot 1\ \text{cm} = 50\ \text{V}.$$

$$I_F = \frac{U_0 - 2\,U_B}{R_L + R_N} = \frac{230\ \text{V} - 2 \cdot 50\ \text{V}}{1\ \Omega + 1\ \Omega} = 65\ \text{A};$$

$t = 120$ s;

$$P_F = 2 \cdot U_B \cdot I_F = 2 \cdot 50\ \text{V} \cdot 65\ \text{A} = 6{,}5\ \text{kW};$$

$$W_F = 2 \cdot U_B \cdot I_F \cdot t = 2 \cdot 50\ \text{V} \cdot 65\ \text{A} \cdot 120\ \text{s} = 780\ \text{kWs}.$$

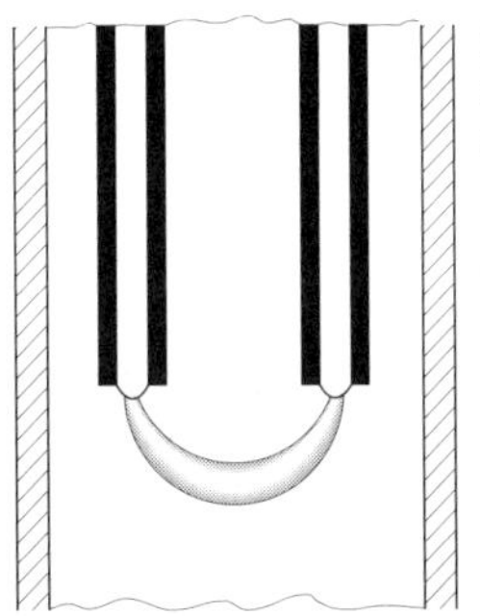

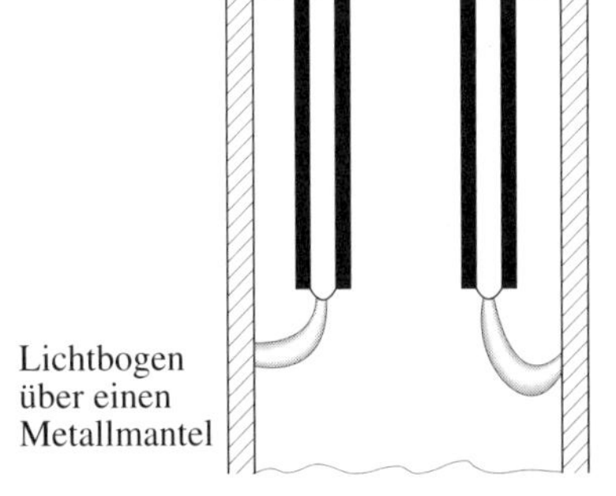

Bild 22.6 Verschiedene Lichtbogenfehler

Unter Berücksichtigung der Lichtbogentemperatur von etwa 2000 °C bis 4000 °C ist mit der Entstehung eines Brands immer zu rechnen, wenn brennbare Materialien in ausreichender Menge vorhanden sind. Zu beachten ist auch, daß der Lichtbogen wandert. Er brennt der Leitung entlang immer in Richtung Stromquelle. Die Abbrandgeschwindigkeit liegt bei etwa 1 mm/s. Die Lichtbogenlänge wird durch den Abstand der Leiter bestimmt, wobei seine maximale Länge von der treibenden Spannung und von der im Netz bis zur Fehlerstelle vorhandenen Impedanz beeinflußt wird. Bei einer Spannung von $U_0 = 230$ V liegt die maximale Länge bei etwa 8 cm bis 12 cm; bei $U = 400$ V kann eine maximale Länge von etwa 15 cm bis 20 cm erreicht werden.

22.7 Brandschäden

22.7.1 Unmittelbare Brandschäden

Die unmittelbaren Brandschäden durch Zerstörung von Gebäuden, Mobiliar und elektrischen Anlagen können von wenigen 1000 DM bis zu mehreren Mio. DM betragen, wobei das Brandobjekt, die Brandausdehnung und die Branddauer den Schaden erheblich beeinflussen.

22.7.2 Brandfolgeschäden

Neben den Verlusten durch Wasserschäden infolge der Löscharbeiten und durch Betriebsausfälle kommen noch chemische Schäden hinzu, wenn Polyvinylchlorid (PVC) vom Brand betroffen wurde.
Bei Verbrennung von PVC wird Chlor frei, wobei durch Wasserzufuhr Salzsäure entsteht. So entstehen bei der Verbrennung von 1 kg PVC etwa 400 Liter Chlor-Wasserstoffgas (HCl-Gas), das in Wasser gelöst etwa einen Liter 35prozentige Salzsäure ergibt. Das Chlor-Wasserstoffgas legt sich wie Nebel auf Gebäude, Mobiliar und elektrische Anlageteile, die unter der korrosiven Einwirkung des HCl-Gases in Verbindung mit Wasser besonders leiden. Durch den abgelagerten Nebel korrodieren Metalle. Kalkhaltiger Innenputz sowie Beton geringer Dichte nehmen Salzsäure auf, wobei Kalziumchlorid entsteht, ein hygroskopisches Salz, das Luftfeuchtigkeit aufnimmt.

22.8 Temperaturen von Bränden

Die Temperatur, die bei einem Brand auftritt, hängt vom Energieinhalt der brennbaren Stoffe der Gebäudeteile, des Mobiliars und der gelagerten Materialien sowie von den Einflüssen durch das Gebäude (z. B. Luftzufuhr, Kaminwirkung) und von den Löschmaßnahmen ab.
Ein Brand beginnt in der Entstehungsphase (Entstehungsbrand) mit einer mehr oder minder langsamen Aufheizung des Raums bis zu einer Grenztemperatur, dem Feuersprung, bei dem alle brennbaren Stoffe im Raum entflammen **(Bild 22.7).** In

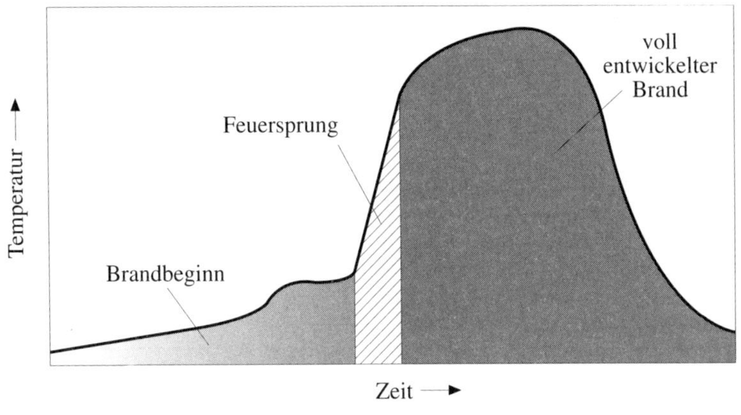

Bild 22.7 Brandentstehung

dieser Anfangsphase eines Brands ist das Brandverhalten der Stoffe von ausschlaggebender Bedeutung in bezug auf die Entflammbarkeit, die Flammenausbreitung und den Brandbeitrag (Brandlast). Nach der Oberflächenentflammung spricht man vom Vollbrand (voll entwickelter Brand). Dieser stellt besondere Anforderungen an die Konstruktion des Bauwerks bzw. an die tragenden Bauteile und erfordert eine raumabschließende Wirkung.
Bei Großbränden mit besonders großer Anhäufung von brennbaren Stoffen können Temperaturen bis zu 1650 °C auftreten. Wenn brennbare Stoffe in normal üblicher Menge vorhanden sind, liegt die Brandtemperatur im Bereich von 1000 °C bis 1500 °C. Liegen keine besonders günstigen Voraussetzungen für den Brand vor und sind keine großen Mengen brennbarer Stoffe vorhanden, so liegt die Brandtemperatur im allgemeinen nicht über 1000 °C. Bei Wohngebäuden liegen im Brandfall die Temperaturen bei nur 800 °C bis 1000 °C.

Tabelle 22.4 zeigt eine Übersicht der Verbrennungstemperaturen verschiedener Stoffe. Die Verbrennungstemperaturen sind abhängig vom Heizwert und von der Verbrennungsgeschwindigkeit des brennenden Stoffs.

Tabelle 22.4 Verbrennungstemperaturen verschiedener Stoffe

Stoff	Verbrennungstemperatur °C
Phosphor	800
Magnesium	2000 bis 3000
Holz	1100 bis 1300
Koks	1400 bis 1600
Leuchtgas	1550
Wasserstoff	2900
Acetylen	3100

22.9 Brandverhalten von Baustoffen

Das Brandverhalten von Baustoffen wird nicht nur von der Art des Stoffs beeinflußt, sondern auch von der Gestalt, der spezifischen Oberfläche und von der Masse, dem Verbund mit anderen Stoffen und von der Verarbeitungstechnik.

Baustoffe sind ursprüngliche Materialien, die beim Bau verwendet werden, wie Ziegel, Beton, Holz, Kunststoffe, Glas usw. Sie werden nach ihrer Brennbarkeit unterschieden. Die Baustoffe können hinsichtlich ihres Brandverhaltens entsprechend **Tabelle 22.5** in Klassen eingeteilt werden.

Tabelle 22.5 Brandverhalten von Baustoffen

Baustoff Klasse		Benennung	Beispiele*)
A		**nicht brennbar**	
	A 1		Gips, Sand, Ton, Kies, Ziegel, Stein, Erde, Beton, Zement, Glas Metalle, Legierungen, Mineralwolle ohne organische Zusätze
	A2		Gipskarton-Platten, Mineralfaser-Erzeugnisse
B		**brennbar**	
	B1	schwer entflammbar	Holzwolle-Leichtbauplatten, PVC
	B2	normal entflammbar	Holz > 2 mm Dicke, Normdachpappen
	B3	leicht entflammbar	Holz ≤ 2 mm Dicke, loses Papier, Stroh, Reet, Heu, Holzwolle, Baumwolle, Reisig

*) Ausführliche Beispiele mit Einzelfestlegungen sind in DIN 4102 Teil 4 enthalten.

22.9.1 Nicht brennbare Baustoffe

Nicht brennbare Baustoffe sind Stoffe, die nicht zur Entflammung gebracht werden können und auch nicht ohne Flammenbildung veraschen.

Baustoffe der Klasse A1 bedürfen in der Regel keiner besonderen Prüfung. Die Eigenschaften von Baustoffen der Klasse A2 müssen durch Prüfzeugnis bzw. Prüfzeichen auf der Grundlage von Brandversuchen nach DIN 4102 Teil 2 nachgewiesen werden. Wenn nicht brennbare Baustoffe der Klasse A brennbare Bestandteile enthalten, ist ein Prüfzeichen des Instituts für Bautechnik, Berlin, erforderlich.

Die Prüf- und Beurteilungskriterien für nicht brennbare Baustoffe der Klassen A1 und A2 reichen in den Bereich des voll entwickelten Brands. Geprüft wird, ob der Heizwert nach Gewichtseinheit und Fläche begrenzt ist, oder es wird bei Temperaturen von 750 °C geprüft.

22.9.2 Brennbare Baustoffe

Brennbare Baustoffe sind Stoffe, die nach der Entflammung ohne zusätzliche Wärmequelle weiterbrennen.
Nach den Kriterien des Entstehungsbrands (siehe Abschnitt 22.8) werden die brennbaren Stoffe hinsichtlich der Entflammbarkeit und der Flammenausbreitungsgeschwindigkeit beurteilt. Danach ist festzustellen:

- Schwer entflammbare Baustoffe (Klasse B1) lassen sich nur durch größere Zündquellen (Wärmequellen) zum Entflammen oder zu einer thermischen Reaktion bringen. Sie brennen nur bei zusätzlicher Wärmezufuhr mit geringer Geschwindigkeit weiter, wobei die Flammenausbreitung örtlich stark begrenzt ist. Nach Entfernen der Wärmequelle verlöscht der Baustoff in kurzer Zeit. Darüber hinaus darf der Baustoff nur kurze Zeit nachglimmen.
- Normal entflammbare Baustoffe (Klasse B2) lassen sich auch durch kleinere Zündquellen (Wärmequellen) entflammen, wobei die Flammenausbreitung ohne weitere Wärmezufuhr jedoch gering ist, so daß eine Selbstverlöschung auftreten kann.
- Leicht entflammbare Baustoffe (Klasse B3) lassen sich mit kleinen Zündquellen (z. B. Streichholz) entflammen und brennen dann ohne weitere Wärmezufuhr mit gleich bleibender oder zunehmender Geschwindigkeit ab.
  Der Begriff »leicht entflammbar« kann nur bedingt mit dem Begriff »leicht entzündlich« nach Teil 720 Abschnitt 2.2 gleichgesetzt werden, da dort festgelegt ist:
  - Leicht entzündlich sind feste Stoffe, die – der Flamme eines Zündholzes 10 s lang ausgesetzt – nach Entfernen der Zündquelle von selbst weiter brennen oder weiter glimmen.
  - Hierunter können fallen: Heu, Stroh, Strohstaub, Hobelspäne, lose Holzwolle, Magnesiumspäne, Reisig, loses Papier, Baum- und Zellwollfasern.

Brennbare Baustoffe (Klasse B) der Klassen B1 und B2 bedürfen in jedem Fall einer Prüfung zur Einordnung. Baustoffe, die den Anforderungen an die Klassen B1 und B2 nicht gerecht werden, sind in die Klasse B3 einzuordnen.

22.10 Brandverhalten von Bauteilen

Bauteile sind aus Baustoffen errichtete Elemente wie Wände, Decken, Dächer, Fenster, Türen, Schächte, Kanäle usw. Wichtig ist, wie lange die Bauteile unter Belastung durch einen Brand die ihnen zugedachte Funktion noch erfüllen können.

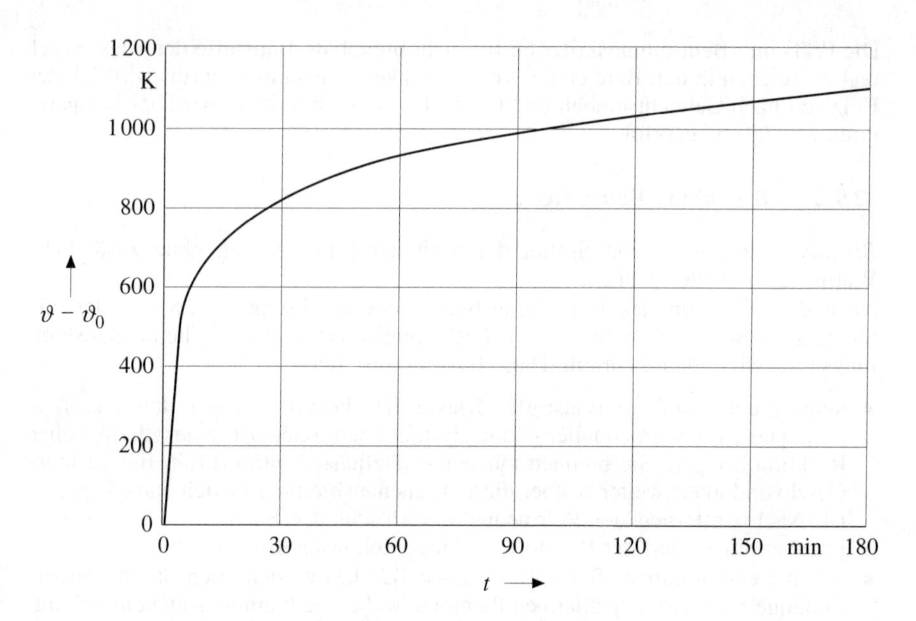

Bild 22.8 Einheitstemperaturzeitkurve

Eine Wand schließt einen Raum gegen die Umgebung ab, sie kann darüber hinaus das Gebäude tragen (tragende Wand). Stützen, Pfeiler und Balken sind tragende Bauteile, Türen und Fenster sorgen für den Raumabschluß und haben keine tragende Funktion. Die Dachkonstruktion trägt das Dach, die Dacheindeckung schließt das Gebäude nach außen hin ab.

Eingeteilt werden Bauteile nach der Feuerwiderstandsdauer, wobei die Bauteile stets unter den Verhältnissen des Vollbrands geprüft werden. Zur Nachbildung des Brandverlaufs wird die international genormte (ISO R 834) Einheitstemperaturzeitkurve (ETK) zugrunde gelegt. **Bild 22.8** zeigt die ETK, die mit Bild 22.7 recht gute Übereinstimmung zeigt. In Gl. (22.7) ist die ETK mathematisch beschrieben:

$$\vartheta - \vartheta_0 = 345 \lg (8 \cdot t + 1). \qquad (22.7)$$

Es bedeuten:

ϑ Brandtemperatur in K,

ϑ_0 Temperatur der Probekörper bei Versuchsbeginn in K,

t Zeit in Minuten.

Die Feuerwiderstandsklasse von Bauteilen muß durch ein Prüfzeugnis auf der Grundlage von DIN 4102 Teil 2 nachgewiesen werden. Die Einteilung der Baustoffe in die verschiedenen Feuerwiderstandsklassen zeigt **Tabelle 22.6.**

Die Feuerwiderstandsklasse wird von der Zeit (Feuerwiderstandsdauer) bestimmt, in der das Versagenskriterium eintritt. Versagenskriterien sind Verlust der Tragfähigkeit von Bauteilen oder Verlust des Raumabschlusses bzw. Übertragung von Feuer und/oder Rauch, je nachdem, welche Aufgabe das Bauteil im Bauwerk zu erfüllen hat.

Tabelle 22.6 Feuerwiderstandsklasse F

Feuerwiderstandsklasse	Feuerwiderstandsdauer	brandschutztechnische Forderung*)
F 30 F 60	≥ 30 min ≥ 60 min	feuerhemmend
F 90 F 120	≥ 90 min ≥ 120 min	feuerbeständig
F 180	≥ 180 min	hochfeuerbeständig

*) Im Sprachgebrauch üblich und auch in verschiedenen Landesbauordnungen sowie in DIN 4102 Blatt 2/Februar 1970 gebräuchlich.

Die brandschutztechnischen Begriffe »feuerhemmend«, »feuerbeständig« und »hochfeuerbeständig« werden vor allem in den Landesbauordnungen noch gebraucht; sie können wie folgt interpretiert werden:

- *Feuerhemmend* (Feuerwiderstandsklasse F 30) sind Bauteile, die beim Brandversuch nach DIN 4102 während einer Prüfzeit von 30 min nicht entflammen und den Durchgang des Feuers während der Prüfzeit, ihre Standfestigkeit und Tragfähigkeit unter Zugrundelegung der rechnerisch zulässigen Belastung nicht verlieren. Bei Stahlstützen, die nicht unter Gebrauchslast stehen, darf der Stahl nicht über 500 °C warm werden.
- *Feuerbeständig* (Feuerwiderstandsklasse F 90) sind Bauteile, die bei einem Brandversuch nach DIN 4102 während einer Prüfzeit von 90 min ihre Aufgabe (Trag- und Standfestigkeit) erfüllen und unmittelbar nach dem Brandversuch der Löschwasserbeanspruchung standhalten. Dabei dürfen tragende Stahlteile oder lotrechte Bewehrungsstäbe nicht in gefahrdrohender Weise freigelegt werden.
- *Hochfeuerbeständig* (Feuerwiderstandsklasse F 180) sind Bauteile, die bei einem Brandversuch nach DIN 4102 während einer Prüfzeit von 180 min ihre Aufgabe erfüllen.

Für die Bewertung im bauaufsichtlichen Nachweisverfahren werden die Bezeichnungen der Feuerwiderstandsklassen für die verschiedenen Baustoffe mit Zusatzbezeichnungen versehen. Es bedeuten:

A Das Bauteil besteht in dem für die Klassifizierung maßgebenden Querschnitt aus nicht brennbaren Stoffen (z. B. F 30-A).

AB Das Bauteil besteht in den wesentlichen Bauteilen aus nicht brennbaren Baustoffen (z. B. F 90-AB). Als wesentliche Bauteile gelten alle tragenden und aussteifenden Teile.

B Das Bauteil enthält über die Klassifizierung AB hinausgehend brennbare Bauteile (z. B. F 30-B).

Während für die Feuerschutzklasse von Wänden, Decken und Stützen das Kurzzeichen »F« gilt, werden für andere Bauteile auch andere Kurzzeichen verwendet. So gelten als Kurzzeichen:

W für nicht tragende Außenwände (z. B. W 30);
T für Feuerschutzabschlüsse, wie Türen, Tore, Klappen (z. B. T 120);
G für Brandschutzverglasungen (z. B. G 90);
L für Rohre und Formstücke von Lüfteranlagen (z. B. L 60);
K für Absperrvorrichtungen in Lüfterleitungen (z. B. K 90);
R für Rohrleitungen (z. B. R 60);
I für Installationsschächte und Revisionsöffnungen (z. B. I 120).

22.11 Bauliche Brandschutzmaßnahmen

Ziel des baulichen Brandschutzes ist es, Gebäude so zu konstruieren, daß die Möglichkeit einer Brandentstehung und Brandausdehnung auf ein erträgliches Maß verringert wird. Dabei ist der Staat, der verpflichtet ist, die öffentliche Ordnung aufrechtzuerhalten, auch verpflichtet, für den baulichen Brandschutz zu sorgen.

In der Bundesrepublik Deutschland sind die einzelnen Bundesländer für den Erlaß von Bauordnungen zuständig. Somit gibt es elf Bauordnungen mit teilweise unterschiedlichen Inhalten, die allerdings jeweils nur in dem entsprechenden Bundesland Rechtskraft besitzen. Um dem entgegenzuwirken, haben Bund und Länder eine Musterbauordnung (MBO) aufgestellt. Die MBO selbst hat keine Rechtskraft, aber die Bundesländer haben sich verpflichtet, ihre eigene Bauordnung der MBO, soweit dies irgendwie möglich ist, anzugleichen.

Hinsichtlich Brandschutzmaßnahmen ist in der MBO gefordert (Auszüge, die nur sinngemäß wiedergegeben werden):

§ 17 Brandschutz

(1) Bauliche Anlagen müssen so beschaffen sein, daß der Entstehung und der Ausbreitung von Feuer und Rauch vorgebeugt wird und bei einem Brand wirksame Löscharbeiten und die Rettung von Menschen und Tieren möglich sind.

(2) Leicht entflammbare Baustoffe dürfen nicht verwendet werden; dies gilt nicht für Baustoffe, wenn sie in Verbindung mit anderen Baustoffen nicht leicht entflammbar sind.

(3) Feuerbeständige Bauteile müssen in den wesentlichen Teilen aus nicht brennbaren Baustoffen bestehen.

§ 25 Bei Gebäuden sind tragende und aussteifende Wände und ihre Unterstützungen feuerbeständig herzustellen, wenn die Oberkante der Brüstungen notwendiger Fenster oder sonstiger zum Anleitern bestimmter Stellen mehr als 8 m über der festgelegten Geländeoberfläche liegt. Im übrigen sind tragende und aussteifende Wände mindestens feuerhemmend herzustellen. Ausnahmen gibt es für bestimmte Wohn- und landwirtschaftliche Gebäude. Entsprechendes gilt für tragende Pfeiler und Stützen.

§ 26 Bei Gebäuden sind nicht tragende Außenwände aus nicht brennbaren Baustoffen oder in feuerhemmender Bauart herzustellen, wenn die Oberkante der Brüstungen notwendiger Fenster usw. mehr als 8 m über der festgelegten Geländeoberfläche liegt.
Ersatzweise kann die Gefahr der Brandübertragung auch durch andere geeignete Vorkehrungen vermindert werden.

§ 27 Feuerbeständige Trennwände werden u.a. gefordert zwischen Wohnungen und
1. anderen Wohnungen bzw. fremden Räumen,
2. landwirtschaftlichen Betriebsräumen,

falls bestimmte Voraussetzungen vorliegen.
In anderen Fällen müssen Trennwände mindestens dieselbe Feuerwiderstandsdauer wie die tragenden Wände haben. Öffnungen in Trennwänden sind bei Sicherstellung des Brandschutzes unter bestimmten Bedingungen zulässig. Leitungen dürfen durch diese Wände nur hindurchgeführt werden, wenn eine Übertragung von Feuer und Rauch nicht zu befürchten ist oder Vorkehrungen hiergegen getroffen werden.

§ 28 Brandwände werden verlangt
1. Bei aneinander gereihten Gebäuden oder innerhalb dieser Gebäude alle 40 m.
2. Bei landwirtschaftlichen Gebäuden ab einer bestimmten Größe.

Brandwände müssen feuerbeständig und so beschaffen sein, daß sie bei einem Brand ihre Standsicherheit nicht verlieren und die Ausbreitung von Feuer auf andere Gebäude oder Gebäudeteile verhindern.
Öffnungen sind in Brandwänden grundsätzlich unzulässig. Sie können in Ausnahmefällen gestattet werden, sind aber besonders zu schützen.
Geschoßdecken sind in bestimmten Fällen feuerbeständig, in anderen feuerhemmend herzustellen. Ausnahmen hiervon werden nur bei eingeschossigen Gebäuden und bestimmten Wohnhäusern zugelassen.
Öffnungen in feuerbeständigen und feuerhemmenden Decken werden nur zugelassen, wenn sie mit gleichwertigen Feuerschutzabschlüssen versehen sind.

Nach der MBO sind:
- feuerbeständige Wände,
- Brandschutzwände und
- feuerbeständige Decken

raumabschließende Bauteile, durch die Leitungen nur hindurchgeführt werden dürfen, wenn eine Übertragung von Feuer und Rauch nicht zu befürchten ist oder wenn entsprechende Vorkehrungen dagegen getroffen sind.
Werden nur Einzelleitungen oder Einzelkabel durch o. g. raumabschließende Bauteile hindurchgeführt, genügt es, wenn die verbliebene Öffnung mit nicht brennbaren Baustoffen, z. B. Mörtel, Beton, Mineralfaserstoffe mit oberflächigem Putz, ordnungsgemäß verschlossen wird.

Besondere Vorkehrungen gegen die Übertragung von Feuer und Rauch sind in jedem Fall bei der Durchführung von gebündelten elektrischen Leitungen und/oder Kabeln erforderlich. Dies gilt auch für Stromschienensysteme und Rohrleitungen. Damit besteht die Forderung, eine sogenannte »Abschottung für Kabel- und Rohrdurchführungen« zu verwenden, wobei nach Einbau derselben die ursprünglich geforderte Feuerwiderstandsklasse wieder erreicht werden muß. Kabel- und Rohrschotte gelten im Sinne der Landesbauordnung als »neue Bauart«, die noch nicht allgemein gebräuchlich und bewährt ist, also Bauteile darstellen, deren Brauchbarkeit geprüft werden muß und somit einer Zulassung bedarf. Die Zulassung wird vom Institut für Bautechnik, Berlin, nach Beratung mit dem Sachverständigen-Ausschuß »Brandverhalten von Bauteilen« erteilt. Die Zulassung wird zeitlich befristet, sie wird für höchstens fünf Jahre ausgestellt.

Ein Zulassungsbescheid zum Nachweis ausreichender Brauchbarkeit bei der geforderten Feuerwiderstandsklasse gibt Auskunft über:

- die Bauart von Decken und Wänden, in die die Abschottung eingebaut werden darf;
- die Mindestdicke der Decken und Wände sowie die Mindestdicke der Abschottung;
- die Art der durchzuführenden Kabel bzw. Leitungen hinsichtlich Leitermaterial, Querschnitt und Mantelwerkstoff;
- Größe der Öffnung in der Decke oder Wand, die mit der Abschottung verschlossen werden soll;
- Festlegung, ob Kabelpritschen hindurchgeführt werden dürfen oder ob diese unterbrochen werden müssen;
- die Bauart der Abschottung mit Beschreibung der zu verwendenden Materialien, ggf. erläutert durch Zeichnungen;
- die Beschreibung des sachgerechten Einbaus;
- die notwendige Kennzeichnung durch dauerhafte Schilder, die neben der Abschottung an der Wand zu befestigen sind. Folgende Aufschriften sind erforderlich:
  - Name des Herstellers,
  - Bezeichnung des Systems,
  - Zulassungs-Nummer,
  - Herstellungsjahr.

Bild 22.9 zeigt als Beispiel ein Kabel-Schottungs-System für einen Wanddurchbruch. Bei der Planung sind folgende Auswahlkriterien von Bedeutung:

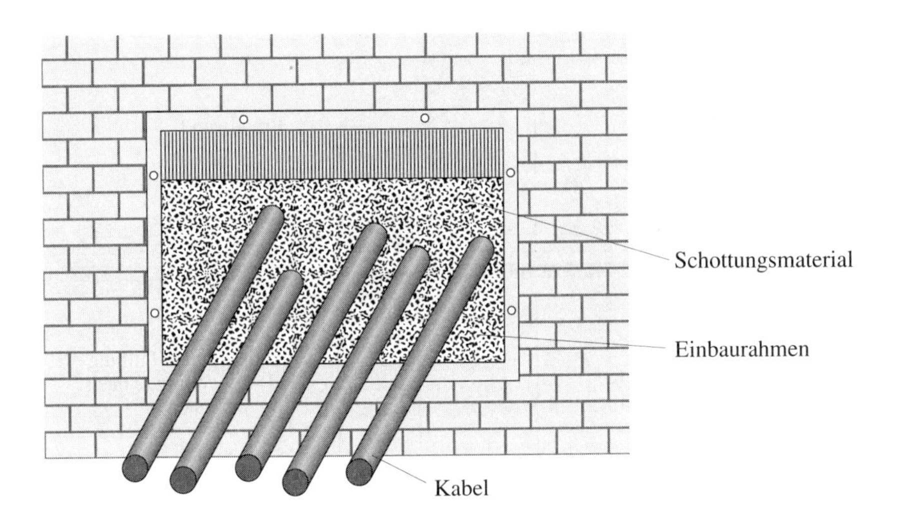

Bild 22.9 Kabel-Schottungs-System

- Einbaustelle in der Wand oder in der Decke?
- Nachweis der geforderten Feuerwiderstandsdauer von 30 min, 60 min, 90 min, 120 min oder 180 min. Bei feuerbeständigen Wänden und Decken sind Schotts für 90 min Feuerwiderstandsdauer erforderlich. Bei feuerhemmenden Wänden und Decken sind Schotts mit einer Feuerwiderstandsdauer von mindestens 30 min einzusetzen.
- Ist eine Durchführung der Kabeltragekonstruktion (Kabelpritsche) zugelassen oder nicht?
- Wie ist das Brandschott aufgebaut? Wenn die Öffnung mit mineralischen Baustoffen und zusätzlichem Brandschutzanstrich versehen ist, handelt es sich um ein »weiches Schott«. Besteht die Abdichtung der Öffnung aus nachhärtenden Vergußmassen, handelt es sich um ein »hartes Schott«.

Bei einem weichen Schott muß dafür gesorgt werden, daß im Brandfall die Kabel keinen Zugbelastungen ausgesetzt werden. Treten Zugbelastungen auf, so ist zu befürchten, daß das Schottungsmaterial durch die Last der Kabel eingedrückt wird, oder sie werden völlig aus der Wand herausgerissen. In beiden Fällen entstehen Öffnungen, und das Schott kann seine Aufgabe nicht erfüllen. Wo derartige Gefahren bestehen, müssen Zugentlastungen vor und hinter dem Schott angebracht werden, die die Zugkräfte in beliebiger Richtung aufnehmen können **(Bild 22.10).**

Ein weiches Schott bietet sich demnach dort an, wo keine statisch festen Trennwände vorhanden sind. An derartigen Stellen sollte dann auch auf das Hindurchführen von Kabelpritschen durch das Schott verzichtet werden.

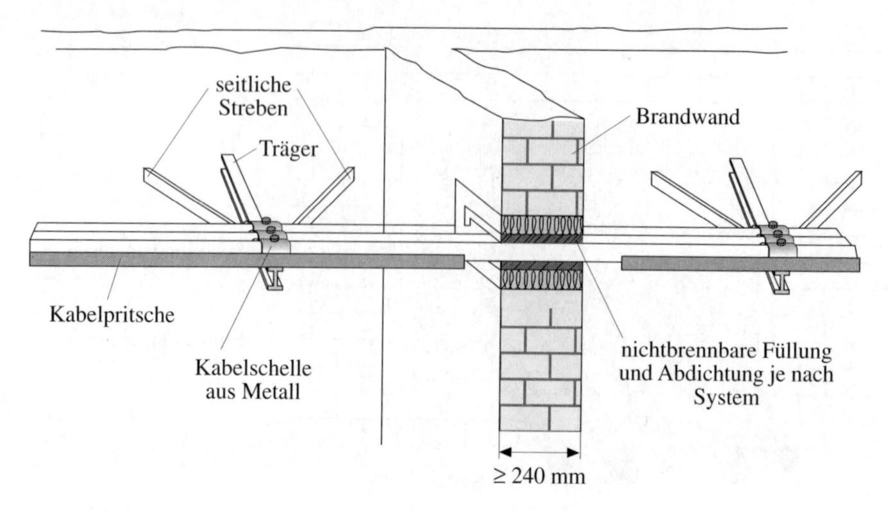

Bild 22.10 Wandschott ohne eigene Zugfestigkeit (weiches Schott)

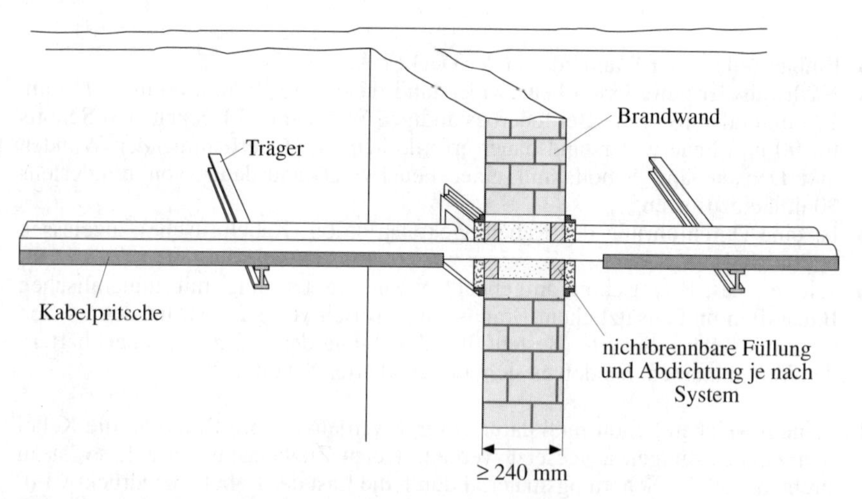

Bild 22.11 Wandschott mit eigener Zugfestigkeit (hartes Schott)

Bei einem harten Schott werden Kabel auch beim Einsturz der Tragekonstruktionen nicht aus den Bauteilen herausgerissen **(Bild 22.11).**

Dabei ist Voraussetzung, daß die Wände und Decken eine solche statische Festigkeit haben, daß sie die auftretenden Kräfte aufnehmen können. In größeren elektri-

schen Anlagen sollte deshalb sorgfältig geprüft werden, ob es nicht sinnvoller ist, weniger, dafür aber gute Kabelschottungen zu verwenden, als viele, die zwar den Prüfbedingungen entsprechen, jedoch den harten Anforderungen eines Brands nicht standhalten.
Kabelbeschichtungen und Schaumschichtbildner sind Maßnahmen mit Kurzzeiteffekt. Wichtig ist, daß die Mindestauftragsdicke, die der Hersteller vorgibt, auch tatsächlich aufgebracht wird. Dies führt bei Kabelbündelungen auf Pritschen und Bühnen sowie bei Kabeltrassen mit geringem Abstand zur Befestigung mitunter zu Schwierigkeiten, weil die Rückseiten nicht ausreichend beschichtet werden können. Besonders bei vertikaler Leitungsführung kann dabei die Brandausbreitungsgeschwindigkeit infolge der Kaminwirkung zunehmen. Schaumschichtbildner haben noch den Nachteil, daß ihre Schutzwirkung erst in Temperaturbereichen einsetzt, in denen auch bereits Weichmacher und Halogene von PVC-isolierten Kabeln und Leitungen freigesetzt werden. Ggf. muß die Strombelastbarkeit wegen behinderter Wärmeabführung verringert werden.

Besondere Bedingungen hinsichtlich des Brandschutzes sind ggf. in »baulichen Anlagen oder Räumen besonderer Art oder Nutzung« (MBO § 51) zu beachten. Zu nennen sind:

- Versammlungsstätten,
- Krankenhäuser,
- Büro- oder Verwaltungsgebäude,
- Altenpflegeheime,
- Schulen und Sportstätten,
- Hochhäuser,
- Geschäftshäuser,
- Anlagen und Räume großer Ausdehnung,
- Anlagen und Räume für gewerbliche Betriebe.

Bei der Planung umfangreicher Anlagen kann es unter Umständen auch sinnvoll sein, innerhalb eines Brandabschnitts zusätzliche Abschottungen vorzusehen, um hochwertige Anlageteile (z.B. Elektronische Datenverarbeitungsanlage) besonders zu schützen.

22.12 Brandschutz durch vorbeugende Installationstechnik

Für die Verminderung der Brandgefahr ist die schnelle Abschaltung eines Fehlers in der elektrischen Anlage wichtig. Richtig bemessene und einwandfrei ausgeführte Schutzleiter-Schutzmaßnahmen gegen gefährliche Körperströme (DIN VDE 0100 Teil 410) und der Überstromschutz von Kabeln und Leitungen gegen zu hohe Erwärmung (DIN VDE 0100 Teil 430) sorgen unter Beachtung aller Umgebungs- und Verlegebedingungen für einen ausreichenden Brandschutz. Je empfindlicher eine Schutzeinrichtung arbeitet, d. h. je schneller sie im Fehlerfall anspricht, desto wirksamer übernimmt sie auch den Brandschutz. Ebenso logisch ist allerdings auch, daß eine Schutzeinrichtung bei mangelhafter Ausführung der Anlage den Schutz nur bedingt übernehmen kann. Werden Leitungshäufungen oder höhere Umgebungstemperaturen nicht berücksichtigt, oder liegen mangelhafte Übergangswiderstände an Kontakten vor, so kommen Ströme zum Fließen, die einen Brand auslösen können, ohne daß die vorgeschaltete Schutzeinrichtung anspricht. FI-Schutzeinrichtungen mit Nennfehlerströmen $I_{\Delta n} \leq 100$ mA bieten einen ausgezeichneten Brandschutz, da Fehler gegen Erde oder gegen geerdete Bauteile sehr schnell erkannt und abgeschaltet werden.

Elektrische Leitungen bzw. Kabel, die zur Versorgung besonderer Anlagen dienen, sollten auch einen besonderen Schutz über ihre gesamte Länge (Längsschutz) erhalten. Dieser Längsschutz kann für folgende Anlagen erforderlich sein:

- Rettungswege (Flure, Treppenhäuser),
- Räume für Menschenansammlungen,
- Räume mit einer Konzentration hoher Sachwerte,
- Netzersatz- und Notstromanlagen,
- Feuerwehraufzüge,
- Sprinkleranlagen,
- Sicherheitsbeleuchtung.

Der Längsschutz in diesen Anlagen soll im Zusammenhang mit elektrischen Kabeln und Leitungen eine Brandschutzmaßnahme darstellen, die den Übergriff eines äußeren Brands auf Kabel- bzw. Leitungsanlagen erschwert oder verhindert. Gleichzeitig sollen die von einem Kabel- bzw. Leitungsbrand ausgehenden Folgewirkungen abgeschwächt oder verhindert werden. Dieser Schutz kann durch bauliche Maßnahmen, durch die Auswahl entsprechender Kabel bzw. Leitungen oder durch eine entsprechende Verlegeart erreicht werden. Den Längsschutz könnten alternativ sicherstellen:

- die Verlegung mineralisolierter Leitungen bzw. Kabel;
- die Verlegung halogenfreier Leitungen bzw. Kabel;
- PVC-Kabel und -Leitungen mit verbessertem Brandverhalten;
- das Auftragen von Dämmschichtbildnern;
- die Ummantelung von Leitungen und Kabeln mit Streckmetall, das mit Dämmschichtbildnern gestrichen ist;
- Herstellen von Schächten und Kanälen aus nicht brennbaren Baustoffen;
- besondere Wahl der Kabel- bzw. Leitungstrasse mit räumlich getrennter Verlegung, z. B. in Zwischenböden und anderen Hohlräumen aus nicht brennbaren Baustoffen;
- die Verlegung im Erdreich;
- die Verlegung in Beton, in Putz oder unter Putz.

Mineralisolierte Kabel und Leitungen sind bis etwa 1000 °C (Kupfermantel) und bis etwa 2000 °C (Magnesiumoxid als Leiterisolierung) temperaturbeständig. Sie verursachen im Brandfall weder Rauch- noch gefährliche Brandgase.

Kunststoffisolierten Kabeln und Leitungen ist als Füllstoff häufig Aluminiumhydroxid beigemischt, das bis zu 30 % Wasser in chemisch gebundener Form enthält. Das Wasser wird bei Erhitzung freigesetzt, wobei Wärme gebunden wird. Diese Kabel und Leitungen sind mit »schwer entflammbaren Baustoffen« vergleichbar, d. h., sie brennen unter Prüfbedingungen nicht selbsttätig weiter, zersetzen sich aber unter Flammeneinwirkung. Im Brandfall verbrennt die Isolierung, die Füllstoffe veraschen, und das Aluminiumhydroxid bleibt als weiße pulvrige Masse zwischen den Leitern erhalten. Der mit trockenem Pulver gefüllte Abstand zwischen den Leitern gewährleistet den Funktionserhalt. Durch Erschütterungen kann das Pulver herausfallen und so das Betriebsverhalten im Brandfall beeinträchtigten. Die von den Herstellern gebrauchte Aussage eines »Funktionserhalts im Brandfall« ist also mit Vorsicht zu betrachten. Halogenfreie Kabel und Leitungen haben im Brandfall gegenüber PVC-isolierten Kabeln und Leitungen folgende Vorteile:

- keine Abspaltung von korrosiven Gasen;
- geringe Rauchentwicklung.

Kabel und Leitungen aus PVC oder VPE haben die Eigenschaft, im Brandfall auch nach Entzug der Zündquelle aus sich heraus weiterzubrennen.

Kabel und Leitungen, die im Brandfall »Verbrennungswärme« entwickeln, erhöhen die Brandbelastung eines Gebäudes. Die Verbrennungswärmen in kWh/m gängiger Kabel und Leitungen (Typ und Querschnitt) sind in **Tabelle 22.7** dargestellt. Ein Vergleich zeigt, daß die Verbrennungswärmen von halogenhaltigen und halogenfreien Kabeln und Leitungen nahezu gleich sind.

Die zulässige Brandbelastung eines Gebäudes wird entweder in kWh/m^2 oder in MJ/m^2 angegeben. Unter *Brandbelastung* (Brandlast) wird die Verbrennungsenergie der dort vorhandenen brennbaren Stoffe verstanden. Sie wird festgelegt durch entsprechende brandschutztechnische Forderung an die Begrenzung der Menge brennbarer Stoffe. Die Forderung gilt nicht nur für die Elektrotechnik, sondern auch für andere Gewerke. Die Verbrennungswärme verschiedener Stoffe zeigt **Tabelle 22.8.**

Für Betriebsmittel von elektrischen Starkstromanlagen, die baulichen brandschutztechnischen Forderungen unterliegen, regelt der Gesetzgeber die wesentlichen Grundanforderungen im Bauordnungsrecht. Hierzu wurde ein »Muster für Richtlinien über brandschutztechnische Anforderungen an Leitungsanlagen« (Wortlaut siehe Anhang G) ausgearbeitet. Diese Muster-Richtlinien behandeln u. a. die Installation von Starkstromanlagen in bestimmten Rettungswegen, die Durchführung von Kabeln und Leitungen durch bestimmte Decken und Wände mit notwendiger Feuerwiderstandsklasse sowie den Funktionserhalt für Sicherheitseinrichtungen.

Tabelle 22.7 Verbrennungswärme von Kabeln und Leitungen mit Nennspannungen bis 3 kVA

Abmessungen der Kabel und Leitungen		Bauart der Kabel und Leitungen									
		halogenhaltig			halogenfrei						
Aderzahl und Nennquerschnitt		NYM	NYY	NYCY/ NYCWY	NHXHX	NHXCHX	NHXA	NHXAF	NHXMH	NSHXAÖ NSHXAFÖ	NSHXAÖ NSHXAFÖ
U_0/U in V bzw. kV		300/500	0,6/1	0,6/1	0,6/1	0,6/1	450/750	450/750	300/500	0,6/1	1,8/3
$n \times mm^2$	$n \times mm^2/mm^2$	kWh/m									
1 × 0,5							0,22	0,23			
1 × 0,75							0,23	0,26			
1 × 1							0,26	0,29			
1 × 1,5		0,17					0,37	0,40	0,33	0,13	0,20
1 × 2,5		0,22	0,22		0,22		0,44	0,49	0,36	0,16	0,22
1 × 4		0,25	0,33		0,28		0,52	0,59	0,42	0,20	0,25
1 × 6		0,28	0,33		0,28		0,61	0,71	0,44	0,22	0,28
1 × 10		0,36	0,33		0,28		0,74	0,89	0,53	0,30	0,37
1 × 16		0,42	0,42		0,39		1,00	1,20	0,64	0,35	0,43
1 × 25		0,58	0,58		0,53		1,60	1,80		0,47	0,59
1 × 35			0,67		0,58		1,90	2,20		0,54	0,73
1 × 50			0,81		0,69		2,40	2,90		0,75	0,83
1 × 70			0,92		0,81		3,20	3,70		0,85	0,94
1 × 95			1,17		1,03		3,70	4,30		1,06	1,26
1 × 120			1,31		1,14		4,50	5,20		1,17	1,38
1 × 150			1,58		1,39		5,90	6,90		1,39	1,51
1 × 185							7,50	8,70		1,75	1,88
1 × 240							9,10	10,00		2,10	2,24
1 × 300							11,00			2,46	2,62
1 × 400							13,00				
2 × 1,5		0,42	0,69		0,69				0,36		
2 × 2,5		0,53	0,78		0,78				0,42		
2 × 4		0,67	1,00		0,89				0,56		
2 × 6		0,75	1,11		1,00				0,64		
2 × 10		1,17	1,31		1,19				0,97		
2 × 16									1,30		
2 × 25									1,80		
2 × 35									2,30		
3 × 1,5		0,44	0,75		0,78				0,42		
3 × 2,5		0,58	0,83		0,86				0,47		
3 × 4		0,72	1,08		1,00				0,61		
3 × 6		0,92	1,22		1,08				0,78		
3 × 10		1,28	1,42		1,28				1,10		
3 × 16		1,53	1,69		1,53				1,50		
3 × 25		2,39	2,47		2,25				2,10		
3 × 35		2,78	2,14		2,56				2,50		
3 × 50			2,60		3,19						
3 × 70			3,08		3,94						
3 × 95			4,06		5,14						
3 × 120			4,47		5,89						
3 × 150			5,42		7,25						

Tabelle 22.7 Fortsetzung

Abmessungen der Kabel und Leitungen		Bauart der Kabel und Leitungen									
		halogenhaltig			halogenfrei						
Aderzahl und Nennquerschnitt		NYM	NYY	NYCY/ NYCWY	NHXHX	NHXCHX	NHXA	NHXAF	NHXMH	NSHXAÖ NSHXAFÖ	NSHXAÖ NSHXAFÖ
U_0/U in V bzw. kV		300/500	0,6/1	0,6/1	0,6/1	0,6/1	450/750	450/750	300/500	0,6/1	1,8/3
$n \times mm^2$	$n \times mm^2/mm^2$	kWh/m									
4 × 1,5	3 × 1,5/1,5	0,53	0,83	0,78	0,89				0,47		
4 × 2,5	3 × 2,5/2,5	0,67	0,94	0,86	1,00				0,56		
4 × 4	3 × 4/4	0,92	1,25	1,11	1,14				0,78		
4 × 6	3 × 6/6	1,08	1,42	1,25	1,28				0,94		
4 × 10	3 × 10/10	1,50	1,67	1,47	1,50				1,30		
4 × 16	3 × 16/10	1,86	2,03	1,75	1,86				1,80		
	3 × 16/16			1,75							
4 × 25		2,89	2,89		2,64				2,60		
	3 × 25/16		2,67	2,53	2,42						
	3 × 25/25			2,53					3,10		
4 × 35		3,28	2,61		3,00						
	3 × 35/16		2,67	2,22	2,69						
	3 × 35/35			2,22							
4 × 50			3,31		3,92						
	3 × 50/25		3,31	2,78	3,53						
	3 × 50/50			2,75							
4 × 70			4,08		4,81						
	3 × 70/35		4,06	3,28	4,31						
	3 × 70/70			3,28							
4 × 95			5,11		6,25						
	3 × 95/50		5,19	4,28	5,58						
	3 × 95/95			4,28							
4 × 120			5,69		7,14						
	3 × 120/70		5,81	4,72	6,58						
	3 × 120/120			4,72							
4 × 150			6,97		7,14						
	3 × 150/70		7,03	5,72	7,64						
	3 × 150/150			5,72							

Tabelle 22.7 Fortsetzung

Abmessungen der Kabel und Leitungen		Bauart der Kabel und Leitungen									
		halogenhaltig			halogenfrei						
Aderzahl und Nennquerschnitt		NYM	NYY	NYCY/ NYCWY	NHXHX	NHXCHX	NHXA	NHXAF	NHXMH	NSHXAÖ NSHXAFÖ	NSHXAÖ NSHXAFÖ
U_0/U in V bzw. kV		300/500	0,6/1	0,6/1	0,6/1	0,6/1	450/750	450/750	300/500	0,6/1	1,8/3
$n \times mm^2$	$n \times mm^2/mm^2$	kWh/m									
5 × 1,5	4 × 1,5/1,5	0,58	0,94	0,86	1,03	0,89			0,56		
5 × 2,5	4 × 2,5/2,5	0,75	1,08	0,97	1,14	1,03			0,64		
5 × 4	4 × 4/4	1,11	1,44	1,28	1,31	1,17			0,98		
5 × 6	4 × 6/6	1,28	1,64	1,44	1,47	1,31			1,10		
5 × 10	4 × 10/10	1,83	2,00	1,69	1,83	1,53			1,50		
5 × 16	4 × 16/16	2,31	2,39	2,08	2,17	1,89			2,20		
5 × 25	4 × 25/16	3,42	3,42	2,92	3,14	2,69			3,10		
5 × 35	4 × 35/16			2,67		3,06			3,70		
	4 × 50/25			3,44		4,00					
	4 × 70/35			4,17		4,89					
	4 × 95/50			5,33		6,44					
	4 × 120/70			5,94		7,36					
	4 × 150/70			7,22		8,97					
6 × 1,5		0,67									
7 × 1,5		0,67	1,08		1,17				0,64		
7 × 2,5			1,22		1,31				0,81		
7 × 4			1,67		1,50						
12 × 1,5			1,56		1,69						
12 × 2,5			1,78		2,00						
12 × 4			2,53		2,31						
19 × 1,5			2,06		2,36						
19 × 2,5			2,44		2,69						
19 × 4			3,42		3,14						
24 × 1,5			2,56		2,86						
24 × 2,5			2,94		3,28						
24 × 4			4,33		3,97						
37 × 1,5			3,39		3,92						
37 × 2,5			4,00		4,69						
37 × 4			6,03		5,53						

Tabelle 22.8 Verbrennungswärme (Heizwert) wichtiger Stoffe

Stoff	Verbrennungswärme	
	kcal/kg	kWh/kg
Holz	3600 bis 4000	4,2 bis 4,7
PVC	4000 bis 4300	4,7 bis 5,0
PE	11000	12,8
PP	11000	12,8
Benzin	11000	12,8
Propan	12000	14,0
Acetylen	12000	14,0
Wasserstoff	30000	35,0

Umrechnungsfaktoren für verschiedene Einheiten:
1 kWh = 860,11 kcal
1 MJ = 0,278 kWh
1 kWh = 3,6 MJ
1 kcal = $1{,}1626 \cdot 10^{-3}$ kWh

22.13 Literatur zu Kapitel 22

[1] Der Elektromeister und Deutsches Elektrohandwerk. Sonderheft: Brandschadenverhütung in elektrischen Anlagen (1977)

[2] VdS-Fachtagungen: Brandschadenverhütung in elektrischen Anlagen – 100 Jahre Sicherheitsvorschriften in Deutschland. Sonderheft VdS (1983)

[3] Schwartz, E.: Handbuch der Feuer- und Explosionsgefahr. 6. Aufl., München: Feuerschutz-Verlag Ph. L. Jung, 1964

[4] Hösl, A.: Elektroinstallation in feuergefährdeten und landwirtschaftlichen Betriebsstätten. Taschenbuchreihe Elektrik + Elektronik Bd. 304, München: Richard-Pflaum-Verlag KG, 1974

[5] Verband der Sachversicherer e.V.: Brandschutz in Kabel-, Leitungs- und Stromschienensystemen. Form 2025, Köln, 1983

[6] Verband der Sachversicherer e.V.: Richtlinien für den Brandschutz bei freiliegenden Kabelbündeln innerhalb von Gebäuden sowie in Kanälen und Schächten. Form 2013, Köln, 1983

[7] Verband der Sachversicherer e.V.: Verbrennungswärme der Isolierstoffe von Kabeln und Leitungen. Form 3319, Köln, 1983

[8] Musterbauordnung (MBO); Textausgabe. Wiesbaden, Berlin: Bauverlag, 1983

[9] Stein, R.: Brandschutz für elektrische Anlagen. Der Elektriker/Der Energieelektroniker 29 (1990) H. 1, S. 16 bis 21

[10] Pieper, D. und Schröter, O.-E.: Halogenfreie Starkstromkabel und Installationsleitungen mit verbessertem Verhalten im Brandfall. Siemens-Energietechnik (1984) H. 5, S. 234 bis 240

23 Stromversorgungsanlagen für Sicherheitszwecke – Teil 560

Eine elektrische Stromversorgungsanlage für Sicherheitszwecke ist eine Anlage, die aus Gründen der Sicherheit von Personen zur Verfügung gehalten wird für den Fall, daß die allgemeine Stromversorgung ausfällt.

Stromversorgungsanlagen für Sicherheitszwecke dürfen keinesfalls mit dem Netz des EVU parallel betrieben werden (Forderung nach TAB), was schaltungstechnisch verhindert werden muß. Die in Teil 560 getroffenen Festlegungen gelten deshalb nicht für:

- Eigenerzeugungsanlagen, die unter Ausnutzung regenerativer Energiequellen mit dem Niederspannungsnetz des EVU parallel betrieben werden (siehe hierzu Abschnitt 3.2.3);
- Ersatzstromversorgungsanlagen nach Teil 728, die die elektrische Energieversorgung von Netzteilen, Verbraucheranlagen oder einzelnen Verbrauchsmitteln nach Ausfall oder Abschaltung der normalen Energieversorgung übernehmen.

Ob und in welchem Umfang eine Stromversorgung für Sicherheitszwecke vorgesehen werden muß, wird anhand der Art und Nutzung eines Gebäudes entweder in behördlichen Vorschriften generell festgelegt oder von Fall zu Fall von der zuständigen Behörde entschieden. Grundforderung ist, beim Ausfall der öffentlichen Stromversorgung eine Panik zu verhindern bzw. Rettungsarbeiten durchführen zu können. Gestützt werden diese Forderungen durch Verordnungen der Bundesländer, wie Landesbauordnung, Garagenverordnung, Versammlungsstätten-Verordnung, Arbeitsstätten-Verordnung, Waren- und Geschäftshaus-Verordnung, Schulbaurichtlinien u. a.

Danach können Stromversorgungen für Sicherheitszwecke notwendig werden für:

- Versammlungsstätten;
- Waren- und Geschäftshäuser (Banken, Kaufhäuser, Supermärkte, Einkaufszentren, Behörden- und Verwaltungsgebäude);
- Hochhäuser aller Art und Nutzung;
- Beherbergungsstätten;
- Krankenanstalten, ggf. Arztpraxen;
- geschlossene Großgaragen.

Darüber hinaus gibt es noch Anlagen bzw. Betriebsstätten, bei denen durch Ausfall des Netzes, je nach Art des gefertigten Produkts, erhebliche Produktionsschäden auftreten können, so daß der Einsatz einer Stromversorgung für Sicherheitszwecke zu überlegen ist.

Beispiele sind:

- landwirtschaftliche Betriebe (Intensivtierhaltung, Treibhäuser);
- Großbaustellen (Wasserhaltung, Beleuchtung, Betoniervorgänge);
- EDV-Anlagen (Abfahren der Anlage);
- Rundfunk- und Fernsehanlagen (Sendebereich);
- Militärische Anlagen (Radarstationen, Flugsicherungsanlagen).

Der Umfang der Versorgung (Leistungsbereitstellung) richtet sich dabei nach der Größe der einzelnen Systeme, wie Beleuchtung, Kommunikationssystem, Antriebssysteme, Lüftung und Klimageräte.

Die technischen Anforderungen (Umschaltzeit, Betriebsdauer, Wartungsintervalle, Probeläufe usw.) an Stromversorgungsanlagen für Sicherheitszwecke sind zum Teil in

- DIN VDE 0107
  Starkstromanlagen in Krankenhäusern und medizinisch genutzten Räumen außerhalb von Krankenhäusern
- DIN VDE 0108
  Starkstromanlagen mit Sicherheitsstromversorgung in baulichen Anlagen für Menschenansammlungen

für die genannten Anlagen festgelegt. Bei anderen Anlagen sind die technischen Anforderungen zweck- und sicherheitsgerecht zu wählen.

Wenn es sich um eine Stromversorgung für Sicherheitszwecke handelt, wobei gleichzeitig eine Versorgung durch das EVU auf der Grundlage der AVBEltV erfolgt, sind zusätzlich die Forderungen nach den

- Allgemeinen Bedingungen für die Elektrizitätsversorgung von Tarifkunden (AVBEltV) vom 21.06.1979;
- Technischen Anschlußbedingungen für den Anschluß an das Niederspannungsnetz (TAB),
- VDEW-Richtlinien für Planung, Errichtung und Betrieb von Anlagen mit Notstromaggregaten

zu beachten.

Die wichtigsten Anforderungen sind:

- Die technische Ausführung des Anschlusses, die Schutzeinrichtungen und der Betrieb der Eigenerzeugungsanlage sind im einzelnen mit dem EVU abzustimmen (TAB 11);
- Möglichkeiten der Rückspeisung in das EVU-Netz, des Parallelbetriebs mit dem EVU-Netz oder der Potentialanhebung des Neutralleiters bzw. PEN-Leiters des EVU-Netzes sind auszuschließen (TAB 11.2 (1));
- Bei der Umschaltung der Verbrauchsanlage vom EVU-Netz auf die Stromversorgung für Sicherheitszwecke muß eine zwangsläufige allpolige Trennung der Außenleiter (L1, L2, L3) und des Neutralleiters (N) bzw. PEN-Leiters vom EVU-Netz erfolgen (TAB 11.2 (2));

Ausnahme: Ist wegen der Vermaschung von Erdungen und Potentialausgleichsleitern eine einwandfreie Trennung des PEN-Leiters bzw. des Schutzleiters und des Neutralleiters bei Anwendung des TN-Systems nicht praktikabel, kann nach Zustimmung des EVU darauf verzichtet werden. Das bedeutet, die Trennung der Außenleiter reicht aus.

- Die Umschalter bzw. Schützkombinationen müssen eine Stellung zwischen der Schaltung EVU-Netz/Ersatzstromquelle besitzen, in der die zu versorgende Installationsanlage sowohl vom EVU-Netz als auch von der Ersatzstromquelle getrennt ist (TAB 11.2 (3)).

Wenn die Stromversorgung für Sicherheitszwecke auch während eines Brandfalls betrieben werden soll, müssen alle Betriebsmittel durch

- Konstruktion, z.B. Kabel mit verbessertem Verhalten im Brandfall und mit Isolationserhalt (siehe Abschnitt 19.3), oder durch
- geeignete Anordnung, z.B. Verlegung von Kabeln und Leitungen unter Putz,

einem Brand eine angemessene Zeit widerstehen.

23.1 Anforderungen an Stromquellen für Sicherheitszwecke

Eine Stromquelle für Sicherheitszwecke muß in der Lage sein, die geforderte Leistung über eine festgelegte Zeit (Versorgungsdauer) zu liefern. Als Stromquellen können verwendet werden:

- Akkumulatoren-Batterien,
- Primärelemente,
- Generatoren mit netzunabhängiger Antriebsmaschine, z. B. Dieselmotor,
- zusätzliche Netzeinspeisung, unabhängig von der normalen Versorgung, wobei hinreichend sichergestellt sein muß, daß nicht beide Einspeisungen gleichzeitig ausfallen können.

Nach der Art der Umschaltung im Störungsfall von Netzbetrieb auf Betrieb für Sicherheitszwecke wird unterschieden in:

- Stromquellen, die selbsttätig anlaufen und automatisch zugeschaltet werden, und
- Stromquellen, die von Hand in Betrieb gesetzt werden müssen.

Selbsttätig anlaufende Ersatzstromquellen werden nach ihrer Unterbrechungszeit (Einschaltverzögerung) **(Tabelle 23.1)** eingeteilt.

Tabelle 23.1 Einteilung der Stromquellen nach der Unterbrechungszeit

Unterbrechung	Unterbrechungszeit in s	Bezeichnung der Anlage
unterbrechungslos	0	USV-Anlage[1])
sehr kurz kurz	≤ 0,15 > 0,15 bis ≤ 0,5	Schnell-bereitschaftsanlage[2])
mittel lang	> 0,5 bis ≤ 15 > 15	automatische Sicherheitsversorgung

1) Unterbrechungsfreie Stromversorgungs-Anlage,
auch: Sofortbereitschafts-Anlage
No-break-Anlage
2) auch: Short-break-Anlage

Eine unterbrechungsfreie Stromversorgung ist möglich durch

- statische USV-Anlagen mit Gleichrichter, Batterien und Wechselrichter **(Bild 23.1)**,

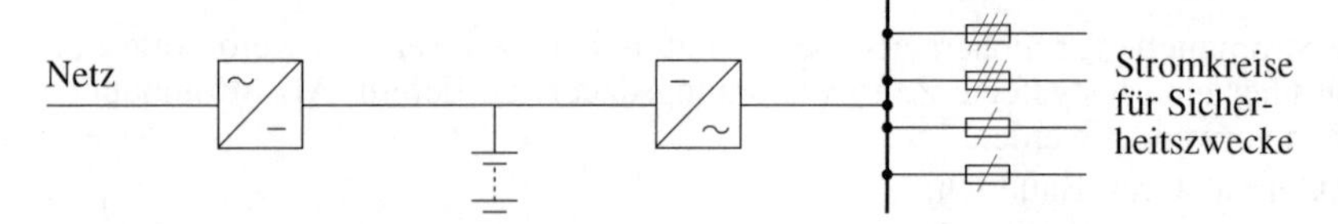

Bild 23.1 Statische USV-Anlage

- rotierende USV-Anlagen als
  - eine Kombination von Gleichrichter, Batterien, Gleichstrommotor und Generator **(Bild 23.2)**,

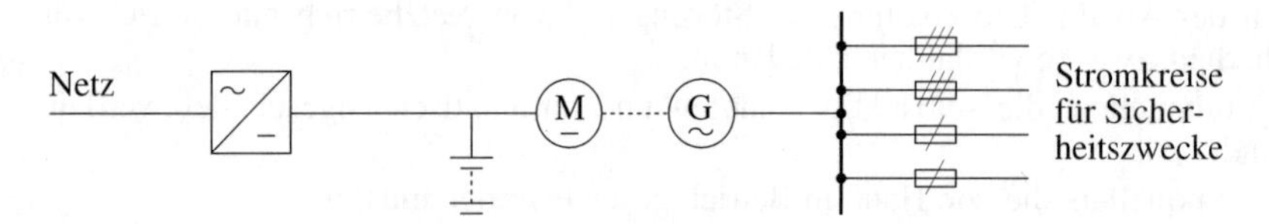

Bild 23.2 Statische und rotierende USV-Kombination

  - eine Kombination von Motor, Schwungrad und Generator, die ständig in Betrieb sind, und einer Verbrennungskraftmaschine (z.B. Gas-, Diesel- oder Ottomotor), die bei Spannungsausfall durch das Schwungrad hochgefahren wird und danach den Antrieb übernimmt **(Bild 23.3)**.

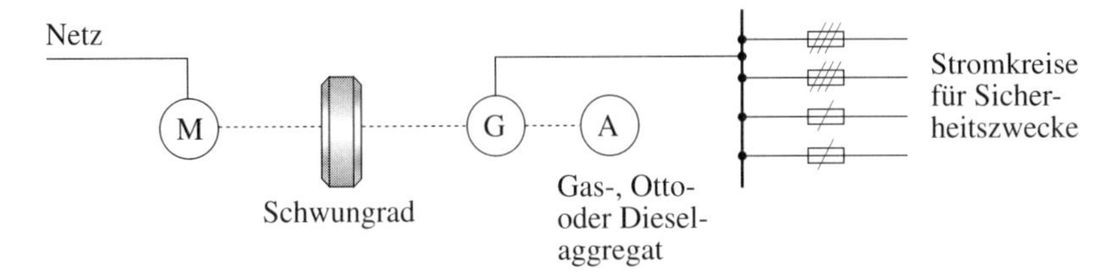

Bild 23.3 Rotierende USV-Anlage

Bei Schnellbereitschafts- und anderen Anlagen, die verzögert einschalten, erfolgt im Störungsfall eine Umschaltung der Stromversorgung für Sicherheitszwecke auf die für Sicherheitszwecke vorhandene Stromquelle. Die Umschaltzeit richtet sich dabei nach der An- und Hochlaufdauer des Ersatzantriebsaggregats.
Für kurze und sehr kurze Umschaltzeiten kommen Akkumulatoren-Batterien **(Bild 23.4)** zum Einsatz.

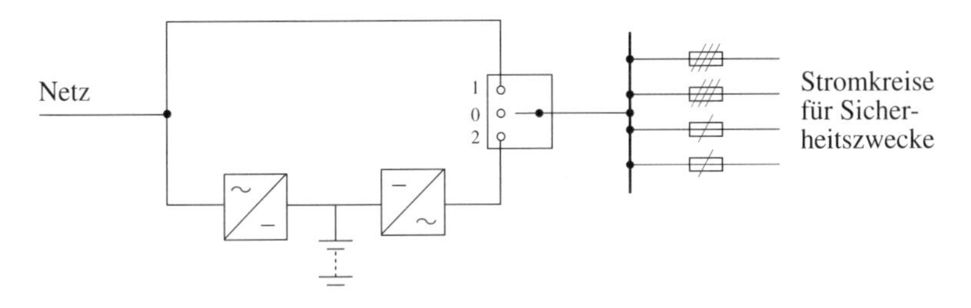

Bild 23.4 Statische Schnellbereitschaftsanlage

Rotierende Schnellbereitschaftsanlagen **(Bild 23.5)** erfordern einen hohen Aufwand, wie z. B. eine Anlaufvorrichtung durch Preßluft, wobei das Antriebsaggregat durch Preßluft in kürzester Zeit hochgefahren wird.

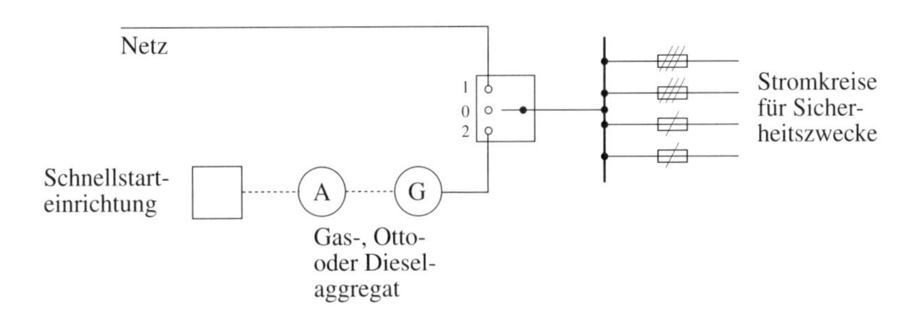

Bild 23.5 Rotierende Schnellbereitschaftsanlage

Anlagen mit mittleren und langen Umschaltzeiten sind in der Regel einfache Kombinationen von Antriebsaggregat mit Starterbatterie und Generator **(Bild 23.6).**

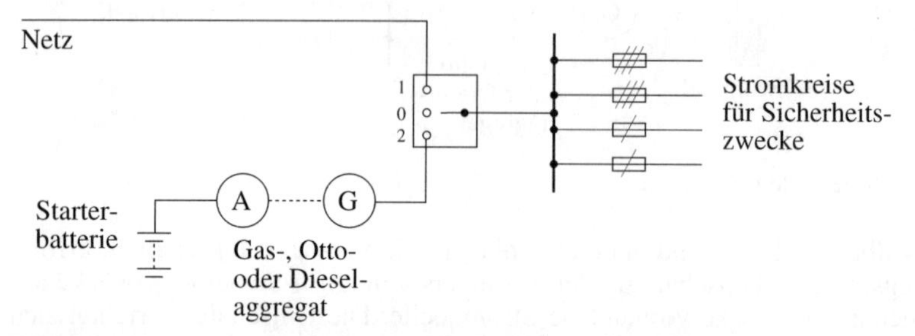

Bild 23.6 Stromversorgung bei mittleren und langen Umschaltzeiten

Anlagen, die von Hand gestartet werden, sind ebenfalls so aufgebaut, wie in Bild 23.6 dargestellt, nur erfolgt das Starten des Aggregats und die Zuschaltung nicht automatisch, sondern von Hand. Ebenso muß bei Wiederkehr der Netzspannung die Umschaltung auf das Netz und die Stillsetzung des Aggregats für Sicherheitszwecke von Hand vorgenommen werden.

23.2 Schutz bei indirektem Berühren (Fehlerschutz)

Alle in Teil 410 beschriebenen Schutzmaßnahmen bei indirektem Berühren (Kapitel 5 und 7 bis 9) sind zulässig.

23.2.1 Schutzmaßnahmen ohne Abschaltung im Fehlerfall

Bevorzugt angewandt werden sollen Schutzmaßnahmen, bei denen im Fehlerfall keine automatische Abschaltung eingeleitet wird. Danach wären bevorzugt anzuwenden:

- Kleinspannung SELV und PELV (Abschnitt 5.1),
- IT-System mit Isolationsüberwachungseinrichtung (Abschnitt 7.3),
- Schutzisolierung (Abschnitt 8.1),
- Schutztrennung (Abschnitt 8.4).

Dieser Empfehlung liegt der Gedanke zugrunde, daß während des Betriebs der Anlage für Sicherheitszwecke – auch im Fehlerfall – keine Abschaltung durch ein Schutzorgan erfolgt. Die Entscheidung, welche Maßnahme zur Anwendung gelangt, ist je nach Art, Betriebsweise und Wichtigkeit der Anlage zu treffen.

Kleinere Anlagen, z. B. Beleuchtungsanlagen, können sicherlich gut mit Schutzkleinspannung – ggf. auch mit Gleichspannung – ausgeführt werden. Auch ein schutzisoliertes System – alle Betriebsmittel in schutzisolierter Ausführung – ist sicher leicht realisierbar.

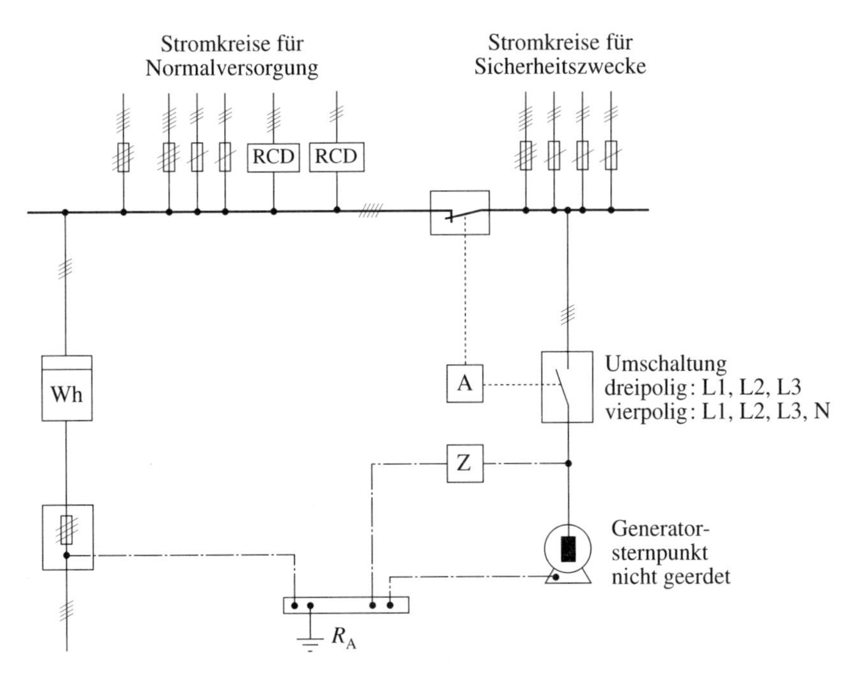

Bild 23.7 Stromversorgungsanlage für Sicherheitszwecke mit IT-System und Isolationsüberwachungseinrichtung

Bei größeren Anlagen sollte für das Stromversorgungssystem für Sicherheitszwecke ein IT-System mit Isolationsüberwachungseinrichtung aufgebaut werden. Dies schließt nicht aus, daß im Normalbetrieb ein TN-System oder ein TT-System mit den entsprechenden Schutzeinrichtungen vorhanden ist **(Bild 23.7).**

Der Generatorsternpunkt wird nicht geerdet. Das Gehäuse des Generators muß in den Hauptpotentialausgleich einbezogen werden, es sei denn, der Generator ist schutzisoliert. Die Bemessung des Anlagenerders ist unter Zugrundelegung von Gl. (7.27) vorzunehmen. Damit ist:

$$R_A \cdot I_d \leq U_L.$$

23.2.2 Schutzmaßnahmen mit Abschaltung im Fehlerfall

Die in Abschnitt 23.2.1 genannten Schutzmaßnahmen sind zum Teil sehr aufwendig, so daß im Einzelfall – nach Abwägung der erforderlichen Sicherheit für die

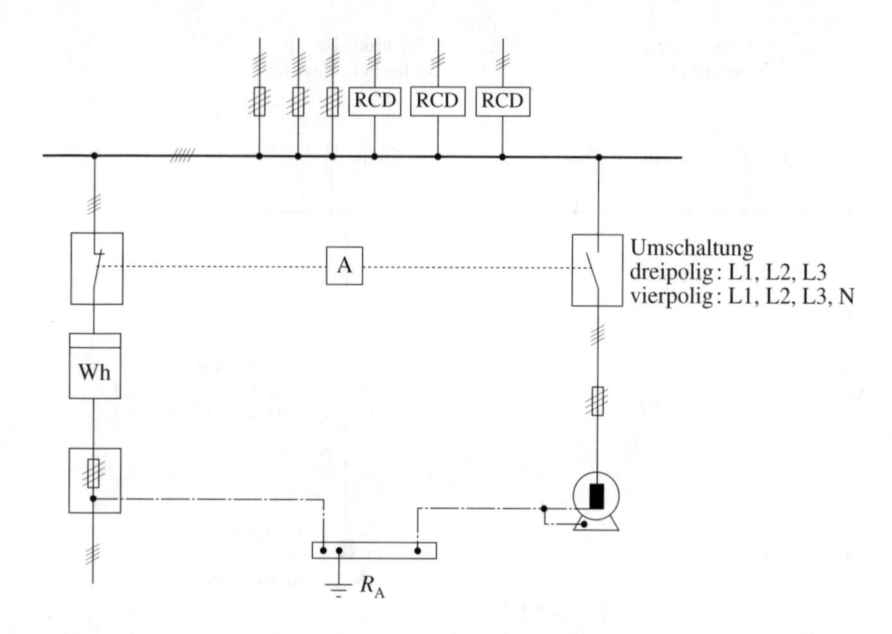

Bild 23.8 Stromversorgungsanlage für Sicherheitszwecke mit TN-System und Überstromschutzeinrichtungen

Stromversorgungsanlage für Sicherheitszwecke – auch eine Schutzmaßnahme, bei der im ersten Fehlerfall eine Abschaltung in die Wege geleitet wird, in Erwägung zu ziehen ist. So können auch die Schutzmaßnahmen

- TN-System mit Überstromschutzeinrichtungen (Abschnitt 7.1.1),
- TN-System mit RCDs (Abschnitt 7.1.2),
- TT-System mit RCDs (Abschnitt 7.2.2)

zur Anwendung gelangen. In **Bild 23.8** ist ein TN-Netz mit Überstromschutzeinrichtungen dargestellt.

Der Erdungswiderstand der Anlage soll möglichst klein sein ($R_A \leq 2\ \Omega$). Bei kleineren Anlagen (ein Gebäude, ein Erder, z. B. Fundamenterder) ist der Widerstandswert des Erders ohne Bedeutung; er kann also auch höhere Werte als 2 Ω haben. Bei ausgedehnten Anlagen (mehrere Gebäude, längere Versorgungswege, mehrere separate Erder) kann beim Vorliegen entsprechender Verhältnisse unter Anwendung der »Spannungswaage« auch ein größerer Wert zugelassen werden. Auf alle Fälle ist dem Potentialausgleich in der Anlage großes Gewicht beizumessen.

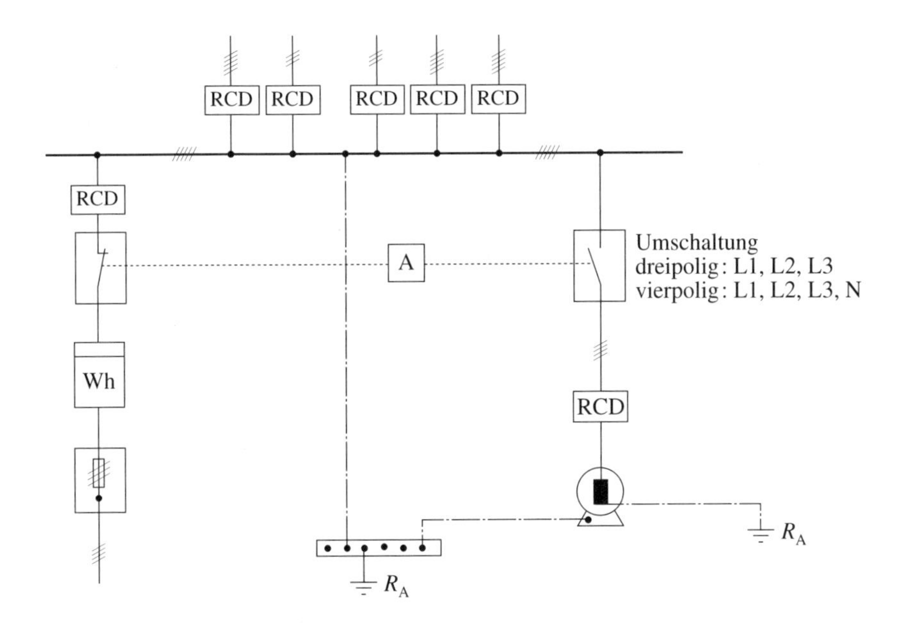

Bild 23.9 Stromversorgungsanlage für Sicherheitszwecke mit TT-System und RCDs

Die Abschaltbedingungen mit 0,1/0,2/0,4 s bzw. 5 s müssen aber auf alle Fälle eingehalten werden. Das bedeutet eine sorgfältige Planung und Berechnung der Kurzschlußströme, wozu die Generatorimpedanz und das Verhalten des Generators im Kurzschlußfall bekannt sein müssen.

Ein TT-System mit RCDs ist in **Bild 23.9** dargestellt.
Damit beim Betrieb der Sicherheitsversorgung ein Fehlerstrom zum Fließen kommen kann, muß der Sternpunkt des Generators geerdet werden.

Der Erder des Generatorsternpunkts muß außerhalb des Einflußbereichs des Erders der Anlage eingebracht werden.

Der Gesamterdungswiderstand soll auch hier möglichst niedrig ($R_A \leq 2\ \Omega$) sein. Kann dieser Wert nicht erreicht werden, so bestehen auch hier keine Bedenken, den Betrieb bei größeren Gesamterdungswiderständen durchzuführen. Für den Erder der Anlage gilt $R_A = U_L/I_{\Delta N}$ bzw. $R_A = U_L/(2 \cdot I_{\Delta N})$, wenn selektive RCDs eingesetzt werden.

Es zeigt sich, daß die Stromversorgung für Sicherheitszwecke bei Anwendung von TN- oder TT-Systemen nicht ganz unproblematisch ist, da die Erdungs- und Abschaltbedingungen nicht außer acht gelassen werden dürfen. Die unproblematischste Betriebsart ist sicherlich eine Versorgung durch ein IT-System mit einer Isolationsüberwachungseinrichtung.

23.3 Aufstellung der Stromquellen

Für die Aufstellung der Stromquellen sind in erster Linie wieder behördliche Vorschriften zu beachten (Landesbauordnung der verschiedenen Bundesländer).

Folgende grundsätzliche Anforderungen sind zu beachten:

- Die Stromquelle muß ortsfest errichtet (aufgestellt) werden, wobei auch ein fahrbares Aggregat, das während der Betriebsdauer ortsfest aufgestellt wird, zulässig ist.
- Ein Fehler in der allgemeinen Stromversorgung darf die Stromquelle nicht beeinflussen.
- Der Raum, in dem die Ersatzstromquelle (Aggregat oder Batterie) untergebracht wird, muß als abgeschlossene elektrische Betriebsstätte (Teil 731) errichtet werden. Er muß entsprechend beschildert sein und darf nur von Elektrofachkräften oder elektrotechnisch unterwiesenen Personen betreten werden.
- Für eine gute Belüftung ist Sorge zu tragen; Auspuffgase, Rauch und Dämpfe dürfen nicht in Räume geleitet werden, die von Personen betreten werden.

Zu empfehlen ist es, bei der Aufstellung von Generatoren, Batterien oder dgl. für Sicherheitszwecke die »Verordnung über den Bau von Betriebsräumen für elektrische Anlagen (Elt Bau VO)« einzuhalten. Wortlaut der Elt Bau VO siehe Anhang F.

23.4 Stromkreise für Stromversorgungsanlagen für Sicherheitszwecke

Die Stromkreise für Sicherheitszwecke müssen getrennt von den Stromkreisen für die Normalversorgung verlegt werden. Das bedeutet, daß die Stromkreise entweder räumlich getrennt, auf separater Trasse oder aber mindestens in getrennten Kanälen oder Rohren verlegt werden müssen. Ggf. sind auch schwer entflammbare Baustoffe einzusetzen, um eine Trennung durch bauliche Maßnahmen sicherzustellen.

Nach Möglichkeit sind die Stromkreise so zu verlegen, daß sie nicht durch feuergefährliche Betriebsstätten geführt werden müssen. Ist dies nicht zu vermeiden, müssen Kabel und Leitungen mindestens dem Verhalten von schwer entflammbaren Baustoffen entsprechen. Dies kann erreicht werden durch die Bauart der

Kabel/Leitungen (Kabel/Leitungen mit PVC-Isolierung oder halogenfreie Kabel/Leitungen; siehe Abschnitt 19.3) oder durch die Anordnung (Verlegung unter Putz oder Verlegung in PVC-Rohren mit dem Kennzeichen F; siehe Abschnitt 21.3). Leitungen oder Kabel mit PVC-Isolierung können in ihren brandtechnischen Eigenschaften mit schwer entflammbaren Baustoffen gleichgesetzt werden.

Stromkreise für Sicherheitszwecke dürfen nicht durch explosionsgefährdete Bereiche geführt werden.

Es ist nicht erforderlich, die Stromkreise gegen Überlast zu schützen; ein Kurzschlußschutz ist hingegen zwingend erforderlich.

23.5 Verbrauchsmittel

Beim Betrieb von Beleuchtungsanlagen muß beachtet werden, daß verschiedene Entladungslampen (Natriumdampf-Hochdrucklampen, Natriumdampf-Niederdrucklampen, Quecksilberdampf-Hochdrucklampen, Halogen-Metalldampflampen) eine Anlaufzeit benötigen und im Störungsfall, auch bei einem kurzzeitigen Spannungsausfall, erlöschen. Sie müssen dann zunächst auf Normaltemperatur abkühlen, so daß der Zündvorgang wieder erfolgen kann. Bei einigen Lampen kann dies durch Zündgeräte zur sofortigen Wiederzündung beherrscht werden.

23.6 Literatur zu Kapitel 23

[1] VDEW: Technische Anschlußbedingungen für den Anschluß an das Niederspannungsnetz. Frankfurt a. M.: VWEW-Verlag, 1991

[21 VDEW: Richtlinien für Planung, Errichtung und Betrieb von Anlagen mit Notstromaggregaten. Frankfurt a. M.: VWEW-Verlag, 1982

24 Instandsetzung, Änderung und Prüfung elektrischer Geräte – DIN VDE 0701

24.1 Geltungsbereich

DIN VDE 0701 gilt für die Instandsetzung, Änderung und anschließende Prüfung elektrischer Arbeits- und Gebrauchsgeräte sowie für Geräte der Informationstechnik. Die Norm gilt auch für die sicherheitstechnische Beurteilung der Geräte (z. B. auf Kundenwunsch). Für Wiederholungsprüfungen gilt DIN VDE 0702. DIN VDE 0701 gilt für alle Geräte der Gruppe 7 »Gebrauchsgeräte und Arbeitsgeräte« und Gruppe 8 »Informationstechnik«.

Geräte der Gruppe 7 sind z. B. in folgenden DIN-VDE-Normen aufgenommen:
- Leuchten für Betriebsspannungen unter 1000 V
  DIN VDE 0710; DIN EN 60598-1 (DIN VDE 0711 Teil 1)
- Elektrowärmegeräte
  DIN VDE 0720; DIN VDE 0727
- Schmiegsame Elektrowärmegeräte
  DIN EN 60967 (DIN VDE 0725 Teil 1)
- Geräte mit elektromotorischem Antrieb
  DIN VDE 0730; DIN VDE 0737

Geräte der Gruppe 8 sind z. B. in folgenden DIN-VDE-Normen aufgenommen:
- Fernmeldetechnik
  DIN VDE 0804
- Sicherheit elektrisch versorgter Büromaschinen
  DIN EN 60950 (DIN VDE 0805)
- Sicherheitsbestimmungen für Funksender
  DIN EN 60215 (DIN VDE 0866)

Die Norm DIN VDE 0701 setzt sich zusammen aus den
- »Allgemeinen Bestimmungen« (Teil 1) und
- »Besonderen Bestimmungen« (Teil 2 und Folgeteile), die jeweils besondere Gerätearten behandeln.

Die »Besonderen Bestimmungen« ersetzen oder ergänzen die entsprechenden Festlegungen der »Allgemeinen Bestimmungen«. So werden in den »Besonderen Bestimmungen« z. B. auch zusätzliche Prüfungen auf Spannungsfestigkeit, Funktionsprüfungen und Gebrauchsprüfungen verlangt.

Für folgende Gerätearten sind in den verschiedenen Folgeteilen die »Besonderen Bestimmungen« erschienen:

- Rasenmäher und Gartenpflegegeräte
  (Teil 2; April 1982);
- Bodenreinigungs-Geräte und -Maschinen
  (Teil 3; August 1987);
- Sprudelbadegeräte
  (Teil 4; März 1983);
- Großküchengeräte
  (Teil 5; März 1983);
- Ventilatoren und Dunstabzugshauben
  (Teil 6; November 1982; Zurückziehung beabsichtigt; siehe DIN-Mitteilungen 8/91);
- Nähmaschinen
  (Teil 7; November 1982);
- Ortsfeste Wassererwärmer für den Hausgebrauch und ähnliche Zwecke
  (Teil 8; Februar 1985);
- Speicherheizgeräte für den Hausgebrauch und ähnliche Zwecke
  (Teil 10; Januar 1990);
- Raumheizgeräte (Direktheizgeräte) für den Hausgebrauch und ähnliche Zwecke
  (Teil 11; Mai 1988);
- Sauna-Heizgeräte und elektrisches Zubehör für den Hausgebrauch und ähnliche Zwecke
  (Teil 12; Mai 1988)
- Herde, Tischkochgeräte, Backöfen und ähnliche Geräte für den Hausgebrauch
  (Teil 13; November 1989);
- Netzbetriebene elektronische Geräte und deren Zubehör für den Hausgebrauch und ähnliche allgemeine Anwendung
  (Teil 200; Juni 1988);
- Sicherheitsfestlegungen für Datenverarbeitungs-Einrichtungen und Büromaschinen
  (Teil 240; April 1986);
- Handgeführte Elektrowerkzeuge
  (Teil 260; Juni 1986).

Die Normen der Reihe DIN VDE 0701 gelten nicht für
- das Auswechseln von Teilen, das gemäß Gebrauchsanleitung vom Benutzer vorgenommen werden kann, z. B. das Auswechseln von Lampen oder Sicherungen;
- die Instandsetzung von Betriebsmitteln, bei denen die »Verordnung über elektrische Anlagen in explosionsgefährdeten Räumen« (ElexV) zu beachten ist.

24.2 Anforderungen – Teil 1 Abschnitt 3

Nach Instandsetzung oder Änderung elektrischer Geräte darf bei normalem Gebrauch keine Gefahr für den Benutzer oder die Umgebung bestehen. Voraussetzung hierzu ist:

- die Instandsetzung muß fachgerecht durchgeführt sein;
- konstruktive Merkmale dürfen nicht sicherheitsmindernd geändert werden, insbesondere dürfen:
  - Kriech- und Luftstrecken nicht verkleinert werden,
  - die Maßnahmen zum Schutz bei indirektem Berühren nicht aufgehoben werden,
  - der Schutz gegen Feuchtigkeit, Staub und mechanische Beschädigung nicht verändert werden;
- die Einzelteile, Bauelemente und Baugruppen müssen für das Gerät geeignet sein und nach dem Einbau den für das Gerät geltenden Bestimmungen entsprechen.

Anmerkung:
In bestimmten Fällen kann der Hersteller/Einführer die Verwendung bestimmter Ersatzteile vorschreiben.

Bei der Instandsetzung eines Geräts ist darauf zu achten, daß keine Teile eingebaut sind oder werden, die für das Gerät offensichtlich ungeeignet sind. Dies bedeutet nicht, daß der Instandsetzer nach ungeeigneten eingebauten Teilen suchen muß; er muß jedoch nach solchen Teilen Ausschau halten, was bei einer Reparatur eigentlich eine Selbstverständlichkeit sein sollte.

24.3 Prüfung der Anschlußleitung – Teil 1 Abschnitt 4.2

Die Anschlußleitung ist zwischen Anschlußstelle im Gerät und Anschlußstelle zum Netz auf Beschädigungen und Mängel zu besichtigen. Biegeschutztüllen und Zugentlastung sind durch Handprobe und Besichtigung zu prüfen.

24.4 Prüfung des Schutzleiters – Teil 1 Abschnitt 4.3

Der Schutzleiter ist durch Besichtigen und Handprobe zu prüfen bezüglich:

- Schutzleiteranschluß,
- Schutzleiterverbindungen,
- Zustand der Zugentlastung.

Dabei ist der Schutzleiter in seinem ganzen Verlauf – soweit dies möglich ist, ohne das Gerät zu zerlegen – zu besichtigen.

Der Widerstand des Schutzleiters zwischen dem Gehäuse und dem Schutzkontakt des Netzsteckers bzw. dem Schutzleiter am netzseitigen Ende der festen Anschlußleitung bzw. dem Schutzkontakt am Gerätestecker ist nach **Bild 24.1** zu messen. Während der Messung muß die Leitung in Abschnitten über ihre gesamte Länge bewegt werden. Dabei darf keine Änderung des Widerstandswerts auftreten. Die Messung kann mit einem Widerstands-Meßgerät nach DIN VDE 0413 Teil 4

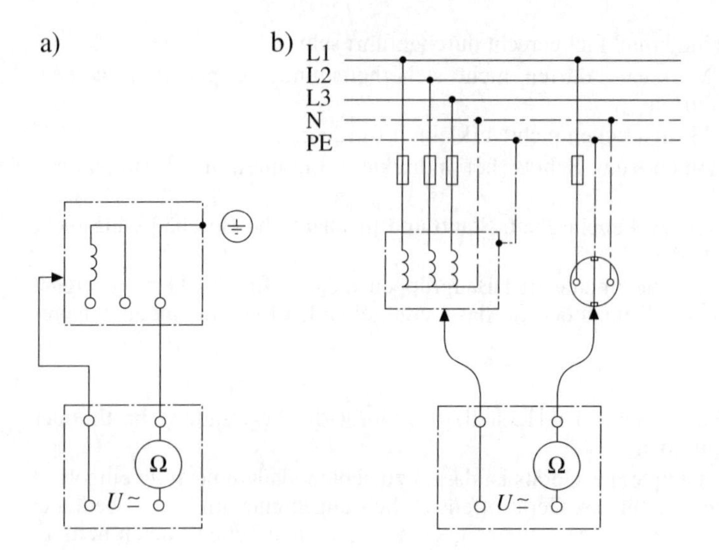

Bild 24.1 Messung des Schutzleiterwiderstands
a) Gerät mit Stecker
b) Gerät mit festem Anschluß

mit Gleich- oder Wechselspannung zwischen 4 V und 24 V durchgeführt werden. Bei der Messung des Schutzleiterwiderstands nach **Bild 24.1a**) ist bei Leitungslängen bis maximal 5 m ein Wert von 0,3 Ω noch zulässig. Bei einer größeren Leitungslänge ist der Eigenwiderstand der Leitung zu berechnen, und diesem Wert sind 0,1 Ω zuzuschlagen.

Zur Berechnung des Eigenwiderstands einer Leitung kann Tabelle 10.13 herangezogen werden.

Beispiel:
Welchem Meßwert muß eine Anschlußleitung mit 25 m Länge bei einem Querschnitt von 1,5 mm^2 genügen?

Eigenwiderstand bei 20 °C:

$R_E = 12{,}1\ m\Omega/m \cdot 25\ m = 302{,}5\ m\Omega$

Zuschlag:

$R_z = 100\ m\Omega$
Geforderter Meßwert:

$R = 402{,}5\ m\Omega$.

Bei der Messung nach **Bild 24.1b**) darf der Meßwert nicht größer sein als 1,0 Ω.

24.5 Prüfung des Isolationswiderstands – Teil 1 Abschnitt 4.4

Bei allen Reparaturen – also auch beim Ersatz von Steckvorrichtungen oder Anschlußleitungen, siehe Abschnitt 24.3 – ist der Isolationswiderstand zu messen.

Dabei ist zu beachten:

- wasserdichte Geräte müssen vollständig mit Wasser bedeckt sein;
- Schalter, Temperaturregler usw. müssen geschlossen sein, damit alle Isolationsteile auch beansprucht werden.

24.5.1 Geräte der Schutzklasse I

Der Isolationswiderstand ist mit einem Isolationsmeßgerät nach DIN VDE 0413 Teil 1 unter Anwendung der geeigneten Schaltung nach **Bild 24.2** zu messen. Die Ausgangsgleichspannung muß bei einem Belastungswiderstand von 0,5 MΩ mindestens 500 V betragen.

Der Isolationswiderstand von Geräten der Schutzklasse I darf 0,5 MΩ nicht unterschreiten.

Wird dieser Wert bei Geräten mit elektrischer Heizung unterschritten, so kann eine Ersatz-Ableitstrommessung durchgeführt werden (Abschnitt 24.6).

24.5.2 Geräte der Schutzklasse II mit berührbaren Metallteilen

Der Isolationswiderstand ist mit einem Isolationsmeßgerät nach DIN VDE 0413 Teil 1 nach **Bild 24.3** zu messen. Die Ausgangsgleichspannung muß bei einem Belastungswiderstand von 0,5 MΩ mindestens 500 V betragen.

Der Isolationswiderstand von Geräten der Schutzklasse II darf 2,0 MΩ nicht unterschreiten.

24.5.3 Geräte der Schutzklasse II ohne berührbare Metallteile

Eine Prüfung des Isolationswiderstands ist nicht erforderlich.

24.5.4 Geräte der Schutzklasse III; batteriegespeiste Geräte

Der Isolationswiderstand ist mit einem niederohmigen Widerstandsmeßgerät nach Bild 24.3 zu messen. Für Geräte mit einer Nennleistung $P \leq 20$ VA und einer Nennspannung $U_n \leq 42$ V entfällt die Messung. Bei batteriegespeisten Geräten ist die Batterie abzuklemmen.

Der Isolationswiderstand von Geräten der Schutzklasse III und von batteriebetriebenen Geräten darf 1000 Ω/V nicht unterschreiten.

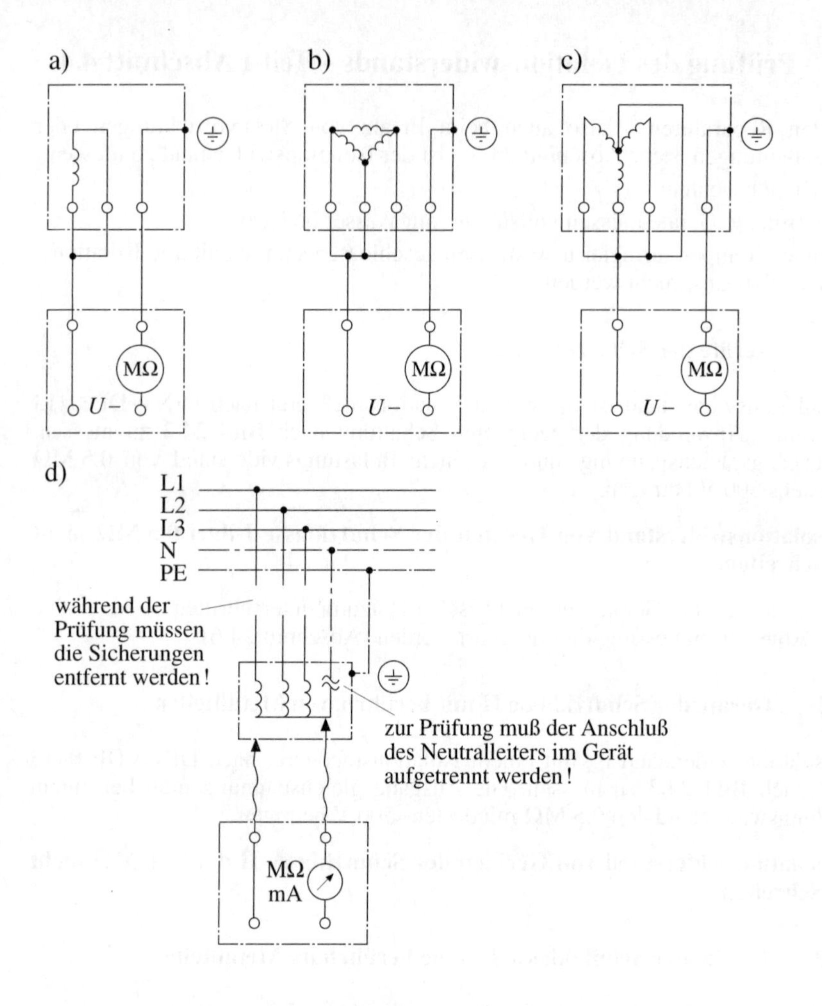

Bild 24.2 Messung des Isolationswiderstands; Schutzklasse I

a Wehselstromgerät

b Drehstromgerät in Dreieckschaltung

c Drehstromgerät in Sternschaltung

d Prüfschaltung

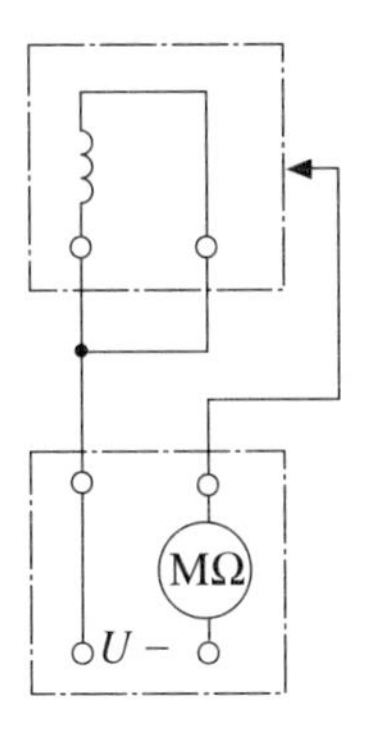

Bild 24.3 Messung des Isolationswiderstands; Schutzklassen II und III

24.6 Ersatz-Ableitstrommessung – Teil 1 Abschnitt 4.5

Eine Ersatz-Ableitstrommessung ist bei Geräten der Schutzklasse I durchzuführen, wenn:

- Funk-Entstörkondensatoren neu eingebaut oder ersetzt wurden,
- bei Geräten mit elektrischen Heizelementen der nach Abschnitt 24.5.1 geforderte Isolationswiderstand von 0,5 MΩ unterschritten wird.

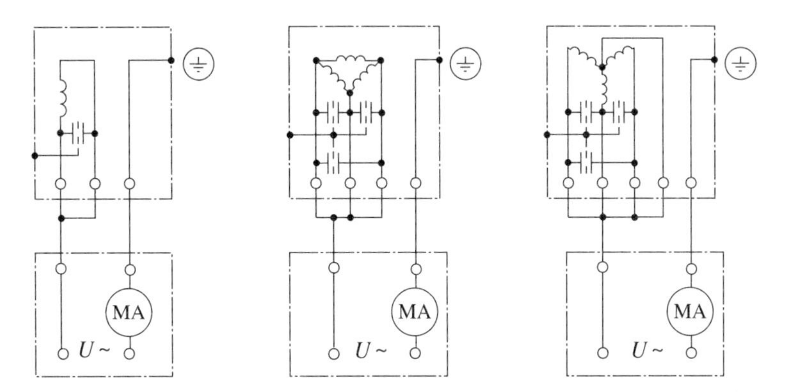

Bild 24.4 Messung des Ersatz-Ableitstroms

Je nach zu prüfendem Gerät ist die entsprechende Meßschaltung nach **Bild 24.4** aufzubauen. An das zu verwendende Meßgerät für die Messung des Ersatz-Ableitstroms sind folgende Bedingungen gestellt:

- das Meßgerät muß eine Leerlaufspannung haben, die zwischen 25 V und 250 V liegt und eine Frequenz von 50 Hz aufweist,
- bei einer Leerlaufspannung > 50 V darf der Kurzschlußstrom 5 mA nicht überschreiten,
- die angezeigten Stromwerte müssen für 1,06fache Nennspannung gelten.

Der bei der Messung des Ersatz-Ableitstroms angezeigte Wert darf folgende Grenzwerte nicht überschreiten:

7 mA **zwischen berührbaren Metallteilen und betriebsmäßig unter Spannung stehenden Teilen;**

15 mA **bei Heizgeräten mit einer Heizleistung von ≥ 6 kW.**

Zu beachten ist noch, daß das Ergebnis der Messung des Ersatz-Ableitstroms nicht mit dem in den einzelnen Gerätebestimmungen festgelegten Ableitstrom vergleichbar ist. Bei der Messung des Ableitstroms nach der Gerätebestimmung muß das Gerät entweder isoliert aufgestellt sein, oder es muß eine von Erde isolierte Spannungsquelle verwendet werden.

24.7 Funktionsprüfung – Teil 1 Abschnitt 4.6

Eine Funktionsprüfung ist notwendig, um festzustellen, ob für das Gerät bei bestimmungsgemäßem Gebrauch keine offensichtlichen Sicherheitsmängel bestehen. Die Funktionsprüfung soll dabei nicht als Prüfung hinsichtlich »Instandsetzungsqualität« angesehen werden. Aufgabe der Prüfung ist lediglich, festzustellen, daß bei dem Betrieb des instandgesetzten Geräts keine Unfallgefahr besteht. Wie dabei zu prüfen ist, hängt im Einzelfall von der Art des zu prüfenden Geräts ab.

Normalerweise dürfte es deshalb ausreichen, zu prüfen, ob:

- Gehäuse, Verkleidungen, Abdeckungen und dgl. ihre Schutzaufgabe erfüllen;
- Schalter, Verriegelungen usw., die Sicherheitsaufgaben haben, ordnungsgemäß funktionieren;
- entfernte Aufschriften (siehe Abschnitt 24.8) wieder angebracht wurden.

24.8 Aufschriften – Teil 1 Abschnitt 4.7

Die für ein Gerät geforderten Aufschriften müssen auch nach der Instandsetzung oder Änderung vorhanden sein. Sie sind gegebenenfalls zu berichtigen und auch nachzutragen.

Prüfprotokoll für instandgesetzte elektrische Geräte

ZVEH

Auftrag Nr. ____________

Auftraggeber (Kunde)	Elektrohandwerksbetrieb (Auftragnehmer)
Herr/Frau/Firma ____________	

Geräteart ____________ | Hersteller ____________

Typenbezeichnung ____________ | Schutzklasse ____________ | Nennstrom ______ A

Fabr.-Nr. ______ | Baujahr ______ | Nennspannung ______ V | Nennleistung ______ W

Annahme/ Anlieferung am: ______ | Reparatur am: ______ | Rückgabe/ Abholung am: ______

Kundenangaben (Fehler): ____________

Durchgeführte Reparaturarbeiten: ____________

Prüfung nach Instandsetzung gemäß DIN VDE 0701 Teil 1 | Besondere Bestimmung DIN VDE 0701 Teil ____

Besichtigung

Gehäuse i.O. ☐

sonstige mechanische Teile i.O. ☐

Geräte-Anschlußleitungen einschl. Steckvorrichtungen mängelfrei ☐

Messung Schutzleiter Ω	Isolationswiderstand MΩ	Ersatz-Ableitstrom mA

Funktions- und Sicherheitsprüfung mängelfrei ☐

Aufschriften vorhanden bzw. vervollständigt ☐

Nächster Prüfungstermin
gemäß Unfallverhütungsvorschrift VBG 4

____

Das Gerät kann nicht mehr instandgesetzt werden ☐

Das Gerät hat erhebliche sicherheitstechnische Mängel, es besteht
- Brandgefahr ☐
- Gefahr durch elektrischen Schlag ☐
- mechanische Gefahr ☐

Nennwerte stimmen mit den Herstellerdaten überein ☐

Verwendete Meßgeräte

Fabrikat ____________ Typ ____________

Fabrikat ____________ Typ ____________

Unterschriften

Prüfer			Verantwortlicher Unternehmer		
Ort	Datum	Unterschrift	Ort	Datum	Unterschrift

Richard Pflaum Verlag GmbH & Co.KG · Formulardienst · Postfach 19 07 37 · 80607 München – Bestell-Nr. 944

Zutreffendes ankreuzen ☐

Bild 24.5 Prüfprotokoll für instandgesetzte elektrishe Geräte.

24.9 Auswertung der Prüfung – Teil 1 Abschnitt 5

Wenn alle erforderlichen Prüfungen durchgeführt und bestanden wurden, die Sicherheit des Geräts also festgestellt ist, kann dem Benutzer die Sicherheit des Geräts schriftlich bestätigt werden durch den Text:

Geprüft nach DIN VDE 0701.

Wenn die notwendige Sicherheit eines Geräts nicht gegeben ist, z. B. durch:

- Unmöglichkeit einer Instandsetzung,
- Nichtbestehen einer Prüfung,
- den Wunsch des Benutzers/Besitzers, die Instandsetzung nicht in dem notwendigen Umfang durchführen zu lassen,

so muß dem Benutzer/Besitzer die von dem Gerät ausgehende Gefahr schriftlich mitgeteilt werden.

Um eine durchgeführte Prüfung dokumentieren zu können, ist es anzuraten, ein Prüfprotokoll zu fertigen **(Bild 24.5).**

24.10 Prüfungen nach den »Besonderen Bestimmungen« – Teil 2 und Folgeteile

In den »Besonderen Bestimmungen« sind vor allem Festlegungen getroffen, welche Angaben die Aufschriften enthalten müssen. Bezüglich der Prüfungen gelten für die einzelnen Gerätearten von den »Allgemeinen Bestimmungen – Teil 1« abweichende Forderungen.

Prüfung nach Instandsetzung laut DIN VDE 0701

Die Sicherheit des Geräts wurde nach
DIN VDE 0701 geprüft.
Das Gerät kann nicht mehr instandgesetzt werden.
Die Sicherheit nach DIN VDE 0701
ist nicht gegeben.

24.11 Literatur zu Kapitel 24

[1] Bödeker, K.: Prüfung elektrischer Geräte nach DIN VDE 0701 Teil 1:1993-05. Elektropraktiker 48 (1994) H. 3, S. 222 bis 225

[2] Bödeker, K.: Prüfung ortsveränderlicher Geräte. Berlin/München: Verlag Technik, 1996

25 Anhang

25.1 Anhang A: Berechnung der maximal zulässigen Leitungslängen

Die Berechnung der maximal zulässigen Leitungslängen nach DIN VDE 0100 Teil 430 beruht auf DIN VDE 0102 Teil 2. Dieses Verfahren ist sehr umständlich, wie in Abschnitt 7.1.1 bereits ausgeführt. Da die Berechnung außerdem noch Unsicherheitsfaktoren enthält – wie die Ermittlung der Größe der Vorimpedanz (Impedanz von der Stromquelle bis zum Anschlußpunkt des zu betrachtenden Stromkreises) – und die vorhandene Leitertemperatur nicht bekannt ist, kann auch hier mit ausreichender Genauigkeit das vereinfachte Verfahren zur Berechnung des Kurzschlußstroms benutzt werden. Die Abweichung gegenüber den Ergebnissen nach dem genauen Verfahren liegt bei ±10 %.

Um auch mit anderen Vorimpedanzen andere vorkommende Fälle berechnen zu können, wird nachfolgend ein Verfahren angegeben, mit dem die zulässigen Stromkreislängen ausreichend genau und leicht bestimmt werden können.
Ausgehend von der vereinfachten Form der Berechnung des Kurzschlußstroms ist:

$$I_k = \frac{c \cdot U}{\sqrt{3} \cdot Z}. \qquad \text{(Al)}$$

Die Gesamtimpedanz setzt sich zusammen aus:

$$Z = Z_V + Z_L. \qquad \text{(A2)}$$

Wenn Außenleiter und Neutralleiter (PEN-Leiter) querschnittsgleich sind, gilt:

$$Z_L = 2 \cdot z \cdot l. \qquad \text{(A3)}$$

Die zulässige einfache Leitungslänge ist dann:

$$l = \frac{\dfrac{c \cdot U}{\sqrt{3} \cdot I_k} - Z_V}{2 \cdot \mathrm{z}} \qquad \text{(A4)}$$

In den Gln. (A1) bis (A4) bedeuten:
I_k kleinster einpoliger Kurzschlußstrom in A;
U Spannung zwischen den Außenleitern in V;
c = 0,95; Faktor, der die nicht berechenbaren Widerstände von z. B. Klemmen, Sammelschienen, Sicherungen, Schaltern usw. berücksichtigt;

Z Impedanz (Gesamtimpedanz) bis zur Kurzschlußstelle in Ω;
Z_V Vorimpedanz in Ω; Impedanz der Leiterschleife von der Stromquelle bis zum Anschlußpunkt des zu berechnenden Stromkreises;
Z_L Impedanz des zu berechnenden Stromkreises in Ω;
l einfache Leitungslänge des Stromkreises in km;
z Impedanz in Ω/km im Kurzschlußfall bei einer Leitertemperatur von 80 °C (Werte siehe Tabelle 7.4).

Als Hilfe für die Praxis enthalten die nachfolgenden Tabellen A1 bis A15 die maximal zulässigen Stromkreislängen beim kleinsten einpoligen Kurzschluß in Abhängigkeit von der Schutzeinrichtung, der Vorimpedanz und der Abschaltzeit.

Im einzelnen gelten:

- **Tabelle A1** für kleine Querschnitte (1 mm² bis 16 mm² Cu), gL-Sicherungen, Abschaltzeit 0,4 s;
- **Tabelle A2** für kleine Querschnitte (1 mm² bis 16 mm² Cu), gL-Sicherungen, Abschaltzeit 5 s;
- **Tabelle A3** für kleine Querschnitte (1 mm² bis 16 mm² Cu), LS-Schalter Typ L, Abschaltzeit 0,1/0,2/0,4 s und 5 s;
- **Tabelle A4** für kleine Querschnitte (1 mm² bis 16 mm² Cu), LS-Schalter Typ B, Abschaltzeit 0,1/0,2/0,4 s und 5 s;
- **Tabelle A5** für kleine Querschnitte (1 mm² bis 16 mm² Cu), LS-Schalter Typ C, Abschaltzeit 0,1/0,2/0,4 s;
- **Tabelle A6** für kleine Querschnitte (1 mm² bis 16 mm² Cu), LS-Schalter Typ D, Abschaltzeit 0,1/0,2/0,4 s;
- **Tabelle A7** für kleine Querschnitte (1 mm² bis 16 mm² Cu), LS-Schalter Typ C und Typ D, Abschaltzeit 5 s;
- **Tabelle A8** für größere Querschnitte (25 mm² bis 185 mm² Cu), 4-Leiter, gL-Sicherungen, Abschaltzeit 5 s;
- **Tabelle A9** für größere Querschnitte (25 mm² bis 185 mm² Al), 4-Leiter, gL-Sicherungen, Abschaltzeit 5 s;
- **Tabelle A10** für größere Querschnitte (25 mm² bis 185 mm² Cu), 3 1/2-Leiter, gL-Sicherungen, Abschaltzeit 5 s;
- **Tabelle A11** für größere Querschnitte (25 mm² bis 185 mm² Al), 3 1/2-Leiter, gL-Sicherungen, Abschaltzeit 5 s;
- **Tabelle A12** für kleine Querschnitte (1 mm² bis 16 mm² Cu), gL-Sicherungen, Abschaltzeit $t = (k \cdot S/I_k)^2$ mit $t_{max} = 5$ s;
- **Tabelle A13** für kleine Querschnitte (1,5 mm² bis 16 mm² Cu), Leistungsschalter, Abschaltzeit 0,1/0,2/0,4 s und 5 s;
- **Tabelle A14** für größere Querschnitte (25 mm² bis 185 mm² Cu), 4-Leiter, Leistungsschalter, Abschaltzeit 0,1/0,2/0,4 s und 5 s;
- **Tabelle A15** für größere Querschnitte (25 mm² bis 185 mm² Al), 4-Leiter, Leistungsschalter, Abschaltzeit 0,1/0,2/0,4 s und 5 s.

Die Tabellen A1 bis A11 und die Tabellen A13 bis A15 gelten für den Schutz bei indirektem Berühren und berücksichtigen die nach Teil 410 geforderten Abschaltzeiten von 0,1/0,2/0,4 s und 5 s.

Die Tabelle A12 ist für den Kurzschlußschutz und berücksichtigt zusätzlich die Forderung

$$t = \left(k \cdot \frac{S}{I_k} \right)^2$$

nach Teil 430 (siehe Gl. (20.25)), wonach bei PVC-isolierten Leitern eine Temperatur von 160 °C nicht überschritten werden darf. Die Abschaltzeit muß in verschiedenen Fällen kleiner sein als 5 s, dadurch kommt ein höherer Kurzschlußstrom zum Fließen, weshalb die zulässige Stromkreislänge kürzer wird. Die Werte der Tabelle A12 stimmen mit den in DIN VDE 0100 Beiblatt 5 (siehe Anhang B) genannten Längen nicht überein, da hier vereinfachte Rechenverfahren angewandt wurden. Dafür aber sind alle Werte leicht nachzuvollziehen. Die Tabellen A3 bis A6 und die Tabellen A13 bis A15 können, der schnellen Abschaltung wegen (innerhalb 0,1 s), mit ausreichender Genauigkeit auch für den Kurzschlußschutz verwendet werden.

Zur Ermittlung der Abschaltzeiten wurde für Leitungsschutzsicherungen der Betriebsklasse gL die Strom-Zeit-Kennlinie nach DIN VDE 0636 (siehe Bild 16.9) verwendet. Für LS-Schalter, Typ L nach DIN VDE 0641 (siehe Bild 16.25), wurden bei 0,1/0,2/0,4 s und bei 5 s je nach Nennstrom der 4,55- bis 5,25fache Nennstrom des LS-Schalters eingesetzt. Damit ist der Prüfpunkt $I_5 = 3{,}5 \cdot I_1$ eines LS-Schalters mit einer Auslösezeit von 0,1 s erreicht. Für LS-Schalter der Typen B, C und D wurden die Strom-Zeit-Kennlinien (Bild 16.25) verwendet. Dabei liegt die Abschaltzeit durch den Kurzschlußauslöser bei 0,1 s. Für Leistungsschalter nach DIN VDE 0660 wurde für die Abschaltzeit 0,1/0,2/0,4 s und 5 s jeweils der 1,2fache Einstellstrom des Kurzschlußauslösers eingesetzt. Die Abschaltzeit liegt dabei auch bei 0,1 s.

Tabelle A1 Maximal zulässige Leitungslänge für Querschnitte 1 mm² bis 16 mm² Cu, Isolation PVC oder Gummi; Leitungsschutzsicherungen Betriebsklasse gL; Abschaltzeit 0,4 s; Nennspannung: 400 V/230 V

Querschnitt S in mm²	Nennstrom der Sicherung I_n in A	Kurzschlußstrom I_k in A	höchstzulässige Länge in m bei einer Schleifenimpedanz Z_V bis zur Sicherung								
			10 mΩ	50 mΩ	100 mΩ	200 mΩ	300 mΩ	400 mΩ	500 mΩ	600 mΩ	700 mΩ
1	10	82	61	60	59	57	54	52	50	47	45
	16	107	47	46	45	42	40	38	35	33	31
	20	145	34	33	32	30	28	25	23	21	19
	25	180	28	27	26	23	21	19	16	14	12
	32	265	19	18	17	14	12	10	7	5	3
	35	300	16	16	14	12	10	8	5	3	1
1,5	10	82	91	90	88	85	81	78	74	71	68
	16	107	70	68	67	63	60	56	53	50	46
	20	145	51	50	48	45	41	38	35	31	28
	25	180	41	40	38	35	31	28	25	21	18
	32	265	28	27	25	21	18	15	11	8	4
	35	300	25	23	22	18	15	11	8	4	1
	40	310	24	22	21	17	14	11	7	4	–
2,5	20	145	86	83	81	75	69	63	58	52	46
	25	180	69	67	64	58	52	47	41	35	30
	32	265	47	44	41	36	30	24	19	13	7
	35	300	41	39	36	30	25	19	13	7	2
	40	310	40	37	35	29	23	18	12	6	–
	50	460	27	24	21	16	10	4	–	–	–
4	25	180	110	107	102	93	84	75	66	56	47
	32	265	75	71	66	57	48	39	30	21	12
	35	300	66	62	58	48	39	30	21	12	3
	40	310	64	60	55	46	37	28	19	10	1
	50	460	43	39	34	25	16	7	–	–	–
	63	550	35	32	27	18	9	–	–	–	–

Tabelle A1 Fortsetzung

Querschnitt S in mm^2	Nennstrom der Sicherung I_n in A	Kurzschluß-strom I_k in A	höchstzulässige Länge in m bei einer Schleifenimpedanz Z_V bis zur Sicherung								
			10 mΩ	50 mΩ	100 mΩ	200 mΩ	300 mΩ	400 mΩ	500 mΩ	600 mΩ	700 mΩ
6	32	265	112	106	99	86	72	58	45	31	17
	35	300	99	93	86	73	59	45	32	18	4
	40	310	95	90	83	69	56	42	28	15	1
	50	460	64	58	51	38	24	11	–	–	–
	63	550	53	48	41	27	14	–	–	–	–
	80	820	35	30	23	9	–	–	–	–	–
10	50	460	104	95	84	62	39	17	–	–	–
	63	550	87	78	67	44	22	–	–	–	–
	80	820	57	48	37	15	–	–	–	–	–
	100	1000	47	38	27	4	–	–	–	–	–
16	63	550	137	123	105	70	35	–	–	–	–
	80	820	91	77	59	24	–	–	–	–	–
	100	1000	74	60	42	7	–	–	–	–	–
	125	1250	58	44	27	–	–	–	–	–	–

Tabelle A2 Maximal zulässige Leitungslänge für Querschnitte 1 mm² bis 16 mm² Cu, Isolation PVC oder Gummi; Leitungsschutzsicherungen Betriebsklasse gL; Abschaltzeit 5 s; Nennspannung: 400 V/230 V

Querschnitt S in mm²	Nennstrom der Sicherung I_n in A	Kurzschluß-strom I_k in A	höchstzulässige Länge in m bei einer Schleifenimpedanz Z_V bis zur Sicherung								
			10 mΩ	50 mΩ	100 mΩ	200 mΩ	300 mΩ	400 mΩ	500 mΩ	600 mΩ	700 mΩ
1	10	47	106	105	104	102	100	97	95	93	91
	16	72	69	68	67	65	63	60	58	56	54
	20	88	57	56	55	52	50	48	45	43	41
	25	120	41	41	39	37	35	33	30	28	26
	32	156	32	31	30	28	25	23	21	18	16
	35	173	29	28	27	24	22	20	18	15	13
1,5	10	47	159	158	156	153	149	146	143	139	136
	16	72	104	103	101	97	94	91	87	84	80
	20	88	85	84	82	78	75	72	68	65	61
	25	120	62	61	59	56	52	49	45	42	39
	32	156	48	46	45	41	38	34	31	28	24
	35	173	43	42	40	37	33	30	26	23	19
	40	200	37	36	34	31	27	24	20	17	14
2,5	20	88	142	139	136	131	125	119	114	108	102
	25	120	104	101	99	93	87	81	76	70	64
	32	156	80	77	74	69	63	57	52	46	40
	35	173	72	69	67	61	55	49	44	38	32
	40	200	62	60	57	51	45	40	34	28	23
	50	260	48	45	42	37	31	25	20	14	8
4	25	120	166	162	158	149	139	130	121	112	103
	32	156	127	124	119	110	101	92	83	74	64
	35	173	115	111	107	97	88	79	70	61	52
	40	200	99	96	91	82	73	64	54	45	36
	50	260	76	72	68	59	50	40	31	22	13
	63	351	56	52	48	39	30	21	11	2	–

Tabelle A2 Fortsetzung

Querschnitt S in mm^2	Nennstrom der Sicherung I_n in A	Kurzschlußstrom I_k in A	höchstzulässige Länge in m bei einer Schleifenimpedanz Z_V bis zur Sicherung								
			10 mΩ	50 mΩ	100 mΩ	200 mΩ	300 mΩ	400 mΩ	500 mΩ	600 mΩ	700 mΩ
6	32	156	191	185	178	165	151	137	124	110	96
	35	173	172	166	160	146	132	119	105	91	78
	40	200	148	143	136	123	109	95	82	68	54
	50	260	114	108	102	88	74	61	47	33	20
	63	351	84	79	72	58	44	31	17	3	–
	80	452	65	59	53	39	25	12	–	–	–
10	50	260	186	177	166	143	121	99	77	54	32
	63	351	137	128	117	95	72	50	28	6	–
	80	452	106	97	86	64	41	19	–	–	–
	100	573	83	74	63	41	18	–	–	–	–
16	63	351	217	203	185	150	115	79	44	9	–
	80	452	168	154	136	101	65	30	–	–	–
	100	573	131	117	100	64	29	–	–	–	–
	125	751	99	85	68	32	–	–	–	–	–

Tabelle A3 Maximal zulässige Leitungslänge für Querschnitte 1 mm² bis 16 mm² Cu, Isolation PVC oder Gummi; LS-Schalter Typ L; Abschaltzeit 0,1/0,2/0,4 s und 5 s; Nennspannung: 400 V/230 V

Querschnitt S in mm²	Nennstrom des Schalters I_n in A	Kurzschluß-strom I_k in A	höchstzulässige Länge in m bei einer Schleifenimpedanz Z_V bis zur Sicherung								
			10 mΩ	50 mΩ	100 mΩ	200 mΩ	300 mΩ	400 mΩ	500 mΩ	600 mΩ	700 mΩ
1	12	59	85	84	83	80	78	76	73	71	69
	16	78	64	63	62	60	57	55	53	50	48
	20	98	51	50	49	47	44	42	40	37	35
	25	123	40	40	38	36	34	32	29	27	25
	32	157	32	31	30	27	25	23	20	18	16
	35	172	29	28	27	25	22	20	18	15	13
1,5	16	78	96	94	93	89	86	83	79	76	72
	20	98	76	75	73	70	66	63	59	56	53
	25	123	61	59	58	54	51	47	44	40	37
	32	157	47	46	44	41	38	34	31	27	24
	35	172	43	42	40	37	33	30	27	23	20
	40	182	41	40	38	34	31	28	24	21	17
2,5	16	78	160	158	155	149	143	138	132	126	120
	20	98	127	125	122	116	111	105	99	93	88
	25	123	101	99	96	90	85	79	73	67	62
	32	157	79	77	74	68	63	57	51	45	40
	35	172	72	70	67	61	56	50	44	39	33
	40	182	68	66	63	57	52	46	40	35	29
	50	228	54	52	49	43	38	32	26	21	15
4	25	123	162	158	154	144	135	126	117	108	99
	32	157	127	123	118	109	100	91	82	73	64
	35	172	115	112	107	98	89	80	71	62	53
	40	182	109	105	101	92	83	73	64	55	46
	50	228	87	83	79	70	60	51	42	33	24
	63	287	69	65	61	51	42	33	24	15	6

Tabelle A3 Fortsetzung

Querschnitt S in mm	Nennstrom des Schalters I_n in A	Kurzschlußstrom I_k in A	höchstzulässige Länge in m bei einer Schleifenimpedanz Z_V bis zur Sicherung								
			10 mΩ	50 mΩ	100 mΩ	200 mΩ	300 mΩ	400 mΩ	500 mΩ	600 mΩ	700 mΩ
6	32	157	190	184	177	164	150	136	123	109	95
	35	172	173	167	161	147	133	120	106	92	79
	40	182	163	158	151	137	124	110	96	83	69
	50	228	130	125	118	104	90	77	63	49	36
	63	287	103	98	91	77	63	50	36	22	9
	80	364	81	76	69	55	41	28	14	–	–
10	50	228	212	203	192	170	147	125	103	81	58
	63	287	168	159	148	126	103	81	59	37	14
	80	364	132	123	112	90	67	45	23	1	–
	100	455	105	96	85	63	41	18	–	–	–
16	63	287	266	252	234	199	164	129	93	58	23
	80	364	209	195	177	142	107	71	36	1	–
	100	455	166	152	135	100	64	29	–	–	–
	125	569	132	118	101	65	30	–	–	–	–

Tabelle A4 Maximal zulässige Leitungslänge für Querschnitte 1 mm^2 bis 16 mm^2 Cu, Isolation PVC oder Gummi; LS-Schalter Typ B; Abschaltzeit 0,1/0,2/0,4 s und 5 s; Nennspannung: 400 V/230 V

Querschnitt S in mm^2	Nennstrom des Schalters I_n in A	Kurzschlußstrom I_k in A	höchstzulässige Länge in m bei einer Schleifenimpedanz Z_V bis zur Sicherung								
			10 mΩ	50 mΩ	100 mΩ	200 mΩ	300 mΩ	400 mΩ	500 mΩ	600 mΩ	700 mΩ
1	10	50	105	104	103	100	98	95	93	91	88
	13	65	81	80	78	76	74	71	69	67	64
	16	80	66	65	63	61	59	56	54	52	49
	20	100	52	51	50	48	46	43	41	38	36
	25	125	42	41	40	38	35	33	30	28	26
	32	160	33	32	31	28	26	24	21	19	16
	35	175	30	29	28	26	23	21	18	16	14
1,5	13	65	116	114	113	109	106	102	99	95	92
	16	80	94	93	91	87	84	81	77	74	70
	20	100	75	74	72	69	65	62	58	55	52
	25	125	60	59	57	54	50	47	43	40	37
	32	160	47	46	44	41	37	34	30	27	23
	35	175	43	42	40	37	33	30	26	23	19
	40	200	38	36	35	31	28	24	21	17	14
2,5	16	80	156	154	151	145	140	134	128	123	117
	20	100	124	123	120	114	108	103	97	91	86
	25	125	100	98	95	89	83	78	72	66	61
	32	160	78	76	73	67	62	56	50	44	39
	35	175	71	69	66	61	55	49	43	38	32
	40	200	62	60	57	52	46	40	35	29	23
	50	250	50	48	45	39	33	28	22	16	11
4	25	125	160	156	152	142	133	124	115	106	97
	32	160	125	121	116	107	98	89	80	71	62
	35	175	114	110	106	97	88	78	69	60	51
	40	200	100	96	91	82	73	64	55	46	37
	50	250	80	76	71	62	53	44	35	26	17
	63	315	63	59	55	46	37	28	18	9	–

Tabelle A4 Fortsetzung

Querschnitt S in mm^2	Nennstrom des Schalters I_n in A	Kurzschlußstrom I_k in A	höchstzulässige Länge in m bei einer Schleifenimpedanz Z_V bis zur Sicherung								
			10 mΩ	50 mΩ	100 mΩ	200 mΩ	300 mΩ	400 mΩ	500 mΩ	600 mΩ	700 mΩ
6	32	160	186	181	174	160	147	133	120	106	92
	35	175	170	165	158	144	131	117	103	90	76
	40	200	149	144	137	123	109	96	82	68	55
	50	250	119	114	107	93	79	66	52	38	25
	63	315	94	89	82	68	55	41	27	14	–
	80	400	74	69	62	48	34	21	7	–	–
10	50	250	194	185	174	151	129	107	85	62	40
	63	315	153	144	133	111	89	66	44	22	–
	80	400	120	111	100	78	56	34	11	–	–
	100	500	96	87	76	54	31	9	–	–	–
16	63	315	243	228	211	176	140	105	70	35	–
	80	400	190	176	160	123	88	53	18	–	–
	100	500	152	138	120	85	49	14	–	–	–
	125	625	121	107	89	54	18	–	–	–	–

Tabelle A5 Maximal zulässige Leitungslänge für Querschnitte 1 mm² bis 16 mm² Cu, Isolation PVC oder Gummi; LS-Schalter Typ C; Abschaltzeit 0,1/0,2/0,4 s; Nennspannung: 400 V/ 230 V

Querschnitt S in mm²	Nennstrom des Schalters I_n in A	Kurzschluß-strom I_k in A	höchstzulässige Länge in m bei einer Schleifenimpedanz Z_V bis zur Sicherung								
			10 mΩ	50 mΩ	100 mΩ	200 mΩ	300 mΩ	400 mΩ	500 mΩ	600 mΩ	700 mΩ
1	10	100	52	51	50	48	46	43	41	38	36
	13	130	40	39	38	36	34	31	29	26	24
	16	160	33	32	31	28	26	24	21	19	16
	20	200	26	25	24	22	19	17	15	12	10
	25	250	21	20	19	17	14	12	9	7	5
	32	320	17	16	14	12	10	7	5	3	–
	35	350	15	14	13	11	8	6	4	1	–
1,5	13	130	58	57	55	51	48	45	41	38	34
	16	160	47	46	44	41	37	34	30	27	23
	20	200	38	36	35	31	28	24	21	17	14
	25	250	30	29	27	24	20	17	13	10	7
	32	320	24	22	21	17	14	10	7	3	–
	35	350	22	20	19	15	12	8	5	1	–
	40	400	19	18	16	12	9	6	2	–	–
2,5	16	160	78	76	73	67	62	56	50	44	39
	20	200	62	60	57	52	46	40	35	29	23
	25	250	50	48	45	39	33	28	22	16	11
	32	320	39	37	34	28	22	17	11	5	–
	35	350	36	33	31	25	19	13	8	2	–
	40	400	31	29	26	20	15	9	3	–	–
	50	500	25	23	20	14	8	3	–	–	–
4	25	250	80	76	71	62	53	44	35	26	17
	32	320	62	58	54	45	36	27	17	8	–
	35	350	57	53	49	39	30	21	12	3	–
	40	400	50	46	41	32	23	14	5	–	–
	50	500	40	36	31	22	13	4	–	–	–
	63	630	31	28	23	14	5	–	–	–	–

Tabelle A5 Fortsetzung

Quer-schnitt S in mm²	Nennstrom des Schalters I_n in A	Kurz-schluß-strom I_k in A	höchstzulässige Länge in m bei einer Schleifenimpedanz Z_V bis zur Sicherung								
			10 mΩ	50 mΩ	100 mΩ	200 mΩ	300 mΩ	400 mΩ	500 mΩ	600 mΩ	700 mΩ
6	32	320	93	87	81	67	53	40	26	12	–
	35	350	85	79	72	59	45	31	18	4	–
	40	400	74	69	62	48	34	21	7	–	–
	50	500	59	54	47	33	19	6	–	–	–
	63	630	47	41	34	21	7	–	–	–	–
	80	800	37	31	24	11	–	–	–	–	–
10	50	500	96	87	76	54	31	9	–	–	–
	63	630	76	67	56	34	11	–	–	–	–
	80	800	59	12	39	17	–	–	–	–	–
	100	1000	47	38	27	5	–	–	–	–	–
16	63	630	120	106	88	53	18	–	–	–	–
	80	800	94	80	62	27	–	–	–	–	–
	100	1000	74	60	43	7	–	–	–	–	–
	125	1250	59	45	27	–	–	–	–	–	–

Tabelle A6 Maximal zulässige Leitungslänge für Querschnitte 1 mm² bis 16 mm² Cu, Isolation PVC oder Gummi; LS-Schalter Typ D; Abschaltzeit 0,1/0,2/0,4 s; Nennspannung: 400 V/230 V

Querschnitt S in mm²	Nennstrom des Schalters I_n in A	Kurzschlußstrom I_k in A	höchstzulässige Länge in m bei einer Schleifenimpedanz Z_V bis zur Sicherung								
			10 mΩ	50 mΩ	100 mΩ	200 mΩ	300 mΩ	400 mΩ	500 mΩ	600 mΩ	700 mΩ
1	10	200	26	25	24	22	19	17	15	12	10
	13	260	20	19	18	16	13	11	9	6	4
	16	320	17	16	14	12	10	7	5	3	–
	20	400	13	12	11	9	6	4	2	–	–
	25	500	11	10	9	6	4	1	–	–	–
	32	640	8	7	6	4	2	–	–	–	–
	35	700	7	6	5	3	1	–	–	–	–
1,5	13	260	29	28	26	23	19	16	12	9	5
	16	320	24	22	21	17	14	10	7	3	–
	20	400	19	18	16	12	9	6	2	–	–
	25	500	15	14	12	9	5	2	–	–	–
	32	640	12	11	9	5	2	–	–	–	–
	35	700	11	10	8	4	1	–	–	–	–
	40	800	10	8	6	3	–	–	–	–	–
2,5	16	320	39	37	34	28	22	17	11	5	–
	20	400	31	29	26	20	15	9	3	–	–
	25	500	25	23	20	14	8	3	–	–	–
	32	640	19	17	14	9	3	–	–	–	–
	35	700	18	16	13	7	1	–	–	–	–
	40	800	16	13	10	5	–	–	–	–	–
	50	1000	12	10	7	2	–	–	–	–	–
4	25	500	40	36	31	22	13	4	–	–	–
	32	640	31	27	23	14	4	–	–	–	–
	35	700	28	25	20	11	2	–	–	–	–
	40	800	25	21	16	7	–	–	–	–	–
	50	1000	20	16	11	2	–	–	–	–	–
	63	1260	15	12	7	–	–	–	–	–	–

Tabelle A6 Fortsetzung

Querschnitt S in mm^2	Nennstrom des Schalters I_n in A	Kurzschluß-strom I_k in A	höchstzulässige Länge in m bei einer Schleifenimpedanz Z_V bis zur Sicherung								
			10 mΩ	50 mΩ	100 mΩ	200 mΩ	300 mΩ	400 mΩ	500 mΩ	600 mΩ	700 mΩ
6	32	640	46	41	34	20	6	–	–	–	–
	35	700	42	36	30	16	2	–	–	–	–
	40	800	37	31	24	11	–	–	–	–	–
	50	1000	29	24	17	3	–	–	–	–	–
	63	1260	23	17	11	–	–	–	–	–	–
	80	1600	18	12	6	–	–	–	–	–	–
10	50	1000	47	38	27	5	–	–	–	–	–
	63	1260	37	28	17	–	–	–	–	–	–
	80	1600	29	20	9	–	–	–	–	–	–
	100	2000	23	14	3	–	–	–	–	–	–
16	63	1260	58	44	27	–	–	–	–	–	–
	80	1600	45	31	14	–	–	–	–	–	–
	100	2000	36	22	4	–	–	–	–	–	–
	125	2500	28	14	–	–	–	–	–	–	–

Tabelle A7 Maximal zulässige Leitungslänge für Querschnitte 1 mm^2 bis 16 mm^2 Cu, Isolation PVC oder Gummi; LS-Schalter Typ C und D; Abschaltzeit 5 s; Nennspannung: 400 V/230 V

Quer-schnitt S in mm^2	Nennstrom des Schalters I_n in A	Kurz-schluß-strom I_k in A	höchstzulässige Länge in m bei einer Schleifenimpedanz Z_V bis zur Sicherung								
			10 mΩ	50 mΩ	100 mΩ	200 mΩ	300 mΩ	400 mΩ	500 mΩ	600 mΩ	700 mΩ
1	10	70	75	74	73	70	68	66	63	61	58
	13	91	58	57	56	53	51	48	46	44	41
	16	112	47	46	45	42	40	38	35	33	30
	20	140	38	37	35	33	31	28	26	24	21
	25	175	30	29	28	26	23	21	18	16	14
	32	224	23	23	21	19	17	14	12	10	7
	35	245	22	21	19	17	15	12	10	8	5
1,5	13	91	83	81	80	76	73	69	66	62	59
	16	112	67	66	64	61	57	54	50	47	44
	20	140	54	52	51	47	44	40	37	34	30
	25	175	43	42	40	37	33	30	26	23	20
	32	224	34	32	31	27	24	20	17	13	10
	35	245	31	29	28	24	21	17	14	11	7
	40	280	27	26	24	20	17	14	10	7	3
2,5	16	112	112	109	106	101	95	89	84	78	72
	20	140	89	87	84	78	73	67	61	56	50
	25	175	71	69	66	61	55	49	43	38	32
	32	224	56	53	51	45	39	34	28	22	16
	35	245	51	49	46	40	34	29	23	17	12
	40	280	45	42	39	34	28	22	17	11	5
	50	350	36	33	31	25	19	13	8	2	–
4	25	175	114	110	106	97	88	78	69	60	51
	32	224	89	85	81	72	62	53	44	35	26
	35	245	81	78	73	64	55	46	37	27	18
	40	280	71	67	63	54	45	35	26	17	8
	50	350	57	53	49	39	30	21	12	3	–
	63	441	45	41	37	28	19	9	–	–	–

Tabelle A7 Fortsetzung

Querschnitt S in mm²	Nennstrom des Schalters I_n in A	Kurzschlußstrom I_k in A	höchstzulässige Länge in m bei einer Schleifenimpedanz Z_V bis zur Sicherung								
			10 mΩ	50 mΩ	100 mΩ	200 mΩ	300 mΩ	400 mΩ	500 mΩ	600 mΩ	700 mΩ
6	32	224	133	127	121	107	93	80	66	52	39
	35	245	121	116	109	96	82	68	55	41	27
	40	280	106	101	94	80	67	53	39	26	12
	50	350	85	79	72	59	45	31	18	4	–
	63	441	67	62	55	41	27	14	–	–	–
	80	560	53	47	40	27	13	–	–	–	–
10	50	350	138	129	118	96	73	51	29	6	–
	63	441	109	100	89	67	44	22	–	–	–
	80	560	85	77	65	43	21	–	–	–	–
	100	700	68	59	48	26	3	–	–	–	–
16	63	441	172	158	141	105	70	35	–	–	–
	80	560	135	121	103	68	33	–	–	–	–
	100	700	107	93	76	40	5	–	–	–	–
	125	875	85	71	54	18	–	–	–	–	–

Tabelle A8 Maximal zulässige Leitungslänge für Querschnitte 25 mm^2 bis 185 mm^2 Cu, Isolierung PVC oder VPE oder EPR; Leitungsschutzsicherungen Betriebsklasse gL; Abschaltzeit 5 s; Nennspannung: 400 V/230 V

Querschnitt S in mm^2	Nennstrom der Sicherung I_n in A	Kurzschlußstrom I_k in A	höchstzulässige Länge in m bei einer Schleifenimpedanz Z_V bis zur Sicherung								
			10 mΩ	30 mΩ	50 mΩ	80 mΩ	100 mΩ	150 mΩ	200 mΩ	250 mΩ	300 mΩ
25	63	351	341	330	319	302	291	263	236	208	180
	80	452	264	252	241	225	214	186	158	130	103
	100	573	207	196	185	168	157	129	101	74	46
	125	751	156	145	134	118	107	79	51	23	–
	160	995	117	106	95	78	67	39	11	–	–
35	80	452	362	347	331	309	293	255	217	179	141
	100	573	284	269	253	231	215	177	139	101	63
	125	751	215	199	184	161	146	108	70	32	–
	160	995	160	145	130	107	92	54	16	–	–
	200	1286	122	107	92	69	54	16	–	–	–
50	100	573	381	361	340	310	289	238	187	136	85
	125	751	288	268	248	217	196	145	94	43	–
	160	995	215	195	174	144	123	72	21	–	–
	200	1286	164	144	123	93	72	21	–	–	–
	224	1471	142	122	101	71	50	–	–	–	–
	250	1664	125	104	84	53	33	–	–	–	–
70	125	751	408	379	350	307	278	205	133	61	–
	160	995	304	275	246	203	174	102	30	–	–
	200	1286	232	203	174	131	102	30	–	–	–
	224	1471	201	172	143	100	71	–	–	–	–
	250	1664	176	147	118	75	46	–	–	–	–
	315	2080	138	109	80	37	8	–	–	–	–

Tabelle A8 Fortsetzung

Querschnitt S in mm²	Nennstrom der Sicherung I_n in A	Kurzschlußstrom I_k in A	höchstzulässige Länge in m bei einer Schleifenimpedanz Z_V bis zur Sicherung								
			10 mΩ	30 mΩ	50 mΩ	80 mΩ	100 mΩ	150 mΩ	200 mΩ	250 mΩ	300 mΩ
95	160	995	410	371	332	273	234	137	40	–	–
	200	1286	312	274	235	176	137	40	–	–	–
	224	1471	271	232	193	135	96	–	–	–	–
	250	1664	237	198	159	101	62	–	–	–	–
	315	2080	186	147	108	50	11	–	–	–	–
	355	2373	160	122	83	24	–	–	–	–	–
120	160	995	499	451	404	333	286	167	49	–	–
	200	1286	381	333	286	215	167	49	–	–	–
	224	1471	330	282	235	164	116	–	–	–	–
	250	1664	289	241	194	123	75	–	–	–	–
	315	2080	226	179	131	60	13	–	–	–	–
	355	2373	195	148	101	30	–	–	–	–	–
150	200	1286	461	404	374	260	203	59	–	–	–
	224	1471	400	342	285	199	141	–	–	–	–
	250	1664	350	293	235	149	92	–	–	–	–
	315	2080	274	217	159	73	16	–	–	–	–
	355	2373	237	179	122	36	–	–	–	–	–
	400	2720	203	146	88	2	–	–	–	–	–
	500	3580	147	90	32	–	–	–	–	–	–
185	250	1664	412	344	277	175	108	–	–	–	–
	315	2080	323	255	187	86	19	–	–	–	–
	355	2373	279	211	143	42	–	–	–	–	–
	400	2720	239	171	104	2	–	–	–	–	–
	500	3580	173	106	38	–	–	–	–	–	–

Tabelle A9 Maximal zulässige Leitungslänge für Querschnitte 25 mm² bis 185 mm² Al, Isolierung PVC oder VPE oder EPR; Leitungsschutzsicherungen Betriebsklasse gL; Abschaltzeit 5 s; Nennspannung: 400 V/230 V

Querschnitt S in mm²	Nennstrom der Sicherung I_n in A	Kurzschlußstrom I_k in A	höchstzulässige Länge in m bei einer Schleifenimpedanz Z_V bis zur Sicherung								
			10 mΩ	30 mΩ	50 mΩ	80 mΩ	100 mΩ	150 mΩ	200 mΩ	250 mΩ	300 mΩ
25	50	260	279	273	266	256	249	233	216	199	182
	63	351	206	199	193	183	176	159	142	126	109
	80	452	159	153	146	136	129	112	96	79	62
	100	573	125	118	112	102	95	78	61	45	28
	125	751	95	88	81	71	64	48	31	14	–
35	63	351	282	273	264	250	241	218	195	172	149
	80	452	218	209	200	186	177	154	131	108	85
	100	573	171	162	153	139	130	107	84	61	38
	125	751	130	120	111	97	88	65	42	19	–
	160	995	97	87	78	65	55	32	9	–	–
50	80	452	297	285	272	253	241	210	178	147	116
	100	573	233	221	208	189	177	146	114	83	52
	125	751	176	164	151	133	120	89	58	26	–
	160	995	132	119	107	88	75	44	13	–	–
	200	1286	100	88	75	57	44	13	–	–	–
70	100	573	335	317	299	272	254	209	164	119	74
	125	751	253	235	217	190	172	128	83	38	–
	160	995	189	171	153	126	108	63	18	–	–
	200	1286	144	126	108	81	63	18	–	–	–
	224	1471	125	107	89	62	44	–	–	–	–
	250	1664	109	91	73	47	29	–	–	–	–

Tabelle A9 Fortsetzung

Querschnitt S in mm^2	Nennstrom der Sicherung I_n in A	Kurzschlußstrom I_k in A	höchstzulässige Länge in m bei einer Schleifenimpedanz Z_V bis zur Sicherung								
			10 mΩ	30 mΩ	50 mΩ	80 mΩ	100 mΩ	150 mΩ	200 mΩ	250 mΩ	300 mΩ
95	125	751	347	323	298	261	237	175	113	52	–
	160	995	259	235	210	173	148	87	25	–	–
	200	1286	198	173	149	112	87	25	–	–	–
	224	1471	171	147	122	85	61	–	–	–	–
	250	1664	150	125	101	64	39	–	–	–	–
	315	2080	118	93	68	31	7	–	–	–	–
120	125	751	431	401	370	324	294	217	141	64	–
	160	995	322	291	261	215	184	108	31	–	–
	200	1286	246	215	184	139	108	32	–	–	–
	224	1471	213	182	152	106	75	–	–	–	–
	250	1664	186	156	125	79	49	–	–	–	–
	315	2080	146	115	85	39	8	–	–	–	–
150	160	995	390	353	316	260	223	131	38	–	–
	200	1286	297	260	223	168	131	38	–	–	–
	224	1471	258	221	184	128	91	–	–	–	–
	250	1664	226	189	152	96	59	–	–	–	–
	315	2080	177	140	103	47	10	–	–	–	–
	355	2373	153	116	79	23	–	–	–	–	–
185	200	1286	362	317	272	204	159	46	–	–	–
	224	1471	313	268	223	156	111	–	–	–	–
	250	1664	274	229	184	117	72	–	–	–	–
	315	2080	215	170	125	57	12	–	–	–	–
	355	2373	186	141	96	28	–	–	–	–	–
	400	2720	159	114	69	1	–	–	–	–	–

Tabelle A10 Maximal zulässige Leitungslänge für Querschnitte 25/16 mm² bis 185/95 mm² Cu, Isolierung PVC oder VPE oder EPR; Leitungsschutzsicherungen Betriebsklasse gL; Abschaltzeit 5 s; Nennspannung: 400 V/230 V

Quer-schnitt S in mm²	Nennstrom der Sicherung I_n in A	Kurz-schluß-strom I_k in A	höchstzulässige Länge in m bei einer Schleifenimpedanz Z_V bis zur Sicherung								
			10 mΩ	30 mΩ	50 mΩ	80 mΩ	100 mΩ	150 mΩ	200 mΩ	250 mΩ	300 mΩ
25/16	63	351	265	256	248	235	226	205	183	162	140
	80	452	205	196	188	175	166	145	123	101	80
	100	573	161	152	143	131	122	100	79	57	36
	125	751	122	113	104	91	83	61	40	18	–
	160	995	91	82	73	61	52	30	9	–	–
35/16	80	452	229	219	210	195	186	162	138	113	89
	100	573	180	170	160	146	136	112	88	64	40
	125	751	136	126	117	102	93	68	44	20	–
	160	995	101	92	82	68	58	34	10	–	–
	200	1286	77	68	58	44	34	10	–	–	–
50/25	100	573	268	254	239	218	203	167	131	96	60
	125	751	203	188	174	153	138	102	66	30	–
	160	995	151	137	123	101	87	51	15	–	–
	200	1286	115	101	87	65	51	15	–	–	–
	224	1471	100	86	71	50	35	–	–	–	–
	250	1664	88	73	59	37	23	–	–	–	–
70/35	125	751	281	261	241	212	192	142	92	42	–
	160	995	210	190	170	140	120	70	20	–	–
	200	1286	160	140	120	90	70	21	–	–	–
	224	1471	139	119	99	69	49	–	–	–	–
	250	1664	121	102	82	52	32	–	–	–	–
	315	2080	95	75	55	25	5	–	–	–	–

Tabelle A10 Fortsetzung

Querschnitt S in mm^2	Nennstrom der Sicherung I_n in A	Kurzschlußstrom I_k in A	höchstzulässige Länge in m bei einer Schleifenimpedanz Z_V bis zur Sicherung								
			10 mΩ	30 mΩ	50 mΩ	80 mΩ	100 mΩ	150 mΩ	200 mΩ	250 mΩ	300 mΩ
95/50	160	995	282	255	229	188	162	94	27	–	–
	200	1286	215	188	162	121	95	28	–	–	–
	224	1471	187	160	133	93	66	–	–	–	–
	250	1664	163	137	110	69	43	–	–	–	–
	315	2080	128	101	74	34	7	–	–	–	–
	355	2373	111	84	57	17	–	–	–	–	–
	400	2720	95	68	41	1	–	–	–	–	–
120/70	160	995	378	342	306	252	216	127	37	–	–
	200	1286	288	252	217	163	127	37	–	–	–
	224	1471	250	214	178	124	88	–	–	–	–
	250	1664	219	183	147	93	57	–	–	–	–
	315	2080	171	136	100	46	10	–	–	–	–
	355	2373	148	112	76	22	–	–	–	–	–
	400	2720	127	91	55	1	–	–	–	–	–
150/70	200	1286	309	270	232	174	136	40	–	–	–
	224	1471	268	229	191	133	95	–	–	–	–
	250	1664	234	196	157	100	61	–	–	–	–
	315	2080	184	145	107	49	11	–	–	–	–
	355	2373	159	120	82	24	–	–	–	–	–
	400	2720	136	97	59	1	–	–	–	–	–
185/95	250	1664	301	251	202	128	79	–	–	–	–
	315	2080	236	186	137	63	14	–	–	–	–
	355	2373	204	154	105	31	–	–	–	–	–
	400	2720	174	125	76	2	–	–	–	–	–
	500	3580	127	77	28	–	–	–	–	–	–

Tabelle A11 Maximal zulässige Leitungslänge für Querschnitte 25/16 mm² bis 185/95 mm² Al, Isolierung PVC oder VPE oder EPR; Leitungsschutzsicherungen Betriebsklasse gL; Abschaltzeit 5 s; Nennspannung: 400 V / 230 V

Querschnitt S in mm²	Nennstrom der Sicherung I_n in A	Kurzschlußstrom I_k in A	höchstzulässige Länge in m bei einer Schleifenimpedanz Z_V bis zur Sicherung								
			10 mΩ	30 mΩ	50 mΩ	80 mΩ	100 mΩ	150 mΩ	200 mΩ	250 mΩ	300 mΩ
25/16	63	351	161	156	151	143	138	124	111	98	85
	80	452	125	119	114	106	101	88	75	62	49
	100	573	98	92	87	79	74	61	48	35	22
	125	751	74	69	63	56	50	37	24	11	–
	160	995	55	50	45	37	32	18	5	–	–
35/16	80	452	139	133	127	119	113	98	84	69	54
	100	573	109	103	97	89	83	68	54	39	24
	125	751	83	77	71	62	56	42	27	12	–
	160	995	62	56	50	41	35	21	6	–	–
	200	1286	47	41	35	27	21	6	–	–	–
50/25	100	573	163	154	145	132	123	102	80	58	36
	125	751	123	114	106	93	84	62	40	18	–
	160	995	92	83	74	61	53	31	9	–	–
	200	1286	70	61	53	40	31	9	–	–	–
	224	1471	61	52	43	30	21	–	–	–	–
	250	1664	53	44	36	23	14	–	–	–	–
70/35	125	751	171	159	147	129	117	86	56	26	–
	160	995	128	116	104	85	73	43	12	–	–
	200	1286	98	85	73	55	43	13	–	–	–
	224	1471	85	72	60	42	30	–	–	–	–
	250	1664	74	62	50	31	19	–	–	–	–
	315	2080	58	46	34	15	3	–	–	–	–

Tabelle A11 Fortsetzung

Quer-schnitt S in mm^2	Nennstrom der Sicherung I_n in A	Kurz-schluß-strom I_k in A	höchstzulässige Länge in m bei einer Schleifenimpedanz Z_V bis zur Sicherung								
			10 mΩ	30 mΩ	50 mΩ	80 mΩ	100 mΩ	150 mΩ	200 mΩ	250 mΩ	300 mΩ
95/50	160	995	175	158	141	116	100	58	17	–	–
	200	1286	133	117	100	75	59	17	–	–	–
	224	1471	115	99	82	57	41	–	–	–	–
	250	1664	101	84	68	43	26	–	–	–	–
	315	2080	79	63	46	21	5	–	–	–	–
	355	2373	68	52	35	10	–	–	–	–	–
	400	2720	59	42	25	1	–	–	–	–	–
120/70	160	995	238	215	193	159	136	80	23	–	–
	200	1286	182	159	136	102	80	23	–	–	–
	224	1471	157	135	112	78	56	–	–	–	–
	250	1664	138	115	93	59	36	–	–	–	–
	315	2080	108	85	63	29	6	–	–	–	–
	355	2373	93	71	48	14	–	–	–	–	–
	400	2720	80	57	35	1	–	–	–	–	–
150/70	200	1286	194	170	146	110	85	25	–	–	–
	224	1471	168	144	120	84	59	–	–	–	–
	250	1664	147	123	99	63	39	–	–	–	–
	315	2080	115	91	67	31	7	–	–	–	–
	355	2373	100	76	51	15	–	–	–	–	–
	400	2720	85	61	37	1	–	–	–	–	–
185/95	250	1664	194	162	130	83	51	–	–	–	–
	315	2080	152	120	88	41	9	–	–	–	–
	355	2373	131	99	68	20	–	–	–	–	–
	400	2720	113	81	49	1	–	–	–	–	–
	500	3580	81	50	18	–	–	–	–	–	–

Tabelle A12 Maximal zulässige Leitungslänge für Querschnitte 1 mm² bis 16 mm² Cu, Isolation PVC oder Gummi; Leitungsschutzsicherungen Betriebsklasse gL; Abschaltzeit $t \leq (k \cdot S/I_k)^2$ mit $t_{max} = 5$ s; Nennspannung: 400 V/230 V

Querschnitt S in mm²	Nennstrom der Sicherung I_n in A	Kurzschlußstrom I_k in A	höchstzulässige Länge in m bei einer Schleifenimpedanz Z_V bis zur Sicherung								
			10 mΩ	50 mΩ	100 mΩ	200 mΩ	300 mΩ	400 mΩ	500 mΩ	600 mΩ	700 mΩ
1	6	28	178	178	176	174	172	170	167	165	163
	10	47	106	105	104	102	100	97	95	93	91
	16	88	57	56	55	52	50	48	45	43	41
	20	140	36	35	33	31	29	27	24	22	20
	25	240	21	20	19	16	14	12	9	7	5
	32	510	10	9	8	5	3	1	–	–	–
	35	580	8	7	6	4	2	–	–	–	–
	40	930	5	4	3	1	–	–	–	–	–
1,5	6	28	268	266	265	261	258	254	251	247	244
	10	47	159	158	156	153	149	146	143	139	136
	16	72	104	103	101	97	94	91	87	84	80
	20	102	73	72	70	67	63	60	56	53	50
	25	155	48	47	45	42	38	35	31	28	24
	32	300	25	23	22	18	15	11	8	4	1
	35	355	21	19	18	14	11	7	4	1	–
	40	500	15	13	12	8	5	1	–	–	–
2,5	20	88	142	139	136	131	125	119	114	108	102
	25	120	104	101	99	93	87	81	76	70	64
	32	182	68	66	63	57	52	46	40	35	29
	35	210	59	57	54	48	42	37	31	25	20
	40	285	42	41	38	32	27	21	15	10	4
	50	465	26	24	21	15	10	4	–	–	–

Tabelle A12 Fortsetzung

Querschnitt S in mm^2	Nennstrom der Sicherung I_n in A	Kurzschlußstrom I_k in A	höchstzulässige Länge in m bei einer Schleifenimpedanz Z_V bis zur Sicherung								
			10 mΩ	50 mΩ	100 mΩ	200 mΩ	300 mΩ	400 mΩ	500 mΩ	600 mΩ	700 mΩ
4	25	120	166	162	158	149	139	130	121	112	103
	32	156	127	124	119	110	101	92	83	74	64
	35	173	115	111	107	97	88	79	70	61	52
	40	210	94	91	86	77	68	59	50	41	31
	50	313	63	59	55	46	37	27	18	9	–
	63	580	34	30	25	16	7	–	–	–	–
6	32	156	191	185	178	165	151	137	124	110	96
	35	173	172	166	160	146	132	119	105	91	78
	40	200	148	143	136	123	109	95	82	68	54
	50	260	114	108	102	88	74	61	47	33	20
	63	405	73	67	60	47	33	19	6	–	–
	80	630	46	41	34	20	7	–	–	–	–
10	50	260	186	177	166	143	121	99	77	54	32
	63	351	137	128	117	95	72	50	28	6	–
	80	452	106	97	86	64	41	19	–	–	–
	100	650	73	64	53	31	8	–	–	–	–
16	63	351	217	203	185	150	115	79	44	9	–
	80	452	168	157	136	101	65	30	–	–	–
	100	573	131	117	100	64	29	–	–	–	–
	125	750	99	85	68	32	–	–	–	–	–

Tabelle A13 Maximal zulässige Leitungslänge für Querschnitte 1,5 mm² bis 16 mm² Cu, Isolation PVC oder Gummi; Leistungsschalter nach DIN VDE 0660; Abschaltzeit 0,1/0,2/0,4 s und 5 s; Nennspannung: 400 V/230 V

Querschnitt S in mm²	Einstellstrom des Kurzschlußauslösers I_e in A	Kurzschlußstrom I_k in A	höchstzulässige Länge in m bei einer Schleifenimpedanz Z_V bis zur Sicherung								
			10 mΩ	50 mΩ	100 mΩ	200 mΩ	300 mΩ	400 mΩ	500 mΩ	600 mΩ	700 mΩ
1,5	40	48	156	155	153	149	146	143	139	136	132
	60	72	104	103	101	97	94	91	87	84	80
	80	96	78	76	75	71	68	64	61	58	54
	100	120	62	61	59	56	52	49	45	42	39
	120	144	52	50	49	45	42	38	35	32	28
	180	216	34	33	31	28	24	21	18	14	11
	240	288	26	24	23	19	16	12	9	6	2
	300	360	21	19	17	14	11	7	4	–	–
2,5	80	96	130	127	125	119	113	107	102	96	90
	120	144	86	84	81	75	70	64	58	53	47
	160	192	65	62	59	54	48	42	37	31	25
	200	240	52	49	46	41	35	29	24	18	12
	240	288	43	41	38	32	26	21	15	9	4
	320	384	32	30	27	21	15	10	4	–	–
	400	480	25	23	20	15	9	3	–	–	–
	500	600	20	18	15	9	4	–	–	–	–
4	100	120	166	162	158	149	139	130	121	112	103
	160	192	103	100	95	86	77	68	59	50	40
	200	240	82	79	74	65	56	47	38	29	20
	240	288	69	65	60	51	42	33	24	15	6
	350	420	47	43	39	29	20	11	2	–	–
	500	600	32	29	24	15	6	–	–	–	–
	650	780	25	21	17	7	–	–	–	–	–
	800	960	20	16	12	3	–	–	–	–	–

Tabelle A13 Fortsetzung

Querschnitt S in mm²	Einstellstrom des Kurzschlußauslösers I_e in A	Kurzschlußstrom I_k in A	höchstzulässige Länge in m bei einer Schleifenimpedanz Z_V bis zur Sicherung								
			10 mΩ	50 mΩ	100 mΩ	200 mΩ	300 mΩ	400 mΩ	500 mΩ	600 mΩ	700 mΩ
6	160	192	155	149	142	129	115	101	88	74	60
	200	240	124	118	111	98	84	70	57	43	29
	250	300	99	93	86	73	59	45	32	18	4
	350	420	70	65	58	44	30	17	3	–	–
	400	480	61	56	49	35	21	8	–	–	–
	600	720	40	35	28	14	1	–	–	–	–
	800	960	30	24	18	4	–	–	–	–	–
	1000	1200	24	18	11	–	–	–	–	–	–
10	160	192	252	243	232	210	188	165	143	121	99
	200	240	202	192	181	159	137	114	92	70	48
	240	288	167	158	147	125	103	81	58	36	14
	300	360	133	125	113	91	69	47	24	2	–
	500	600	79	70	59	37	15	–	–	–	–
	750	900	52	43	32	10	–	–	–	–	–
	1000	1200	38	30	18	–	–	–	–	–	–
	1250	1500	30	21	10	–	–	–	–	–	–
16	200	240	319	305	287	252	217	181	146	111	76
	240	288	265	251	233	198	163	128	92	57	22
	300	360	211	197	180	144	109	74	39	3	–
	400	480	158	144	126	91	55	20	–	–	–
	750	900	82	68	51	15	–	–	–	–	–
	1000	1200	61	47	29	–	–	–	–	–	–
	1250	1500	48	34	16	–	–	–	–	–	–
	1500	1800	39	25	8	–	–	–	–	–	–

Tabelle A14 Maximal zulässige Leitungslänge für Querschnitte 25 mm² bis 185 mm² Cu, Isolation PVC oder Gummi; Leistungsschalter nach DIN VDE 0660; Abschaltzeit 0,1/0,2/0,4 s und 5 s; Nennspannung: 400 V/230 V

Querschnitt S in mm²	Einstellstrom des Kurzschluß-auslösers I_e in A	Kurzschluß-strom I_k in A	höchstzulässige Länge in m bei einer Schleifenimpedanz Z_V bis zur Sicherung								
			10 mΩ	30 mΩ	50 mΩ	80 mΩ	100 mΩ	150 mΩ	200 mΩ	250 mΩ	300 mΩ
25	400	480	248	237	226	209	198	170	142	115	87
	500	600	197	186	175	158	147	120	92	64	36
	600	720	163	152	141	125	113	86	58	30	3
	700	840	139	128	117	100	89	62	34	6	–
	800	960	121	110	99	82	71	44	16	–	–
	900	1080	107	96	85	68	57	29	2	–	–
	1000	1200	96	85	74	57	46	18	–	–	–
	1500	1800	62	51	40	23	12	–	–	–	–
	2000	2400	45	34	23	6	–	–	–	–	–
35	400	480	340	325	310	287	272	234	196	158	120
	500	600	271	255	240	217	202	164	126	88	50
	600	720	224	209	194	171	156	118	80	42	4
	700	840	191	176	161	138	123	85	47	9	–
	800	960	166	151	136	113	98	60	22	–	–
	900	1080	147	132	117	94	78	40	2	–	–
	1000	1200	132	116	101	78	63	25	–	–	–
	1500	1800	85	70	55	32	17	–	–	–	–
	2000	2400	62	47	32	9	–	–	–	–	–
50	500	600	364	343	323	292	272	221	169	118	67
	600	720	301	281	260	230	209	158	107	56	5
	700	840	257	236	216	185	165	114	63	11	–
	800	960	223	203	183	152	131	80	29	–	–
	900	1080	197	177	157	126	105	54	3	–	–
	1000	1200	177	156	136	105	85	34	–	–	–
	1500	1800	114	94	74	43	22	–	–	–	–
	2000	2400	83	63	42	12	–	–	–	–	–
	3000	3600	52	32	11	–	–	–	–	–	–

Tabelle A14 Fortsetzung I

Querschnitt S in mm²	Einstellstrom des Kurzschlußauslösers I_e in A	Kurzschlußstrom I_k in A	höchstzulässige Länge in m bei einer Schleifenimpedanz Z_V bis zur Sicherung								
			10 mΩ	30 mΩ	50 mΩ	80 mΩ	100 mΩ	150 mΩ	200 mΩ	250 mΩ	300 mΩ
70	500	600	514	485	456	413	384	312	239	167	95
	600	720	426	397	368	325	296	224	151	79	7
	700	840	363	334	305	262	233	161	88	16	–
	800	960	316	287	258	215	186	113	41	–	–
	900	1080	279	250	221	178	149	77	5	–	–
	1000	1200	250	221	192	149	120	47	–	–	–
	1500	1800	162	133	104	61	32	–	–	–	–
	2000	2400	118	89	60	16	–	–	–	–	–
	3000	3600	74	45	16	–	–	–	–	–	–
95	600	720	573	534	496	437	398	301	204	106	9
	700	840	489	450	411	352	314	216	119	22	–
	800	960	425	386	347	289	250	153	56	–	–
	900	1080	376	337	298	240	201	103	6	–	–
	1000	1200	336	297	258	200	161	64	–	–	–
	1500	1800	218	179	140	81	43	–	–	–	–
	2000	2400	158	119	81	22	–	–	–	–	–
	3000	3600	99	60	21	–	–	–	–	–	–
	4000	4800	69	31	–	–	–	–	–	–	–
120	600	720	698	651	604	532	485	367	248	130	11
	700	840	595	548	500	429	382	263	145	26	–
	800	960	518	470	423	352	305	186	68	–	–
	900	1080	458	410	363	292	244	126	7	–	–
	1000	1200	410	362	315	244	196	78	–	–	–
	1500	1800	265	218	170	99	52	–	–	–	–
	2000	2400	193	146	98	27	–	–	–	–	–
	3000	3600	121	73	26	–	–	–	–	–	–

Tabelle A14 Fortsetzung II

Querschnitt S in mm²	Einstellstrom des Kurzschlußauslösers I_e in A	Kurzschlußstrom I_k in A	höchstzulässige Länge in m bei einer Schleifenimpedanz Z_V bis zur Sicherung								
			10 mΩ	30 mΩ	50 mΩ	80 mΩ	100 mΩ	150 mΩ	200 mΩ	250 mΩ	300 mΩ
150	600	720	847	789	732	646	588	445	301	157	14
	700	840	722	664	607	521	463	319	176	32	–
	800	960	628	571	513	427	369	226	82	–	–
	900	1080	555	498	440	354	296	153	9	–	–
	1000	1200	497	439	382	295	238	94	–	–	–
	1500	1800	322	264	207	120	63	–	–	–	–
	2000	2400	234	176	109	33	–	–	–	–	–
	3000	3600	146	89	31	–	–	–	–	–	–
	4000	4800	103	45	–	–	–	–	–	–	–
	5000	6000	76	19	–	–	–	–	–	–	–
185	600	720	996	928	861	759	692	523	354	185	16
	700	840	849	781	713	612	545	376	207	38	–
	800	960	738	671	603	502	434	265	96	–	–
	900	1080	653	585	517	416	348	180	11	–	–
	1000	1200	584	516	449	347	280	111	–	–	–
	1500	1800	378	310	243	142	74	–	–	–	–
	2000	2400	275	207	140	39	–	–	–	–	–
	3000	3600	172	105	37	–	–	–	–	–	–
	4000	4800	121	53	–	–	–	–	–	–	–
	5000	6000	90	22	–	–	–	–	–	–	–
	6000	7200	69	2	–	–	–	–	–	–	–

Tabelle A15 Maximal zulässige Leitungslänge für Querschnitte 25 mm² bis 185 mm² Al, Isolation PVC oder Gummi; Leistungsschalter nach DIN VDE 0660; Abschaltzeit 0,1/0,2/0,4 s und 5 s; Nennspannung: 400 V/230 V

Querschnitt S in mm²	Einstellstrom des Kurzschlußauslösers I_e in A	Kurzschlußstrom I_k in A	höchstzulässige Länge in m bei einer Schleifenimpedanz Z_V bis zur Sicherung								
			10 mΩ	30 mΩ	50 mΩ	80 mΩ	100 mΩ	150 mΩ	200 mΩ	250 mΩ	300 mΩ
25	400	480	150	143	136	126	120	103	86	69	53
	500	600	119	112	106	96	89	72	56	39	22
	600	720	99	92	85	75	69	52	35	18	2
	700	840	84	77	71	61	54	37	21	4	–
	800	960	73	67	60	50	43	26	10	–	–
	900	1080	65	58	51	41	35	18	1	–	–
	1000	1200	58	51	45	34	28	11	–	–	–
	1500	1800	37	31	24	14	7	–	–	–	–
	2000	2400	27	21	14	4	–	–	–	–	–
35	400	480	205	196	187	173	164	141	118	95	72
	500	600	163	154	145	131	122	99	76	53	30
	600	720	135	126	117	103	94	71	48	25	7
	700	840	115	106	97	83	74	51	28	5	–
	800	960	100	91	82	68	59	36	13	–	–
	900	1080	89	79	70	57	47	24	1	–	–
	1000	1200	79	70	61	47	38	15	–	–	–
	1500	1800	51	42	33	19	10	–	–	–	–
	2000	2400	37	28	19	5	–	–	–	–	–
50	400	480	279	267	254	236	223	192	161	129	98
	500	600	222	210	197	179	166	135	104	72	41
	600	720	184	172	159	140	128	97	65	34	3
	700	840	157	144	132	113	101	69	38	7	–
	800	960	137	124	112	93	80	49	18	–	–
	900	1080	121	108	96	77	64	33	2	–	–
	1000	1200	108	96	83	64	52	21	–	–	–
	1500	1800	70	57	45	26	14	–	–	–	–
	2000	2400	51	38	26	7	–	–	–	–	–

Tabelle A15 Fortsetzung I

Querschnitt S in mm²	Einstellstrom des Kurzschlußauslösers I_e in A	Kurzschlußstrom I_k in A	höchstzulässige Länge in m bei einer Schleifenimpedanz Z_V bis zur Sicherung								
			10 mΩ	30 mΩ	50 mΩ	80 mΩ	100 mΩ	150 mΩ	200 mΩ	250 mΩ	300 mΩ
70	500	600	319	301	283	256	238	194	149	104	59
	600	720	265	247	229	202	184	139	94	49	4
	700	840	225	208	190	163	145	100	55	10	–
	800	960	196	178	160	133	115	70	26	–	–
	900	1080	173	155	137	111	93	48	3	–	–
	1000	1200	155	137	119	92	74	29	–	–	–
	1500	1800	100	82	65	38	20	–	–	–	–
	2000	2400	73	55	37	10	–	–	–	–	–
	3000	3600	46	28	10	–	–	–	–	–	–
95	500	600	438	413	389	352	327	266	204	142	81
	600	720	363	338	314	277	252	191	129	67	6
	700	840	309	285	260	223	199	137	75	14	–
	800	960	269	245	220	183	158	97	35	–	–
	900	1080	238	213	189	152	127	65	4	–	–
	1000	1200	213	188	164	127	102	40	–	–	–
	1500	1800	138	113	89	52	27	–	–	–	–
	2000	2400	100	76	51	14	–	–	–	–	–
	3000	3600	63	38	13	–	–	–	–	–	–
120	600	720	451	420	389	344	313	237	160	84	7
	700	840	384	353	323	277	246	170	94	17	–
	800	960	344	304	273	227	197	120	44	–	–
	900	1080	295	265	234	188	158	81	5	–	–
	1000	1200	264	234	203	157	127	50	–	–	–
	1500	1800	171	140	110	64	33	–	–	–	–
	2000	2400	124	94	63	17	–	–	–	–	–
	3000	3600	78	47	17	–	–	–	–	–	–
	4000	4800	55	24	–	–	–	–	–	–	–

Tabelle A15 Fortsetzung II

Querschnitt S in mm²	Einstellstrom des Kurzschlußauslösers I_e in A	Kurzschlußstrom I_k in A	höchstzulässige Länge in m bei einer Schleifenimpedanz Z_V bis zur Sicherung								
			10 mΩ	30 mΩ	50 mΩ	80 mΩ	100 mΩ	150 mΩ	200 mΩ	250 mΩ	300 mΩ
150	600	720	546	509	472	416	379	287	194	101	9
	700	840	465	428	391	336	298	206	113	21	–
	800	960	405	368	331	275	238	145	53	–	–
	900	1080	358	321	284	228	191	98	6	–	–
	1000	1200	320	283	246	190	153	61	–	–	–
	1500	1800	207	170	133	78	41	–	–	–	–
	2000	2400	151	114	77	21	–	–	–	–	–
	3000	3600	94	57	20	–	–	–	–	–	–
	4000	4800	66	29	–	–	–	–	–	–	–
185	600	720	644	619	574	506	461	348	236	123	11
	700	840	566	521	476	408	363	250	138	25	–
	800	960	492	447	402	335	289	177	64	–	–
	900	1080	435	390	345	277	232	120	7	–	–
	1000	1200	389	344	299	232	187	74	–	–	–
	1500	1800	252	207	162	94	49	–	–	–	–
	2000	2400	183	138	93	26	–	–	–	–	–
	3000	3600	115	70	25	–	–	–	–	–	–
	4000	4800	80	35	–	–	–	–	–	–	–
	5000	6000	60	15	–	–	–	–	–	–	–

25.2 Anhang B: Maximal zulässige Leitungslängen nach DIN VDE 0100 Beiblatt 5

Neben der in Anhang A beschriebenen vereinfachten Methode zur Ermittlung der maximal zulässigen Leitungslängen wurde in Beiblatt 5 zu DIN VDE 0100 (Beiblatt 5 zu VDE 0100) eine Vielzahl von Tabellen auf Grundlage der Rechenverfahren nach DIN VDE 0102 (VDE 0102) aufgenommen. In den dort aufgeführten Tabellen sind die maximal zulässigen Längen von Kabeln und Leitungen unter Berücksichtigung des Schutzes bei indirektem Berühren, des Schutzes bei Kurzschluß und des Spannungsfalls dargestellt.
Des weiteren sind in diesem Beiblatt die für die Erstellung der Tabellen notwendigen Rechenvorgänge beschrieben.

- **Schutz gegen elektrischen Schlag unter Fehlerbedingungen und Schutz bei Kurzschluß**
  Die maximal zulässigen Kabel- und Leitungslängen lassen sich für übliche Anwendungsfälle in der Praxis aus den Tabellen 3 bis 22 des Beiblatts 5 ermitteln.
  Die Grenzlängen gelten:
  - für den Schutz bei indirektem Berühren und den Schutz bei Kurzschluß im TN-System,
  - nur für den Schutz bei Kurzschluß im TT-System mit Neutralleiter und im IT-System mit Neutralleiter.

- **Spannungsfall**
  Für den Spannungsfall gelten die Tabellen 23 bis 26 des Beiblatts 5. Sie gelten für:
  - Kabel mit Kupferleitern NYY 0,6/1 kV nach DIN VDE 0271 (VDE 0271) und
  - Kabel mit Aluminiumleitern NAYY 0,6/1 kV nach DIN VDE 0271 (VDE 0271)

  bei vorgegebenem Spannungsfall ε in % für Drehstrom. Die Tabellen können mit hinreichender Genauigkeit auch für Mantelleitungen NYM nach DIN VDE 0250-204 (VDE 0250 Teil 204) und ähnlich aufgebaute Kabel und Leitungen verwendet werden. Für den Wechselstromkreis ist der jeweils ermittelte Drehstrom-Tabellenwert mit dem Faktor 0,5 zu multiplizieren.
  In den Tabellen 23 und 24 des Beiblatts 5 sind die zulässigen Leitungslängen für die Netzspannung 230/400 V je Querschnitt für verschiedene Bemessungsströme angegeben. Diese Tabellen werden hier als die Tabellen B1 bis B3 wiedergegeben.
  Den Werten der Tabelle liegt eine Leitertemperatur von 20 °C zugrunde. Die Berücksichtigung der für PVC zulässigen Leitertemperatur von 70 °C würde zu einer Leitungslängenreduzierung von etwa 20 % führen. Die Berechnung mit 20 °C nach DIN VDE 0102 (VDE 0102) ist vertretbar, da der Spannungsfall in der Regel keine Sicherheitsfrage darstellt und die Kabel- bzw. Leitungslängen bei kleinem zulässigem Spannungsfall und kleinen Querschnitten ohnehin recht kurz sind.

Tabelle B1 Maximale Kabel- und Leitungslängen bei vorgegebenem Spannungsfall ε für U_n = 400 V Drehstrom. NYY-Kabel und NYM-Leitung von 1,5 mm^2 bis 25 mm^2.
(Quelle: Beiblatt 5 zu DIN VDE 0100:1995-11)

Leiter-nenn-querschnitt	Bemessungs-strom	Spannungsfall ε in %				
		3	4	5	8	10
		maximal zulässige Länge				
mm^2	A	m	m	m	m	m
1,5	6	95	127	159	254	318
1,5	10	57	76	95	152	190
1,5	16	35	47	59	95	119
1,5	20	28	38	47	76	95
1,5	25	22	30	38	61	76
2,5	10	93	124	155	249	311
2,5	16	58	77	97	155	194
2,5	20	46	62	77	124	155
2,5	25	37	49	62	99	124
2,5	32	29	38	48	77	97
4	16	94	126	158	253	316
4	20	75	101	126	202	253
4	25	60	81	101	162	202
4	32	47	63	79	126	158
4	40	37	50	63	101	126
4	50	30	40	50	81	101
6	20	114	152	190	304	381
6	25	91	121	152	243	304
6	32	71	95	119	190	238
6	40	57	76	95	152	190
6	50	45	60	76	121	152
6	63	36	48	60	96	120
10	25	153	204	255	408	510
10	32	119	159	199	318	398
10	40	95	127	159	255	318
10	50	76	102	127	204	255
10	63	60	81	101	162	202
10	80	47	63	79	127	159
16	32	189	252	315	504	630
16	40	151	201	252	403	504
16	50	121	161	201	322	403
16	63	96	128	160	256	320
16	80	75	100	126	201	252
16	100	60	80	100	161	201
25	50	190	253	317	507	634
25	63	150	201	251	402	503
25	80	118	158	198	317	396
25	100	95	126	158	253	317
25	125	76	101	126	202	253

Tabelle B2 Maximale Kabel- und Leitungslängen bei vorgegebenem Spannungsfall ε für $U_n = 400$ V Drehstrom. NYY-Kabel von 35 mm² bis 150 mm².
(Quelle: Beiblatt 5 zu DIN VDE 0100:1995-11)

Leiter-nenn-querschnitt	Bemessungs-strom	Spannungsfall ε in %				
		3	4	5	8	10
		maximal zulässige Länge				
mm²	A	m	m	m	m	m
35	80	163	217	271	435	543
35	100	130	174	217	348	435
35	125	104	139	174	278	348
35	160	81	108	135	217	271
35	200	65	87	108	174	217
50	100	175	234	292	468	585
50	125	140	187	234	374	468
50	160	109	146	183	292	366
50	200	87	117	146	234	292
50	250	70	93	117	187	234
70	125	195	261	326	522	652
70	160	152	203	254	407	509
70	200	122	163	203	326	407
70	250	97	130	163	261	326
70	315	77	103	129	207	258
95	160	203	271	339	543	679
95	200	163	217	271	435	543
95	250	130	174	217	348	435
95	315	103	138	172	276	345
95	400	81	108	135	217	271
120	200	199	266	332	532	665
120	250	159	213	266	426	532
120	315	126	169	211	338	422
120	400	99	133	166	266	332
150	200	228	304	380	608	760
150	250	182	243	304	486	608
150	315	144	193	241	386	482
150	400	114	152	190	304	380
150	500	91	121	152	243	304

Tabelle B3 Maximale Kabel- und Leitungslängen bei vorgegebenem Spannungsfall ε für U_n = 400 V Drehstrom. NAYY-Kabel von 16 mm² bis 150 mm².
(Quelle: Beiblatt 5 zu DIN VDE 0100:1995-11)

Leiter-nenn-querschnitt	Bemessungs-strom	Spannungsfall ε in %				
		3	4	5	8	10
		maximal zulässige Länge				
mm²	A	m	m	m	m	m
16	40	91	122	152	244	305
16	50	73	97	122	195	244
16	63	58	77	96	154	193
16	80	45	61	76	122	152
16	100	36	48	61	97	122
25	50	115	153	191	306	383
25	63	91	121	152	243	304
25	80	71	95	119	191	239
25	100	57	76	95	153	191
25	125	46	61	76	122	153
35	80	98	131	164	262	328
35	100	78	104	131	209	262
35	125	62	83	104	167	209
35	160	49	65	82	131	164
35	200	39	52	65	104	131
50	80	133	178	223	357	446
50	100	107	142	178	285	357
50	125	85	114	142	228	285
50	160	66	89	111	178	223
50	200	53	71	89	142	178
50	250	42	57	71	114	142
70	100	154	205	257	411	514
70	125	123	164	205	329	411
70	160	96	128	160	257	321
70	200	77	102	128	205	257
70	250	61	82	102	164	205
95	125	167	223	279	446	558
95	160	130	174	218	348	436
95	200	104	139	174	279	348
95	250	83	111	139	223	279
95	315	66	88	110	177	221
120	160	162	216	270	432	540
120	200	129	172	216	345	432
120	250	103	138	172	276	345
120	315	82	109	137	219	274
120	400	64	86	108	172	216
150	160	197	263	329	527	659
150	200	158	210	263	421	527
150	250	126	168	210	337	421
150	315	100	133	167	267	334
150	400	79	105	131	210	263
150	500	63	84	105	168	210

25.3 Anhang C: Materialbeiwert *k*

25.3.1 Tabellen für Materialbeiwerte

Die Tabellen 2, 4 und 5 aus Teil 540 sind nachfolgend dargestellt **(Tabelle C1, Tabelle C2, Tabelle C3):**

Tabelle C1 Materialbeiwerte *k* für:

- isolierte Leiter aus Cu oder Al außerhalb von Kabeln oder Leitungen;
- blanke Leiter aus Cu, Al oder Fe, die mit Kabel- oder Leitungsmäntel in Berührung kommen (Quelle: DIN VDE 0100 Teil 540:1991-11)

	Werkstoff der Isolierung von Schutzleitern oder der Mäntel von Kabeln und Leitungen			
	NR, SR	PVC	VPE, EPR	IIK
δ_i in °C	30	30	30	30
δ_f in °C	200	160	250	220
	k in $A\sqrt{s}/mm^2$			
Cu	159	143	176	166
Al	–	95	116	110
Fe	–	52	64	60

Tabelle C2 Materialbeiwert *k* für Schutzleiter als Mantel oder Bewehrung eines Kabels bzw. einer Leitung (Quelle: DIN VDE 0100 Teil 540:1991-11)

	Werkstoff der Isolierung			
	NR, SR	PVC	VPE, EPR	IIK
δ_i in °C	50	60	80	75
δ_f in °C	200	160	250	220
	k in $A\sqrt{s}/mm^2$			
Fe	53	44	54	51
Fe, kupferplattiert	in Vorbereitung			
Al	97	81	98	93
Pb	27	22	27	25

Tabelle C3 Materialbeiwert k für blanke Leiter in Fällen, in denen keine Gefährdung der Werkstoffe benachbarter Teile infolge der in der Tabelle angegebenen Temperatur entsteht (Quelle: DIN VDE 0100 Teil 540:1991-11)

Leiterwerkstoff	Bedingungen	sichtbar und in abgegrenzten Bereichen*)	normale Bedingungen	bei Feuergefährdung
Cu	δ_f in °C	500	200	150
	k in $A\sqrt{s}/mm^2$	228	159	138
Al	δ_f in °C	300	200	150
	k in $A\sqrt{s}/mm^2$	125	105	91
Fe	δ_f in °C	500	200	150
	k in $A\sqrt{s}/mm^2$	82	58	50

Anmerkung: Die Anfangstemperatur δ_i am Leiter wird mit 30 °C angenommen.
*) Die angegebenen Temperaturen gelten nur dann, wenn die Temperatur der Verbindungsstelle die Qualität der Verbindung nicht beeinträchtigt.

In den Tabellen C1 bis C3 bedeuten:
δ_i Anfangstemperatur am Leiter in °C
δ_f Zulässige Höchsttemperatur am Leiter in °C
NR Natur-Kautschuk
SR Synthetischer Kautschuk
VPE Isolierung aus vernetztem Polyäthylen
EPR Isolierung aus Äthylen-Propylen-Kautschuk
IIK Isolierung aus Butyl-Kautschuk

25.3.2 Verfahren zur Ermittlung des Materialbeiwerts

Der Materialbeiwert wird durch folgende Gleichung bestimmt:

$$k = \sqrt{\frac{Q_c\,(B + 20\,°C)}{\rho_{20}} \cdot \ln\left(1 + \frac{\vartheta_f - \vartheta_i}{B + \vartheta_i}\right)} \qquad (C\,1)$$

Es bedeuten:
k Materialbeiwert in $A\sqrt{s}/mm^2$,
Q_c Wärmekapazität des Leiterwerkstoffs in $J/(K\,mm^3)$ (siehe Tabelle C4),
B Reziprokwert des Temperaturkoeffizienten des spezifischen Widerstands bei 0 °C für den Leiterwerkstoff in K (siehe Tabelle C4),
ρ_{20} spezifischer Widerstand des Leiterwerkstoffs bei 20 °C in Ωmm (siehe Tabelle C4).

Tabelle C4 Rechenwerte für den Materialbeiwert k
(Quelle: DIN VDE 0100 Teil 540:1991-11)

Leiter-werkstoff	B in K	Q_c in J/(°C mm³)	ρ_{20} in Ωmm	$\sqrt{\frac{Q_c\,(B+20\,°C)}{\rho_{20}}}$ in $A\sqrt{s}/mm^2$
Kupfer	234,5	$3{,}45 \cdot 10^{-3}$	$17{,}241 \cdot 10^{-6}$	226
Aluminium	228	$2{,}5 \cdot 10^{-3}$	$28{,}264 \cdot 10^{-6}$	148
Blei	230	$1{,}45 \cdot 10^{-3}$	$214 \cdot 10^{-6}$	42
Stahl	202	$3{,}8 \cdot 10^{-3}$	$138 \cdot 10^{-6}$	78

ϑ_i Anfangstemperatur des Leiters in °C
ϑ_f Endtemperatur (zulässige Höchsttemperatur) des Leiters in °C

In vorliegendem Fall wird – infolge internationaler Festlegungen – für ρ_{20} mit geringfügig anderen Werten gerechnet als national üblich:

- Für Kupfer wird in Anhang C mit

  ρ_{20} = 1/58 Ωmm²/m = 0,017241 Ωmm²/m

  gerechnet, während in Anhang D mit

  ρ_{20} = 1/56 Ωmm²/m = 0,017857 Ωmm²/m

  gerechnet wird.

- Für Aluminium wird in Anhang C mit

  ρ_{20} = 1/35,3 Ωmm²/m = 0,028264 Ωmm²/m

  gerechnet, während in Anhang D mit

  ρ_{20} = 1/35,4 Ωmm²/m 0,028249 Ωmm²/m

  für Freileitungen und

  ρ_{20} = 1/33 Ωmm²/m = 0,030303 Ωmm²/m

  für Kabel gerechnet wird.

Die Unterschiede sind unerheblich, wenn die in der Praxis übliche Genauigkeit betrachtet wird.

25.4 Anhang D: Umrechnung von Leiterwiderständen

Der Wirkwiderstand (Resistanz; ohmscher Widerstand) eines Leiters wird normalerweise für eine Leitertemperatur von 20 °C angegeben. Er errechnet sich nach der Beziehung:

$$R = \frac{l \cdot \rho}{S} = \frac{l}{\varkappa \cdot S}. \qquad \text{(D 1)}$$

Es bedeuten:

R Wirkwiderstand in Ω
l Länge des Leiters in m
ρ spezifischer Widerstand des Leitermaterials in $\Omega mm^2/m$
$\varkappa$ Leitwert des Leitermaterials in $m/(\Omega mm^2)$
S Leiterquerschnitt in mm^2

Die bei einer Leitertemperatur von 20 °C geltenden spezifischen Werte für ρ und $\varkappa$ sind in **Tabelle D1** dargestellt.

Tabelle D1 ρ- und $\varkappa$-Werte für Leitermaterialien bei 20 °C

Leitermaterial	Freileitung		Kabel	
	$\varkappa$ $m/(\Omega mm^2)$	ρ $\Omega mm^2/m$	$\varkappa$ $m/(\Omega mm^2)$	ρ $\Omega mm^2/m$
Aluminium	35,4	0,02826	33,0	0,03030
Kupfer	56,0	0,01786	56,0	0,01786
E-AlMgSi*)	30,5	0,03280	–	–
Aluminium-Stahl	35,4	0,02826	–	–

*) E-AlMgSi = Aldrey

Für die Temperaturabhängigkeit des spezifischen Widerstands gelten die Beziehungen:

Kupfer: $\rho_\vartheta = \rho + 0{,}68 \cdot 10^{-4}\,K^{-1}\,(\vartheta - 20\,°C)$ in $\Omega mm^2/m$ (D 2)

Aluminium: $\rho_\vartheta = \rho + 1{,}1 \cdot 10^{-4}\,K^{-1}\,(\vartheta - 20\,°C)$ in $\Omega mm^2/m$ (D 3)

Für die Praxis ist es ausreichend, den Wirkwiderstand eines Leiters bei einer anderen Temperatur nach folgender Beziehung umzurechnen:

$$R_\vartheta = R_{20}\,(1 + \alpha \cdot \Delta\vartheta), \tag{D 4}$$

wobei:
R_ϑ Wirkwiderstand des Leiters bei der Temperatur ϑ in Ω,
R_{20} Wirkwiderstand des Leiters bei 20 °C in Ω,
α Temperaturkoeffizient bei 20 °C in 1/K (siehe **Tabelle D2**),
$\Delta\vartheta$ Temperaturdifferenz in K zwischen der Bezugstemperatur 20 °C und der Temperatur ϑ, für die der Wirkwiderstand ermittelt werden soll, $\Delta\vartheta = \vartheta - 20\ °\text{C}$.

Über die physikalischen Zusammenhänge kann mit der Beziehung

$$\alpha_\vartheta = \frac{1}{B + \vartheta} \quad \text{in 1/K} \tag{D 5}$$

ein gemessener Leiterwiderstand von der während der Messung herrschenden Leitertemperatur auf die Bezugstemperatur von 20 °C umgerechnet werden:

Für Kupferleiter gilt:

$$R_{20} = R_\vartheta\,\frac{254{,}5\ °\text{C}}{234{,}5\ °\text{C} + \vartheta}. \tag{D 6}$$

Für Aluminiumleiter gilt:

$$R_{20} = R_\vartheta\,\frac{248\ °\text{C}}{228\ °\text{C} + \vartheta}. \tag{D 7}$$

In den Gln. (D 5), (D 6) und (D 7) bedeuten:
R_{20} Wirkwiderstand des Leiters bei 20 °C in Ω,
R_ϑ gemessener Wirkwiderstand des Leiters bei der Temperatur ϑ in Ω,
ϑ Temperatur des Leiters bei der Messung in K,
α_ϑ Temperaturkoeffizient bei der Temperatur ϑ in 1/K,
B Reziprokwert des Temperaturkoeffizienten bei 0 °C in K (siehe Tabelle D2),

$$B = 1/\alpha_{0,} \tag{D 8}$$

α_0 Temperaturkoeffizient bei der Temperatur 0 °C in K (siehe Tabelle D2).

Beispiel:
Die Umrechnung des Wirkwiderstands eines Kupfer-Leiters von 20 °C auf 80 °C ergibt:

$$R_{80} = R_{20}\,(1 + \alpha \cdot \Delta\vartheta),$$

Tabelle D2 Rechenwerte für Leitermaterialien

Leitermaterial	α 1/K	α_0 1/K	$B = \frac{1}{\alpha_0}$ 1/K
Aluminium	$4{,}03 \cdot 10^{-3}$	$4{,}38 \cdot 10^{-3}$	228
Kupfer	$3{,}93 \cdot 10^{-3}$	$4{,}26 \cdot 10^{-3}$	234,5

$\Delta\vartheta = 80\ °\text{C} - 20\ °\text{C} = 60\ \text{K},$

damit wird:

$$R_{80} = R_{20}\left(1 + 0{,}00393\,\frac{1}{\text{K}} \cdot 60\ \text{K}\right) = R_{20} \cdot 1{,}2358,$$

$$R_{80} = 1{,}2358 \cdot R_{20}.$$

25.5 Anhang E: Tabellen für Impedanzen

Die nachfolgend dargestellten Tabellen sind DIN VDE 0102 Teil 2:1975-11 »VDE-Leitsätze für die Berechnung der Kurzschlußströme; Drehstromanlagen mit Nennspannungen bis 1000 V« entnommen.

25.5.1 Tabellen für Freileitungen

Tabelle E1 Resistanzwerte in Ω/km für Freileitungsseile nach DIN 48201 bei $f = 50$ Hz

Nennquerschnitt S	Sollquerschnitt	Wirkwiderstandsbeläge r in Ω/km bei der Leitertemperatur 20 °C	
in mm^2	in mm^2	Kupfer	Aluminium
10	10	1,804	2,855
16	15,9	1,134	1,795
25	24,2	0,745	1,18
35	34,4	0,524	0,83
50 (7drähtig)	49,5	0,364	0,577
50 (19drähtig)	48,3	0,375	0,594
70	65,8	0,276	0,436
95	93,2	0,195	0,308
120	117	0,155	0,246

Tabelle E2 Reaktanzwerte in Ω/km für Freileitungssysteme bei $f = 50$ Hz

Nenn-querschnitt S	induktive Blindwiderstandsbeläge x in Ω/km					
	bei mittlerem Leiterabstand α in cm					
mm^2	50	60	70	80	90	100
10	0,37	0,38	0,40	0,40	0,41	0,42
16	0,36	0,37	0,38	0,39	0,40	0,40
25	0,34	0,35	0,37	0,37	0,38	0,39
35	0,33	0,34	0,35	0,36	0,37	0,38
50	0,32	0,33	0,34	0,35	0,36	0,37
70	0,31	0,32	0,33	0,34	0,35	0,35
95	0,29	0,31	0,32	0,33	0,34	0,34
120	0,29	0,30	0,31	0,32	0,33	0,34

Tabelle E3 Quotienten für R_{0L}/R_L und X_{0L}/X_L für Freileitungssysteme mit vier Leitern bei gleichem Querschnitt bei $f = 50$ Hz

$\frac{R_{0L}}{R_L}$	2 bei der Berechnung des größten Kurzschlußstroms 4 bei der Berechnung des kleinsten Kurzschlußstroms
$\frac{X_{0L}}{X_L}$	3 bei der Berechnung des größten Kurzschlußstroms 4 bei der Berechnung des kleinsten Kurzschlußstroms

Der angegebene Wert für R_{0L}/R_L darf für die Leitertemperaturen 20 °C und 80 °C verwendet werden.

25.5.2 Tabellen für Kabel

Tabelle E4 Resistanzwerte für 0,6/1-kV-Kabel der Typen:
- NYY, NYCWY, NKLEY, NKBA;
- NAYY, NAYCWY, NAKLEY, NAKBA;

bei $f = 50$ Hz
(Quelle: DIN VDE 0102 Teil 2:1975-11)

Nennquerschnitt *S*	Wirkwiderstandsbeläge *r* in Ω/km bei der Leitertemperatur 20 °C	
mm²	Kupfer	Aluminium
4	4,560	–
6	3,030	–
10	1,810	–
16	1,141	1,891
25	0,724	1,201
35	0,526	0,876
50	0,389	0,642
70	0,271	0,444
95	0,197	0,321
120	0,157	0,255
150	0,129[1])	0,208
185	0,105[1])	0,167
240	0,083[2])	0,131
300	0,069[2])	0,107

Der Wirkwiderstandsbelag *r* bei 80 °C ist um den Faktor 1,24 größer als bei 20 °C.

1) abzüglich 0,004 Ω/km bei Vierleiterkabeln NYY und Vierleiterkabeln mit Schirm NYCWY bzw. 0,002 Ω/km bei Dreileiterkabeln mit Schirm verringerten Querschnitts NYCWY
2) abzüglich 0,006 Ω/km bei Vierleiterkabeln NYY und Vierleiterkabeln mit Schirm NYCWY bzw. 0,003 Ω/km bei Dreileiterkabeln mit Schirm verringerten Querschnitts NYCWY

Tabelle E5 Reaktanzwerte für 0,6/1-kV-Kabel der Typen:
- NYY, NYCWY, NKLEY, NKBA;
- NAYY, NAYCWY, NAKLEY, NAKBA;

bei $f = 50$ Hz
(Quelle: DIN VDE 0102 Teil 2:1975-11)

Nenn-querschnitt S	induktive Blindwiderstandsbeläge x in Ω/km				
mm²	Vierleiter-kabel N(A)YY Vierleiter-kabel mit Schirm N(A)YCWY	Vierleiter-kabel N(A)KBA	Dreieinhalb-leiterkabel N(A)KBA	Dreieinhalb-leiterkabel mit Alumi-niummantel N(A)KLEY	Dreileiter-kabel mit Schirm N(A)YCWY
4	0,107	–	–	–	0,100
6	0,100	–	–	–	0,094
10	0,094	–	–	–	0,088
16	0,090	0,099	–	–	0,083
25	0,086	0,094	0,092	–	0,080
35	0,083	0,092	0,090	–	0,077
50	0,083	0,090	0,087	0,071	0,077
70	0,082	0,087	0,085	0,069	0,074
95	0,082	0,086	0,084	0,068	0,074
120	0,080	0,085	0,083	0,067	0,072
150	0,080	0,086	0,084	0,068	0,072
185	0,080	0,085	0,083	0,067	0,072
240	0,079	0,084	0,082	0,066	0,072
300	0,079	0,084	0,082	–	0,072

Tabelle E6 Quotienten für R_{0L}/R_L und X_{0L}/X_L für Kabel NYCWY und NAYCWY in Abhängigkeit von der Rückleitung bei f = 50 Hz
(Quelle: DIN VDE 0102 Teil 2:1975-11)

Aderzahl und Nennquerschnitt S	$\frac{R_{0L}}{R_L}$				$\frac{X_{0L}}{X_L}$			
	Kupfer		Aluminium		Kupfer		Aluminium	
mm^2	a	c	a	c	a	c	a	c
3 × 35/35	4,0	2,92	2,80	2,15	1,75	10,90	1,59	10,52
3 × 50/50	4,0	3,26	2,81	2,37	1,71	7,74	1,42	7,40
3 × 70/70	4,0	3,56	2,82	2,56	1,70	5,22	1,51	5,01
3 × 95/95	4,0	3,73	2,83	2,67	1,76	3,77	1,51	3,53
3 × 120/120	4,0	3,81	2,84	2,72	1,68	3,06	1,44	2,81
3 × 150/150	4,0	3,87	2,81	2,73	1,60	2,51	1,43	2,35
3 × 185/185	4,0	3,90	2,87	2,81	1,68	2,33	1,36	2,00
3 × 25/16	5,74	2,40	–	–	1,73	19,80	–	–
3 × 35/16	7,51	2,92	4,90	2,14	1,66	20,45	1,63	19,86
3 × 50/25	6,58	3,74	4,37	2,66	1,56	14,66	1,58	14,57
3 × 70/35	6,86	4,69	4,55	3,25	1,65	11,20	1,46	11,00
3 × 95/50	6,97	5,45	4,63	3,71	1,65	7,96	1,47	7,78
3 × 120/70	6,21	5,42	4,18	3,70	1,65	5,28	1,42	5,03
3 × 150/70	7,35	6,39	4,88	4,29	1,58	5,24	1,43	5,07
3 × 185/95	6,74	6,21	4,52	4,20	1,49	3,57	1,36	3,43
3 × 240/120	6,81	6,44	–	–	1,44	2,83	–	–
3 × 300/150	6,77	6,50	–	–	1,39	2,33	–	–

a Rückleitung über Schirm c Rückleitung über Schirm und Erde

Tabelle E7 Quotienten für R_{0L}/R_L und X_{0L}/X_L für Kabel NYCWY und NAYCWY in Abhängigkeit von der Rückleitung bei $f = 50$ Hz
(Quelle: DIN VDE 0102 Teil 2:1975-11)

Aderzahl und Nennquerschnitt S	$\frac{R_{0L}}{R_L}$				$\frac{X_{0L}}{X_L}$			
	Kupfer		Aluminium		Kupfer		Aluminium	
mm^2	b	d	b	d	b	d	b	d
4 × 1,5/1,5	2,50	1,04	–	–	1,10	20,84	–	–
4 × 2,5/2,5	2,50	1,09	–	–	1,11	20,64	–	–
4 × 4/4	2,50	1,18	–	–	1,10	19,36	–	–
4 × 6/6	2,50	1,33	–	–	1,12	17,96	–	–
4 × 10/10	2,50	1,62	–	–	1,12	13,87	–	–
4 × 16/16	2,51	1,92	–	–	1,11	9,27	–	–
4 × 25/16	2,85	2,26	–	–	1,80	7,52	–	–
4 × 35/16	3,07	2,52	2,70	2,10	2,05	6,27	1,54	8,74
4 × 50/25	2,99	2,61	2,61	2,24	1,86	4,23	1,22	5,41
4 × 70/35	3,05	2,75	2,66	2,40	1,85	3,13	1,26	3,65
4 × 95/50	3,12	2,86	2,70	2,50	1,87	2,57	1,28	2,65
4 × 120/70	3,11	2,90	2,64	2,50	1,71	2,16	1,11	1,96
4 × 150/70	3,32	3,06	2,83	2,65	1,94	2,28	1,36	2,04
4 × 185/95	3,42	3,18	2,84	2,70	1,80	2,01	1,23	1,66
4 × 240/120	3,70	3,45	–	–	1,81	1,96	–	–

b Rückleitung über vierten Leiter und Schirm d Rückleitung über vierten Leiter, Schirm und Erde
Bei der Rückleitung über vierten Leiter und bei Rückleitung über vierten Leiter und Erde gilt Tabelle 12 aus DIN VDE 0102 Teil 2:1975-11

Tabelle E8 Quotienten für R_{0L}/R_L und X_{0L}/X_L für Kabel NKBA und NAKBA in Abhängigkeit von der Rückleitung bei $f = 50$ Hz (Quelle: DIN VDE 0102 Teil 2:1975-11)

Aderzahl und Nennquerschnitt S	$\frac{R_{0L}}{R_L}$								$\frac{X_{0L}}{X_L}$							
	Kupfer				Aluminium				Kupfer				Aluminium			
mm^2	a	b	c	d	a	b	c	d	a	b	c	d	a	b	c	d
4 × 16	4,0	3,17	1,84	1,92	4,0	2,83	1,42	1,55	4,05	2,37	15,54	12,27	4,05	1,73	19,13	15,39
4 × 25	4,0	3,35	2,33	2,32	4,0	3,05	1,79	1,88	3,89	2,63	11,91	9,27	3,89	2,07	16,68	12,77
4 × 35	4,0	3,46	2,67	2,59	4,0	3,18	2,12	2,14	3,78	2,74	9,24	7,24	3,78	2,24	13,99	10,42
4 × 50	4,0	3,51	2,92	2,80	4,0	3,26	2,46	2,40	3,69	2,77	7,19	5,66	3,69	2,32	11,16	8,10
4 × 70	4,0	3,60	3,14	3,00	4,0	3,36	2,82	2,67	3,66	2,86	5,52	4,46	3,66	2,47	8,30	6,05
4 × 95	4,0	3,69	3,27	3,14	4,0	3,47	3,05	2,88	3,57	2,91	4,52	3,78	3,57	2,58	6,30	4,76
4 × 120	4,0	3,73	3,33	3,22	4,0	3,51	3,18	2,98	3,52	2,92	4,06	3,44	3,52	2,60	5,31	4,06
4 × 150	4,0	3,78	3,36	3,27	4,0	3,54	3,24	3,05	3,55	2,94	3,81	3,23	3,55	2,63	4,67	3,58
4 × 185	4,0	3,83	3,39	3,35	4,0	3,60	3,31	3,14	3,51	2,94	3,61	3,09	3,51	2,65	4,19	3,27
4 × 240	4,0	3,92	3,41	3,45	4,0	3,65	3,35	3,21	3,51	2,92	3,48	2,95	3,51	2,63	3,83	2,98
4 × 300	4,0	4,01	3,43	3,55	4,0	3,72	3,39	3,30	3,44	2,85	3,35	2,83	3,44	2,58	3,57	2,79
3 × 25/16	5,73	4,32	2,31	2,44	5,72	3,76	1,66	1,87	4,43	2,39	16,55	12,73	4,43	1,63	20,38	15,97
3 × 35/16	7,51	5,48	2,77	2,96	7,46	4,77	1,89	2,18	4,69	2,39	16,80	12,68	4,69	1,54	20,64	15,88
3 × 50/25	6,58	5,14	3,40	3,38	6,60	4,53	2,42	2,61	4,56	2,69	12,76	9,28	4,56	1,93	17,74	12,59
3 × 70/35	6,82	5,56	4,11	3,97	6,92	5,01	3,12	3,19	4,51	2,92	10,02	7,36	4,51	2,22	14,96	10,32
3 × 95/50	6,95	5,80	4,66	4,42	6,97	5,22	3,80	3,68	4,37	2,96	7,83	5,76	4,37	2,33	11,90	7,93
3 × 120/70	6,18	5,37	4,58	4,32	6,21	4,92	4,06	3,79	4,22	3,06	5,98	4,58	4,22	2,53	8,77	5,93
3 × 150/70	7,30	6,24	5,26	4,96	7,36	5,64	4,64	4,32	4,49	3,11	6,10	4,50	4,49	2,49	8,77	5,65
3 × 185/95	6,60	5,84	5,03	4,80	6,73	5,36	4,73	4,34	4,35	3,14	5,08	3,87	4,35	2,58	6,83	4,48
3 × 240/120	6,74	6,09	5,22	5,07	6,86	5,53	5,02	4,60	4,40	3,16	4,73	3,57	4,40	2,60	5,92	3,83
3 × 300/150	6,69	6,19	5,25	5,22	6,89	5,64	5,18	4,77	4,32	3,10	4,41	3,33	4,32	2,55	5,26	3,38

a Rückleitung über vierten Leiter
b Rückleitung über vierten Leiter und Mantel
c Rückleitung über vierten Leiter und Erde
d Rückleitung über vierten Leiter, Mantel und Erde

Tabelle E9 Quotienten für R_{0L}/R_L und X_{0L}/X_L für Kabel NKLEY und NAKLEY in Abhängigkeit von der Rückleitung bei $f = 50$ Hz
(Quelle: DIN VDE 0102 Teil 2:1975-11)

Aderzahl und Nennquerschnitt S	$\frac{R_{0L}}{R_L}$				$\frac{X_{0L}}{X_L}$			
	Kupfer		Aluminium		Kupfer		Aluminium	
mm²	a	c	a	c	a	c	a	c
3 × 50	4,29	3,38	3,00	2,45	1,20	8,66	1,14	8,65
3 × 70	5,10	4,16	3,54	2,94	1,23	7,48	1,19	7,61
3 × 95	5,61	4,81	3,81	3,33	1,26	5,83	1,20	5,77
3 × 120	6,31	5,49	4,25	3,75	1,29	5,44	1,24	5,36
3 × 150	6,23	5,64	4,23	3,87	1,27	4,17	1,21	4,14
3 × 185	6,94	6,34	4,69	4,33	1,23	3,76	1,17	3,71
3 × 240	6,68	6,30	4,89	4,61	1,29	2,82	1,26	3,03

a Rückleitung über Mantel c Rückleitung über Mantel und Erde

25.6 Anhang F: EltBauVO

Der Musterwortlaut der »Verordnung über den Bau von Betriebsräumen für elektrische Anlagen (EltBauVO)« ist nachfolgend wiedergegeben. (Siehe auch DIN VDE 0101 Anhang A.)

§ 1 Geltungsbereich

(1) Diese Verordnung gilt für elektrische Betriebsräume mit den in § 3 Abs. 1 Nummern 1 bis 3, genannten elektrischen Anlagen in

1. Waren- und sonstigen Geschäftshäusern,
2. Versammlungsstätten, ausgenommen Versammlungsstätten in Fliegenden Bauten,
3. Büro- und Verwaltungsgebäuden,
4. Krankenhäusern, Altenpflegeheimen, Entbindungs- und Säuglingsheimen,
5. Schulen und Sportstätten,
6. Beherbergungsstätten, Gaststätten,
7. geschlossenen Garagen und
8. Wohngebäuden.

(2) Diese Verordnung gilt nicht für elektrische Betriebsräume in freistehenden Gebäuden oder durch Brandwände abgetrennten Gebäudeteilen, wenn diese nur die elektrischen Betriebsräume enthalten.

§ 2 Begriffsbestimmung

Betriebsräume für elektrische Anlagen (elektrische Betriebsräume) sind Räume, die ausschließlich zur Unterbringung von Einrichtungen, Erzeugung oder Verteilung elektrischer Energie oder zur Aufstellung von Batterien dienen.

§ 3 Allgemeine Anforderungen

(1) Innerhalb von Gebäuden nach § 1 Abs. 1 müssen

1. Transformatoren und Schaltanlagen für Nennspannungen über 1 kV,
2. ortsfeste Stromerzeugungsaggregate und
3. Zentralbatterien für Sicherheitsbeleuchtung

in jeweils eigenen elektrischen Betriebsräumen untergebracht sein. Schaltanlagen für Sicherheitsbeleuchtung dürfen nicht in elektrischen Betriebsräumen mit Anlagen nach Satz 1 Nummer 1 und Nummer 2, aufgestellt werden. Es kann verlangt werden, daß sie in eigenen elektrischen Betriebsräumen aufzustellen sind.

(2) Die elektrischen Anlagen müssen den anerkannten Regeln der Technik entsprechen. Als anerkannte Regeln der Technik gelten die Bestimmungen des Verbandes Deutscher Elektrotechniker (VDE-Bestimmungen).

§ 4 Anforderungen an elektrische Betriebsräume

(1) Elektrische Betriebsräume für die in § 3 Abs. 1, Nummern 1 bis 3, genannten elektrischen Anlagen müssen so angeordnet sein, daß sie im Gefahrenfall von allgemein zugänglichen Räumen oder vom Freien leicht und sicher erreichbar sind und ungehindert verlassen werden können; sie dürfen von Treppenräumen mit notwendigen Treppen nicht unmittelbar zugänglich sein. Der Rettungsweg innerhalb elektrischer Betriebsräume bis zu einem Ausgang darf nicht länger als 40 m sein.

(2) Die Räume müssen so groß sein, daß die elektrischen Anlagen ordnungsgemäß errichtet und betrieben werden können; sie müssen eine lichte Höhe von mindestens 2 m haben. Über Bedienungs- und Wartungsgängen muß eine Durchgangshöhe von mindestens 1,80 m vorhanden sein.

(3) Die Räume müssen ständig so wirksam be- und entlüftet werden, daß die beim Betrieb der Transformatoren und Stromerzeugungsaggregate entstehende Verlustwärme, bei Batterien die Gase, abgeführt werden.

(4) In elektrischen Betriebsräumen sollen Leitungen und Einrichtungen, die nicht zum Betrieb der elektrischen Anlage erforderlich sind, nicht vorhanden sein.

§ 5 Zusätzliche Anforderungen an elektrische Betriebsräume für Transformatoren und Schaltanlagen mit Nennspannungen über 1 kV

(1) Elektrische Betriebsräume für Transformatoren und Schaltanlagen mit Nennspannungen über 1 kV müssen von anderen Räumen feuerbeständig abgetrennt sein. Wände von Räumen mit Transformatoren mit Mineralöl oder einer synthetischen Flüssigkeit mit einem Brennpunkt ≤ 300 °C als Kühlmittel müssen so dick wie Brandwände sein. Öffnungen zur Durchführung von Kabeln sind mit nichtbrennbaren Baustoffen zu schließen.

(2) Türen müssen mindestens feuerhemmend und selbstschließend sein sowie aus nichtbrennbaren Baustoffen bestehen; soweit sie ins Freie führen, genügen selbstschließende Türen aus nichtbrennbaren Baustoffen. Türen müssen nach außen aufschlagen. Türschlösser müssen so beschaffen sein, daß der Zutritt unbefugter Personen jederzeit verhindert ist, der Betriebsraum jedoch ungehindert verlassen werden kann.
An den Türen muß außen ein Hochspannungswarnschild angebracht sein.

(3) Elektrische Betriebsräume für Transformato-

ren mit Mineralöl oder einer synthetischen Flüssigkeit mit einem Brennpunkt ≤ 300 °C als Kühlmittel dürfen sich nicht in Geschossen befinden, deren Fußboden mehr als 4 m unter der festgelegten Geländeoberfläche liegt. Sie dürfen auch nicht in Geschossen über dem Erdgeschoß liegen.

(4) Die Zuluft für die Räume muß unmittelbar oder über besondere Lüftungsleitungen dem Freien entnommen, die Abluft unmittelbar oder über besondere Lüftungsleitungen ins Freie geführt werden. Lüftungsleitungen, die durch andere Räume führen, sind so herzustellen, daß Feuer und Rauch nicht in andere Räume übertragen werden können. Öffnungen von Lüftungsleitungen zum Freien müssen Schutzgitter haben.

(5) Fußböden müssen aus nichtbrennbaren Baustoffen bestehen; dies gilt nicht für Fußbodenbeläge.

(6) Unter Transformatoren muß auslaufende Isolier- und Kühlflüssigkeit sicher aufgefangen werden können. Für höchstens drei Transformatoren mit jeweils bis zu 1000 l Isolierflüssigkeit in einem elektrischen Betriebsraum genügt es, wenn die Wände in der erforderlichen Höhe sowie der Fußboden undurchlässig ausgebildet sind; an den Türen müssen entsprechend hohe und undurchlässige Schwellen vorhanden sein.

(7) Fenster, die von außen leicht erreichbar sind, müssen so beschaffen oder gesichert sein, daß Unbefugte nicht in den elektrischen Betriebsraum eindringen können.

(8) Räume mit Transformatoren dürfen vom Gebäudeinnern aus nur von Fluren und über Sicherheitsschleusen zugänglich sein. Bei Räumen mit Transformatoren mit Mineralöl oder einer synthetischen Flüssigkeit mit einem Brennpunkt ≤ 300 °C als Kühlmittel muß mindestens ein Ausgang unmittelbar ins Freie oder über einen Vorraum ins Freie führen. Der Vorraum darf auch mit dem Schaltraum, jedoch nicht mit anderen Räumen in Verbindung stehen. Sicherheitsschleusen mit mehr als 20 m³ Luftraum müssen Rauchabzüge haben.

(9) Abweichend von Absatz 8, Sätze 1 und 2, sind Sicherheitsschleusen und unmittelbar oder über einen Vorraum ins Freie führende Ausgänge nicht erforderlich bei Räumen mit Transformatoren in

1. Geschäftshäusern, die nicht dem Geltungsbereich der Geschäftshausverordnung unterliegen,
2. Versammlungsstätten, die nicht dem Geltungsbereich der Versammlungsstättenverordnung unterliegen,
3. Büro- oder Verwaltungsgebäuden, die keine Hochhäuser sind,
4. Krankenhäusern, Altenpflegeheimen, Entbindungs- und Säuglingsheimen mit nicht mehr als 32 Betten,
5. Schulen und Sportstätten, ohne Räume, auf die die Versammlungsstättenverordnung anzuwenden ist,
6. Beherbergungsbetrieben mit nicht mehr als 30 Betten.
7. Wohngebäuden, die keine Hochhäuser sind.

Die Räume müssen von anderen Räumen feuerbeständig abgetrennt sein. Die Türen von Räumen mit Transformatoren mit Mineralöl oder mit einer synthetischen Flüssigkeit mit einem Brennpunkt ≤ 300 °C als Kühlmittel müssen in feuerbeständiger Bauart hergestellt sein.

§ 6 Zusätzliche Anforderungen an elektrische Betriebsräume für ortsfeste Stromerzeugungsaggregate

(1) Für elektrische Betriebsräume für ortsfeste Stromerzeugungsaggregate gilt § 5 Abs. 1, 2, 4 und 5 sinngemäß. Wände in der erforderlichen Höhe sowie der Fußboden müssen gegen wassergefährdende Flüssigkeiten undurchlässig ausgebildet sein; an den Türen muß eine mindestens 10 cm hohe Schwelle vorhanden sein.

(2) Die Abgase von Verbrennungsmaschinen sind über besondere Leitungen ins Freie zu führen. Die Abgasrohre müssen von Bauteilen aus brennbaren Baustoffen einen Abstand von mindestens 10 cm haben. Werden Abgasrohre durch Bauteile aus brennbaren Baustoffen geführt, so sind die Bauteile im Umkreis von 10 cm aus nichtbrennbaren, formbeständigen Baustoffen herzustellen, wenn ein besonderer Schutz gegen strahlende Wärme nicht vorhanden ist.

(3) Die Räume müssen frostfrei sein oder beheizt werden können.

§ 7 Zusätzliche Anforderungen an Batterieräume

(1) Räume für Zentralbatterien müssen von Räumen mit erhöhter Brandgefahr feuerbeständig, von anderen Räumen mindestens feuerhemmend getrennt sein. Dies gilt auch für Batterieschränke. § 5 Abs. 4 gilt sinngemäß.

Die Räume müssen frostfrei sein oder beheizt werden können. Öffnungen zur Durchführung von Kabeln sind mit nichtbrennbaren Baustoffen zu schließen.

(2) Türen müssen nach außen aufschlagen, in feuerbeständigen Trennwänden mindestens feuerhemmend und selbstschließend sein und in allen anderen Fällen aus nichtbrennbaren Baustoffen bestehen.

(3) Fußböden sowie Sockel für Batterien müssen gegen die Einwirkung der Elektrolyten widerstandsfähig sein. An den Türen muß eine Schwelle vorhanden sein, die auslaufende Elektrolyten zurückhält.

(4) Der Fußboden von Batterieräumen, in denen geschlossene Zellen aufgestellt werden, muß an allen Stellen für elektrostatische Ladungen einheitlich und ausreichend ableitfähig sein.

(5 Lüftungsanlagen müssen gegen die Einwirkungen des Elektrolyten widerstandsfähig sein.

(6) Des Rauchen und das Verwenden von offenem Feuer sind in den Batterieräumen verboten; hierauf ist durch Schilder an der Außenseite der Türen hinzuweisen.

§ 8 Zusätzliche Bauvorlagen

Die Bauvorlagen müssen Angaben über die Lage des Betriebsraumes und die Art der elektrischen Anlage enthalten. Soweit erforderlich, müssen sie ferner Angaben über die Schallschutzmaßnahmen enthalten.

25.7 Anhang G: Muster für Richtlinien über brandschutztechnische Anforderungen an Leitungsanlagen – Fassung September 1988

Der Musterwortlaut obiger Richtlinien ist DIN VDE 0108 Teil 1 Beiblatt 1:1989-10 entnommen.

1 Geltungsbereich und Begriffe

1.1 Diese Richtlinien gelten für

a) Leitungsanlagen in Treppenräumen und ihren Ausgängen ins Freie und in allgemein zugänglichen Fluren von Gebäuden (Rettungswege),
b) Führung von elektrischen Leitungen durch Wände und Decken,
c) elektrische Leitungsanlagen von notwendigen Sicherheitseinrichtungen.

Sie gelten jedoch nicht für Lüftungsanlagen und Warmluftheizungen[1]).

1.2 Leitungsanlagen bestehen aus den Leitungen (elektrische Leitungen oder Rohrleitungen) sowie den zugehörigen Armaturen, Hausanschlußeinrichtungen, Meßeinrichtungen, Steuer- und Regeleinrichtungen, Verteilungen und Dämmstoffen für Leitungen. Zu den Leitungen zählen deren Befestigungen und Beschichtungen. Zu den elektrischen Leitungen im Sinne dieser Richtlinien zählen auch elektrische Kabel.

2 Leitungsanlagen in Treppenräumen und ihren Ausgängen ins Freie und in allgemein zugänglichen Fluren von Gebäuden (Rettungswege)

Nach § 17 Absatz 1 MBO müssen bauliche Anlagen so beschaffen sein, daß der Entstehung und der Ausbreitung von Feuer und Rauch vorgebeugt wird und bei einem Brand wirksame Löscharbeiten und die Rettung von Menschen und Tieren möglich ist. Um dem mit dieser Vorschrift verfolgten Schutzziel zu entsprechen, müssen Leitungsanlagen in Rettungswegen den nachfolgenden Anforderungen entsprechen.

2.1 Allgemeine Anforderungen

2.1.1 Die Leitungsanlagen dürfen in die Wände und Decken der Rettungswege und in die Bauteile der Installationsschächte und -kanäle nur so weit eingreifen, daß der verbleibende Querschnitt die erforderliche Feuerwiderstandsdauer behält.

2.1.2 In Sicherheitstreppenräumen und ihren Ausgängen ins Freie sind nur solche Leitungsanlagen zulässig, die ausschließlich dem unmittelbaren Betrieb des Sicherheitstreppenraumes oder der Brandbekämpfung dienen.

1) Siehe Richtlinien der brandschutztechnische Anforderungen an Lüftungsanlagen in Gebäuden, Musterentwurf vom Januar 1984.

2.2 Elektrische Leitungsanlagen

2.2.1 Hausanschluß und Meßeinrichtungen, Verteilungen

Hausanschlußeinrichtungen, Meßeinrichtungen und Verteilungen sind gegenüber den Rettungswegen durch Bauteile einschließlich Zugangstüren und -klappen aus nichtbrennbaren Baustoffen abzutrennen.

2.2.2 Elektrische Leitungen

Elektrische Leitungen müssen

– einzeln voll eingeputzt oder
– in Wandschlitzen, die mit mindestens 15 mm dickem mineralischem Putz auf nichtbrennbarem Putzträger oder mit gleichwertiger Bekleidung verschlossen werden, oder
– in Installationsschächten bzw. -kanälen oder
– über Unterdecken

verlegt werden. Sie dürfen auch offen verlegt werden, wenn sie ausschließlich dem Betrieb des Rettungsweges dienen oder wenn sie nichtbrennbar sind.

2.2.2.1 Die Installationsschächte bzw. -kanäle[2]) und die Unterdecken müssen einschließlich der Abschlüsse von Öffnungen eine Feuerwiderstandsdauer von mindestens 30 Minuten haben und aus nichtbrennbaren Baustoffen bestehen. In allgemein zugänglichen Fluren genügt für Installationsschächte[2]), die keine Geschoßdecken durchbrechen, für Installationskanäle[2]) und für Unterdecken eine Feuerwiderstandsdauer von mindestens 30 Minuten. Für Unterdecken muß die Feuerwiderstandsdauer bei einer Brandbeanspruchung sowohl von oben als auch von unten sichergestellt sein.

2.2.2.2 Abweichend von Abschnitt 2.2.2.1 genügen in allgemein zugänglichen Fluren Installationsschächte, die keine Geschoßdecken überbrücken, Installationskanäle und Unterdecken, jeweils aus Stahlblech mit geschlossenen Oberflächen, wenn die Gesamtbrandlast der Leitungen nicht mehr als 7 kWh[3]) je m^2 Flurgrundfläche beträgt. Bis zu die-

2) Diese Anforderungen werden erfüllt, wenn die Installationsschächte bzw. -kanäle DIN 4102 Teil 4, Ausgabe März 1981, Abschnitt 7.4 oder DIN 4102 Teil 11 entsprechen. Die Feuerwiderstandsklassen I 30 und I 90 nach DIN 4102 Teil 11 müssen für die Installation der jeweiligen Leitungsart nachgewiesen sein.

3) Brandlastwerte für elektrische Leitungen können dem Formblatt 3319 des Verbandes der Schadensversicherer über die Verbrennungswärme der Isolierstoffe von Kabeln und Leitungen (Tab. 22.7) entnommen werden.

ser Gesamtbrandlast können die Leitungen auch in Installationsrohren aus Stahl geführt werden. Abweichend von den Sätzen 1 und 2 darf die Gesamtbrandlast der Leitungen bis zu 14 kWh[4]) je m^2 Flurgrundfläche betragen, wenn ausschließlich halogenfreie Leitungen mit verbessertem Verhalten im Brandfall[5]) verwendet werden.

2.2.3 Erleichterungen für elektrische Leitungen in bestimmten Rettungswegen und für bestimmte elektrische Leitungen

Elektrische Leitungen dürfen, ausgenommen in Hochhäusern, abweichend von Abschnitt 2.2.2 wie folgt verlegt werden:

2.2.3.1 In Rettungswegen, an denen insgesamt nicht mehr als 10 Wohnungen oder andere Nutzungseinheiten mit jeweils höchstens 100 m^2 Grundfläche liegen, dürfen die Leitungen offen verlegt werden, wenn ausschließlich halogenfreie Leitungen mit verbessertem Verhalten im Brandfall[4]) verwendet werden. Sollen die Leitungen in Leitungsführungskanälen verlegt werden, so müssen diese Kanäle aus nichtbrennbaren Baustoffen bestehen. Werden nicht ausschließlich halogenfreie Leitungen mit verbessertem Verhalten im Brandfall verwendet, so gelten die Anforderungen nach Abschnitt 2.2.3.2 entsprechend.

2.2.3.2 In Rettungswegen, an denen nur Wohnungen oder andere Nutzungseinheiten mit jeweils höchstens 100 m^2 Grundfläche liegen, dürfen die Installationsschächte, die Installationskanäle und die Unterdecken aus Stahlblech mit geschlossenen Oberflächen bestehen, ausgenommen Installationsschächte in Fluren, wenn die Schächte Geschoßdecken überbrücken. Die Leitungen dürfen auch in Installationsrohren aus Stahl verlegt werden.

2.2.3.3 Eine Fernmeldeleitung mit bis zu 40 Doppeladern sowie Femsehleitungen dürfen in Rettungswegen offen verlegt werden. Sollen die Leitungen in Leitungsführungskanälen verlegt werden, so müssen diese Kanäle aus nichtbrennbaren Baustoffen bestehen. Abschnitt 2.2.3.1 bleibt unberührt.

2.3 Rohrleitungsanlagen für Wasser- und Dampfheizungen, Wasserversorgung, Abwasserentsorgung, nichbrennbare Flüssigkeiten, nichtbrennbare Gase oder für Rohrpostanlagen o. ä.

2.3.1 Nichtbrennbare Rohrleitungsanlagen

Rohrleitungsanlagen einschließlich der Dämmstoffe aus nichtbrennbaren Baustoffen – auch mit brennbaren Dichtungs- und Verbindungsmitteln und mit brennbaren Rohrbeschichtungen bis 0,5 mm Dicke – dürfen offen verlegt werden.

2.3.2 Brennbare Rohrleitungsanlagen

Rohrleitungsanlagen aus brennbaren Baustoffen oder mit brennbaren Dämmstoffen müssen

- in Wandschlitzen, die mit mindestens 15 mm dickem mineralischem Putz auf nichtbrennbarem Putzträger oder mit gleichwertiger Bekleidung verschlossen werden, oder
- in Installationsschächten bzw. -kanälen oder
- über Unterdecken

verlegt werden.

2.3.2.1 Die Installationsschächte bzw. -kanäle[2]) und die Unterdecken müssen einschließlich der Abschlüsse von Öffnungen eine Feuerwiderstandsdauer von mindestens 90 Minuten haben und aus nichtbrennbaren Baustoffen bestehen. In allgemein zugänglichen Fluren genügt für Installationsschächte[2]), die keine Geschoßdecken überbrücken, für Installationskanäle[2]) und für Unterdecken eine Feuerwiderstandsdauer von mindestens 30 Minuten. Für Unterdecken muß die Feuerwiderstandsdauer bei einer Brandbeanspruchung sowohl von oben als auch von unten gewährleistet sein.

2.3.2.2 Abweichend von Abschnitt 2.3.2.1 genügen in allgemein zugänglichen Fluren Installationsschächte, die keine Geschoßdecken überbrücken, Installationskanäle und Unterdecken, jeweils aus Stahlblech mit geschlossenen Oberflächen, wenn die Gesamtbrandlast nicht mehr als 7 kWh[5]) je m^2 Flurgrundfläche beträgt.

2.3.3 Erleichterungen für brennbare Rohrleitungsanlagen in bestimmten Rettungswegen

Rohrleitungsanlagen aus brennbaren Baustoffen dürfen, ausgenommen in Hochhäusern, abweichend von Abschnitt 2.3.2 wie folgt verlegt werden:

2.3.3.1 In Rettungswegen, an denen insgesamt nicht mehr als 10 Wohnungen oder andere Nutzungseinheiten mit jeweils höchstens 100 m^2 Grundfläche liegen, dürfen die Rohrleitungsanlagen offen verlegt werden.

2.3.3.2 In Rettungswegen, an denen nur Wohnungen oder andere Nutzungseinheiten mit jeweils höchstens 100 m^2 Grundfläche liegen, dürfen die Installationsschächte, die Installationskanäle und die Unterdecken aus Stahlblech mit geschlossenen Oberflächen bestehen, ausgenommen Installationsschächte in Fluren, wenn die Schächte Geschoßdecken überbrücken.

2.4 Rohrleitungsanlagen für brennbare Flüssigkeiten, brennbare oder brandfördernde[6]) Gase

2.4.1 Die Rohrleitungsanlagen müssen einschließlich ihrer Dämmstoffe aus nichtbrennbaren Baustoffen bestehen. Dies gilt nicht für deren Dichtungs- und Verbindungsmittel und nicht für Rohrbeschichtungen bis 0,5 mm Dicke.

2.4.2 In Treppenräumen und ihren Ausgängen ins Freie müssen die Rohrleitungsanlagen in Installationsschächten bzw. -kanälen verlegt werden. Einzelne Rohrleitungen dürfen auch unter

---

4) Leitungen nach
- DIN VDE 0250 Teil 214 – Halogenfreie Mantelleitung mit verbessertem Verhalten im Brandfall
- DIN VDE 0266 – Halogenfreie Kabel mit verbessertem Verhalten im Brandfall
- DIN VDE 0815 – Installationskabel und -leitungen für Fernmelde- und Informationseerarbeitungsanlagen

5) Brandlastwerte für Rohrleitungen aus brennbaren Baustoffen können der Zusammenstellung der Werte der Verbrennungswärme von Rohren aus brennbaren Baustoffen entnommen werden (siehe DIN VDE 0108 Teil 1 Beiblatt 1).

6) Für Rohrleitungen siehe Technische Baubestimmungen – Brandschutz – DIN 4102 Teil 11.

Putz ohne Hohlraum mit mindestens 15 mm Putzüberdeckung auf nichtbrennbarem Putzträger angeordnet werden. In allgemein zugänglichen Fluren dürfen die Rohrleitungsanlagen, ausgenommen Gaszähler, auch offen verlegt werden. Gaszähler sind gegenüber den Fluren durch Bauteile mit einer Feuerwiderstandsdauer von mindestens 30 Minuten und aus nichtbrennbaren Baustoffen abzutrennen oder durch eine geeignete thermisch auslösende Absperreinrichtung zu schützen.

2.4.2.1 Die Installationsschächte bzw. -kanäle[2]) müssen einschließlich der Abschlüsse von Öffnungen eine Feuerwiderstandsdauer von mindestens 90 Minuten haben und aus nichtbrennbaren Baustoffen bestehen.

2.4.2.2 Installationsschächte müssen über Dach entlüftet werden. Die Luftnachströmöffnungen müssen am Schachtfuß liegen; weitere Öffnungen sind unzulässig. Installationskanäle sind entweder abschnittsweise oder im ganzen zu be- und entlüften. Die Be- und Entlüftungsöffnungen müssen mindestens 10 cm² groß sein. Sie dürfen nicht in Treppenräumen und ihren Ausgängen ins Freie oder in allgemein zugänglichen Fluren angeordnet werden. Die Be- und Entlüftung entfällt, wenn die Installationsschächte bzw. -kanäle mit nichtbrennbaren Baustoffen formbeständig und dicht verfüllt werden.

3 Führung von elektrischen Leitungen durch Brandwände sowie durch Wände und Dekken, die feuerbeständig sein müssen

Gemäß § 37 Absatz 1 MBO (n. F.) dürfen Leitungen durch Brandwände, durch Treppenraumwände sowie durch Trennwände und Decken, die feuerbeständig sein müssen, nur hindurchgeführt werden, wenn eine Übertragung von Feuer und Rauch nicht zu befürchten ist oder Vorkehrungen hiergegen getroffen sind.

Für elektrische Leitungen[7]) sind diese Voraussetzungen erfüllt, wenn sie

- innerhalb von Installationaschächten bzw. -kanälen geführt werden oder
- durch Abschottungen gesichert sind.

3.1 Installationsschächte bzw. -kanäle

Die Installationsschächte bzw. -kanäle[2]) müssen einschließlich der Abschlüsse von Öffnungen eine Feuerwiderstandsdauer von mindestens 90 Minuten haben und aus nichtbrennbaren Baustoffen bestehen.

3.2 Abschottungen

Werden elektrische Leitungen außerhalb von Installationsschächten bzw. -kanälen einzeln durch Wände oder Decken geführt, so ist der Raum zwischen den Leitungen und den umgebenden Bauteilen mit nichtbrennbaren, formbeständigen Baustoffen, bei Bauteilen aus mineralischen Baustoffen, z. B. mit Mörtel oder Beton, vollständig zu verschließen; werden Mineralfasern verwendet, so müssen diese eine Schmelztemperatur von mindestens 1000 °C aufweisen[8]). Ist das vollständige Verschließen bei gemeinsamer Durchführung mehrerer Leitungen (Bündel) infolge einer Zwickelbildung nicht möglich, so sind Abschottungen[9]) erforderlich, die eine Feuerwiderstandadauer von mindestens 90 Minuten haben.

7) Z. B. Sauerstoff, Lachgas

4 Elektrische Leitungsanlagen von notwendigen Sicherheitseinrichtungen

Die elektrischen Leitungsanlagen von bauaufsichtlich vorgeschriebenen notwendigen Sicherheitseinrichtungen müssen so beschaffen sein, daß diese Sicherheitseinrichtungen im Falle eines Brandes nicht vorzeitig ausfallen.

4.1 Leitungsanlagen

Die Betriebssicherheit notwendiger Sicherheitseinrichtungen ist gewährleistet, wenn die elektrischen Leitungsanlagen so ausgeführt oder durch Bauteile umkleidet werden, daß sie bei äußerer Brandeinwirkung für eine ausreichende Zeitdauer funktionsfähig bleiben.

Die Dauer des Funktionserhaltes muß mindestens betragen:

- 30 Minuten bei
  - Brandmeldeanlagen,
  - Anlagen zur Alarmierung und Erteilung von Anweisungen an Besucher und Beschäftigte,
  - Sicherheitsbeleuchtung und sonstige Ersatzstrombeleuchtung, ausgenommen Endstromkreise,
  - Personenaufzugsanlagen mit Evakuierungsschaltung und
- 90 Minuten bei
  - Wasserdruckerhöhungsanlagen zur Löschwasserversorgung,
  - Lüftungsanlagen von Sicherheitstreppenräumen, innenliegenden Treppenräumen, Fahrschächten und Triebwerksräumen von Feuerwehraufzügen,
  - Rauch- und Wärmeabzugsanlagen,
  - Feuerwehraufzügen.

4.2 Hauptverteilung der Stromversorgung

Die Hauptverteilung der Stromversorgung für die notwendigen Sicherheitseinrichtungen darf gemeinsam mit der Hauptverteilung der allgemeinen Stromversorgung in einem Raum untergebracht werden, wenn dieser Raum gegenüber anderen Räumen Wände und Decken mit einer Feuerwiderstandsdauer von mindestens 90 Minuten und Zugangstüren mit einer Feuerwiderstandsdauer von mindestens 30 Minuten hat und für andere Zwecke, auch für andere elektrische Anlagen, nicht genutzt wird.[10])

8) Vgl. DIN 4102 Teil 4, Ausgabe März 1981, Abschnitt 3.14.2.3, Fußnote 1.

9) Die Brauchbarkeit der Abschottung für den Verwendungszweck ist z. B. durch eine allgemeine bauaufsichtliche Zulassung nachzuweisen.

10) Die Vorschriften der Verordnung über den Bau von Betriebsräumen für elektrische Anlagen (EltBauVO) bleiben unberührt.

25.8 Anhang H: Äußere Einflüsse

Wie in Abschnitt 14.3 beschrieben, sind elektrische Betriebsmittel so auszuwählen, daß sie den äußeren Einflüssen, die am Einsatzort anzutreffen sind, standhalten. Die äußeren Einflüsse sind durch Kurzzeichen gekennzeichnet und werden in **Tabelle H1** dargestellt und näher beschrieben.

Tabelle H1 Klassifizierung der äußeren Einflüsse

<table>
<tr><th>Kurz-
zeichen</th><th colspan="2">äußere Einflüsse</th><th>charakteristische Eigenschaften, die für die Auswahl und Errichtung der Betriebsmittel gefordert sind</th><th>Bemerkung</th></tr>
<tr><td>A</td><td colspan="4">Umgebungsbedingungen</td></tr>
<tr><td>AA</td><td colspan="4">Umgebungstemperatur</td></tr>
<tr><td>AA1</td><td>–60 °C</td><td>+5 °C</td><td rowspan="3">speziell ausgeführte Betriebsmittel oder geeignete Anordnung der Betriebsmittel; Bedingungen können ergänzende Vorkehrungen notwendig werden lassen, z. B. spezielle Schmierung</td><td rowspan="3"></td></tr>
<tr><td>AA2</td><td>–40 °C</td><td>+5 °C</td></tr>
<tr><td>AA3</td><td>–25 °C</td><td>+5 °C</td></tr>
<tr><td>AA4</td><td>–5 °C</td><td>+40 °C</td><td>normal (in besonderen Fällen können spezielle Vorkehrungen erforderlich sein)</td><td></td></tr>
<tr><td>AA5</td><td>+5 °C</td><td>+40 °C</td><td>normal</td><td></td></tr>
<tr><td>AA6</td><td>+5 °C</td><td>+60 °C</td><td rowspan="3">speziell ausgeführte Betriebsmittel oder geeignete Anordnung der Betriebsmittel; Bedingungen können ergänzende Vorkehrungen notwendig werden lassen, z. B. spezielle Schmierung</td><td rowspan="3"></td></tr>
<tr><td>AA7</td><td>–25 °C</td><td>+55 °C</td></tr>
<tr><td>AA8</td><td>–50 °C</td><td>+40 °C</td></tr>
</table>

Tabelle H1 Fortsetzung I

Kurz-zeichen	äußere Einflüsse		charakteristische Eigenschaften, die für die Auswahl und Errichtung der Betriebsmittel gefordert sind	Bemerkung
AB	**Klimatische Umgebungsbedingungen (Umweltbedingungen)**			
	Lufttemperatur absolute Luftfeuchte relative Luftfeuchte			
	niedrig	hoch		
AB1	−60 °C 3 % 0,003 g/m³	+5 °C 100 % 7 g/m³	geeignete Anordungen oder Ausführungen müssen gewählt werden	es sollten zwischen dem Planer der Anlage und dem Hersteller der Betriebsmittel spezielle Maßnahmen oder Vorkehrungen getroffen werden, wie z. B. die Entwicklung spezieller Betriebsmittel
AB2	−40 °C 10 % 0,1 g/m³	+5 °C 100 % 7 g/m³		
AB3	−25 °C 10 % 0,5 g/m³	+5 °C 100 % 7 g/m³		
AB4	−5 °C 5 % 1 g/m³	+40 °C 95 % 29 g/m³	normal	normale Betriebsmittel müssen unter den beschriebenen äußeren Einflüssen sicher betrieben werden können
AB5	+5 °C 5 % 1 g/m³	+40 °C 85 % 25 g/m³	geeignete Anordungen oder Ausführungen müsen gewählt werden	es sollten zwischen dem Planer der Anlage und dem Hersteller der Betriebsmittel spezielle Maßnahmen oder Vorkehrungen getroffen werden, wie z. B. die Entwicklung spezieller Betriebsmittel
AB6	+5 °C 10 % 1 g/m³	+60 °C 100 % 35 g/m³		
AB7	−25 °C 10 % 0,5 g/m³	+55 °C 100 % 29 g/m³		
AB8	−50 °C 15 % 0,04 g/m³	+40 °C 100 % 36 g/m³		

Tabelle H1 Fortsetzung II

Kurz-zeichen	äußere Einflüsse	charakteristische Eigenschaften, die für die Auswahl und Errichtung der Betriebsmittel gefordert sind	Bemerkung
AC	**Seehöhe**		
AC1	≤ 2000 m	normal	für einige Betriebsmittel können bereits spezielle Maßnahmen für Höhen von 1000 m und darüber erforderlich sein
AC2	> 2000 m	AC2 kann spezielle Vorkehrungen (Maßnahmen) erfordern, z. B. die Anwendung von Reduktionsfaktoren	
AD	**Auftreten von Wasser**		
AD1	vernachlässigbar	IP X0	siehe hierzu auch Abschnitt 2.8
AD2	Tropfwasser	IP X1	
AD3	Sprühwasser	IP X3	
AD4	Spritzwasser	IP X4	
AD5	Strahlwasser	IP X5	
AD6	Schwallwasser	IP X6	
AD7	Eintauchen	IP X7	
AD8	Untertauchen	IP X8	
AE	**Auftreten von Fremdkörpern**		
AE1	vernachlässigbar	IP0X	siehe hierzu auch Abschnitt 2.8
AE2	kleine Fremdkörper (2,5 mm)	IP3X	
AE3	sehr kleine Fremdkörper (1 mm)	IP4X	
AE4	leichter Staub, geringe Staubmenge	IP5X, wenn der Staubanteil für die Funktion des Betriebsmittels nicht gefährlich ist	
AE5	mittlere Staubmenge	IP6X, wenn der Staub nicht in das Betriebsmittel eindringen soll	
AE6	bedeutende Staubmenge	IP6X	

Tabelle H1 Fortsetzung III

Kurzzeichen	äußere Einflüsse	charakteristische Eigenschaften, die für die Auswahl und Errichtung der Betriebsmittel gefordert sind	Bemerkung
AF	**Staub in nennenswerter Menge (korrosiver Staub)**		
AF1	vernachlässigbar	normal	
AF2	atmosphärisch	entsprechend der Art (Natur) der Substanzen (z. B. zufriedenstellender Salz-Nebel-Test nach IEC 68-2-11, Basic environmental testing procedures, Part 2, Tests; Test Ka: Salt Mist)	
AF3	zeitweise und zufällig	Schutz gegen Korrosion entsprechend der Betriebsmittel-Norm	
AF4	dauernd	Speziell ausgeführte Betriebsmittel entsprechend der Art (Natur) der Substanzen	
AG	**Mechanische Beanspruchungen**		
AG1	niedrige Beanspruchung	normal, z. B. Haushaltsgeräte und ähnliche Betriebsmittel	
AG2	mittlere Beanspruchung	wenn anwendbar: gebräuchliche industrielle Betriebsmittel oder verstärkter Schutz	
AG3	hohe Beanspruchung	verstärkter Schutz	
AH	**Schwingungen**		
AH1	niedrige Beanspruchung	normal	
AH2	mittlere Beanspruchung	speziell ausgeführte Betriebsmittel oder spezielle Vorkehrungen	
AH3	hohe Beanspruchung		
AJ	**Andere mechanische Beanspruchungen**		
		in Beratung	

Tabelle H1 Fortsetzung IV

Kurz-zeichen	äußere Einflüsse	charakteristische Eigenschaften, die für die Auswahl und Errichtung der Betriebsmittel gefordert sind	Bemerkung
AK	**Pflanzen- oder Schimmelwachstum (Flora)**		
AK1	vernachlässigbar	normal	
AK2	Gefahr	Spezielle Vorkehrungen wie z. B. – erhöhte Schutzarten IP (siehe AE), – spezielles Material oder spezieller Schutzanstrich der Umhüllung, – Vorkehrungen, die die Flora von einem Raum oder Platz fernhalten	
AL	**Anwesenheit von Tieren (Fauna)**		
AL1	vernachlässigbar	normal	
AL2	Gefahr	Der Schutz kann einschließen: – eine geeignete Art von Schutz gegen feste Fremdkörper (siehe AE), – ausreichend mechanischen Widerstand, – Vorkehrungen, die die Fauna von einem Raum oder Platz fernhalten (z. B. besondere Sauberkeit, Anwendung von Schädlingsbekämpfungsmitteln), – spezielle Betriebsmittel oder – spezieller Schutzanstrich der Umhüllungen	
AM	**Elektromagnetische, elektrostatische und ionisierende Einflüsse**		
AM1	vernachlässigbar	normal	
AM2	Streuströme	besonderer Schutz wie: – entsprechende Isolierung, – besondere Schutzüberzüge, – katodischer Schutz	

Tabelle H1 Fortsetzung V

Kurzzeichen	äußere Einflüsse	charakteristische Eigenschaften, die für die Auswahl und Errichtung der Betriebsmittel gefordert sind	Bemerkung
AM3	elektromagnetische Einflüsse	besonderer Schutz wie: – Abstand zu strahlenden Quellen, – Einfügen von Schirmen	
AM4	ionisierende Einflüsse	– Umhüllungen aus besonderen Materialien	
AM5	elektrostatische Einflüsse	besonderer Schutz wie: – entsprechende Isolierung des Ortes, – zusätzlicher Potentialausgleich	
AM6	induktive Wirkung	besonderer Schutz wie: – Abstand zu Quellen mit induzierendem Strom, – Einfügen von Schirmen	
AN	**Sonnenstrahlung**		
AN1	niedrig	normal	
AN2	mittel	geeignete Anordnungen oder Ausführungen müssen gewählt sein	
AN3	hoch	geeignete Anordnung oder Ausführungen müssen gewählt sein; solche Anordnungen oder Ausführungen können sein: – Anwendung von Material, das gegen ultraviolette Strahlung widerstandsfähig ist, – spezieller Farbanstrich, – Einsetzen von Schirmen (Abschirmung)	

Tabelle H1 Fortsetzung VI

Kurz-zeichen	äußere Einflüsse	charakteristische Eigenschaften, die für die Auswahl und Errichtung der Betriebsmittel gefordert sind	Bemerkung
AP	**Auswirkung von Erdbeben**		
AP1	vernächlässigbar		
AP2	geringe Stärke	in Beratung	
AP3	mittlere Stärke		
AP4	hohe Stärke		
AQ	**Blitz, keraunischer Pegel**		
AQ1	vernachlässigbar	normal	
AQ2	indirekte Wirkung	Maßnahmen entsprechend Hauptabschnitt 443 der IEC 364	
AQ3	direkte Wirkung	wenn ein Blitzschutz erforderlich ist, muß er entsprechend der Publikation IEC 1024-1 ausgeführt werden	
AR	**Luftbewegung**		
AR1	niedrig	normal	
AR2	mittel	geeignete Anordnungen oder Ausführungen müssen gewählt sein	
AR3	hoch	geeignete Anordnungen oder Ausführungen müssen gewählt sein	
AS	**Wind**		
AS1	niedrig	normal	
AS2	mittel	geeignete Anordnungen oder Ausführungen müssen gewählt sein	
AS3	hoch	geeignete Anordnungen oder Ausführungen müssen gewählt sein	

Tabelle H1 Fortsetzung VII

Kurz-zeichen	äußere Einflüsse	charakteristische Eigenschaften, die für die Auswahl und Errichtung der Betriebsmittel gefordert sind	Bemerkung
B	**Benutzung**		
BA	**Eignung von Personen**		
BA1	Laien	normal	
BA2	Kinder	Betriebsmittel mit höherer Schutzart als IP2X; Betriebsmittel mit einer Oberflächentemperatur über 80 °C (60 °C bei Kindergärten und ähnlichem) sind nicht berührbar	
BA3	Behinderte	entsprechend der Art ihrer Behinderung	
BA4	elektrotechnisch unterwiesene Personen	Betriebsmittel nicht geschützt gegen direktes Berühren, was nur in abgeschlossenen elektrischen Betriebsstätten zulässig ist, die nur für entsprechend autorisierte Personen zugänglich sind	
BA5	Elektrofachkräfte		
BB	**Elektrischer Widerstand des menschlichen Körpers**		
		in Beratung	siehe hierzu auch Abschnitt 1.8.5
BC	**Verbindung von Personen mit Erdpotential**		
		Schutzklasse des Betriebsmittels nach IEC 536 0-0I I II III	
BC1	keine	A Y A A	
BC2	selten	A A A A	
BC3	häufig	X A A A	
BC4	dauernd	in Beratung	
		A erlaubte Betriebsmittel X verbotene Betriebsmittel Y erlaubt bei Verwendung als Schutzklasse 0	

Tabelle H1 Fortsetzung VIII

Kurzzeichen	äußere Einflüsse	charakteristische Eigenschaften, die für die Auswahl und Errichtung der Betriebsmittel gefordert sind	Bemerkung
BD	**Räumungsmöglichkeit bei Gefahr**		
BD1	geringe Besetzung, einfache Rettungswege	normal	
BD2	geringe Besetzung, schwierige Rettungswege	Betriebsmittel aus flammwidrigem Material und mit verzögerter Entwicklung von Rauch und giftigen Gasen; spezielle Anforderungen sind in Beratung	
BD3	starke Besetzung, einfache Rettungswege		
BD4	starke Besetzung, schwierige Rettungswege		
BE	**Art der bearbeiteten oder gelagerten Stoffe**		
BE1	Gefahr vernachlässigbar	normal	
BE2	feuergefährdet	Betriebsmittel aus flammwidrigem Material, Anordnung und Ausführung so, daß eine deutliche Temperaturerhöhung oder ein Funken innerhalb elektrischer Betriebsmittel nicht zum Ausbruch eines Brandes beitragen kann	
BE3	explosionsgefährlich	nach den Anforderungen der IEC/TC 31 »Electrical Apparatus for Explosive Atmospheres« (siehe IEC 79)	
BE4	Gefährdung durch Verunreinigung	entsprechend der Anordnung, wie z. B.: – Schutz gegen herausfallende Lampenteile zerbrochener Lampen und andere zerbrechliche Teile, – Abschirmung von schädlicher Strahlung, wie Infrarotstrahlen oder ultraviolette Strahlen	

Tabelle H1 Fortsetzung IX

Kurz-zeichen	äußere Einflüsse	charakteristische Eigenschaften, die für die Auswahl und Errichtung der Betriebsmittel gefordert sind	Bemerkung
C	**Gebäudekonstruktion und Nutzung**		
CA	**Baustoffe**		
CA1	nicht brennbar	normal	siehe hierzu auch Abschnitt 22.9
CA2	brennbar	in Beratung	
CB	**Gebäudestruktur**		
CB1	vernachlässigbare Gefährdung	normal	
CB2	Ausbreitung von Feuer	Betriebsmittel aus brandhemmendem Material einschließlich für Brände, die nicht durch die elektrische Anlage verursacht werden; Feuerbarrieren *Anmerkung:* Feuermelder dürfen vorgesehen werden	
CB3	Verlagerung	Schwindfugen oder Ausdehnungsfugen für Kabel- und Leitungssysteme (-anlagen)	
CB4	elastische oder unstabile Bauweise	in Beratung	

26 Weiterführende Literatur

[1] Grütz, A. (Hrsg.): Jahrbuch Elektrotechnik. Erscheint seit 1982 jährlich. Berlin und Offenbach: VDE-VERLAG

[2] Rudolph, W.: Safety of Electrical Installations up to 1000 Volts; Sicherheit für elektrische Anlagen bis 1000 V. Berlin und Offenbach: VDE-VERLAG, 1990

[3] Deutsches Institut für Normung e. V. (Hrsg.): DIN-Normen für das Handwerk. Bd. 2, Elektrohandwerk. Berlin/Köln: Beuth-Verlag GmbH, 1981

[4] BBC Brown Boveri AG (Hrsg.): Schaltanlagen. 8. Aufl., Mannheim: Cornelsen-Verlag Schwann-Girardet, Düsseldorf, 1987

[5] Verordnung über Allgemeine Bedingungen für die Elektrizitätsversorgung von Tarifkunden (AVBEltV) vom 21. Juni 1979. Frankfurt am Main: VWEW-Verlag

[6] VDEW: Technische Anschlußbedingungen für den Anschluß an das Niederspannungsnetz. Frankfurt am Main: VWEW-Verlag, 1991

[7] Vogt, D.: Elektro-Installation in Wohngebäuden. VDE-Schriftenreihe, Bd. 45. 3. Aufl., Berlin und Offenbach: VDE-VERLAG, 1990

[8] Siemens Aktiengesellschaft (Hrsg.): Schalten, Schützen, Verteilen in Niederspannungsnetzen. 2. Aufl., Berlin und München: Verlag: Siemens AG, 1990

[9] Warner, A.: Kurzzeichen an elektrischen Betriebsmitteln. VDE-Schriftenreihe, Bd. 15. 4. Aufl., Berlin und Offenbach: VDE-VERLAG, 1992

[10] Cichowski, R. R.; Krefter, K.-H.: Lexikon der Installationstechnik. VDE-Schriftenreihe, Bd. 52. Berlin und Offenbach: VDE-VERLAG, 1992

[11] Schröder, B.: Stichwörter zu DIN VDE 0100. VDE-Schriftenreihe, Bd. 100. Berlin und Offenbach: VDE-VERLAG, 1994

27 Abkürzungsübersicht

AC
Alternating current
de: Wechselstrom

AK
Arbeitskreis

AVBEltV
Verordnung über Allgemeine Bedingungen für die Elektrizitätsversorgung von Tarifkunden vom 21. Juni 1979

BG
Berufsgenossenschaft

BGB
Bürgerliches Gesetzbuch

CEN
Comité Européen de coordination des Normes
de: Europäisches Komitee für Normung

CENELEC
Comité Européen de Normalisation Electrotechnique
de: Europäisches Komitee für elektrotechnische Normung

CR
Chloropren-Rubber
de: Chloropren-Kautschuk

CTI
Comparative Tracking Index

DC
Direct current
de: Gleichstrom

de
Deutsch

DI-Schalter
Differenzstrom-Schutzschalter

DIN
Deutsches Institut für Normung e.V.

DKE
Deutsche Elektrotechnische Kommission im DIN und VDE

EDV
Elektronische Daten-Verarbeitung

EG
Europäische Gemeinschaft

EKG
Elektrokardiogramm

EltBauVO
Verordnung über den Bau von Betriebsräumen für elektrische Anlagen

ELV
Extra-low voltage
de: Kleinspannung

EMV
Elektromagnetische Verträglichkeit

en
Englisch

EN
European Standard
de: Europäische Norm

ENV
European Standard
de: Europäische Vornorm

EnWG
Energiewirtschaftsgesetz

EPR
Ethylen-Propylen-Kautschuk

ETFE
Ethylen-Tetrafluorethylen

ETK
Einheitstemperaturzeitkurve

EU
Europäische Union

EVA
Ethylen-Vinylacetat-Copolymer

EVU
Elektrizitäts-Versorgungs-Unternehmen

FELV
Functional extra-low voltage
de: Funktionskleinspannung

FI-Schalter
Fehlerstrom-Schutzschalter

FU-Schalter
Fehlerspannungs-Schutzschalter

G
Gummi

Gs
Gleichspannung

GSG
Gerätesicherheitsgesetz

HD
Harmonization Document
de: Harmonisierungs-Dokument

HH-Sicherung
Hochspannungs-Hochleistungssicherung

HLS
Halbleiter-Sicherung

IEC
International Electrotechnical Commission
de: Internationale Elektrotechnische Kommission

IEV
International Electrotechnical Vocabulary
de: Internationales Elektrotechnisches Wörterbuch

IIK
Butyl-Kautschuk

ISO
International Organization for Standardization
de: Internationale Organisation für Normung

K
Komitee

L
Außenleiter
L1, L2, L3 (Wechselstrom)
L +, L – (Gleichstrom)

LEMP
Lightning-electromagnetic pulse
de: atmosphärische Entladung

LS-Schalter
Leitungsschutzschalter

M
Mittelleiter

MBO
Musterbauordnung

MSR-Anlagen
Meß-, Steuer- und Regelanlagen

N
Neutralleiter

NEMP
Nuclear-electromagnetic pulse
de: nuklear-elektromagnetischer Impuls; Nuklearexplosion

NH-Sicherung
Niederspannungs-Hochleistungssicherung

NR
Natural-Rubber
de: Natur-Gummi

PA
Potentialausgleichsleiter

PAS
Potentialausgleichsschiene

PCB
Polychloriertes Biphenyl

PE
Polyethylen

PE
Schutzleiter

PELV
Protection extra-low voltage

PEN
PEN-Leiter (Nulleiter)

PP
Polypropylen

PQ
Primary Questionnaire
de: Erstfragebogen

prEN
Draft European Standard
de: Europäischer Normentwurf

prHD
Draft Harmonization Document
de: Harmonisierungs-Dokument-Entwurf

PTSK
Partiell typgeprüfte Schaltgeräte-Kombination

PVC
Polyvinylchlorid

RCD
Residual current protective device
de: Differenz-/Fehlerstrom-Schutzeinrichtung

RD
Reference-Document
de: Bezugs-Schriftstück

r. m. s.
root mean square
de: Effektivwert

SE
Schutzeinrichtung

SELV
Safety extra-low voltage
de: Schutzkleinspannung

SEMP
Switching-electromagnetic pulsc
de: Schaltüberspannung

SiR
Silicon-Rubber
de: Silikon-Kautschuk

SR
Synthetic-Rubber
de: Synthetik-Gummi

TAB
Technische Anschlußbedingungen für den Anschluß an das Niederspannungsnetz

TBINK
Technischer Beirat Internationale und Nationale Koordinierung

TSK
Typgeprüfte Schaltgeräte-Kombination

TÜV
Technischer Überwachungsverein

UC
Universal Current
de: Allstrom

UK
Unterkomitee

UVV
Unfallverhütungsvorschrift

VBG
Vorschriftenwerk der Berufsgenossenschaften

VDE
Verband Deutscher Elektrotechniker e.V.

VDEW
Vereinigung Deutscher Elektrizitätswerke e.V.

VdS
Verband der Schadensversicherer e.V.
früher: Verband der Sachversicherer

VdTÜV
Vereinigung der technischen Überwachungsvereine

VPE
Vernetztes Polyethylen

Ws
Wechselspannung

WVU
Wasser-Versorgungs-Unternehmen

ZVEH
Zentralverband der Deutschen Elektrohandwerke e.V.

ZVEI
Zentralverband der Elektrotechnik- und Elektronik-Industrie e.V.

28 Stichwortverzeichnis

A

Abdeckungen, Schutz durch 146 ff.
Ableitstrom 83 ff.
–, kapazitiver 194
–, Messung 84 f.
Ableitwiderstand 323 f.
Abschaltzeiten 152 ff.
Absicherung von Transformatoren 361
Abstand, Schutz durch 148
Abtrennvorichtung 310
Aderleitungen 593
Akkumulatoren 475 ff.
aktive Teile 71
Alphanumerische Kennzeichnung von Leitern 119
Änderung elektrischer Geräte 655 ff.
Anlagen 57 ff.
–, Eigenerzeugungs- 113
–, Erdungswiderstand einer 72
–, Errichtung elektrischer 325
–, Planung elektrischer 105 ff.
–, Speisepunkt 59
–, Starkstrom- 57
–, Stromkreisaufteilung 120 f.
–, Verbraucher- 57
Anlagen im Freien 58
–, geschützte 58
–, ungeschützte 58
anodischer Polarisationswiderstand 248 f.
Anschluß, fester 61
Anschlußstellen 606 f.
Antennenträger, Erdung von 272 ff.
atmosphärische
– Einwirkungen 302 ff.
– Entladungen 302 ff.
Aufladung, elektrostatische 323 f.
Ausbreitungswiderstand eines Erders 72, 219 f.
–, Berechnung 223 ff.
–, Messung 228 ff.
ausländische Prüfzeichen 32
Auslösekennlinien von LS-Schaltern 421
Auslöseregel 558 ff.
Auslösestrom, Messung bei RCDs 285 f.
Ausschaltzeit 387
Außenleiter 69, 118
–, Spannungsbegrenzung bei Erdschluß 175 ff.
äußere Einflüsse 121 f., 326 f., 722 ff.
äußerer Blitzschutz 314
AVBEltV 35, 57

B

Back-up-Schutz 98 f.
Basisisolierung 86, 128, 201
Basisschutz 127 ff., 145 ff.
Batterieanlagen 475 ff.
Batteriebetrieb 476
bauliche Brandschutzmaßnahmen 630 ff.
Baustoffe
–, Brandverhalten 626 ff.
–, brennbare 627
–, leicht entflammbare 627
–, nicht brennbare 626 f.
–, normal entflammbare 627
–, schwer entflammbare 627
Beanspruchungen, dynamische 327 ff.
Bedarfsfaktor 106 ff.
Begriffe 57 ff.
Beharrungsberührungsstrom 78, 144

Beiblätter 29
Belastungsgrad 537 f.
Belastungssonderfälle 550 ff.
Belastungswerte 522 ff.
Beleuchtungsanlagen 459 ff.
– Niedervolt-Halogenlampen 469 ff.
Bemessung von Hauptleitungen 111
Bemessungsdifferenzstrom 99 f.
Bemessungswert 62 f.
Berechnung
– Ausbreitungswiderstand eines Erders 223 ff.
– maximal zulässige Leitungslängen 665 ff.
Bereitschaftsparallelbetrieb 477
Berührungsschutz 88 ff.
Berührungsspannung 76 ff.
–, höchstzulässige 77 ff.
–, Messung 285 f.
–, prospektive 76 ff.
–, zu erwartende 77 ff.
–, zulässige 296
Berührungsstrom 76 ff.
–, Beharrungs- 78, 144
Besichtigen 280 f.
Betriebsbedingungen 325 f.
Betriebserder 72
Betriebserdung 217 f.
Betriebsisolierung 86, 128, 201
Betriebsklasse 388
Betriebsmittel 59
–, ortsfeste 60
–, ortsveränderliche 60
Betriebsräume, Verordnung für 717 f.
Betriebsstrom 64
Bezugserde 72
Biegeradien
– harmonisierte Leitungen 594
– Kabel 590
– Leitungen 591
blanke Schienen, farbige Kennzeichnung 504 ff.
Blitzschutz
–, äußerer 314
–, innerer 314
Blitzschutzanlagen 314 ff.
Brandbelastung 637 ff.
Brandgefahr
– durch Isolationsfehler 609 ff., 616 ff.
– in elektrischen Anlagen 609 ff.
Brandlast 637 ff.
Brandschäden 624
Brandschutz durch vorbeugende Installationstechnik 635 ff.
Brandschutzmaßnahmen, bauliche 630 ff.
brandschutztechnische Anforderungen an Leitungsanlagen 719 ff.
Brandverhalten von Baustoffen 626 ff.
Brandverhütung in elektrischen Anlagen 609 ff.
brennbare Baustoffe 627
brennbare Stoffe 610 ff.
Buchholzschutz 364

C

CECC 20
CE-Konformitätszeichen 31
CEN 20
CENELEC 20
– Flickerkurve 123

D

D0-Sicherungen 409 ff.
–, Nenn-Verlustleistungen 411
–, Prüfstrom 410
–, Strom-Zeit-Kennlinien 410
–, Verlustleistungen 411
Dachständer 315 f.
Darstellung der verschiedenen Leiter 118
Dauerkurzschlußstrom 328 f.
Dauerstrombelastbarkeit 522 ff.
DC-AC-Gleichwertigkeitsfaktor 47

Deutsche Elektrotechnische
Kommission (DKE) 20 f.
Deutsches Institut für Normung (DIN) 21
Differentialschutz 364
Differenzstrom-Schutzeinrichtungen 99 f., 435 ff.
DIN 21
direktes Berühren, Schutz gegen 85
DKE 20 ff.
DKE-Organisationsplan 24 f.
Dokumentation der Prüfung 290 ff.
doppelte Isolierung 86
dreipoliger Kurzschluß 327 ff.
Drosselspulen 351 ff.
D-Sicherungen 406 ff.
–, Nenn-Verlustleistungen 408
–, Prüfstrom 408
–, Strom-Zeit-Kennlinien 407
Durchlaßstrom 388
dynamische Beanspruchungen 327 ff.

E

Eigenerzeugungsanlagen 113
Eigenversorgung 112 f.
Einflüsse, äußere 121 f., 326 f., 722 ff.
Einheitstemperaturzeitkurve 628
einpoliger Kurzschluß 327 ff.
EKG 43 ff.
Elektrisch unabhängige Erder 72
elektrische Geräte
–, Änderung 655 ff.
–, Instandsetzung 655 ff.
–, Prüfungen 655 ff.
elektrische Größen 61 ff.
elektrische Maschinen 347 ff.
elektrischen Anlagen
–, Brandgefahren 609 ff.
–, Brandverhütung 609 ff.
Elektrochemische Spannungsreihe 249
Elektrofachkraft 129
Elektro-Installationskanäle 597 f.
Elektro-Installationsrohre 595 ff.
Elektrokardiogramm 43 ff.
elektronischer Transformator 471
elektrostatische Aufladung 323 f.
elektrostatische Entladungen 302 ff.
Elektrounfälle, tödliche 37 f.
EltBauVO 717 f.
Endstromkreis 59
Energiebegrenzungsklasse 420
Energieinhalt eines Kondensators 367 f.
Energiewirtschaftsgesetz 34
Entladewiderstände 368 ff.
Entladezeiten von Kondensatoren 367 ff.
Entladungen
–, atmosphärische 302 ff.
–, elektrostatische 302 ff.
Entladungslampen, Kompensation 468
Entzündungstemperatur 611 f.
Erdableitwiderstand 323 f.
Erde 71
Erden 71, 217
Erder
–, Ausbreitungswiderstand 72, 219 f.
–, Berechnung des
Ausbreitungswiderstands 223 ff.
–, Betriebs- 72
–, Elektrisch unabhängige 72
–, Fundament- 72, 240
–, Herstellung 236 ff.
–, Messung 228 ff.
–, natürliche 72, 245 f.
–, Oberflächen- 72, 238
–, Potentialverlauf 219 f.
–, Schutz- 72
–, Steuer- 220
–, Tiefen- 72, 240
Erderspannung 82 f.
erdfreier örtlicher Potentialausgleich 206 f.
Erdschluß 74 f.
–, Spannungsbegrenzung eines
Außenleiters 175 ff.
Erdschlußkompensation 297 f.
Erdschlußreststrom 297 f.

erdschlußsicher 75
– Verlegung 604 ff.
Erdschlußstrom, kapazitiver 297
Erdung 71 f., 217 ff.
–, Betriebs- 217 f.
–, mittelbare 218
–, offene 217 f.
–, Schutz- 217 f.
–, unmittelbare 218
Erdung von Antennenträgern 272 ff.
Erdungsanlage
–, gemeinsame 295 ff.
–, getrennte 299 ff.
Erdungsbedingungen
– der Körper 114 ff.
– der speisenden Stromquelle 114 ff.
Erdungsbedingungen im TN-System 174 f.
Erdungsleiter 69, 257
–, Widerstand 72
Erdungswiderstand
– einer Anlage 72
–, Messung 228 ff.
Erdwiderstand
–, spezifischer 72, 221 ff.
Erdwiderstand, spezifischer
–, Messung 234 ff.
Erproben 281 f.
Errichtung elektrischer Anlagen 325
Ersatz-Ableitstrommessung 661 f.
Erwärmung von Kabeln und Leitungen 556 f.
Europäisches Komitee für elektrotechnische Normung 20
Explosionsgefahr 481

F

Fabrikfertige Schaltanlagen 94
Fachbereiche 24 f.
Farbcode
– für Leitungen 512
– G-Sicherungen 415
farbige Kennzeichnung
– blanke Schienen 504 ff.
– Kabel 504 f.
– Leitungen 504 ff.
Fehlerarten 74 f.
Fehlerschutz 127 ff., 151 ff., 199 ff.
– im IT-System 191 ff.
– im TN-System 152 ff.
– im TT-System 183 ff.
Fehlerspannungs-Schutzeinrichtungen 450 f.
Fehlerstrom 76
– Schutzeinrichtung 99, 435 ff.
FELV 86, 196 f.
fester Anschluß 61
Feuerbeständig 629
Feuerhemmend 629
Feuerwiderstandsklasse 629
FI-Schutzschalter 436 ff.
–, selektiv 436
Flexible Leitungen 595
Flickererscheinungen 122 f.
Flickerkurve, CENELEC- 123
Freileitung 58
–, Strombelastbarkeit 549
fremde leitfähige Teile 71
Fremdkörperschutz 88 ff.
fremdspannungsarmer Potentialausgleich 270 ff.
Fundamenterder 72, 240
Funktionsklasse 388
FU-Schutzeinrichtungen
– im IT-System 215
– im TN-System 213 f.
– im TT-System 214 f.
FU-Schutzschalter 450 f.

G

Ganzbereichssicherungen 388
Gebrauchskategorien für Schütze 453
gefährlicher Körperstrom 85 f.
Gelenktastfinger 203

Gemeinsame Erdungsanlage 295 ff.
Geräteschutzschalter 424
Geräteschutzsicherungen 411 ff.
Gerätesteckvorrichtungen 374
Gesamterdungswiderstand eines Netzes 72
–, Messung 233 f.
Gesetz über technische Arbeitsmittel 35
Getrennte Erdungsanlage 299 ff.
Gleichspannung, oberschwingfreie 66
Gleichstromlöschung 416 f.
Gleichstromzwischenkreise, Schutz 480 f.
Gleichzeitig berührbare Teile 71
Gleichzeitigkeitsfaktor 106 ff.
gL-Sicherungen, Strom-Zeit-Kennlinien 398
Grenzwert 62 f.
großer Prüfstrom 387
Größen, elektrische 61 ff.
Gruppenfunktion 33 f.
G-Sicherungen 411 ff.
–, Farbcode 415
–, Strom-Zeit-Kennlinien 414
GS-Zeichen 31

H

halogenfreie
– Kabel 485 ff.
– Leitungen 485 ff.
Handbereich 86
harmonisierte Leitungen 492 f., 594
–, Kurzzeichen 492 f.
Häufung von Leitungen 531 ff.
Haupterdungsklemme 70
Haupterdungsleiter 71
Haupterdungsschiene 70
Hauptleitungen 111
–, Bemessung von 111
Hauptpotentialausgleich 70 f., 265 ff.
Hauptpotentialausgleichsschiene 70
Hauptschutzleiter 70
Hauptstromkreis 59
Hausanschlußleitung 58
Hauseinführung 58
Hauseinführungsleitung 58
Hausinstallation 58
Herstellung von Erdern 236 ff.
Herzkammerflimmern 40 ff.
–, Schwelle des 42 ff.
Herz-Strom-Faktor 52 f.
HH-Sicherungen 431 ff.
–, Strom-Zeit-Kennlinien 433
Hilfsspannungsquelle 436
Hilfsstromkreis 59
Hindernisse, Schutz durch 148
Hochfeuerbeständig 629
Hochspannungssicherungen 431 ff.
höchste Spannung eines Netzes 66
Höchstzulässige Berührungsspannung 77 ff.
hohe Erwärmung, Schutz 558 ff.
höhere Grenztemperaturen, Leitungen 530

I

IEC 19 f.
IEC-Prüffinger 203
Impedanz
– des Leitungsnetzes 166 f.
– des vorgelagerten Netzes 166
– von Transformatoren 166
–, Tabellen 709 ff.
indirektes Berühren, Schutz bei 85
Informationsnetze, Überabspannungsleiter 311 ff.
innerer Blitzschutz 314
Installationsableiter 308 ff.
Instandsetzung elektrischer Geräte 655 ff.
Internationale Elektrotechnische Kommission (IEC) 19 f.

IP-Code 87 ff.
IP-Schutzarten 88 ff.
ISO 20
Isolationsfehler 74
– Brandgefahr 616 ff.
Isolationskoordination 339
Isolations-Meßgeräte 317 f.
Isolationsüberwachungseinrichtungen 451 f.
Isolationswiderstand 317 ff., 659 ff.
–, Prüfungen 659 ff.
Isolierung
–, Basis- 86, 128, 201
–, Betriebs- 86, 128, 201
–, doppelte 86
–, Schutz- 86, 199 ff.
–, Schutz durch 146
–, verstärkte 86, 201
–, zusätzliche 86, 201
IT-Systeme 118 f.
–, Fehlerschutz 191 ff.
–, FU-Schutzeinrichtungen 215
–, Schutz 132 f.

J

Jährlicher Metallabtrag 251

K

Kabel 94, 483 ff., 513 ff.
–, Biegeradien 590
–, Erwärmung 556 f.
–, farbige Kennzeichnung 504 f.
–, halogenfreie 485 ff.
–, Kennzeichnung 503 f.
–, Korrekturfaktoren 538 ff.
–, Kurzzeichen 483 f.
–, Schutz bei parallel geschalteten 578 ff.
–, Strombelastbarkeit 534 ff.
–, Verlegen 589 ff.
–, Zeitkonstante 553 ff.
–, Zugbeanspruchung 600 f.
Kabelnetz 59
Kabel-Schottungs-System 632 ff.
kapazitive Ableitströme 194
kapazitiver Erdschlußstrom 297
katodischer Korrosionsschutz 254
katodischer Polarsationswiderstand 248 f.
Kennwerte von LS-Schalter 422
Kennzeichnung
– Kabel 503 f.
– Leitungen 503 f.
–, farbige 504 ff.
Kennzeichnungen 345 f.
– Steckvorrichtungen 381
Klasse, thermische 347
kleiner Prüfstrom 387
Kleinspannung 86, 129 ff., 139 ff.
kleinster einpoliger Kurzschlußstrom 163 ff.
Kleintransformatoren 353
Kompensation von Entladungslampen 468
Kondensatoren 365 ff., 462
–, Energiegehalt 367 f.
–, Entladezeiten 367 ff.
–, Leistungs- 365 ff.
Konformitätszeichen 30 f.
Konverter 471
Körper 71
–, Erdungsbedingungen 114 ff.
Körperimpedanz 48 ff.
Körperschluß 74 f.
Körperstrom
–, gefährlicher 85
–, Wirkungsbereich 41 f.
Körperwiderstand 47 ff.
Korrekturfaktoren
– Kabel 538 ff.
– Leitungen 529 ff.
– Umgebungstemperaturen 528
Korrosion von Metallen im Erdreich 246 ff.
Korrosionsschutz, katodischer 254

Korrosionsschutzmaßnahmen 252 ff.
Kreuzungen 607
Kriechstrecke 337 ff.
Kupplungen 374
Kurzschluß 74 f.
–, dreipoliger 327 ff.
–, einpoliger 327 ff.
–, Schutz 563 ff., 573
–, zweipoliger 327 ff.
Kurzschlußfest 75
kurzschlußsicher 75
– Verlegung 604 ff.
Kurzschlußstrom 64
–, kleinste einpolige 163 ff.
–, Messung 283 ff.
Kurzschlußstromberechnung 158 ff.
Kurzschlußströme 327 ff.
Kurzschlußverluste von Transformatoren 355 f.
Kurzzeichen
– harmonisierte Leitungen 492 f.
– Kabel 483 f.
– Leitungen 491 ff.
Kurzzeitbetrieb 553 ff.

L

Lampengruppen 464 ff.
Lastschalter 373
Leckstromzange 85
Leerlaufverluste von Transformatoren 355 f.
Leerschalter 373
leicht entflammbare Baustoffe 627
leicht entflammbare Stoffe 610
Leistungsbedarf 106 ff.
Leistungskondensatoren 365 ff.
Leistungsschalter 373
Leistungstransformator 354 ff.
Leiter
–, Alphanumerische Kennzeichnung 119
–, Außen- 69, 118
–, Darstellung der verschiedenen 118
–, Erdungs- 69, 257
–, Haupterdungs- 71
–, Neutral- 67, 118
–, PEN- 69, 118, 263 f.
–, Potentialausgleichs- 70
–, Schutz- 67, 118, 257 ff.
–, zusammenfassen in verschiedenen Stromkreisen 602 ff.
Leiterarten 61 ff.
Leiterschluß 74 f.
Leiterwiderstände, Umrechnung 707 ff.
Leitungen 94, 483 ff., 513 ff.
– harmonisierte 492 f.
– höhere Grenztemperaturen 530
–, Ader- 593
–, bewegliche 61
–, Biegeradien 591
–, Erwärmung 556 f.
–, Farbcode 512
–, farbige Kennzeichnung 504 ff.
–, fest verlegt 60
–, flexible 595
–, halogenfreie 485 ff.
–, harmonisierte 594
–, Häufung 531 ff.
–, Kennzeichnung 503 f.
–, Korrekturfaktoren 529 ff.
–, Kurzzeichen 491 ff.
–, Mantel- 595
–, Schutz bei parallel geschalteten 578 ff.
–, Steg- 593
–, Verlegen von 589 ff.
–, Zeitkonstante 553 ff.
–, Zugbeanspruchung 600 f.
Leitungsanlagen
–, brandschutztechnische Anforderungen 719 ff.
Leitungslänge
–, Berechnung 665 ff.
–, maximal zulässige 700 ff.

Leitungsnetz
–, Impedanz 166 f.
–, Nullwiderstände 162 f.
–, Widerstände 161 f.
Leitungsschutzschalter 417 ff.
Leuchten 459 ff.
– Vorführstände 469
–, Schutzarten 464 ff.
–, Stromschienensysteme für 473 f.
Lichtbänder 464 ff.
Lichtbogen 618 ff.
Lichtbogenspannungen 619 f.
Lichtbogenzeit 387
Linearabtrag 251
lnstallationszonen 592 f.
Loslaßschwelle 42 ff.
LS/DI-Schalter 436, 446 ff.
–, Verlustleistungen 448
LS-Schalter 417 ff.
–, Auslösekennlinien 421
–, Kennwerte 422
–, Prüfströme 419
–, Verlustleistungen 420
Luftstrecke 337 ff.

M

Mantelleitungen 595
Maschinen, elektrische 347 ff.
Materialbeiwert 704 ff.
maximal zulässige Leitungslängen 665 ff., 700 ff.
MBO 630 ff.
Messen 281 f.
Meßgeräte 282
Messung
– Ableitstrom 84 f.
– Auslösestrom bei RCDs 285 f.
– Gesamterdungswiderstand 233 f.
– spezifischer Erdungswiderstand 234 ff.
–, Berührungswiderstand 285 ff.
–, Erdungswiderstand 228 ff.
–, Kurzschlußstrom 283 ff.
–, Schleifenwiderstand 283 ff.
Metallabtrag, jährlicher 251
Metalle, Korrosion im Erdreich 246 ff.
Metallschutzschläuche 597
Mindestquerschnitte 513 f.
mittelbare Erdung 218
Mittelwert, quadratischer 550 ff.
Motorstarter 373, 425 ff.
–, Strom-Zeit-Kennlinie 426 ff.
Musterbauordnung 630 ff.

N

Näherungen 607
natürliche Erder 72, 245 f.
Nennbetriebsarten 100 ff.
Nennspannung 64
Nennstrom 64
Nennstromregel 558 ff.
Nenn-Verlustleistungen
– D0-Sicherungen 411
– D-Sicherungen 408
– NH-Sicherungen 402 f.
Nennwert 62 f.
Netze 57 ff.
–, Gesamterdungswiderstand 72
–, Impedanz des vorgelagerten 166 f.
–, Verteilungs- 57
–, Widerstände des vorgelagerten 160
Netzformen 113 ff.
Neutralleiter 67, 118
NH-Sicherungen 396 ff.
–, Nenn-Verlustleistungen 402 f.
–, Prüfstrom 400
nicht brennbare Baustoffe 626 f.
nicht fabrikfertige Schaltanlagen 94
Niederspannungsnetze, Überspannungsableiter 306 ff.
Niederspannungs-Schaltgeräte-kombinationen 94
–, Partiell typgeprüfte 94
–, Typgeprüfte 94

Niederspannungssicherungen 383 ff.
Niedervolt-Halogenlampen, Beleuchtungsanlagen 469 ff.
niedrigste Spannung eines Netzes 65 f.
normal entflammbare Baustoffe 627
normal entflammbare Stoffe 610
Normspannungen 65
Nullwiderstände
– des Leitungsnetzes 162 f.
– von Transformatoren 162

O

Oberflächenerder 72, 238
oberschwingungsfreie Gleichspannung 66
offene Erdung 217 f.
örtlich zusätzlicher Potentialausgleich 195
ortsfest 60
ortsfeste Batterien, Räume 482
ortsveränderlich 60

P

Parallelbetrieb 477
Parallelschaltung von RCDs 188 ff.
partiell typgeprüfte Niederspannungs-Schaltgerätekombination 94
PELV 86, 129 ff., 139 ff.
PEN-Leiter 69, 118, 263 f.
–, Profilschienen 264
Pilotfunktion 33 f.
Planung elektrischer Anlagen 105 ff.
Polarisationswiderstand 248 f.
–, anodischer 248 f.
–, katodischer 248 f.
Potentialausgleich 70, 265 ff.
–, erdfreier, örtlicher 206 f.
–, fremdspannungsarmer 270 ff.
–, örtlich zusätzlicher 195
–, zusätzlicher 195, 270
Potentialausgleichsleiter 70
Potentialausgleichsschiene 70, 269
Potentialsteuerung 220
Potentialverlauf eines Erders 219 f.
Profilschienen als Schutzleiter bzw. PEN-Leiter 264
prospektive Berührungsspannung 76 ff.
Prüfen 279 f.
Prüffinger 147
Prüfprotokoll 291 f.
Prüfstift 201
Prüfstrom
– D0-Sicherungen 410
– D-Sicherungen 408
– LS-Schalter 419
– NH-Sicherungen 400
–, groß 387
–, klein 387
Prüfungen 274 ff., 279 ff.
– elektrische Geräte 655 ff.
– Isolationswiderstand 659 ff.
–, Dokumentation 290 ff.
Prüfzeichen 31 f.
–, ausländische 32
Pufferbetrieb 477

Q

quadratischer Mittelwert 550 ff.
Querschnitte der Schutzleiter 257 ff.

R

Raumarten 73 f.
Räume
– für ortsfeste Batterien 482
–, Schutz durch nichtleitende 205 f.

RCD 99 f., 435 ff.
– im TN-System 172 ff.
– im TT-System 187 ff.
– mit Hilfsspannungsquelle 436
– ohne Hilfsspannungsquelle 436
–, Parallelschaltung 188 ff.
–, Reihenschaltung 190 f.
–, Selektive 190 f.
–, zusätzlicher Schutz durch 148 f.
Reihenschaltung von RCDs 190 f.
Relais 452

S

Schaltanlagen 94
–, fabrikfertige 94
–, nicht fabrikfertige 94
Schalter 373
–, FI-Schutz- 436 ff.
–, Last- 373
–, Leer- 373
–, Leistungs- 373
–, LS/DI- 436, 446 ff.
Schaltgeräte 373 ff.
Schaltüberspannungen 302 ff.
Schienenverteiler 95
Schleifenwiderstand, Messung 283 f.
Schmelzzeit 387
Schmelzzeitkennlinie 96
Schrittspannung 82 f.
Schutz
– bei direktem Berühren 127 ff.
– bei Gleichstromzwischenkreisen 480 f.
– bei indirektem Berühren 85, 127 ff., 151 ff., 199 ff.
– bei Kurzschluß 563 ff., 573
– bei Überlast 558 ff., 573
– durch Abdeckungen 146 ff.
– durch Abstand 148 f.
– durch automatische Abschaltung 151 ff.
– durch erdfreien, örtlichen Potentialausgleich 134, 206 f.
– durch Hindernisse 148 f.
– durch Isolierung 146
– durch nichtleitende Räume 132 f., 205 f.
– durch RCDs, zusätzlicher 148 f.
– durch Schutzisolierung 132 f.
– durch Schutztrennung 134, 207 ff.
– durch Umhüllungen 146 ff.
– gegen direktes Berühren 85, 127 ff., 145 ff.
– gegen elektrischen Schlag 151 ff., 199 ff.
– gegen gefährliche Körperströme 85 f.
– gegen Überspannungen 295 ff., 304 ff.
– gegen zu hohe Erwärmung 558 ff.
– im IT-System 132 f.
– im TN-System 131 f.
– im TT-System 132
– parallel geschalteter Kabel 578 ff.
– parallel geschalteter Leitungen 578 ff.
–, Back-up- 98 f.
–, Basis- 127 ff.
–, Berührungs- 88 ff.
–, Fehler- 127 ff.
–, Fremdkörper- 88 ff.
–, Wasser- 88 ff.
–, Zusatz- 127 ff.
Schutzarten 87 ff., 348, 354
– Leuchten 464 ff.
–, IP- 88 ff.
Schütze 452
–, Gebrauchskategorien 453
Schutzeinrichtungen
–, Differenz- 435 ff.
–, Differenzstrom- 99 f.
–, Fehlerspannungs- 450 f.
–, Fehlerstrom 99
–, Fehlerstrom- 435 ff.
–, Überstrom 96 ff.
Schutzerder 72
Schutzerdung 217 f.
Schutzisolierung 86, 199 ff.
Schutzklassen 92 f.

Schutzleiter 67, 118, 257 ff.
–, Profilschienen 264
–, Querschnitte 257 ff.
–, Verlegung 261 f.
Schutzmaßnahmen 127 ff.
– Sonderfälle 213 ff.
Schutztrennung 86
– mit mehreren Verbrauchsmitteln 210 ff.
– mit nur einem Verbrauchsmittel 209 f.
–, Schutz durch 207 ff.
Schwelle des Herzkammerflimmerns 42 ff.
schwer entflammbare Baustoffe 627
schwer entflammbare Stoffe 610
Selektive FI-Schutzschalter 436
Selektive RCDs 190 f.
Selektivität 97, 362 f.
SELV 86, 129, 139 ff.
sichere Trennung 140
Sicherheitstransformatoren 353 f.
Sicherheitszwecke
–, Stromquelle 645 ff.
–, Stromversorgungsanlagen 643 ff.
Sicherungen
–, D- 406 ff.
–, D0- 409 ff.
–, G- 411 ff.
–, Ganzbereichs- 388
–, Geräteschutz- 411 ff.
–, HH- 431 ff.
–, Hochspannungs- 431 ff.
–, NH- 396 ff.
–, Strom-Zeit-Bereich 386 ff.
–, Teilbereichs- 431 ff.
–, Vollbereichs- 431 ff., 435
Spannung
– gegen Erde 67 f.
– höchste eines Netzes 66
– niedrigste eines Netzes 65 f.
–, Berührungs- 76 ff.
–, Erder- 82 f.
–, Klein- 86, 129 ff., 139 ff.
–, Lichtbogen- 619 f.
–, Nenn- 64
–, Schritt- 82 f.
Spannungsbegrenzung bei Erdschluß eines Außenleiters 175 ff.
Spannungsbereiche 66 f.
Spannungsfall 514 ff., 604, 700 ff.
Spannungsreihe, elektrochemische 249
Spannungswaage 176 ff.
Speisepunkt einer elektrischen Anlage 59
spezifischen Widerstand, Temperaturabhängigkeit 707 f.
spezifischer Erdwiderstand 72, 221 ff.
–, Messung 234 ff.
Standortwiderstand 320 ff.
Starkstromanlage 57
Steckvorrichtungen 373 ff.
–, Kennzeichnung 381
Stegleitungen 593
Steuererder 220
Stoffe
–, brennbar 610 ff.
–, leicht entflammbar 610
–, normal entflammbar 610
–, schwer entflammbar 610
Stoßkurzschlußstrom 329 f.
Stoßziffer 331 f.
Strom
–, Ableit- 83 f.
–, Bemessungsdifferenz- 99 f.
–, Berührungs- 76 ff.
–, Betriebs- 64
–, Durchlaß- 388
–, Fehler- 76
–, Kurzschluß- 64, 163 ff.
–, Nenn- 64
–, Über- 64
–, Überlast- 64
Strombegrenzungsdiagramm 388
Strombegrenzungsklasse 420
Strombelastbarkeit 522 ff.
– Freileitungen 549
– Kabel 534 ff.
– Leitungen 522 ff.
– Stromschienensystem 544 ff.

Stromkreis 59
– einer Anlage 59
–, Endstrom- 59
–, Haupt- 59
–, Hilfs- 59
–, Verteilungs- 59
–, Zusammenfassen der Leiter 602 ff.
Stromkreisaufteilung 120 f.
Stromquelle
– Sicherheitszwecke 645 ff.
–, Erdungsbedingungen der speisenden 114 ff.
Stromschienensysteme
– für Leuchten 473 f.
–, Strombelastbarkeit von 544 ff.
Stromtore 386
Stromversorgung, unterbrechungslose 477
Stromversorgungsanlagen für Sicherheitszwecke 643 ff.
Stromversorgungssysteme 115
Stromverteilungssysteme 61 ff.
Strom-Zeit-Bereich von Sicherungen 386 ff.
Strom-Zeit-Kennlinien 387
– D0-Sicherungen 410
– D-Sicherungen 407
– gL-Sicherungen 398
– G-Sicherungen 414
– HH-Sicherungseinsätze 433
– Motorstarter 426 ff.
Symbole für Transformatoren 352
Systeme
–, IT- 118
–, Stromversorgungs- 115
–, TN- 116 f.
–, TT- 117

T

Tabellen für Impedanzen 709 ff.
Teilbereichssicherungen 388, 431 ff.
Teile
–, aktive 71
–, fremde leitfähige 71
–, gleichzeitig berührbare 71
Temperaturabhängigkeit des spezifischen Widerstands 707 f.
Temperaturen von Bränden 624 f.
thermische Klasse 347
Tiefenerder 72, 240
TN-Systeme 116 f.
– mit RCD 172 ff.
– mit Überstromschutzeinrichtungen 155 ff.
–, Erdungsbedingungen 174 f.
–, Fehlerschutz 152 ff.
–, FU-Schutzeinrichtungen 213 f.
–, Schutz 131 f.
tödliche Elektrounfälle 37 f.
Transformatoren 351 ff.
–, Absicherung 361
–, elektronischer 471
–, Impedanz 166
–, Klein- 353
–, Kurzschlußverluste 355 f.
–, Leerlaufverluste 355 f.
–, Leistungs- 354 f.
–, Nullwiderstände 162
–, Sicherheits- 353 f.
–, Symbole 352
–, Trenn- 353 f.
–, Verluste 356
–, Widerstände 160 f.
transiente Überspannungen 302 f.
Trennfunkenstrecke 316
Trenntransformatoren 353 f.
Trennung, sichere 140
TT-Systeme 117
– mit RCDs 187 ff.
– mit Überstromschutzeinrichtungen 184 ff.
–, Fehlerschutz 183 ff.
–, FU-Schutzeinrichtungen 214 f.
–, Schutz 132
typgeprüfte Niederspannungs-Schaltgerätekombination 94

U

Übergabebericht 291 f.
Überlast, Schutz bei 573
Überlaststrom 64
Überspannungen
– infolge atmosphärischer Einwirkungen 302 ff.
–, Schutz gegen 304 ff.
–, transiente 302 f.
Überspannungen, Schutz bei 295 ff.
Überspannungsableiter
– in Informationsnetzen 311 ff.
– in Niederspannungsnetzen 306 ff.
– in Verbraucheranlagen 308 ff.
Überspannungskategorie 340 f.
Überspannungsschutz 304
Überstrom 64
Überstromschutzeinrichtungen 96 ff., 383 ff.
– Reihenschaltung 97 f.
–, TN-Systeme 155 ff.
–, TT-Systeme 184 ff.
Überstromschutzschalter 416 ff.
Überstromüberwachung 64
Umgebungsbedingungen 722
Umgebungstemperaturen, Korrekturfaktoren 528
Umhüllungen, Schutz durch 146 ff.
Umrechnung von Leiterwiderständen 707 ff.
Umweltbedingungen 723
unmittelbare Erdung 218
Unterbrechungslose Stromversorgung 477
USV-Anlage 477

V

VDE 21
– Bestimmungen 22 ff., 29
– GS-Zeichen 31
– Kennfaden 31
– Leitlinien 29
– Prüfstelle 30 ff.
– Prüfzeichen 30 f.
– Vorschriftenwerk 22 ff.
– Zeichen 31
Verband Deutscher Elektrotechniker (VDE) 21
Verbindungen 606 f.
Verbraucheranlage 57
–, Überspannungsableiter 308 ff.
Verbrauchsmittel 60
–, ortsfeste 60
–, ortsveränderliche 60
–, Schutztrennung mit einem 209 f.
–, Schutztrennung mit mehreren 210 ff.
Verbrennung 609
Verbrennungswärme 637 ff.
Verlegearten 522 ff.
Verlegen
– von Kabeln 589 ff.
– von Leitungen 589 ff.
–, erdschlußsicher 604 ff.
–, kurzschlußsicher 604 ff.
Verlegen des Schutzleiters 261 ff.
Verluste von Transformatoren 356
Verlustleistungen
– D0-Sicherungen 411
– D-Sicherungen 408
– LS/DI-Schalter 448
– LS-Schalter 420
– NH-Sicherungen 402 f.
Verordnung über den Bau von Betriebsräumen 717 f.
Verpuffungsgefahr 481 f.
Verschmutzungsgrad 339
verstärkte Isolierung 86, 201
Verteiler 94
–, Schienen- 95
Verteilungsnetz 57
Verteilungsstromkreis 59
Verträglichkeit 122 f.

Vollbereichssicherungen
431 ff., 435
Vorführstände, Leuchten für 469
Vorschaltgeräte 461 f.

W

Wahrnehmbarkeitsschwelle
42 ff.
Wandsteckdosen 374
Wärmeenergie 609
Wärmequelle 611 ff.
Wartbarkeit 124
Wasserschutz 88 ff.
Wechselstromlöschung 416 f.
Widerstände
– des Leitungsnetzes 161 f.
– des vorgelagerten Netzes 160
–, Erdungsleiter 72
– in Ω/km 168
– von Transformatoren 160 f.
Wirkungsbereiche von Körperströmen
41 f.

Z

Zeitkonstante von Kabeln und
Leitungen 553 ff.
zu erwartende Berührungsspannung 77
Zugänglichkeit 345
Zugangssonde 91
– gegliederter Prüffinger 91
– Kugel 91
– Prüfstab 91 f.
Zugbeanspruchungen für Kabel und
Leitungen 600 f.
zulässige Berührungsspannung 296
zulässige Leitungslängen 665 ff.
Zündenergie 611 ff.
Zündpunkt 611 f.
Zündquellen 611 ff., 613 ff.
Zündtemperatur 610 ff.
Zusammenfassen der Leiter
verschiedener Stromkreise 602 ff.
zusätzliche Isolierung 86, 201
zusätzlicher Potentialausgleich 195,
270
zusätzlicher Schutz durch RCDs 148 f.
Zusatzschutz 127 ff.
zweipoliger Kurzschluß 327 ff.